核能科学与工程系列译丛

闭式燃料循环的钠冷快堆

Sodium Fast Reactors with Closed Fuel Cycle

[印] Baldev Raj (巴尔德夫·拉杰)
P. Chellapandi (P. 切拉潘迪) 著
P. R. Vasudeva Rao (P. R. 瓦舒德珐·劳)

张智刚 陈广亮 高 凯 刘 宏 等译

国防工业出版社
·北京·

著作权合同登记　图字:军-2020-020号

图书在版编目(CIP)数据

闭式燃料循环的钠冷快堆 /(印)巴尔德夫·拉杰(Baldev Raj),(印)P. 切拉潘迪(P. Chellapandi),(印)P. R. 瓦舒德珐·劳(P. R. Vasudeva Rao)主编;张智刚等译. —北京:国防工业出版社,2023.6

书名原文:Sodium Fast Reactors with Closed Fuel Cycle

ISBN 978-7-118-12924-3

Ⅰ. ①闭… Ⅱ. ①巴… ②P… ③P… ④张… Ⅲ. ①钠冷快堆 Ⅳ. ①TL425

中国国家版本馆 CIP 数据核字(2023)第 089263 号

(根据版权贸易合同著录原书版权声明等项目)

Sodium Fast Reactors with Closed Fuel Cycle by Baldev Raj、P. Chellapandi and P. R. Vasudeva Rao

ISBN 9781466587670

© 2017 by Taylor & Francis Group, LLC

Authorized translation from English language edition published by CRC Press, part of Taylor & Francis Group LLC; All rights reserved;本书原版由 Taylor & Francis 出版集团旗下,CRC 出版公司出版,并经其授权翻译出版. 版权所有,侵权必究.

National Defense Industry Press is authorized to publish and distribute exclusively the Chinese (Simplified Characters) language edition. This edition is authorized for sale throughout Mainland of China. No part of the publication may be reproduced or distributed by any means, or stored in a database or retrieval system, without the prior witten permission of the publisher.

本书中文简体翻译版经授权由国防工业出版社独家出版,并限在中国大陆地区销售. 未经出版者书面许可,不得以任何方式复制或发行本书的任何部分.

Copies of this book sold without a Taylor & Francis sticker on the cover are unauthorized and illegal. 本书封面贴有 Taylor & Francis 防伪标签,无标签者不得销售.

※

国防工业出版社出版发行

(北京市海淀区紫竹院南路 23 号　邮政编码 100048)
北京虎彩文化传播有限公司印刷
新华书店经售

*

开本 710×1000　1/16　插页 12　印张 58　字数 1032 千字
2023 年 6 月第 1 版第 1 次印刷　印数 1—1000 册　定价 498.00 元

(本书如有印装错误,我社负责调换)

国防书店:(010)88540777　　书店传真:(010)88540776
发行业务:(010)88540717　　发行传真:(010)88540762

译者序

钠冷快堆在全球范围内已经积累了大约400堆年的运行经验,并展现了其在未来20年内的较强竞争力及技术储备,同时持续的研发实现了其较高的经济竞争力和安全性,是少数能够满足可持续核能发展规定要求的先进核反应堆系统。

我国已经确定了核燃料增殖、闭式循环的核能战略政策,钠冷快堆是第四代堆中实现这一战略政策较理想的堆型,其不仅可以提高天然铀利用率(由1%~2%提高到60%~70%),同时能够实现放射性产物的最小化,从而大大地减轻了人类利用裂变核能的后顾之忧。我国快堆发展拟采取"三步走"的发展战略:实验快堆—示范快堆—商用快堆,目前正在进行示范快堆的研发设计和建设。

本书不仅全面系统地介绍了快堆领域各个方面的综合信息而且提供了有关主题的最新进展,还着重强调了快堆技术发展中面临的挑战,这对于本领域相关科研和工程人员具有重要的参考价值。

我们真诚地希望读者通过本书在增强对快堆的知识和理解方面取得有价值的收获。

参加本书翻译工作的还有:杨志、王芳、吴琦、马瑶龙、李克亮、张鼎、纪斌、都昱、饶智斌、魏小东、杨朔、李泓兴等。

在本书的翻译过程中申凤阳、赵柱民、赵强、彭敏俊等同志给予了积极的支持;夏庚磊、王庆宇等同志给予了热情的帮助。在此,我们一并表示衷心的谢意。

由于水平有限,书中的错误和缺点在所难免,恳请广大读者不吝指正。

译 者

2022年8月12日

前言

核能在1954年首次用于电力生产,60年后,核电发电量占全球发电量的近14%,几乎所有的核电都是以^{235}U作为燃料的热堆(水冷反应堆)产生的。尽管快堆已经积累的运行经验仅有400堆年,相比水冷反应堆14500堆年显得很少,但是快堆是利用铀资源更有效的系统。包括美国、英国、法国、俄罗斯、日本、印度和中国在内的先进国家已经建造并运营了快堆,其优势可利用增殖裂变材料,燃烧长寿期的次锕系元素,并使燃料达到高水平的燃耗,这些优势能使快堆成为未来几十年提供可持续核能的重要核能系统。

许多国家已经获得的快堆运行经验,并在研发过程中积累了相关技术,增加了设计、建造和运行快堆的信心。诸如第四代论坛(GIF)和国际原子能机构(IAEA)支持的国际创新核反应堆和燃料循环项目(NPRO)等国际项目旨在促进世界可持续核能发展,并确定快堆是未来的重要核能系统。众所周知,钠冷快堆在未来20年内具有很高的商业潜力。与此同时,人们也意识到快堆已经带来了很多技术挑战,特别是那些与安全和经济方面有关的问题需要合作研发。一个公认的事实是,快堆只有在闭式燃料循环中才能持续。印度很早就选择并遵循这条路线,最大限度地利用该国有限的铀资源,包括印度在内许多对快堆感兴趣的国家对核燃料循环这一领域也正在进行大量研究。

快堆为印度等需要大量和能够长期提供核能的国家提供了一个具有发展前景的核能系统,而且其可持续性被视为发展反应堆技术的重要标准。虽然有关快堆不同领域方面的信息有多种形式,包括技术报告、期刊论文和会议报告,但只有少数图书全面涉及快堆领域内容,提供有关快堆及其相关燃料循环各个方面信息的综合资料手册对于专家以及有志于在设计和建造快堆系统方面采取具有挑战性的研发计划的年轻专业人员来说具有重要价值。

本书介绍了不同国家的钠冷快堆技术和相关燃料循环领域的丰富经验,涵盖的主题包括设计、规范和标准、技术、材料,以及制造、控制和仪器、机器人等学科。因此,本书不仅提供了相关主题的最新知识,还着重强调了快堆技术发展中的挑战。

我相信这本书将成为在钠冷快堆领域工作的科学家、工程师和技术人员重要信息的来源。本书还将激励核领域的年轻专业人员通过具有闭式燃料循环的快堆系统来实现核能的全部潜力,并希望这本书也能为监管机构和政策制定者等相关部门提供参考。

我希望读者通过本书能够在对快堆的知识和理解方面取得有价值的收获。

引言

在少数能够满足可持续核能发展所要求的先进核反应堆系统中,钠冷快堆展现了其在未来20年内的较强竞争力及技术储备,持续的研发实现了较高的经济竞争力和安全性,钠冷快堆在全球范围内已经积累了大约400堆年的运行经验。这应该是许多国家对钠冷快堆越来越感兴趣的原因,他们优先考虑开发钠冷快堆以实现可持续和安全的能源战略。钠冷快堆的设计、建造和调试等在科学和技术方面存在着一些挑战。目前,世界上只有少数几个国家在这个领域具有全面的知识和技术,具备将其应用于示范和商业反应堆系统的能力。因此,我们迫切需要一本关于钠冷快堆领域最先进的知识、最新的信息和数据的综合性的图书,来满足国家和国际社会中核科学家和技术人员的期望。这个想法和目的就是我们撰写这部有关闭式燃料循环钠冷快堆科学和技术问题的图书的主要目的。

我们全面介绍了反应堆物理、材料、设计、安全分析、验证、工程、施工和调试等技术领域,此外,还介绍了先进的反应堆堆芯材料、特殊制造技术、化学传感器、在役检测和模拟器等相关学科内容。在设计方面系统地介绍了所有的重要因素,重点是反应堆组件,包括堆芯和冷却剂回路、燃料处理、仪表和控制、能量转换和安全壳系统。设计规范和标准具有足够的背景意义,能让读者理解潜在的原理基础,并提供了概念的选择,详细的设计、分析和验证的指南。涉及制造和装配的章节为行业专业人员提供了充分的基础知识,以提高他们个人能力和建造快堆电厂的能力。第29章涉及燃料循环技术方面的科学技术问题。我们真诚地希望通过本书,工程师们将能够获得一些想法和知识,领会钠冷快堆系统和组件的设计和开发。既然这项快堆技术正在被应用于世界许多地区的商业化能源生产,我们有信心相信,这本书将受到从事钠冷快堆领域年轻、有抱负和有积极思维的专业人员的热切关注,从而使他们在未来几年成为相关科学技术项目的领导者。

我们真诚地欢迎读者提出建设性的批评意见,以便将来修订本书时予以补充完善。

目 录

第一部分　基础和概念___1

第1章 核裂变与增殖 ··· 3
    1.1　引言 ··· 3
    1.2　关于中子 ··· 3
    1.3　原子核稳定性 ··································· 4
    1.4　裂变的能量 ····································· 5
    1.5　裂变中子和能谱 ······························· 7
    1.6　链式反应 ··· 8
    1.7　裂变和增殖材料 ······························· 8
    1.8　关于增殖 ··· 9
    1.9　核反应堆的工作 ······························· 12
    1.10　反应堆控制和安全：反应堆物理 ······ 12

第2章 快堆与压水堆的对比 ···························· 17
    2.1　引言 ··· 17
    2.2　中子特征 ··· 17
    2.3　安全特性 ··· 19
    2.4　堆芯的几何特征 ······························· 21

第3章 快堆的描述 ··· 26
    3.1　引言 ··· 26
    3.2　堆芯和反应堆组件 ···························· 26
    3.3　主换热系统 ····································· 28
    3.4　组件处理 ··· 28

	3.5 蒸汽-水系统	28
	3.6 电力系统	28
	3.7 仪表和控制	28

第4章　钠冷快堆的独特价值　30

4.1 引言　30
4.2 开式燃料循环模式下的铀利用　30
4.3 闭式燃料循环模式下的铀利用　33
4.4 快堆燃料利用：案例研究　34
4.5 高放射性废物管理和环境问题　36
4.6 次锕系元素燃烧设计概念　38
4.7 快堆典型的次锕系元素燃烧场景　39

第5章　有效利用天然铀和钍的设计目标　41

5.1 引言　41
5.2 发展　41
  5.2.1 可持续性　43
  5.2.2 经济性　43
  5.2.3 安全和可靠性　43
  5.2.4 防扩散和物理防护　43
5.3 性能和燃料消耗方面　48

第6章　各种快堆的前景　50

6.1 引言　50
6.2 钠冷快堆　50
6.3 铅冷快堆　51
6.4 熔盐堆　52
6.5 气冷快堆　54
6.6 先进快堆与钠冷快堆的比较　56
6.7 福岛核事故后快堆的发展　56
  6.7.1 先进的钠冷示范快堆　57
  6.7.2 日本钠冷快堆　58
  6.7.3 先进快堆（AFR-100）　58
  6.7.4 欧洲铅冷快堆　59

第二部分 钠冷快堆的设计___63

第7章 材料选择及其性能 ··· 65

7.1 引言 ·· 65
7.2 燃料 ·· 65
    7.2.1 氧化物燃料 ··· 66
    7.2.2 金属燃料 ··· 69
    7.2.3 碳化物燃料 ··· 72
    7.2.4 氮化物燃料 ··· 74
    7.2.5 金属陶瓷燃料 ······································· 74
    7.2.6 总体比较 ··· 75
7.3 堆芯结构材料 ·· 75
    7.3.1 环境 ··· 75
    7.3.2 辐照的影响 ··· 76
    7.3.3 辐照损伤 ··· 77
    7.3.4 材料选择 ··· 82
    7.3.5 先进材料和改进 ····································· 87
    7.3.6 与材料有关的安全限制 ······························· 92
    7.3.7 结构设计标准 ······································· 93
7.4 反应堆结构 ·· 97
    7.4.1 包括管道在内的反应堆系统的材料 ····················· 98
    7.4.2 焊接材料和焊接点性能 ······························· 103
    7.4.3 蒸汽发生器材料 ····································· 105
    7.4.4 改良型 9Cr-1Mo 钢焊接材料 ·························· 109
    7.4.5 三金属过渡接头 ····································· 110
7.5 冷却剂 ·· 110
    7.5.1 物理性质 ··· 111
    7.5.2 核性质 ··· 112
    7.5.3 化学性质 ··· 112

第8章 系统和部件 ··· 117

8.1 引言 ·· 117
8.2 反应堆堆芯 ·· 117

	8.2.1	设计约束 ……………………………………………	118
	8.2.2	堆芯设计的主要步骤 …………………………………	120
	8.2.3	燃料元件直径的选择 …………………………………	121
	8.2.4	燃料元件的构成 ……………………………………	124
	8.2.5	元件间隔 ……………………………………………	124
	8.2.6	组件的概念 …………………………………………	125
	8.2.7	组件的构成 …………………………………………	127
	8.2.8	堆芯流量分配 ………………………………………	127
8.3	核蒸汽供应系统 ……………………………………………		130
	8.3.1	池式与回路式设计对比 ………………………………	131
	8.3.2	核蒸汽供应系统部件的概念设计 ……………………	133
8.4	反应堆机构 …………………………………………………		180
	8.4.1	停堆系统 ……………………………………………	180
	8.4.2	燃料操作系统 ………………………………………	187
8.5	仪控系统 ……………………………………………………		198
	8.5.1	I&C 的基本功能 ……………………………………	198
	8.5.2	一般设计特点 ………………………………………	199
	8.5.3	仪表类型 ……………………………………………	200
	8.5.4	信号处理 ……………………………………………	207
	8.5.5	安全相关系统 ………………………………………	208
	8.5.6	非核安全系统 ………………………………………	208
	8.5.7	控制结构 ……………………………………………	208
	8.5.8	控制室 ………………………………………………	208
	8.5.9	过程控制计算机 ……………………………………	209
	8.5.10	反应堆保护系统 …………………………………	209
	8.5.11	事故后监测 ………………………………………	210
	8.5.12	主控制回路 ………………………………………	210
	8.5.13	接地 ………………………………………………	211
	8.5.14	仪控电源 …………………………………………	211
	8.5.15	地震仪器 …………………………………………	211
	8.5.16	未来方向 …………………………………………	212
8.6	能量转换系统 ………………………………………………		212
	8.6.1	动力循环 ……………………………………………	214

	8.6.2 快堆电力转换系统的特性 ……………………	218
	8.6.3 系统分类 …………………………………………	221

第9章 设计基础 ………………………………………… 225

9.1 引言 ………………………………………………… 225
9.2 故障模式 …………………………………………… 226
  9.2.1 热纹振荡 …………………………………… 226
  9.2.2 热分层 ……………………………………… 227
  9.2.3 自由液位波动 ……………………………… 228
  9.2.4 晶胞对流 …………………………………… 229
  9.2.5 晶胞对流的位置 …………………………… 231
  9.2.6 薄壁的流体弹性失稳 ……………………… 231
  9.2.7 薄壳的屈曲 ………………………………… 233
9.3 规范与标准 ………………………………………… 236
  9.3.1 土木结构 …………………………………… 236
  9.3.2 机械构件:核蒸汽供应系统 ……………… 237
9.4 RCC-MR/ASME 中未包括的设计标准 …………… 239
  9.4.1 抗震设计准则 ……………………………… 239
  9.4.2 钠的效应 …………………………………… 240
  9.4.3 小剂量辐照的影响 ………………………… 240
  9.4.4 大剂量辐照的影响 ………………………… 240
9.5 热工水力设计准则 ………………………………… 242
  9.5.1 热纹振荡的设计规则 ……………………… 242
  9.5.2 冷钠池温度不对称现象 …………………… 243
  9.5.3 液位波动 …………………………………… 243
  9.5.4 池内自由表面速度 ………………………… 243
  9.5.5 高频温度波动 ……………………………… 244
  9.5.6 顶盖的热损失 ……………………………… 244

第10章 设计验证 ………………………………………… 246

10.1 引言 ……………………………………………… 246
10.2 结构分析软件和结构设计方法 ………………… 246
  10.2.1 基于黏塑性理论的材料基本模型 ……… 247
  10.2.2 RCC-MR 标准中的蠕变疲劳损伤评估程序 … 260

　　　　10.2.3　裂纹样缺陷部件的寿命预测 …………… 263
　　　　10.2.4　薄壳的流体弹性失稳 ……………………… 267
　　　　10.2.5　薄壳容器的参量不稳定性 ………………… 271
　　　　10.2.6　通过模拟实验验证地震分析 ……………… 274
　　10.3　热工水力程序 …………………………………………… 287
　　　　10.3.1　气体夹带起始自由表面速度极限的预测 … 287
　　　　10.3.2　组件内部堵塞多孔模型的建立 …………… 288
　　　　10.3.3　水平圆柱形肋片自然对流的验证 ………… 289
　　　　10.3.4　保护气体的热工水力 ……………………… 290
　　　　10.3.5　热纹振荡 …………………………………… 292
　　10.4　大尺寸实验验证 ………………………………………… 293
　　　　10.4.1　Phenix 堆寿期末自然对流实验验证 ……… 293
　　　　10.4.2　法国反应堆的池内水力实验 ……………… 300
　　　　10.4.3　钠池中的热分层 …………………………… 302
　　　　10.4.4　使用 CFD 方法模拟文殊堆的热分层 ……… 304
　　　　10.4.5　热纹振荡 …………………………………… 306
　　　　10.4.6　子组件热工水力 …………………………… 309
　　　　10.4.7　顶盖喷射冷却系统的评估 ………………… 311
　　　　10.4.8　氩气在顶盖内的晶胞对流 ………………… 314
　　　　10.4.9　原型快堆控制棒驱动机构的评估 ………… 316
　　10.5　印度快堆部件鉴定的实验设施 ………………………… 319
　　　　10.5.1　大部件试验台 ……………………………… 319
　　　　10.5.2　钠水反应试验装置 ………………………… 322
　　　　10.5.3　蒸汽发生器实验装置 ……………………… 326
　　　　10.5.4　SADHANA 测试装置 ……………………… 330
　　　　10.5.5　SAMRAT 水回路（PFBR1/4 比例水模型）… 333

第11章　设计分析与方法 ………………………………………… 342
　　11.1　引言 ……………………………………………………… 342
　　11.2　反应堆物理 ……………………………………………… 342
　　　　11.2.1　均匀和异构堆芯 …………………………… 342
　　11.3　热工水力 ………………………………………………… 357
　　　　11.3.1　堆芯的热工水力 …………………………… 357

11.3.2　钠池的热工水力 …………………………… 364
11.4　SFR 相关特殊问题的结构力学分析 …………………… 374
　　11.4.1　获得允许温度波动的通用方法 …………… 375
　　11.4.2　建立热纹振荡极限：案例研究 …………… 381
　　11.4.3　薄壳流体弹性不稳定性的研究 …………… 382
　　11.4.4　流体弹性不稳定基准问题的解决方案 …… 390
　　11.4.5　薄壳在地震荷载作用下的屈曲分析 ……… 390

第三部分　安全___401

第 12 章　安全原则与理念 …………………………………… 403

12.1　引言 ……………………………………………………… 403
12.2　固有和专设安全设施 …………………………………… 404
　　12.2.1　控制参数 ……………………………………… 404
　　12.2.2　增强固有安全性的方法 ……………………… 406
　　12.2.3　余热排出的固有安全性 ……………………… 408
　　12.2.4　工程安全功能 ………………………………… 409
　　12.2.5　固有安全参数的总体感知 …………………… 410
12.3　运行简化 ………………………………………………… 411
　　12.3.1　燃耗 …………………………………………… 411
　　12.3.2　系统安全 ……………………………………… 411
　　12.3.3　非能动安全功能 ……………………………… 412
12.4　放射性释放 ……………………………………………… 413
　　12.4.1　RCB 中的放射源 ……………………………… 413
　　12.4.2　环境源项 ……………………………………… 417
　　12.4.3　计算模型 ……………………………………… 419
　　12.4.4　剂量估计 ……………………………………… 420
　　12.4.5　事故工况下的剂量限值 ……………………… 421

第 13 章　安全标准和依据 …………………………………… 425

13.1　引言 ……………………………………………………… 425
13.2　安全标准中需要说明的快堆一般特征 ………………… 427

13.3 安全标准中需要说明的与钠有关的安全问题 ········ 430
13.4 IAEA 和其他国际安全标准 ···················· 431
13.5 SFR 安全标准的几个重点 ···················· 432
 13.5.1 核电厂设计要求 ······················ 432
 13.5.2 主要反应堆系统的要求:案例研究 ········ 438
13.6 演变趋势[13.10] ································ 448
 13.6.1 演变的安全方法 ······················ 448
 13.6.2 DEC 的识别 ·························· 449
 13.6.3 设计措施的确定 ······················ 450
 13.6.4 事故情况的实际消除 ·················· 451
 13.6.5 从福岛第一核电站事故中吸取的经验教训 ··· 452

第14章 事件分析 ·· 454

14.1 引言 ·· 454
14.2 事件分类:基础,定义和解释 ················ 455
 14.2.1 设计基准工况 ························ 456
 14.2.2 设计扩展工况 ························ 458
 14.2.3 残留风险情况 ························ 459
14.3 分析方法论 ·································· 460
14.4 核电厂动力学研究的应用 ···················· 462
 14.4.1 核电厂保护系统的设计 ················ 462
 14.4.2 部件的热机械设计 ···················· 464
 14.4.3 确定核电厂运行战略的研究:PFBR 的
     案例研究 ···························· 466
 14.4.4 核电厂安全示范 ······················ 467
14.5 小结 ·· 469

第15章 严重事故分析 ···································· 472

15.1 引言 ·· 472
15.2 始发事件 ···································· 473
 15.2.1 导致 UTOPA 的始发事件 ·············· 473
 15.2.2 导致 ULOFA 的始发事件 ·············· 474
 15.2.3 导致 ULOHS 的始发事件 ·············· 475
 15.2.4 堆芯中的流动阻塞 ···················· 476
 15.2.5 堆芯中钠空泡的产生 ·················· 478

15.3 严重事故情景 ·············· 485
    15.3.1 严重事故阶段 ·············· 486
    15.3.2 CDA 的后果 ·············· 488
15.4 机械能释放和后果 ·············· 489
15.5 事故余热排出 ·············· 490
    15.5.1 熔融燃料的重置 ·············· 491
    15.5.2 熔融燃料-冷却剂相互作用 ·············· 491
    15.5.3 堆芯捕集器概念 ·············· 493
    15.5.4 事故后余热排出 ·············· 494
15.6 放射性后果 ·············· 495

第16章 钠安全 ·············· 501

16.1 引言 ·············· 501
16.2 钠火 ·············· 503
    16.2.1 SFR 中钠泄漏的来源 ·············· 503
    16.2.2 钠火场景和后果 ·············· 504
    16.2.3 关于钠雾火的国际研究 ·············· 507
    16.2.4 PFBR 的钠火研究：一个具体的案例 ·············· 508
16.3 钠-水相互作用 ·············· 513
    16.3.1 SG 泄漏的分类及其影响 ·············· 515
    16.3.2 预防/缓解 SG 中 SWR 影响的设计标准 ·············· 519
16.4 钠-混凝土相互作用 ·············· 520
    16.4.1 设计规定 ·············· 524
16.5 钠火缓解 ·············· 525
    16.5.1 非能动方法 ·············· 525
    16.5.2 能动方法 ·············· 526

第17章 计算机程序和验证 ·············· 532

17.1 引言 ·············· 532
17.2 严重事故分析的计算机程序 ·············· 532
    17.2.1 国际程序 ·············· 532
    17.2.2 印度严重事故分析的计算机程序 ·············· 537
    17.2.3 国际原子能机构对 BN-800 的基准：严重事故程序的验证 ·············· 538

17.3 机械后果的计算机程序 …………………………………… 539
 17.3.1 国际计算机程序 …………………………………… 539
 17.3.2 程序验证 …………………………………………… 540
17.4 放射性释放 …………………………………………………… 543
 17.4.1 印度钠冷快堆采用的方法 ………………………… 545
17.5 钠火程序 ……………………………………………………… 546

第18章 测试设施和程序 …………………………………………… 552

18.1 引言 …………………………………………………………… 552
18.2 与堆芯安全相关的测试设施概述 …………………………… 556
 18.2.1 SCARABEE:法国设施 …………………………… 556
 18.2.2 CABRI:法国设施 ………………………………… 557
 18.2.3 IGR:哈萨克斯坦设施 …………………………… 558
 18.2.4 AR-1(IPPE):俄罗斯测试设施 …………………… 559
 18.2.5 TREAT:U.S. DOE ………………………………… 560
 18.2.6 ACRR:U.S. 设施 ………………………………… 561
18.3 与熔融燃料-冷却剂相互作用相关的测试
 设备概述 ……………………………………………………… 562
 18.3.1 PLINIUS-VULCANO:法国设施 ………………… 562
 18.3.2 PLINIUS-KROTOS:法国设施 …………………… 563
 18.3.3 SOFI:印度设施 …………………………………… 564
 18.3.4 MELT:日本设施 …………………………………… 566
 18.3.5 CAFE:U.S. 设施 …………………………………… 567
 18.3.6 MCCI:U.S. 设施 …………………………………… 567
 18.3.7 SURTSEY:U.S. 设施 ……………………………… 568
18.4 与事故余热排出有关的测试设施 …………………………… 569
 18.4.1 KASOLA(KIT):德国设施 ………………………… 569
 18.4.2 VERDON 实验室:在法国原子能与替代
   能源委员会的法国设施 …………………………… 570
 18.4.3 MERARG:在 CEA 的法国设施 ………………… 571
 18.4.4 SADHANA:在 IGCAR 的印度设施 …………… 572
 18.4.5 PATH:印度设施 …………………………………… 573
 18.4.6 SASTRA:印度设施 ……………………………… 574

　　　　18.4.7　ATHENA：日本设施 ……………………………… 574
　18.5　与钠安全相关的测试设施 ……………………………………… 575
　　　　18.5.1　DIADEMO：在 CEA 的法国设施 ………………… 575
　　　　18.5.2　MINA：印度钠火研究设施 ……………………… 576
　　　　18.5.3　SOCA：印度设施 ………………………………… 577
　　　　18.5.4　SFEF：印度大型钠火研究设施 ………………… 578
　　　　18.5.5　SOWART：印度设施 ……………………………… 579
　　　　18.5.6　SAPFIRE：日本设施 ……………………………… 580
　　　　18.5.7　SWAT-1R/3R：日本设施 ………………………… 581

第19章　反应堆中的安全实验 …………………………………………… 585

　19.1　引言 ………………………………………………………………… 585
　19.2　安全实验的重点 …………………………………………………… 585
　　　　19.2.1　Rapsodie ………………………………………… 585
　　　　19.2.2　Phenix …………………………………………… 586
　　　　19.2.3　FBTR 中的自然对流试验 ………………………… 588
　　　　19.2.4　BOR-60 …………………………………………… 589
　　　　19.2.5　快中子通量测试设备 …………………………… 591
　　　　19.2.6　EBR-II …………………………………………… 591
　19.3　小结 ………………………………………………………………… 593

第20章　严重事故管理 …………………………………………………… 595

　20.1　引言 ………………………………………………………………… 595
　20.2　设计扩展工况的后果分析：PFBR 案例研究 ……………………… 595
　　　　20.2.1　针对堆芯解体事故的主安全壳能力 ……………… 596
　　　　20.2.2　SSE 以外的反应堆组件的抗震能力裕度 ………… 596
　　　　20.2.3　主容器和安全压力容器的连续泄漏 ……………… 597
　　　　20.2.4　安全级余热排出系统回路的多重故障 …………… 597
　　　　20.2.5　钠凝固的研究 ……………………………………… 598
　　　　20.2.6　反应堆堆坑冷却和顶部屏蔽冷却系统 …………… 598
　　　　20.2.7　新燃料和乏燃料组件储存间的完整性 …………… 599
　　　　20.2.8　超出设计基准的洪水水位 ………………………… 599
　　　　20.2.9　应对由海啸引起的全厂断电的措施：
　　　　　　　　日本方法 ……………………………………… 599

XVII

20.3 改进的未来快堆安全特性 ·· 601
  20.3.1 限制堆芯损毁的最终停堆系统 ································· 601
  20.3.2 实际消除再临界 ·· 603
  20.3.3 在反应堆解体事故下保持堆芯捕集器的堆芯熔融物稳定性 ·· 603
  20.3.4 事故后衰变热量排出系统 ···································· 604
  20.3.5 承受反应堆解体事故后果的安全壳特征 ··················· 608
20.4 小结 ··· 608

第21章 PFBR 的安全性分析：案例研究 ·· 610

21.1 引言 ··· 610
21.2 PFBR 中的安全特性 ··· 612
  21.2.1 负反应系数 ·· 612
  21.2.2 堆芯监测 ·· 612
  21.2.3 防止钠空泡的措施 ··· 614
  21.2.4 停堆系统 ·· 615
  21.2.5 衰变余热排出系统 ··· 616
  21.2.6 反应堆安全壳建筑物 ·· 617
  21.2.7 堆芯捕集器 ··· 617
21.3 严重事故分析 ··· 617
  21.3.1 事故情景和能量释放 ·· 618
  21.3.2 CDA 的机械后果 ·· 619
21.4 主安全壳潜力的评估：分析要点 ··································· 620
  21.4.1 理想几何和装载细节 ·· 621
  21.4.2 机械载荷和能量吸收顺序 ···································· 622
  21.4.3 主要压力容器变形 ··· 623
  21.4.4 弹头撞击载荷及其影响 ······································· 624
21.5 通过顶部屏蔽的钠泄漏和安全壳设计压力 ······················ 625
21.6 RCB 的温度和压力上升 ·· 626
21.7 实验模拟 ··· 628
  21.7.1 模拟和仪表详细信息 ·· 629
  21.7.2 能量释放模拟 ··· 630
  21.7.3 重要结果 ·· 630
21.8 事故后余热排出 ·· 633

21.9 现场边界剂量 …………………………………… 636
21.10 小结 …………………………………………… 636

第四部分　建设与调试___639

第22章　土建结构和施工的具体方面 …………………………… 641

22.1 引言 …………………………………………… 641
22.2 反应堆建筑的具体方面 ……………………… 644
 22.2.1 反应堆安全壳 ………………………… 644
 22.2.2 反应堆堆坑 …………………………… 646
 22.2.3 与燃料处理和储存相关的结构 ……… 649
 22.2.4 蒸汽发生器厂房的特点 ……………… 653
 22.2.5 基础筏板上与核岛连接的建筑物 …… 654
22.3 土建施工面临的挑战 ………………………… 654

第23章　机械部件的制造和安装 ………………………………… 660

23.1 关于钠冷快堆组件制造和安装的具体特性 … 660
23.2 制造和安装公差：基础和挑战 ……………… 661
 23.2.1 制造公差：形状公差及其影响 ……… 662
 23.2.2 加工公差 ……………………………… 667
 23.2.3 安装公差 ……………………………… 669
23.3 制造规范和实践 ……………………………… 671
 23.3.1 焊缝相关问题 ………………………… 672
 23.3.2 奥氏体不锈钢焊缝的挑战 …………… 673
 23.3.3 含钠的不锈钢容器可接受的焊接接头 … 674
 23.3.4 稳健设计通用指南 …………………… 678
 23.3.5 焊接不匹配和控制 …………………… 678
 23.3.6 焊缝检查 ……………………………… 680
 23.3.7 热处理 ………………………………… 681
 23.3.8 焊接强度降低因素 …………………… 682
 23.3.9 焊接栅格板技术发展的经验教训：
    案例研究 ……………………………… 684
23.4 小结 …………………………………………… 686

第24章	国际钠冷快堆的实例 ············· 688
	24.1 文殊堆 ····················· 688
	24.1.1 关键部件的制造 ············· 688
	24.1.2 施工 ····················· 688
	24.2 Superphenix(SPX1) ············· 691
	24.2.1 施工 ····················· 691
	24.2.2 现场安装 ················· 692
	24.3 500MW(e)原型快堆 ············· 696
	24.3.1 原型快中子增殖反应堆简要说明 ··· 696
	24.3.2 遵循制造战略 ··············· 697
	24.3.3 制造挑战 ················· 697
	24.3.4 安装挑战 ················· 702
	24.3.5 组件安装过程中采取的主要策略 ··· 704
	24.3.6 重要经验教训 ··············· 705
	24.4 小结 ····················· 707

第25章	调试问题:各个阶段和经验 ············· 708
	25.1 快中子通量测试装置 ············· 708
	25.1.1 调试和功率启动程序 ············· 708
	25.1.2 各阶段的观察/数据收集 ············· 710
	25.2 Phenix ····················· 713
	25.2.1 堆芯装载前的钠测试 ············· 714
	25.2.2 功率运行的准备活动 ············· 715
	25.2.3 升功率计划 ················· 716
	25.2.4 重要的调试测试结果和观察结果 ··· 717
	25.2.5 小结 ····················· 718
	25.3 BN-600 反应堆调试经验 ············· 718
	25.3.1 反应堆启动前的各种活动 ············· 719
	25.3.2 反应堆的物理启动 ············· 720
	25.3.3 功率上升 ················· 721
	25.3.4 功率运行期间的测试 ············· 721
	25.3.5 结束语 ····················· 722

第五部分　国际钠冷快堆经验___723

第26章　各个国家的快堆计划 …… 725
- 26.1　引言 …… 725
- 26.2　中国 …… 727
- 26.3　法国 …… 728
- 26.4　德国 …… 729
- 26.5　印度 …… 730
- 26.6　日本 …… 731
- 26.7　韩国 …… 733
- 26.8　俄罗斯 …… 734
- 26.9　美国 …… 735

第27章　来自运行经验的反馈 …… 738
- 27.1　引言 …… 738
- 27.2　设计理念 …… 740
  - 27.2.1　钠冷却剂 …… 740
  - 27.2.2　蒸汽发生器性能 …… 744
  - 27.2.3　钠-钠热交换器 …… 748
  - 27.2.4　钠泵 …… 748
  - 27.2.5　换料系统 …… 749
- 27.3　材料特性 …… 752
  - 27.3.1　燃料 …… 752
  - 27.3.2　堆芯结构材料 …… 752
  - 27.3.3　堆外材料 …… 754
- 27.4　安全经验 …… 754
  - 27.4.1　反应性事件 …… 754
  - 27.4.2　燃料棒包壳失效 …… 755
  - 27.4.3　燃料熔化 …… 758
- 27.5　运营经验 …… 759
  - 27.5.1　优点 …… 760
  - 27.5.2　挑战 …… 761

第28章	**未来钠冷快堆的创新反应堆** ·· 763

28.1 动机、策略和方法 ···································· 763
28.2 INPRO:快堆的闭式燃料循环(CNFC-FR) ············· 764
  28.2.1 CNFC-FR 研发的突出特点 ················ 765
  28.2.2 使用 INPRO 方法评估结果的重点 ·········· 765
  28.2.3 研发 ···································· 767
28.3 国家特有的概念 ·· 768
  28.3.1 法国 ···································· 768
  28.3.2 印度 ···································· 769
  28.3.3 日本 ···································· 772
  28.3.4 韩国 ···································· 774
  28.3.5 俄罗斯 ·································· 775
  28.3.6 美国 ···································· 776
  28.3.7 其他潜在选项 ···························· 777

第六部分　钠冷快堆的燃料循环___779

第29章	**钠冷快堆的燃料循环** ·· 781

29.1 引言 ·· 781
29.2 开式和闭式燃料循环 ···································· 781
29.3 快堆的闭式燃料循环 ···································· 783
29.4 燃料类型 ·· 784
29.5 快堆燃料的性能要求 ···································· 786
29.6 燃料制造工艺 ·· 787
  29.6.1 溶胶-凝胶法 ···························· 788
  29.6.2 碳化物和氮化物燃料的制造 ················ 790
  29.6.3 金属燃料的制造 ·························· 790
29.7 燃料后处理 ·· 791
29.8 水法后处理 ·· 791
29.9 快堆燃料后处理的特点 ·································· 792
29.10 快堆燃料后处理的国际经验 ····························· 793

29.11 热化学后处理 ·········· 794
  29.11.1 氧化物燃料的高温处理 ·········· 795
  29.11.2 金属燃料的高温处理 ·········· 796
29.12 碳化物和氮化物燃料的后处理 ·········· 798
29.13 次锕系元素的划分 ·········· 799
29.14 快堆燃料循环的废物管理 ·········· 800
29.15 快堆和次锕系元素燃烧 ·········· 802
  29.15.1 次锕系元素燃烧的基体模型 ·········· 802
29.16 小结 ·········· 803

第七部分　退役方面___805

第30章　退役方面 ·········· 807

30.1 引言 ·········· 807
30.2 钠冷快堆和压水堆退役方面的主要区别 ·········· 808
30.3 钠冷快堆退役所涉及的主要活动和挑战 ·········· 808
30.4 技术战略 ·········· 812
30.5 反应堆退役的经验和反馈 ·········· 814
30.6 小结 ·········· 821

第八部分　与钠冷快堆高度相关的领域：典型示例___825

第31章　材料科学与冶金 ·········· 827

31.1 引言 ·········· 827
31.2 堆芯结构材料 ·········· 828
31.3 耐辐射钢 ·········· 829
31.4 离子束模拟 ·········· 829
31.5 计算机模拟 ·········· 830
31.6 包壳材料与冷却剂和燃料的兼容性 ·········· 832
31.7 反应堆结构材料 ·········· 835

31.8 蒸汽发生器材料 ………………………………………… 838
31.9 耐磨堆焊 ……………………………………………… 839
31.10 小结 ………………………………………………… 839

第32章 用于钠冷却回路的化学传感器 …………………………… 842

32.1 引言 …………………………………………………… 842
32.2 用于监测液钠中溶解氢的传感器 ……………………… 843
 32.2.1 基于扩散的氢监测器 ………………………… 843
 32.2.2 电化学氢传感器 ……………………………… 845
 32.2.3 用于氩气保护气体的氢气监测器 …………… 846
32.3 用于监测液钠中碳活度的传感器 ……………………… 847
 32.3.1 基于扩散的碳监测器 ………………………… 848
 32.3.2 电化学碳传感器 ……………………………… 848
32.4 用于监测液钠系统中氧气的传感器 …………………… 849

第33章 机器人技术、自动化和传感器 …………………………… 853

33.1 引言 …………………………………………………… 853
33.2 快堆组件的在役检测 …………………………………… 854
33.3 用于核燃料循环设施的远程操作工具和机器人设备 … 857
 33.3.1 检查机器人 …………………………………… 863
33.4 用于机器人和自动化的传感器 ………………………… 864
 33.4.1 无损检测传感器 ……………………………… 865
33.5 小结 …………………………………………………… 867

第34章 用于快堆操纵员培训的仿真机 …………………………… 870

34.1 引言 …………………………………………………… 870
34.2 仿真机的类型 ………………………………………… 871
 34.2.1 全范围仿真机 ………………………………… 871
 34.2.2 局部功能仿真机 ……………………………… 872
 34.2.3 复制型仿真机 ………………………………… 872
 34.2.4 非复制型仿真机 ……………………………… 872
34.3 操纵员培训仿真机 ……………………………………… 872
 34.3.1 建造培训仿真机所需的资源 ………………… 873

34.3.2　模型开发平台 ………………………………… 873
　　　34.3.3　操纵员培训的平台部署 …………………………… 874
　　　34.3.4　仿真机的软件结构 ………………………………… 875
　　　34.3.5　确定需要建模的系统/核电厂状态 ………………… 876
　　　34.3.6　制定仿真范围文件 ………………………………… 876
　　　34.3.7　建立模型开发的能力 ……………………………… 877
　　　34.3.8　组建内部验证和校核团队 ………………………… 877
　34.4　基础仿真机模型 ……………………………………………… 877
　34.5　培训仿真机的设计与开发 …………………………………… 877
　　　34.5.1　开发培训仿真机的步骤 …………………………… 878
　　　34.5.2　过程仿真机的开发 ………………………………… 878
　34.6　集成和性能测试 ……………………………………………… 879
　　　34.6.1　用于加载核电厂工况的教练员站 ………………… 880
　　　34.6.2　稳态的性能测试 …………………………………… 880
　　　34.6.3　瞬态的性能测试 …………………………………… 881
　　　34.6.4　基准瞬态 …………………………………………… 881
　34.7　培训仿真机的验证与校核 …………………………………… 881
　34.8　安装启用 ……………………………………………………… 882
　34.9　培训仿真机配置管理 ………………………………………… 882
　34.10　参考标准 …………………………………………………… 883

第九部分　具有闭式燃料循环的钠冷快堆的经济性___885

第35章　具有闭式燃料循环钠冷快堆的经济性 ……………………… 887

　35.1　引言 …………………………………………………………… 887
　35.2　对钠冷快堆经济性的总体看法 ……………………………… 887
　35.3　国际钠冷快堆有关经济方面的经验 ………………………… 889
　　　35.3.1　考虑核电厂经济学的共同因素 …………………… 889
　　　35.3.2　核电厂经济学：一般方法 ………………………… 890
　　　35.3.3　参考国际钠冷快堆经济性的经验 ………………… 892

XXV

35.4 未来方向:技术挑战 …………………………………… 896
35.5 印度钠冷快堆经济性探讨:个案研究……………………… 897
  35.5.1 考虑反应堆装配组件的设计改进 ………… 900
  35.5.2 二回路钠系统的设计优化 ………………… 901
  35.5.3 印度项目总结 ……………………………… 902

第一部分

基础和概念

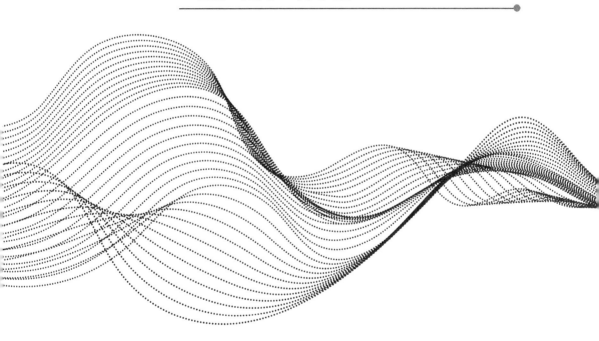

第1章
核裂变与增殖

1.1 引　　言

核反应堆设计和运行的基础是由中子与物质的各种相互作用决定的，原子与核的物理概念是理解这些核反应的基础。本章介绍了中子与原子核相互作用背后的基础科学，以便于理解快中子增殖反应堆（FBR）的概念，这些概念将在下面的章节中讨论。

1.2 关于中子

原子核是位于原子中心的一个高质量、高密度以及带正电荷的极小区域。1991年，卢瑟福发现所有的正电荷以及原子99%以上的质量都集中在原子核内。那时，人们普遍认为只有原子核内的质子和原子核外的电子是带有相反电荷的基本粒子[1.1]。卢瑟福认为原子核中除了质子外，还存在中性粒子。1932年，英国物理学家詹姆斯·查德威克重复了伊雷娜·约里奥·居里（居里夫妇的女儿）和她的丈夫弗雷德里克·约里奥·居里利用钋－铍源（Po-Be）做了高能辐射（高穿透性辐射）实验。他们得出结论：这种神秘的辐射由电中性粒子组成，其质量几乎与质子相当。这证实了卢瑟福所预言的中性质子是存在的。查德威克将这种粒子命名为中子（1932），正是这一发现，阐明了原子核的组成是质子和中子（核子），核子的总数就称为质量数（A）。

因此中子组成了除普通氢核以外所有原子核的中性粒子成分。质子的质量为 $1.67492729 \times 10^{-27}$ kg[1.1]，中子的质量略大于质子的质量。因为中子是中性粒子，所以它们具有很强的穿透力。中子有磁矩，也有自旋，还可以形成极化中子束。基于能量的中子分类如表1-1所示。

表 1-1 基于能量的中子分类

超冷中子	小于 2×10^{-7} eV
较冷中子	2×10^{-7} eV $\leq$ E $< 5 \times 10^{-5}$ eV
冷中子	5×10^{-5} eV $\leq$ E < 0.025 eV
热中子	0.025 eV
中能中子	大于 0.025 eV 且小于 100 keV
快中子	大于 100 keV

1 电子伏特(eV)是电子通过 1V 电势差加速时所获得的能量($1\text{eV} = 1.602 \times 10^{-19}$ J)。

中子不能在原子核外长时间存在。被束缚的中子不会衰变，而自由中子通过发射电子(β^-)和中微子($\bar{\nu}$)衰变，半衰期约为 10.3 min，平均寿命为 14.9 min。β^- 衰变的反应为：$n \rightarrow p + \beta^- + \bar{\nu} + 1.29$ MeV。

1.3 原子核稳定性

质子和中子在决定核稳定性方面有同等重要的作用。在许多稳定的低质量数原子核中(可达到 40)，中子和质子的数目相等或近似相等，也就是中质比等于或略大于 1。然而随着原子质量数的增加，原子核只有在中子比质子多的情况下才稳定。因此，对于重核中原子序数为 80 或 80 以上的稳定原子核来说，其中质比可以达到 1.5 左右。人们还发现，某些原子核表现出异常的稳定性，它们含有幻数：质子数为 2、8、20、28、50、82 或中子数为 2、8、20、28、50、126。有些原子核质子数和中子数都是幻数，被称为双幻数；例如：$^{16}_{8}$O、$^{40}_{20}$Ca、$^{208}_{82}$Pb。一般来说，这些神奇的核素在自然界中是常见的[1,2]。

核子是由原子核内的核力控制的，核子之间存在两种核力：

(1) 原子核内近距离核子之间的引力；

(2) 带正电荷的质子之间的静电斥力或库仑斥力。

这些核力非常强，作用范围小，不依赖于电荷，依赖于自旋。这些力决定了核子结合在一起时的能量；质子和中子在原子核内不仅仅是形成一个简单的集合，它们还拥有大量的结合能从而紧密结合在一起。这种结合能的来源定义如下。

一般来说，如果两个或两个以上的粒子通过相互作用而结合在一起，那么系统的总质量就会小于所有单个粒子的质量总和。粒子间相互作用越强，质量下降得越多,系统总质量的这种缺失称为质量亏损[1.3,1.4]。质子数 Z 和中子数 N 的原子核的质量亏损定义为

$$\Delta M = \{(ZM_P + NM_n) - M(Z,N)\}$$

式中

M_P——质子的质量;

M_n——中子的质量;

M——含有 Z 个质子和 N 个中子的原子核的质量。

利用爱因斯坦质能关系将质量转化为能量,那结合能 $B(Z,N)$ 就可由质量亏损的值得到:

$$B(Z,N) = \{(ZM_P + NM_n) - M(Z,N)\}c^2$$

式中:c 为光速。

不同核素的单个核子质量亏损和相应的结合能值如图 1-1 所示。如果 $\Delta M < 0$,核素是稳定的,相反,当 $\Delta M > 0$ 时,核素不稳定。因此,从图 1-1 可以看出,很轻的元素($A<20$)和很重的元素($A>180$)是不稳定的,最稳定的是在 $A=50$ 左右。相应的,在 $A=56$ 时,B 的最大值为 8.79MeV/核子。$A=238$ 时,B 的值降至 7.6Mev 左右。

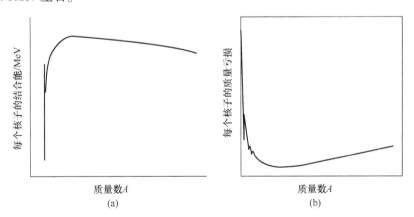

图 1-1　不同核素的单个核子质量亏损和结合能值(此处给出趋势曲线,详见文献[1.3])

(a)结合能值曲线示意;(b)质量亏损示意图。

1.4　裂变的能量

裂变过程如图 1-2 所示。当一个中子轰击一个重原子核,例如 ^{235}U,它吸收

中子从而转化为^{236}U,然后分裂成两个质量几乎相等的小原子核(碎片),例如^{137}Ba 和^{97}Kr,同时释放一些中子[1,4]。除了释放裂变碎片和中子外,还释放出超过200MeV 的巨大能量。

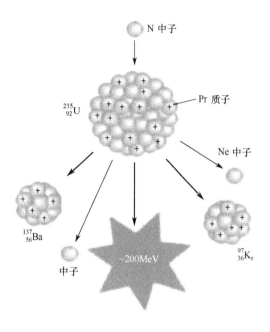

图 1-2　U-235 中一次典型的裂变反应

某些重原子核的裂变是可能的,^{235}U 就是一个例子。裂变还可以发生在其他核中,如^{233}U 和^{239}Pu。类似的,在裂变过程中,原子核并不总是分裂成^{137}Ba 和^{97}Kr,发射出的中子数也不是恒定的,可以是一个,也可以是多个。此外,释放的能量并不总是恒定的,但几乎都是 200MeV。

核裂变释放的能量可以通过相关的质量亏损估计出来。裂变碎片比^{236}U 更稳定,裂变过程净质量减少,重核分裂后的新结合能小于分裂前的结合能,多余的能量在这个过程中被释放出来。利用爱因斯坦的质能关系式可以量化能量的释放。假设裂变是对称的,每个碎片的质量是 118。从图 1-1 可以看出,在这个过程中,每个核子损失了 0.001u,因此,总质量损失 = 236 × 0.001u = 236 × 0.001 × 1.66054 × 10^{-27} kg = 0.392 × 10^{-27} kg。利用爱因斯坦的质能关系式,E = 0.392 × 10^{-27} × $(3 × 10^8)^2$ = 3.53 × 10^{-11} J = 3.53 × 10^{-11}/1.602 × 10^{-13} ≈ 220MeV。因此,在重核的裂变过程中会释放出来大量的能量,且大部分,超过 80% 的裂变能量以裂变碎片的动能出现,即表现为热量。剩下的 20% 左右以伽马射线的形式瞬间从裂变碎片中释放出来,充当裂变中子的动能[1,5]。当放射性裂变产物在一段时间内衰变时，能量被 β 粒子和 γ 射线携带并逐渐释放。当辐射与物质相互作用并被物质吸收时，这种衰变能量最终以热的形式出现。1g 铀完全裂变所释放的能量等于 3t 煤完全燃烧所释放的能量。

1.5 裂变中子和能谱

裂变过程中释放的中子可分为两类：瞬发中子和缓发中子。前者占总裂变中子的 99% 以上，在裂变瞬间的 10～14s 内被释放。瞬发中子以下列方式产生：俘获一个中子而形成的激发态的复合原子核首先分裂成两个原子核碎片，每个碎片都有太多的中子以至于不稳定并含有大约 6～8MeV 的过剩（激发）能量，这些能量将导致中子的排出。被激发的不稳定核碎片经常会在极短的时间内释放出一个或多个中子——即瞬发中子。裂变发生后，瞬发中子的释放会立即停止，但是缓发中子会在几个小时内不断地从裂变产物中释放出来，其强度会随着时间的推移而减弱，缓发中子以它们各自的半衰期为特征被分为几组。例如，裂变产物氪-87 在 56s 半衰期内通过放射性衰变释放一组缓发中子，并产生 ^{87}Br。缓发中子的母体（如 ^{87}Kr）被称为缓发中子先驱核（^{87}Kr 的半衰期为 56s）。

裂变产生的中子的能量分布称为裂变能谱，瞬发中子和缓发中子的裂变能谱如图 1-3 所示。由于发射出瞬发中子的裂变碎片拥有比最后一个中子分离能高得多的激发能，故瞬发中子比缓发中子具有更高的能谱；从图 1-3 中可以看出缓发中子先驱核的激发能通常比直接裂变碎片的能量低得多，瞬发中子的平均能量为 1000～2000keV，缓发中子的能量范围为 300～600keV[1.6,1.7]；99.8% 的裂变中子能量小于 10MeV。

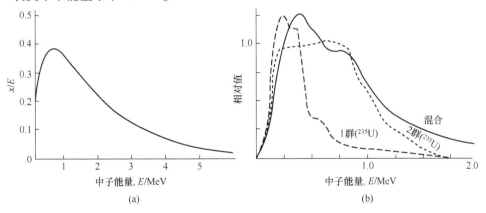

图 1-3 裂变能谱
(a) 瞬发裂变能谱；(b) 缓发中子能谱。

1.6 链式反应

有了足够数量的可用易裂变材料,就有可能把核裂变反应作为一个链式过程继续下去,这种情况发生在裂变材料中每吸收一个中子所产生的中子数大于1的时候。这种链式反应被用于核反应堆发电,链式反应原理如图1-4所示。

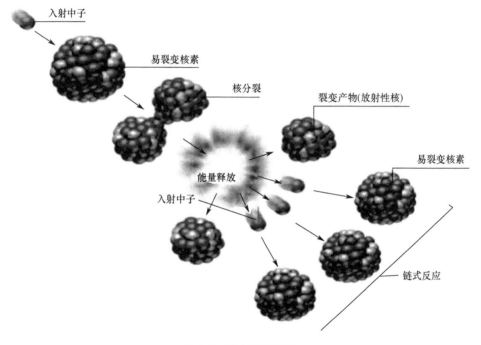

图1-4 链式反应原理

1.7 裂变和增殖材料

只有三种有足够长半衰期(几百年)的核素可以与所有能量的中子反应发生裂变:^{233}U、^{235}U、^{239}Pu,这三个核素中,只有^{235}U是自然界中存在的核素,如图5所示,另外两种分别由^{232}Th和^{238}U通过中子俘获和两个阶段的放射性衰变进行人工合成。以^{238}U为例,它是自然界最丰富的核素,捕获1个中子并衰变发射β^-粒子后得到的原子核是^{239}U。^{239}Np是一种原子序数为93的同位素,这种元素称为镎,在地球上通常不存在。^{239}Np也是一种具有β放射性的元素,它衰变得相当快,可衰变形成原子序数为94的同位素^{239}Pu,该元素称为钚,钚在自然界中仅以极少量的形式存在。类似的一系列过程也发生在^{232}Th(另一种丰富的天然核素)上。如图1-5所示,它能捕获一个中子后的产物是^{233}Th,它经历了两个连续的β衰变:第一次衰变产生的是^{233}Pa,第二次衰变产生的是^{233}U,这是铀的一种同位素,在自然界中不存在。

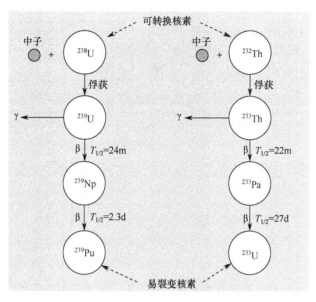

图1-5　由可转换核素产生易裂变核素

其他已知的物质中还有一些能够与所有能量的中子发生裂变,但它们具有高放射性,衰变速度很快,因此对核能利用没有实际价值。并不是所有核素可以与所有能量的中子反应发生裂变,有些是需要与快中子反应才能发生裂变,其中,^{232}Th和^{238}U是值得一提的。对于这样的核素,中子能量低于1MeV时,主要的反应是放射性俘获,高于这个阈值时,才会发生某种程度的裂变。由于^{232}Th和^{238}U只能与足够快的中子裂变,所以它们被称为可裂变核素。另外,^{233}U、^{235}U、^{239}Pu会与任何能量的中子发生裂变,故它们被称为易裂变核素。此外,由于^{232}Th和^{238}U可以转化为易裂变物质^{233}U和^{239}Pu,故也称为可转换核素。天然铀主要含有^{238}U和约0.7%的^{235}U。

1.8　关于增殖

增殖是将可转换核素转化为易裂变核素的过程。增殖比(BR)是指裂变或俘获过程中产生的易裂变物质数量与消耗的易裂变物质数量之比。增殖受到以

下参数的影响:
- v,单次裂变产生的中子数;
- η,每吸收一个中子所产生的中子数;
- α,俘获与裂变的比率,用截面表示(σ_c/σ_f)。

这些参数与 $\eta = v/(1+\alpha)$ 有关,$\eta = v/(1+\alpha)$ 表示裂变原子每吸收一个中子所产生的中子数[1.7,1.8]。核反应堆想要成为宽中子能谱的增殖堆,就要获得足够的增殖比,这就必须要选择合适的可转换和易裂变同位素。也就是说,η 值取决于燃料材料和中子能谱,如表1-2和图1-6所示。

表1-2 在热中子和快中子能谱中的中子产额"η"

中子能量	天然铀	^{235}U	^{233}U	^{239}Pu
热中子	1.34	2.04	2.26	2.06
快中子	<1.00	2.20	2.35	2.75

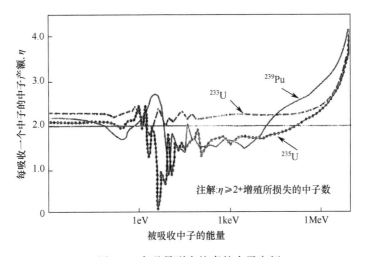

图1-6 各种易裂变核素的中子产额

增殖的必要条件是 $\eta > 2$:
- 一个新的裂变消耗一个中子;
- 一个新的转换消耗一个中子;
- p 为泄漏或寄生俘获。

当依靠单个中子来维持裂变链,并考虑一些俘获和泄漏带来的不可避免的中子损失(p)时,可转换核素产生易裂变核素的附加有效中子数为[$\eta - (1+p)$]。如果[$\eta - (1+p)$] = 1,则可以产生一个新易裂变原子来取代在之前的裂变中被消耗的原子;如果[$\eta - (1+p)$] > 1,随着附加中子[$\eta - (1+p) - 1$]的产生,易裂变原子的产生率可以比其消耗率大,这就是如图 1-7 所示的 ^{239}Pu 的增殖条件。^{239}Pu 的高增殖率可以通过下面的例子来说明,在一个典型的快堆中,^{239}Pu 的 100 次裂变释放近 300 个中子,会产生以下反应:

- 100 个中子引起 100 个新的裂变,同时维持链式反应消耗 100 个 ^{239}Pu 的易裂变同位素;
- 90 个中子被核反应堆的增殖材料(^{238}U)俘获,转化为易裂变核素(^{239}Pu);
- 45 个中子被俘获吸收,其中 25 个被易裂变核本身吸收(寄生俘获);
- 60 个中子泄漏到堆芯外,其中大多数(~50 个中子)被可转换核素(^{238}U)吸收,转化成易裂变核(^{239}Pu)。其他的中子(~10)在转换区或中子屏蔽层中被俘获吸收。

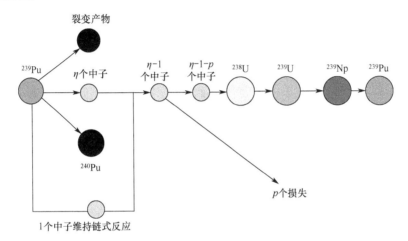

(为了使增殖成为可能,^{239}Pu 核素的产生率必须大于 ^{239}Pu 核素的消耗率,在这张图中,消耗一个 ^{239}Pu 核素,会产生 $n-p-1$ 个中子,因此,$n-p-1$ 和 $\eta > 2 + p > 2$ 是必要的)

图 1-7 增殖条件

快堆中高增殖率的主要贡献来源于从堆芯活性区中泄漏出来大量的中子被转换区的 ^{238}U 吸收,通过计算转化率(CR)可以证实该观点。转化率的计算方法为从可转换核素中产生的易裂变核素数量除以吸收的中子数:

- 堆芯 $CR = 100/(90+25) \approx 1$,即自持堆芯,不需要外部添加任何燃料;
- 总的 $CR = (100+50)(90+25) \approx 1.3$,即转换区的增殖增益为 0.3。

因此,我们可以得出这样的结论:是堆芯的转换区使快堆的增殖率更高。但对于典型的用水作冷却剂的反应堆,情况却不是这样的,例如,压水堆(PWR)。即使用转换区包围压水堆的堆芯,它也不会因为从堆芯泄漏出的少量中子而显著改变其转化率,因为这些中子在堆芯内已经被慢化了。

1.9 核反应堆的工作

在核反应堆中,核裂变过程和可转换材料转化为易裂变元素的过程是类似的,且裂变次数与所产生的总能量成正比,故可以通过控制棒来控制中子的数量从而实现堆芯可控。在任何给定功率的核反应堆,都是控制棒吸收中子以保持中子平衡。使用热中子的核反应堆称为热堆,使用快中子的反应堆被称为快中子谱反应堆或简称为快堆。在两种反应堆中,反应堆中存在的可转换材料俘获中子会转化为易裂变材料。如表 1-2 所示,钚同位素每吸收一个快中子发生裂变时会释放出更多的中子。因此,钚的增殖潜力在快堆中有很大的优势。

在核反应堆中,任意时刻的中子数都是中子产生率和中子消耗率的函数。中子的产生基本上都是通过裂变反应实现的,中子消耗是由于原子核吸收反应、寄生俘获、反应堆堆芯泄漏造成的。当一个反应堆的中子数在一代到下一代之间保持稳定时(产生的中子数与消耗的中子数相等),链式裂变反应就是自持的,此时反应堆达到临界状态。当反应堆的中子产量超过消耗时,功率水平会增加,这时的反应堆是超临界的。当消耗占主导地位时,反应堆是次临界的,其功率呈下降趋势[1.8,1.10]。

1.10 反应堆控制和安全:反应堆物理

堆芯中子倍增规律遵循下式:

$$\frac{dN}{dt} = \frac{\alpha N}{\tau}$$

式中

N——反应堆堆芯中自由中子的数量;

τ——中子的平均寿命(在它从堆芯泄漏或被原子核吸收之前);

α——一个比例常数,等于单个平均中子寿命后的预期中子数;

dN/dt——堆芯中子数的变化率。

这个微分方程的解由下式给出:

$$\frac{N}{N_0} = 中子倍增系数 = (1+\alpha)^{1/\tau}$$

如果 α 是正的,那么堆芯是超临界的,产生中子的速度将呈指数增长,直到受到其他效应影响而停止指数增长。如果 α 是负的,那么堆芯是次临界的,堆芯中自由中子的数量将会呈指数减少,直到它在零处达到平衡(或者是自发裂变的本底水平)。如果 α 恰好为零,则堆芯处于临界状态,其中子数不随时间变化($dN/dt = 0$)。一般来说,α 很小,例如当它是 0.01 时,堆芯典型的平均中子寿命(τ)约为 1 ms。然后在 1 s 内,反应堆功率将变化 $(1+0.01)^{1000}$ 倍,也就是超过 10000 倍。如此快速的变化会使核反应堆的功率不可控,但由于堆芯中的缓发中子效应,中子有效寿命远远超过平均中子寿命周期,这使得堆芯中子的平均有效寿命增加了近 0.1 s。所以 α 为 0.01 的堆芯在 1 s 内功率增加 $(1+0.01)^{10}$ 倍,也就是 1.1 倍,增长了 10%,该变化率是可控的。因此,大多数核反应堆是在瞬发次临界、缓发临界条件下运行的:瞬发中子本身不足以维持链式反应,而缓发中子弥补了维持反应所需的微小差异。这影响反应堆控制的方式:当少量的控制棒插入或从反应堆堆芯拔出时,其功率水平由于瞬发次临界倍增而快速变化,然后逐步按照指数增长规律或缓发临界效应的衰变曲线变化。此外,只要控制拔出的控制棒长度,就可以用任意期望的速度使反应堆功率增加。

每一代的中子数与上一代的中子数之比称为有效增殖因数(k)。反应性(δk,也用 ρ 表示)表示反应堆偏离临界的程度:$\delta k = (k-1)/k$[1.3]。当反应堆处于临界状态时,$\delta k = 0$。当反应堆处于次临界状态时,$\delta k < 0$。当反应堆处于超临界状态时,$\delta k > 0$。反应性可以用 $\Delta k/k$ 的十进制或百分比或反应性单位(pcm)表示,它的单位通常用符号 \$ 表示。在中子动力学中,反应性的一种表达方式是有效增殖系数 k_{eff} 的变化量与缓发中子份额 β_{eff} 的比值,将这个比值的单位定义为元,它对堆芯的安全特性至关重要。当反应堆处于临界状态时引入超过一元的反应性时,堆芯仅靠瞬发中子,不需要缓发中子就能够达到超临界状态并且可能出现快速且潜在无法控制的功率暴增。因此使用基于元的反应性单位,可以客观地比较引入不同元值反应性时堆芯的安全特性。

反应性系数用于量化参数变化对堆芯反应性的影响,其定义为给定参数变化时反应性的变化量。虽然反应性系数可以表示为反应堆功率或冷却剂流量变化的函数,但它们根本上都取决于温度。燃料、结构材料和冷却剂的温度变化引起的反应性反馈可以简化总结为五种反馈机制,它们共同控制堆芯对瞬态温度变化的反应。典型快堆的反应性反馈如图 1-8 所示[1.11],各组分的温度变化将在一定程度上改变中子的吸收、泄漏和能谱。单个堆芯组件中的变化也会影响所有其他组件,主要的影响如图 1-8 所示,但这并不代表所有的效应都发生在堆芯。有些反馈效应由于其特性天生就是正的(能谱硬化)或负的(非裂变吸收、泄漏、组件的热膨胀),而一些反馈系数是与设计相关的(冷却剂和控制棒驱动机构膨胀)。主要的反馈效应简述如下。

- 多普勒效应:温度升高使反应截面变宽,称为多普勒效应(原子核)。所有堆芯材料的所有共振(吸收、裂变、散射)截面都与多普勒效应有关,虽然共振的总截面面积总是守恒的,但共振截面曲线的形状随着温度的升高而变平缓,这种效应是由原子核热振荡的增加引起的。中子/原子核相对速度的范围随着原子核的无规则(布朗)运动加强而扩大,可以从图1-9中看出这种效应。

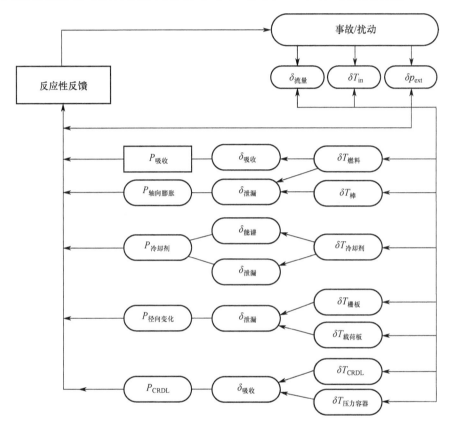

图1-8 反应性反馈机制

(改编自 Qvist, S. A., Safety and core design of large liquid metal cooled fast breeder reactor, PhD dissertation, Nuclear Engineerng, Univesity of California, Berleley, CA, 2013.)

- 燃料轴向膨胀:随着温度的升高,燃料棒或芯块向各个方向热膨胀。轴向膨胀有效地增加了堆芯活性区的高度,但由于燃料质量守恒,堆芯燃料的密度就降低了,从而引入了负反应性。
- 栅板径向膨胀和组件(SA)的弯曲:由于温度升高,承载组件的栅板膨胀,因此堆芯径向膨胀,引入负反应性。组件弯曲带来的影响取决于堆芯约束系统的设计类型、燃耗水平、堆芯结构材料膨胀等。在一个独立的设计类型中,反应性反馈通常是负的。在典型的非能动堆芯约束设计中,高燃耗条件下,可能会有正反应性反馈。

- 关于反应堆压力容器的控制棒驱动机构膨胀:这种效应取决于反应堆的设计。在池式快堆中,控制棒从顶部结构插入堆芯,栅板支撑着堆芯组件。当冷却剂的温度升高时,在上方的控制棒就会向下热膨胀进入堆芯,热运动会引起负的反应性反馈。

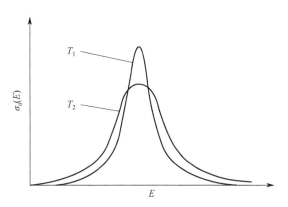

图1-9 不同温度时俘获共振截面的多普勒展宽($T_1 < T_2$)

(来自 Lewis, E. E., Fundamental of Nuclear Reactor Physics, 1st edn, Academic Press, 2008.)

各种反应性效应的示意图如图1-10所示。

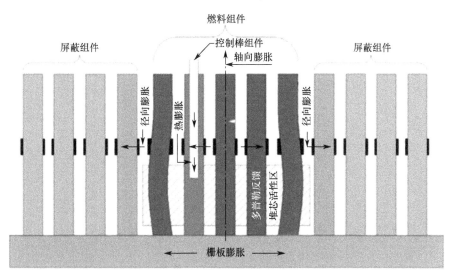

图1-10 快堆堆芯反应性反馈示意图

(来自 Qvist, S. A., Safety and core design of large liquid metal cooled fast breeder reactors, PhD dissertation, Nuclear Engineering, University of California, Berkeley, CA, 2013.)

参考文献

[1.1] Wong, S. S. M. (2004). Introductory Nuclear Physics, 2nd edn. Wiley-VCH Verlag Gmbh & Co KGaA, Weinheim, Germany.

[1.2] Krane, K. S. (1988). Introductory Nuclear Physics. John Wiley & Sons, Wiley India Pvt. Ltd.

[1.3] Glasstone, S., Sesonske, A. (2004). Nuclear Reactor Engineering, 4th edn. CBS Publishers, New Delhi, India.

[1.4] Krappe, H. J., Pomorski, K. (2012). Theory of Nuclear Fission. Lecture Notes in Physics 838. Springer-Verlag, Berlin, Germany.

[1.5] DOE Fundamentals Handbook. (1986). Nuclear Physics and Reactor Theory, Vol. 1 of 2, DOE-HDBK-1019/1-93, July 18, 1996. http://energy.gov/ehss/downloads/doe-hdbk-10191-93.

[1.6] Lewis, E. E. (2008). Fundamental of Nuclear Reactor Physics, 1st edn., Academic Press, An imprint of Elsevier, London, U. K.

[1.7] Duderstadt, J. J., Hamilton, L. J. (1976). Nuclear Reactor Analysis. John Wiley & Sons, New York, ISBN 0-471-22363-8.

[1.8] Bell, G. I., Glasstone, S. (1970). Nuclear Reactor Theory. Van Nostrand Reinhold Company, New York.

[1.9] Walter, A., Reynolds, A. (1981). Fast Breeder Reactors. Pergamon Press, Inc., New York.

[1.10] Stacey, W. M. (2007). Nuclear Reactor Physics. Wiley-VCH Verlag Gmbh & Co. KGaA, Weinheim, Germany, ISBN 978-527-40679-1.

[1.11] Qvist, S. A. (2013). Safety and core design of large liquid metal cooled fast breeder reactors. PhD dissertation. Nuclear Engineering, University of California, Berkeley, CA.

第 2 章
快堆与压水堆的对比

2.1 引　言

在过去和当前(2015 年)的能源方案中,压水堆(PWR)的作用比快堆(FSR)更重要。因此,工程师、监管机构、学生等都非常熟悉压水堆,却并不熟悉快堆。本章通过对比典型的压水堆,介绍了快堆的一些基本物理特性。

2.2 中子特征

裂变产生热量的方式有很多,如:
- 核裂变释放的能量:当裂变产物与附近原子碰撞时,它们的动能就转化为热能;
- 反应堆材料吸收一些在裂变过程中产生的伽马射线,并将它们的能量转化为热量;
- 裂变产物和吸收中子后被活化的材料的放射性衰变产生的热量。即使反应堆停闭后,这种衰变热源仍将存在一段时间。

冷却剂将热能带出,用于发电。热能的产生和移出过程发生在反应堆堆芯内,在热平衡条件下,热能的产生量等于其移出量。根据需求,通过适当控制中子的数量进而控制由易裂变、可转换和吸收材料组成的堆芯的裂变次数,设计出能维持任何功率水平(包括接近零功率)的反应堆。这些材料被另一类材料包围,以反射、屏蔽从堆芯内泄漏的中子,所有的材料都会放置在反应堆堆芯的特定结构中。在快堆中,堆芯是由活性区、转换区、吸收棒、反射层和屏蔽层组成的。而位于活性区顶部和底部区域的转换区称为轴向转换区,那些分布在活性区周围的是径向转换区。通过这种布置,包裹在转换区里用来增殖的可转换材料就能像裂变反应一样有效地俘获从堆芯活性区内向各个方向泄漏的中子。图 2-1 描绘了快堆堆芯布置的示意图。图 2-2 描述了在寿期初和寿期末,堆芯活性区和转换区内分别沿轴向和径向的功率分布。转换区中的功率水平增加时,可以逐渐达到活性区所产生的功率水平,出于安全考虑,要限制转换区产生的能量。如图 2-2 所示,比较了转换区在寿期末产生的功率与转换区在寿期初的功率分布。对于热堆,中子泄漏是微不足道的,无法提供增殖所需的大量中子,因此,没有引入转换区。然而,对于快中子增殖反应堆(FBR),会产生更多的中子泄漏,故将增殖的转换区布置在堆芯周围以有利于俘获中子。由于快堆裂变产物的反应截面小,故堆芯内裂变产物的积累不会使反应性大幅变化,这与热堆不同。

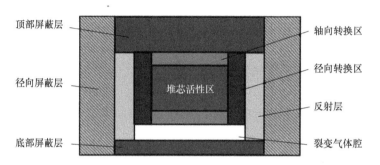

图 2-1 FSR 堆芯结构(见彩色插图)

快堆内的中子能谱复杂,因为它的中子能量比热堆内的中子能量高。快中子堆内的中子平均能量为 100keV,它比热中子谱的能量高 400 万倍。因此,堆芯材料的所有核反应截面都较小,特别是裂变反应截面,例如对于快中子 $\sigma_f \approx 2b$,而对于热中子约为 500b[2,1]。为了在快堆中维持和热堆相同数量的裂变从

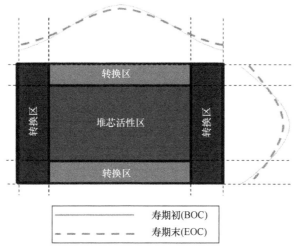

图 2-2 堆芯活性图和转换区的功率分布(见彩色插图)

而产生相等的热能,典型快堆的易裂变材料富集度应该更大(≈20%)。快堆具有更高的中子通量(通常为 $10^{15}\mathrm{n/cm^2/s}$,比热堆大一个数量级)。为了保持高的中子能谱,堆芯应该尽可能紧凑,这意味着产生相同的热能时,快堆堆芯的体积远小于轻水反应堆(LWR),这会进一步导致高功率密度(快堆的功率密度是 $300\sim600\mathrm{MW/m^3}$,大约比轻水反应堆高 5 倍)和高燃料线功率密度($400\sim500\mathrm{W/cm}$)。高效的冷却剂是快速移出热量的关键,因此液态金属是最合适的选择。表 2-1 比较了轻水堆和快堆堆芯的重要中子特征[2.2]。

表 2-1 LWR 与 FSR 堆芯特征对比

参数	热堆	快堆
易裂变核素富集度	0%~3% ^{235}U	10%~30% ^{239}Pu/^{235}U
中子平均能量	~0.025ev	~100keV
能量转化率:燃耗峰值/(MWd/t)	~40000	~100000
中子通量密度/(n/cm²·s)	10^{14}	$5-\times10^{15}$
堆芯平均功率密度/(W/cm³)	~100	~300-100
单位质量燃料平均功率(kw/kg)	~40	~100

来源:Waltar, A;E. et al., Fast Spectrum Reactors, Springer, 2012.

2.3 安全特性

快堆堆芯并不是反应性处于最大值时的结构(MRC),也就是说,如果在堆芯结构中有任何扰动或者堆芯熔化,堆芯都有可能由于压实而导致反应性增加。然而,对于轻水堆,只有慢化剂与燃料在特定的比例下,反应堆才能保持在 MRC。如果堆芯结构有任何变化,反应性就会降低。超过 99% 的中子(瞬发裂变中子)在堆芯核裂变过程中直接产生,剩余的部分(占比 <1% 的缓发中子)是由一些裂变产物通过衰变释放。瞬发裂变中子的平均能量为 2MeV,对应的速度为 2000km/s,这与发生裂变的原子核是铀或钚无关,与快中子或热中子裂变无关。快堆中的中子,从它们的出现到被吸收裂变,因为只经历了几次碰撞,其能量损失是相对较小的。中子有效寿命是连续两代中子之间的平均时间,大约等于 4.5×10^{-7}s(在压水堆中是 2.5×10^{-5}s),时间很短,所以如果反应堆动力学中只考虑瞬发中子,将不可能通过机械调节装置来控制链式裂变反应。因此,所有反应堆的控制都是基于缓发中子的时间常数。在典型的快堆中,缓发中子的总比例是 0.35%(在压水堆中为 0.6% ~ 0.5%,这取决于燃耗)。因此,反应性扰动与反应堆动力学分析中的缓发中子份额有关。占比 0.35% 的缓发中子相当于多产生了 0.35% 的中子,即 $k_{eff} = 1.0035$,相当于 1\$ 的反应性。

对于快堆,其中子寿命更短,故认为可以使用快中子高速吸收系统控制快中子链式裂变反应是不现实的。如图 2-3 所示,考虑了缓发中子效应的反应堆中子动力学微分方程的解物理意义更清晰[2,3]。纵坐标上显示的周期是反应堆的功率增加系数 e 的时间,如果没考虑任何反馈效应而引入适当的反应性(>1),反应堆会达到不可控的状态。在这种不受控的情况下,快堆的周期比轻水堆短。然而,在反应堆的可控状态下(反应性引入 <1),快堆和轻水堆的周期实际上是相同的,从反应堆周期的角度来看,两者是无法区分的。周期很长意味着可以用技术上简单的机械调节装置来控制反应性。当反应性高于 1\$ 时,瞬发中子决定反应堆随时间的变化(瞬发超临界状态),此时两种类型的反应堆的周期都太短。因此为了能够有效地干扰从而快速停堆,每个反应堆在设计之初都必须保证不可能发生瞬发超临界状态,在任何情况下,都可以认为这是一种假想事件。如果任意假设一个瞬发超临界偏移,它会受到反馈效应的强烈限制。在这种情况下,燃料材料中 ^{238}U 的中子吸收能力随着燃料温度的升高而增大,多普勒系数起着突出的作用。1963 年的一项基础研究表明,这种偏移能量很小[2,4]。该理论的证据已经在美国一个名为 SEFOR 的大规模反应堆实验中得到了验证[2,5]。

另一个关于低缓发中子份额的误解是:在快堆中,可控的安全裕度被大大限制。事实与这一观点相反,即使缓发中子份额低,快堆也更稳定。首先,这些核反应源自快中子,入口温度、冷却剂流量、功率等参数的变化对快堆反应性的影响要小得多。这在以下反应性变化的例子中可以明显地看出:当反应堆入口温度改变大约 1K 时,快堆反应性变化约为 0.0015\$/K,而轻水堆则是 0.01~0.1\$/K(由燃耗决定)。尽管如此,由于快堆堆芯高度较短(高功率密度的一个优势),很容易实现短停堆时间(<1s)。

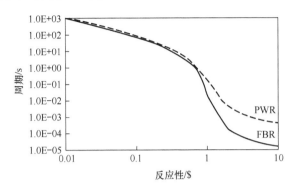

此处给出趋势曲线,详见文献[1.3]
图 2-3　周期与反应性的关系

(来自 Vossebrecker,VH,Special Safety Related Thermal and Neutron Physics Characteristics of Sodium Cooled Fast Breeder Reacrors,Warme Band 86 Heft 1,199.)

最后,本节讨论高功率密度对快堆安全性的影响。高功率密度意味着堆芯的热容量低,因此,扰动的影响会导致堆芯内的温度变化非常快,而温度变化又通过多普勒和燃料膨胀效应驱动快速的连续反应性反馈。此外,高功率密度意味着较小的堆芯尺寸,控制棒和安全棒的移动距离短,使得停堆时间变短,这些证明了高功率密度是快堆堆芯的一个安全优势。高功率密度的一个不利影响是:在一回路泵管道破裂事故中,在不停堆或冷却剂完全损失的情况下,会导致高的热梯度,由于冷却剂和泵的高质量惯性矩,让冷却剂突然停止流动是不可能的,功率和冷却剂流动之间的进一步失配将导致很快启动紧急停堆。此外,泵和紧急停堆同时发生故障是一种极不可能发生的事故,在这种事故下,预计堆芯将出现特别高的升温速率,一旦钠发生沸腾,它可能会导致功率快速增加,并最终破坏堆芯。此外,在堆芯出口引入时间延迟非常小的有效温度测量系统,就能在适当的时间采取相应的对策,这种温度监测是在中子通量监测之外进行的。尽管如此,为了防止任何严重事故工况,快堆系统拥有一个高度可靠的停堆系统是基本的要求。

2.4　堆芯的几何特征

快堆堆芯的几何特征主要由冷却剂的类型决定:液态金属或气体。轻水堆和液态金属冷却的快堆的燃料棒几何排布以及气冷堆的球状燃料几何排布如图 2-4 所示。芯块封装在薄壁管（包壳）内，两端密封，组成燃料棒。特定数量的燃料棒被安装在单个组件内，冷却剂流经每一个组件以带走其中产生的热量。在冷却过程中，冷却剂与燃料芯块、燃料芯块与包壳之间没有直接接触，许多这样的组件组成反应堆堆芯。对于气冷反应堆，球状燃料被置于容器中形成"反应堆堆芯"，气体与燃料球表面有直接接触。在燃料棒之间布置足够的间距，以促进冷却剂流动。在包壳上螺旋缠绕一根细长的金属丝，以使得它在组件内安装完成后拥有充足的棒间距。典型的燃料棒和燃料组件的详细信息如图 2-5 和图 2-6 所示。每个组件安装在栅板上，栅板处形成一个通用的冷却剂入口腔，冷却剂进入这个入口腔从而流过各个组件。图 2-7 显示了安装在栅板上的一个组件。

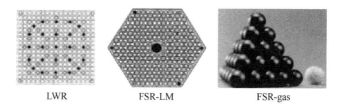

图 2-4　燃料几何排布

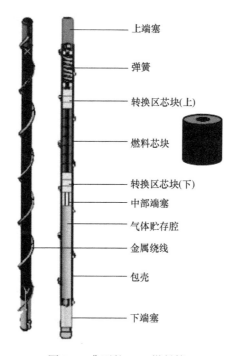

图 2-5　典型的 FBR 燃料棒

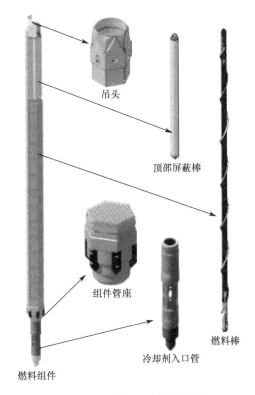

图 2-6　典型的 FBR 燃料组件

图 2-7　位于栅板上的单个组件的典型示图

用钠冷却的组件通常在栅板上是不需要支撑物的,然而,对于重金属,如铅或铅铋,则需要支撑它们的重力。由于堆芯的中子和环境温度特性,辐照肿胀和辐照蠕变会使得组件的结构逐渐发生变形,导致组件弯曲和膨胀。这些变形会导致一些影响堆芯特性的问题,如反应性的变化和增大组件提取阻力。为了克服这些问题,要提供接触按钮来确保组件平面之间的间隙。为了使间隙达到最优,需要考虑中子及允许的弯曲、膨胀等因素。按钮的位置,尤其是高度,是设计中的一个重要参数,它决定了的组件群的弯曲形状,如图 2-8 所示。

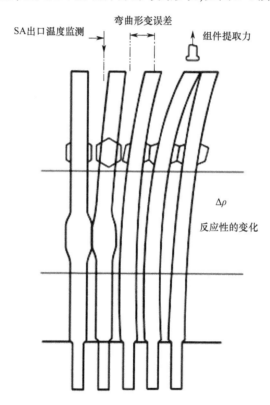

图 2-8　组件群的弯曲轮廓示意图

参考文献

[2.1] Sesonske, G. (2004). Nuclear Reactor Engineering and Reactor Design Basics, Vol. 1. CBS Publishers and Distributors, New Delhi.

[2.2] Waltar, A. E., Todd, D. R., Tsvetkov, P. V. (2012). Fast Spectrum Reactors. Springer, New York.

[2.3] Vossebrecker, V. H. (1999). Special Safety Related Thermal and Neutron Physics Characteristics of

Sodium Cooled Fast Breeder Reactors. Warme Band 86, Heft 1.

[2.4] Tobita, Y. et al. (1999). Evaluation of CDA energetics in the prototype LMFBR with latest knowledge and tools. Proceedings of ICONE-7, Tokyo, Japan.

[2.5] McKeehan, E. R. (1970). Design and Testing of the SEFOR Fast Reactivity Excursion Device (FRED), General Electric Co., Sunnyvale, CA. Breeder Reactor Development Operation, US Atomic Energy Commission (AEC), US. http://www.osti.gov/scitech/biblio/4050547/, doi: 10.2172/4050547.

第 3 章
快堆的描述

3.1 引　言

带有热传输回路的反应堆堆芯、辅助系统、控制系统、燃料处理系统构成了一座核电站。主传热回路使冷却剂持续流过堆芯，保持其温度，同时将堆芯的热量移出并传递到辅助系统的流体中，辅助系统利用堆芯产生的热量发电。一回路中的泵和换热器是反应堆的重要部件。在液态金属快中子增殖反应堆(LMF-BR)中，主冷却剂可以是钠、铅、铅铋，而在气冷反应堆中，通常用氦作冷却剂。液态金属快堆的辅助系统一般采用水。对于钠冷快堆(SFR)，为了避免大量钠和水反应，氮或二氧化碳等气体可以代替水作冷却剂。典型的快中子反应堆(FSR)如图 3-1 所示，其各系统如 3.2~3.7 节所述。

3.2 堆芯和反应堆组件

反应堆堆芯是核裂变产生热量的来源。从图 3-1 中可以发现，堆芯由被转换区包围的中心燃料区组成，转换区又被中子反射层包围。在物理上，堆芯是由可更换的不同类型的小组件组成的。燃料组件由中心区域的燃料棒组成，为了更好地增殖，在燃料元件内燃料的两端添加了轴向转换区。这些组件呈三角形排列，以减少裂变材料的装量。在燃料区域内，吸收棒用于控制和关闭反应堆。

在池式液态金属快堆中，堆芯被安置在一个称为主容器的单一容器内。该容器由一个顶部屏蔽来封闭，包括顶板，旋塞和控制塞。主容器的功能如下：
- 包含大量的一回路液态钠；
- 作为一回路液态钠和覆盖气体氩的边界；
- 支撑堆芯支撑结构及其负载；

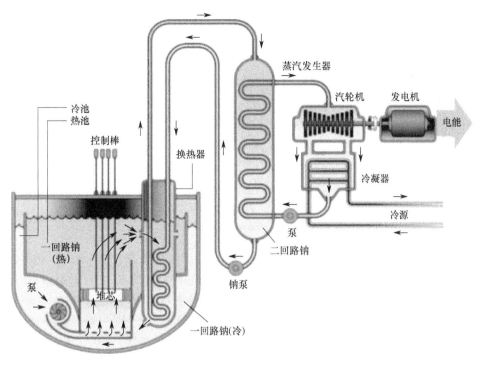

图 3-1 典型的 FSR 换热系统

- 在事故中吸收能量并包容放射性物质。

顶板支撑着主容器、旋塞、一回路钠泵、中间热交换器、余热排出热交换器和缓发中子探测器等主要部件。控制塞支撑堆芯盖板,并容纳仪器和控制设备(堆芯监控热电偶、控制棒驱动机构以及故障燃料定位模块)。

主容器由一个安全容器包围,以在不太可能发生泄漏的情况下,确保钠的安全等级。堆芯组件被支撑在栅格板上,它们的载荷通过堆芯支撑结构传递给主容器。主容器的组件及其内部构件、安全容器、顶部屏蔽、控制塞等被称为反应堆组件。

反应堆组件被安置在一个衬有碳钢的混凝土穹顶内。安全容器直接由穹顶支撑,独立于主容器的支撑。在安全容器的外表面,金属隔热层的作用是限制热量向穹顶传递。燃料传送装置(FTM)将燃料向堆芯内和堆芯外传送。作为衰变热排出安全回路的一部分,钠-钠热交换器浸在热池中,将衰变热转移到钠-空气热交换器中。通常,两组吸收棒是由独立的驱动机构操作的,以实现冗余原则。

3.3　主换热系统

图 3-1 所示为主换热系统流程。液态钠通过主钠泵在堆芯中循环。主回路的高温钠具有放射性，不能直接用于产生蒸汽；相反，它通过四个中间热交换器把热量传递给二回路钠。不具放射性的二回路钠在独立的二回路循环，每个二回路都有一个钠泵、中间热交换器、蒸汽发生器。当厂外电源故障或蒸汽-水系统不可用时，通过非能动安全的余热排出回路移除余热。

3.4　组件处理

反应堆经过确定的满功率运行时间之后处于停堆状态，冷却剂由于燃料耗尽而处于较低温度状态，这时可以进行燃料处理。通常，堆芯组件的部分将根据燃料循环设计进行更换，用特殊的传送机将预热的新组件传送到堆芯。乏燃料组件通常先储存在主容器中，然后转移到容器外部冷却设施。为了满足一些需求，需要使用密封的屏蔽设施对一回路钠泵、中间热交换器、余热排出热交换器以及控制棒驱动机构等部件进行特殊处理。在进行维修之前，在反应堆安全壳内的一个独立设施中对这些部件进行去污。

3.5　蒸汽-水系统

蒸汽-水系统使用主蒸汽进行再热，再生循环的再加热。蒸汽发生器形成的高压过热蒸汽驱动汽轮机交流发电机，这类似于传统的工厂。

3.6　电力系统

厂外及厂内均设有电力供应系统。Ⅲ级供电系统配有备用应急柴油发电机。仪表和控制设备的电源由Ⅰ级和Ⅱ级供电系统供电，以防Ⅲ级和Ⅳ级系统不可用。

3.7　仪表和控制

在快堆中，燃耗补偿的反应性非常小。因此，快堆的反应堆功率是手动控制的。在堆芯上方设置中子探测器来监测中子通量,并通过检测一回路钠中的覆盖气体和缓发中子来检测燃料破损。热电偶用于监测每个燃料组件出口处的钠的温度,钠泵输送的流量用流量计测量,并按功率-流量比采取安全措施。规定旨在确保至少有两个不同的安全参数,使得在每个设计基准事件中都能安全关闭反应堆。

第 4 章

钠冷快堆的独特价值

4.1 引 言

核燃料利用系数一般定义为裂变物质与堆芯所载物质的比值。在快中子增殖反应堆(FBR)中,这可以被定义为发生裂变产生能量的物质质量和转化为裂变物质的物质质量之和与堆芯中装载的物质质量的比值。热堆使用少量的易裂变材料,即^{235}U,并将大量剩余材料作为乏燃料废弃,浪费了其潜在的能量。这些废弃燃料含有少量经过可再生转化反应而产生的裂变物质,通过适当的后处理技术可以将这些物质提取出来。一旦将裂变物质和其他物质分离,如将裂变产物和少量锕系元素(MA)分离出来,剩下的物质就被称为贫铀(DU),它可以在快堆中用作燃料。因此,热堆中通过转换过程释放的能量和产生的裂变材料的质量当量代表着对反应堆装料的利用程度。快堆可以使用具有足够裂变物质的贫铀,在快堆的轴向与径向转换区中均装有贫铀。因此,反应堆装载的总质量是堆芯活性区装载的贫铀和裂变物质以及转换区装载贫铀的总和。就燃料利用而言,它是堆芯和转换区产生的裂变物质以及堆芯释放的净能量的质量当量,裂变产物的质量相当于裂变的燃料质量。有了这个理解,可以定义热堆和快堆的燃料利用率。为了了解燃料利用中涉及的各种参数的值,对比重水堆(PHWR)、压水堆(PWR)、快堆(FBR):每一个都产生1000MW(e)功率,考虑开式和闭式循环模式下的利用率,所引用的各种数值是典型值(四舍五入)。开式和闭式循环模式的概念将在第29章详细描述。

4.2 开式燃料循环模式下的铀利用

让我们考虑一个热效率为28%的1000MW(e)的重水堆。它应该产生3600

MW(t)的热功率,最初的燃料需求约210t。对于典型的7000MWd/t燃料燃耗和95%的负载系数,每年的天然铀需求量为3570×365×0.95/7000,这是大约177t。废弃的辐照燃料含有约98.91%的贫铀、0.7%的裂变产物、0.385%的Pu、0.005%的次锕系元素。因此,天然铀的有效利用率为(0.7+0.385)%,也就是约1.1%。对压水堆和快堆进行类似的估算,结果汇总在表4-1。压水堆的燃料是含有4% ^{235}U 同位素的浓缩铀。在压水堆中可以达到的平均燃耗约为35000MWd/t,对于这里考虑的快堆,假定含80%贫铀和20% Pu的金属燃料和钠冷却剂。无论是封装在堆芯组件内的轴向转换区,还是封装在堆芯活性区周围的径向转换区,通常都含有贫铀。由于使用了高沸点的钠冷却剂,因此相关联的能量转换系统的热力学效率更高,达到40%,相比之下,重水堆为28%,而压水堆为30%。从表4-1和图4-1可以清楚地看出,在快堆中,燃料利用是非常高效的,即使是在开式循环模式下,废物产生量也最少。对于快堆来说,与同等发电量的热堆相比,每年特定(产生单位能量)的燃料装载量相当低。重水堆、压水堆、快堆的堆芯材料去向示意图如图4-1所示。

表4-1 PHWR、PWR、FBR在开式燃料循环模式下的燃料利用

参 数	PHWR	PWR	FBR(BR=1.4)	
功率/MW(e)	1000	1000	1000	
热效率/%	27.8	30	40	
热功率/MW(t)	3600	3300	2500	
燃料	天然铀	富集铀(4%)	堆芯 U+Pu	可转化区 DU
初始燃料装载量/t	210	70	16+4	20
负载系数/%	95	80	85	
平均燃耗/(MWd/t)	7000	35000	80000	
辐照时间/efpd	430	850	720	1500
年燃料装载量/t:AF	177	30	8+2=10	4.8
年乏燃料废弃量				
铀的质量/t	175.07	28.44	7.2	4.37
钚的质量/kg:PU	682	300	1800	400
裂变产物的质量/kg:FP	1240	1230	1000	30
次锕系元素的质量/kg	8.0	23	10	1
燃料利用系数/%:$\left[\frac{FP+PU}{AF}\right]$	1	5.0	21.8	

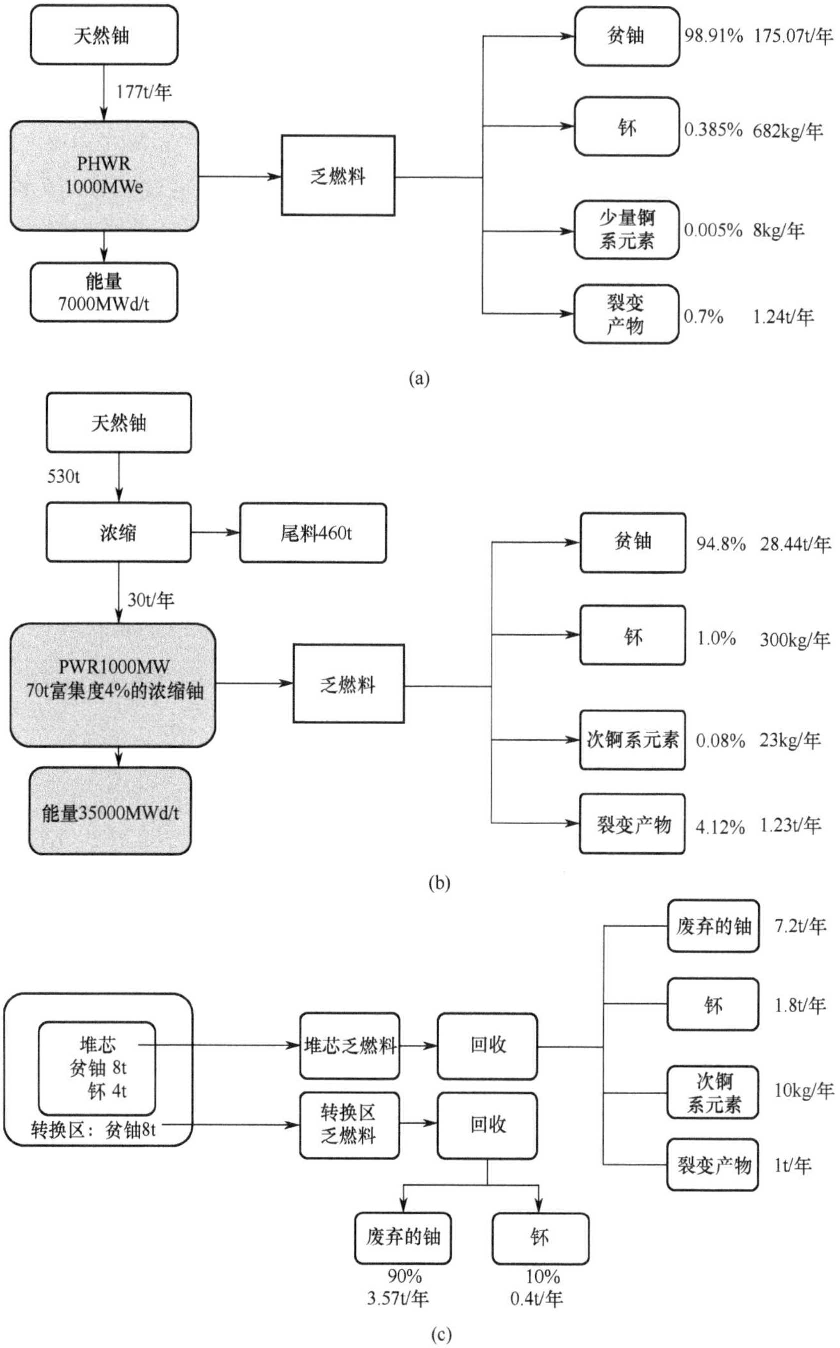

■ 闭式燃料循环的钠冷快堆
Sodium Fast Reactors with Closed Fuel Cycle

(a)

天然铀 →(177t/年)→ PHWR 1000MWe → 乏燃料
PHWR → 能量 7000MWd/t

乏燃料 →
- 贫铀 98.91% 175.07t/年
- 钚 0.385% 682kg/年
- 少量锕系元素 0.005% 8kg/年
- 裂变产物 0.7% 1.24t/年

(b)

天然铀 →(530t)→ 浓缩 → 尾料460t
浓缩 →(30t/年)→ PWR1000MW 70t富集度4%的浓缩铀 → 乏燃料
PWR → 能量35000MWd/t

乏燃料 →
- 贫铀 94.8% 28.44t/年
- 钚 1.0% 300kg/年
- 次锕系元素 0.08% 23kg/年
- 裂变产物 4.12% 1.23t/年

(c)

堆芯：贫铀 8t，钚 4t → 堆芯乏燃料 → 回收
转换区：贫铀8t → 转换区乏燃料 → 回收

回收(堆芯) →
- 废弃的铀 7.2t/年
- 钚 1.8t/年
- 次锕系元素 10kg/年
- 裂变产物 1t/年

回收(转换区) →
- 废弃的铀 90% 3.57t/年
- 钚 10% 0.4t/年

图 4-1　重水堆、压水堆、快堆的堆芯去向示意图
(a) PHWR 中燃料利用及废物的产生；(b) PWR 中燃料利用及废物的产生；
(c) FBR 中燃料利用及废物的产生。

4.3 闭式燃料循环模式下的铀利用

让我们讨论在重水堆、压水堆、快堆中回收乏燃料的可能性。再循环包括从乏燃料中回收铀和钚,再制造成燃料,然后装回反应堆。表4-2给出了钚在重水堆和压水堆中循环的初始成分。在热堆中,只要一次循环,钚的可裂变含量就会严重降低。由于可转换物质的增加,进一步的回收将需要更多的钚。所以在热堆中回收可能是不经济的。

表4-2 热堆中钚的同位素

循环使用	PHWR				PWR			
	^{239}Pu	^{240}Pu	^{241}Pu	^{242}Pu	^{239}Pu	^{240}Pu	^{241}Pu	^{242}Pu
1	69	25	5	1	50	25	14	11
2	63	30	3	2	43	30	13	14

至于压水堆,乏燃料的铀中约含有 0.8% 的 ^{235}U,略高于天然铀的含量,即高于重水堆所需的含量。因此,大量来自压水堆的乏燃料在除去裂变产物和较高含量的锕系元素后可用于重水堆。在反应堆寿期的 40 年内,1000MW 的压水堆在 1200t 新燃料中燃烧了 60t(5%)燃料,并产生大约 1140t 乏燃料。从这些乏燃料中回收铀,另外 10t 可以在重水堆中作为燃料重复使用。然而,在为压水堆提供 40 年燃料的同时,一座浓缩工厂会排放大约 7000t 的铀废液(铀浓缩过程产生的废液)。因此,以浓缩废液形式和作为乏燃料废弃的铀的总数估计约为 8000t,而通过压水堆中燃料的有效利用以及重水堆中铀的回收利用大约只能利用 0.9% 的天然铀——这依旧不显著。

研究表明,对快堆的乏燃料进行多次回收是可行的[4.1]。与热堆相比,钚的同位素在回收中的变化不显著,唯一的限制是反应性价值及总质量必须与新装载燃料保持相同。因此,在快堆中回收乏燃料是非常有效的。图4-2比较了热堆和快堆中次锕系元素的裂变份额。因为大多数次锕系元素都是可转换核素,也就是说,只有高能量中子才容易引发裂变,快堆更适合燃烧次锕系元素[4.2,4.3]。次锕系元素作为燃料装入快堆并参与能量转化,转化为寿命较短的同位素——这是快堆的一个重要优势。图4-3给出了快堆中钚和次锕系元素的回收方案示意图。

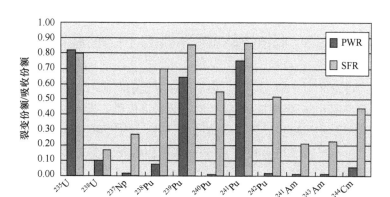

图4-2 热堆与快堆裂变份额的比较

(来源于 Pandikumar, G. et al., Scenario and preliminary assessment of minor actinide burning through SFR in Indian context, Report CFBR/01119/DN/1044, Indira Gandhi Centre for Atomic Research, Kalpakkam, India, 2013.)

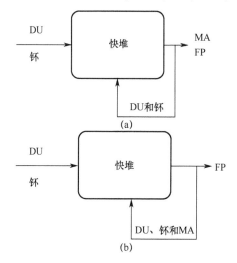

图4-3 FBR闭式燃料循环原理图
(a)贫铀和钚的回收;(b)燃料循环利用及MA的燃烧。

4.4 快堆燃料利用:案例研究

这里介绍一个与拥有有限数量天然铀的国家有关的情景。让我们假设有 10^5 t 天然铀可作为核资源。如果该资源在重水堆和压水堆中使用,最多只能利用3t,约97t将成为乏燃料。乏燃料经过再处理分离出钚、裂变产物、次锕系元素,剩下的物质是贫铀。如果快堆开始适当地利用从再处理过程中提取的钚和浓缩铀,它们就可以生产足够的裂变材料,每 10 年为另一个类似的快堆提供原料(金属燃料反应堆的典型倍增时间)。因此,快堆会增殖,每 10 年就会增殖 2 倍,直到消耗掉所有贫铀。图 4-4 为快堆的增殖示意图。将所有因素考虑进去,例如高增殖比、高燃耗、较短的倍增时间、较短的后处理和制造延迟、多燃料再循环利用(闭式燃料循环)、通过反应堆内部的非裂变反应损失的贫铀以及反应堆外部的损失,则大约需要 100 年的时间来消耗所有贫铀。如果我们仅考虑一个快堆和它的增殖,那它需要超过 2000GW(e)的快堆(图 4-5)来燃烧贫铀。

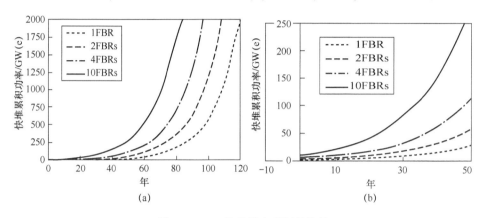

图 4-4　FBR 从贫铀中利用的能量

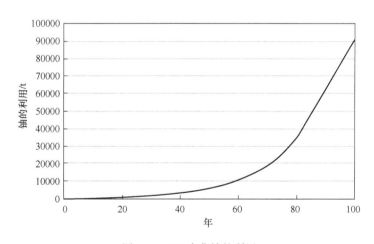

图 4-5　FBR 中贫铀的利用

现在,设想一个增长情景:有 10×1000MW(e)的快堆在特定时间段同时运行,预计这大概需要 40t 钚的初始库存。在 5 个反应堆倍增周期(50 年)内,快堆的数量将增加到 280 个(反应堆寿期为 40 年)。也就是说,在大约 50 年内,发电量将增长到 280GW(e)左右。图 4-5 显示了使用快堆可以从热堆运行后废弃的贫铀中提取利用能量。要将所有的贫铀利用完,就需要 2000 个快堆运行 100 年,每个快堆有 1GW(e) 的产能。图 4-6 显示了贫铀资源的年利用率。因此,快堆对于那些铀和裂变材料有限却想发展核能的国家是必不可少的。

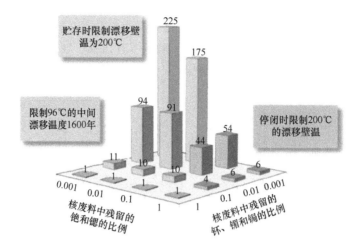

图 4-6　核废料 MA 所需的存储空间(见彩色插图)

(来源于 Raj, B. et al., Assessment of compatibility of a system with fast reactors with sustainability requirements and paths to its development, IAEA-CN-176-05-11, FR09, Kyoto, Japan, 2009.)

4.5　高放射性废物管理和环境问题

前面的章节已经证明了快堆中长寿命同位素的净含量是不显著的。图 4-6 (参考文献[4.4])显示了评估存储所需的空间取决于次锕系元素数量。由于次锕系元素可以在快堆中被回收利用,因此快堆产生的核废料所需要的储存空间是微不足道的。核废料的放射性是根据时间函数与天然铀的放射性一起评估的,结果如图 4-7 所示。可以看出,贫铀的放射性远低于天然铀矿的放射性,储存的裂变产物的放射性也低于 300 年前的铀矿。然而,钚和次锕系元素的放射性是令人担心的问题。如果我们让钚和次锕系元素进行自然的放射性衰变,那么它们的放射性降低到低于天然本底辐射需要 1 万多年的时间,如此长期地监管储存放射性物质是不切实际的。

快堆在设计上经过稍微改进也可以用来燃烧长寿命的次锕系元素。估算表明,随着快堆的引入,锕系元素的毒性水平在不到 400 年的时间里就可以大大降低(图 4-8)。后面章节将介绍快堆的基本设计。

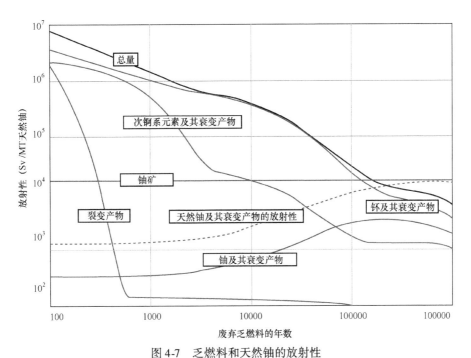

图 4-7 乏燃料和天然铀的放射性

（来自 http://www.hzdr.de/db/Cms? pOid=30396&pNid=2721.）

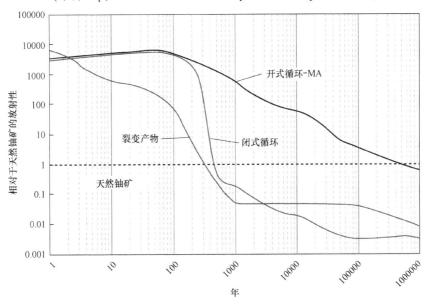

图 4-8 有和无 MA 燃烧时相对于天然铀矿的放射性（考虑了 2052 年以后的 MA 的产量和消耗）

（来自 Pandikumar, G. et al., Scenario and preliminary assessment of minor actinide burning through SFR in the Indian context, Report CFBR/01119/DN/1004, Indira Gandhi Centre Atomic Research, Kalpakkam, India, 2013.）

4.6 次锕系元素燃烧设计概念

在反应堆运行过程中,会产生高放射性物质,如较高放射性的锕系元素和长寿命的裂变产物。次锕系元素的半衰期如表4-3所示。长寿命的次锕系元素和裂变产物的放射性危害可以通过燃烧和嬗变来减少。嬗变是长寿命放射性核素通过中子俘获转化到稳定或短寿命核素的过程,嬗变最适合长寿命的裂变产物。燃烧是在锕系元素中产生中子诱导裂变,并产生裂变产物的过程。与热堆相比,快堆具有较高的消耗次锕系元素的潜力(图4-2),因此,在快堆中可以有效地烧掉核废料里的次锕系元素。

可以改进快堆的设计来烧掉更多的次锕系元素,但这种改进要求更高的裂变材料富集度和更大的燃耗反应性损失。由于对某些安全因素的不利影响,次锕系元素的添加量一般限制在燃料总量的5%左右。次锕系元素的加入使多普勒反馈减弱,冷却剂空泡系数增大,有效缓发中子率减小[4.7]。为了保持安全参量在可接受的范围内,并最大限度地提高烧掉次锕系元素的能力,研究了各种设计改进方案,包括燃料类型(氧化物、金属等)[4.6]和次锕系元素装载方式——均匀和非均匀混合[4.7](含次锕系元素燃料组件)。结果表明,装载非均匀次锕系元素的快堆金属燃料堆芯具有较高的次锕系元素嬗变率。

在国际上,法国、印度、俄罗斯和日本等国已经进行了使用快堆烧掉次锕系元素的可行性研究。据报道,往快堆的金属燃料掺入相当于总燃料5%的次锕系元素,可以燃烧掉约初始装载次锕系元素的10%。通过文献调研发现,1000MW(e)的金属燃料快堆一年可烧掉100kg次锕系元素。虽然反应堆烧掉了足够多的次锕系元素,但要知道,它每年也会产生20kg的次锕系元素。因此,一个1000MW(e)的金属燃料快堆的净燃烧速率是80kg/GW(e)y(大约相当于10个重水堆乏燃料的次锕系元素)。剩下的90%次锕系元素留在乏燃料中,必须要回收从而有效的烧掉次锕系元素。因此,快堆可以大大减少次锕系元素的数量。最后,高放射性废物中会剩下少量某些长寿命的裂变产物。表4-4给出了长寿命裂变产物的半衰期。图4-9为快堆中次锕系元素的多次回收示意图。

表4-3 MA 的半衰期

核素	^{237}Np	^{241}Am	^{242m}Am	^{243}Am	^{242}Cm	^{243}Cm	^{244}Cm
半衰期	2.1×10^6 年	432 年	141 年	7380 年	163 天	29 年	18 年

表 4-4　几种长寿命裂变产物的半衰期

裂变产物	^{85}Kr	^{90}Sr	^{137}Cs	^{99}Tc	^{93}Zr	^{135}Cs	^{107}Pd	^{129}I
半衰期	10.7 年	28.9 年	30.2 年	2.10×10^5 年	1.50×10^6 年	2.30×10^6 年	6.5×10^6 年	1.57×10^7 年

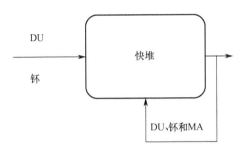

图 4-9　燃料回收和 MA 燃烧

4.7　快堆典型的次锕系元素燃烧场景

不同的热堆和快堆组合从现有的 10^5 t 天然铀中提取能量，会积累约 90t 的次锕系元素产物。次锕系元素的燃烧并不需要新的设计，快堆有很大的燃烧潜力，其另一个优点是：添加次锕系元素不需要对技术设计进行重大修改。也就是说，使用现有的快堆技术，可以消耗相当数量的次锕系元素。一个 1000MW(e) 的快堆每年可有效燃烧 90kg 次锕系元素，在 40 年寿期内，该快堆就可以燃烧约 3.6t 的次锕系元素。在 200 年内，我们可以用 8 个这样的快堆通过回收利用将 MA 数量降低到微不足道的水平。图 4-10 为反应堆运行 100 多年来积累的次锕

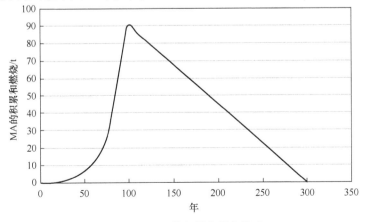

图 4-10　MA 的积累和燃烧策略

系元素和其燃烧策略。在未来可以用一些改进的技术来燃烧这些剩余的次锕系元素。

参考文献

[4.1] Pandikumar, G., Gopalakrishnan, V., Mohanakrishnan, P. (2011). Improved analysis on multiple recycling of fuel in PFBR in a closed fuel cycle. Pramana J. Phys., 77(2), 315-333.

[4.2] IAEA. (2009). Advanced reactor technology options for utilization and transmutation of actinides in spent nuclear fuel, IAEA, Vienna publication, IAEA-TECDOC-1626. http://www-pub.iaea.org/mtcd/publications/tecdocs.asp.

[4.3] Devan, K., Pandikumar, G., Harish, R., Gopalakrishnan, V., Mohanakrishnan, P., Srivenkatesan, R. (2009). Chapter 1 domain-I: Critical fast reactors with transmutation capability and with fertile fuels, IAEA, Vienna publication, IAEA-TECDOC-1626. http://www-pub.iaea.org/mtcd/publications/tecdocs.asp

[4.4] Raj, B. et al. (2009). Assessment of compatibility of a system with fast reactors with sustainability requirements and paths to its development. IAEA-CN-176-05-11, FR09, Kyoto, Japan.

[4.5] Minato, K. Transmutation in Fast Neutron Reactors. JNC, JEARI. http://www.neutron.kth.se/courses/GenIV/Chapter3.pdf

[4.6] Ohki, S. (2000). Comparative study for minor actinide transmutation in various fast reactor core concepts. Oarai Engineering Centre, Japan Nuclear Cycle Development Institute, Madrid, Spain, December 11-13,

[4.7] 2000. https://www.oecd-nea.org/pt/docs/iem/madrid00/Proceedings/Paper31.pdf

[4.8] Wakabayashi, T. (1998). Status of transmutation studies in a fast reactor at JNC. FifthOECD/NEA Information Exchange Meeting on Actinide and Fission Product Partitioning and Transmutation SCK-CEN, Mol, Belgium.

[4.9] Pandikumar, G., Devan, K., John Arul, A., Puthiyavinayagam P., Chellapandi, P. (2013). Scenario and preliminary assessment of minor actinide burning through SFR in the Indian context. Report CFBR/01119/DN/1004. Indira Gandhi Centre for Atomic Research, Kalpakkam, India.

[4.10] OECD. (2006). Physics and Safety of transmutation Systems: A Status Report, Nuclear energy agency organisation for economic co-operation and development, NEA No. 6090. https://www.oecd-nea.org/science/docs/pubs/nea6090-transmutation.pdf

第 5 章
有效利用天然铀和钍的设计目标

5.1 引　　言

快堆是有效利用核自然资源,特别是铀和钍的首选方案。有些国家非常依赖核能,而这些国家的天然铀资源有限,快堆对于满足它们长期的增长需求至关重要。本章就铀和钍的有效利用阐述了提高快堆发展速度的可能性。

5.2 发　　展

核能发电现状和规划表明[5.1-5.3],目前在 31 个国家有 430 多座商用核电站在运行,发电总容量超过 370000MW,另有大约 70 座反应堆正在建设中。它们作为连续、可靠的基础负荷电力,没有二氧化碳排放,并提供了超过 11% 的世界电力。56 个国家运行着大约 240 个民用研究反应堆,其中超过三分之一在发展中国家。核能的总发电能力是法国或德国所有发电方式总发电能力的三倍以上。16 个国家中至少四分之一的电力依赖于核能。法国约四分之三的电力来自核能,而比利时、捷克、匈牙利、斯洛伐克、瑞典、瑞士、斯洛文尼亚和乌克兰则占三分之一或更多。韩国、保加利亚和芬兰超过 30% 的电力来自核能,而在美国、英国、西班牙和俄罗斯,这一比例接近五分之一。日本曾经有超过四分之一的电力来自核能,预计它将来会恢复到这一水平。在不拥有核电站的国家中,意大利和丹麦近 10% 的电力来自核能。另有约 70 座核能反应堆正在建设中,相当于现有容量的 20%,还有 160 多座已经规划好,相当于现有容量的一半。

未来的能源供应必须使用更清洁的方式。电力需求增长速度是整体能源使用速度的两倍,这表明发电厂需要更多的发展和关注,到 2035 年,它可能会增长 73%。虽然可再生能源可能无法满足如此大的需求,但使用这种可再生能源方式后肯定就足够了。《World Energy Outlook 2012》报告称,在新的政策下,从2010年到2035年,煤炭需求每年增长0.8%,石油增长0.5%,天然气增长1.6%,核能增长1.9%,除水力和生物外的可再生能源每年增长7.7%[5.4]。核能最适合满足全世界的城市化导致的高密度电力需求。国际原子能机构(IAEA)在其"截至2050年间电能与核能的预估,2012年9月"[5.5]中写道预计核电容量在2030年将从370GW(e)增加到456GW(e)。核能份额增加的驱动因素是:

(1)能源需求增加;
(2)气候变化;
(3)供应安全;
(4)经济;
(5)防止未来燃料价格上涨。

一些国家意识到环境问题的影响后将会重新启用核能。在21世纪,电力产业将在自由市场环境下发展。核电作为电力产业的一部分,其发展将受到以下几个主要因素的影响:经济、安全、放射性废物管理、防止核武器扩散、宏观经济因素、电力市场结构调整、电力资源结构变化、环境保护等。核电的发展也将取决于核燃料循环技术的现状和成熟程度。在核能复兴的同时,闭式燃料循环的概念也受到人们的密切关注。现在人类意识到,对乏燃料进行再处理(或循环利用)对于资源的有效利用和通过减少对乏燃料库的需求来减少核能对环境的影响是至关重要的。因此,若干国家已重新强调闭式燃料循环是实现核能循环可持续性的途径。预计许多国家在21世纪将采用闭式燃料循环,以有效利用铀以及铀元素的转化,从而使采用闭式燃料循环的快堆变得重要。

目前大多数商用反应堆都是建立在大约13000堆年经验上的热堆,而快堆已经积累了大约400堆年经验。世界上第一个核反应堆就是快堆,在1970—1980年期间,进一步加快了快堆的发展,20世纪80年代以后,出现了稳定的下降趋势(见1.4节)。这主要是由于低铀价,高成本和一些事故——主要是钠引起的(见5.7节)。然而,最近在世界范围内,人们重新燃起了对快堆的兴趣,正在主动发展核系统,以满足21世纪的能源需求,而世界不同区域有各自的推动因素。例如,第四代国际论坛(GIF)、原子能机构和创新核反应堆及燃料循环国际项目(INPRO)正在进行能源系统及其设计方面的工作以满足人们的期望。这些因素可以归因于快堆的潜力及其相关的目标:

(1)有效利用天然铀资源;
(2)增殖,发展以及随之而来的能源安全;
(3)热堆产生的锕系元素的处理;
(4)尽量减少废物及环境顾虑。

下面来阐述第四代核能系统确定的目标[5,6]。

5.2.1 可持续性

（1）第四代核能系统将提供符合空气清洁目标的可持续能源生产，并促进系统的长期的可靠性和全球能源生产的燃料有效利用；

（2）第四代核能系统将尽量减少和管理其核乏燃料，并显著减轻未来的长期管理负担，从而改善对公共卫生和环境的保护。

5.2.2 经济性

（1）第四代核能系统与其他能源相比具有明显的寿期循环成本优势；

（2）第四代核能系统的财务风险将与其他能源项目相当。

5.2.3 安全和可靠性

（1）第四代核能系统的运行将在安全和可靠性方面表现优异；

（2）第四代核能系统堆芯损坏的可能性和程度很低；

（3）第四代核能系统将消除对场外应急响应的需求。

5.2.4 防扩散和物理防护

第四代核能系统将进一步确保它们是一种非常不具吸引力的、最不可取的被盗窃转用为武器可用材料的途径，并为反恐怖主义行为提供更多的实物保护。（www.gen-4.org/gifjcms/c9365/prpp）

通过可持续性目标，将解决资源节约问题，既满足当代人的需要，又不损害后代人的需求。这也将涉及可持续性的相关方面，即废物管理和有效利用核资源。除了发电以外，考虑到总的一次能源使用，这些系统还将包括其他应用领域。经济竞争力显然是由市场力量决定的。在公众安全意识日益增强的情况下，安全一如既往地成为最优先考虑的问题。在防扩散和物理防护方面将处理与安全和预期使用相关的问题。关于安全性的主要具体目标是：

（1）增加可靠性；

（2）反应堆堆芯损毁概率低；

（3）消除了场外应急响应的需要。

控制核能系统的基本标准如图 5-1 所示。基于这一套全面的标准，在全球工业界、研究机构、大学的参与下，要求提出并研究各种建议，以期建设有前景的核能系统。

快堆主要是通过采用一个闭式燃料循环对钚、铀、少量锕系元素进行再加工

和回收,显著地减少废物产生和对铀资源的需求来提高可持续性。关于可持续性的重要参数是:

图 5-1 Gen IV 基本标准
(来自 Five GIF International challenges, FP09-Panel 2, December 2009. http://www-pub.iaea.org/mtcd/meetings/pdfplus/2009/cn176/cn176_presentations/panel_2/panel2-01.frigola.pdf.)

(1)核资源的可获得性;
(2)新的核资源勘探;
(3)核电份额;
(4)废物产生、放射性水平、储存库要求。

设计一个涵盖上述所有方面的简单方案是相当复杂的。这些参数与许多其他方面有关,包括反应堆技术、燃料循环策略、废物处理策略。燃料单次循环是最基础的,以该技术作为参考对比,现有的铀储量可以维持 80~100 年。随着新的探索,核容量可以进一步提高,但这会留下一个巨大的乏燃料储存库,导致巨大的储存库空间需求,这反过来又是昂贵的。废物量与储存库空间的关系如图 5-2(a)所示。采用单次循环则需要大量的铀资源,采用单次循环的堆和采用闭式燃料循环的快堆的铀资源需求情况如图 5-2(b)所示。

如上所述,采用闭式燃料循环将会变得至关重要,这也将涉及废料管理策略,包括转化和锕系元素的分离及燃烧。从扩散的角度来看,这种分离的选择有时被视为一种风险,它需要考虑闭式燃料循环技术的目标在不需要进行分离的情况下实现。在设计燃料循环技术时要考虑到上述因素。四代燃料循环小组定义了四类燃料循环：

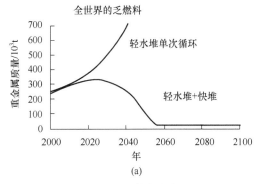

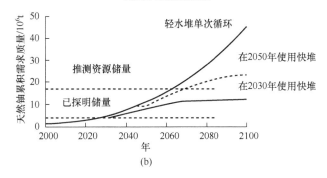

图 5-2 具有可持续性的燃料循环

（来源于 A technology roadmap for generation Ⅳ nuclear energy systems, GIF-002-00, December 2002.）

(a)废料质量；(b)铀资源的需求。

(1)燃料单次循环；
(2)部分钚回收的燃料循环；
(3)完全回收钚的燃料循环；
(4)超铀元素全回收的燃料循环。

因此，正在发展的第四代燃料循环概念以灵活的方式与现有的轻水反应堆（LWR）共存，并具有内在的经济竞争力。核废料负担会分阶段逐步减少，如图 5-3 所示。

例如，图 5-4[5.7]显示了法国采用的快堆闭式燃料循环方法。回收的只有铀和钚，针对非均匀设计中的燃料循环，提出了第四代系统均匀设计的燃料循环，这有助于实现节约资源和减少废物的主要目标以及不扩散目标。经济方面，通过系统简化和紧凑以及优化在役检验(ISI)、维护、维修来降低投资成本。在安全领域,通过选择优化的蒸汽发生器和氮气/氦气/超临界二氧化碳汽轮机优化功率转换系统,以减少或消除钠水反应的风险。减少钠空泡效应、优化堆芯设计、使用高富集度且高导热的燃料增强多普勒效应以及增加安全系统的非能动特性将实际消除严重事故可能释放的能量,目前正在开发相关的关键技术。

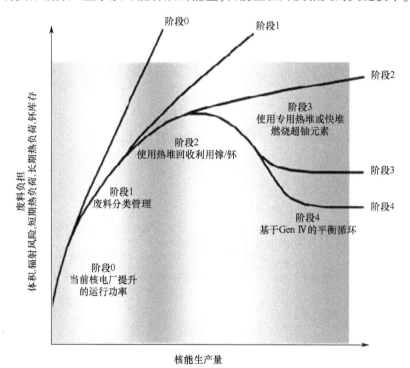

图 5-3 废料负担减少

(来源于 Future Nuclear Energy Systems:Generation Ⅳ,50th Annual Meeting of the Health Physics Social,Spokane,Washington,USA,July 2005.)

铀资源的利用和回收还可以有其他的方法:
(1)在重水堆中使用压水堆(PWR)的乏燃料;
(2)在快堆中使用浓缩铀燃料而不是传统的混合氧化物燃料(MOX);
(3)在快堆中使用以贫化铀为原料的 UO_2 作为转换区;
(4)在热后处理厂对快堆转换区 UO_2 进行再处理。
这些方法将在各个国家追求的反应堆机组和工程中有所体现。

在决定未来的核系统设计时,虽然在福岛事故之前就已经确定了安全目标,但只有各国吸取经验教训后才能对系统进行重新评估和加强。在 2011 年的事故之后,各国都吸取了教训,几家公用事业公司对电站进行了压力测试,论证了

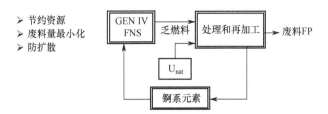

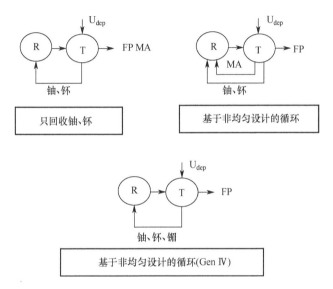

图 5-4 法国的快堆闭式循环策略

(来源于 Renault, C., ENEN, 4th generation nuclear systems for the future, saclay, The Generation IV International Forum and Fourth Generation Nuclear Systems, Nuclear Energy Division, CEA, Paris, France, 2007. xa. yimg. com/kq/groups/16979795/889597805/name/01_renault. pdf.)

现有和即将建成电站设计中的安全裕度。出于安全考虑,一些系统设计已经被重新检查。针对超出设计基准的地震、电站系统的洪水、散热能力丧失、场外电力丧失(特别是长时间的丧失)、严重事故管理,重新审视和加强主要安全领域。在这方面,目前正在开发的未来快堆设计将包括充分的设计措施,以保证针对极端自然事件的安全性。目前的钠冷快堆由于其内在特性,其反应堆容器内具有足够的冷却能力。乏燃料的冷却方面得到了最高重视。除了钠冷快堆的特性所引起的这些差异外,热堆还采取了其他措施,例如延长场外紧急供电时间;快堆也考虑了防止外部水浸的措施。此外,还对钠冷快堆的钠化学事故可能性进行了重新评估,并据此制定设计措施。考虑使用铅等材料充当冷却剂,但目前正在开发的铅冷核反应堆系统很少,如 ALFRED 和 MYRRHA(比利时)、BREST-OD-300(俄罗斯)、ELFR(欧洲)、ELECTRA(瑞典)、G4M(美国)等[5.9]。还有一种防止严重事故的措施是通过对堆芯进行优化设计达到负的钠空泡系数或小的正钠空泡系数。

5.3 性能和燃料消耗方面

只有在多次循环的快中子增殖反应堆(FBR)系统中,才能高效地利用60%~70%的天然铀资源,这将在与使用天然铀的重水堆的对比中说明。在重水堆中,最多使用了0.7%的铀资源。通过快堆的闭式燃料循环,这种燃料可以循环使用多次,但是考虑到裂变材料的质量、再加工的损失以及每一次循环的增殖供给,大约可以实现10次循环。在每一个循环周期中,大约7%的重核元素被燃烧,相当于合理的平均燃烧70000MWd/t(~7%)。假设10次循环中有7次是可能的,近49%的裂变原子可以在快堆中燃烧,其利用率约为70倍。这意味着,1kg 天然铀在快堆中将产生约3645600kWh 的能量。相比之下,效率为31%的重水堆只有大约52080kWh。值得一提的是,采用高燃耗的先进燃料(燃耗峰值200000MWd/t)和1%的燃料循环损耗,有可能实现更高的利用率。此外,随着堆内材料增殖效应的增强,燃料在堆内使用的时间(循环周期长度)可以增加,因此,高燃耗是可能的。因为减少了核燃料在再处理过程中的损失,高燃耗会有更高的燃料利用率。

世界铀储量分为两大类,即已知确定的资源和未发现的资源。已知储量类别包括合理保证储量(RAR)和推断储量(IR)。未发现的类别由预估附加资源(EAR)类别和理论资源(SR)组成。截至2009年1月1日,已确定的资源总数(合理保证和推断)是 5.4×10^6 t,1kg 铀的价格低于130美元。据报道,未发现的资源总量超过 1.04×10^7 t,因此总计约 1.6×10^7 t[5.9-5.12],目前的使用量约为每年68000t 铀。按照这种消耗速度,目前确定的资源在开式燃料循环模式下的热堆中可使用约80年,而总资源可使用约240年。如果资源部署在闭式循环模式和快堆中,会有多重循环周期。从能源增长预测来看,化石燃料可能受到严重限制,这最终将导致长期大规模部署核能。为了满足这种需求,采用开式循环模式的水堆将是不正确的解决方案,必须利用可转换的同位素,而快堆是理想的。对于快中子反应堆,目前唯一的储备 ^{238}U 是作为铀浓缩工厂的终端产品储存的,与目前的水堆技术相比,允许增加大约50倍的能源储备。因此,快堆是有效利用铀资源的理想工具。第3章给出了不同类型反应堆关于燃料利用和燃料消耗更详细的介绍。

参考文献

[5.1] World Nuclear Organisation. Information Libriary. http://www.world-nuclear.org/info/Current-and-Future-Generation/World-Energy-Needs-and-Nuclear-Power/, (accessed September 2013).

[5.2] World Nuclear Organisation. Information Libriary. http://www.world-nuclear.org/info/Current-and-Future-Generation/The-Nuclear-Renaissance\, (accessed August 2011).

[5.3] World Nuclear Organisation. Nuclear Power in the World Today. http://www.world-nuclear.org/info/Current-and-Future-Generation/Nuclear-Power-in-the-World-Today/, (accessed April 2014).

[5.4] OECD/IEA, (2012). World Energy Outlook 2012. International Energy Agency, Paris, France. http://www.iea.org/publications/freepublications/publication/WEO2012_free.pdf.

[5.5] IAEA. (2013). Energy, electricity and nuclear power estimates for the period up to 2050. Reference dataseries. IAEA, Vienna, Austria.

[5.6] U.S. DOE Nuclear Energy Research Advisory Committee and the Generation IV International Forum. (2002). A technology roadmap for generation IV nuclear energy systems. GIF-002-00, December 2002. http://www.gen-4.org/PDFs/GIF_Overview.pdf.

[5.7] Renault, C. (2007). ENEN, 4th generation nuclear reactor systems for the future, saclay. The Generation IV International Forum and Fourth Generation Nuclear Systems, Nuclear Energy Division, CEA, Paris, France.

[5.8] Department of Nuclear Energy. (2013). Status of innovative fast reactor designs and concepts. A supplement to the IAEA Advanced Reactors Information System (ARIS). Nuclear Power Technology Development Section Division of Nuclear Power, IAEA, Vienna, Austria.

[5.9] Red Book. Uranium: Resources, production and demand, RAF3007, Workshop on Uranium Data Collection & Reporting, July 2010, Ghana, http://www.iaea.org/OurWork/ST/NE/NEFW/documents/RawMaterials/RTC-Ghana-2010/5.RedBook.pdf.

[5.10] Price, R. and Blaise, J.R. (2002). Nuclear fuel resources: Enough to last? NEA updates, NEA News 2002 No. 20.2, http://www.oecd-nea.org/nea-news/2002/20-2-Nuclear_fuel_resources.pdf.

[5.11] World Nuclear Organisation. Supply of uranium, http://www.world-nuclear.org/info/Nuclear-Fuel-Cycle/Uranium-Resources/Supply-of-Uranium/, (accessed October 2014).

[5.12] OECD. (2010). A Joint Report by the OECD Nuclear Energy Agency and the International Atomic Energy Agency. Uranium 2009 resources, production and demand. Organisation for economic Co-Operation and Development, NEA No. 6891.

[5.13] Kevan D.W. (2005). Future Nuclear Energy Systems: Generation IV, 50th Annual Meeting of the Health Physics Society, Spokane, Washington, USA, July 11, 2005.

[5.14] Frigola, P. (2009). Five GIF criteria Five International challenges, FR09-Panel 2. http://www-pub.iaea.org/mtcd/meetings/pdfplus/2009/cn176/cn176_presentations/panel_2/panel2-01.frigola.pdf, December 2009.

第6章
各种快堆的前景

6.1 引　言

最初各国考虑了许多反应堆类型;不过,最终名单缩小集中在最有前景的技术和最有可能实现四代倡议目标的技术上。典型的快堆如下:
- 钠冷快堆(SFR);
- 铅冷快堆(LFR);
- 熔盐反应堆(MSR)(超热中子);
- 气冷快堆(GFR)。

相对于目前的核电站技术,这些反应堆的优势包括:
- 乏燃料的放射性可以维持几个世纪而不是几千年;
- 同样数量的核燃料能产生 100~300 倍的能量;
- 在发电过程中消耗现有乏燃料的能力;
- 提高运行安全性。

6.2　钠冷快堆

钠冷快堆使用液态钠作为反应堆冷却剂,允许在低冷却剂体积下实现高功率密度。在 50 年的时间里有 8 个国家使用钠冷快堆,钠冷快堆是建立在大约 390 个堆年的运行经验之上的。到目前为止,大多数核电站都有一个堆芯和一个转换区结构,但新的设计很可能将所有的中子反应都放在堆芯中。其他的研发集中在冷却剂丧失时的安全性和改进燃料处理方法。钠冷快堆采用贫铀(DU)作为燃料基体,冷却剂温度为 500~550℃,能够通过二回路钠发电,一回路压力接近大气压。图 6-1 是钠冷快堆的示意图,优缺点如表 6-1 所列。

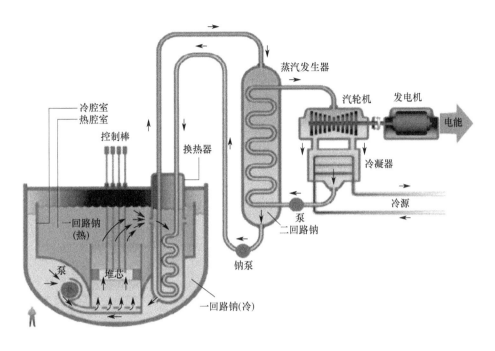

图 6-1 钠冷快堆

(来源于 IAEA, Status of inno-vative fast reactor designs and concepts, a supplement to the IAEA advanced reactors information system [ARIS], Nuclear Power Technology Development Section, Division of Nuclear Power, Department of Nuclear Energy, [TAREF] Formed under NEA, Vienna, 2013.)

表 6-1 钠冷快堆的优缺点

优　点	缺　点
高热惰性	正空泡系数
沸腾临界温度高	堆芯熔毁期间的临界问题
非承压的反应堆压力容器	钠与水和空气的剧烈反应
长期的研发和运行经验	液态钠与混合氧化物(MO_X)燃料的反应

6.3 铅冷快堆

铅冷快堆是一种可以利用贫铀或钍基燃料以及燃烧轻水反应堆(LWR)燃料中的锕系元素的快中子反应堆。液态金属(铅或铅-铋合金)是在低压下通过自然对流进行冷却的(至少能移出衰变热)。燃料是金属或氮化物,从区域或中央后处理厂进行全面的锕系回收。设想的发电模块的大小范围很广,从为小型电网或发展中国家研发的具有 15~20 年寿命的 300~400MW(e)模块化电厂发电单元到 1400MW(e)的大型独立电厂。运行时温度是很容易达到 550℃ 的,故设计了可以在 800℃ 高温下提供抗铅腐蚀能力的先进材料,实现热化学制氢。图 6-2 为铅冷快堆的原理示意图,优缺点见表 6-2 所列。

表 6-2　铅冷快堆的优缺点

优　　点	缺　　点
高热惰性	高熔点
高沸点	清洁和去污困难
非承压的反应堆压力容器	腐蚀性和化学毒性
非能动安全性	冷却剂活化
长期的研发和运行经验	

6.4　熔　盐　堆

在熔盐反应堆中,铀燃料溶解在氟化钠盐冷却剂中,氟化钠冷却剂通过石墨堆芯通道循环以达到一定的中子慢化和超热中子能谱。参考装置的功率高达 1000MW(e)。裂变产物被不断地移出,锕系元素被完全回收,因此不需要制造新的燃料,可以同时添加钚和其他锕系元素以及 ^{238}U。燃料的进料和回收移出是通过一个收集和注入系统来完成的,通过这样的方式,使反应堆堆芯保持临界质量。在很低的压力下,冷却剂温度为 700℃,预计为 800℃;二回路冷却系统用于发电,热化学制氢也是可行的。

与固体燃料反应堆相比,熔盐反应堆系统具有更低的裂变物质存储需求,对燃料燃耗没有辐射损伤限制,没有乏燃料,没有制造和处理固体燃料的要求,具有均匀同位素的反应堆燃料。这些以及其他特性可能使熔盐反应堆在锕系元素燃烧和扩展燃料资源方面具有独特的能力和经济竞争力。图 6-3 为熔盐反应堆的原理示意图,其燃料循环吸引人的特点包括:只含有裂变产物的高放射性乏燃料,因此放射性寿命较短;武器级裂变材料(主要的钚同位素 ^{240}Pu)数量少;低燃料消耗;以及用于任何尺寸的非能动冷却系统的安全性。熔盐堆的优缺点如表 6-3 所列。

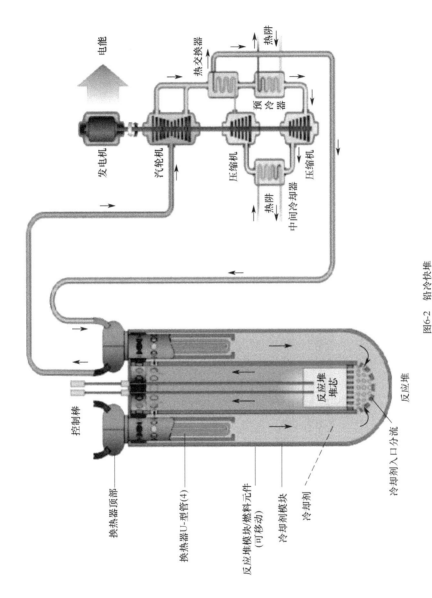

图6-2 铅冷快堆

(来源于IAEA, Status of inno-vative fast reactor designs and concepts, a supplement to the IAEA advanced reactors information system [ARIS], Nuclear Power Technology Development Section, Division of Nuclear Power, Department of Nuclear Energy.[TAREF] Formed under NEA, Vienna, 2013.)

第6章 各种快堆的前景

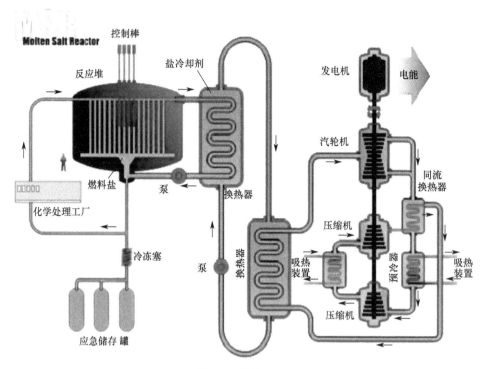

图 6-3 熔盐堆

(来源于 IAEA, Status of inno-vative fast reactor designs and concepts, a supplement to the IAEA advanced reactors information system[ARIS], Nuclear Power Technology Development Section, Division of Nuclear Power, Department of Nuclear Energy, [TAREF] Formed under NEA, Vienna, 2013.)

表 6-3 熔盐堆的优缺点

优 点	缺 点
无堆芯熔毁的风险	中子学复杂:燃料存在于整个主回路
反应堆燃料流动可控	热交换器的辐照问题
裂变产物在线移除	盐具有腐蚀性
钍的使用	盐的熔融温度高
核废料最小化	反应堆启动过程复杂
简单的回收过程	无反应堆经验

6.5 气冷快堆

与其他已经运行或正在开发的氦冷反应堆一样,气冷快堆将采用850℃的高温机组。它们采用了类似于超高温反应堆(VHTR)的反应堆技术,这种技术适用于发电、热化学制氢或其他热力过程。为了发电,氦将直接驱动燃气轮机(布雷顿循环)。它有一个具有快中子能谱的增殖堆芯,并且没有转换区。坚固的氮化物或碳化物燃料可含有贫铀(DU)和任何其他可裂变或可转换材料,如钚含量为15%~20%的陶瓷棒或挡板。和钠冷快堆一样,使用过的燃料将在现场进行再处理,所有锕系元素将被重复回收,以尽量减少长寿命放射性废物的产量。另一种气冷快堆设计是在一回路中采用低温(600~650℃)氦冷却,在二回路中采用550℃和20MPa的超临界CO_2发电,减少了超高温下的材料和燃料问题。图6-4为气冷快堆的原理示意图,优缺点见表6-4所列。

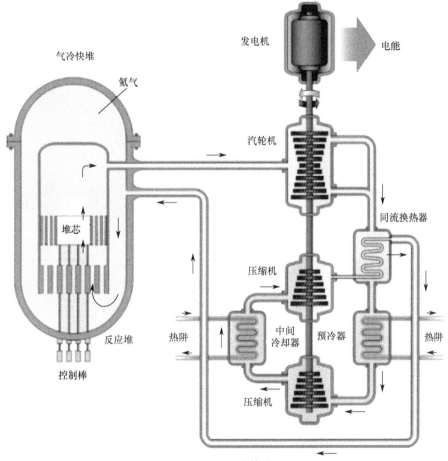

图6-4 气冷快堆

(来源于IAEA, Status of inno-vative fast reactor designs and concepts, a supplement to the IAEA advanced reactors information system [ARIS], Nuclear Power Technology Development Section, Division of Nuclear Power, Department of Nuclear Energy, [TAREF] Formed under NEA, Vienna, 2013.)

表 6-4 气冷快堆的优缺点

优　点	缺　点
温度负反馈	低热惰性
耐高温的包覆颗粒燃料(陶瓷燃料)	高压系统
惰性冷却剂	复杂的燃料和包壳
	冷却剂高流速(振动)
	无运行经验
	DHR 复杂

6.6　先进快堆与钠冷快堆的比较

先进快堆与钠冷快堆的比较见表 6-5 所示。

表 6-5　先进快堆与钠冷快堆的比较

反应堆类型	冷却剂	温度/℃	压力	应用
SFR	钠	550	低	电力
LFR	铅或者铅－铋	480~800	低	电力和制氢
MSR	氟盐	700~800	低	电力和制氢
GFR	氦气	850	高	电力和制氢

6.7　福岛核事故后快堆的发展

2011 年的地震和海啸摧毁了日本北部沿海地区和福岛第一核电站,在此之后,未来的反应堆具备以下特点[6.1]:
- 用于停堆和衰变热排出系统的非能动安全特性;
- 堆芯长期冷却性(多样化系统);
- 保守的负荷组合;
- 包括低概率的严重事故;
- 健全的严重事故管理策略。

基于这些概念,设计人员开发了以下的反应堆设计方案。

6.7.1 先进的钠冷示范快堆

2006年中期,法国政府安排法国原子能与替代能源委员会开发两种类型的快中子反应堆,基本上是第四代设计:一种是钠冷型的改进版本,法国已经有45堆年的操作经验,另一种是创新的气冷型,两者都具有燃料再循环利用能力。2009年中期,鉴于钠冷型燃烧锕系元素的潜力(图6-5),建议将其用于工业示范的先进钠冷快堆(ASTRID)作为研发的重点[6.2]。ASTRID被设想作为1500MW(e)商用钠冷快堆的600MW(e)原型,它可能从2050年开始部署,届时利用法国拥有的5×10^5t贫铀,并燃烧添加到混合氧化物燃料中的钚。ASTRID将会有很高的燃料燃耗,包括燃料中的少量锕系(MA),而它使用的混合氧化物燃料与压水堆(PWR)中的燃料大致相似,含有25%~35%的钚。它将使用中间钠冷却回路,但三回路冷却剂是水/蒸汽还是气体是一个开放性的问题。可能会有四个独立的热交换器回路,其设计目的是降低严重事故发生的概率和后果,这是目前快堆无法做到的。ASTRID称为自生式快堆,而不是增殖反应堆,彰显其低的钚净产量。ASTRID在安全、经济、防核扩散方面符合四代国际论坛的严格标准。

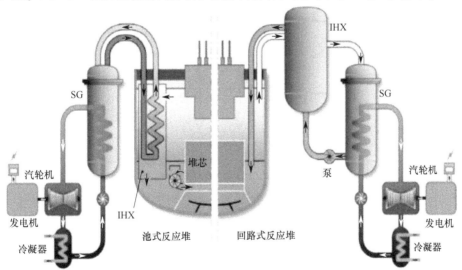

图6-5 用于工业示范的先进钠冷快堆(600MW(e)-法国反应堆)

(来源于IAEA,Status of inno-vative fast reactor designs and concepts,a supplement to the IAEA advanced reactors information system[ARIS],Nuclear Power Technology Development Section, Division of Nuclear Power,Department of Nuclear Energy,[TAREF] Formed under NEA,Vienna,2013.)

6.7.2 日本钠冷快堆

日本原子能机构目前正在实施日本钠冷快堆(JSFR)(图 6-6)[6.3]的概念设计研究和快堆循环技术开发(FaCT)项目中的创新技术研发。该电厂的设计旨在实现经济竞争力、增强安全性和可靠性,这些都是快堆商业化的关键目标。在 FaCT 项目中,商业化的目标是在 2050 年左右,在创新技术的支持下,输出功率为 1500MW(e) 的 SFR。在这个过程中,示范快堆的功率预计在 500~750MW(e),计划在 2025 年左右投入使用。商用和示范快堆的概念设计结果已于 2015 年提交。

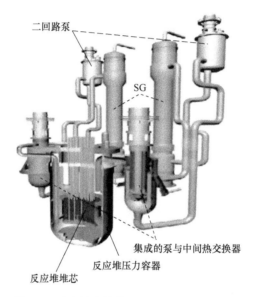

图 6-6 日本钠冷快堆(1500MW(e)-Japan)
(来源于 IAEA, Status of inno-vative fast reactor designs and concepts, a supplement
to the IAEA advanced reactors information system [ARIS], Nuclear Power Technology
Development Section, Division of Nuclear Power, Department of Nuclear Energy,
[TAREF] Formed under NEA, Vienna, 2013.)

6.7.3 先进快堆(AFR-100)

先进快堆(AFR-100)(图 6-7)[6.4]是针对小型电网设计的,可以移动到电厂场地,并在不频繁换料的情况下可长期使用。反应堆的额定功率为 100MW(e),由于运输的限制,堆芯筒体直径为 3m。设计参数是通过放宽中子通量峰值限值和冷却剂出口温度限值来确定的,以超越辐照经验,并假设在 AFR-100 部署时,美国能源部(DOE)项目下开发的先进包壳和结构材料已经可用。AFR-100 因为其较低的功率密度和铀-锆金属燃料,可以不换料维持临界 30 年。反应性系数评估表明该堆型具有足够的负反馈,反应性控制系统可提供足够的停堆余量。

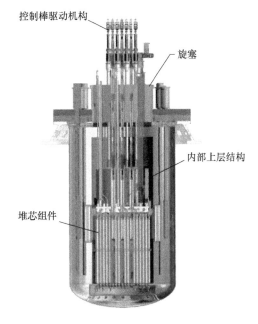

图 6-7　AFR-100

(来源于 IAEA,Status of inno-vative fast reactor designs and concepts,a supplement to the IAEA advanced reactors information system[ARIS],Nuclear Power Technology Development Section,Division of Nuclear Power,Department of Nuclear Energy,[TAREF] Formed under NEA,Vienna,2013.)

6.7.4　欧洲铅冷快堆

欧洲铅冷系统项目(ELSY)的参考设计是一个 600MW(e)的池式反应堆(图 6-8)[6.5],用纯铅冷却。欧洲的铅冷系统项目证明了利用简单的工程技术来设计具有竞争力和安全性,同时完全符合第四代可持续性和次锕系元素燃烧能力要求的快堆的可能性。可持续性是堆芯设计时选择的主要标准,重点在于展示钚的自持裂变反应和燃烧次锕系元素产物的潜力。安全一直是整个欧洲铅冷系统发展的主要焦点之一。除了铅冷却剂的固有安全优势(高沸点,不与空气或水发生放热反应),整个系统达到了较高的安全等级。事实上,整个主系统的设计目的是为了使压降最小化,从而通过自然循环实现衰变热排出(DHR)。此外,已经开发和采用了两种冗余、多样化、非能动运行的衰变热排出系统。

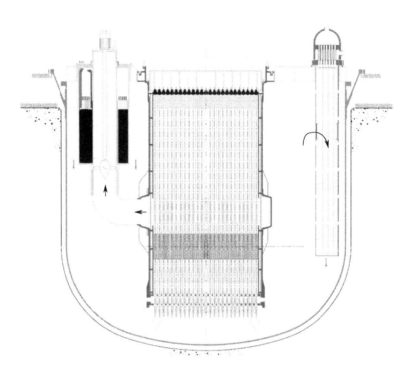

图6-8 欧洲铅冷快堆(ELFR)(600MW(e)——欧洲)

(来源于IAEA, Status of inno-vative fast reactor designs and concepts, a supplement to the IAEA advanced reactors information system[ARIS], Nuclear Power Technology Development Section, Division of Nuclear Power, Department of Nuclear Energy, [TAREF] Formed under NEA, Vienna, 2013.)

参考文献

[6.1] Takeda, T., Shimazu, Y., Foad, B., Yamaguchi, K. (2012). Review of safety improvement on sodium-cooled fast reactors after Fukushima accident. Nat. Sci., 4, 929-935. doi: 10.4236/ns.2012.431121.

[6.2] Beils, S., Carluec, B., Devictor, N., Luigi Fiorini, G., François Sauvage, J. (2011). Safety approach and R&D program for future French sodium-cooled fast reactors. J. Nucl. Sci. Technol., 48(4), 510-515.

[6.3] Ohiki, S. (2012). Conceptual core design study for Japan sodium-cooled fast reactor: Review of sodium void reactivity worth evaluation. Technical Meeting on Innovative Fast Reactor Designs with Enhanced Negative Reactivity Feedback Features, IAEA TWG-FR, Vienna, Austria.

[6.4] Kim, T. K., Grandy, C., Hill, R. N. (2012). A 100MW(e) advanced sodium-cooled fast reactor core concept. PHYSOR 2012: Conference on Advances in Reactor Physics—Linking Research, Industry and Education, Knoxville, TN.

[6.5] Alemberti, A. (2012). ELFR: The European lead fast reactor design, safety approach and safety characteristics. Technical Meeting on Impact of Fukushima Event on Current and Future Fast Reactor Designs, HZDR, Dresden, Germany.

[6.6] IAEA. (2013). Status of innovative fast reactor designs and concepts: A supplement to the IAEA advanced reactors information system (ARIS). Nuclear Power Technology Development Section, Division of Nuclear Power, Department of Nuclear Energy, Vienna, Austria.

第二部分

钠冷快堆的设计

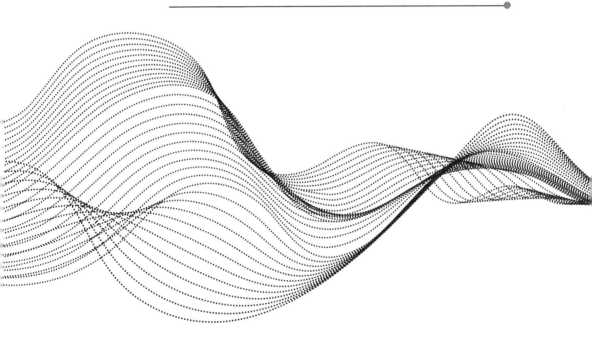

第7章
材料选择及其性能

7.1 引　言

快中子增殖反应堆(FBR)技术采取了多学科交叉的方法,以解决在燃料和材料开发领域所面临的挑战。快中子增殖反应堆所用燃料的裂变材料浓度显著高于热中子堆,燃耗也随之相应增加。燃料的设计是高效、经济、安全生产能源的一个重要方面。快中子增殖反应堆组件在高中子通量、液态钠冷却剂及高温的恶劣环境下工作。因此,材料抵抗气隙膨胀、辐照蠕变、辐照脆化特性成为堆芯组件材料选择的主要考虑因素。结构材料和蒸汽发生器材料均应具有良好的抵抗蠕变、低周期疲劳、蠕变-疲劳相互作用和钠腐蚀的性能。

7.2 燃　料

燃料存放于反应堆堆芯,特别是快堆燃料,具有高燃耗特性,即 100~200GWd/t,比典型轻水堆燃耗高 3 倍。这种高燃耗导致产生了高浓度的裂变产物,进而引起更大的燃料膨胀以及释放更多的裂变气体。为实现堆芯的高度紧凑,选择比轻水堆燃料更小的燃料棒直径,因此燃料必须能够承受更高的温度梯度并且拥有更高的比功率(比轻水堆高 4 倍)。下列是快堆理想燃料所需的特性。

- 高比功率:燃料的导热系数和熔点都应较高;
- 高燃耗:抗辐射能力强;
- 高燃料原子密度:减小堆芯的尺寸和燃料储存;
- 与包壳还有冷却剂具有良好的相容性;
- 更高的负多普勒系数:为堆芯提供固有安全性;

- 熔点以下不出现相变,不会出现明显的热力-物理-化学性质变化;
- 高增殖比和高的铀利用率:燃料应具有较高的中子产率;
- 易于生产制造。

有些特性可能互相矛盾,例如金属的导电率高,但熔点低;燃料的原子密度高,中子能谱较硬,也因此负多普勒系数要更小一些。

7.2.1 氧化物燃料

氧化物燃料在快中子增殖堆中具有重要地位,因为氧化物燃料具有更高的燃耗潜力和在热中子堆作为燃料使用的大量经验。在轻水堆应用中,氧化物燃料显现出令人十分满意的尺寸和辐照稳定性,以及与包壳材料和冷却剂材料的化学相容性。然而在快中子增殖反应堆工作环境下,即更高的温度与更多的辐照量有可能改变其令人满意的性能。例如,轻水堆氧化物燃料的氧气金属比(O/M)保持在略高于2.0的水平;而在快中子增殖堆中,为了避免包壳的氧化,O/M比保持在低水平上。氧化物燃料的原子密度很低,这就决定了与金属燃料相比,氧化物燃料的增殖率更低。此外氧化物燃料的导热系数非常低,因此燃料中存在大的温度梯度。氧化物燃料的优点是它的熔点非常高,使得在低导热系数的情况下仍能以更高的线功率运行。

导热系数低导致燃料芯块径向温度梯度大,通常在2000~4000℃/cm之间。这一温度梯度导致燃料的微观结构在反应堆功率提高到其运行水平后发生相当快的变化。燃料的导热系数是与燃料的温度、密度、O/M比和钚含量以及燃料基体的局部形状相关的函数。

7.2.1.1 物理性质

表7-1列出了典型成分为20%的钚,O/M比为1.97,密度为90%的混合氧化物(MOX)燃料的导热系数随温度变化的数值,同样比热容和热膨胀系数的值也在表7-1中给出。混合氧化物燃料的固相温度依赖于钚含量,随着燃耗的增加固相温度下降。熔点的关系式如下:

$$T_{m,nominal} = 3120 - 665.3 \times P + 336.4 \times P^2 - 99.9 \times P^3 \qquad (7\text{-}1)$$

式中:P 为混合氧化物中 PuO_2 所占的摩尔分数。

与燃耗间的关系,

$$T_m = T_{m,nominal} - 0.5 \times 燃耗(MWd/kgHM) \qquad (7\text{-}2)$$

7.2.1.2 膨胀

燃料膨胀是由裂变过程中产生的固体和气体裂变产物引起的。固体裂变产物分散在燃料中,导致燃料膨胀,每 at% 燃耗产生的膨胀为 0.15% ~ 0.45%。

更大的燃料膨胀是由于气体裂变产物导致的,这些产物不溶于燃料,并形成气泡,这些气泡移动并结合,导致燃料膨胀。

表 7-1 MOX 燃料物理性质与温度的关系

温度/K	导热系数/(W/m·K)	比热容/(J/kg·K)	热膨胀系数/(10^{-6}m/m·K)
373	5.283	2833	10.904
673	3.879	313.2	10.99
973	3.065	333.9	11.507
1273	2.543	366.3	11.701
1573	2.231	431.2	12.134
1873	2.13	550.9	12.803
2173	2.24	749.1	13.706
2473	2.531	1050.9	14.84
2673	2.835	1361.3	15.84

来源:Carbjo, J. J. et al., Nucl. Mater., 299, 181, 2001.

它们从燃料的主体部位移动到中央的空隙和燃料包壳的间隙以及气腔。因此,燃料的净膨胀来自裂变气体吸收和释放之间的平衡,这取决于晶粒结构、孔隙度分布、温度和温度梯度。为了缓解这种膨胀现象,燃料芯块制造时内部设置气孔,芯块密度大约为 90%。燃料和包壳间的径向间隙也可用来缓解膨胀。氧化物燃料释放的大部分是气体裂变产物,由于高温运行条件下流动性较强,也因此膨胀率比较低(每 at% 燃耗带来 1.2%~1.7% 的体积增加)。因此,为了达到10% 的高燃耗率,燃料棒需要 15%~20% 的空隙率。因此,氧化物燃料的密度在 80%~85% 的范围内,可以达到较大的燃耗。

7.2.1.3 裂变气体释放

裂变气体是在裂变过程中直接由裂变或裂变产物的衰变产生的。对于快堆,以稳定的裂变气体形式的裂变产额约为 0.27,也就是说,每一次产生裂变产物的裂变过程中稳定地产生了 27% 的裂变气体,裂变气体的生成与燃耗之间的关系式如图 7-1 所示。氙是裂变气体中最主要的部分,然后是氪。裂变气体气泡的成核、生长和扩散过程都非常复杂,这样产生的裂变气体要么保留在燃料基体中,要么通过裂缝释放到气腔中。留在基体中的部分会引起燃料膨胀,逃逸出来的裂变气体则会给气腔施加压力。

膨胀与释放是相辅相成的现象,它们的速率与局部的温度密切相关。在燃料棒的热中心区域,大部分裂变气体一旦产生就会被释放,而且带来的膨胀很小。在靠近较冷的外围区域,溶胀程度较高,因为气体原子的迁移率很低,释放

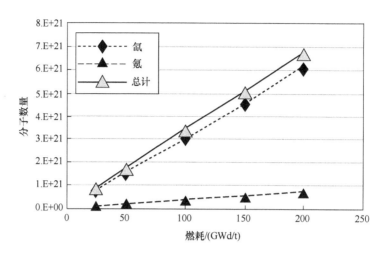

图 7-1 裂变气体的产生与燃耗的关系

率较低。还需要指出的是:燃料棒中急剧变化的温度梯度为气泡迁移提供了强大的驱动力,最终改变了燃料结构。一般来说,到 1300K 时,都没有明显的裂变气体释放,之后随着裂变气体释放的增加,特别是在 1900K 以上时,很大部分裂变气体被释放到气腔中。因此,大部分在芯块外围产生的裂变气体由于温度较低而被保留,这在燃料瞬态情况下成为一个问题,即可能导致裂变气体的突然释放。Phenix 堆燃料棒裂变气体释放随燃耗的变化如图 7-2 所示。

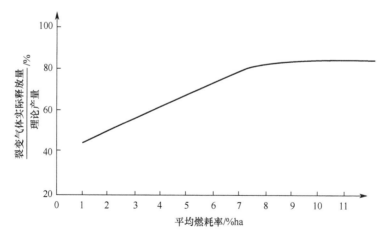

图 7-2 在未变形燃料棒中裂变气体的释放率取决于燃耗

7.2.1.4 燃料包壳兼容性

燃料包壳相互化学作用(FCCI)的发生取决于燃料氧势和包壳内表面温度。混合氧化物燃料的燃耗与氧势、钚含量、O/M 有关。随着燃耗的增加,O/M 和氧势也在增加。根据文献报道，给定燃耗下的初始 O/M 越高，FCCI 发生时的温度越低。O/M 也会影响锕系元素的迁移。

7.2.1.5　燃料-冷却剂的兼容性

在包壳破裂的情况下，钠与燃料之间的反应需要注意。钠很可能与混合氧化物燃料发生反应，形成低密度的铀钚酸钠类化合物。这种反应更有可能与超化学计量燃料发生。

7.2.1.6　较高燃耗时的性能

在快堆中使用氧化物燃料的主要问题是燃耗增加引起的 O/M 增加、包壳的氧化以及裂变产物带来的腐蚀。较低的初始 O/M、足够大的气腔的燃料棒设计能够容纳更多的裂变气体、用于降低燃料温度的环形芯块以及用于补偿腐蚀的合适包壳厚度是实现氧化物燃料高燃耗所需的关键特性。

快堆混合氧化物燃料的表现可分为三个阶段。在寿期初期（燃耗为 3~4at%），由于燃料包壳传热性能差和导热系数低，出现了高温和大的径向热梯度，燃料的微观结构和几何形状随燃耗的增加而产生显著变化，这些变化包括孔隙向芯块中心的迁移、燃料中氧气的重新分布、通过蒸发-冷凝机制对钚的径向重新分布、制造出来的间隙的封闭、初始固体芯块中心孔的产生等。在中度燃耗（7~8at%）时，几微米的残余间隙逐渐被混杂了氦气的裂变气体填满，降低了它的热导率，导致中心温度升高。当燃料燃耗达到 7~8at% 时，存在于这一间隙的气体被裂变产物（如钼和铯）形成的混合物所取代，从而引发燃料包壳相互化学作用。较高的燃耗值（12at%）下，会产生大量的裂变气体，同时氧化物燃料将大部分气体释放到气腔，在包壳上产生应力。由于裂变产物而产生的包壳氧化和内侧腐蚀可以达到 100~150μm 的相当深处。包壳腐蚀的相关机理是由铯和碲裂变产物的结合而产生的。

7.2.2　金属燃料

第一座快中子增殖堆使用由铀、钚或它们的合金所组成的金属燃料。金属燃料的主要优点是高导热性、高密度和良好的增殖比。金属燃料的主要缺点是熔点低、膨胀性高，从而降低了燃耗峰值，通过降低有效密度，可以达到更高的燃耗；但这样燃料密度高的优点就被牺牲了。大的径向间隙限制了燃料由于间隙中的高温下降而产生的线性额定热峰值。为了减小间隙里温度的下降，燃料和包壳之间的间隙通常填满了钠。

7.2.2.1　物理性质

金属燃料的物理性质随温度的变化如表 7-2 所示。

表 7-2 金属燃料物理性质与温度的关系

温度/K	K/(W/m·K)	Cp/(J/kg·K)	E/Pa	泊松比	线膨胀系数/K^{-1}
350	17.8	169.4	8.44×10^{10}	0.28	1.76×10^{-5}
500	21.9	185.6	6.70×10^{10}	0.31	1.76×10^{-5}
600	24.6	236.9	5.54×10^{10}	0.34	1.92×10^{-5}
700	27.3	191.1	3.06×10^{10}	0.36	2.24×10^{-5}
800	30.0	191.4	2.98×10^{10}	0.38	2.69×10^{-5}
900	32.7	191.4	2.90×10^{10}	0.40	3.15×10^{-5}
1000	35.4	191.4	2.82×10^{10}	0.43	3.60×10^{-5}
1100	38.1	191.4	2.74×10^{10}	0.45	4.06×10^{-5}

7.2.2.2 裂变气体释放

氪和氙是裂变反应中形成的气态裂变原子。它们完全不溶于燃料基体,并以气泡形式沉淀。气态原子的裂变产物,产生后当它们到达任何与自由体积相连的空间时,就会从燃料中释放出来。产生的气体量取决于燃耗大小。在快中子增殖堆中,由于燃耗高,燃料棒有着较大的裂变气体气腔。

由于裂变反应,气体原子均匀地在燃料基体中产生,由于气体原子的扩散,出现了气泡成核,程度与基体内气体浓度成正比。有核的气泡由于基体中气体原子的扩散而缓慢地成长为一个封闭的气泡。封闭的小气泡逐渐长大,形成更大的封闭气泡。在临界燃耗时,一部分封闭的气泡相互连接,形成一个开放式气泡,气体通过这个气泡释放到气腔。在开放式气泡形成之后,气体的释放通过两种方式发生。第一,通过气体原子扩散到开放式气泡;第二,通过将封闭的气泡进一步转化为开放式气泡。前者直接释放气体而不产生额外的气泡,而后者产生更多的开放式气泡。燃料基体的膨胀与燃料基体中封闭气泡和开放式气泡所占的体积成正比。燃料基体中各种气泡的分布情况如图 7-3 所示。裂变气体释放百分比与金属燃料燃耗之间的函数关系如图 7-4 所示。详见参考文献[7.2]。

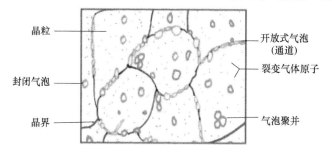

图 7-3 燃料基体中的裂变气泡

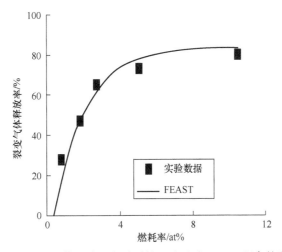

图 7-4 裂变气体释放的实验测量以及通过 FEAST 程序的预测

(来源于 Karahan, A., Modelling of thermo-mechanical and irradiation behaviour of metallic and oxide fuels for sodium fast reactor, PhD report, MIT, Cambridge, MA, 2009.)

7.2.2.3 肿胀

由于燃料基体中气泡的积聚,燃料棒体积增大。如前所述,气泡有两种类型:封闭气泡和开放式气泡。超过一定的燃耗阈值后,部分封闭的气泡会转化为开放式气泡,也就是通过相互连接而连接到气腔,从而形成通道。由于封闭气泡和开放式气泡的存在,基体体积增大。除了气泡带来的肿胀外,裂变过程中积累的固体裂变产物同时也增加了基体的体积。燃料棒中部和顶部体积的增大如图 7-5 所示。

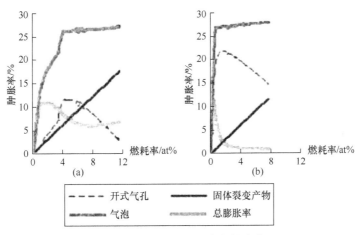

图 7-5 燃料棒顶部和中部的膨胀
(a)裂变柱体中部;(b)裂变柱体顶部。

(来源于 Karahan., A., Modelling of thermo-mechanical and irradiation behaviour of metallic and oxide fuels for sodium fast reactor, PhD report, MIT, Cambridge, MA, 2009.)

7.2.2.4 燃料-包壳化学相互作用

燃料包壳相互化学作用是一个复杂的多组分扩散问题,它涉及了在工作温度下燃料和包壳成分的相互扩散现象。具体地说,相互扩散表现为铁和镍作为包壳成分扩散进入燃料以及相应的镧系裂变产物扩散进入包壳。燃料和包壳成分间的相互扩散,这一潜在问题本质上有着双重的含义:包壳机械性能的减弱和燃料中相对较低熔点成分的形成。这种相互扩散可以通过燃料和包壳之间锆的存在来控制。锆可以被加入燃料基体中,在辐照作用下向外迁移,形成燃料包壳相互化学作用效应的屏障。富锆层的厚度、均匀性和形成速率都是控制因素,厚而均匀的锆层似乎可以延缓熔融相的形成。

另一种方法是将锆层与包壳一起挤压成大约 $150\mu m$ 厚度的层结构,用来阻碍相互扩散作用。用锆覆层代替燃料基体中的锆的优点包括如下:

(1)由于燃料棒中锆的体积分数的降低,中子经济性提高了,也因此提高了增殖比;

(2)燃料导热系数不受影响。

同时,还需要通过辐照实验来证明在燃料包壳机械相互作用(FCMI)的压力下,存在的锆覆层不会产生裂纹。

7.2.3 碳化物燃料

碳化物燃料有很好的导热性和很高的熔化温度,这使得它们在动力堆中很有吸引力。碳化物燃料是通过烧结的方法制造的,以达到所需的孔隙率。碳化物燃料由于导热系数高,其内部的热梯度非常小,因此不存在孔隙迁移和重构现象。此外,由于热梯度较小,燃料的开裂现象并不像在氧化物燃料中观察到的那样显著。

7.2.3.1 物理性质

对于碳化物燃料的导热系数,根据测量值,得到导热系数与90%密集度燃料的函数关系:

$$K = (-4.55617998 \times 10^{-14} \times T^4) + (1.15593 \times 10^{-10} \times T^3) + (1.87943 \times 10^{-8} \times T^2) - (2.8604 \times 10^{-5} \times T) + (0.06253) \quad (7\text{-}3)$$

式中:T 为温度,单位为 K。

7.2.3.2 裂变气体释放

由于较低的工作温度和较强的燃料,碳化物燃料中裂变气体的释放比氧化物燃料和金属燃料少。图7-6显示了典型的气体释放与燃耗之间的函数关系。从现有的实验结果可以看出,低、中密度燃料比高密度燃料释放的裂变气体更多。非化学计量燃料比化学计量燃料含有更多的空隙,因此可以容纳更多的气体,而杂质阻碍了气体的扩散、形成和运动。

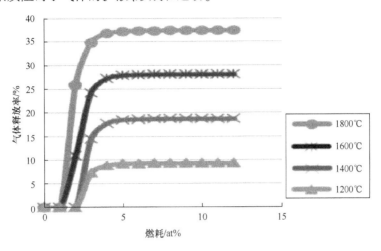

图 7-6 碳化物燃料中裂变气体的释放与燃耗的关系

影响碳化物燃料裂变气体释放速率的重要因素是温度、燃耗、孔隙率和晶粒尺寸,剩余的化学计量、孔径分布、裂纹等参数也在一定程度上影响裂变气体的释放。

7.2.3.3 肿胀

随着燃耗的增加,由于燃料肿胀,燃料与包壳之间的间隙减小。一开始,由于肿胀阈值限制,包壳直径的增加非常小,径向间隙闭合后,由于燃料包壳机械相互作用,包壳发生肿胀。碳化物燃料硬度很高,在释放燃料中所产生的机械应力方面,蠕变效应可以忽略不计。因此,在碳化物燃料应用的情况下,燃料包壳机械相互作用使包壳表面产生了高压。此外,碳化物燃料表现出较高的肿胀应变,因为它释放裂变气体的能力较差。影响肿胀的主要因素是温度和燃耗,化学计量、孔隙度和晶粒大小等因素也有一定的影响。肿胀率与燃料中心线温度的函数关系如式(7-4)所示:

$$\dot{S} = \frac{1}{0.7653 + 2.11 \times 10^{-4} T - 2.75 \times 10^{-7} T^2} \quad 300 \leq T < 1650$$

$$= \frac{0.26}{1 - 8.3814 \times 10^{-4} T + 1.755 \times 10^{-7} T^2} \quad 1650 \leq T \leq 2250 \quad (7-4)$$

式中

$\dot{S}$——单位原子燃耗下的肿胀率,$\frac{\% \Delta V}{V}$;

T——温度,单位为 K。

7.2.4 氮化物燃料

虽然混合碳化物一直是世界上研究最多的燃料,但从后处理的角度来看,氮化物因其与 PUREX 工艺有着更好的兼容性而更受青睐。氮化物燃料的肿胀比氧化物燃料的肿胀大,因此需要选择较小的有效密度。假设膨胀率为 1.1%~1.6% 每 at%(氧化物为 0.6% 每 at%),则需要将有效密度限制在 75%~78% 之间,才能达到约 150GWd/t 的辐照剂量,这可以通过调节燃料的密度或燃料包壳间隙的值来做到。尽管选择了低有效密度,高导热性和高熔化温度仍能使芯块的热性能得以改善,从而可以实现高线性功率。在燃料棒中加入氦,可获得约 700W/cm 的线功率,如果使用钠作为混合的介质(钠与氮化物燃料可相容),可以增加到约 900W/cm。通过提供安全裕量,甚至加入氦的燃料也可以在 450~500W/cm 的线功率下安全操作。最后,由于氮化燃料的密度高于氧化物燃料,因此氮化物燃料具有较高的增殖比。

7.2.5 金属陶瓷燃料

金属陶瓷燃料由均匀分布在金属基体中的陶瓷燃料颗粒组成。氧化物燃料的优点是易于制造、反应堆运行性能良好、后处理工艺完善。主要缺点是导热系数低,密度低,增殖比低,倍增时间长。为了克服氧化物燃料的缺点,可能要依靠金属氧化物燃料例如($U\text{-}PuO_2$)来解决,$U\text{-}PuO_2$ 分散在金属铀基体中,结合了氧化物燃料和金属燃料的优点。典型的金属陶瓷燃料如图 7-7 所示。金属陶瓷燃料的一些优点如下:

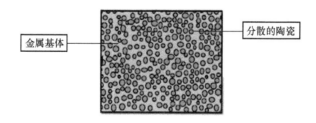

图 7-7　金属陶瓷燃料

(1)金属基体,使得导热系数比陶瓷燃料高;

(2)只存在基体内部的局部损伤(颗粒形式的可裂变组分),使得整体损伤较小;

(3)出于安全考虑,热膨胀系数比陶瓷燃料高;

(4)与 U-Pu 混合燃料相比,由于采用了铀的基体,燃料可以在更高的温度下运行;

(5) 铀与 T91 钢包壳的共熔合金形成温度在 700℃以上(与奥氏体 650℃相比),为燃料的安全运行提供了更大的灵活性;

(6) 采用粉末冶金法生产更容易,预计成品率将高于熔炼和铸造工艺制备的金属燃料(根据经验确定)。

7.2.6 总体比较

各类型铀燃料总体性能对比情况如表 7-3 所示。

表 7-3 各类型铀燃料的性能对比

参 数	氧 化 铀	碳 化 铀	金 属 铀	氮 化 铀
密度/(g/cm^3)	低(10.97)	中等(13.6)	高(19.1)	中等(14.3)
熔点温度/K	高(3138)	中等(2780)	低(1405)	高(3035)
导热系数/(W/[m·K])	低(3)	中等(21.6)	高(35)	中等(20)
热膨胀系数/K^{-1}	低(1.0×10^{-6})	低(1.2×10^{-5})	高(1.9×10^{-5})	低(9×10^{-6})
比热容/(J/kg·K)	高(271.5)	中等(200.7)	低(108.5)	中等(204.8)

7.3 堆芯结构材料

典型快堆堆芯由几个薄壁小直径燃料细棒组成,这些燃料细棒被包含在元件盒管中。燃料棒是芯块形式的核燃料结构容器,为裂变物质和放射性裂变产物提供了第一道安全屏障,因此,其结构完整性是设计的首要要求。燃料棒彼此分开,以确保有足够的冷却剂流过通过绕丝所形成的燃料棒间隙。通常情况下,与热中子堆相比,快堆燃料棒的直径更小,这主要是为了更大的表面积和容纳可裂变物质,便于进行高热量的传递。燃料棒成三角形一组间隔布置,形成紧凑的六角形栅格排列。元件盒管除了为棒束提供结构支持的作用,还可以促进适当的冷却剂流通过燃料棒来带走核热量,元件盒管也被称为是导向管或六角管。

棒束和导向管连同下管座、上管座以及导向管内的许多其他部件一起构成了组件(SA)。在电厂规模的快堆中,堆芯有数百个组件,包括燃料组件、吸收组件、再生区组件、反射层组件和屏蔽组件。燃料组件主要组成的材料、材料的选择、先进材料的开发、设计要求、设计安全限制(DSL)和结构设计标准构成了本节内容的主题。

7.3.1 环境

在堆芯寿期内,组件的主要构成部分,都要经受在核环境、热环境、机械环境和化学环境等方面的激烈而严峻的工作条件。燃料元件要经受高温、高压、与化学上不相容的裂变产物接触的恶劣条件,还要经受管破裂时的冷却剂,其中最重要的是要经受中频到硬谱中子的高辐照。在严重性方面,堆芯的三个基本并且重要的组成部分,即间隔绕丝、元件盒、包壳管,所面对情况的严重性都在增加。除了受到个别因素影响外,组件由于环境条件或组合因素,如隔板线、棒束导管等带来的整体变形,对设计的影响更大。包壳、间隔绕丝和导向管所接触的温度、压力和介质的条件略有不同,但是,就中子剂量而言,这三种构件都获取了同样或多或少的中子剂量,在辐照效应方面,这些组件被普遍地照射了。它们唯一的不同之处在于辐照效应的表现,例如弯曲、肿胀、管束相互作用、棒-绕丝相互作用和棒的椭圆化形变。这些内容将在讨论堆芯设计的第8章中进行介绍。

在稳态工作条件下,燃料包壳管沿其长度的最大额定温度范围为350～700℃,在泵跳闸、断电等暂态条件下,温度甚至可以在几秒到几分钟的短时间内,上升到1000℃或更高,导管承受350～650℃的相对较低的温度范围。燃料包壳由于裂变气体的产生而受到内部压力,因此,压力随裂变气体在反应堆中停留的时间而变化,即随其燃耗而变化。一般情况下,初始充气压力为0.1～0.15MPa,在寿期结束时,根据燃耗情况,充气压力可增加至5～6MPa。导向管承受的冷却剂内部压力为0.2～0.7MPa,包壳和导向管均受流动钠的影响。冷却剂流速取决于组件设计的形状,其中涉及许多参数。一般情况下,管束内的冷却剂流速为5～9m/s,与钠中的杂质结合在一起会导致腐蚀,然而由于对钠化学性质的严格控制,钠的杂质量非常小。此外,包壳还面临着内表面放射性裂变产物的腐蚀作用,这一作用在包壳的结构设计中至关重要,根据使用的钢材和燃料类型的不同,腐蚀的效果会有所不同。对于典型的氧化物燃料以及奥氏体不锈钢包壳,包壳厚度的减少范围为50～80μm。

堆芯材料受到高中子通量的影响,包壳的通量最高。典型的氧化物燃料钠冷快堆的平均中子能量,动力堆为100～200keV,试验堆为300～500keV。辐照引起的包壳微观结构的变化导致了包壳物理性质变化和力学性能的显著降低,这种工作环境决定了包壳和元件盒材料的选择。

7.3.2 辐照的影响

在 t 时间内的累计中子照射量(ϕ)被称为"累计剂量(ϕt)"。ϕ 是中子能级(E)的函数。在中子能级(E)下,中子照射 ϕ 作用在金属基体上,产生的影响将诱导原子从原来的晶格位置位移,这一影响也取决于相关横截面金属的成分。铁的典型位移截面如图7-8所示[7.4]。由于快堆的中子通量水平比热中子堆高一到两个数量级($\sim 10^{15} n/cm^2 s^{-1}$),堆芯材料受到高快中子通量和高温的耦合作用,如前所述,将导致高原子位移水平。因此,用原子平均离位(dpa)来量化中子辐照损伤,即原子平均离开晶格点的次数。原子位移示意图如图7-9所示。原子从晶格位置的位移是主要原因,其他原因还有核素向固体和气体产物的转化。由于位移发生的速率是中子通量和中子能量的函数,所以dpa取决于燃料的类型、堆芯大小、温度等。快中子增殖堆堆芯结构材料主要为奥氏体不锈钢,已经证明了其能够承受整个堆芯超过100～120dpa的压力,在选定的实验辐照下,甚至维持了更高的dpa(高达160dpa)[7.5],研发能够承受越来越高dpa的材料是不断追求着的目标。

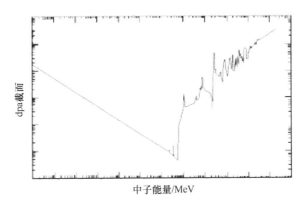

图7-8 铁的位移截面(ENDF/B-VI)

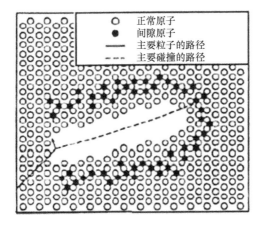

图7-9 原子位移示意图

7.3.3 辐照损伤

从堆芯设计考虑,奥氏体不锈钢受到的四个重要影响分别是相位稳定性、空隙膨胀、辐照蠕变和机械性能的变化(特别是屈服强度、极限抗拉强度和延展率)。这些现象有着密切的关联,已知的是,空隙膨胀对奥氏体不锈钢中的相变很敏感,空隙膨胀也是辐照蠕变行为和机械性能的主要决定因素。影响空隙膨胀的化学成分和微观结构的改变对辐照蠕变也有很大的影响。这些影响将在后面讨论。

7.3.3.1 相稳定性

在辐照过程中,316 不锈钢及其变体类型可产生三种类型的相位。第一类是辐射强化或辐射延迟热相,这类情况下,由于热老化形成了沉淀相,包括 M_6C、$M_{23}C_6$ 和 MC 碳化物、σ 与 χ 金属间化合物。第二类是辐照修饰相,不同于热老化过程中发现的组分,主要是 M_6C、Laves 和 FeTiP。第三类是辐照诱变相,这是唯一由反应堆辐照效应产生的,这一类的相包括 $Ni_3Si(\gamma')$ 和 G-phase($M_6Ni_{16}Si_7$)硅化物和针状 MP、M_3P 或 M_2P 磷化物。由于大量的空位和过饱和的间隙的存在,发生了相的辐照诱变偏析。辐照诱变偏析的机制是溶质拖曳效应和逆柯肯达尔(Kirkendall)效应[7.6],空隙膨胀的开始与有关像镍和硅这样的元素偏析而形成的各种沉淀物有着密切的关系。

7.3.3.2 空隙膨胀

由于中子辐照,金属基体内产生了一个空位和间隙原子体系,空位本质上是移动的,迁移率随温度增加而增加。一旦空位开始在选定的位点聚集和成核,随着越来越多的空穴开始积聚,胚泡形成并长大,空位一旦达到过饱和水平,就会形成更大的空隙。在快堆中子辐照下,奥氏体不锈钢主要在 673~973K 温度范围内产生空隙。镍的(n,α)反应产生的氦,用作催化剂来使空隙稳定。膨胀在一定的温度下不会发生,因为空位不能充分移动,在一定的温度之外,由于空位和空隙的高流动性而重新结合在一起,膨胀也会减小。空隙的形成和生长对几乎所有的冶金变量如化学组成和热机械的历史以及辐照参数如通量、剂量率和辐照温度都有很强的敏感性[7.7]。奥氏体不锈钢的典型膨胀行为如图 7-10 所示,图中展示了不同的状态。膨胀所依赖的剂量可以描述为:一个低膨胀过渡时期,随后加速到接近线性膨胀的状态,可以看出,在阈值以下,由于空位数量不足,膨胀为零。线性膨胀期开始时的膨胀通量称为潜伏期通量,冶金参数只有在潜伏期过程和瞬态过程中才敏感,稳态膨胀状态对这些变量相对不敏感,在大范围的辐照温度下,大多数奥氏体合金的膨胀率≈1%/dpa。

7.3.3.3 辐照蠕变

辐照蠕变是由外部非静力应力和间隙原子以及极大过饱和水平的空位的共同作用造成的。辐照蠕变的主要特征是:它在相对较低的温度下发生,此时的热蠕变很小。应力诱发的位错优先吸收(SIPA)被认为是辐照蠕变的主要机制,SI-

PA 的作用导致蠕变变形的发展,其程度与外加应力和辐照剂量成正比,热蠕变也可因辐照引起的微观结构变化而产生变化。

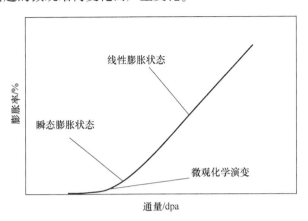

图 7-10　典型材料的膨胀行为

充分证据表明,在大多数奥氏体不锈钢中,膨胀开始后的蠕变率和膨胀率之间存在直接耦合关系[7.8],这种耦合的一个重要结果是抗膨胀材料也抗辐照蠕变。事实上,磷等溶质在降低膨胀的同时,也降低了奥氏体不锈钢的蠕变应变。奥氏体不锈钢中镍的含量既影响空隙膨胀,又影响蠕变,蠕变同时对包壳管和元件盒管产生影响,包壳直径由于膨胀和蠕变而增大。对于 316 不锈钢,包壳层的径向形变与应力之间的函数关系如图 7-11 所示,强调形变随着应力和燃耗而逐渐增加[7.9]。

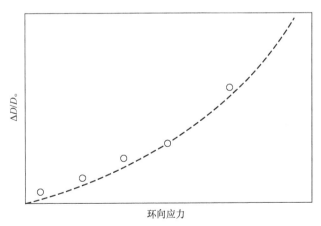

图 7-11　20% CW 316SS 蠕变引起的包壳形变(详情见参考文献[7.9])

包壳的寿命由蠕变破坏行为决定,用 Larsen-Miller 参数预测了材料的蠕变破坏行为。蠕变破坏寿命取决于应力、温度和材料。典型的 Larsen-Miller 曲线如图 7-12 所示,该曲线对于设计研究是十分必要且有用的,因为它可以用在所涉及的参数,即温度和应力的任何组合上。

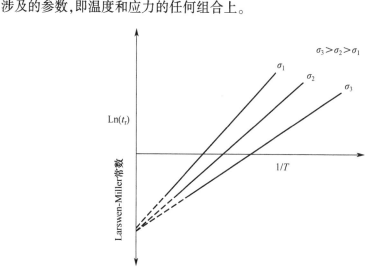

图 7-12 Larswen-Miller 曲线示意图

7.3.3.4 机械性能

辐照对材料的屈服强度、极限抗拉强度和延展性等机械性能都有一定的影响,这种效应主要表现在两个方面:

(1) 由于氦引起的脆化;
(2) 辐照硬化。

这两种效应在基体中以一种兼有的形式发生。

高辐照下,由于镍的 (n,α) 反应产生了氦,充斥在晶粒边界内,材料往往会变脆,这一现象显然取决于辐照温度、微观结构条件和中子通量。温度是一个非常重要的变量,因为它决定了缺陷结构(如位错环、网格位错、空位和氦泡)的稳定性、分布和形态,进而决定了脆性。特别是在高温状态下,金属基体中氦的迁移率足够高,足以引起晶间连接失效。

辐照后,上述材料内部会产生更多的缺陷,使材料硬化,这导致了屈服强度和极限抗拉强度的增加,从而降低了延展性。图 7-13 展示了 EBR-II 中 316 不锈钢屈服强度的增加,这是一个典型的例子[7.10]。在低温状态下,退火后的奥氏体不锈钢屈服强度和极限抗拉强度增加,导致延展性降低,根据记录,屈服强度的增加比极限抗拉强度的增加要显著得多,辐照硬化和延展性的降低如图 7-14 所示。高温下延展性的降低与沿晶粒边界出现破裂的增加趋势有关,这被认为是氢脆化现象所造成的[7.11]。在空隙膨胀现象显著出现的温度和剂量条件下,这一现象对机械性能产生了强烈的影响[7.12],这种延展性和膨胀性之间的相关性可能是由于空隙在促进脆性断裂方面的有着直接的作用,也可能是由于空隙的存在而引起的辐照诱变偏析的间接作用。辐射诱导偏析可能导致奥氏体基体的不稳定,这是由于空隙表面的镍偏析促进了马氏体的转变,从而导致脆化。因此,提高奥氏体不锈钢抗膨胀性能的措施也可提高其抗脆化能力。

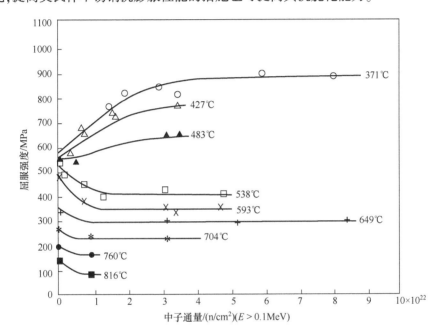

图 7-13 奥氏体 316 不锈钢的屈服强度变化

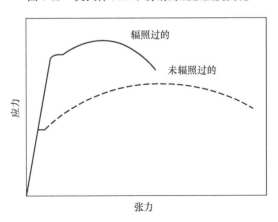

图 7-14 辐照硬化和延展性的降低

7.3.4 材料选择

对包壳材料和元件盒材料的主要设计要求如下：
(1) 耐辐照性能好；
(2) 在运行过程中和运行寿期结束时都具有足够的力学性能；
(3) 与冷却剂材料和燃料材料具有更好的相容性。

主要的要求来自对燃料棒完整性、冷却能力、结构安全裕量和组件的易于操作性的考虑。因此，使用材料的选择标准，基础燃料棒组件的主要选择标准如表 7-4 所示[7.13]。到目前为止，快堆基本上使用了奥氏体；铁素体；高镍合金三类材料。

表 7-4 三种部件材料的选择标准

序 号	部 件	主要的要求
1	包壳	抗膨胀,蠕变强度,高机械强度,适当的延展性,与燃料、裂变产物、冷却剂有兼容性
2	元件盒	抗膨胀,蠕变强度,机械强度适中,适当的延展性,与冷却剂有兼容性
3	定位绕丝	抗膨胀,机械强度适中,与冷却剂有兼容性,易制造

表 7-5 列出了各国主要的快堆所使用的包壳材料和元件盒材料。表 7-6 给出了世界范围内快堆中使用的各种包壳材料的详细化学成分[7.14]。

表 7-5 主要的 FBR 包壳材料选择

反 应 堆	国 家	包壳材料	元件盒材料
CEFR	中国	ChS-CW	EP-450
EFR	欧洲	ALM1 或 PE16	EM10 或 Euralloy
Rapsodie	法国	316	
PHENIX	法国	15-15Ti	EM10
SUPERPHENIX	法国	15-15Ti	EM10
KNK-II	德国	1.4970	1.4981
FBTR	印度	316(CW)	316L(CW)
PFBR	印度	20% CW D9	D91
JOYO	日本	316(20% CW)	316(20% CW)
MONJU	日本	PNC316(20% CW)	PNC316(20% CW)
JSFR	日本	ODS	PNC-FMS
BN-350	哈萨克斯坦	EI-847 ChS-68CW(1987)	16Cr-11Ni-3Mo EP-450(1987)

(续)

反应堆	国 家	包壳材料	元件盒材料
KALIMER	韩国	HT9	HT9
BR-10	俄罗斯	EI-847	18Cr-9Ni-Ti
BOR-60	俄罗斯	ChS-68CW	EP-450
BN-600	俄罗斯	ChS-68CW(1987)	EP-450(1987)
BN-800	俄罗斯	ChS-68CW-I stage EK-181-II stage	EP-450
BN-1200	俄罗斯	EK-164CW-I stage EK-181-II stage ODS-III stage	EP-450
DFR	英国	铌	—
PFR	英国	STA Nimonic PE 16	PE16/FV448
EBR-II	美国	316	—
Fermi	美国	锆	—
FFTF	美国	316(20% CW)、HT9	316(20% CW)、HT9

奥氏体不锈钢系列的材料研发主要是基于改变合金的成分,以达到减少空隙膨胀等预期的要求,镍被建议在溶液中加入以提高有效空位扩散系数,从而降低空隙成核率。增加镍和减少铬将会增加 γ 相的稳定性以避免不良相态的沉淀,同时也消除了某些提供钢铁抵抗空隙膨胀能力的溶质。图 7-15 对比了 Phenix 堆[7.15]中观察到的几种包壳材料的性能,从未稳定的 316 不锈钢到 316 Ti、15-15 Ti(D9),抗膨胀能力在增加,这些合金的主要区别是增加了膨胀的潜伏期剂量。冷加工的 15-15Ti 已经创纪录地达到了在 140dpa 剂量下没有出现过度变形。钛和铌等元素的微小碳化物的存在为点缺陷提供了结合位点,从而降低了点缺陷的超饱和空隙膨胀。钛/碳比在确定奥氏体钢的辐照行为中起着重要的作用,当 Ti/C 比例低于化学计量组成时,即材料处于欠稳定状态时(钛含量小于碳含量重量百分比的 4 倍)[7.16],高碳水平(碳 0.08 ~ 0.12wt%)的冷加工 15-15Ti 可以得到最大抗膨胀能力。这种性状的起因是自由迁移的碳和微小分散的 TiC 颗粒形成之间的协同相互关系,只要钢铁处于欠稳定状态,微小的 TiC 颗粒就会被反冲溶解从而重新被溶解,然后继续对俘获机制起作用。

溶质元素,如钛、硅、磷、铌、硼和碳,通过延长瞬态过程的持续时间,在决定空隙膨胀抵抗能力方面起着主导作用。这一发现导致了先进堆芯结构材料的发

表 7-6 包壳材料的典型化学成分

材料	C	Cr	Ni	Mo	Mn	Si	Ti	Nb	B	P/S	其他
奥体氏不锈钢											
304SS	0.05	18	10	0.3	0.4	1.5	—	—	—	—	—
316SS	0.05	17	13	2	0.6	1.8	—	—	—	0.002	—
日本											
ENC316	0.055	16.0	14.0	2.50	0.80	1.80	0.08	0.10	—	0.028	—
EMC1520	0.06	15.0	20.0	2.50	0.80	1.90	0.11	0.25	—	0.025	—
法国											
316Ti	0.05	16	14	2.5	0.6	1.7	0.4	0.4	—	0.03	—
15-15Ti	0.1	15	15	1.2	0.6	1.5	0.4	0.4	—	0.007	0.005
15-15Ti$_{opt}$	0.1	15	15	1.2	0.8	1.5	0.4	0.4	—	0.03	0.005
15-15Ti	0.085	14.9	14.8	1.46	0.95	1.50	0.50	0.50	—	0.007	0.004
美国											
D9	0.052	13.8	15.2	1.50	0.92	1.74	—	0.23	—	0.003	—
D9I	a	13.5	15.5	2	0.8	2.0	—	0.25	0.005	—	—
ASTM	0.03–0.050	12.5–14.5	14.5–16.5	1.8–2.22	0.5–1.0	1.65–2.35	0.05max.	0.1–0.4^b	0.005–0.01	0.025–0.04	0.004–0.006
印度											
D9(PFBR)	0.035–0.050	13.5–14.5	14.5–15.5	1.5–2.5	0.50–0.75	1.65–2.35	0.05max.	5.0C–7.5C	0.01max.	0.04max.	—
D9I	0.04–0.05^c	13.5–14.5	14.5–15.5	2.0–2.5	0.7–0.9	1.65–2.35	0.05max.	0.25	0.01max.	0.02max.	0.04–0.006
德国											
14970	0.1	15	15	1.2	0.4	15	—	0.5	—	0.25–0.04	0.005
英国											
FV548	0.09	16.5	11.5	1.4	0.3	1	0.7	—	—	—	—
俄罗斯											
EI-847	0.04–0.06	15–16	15–16	2.7–3.2	<0.4	0.4–0.8	<0.9	—	—	<0.02	—
ChS-68	0.05–0.08	15.5–17	14.0–15.5	1.9–2.5	0.3–0.6	1.3–2	—	0.2–0.5	—	<0.02	0.002–0.005
EK-164	0.05–0.09	15–16.5	18–19.5	2–2.5	0.3–0.6	1.5–2	0.1–0.4	0.25–0.45	—	0.01–0.03	0.001–0.005
镍基合金											
PE16	0.13	16.5	43.5	3.3	0.2	0.1	3	1.3	—	—	1.3(Al)
INC706	0.01	16	40	0.02	0.09	0.4	—	1.5	—	—	0.15Ce
12RN72HV	0.1	19	25	1.4	0.4	1.8	—	0.5	—	0.0065	—

(续)

类别/国家	牌号												
铁素体－马氏体钢													
英国	F1	0.15	13.0	0.47	—	0.30	0.45	—	—	—	—	—	
	FV607	0.13	11.1	0.59	0.93	0.53	0.80	0.27	—	—	—	—	
	CRM-12	0.19	11.8	0.42	0.96	0.45	0.54	0.30	—	—	—	—	
	F448	0.10	10.7	0.64	0.64	0.38	0.86	0.16	0.30	—	—	—	
法国	F17	0.05	17.0	0.1	—	0.30	0.40	—	—	≤0.008	0.020	—	
	EM10	0.10	9.0	0.20	1.0	0.30	0.50	—	—	≤0.008	—	—	
	EM12	0.10	9.0	0.30	2.0	0.40	1.00	0.40	0.50	≤0.008	—	—	
	T91	0.10	9.0	<0.40	0.95	0.35	0.45	0.22	0.08	0.008	0.050	—	
德国	1.4923	0.21	11.2	0.42	0.83	0.37	0.50	0.21	—	—	—	—	
	1.4914	0.14	11.3	0.70	0.5	0.45	0.35	0.30	0.25	—	0.029	0.007	
	1.4914	0.16-0.18	10.2-10.7	0.75-0.95	0.45-0.65	0.2-0.35	0.60-0.80	0.20-0.30	0.10-0.25	—	0.010max.	0.0015max.	
美国	HT9	0.20	11.9	0.63	0.91	0.38	0.59	0.30	0.05max.	0.05max.	—	—	
	403	0.12	12.0	0.15	—	0.35	0.48	—	0.05max.	0.025-0.04	0.01max.	0.004-0.006	—
日本	PNC-FMS	0.2	11	0.4	0.5	—	—	0.2	0.05	—	0.05	—	
俄罗斯联邦	EP-450	0.1-0.15	12-14	<0.3	1.2-1.8	<0.6	<0.6	0.1-0.3	0.25-0.55	—	—	—	
	EK-181	0.1-0.2	10-12	<0.1	<0.01	0.3-0.5	0.5-0.8	0.2-1	<0.01	0.003-0.3	—	0.004	(1-2)W (0.05-0.3)
	ChS139	0.18-0.2	11-12.5	0.5-0.8	0.4-0.6	0.2-0.33	0.5-0.8	0.2-0.3	0.2-0.3	0.003-0.3	—	0.003-0.006	0.003-0.006	(1-1.5)W

(a) 调节Fe平衡,使Ti/(C+N)=5
(b) 调节Fe平衡,使Ti=0.25%
(c) 调节Fe平衡,使Ti/C=4-5

展,例如 D9 和 D9I。硅作为一种快速扩散元素,提高了奥氏体不锈钢的抗空隙膨胀能力,并通过相对快速的移动降低了空位的过饱和。同样,添加磷也可以提高抵抗膨胀的能力,这是由针状磷化物的均匀分布降低了空隙密度所导致的。

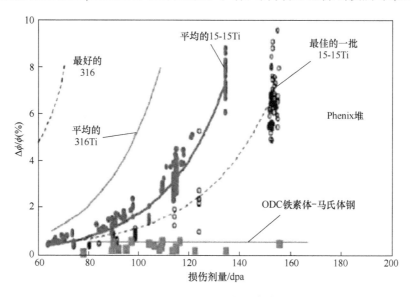

图 7-15　Phenix 堆包壳膨胀特性

还有一种减小膨胀的方法是机械冷加工,影响位错密度的冷加工程度是决定奥氏体不锈钢空隙膨胀行为的重要参数,由于位错作为点缺陷的汇集点,其密度影响空隙膨胀。冷加工也通过为沉淀物的成核和氦气泡的捕获提供场所来影响膨胀行为。冷加工同样被认为能提高蠕变强度。通常,奥氏体不锈钢的最佳冷加工程度为 20%。

另一类被广泛研究其辐照性能的合金是镍基超合金(PE16、IN706 等)。大多数研究表明,这些合金的膨胀率较低,但由于氦的原因,镍基合金辐照脆化现象严重。

铁素体钢设想用于长时间支撑高性能燃料棒,铁素体钢具有良好的抗膨胀性,但高温蠕变强度较差,尤其是在 650℃ 以上。许多种类的铁素体钢,如 EM10、EM12 HT9 和 Gr91 已应用于快堆。由于它们的蠕变强度很差,这些材料从来没有考虑过用作包壳,不过已经用作元件盒材料,因为元件盒的设计要求与这些钢材相符合。但由于辐照引起的韧脆转变温度改变(DBTT)问题,这种材料的使用甚至也发现是有限的,这一特定现象促使一些研发项目围绕着改变化学成分和适当的热处理展开,通过充分保证马氏体结构和优化奥氏体温度等多种手段加以实现。更多细节详见参考文献[7.17-7.20]。

7.3.5 先进材料和改进

对于经济可行性,快堆所要求的目标燃耗高于20at%重金属(200000MWd/t),而这只能通过使用抗空隙膨胀、辐照蠕变和辐照脆化的材料,以及满足高温机械性能来实现。燃料组件的停留时间,以及可达到的燃料燃耗,是由元件盒材料的空隙膨胀或包壳的蠕变强度所限制的。由于燃料循环成本与燃耗密切相关,选择抗空隙膨胀和辐照蠕变的材料是非常重要的。材料研发的目的是增加燃料元件在堆芯中的停留时间,以提高堆芯的燃耗。

7.3.5.1 先进奥氏体不锈钢

膨胀和辐照蠕变引起的形变,都依赖于前述的奥氏体不锈钢的化学成分和制造过程,其中重要的事情是要解决窄范围的化学成分规范限制,以避免不同的堆芯组件热量变化引起形变量的不同。膨胀和蠕变的梯度会引起堆芯组件之间的相互作用,从而影响堆芯的反应性、控制棒的移动、冷却剂的流动和按需要取出和更换构件的能力。辐照蠕变和脆化与膨胀有关,消除膨胀可以解决大多数由辐照效应引起的工程问题。因此,人们一直在努力研发抗膨胀奥氏体不锈钢,对其化学成分进行优化[7.21]。

研发能够承受高燃耗燃料的材料的基本方法如下:优化化学性质,冷加工以引入如位错或连续、稳定的沉淀物的缺陷,从而延迟膨胀的发生,相同的微观结构特征也改善了高温蠕变行为。通常,这种工程用钢技术的进步需要研发表征方法,适合于在原子水平上检测特征,这方面研发的专门技术,如高分辨率显微镜、会聚束电子衍射和正电子寿命谱。基于蠕变特性的 Ti/C 比值优化如图 7-16 所示,奥氏体基体中 TiC 的高分辨率显微图如图 7-17 所示[7.22]。

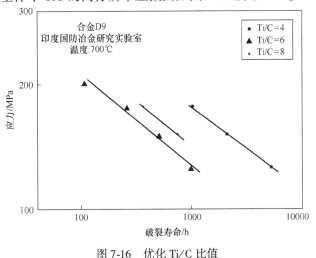

图 7-16 优化 Ti/C 比值

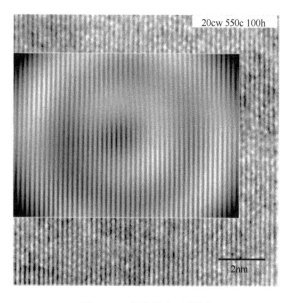

图 7-17　高分辨率显微图

7.3.5.2　铁素体钢

在超过 120dpa 的剂量下,由于空隙膨胀的有害性,奥氏体不锈钢不能使用。众所周知,铁素体/马氏体钢,如改进的 9Cr-1Mo 和 Sandvik HT9 都比传统使用的奥氏体不锈钢具有更高的抗空隙膨胀能力。

应用在较高温度 ~923K 的包壳上是铁素体马氏体钢的研发上很大的一个动机,为了实现这一目标,人们正在努力提高 9% ~12% 铬含量钢的蠕变强度,合金的运行能力已经达到 873~893K,并且很有可能得到进一步的改进,扩展到约 923K 的温度范围。这一点,再加上金属燃料包壳温度较低的事实,提高了蠕变强度的 9% ~12% Cr 含量钢显得很有吸引力。

铁素体的抗辐照性能优于奥氏体,而铁素体的回火脆性是需要克服的主要挑战,了解了脆性机理后,克服回火脆性的方法有两种:减少不稳定元素的数量或"晶界工程"方法。铁素体钢的回火脆性,与杂质分离到晶粒边界以及随后的弱化有关,对其在低温下的成功应用造成了严重的限制。某些特殊晶界,特别是重合点晶格(CSL)类型,能量较低,且在晶界处/附近不易出现杂质偏析和脆化相析出。通过建立有效的重合点晶格晶界网络,可以有效地阻止沿晶断裂的扩展。印度已经尝试进行了基于渗透方法的理论研究,以确定防止此类裂缝纹网络所需的重合点晶格边界分数。采用三维 Poisson-Voronoi 多面体晶粒结构模拟材料中的等轴结构,进行蒙特卡罗模拟,得到不同比例重合点晶格晶界下渗透裂纹簇的统计概率,首次对这种模拟微观结构的渗透阈值进行计算,通过比较实验测量的重合点晶格边界分数和渗透阈值,评估了材料沿晶断裂趋势。目前,印度正在尝试通过合适的热力学处理来提高9Cr-1Mo铁素体马氏体钢中重合点晶格边界的分数。

7.3.5.3 ODS钢

氧化物弥散强化钢作为另一种选择,具有铁素体马氏体钢的潜在优势比如高抗膨胀能力,从蠕变强度的角度来看,还能够将工作温度推高至923K乃至更高。从本质上讲,在ODS钢中,稳定的Y_2O_3氧化物颗粒的分布可以在纳米尺度上进行控制,可以作为位移位错的强阻碍,也可以作为晶粒-基体交界面上辐照缺陷的汇集点。然而ODS钢具有竹节状的晶粒结构和很强的形变结构,导致其机械性能各向异性,特别是双轴蠕变断裂强度较差。有迹象表明,通过再结晶处理控制晶粒形态和通过奥氏体-马氏体相变转化的等轴结构的发展,成功提高了ODS铁素体-马氏体钢环向的强度和延展性。除了各向异性外,ODS钢还存在其他问题,目前缺乏有关厚壁件或大直径管材生产的文献资料,这些材料用于重型钢制造的工艺仍需建立完善,这意味着要解决材料连接的问题。ODS合金既昂贵又难以形成管状或其他复杂形状,因此,在准备将这种合金用于更大规模的结构应用之前,仍需要对这些材料的塑造成形进行大量的研究和开发。

ODS钢的发展方向是在保持其优良的抗膨胀性和高导热性的同时,努力提高其抗蠕变性能。目前认为钇(Y_2O_3)是潜在的弥散体,高性能的设想是通过精细地分散粒子来实现的,这些粒子会给位错移动带来阻碍,同时也会作为辐照产生的点缺陷的捕获点,所采用的颗粒尺寸为2~3nm,这也有助于提高蠕变断裂强度。目前,9Cr-ODS钢的成分9Cr-0.12C-2W-0.2Ti-0.37Y_2O_3已经获得国际认可。这种复合材料制作的包壳管(外径8.5mm,壁厚0.5mm)已经通过了在973K和105MPa环向应力蠕变试验条件下,坚持了约24900h的实验时间而没有出现破损。

在对含有0.12%~0.2%钛和0.30%~0.37%钇的9Cr-ODS(Fe-0.12C-9Cr-2W)马氏体9Cr-ODS钢的研究中,还发现了与铁素体12Cr-ODS钢相似的Y-Ti-O复合氧化物,在0.20%钛和0.37%钇的情况下观察到最大蠕变强度(图7-18)[7.23],这一现象归因于氧化物颗粒的细化和颗粒间距的减小与钛和钇含量的增加有关。

工业生产流程包括快速凝固的预合金粉末和氧化物粉末颗粒(纳米级)的机械合金化,然后用热挤压、热轧或热等静压制进行固化,最终需要热处理来去除各向异性,以生产出具有良好的双轴蠕变强度和延展性(环向)的包壳管。目前需要解决的问题是在室温下通过冷轧来生产薄壁包壳管和完全消除微观结构各向异性,特别是在 12-Cr 铁素体 ODS 钢中。改良最终包壳管的最终晶粒形态,12Cr-ODS 马氏体钢中从 5~10μm,9Cr-ODS 马氏体钢中大约 1μm,用于进一步提高在中子辐照下蠕变强度、连接技术和纳米氧化物粒子的长期稳定性,研发工作应该集中在这些方面。此外,韧脆转变温度在 473K 温度以下是主要关注的问题,到目前为止,韧脆转变温度的数据还不能用于第三代 ODS 钢,但是有报道称在 1DS(第二代 ODS 钢)ODS 钢中,在无辐照条件下,韧脆转变温度约为 230K,而且相关的断口表面(甚至在更低自体区域)显示出韧性(纤维)特征。温度在 775K 及以下的辐照对 1DS 的总吸收能量没有明显的影响,尽管温度在 793K 以上的辐照将会导致 USE 和 LSE 的大量减少,脆化效果并不明显,LSE 的程度则相当高。

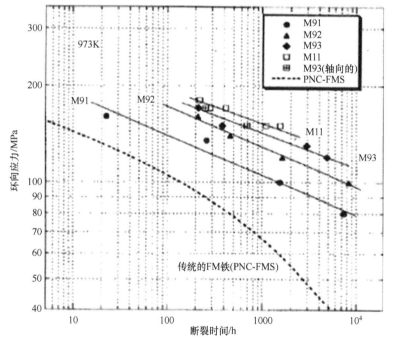

图 7-18 ODS 铁的蠕动强度

7.3.5.4 加速器作为材料研发的手段

在核反应堆中研究高达 150dpa 的高剂量辐照损伤需要 3~4 年的时间(图 7-19)[7.24]。相比之下,加速器只用几个小时就能有效地模拟中子损伤的某些重要方面,由此产生的离子辐照损伤率除了理论模型外,还具有精密轮廓测量、位置寿期光谱和高分辨率电子显微镜(HREM)等技术特点,这使得加速器和核反应堆的结果之间的相互比较有了意义。加速器实验可在筛选最有潜力的抗膨胀合金候选材料方面起到重要作用,用来进一步广泛研究,在这方面,我们简要介绍一下在印度开展的 D9 钛合金改良高铬不锈钢合金的例子。

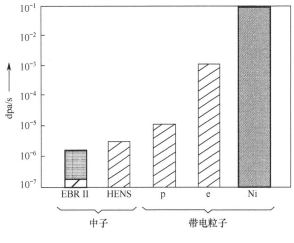

图 7-19 损伤效率

为了优化 D9 合金的化学成分和结构,人们对其进行了广泛的研究,1.7MV 的加速器用于诱发离子辐照损伤,第 31.4 节讨论了基于离子束模拟的加速器的详细情况。图 7-20 显示了含 0.25Ti(Ti/C=6)和 0.15Ti(Ti/C=4)的 20% 冷加工 D9 合金在 100dpa 处的空隙膨胀情况[7.25],以 7×10^{-3} dpa/s 的损伤率,用重离子辐照 30 个预先放入的 appm 氦样品,测量其空洞膨胀。含钛量为 0.15% 的合金,除了峰值膨胀温度的变化外,峰值膨胀程度也增加到 15%。奥氏体基体

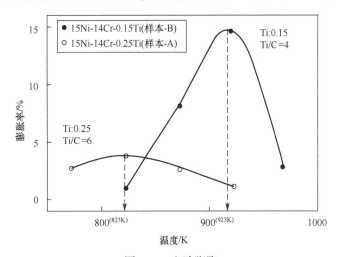

图 7-20 空隙膨胀

中存在纳米尺寸相依附的 TiC 沉淀,使由辐照产生的点缺陷聚集,从而增强了抗膨胀性。D9 中的 TiC 沉淀物的体积分数越高,钛的含量越高,其抗膨胀性越强。使用多尺度多物理场建模概念的理论模型和数值解也是理解辐照下材料行为的另一种方法,这将有助于对候选合金的变化进行初步筛选。

7.3.6 与材料有关的安全限制

本小节将介绍用于典型动力快堆包壳和元件盒的设计安全限制(DSL)。根据材料和目标性能参数的不同,各国的标准可能有所不同。

设计拥有足够裕量的组件是纵深防御原则的第一步,用以确保反应堆安全,这要求在正常运行期间和非正常事件期间需要考虑到组件中的全部负载。在相关组件的寿期内发生的所有设计基准事件通常根据出现的频率分为四类,尽管不同的国家在分类方面存在一些差异,为了评估系统/组件的设计规范是否足以确保安全,有必要为这四类事件定义设计安全限制,施加的限制通常指温度、辐照剂量和结构设计参数,对可大致分为三大类的组件/系统加以限制。第一组包括堆芯组件,其性能状况对反应堆安全至关重要,构成放射性裂变产物的主要屏障。第二组包括热池和冷池系统以及组件,根据温度和结构参数来定义限制,这是裂变产物的第二个屏障,用来防止第一个屏障失效,也就是包壳失效。第三组包括核电站人员、电厂边缘公共场所和附近公共场所对个人所受的辐射剂量限制。本小节主要讨论并总结了所采用的原理和典型的用于燃料、包壳和冷却剂的设计安全限制。

对于有关燃料的温度限制,标准是避免燃料熔化或将熔化限制在尽可能小的体积内,因此,燃料的限制通常是根据熔化的程度来确定的。在各国,特别是法国和美国,这些限制是基于所进行的燃料瞬态试验所推导出的。对于包壳的温度限制,标准是保持其完整性。包壳材料承受应力,在高温下工作,因此遭受破坏。主要的损害是由蠕变引起的。因此,为了定义包壳温度限值,一种合适的方法是使用累积损伤分数(CDF)概念,对该概念,高辐照组件的结构设计标准和瞬态下材料行为的数据是非常重要的。由于限制是在损伤的基础上形成的,瞬态时间持续性也被定义。对于冷却剂的相关限制,其原理是避免整体冷却剂沸腾或限制冷却剂沸腾到局部点,因此,冷却剂的限制通常是基于冷却剂沸腾推导出来的。冷却剂在局部区域沸腾的限制应以这样一种方式来定义,即它不会导致系统包壳熔化,从而导致材料移位。

表 7-7 给出了用于正常运行和设计基准事件(失常/紧急和故障情况)的各种快堆包壳的设计安全限制[7.26-7.28]。对于介于正常运行和故障状态设计基准事件(DBE)之间的暂态事件,除温度限制外,正常还将指明持续时间。

表 7-7　各型快堆包壳在不同状态下的设计安全限制

运行温度/℃	FFTF	Monju	Phenix	PFBR	EFP
正常情况	700	—	—	700	—
设计基准(失常/紧急)	815~870	830	800	800/900	740~780
设计基准(故障)	980	—	—	1200	具体问题具体分析

7.3.7　结构设计标准

包壳材料的结构设计标准是非常重要的,因为它有严峻的职责并且还经历了高强度的辐照。美国机械工程师协会(ASME)压力容器规范第Ⅲ节,第Ⅰ部分,第 NH4 小节和 RCC-MR 规范(法国快速反应堆规范)都规定了快堆的堆芯外部结构部件的设计,并不能应用于燃料组件的设计。因此,设计必须以适用于高辐照度部件的规则为基础。这些规则的制定需要大量的堆外和堆内材料数据。后文描述了一种典型的包壳材料结构设计方法和基于美国 RTD 标准的设计规则[7.29-7.31]。

包壳适用的故障机制有:
(1) 蠕变断裂;
(2) 由于膜负载产生的拉伸不稳定性;
(3) 弯曲塌陷/弯曲时外部纤维可能出现裂痕;
(4) 由于次应力循环产生棘轮效应/可能由于大的次应力开裂;
(5) 由于短期负荷(静态切口削弱)带来的应变浓度引起的开裂;
(6) 不稳定裂纹扩展;
(7) 由功能需求限制的过度变形。

为了验证包壳材料的设计是否符合结构设计标准,通常对包壳材料进行两种结构分析:弹性和非弹性分析(IEA)。在堆芯组件的情况下,由于中子辐照,弹性分析可能包括膨胀和辐照引起的蠕变,这些蠕变在结构上没有损伤,而是只造成形变(类似热应变,但不可逆)。这种类型的分析被称为弹性/堆内蠕变/膨胀分析(EICSA)。这类分析所遵循的限制与弹性分析相同。第二种分析是详细的弹性和非弹性分析。在弹性/堆内蠕变/膨胀分析中,限制是应力,而在弹性和非弹性分析中,限制是应变。表 7-8 和表 7-9 总结了一套典型的设计规则,说明了弹性/堆内蠕变/膨胀分析和弹性和非弹性分析的失效保护机制与相应的设计规则之间的关系。

表 7-8 EICSA 的失效机制与相应的设计规则

失效方式	控制参数	临界值	安全系数	设计规则
拉伸不稳定性	P_m	S_y 或 S_u	类别 1 和 2 的 1.18 和 1.7	类别 1 和 2 的荷载 $p_m < 0.85 S_y$ 或 $< 0.6 S_u$
弯曲失效	$P_m + P_b$	$K S_y$ 或 S_u	类别 3 的 0.9 和 1.25 同上	类别 3 的荷载 $p_m < 1.1 S_y$ 或 $< 0.8 S_u$ 同上
棘轮效应	$P_m + P_b + Q$	安定极限或 S_u	类别 1 和 2 的 1.7 及类别 3 中 S_u 的 1.25	类别 1 和 2 $P_m + P_b + Q < 0.6 S_u$ 类别 3 的荷载 $P_m + P_b + Q < 0.8 S_u$
局部断裂	$P_m + P_b + Q + F$	S_u	类别 1 和 2 的 1.7 及类别 3 的 1.1	类别 1 和 2 的荷载 $P_m + P_b + Q < 0.8 S_u$ 类别 3 的 $P_m + P_b + Q < 0.9 S_u$
由于蠕变和疲劳造成的损伤	持续时间, Δt 和周期数, n	破裂寿命 t_d 和疲劳极限 N	CDF 中类别 1 的 4,类别 1 和 2 的 2 及类别 3 的 1.1	$\sum \Delta t / t_d + \sum n/N$ 类别 1 < 0.25 及 类别 1 和 2 < 0.5 及类别 1、2 和 3 < 0.75
脆性断裂	K_I	K_{IC}	—	$K_I < K_{IC}$

表 7-9 IEA 的失效机制与相应的设计规则

失效方式	控制参数	临界值	安全系数	设计规则
拉伸不稳定性和棘轮效应	ε_m^p	$\varepsilon_u/2$	类别 1 和 2 的荷载 3 及类别 1、2 和 3 的 1.5	类别 1 和 2 的 $\sum \varepsilon_m^p/(\varepsilon_u/2) < 0.33$ 类别 1、2 和 3 的 $\sum \varepsilon_m^p/(\varepsilon_u/2) < 0.66$
局部断裂	ε_t^p	ε_f/TF	类别 1 和 2 的 2 及类别 1、2 和 3 的 1.25	类别 1 和 2 的 $\sum \varepsilon_t^p/(\varepsilon_f/TF) < 0.5$ 类别 1、2 和 3 的 $\sum \varepsilon_m^p/(\varepsilon_u/2) < 0.66$
由于蠕变和疲劳造成的损伤	持续时间, Δt 和周期数, n	破裂寿命 t_d 和疲劳极限 N	CDF 中类别 1、2,类别 1 和 2,类别 1、2 和 3 的 4	$\sum \Delta t / t_d + \sum n/N$ 类别 1 < 0.25 及类别 1 和 2 < 0.5 及类别 1、2 和 3 < 0.75
脆性断裂	J-积分	J_c	—	$J < J_c$

在确定应力限制时,特别是在弹性分析中(弹性和非弹性分析与应变限制有关),需要对中子剂量下的延展性降低进行细致考虑。在发生广泛应变硬化

的材料(用于堆芯组件的奥氏体不锈钢)中,在少数特殊情况下超过屈服应力不会造成问题,因为高延展性能够吸收中等程度的应变。事实上,升温应用的原则允许在外部纤维弯曲时超过屈服点,并且在降温的情况下也允许出现二次应力。然而,当延展性变得非常低(约1%)时,即使在局部点超过屈服应力也是有害的。在弹性和非弹性分析中,这种限制可以被明确界定。但是在弹性分析中,这样的限制只能通过应力限制来施加,而应力限制是通过与材料的延展性相联系来规定的,材料的延展性与辐照材料的 S_y/S_u 比值有很好的相关性。延展性情况下的辐照数据如图7-21[7.32]所示,凸显了这些数据对于设计进步的重要性。

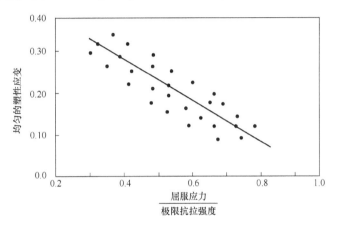

图7-21 UE 与 YS/UTS 比值的比较

简要说明一下所采用的典型方法。弹性/堆内蠕变/膨胀分析应满足的应力极限如表7-8所示。在这些极限中考虑了两个 S_y/S_u 阈值:$S_y/S_u=0.7$,超过该阈值,辐照材料的延展性将降低到5%以下;$S_y/S_u=0.85$,超过该阈值,辐照材料的延性将降低到1%以下。考虑到弯曲和二次应力的限制,这些延展性的变化是相当重要的。当延性大于5%($S_y/S_u<0.7$)时,薄膜应力极限、弯曲应力极限、二次应力极限均以 S_y 为基础。当延展性较低时,那么这些极限将以 S_u 为基础。当延展性非常低时,弯曲负荷(当 $\varepsilon_u<5\%$)和二次应力(当 $\varepsilon_u<1\%$)的极限类似于薄膜应力的极限。当奥氏体不锈钢的延展性较高时,根据极限载荷法和减震机制,可以允许有更高的应力。弹性和非弹性分析应满足的应变极限列于表7-8中。为了防止在构件寿命期间发生因载荷而造成的塑性拉伸不稳定性,材料的延展性随中子剂量的变化而产生的变化将遵循一个求和规则,可以适当地假设 ε_m^p 的极限等于 $\varepsilon_u/2$。

另一种方法是基于CDF,利用寿命分数法计算包壳材料的稳态和瞬态损伤。传统意义上,累积损伤分数包括蠕变和疲劳损伤。但是,在燃料棒的情况下,疲劳损伤的部分并不显著,因此,通常只考虑蠕变。

在任何特定的时间间隔内的损伤分数是间隔时间和最大时间之间的比率。若将包壳材料整个使用寿期的损伤分数积分,则得到包壳材料的总损伤。用累积损伤分数表示包壳产生破口或破裂:

$$\text{CDF} = \int_0^t \int \frac{\mathrm{d}t}{t_r(\sigma, T, \phi t)} \tag{7-5}$$

式中:t_r——在给定的应力、温度和通量影响下,包壳能够正常工作的最大破裂时间,单位为 h;

σ——压力,单位为 MPa。

T——温度,单位为 K。

ϕt——中子通量,单位为 n/cm^2。

为了找出 t_r 的值,可以通过文献找到稳态和瞬态条件的相关性。接下来给出了一个典型的相关性,可用于 20% CW D9 材料在稳态运行情况下找出 t_r[7.33]:

$$\lg(t_r) = \frac{(5.4042 - \lg(\sigma))}{2.244 \times 10^{-4} T} - 13.5 \tag{7-6}$$

在反应堆运行期间,我们设想了不同类别的事件,因此,作为一种设计方法,累积损伤分数也被划分为不同类别的事件。根据监管机构所接受的标准不同,各国的做法可能有所不同。典型的做法,对于印度快中子原型堆,正常运行情况下的损伤分数被限制在 0.25,瞬态事件下限制为 0.5,包括第 2 和第 3 类事件,剩下的 0.25 可用于乏燃料的储存和处理[7.34]。图 7-22 显示了 CDF 作为 PFBR 燃料棒燃耗函数的示例。

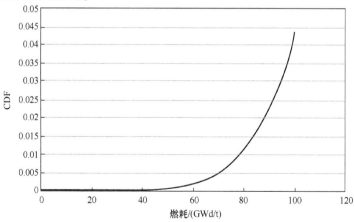

图 7-22　CDF 与燃耗的比较(典型的燃料棒)

7.4 反应堆结构

在一座快中子增殖堆中,除了堆芯,还有其他结构来支撑堆芯,并包容冷却剂,以及促进钠的循环以带走堆芯的核热量。此外,还需要回路来促使热量从钠传输到流体(水/气体)再传输到能量转换系统以产生电力。

能量转换系统的结构材料为常规材料,故未作讨论。本节的重点是讨论用于核蒸汽供应系统(NSSS)的系统/组件材料。这些组件与传递热量的冷却剂直接接触,有压力容器、储罐、泵、热交换器、管道、管件等。与堆芯结构材料不同的是,这些结构的设计应满足整个厂房的使用寿命(40~60年)。有些结构的工作环境,除了系统压力(除蒸汽发生器外,均小于1MPa)外,还会出现温和的中子剂量(<5dpa)和高温(~600℃)。这些结构材料在核蒸汽供应系统的总质量和相应的材料成本中占很大比例。快堆结构材料的主要选择标准列于表7-10中。由于大多数结构起着堆芯支撑和堆芯冷却功能,它们被归类为更高的核安全级别类(安全级别1和2)。图7-23描述了用于印度的一个池式钠冷块堆的一些典型材料及其安全级别。因此,快堆材料的选择是非常关键的,特别是实现商业开发所必需的经济性。

表7-10 FBR结构材料的主要选择标准

一般标准	特定标准
机械性能	抗拉强度
	蠕变
	低周疲劳
	蠕变疲劳相互作用
	高周疲劳
设计合理性	包含在RCC-MR/ASME设计规范中
结构完整性	
焊接性	
可加工性	
国际经验参考性	
易获取程度	
经济性	

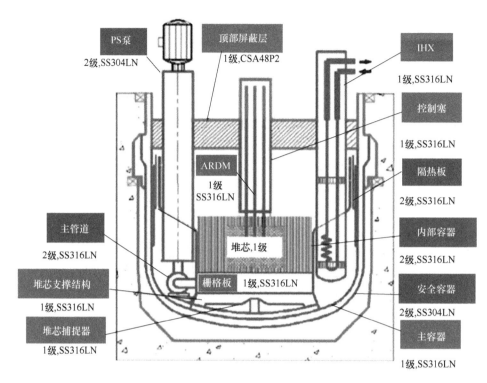

图 7-23 SFR 反应堆组件的安全级别及材料(见彩色插图)

7.4.1 包括管道在内的反应堆系统的材料

低合金钢被认为不适合用于主热传输系统的结构部件,因为它们不具有足够的高温机械性能。在不锈钢中,铁素体不锈钢不适合是因为:①高温机械性能不足;②高温下 σ 相脆化;③由于晶粒粗化导致焊接困难。马氏体不锈钢在 693~823K 之间容易发生缺口,低延展性和脆性,因此不考虑。奥氏体不锈钢被选作主要结构材料,是由于其具有充分的高温力学性能、与液态钠冷却剂的兼容性、良好的可焊性、设计数据的可利用性以及良好的耐辐照能力,最重要的是这些钢材在钠冷快堆应用上具有相当广泛的和令人满意的经验。由于双金属体系的热力学性能存在差异,考虑到间隙元素(特别是碳)通过液钠的传递,世界各国的快堆设计者更倾向于采用单金属结构设计液态钠体系。因此,奥氏体不锈钢被用于整体液态钠系统,即使某些部件的运行温度低到可以使用便宜的铁素体钢。表 7-11 列出了目前世界上正在运行或设计的快堆中,反应堆容器、中间换热器(IHX)和管道等主要部件所选用的结构材料[7.35],所选等级包括 304、304L、316、316L、321、347 及其等价物。标准奥氏体不锈钢 321 和 347 不太受欢迎,因为它们的焊缝在焊接、加热和使用中容易开裂,这些钢的蠕变延展性也很差。表 7-12 给出了欧洲快堆(EFR)、示范快中子增殖反应堆(DFBR,日本)和 Superphenix 堆(法国)所选用的结构材料的化学成分。

表 7-11 SFR 中主要部件所选择的材料

反应堆	国家	反应堆容器	中间换热器	一回路管道 热段/冷段	二回路管道 热段/冷段
Rapsodie	法国	316 SS	316 SS	316 SS/316 SS	316 SS/316 SS
Phenix[①]	法国	316LSS	316 SS	—/316 SS	321 SS/304 SS
PFR[①]	英国	321 SS	316 SS	—/321 SS	321 SS/321 SS
JOYO	日本	304 SS	304 SS	304 SS/304 SS	2.25Cr-1Mo
					2.25Cr-1Mo
FBTR	印度	316 SS	316 SS	316 SS/316 SS	316 SS/316 SS
BN-600[①]	俄罗斯	304 SS	304 SS	—/304 SS	304 SS/304 SS
SPX-1[①]	法国	316LN	316LN	—/304LN	316 SS/304 SS
FFTF	美国	304 SS	304 SS	316 SS/316 SS	316 SS/304 SS
MONJU	日本	304 SS	304 SS	304 SS/304 SS	304 SS/304 SS
SNR-300	德国	304 SS	304 SS	304 SS/304 SS	304 SS/304 SS
BN-800[①]	俄罗斯	304 SS	304 SS	—/304 SS	304 SS/304 SS
CRBRP	美国	304 SS	304/316	316 SS/304 SS	316H/304 H
DFBR	日本	316FR	316FR	316 FR/304 SS	304SS /304 SS
EFR[①]	欧洲	316LN	316LN	—/316 SS	316LN /304 SS

① 用于池式反应堆,没有热段管道。

表 7-12 EFR、DFBR 和 SPX 专用 316 L(N) 和 316FR 的化学成分

元素	316 L(N)SS(EFR)	316FR(DFBR)	316 L(N)SS(Superphenix)
C	0.03	0.02	0.03
Cr	17~18	16~18	17~18
Ni	12~12.5	10~14	11.5~12.5
Mo	2.3~2.7	2~3	2.3~2.7
N	0.06~0.08	0.06~0.12	0.06~0.08
Mn	1.6~2.0	2.0	1.6~2.0
Si	0.5	1.0	0.5
P	0.025	0.015~0.04	0.035

(续)

元　　素	316 L(N)SS(EFR)	316FR(DFBR)	316 L(N)SS(Superphenix)
S	0.005~0.01	0.03	0.025
Ti	NS	NS	0.05
Nb	NS	NS	0.05
Cu	0.3	NS	1.0
Co	0.25	0.25	0.25
B	0.002	0.001	0.0015~0.0035
Nb+Ta+Ti	0.15	未标明	未标明

在高温钠中,奥氏体不锈钢具有良好的抵抗一般腐蚀和局部腐蚀的能力。由于钢体表面在钠中是干净的(无钝化膜),在非水介质中电化学反应是不可能发生的,所以不存在局部腐蚀。但液态钠中的氧、碳等非金属杂质会影响不锈钢(SS)中金属元素的传质过程。氧导致铬铁矿钠的形成,碳导致渗碳或脱碳,进而影响机械性能。除了碳和氧以外的杂质,如氯、钙和钾是已知的也会影响腐蚀的元素。快堆和钠回路已成功运行多年,证明了奥氏体不锈钢在高温下与钠的长期相容性。

316L(N)不锈钢应用于经历相对较高温度(高于770K)的组件,而304L(N)不锈钢选用为其余的结构组件材料,因为304L(N)不锈钢的材料成本要低20%,考虑需要额外的厚度(大约15%)。在高温下长时间运行过程中,不锈钢会经历微观结构的变化,如碳化物的析出和金属间相的脆性。对于运行在700K温度以下的组件来说,脆化不会是一个问题,因为在这种温度下,沉淀是非常缓慢的。表7-13给出了典型快堆中规定的304L(N)和316L(N)不锈钢的化学成分,以及ASTM和RCC-MR规范,这表明这些规范比ASTM规范更严格,化学成分范围缩小以减少机械性能的分散,成分限制也被修改以满足特定的材料性能要求,铬、钼、镍和碳的含量已经根据核反应堆(轻水堆和快堆)的运行经验制定了抗晶间腐蚀标准。为确保机械性能符合RCC-MR/ASME规范中规定的设计曲线的304和316不锈钢等级,碳和氮的下限值已经被指定。规定了碳的上限,以确保焊接时不敏感。与ASTM和ASME规范中的0.16wt%相比,氮的上限被降低到0.08wt%,这主要是考虑提高焊接性和减少机械性能的分散。磷、硫和硅被当作杂质处理,因为它们对焊接性有不利影响。因此,可接受的最大限度被降低到了在炼钢过程中可以达到的值。

表 7-13　FBR 的 304 L(N)和 316L(N)SS 规范以及 ATSM A240 和 RCC-MR 规范

元素	304 L(N)		316L(N)		
	ASTM	FBR	ASTM	FBR	RCCMR
C	0.03	0.024~0.03	0.03	0.024~0.03	0.03
Cr	18~20	18.5~20	16~18	17~18	17~18
Ni	8~12	8~10	10~14	12~12.5	12~12.5
Mo	NS	0.5	2~3	2.3~2.7	2.3~2.7
N	0.1~0.16	0.06~0.08	0.1~0.16	0.06~0.08	0.06~0.08
Mn	2.0	1.6~2.0	2.0	1.6~2.0	1.6~2.0
Si	1.0	0.5	1.0	0.5	0.5
P	0.045	0.03	0.045	0.03	0.035
S	0.03	0.01	0.03	0.01	0.025
Ti	NS	0.05	NS	0.05	—
Nb	NS	0.05	NS	0.05	—
Cu	NS	1.0	NS	1.0	1.0
Co	NS	0.25	NS	0.25	0.25
B	NS	0.002	NS	0.002	0.002
杂质含量(max)					
类型		薄		厚	
A 型(硫化物)		1		0.5	
B 型(氧化铝)		2		1.5	
C 型(硅酸盐)		2		1.5	
D 型(球状氧化物)		3		2.0	
A+B+C+D		6		4.0	

NS,未注明。

考虑到钛、铌、铜和硼对焊接性的不利影响,规定了最大允许限度,尽管在 ASTM 规范中并没有这样的限制。规定了锰的最低水平,以提高焊接性。规定了钴的上限,以降低中子辐照引起的 ^{60}Co 活性,以方便最终维护钠主冷却剂系统的组件。除了更严格的成分限制外,考虑到硫化物夹杂物是最有害的,特别是从焊接方面考虑,而球状氧化物是最无害的,因此提高了对夹杂物的规范限制。为达到最佳的高温机械性能,规定了比 ASTM No.2 更细的颗粒尺寸。

对于栅格板,虽然温度并不在蠕变区域,但 316L(N)不锈钢优于 304L(N)不锈钢,因为辐照后具有更好的延展性。在英迪拉·甘地原子研究中心(IG-

CAR)进行的研究(高达 10000 h)中,与国际经验一致,316L(N)级的蠕变断裂强度优于 316 不锈钢,其蠕变率普遍低于 316 型。性能的改善归功于氮的固溶体强化和细碳化物的沉淀强化。图 7-24 显示了 316L(N)和 316 不锈钢的蠕变断裂强度的对比。316L(N)数据与德国[7.36]、日本[7.37]、法国[7.37]和印度的增殖堆项目的长期蠕变试验(高达 60000h)有关。参考的 316 不锈钢数据取自美国橡树岭实验所(ORNL)的长期蠕变项目[7.37]。预期最小破裂应力的 RCC-MR 设计曲线如图 7-24 所示。316 L(N)不锈钢的蠕变断裂强度较好,特别是在较长的断裂时间下。

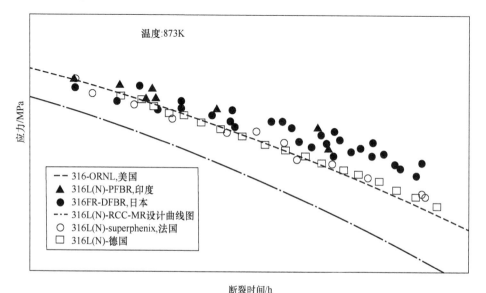

图 7-24 316L(N)和 316 SS 的蠕变断裂强度
(来源于 Schirra, M. C., Fracture of Engineering Materials, Parker, J. D. (ed.), The Institute
of Materials, London, UK, p. 612; Brinkman, C. R., ORNL/CP-101053, National
Technical Information Servive, Alexandria, VA, 1999.)

关于用于快堆应用的氮合金 316 不锈钢的 LCF 和蠕变-疲劳相互作用行为的数据在开放文献中有相当的数量。氮合金 316FR(日本快堆级钢)与 316 不锈钢的应变控制 LCF 行为的对比评价表明,碳氮含量的微小变化对 LCF 连续循环寿命影响不大(图 7-25)[7.37]。然而,碳和氮的微小变化已被发现对蠕变-疲劳相互作用行为有重大影响。在高温拉伸峰值应变下进行的保持时间测试清楚地表明,虽然增加停留时间降低了 316 不锈钢及其氮合金物的疲劳寿命,但氮合金 316 不锈钢的这种降低程度较小(图 7-26)[7.37];316FR 不锈钢上的蠕变-疲劳相互作用试验同时在日本和美国进行,在英迪拉·甘地原子研究中心进行的研究得出的结果也与其他国家报告的结果一致。

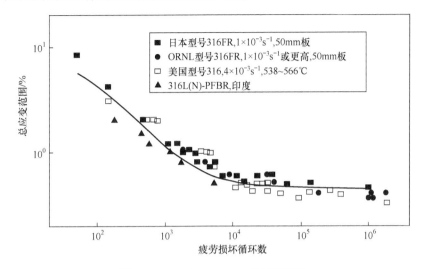

图 7-25 316 和 316FR SS 的疲劳行为
(来源于 Brainkman, C. R., ORNL/CP-101053. National Technical Information Service, Alexandria, VA, 1999.)

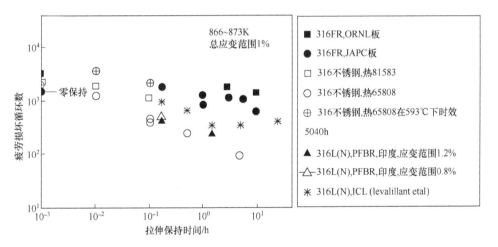

图 7-26 保持时间对 316 和 316L(N)SS 破裂寿命中的影响
(来源于 Brainkman, C. R., ORNL/CP-101053. National Technical Information Service, Alexandria, VA, 1999.)

7.4.2 焊接材料和焊接点性能

焊接广泛应用于 FBR 组件的制造中。焊接金属裂纹和热影响区(HAZ)裂纹是奥氏体不锈钢焊接中的主要问题。通过优化焊接消耗品的化学成分可以控制金属裂纹，快中子原型堆的316(N)不锈钢焊接电极化学成分的优化与E-316不锈钢的ASME规范都在表7-14中给出。指定碳在0.045~0.055wt%的范围和氮在0.06~0.1wt%的范围，为焊接接头在焊接状态下提供更好的蠕变强度和不受敏化的自由度。

表7-14 根据WRS-92 FN图修改316电极和δ-铁素体允许极限值的典型规范

元　素	ASME SFA 5.4 E316(N)SS(EFR)	FBR316(N)
C	0.08	0.045~0.055
Cr	17~18	18~19
Ni	11~14	11~12
Mo	2~3	1.9~2.2
N	未注明	0.06~0.10
Mn	0.5~2.5	1.2~1.8
Si	0.9	0.4~0.7
P	0.04	0.025
S	0.03	0.02
Ti+Nb+Ta	NS	0.1
Cu	0.75	0.5
Co	未注明	0.2
B	未注明	20ppm
δ-铁素体	3~10 FN	3~7 FN

此外，焊接金属中的铁素体指定为3~7铁素体数(FN)，以促进铁素体凝固。规定了至少3个铁素体数，以确保焊接金属免于热裂。由于三角铁氧体在高温下相变为碳化物和脆性金属间相，因此铁素体数的上限为7。在规定范围内的氮对316L(N)不锈钢的焊接性没有不利影响。通过规定磷、硫和硅的允许限值，以及ASTM标准中未规定的硼、钛和铌的限值，避免了热影响区(HAZ)裂纹。316(N)不锈钢电极将用于316L(N)SS和304L(N)不锈钢基材的焊接。如果为304L(N)不锈钢选择不同的电极，就可以避免焊接时电极的混淆。钨极氩弧焊(TIG)将使用16-8-2填充丝，因为该成分具有更好的微观结构稳定性、蠕变强度和韧性，而用于手工电弧焊(MMA)焊接的16-8-2电极并不易获得。

对316(N)焊材的蠕变性能评价表明，其蠕变断裂强度和延展性优于316SS焊材。图7-27为316和316(N)焊缝金属在923K时的蠕变断裂强度对比；与氮合金化可使断裂强度提高约30%[7.38]。在开放文献中没有关于316(N)焊缝及其接头的 LCF 行为的信息。英迪拉·甘地原子研究中心在 873K 的情况下进行了详细的研究,发现 LCF 寿命为基底金属 > 焊接金属 > 焊接接头的顺序。316(N) 及其接头所显示的寿命等级与 304、316 不锈钢及其接头所显示的寿命等级非常相似。焊缝抗应变疲劳性能差的原因是热影响区中存在粗晶粒,粗晶粒作为冶金缺口,导致裂纹产生相缩短。

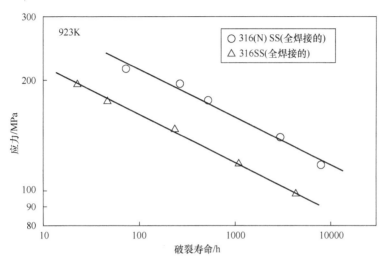

图 7-27　316 和 316(N)SS 焊材的蠕变断裂强度对比
(来源于 Sasikala, G. et al., 31A, 1175, 2000.)

7.4.3　蒸汽发生器材料

钠与水的高反应性使蒸汽发生器成为决定装置有效运行的关键部件,同时对蒸汽发生器部件的高度完整性产生要求。蒸汽发生器组件的高完整性可以通过选择合适的材料,然后进行优化设计和制造来实现。由于采用单一的结构材料,提高了关键管对管板焊缝的可靠性,因此决定采用单一金属材料(管、壳、厚管板)制造蒸汽发生器。快中子原型堆的蒸汽发生器部件均选用改进 9Cr-1Mo 铁素体钢。选择改进 9Cr-1Mo 钢是基于几个重要的考虑,这些将在本小节中描述。

蒸汽发生器材料的主要选择标准如表 7-15 所示。这些标准包括一般标准以及与钠热蒸汽发生器材料使用直接相关的标准。液态金属快堆蒸汽发生器应用材料的选择应该满足高温状态下工作的需求,例如高温机械性能包括蠕变和低周疲劳、防止碳向液态钠的流失导致的强度降低,防止小泄漏情况导致钠水反应的冷却剂损失,并且在钠水介质中抵抗应力腐蚀开裂(SCC)。

表 7-15　蒸汽发生器材料的主要选择标准

一般标准	钠使用的相关标准
机械性能	钠的机械性能
抗拉强度	脱碳的敏感性
蠕变强度	
低周疲劳和高周疲劳	
蠕变–疲劳	
延展性	
老化效应	
包括在压力容器规范中或提供足够的数据	正常钠化学条件下的腐蚀、侵蚀和磨损
常温和非常温化学条件下的抗腐蚀性(点蚀)	在钠水反应的情况下耐腐蚀(应力腐蚀开裂、自放大泄漏和撞击损耗)
可加工性	
焊接性	
易获得	
成本	

世界范围内正在运行或正在设计中的快堆蒸汽发生器材料的选择如表7-16所示。这些蒸汽发生器的钠进口温度和蒸汽出口温度也包括在这个表中。对于原型快堆蒸汽发生器,钠的进口温度为798K,而蒸汽的出口温度为766K。从表7-16中可以看出,2.25Cr-1Mo钢,不论是普通钢还是标准钢,都已用于蒸发器,在过热器中也使用了奥氏体不锈钢。然而,最近的趋势是更倾向于使用改进9Cr-1Mo钢的钠冷快堆蒸汽发生器的应用。

表 7-16　主要的 FBR 的蒸汽发生器的材料选择

反应堆	钠的进口温度/K	蒸汽出口温度/K	管道材料	
			蒸发器	过热器
Phenix	823	785	2.25Cr-1Mo 稳定的 2.25Cr-1Mo	321 SS
PFR	813	786	稳定的 2.25Cr-1Mo 替换单元:2.25Cr-1Mo	316 SS 替换单元:9Cr-1Mo
FBTR	783	753	稳定的 2.25Cr-1Mo	
BN-600	793	778	2.25Cr-1Mo	304 SS
SPX-1	798	763	800 合金(一次性集成)	

(续)

反应堆	钠的进口温度/K	蒸汽出口温度/K	管道材料	
			蒸发器	过热器
MONJU	778	760	2.25Cr-1Mo	304 SS
SNR-300	793	773	稳定的 2.25Cr-1Mo	稳定的 2.25Cr-1Mo
BN-800	778	763	2.25Cr-1Mo	2.25Cr-1Mo
CRBR	767	755	2.25Cr-1Mo	2.25Cr-1Mo
DFBR	793	768	改性9Cr-1Mo(一次性集成)	
EFR	798	763	改性9Cr-1Mo(一次性集成)	

对于原型快堆蒸汽发生器,从铁素体钢(2.25Cr-1Mo,Nb 稳定的 2.25Cr-1Mo,9Cr-1Mo[9 级],改性 9Cr-1Mo[91 级])开始,奥氏体不锈钢(AISI 304/316/321)和合金 800 等一系列材料都经过了测试。考虑到奥氏体不锈钢对水基应力腐蚀开裂的抵抗力差,300 系列的奥氏体不锈钢不考虑用于蒸汽发生器。800 合金比奥氏体钢具有更好的抗应力腐蚀开裂性能,但在氯化物和腐蚀环境中对应力腐蚀开裂并不是免疫的。因此,铁素体钢是蒸汽发生器应用的首选。在铁素体钢中,2.25Cr-1Mo 和 9Cr-1Mo 钢及其变体已考虑用于蒸汽发生器。选择 91 级改进 9Cr-1Mo 的理由及其与其他候选材料的相关性能将在下文中描述。

91 级钢由于其各种性能被选择用于原型快堆蒸汽发生器,在描述 91 级钢的各种性能之前,重要的是要提一下蒸汽发生器的材料规范,它接近于 ASTM 的规定,化学成分(表 7-17)控制在严格范围内,以避免机械性能分散,规定了硫、磷和硅等残余元素的下限,以提高焊接性并减少夹杂物含量,以确保高度清洁度。

表 7-17 改良 9Cr-1Mo 钢管和焊接耗材的 PFBR 规范

元 素	基础金属(管道)	填充焊丝(堆焊)	电 极
C	0.08~0.12	0.08~0.12	0.08~0.12
Cr	8.00~9.00	8~9.5	8~9.5
Mo	0.85~1.05	0.85~1.05	0.85~1.05
Si	0.20~0.50	0.2~0.4	0.2~0.3
Mn	0.30~0.50	0.5~1.2	0.5~1.2
V	0.18~0.25	0.15~0.22	0.15~0.22
Nb	0.06~0.10	0.04~0.07	0.04~0.07
N	0.03~0.07	0.03~0.07	0.03~0.07

(续)

元　素	基础金属(管道)	填充焊丝(堆焊)	电　极
S	0.01max.	0.01max.	0.01max.
P	0.02max.	0.015max.	0.01max.
Cu	0.10max.		0.25max.
Ni	0.20max.	0.6~1.0*	0.6~1.0*
Al	0.04max.		0.04max.
Sn	0.02max.	—	—
Sb	0.01max.	—	—
Ti	0.01max.	—	—

注解：Ni+Mn 小于或等于 1.5。

91级钢的强度高于2.25Cr-1Mo和普通9Cr-1Mo钢。在较宽的温度范围内，改进型9Cr-1Mo钢的蠕变强度明显高于传统的2.25Cr-1Mo钢和普通9Cr-1Mo钢，其蠕变强度最高可达873K(图7-28)[7.39]。对广泛用于高温应用的不同等级铁素体钢的蠕变强度的比较表明，改进型9Cr-1Mo钢比大多数其他材料表

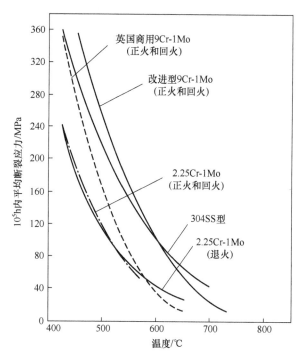

图7-28　几种材料 10^5 h 蠕变断裂强度的对比

现出更高的蠕变强度(图 7-29)[7.40]。在图 7-29 中,用开环表示 9 种不同等级的铁素体钢,它们在长试验时间内收敛。虽然 12Cr-1Mo-1W-0.3V 在较短的蠕变寿命中表现出较高的蠕变强度,但在较大的蠕变寿命中,由于微观结构的退化,其蠕变强度接近低合金铁素体钢。由于微观结构的稳定性,改进 9Cr-1Mo 钢在较长时间内蠕变强度都不会出现如此急剧的降低;在较长的试验时间内,其蠕变强度仍高于几种铁素体钢。这是蒸汽发生器选用改进 9Cr-1Mo 钢最为重要的原因。此外,高蠕变强度的改良 9Cr-1Mo 钢允许使用相对较薄的管。这种材料的薄管设计和较高的导热系数降低了对蒸汽发生器传热面积的要求。

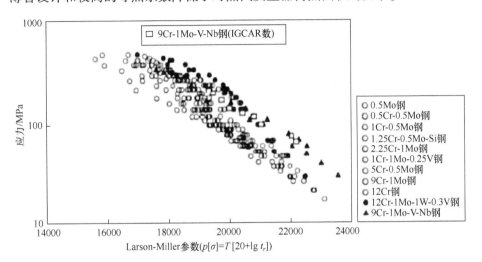

图 7-29　11 种铁素体耐热钢的蠕动断裂强度

(来源于 Kimura, K. et al., in advances in Turbine Materials, Design and Manufacturing, Strang, A. et al. (eds.), The Institute of Materials, London, UK, 1997, pp. 2257-269.)

7.4.4　改良型 9Cr-1Mo 钢焊接材料

改良型 9Cr-1Mo 钢的焊接一般采用与基材成分紧密相配的消耗品。然而,在焊后热处理(PWHT)后实现焊接金属所需的韧性一直是该钢的一个问题,尤其是在屏蔽金属电弧(SMA)焊接中。因此,在 AWS/ASME 的易耗品规范中,对镍、锰、铌、钒、氮都进行了较小的修改。此外,规范要求测定基准无延性转变温度(RTNDT),并要求在制造屏蔽金属电弧焊接电极时只使用合金芯线,表 7-15 给出了指定的成分。

7.4.4.1　用于厚断面改良型 9Cr-1Mo 钢

9Cr-1Mo 级钢的高温机械性能优于 2.25Cr-1Mo 级钢,此外,在大断面尺寸下提供几乎恒定不变的微观结构的能力和耐力是蒸汽发生器选用改良 9Cr-1Mo

钢的另一个原因。这样反过来确保随着增加厚度或在厚断面产品的表面和中心之间波动时,机械性能只有小的变化。

7.4.5 三金属过渡接头

由于蒸汽发生器的主要结构和管道材料为奥氏体 316LN 不锈钢,而蒸汽发生器材料为改进型 9Cr-1Mo 钢,因此,在蒸汽发生器的制造过程中不可避免地会出现两种材料的异种焊缝。过去奥氏体不锈钢和铁素体钢在高温下直接焊接接头的大量过早失效报道,主要来自火电厂。失效的主要原因如下:

(1) 两种钢的热膨胀系数差异较大,导致启动和关闭时产生热应力;
(2) 这些材料蠕变强度的差异;
(3) 碳从铁素体钢向奥氏体钢迁移,导致界面附近形成软区。

结果表明,引入热膨胀系数介于奥氏体不锈钢和铁素体钢之间的中间材料,可以显著降低热应力(316L(N)不锈钢和 9Cr-1Mo 钢的热膨胀系数分别为 $18.5\mu m/(m \cdot K)$ 和 $12.6\mu m/(m \cdot K)$)。因此,这种异种接头选择了一种三金属接头结构,即一边是合金 800 套管焊接到 316L(N) 不锈钢管上,另一边是改良的 9Cr-1Mo 钢管。虽然合金 600 是可用于过渡接头的另一种材料,但合金 800 比合金 600 更受青睐,因为该材料已包含在 ASME 规范中,而且也是科林奇河增殖反应堆工厂(CRBRP)蒸汽发生器过渡接头(2.25Cr-1Mo-SS)的首选材料。焊接合金 800 与改进型 9Cr-1Mo 及铬镍铁合金 82/182,推荐使用焊接耗材,焊接合金 800 与 316L(N) 不锈钢选用 16-8-2 填充丝。

7.5 冷 却 剂

在快堆中,由于需要保持中子谱硬度,因此不能使用像水这样的慢化材料作为冷却剂。由于快堆有一个高比功率的经济考虑,只有具有高传热系数的材料,如液态金属可以用作冷却剂。除了钠之外,还有其他一些液态金属冷却剂被认为是有发展前景的,但由于其缺点而未被应用。作为快堆冷却剂,液体钠有许多吸引人的特点,其中一些列出如下。

● 液体钠具有很高的导热性和很高的传热系数,温度系数密度很高,因此,即使在正常可用的燃料表面积情况下,液态钠都可以从堆芯移除大量的热量,即使在泵失效的钠事故下,在自然对流的条件下都很容易移除热量。

● 钠具有高沸点(1156K),可以使冷却剂系统的压力接近于大气压。这样的低压系统的设计既简单又便宜。此外,由于系统中储存的能量较少,因此不存在系统压力损失的安全问题。而且可以在较高的出口温度下操作,具有良好的沸腾余量,从而使更大的转换效率成为可能。

● 纯钠与奥氏体不锈钢具有很高的相容性,奥氏体不锈钢是快堆的主要结构材料。在运行温度下,它对不锈钢的腐蚀速率非常低(约 1μm/年),可以接受。

● 钠的熔点很低(371K),这意味着与铅相比,它在冷却回路中保持液体状态很容易,需要的预热也更少。另外,由于在室温下为固体,维修过程中,冷却剂管路容易冻结,需要切割。

● 钠很容易提纯,只要让它通过冷阱的低温区域就可以实现。因为各种杂质在钠中的溶解度受温度的影响较大,所以在冷区容易发生杂质沉淀。

● 钠没有长寿期放射性产物。^{24}Na(n,γ 反应产物)和^{23}Ne(n,γ 反应产物)都是短寿期的。^{22}Na(n,2n 反应产物)达不到高能级,因为它对热中子的中子俘获截面高。

● 液态钠的黏度和密度与水非常接近,这使得用水作为测试流体来进行泵等钠系统部件的测试变得容易。

● 钠具有良好的辐照稳定性和热稳定性。

● 钠的热容量好,密度低,泵送功率要求低。

● 钠不是具有生物毒性的材料。

● 钠在自然界中大量存在,价格低廉,易于生产。

钠唯一的问题是它的高化学反应性,对于大中型反应堆,它的反应性值是正的,它很容易与空气中的氧反应生成氧化物,并与水发生剧烈反应。这种高化学反应性和高外热性造成的钠火在钠泄漏时显然构成了巨大的危险。但是,世界上 20 个快堆的运行经验,相当于大约 380 个反应堆年,证明了通过设计措施能够不太困难地解决这一问题的可能性。在对含钠系统进行设计时,考虑到诸如高二次应力和波动二次应力、高周期疲劳和长时间高温暴露等特殊条件,使泄漏的可能性被最小化。通过对薄壁容器和管道工作采用适当的设计规范,并通过使用无损检测和泄漏检测的方法,将有可能防止钠泄漏并且确保系统泄漏密封性。这也有助于使释放到环境中的放射性物质最小化。

7.5.1　物理性质

钠的熔点在水的沸点以下约 2K,熔化时体积增大 2.17%。熔融钠看起来像汞,但实际上比水轻。由于钠沸点高,液相线范围大(1057K),在其他碱金属中仅次于锂。其导热系数(0.84J/cm/s/K)大约比水高 2 个数量级,比热容(1383kJ/kg/K)比水低 2.5 倍,钠和水的黏度相差不大。因此,诸如浇铸、机械泵送、搅混和其他常见实验室对熔融钠的操作与对水的操作非常相似。钠的电阻率非常低(事实上,在碱金属中,钠的电阻率是最低的),这使得它能够通过电磁原理有效地泵送。

7.5.2 核性质

7.5.2.1 放射性

液态钠对快中子的吸收截面非常小。对于快中子,^{23}Na 的吸收截面是 0.87mb。(n,γ)反应放射性产物为^{24}Na,其是强 β、γ 粒子发射器,但它的半衰期很短,只有 15 h。在反应堆停堆后大约 10 个半衰期后,可以靠近放射性钠冷却剂回路进行维护和修复。然而,在反应堆运行期间,其放射性水平为 mCi/cm^3 量级水平。^{23}Na 的放射性产物通过$(n,2n)$反应得到^{22}Na,它的半衰期相当长,为 2.7 年。然而,它对热中子的吸收截面较大,这阻止了它的浓度积聚到超过几个 mCi/cm^3 水平。^{23}Na 的(n,p)反应产物是^{23}Ne,半衰期很短,只有 38s。这些气体被定量地释放到包容气空间中。

7.5.2.2 钠冷却剂的反应系数和反应堆安全

钠具有足够的非慢化性,可以保持中子谱的硬度。它的慢化率只有 0.89,而水的慢化率为 62。一个对反应堆的安全非常重要的冷却剂原子特性是钠温度和空泡的反应性系数。

7.5.2.3 温度反应系数和钠空泡系数

任何反应堆反应性的温度和功率系数都应为负,以便使温度和功率的瞬变具有自限性。此外,与它们相关的时间常数应该要小,以便及时获取反应性反馈,使得系统稳定。当温度升高或钠泄漏时,中子谱变硬,导致以下影响:中子泄漏增多导致负反应性变化,可增殖材料快裂变增加导致正反应性变化,"η"(每吸收一个中子所释放的中子数)增加导致正反应性变化。

钠密度的减少导致吸收中子的减少,因此产生正反应性效应。然而,这种影响是微不足道的。经实验验证计算表明,对于快中子增殖试验堆(FBTR)等小型反应堆,净冷却剂反应性系数为负,而对于 Superphenix 等中型和大型反应堆,净冷却剂反应性系数为正。冷却剂温度反应系数的贡献仅为总反应系数的 20%。在功率系数中,只有 4% 的贡献来自钠的正反应性系数,其余的贡献来自燃料。因此,任意瞬态下由过冷或反应性引发的事故主要是由燃料反应性系数而不是冷却剂反应性系数阻止的。此外,与燃料和冷却剂反应性系数相关的时间常数很小,因此不存在稳定性问题。

7.5.3 化学性质

作为碱金属,金属钠的化学反应性很高。在干燥的空气中,固体钠首先与氧发生反应,形成大量的氧化钠层,从而延缓进一步反应的速率。钠不与氮反应,也不形成任何稳定的氮化物。它与潮湿空气反应非常快,主要反应产物是氢氧化钠,氢氧化钠随后与空气中的二氧化碳反应生成碳酸钠。由于这些反应产物具有很强的吸湿性,钠不加控制地暴露在潮湿空气中可能使金属接触水(或富水相),导致爆炸性的钠-水反应。液态钠与气态氧瞬间反应,在空气中燃烧产生氧化钠。在缺氧条件下,生成的产物是一氧化钠(Na_2O)。当供氧无限量且温度较低时,生成的产物为过氧化钠(Na_2O_2)。液态钠与气态氢反应,形成氢化物(NaH)。与气态氢的反应速率在523K以下时很慢,在673K以上时非常快。Na_2O和NaH在作为单独的相沉淀之前溶解在液体钠中,这些化合物在钠中的溶解度随温度的升高而增加。

液态钠一般包容在奥氏体和铁素体钢回路中。钠在纯粹的条件下与它们是十分相容的。钢的成分铁、铬、镍、锰、钼等在钠中的溶解度较低,仅在ppm范围内。

然而,钠中较高的氧含量(>5 ppm)会导致腐蚀增强和传质现象。在结构钢材中,碳是一种重要的间隙合金化元素,而钠则可以作为碳从一段结构部件转移到另一段结构部件的介质。这可能是由于在钠回路中存在由单一合金组成的结构部件的温度梯度和/或该回路中存在的多合金部件。在温度低于673K时,碳的传递是缓慢的,而在873K以上就会变得非常显著。钠与水/蒸汽的反应特别重要,在快堆的蒸汽发生器中,二次侧钠的热量通过铁素体钢管壁传递到水中。如果蒸汽泄漏到钠回路,钠立即与蒸汽/水反应,形成氢氧化钠和氢气。钠-水反应的放热性和产物的腐蚀性会导致管材耗损和蒸汽泄漏的迅速扩大。如果没有及时检测到这些泄漏,也没有采取补救措施,不断增大的火焰可能会切断相邻的蒸汽输送管道,导致钠-水爆炸。在PER中这样的一次爆炸导致了40个蒸汽管的破坏,而在苏联原型快堆BN-350中的一次则导致了长时间的停堆。然而,这些事件没有导致任何灾难或核泄漏,事件是完全可控的。氢氧化钠在高于693K的钠中是稳定的。过量的氢氧化钠在这个温度下分解生成Na_2O和NaH。在钠-水反应中形成的氢气可以进一步溶解在钠中,这是前面提到的缓慢移动。

7.5.3.1 规范和化学品质量控制

纯钠与奥氏体不锈钢的相容性良好。然而,杂质的存在,甚至只有ppm水平的杂质都可以导致腐蚀增强和传质现象。钠中的碳会导致组件的渗碳,少量金属会被活化并增加活化负担。由于这些原因,钠在充入冷却剂回路之前,将被净化到非常高的纯度水平。

参考文献

[7.1] Carbajo, J. J., Yoder, G. L., Popov, S. G., Ivanov, V. K. J. (2001). A Review of the Thermophysical Properties of MOX and UO2 Fuels. J. Nucl. Mater., 299, 181.

[7.2] Karahan, A. (2009). Modelling of thermo-mechanical and irradiation behaviour of metallic and oxide fuels for sodium fast reactor. PhD report, MIT, Cambridge, MA.

[7.3] Mikailoff, H. (1974). L'element Combustible Carbure a Joint Helium Pour la Fillere a Neutrons Rapides: Problems Poses par le gonflement du combustible. BIST 196.

[7.4] IAEA. (2012). Summary report of the technical meeting on primary radiation damage: From nuclear reaction to point defects. Nuclear Data Section, INDC(NDS)-0624, Vienna, Austria. October 1-4, 2012.

[7.5] IAEA. (1999). Status of liquid meal cooled fast reactor technology IAEA, Vienna. IAEA-TECDOC-1983. April 1999.

[7.6] Garner, F. A. (1993). Irradiation performance of cladding and structural steels in liquid metal reactors. In Nuclear Materials, Part 1, Materials Science and Technology, B. R. T. Frost (ed.). VCH Publishers, Weinheim, Germany, pp. 420-543.

[7.7] Mansur, L. K. (1986). Swelling in irradiated metals and alloys. In Encyclopedia of Materials Science and Engineering. Pergamon Press, Oxford, UK, Chapter 6, p. 4834.

[7.8] Garner, F. A. (1984). Recent insights on the swelling and creep of irradiated austenitic alloys. J. Nucl. Mater., 122-123, 459.

[7.9] Puigh, R. J. et al. (1982). An in-reactor creep correlation for 20% cold worked AISI 316 stainless steel. Effects of Irradiation on Materials: Eleventh Conference, ASTM, Philadelphia, PA, ASTM STP 762, pp. 108-121.

[7.10] Garner, F. A. (1994). Irradiation performance of cladding and structural steels in liquid metal reactors. In Material Science and Technology, Cahn, R. W. et al. (eds.). VCH, Weinheim, Germany, Volume No. 10A, pp. 419-543.

[7.11] Ulmaier, H., Trinkaus, H. (1992). Helium in metals—Effects on mechanical properties. Mater. Sci. Forum, 97-99, 451-472.

[7.12] Yilmaz, F., Hassan, Y. A., Porter, D. L., Romanenko, O. (2003). Swelling and mechanical property changes in Russian and American austenitic steels in EBR-II and BN350. Nucl. Technol., 144(3), 369-378.

[7.13] Mannan, S. L., Chetal, S. C., Raj, B., Bhoje, S. B. (2003). Selection of materials for prototype fast breeder reactor, Indira Gandhi Centre for Atomic Research, Transactions of the Indian Institute of Metals, Kalpakkam, India, 56(2), 155-178. http://www.igcar.gov.in/igc2004/PFBR.pdf.

[7.14] IAEA. (2012). Structural material for liquid metal cooled fast reactor fuel assemblies—Operational behavior. IAEA Nuclear Energy Series No. NF-T-4.3.

[7.15] Le Flem, M. et al., CEA. (2011). Advanced materials for fuel cladding in sodium fast reactors: from metals to ceramics. Presentation to 3rd MATGEN Summer School, Lerici, Italy, September 19-23, 2011.

[7.16] Herschbach, K., Schneider, W., Ehrlich, K. (1993). Effects of minor alloying elements upon swelling and in-pile creep in model plain Fe-15Cr-15Ni stainless steels and in commercial DIN 1.4970 alloys. J. Nucl. Mater., 203, 233-248.

[7.17] Waltar, A. E., Todd, D. R., Tsvetkov, P. V. (2012). Fast Spectrum Reactors, NewYork, USA, Springer Press.

[7.18] Dubuisson, P., Gilbon, D., Seran, J. L. (1993). Microstructural evolution of ferritic-martensitic steels irradiated in the fast breeder reactor Phénix. J. Nucl. Mater., 205, 178.

[7.19] Klueh, R. L., Harries, D. R. (Eds.) (2001). High chromium ferritic and martensitic steels for nuclear applications. ASTM, Philadeplphia, PA, p. 135.

[7.20] Raj, B., Mannan, S. L., Vasudeva Rao, P. R., Mathew, M. D. (2002). Development of fuels and structural materials for fast breeder reactors. Sadhana, 27(Part 5), 527-558.

[7.21] Jayakumar, T., Laha, K., Mathew, M. D., Saroja, S., Kartik, V. (2013). Development of advanced fuel cladding material for Indian sodium cooled fast reactors. ICAPP, Korea, Japan, 1(2), 826-832, April 2013.

[7.22] Raj, B. (2007). A perspective on R&D in austenitic stainless steels for fast breeder reactor technology at Kalpakkam. International Symposium on Advances in Stainless Steels, ISAS 2007, April 9, 2007, Chennai.

[7.23] Ukai, S., Mizuta, S., Fujiwara, M., Okuda, T., Kobayashi, T. (2002). Development of 9Cr-ODS martensitic steel claddings for fuel pins by means of ferrite to austenite phase transformation. J. Nucl. Sci. Technol., 39(7), 778-788, July 2002.

[7.24] Ullmaier, H., Schilling, W. (1980). Physics of Modern Materials. IAEA, Vienna, Austria, p. 301.

[7.25] David, C., Panigrahi, B. K., Rajaraman, R., Balaji, S., Balamurugan, A. K., Nair, K. G. M., Amarendra, G., Sundar, C. S., Raj, B. (2007). Effect of titanium on the void swelling behavior in (15Ni-14Cr)-Ti modified austenitic steels studied by ion beam simulation. J. Nucl. Mater, 392(3), 578.

[7.26] Gyr, W., Friedel, G., Friedrich, H. J., Pamme, H., Firth, G., Lauret, P. (1990). EFR decay heat removal system design and safety studies. International Fast Reactor Safety Meeting, Snowbird, UT, pp. 543-552.

[7.27] Simpson, D. E., Little, W., Peterson, E. (1967). Selected safety considerations in the design of the fast flux test facility. Proceedings of the International Conference on the Safety of Fast Reactors, Aix-en-Provence, France, September 1967, pp. 19-22.

[7.28] Del Beccaro, R., Mitchell, C. H., Heusener, G. (1992). The EFR safety approach. International Conference on Design and Safety of Advanced Nuclear Power Plants, Tokyo, Japan, October 1992, pp. 29.1/1-29.1/8.

[7.29] Nelson, D. V., Abo-El-Ata, M. M., Stephen, J. D., Sim, R. G. (1978). Development of design criteria for highly irradiated core components. ASME-78-PVP-78, ASME Pressure Vessels and Piping Conference, Montreal, Canada, June 1978.

[7.30] Wei, B. C., Nelson, D. V. (1982). Structural design criteria for highly irradiated core components. In Pressure Vessel & Piping Design Technology—A Decade of Progress. ASME Publication,

New York.

[7.31] Desprez, D. et al. (1987). Design criteria for FBR core components—An overview of the methodology developed in France. Conference on FBR Systems: Experience Gained and Path to Economic Over Generation, Washington, DC.

[7.32] Shibahara, I., Omori, T., Sato, Y., Onose, S., Nomura, S. (1993). Mechanical property degradation of fast reactor fuel cladding during thermal transients, ASTM STP 1175, ASTM, Philadelphia, PA.

[7.33] Puthiyavinayagam, P., Govindarajan, S., Chetal, S. C. (1994). Design data for 20% CW D9 material. Internal Document. IGCAR, Kalpakkam, India.

[7.34] Puthiyavinayagam, P., Roychowdhury, D. G., Govindarajan, S., Chellapandi, P., Singh, O. P., Chetal, S. C. (2002). Design safety limits in prototype fast breeder reactor. First National Conference on Nuclear Reactor Safety, Mumbai, India, November 2002.

[7.35] Fast Reactor Database. (2006). IAEA, IAEA-TECDOC-1531, Vienna. ISSN 1011-4289. http://www-frdb.iaea.org.

[7.36] Schirra, M. C. In Fracture of Engineering Materials, Parker, J. D. (ed.). The Institute of Materials, London, UK, p. 612.

[7.37] Brinkman, C. R. (1999). ORNL/CP-101053. National Technical Information Service, Alexandria, VA.

[7.38] Sasikala, G., Mathew, M. D., Bhanu Sankara Rao, K., Mannan, S. L., Trans, A., (2000). Creep deformation and fracture behavior of types 316 and 316L(N) stainless steels and their weld metals. Trans, A., 31A, 1175.

[7.39] Sikka, V. K. (1984). Development of Modified 9Cr-1Mo Steel for Elevated temperature Service. Proc. of Topical Conf. on Ferritic Alloys for Use in Nuclear Energy Technologies, Davis, J. W., Michel, D. J. (eds.). TMS-AIME, Warrendale, Pennsylvania, USA, pp. 317-324.

[7.40] Kimura, K., Kushima, H., Abe, F., Yagi, K., Irie, H. (1997). Advances in turbine materials, design and manufacturing. In 4th International Charles Parsons Turbone Conference, Strang, A. et al. (eds.). The Institute of Materials, London, UK, pp. 257-269.

第8章
系统和部件

8.1 引　　言

钠冷快堆由许多系统和部件组成,这些系统和部件必须同步工作,以获得所需的反应堆功率。主要的系统包括:反应堆堆芯系统、核蒸汽供给系统(NSSS)、仪表和控制系统(I&C)和能量转换系统(ECS)。本章将讨论堆芯的设计,包括燃料元件和组件(SA)的设计和功能,并对一次、二次热传输系统中的各部件以及核蒸汽供给系统、仪表和控制系统等系统中的部件进行描述。

8.2 反应堆堆芯

反应堆堆芯中发生的核反应,主要包括:裂变、俘获、增殖、反射和吸收。堆芯处于快中子云中,快中子云是快堆堆芯的特殊特性。堆芯产生的热量被流经堆芯的冷却剂导出,从堆芯发射出的中子被部分反射,泄漏的中子最终会被堆芯周围的屏蔽材料俘获。堆芯由若干种部件构成,其中燃料组件位于最内层,在轴向和径向上被转换区包围,再外围是反射层和屏蔽区,在一些设计中最外围还会提供堆内贮存区域。图8-1展示了反应堆堆芯组件的布局,这是一种典型的堆芯布置[8.1]。燃料元件和组件内包括燃料、冷却剂、结构材料和屏蔽材料。快堆堆芯在设计时要满足一些重要条件,包括最大限度地提高燃料体积分数以获得高能中子谱,设计最佳的冷却剂体积分数和最小化的结构材料,可以使堆芯结构足够紧凑。为了满足这些条件,组件选用六角形外套管,其内部容纳一束薄壁管(包壳);每根管内以芯块的形式装入一定数量的燃料、转换材料或屏蔽材料。包壳内装入燃料芯块即燃料元件。为了使冷却剂流动顺畅,在元件外表面设计了绕丝,或在轴向上均匀布置穿孔的单板或多板,以保证元件之间存在一定的空间。元件以尽可能小的棒间距按正三角形方式排列构成棒束,以保证紧凑性。加压的冷却剂从入口腔室进入组件,冷却剂的流量分配要基于各组件的热功率,功率越大流量越大,普遍采用节流孔板实现流量分配。组件的管脚插在栅格板上对应的套筒中,即形成了冷却剂入口腔室。

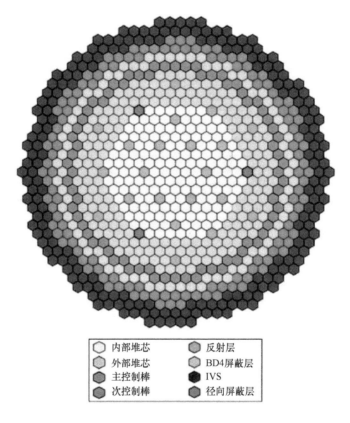

图 8-1　堆芯位置

图例:内部堆芯、外部堆芯、主控制棒、次控制棒、反射层、BD4 屏蔽层、IVS、径向屏蔽层

本节首先讨论了堆芯设计的约束条件,包括设计安全限制、燃料要求、冷却剂流量,并对堆芯内燃料元件和管道的设计进行了阐述。还从反应堆物理、热工水力、结构力学等方面进行了解释。我们将以典型的 500MW(e) 的池式钠冷快堆(SFR-500)为例加以说明。

8.2.1　设计约束

在堆芯设计方面,堆芯功率和组件进出口冷却剂钠的混合平均温度是堆芯设计的基本输入参数。堆芯的热功率(P_t)一般根据热力学效率(η)和电功率(P_w)计算得来,$P_t = P_w / \eta$。

另外,对于所选的燃料、冷却剂和结构材料,相应的温度限制是需要遵守的设计安全限制。考虑设计安全限制和经济性后,可以推导出元件和燃料组件(FSA)的数量。以下是基本的安全限制。

在超功率情况下,功率达到115%额定功率时,燃料芯块中心线的最高温度(燃料热点温度)应该低于材料的最低熔点温度。包壳最高中心温度(包壳热点温度)要低于包壳材料熔点温度的规定分数。冷却剂的最高温度(冷却剂热点温度)要低于在相应压力下的沸点温度。

中心线温度限制了燃料芯块所允许产生的热量。为了定量说明,引入线功率(χ),它的定义是单位长度燃料产生的热量。χ的表达式是通过体积释热率$\dot{Q}$,和单位体积燃料在单位时间内产生的热量推导而来,产生的热量又与燃料的中子通量和裂变物质含量成正比。χ的定义为

$$\chi = \dot{Q}\pi r^2 \tag{8-1}$$

式中:r为固体芯块的半径。线功率也可以根据中心线温度(T_c)、外表面温度(T_s)和燃料的热传导率(K_T)通过求解柱坐标下的一维传热方程获得,如下:

$$\frac{1}{r}\frac{\partial}{\partial r}\left(K_T r \frac{\partial T_r}{\partial r}\right) = -\dot{Q} \tag{8-2}$$

式中

r——燃料芯块半径;

K_T——燃料的热传导率,是温度的函数;

T_r——任意半径r处的温度;

$\dot{Q}$——单位体积产生的热量。

对于环形芯块,K的积分形式如下:

$$\int_{T_s}^{T_c} K_t dT = \frac{\chi}{4\pi}\left[1 + \left(\frac{2r_i^2}{r_f^2 - r_i^2}\right)\ln\left(\frac{r_i}{r_f}\right)\right] \tag{8-3}$$

式中

r_f——芯块半径;

r_i——环形中心孔的半径。

对于固体芯块(r_i趋近于0),线功率χ与半径无关。相应地

$$\chi = \int_{T_s}^{T_c} K_t dT \tag{8-4}$$

燃料中心线温度是熔点温度的分数,决定芯块表面散热的表面温度则取决

于燃料芯块表面和包壳内表面形成间隙的传热以及包壳和冷却剂的传热特性。如果芯块表面与包壳相接触,间隙的导热性会非常好(例如,机械地连接金属燃料芯块)或者将间隙用导热性好的流体填充(例如,用液态钠连接金属燃料芯块)。对于陶瓷燃料,由于钠对其具有强的腐蚀性,通常避免采用钠作为填充剂,而采用氦气填充间隙。在热量导出方面,液态金属冷却剂,例如钠,是最好的选择。因此,χ受到燃料、冷却剂和燃料-包壳设计的选择的限制。χ还会受到出口腔室处冷却剂混合平均温度的设计规范的限制。以最大限度地提高燃料体积分数为主要设计目标,在前面提到的限制条件下,可以实现燃料管脚、管道和堆芯结构的设计。完成这些设计涉及一些迭代。

具体参考 SFR-500 的设计,其额定电功率为 500MW(e),$\eta=40\%$,因此热功率为 5000/4 = 1250MW(t),热功率主要由燃料元件和组件产生。剩余的组件,尤其是转换区组件,只贡献很小的一部分功率。堆芯入口温度是 670K,也就是冷腔室温度。

虽然设计的目标要通过合理地控制冷却剂流量,称为流动分区,使每个组件的出口温度接近相等,但实际上不可能从每个组件出口获得相同的出口温度。组件出口的钠温随着位置的不同而变化,变化范围为 ±10°C。然而,设计规范要考虑堆芯上腔室的混合平均温度,SFR-500 的上腔室混合平均温度为 820K。在相关的限制条件下,可以达到的最大线功率是 450W/cm。

8.2.2 堆芯设计的主要步骤

反应堆热功率、堆芯功率、线性功率峰值以及包壳和套管允许的中子辐照(单位:dpa)是堆芯设计的基本输入数据。此外,堆芯活性区高度是基于一些反应堆设计的最优化研究确定的,尤其是组件直径。若选择较低的堆芯高度,则需要更多的元件和更大的堆芯直径,反之亦然。出于安全考虑,较小的堆芯高度也是比较好的选择,这将在后面讨论。在确定裂变物质的最大含量(例如,燃料中钚的含量,%)时,要考虑材料的可用性和其他技术因素,如结构材料与冷却剂间的化学反应。在确定增殖比时,要充分考虑燃料材料的潜力:采用氧化物的堆芯产生最低值,采用金属的堆芯产生最高值。此外,对增殖能力的要求还取决于国家的战略需求。考虑到组件尺寸的限制,组件中可容纳的燃料元件的数量(217 或 271)也在堆芯设计开始时就确定了。另外一个重要的堆芯设计参数是循环周期,即装料间隔。

已知上述参数就可以开始堆芯设计。首先,假定燃料元件的直径和金属绕丝直径。轴向和径向形状因子,它决定了轴向和径向功率相对于平均功率的分布,用于表达分布规律(径向是高斯分布,轴向是广义余弦分布)。已知线性热功率和轴向及径向峰值因子，可以计算出平均线功率。已知堆芯活性区高度后，根据堆芯热功率可以计算出所需元件数，然后再根据每个组件最大容纳元件数可以计算出组件数。以相似的方法，假定元件的尺寸，可以获得轴向转换区高度和径向转换区的数量。一旦获得了燃料组件和转换区组件的数目，活性燃料区和径向、轴向转换区的堆芯布局基本可以确定。然后，堆芯活性区体积和燃料、钢材以及冷却剂的体积分数可以计算出来。

前面讨论了不同体积分数的堆芯布局相关的反应堆物理计算。计算可以给出实际的径向和轴向峰值因子、所需的裂变燃料富集度、控制棒价值、最佳分布和相应的增殖比。计算还给出了该燃料富集度可以维持临界状态的时长。在本次燃料循环周期后，需要替换一些燃料组件。如果燃料富集度和循环周期不能满足要求，则调整燃料元件直径的大小，更新轴向和径向峰值因子，重新进行分析。控制棒价值和位置用于更新堆芯布局和不同体积分数。通过改变燃料元件的直径和转换区元件的直径和数量，可以提高增殖比以获得理想的数值。

在迭代结束时，最终确定的堆芯设计计算出了燃耗峰值，即单位质量的燃料产生的最大能量，以及堆芯结构材料的相关中子剂量（可用 dpa 作为计量单位）。如果燃耗峰值是不可接受的，则需要修改循环周期。否则，为了提高燃耗极限，可能必须使用替代材料或高级结构材料。堆芯设计的主要步骤如图 8-2 所示。

堆芯设计完成后，燃料组件轴向和径向详细的流量和温度分布、压降以及所需的泵功率可以通过热工水力分析计算获得。除此之外，燃料元件、转换区元件以及组件结构的完整性、辐照诱发的结构形变、组件提取力以及累计损伤分数都可以通过具体的结构力学研究获得。除了稳态的额定功率运行，堆芯的低功率运行工况和事故下的瞬态运行工况也需要分析。这些方面的讨论详见第 9 章和第 12 章。

8.2.3　燃料元件直径的选择

堆芯由一些燃料棒组成，冷却剂从燃料棒间的通道流过，导出燃料棒产生的热量。燃料棒不会直接暴露在冷却剂中以防产生的裂变物质被冷却剂带走，也是为了容纳产生的裂变气体。因此，燃料棒被嵌入在细管中，这种细管称为包壳。包壳内装上燃料芯块构成燃料组件。每个燃料元件上、下两端分别与上、下端塞焊接。燃料的类型可以是陶瓷燃料也可以是金属燃料，基于不同的类型选择不同的"导热媒介"填充燃料和包壳之间的间隙，主要是气体或者液态金属，比较典型的是氦气或者钠。包壳管壁的厚度应该尽可能小，以获得更高的燃料体积分数，但同时包壳的厚度必须能够承受设计燃耗下高温裂变气体的压力。

闭式燃料循环的钠冷快堆
Sodium Fast Reactors with Closed Fuel Cycle

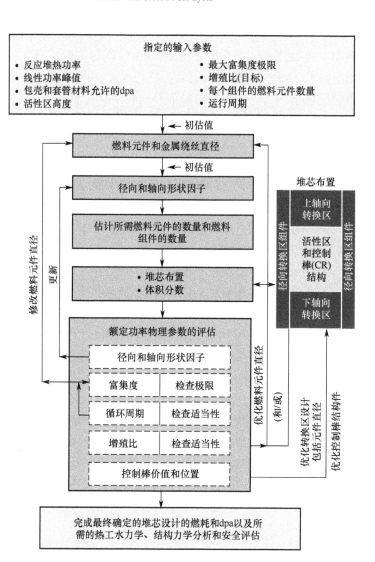

图 8-2 堆芯设计流程图

在任何快堆堆芯设计中,燃料元件直径的选择都是设计的起点。影响燃料元件直径选择的重要参数之一是裂变材料比投入量,也就是产生单位功率所需的裂变物质的质量,M_0/P,我们要设法将该参数减到最小以减少倍增时间。裂变材料比投入量可以表示为

$$\frac{M_0}{P} = \frac{e\pi R_f^2 \rho_f}{\chi} \tag{8-5}$$

式中

e——燃料中裂变物质的富集度;

R_f——燃料芯块的半径;

ρ_f——燃料密度;

χ——线功率。

已经选定了"χ",其他参数的影响如表 8-1 所示。裂变材料比投入量随燃料元件直径的变化趋势,如图 8-3 所示。

表 8-1　各类参数对堆芯性能的影响

参　　数	影　　响
e	富集度非常重要,因为富集度影响反应堆临界。随着 e 增加,增殖比减小,M_0/P 增加
ρ_f	ρ_f 减小会增加孔隙率,从而中子泄漏量和 e 增大。燃料的导热系数"K"减小,进而导致线功率 χ 减小,所以 M_0/P 增加。(附加说明:$K_p = K(1-\alpha P)/(1+\beta P)$,式中 $P = (1-\rho/\rho th)$ 是孔隙率)。α 和 β 是由实验获得的孔隙率的修正因子。ρ_f 增大会减少中子泄漏,所以 e 就减小,也就会使 K 增大,使线功率 χ 增大。M_0/P 随着 ρ_f 增加而减小,但这是不利的,因为在燃料元件中要预留出孔隙来补偿燃料的肿胀
R_f	R_f 减小会导致 e 增大;然而相对 e 的增大,eR_f^2 整体是减小的。M_0/P 随着减小,倍增时间缩短,裂变材料比投入量减小,这是唯一有利的选择。

选择元件直径时还需要考虑成本。燃料元件直径小到一定尺寸后,元件制造成本会很昂贵,并且给金属绕丝和冷却剂流域的布置增加了难度。当钠作为冷却剂时,由于钠具有非常高的导热系数(h),燃料元件直径相对冷却剂流动对导热的影响更弱。即使在低流速下,钠分子导热的效率也很高。

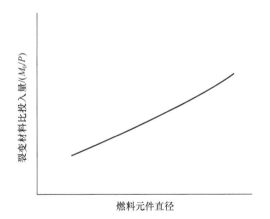

图 8-3　裂变材料比投入量随燃料元件直径的变化

8.2.4 燃料元件的构成

燃料元件是一个中间装有燃料,两端装有转换材料的圆柱管。陶瓷燃料和转换材料被制成芯块状,而金属燃料和转换材料被制成弹状。燃料/转换材料的底端要么放在固定在包壳管上的中塞上,要么放在另外一根包壳管上,或者放在下端塞上。为了避免在燃料组件运输和操作过程中芯块串动,转换区上端被弹簧压紧,弹簧一端支撑在轴向转换区的顶端,一段支撑在顶端塞上。高纯度的氦气作为芯块和包壳内表面的填充气体以增强传热。燃料元件两端是被焊接的。

在燃料元件上部和下部设置了气腔来容纳燃料燃耗产生的裂变气体。裂变气体腔室的长度是根据燃料元件的结构设计确定的,稍后再进行讨论。裂变气体腔室大概和堆芯一样高。在美国早期设计中(快中子通量实验装置(FFTF)和克林奇河增殖反应堆项目(CRBRP)),气腔位于堆芯上部,然而在法国的设计中(Phenix,Superphenix[SPX]),堆芯上部有一个小气腔,堆芯下部有一个大气腔。在堆芯下部设置气腔有利于缩短燃料元件的长度。上部气腔在燃料元件发生破损时可以排出裂变气体。图8-4 所示为典型的燃料元件构成图。

8.2.5 元件间隔

确定了燃料元件的直径后,还要考虑燃料元件的间隔排列,以便冷却剂流通。元件之间的间隔要为冷却剂提供足够的流道,也要为燃耗导致的包壳肿胀提供空间。对于快中子增殖堆(FBR)燃料元件要考虑两个问题:金属绕丝定位和定位格架。金属绕丝定位器,即燃料元件在轴向上被金属丝以固定的螺旋节距缠绕,金属丝两端与端塞焊牢。定位格架,即蜂窝状的栅格。这些定位器以适当的间隔堆放。多层的定位格架通常在轴向上设置两个或三个,锚定在组件的内表面。两种定位器的概念图如图 8-5 所示。下文将讨论这两个设计的优缺点。

图 8-4 典型的燃料元件构成图

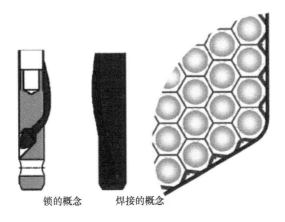

锁的概念　　焊接的概念

图 8-5　螺旋金属绕丝和蜂窝定位格架的概念

定位格架有一些优点。定位格架只放置在堆芯的几个高度上,因此,可以获得更高的燃料体积分数。所产生的压降会比较低,因为冷却剂平直地流经组件而不会产生漩涡。这个设计能够灵活地在轴向上选择定位点,避开包壳温度峰值的位置。但是一旦燃料发生熔化,定位格架将一定程度上成为熔融燃料的障碍物,可能会在堆芯活性区造成熔融物的堆积。因此,这个设计有一个明显的缺点:它会增加堵流的风险。此外,制造成本也是十分昂贵的,它必须满足组件壁面和定位格架对齐的物理约束。相反,在金属绕丝定位设计由于金属绕丝的螺旋结构使冷却剂产生涡流,从而更好地混合,可以提高组件出口的平均温度。由于元件与绕丝有更多的接触支撑点,因此元件的机械振动更少,但相应的压降比较高。绕丝的制造工艺更简单,成本更低,燃料的体积分数相比也更低。总的来说,出于堵流引发的安全性问题的考虑,金属绕丝型的定位器目前使用更普遍。因此,绕丝定位技术在高燃耗工况下积累了更多的经验。

绕丝的直径的选择要谨慎:较大的元件间隔可以提供更大的冷却剂流通面积,容纳更大的膨胀体积,但也会减小燃料的体积分数。燃料的体积分数减小,则需要增加燃料的投入量。冷却剂流通面积和燃料体积分数随绕丝直径的变化如图 8-6 所示。在燃料富集度恒定不变情况下,燃料投入量随体积分数的变化趋势如图 8-7 所示。随着冷却剂流通面积增加,在燃料束中产生的压降降低,但燃料的投入量增加,因此需要确定最佳的尺寸。

8.2.6　组件的概念

将一定数量的燃料元件分组封装在正六边形的套管内,以便有效地冷却和操作。这个封装着一定数量元件的正六边形套管被称作组件。元件紧密排布,获得高的燃料体积分数,通常元件选择正三角排布形式,选择正六边形的组件套

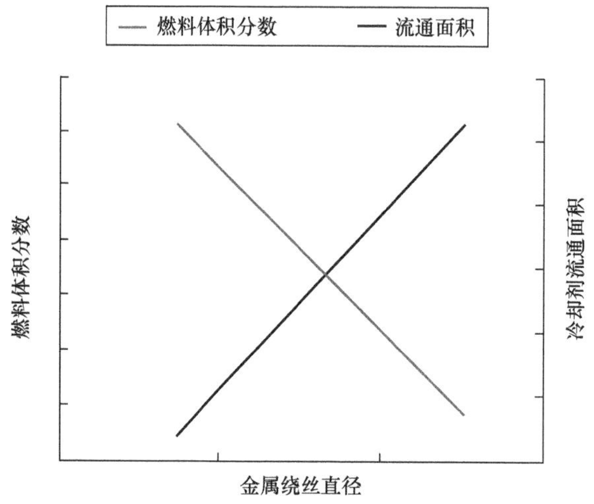

闭式燃料循环的钠冷快堆
Sodium Fast Reactors with Closed Fuel Cycle

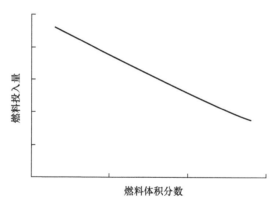

图 8-6　冷却剂流通面积和燃料体积分数随金属绕丝直径的变化

图 8-7　燃料投入量随体积分数的变化

管。组件有以下功能：

- 约束冷却剂流经燃料组件；
- 使各组件相互独立，并设置孔口，实现冷却剂分流；
- 作为元件束的结构支撑；
- 作为堆芯装载燃料元件的机械途径；
- 作为一层保护屏障，当一些元件发生破损时，套管限制事故蔓延到其他堆芯组件。每个组件容纳的元件数量由以下的因素[8.3,8.4]决定：
- 限制组件的反应性价值，避免换料时出现大的反应性波动；
- 衰变热的排出，太高的衰变热会产生高温，给操作增加难度；
- 组件的重量，出于操作考虑，组件的重量要尽可能小；

- 机械性能,大尺寸的套管受到的应力更大,在冷却剂压力下更容易变形,产生更大的膨胀和弯曲;
- 成本,单个组件容纳的元件数越多,组件总数越少,成本越低;
- 输运时的临界安全,即使当组件被水淹没时,组件要始终保持次临界状态;
- 燃耗,在给定的燃耗峰值下,燃料组件越大,组件内的功率梯度越大,平均燃耗更低;
- 换料时间,装载大的组件步骤更简单,时间更短。

对于大的反应堆,组件一般装载 217 或者 271 个元件,排成 9 或者 10 行。

8.2.7 组件的构成

组件由管脚、主体、操作头三部分构成。管脚是圆柱管,冷却剂从圆柱管内的槽形口进入组件。主体是正六角形的套管,套管内装有一束燃料元件(217 或者 271 个),元件以三角形分布成 9 行或 10 行,组件主体通过支撑块与管脚相连,组件的端部与主体的另一端相连。组件端部设有轴向的上屏蔽段,位于元件束的上部,可以减少组件以上的部件(包括控制塞、堆顶盖、热交换器以及主泵)所受到的中子剂量。由于上屏蔽段位于燃料元件束的上部,它的设计要有利于来自元件束的冷却剂的混合和流动。因此,冷却剂从管脚处的槽形口流入,从燃料元件间流过并充分混合,带走裂变产生的热量,最后经由上屏蔽段从上端口流出组件。管脚处还设计了流量调节装置,位于冷却剂槽形入口上部的节流孔板。通过合理设计节流孔板,可以使冷却剂获得所需的组件出口温度。燃料组件的结构如图 8-8 所示。

8.2.8 堆芯流量分配

冷却剂流量根据堆芯功率分配。堆芯功率随着中子通量变化。由于反应堆的功率分布是不均匀的,为了使组件出口处冷却剂温度是均匀的,必须对每个组件的流量进行分配。有以下两种方法:根据功率调节流量或者改变组件功率使流量保持不变。为了使组件功率分布均匀,组件外围的燃料富集度更高。

然而,无论单独给每个组件分配流量或者管理燃料富集度都是非常复杂的。因此,比较好的设计方案是将一些具有相似功率的组件作为一组分配一样的流量,并且进行不同富集度分区,获得更均匀的功率分布。

图 8-9 所示是一种典型案例,堆芯有两种富集度区和一些流量区。径向和轴向的功率分布曲线是图中的红色线。由于活性区以上和以下不发生裂变反

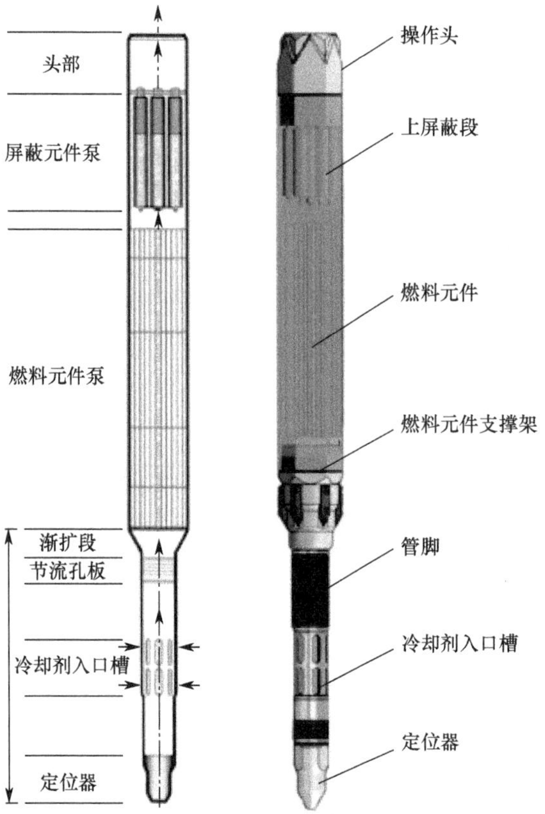

图 8-8 典型的 FSA

应，功率为零。功率在堆芯中心最大。在接近第二个富集度区不同组件的流量分布曲线如图中蓝色线所示。中心的组件的功率更高，分配的流量更多。通过控制节流孔板，减少外围组件的流量。组件轴向上的流量是恒定的。

温度分布曲线是绿色线。从组件入口到堆芯底部的冷却剂温度是不变的。在堆芯活性区，冷却剂温度先增长然后保持不变。因此，在组件出口可以获得基本均匀的冷却剂温度。转换区组件的功率随着循环周期各阶段的增殖能力变化，因此它的出口温度也随着循环周期而变化。对于其他组件，所产生的功率几乎可以忽略，基本不会使温度升高。

冷却剂从栅板套筒孔口进入组件管脚。在套筒上设计一些孔口，避免流体完全堵塞。冷却剂可以从径向或轴向流入组件管脚。径向流入的冷却剂形成组件的液压锁，防止组件受流动影响而升起。在轴向入口，额外安装了弹簧确保组件锁定。图 8-10 所示为带有径向入口的组件管脚处的典型的流量分配。底部迷宫的设计是为了尽可能减少套筒和管脚间的泄漏。在组件的底部，根据组件

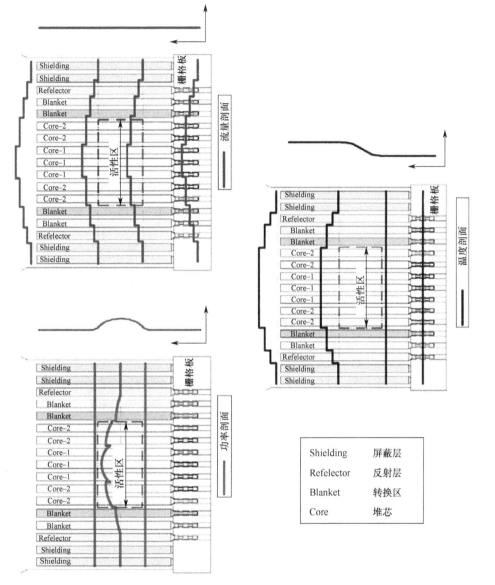

图 8-9 堆芯内典型的功率、流量以及温度分布(见彩色插图)

的功率设置流量调节装置。普遍采用节流孔板作为流量调节装置。节流孔板可以设计成机械孔或者蜂窝状。孔的尺寸,板的数量和定位要根据组件的冷却剂流量确定。图 8-11 所示为快中子堆中典型的蜂窝状节流孔板。

节流孔板组的高度取决于压降大小。图 8-12 所示为外围组件中典型的节流孔板组。当经过节流孔板后,冷却剂进入渐阔的底部区域,流动在这里发展后进入燃料元件束。流经元件束的冷却剂在定位器的影响下充分混合,然后流出元件束进入上部屏蔽段,最终从组件上端口轴向流出。

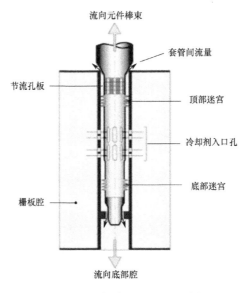

图 8-10　组件管脚处的流量分布

图 8-11　典型的蜂窝状节流孔板

图 8-12　节流孔板组

8.3　核蒸汽供应系统

堆芯产生的热量必须传递给蒸汽发生器(SG)产生蒸汽。实现这个热量传递过程的部件所构成的系统为核蒸汽供应系统(NSSS)。核蒸汽供应系统中包含的主要部件有:主泵,提供足够的压头驱动冷却剂流过堆芯;换热器,将热量传递给水使其转换成蒸汽。因此,泵、换热器以及相连管线构成主回路和二回路。在钠冷快堆中,通常引入中间回路以避免在蒸汽发生器发生钠-水反应后反应产物进入堆芯的可能。这些反应产物具有强的慢化能力,从而给具有易裂变材料的堆芯引入大的正反应性。除此之外,当 SG 中发生钠-水反应时,反应区附近会产生的瞬态高压,高压会传播到相邻管道;值得注意的是,这种影响会引起堆芯组件的振动以及相应的反应性波动。根据理论分析,中间回路的存在可以控制这些情况的发生。二次侧回路中的主要设备包括:中间热交换器(IHX)、二次侧钠泵(SSP)、蒸汽发生器和储罐。主回路、中间回路以及堆芯构成核蒸汽供应系统。图 8-13 所示为核蒸汽供应系统示意图。反应堆组件,也称作反应堆模块,是主回路的重要系统之一。堆内构件的主要功能是给堆芯提供支撑,使堆芯得到冷却,控制反应堆以及维持反应堆安全状态。一次钠回路的布局分为池式和回路式。在本节将讨论池式和回路式反应堆设计及主要构件、泵和蒸汽发生器。

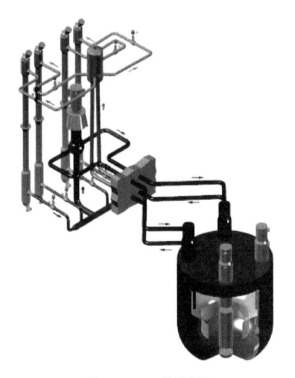

图 8-13　NSSS 的示意图

8.3.1　池式与回路式设计对比

在池式反应堆中,主回路的冷却剂钠被装在反应堆容器中[8.7]。因此,除了围绕堆芯的内部结构外,反应堆容器中还装有主钠泵(PSP)和中间热交换器,以及用于输送、支撑和隔离的各种液压腔。与池式结构不同,回路式设计的特点是将主要的部件置于反应堆容器外。回路式设计还存在一些不同的设计方案。在早期的回路式钠冷快堆设计中,主泵和中间热交换器不做分组,位于反应堆容器附近,通过管嘴与进出口管相连。池式设计的主要特点如下:

- 不在堆容器底部设计接管,而在堆顶设计进入主回路管道的顶端入口(U型或L型管道);
- 缩短主管线的长度,减少弯道数;
- 主泵和中间热交换器可以各自放置在专用的设备容器中,也可以一起放在主钠泵-中间热交换器部件中。

另外,在最近的一项创新性的概念设计中结合了池式和回路式的特点,利用两者的优点,消除了各自的缺点。它可以看作是一种混合设计,但是严格意义上,它应该是回路式的衍生设计。日本在快中子增殖示范堆(DFBR)中提出了顶端入口的概念,这方面可以作为参考。具体分析池式和回路式设计可以发现反应堆的功率水平影响着堆型的选择。设计者还需要考虑工厂所能制造最大设备的能力。后来更受青睐的一种模块化电厂的概念,是将几个反应堆电力单元和一个电力模块连接(使用同一套电气系统),最终也符合商业规模反应堆单元的要求。相反,如果电力单元是相互独立的,比如大型的核电站机组,则只考虑可能的规模效应,但一个电力模块中就没有共用设备。

通常来讲,模块化设计可以应用到任何部件;例如,模块化蒸汽发生器可以应用在大型的发电单元。在本节中,模块概念的意义特别适用于反应堆主回路系统。对于池式或回路式主回路,通常在主回路和能量转换系统之间加一个中间回路。对于回路式设计,中间回路的数量必须与主回路的数量相匹配,而对于池式设计,中间回路的数量是一个相对开放的选择,要考虑反应堆的尺寸等因素。近期,出于经济原因的考虑,一些研究单位对去除中间系统产生了兴趣,提出了若干替代的转换系统(例如,没有水蒸气循环的能量转换系统),以排除钠-水相互作用的风险。然而,没有中间系统的钠冷快堆的可行性还没有被证明,但据报道这种设计在回路式结构下实现的可行性比池式更强。

每个设计概念的优点和缺点取决于在实践中不同变量的设计。然而,我们可以发现一些概念的提出大多基于对现有设计的仔细考虑。池式设计的动机和挑战与回路式相反,如下:

- 不存在主冷却剂失流事故。主冷却剂钠的贮存受到安全设施(例如,保护容器)的保护;
- 反应堆钠池的巨大热惯性有助于减缓任何失热阱的瞬态效应;
- 不存在从堆芯出口到堆芯入口段的水力管路破损的风险;
- 在反应堆停堆或失去强制循环动力(例如,泵跳闸)时,在主回路会形成

有效的自然循环,驱动冷却剂流动;
- 在泵吸入端的上游设置了一个冷钠贮存箱,它对进入堆芯的钠起到缓冲作用,防止产生热冲击或气体夹带;
- 不存在产生放射性钠火的风险,除非限制事件导致假想的堆芯破损事故(HCDA)的发生;
- 主安全壳具有良好的机械性能应对堆芯破损事故;
- 在正常操作中辐射易防护。

另一方面,竞争力和灵活的操作条件仍然是一项挑战:
- 钠池内部设备的检查和维修受到限制;
- 钠自由面和大型结构的抗震性能;
- 由于集成大型部件,反应堆的紧凑性受到限制。

尽管如此,基于现有技术,在建造成本方面,池式和回路式设计会有细微的差异。

同样,回路式设计的动机和挑战与池式相反,可以理解如下:
- 易于对反应堆外的主要部件(如中间热交换器)进行维护和修理;
- 反应堆更紧凑(例如,容器直径),并且主回路数减少;
- 存在进一步降低施工成本的可能,以及对主回路和中间回路设备进行创新变革的可能(例如,泵设计、集成部件、中间回路的变革);
- 任何旋转泵轴都远离堆芯附近。

相应地,设计者需要解决以下的问题:
- 防止主冷却剂失流(例如管道完整性),在任何异常运行工况下,提供保证水力回路流经堆芯的措施;
- 在反应堆内部(例如气体卷吸)和外部(例如活性钠火灾)存在冷却剂失流事故(LOCA)引发的可能的事故后果;
- 防止出现不对称的运行工况(例如一个泵跳闸导致回流);
- 适当设置衰变热导出(DHR)系统,以应对主回路的各种事故;
- 附加辐射防护措施。

8.3.2 核蒸汽供应系统部件的概念设计

设计方案的选择在概念设计阶段就非常重要,以同时兼顾安全与经济的要求[8.5,8.6]。因此,所选择的设计应该是简单、成熟和稳健的,并且应该基于操作经验、相关设计标准、分析能力、国际趋势、材料的可用性以及包括运输在内的可施工性。引入新的材料和概念时,应该经过详细的分析和彻底的验证,以满足功能和安全的要求。应尽可能采用标准的和经过证明的设计。应该全面地定义每个部件的功能。操作条件、环境、安全分类、设计要求和接口限制应清楚地加以确认。钠冷快堆部件的设计主要受中子学、复杂水池流体力学、结构力学、抗震设计要求、屏蔽要求等因素的影响,在选择钠冷快堆部件时,最好灵活性和严谨性兼具。从设备长期可靠运行的角度出发,应避免不必要的冗余和严格的几何约束。选择的几何特征应尽量具有完整的检测途径和可靠的工艺。应该以科学的方式理解各种控制特性的协同作用和相互作用,并考虑到技术实现中的制约因素。

主回路由堆芯和冷却剂回路组成。冷却剂回路被安置在反应堆容器中,也称为"主容器"。主容器有一个称为"堆顶屏蔽盖"的顶盖。主容器除了堆芯和冷却剂,还容纳了栅格板和堆芯支撑结构(CSS)、主钠泵、中间热交换器和控制旋塞。栅格板支撑堆芯,促进钠循环到堆芯组件以导出堆芯热量。主钠泵为冷钠提供所需的压头,使其流经堆芯组件。堆顶屏蔽盖支撑主钠泵。中间热交换器、控制旋塞和容器内的燃料操作系统(称为机械臂)。控制旋塞又为控制棒驱动机构(ARDM)提供支撑。在池式概念中,需要一个称为内容器的容器,它将主容器中的热钠和冷钠分开。因此,内容器保证了中间热交换器所需的流量以及热钠池和冷钠池达到目标设计温度。如果没有内容器或内容器发生大泄漏,中间热交换器从混合池中导出热量,该过程将导致钠池的总体稳定温度更高(超过结构温度极限)。中间热交换器、蒸汽发生器和二次侧钠泵是二回路中的主要部件。典型的池式和回路式反应堆的换热环路部件如图 8-14 所示。

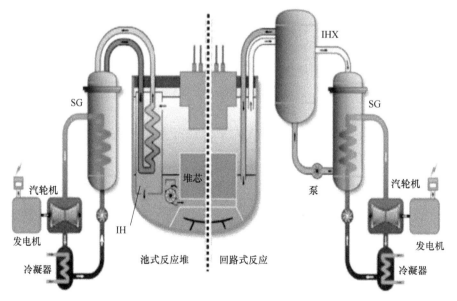

图 8-14 池式以及回路式反应堆的换热循环

除了前面提到的回路,还有衰变热导出回路,该回路由浸在热钠池中的专用热交换器(在池式堆中)和空气热交换器(AHX)组成,将热量传递给大气(最终热阱)。从安全的角度来讲,衰变热导出回路是十分重要的系统。在不同的设计中,这个回路还会设有衰变热交换器(DHX)和泵。与热核反应堆相比,钠冷快堆系统的运行温度较高。

由于蒸汽温度较高,热力学效率约为40%,这意味着热污染和核热损失更少。这是钠冷快堆电站与水堆相比的主要优势之一。下面将介绍核蒸汽供应系统主要部件的设计特点。参考文献[8.5]详细介绍了各种设计选项。材料的选择在第7章中详细讨论。

8.3.2.1 池式反应堆装置部件

主容器及其内部构件、堆顶屏蔽盖及其支撑的部件构成了反应堆主冷却剂系统[8.8]。主容器是反应堆主冷却剂系统中最重要的部件。主容器内装有足够量的液态钠,上部由气体覆盖,可以容纳钠在不同操作温度下净体积的变化:通常情况下,停堆温度为470K,恒温条件下的温度为670K,正常运行的温度为800K(平均),热瞬态峰值温度为850K。堆芯大约位于主容器的中心。堆芯组件一般独立于栅格板上;每个组件管脚插入各自套筒中,套筒嵌在栅格板上。栅格板,除了容纳所有的套管,还作为一个冷钠腔室为每个组件分配冷却剂。钠通过套管上的小孔进入一组组件,随后通过每个组件的管脚上的凹槽进入组件内部。吸收了核热量的热钠从组件中流出进入内容器内部的热腔室。因此,内容器将热钠池从主容器内的冷钠池分开。内容器基本上是一个底部支撑的自立式的薄壁容器,通过螺栓或焊到栅格板的外围。内容器还为中间热交换器提供了通道(也称为立管),这样中间热交换器入口直接暴露在热钠池中,出口直接暴露在冷钠池中。热钠池的钠可以通过入口进入中间热交换器,通过底部的出口离开中间热交换器,与冷钠池的钠混合。钠被主钠泵加压,然后被送入球形的泵头。随后,加压的钠通过主管道流向栅板腔室。为了处理管道的随机失效(电厂动态研究中的安全案例),通常会选择多个管道来连接泵头和栅板。这种设计闭合了一次钠回路。泵的叶轮浸在冷钠池的扩张器内。

钠首先从冷钠池流向泵叶轮,在扩张器内被加压,然后通过一个称为"接收器"的喷嘴收集到泵头。泵叶轮由支承在堆顶屏蔽盖上的电机驱动,堆顶屏蔽盖即主容器的上封头。连接泵叶轮和驱动系统的轴穿过内容器中的泵立管。值得一提的是,热钠通过中间热交换器入口从热钠池流向冷钠池。为了实现这一过程,中间热交换器立管的高度要位于各自的入口之下。为了避免钠流从热钠池旁流到冷钠池,设置了一个密封装置(详情见关于中间热交换器介绍的章节)。通过将泵立管延伸到热钠池液位以上,可以避免经由泵通道产生的旁流。

主钠泵和中间热交换器都支撑在堆顶屏蔽盖上。

反应堆装置中的另一个重要部件是控制旋塞(也称为"堆芯上部结构")。该结构的基本功能如下：

- 保持良好的钠池水力学特性：如果没有这个结构，从堆芯喷出的钠射流会在热钠池中产生剧烈的湍流、自由液面波动、气体夹带等问题；
- 为控制棒驱动机构提供支撑和通道；
- 用于安装堆芯监测热电偶(TC)的热套管；
- 用于安装中子监测探测器和失效的燃料定位模块。

控制旋塞也支撑在堆顶屏蔽盖上。在设计中另一个重要的特性是内部的布置，来维持整个主容器在冷钠池的温度。冷却容器是为了减少奥氏体不锈钢材料中不良的碳化物和 σ 相的产生，从而增强结构的可靠性。

最后，反应堆容器在顶部由堆顶屏蔽盖封闭。堆顶屏蔽盖在覆盖气体和反应堆安全壳建筑物(RCB)之间提供了一个密封的屏障，并在堆顶轴向上提供了生物屏蔽和热屏蔽，由一个固定部件(堆顶盖)和旋塞组成，堆顶盖为部件提供支撑，如中间热交换器和主钠泵。根据不同的设计思路，可以有单个或多个旋塞，以容纳控制棒驱动和燃料操作设备的相关机构。本章描述的典型的反应堆装置与部件和钠集成后如图 8-15 所示。

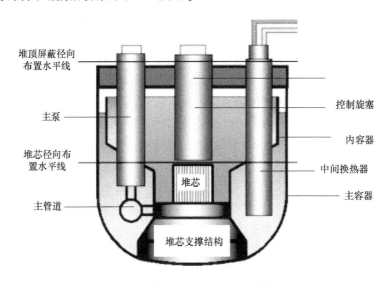

图 8-15　典型池式 SFR 的反应堆装置

反应堆装置有一个容器内的燃料操作系统和一个转移罐，用于在移出乏燃料组件后装载新的燃料组件。整个燃料操作方案和相关部件的细节在单独的章节(第 8.4 节)中描述。在堆芯支撑结构下方的空间中还放置了一个堆芯收集器，用于收集因严重事故而产生的熔融冷却剂碎片。堆芯收集器在第5章中介绍。

8.3.2.2 回路式反应堆体

反应堆体包括堆芯;栅板,通常与反应堆入口腔室相连;堆芯上部支撑结构[8.9]。从堆芯出口流出的热钠通过焊接在反应堆容器上部管口上的管道输送到中间热交换器。在中间热交换器中,主回路钠将热量传递给二次侧钠后,通过主钠泵的入口管口被泵回反应堆。因此,主回路部件主钠泵和中间热交换器布置在反应堆容器的外面。构成反应堆体上部(堆顶屏蔽盖)的旋塞用于实现燃料操作方案。鉴于栅板相对容器的直径较小,没有必要设置牢靠的背后加固,类似为栅板提供堆芯支撑结构。由于热钠从反应堆容器中流出,因此不需要内容器。这些特性使得反应堆体非常紧凑(图8-16)。

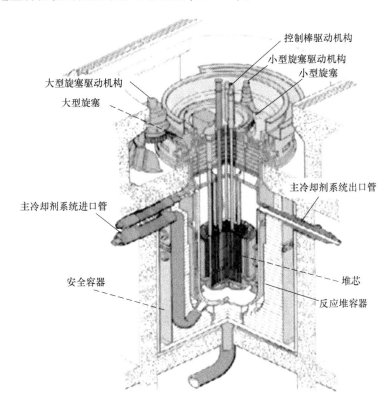

图8-16 一座典型的回路式SFR反应堆体

(来源于Sylvia,J. L. et al.,Nucl. Eng. Des.,258,266,2013.)

8.3.2.3 反应堆装置支撑结构

反应堆装置选择在顶部还是底部支撑是另一个重要的决定(图8-17)。在不同的运行温度下会产生热膨胀,不受任何约束,这对系统和部件的支撑是一个关键性问题。除了俄罗斯反应堆[8.10]采用底部支撑容器设计外,大多数钠冷快堆采用顶部支撑容器的设计。这样,容器通过一个圆柱形/圆锥形裙摆状的构件支撑在堆顶屏蔽盖的外围,这种设计允许容器向下自由移动,以补偿各种热膨胀。顶部支撑和底部支撑安排各有优缺点,需要仔细考虑。顶部支撑的容器可以在径向(除了支撑位置)和轴向自由膨胀,从而降低热源的应力水平。相反,由于底部支撑容器需要一个大直径的波纹管来补偿支架和顶盖之间的轴向热膨胀,也就不具备优势,因此选择底部支撑容器并不有利,特别是对于功率较大($>500 \sim 800MW(e)$)的电站。然而,在地震载荷作用下底部支撑容器的优点十分明显,它可以在反应堆装置的质量中心线上提供支撑,而且通过将泵和热交换器的载荷转移到底部支撑附近,可以减少顶部防护罩的整体重量。在底部支撑的设计中,通过在反应堆坑室(RV)的延伸悬臂上支撑主钠设备,可以减小顶盖的直径(如 Beloyarsk 核电站 600 [BN-600]),从而减轻反应堆容器的负载。在迄今为止建造的回路式反应堆设计中,除了 BN-350 主要倾向于顶部支撑的容器设计,在该设计中,选择了更接近堆芯水平的支撑。一般来说在俄罗斯设计中,无论回路式还是池式反应堆,底部支撑都更受到青睐。

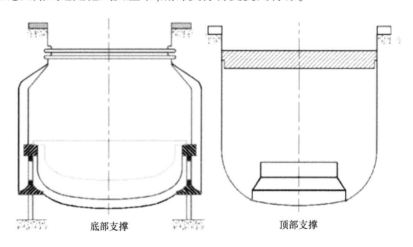

图 8-17　反应堆装置支撑的选择

8.3.2.4　反应堆装置部件的设计特点

1) 主容器

主容器是反应堆装置中的一个重要部件,因为它为放射性钠和覆盖气体氩气提供了边界[8.11],通过堆芯支撑结构和栅板支撑堆芯组件,构成了堆芯支撑的主要部分。在池式反应堆中,主容器通常为圆柱形壳体,碟形的下封头支撑在顶部外围,以便在各种运行温度(停堆、正常运行、衰变热导出工况和热瞬态)下自由热膨胀。

在俄罗斯的 BN 型反应堆中,主容器是由底部支撑,因此,受到热膨胀容器会向上移动,热膨胀被堆顶屏蔽盖附近的波纹管吸收。碟形下封头和堆顶屏蔽盖还有一些其他的演变设计。主容器直径和高度是影响安全性和经济性的重要参数,特别是在池式设计中,由于主容器需要满足容纳整个主回路的大容量要求以及相对较低的机械载荷要求,载荷决定了结构壁厚,因此基于以上要求对主容器几何结构进行设计确定为大直径薄壳结构。主容器直径主要由堆芯直径决定,主容器冷却系统相关的热挡板形成公差,应该是在制造主容器、内容器和同轴的热挡板时是可实现的。经验表明,较小直径的容器更容易实现严格的公差,较大尺寸的容器需要规定相对较大的公差。这就要求壳体之间有更大的径向间隙来满足功能要求,由于级联效应反过来导致主容器的直径更大。另一种选择是一种机械主容器,这种容器具有完美的几何形状和最小的直径,这是欧洲快堆(EFR)提出的备选方案之一。

主容器的冷却回路是另一个重要方面。主容器要保持较低的温度,接近于冷钠池温度,可以提高其可靠性。这也有助于减轻各运行工况下的温度梯度,从而减少应力/应变和蠕变/疲劳损伤。为了维持主容器较低的温度,通过从冷钠池中分流一部分钠来冷却主容器,这一设计在 PFBR、BN-600、Phenix 和 SPX-1 中均有使用。图 8-18 显示了一些国际上的钠冷快堆所采用的主容器冷却的设计。在这些设计中采用的冷却回路包含了一个导流壳(同堰壳或主容器壁面冷却通道),冷钠通过它来冷却相邻的主容器。该回路通常由一个供给收集器(与主容器相邻的腔室)和归还收集器(与供给收集器相邻的腔室)组成。钠通过这两个收集器汇合后流回冷钠池。除此之外,这种设计使主容器表面上不存在钠液面以及温度波动(导致热棘轮和热疲劳的产生)。因此,实际上主容器受

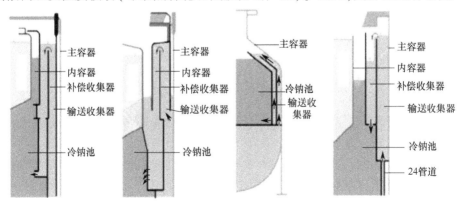

图 8-18　主容器冷却的设计

到的蠕变/疲劳损伤和棘轮并不严重(更多细节在第 10 章中介绍)。尽管从结构完整性的角度来看有这些优势,但如果不设计堰冷却系统在经济上也有几个优势,如系统更小,容器直径更小,以及不需要结构接头。因此,国际上还进行了替代性的设计研究,不设冷却系统或使用先进的结构材料来提高高温强度(如高氮钢)。

2)内容器

在池式反应堆中,内容器的主要作用是分离热钠池和冷钠池。在冷热钠池不共存的回路式设计中不需要内容器。在几何上,内容器由下圆柱壳、上圆柱壳和连接上、下圆柱壳的锥形壳组成,称为"锥壳"。内容器上设计了允许泵和热交换器通过锥壳部分的通道来进入冷钠池。内容器通常是一个自立式的结构,其基础支撑位于栅板上。图 8-19 描述了一些国际上的钠冷快堆的内容器的几何结构。这些内容器采用单壁或双壁的设计。单壁设计通常是一个自立式的容器,它能够以最佳的方式承载机械载荷和热负荷。相反,在双壁设计中,一个容器上的机械载荷和另一个容器上的热负荷同时承载在 SPX 上。内层的容器与热钠池接触,鉴于其具有弹性可以吸收热梯度,而相对刚性的外层容器与冷钠池接触,外层容器要承受由液钠压力和自身重量(包括立管)所产生的机械载荷。

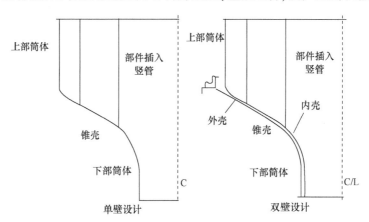

图 8-19　内容器的几何结构选择

在设计中需要研究的一个重要方面是选择合适的密封系统,尽量减少热钠向冷钠的泄漏。泵能通过贯穿整个热钠池的长通道管(泵立管)树立在容器中,与热钠完全隔离。因为热钠要进入中间热交换器将其热量传输到二次侧钠,中间热交换器不可能穿过热钠池而完全隔离热钠,而不产生热钠到冷钠池的旁流。该设计已经在 SPX 中以一种新颖的方式,采用氩气袋实现了(图 8-20(a))。虽然这一设计有很多优势,密封性好,结构简单,便于中间热交换器维护时的拆卸和组装,但氩气会逐渐损失,扩散到热钠中,进而导致氩气进入堆芯引发严重后果,因此在未来反应堆中不采用这种密封设计。还有一种是使用机械密封(活塞环式),它可以将钠泄漏减少到一个可忽略的水平。图8-20(b)显示了氩气密封和机械密封的示意图。BN-600和快中子原型堆采用机械密封。这种设计要求热交换器立管直径以及主容器的直径更大。

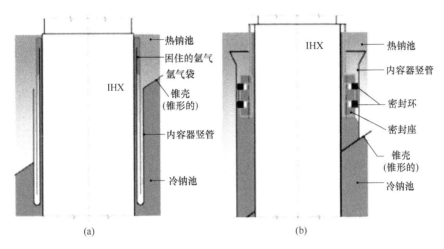

图8-20 内容器密封设计
(a)氩气密封;(b)机械密封。

内容器的整体形状很大程度上受热工水力学和结构力学因素的影响。如何减小热钠池热分层和壁面温度梯度是在设计容器形状和确定环面(称为"锥壳")高度需要解决的主要的热工水力学问题。从结构力学的角度来看,在地震导致的动力学压力所产生的机械载荷和热梯度的作用下,锥壳产生的屈曲是影响容器形状和厚度的关键问题[8.12]。容器形状和高度设计的详细热工水力学和结构分析在第10章介绍。

3)栅板

栅板支撑整个堆芯组件,并构成一个入口腔室,使冷钠均匀分配到每个堆芯组件的管脚。冷却剂通过主管道进入栅板。栅板的特点是它的箱式结构,箱体上有连接上顶板和下底板的垂直套管;套管的设计,除了有利于所需的钠流到组件以外,还连接了上顶板和下底板的整个表面,用于为栅板提供足够的弯曲刚度;另外还向底部腔室和主容器冷却系统提供适量的冷却剂钠。栅板应具有很强的刚性,以便在各种静态和动态载荷条件下,包括地震,确保板的水平性以及组件的垂直性。栅板的外边缘支撑在堆芯支撑结构上,同时在一些中间位置也加设了在堆芯支撑结构上的支撑(图8-21)。连接栅板和堆芯支撑结构的外壳为冷钠池的外围提供了密封边界。

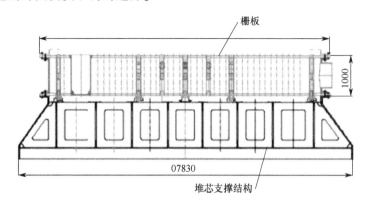

图 8-21　堆芯支撑结构中的栅板

一种演变的设计思路是选择尽可能小的腔室直径。这种设计要限制套管的数量;在套管上开孔便于冷却剂从径向进入堆芯组件(燃料组件、控制组件、屏蔽组件和贮存组件),这些开孔的套管与上顶板和下底板连接在一起。反射和屏蔽组件不需要冷却,通过长钉直接支撑在顶板上(图 8-22)。这种设计除了有利于缩小腔室和堆芯支撑结构的直径,还显著简化了制造工艺,节省了材料,从而更加经济。印度设计的未来快堆中采用了这一设计思路[8.13]。

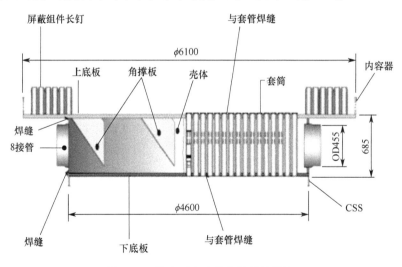

图 8-22　带有更小冷腔室的焊接栅板

在栅板设计中另一个需要仔细研究的问题是栅板的结构类型,即螺栓连接或焊接。栅板中一般有四个连接处:

(1)内容器和上顶板的连接;

(2)上顶板和中间壳体的连接；
(3)下底板和中间壳体的连接；
(4)堆芯支撑结构和下底板的连接。

连接(2)和(3)即上顶板和下底板与中间壳体通过焊接相连,以维持腔室内的高压。连接(1)和(4)可以采用螺栓或焊接连接。考虑到紧实度和热冲击,焊接是首选。此外,采用焊接可以完全避免冷却剂从压力腔室泄漏并且经济性稍优。然而,是否选择焊接很大程度上取决于制造能力,因为螺栓的制造相对更容易。

4) 堆芯支撑结构

在所有的运行工况下,保持堆芯组件垂直的基本要求是保持栅板水平。这就要求在池式反应堆中采用的大栅板必须有高抗弯刚度的强支撑。这个强支撑结构也称为堆芯支撑结构。这种结构设计的重量越轻越好,这意味着强化的箱式结构是比较好的选择。

强化结构的选择是一项重要的设计工作,需要基于广泛的结构最优化研究来确定。对于欧洲快堆和快中子原型堆,强化结构的中心区域由正方形栅格构成,在外围设计径向强化结构(图 8-23)。在堆芯支撑结构的顶板上嵌入一些空间垫片或承压垫片,便于将栅板载荷均匀地传递到垂直强化结构上,然后通过外边缘,最终传递到主容器的蝶形下封头。这种设计为燃料组件区上方的栅板提供了几乎均匀的刚度,从而使堆芯"收缩"和"膨胀"的位移最小,特别是在发生地震时。在各种钠冷快堆中采用的堆芯支撑结构在参考文献[8.11]中进行了描述。

5) 堆顶屏蔽盖:堆顶盖和旋塞

堆顶屏蔽盖只是主容器的上盖,它是覆盖气体和反应堆安全壳之间的防泄漏屏障,在反应堆顶部的轴向上提供生物屏蔽和热屏蔽,由一个固定的部分——堆顶盖和旋塞组成。在池式设计中,固定的部分为一些部件提供支撑,如中间热交换器和主钠泵。在回路式设计中,旋转的部分和反应堆容器之间有接口。根据设计概念的不同,可以有单个或多个旋塞,用于容纳控制棒驱动机构和燃料操作系统。通常悬挂在堆顶屏蔽盖上的部件都很长,会使堆顶屏蔽盖产生小的热/机械弯曲,导致底部位置会产生大的横向位移,应当尽可能限制这种横向位移,以便控制棒、泵、中间热交换器可以上下移动而不受到任何明显的机械干扰。通过选择合适的刚体结构(例如箱式结构)是有可能实现上述要求的。安装在顶部屏蔽盖上的部件要穿过顶盖进入反应堆钠池。在穿过顶盖的部件和嵌入顶盖的相邻壳体之间存在环形空间,这里的钠会凝固,给燃料操作和拆卸/更换维修部件带来了严重问题。为了避免狭窄的环形间隙中钠的气溶胶凝固,堆顶屏蔽盖的温度应保持在钠凝固点以上。为了在燃料操作过程中方便旋塞旋转,而不会有任何放射性覆盖气体泄漏到反应堆安全壳建筑中,应该做出适当的密封处理。因此,高刚性的设计、钠凝固问题的处理和密封是堆顶屏蔽盖设计和建造中的主要挑战。

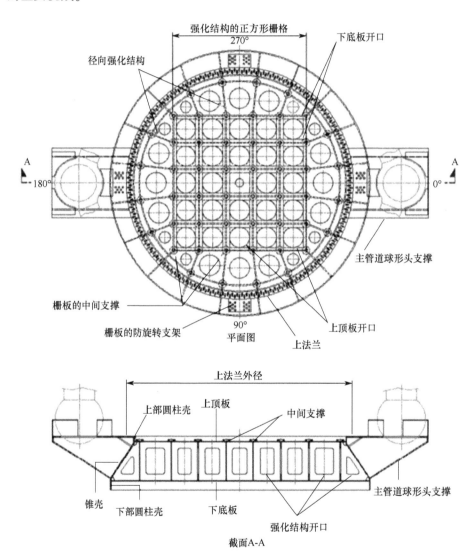

图 8-23　CSS 中的强化结构

在载荷方面,正常运行时以自重和所支撑部件的重量为主要载荷。在地震发生时额外产生的惯性力,用于维护更换部件的屏蔽箱的重量,以及在堆芯破损事故(CDA)下由于钠冲击而产生的瞬态力,这些是堆顶屏蔽盖要承受的额外的主要载荷,因此,堆顶屏蔽盖在基本厚度方面有一定要求。最好保持堆顶屏蔽盖的温度较低,以便人员能够通过屏蔽盖进行各种维护操作。然而,这样钠的凝固问题仍就不能避免,因此,最低温度需要始终保持在100℃左右,称为暖顶盖温度。然而,通过采用合理的隔热措施可以保持较低的结构温度,称为"冷顶盖温度"。因此,顶盖温度有三种:冷顶盖($T=40-60℃$)、暖顶盖($T=100-120℃$)和热顶盖($T=200℃$)。美国的反应堆采用热顶盖的设计,而法国的反应堆最初采用冷顶盖,后来改为暖顶盖。在冷顶盖中,采用特殊的保温材料(如SPX-1)来保持底部和贯穿壳体内表面的温度,以避免钠的沉积。然而,这是一个非常昂贵且不太可靠的解决方案。在这三种选择中,考虑到钠在狭窄的环形空隙处凝固的问题,暖顶盖的设计是首选的。此外,无论选择哪种,都应该限制顶盖高度/厚度上的温度梯度,控制悬挂在其上部件的倾斜度在可接受的范围内。

顶盖的设计有多种选择,可根据运行温度、结构类型、支撑类型和旋塞位置进行分类。顶盖可以采用不同的结构:采用有径向/周向加强结构和屏蔽材料的箱式结构,或使用厚板。箱式结构是使用钢板焊接的结构,其结构强度是通过选择适当的高度、径向和周向加强结构的数量来保证的。箱体内一般填充混凝土作为屏蔽材料。或者,也可采用厚板焊接的方式建造堆顶屏蔽盖[8.14],通过选择合适的板厚实现屏蔽。因此,选择的板厚既要满足屏蔽要求,又要满足结构要求。冷却回路可以嵌入箱体中,使结构冷却,从而控制绝对温度和温度梯度。如果采用厚板建造,应在底部表面提供足够的保温,尽量减少热量向顶盖的传导。

堆顶盖在外围以阶梯结构连接到反应堆容器。通常,出于经济性考虑,选择碳钢作为结构材料,因此反应堆容器和顶盖之间焊接的材料不同。顶盖和所有部件都要支撑在反应堆坑室上,它可以通过滚轮、螺旋起重器或焊接裙座支撑,这个支撑的设计应能补偿堆顶的热膨胀。坑室和顶盖上的荷载分布应尽可能均匀,还要保证混凝土坑室和反应堆安全壳建筑物气体空间之间密封性,防止泄漏。旋塞的存在便于燃料处理操作的实现,其位置根据所选的燃料处理方案不同可能与堆芯同心或偏心。在第8.4节中讲述了堆顶屏蔽盖上部件的布局设计。参考文献[8.11]强调了在其他钠冷快堆中使用的一些设计概念。

6) 控制旋塞

为了监测从堆芯组件流出钠的温度以及监测中子,几个传感器/系统被安置在堆芯上部。这些传感器/系统被安装在一个称为"控制旋塞"的结构上。控制旋塞是反应堆屏蔽盖的一部分,其功能类似于堆顶屏蔽盖:在反应堆安全壳建筑物和反应堆内部之间形成一层生物屏蔽和热屏蔽的防泄漏屏障。为了实现它的功能,控制旋塞上要安装一些部件和设备,如控制棒驱动机构、堆芯监测热电偶、中子探测器和失效燃料定位系统等。控制旋塞的下部部分浸在热钠池中。由于它的位置刚好在堆芯上方,会对热钠池的热工水力状态产生影响。控制旋塞能够促进从燃料组件流出钠的混合,减少钠液面的扰动,防止气体夹带。在堆芯破损事故下,控制塞能够吸收事故产生的大量的机械能。

控制旋塞整体的几何结构由几个垂直管组成,为调节控制棒驱动机构、热电偶套管、钠取样管等提供通道,这些管道被合理地定位安装在一个裙座部件中。这个裙座部件位于最底部,由穿孔格板组成,可以维持热电偶、堆芯盖板和位于中间位置的支撑板的结构稳定性。控制旋塞的直径由需要进行温度监测的堆芯(燃料/屏蔽)组件的数量决定,大致等于堆芯直径。图 8-24 为典型控制旋塞部件的 3D 视图。其高度由堆顶屏蔽盖与堆芯顶部之间的高度差决定。堆芯盖板的几何形状、堆芯盖板与堆芯顶部的间隙、裙壳的穿孔和护罩管的穿孔都对热钠池水力学流动影响显著。控制旋塞的几何形状影响热钠池的热分层、附近的气体夹带和内容器的热负荷。通过控制旋塞的冷却剂流量是一个关键参数。在热瞬态过程中,为了减小控制旋塞各部分的热梯度,最好采用较高的流量,而从流致振动和气体夹带角度来看,较低的流量更好。因此,进入控制旋塞的流量应该通过详细的经过实验验证支持的热力学分析进行确定,以确保热瞬态效应、气体夹带和流致振动风险是最小的,可接受的。此外,必须在堆芯监控热电偶的温度计套管和燃料组件头部之间提供合适的间隙,以便在燃料处理操作期间能够自由旋转控制塞。

控制塞增加了许多特性来提高可靠性。支撑板为外壳提供结构刚性,并为控制棒驱动机构的护罩管提供支撑。在控制旋塞底部的隔热层保护堆芯盖板免受热纹振荡影响。通过对正常运行和地震中涉及的流固相互作用进行详细的热力学分析,才能确定壳体和板的厚度。在高应力位置和壳附近的钠液面处应避免焊接。中间部件作为一个热屏蔽和生物屏蔽,其屏蔽的目的是降低控制旋塞以上的辐射水平。混凝土不能作为一种屏蔽材料,因为它的工作温度很高。

可替代品是石墨、钢球和钢板。屏蔽结构可以是单个厚板,也可以是分布在控制塞各高度上的多个厚板,总厚度与单板相同。壳体中心区域与外壳体之间的环形间隙内的细胞对流(细胞环流或贝纳环流),使周向温度不对称,并可能造成控制旋塞的倾斜而导致堆芯监测热电偶发生位移。机构盒组件涵盖了所有的在控制旋塞上的构件。

参考文献[8.11]中介绍了在国际钠冷快堆中采用的一些典型的控制旋塞设计。在钠冷快堆设计的演化过程中,还在欧洲快堆中将控制旋塞与小旋塞整合在一起(图 8-25),它采用一体化控制旋塞,可显著减小主容器直径。图 8-26 所示为分离的控制旋塞,被用于日本钠冷快堆(JSFR),为使反应堆装置结构紧凑,在燃料处理操作过程中通过提升堆顶屏蔽盖上方的控制旋塞,使燃料转移机器进入,处理控制旋塞下方的堆芯组件。

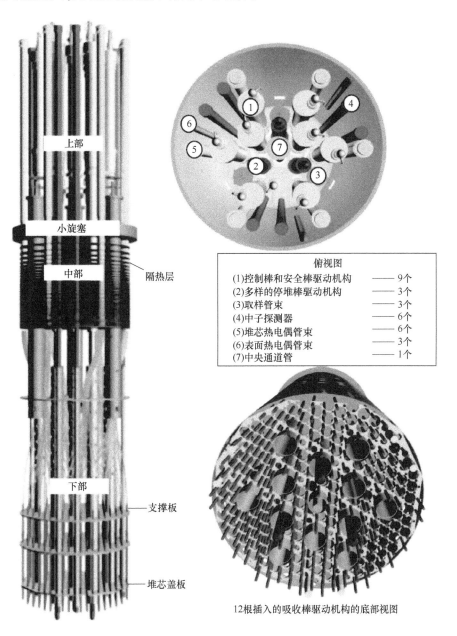

图 8-24 一个典型控制旋塞的三维视图(见彩色插图)

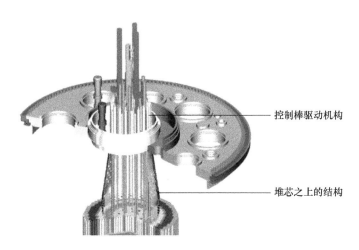

图8-25 控制旋塞与小旋塞整合在一起

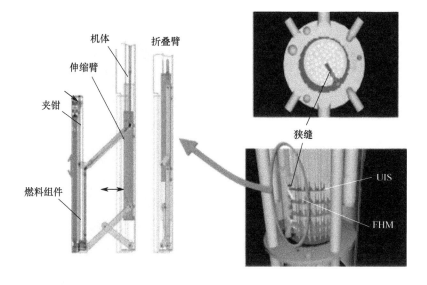

图8-26 分离的控制旋塞

7) 主钠泵

在反应堆所有运行工况中,主钠泵有着重要的安全功能,即实现冷却剂在堆芯循环导出核热[8.11]。由于钠泵工作温度较高,可靠性要高,所以钠泵的设计、材料的选择和制造工艺与传统泵有很大的不同。基本上可选的泵有两种,即离心泵和电磁泵(EM)。离心泵广泛应用于调节流量。大量的研究与开发成果和现场数据可用于此类泵的性能研究和测试。电磁泵通常应用在低流量

(<1000kg/s)和低扬程的系统中。电磁泵没有任何运动部件,是实现无故障运行的首选。但与离心泵和容积泵相比,它们的效率较低。此外,这些泵的设计和制造需要开展更多的研发和开发。大流量电磁泵输送管的制造技术还没完全成熟。然而,电磁泵可以用于快堆中所需更小流量的辅助回路。因此,对于钠冷快堆,离心泵广泛作为主循环泵,而电磁泵则用在一些辅助回路中。此外,关于泵的选择,应该经过谨慎的研究,确定其在设计和制造技术上的可行性。高质量铸件的制造,长、细精密件的制造,恶劣环境下的高质量密封等都是需要充分考虑一些技术限制。还必须从经济和安全的角度考虑,确定泵的数量。对于不同堆型,如池式或回路式,泵的数量将产生不同的影响。当所需流量一定时,如果泵的数量多,泵的尺寸将较小,对池式反应堆容器更有利。如果泵的数量少,泵的尺寸就会大一些。表8-2给出了各种快堆中泵的数量和流量。

表8-2 国际上SFR主钠泵的详细资料

反应堆	主钠泵数量	功率/WM(t)	堆芯$\Delta T/K$	比流量/泵 $Q_a/(m^3/min)$	理论流量/泵 $Q_t/(m^3/min)$	Q_a/Q_t
Rapsodie	2	40	106	10.2	12.25	0.83
Kompakte Natriumgekühlte Kernreaktoranlage (KNK-II)	2	58	165	10	11.41	0.88
EBR-II	2	62.5	102	34.1	19.9	1.71
FFTF	3	400	143	56	60.5	0.93
Monju	3	714	132	100	117	0.85
PFR	3	650	161	84	87.4	0.96
Phenix	3	563	165	63	73.9	0.85
PFBR	2	1250	150	247.8	270.6	0.92
BN-600	3	1470	170	161.7	187	0.86
BN-800	3	2100	193	205	235.5	0.87
SPX-1	4	2990	150	290	314	0.92
CDFR	4	3800	171	310	360.8	0.86
EFR	3	3600	150	450	519	0.87

在表8-2中可以看到中等尺寸和大尺寸的池式反应堆通常会采用三种泵。反应堆内有许多小的泄漏通道(图8-27),除了堆芯钠流以外,主钠泵还需要提供额外的流量。对于流致振动和堆芯组件提升的情况,所需最大流量的裕度应

保持最小,为此,有必要对实际中泄漏流动情况进行评估。如表 8-2 所示,几乎所有的反应堆都保证了其额定流量与理论流量之比接近于 1。下文将介绍主钠泵的特点。

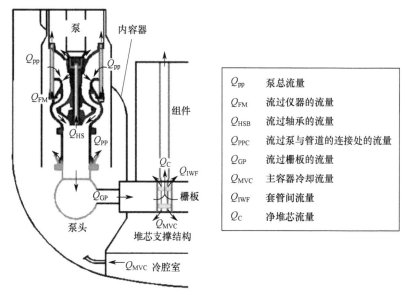

图 8-27 主泵的流量分配

如果反应堆运行时其中一个泵处于维修状态,可以预见到系统处于高容量因子状态,则称为 $(n-1)$ 运行,有必要设置止回阀(NRV)以防在修泵发生回流,从而避免冷却剂绕过堆芯流动。然而,这一设置将增加泵的轴向长度,并可能在安装时引发安全问题。因此,并不特别建议在泵数量较少的系统中(至少两个泵)进行 $(n-1)$ 运行,也就不需要泵内安装止回阀。良好的运行经验,说明了这通常不会影响电站的产能/可用性。

主泵的工作是使冷却剂循环起来,即使失去常规电源也能导出堆芯的衰变热。为了实现这一目标,主泵具有一些特性:给泵提供Ⅲ级电源,安装具有足够质量惯性的飞轮,以及提供小型电机。选择合适的飞轮的流量半时长,使泵轴能够以飞轮提供的能量运转一定时间,并保证提供堆芯所需的流量。泵可以连接到小型电机上运行,即使失去Ⅳ类和Ⅲ类电源,使用电池也可供电一段时间。

泵的转速越高,尺寸就越小。但选择较高的转速有一定的局限性。泵的转速只有在获得吸入条件后才能确定,例如有效汽蚀余量(NPSHA),这是一个依赖于运行压力(例如在钠泵中覆盖气体压力)的电站参数。与其他反应堆相比,快堆的有效汽蚀余量通常较小,因为快堆是低压系统。另一个决定泵转速的重要因素是必须汽蚀余量(NPSHR),这是一个由泵的自身设计决定的参数,同时也是转速的函数,有效汽蚀余量应该总是比必须汽蚀余量大一些。因此,如果我们选择较高的泵速,NPSHR 将会更高,而 NPSHA 将会更低。

NPSHR 可以根据流量和速度条件计算出来(也可以通过实验测量)。另一个影响转速的因素是轴的设计。轴固有频率应至少与最大运行转速差出 25%。因此,非常高的转速将使轴的设计复杂化,通常首选低速。在钠冷快堆中,由于阀门可能造成堵塞,因此不允许用阀调节流量。相反,调节泵的转速以满足不同的反应堆功率水平。有不同的方法可以用来控制泵的转速。一种是沃德伦纳德驱动系统,有一个由专用直流发电机驱动的直流电机,其输出电压可以改变,以获得所需的转速,主要的缺点是整个系统太庞大。另一种是变速驱动系统,该系统可将转速控制在 ±1rpm 以内。这种精细的控制可以使流量波动和随后的温度波动最小化。一些设计中的泵只能在几个不同的速度下运行(通常是两种速度)。

大多数钠泵叶轮是单吸式。单吸或双吸(图 8-28)以及底部或顶部吸入都会影响泵的最大直径。双吸泵比单吸泵运行转速更高,所以更紧凑。然而,这一优势被复杂的水力学设计所抵消,所以通常不受青睐。双吸式叶轮与顶吸式叶轮相比,入口损失较大,与底吸式叶轮相比设计更复杂,难以获得高质量铸件。与底吸式设计相比,单级顶吸式叶轮大大简化了水力设计(特别是对于池式反应堆)。但是由于钠流在进入叶轮前必须调转 180°,这可能会降低有效汽蚀余量,从而导致更大的入口损失。

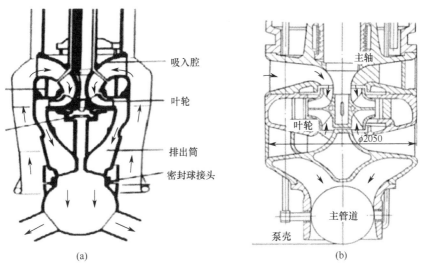

图 8-28 单吸泵和双吸泵
(a)单吸泵;(b)双吸泵。

通常使用润滑剂来导出密封和轴承产生的热量。润滑油有潜在的引发重大火灾的风险,因此,需要尽量减少润滑油的使用,优秀的设计应该防止油泄漏。通过合理地设计收集和回收润滑油,可以防止反应堆内的漏油。在后期的设计中(如欧洲快堆)正考虑使用无油轴承,例如磁性轴承。

泵的顶部和底部接触不同的温度,产生不同的热运动。可以采用一些方法补偿这些变化,如:①底部/顶部的倾斜套管或两者组合;②球面支撑;③顶部或底部的滑动支撑或两者组合。为了补偿轴向热膨胀,泵与管道连接位置具有一定的灵活性。

传动轴将扭矩从驱动电机传递到叶轮。立式钠泵的轴通常很长,特别是池式反应堆,因为需要实现淹没叶轮、贯穿反应堆覆盖气体空间和辐射屏蔽。为了同时满足扭矩和临界转速的要求,泵轴采用复合结构,中间空心部分焊接在轴两侧的实心端部。仅考虑临界速度要求的轴是均匀空心的。然而,为了提供辐射屏蔽,并且考虑水力条件的影响,轴的顶部和底部是实心的,更加坚固。不同部分的直径是根据扭矩和临界转速去确定。轴加工的一个重要过程是,在立式炉中(避免长轴下垂)完成中空部分和实心端焊接后,进行低温退火的热处理,以消除剩余应力。如果剩余应力没有消除,轴在运行过程中可能会变形。中空的轴在热处理后被抽空,防止轴内产生对流。由于在 BN-600 中已经报道出了轴的振动问题,所以泵要保证制造精密和装配平衡,特别是转子部分,限制振动特性,达到理想的水平。

为了避免长轴悬垂,底部轴承一般位于钠液面以下,靠近叶轮的位置。因此,有必要对底部轴承进行钠润滑。由于钠在运行温度下的运动黏度相当低,并且泵的最大转速还受到限制,因此在这样的条件下应该选用液体静压型轴承。这些轴承从泵唧送的钠中获取部分钠进行润滑。液体静压轴承的间隙选择更灵活(液体静压轴承的间隙更大;钠驱动泵需要更大的间隙,避免杂质造成的堵塞),与液体静压轴承相比,唯一的局限是漏流。顶部轴承是常规类型的轴承,因为它不浸在钠中。

泵的转轴与静止部件之间的密封采用的是机械密封,一方面要防止放射性覆盖气体的泄漏,另一方面防止空气进入主容器。由于填料盒式密封的泄漏特性,通常不采用这种密封。钠泵的材料应具有以下特性:

(1)与液钠良好的相容性;
(2)良好的焊接性;
(3)良好的成形性;
(4)耐高温强度。

基于这些要求,SS304 LN 成为广泛使的钠泵的主要材料。金属与金属的接触是不可避免的,因此表面都要进行硬面处理。在低温下工作的泵,其主要部件所使用的材料列于表8-3中。

表 8-3　PSP 材料(典型的)

部　件	材料(典型的)
液压部件(叶轮、扩压器、吸入、排出壳体)	SS 304 L
轴、法兰、轴颈	SS 304 LN 锻件
钠用螺栓	SA-453 660 级 B 类
无钠用螺栓	A-193 B7 级
飞轮	SA-508 2 级(碳钢锻件)
耐磨堆焊	科尔莫诺伊合金 Colmonoy(镍基合金)

反应堆装置内主泵示意图如图 8-29 所示。主钠泵通常是一个立式离心泵

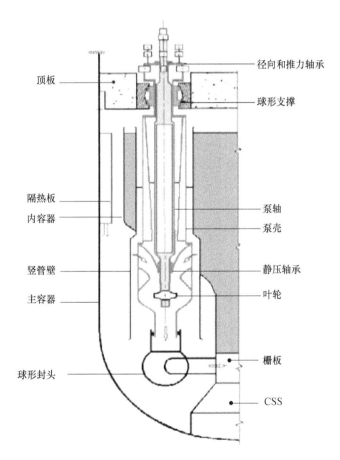

图 8-29　反应堆装置内主泵的示意图

与顶吸式叶轮,存在一个钠液面。立管的底侧固定在内容器上,从冷钠池吸钠。随后,吸钠管口引导钠向下流向叶轮。叶轮将钠送到一个轴向扩散器,从那里被引向排放喷嘴。从喷嘴,钠通过主管道被输送到球形封头,进而供给栅板。

泵由泵壳和轴组成,泵壳和轴位于贯穿冷池的立管中。叶轮安装在轴上,吸入锥管与泵壳相连,在泵的底部。轴和泵壳在顶部由推力轴承和径向轴承集装在一起。在轴和吸入锥管之间有一个静压轴承,可以给底部的轴提供导向,刚好在叶轮平面以上。这样轴在壳内可以自由旋转。壳体支撑在顶部的球面轴承装置上,这样壳体能够倾斜,以补偿封头、主管道和栅板累积的径向膨胀。与泵壳体相连的排出管,插入球形封头的管口中,两者之间有着足够小的公差,使泵壳体和轴能在轴向自由膨胀。球形支撑的法兰通过螺栓固定在顶板上,最终将整个荷载传递到顶板上。泵轴通过灵活的联轴器耦合到驱动电机轴上。驱动是一个交流感应电动机,变速驱动。通常,速度在额定值的15%~100%之间变化。

8) 安全容器

主容器中的钠泄漏问题受到极大的关注,因为冷却剂流失会导致衰变热难以导出的安全问题[8.15]。因此,为了避免发生主容器的任何冷却剂泄漏问题,在主容器外围设置了一个安全容器,与主容器共同形成一个环形间隙,这样主容器中的钠液位不会低于衰变热交换器的进口高度。此外,确定了主容器和安全容器间的最小间隙,还应周期性地对主要容器外表面(图 8-30)进行在役检查(ISI),主要是要考虑热棘轮而引起的容器变形。

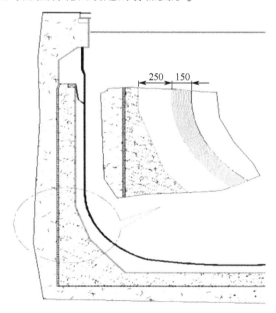

图 8-30　由反应堆容器支撑的安全容器

这个缝隙通常用氮气填充,并监测是否有钠从主容器泄漏。包括堆芯在内的反应堆内部部件的重量不作用在安全容器上,即使发生主容器泄漏这种小概率事件也是如此;只有钠的静压作用在安全容器上。因此,安全容器的厚度可以低于主容器的厚度。在快中子原型堆中,最小径向间隙的额定值为300mm,在SPX-1中为700mm。从经济性上考虑,材料可选用奥氏体不锈钢304 LN 或者甚至选用碳钢。图 8-31 显示了在典型钠冷快堆中发生主容器泄漏时钠液位的变化。

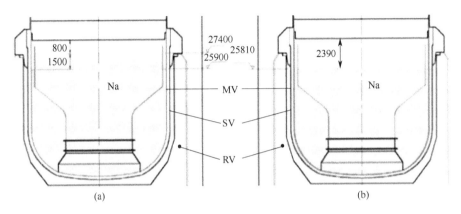

图 8-31　主容器泄漏时钠的自由液面
(a)正常的钠水平面;(b)泄漏时的钠水平面。

要尽可能减少热钠池的热量损失,从而减少反应堆容器冷却回路的热负荷。要实现这一点,不能在主容器表面安装保温材料(以免给检查增加困难),而应该在安全容器外表面增加隔热板。隔热板应该在反应堆的整个运行周期内可靠地发挥作用。经过深入的分析,我们发现由一定数量的抛光不锈钢薄板平行排列而成的隔热板适合于实现这一重要功能。

8.3.2.5　二次钠回路

在典型的二次钠回路中,中间热交换器从主回路中获得热量,蒸汽发生器将热量输送到给水侧产生蒸汽,钠泵是驱动钠的主要部件。除此之外,钠回路一般还有膨胀罐,以补偿不同运行工况下的钠膨胀。为了尽可能降低大钠-水反应和高压系统内腐蚀反应产物扩散的后果,在回路中引入了两个装置:爆破片装置和快速倾泻系统。在这样的情况下,为了实现钠的收集,倾泻罐要安置在最低位。整个钠回路的壁面是双层的,并设有保护管道来容纳系统中任何意外的钠泄漏。壁面间隙由惰性气体填充,并且是分段隔开的,以限制冷却剂泄漏量。钠泄漏探测系统是二次钠回路的重要组成部分。泄漏探测通常由火花塞泄漏检测器、电线泄漏检测器、钠气溶胶泄漏检测器(SAD)等设备完成。一般采用多个泄漏检测系统,以提高泄漏检测的可靠性。钠的体积膨胀和部件/管道的热膨胀是钠管道系统设计中要考虑的关键问题。膨胀罐内具有足够的覆盖气体空间,补偿钠在各种运行/瞬态工况下的体积膨胀。最终确定的总体管道布局应具有足够的灵活性,最大限度地减少热膨胀效应,并设置适当的支撑,承受钠-水反应压力以及地震力和力矩。图8-32展示了池式钠冷快堆中典型的二次钠回路循环及其主要部件。

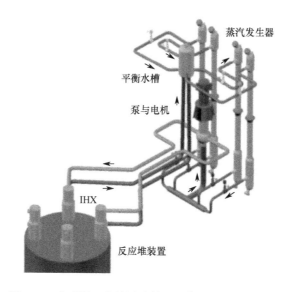

图8-32 典型的二次钠回路循环及其主要部件示意图

从中间热交换器到蒸汽发生器的热管段的材料一般采用SS 316 LN,冷管段材料采用SS 304。避免使用SS 321和SS 347等奥氏体不锈钢,因为在PFR中这些材料有再热开裂的问题。蒸汽发生器的材料一般由合适的铁素体钢制成,由于奥氏体不锈钢存在应力腐蚀开裂问题,而不被采用。钠管道的特点如下:

- 考虑到设计压力较低,采用薄壁管可以减轻热应力,同时也更加经济;
- 无法兰连接可以避免厚度不均,从而减轻瞬态热应力,不使用螺栓连接,防止钠泄漏,因此,均采用无法兰焊接接头;
- 波纹密封或冷冻密封阀门,防止钠泄漏;
- 连接加热器,用于在钠进入回路之前进行预热。

1) 中间热交换器

中间热交换器的主要功能是将热量从一次钠传递到二次钠,参与衰变热导出过程,在一次钠和二次钠之间提供一个密封屏障,防止蒸汽发生器中钠水反应的影响(高压、氢和反应产物)进入堆芯[8.16,8.17]。中间热交换器是一种立式管壳式钠对钠换热器,原理图如图 8-33 所示。通常,一次侧钠在壳侧流动,二次侧钠在管侧流动。在典型的池式反应堆中,壳侧的设计压降更小,并且限制了在运行过程中热钠池和冷钠池之间的钠液位差。在池式快堆中,中间热交换器的管长受反应堆装置尺寸的限制。

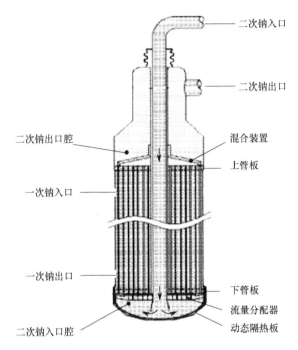

图 8-33　中间热交换器原理示意图

中间热交换器管径要综合考虑压降和整体尺寸进行设计。因此,更短的管长相对更好。在池式反应堆中,中间热交换器的任何维护都必须将其整个移出,但回路式反应堆则允许单独移出管束而不用移出整个热交换器。换热管由抗震带等距固定,最大限度地减轻流致振动。箍型支撑(图 8-34)用于固定抗震带中的换热管,与其他支撑设计(如挡板)相比,它产生的流动阻力最小。这种设计有利于自然循环,即使当二次侧钠泵不工作,衰变热仍可导出。

钠冷快堆中的中间热交换器使用弯管或直管两种设计。Fermi(美国)、Rapsodie(法国)、KNK(德国)和 PFR(英国)的中间热交换器采用弯管的设计,Phenix(法国)、SNR(德国)、EBR-Ⅱ(美国)和 BN-600(俄罗斯)采用直管的设计。直管比弯管的制造工艺更简单。而弯管不存在热膨胀补偿问题,直管只能容纳非常有限的管束与壳体和管束与管束之间膨胀差。因此,采用直管时,管束之间的温差应该尽可能小。这一点很难实现。热钠通过顶部入口流入中间热交换器会产生绕流,即由于内排换热管的流阻较大,流经内部管束的流量较小,而外围流量较大。因此,在管束内钠的均匀流动实际上是不可能的。为了解决这一问题,在管侧设置了一个流量分配器(图8-35(a))来分配流量,来处理外围的流量比内排大的问题,从而减小管间的温差。除此之外,顶部管板上的二次钠出口还设置了流动混合装置(图8-35(b)),减少稳态和瞬态工况下管束出口的温差。因此,有了这两个装置,直管径向上的热膨胀差异问题得到大大缓解。换热管一次侧的设计是为了承受严重事故下产生的最大压力,二次侧的设计则是承受在蒸汽发生器中发生大钠–水反应时产生的最大压力。

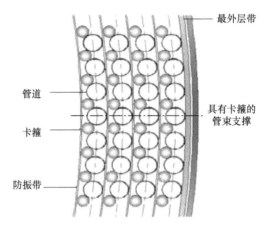

图 8-34 中间热交换器原理中带卡箍的防振带的布置

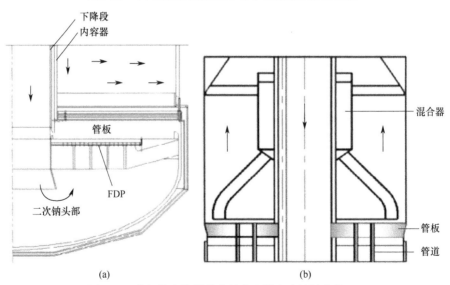

图 8-35 中间热交换器的流量分配器和流量混合装置
(a)底部读数器处的流量分配器;(b)出口流动混合装置。

2）蒸汽发生器

在二次钠回路中，蒸汽发生器中的热钠将热量传递给水侧，使其变为蒸汽[8.18-8.20]。在直流式蒸汽发生器中，产生的过热蒸汽直接输送给汽轮机发电。每个蒸汽发生器单元有三个模块：蒸发器、过热器和再热器。因此，必须安装汽水分离器。在钠冷快堆中，蒸汽发生器通常是直流式的，利用进入蒸汽发生器高温钠（>500℃）的优点，减少隔离阀和泄漏探测系统等附件的数量。

典型钠冷快堆的蒸汽发生器是一个垂直的、一次性通过的、逆流的管壳式热交换器，钠在壳侧，水/蒸汽在管侧，其示意图如图 8-36 所示。俄罗斯人研究了在管侧输送钠的可能，使换热管发生泄漏时，损伤传播范围最小，但研究发现这种设计的材料损耗非常大，不利于商业化反应堆的经济性。考虑到流动的不稳定性，在每根换热管的给水口上都要开孔。在换热管的不同位置要进行适当的间隔支承，尽量减少流致振动。直管应设置热膨胀弯，补偿壳和管之间，以及管与管之间的热膨胀差。在蒸汽发生器的钠出口位置应配备探测器，以探测水/蒸汽泄漏。管子与管板之间的连接是通过内孔对焊，并带有凸起的拉钉类型，这为焊缝的 100% 射线照相提供了机会。顶部和底部的管板受热屏蔽保护，在电站瞬态工厂下不受热冲击影响。蒸汽发生器壳侧一般是基于钠-水反应压力来设计的。

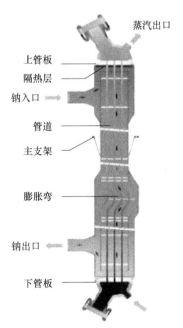

图 8-36 蒸气发生器的示意图

为了减少管与管板焊接接头的数量,提高电站的可靠性,一般首选长的无缝管。管的长度通常受到设备制造和运输的限制。在额定功率工况下,直管蒸汽发生器沿管长的温度分布如图 8-37 所示。蒸汽发生器管内的传热受管侧换热系数的影响。在满功率工况下,整个管道上壳侧(钠侧)换热系数一般为 23000W/m²K。管侧换热系数随不同的流动状态(预热、核态沸腾、模态沸腾和过热)而变化。水侧换热系数在蒸汽出口处减小到最小值。换热系数减小是因为随着蒸汽温度的升高,蒸汽密度减小,速度和动态黏度增大,最终使努塞尔数减小,从而换热系数减小。设计蒸汽发生器的外壳要考虑发生大钠-水反应时,管束内产生的瞬态压力。换热管根据蒸汽的压力和温度而设计。蒸汽发生器通常采用的结构材料有铁素体钢,2(1/4)Cr-1Mo 或 9Cr-1Mo(用于较高温度),能够解决应力腐蚀开裂问题。参考文献[8.11]介绍了国际 SFR 中各种蒸汽发生器的设计。

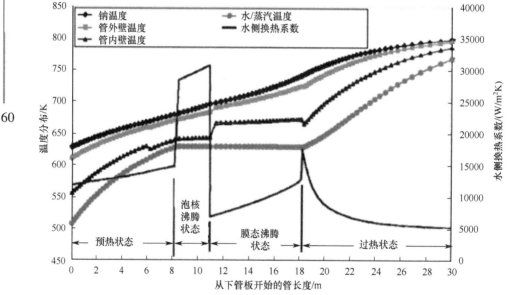

图 8-37　蒸气发生器沿管长的温度分布

3) 二次侧钠泵

二次侧钠泵与主泵非常相似,只是泵轴的高度相对较小。它是一种机械离心式,立轴式,单级底吸泵,安装在一个有钠液面的被称为泵罐的固定壳内。钠上面的空间充满惰性气体,是防止空气进入,作为钠泄漏的保护屏障。轴由底部的静压轴承和顶部的止推轴承驱动。为了防止氩气的泄漏,在顶部安装了油冷却的机械密封。该泵能够像主钠泵一样变速驱动运转。因为二回路部件存在热瞬变,并且主回路中钠自然对流建立时比较平稳,因此在二次侧钠泵轴上设置了一个飞轮,获得一定的流量减半时间(通常约为4s)。图8-38 展示了一个典型的池式钠冷快堆二次侧钠泵的示意图。

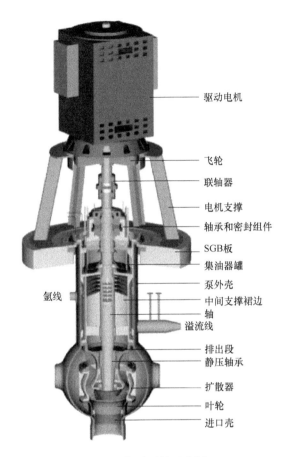

图8-38 二次侧钠泵的示意图

4)电磁泵

机械钠泵通过叶轮的机械运动向钠提供泵送的能量[8.21],泵的静止部件与运动叶轮之间存在相对运动,因此,完全密封钠是很难实现的。机械泵中有物理运动部件,更容易发生故障,并需要更多的维护。机械泵的替代品之一是电磁泵。钠的良好导电性被用于电磁泵中。电磁泵没有运动部件,因此不需要维修。钠被密封在电磁泵中,避免了钠泄漏的问题。电磁的工作原理如下:电流被强迫(传导或感应)流过液态金属,当携带电流的液态金属置于磁场中时,它会受到电磁力(洛伦兹力),力的方向由弗莱明左手定则决定(Force(F) = BIL,其中,B

为通量密度，I 为电流，L 为液态金属载流部分的长度，各参数相互之间成 90°）。上述原理以不同形式应用于各种类型的电磁泵中。

电磁泵分为两大类：传导泵和感应泵。传导泵是结构最简单的一种，通过液态金属的电流是直接由电源供应。传导泵又分为直流传导泵（DCCP）和交流传导泵（ACCP）。感应泵是指通过变压器作用在液态金属上产生感应电流的泵。感应泵可大致分为平面式线性感应泵（FLIP）和环形线性感应泵（ALIP），下文将详细介绍。

5）直流传导泵

图 8-39 展示了一个简单的直流传导泵结构[8.22]。在直流传导泵中，电流被强迫通过放置在磁场中的泵管中的钠。这样钠会受力并将钠泵出。磁场是由电磁铁或永磁体产生，其方向与电流和所需的流动方向相垂直。管道材料和液态金属的导电特性使得漏掉的电流与管道电流平行。受到涡流的作用，末端的边缘通量会造成断裂。加上其他的电阻损耗，导致泵效率会非常低。这种类型的泵适用于环境温度很高的地方。工作电流为几千安培，工作电压为几伏特。

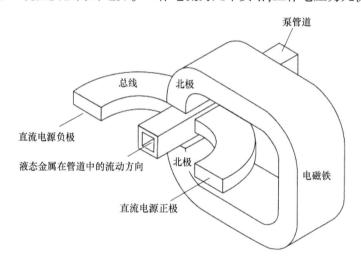

图 8-39　传导电磁泵示意图

6）交流传导泵

交流传导泵的工作原理与直流传导泵相似，只是电流和磁通是交流的。在交流传导泵中，在硅钢芯片上放置了两个绕组：一次多匝线圈和二次单匝线圈。管道中的钠是单匝二次线圈的一部分，通以高传导电流。同一磁芯中的主绕组产生脉冲磁场，这个磁场与交流电相互作用，产生单向的泵送力。泵内产生的压力以两倍的供给频率产生脉冲为

$$F = BIL \quad (8\text{-}6)$$

式中

$$B = B_{max}\sin\omega t, \quad I = I_{max}\sin(\omega t \pm \theta), \omega = 2\pi ft \quad (8\text{-}7)$$

其中，f 为供给频率。

则式(8-6)可改为

$$F = (B_{max}\sin\omega t) \times I_{max}\sin(\omega t \pm \theta) \times L \quad (8\text{-}8)$$

通过三角变换，式(8-8)可以写为

$$F = B_{max} \times I_{max} \times \left[\frac{(1-\cos2\omega t)\cos\theta \mp (\sin2\omega t\sin\theta)}{2}\right] \quad (8\text{-}9)$$

其中，$2\omega t$ 项在增大压力时会产生双频脉冲，从而产生噪声和振动。

交流传导泵应用在各种低扬程、低流量的实验金属液回路中。由于传导泵效率较低，一般不使用，除非有某些严格的工艺要求。

7) 平面式线性感应泵

平面式线性感应泵是线性感应泵最简单的形式。图 8-40 展示了平面式线性感应泵的示意图。平面式线性感应泵由一个输送钠的管道和与槽中的三相定子绕组组成，槽和流动方向也就是磁场移动的方向垂直。沿着管道方向，管道两侧都要铜焊一根铜棒，起到一个端环的作用，就像普通的柱状感应电机一样。当定子受到三相电源激励时，会沿着泵的管道产生一个移动磁场，在导电液钠中产生电流。定子的运动磁场与液态金属中感应电流相互作用产生电磁力，将液态钠泵入管道。

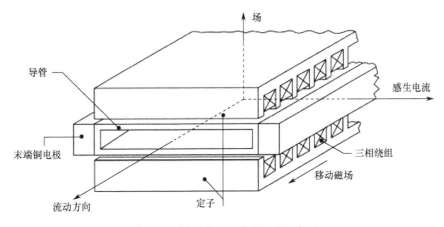

图 8-40 平面式线性感应泵的示意图

8) 环形线性感应泵

图 8-41 展示了环形线性感应泵装置图[8.23]。在环形线性感应泵中,环状导管装有液体钠。定子由在管道上三相环形分布的绕组组成。线圈被放置在层状定子堆的槽内。磁通量的返回路径通过层叠的系统和部件。环形线性感应泵的工作原理与平面式线性感应泵相似。定子沿环状空间产生线性移动的磁场,在环形空间的钠中产生电流。电流与定子磁场相互作用产生泵送力。从结构来看,环形线性感应泵分为两类:直流型和回流型。在直流型环形线性感应泵中,钠进入环的一端并从另一端离开。在回流型环形线性感应泵中,钠只在一侧进出。在直通型环形线性感应泵中更换绕组只能通过切断钠管实现。在回流型环形线性感应泵中,由于钠的进、出口都在泵的一端,所以更换绕组不需要切断管道。

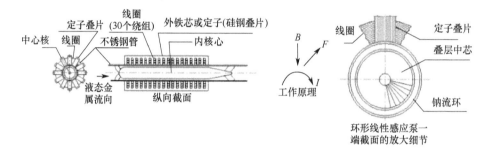

图 8-41 环形线性感应泵的示意图

图 8-42 显示了电磁泵典型的扬程与流量特性。可以看出,通过改变施加到泵上的电压可以改变泵的流量。在平面式线性感应泵和环形线性感应泵中,钠管(不锈钢制造)作为是短路的二次侧;因此,每当在泵上施加电压时,在管道内产生短路电流会产生热量。所以,这种电磁泵可以在一定的电压下使用,而不会产生钠流,也不会损坏泵的管道。如果要给泵施加更高的电压,那么必须建立钠流来导出管道中产生的热量,这种运行区域称为泵的禁区。图 8-43 是典型的直流传导泵和环形线性感应泵的图片。

感应式电磁泵的效率为 5%~20%,在较高的流量下可以获得较高的效率。然而与机械泵相比,它的效率较低。因此,电磁泵用在容量要求相对较低的实验钠回路和反应堆的净化/其他辅助钠回路,EBR-II 中使用了电磁泵。机械泵因其效率高,被广泛应用在钠冷快堆的一、二回路。主钠泵中安装了一个飞轮,即使突然断电,在泵中储存的动能,仍可以在短时间内(几秒钟)向堆芯泵送钠。衰变热导出是反应堆安全的非常关键的方面,从这个角度来考虑,在主回路中机械泵比电磁泵更有优势,因为电磁泵在断电后立即停止泵送。在停电后,也可以通过一个大容量电池组向电磁泵供电来泵送钠,但就安全性来说,这种方法还有待证实,还未被接受。应谨慎使用机械泵,以防钠中含有的氧化物或氢化物等杂质堵塞泵内狭窄区域(如静压轴承位置),并导致泵卡住。这个问题在电磁泵中并不存在,因为在电磁泵的管道中钠流动的间隙有几毫米,杂质是无法堵住的,因此电磁泵与机械泵是相辅相成的。目前,电磁泵用于净化回路,而机械泵因其效率更高、更安全而用于主回路。

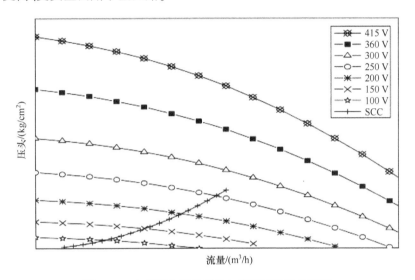

图 8-42 电磁泵典型的压头与流量特性间的关系

图 8-43 电磁泵图片

8.3.2.6 衰变热导出回路

堆芯中产生的大多数裂变产物是不稳定的,它们会继续进行衰变以达到稳定状态[8.11,8.24]。这些过程释放出 α、β 或 γ 射线,这些射线转化为与它们相互作用的物质原子的热运动。因此,即使在核反应堆停堆后,核反应堆堆芯仍会继续产生热量,称为衰变热。随着时间的推移,产生的不稳定裂变的数量不断减少,因此衰变热也随时间减少。放射性衰变会产生大量的热量,尤其是在停堆之后。反应堆停堆后,即刻产生热量的主要来源是裂变过程中近期产生的放射性元素的β衰变。除了裂变产物衰变之外,一些衰变热是由 ^{239}U 和 ^{239}Np 的衰变以及少量的活化产物(如钢、钠)和高阶锕系元素(如 ^{242}Cm)的衰变产生。除历史运行功率外,衰变热还受堆芯组成和燃耗的影响。定量地分析,在反应堆停堆后,衰变热可能高达反应堆运行时堆芯功率的5%。大约在停堆后1h,衰变热减少到大约1.7%的堆芯功率。一天后,衰变热降至0.7%,一周后仅为0.4%。即使在120天后,堆芯仍然能产生0.1%的反应堆功率。停堆后的衰变功率是时间的函数,如图8-44所示。即使过了几个月,乏燃料也会产生大量的衰变热。因此,在储存用过的核燃料时,尤其要考虑如何安全转移。停堆后10s到100天的衰变热曲线的近似值为

$$\frac{P}{P_0} = 0.066((\tau - \tau_s)^{-0.2} - \tau^{-0.2}) \tag{8-10}$$

式中

P——衰变功率;

P_0——反应堆停堆前的功率;

τ——反应堆启动后的时间;

τ_s——从启动时间算起的反应堆停堆时间(s)。

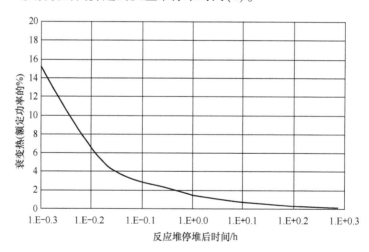

图 8-44 核衰变功率与时间的关系

反应堆堆芯的衰变热必须导出以保证钠池得到持续冷却。否则反应堆堆芯和反应堆组件可能在一段时间内达到危险的高温,导致严重的结构损毁。因此,

衰变热导出是最重要的安全功能之一,必须具有高可靠性。电站设计遵循的安全标准要求衰变热导出功能的故障率小于 10^{-7}/反应堆年。

- 衰变热导出系统应该设置冗余回路,满足单一故障准则。
- 在地震(SSE)和严重事故下安全停堆后,必须确保衰变热导出,特别是在堆芯破损事故后需要长时间冷却。
- 尽可能减少导热路径中能动部件的数量,意味着需要引入更多的非能动系统。
- 各系统应该在物理上和功能上充分分离,防止一般故障和关联故障的发生。
- 除衰变热导出回路中的部件和管路外,所有支撑衰变热导出功能的系统和部件,如主容器和顶屏蔽,都应具有高可靠性。

衰变热导出可以通过各种方式实现,如图8-45所示。当厂外(电网)电力可用且所有的导热路径完好无损时,导出衰变热的首选路径是通过正常的导热路径,包括主钠、二次钠和水/蒸汽回路。产生的蒸汽绕过汽轮机直接输送到主冷凝器。国际上几乎所有钠冷快堆都是这样导出衰变热。当流量降低到额定流量的20%时,需要绕过主冷凝器,采用一个辅助冷凝器来冷却蒸汽。在冷凝器冷却水回路破口的情况下,仍可以通过将低压的冷却水导入储存罐,并将产生的蒸汽释放到大气来冷却蒸汽发生器。因此储存罐中应该有足够的给水库存(在 $8\sim12\mathrm{h}$ 的电站停电[SBO]情况下)。

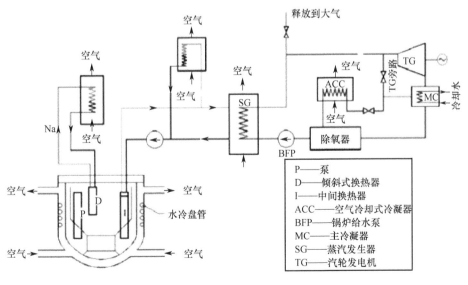

图8-45　DHR方案

Phenix 反应堆采用了这种设计,具有 12h 的蓄水能力。如果蒸汽/水系统不可用,可以通过在蒸汽发生器外表面建立自然循环或强制循环的空气冷却。一种设计方案是在二次钠回路中安装一个空气冷却器。前面讨论的所有方案都要求供电、冷凝器冷却水回路、蒸汽-水回路和二次钠回路可用。此外,所有这些方案在导热路径中都包含大量的能动部件(泵、阀门等)。因此,衰变热导出功能的可靠性是有限的。靠近反应堆的位置,可以考虑用空气/水盘管冷却 RV,这一设计称为 RV 辅助冷却系统,在 Phenix 和 Superphenix(法国)反应堆中有应用,是用水作冷却剂来实现。但是对于典型的 500MW(e)反应堆,RV 辅助冷却系统导出的热量是有限的(约 4MW(t))。但是,这个设计可以应用在更小的回路式钠冷快堆中。

另一种设计方案是通过在主钠系统中安装一个浸入式换热器,直接从反应堆热池中导出热量。即使所有的二次钠回路都不可用,该设计也是可用的。钠在浸入式换热器管侧被加热,然后将热量导入钠-空气换热器的空气侧。浸入式换热器中的一次侧钠流、二次钠回路中的钠流、钠-空气换热器中的气流可以是强制对流或自然对流。自然对流设计中没有能动部件,因此衰变热导出功能的可靠性很高。下面给出了各种设计的简要描述。

1)通过正常的热传导系统排出衰变热

在反应堆正常运行工况下,堆芯产生的热量通过由钠系统和蒸汽-水系统组成的热传导系统排出。在蒸汽发生器中,核热将水转化为蒸汽,在汽轮机中膨胀做功。剩余的热量最终被冷凝器排放到环境中。在安全控制棒紧急落棒(SCRAM)后,衰变热通常从正常的热传导系统导出。这种情况下,需要运行大多数系统。此外,为满功率运行设计的系统要运行在 1% 低功率下,会产生严重的运行问题,造成经济损失。因此,一般在常规热传导系统中增设一个容量较小的辅助排热系统。在快中子原型堆中使用了这种系统,称为运行级衰变排热系统(OGDHRS)[8.25]。如图 8-46 所示,该系统使用普通的蒸汽发生器从钠系统中导出热量,一个较小的冷凝器(需要风冷)将热量排到环境中。该过程需要循环水通过蒸汽发生器。

2)通过蒸汽发生器外表面导出余热

作为衰变热导出系统之一,热量可以直接从蒸汽发生器本身排出到环境中。衰变热通过中间回路冷却剂循环传递到蒸汽发生器。在这里,蒸汽发生器被放置在特殊的外壳中,通过外壳建立强制或自然循环的气流,可以导出热量,在 FBTR 和 Phenix 反应堆中应用。该系统的优点是不需要给衰变热导出提供蒸汽-水系统,但一次钠回路和二次钠回路系统都需要运行。

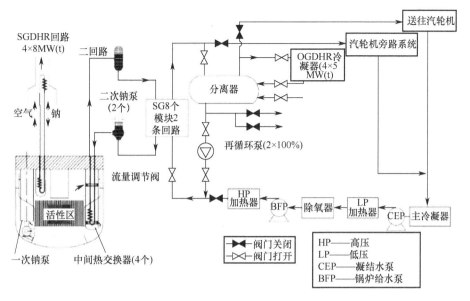

图 8-46 典型运行级衰变排热系统

3) 通过二次钠回路的换热器进行衰变热排出

衰变热也可以通过安装在二次钠回路中的空冷换热器导出。这类系统应用在 Superphenix 反应堆中。通过钠将衰变热传递到安装在二回路旁路管线上的空气换热器,即使在空气供应失效的情况下也能正常工作。钠通过强制对流循环,冷却气流通常由马达驱动的风扇提供动力。在风扇失效的情况下,可以通过换热器上部的烟囱实现空气的自然循环。类似的系统应用在 BN-600[8.26] 和 Monju[8.27] 反应堆中,该系统要求二回路钠循环来导出衰变热。

4) 直接的反应堆辅助冷却系统

在这个系统中,衰变热通过浸在主钠池中的衰变热交换器导出。浸入式衰变热导出系统要求使用二次钠回路,因为水或空气不能作为浸入式换热器中的冷却液。因此,该系统包括浸在钠池中的换热器、二次钠回路和钠－空气换热器。二回路的钠流可以建立自然对流,也可以在电磁泵驱动下强制对流。空气热交换器中的气流也可以通过使用足够高度的烟囱建立自然对流或使用鼓风机或风扇建立强制对流。快中子原型堆采用这一设计(图 8-47)导出衰变热,即安全级衰减热导出(SGDHR)系统[8.28]。在快中子原型堆中,二回路建立钠的自然循环,采用高烟囱建立空气的自然对流。因此,快中子原型堆的衰变热导出系统是完全非能动的。SNR-2、KALIMER 和 BN-1600 也提出了类似的系统[8.29]。另一种方案是设计强制对流的衰变热导出系统。在自然对流条件下,系统的排热能力较低。PFR[8.30]、SPX-1、SPX-2、DFBR 和 EFR[8.31] 都采用强制对流的设计。

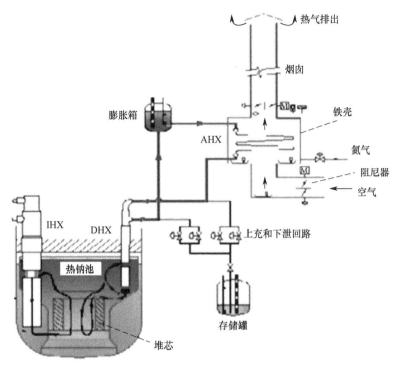

图 8-47 典型的反应堆辅助冷却系统

8.3.2.7 反应堆容器辅助冷却系统

该系统以非能动的形式从反应堆容器中导出热量,并通过流体的自然对流、固体的热传导和热辐射等自然过程将热量排到周围的空气中。热量从堆芯通过主钠的自然对流传递到反应堆容器壁。该系统经济性好,适用于中等规模的反应堆系统,最高可达 500MW(e)。在更大规模的反应堆系统中,容器尺寸是根据所要容纳的主系统的各种部件而决定的,因此无法实现所需的衰变热导出能力。这类系统已经被用于 S-PRISM[8.32]、Phenix、SPX-1 和 KALIMER。

棱形反应堆的反应堆容器辅助冷却系统(RVACS)如图 8-48 所示。该系统可以通过反应堆容器和安全壳壁以辐射和对流的形式导出反应堆所有的衰变热,在不超过结构温度限制的情况下,空气在安全壳外自然循环。即使在反应堆正常运行期间,该系统仍在运行,不断向环境中释放少量热量。

只有当容器温度显著升高时,它才能发挥出预期的高导热能力。通过反应堆堆芯的主钠流是通过自然循环来维持的。堆芯中产生的衰变热被钠导出,并传递到反应堆容器中。热量通过热辐射和自然对流传递到安全壳。然后热量又通过对流传递给安全壳容器和收集器圆筒之间的空气。系统中建立的空气自然对流最终将热量转移到大气。

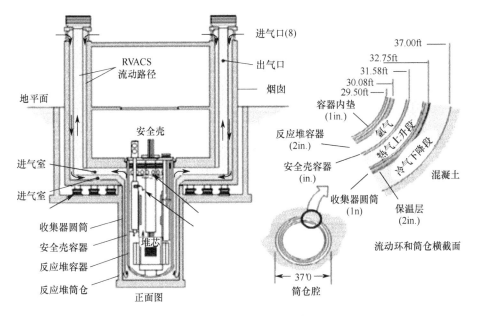

图 8-48 反应堆容器辅助冷却系统

1)各种反应堆的衰变热排出系统

在 CRBRP 设计[8.33]中,有三个备用系统在正常热阱失效时导出衰变热。第一种热阱是保护式风冷冷凝器(PACC)系统,直接对蒸汽进行冷却。第二种热阱是打开蒸汽管线上的安全阀,将蒸汽排放到大气中。第三种热阱是一个完全独立的溢流导热系统(OHRS),直接从内容器主回路导出热量,其热阱是一个空冷器。该系统在蒸汽发生器失效时导出衰变热。回路式日本钠冷快堆的衰变热导出系统由单回路的反应堆直接辅助冷却系统(DRACS)和双回路的主反应堆辅助冷却系统(PRACS)组成,如图 8-49 所示。反应堆直接辅助冷却系统的换热器位于反应堆容器的上腔室中,它的换热器位于中间热交换器上腔室中。这两个系统完全通过自然对流来运行,通过打开空冷器的直流动力驱动的气流调节器来启动。在日本钠冷快堆的衰变热导出系统的创新性设计中,主系统和冷钠池通过主反应堆辅助冷却系统进行热耦合,由热交换器、流体二极管和连接管组成的,如图 8-50 所示。该流体二极管减少了在主回路强制循环下的漏流。

2)停电条件下的衰变热导出

核反应堆系统设有四级电源,划分为 Ⅰ ~ Ⅳ 类。Ⅳ类是电网提供的正常电源,在反应堆内预计中断时长为数小时,Ⅲ类由更可靠的电源提供,其不可用时长限于几个小时,电源通常是柴油发电机。Ⅱ类来自另一个可靠的电源,主要是

■ 闭式燃料循环的钠冷快堆
　Sodium Fast Reactors with Closed Fuel Cycle

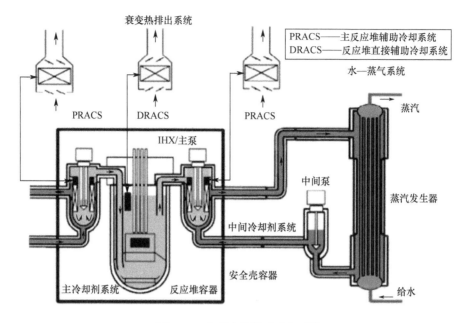

图 8-49　主反应堆辅助冷却系统

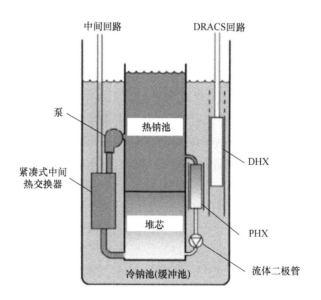

图 8-50　DHR 系统的创新设计

电池组,能够满足反应堆的交流负载。Ⅰ类是反应堆内仪表使用的最可靠的电源,即使在所有电源(SBO)完全失效时,衰变热导出功能也不受到影响。反应堆热传导系统的设计要保证当不能进行强制冷却时,也可以导出衰变热。衰变热的导出是通过自然对流实现的。大多数反应堆系统采用这一设计作为衰变热导出系统之一。SNR-300 和 Superphenix 的备用衰变热导出系统,即使在能动系统失去动力的情况下,在钠与空冷器以及钠回路之间建立的自然对流也可以导出大量的热量。在实际钠冷快堆运行工况下已经证明,事实上,自然对流可以迅速建立,防止燃料损毁。在 EBR-Ⅱ、FFTF、PFR 和 Phenix 反应堆系统中进行试验,在部分功率运行下切断泵的电源,试验成功表明在泵送能力丧失后,可以很容易地建立起自然对流[8.34-8.36]。

3) 严重事故后的衰变热导出

当发生严重事故时,几乎全部的堆芯熔融物碎片向下移动,最终落在主容器底部的堆芯捕集器上。堆芯捕集器是一种结构部件,用于收集、支撑和保存处于亚临界状态的堆芯碎片。堆积在堆芯捕集器上的碎片床所产生的衰变热传递给周围的钠。如果钠的热量没有被持续导出,将导致钠池温度显著上升。因此,各衰变热导出系统都要在核电站发生严重事故后仍能运行。

在采用反应堆直接辅助冷却型衰变热导出系统的池式反应堆中,导热功能的实现取决于热源与直接辅助冷却系统换热器之间的自然对流回路的建立。该系统比其他系统更有优势,因为它可以在主钠池附近设置热阱。熔融燃料下落会导致栅板和堆芯支撑结构熔化,形成的穿孔为堆芯碎片与热钠池中的安全级换热器之间建立自然对流提供了良好的通道,如图 8-51 所示。衰变热导出系统的设计能够经受住严重事故下产生的瞬态压力。

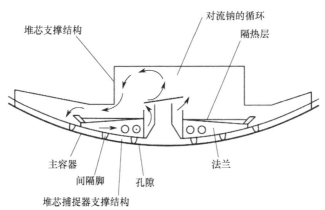

图 8-51 堆芯捕集器的衰变热导出路径

8.3.2.8 钠净化回路

主回路和二回路钠中杂质的种类和含量是不同的。在主系统中,杂质的进入是由于氩气覆盖气体中含有氧气和水分,氧气和水蒸气与钠液面接触进入涉钠系统(燃料处理过程中的 FSA,维护过程中的泵/IHX 等)。在二回路中,除了通过覆盖气体和维修操作引入杂质外,氢气会通过蒸汽发生器管壁从水侧扩散到中间钠侧。在蒸汽发生器中,铁素体钢管受到水侧腐蚀,会产生氢气:

$$3Fe + 4H_2O \rightarrow Fe_3O_4 + 4H_2 \uparrow \tag{8-11}$$

在上述化学反应中,由于水侧和钠侧存在氢浓度差,氢气会通过管壁扩散到钠侧。进入中间钠回路的氢由冷阱持续去除;否则,它将影响蒸汽发生器的水/水蒸汽泄漏的检测。如果换热管失效,水会泄漏到钠侧,引发钠-水反应,生成氢。因此,蒸汽发生器的泄漏检测是通过氢探测器监测钠中的氢浓度实现的。

在池式反应堆中,主回路放射性钠的净化装置可以放置在反应堆内(容器内净化)或反应堆外(容器外净化)。在容器外净化系统中,放射性钠从反应堆池中抽出,在冷阱中净化后返回到钠池。冷阱、节热器(再生式热交换器)、电磁泵、流量计、堵塞指示器和相关的管道放置在反应堆钠池外的一个屏蔽房间内,但在反应堆安全壳建筑内(图 8-52)。

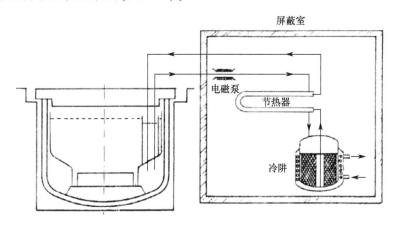

图 8-52　容器外净化循环

在容器外净化回路中,钠被从热钠池或冷钠池中抽出。从冷钠池中抽出的过程相对比较经济,因为管道和部件只需承受冷池的温度。还需要大量的混凝土作为屏蔽。其中冷阱置于铅屏蔽箱中,屏蔽箱位于混凝土房间内。必须采取措施防止放射性钠泄漏,实现钠从池中抽出的过程,例如双层外壳或惰性钢舱等设计措施。在容器内净化回路中,冷阱、节热器、电磁泵和流量计被安置在一个容器罐内。该容器罐位于反应堆中,由堆顶盖提供支撑。电磁泵从钠池中抽取钠,并泵送给节热器和冷阱金属网,净化后的钠通过节热器返回到钠池中。钠可以从热钠池抽取,也可以从冷池中抽取,但目前的容器内净化都是从热钠池中抽取钠,这样可以避免内容器中产生额外的入射流。在该设计中,放射性钠不会从反应堆中出来,这是一个重要的安全设计特征。研究表明,采用容器内净化可以减小反应器的容器尺寸。

容器外净化系统需要在顶盖上开孔,作为小型主钠管线在反应堆容器上的出口。容器内净化的设计会影响主容器的尺寸。然而一体化容器内净化系统似乎不影响主容器尺寸(SPX-1)。容器内净化系统应安置在反应堆容器内的可用空间,而不影响主容器的尺寸。容器外净化系统中的净化部件被放置在反应堆外,在反应堆安全壳建筑内的屏蔽房间中,会影响反应堆安全壳建设的尺寸。初步研究表明,如果采用容器内净化,反应堆安全壳尺寸将会减小。在容器外净化系统中,(在净化系统的泄漏未被发现的情况下)必须提供防止放射性钠泄漏的措施,并且要实现从反应堆钠池抽取放射性钠的功能(双外壳/惰性钢舱)。容器内净化不需要将放射性主回路钠输送出反应堆池;因此不存在反应堆安全壳内放射性钠泄漏的可能。不需要从反应堆容器中抽取钠。容器外净化不需要停堆就可以维修净化部件。而容器内净化系统和钠纯度监测系统的维修则需要打开顶盖上的屏蔽旋塞,因此需要关闭反应堆。

然而,在主钠净化回路并不需要一直运行,其维修/替换可以在下一次换料/维修停堆时进行。容器内净化的设计更受到青睐,因为它的安全性和经济性更高。容器内净化的冷阱示意图如图8-53所示。

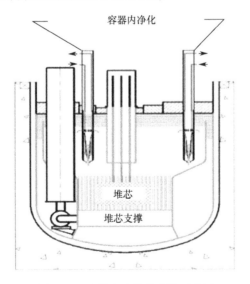

图8-53 容器内净化的冷阱示意图

1) 冷阱

冷阱净化钠的原理是随着温度的降低,钠中杂质的溶解度也降低。氧和氢在钠中的饱和溶解度曲线如图 8-54 所示,冷阱的示意图如图 8-55 所示。在冷阱中,钠被冷却到冷点温度(温度低于钠中杂质的饱和溶解度),形成化合物并通过金属丝网,在这里化合物沉淀并保留下来。冷却钠的冷却剂可以是空气、氮气或热流体。冷阱中的钠和热流冷却剂管之间有一层夹套(图 8-56),夹套中是 NaK,作为钠和热流之间的热黏合剂。当发生冷却盘管泄漏时,NaK 夹套可避免热液油进入钠系统。如果使用空气/氮气作为冷却剂,冷却剂会流过位于冷阱外壳上的翅片。冷阱由外部冷却,随着钠从上向下流动逐渐被冷却,温度降低;杂质被沉淀并留在金属丝网中。在冷阱中,氧化钠或氢化物在金属丝网上成核并结晶,留在金属丝网上。净化后的钠通过中央立管,进入主系统。冷阱的捕集效率与钠在冷阱的网状区域停留时间存在函数关系。最低停留时间 6 min 为佳。冷阱中金属丝网的有效体积是总体积的 20%,金属丝网会使压降大幅增加。所需的金属丝网体积由杂质量、停留时间和 20% 的利用率决定。金属丝网填料密度为 ~400kg/m³。钠通过冷阱的流量取决于钠在装料/维修操作后净化到可接受纯度所需的时间,以及钠在冷阱中的停留时间。

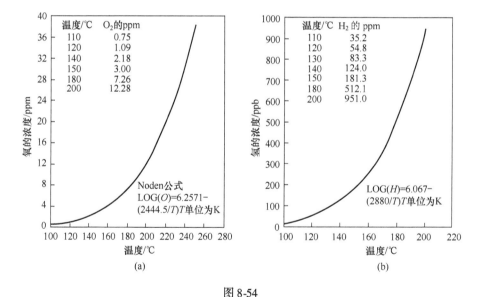

图 8-54

(a)氧在钠中的溶解度曲线;(b)氢在钠中的溶解度曲线。

出于经济性考虑,可通过再生方法去除在冷阱中析出的杂质,实现冷阱的再利用。冷阱中沉降的主回路钠的杂质具有高放射性,主回路钠净化回路的冷阱不能再生,因此,该冷阱的设计和尺寸要根据反应堆的使用寿命而定。在二回路钠净化的冷阱中沉淀的杂质是无放射性的,主要是氢酸钠,该冷阱可以再生。因此,二回路冷阱尺寸的设计只需要实现规定时间内的净化功能。二回路冷阱可以定期再生并重复使用,并在450℃左右,沉淀在金属丝网中的钠氢化合物分解为钠和氢,形成的氢气会在钠表面被氩气或真空除去。与氩气吹除法相比,真空再生法的再生速度更快,而且不需要大量的氩气。

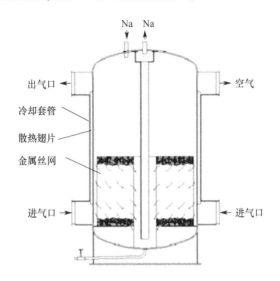

图 8-55 冷阱的示意图

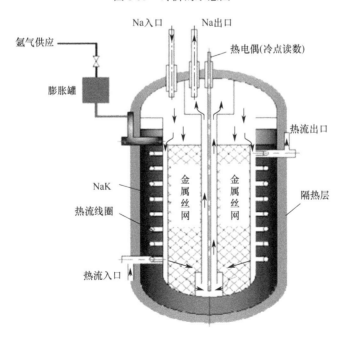

图 8-56 冷阱中的 NaK 夹套

8.3.2.9 反应堆坑室

反应堆装置或反应堆体安置在一个钢筋混凝土制成的圆柱形结构上(反应堆坑室"RV")并将负荷传递给该结构。反应堆坑室为反应堆装置、安全容器和反应堆装置的其他部件(如斜式燃料转移机)提供支撑,在安全容器外提供径向的生物屏蔽和热屏蔽,并为主容器和安全容器的泄漏提供密封。反应堆坑室的设计要满足上述功能,并且其形状要经过精心设计以限制钠液位的下降(在主容器和安全容器都发生泄漏的情况下)。此外,反应堆坑室在其内部表面衬上了钢板,称为内衬。内衬是为了防止潮气/水接触到安全容器,也作为反应堆坑室和安全容器之间的环隙中惰性气体填充的密封屏障。除此之外,内衬在坑室混凝土施工过程中,还可以作为一个留置模壳。

坑室以混凝土为建筑材料,需要冷却来维持其结构功能。为了提高效率,反应堆坑室在制造时分成两部分:内壁和外壁。内壁支撑着安全容器,而外壁支撑着反应堆装置。考虑到坑室与反应堆装置的距离很近,内壁的温度高于外壁。因此,内壁内嵌有冷却装置,以便在所有运行工况下将温度保持在规定的限值内。坑室内衬采用典型的冷却装置,在外表面靠近衬套的位置设计了的嵌入式冷却管。该冷却装置具有隔离措施和一定的冗余,可以应对嵌入式冷却管泄漏带来的问题。排气装置也尽可能靠近内衬,防止气体积聚在内衬附近,并且能够排出反应堆运行过程中产生的气体/水蒸气。

这样的设计是为了防止内衬向内膨胀。由于外壁是主要的承重结构,因此最好保持其温度尽可能低。用保温材料(如厚膨胀聚苯乙烯保温材料)填充空隙将外壁与内壁隔开,内壁的温度会高于外壁的温度。因此,设计规定应补偿由此产生的热膨胀,而混凝土中没有明显的张力。此外,应保证内壁和外壁同轴,特别是在地震产生力的作用时。任何的径向位移都会改变主容器和安全容器的径向间隙,都可能对监测主容器表面健康状况的在役检查设备的自由进出造成问题。堆坑室的结构设计根据的是民用设计结构规范,具有很高的安全性,可以满足各种运行/事件和事故工况要求,还具备抗震能力。图8-57展示了典型池式钠冷快堆的反应堆坑室的示意图。

8.3.2.10 工作温度和设计寿命

出于经济性考虑,应该保证较高的运行温度下尽可能延长设计寿命。由于钠的沸点高,约为1160K,因此堆芯出口可以拥有较高的混合平均温度,同时还保有较高的冷却剂沸点裕度。这样高温高压的条件有助于蒸汽发生器产生蒸汽。工作温度越高,设计寿命越长,反应堆的经济性越好。因此,有必要选择更高的运行温度和更长的设备寿命,这在钠冷快堆中是非常可能实现的。然而在材料退化、高温失效、结构力学以及设计规范和标准获得等方面都存在一些技术限制。材料退化主要是受到钠、热老化和中子辐照剂量的影响。如果控制了氧和碳杂质,钠实际上是无腐蚀性的。接触流动的钠会造成材料渗碳和脱碳,从而引起材料性能的变化。长时间暴露在高温下会导致不锈钢中碳化物的析出和 σ 相的形成。这进而会导致延展性和断裂韧性降低。钠冷快堆的主要高温失效模式有:①蠕变/疲劳损伤;②高循环应变控制疲劳损伤;③热棘轮效应;④中间热交换器和蒸汽发生器换热管管壁厚度损失。有关这些失效模式和分析方法的细节内容将在第 10 章中介绍。参考文献[8.37]研究了 SFR 中延长电厂寿命所选择的最佳参数、允许运行温度等各个方面。下面选重点内容介绍。

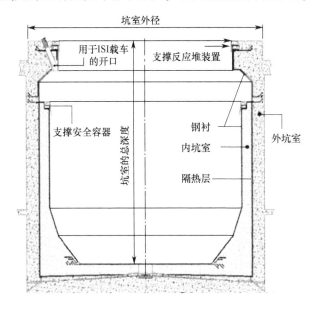

图 8-57 池式 SFR 反应堆坑室示意图

在高温下工作的部件有燃料和屏蔽组件、容器、控制旋塞、中间热交换器、控制棒驱动机构、二次钠回路热管段、蒸汽发生器、蒸汽管和汽轮机。其中,蒸汽管道和汽轮机设计也适用于现代火电站的高温高压蒸汽工况(分别为 810K 和 20MPa),因此它们的选择不受限。高温堆芯中的燃料和屏蔽组件的设计,特别是包壳,具有较长的使用寿命,这对高燃耗燃料的发展非常重要,可以降低燃料循环的成本。这主要取决于选择先进的材料,而不是优化设计和分析方法等。此外,在反应堆运行过程中,堆芯组件是可替换的。中间回路管道的总体布局应尽可能减小所受到大的热膨胀应力,尽管这些仍然是重要的。受热瞬态的影响,采用相对较薄的管子,可以减少热瞬态应力,但要承受足够的内部压力(<1MPa)。然而,热膨胀应力集中在弯曲处,导致了可能存在蠕变屈曲的问

题。这里介绍一下世界上各种快堆的主钠出口/进口温度:Phenix 是 833/658K,PFR 是 833/673K,SPX-I 是 818/668K,BN-600 是 823/653K,Monju 是 802/670K,EFR 是 818/668K。

世界上大多数核反应堆的额定设计寿命是 25~40 年。从对许多电站的工程评估来看,它们可以运行更长的时间。在美国、法国、英国和俄罗斯,许多反应堆都被授予许可证,可以延长运行寿命。在日本,电站的寿命预计可达 70 年。在 20 世纪 50 年代,核电站(NPP)的发展阶段,反应堆的设计非常保守,使用寿命只有 20~25 年,但最终它们被授权运行 50 年。为了最大限度地利用在役电站,提高它们的性能,全世界都在实施一致的延长电站寿命的策略,这些策略大大超过了设计寿命。通过改进部件的机械和结构性能,基于良好的运行经验来延长寿命。

由于腐蚀和微振磨损,蒸汽发生器和中间热交换器在不同位置(管、焊缝和带支撑位置)的管壁厚度损失是选择设计寿命时需要考虑的关键因素。利用现有的微振磨损率数据和实现换热管在役检查,可以定期监测支撑位置的管壁厚度损失,换热管(蒸汽发生器和中间热交换器)的设计寿命可达 60 年。

ASME 第三章第一节第 NH 小节,法国 RCC-MR 规范,以及美国和法国设计规范,为设计寿命为 40 年的高温部件的设计提供了标准和规则。关于这些规范的更多细节在第 10 章中讲述。基于这些规范,可以放心地将反应堆主出口温度设在 820K 左右,寿命设计为 40 年,60 年的电站寿命还有待研发。

8.4 反应堆机构

那些与停堆和燃料操作系统有关的机构是核反应堆的关键机构。特别是在液态金属中工作的机构,其设计面临许多挑战,影响因素包括液态金属的不透明性、金属部件的自焊(咬合)特性和腐蚀效应。液态金属冷却快堆(LMFBR)的运行经验表明,燃料操作事故发生较多,严重影响了堆的使用率。在本节中将介绍反应堆停堆和燃料操作系统的工作原理以及设计上的差异和挑战。还针对减少咬合的设计,以及讨论了一些提高反应堆停堆系统(SDS)可靠性的非能动设计。

8.4.1 停堆系统

SDS 通过吸收中子控制反应堆堆芯的裂变反应。停堆系统包括①控制棒;②驱动控制棒在堆芯活性区提升和下降的驱动机构;③电站保护系统(PPS),由监测电站的仪表、信号处理、电源和触发停堆动作的安全逻辑组成。如果想要反应堆处于停堆状态,控制棒需要位于堆芯的最低处;如果想要反应堆处于临界状态,控制棒需要被提升到一定高度。目标功率是通过提升控制棒而实现的,控制棒通过其驱动机构实现提升,将中子吸收材料从堆芯活性区移出,控制中子实现增殖,从而将反应堆功率提高到所需水平。

8.4.1.1 吸收材料

停堆通常要引入中子毒物,吸收中子,减少反应堆堆芯内发生的有效中子增殖。中子毒物的选择取决于它的吸收截面,即其吸收中子的有效性。材料的吸收截面随中子能量的变化而变化。针对反应堆运行的中子能量,应该选择具有高吸收截面的材料。常见的中子毒物包括硼、锂、镉、钽、铕和钆不锈钢。固体棒状的中子吸收器,即控制棒,在各种反应堆系统中比较常用。由于高能中子谱对应的吸收截面相对较低,因此在快堆高能谱下要采用高富集吸收材料。例如在钠冷却快堆中常使用60%~90%富集度的碳化硼(B_4C)。

控制棒的形状一般是长杆状,单独或作为一束(组)与驱动机构相连。控制棒还有其他形式,包括铰接式控制棒(小段连接在一起)、液体毒物和分散在气体/液体中的粉末或颗粒。控制棒的价值是固定的,它是考虑了堆芯尺寸、各种材料在堆芯中的分布,用于补偿由反应堆功率运行所消耗的裂变材料(燃耗)的反应性价值,以及确保反应堆安全停堆的裕度(停堆裕度),基于反应堆物理计算得来。

8.4.1.2 典型停堆系统

图8-58示意图展示了控制棒及其驱动机构的典型布置。控制棒与一个活动部件相连,该活动部件通过电磁铁与上部连接。上部是控制棒的运动驱动器。为了迅速停堆,断电的电磁铁使活动部分连同控制棒与上部断开连接,受重力下落并插入堆芯。在下落过程中,当控制棒快触底时会受到一个阻尼器的作用减速,这个阻尼器安装在活动部件上,可以避免控制棒冲击堆芯造成损伤,在下落结束点控制棒是静止的。控制棒驱动机构上还安装了检测控制棒存在的仪器(测压元件),在正常上升/下降过程中的移动和定位(电位器/同步器/编码器),以及检测运动和过载时的摩擦(测压元件)。

8.4.1.3 停堆系统的冗余

一般情况下,存在两个独立的、不同的反应堆停堆系统,确保反应堆按需停堆。为了使停堆系统整体可靠,两个停堆系统联合的可靠性应该达到 $<10^{-6}$/反应堆年,通过可靠性计算对此进行了验证。冗余设计影响到各层面,包括停堆反馈信号、逻辑系统、控制棒类型(固体/铰接棒)、驱动机构(滚珠丝杆和螺母/齿条和小齿轮)、阻尼器的位置(反应堆内部/外部)、电磁铁的位置(在反应堆外/在钠内部)或系统本身的类型(在冷却剂中散布液态毒物或铰接式控制棒代替固体棒)。发生地震时,堆芯的几何形状可能会发生改变或变形,铰接式控制棒

(图 8-59)比实心固体控制棒更容易插入堆芯。

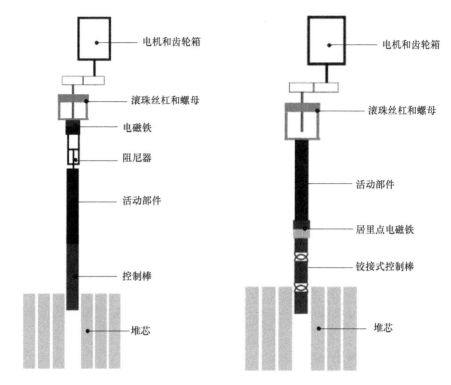

图 8-58 控制棒及其驱动机构的典型布置　图 8-59 铰接式控制棒及其驱动机构的典型布置

控制棒及其驱动机构可以大致分为主、次两类(图 8-60)。在一些反应堆中,主控制棒也可以称为控制和安全棒(CSR),与其相应的驱动机构称为控制和安全棒驱动机构(CSRDM)。这些控制棒在反应堆运行和停堆过程中按要求执行升功率/降功率/停堆功能。次级控制棒也称为多样安全棒(DSR),它的驱动机构称为多样安全棒驱动机构(DSRDM)。这些控制棒只在反应堆停堆时作用。表 8-4 总结了这两种反应堆停堆系统的特点。

一旦某一电站参数超过阈值,电站保护系统就会要求反应堆停堆。激活电站保护系统的主要电站参数包括功率、周期、反应性(基于中子通量[ϕ])、功率流比(P/Q)、反应堆入口温度(θ_{RI})、缓发中子探测器(DND)、堆芯平均温升($\Delta\theta_M$)、组件出口温度偏差($\delta\theta_1$)、CSA 出口温度(θ_{CSA}),这些参数被分成两组,每组参数独立地驱动电站保护系统,如图 8-61 所示,硬件和软件方面也具有冗余。

8.4.1.4　基本安全准则

反应堆停堆系统的总反应性价值是指:在停堆状态下,主、次控制棒都在活性堆芯中,使有着高 k_{eff} 的反应堆处于次临界状态。此外,即使在假想事故下,堆

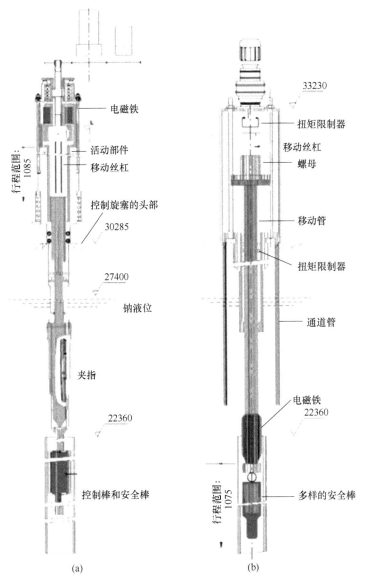

图 8-60 停堆驱动机构的细节

(a)主停堆驱动机构；(b)次停堆驱动机构。

表 8-4 停堆系统的多种特性对比

序号	参数	CSRDM	DSRDM
1	功能	控制和安全	安全
2	吸收棒在正常运行时的位置	部分在堆芯内	在堆芯上方
3	棒鞘与套管之间的间隙	最低要求	更多是确保自由落体

(续)

序号	参数	CSRDM	DSRDM
4	SCRAM 释放电磁铁的位置	在氩气中	在热钠中
5	在 SCRAM 上释放的部分	带控制安全棒的移动组件	只有多种安全棒
6	控制棒减速装置	空气中的油阻尼器	DSR 鞘内的钠阻尼器
7	安全逻辑	脉冲编码逻辑	传统的固态逻辑和优良的脉冲测试(FIT)

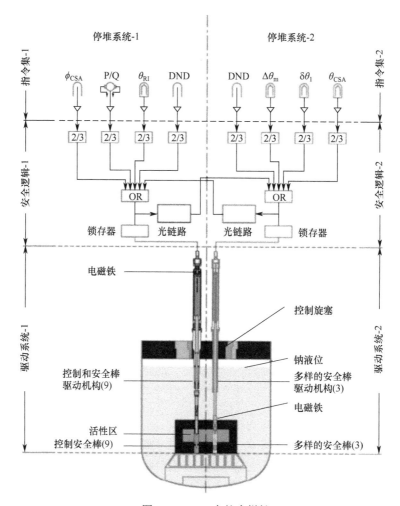

图 8-61 SDS 中的多样性

芯的反应性明显增加,例如错误地用反应最强的燃料组件代替了反应最强的控制棒,称为燃料操作失误,k_{eff} 也会被限制小于 1(通常 $k_{eff}=0.95$)。设 n_p 为主控制棒数。假设有一根主控制棒不起作用,并且所有的次级控制棒都没有从堆芯的最高处下落(同时反应堆在额定功率下运行),反应堆也可以操作(n_p-1)个主控制棒下落,关停反应堆。同样,如果n_s是次级控制棒的数量,假设其中一根次级控制棒没有发挥作用,并且所有的主控制棒都没有掉落,反应堆也可以在只掉落(n_s-1)个次级棒就可以关停。因此,每一种系统(主/次系统)都可以在少一个控制棒的情况下独立关停反应堆。当主控制棒都在堆芯内,提升所有次级控制棒不会使反应堆临界。因此,主价值要考虑由温度上升、功率上升、燃耗补偿和不确定性裕度造成的反应性损失。

8.4.1.5 非能动设计特征

反应堆停堆系统的失效分析表明,电站保护系统失效以及由于堆芯变形而无法插入控制棒是停堆系统不能按照设计正常使用的两大主要原因。电站保护系统的失效受内部因素和外部因素的影响,因此要设计一定的冗余和多样性。为了使控制棒能够插入变形的堆芯,可以考虑采用铰链式控制棒和在堆芯散布液态毒物/颗粒。

即使反应堆停堆系统联合失效率$<10^{-6}$/反应堆年,仍然存在停堆系统失效和设计基准事故同时发生引发的超设计基准事故。为了减轻这类事故后果,在停堆系统中设计了非能动装置,这样事故可以在无外界干预的情况下终止。表 8-5 列出了常见的非能动装置。主要有:

- 居里点电磁系统:它利用电磁铁在居里点温度下退磁的自然原理,当反应堆冷却剂的温度超过居里点温度时,控制棒被释放,受重力下落到堆芯(图 8-62(a))。
- 将液态毒物/颗粒注入堆芯:当冷却剂温度超过规定的安全限值时,可以通过热熔断器或破裂盘装置来实现注射(图 8-62(b))。
- 液压悬挂控制棒系统:在泵发生故障的情况下,支撑控制棒的冷却剂压力突然降低,控制棒自动落入堆芯活性区(图 8-62(c))。

表 8-5 快堆中非能动停堆系统

序 号	系 统	原 理
1	锂扩展模块(LEM)	锂在冷却剂出口温度下的热膨胀导致锂液柱注入部分堆芯活性区中
2	锂注入模块(LIM)	热熔断器密封的熔化导致液态锂注入堆芯活性区
3	居里点电磁铁	电磁铁在居里温度下的退磁导致控制棒在重力作用下落入堆芯中
4	气体膨胀模块(GEM)	由于钠的缺少导致负反应性增加,在流动损失下中子泄漏的增加
5	液压悬挂棒	流动损失导致棒自动插入堆芯,因为冷却剂流动,通常控制棒保持悬浮

(续)

序 号	系 统	原 理
6	强化热效应	由冷却剂出口温度升高导致热膨胀机制(日本)增强造成的热膨胀,由钠的热膨胀(德国)和PS组件与热原理驱动装置(俄罗斯)造成的停堆

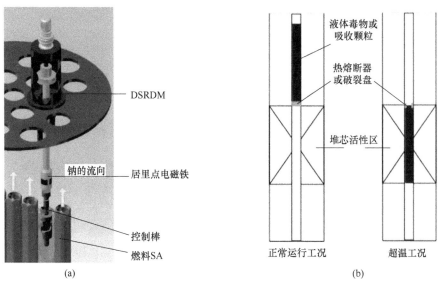

图 8-62

(a)居里点电磁系统;(b)液体/颗粒注射到堆芯内;(c)液压悬挂吸收棒。

8.4.2 燃料操作系统

燃料操作系统包括用于反应堆堆芯换料的机构/机器。反应堆的换料是按照规定的时间周期更换一定量的燃料。因此，当堆内裂变材料因燃耗不足以维持功率水平时，乏燃料就会被机构/机器从反应堆中取出，并替换上新燃料。燃料换料周期与堆芯运行的物理特性相关。每个运行周期是固定的，即有效满负荷运行天数（EFPD），在运行周期末要更换一批组件。每批更换的组件的大小是不同的，它随着堆芯换料周期数的变化而变化。此外，一部分的屏蔽组件和控制棒也要根据其循环寿命更换。

8.4.2.1 换料操作

换料操作包括反应堆容器内的操作和反应容器外的操作。换料操作之前和之后，组件要装在屏蔽容器中，并用卡车转移。装有新燃料组件/屏蔽组件/控制棒组件/特殊组件的屏蔽容器通过卡车从燃料加工厂运来。同样的在经过辐照和适当的冷却后，乏燃料也会被装进屏蔽容器，由卡车运送到后处理厂。

在快堆中，换料操作是在反应堆停堆时进行的，此时，所有的控制棒都插入堆芯，堆芯有充足的负反应性。在典型的池式快堆中，钠的温度在换料期间降低 180~200℃，以减少钠气溶胶对堆换料机构运行的影响。在这个温度范围内，不容易形成钠气溶胶，也就减轻了旋塞旋转过程中以及换料机构运行过程中气溶胶沉积问题。这个温度也不能太低，防止钠池中的钠在一些容易停滞的位置发生凝固。在换料期间，覆盖气体的压力要降低，相对反应堆安全壳建筑物压力低几毫巴（mbar），可以减少旋塞动态密封的泄漏。一般换料期间覆盖气体的压力比安全壳建筑物压力低 0.2~0.5kPa（2-5mbar）。

在线换料，即在反应堆运行时换料，只有在以天然铀为燃料的反应堆中才有可能实现，因为燃料棒束的固有价值非常低，在运行期间换料不会引起大的反应性波动。相反，对于采用高富集度（>2%）燃料的快堆堆芯，在运行中换料是不现实的。因为单个组件的反应性相当大，在组件装入运行中的反应堆时，会引入大的反应性波动，给反应堆控制造成困难。另外，一般快堆是立式反应堆，控制棒及其驱动机构安装在堆芯上部的旋塞上。因此，很难对装有高温高放射性钠的反应堆容器直接密封，通常是在钠液面上覆盖氩气作密封。在运行中换料，很难保持密封性。除此之外，立式反应堆决定了堆芯组件直接安装在控制旋塞下，因此换料期间必须将控制旋塞从堆芯中心位置移开。这就要求控制棒与其驱动机构分离，也就会造成反应堆停堆。如果反应堆换料时间能够控制在其他计划的反应堆维修的时间内，停堆换料就不会对反应堆的运行效率产生影响。图 8-63 所示为堆芯换料的示意图。

闭式燃料循环的钠冷快堆
Sodium Fast Reactors with Closed Fuel Cycle

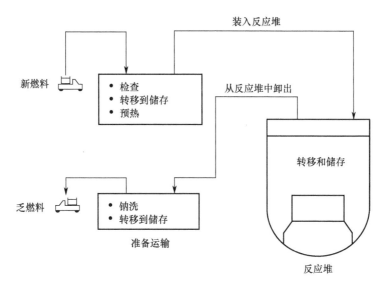

图 8-63 堆芯换料方案

1) 新燃料装载

新燃料具有放射性,因为剩余裂变产物会产生 γ 射线,钚和镅会放出低能的 γ 射线,燃料的 (α,n) 反应会放出中子。因此,新燃料组件需要一定的屏蔽。从屏蔽容器中取出后,组件放在检查台上,检查组件的标识号,用 γ 扫描检查组件的富集度水平,形变检查,可视化检查,通过测量组件管脚处预设台阶的尺寸确定组件所在的流域,通过测量空气流过组件的流阻进行总流堵测试。从新组件储存区取出后,在换料期间,要对新组件进行预热到约 150℃,烘干组件上的湿气,减轻净化回路中从主回路去除杂质的冷阱设备的负担。然后将组件装载到反应堆内。装载新燃料时,换料系统要完成以下操作:

● 将新燃料/屏蔽组件从卡车转移到反应堆容器外,进一步转移到堆芯的一个特定位置,称为内容器转移口(IVTP)。

● 将乏燃料从堆芯转移到堆内指定的内容器转移口,经过适当的冷却后转移到堆外的内容器转移口。

● 将新燃料/屏蔽组件从内容器转移口转移到堆内的指定地点。

2) 乏燃料处理

乏燃料处理面临的主要挑战是,在反应堆停堆后乏燃料短时间内还具有很高的衰变热和放射性。衰变热的多少主要取决于额定功率(来自 U+Pu,kW/kg)以及冷却时间(从堆芯移出后的天数),其次还受到燃耗(MWd/t)的影响。表 8-6 给出了目前发表的数据[8.39]。高的衰变热会导致包壳温度升高,如果在换料期间没有适当的冷却设备,有可能会威胁到包壳的完整性,进而导致放射性释放到工作环境中。在钠冷快堆中,换料要在钠和氩气环境中进行。在钠中进行换料,必须导出高达约90kW的衰变热才能保证包壳的完整性[8.40]。乏燃料还必须转移到惰性气体环境中处理,洗除组件上黏附的钠。这就要求在反应堆容器内和容器外都要储存乏燃料,并且把衰变热降低到满足后处理厂要求的水平。

表 8-6　100kg 燃料(铀及钚)的衰变热　　　　　单位:kW

序　号	燃料燃耗/(MWd/t)	比功率/(kW/kg)	从反应堆卸出的天数		
			10	40	100
1	100000	400	77	41	21
2	50000	400	67	31	15
3	100000	100	23	12	6
4	50000	100	21	11	5.5

从堆芯活性区移出后的乏燃料有两种储存方式:容器内储存和容器外储存。储存在容器内的乏燃料有着很高的衰变热,容器内的储存位置位于堆芯的外围。组件储存在一个或多个容器内,直到衰变热降低到能够进行后续处理的水平。最初,储存位置上放置的是假组件,在换料时逐渐替换为乏燃料组件。Phenix、PFBR、Superphenix 2、EFR 采用的是容器内储存方式。乏燃料转移到反应堆容器外,被垂直储存在装有钠的容器中。该容器中还具有冷却和导出组件衰变热的功能,还有专用的净化系统保证钠的纯度。从反应堆到容器外储存之间的过程,要将组件装在钠罐里。采用这种方法可以将具有高衰变热(约 25~35kW)的组件转移到反应堆容器外。容器外储存的优点是可以缩短换料时间(从储存容器转移到外部的后续过程可以与反应堆运行同时进行),具有导出组件高衰变热的能力;随时可以以最短的时间卸载全堆芯燃料。缺点是储存容器实际上是反应堆容器的小型复制品,具备覆盖气体/冷却和净化系统,钠装量大,还需要额外的机械在储存容器内转移燃料,成本非常高。Phenix 和 Superphenix 1 将乏燃料储存在堆外的一个大的钠容器中。在 Superphenix 1 中发生过由于储存容器焊点位置破损导致了钠泄漏,最终这种储存方式不再被采用[8.41]。相比容器外储存的一个更加经济的方法是在水池中储存。即将组件垂直储存在由混凝土钢衬建造的水罐内。水的主要功能是屏蔽和冷却,还需要配备专用的净化系统保证储存在水池中的乏燃料包壳不被化学腐蚀。另外要提供专用的通风系统以控制水池附近的湿度和活性。

在水池储存之前或者在钠储存之后,组件都要在清洗点洗除组件表面黏附的钠。省去了再处理厂对组件进行清洗的过程。

如果长期外储存(不进行后处理),采用惰性罐中的干储存法。在这种方法中,清洗过的乏燃料被装在密封的惰性罐中,惰性罐是由钢/混凝土制成,因此该罐可以长时间储存乏燃料。该储存方式还需要适当的物理保障,确保储存期间的安全性。

8.4.2.2 换料系统部件

在一个循环中,一定数量的乏燃料和屏蔽组件被新组件替代。当控制棒组件富集度达不到要求时,也要隔一段时间进行更换。在将组件从堆芯逐个移出之前,要将它们先放置在一个临时位置。为此,在堆芯的外围,设计了一个内容器转移口。操作直径定义为以内容器转移口为中心,覆盖了最远的容器内储存位置的圆形的直径。容器内操作方案覆盖了位于操作直径内的组件。位于操作直径以外的组件基本上都是屏蔽组件,屏蔽组件是永久使用的,一般不需要更换。如果它们需要更换,则要单独操作。后续的操作是"容器外转移",指组件从内容器转移口转移到反应堆外的一个位置,再被其他机器转移,进行随后的钠清洗和存储。

1)容器内换料操作部件

反应堆容器内的燃料转移是通过单个或多个旋塞联合旋转,以及使用单个或多个容器内操作机器(IVHM)实现的。使用两个旋塞(小型旋塞(SRP)和大型旋塞(LRP))的容器内操作原理如图 8-64 所示。旋塞是嵌套结构的,也就是在一个中移动另一个。因此小型旋塞位于大型旋塞内,并以一个能够旋转的结构(轴承/滚子支撑)支撑在大型旋塞上。同样,大型旋塞支撑在反应堆容器的固定顶盖上。这两个旋塞需要一个既能实现轴承/滚子支撑又有动态密封的支

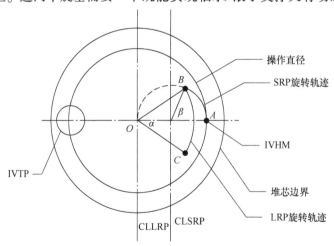

图 8-64 容器内操作原理(CL:中心线)

撑部件,动态密封是用于对覆盖气体进行密封的。容器内操作机器的中心线为点 A。在小型旋塞旋转 β 角时,点 A 移动到点 B,在大型旋塞旋转 α 角时,点 A 移动到点 C。旋转小型旋塞移动点 A 到堆芯(点 O),从而实现在点 A 和点 O 之间追踪线上的任何位置定位容器内操作机器。用小型旋塞旋转实现所需半径的容器内操作机器定位后,旋转小型旋塞给出所需的旋转角度,可以将操作机器定位到堆芯指定位置的上方。因此,为了覆盖整个堆芯,小型旋塞需要最大旋转 180°,而大型旋塞需要旋转 0~360°。

有三类操作机器:
(1)直拉式机器;
(2)偏移臂式机器;
(3)伸缩式机器。

通常,容器内操作机器也可以旋转 0~360°。偏移臂式和伸缩式机器能提供额外的旋转半径,可以辅助小旋塞。图 8-65 所示为使用了偏移臂(转移臂)和

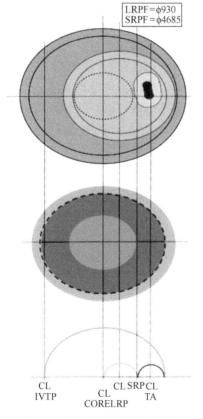

图 8-65 容器内操作使用偏移臂

旋转小旋塞,覆盖了所需旋转半径的全部范围。图 8-64 所示为使用直拉式机器,至少需要两个旋塞。使用偏移臂式和伸缩式机器,只需要一个旋塞。只采用一个旋塞的偏移臂式/伸缩式操作机器如图 8-66 所示。

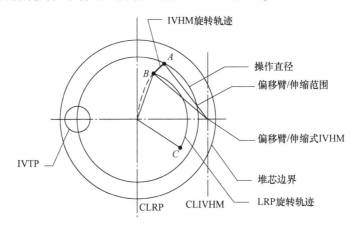

图 8-66 用偏移臂式/伸缩式机器操作方案

IVHM 的四种基本的功能性需求:
(1)张开/闭合夹具指头,握住/松开组件;
(2)上下移动夹具,提升/降落组件进出堆芯;
(3)旋转机器辅助小旋塞旋转,获得所需的旋转半径;
(4)在降落组件进入堆芯之前,旋转夹具调整组件的方向(由于其六边形的形状,有必要确定组件的方向正对堆芯空缺的形状)。

三种容器内操作机器的夹持轴相对于机器提升轴的位置不同,直拉式的两个轴是重合的,偏移臂式的提升轴与夹持轴之间的偏移距离是固定的。在伸缩式中,提升轴是伸缩的,但与夹持轴不同轴,如图 8-67 所示。

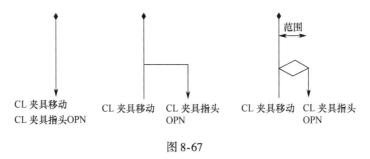

图 8-67

FBTR、Superphenix 1、EFR、Joyo、DFBR、BN-350、BN-600、FFTF、CRBRP 采用直拉式;Phenix、PFBR、SPX-2、Monju 采用偏移臂式;PFR、DFBR、JSFR 采用伸缩

式。直拉式在设计和操作上是最简单的。偏臂式和伸缩式由于提升功能的需求又增加了夹具,因为夹具载荷的偏心性,使得其载荷相对更加复杂。然而,这三种机器都已经设计用于上述的各种反应堆中,因此技术上都是可行的。伸缩式机器是三种类型中最复杂的,但由于只使用了一个旋塞,并且其大型旋塞法兰直径最小,因此具有极大的经济性优势,在日本反应堆(JSFR)的最新创新设计中使用。

  2)容器外换料操作部件

  容器外换料方案有两种:容器转移和单元转移。在容器转移过程中,将一个密封充氩的容器与内容器转移口上方顶盖的管道相连,抓取组件并提升到容器中。在顶盖和容器上设有防漏阀。在组件移动时阀门保持开启,在组件转移到洗涤池时关闭。在打开容器和管道阀门之前,用氩气冲洗阀门之间的空隙。容器转移的优点是,采用简单的直拉式夹具操作,有额外的冷却处理,可以处理具有高衰变热的组件。容器由建筑用起重机搬运或在专用轨道上移动。容器转移的缺点是,由于要反复关闭/打开阀门和氩气冲洗,过程耗时,导致换料时间更长。空气进入主系统的可能性很高。容器转移法如图 8-68 所示。单元转移是通过专用单元连接反应堆顶盖上的管道和反应堆外的移送位置。单元中充满了氩气。由起重机或转移机器转移组件,通过充满惰性气体的单元。图 8-69 展示了单元转移法。还存在另一种稍做改变的方法,在反应堆和外部之间设置旋转的转移闸。闸上两个倾斜的坡道,通过这些坡道,组件可以被提升起来,然后以旋转或摆动的方式转移到坡道的另一边。这一设计被用在 PFBR、Phenix、Super-

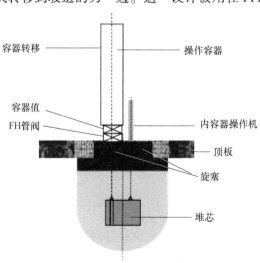

图 8-68 容器转移法

phenix 1、EFR 中。单元转移方法的优点是可以减少燃料处理时间,并且其预防泄漏的密封性更好。然而,所使用的机器建造复杂,在转移高衰变热组件时受到一定限制。此外,还需要额外考虑处理转移过程中组件卡住的情况。

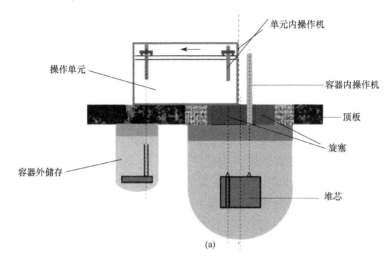

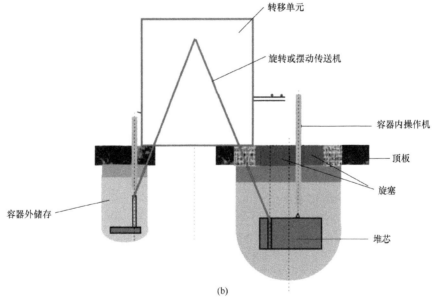

图 8-69　单元转移法(见彩色插图)
(a)使用固定单元;(b)在转移单元内使用旋转或摆动转移匣。

8.4.2.3　换料过程中的主要安全要求

1)防止储存过程中发生临界

与同等大小的热中子反应堆堆芯相比,乏燃料组件中仍含有相对大量的裂变材料,并且储存在水中,可能发生临界。可以通过在相邻单元之间设置适当的间隔来防止达到临界,如此可以在包括洪水和地震在内的所有正常和事故工况下保持几何结构的完整性。在这种情况下,算得的 k_{eff} 不应超过保守值,比如 0.95。

2)换料和容器外储存过程中组件的冷却

由于裂变产物产生的衰变热会导致组件元件温度升高。必须排出热量,使元件的峰值温度不超过设计安全限值。当组件浸没在钠中时,散热不具有很大的挑战。然而在处理过程中,组件处于惰性气体空间,如果没有得到足够的冷却,温度可能会上升。在处理期间组件的冷却存在巨大的挑战。因此,在储存和转移过程中应提供可靠的冷却装置,保证组件的完整性,特别是外壳的完整性。

3)辐射防护

所有换料机器及储存设施均应设有足够的屏蔽,以限制操作及维修人员受到的辐射。

4)失效组件的处理和存储

设计时还应考虑组件中燃料元件失效的情况,针对放射性释放、燃料-冷却剂相容性、衰变热导出、操作区域污染等问题,采取有效的措施对失效组件进行安全处理和储存。一般这样的组件将被密封在一个二次容器中。

5)具体设计要求

要控制含有大量裂变物质的新燃料插入堆芯的速度,使反应性引入速率保持在一定范围内。需要设计合适的装置,确保操作机器能够区分控制组件和燃料组件,以防因疏忽将两者搞混。此外还应该确保在处理单个组件时,堆芯其余部分不会受到干扰。机器上应该设计防止组件在搬运过程中掉落的机构。操作机器应设有联锁,防止误操作。除了上述要求,操作机器还应该能够明确地识别正在处理的组件类型,以及还应该能够检测出栅板上错误装载的组件。

6)操作错误

应该通过不同方法检查操作是否发生错误(比如旋塞定位错误、机器操作错误)。

7)运输容器

应该规定在电站内能够安全地满足所有规章要求地转移新组件和辐照过组件的方法。

8.4.2.4 换料经验及研发要求

反应堆内换料机器的远程操作是快堆换料面临的主要挑战。钠的不透明性使得换料操作不能可视化。除了 FBTR 和 Joyo 发生的两起重大事故外,快堆的换料机器的操作一直没有出现问题,在这两起事故中,旋塞随着与反应堆耦合着的换料机器发生了旋转。

1987年,在FBTR中将燃料组件从堆芯第三层转移到储存位置的过程中,组件的管脚从导向管下突出来,造成了弯曲。限制了夹持管的运动,最终被夹持管夹着的燃料组件堵在导向管内。反应堆容器内发生了复杂的机械相互作用,导致换料机器夹具、夹具上夹着的燃料组件、导向管和几个反射区组件受损[8.42]。额外施加一个作用力才将弯曲的组件从损坏的导向管中提取出来。使用专用工具将导管切割并拆分成两部分(图8-70)。事故后对燃料处理机器进

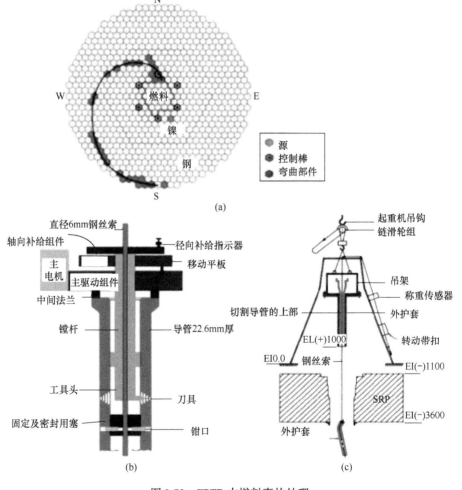

图8-70　FBTR中燃料事故处理
(a)损坏部件路径;(b)远程切割导管;(c)导向管的回收。

行了改进:为换料夹具增设了机械止动器,给旋塞设置了冗余联动装置。事故发生后花费了 2 年的时间才恢复反应堆运行,反应堆于 1989 年 5 月重新启动。在进行了以上的改进后,没有再发生事故,系统的运行已无故障。

在 Joyo 反应堆中,辐照试验组件"MARICO-2"的顶部突出在堆芯上方,并在旋塞旋转时发生弯曲(图 8-71)。突出的组件也对上部堆芯结构造成了破坏。补救措施正在进行中。

为了克服钠不透明的限制,采用钠内超声扫描仪(USUSS)[8.44],检测堆芯与上述堆芯构件之间没有任何连接。该装置向径向发送超声波,并接受凸出物体的反射。根据接收反射回声所花费的时间,可以判断出可能的凸出物以及它与超声波源的距离。根据信号和对信号适当处理,可以确定物体的形状。同样的,扫描仪还可以用来从堆芯的顶部向下观察,来发现是否有组件弯曲而造成组件中心线发生改变。虽然 USUSS 已经相当发达,但为了达到能够检测所有凸出物类型的目标,在提高灵敏度和改善信号处理方面仍有很多工作要做。

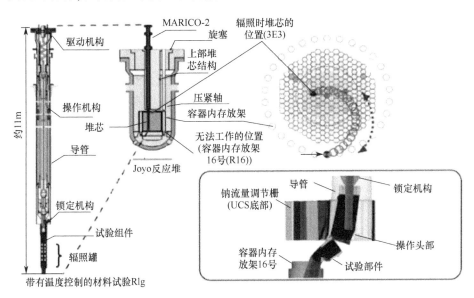

图 8-71 Joyo 反应堆中 SA 发生弯曲的 MARICO-2 测试

金属表面的咬合(自焊)是反应器机构顺利运行面临的另一个主要挑战。特别是在接触应力较大的情况下,高温钠中金属表面有熔接或自焊的可能。为了避免表面咬合,要对接合的表面进行堆焊。硬表面堆焊是在金属表面提供一层涂层,使其能抵抗自焊。常用的堆焊技术包括硬铬电镀、钨铬钴合金涂覆。硬铬电镀通过电化学过程涂覆富铬层。镀层坚硬(约 60HRC),耐磨。钨铬钴合金涂层涂覆的是一层硬度为 40HRC 的富钴层。但在辐照下,钴具有放射性,能在反应堆退役时对维修人员造成辐射。除此之外,还发现一种富镍的铬化硼合金涂层,其硬度在50HRC左右。与钨铬钴合金相比,该合金产生的诱发放射性非常小。对在高温钠中的接触表面,特别是滑动/滚动接触下的部件,如导向面、滚轮、销、轴颈或滚动轴承,材料和涂层的正确选择对于减少咬合效应非常重要。

8.5 仪控系统

在电站中仪控系统的功能包括:
- 协助操作员按照规定功率和安全目标控制电站;
- 监控电站,并对偏离正常的运行发出警告;
- 提供独立的安全和控制措施(以及必要时的停堆措施);
- 在没有操作员干预的情况下,能够防止事故进一步的不良后果,并为任何必要的行动提供相应的设施。

总的来讲,仪控系统的主要功能就是监视、控制和保护电站。

8.5.1 I&C 的基本功能

在传统的电站中使用的仪表包括:热电偶、电阻温度探测器,压力、液位和流量仪表。在核电站中,还使用特殊的仪表监测中子通量和辐射水平等。此外仪表和控制在停堆后监测、事故工况下的反应堆安全壳建筑隔离以及事故后监测(PAM)中发挥着关键作用。

增殖堆中需要特殊的传感器,实现高化学反应性、高温和高放射性的钠中的测量,即特殊的钠仪表。使用高温裂变室(HTFC)对反应堆从停堆到200%的额定功率(P_n)运行的中子通量进行监测。还设有一个失效燃料检测系统,监测钠和覆盖氩气中的裂变产物的存在。所有可能有放射性的区域都要进行监测,防止向环境中释放任何放射性物质。在快堆中,反应性的快速响应、堆芯温度测量(CTM)和失效燃料检测都是非常关键的。快堆蒸汽发生器中设有专用的测量钠液位、流量、容器和管道泄漏检测以及水/蒸汽泄漏检测的仪表。

对快堆组件和堆芯进行监测的仪表设备是另一大挑战,因为所有传感器都要通过反应堆容器顶部有限的开口来定位。由于监测信号数量很大,反应堆顶部的电缆线路受到空间的限制,布置起来十分困难。此外为了方便换料操作时旋塞旋转,从反应堆内到堆外围的电缆要断开。还需要设计牵引电缆的系统,保证即使在旋塞旋转时,一些重要的信号也能够传输。

从传感器获取的信号经过调整和处理,呈现给操作员,保证正常工况能够顺利运行,并在设计基准事件中保护反应堆。仪表和控制设计的目标是为电站和环境提供自动保护。综上所述,仪控系统的基本功能是测量、显示、记录、控制和保护。

仪控系统是由一些硬布线的基于计算机的系统组成的混合体。一般来说,所有触发安全行为的参数传输都是硬布线,但堆芯温度监测系统是例外,它使用计算机以满足动态处理的要求。基于计算机的系统通常优于其他的仪控系统,它能够使用计算机领域的先进技术。

8.5.2　一般设计特点

采用的设计特征要基于良好工程实践,满足关键性安全和安全相关的仪表系统的安全准则。

测量范围:所有仪表都有适用于监测正常运行和预期运行工况的测量范围。除特殊情况外,所有仪表的测量范围的选择都遵循中间三分之二惯例。

冗余:一些重要的变量在超过安全限值时会触发停堆,需要给这些变量提供冗余的仪表。

现场检测:在可能的范围内,所有对安全至关重要的仪表都有内置的检测信号,要进行定期的监视检查。对关键的安全系统的仪表进行监控,并利用计算机对信号进行比较(三套仪表),作为在线监视检查的一部分。

故障安全设计:仪控系统在设计时要保证,在可能的范围内,部件发生任何故障或失效都不会导致反应堆出现危险状况。重要设备/仪表发生故障会触发反应堆安全停堆。

单一故障准则:仪控系统的设计满足单一故障准则,即单个设备的故障不会危及反应堆安全。大多数关键参数都是由三个仪表通道监测。

共模故障:一个关键安全参数的三个监测通道通过不同的电源分区供电,电缆通过独立线路的独立电缆架布线,仪表通道尽量位于不同房间的不同机柜内。

抗震能力:仪控系统根据其在地震事件中确保安全的重要性被分为抗震1、2或3级(未分类)。抗震1级系统设计承受安全停堆地震,2级系统设计承受操作基准地震(OBE)。

仪表支撑结构是主设备的一部分(例如热电偶),是根据设备的抗震级别设计的。为了满足抗震要求,设备装配部件(例如仪表通道、继电器)要根据具体地点的地震谱进行严格的地震测试,以确保它们能够在系统中使用。通过测试的仪控系统才是合格的,不能进行测试的设备必须经过地震分析确保其合格。

安全分类:根据仪表在防止放射性释放到环境中的作用,仪表被分为关键安全系统、相关安全系统和非核安全系统(NNS)。仪表系统的安全等级影响仪表的选型、信号处理和资格要求。

8.5.3 仪表类型

快堆中使用的仪表可以分为核仪表、钠仪表和常规仪表。根据应用的类型,使用的传感器可分为单传感器、冗余传感器、三重传感器或多样传感器。考虑到反应堆安全的重要性,用于触发堆安全行为的测量都进行三次,三分之二以上通过的逻辑结果才可应用。多样仪表是用于保护反应堆不会发生单一故障,通过准备冗余的传感器,以提高反应堆的可靠性。其他参数的测量使用的是单传感器。

8.5.3.1 核仪器

核仪表主要有以下几种:
- 中子通量监测系统;
- 燃料失效探测和定位系统(EFDLS);
- 放射性监测系统(RMS);

1) 中子通量监测系统

反应堆堆芯在中子通量监测系统监测下的状态可分为:停堆、换料、启堆、中间运行、功率升降。中子探测器放置在旋塞内和安全容器下方。旋塞内的高温裂变室的敏感度为 0.2cps/nv。这些探测器安装在旋塞内的壳管内,是可更换的。它们适用的温度最高不超过 570℃,用在低功率工况下,因为反应堆高功率运行下产生的 γ 射线会对其产生影响。安装在安全容器下方的标准的探测器的敏感度为 0.75cps/nv,也可以更换。这些探测器使用的功率范围为 5% ~ 100%。启堆、中间运行和功率升降过程中的信号都可以通过这些探测器输出。在反应堆运行的全过程中在旋塞内和安全容器下方都放置了上述三种探测器确保反应堆安全运行。当发生运行事故时,这些通道产生的信号(例如线功率、周期、反应性)能够自动触发反应堆紧急停堆。

堆芯中心的中子通量可以从停堆时的 5×10^7 nv 变化到满功率(1250MW(t))运行时的 8×10^{15} nv。满功率运行时,安全容器下方探测位置的中子通量为 1.34×10^5 nv。中子信号在每次换料操作后参照 90% 额定功率的热功率进行校准。快堆中子探测器的位置如图 8-72 所示。

2) 失效燃料探测和定位系统

失效燃料探测定位系统监测燃料元件的完整性,并在覆盖气体活性增加时进行预警,并在冷却剂钠的裂变产物活性异常增加时触发反应堆停堆,防止燃料元件包壳破损故障的进一步扩散。燃料元件被金属包壳密封,能够容纳裂变产物。失效燃料探测和定位系统由气态裂变产物探测器(GFPD)、钠池中的缓发中子监测和破损燃料定位系统组成。

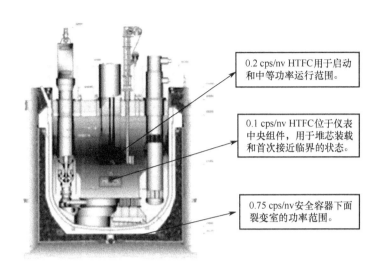

图 8-72　中子探测器在典型快堆中的位置

气态裂变产物探测器在气体流到离子室时对覆盖气体进行采样,并可以通过仪表信道发出早期预警。带有多通道分析仪(脱机)的高纯度锗探测器,是一个高分辨率伽马光谱仪,用于分析活性气态裂变产物的数据以及燃料在堆芯停留时间,便于识别破损燃料。通常从一个小的燃料破口释放出裂变气体升级到钠中的缓发中子先驱核规模是一个缓慢过程,通常持续几天到几个月。因此,气态裂变产物探测器不能触发紧急停堆。

基于延迟中子监测的破损燃料探测系统是由放置在四个中间热交换器入口的 8 个相同组块构成。每个组块由三个高温裂变室(被石墨包围,使其热化)构成,用于探测缓发中子。设计了 B_4C 屏蔽以减少堆芯中子流的影响。探测器的输出信号要经过处理以确定是否有燃料失效,并可以在 60s 内触发反应堆停堆,防止事故传播。

在控制旋塞上安装了三个模块来确定破损燃料的位置。每个模块包括一个收集器,用于在指定的钠出口位置对钠进行采样。在收集器的轴上有一个光学编码器用于标记系统取样的组件出口。当缓发中子探测(DND)系统显示出燃料破损时,破损燃料定位系统就开始工作。该系统在 8h 内完成所有燃料组件钠样品的扫描。

3)辐射监测系统(RMS)

辐射监测系统检查所有潜在辐射区域的辐射水平,并在情况发生时启动警报/联锁。它包括监测伽马射线、气体活性、微粒活性、排气管气体活性、排放的污水、在正常运行期间的污染、事故后期的污染。辐射监测系统作为一种预警系统，可以保证向环境排放的活性足够低，并限制人员在环境中的暴露，限制其所受的辐射在允许的限度以下。位于反应堆安全壳建筑区域内的伽马探测器和反应堆安全壳建筑过滤器下游的活性探测器，在探测到所释放的活性超过允许限度时，会启动反应堆安全壳建筑隔离。

8.5.3.2 钠仪表

钠在室温下为固态（M.P. 98℃）。钠的高导电性可用于泄漏检测、液位和流量测量。大多数钠传感器是非接触式的，额定工作在高温（高达750℃）和高放射性环境（中子通量，$10^9 \text{n/cm}^2/\text{s}$ 和伽马通量，10^3Sv/h）中。

1）温度测量

k 型（镍铬合金-镍铝合金）热电偶（直径为 4mm、2mm、1mm）有着不同的应用。选择这些热电偶是因为它们具有非常好的抗辐射性能，并且在所要求的温度范围内其特性几乎为线性。

堆芯温度测量用于监测燃料组件中的异常功率/流量、堆芯设计验证（物理和工程）、燃耗管理。堆芯温度测量的基本功能是测量冷却剂温度的变化，并在燃料组件（堆芯冷却不足）部分堵塞、堆芯加料出错或燃料富集度出错、节流孔故障时，启动安全动作。使用直径 1ms 的 k 型热电偶时，需要采用矿物隔热，并装有 SS 护套。出于安全性和可靠性的考虑，两个热电偶作为探头安装在每个燃料组件出口的热电偶套管中。热电偶套管中的传感器响应时间为 $6 \pm 2\text{s}$。实时计算机（RTC）每秒钟扫描一次燃料组件出口的钠温。意味着可以在线计算出平均堆芯出口温度（θ_M）、平均堆芯温升（$\Delta\theta_M$）、单个组件出口钠温与设计值的偏差（$\delta\theta_I$）。当超过各自的设定值时，立即启动停堆。信号处理方案如图 8-73 所示。

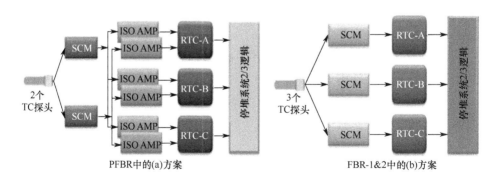

图 8-73　信号处理方案

通过使用三个热电偶探头进行堆芯温度监测,简化了仪表系统。未来的反应堆将采用这种热电偶探头设计,这也给信号处理系统提供了一定的独立性。

在 CSA 中,有 6 个热电偶不装在热电偶套管内,直接与钠接触(响应时间 150ms)。这 6 个热电偶位于两个主钠泵吸入口,测量堆芯入口温度。

热电偶用于监测内容器、热屏蔽和主容器外表面、安全容器、堆顶屏蔽盖、顶盖、小型旋塞、大型旋塞和控制旋塞温度。这有助于监测上述部件的温度梯度,以及对不同部件上温度分布进行设计验证。

钠罐和其他设备中的钠温是通过热电偶套管中的热电偶测量的。单壁钠管配有管路加热器,使用表面热电偶进行监测,这也适用于所有钠容器外表面的监测。钠的测量仪器中用于温度测量的数量最多。

2) 泄漏探测

钠泄漏是非常危险的,因为钠会与周围环境中的氧气和水分反应。从主系统泄漏出的钠还会产生放射性污染。管线、钠罐和其他钠容器中都安装了泄漏探测器。钠泄漏探测器的设计要符合 ASME 第十四节第 3 部分的要求,其中要求钠泄漏率达到 100g/h 的情况下,应该在 20h 内在空气填充的坑室内探测到,250h 内在惰性坑室内探测到,以避免长时间的腐蚀。

装有钠的单壁设备和管道的泄漏,是通过设备或管道外壁上珠状的镍丝检测。关于泄漏检测器的介绍如图 8-74 所示。当钠泄漏时,钠会填充墙壁和镍丝之间的缝隙,电子回路就会检测到钠的存在。另一种基于此原理的泄漏检测方法是火花塞泄漏检测器(SPLD),用于导管、钠检修阀和泄漏收集盘等的泄漏检测。

反应堆安全壳建筑中的钠管线充有氮气。对于这类管道,使用基于互感的泄漏检测器(MILD)进行钠泄漏检测。钠被收集在一个槽内。探头由一个由高频电流激励的主绕组组成。钠的存在改变了二次输出,形成了钠泄漏的信号。该方法也可用于检测中间空间的钠泄漏,如主容器与安全容器之间的空隙。

钠气溶胶泄漏检测器被用作钠泄漏的区域探测器。从钠管道和设备所在区域取样的空气通过该检测器。采样空气中的钠气溶胶在探测器内电离,引起电流变化,引发警报。与其他探测器相比,该探测器的灵敏度更高。

传统的烟雾探测器也可以作为区域探测器来检测钠火灾产生的烟雾。除了这些探测器之外,通过互感式液位探针,可以从各钠罐的钠含量下降中确定钠泄漏的发生。

3) 液位测量

对所有钠容器(包括主容器)的钠含量都要进行监测。储罐和容器中钠发生泄漏导致钠液位下降。采用互感式探头进行连续和间断的液位测量。连续液位探头用于指示液位,间断液位探头(开关)用于安全联锁和报警。

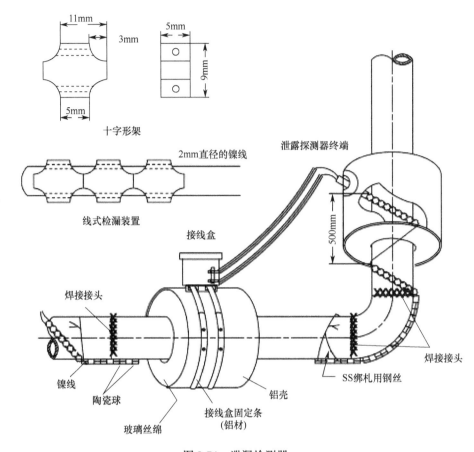

图 8-74 泄漏检测器

这些探头焊接在钠罐的槽里。在钠罐上有两个线圈:一个主线圈和一个次级线圈。主线圈上通过 100mA 恒定交流电,其频率为 3kHz。由于变压器的作用,在次级线圈上产生了一个感应电动势。槽里没有钠时,次级线圈的感应电动势高。当钠含量上升并覆盖探针时,次级线圈就像短路一样,并产生感应电动势。这种感应电动势在钠中产生涡流,产生与主磁场方向相反的磁场。这样次级线圈产生的磁通量减小了,次级线圈中感应的电压也减小了。所以次级电压的下降与液位的上升成正比。

相似的探头设计还用做液位开关。通过在不同高度的探头上缠绕三四组线圈,可以探测出相应的液位。由于探头安在槽里,不会接触到钠。维修比较简单。在互感(MI)型中,安装单个探头可以探测多个液位高度。图 8-75 所示为液位测量原理图。然而互感型液位探头的长度较长,制造和操作都有一定的难度。

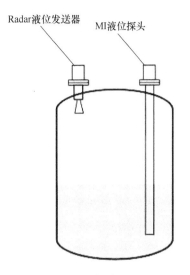

图 8-75 液位测量原理图

RADAR 液位发送器是另一种检测钠液位的仪表。其主要组成包括位于钠罐内的一个小的圆锥天线和外部的相关电子元件。这在现场很容易操作。钠蒸汽沉积在天线上不会对仪器的性能产生影响。说明该仪器可以在钠中持续使用。

4）流量测量

传统的流量表如孔板、文丘里管和转子流量计不能应用在钠环境中,因为它们需要焊接、螺丝或法兰连接和/或压力攻丝。永磁流量计(PMFM)被用在钠管道内测量流量。永磁式流量计正常工作时不需要电源供电。

5）永磁流量计

永磁流量计的工作原理是著名的法拉第感应定律,即"如果导体在磁场中运动,导体上产生的电势与导体的速度和磁场强度成正比。"

$$感应电动势(E) = BLV(V) \tag{8-12}$$

式中

B——磁感应强度;

L——流量计中导体的长度(D 是管的直径);

V——导体运动的速度;

图 8-76 可以说明永磁流量计的工作原理。

为了考虑各种不确定性,将一些修正因子引入公式中,即

(1) K_1,表示管道和液态金属短路;

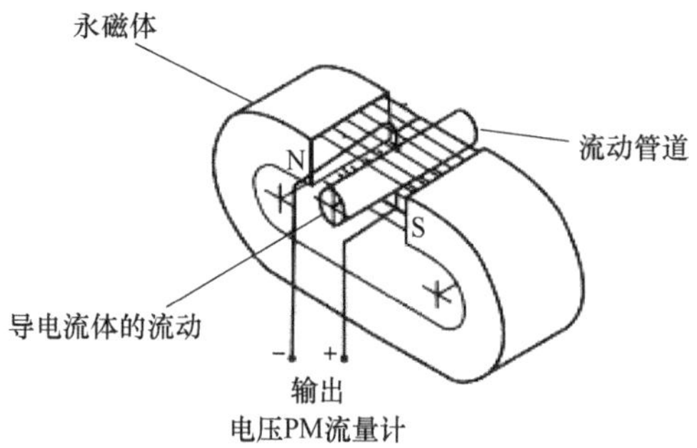

图 8-76 永磁流量计

(2) K_2,表示磁场的末端效应;
(3) K_3,表示温度对磁场的影响;
因此,公式变为 $E = K_1 K_2 K_3 BDV(V)$。

永磁流量计的优点是:回路无压降,无运动部件(维修较少),管道无穿透,非能动装置,信号处理简单。

6) 涡电流流量计

涡电流流量计用于测量主泵中的钠流量。这是对堆芯流量的一种间接测量方式。它以探头的形式插入顶盖中,由三个线圈组成:一个主线圈在中间,两个二级线圈在主线圈的两侧,主线圈通以 100mA 的交流电,二级线圈在主线圈产生的变化的磁通量中,会产生电动势并形成电流。当探头外围的钠处于静止状态时,两个二级线圈会感应到相同的电压,由于它们反向连接,因此输出电压为零。钠的流动会产生涡电流,受此影响,二级线圈的输出是变化的,其差值与钠的流速成正比。

钠的温度影响涡电流流量计的工作,因此在电子电路中设置了温度补偿。在高频率下,温度影响较小,因此选择高频电流通过主线圈。涡电流流量计原理图如图 8-77 所示。

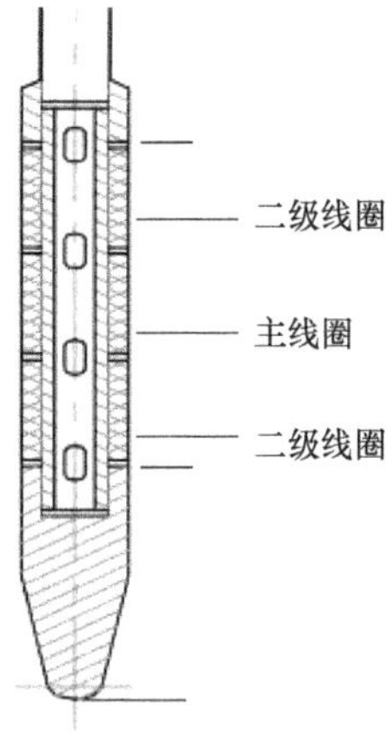

7) 转速测量

采用电磁传感器线圈来监测主钠泵的转速。一个齿轮安装在泵轴上(联轴器的叶轮侧),在齿轮附近有三个传感器线圈。旋转的齿轮在线圈中感应产生一个脉冲信号,使用计数电路计数。计数即可以测量泵转速。该信号是反应堆保护系统的一部分,用于检测泵因电源、泵传动、卡泵等引起的故障。

图 8-77 涡电流流量计

8)钠纯度监测仪

钠需要持续净化来减少其对结构材料的腐蚀,防止低温区狭窄通道的堵塞以及放射性材料间的传质。在二次钠回路中,通过净化使钠中的氢本底水平保持在较低水平,提高钠中氢泄漏检测系统的灵敏度。H_2和O_2杂质水平保持在<10ppm。钠的净化是通过冷阱完成的,通过堵塞指示器监测钠的纯度。测量原理是基于钠温降低时,氧化钠和氢化钠等杂质在钠中的溶解度降低的性质。堵塞指示器是一个环形管,一端有孔,外部由空气冷却。随着钠流动温度的降低,减少的钠流中孔口会发生堵塞。温度(称为堵塞温度)是在流量降低到未堵塞流量的80%时测量的。

9)蒸汽发生器泄漏检测系统

蒸汽发生器泄漏检测系统的功能是尽可能早地检测出钠中水/水蒸气的泄漏。在泄漏升级前,通过蒸汽发生器卸压和排水,以及用氮气隔离和惰化来防止进一步的水/水蒸气泄漏。由钠加热的蒸汽发生器对电站的可靠性有着很大的影响,因为当一个小换热管发生泄漏时,引发的钠水反应会放热并产生腐蚀性氢氧化钠产物,波及邻近的管道。如果水/蒸汽泄漏到钠中,还会产生氢。在泄漏尚处于初始阶段时,要对氩气和钠中的氢浓度进行检测。

蒸汽发生器换热管泄漏根据泄漏速度分为小、中、大规模。基于电化学氢表的钠中氢检测(HSD)系统安装在每组蒸汽发生器的出口通往泵的钠管线上,用于检测小规模的水/蒸汽泄漏。在调压罐的覆盖气体空间内设置了两个基于热导检测器的氩气中氢检测(HAD)系统。钠中氢检测系统是用在反应堆启停过程中检测小规模水/蒸汽泄漏事故(最高可达到10g/s),因为钠温低于623K时,形成的氢不能溶解在钠中,氢气以气泡的形式逸出到覆盖气体中,钠中氢检测无法进行测量。对于中等泄漏(10g/s~2kg/s),泵罐内配置压力开关。爆破片下游安装了火花塞式检测器,用于检测大泄漏(>2kg/s)。

8.5.3.3 常规仪表

传统仪表,即为蒸汽、水、汽轮机、电站辅助系统提供的仪表。除了电阻温度探测器(RTD)、热电偶、压力、流量、液位、分析仪表外,还配备了汽轮机的轴承座振动、转速、偏心、差动膨胀、汽轮机整体膨胀测量仪表,以及调速器阀、隔离阀、调速齿轮、限负荷齿轮的位置测量仪表。

8.5.4 信号处理

从传感器获得的数据可以用模拟或数字技术处理。模拟系统基于多年的操作经验,其可靠性得到了验证,而数字计算机监控和显示系统提供了对操作人员友好的人机界面(HMI),减少了布线,并且成本上更具竞争力。

8.5.4.1 关键安全系统

信号处理是完全硬接线的,除非是需要动态处理的地方,如堆芯温度监测,为此使用了一式三份的计算机。关键安全仪控系统是用于堆芯温度、流量和中子通量测量、失效燃料探测、保护逻辑、安全级衰变热导出挡板逻辑和安全壳建筑物隔离挡板逻辑的仪表。使用三重仪器通道来监测每个参数。信号处理和电缆布线在物理上是分开的。三种逻辑中必须两种以上的结果相同才能触发安全措施。三重仪表通道的供电也由独立的仪控电源提供。

8.5.5 安全相关系统

安全相关系统与关键安全系统在实现和维护安全方面具有互补作用。信号处理采用双冗余系统。在第一个系统发生故障时,第二个系统通过切换逻辑自动接管。反应堆启动检查、控制棒驱动机制、主钠系统等,都是这类例子。

8.5.6 非核安全系统

非核安全系统不直接参与反应堆停堆,但会帮助操作员对异常运行工况发出警报或警告。对于这一类系统,可以使用现成的商业产品,如可编程逻辑控制器(PLC)或配置了分布式数字控制系统(DDCS)的远程数据记录器。在现场的测量点附近放置可编程逻辑控制器,具有多路复用的优势。但是为了标准化,大多数非核安全系统也使用双重冗余系统,类似于安全相关系统。

8.5.7 控制结构

采用现场、本地控制中心(LCC)、控制室(CR)三层控制结构。仪控系统传感器和控制器位于现场。这一层组件的功能是数据采集、逻辑功能、闭环控制。现场组件和本地控制中心(下一级)之间的通信是通过数字通信总线和/或通过直接的电缆实现的。当环境条件不允许在现场安装电子设备时,即位于本地控制中心层。本地控制中心层,是层级结构的第二层,采用硬件系统和基于计算机的控制系统的系统柜来处理现场信号。本地控制中心还设有网络机柜,建立数据总线,连接现场的组件与控制室。

8.5.8 控制室

控制室系统包括控制室、操作室、电脑室、工程师值班室。备用控制室(BCR)位于远离主控制室的位置,控制室和备用控制室不会同时使用。控制室是控制系统层级结构中的最高级别。在所有电站条件下,控制室的位置要方便操作员使用。通过控制室对电站进行操作。操作员从控制室向现场发送命令和控制定值,现场部件按照要求采取行动,其结果反映在控制室的人机界面上。所有关键安全参数、安全相关系统、非核系统的重要参数都显示在控制室面板的警告窗口上。

8.5.9 过程控制计算机

位于控制室综合系统中的处理计算机接收来自实时计算机系统的在线电站数据,实时计算机系统位于不同建筑物中的不同本地控制中心的双光纤数据总线上。电站计算机要更新数据库;并将资料储存在硬盘中;将数据存档在磁带库中;在打印机上打印报警信息;进行机器设备层的计算(如热平衡、反应平衡)并导出参数;然后通过双以太网接口将数据发送到安装在控制台和面板上的显示站。它们还接收控制命令,如比例积分微分控制器(PID)回路的定值变化,阀门的开/关命令,从显示站/键盘发来的设备的开/关命令,进行确认,并发送给位于本地控制中心的实时计算机来控制动作。所有在处理计算机上运行的应用软件要按照适用的指南开发,并且要经过内部和外部的验证和校核。

8.5.10 反应堆保护系统

反应堆保护系统设计是为了保护电站不会发生各种假设始发事件。保护逻辑从各系统接收信号,如中子仪表、破损燃料检测、温度和流量测量。紧急停堆是由两组控制棒在两套机构驱动下完成的。这两套系统都是通过电磁铁断电后在重力作用下放下控制棒。第一组控制棒称为主控制棒,用于启堆、控制反应堆功率、控制关闭反应堆。第二组控制棒称为次级控制棒,仅用于反应堆停堆。主控制棒自动降落后即发生紧急停堆。

停堆受两套独立的保护逻辑影响,这两套保护逻辑处理所有触发停堆的事件,并控制各自的控制棒快速插入堆芯。每一套停堆系统都能够独立地使反应堆进入安全停堆状态。

为了实现快速响应,两套停堆系统的保护逻辑由基于两种不同原理的固态逻辑构成。停堆系统 1 采用传统的固态逻辑,由可编程逻辑器件(PLD)和在线精密脉冲测试(FIT)组成。停堆系统 2 采用脉冲编码逻辑(PCL)技术,其中逻辑状态 1 被编码为一个脉冲序列,而不是一个电压水平。在脉冲编码逻辑中,在逻辑输出状态的脉冲序列使电磁铁保持通电,如果逻辑卡在任何位置的 0 或 1,就会触发停堆。该技术能够进行自我诊断,因此不需要在线测试。该系统设计的仪器响应时间约为 100ms,包括逻辑电路。再加上电磁铁约 100ms 的响应时间,确保了在事件发生时停堆系统的启动时间在 200ms 内。控制棒落棒时间被设计在 1s 内。

为了进一步提高可靠性，两个停堆系统由光纤相互连接，在输出响应时，一套系统的输出通过一个光开关发送给另一套停堆系统，反之亦然，光开关在逻辑之间提供了电流隔离的作用。为了避免错误的跳闸，在每套保护逻辑中，所有的跳闸参数都要通过一个延时 50ms 的闭锁电路。选择的延迟时间（50ms）小于控制和安全棒驱动机构与多样安全棒驱动机构中电磁铁约 100ms 的响应时间，并构成了控制和安全棒驱动机构的一部分。

停堆系统的总体可靠性设计为 1×10^{-6}/反应堆年。仪控系统经过环境鉴定、电磁干扰/电磁兼容性（EMI/EMC）测试和地震测试，提高了整体的可靠性。

8.5.11 事故后监测

事故后监测仪器用于监控堆芯和在堆芯破损事故中反应堆安全壳建筑物的状态。在事故后监测的设计中，一般的过程故障和设计基准事件（如瞬态过载）不作为设计基准事故。此外火灾和洪灾等常见自然灾害也不被视为事故后监测事件。

该系统的功能是在事故期间和事故后监测以下参数：堆芯中子通量、主容器温度、安全壳建筑物温度、安全壳建筑物伽马活性、安全壳建筑物钠气溶胶活性和安全壳建筑物压力。

事故后监测仪表的工作范围可以覆盖到最坏的工况（例如堆芯破损事故，它是一个超设计基准事故）所能达到的最大值。仪表能在堆芯破损事故条件（如温度、压力、辐射水平）下工作。这些仪表的信号处理电子装置位于反应堆建筑物外，来保护其不受到堆芯破损事故中高辐射的影响。

8.5.12 主控制回路

有三个主要控制回路控制反应堆功率、一次和二次钠流量以及汽轮机进口压力和温度。在所有反应堆运行功率下，汽轮机的进口条件要保持恒定，以便实现高蒸汽循环效率。这就要求在每个功率水平下，蒸汽发生器出口温度和堆芯钠温度要保持在特定的值。上述要求要通过调节主钠泵和二次侧钠泵的转速来控制。

8.5.12.1 反应堆功率控制

电站是为基本功率运行设计的。反应堆功率是手动控制的，不会自动跟随任何测量变量。通过手动调节控制和安全棒（一次一根）将反应堆调到所需的功率水平。手动控制是相对安全，因为手动控制反应性变化很小。此外钠池具有很大的热惯性，流量的变化可以忽略不计，因为变速驱动器不受电网频率

(47.5~51.5Hz)变化的影响,这证明了手动控制的有效性。

8.5.12.2　一次和二次冷却剂流量控制

控制一次和二次冷却剂流量是为了分别维持反应堆堆芯和蒸汽发生器的钠温差。根据目标功率水平,从控制室手动调节主泵和二次泵的转速,从20%到100%,转速会自动保持在设定值。在反应堆跳闸后,二次侧钠泵的转速会自动降低,以减小热冲击。

8.5.13　接地

设计良好的接地系统对中控系统的有效运行至关重要。电站设有三种接地系统:安全接地(G1)、屏蔽接地(G2)、信号接地(G3)。这是按照IEEE 1050《电站仪表和控制设备接地指南》2004年实施的。

8.5.14　仪控电源

电力供应分为以下几类:

Ⅳ级电源:供辅机使用的能承受长时间停电而不影响电站安全的交流电源。

Ⅲ级电源:提供给能承受短时间(3min)电源中断的辅助设备。在正常工况下,该电源由Ⅳ级电源供应,当失去Ⅳ级电源时,应急柴油发电机提供备用。

Ⅱ级电源:提供给辅助设备的不中断交流电源。这是由Ⅲ级电源总线通过整流器/充电器和逆变器提供。在Ⅲ级电源中断时,逆变器的输入端由备用电池提供不间断交流电。

Ⅰ级电源:提供给辅助设备的不中断直流电源。这是由Ⅲ级电源总线通过整流器/充电器提供。在第Ⅲ类电源中断时,整流器/充电器的输出端设有备用电池,提供不间断直流电。

Ⅰ级和Ⅱ级电源用于仪控负载。这些供电系统需要长时间运行,来满足电站停电条件的要求。

8.5.15　地震仪器

电站设有地震仪器,当出现以下情况时使用:
- 在地震期间记录地面震动数据,并评估地震后对重要部件检查的需求;
- 在地震期间收集结构和构件的性能数据,以验证设计分析的充分性;
- 在控制室中触发警报,以评估地震事件的严重程度,并决定电站是否可以继续运行或应该关闭。

根据美国核管理委员会(NRC)"NPP地震仪器管理指南1.12",强震地震仪器的位置应设在：
- 空地；
- 安全壳地基；
- 安全壳内部结构的两个高度位置；
- 一个独立的一级抗震结构的地基上，其响应不同于安全壳结构的响应；
- 第四项中的独立的一级抗震结构的一个高度位置上。

8.5.16 未来方向

随着技术的进步，需要不断更新仪控系统。此外，还需要解决淘汰问题。快堆的仪控系统还有很多继续改进的空间。有待开发丰富多样的创新性仪器。以下列出了一些领域，为研究人员和学生提供了极好的研究机会：

- 开发一种高可靠性的信号处理系统，用于在高环境温度的顶盖上定位区域，并作为一个关键的安全系统，这是一项挑战；
- 为反应堆开发可靠的无线仪表系统；
- 基于无线电探测和测距(雷达)的钠液位探头的开发和设计；
- 开发集成的堆芯温度和涡电流流量计探头，通过单个燃料组件对流量进行连续监测；
- 使用现场可编程门阵列(FPGA)和其他 I^2C 总线等技术开发简化的核仪器电子设备；
- 目前对大量进口仪器/硬件进行开发和认证；
- 开发钠内观察系统；
- 开发声学蒸汽发生器泄漏检测的信号处理系统。

8.6 能量转换系统

动力转换系统(PCS)通过蒸汽发生器连接到核反应堆，蒸汽发生器利用堆芯产生的热量产生蒸汽，进而驱动汽轮机发电。蒸汽发生器是核反应堆的换热器，利用堆芯产生的热量将水转化为蒸汽，位于主反应堆冷却回路之后，是核蒸汽供应系统与电站平衡的纽带。在重水堆中，主冷却剂是重水，在快堆中是液钠。有些反应堆没有任何电力转换系统，纯粹用于研究。世界上第一座发电的核电站是实验性快中子增殖堆 EBR-1，由阿贡国家实验室设计。表 8-7 列出了核系统内有或没有动力转换系统的实验反应堆、原型反应堆和示范反应堆。

表 8-7 实验、原型以及示范快堆是否使用 PCS

序号	反应堆	国家	临界时间/年	热功率/MW	电功率/MW	PCS 使用
1	Clementine	美国	1946	0.025	—	否
2	EBR-1	美国	1951	1.2	0.2	是
3	BR-1	苏维埃社会主义共和国联盟（USSR）	1956	0.1	—	否
4	BR-5/10	USSR	1958	5/10	—	否
5	Dounreay(DFR)	英国	1959	60	15	是
6	LAMPRE	美国	1961	1	—	否
7	Fermi(EFFBR)	美国	1963	200	65	是
8	EBR-II	美国	1963	62	20	是
9	Rapsodie	法国	1967	40	—	否
10	SEFOR	美国	1969	20	—	否
11	BOR-60	USSR	1969	60	12	是
12	KNK-II	德国	1977	58	21	是
13	Joyo	日本	1977	100	—	否
14	FFTF	美国	1980	400	—	否
15	FBTR	印度	~1983	50	15	是
16	PEC	意大利	~1985	118	—	否
17	BN-350	USSR	1972	150	1000	是
18	Phenix	法国	1973	250	568	是
19	PFR	英国	1974	250	600	是
20	BN-600	USSR	1980	600	1470	是
21	Superphenix 1	法国	1983	1200	3000	是
22	SNR-300	德国	1984	327	770	是
23	Monju	日本	1987	300	714	是
24	CRBRP	美国	~1988	375	975	是
25	Superphenix 2	法国	~1990	1500	3700	是
26	CDFR	英国	~1990	1320	3230	是
27	SNR-2	德国	~1990	1300	3420	是
28	BN-1600	USSR	~1990	1600	4200	是
29	DFBR	日本	~1990	1000	2400	是

来源：Walter, A. E. and Reynolds, A. B., Fast Breeder Reactors, Pergamon Press, New York, 1981.

现在所有运行中的快中子增殖反应堆都采用朗肯循环,在其能量转换过程中要进行再热和回热。钠冷快堆的电力转换系统具有较高的热效率,减少了对环境的热污染,优于其他核反应堆。电力转换系统按照常规火电站的循环运行,但是要附加提升可靠性和减小瞬变影响的系统和控制。钠冷快堆商业化的最大问题之一是钠-水反应,因为选择了钠作为反应堆冷却剂,水蒸气循环作为动力循环。蒸汽发生器内压差高、温度高、传热面积大,增加了泄漏和反应的风险。确保蒸汽发生器的完整性、组件材料的选择以及严格保证制造和安装质量,对防止发生钠-水反应至关重要。此外必须提供额外的安全系统来检测、减缓、快速终止蒸汽发生器泄漏,以降低进一步的损失,并保持冷却剂边界的完整性。为了确保检测到蒸汽发生器中初始的钠泄漏,所增加的系统包括先进的综合泄漏检测系统、快速作用的蒸汽与水侧隔离和排污系统,以及钠-水反应压力释放系统。

为了排除上述风险,钠冷快堆已经开始研究采用基于气体的电力转换系统,可能的工质包括几种气体及其混合物。氦气、氖等惰性气体在气体循环中被大量利用;然而这些气体具有高扩散性且昂贵。氮也作为一种惰性的气体,很便宜。通常汽轮机进口处温度为515℃、180bar,反应堆钠进口温度为395℃时,He-Ni($\eta=38.9\%$)、He-Ar($\eta=38.6\%$)、Ne($\eta=39.2\%$)的循环效率略高于氮($\eta=38.5\%$)[8.45]。以二氧化碳为工质的循环比氦和氮有更高的效率;然而它并不是完全不与钠反应[8.46]。流体的选择取决于许多因素,如操作温度、循环压力、热效率、电力转换系统的紧凑性、成本。

8.6.1 动力循环

8.6.1.1 具有回热和再热的朗肯循环

与传统的化石燃料发电站一样,朗肯循环是电力转换系统最常见的选择。对汽轮机级间的蒸汽进行再加热是再热过程,在蒸汽进入蒸汽发生器前对给水进行加热是回热过程,再热和回热可以提高循环效率。蒸汽-水系统的功能是给蒸汽发生器提供所需温度、压力、化学特性的给水,利用反应堆热量通过蒸汽发生器产生额定参数和质量的蒸汽,推动汽轮机发电机组产生额定功率,并将乏汽的热量通过冷凝器散失掉。就海岸地点而言,在环境(MoEF)规定范围内维持排放海水的温度是一项重要考虑。带有再热和回热的典型朗肯循环示意图如图8-78所示。基于朗肯循环的核反应堆的电力转换系统如图8-79所示。

快堆的优点是运行温度高,可以进行与传统化石燃料电站类似的过热蒸汽循环,效率更高。为进一步提高循环效率,通常采用蒸汽-蒸汽或钠-蒸汽再热和回热形式给水加热。此外通常采用一体化蒸汽发生器作为一种预防性安全措

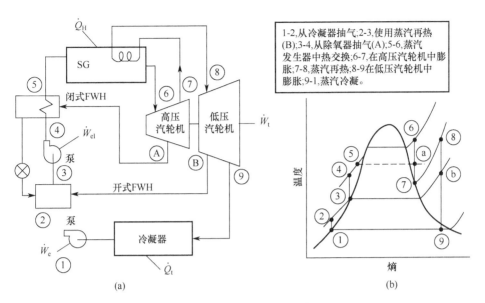

图 8-78 带有再热和回热的朗肯循环

(a) 朗肯循环示意图；(b) 温-熵图。

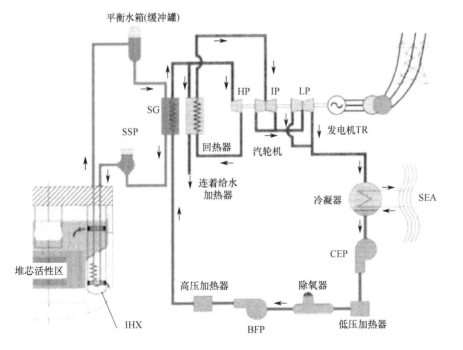

图 8-79 基于朗肯循环的核反应堆的电力转换系统

第 8 章 系统和部件

施,增加钠再热过程相应地会增加的钠-水界面,增加相关的管与管板接头数量,而一体化蒸汽发生器不需要额外的管道、阀门、泄漏检测设备。在蒸汽再热方案中,在进入中压(IP)和低压(LP)汽轮机级之前,用高温蒸汽对部分膨胀的蒸汽进行再热,这种方法所达到的温度低于钠再热所能达到的温度。给水加热器是利用汽轮机排出的蒸汽对进入蒸汽发生器的给水进行预热,通过提高循环加热的平均温度来提高热力学效率。该循环通过增加加热器的数量进行了优化,相比于增加的成本,其提高的效率更可观。采用朗肯循环的电力转换系统的显著特点如下。

(1)蒸汽循环应包括再热和回热来提高效率,并将最后一级叶片的湿度降低到12%以下。

(2)应该保持通过直流蒸汽发生器的最小流量,运行压力的选择应该避开相关不稳定性的影响。

(3)在启动和关闭反应堆的过程中,可以使用与全流量百分比相适应的脱机蒸汽-水分离器,以消除产生的两相蒸汽对旁流阀的侵蚀。

(4)进入蒸汽发生器的给水的最低温度应至少为150℃,避免钠在蒸汽发生器中凝固。

(5)为了保证足够的冗余,大于500MW(e)的电站最好要配置3%×50%给水泵,两台汽轮机驱动和一台电机驱动,给水泵应该能至少干运转10min,在紧急情况下保护泵本身。

为了满足上述要求,选用先进的给水泵,其轴径较小,轴承跨距较小,磨损环间隙较大,平衡鼓直径较大。

(6)给水系统应设计有冷端ΔT值,<150℃,在正常运行时可以减少蒸汽发生器入口处热应力。该过程的实现,需要在启堆时利用辅助蒸汽管线对高压加热器进行加热,或者保持除氧器在较高的压力下。设计时需要考虑正常运行时的除氧器压力。

(7)全挥发处理(AVT)决定了给水化学特性,直流式蒸汽发生器对其给水化学特性要求十分严格。

(8)在汽轮机跳闸的情况下,蒸汽系统的总泄放能力由汽轮机旁路系统和仪表化的大气蒸汽泄放阀提供,并具有适当的裕度。蒸汽发生器的机械安全阀不参与这种瞬态运行下正常压力的释放,它是在超压事故中对蒸汽发生器起到保护的作用。

(9)对于直流式蒸汽发生器的循环,DM水的含量在1%左右。冷凝水净化装置应按3%×50%满流量运行,实现在线净化,以满足严格的化学要求。

(10)在海水冷却系统中进行氯化处理,减少生物淤积的影响,排放时的游离氯限值应为 0.5ppm。

8.6.1.2 带中间冷却的闭式布雷顿循环

布雷顿循环被认为是下一代钠冷快堆电力转换系统的有力候选。与目前使用的朗肯循环相比，布雷顿循环的组件更小、布局更简单。叶轮机械和热交换器的紧凑性有助于减少空间，从而降低成本，其效率与朗肯循环相似或优于后者[8.47]。带中间冷却的典型布雷顿循环的示意图如图 8-80 所示。与反应堆系统耦合的布雷顿循环如图 8-81 所示。

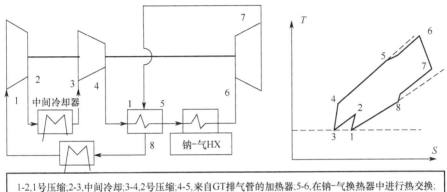

1-2,1号压缩;2-3,中间冷却;3-4,2号压缩;4-5,来自GT排气管的加热器;5-6,在钠-气换热器中进行热交换;
6-7,在汽轮机内膨胀;7-8,冷却GT废气,并将其再生为压缩空气;8-1,GT废气冷却后再进入压气机。

图 8-80 带中间冷却的布雷顿循环

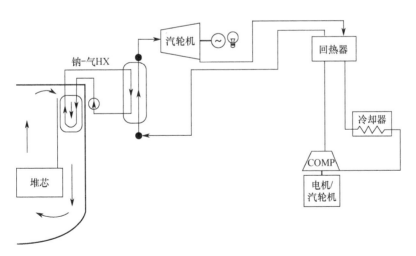

图 8-81 与反应堆系统耦合的布雷顿循环

布雷顿循环的主要优点是利用钠流经气体换热器换热，取代了朗肯循环的直流蒸汽发生器。所使用的换热器是紧凑的印刷电路板式热交换器（PCHE），它的加工效率高,通过集成不锈钢材料的模块制成,内部有嵌入式流道。这样就消除了对管壳式换热器管壳失效的担忧[8.48]。

在布雷顿循环中可以选择重型轴流汽轮机。这些装置的总压力比在 5∶1 ~ 35∶1 变化。汽轮机入口温度高达 1350℃。然而,由于受到反应堆一次/二次冷却剂系统的温度限制,核电力转换系统的温度是有限的。高等熵效率的单流式和分流式汽轮机都可以使用。

使用的压气机主要有两种类型(离心式和轴流式)在高压比下提供连续流动。离心式压气机的压力比最高可达每级 1.9。绝热效率可达 85%。压气机效率对汽轮机的整体性能至关重要,因为压气机消耗了汽轮机 50% ~ 60% 的功率。通过使用中冷器增加工质的密度,大大减少了压气机的工作。轴向压气机在高压比下流量大,但其稳定工作范围较窄。为了解决这一问题,采用了多台中间冷却离心压气机。

回热器与工业汽轮机的结合使用大大提高了循环效率。工作压力高,换热器的尺寸小。与等容量的管壳式换热器相比,印制电路板式热交换器具有效率高、体积小等优点,是换热器的最佳选择。

由于额外的压力损失,换热器的增加仅仅略微减少了特定的功率输出。中间冷却和回热器的使用大大提高了整体效率,降低了级间的最佳压力比。

8.6.1.3 动力循环和工质的选择

为了实现技术经济上的可行性,需要对布雷顿循环中钠 – 气换热器等部件的设计进行整体的进一步研究。目前,还没有使用布雷顿循环的成熟运行的发电站。此外制造大型汽轮机和相关的动力循环设备的国产技术基础还比较有限。

法国已经启动了 ASTRID 1500 MW(t)/600MW(e) 的氮气驱动布雷顿循环计划。ABTR 计划是一个 250 MW(t)/95MW(e) 的反应堆,采用超临界二氧化碳驱动的布雷顿循环,以朗肯循环作为备用。然而据报道,汽轮机进口温度低于 525 ℃时,采用布雷顿循环并没有提高循环效率。因此在近期发展中,基于蒸汽 – 水循环的电力转换系统仍然作为快堆的实用方案。

8.6.2 快堆电力转换系统的特性

8.6.2.1 蒸汽发生器及相关系统

由于蒸汽发生器壳侧通钠、管侧通水,需要在安全系统监控、检测、防护下工作,保护其免受钠 – 水反应的影响,这种蒸汽发生器本身就是一个特殊部件。蒸汽发生器管侧卸压系统是蒸汽 – 水系统的重要组成部分。当检测到泄漏时启动保护动作,通过打开蒸汽发生器进水端蒸汽 – 水泄放阀切断给水,隔离主蒸汽母管,并给蒸汽发生器卸压。泄压回路如图 8-82 所示。所有参与这些动作的阀门都是速动气动闸阀。隔离阀 V1、V2 正常时开启,泄放阀 V3、V4 正常时关闭。泄压过程中泄放的蒸汽 – 水混合物被输送到泄放罐,在罐内蒸汽和水被分离,蒸汽排放到大气中。为了保证其具有较高的可靠性,对泄放阀作冗余设计。

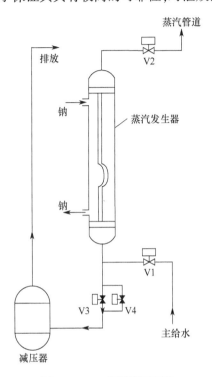

图 8-82　SG 管侧泄压回路

快速泄压后蒸汽发生器蒸汽/水侧与一个氮气回路连接,在功率运行下通过输入氮气给蒸汽/水侧增压,使其压力略高于钠侧,防止二次钠进入壳侧。

8.6.2.2　汽水分离器

在快堆中,有控制的升功率运行,要达到汽轮机允许的蒸汽质量需要很长时间(14~18h)。在启堆过程中,热水首先从蒸汽发生器出口排出,然后是饱和蒸汽,最后是过热蒸汽。为了防止湿蒸汽侵蚀汽轮机旁通阀,采用汽水分离器将蒸汽和水从混合气中分离出来。

汽水分离器是一种容器,蒸汽 – 水混合物通过一系列旋风分离器实现分离,这些分离器由分离室隔开,排成一列。从分离器分离出来的蒸汽被送到汽轮机旁路,分离出来的冷凝水通过排水管收集到储水箱中,储水箱利用闪蒸槽将冷凝水排到冷凝器中。一旦过热蒸汽从蒸汽发生器中流出,分离器就会脱机。

8.6.2.3 余热排出系统的蒸汽－水系统

蒸汽－水系统是电站散热的最终途径。当正常的换热路径可用时,热量可以通过汽轮机旁路系统导出。反应堆停堆后,功率逐步下降,蒸汽达到饱和状态。需要建立一个较小的循环,该循环中设有阀门控制的蒸汽－水分离器,导出反应堆衰变热,达到冷停堆条件,并维持反应堆的等温条件。建立在蒸汽－水系统上的小的闭式回路如图 8-83 所示。这种小回路系统只占额定总流量的一小部分(通常为 20%)。由于从蒸汽发生器中产生的两相蒸汽经过分离器分离后产生的水通过再循环泵回流到蒸汽发生器中。因此给水泵不工作,只作为管路连接。从分离器的两相混合物中分离出来的蒸汽会被送到辅助冷凝器,辅助冷凝器可以用空气或水冷却。蒸汽在辅助冷凝器中冷凝,然后返回到分离器。通过改变风机/泵(或节流阀)的转速,强制空气/水通过辅助冷凝器进行循环,从而控制系统的温度。然而这个系统并没有任何安全功能,因此不是一个安全相关的系统。

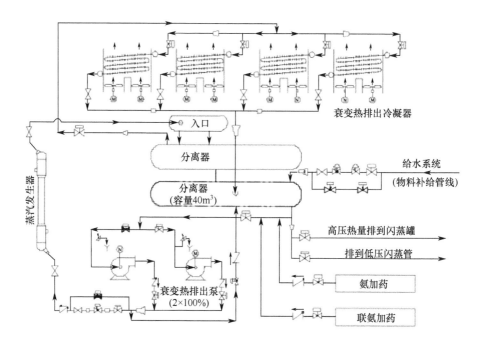

图 8-83　建立在蒸汽－水系统上的 DHR 回路

为了满足衰变热导出的严格安全功能要求,采用核安全 1 级的衰变热导出系统,直接从反应堆的热池中导热。这是一个非能动系统,当任何蒸汽－水系统失效,失去厂外电源,或二次钠系统不可用时,该系统投入使用。

8.6.3 系统分类

电力转换系统分为 NNS 类和非抗震类。

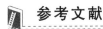
参考文献

[8.1] Kim, Y. -i., Lee, Y. B., Lee, C. B., Chang, J., Choi, C. (2013). Design concept of advanced sodium-cooled fast reactor and related R&D in Korea. Sci. Technol. Nucl. Install., 18 pp., Article ID 290362. http://dx.doi.org/10.1155/2013/290362.

[8.2] De Paz, J. F. (1975). Pressure drop and volume fraction of grid and wire spaced subassemblies, 24 pp., ANL-AFP-13 United States, October 1975.

[8.3] Walter, A. E., Reynolds, A. B. (1981). Fast Breeder Reactors. Pergamon Press, New York.

[8.4] Olander, D. R. (1976). Fundamental Aspects of the Nuclear Reactor Fuel Elements, TID-26711. ERDA, Springfield, VA.

[8.5] Chetal, S. C., Bhoje, S. B., Kale, R. D., Rao, A. S. L. K., Mitra, T. K., Selvaraj, A., Sethi, V. K., Sundaramoorthy, T. R., Balasubramaniyan, V., Vaidyanathan, G. (1995). Conceptual design of heat transport systems and components of PFBR-NSSS. Conference Technical Committee Meeting on Conceptual Designs of Advanced Fast Reactors, Kalpakkam, India, October 1995.

[8.6] Chetal, S. C., Balasubramaniyan, V., Chellapandi, P., Mohanakrishnan, P., Puthiyavinayagam, P., Pillai, C. P., Raghupathy, S., Shanmugham, T. K., Sivathanu Pillai, C. (2006). The design of the prototype fast breeder reactor. Nucl. Eng. Des., 236(7-8), 852-860.

[8.7] Chikazawa, Y., Kotake, S., Sawada, S. (2011). Comparison of advanced fast reactor pool and loop configurations from the viewpoint of construction cost. Nucl. Eng. Des., 241(1), 378-385.

[8.8] Aithal, S., Sritharan, R., Rajan Babu, V., Balasubramaniyan, V., Puthiyavinayagam, P., Chellapandi, P., Chetal, S. C. (2009). Design and manufacture of reactor assembly components of 500MW(e) PFBR. Conference Peaceful Uses of Atomic Energy (PUAE 2009), New Delhi, India, September-October 2009.

[8.9] Srinivasan, G., Kumar, K. V. S., Rajendran, B., Ramalingam, P. V. (2006). The fast breeder test reactor-design and operating experiences. Nucl. Eng. Des., 236(7-8), 796-811.

[8.10] Nevskii, V. P., Malyshev, V. M., Kupnyi, V. I. (1981). Experience with the design, construction, and commissioning of the BN-600 reactor unit at the Beloyarsk Nuclear Power Station. Sov. Atom. Energy, 51(5), 691-696.

[8.11] IAEA-TECDOC-1531. Fast reactor database 2006 update. International Atomic Energy Agency (IAEA), Vienna, Austria, December.

[8.12] Chellapandi, P., Chetal, S. C., Raj, B. (2008). Investigation on buckling of FBR vessels under seismic loadings with fluid structure interactions. Nucl. Eng. Des. (Elsevier), 238(12), 3208-3217, December 2008.

[8.13] Chellapandi, P., Puthiyavinayagam, P., Balasubramaniyan, V., Ragupathy, S., Rajan Babu, V., Chetal, S. C., Raj, B. (2010). Design concepts for reactor assembly components of 500MW(e) future SFRs. Nucl. Eng. Des., 240(10), 2948-2956, October 2010.

[8.14] Mitra, A., Rajan Babu, V., Puthiyavinayagam, P., Vijayan Varier, N., Ghosh, M., Desai, H., Chellapandi, P., Chetal, S. C. (2012). Design and development of thick plate concept for rotatable plugs and technology development for future Indian FBR. Nucl. Eng. Des., 246, 245-255, May 2012.

[8.15] Chellapandi, P., Chetal, S. C., Raj, B. (2012). Numerical simulation of fluid-structure interaction dynamics under seismic loadings between main and safety vessels in a sodium fast reactor. Nucl. Eng. Des., 253, 125-141, December 2012.

[8.16] Gajapathy, R., Velusamy, K., Selvaraj, P., Chellapandi, P., Chetal, S. C., Sundararajan, T. (2008). Thermal hydraulic investigations of intermediate heat exchanger in a pool-type fast breeder reactor. Nucl. Eng. Des., 238(7), 1577-1591, July 2008.

[8.17] Athmalingam, S. (2011). Intermediate heat exchanger for pfbr and future fbr, International Atomic Energy Agency, Technical Working Group on Fast Reactors, Vienna, Austria, 18 pp; IAEA Technical Meeting on Innovative Heat Exchanger and Steam Generator Designs for Fast Reactors, December21-22, 2011. http://www.iaea.org/NuclearPower/Downloadable/Meetings/2011/2011-12-21-12-22-TM-NPTD/6_India-IHX-for-PFBR-and-future-FBRs.pdf

[8.18] Chetal, S. C., Vaidyanathan, G. (1997). Evolution of design of steam generator for sodium cooled reactors. HEB 97, Alexandria, Egypt, April 1997.

[8.19] Srinivasan, R., Chellapandi, P., Jebaraj, C. (2010). Structural design approach of steam generator made of modified 9Cr-1Mo for high temperature operation. Trans. Indian Inst. Metals, 63(2-3), 629-634, April 2008.

[8.20] Muller, R. A. et al. (1975). Evolution of heat exchanger design for sodium cooled reactors. Atom. Energy Rev., 13, 215.

[8.21] Baker, R. S. (1987). Handbook of Electromagnetic Pump Technology. Elsevier, New York.

[8.22] Nashine, B. K., Dash, S. K., Gurumurthy, K., Rajan, M., Vaidyanathan, G. (2006). Design and testing of D. C. conduction pump for sodium cooled fast reactor. 14th International Conference on Nuclear Engineering, ICONE 14, Miami, FL.

[8.23] Sharma, P., Sivakumar, L. S., Rajendra Prasad, R., Saxena, D. K., Suresh Kumar, V. A., Nashine, B. K., Noushad, I. B., Rajan, K. K., Kalyanasundaram P. (2011). Design, development and testing of a large capacity annular linear induction pump. Energy Procedia, 7, 622-629.

[8.24] Dixit, A. S., Bhoje, S. B., Chetal, S. C., Selvaraj, P. (1986). Decay heat removal for PFBR. International Conference on Science and Technology of Fast Reactor Safety, Guernsey, U. K., May 1986.

[8.25] Satish Kumar, L., Natesan, K., John Arul, A., Balasubramaniyan, V., Chetal, S. C. (2011). Design and evaluation of operation grade decay heat removal system of PFBR. Nucl. Eng. Des., 241(12), 4953-4959, December 2011.

[8.26] Kochetkov, L. A. et al. (1991). Operating experience on fast breeder reactors in the USSR. International Conference on Fast Reactors and Related Fuel Cycles, Kyoto, Japan, October-November 1991.

[8.27] Ninokata, H., Izumi, A. (1990). Decay heat removal system of the Monju reactor plant and studies related to the passive actuation and performances (invited paper). Proceedings of the International Fast Reactor Safety Meeting, Snowbird, UT, August 1990, Vol. II, pp. 319-330.

[8.28] Athmalingam, A., John Arul, A., Parthasarathy, U., Kasinathan, N., Sundaramoorthy, T. T., Selvaraj, A., Chetal, S. C. (2002). Decay heat removal in prototype fast breeder reactor. First National Conference on Nuclear Reactor Safety, Mumbai, India, November 2002.

[8.29] Mitenkov, F. M., Samoilov, O. B. (1991). Advanced enhanced safety PWR of new generation. IAEA Technical Committee Meeting, Vienna, Austria, November 1991.

[8.30] Gregory, C. V., Bell, R. T., Brown, G. A., Dawson, C. W., Hampshire, R. G., Henderson, J. D. C. (1979). Natural circulation studies in support of the Dounreay PFR. Proceedings of the IEEE Region 6 Conference, Sacramento, CA, pp. 1599-1606.

[8.31] Gyr, W. et al. (1990). EFR decay heat removal system design and safety studies. International Fast Reactor Safety Meeting, Snowbird, UT, 1990, Vol. 3.

[8.32] Boardman, C. E., Dubberley, A. E., Carroll, D. G., Hui, M., Fanning, A. W., Kwant, W. A. (2000). Description of the S-PRISM plant. ICONE 8, Baltimore, MD, April 2000.

[8.33] Graham, J. (1975). Nuclear safety design of the Clinch River breeder reactor plant. Nucl. Safety, 16, 5, September-October 1975.

[8.34] Sackett, J. I. (1997). Operating and test experience with EBR-II, the IFR prototype. Prog. Nucl. Energy, 31(1/2), 111-129.

[8.35] Agarwal, A. K., Guppy, J. G. (1991). Decay Heat Removal and Natural Convection in FastBreeder Reactors. Hemisphere Publishing Corporation, Washington, DC.

[8.36] Beaver, T. R. et al. (1982). Transient testing of the FFTF for decay heat removal by natural convection. Proceedings of the LMFBR Safety Tropical Meeting, European Nuclear Society, Lyon, France, July 1982, Vol. II, pp. 525-534.

[8.37] Bhoje, S. B., Chellapandi, P. (1995). Operating temperatures for an FBR. Nucl. Eng. Des., 158(1), 61-80, September 1, 1995.

[8.38] Burgazzi, L. (2013). Analysis of solutions for passively activated safety shutdown devices for SFR. Nucl. Eng. Des., 260, 47-53.

[8.39] Takahashi, N. et al. (1989). Study of an advanced fuel handling system. Nucl. Technol., 86, 7-16, July 1989.

[8.40] Blanks, D. M. (1985). Fuel handling options for commercial fast breeder reactors. International Conference on Engineering Developments in Reactor Refueling, Newcastle-upon-Tyne, U. K., May 1985.

[8.41] IAEA document. Ref. for SPX-1 storage drum deletion.

[8.42] Suresh Kumar, K. V. et al. (2011). Twenty five years of operating experience with the fast breeder test reactor. Energy Procedia. 7, 323-332.

[8.43] Takamatsu, M., Ashida, T., Kobayashi, T., Kawahara, H., Ito, H., Nagai, A. (2013). Restoration work for obstacle and upper core structure in reactor vessel of experimental fast reactor "Joyo". IAEA-CN-199/103, Japan Atomic Energy Agency (JAEA). http://www.iaea.org/NuclearPower/Downloadable/Meetings/2013/2013-03-04-03-07-CF-NPTD/T9.2/T9.2.takamatsu.pdf.

[8.44] Sylvia, J. I. et al. (2013). Ultrasonic imaging of projected components of PFBR. Nucl. Eng. Des., 258, 266-274.

[8.45] Latge, C. (2013). Energy conversion systems for SFR. Presentation at IGCAR, India, January 2013.

[8.46] Zhang, H. et al. (2009). Investigation of alternate layouts for supercritical carbon dioxide Brayton cycle for a sodium-cooled fast reactor. ICAPP, Tokyo, Japan.

[8.47] Yoon, H. J. et al. (2012). Potential advantages of coupling supercritical CO_2 Brayton cycle to water cooled small and medium size reactor. Nucl. Eng. Des., 245, 223-232, January 2012.

[8.48] Chang, Y. I., Finck, P. J., Grandy, C. (2006). Advanced burner test reactor. Preconceptual design report. Nuclear Engineering Department. ANL-ABR-1 (ANL-AFCI-173), Argonne National Laboratory, U. S.

第9章
设计基础

9.1 引　言

钠冷却剂可以在常压1160K的温度下保持液态,而钠冷快堆的运行温度一般不超过820K,所以没有必要对主回路的钠增加额外的压力。这就是钠冷快堆系统组件设计压力很低的原因。但是堆芯入口与出口的钠之间存在巨大的温差(大约150K),该温差表现于冷热管段之间。在池式钠冷快堆中,该温差存在于反应堆容器内的冷热钠池之间。在热力瞬态变化中,比如停电或者泵失效故障下,冷热钠池的组件或者冷热段管路之间可能会面临相互的冷热冲击。考虑到钠的高传热特性,冷却剂温度的剧烈变化会完全传递给反应堆设备,并伴随着不明显的膜降换热。此外反应堆一般选取奥氏体不锈钢作为材料,这种材料具有较低的热导率、热扩散率,并且具有较高的热膨胀系数。这些因素导致了某些特殊性质的结构力学失效模式。

考虑钠冷快堆采用低压运行模式,反应堆容器与管路的厚度均较薄。除了经济上的考虑,这对于减少材料热应力也具有好处。进一步讲,反应堆容器的尺寸都很大,尤其对于容纳了主回路的池式钠冷快堆。事实上,反应堆主容器是一个巨大的薄壁容器。除了主容器,包含在主容器内部的其他容器,例如内容器和热屏蔽,都属于大尺寸的薄壁容器。由于主容器包含钠的质量很大,因此在地震的情况下,其内部会产生惯性力和压力,这会使薄壁容器容易弯曲变形。为了获得足够的抗屈曲安全系数,主容器需要额外的厚度来提高刚性。由于高温和剧大的温度梯度引起的流体结构相互作用产生了复杂的动压分布,薄壳的屈曲行为导致了一种独特的失效模式;对于这种现象的研究需要特殊的公式与方法。因此,地震引起的应力决定了各种构件和管道的最小壁厚。

热应力负载决定了钠冷快堆的使用寿命。温度分布在1~10Hz之间波动,这可能是由于钠液位的波动,也可能是由于热分层或热纹震荡(这会在下文解释)引起的高周期热疲劳会加大低周期疲劳(LCF)带来的损伤,这种复杂的相互作用是钠冷快堆所特有的。图9-1列举出了不同特性的失效模式,基于大量的文献调研,专家的深入讨论和全世界共400反应堆年的运行经验。本章提供了这些失效模式的更多细节,以及如何避免它们的设计与分析方法。

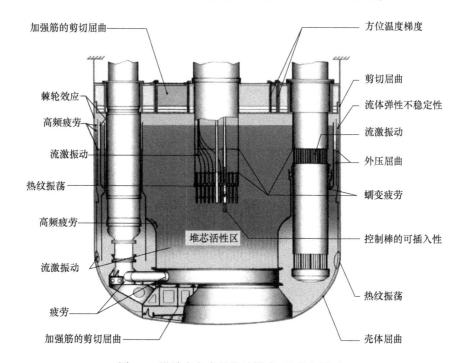

图9-1 设计中考虑的失效模式(见彩色插图)

9.2 故障模式

9.2.1 热纹振荡

液态钠向堆内构件的传热效率非常高。在冷热钠交汇的区域,混合可能不会很充分。尽管有很强的湍流扩散作用,在那些没有混合的区域温度依然会随机波动。这种现象称为热震荡。这种现象会使得流体周围的构件表面会出现温度波动。图9-2展示了一个典型的热震荡现象,图中堆芯上方的构件受组件钠射流的冲击引起热震荡,燃料组件流出的钠温度高,转换区或控制组件流出的钠温度低(转换区与控制组件内热功率低),热纹应力会引发高周期疲劳损伤。

图 9-3 描述了在表面上产生裂缝网络的外观。

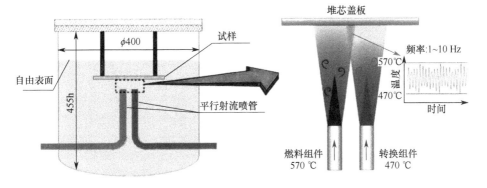

图 9-2 堆芯盖板附近有热纹振荡现象(见彩色插图)

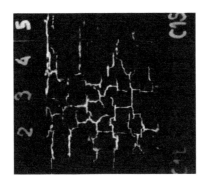

图 9-3 热纹振荡裂缝

9.2.2 热分层

由于冷热钠池共存于池式钠冷快堆中,运行中,在冷热钠池的狭窄过渡区以及瞬态条件下,钠层之间会产生比较大的温差(最大为 150K),这种现象称为热分层。热分层现象也会由堆芯组件流出的射流所产生。在紧凑布置的反应堆堆芯、燃料、增殖区和储存的乏燃料组件都位于相同的布置中。尽管进行了复杂的流动分区,从各燃料组件流出的钠仍具有较大的温差,其中燃料组件出口温度大致为 850K,增殖区组件出口温度大致为 750K,乏燃料组件出口温度大致为 680K。冷热钠池的过渡区受到燃料组件底部漏出来冷流的影响,冷热钠池之间的温度差,使堆芯围桶结构内产生了热通量。由于池中普遍存在这些热条件,再加上钠的热膨胀系数大(2.8×10^{-4}/K)与钠池尺寸大,池内理查森数为个位数,这表明惯性力和浮力大小在相同的数量级。作为结果,钠池会产生热分层的界面(图 9-4)。热分层现象可能发生在冷热钠池的过渡区域。该区域以堆芯外围

和内容器锥壳为边界,呈环形。过渡区域的传热过程受两个相冲突现象的影响:

(1)由堆芯围板冷却与堆芯外围组件流出的温度较低的钠组成了一个较为稳定的冷层;

(2)热钠池内的主流会将温度较高的钠渗透进入该区域。

热钠池的主流是由堆芯出口流出的钠所形成的,如图9-4所示,这两个现象之间的平衡产生了该区域内的混合对流与分层流动。

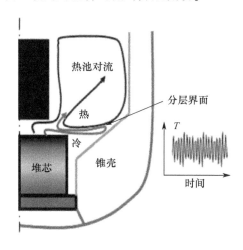

图9-4 热池中的热分层

钠池中的热分层现象也发生在变功率瞬态条件下。钠冷快堆限制瞬态工况是控制棒快速插入堆芯停堆(反应堆紧急停堆 SCRAM)。在此过程中,由于流速缓慢的减少,冷钠射流会喷射进热钠池中。堆芯出口的钠温会急剧下降(在 $15\sim20K/s$ 时,温度大约降低130K)。基于适应于反应堆的运行策略,对应这种工况主回路钠流量也会发生变化。此时结合温差的作用,流量的减少会增加热钠池内主流的净浮力。这又会使温度较高区域的流型发生相当大的变化,甚至会在中间换热器的进口窗上方形成热分层。

热分层效应也出现在冷池的瞬态工况条件下。中间换热器出口钠流的温度变化所引起的浮力变化也会影响该区域的流型。根据运行条件,这些效应可引起在低温区域流量的巨大变化,甚至可能导致在泵下部的上方形成热分层。除了主回路钠池,如果条件合适,尤其是在低流量瞬态下,热分层现象也可能发生在输钠管路内。

9.2.3 自由液位波动

钠冷快堆在设计上通常存在一些具有自由液位的设备。低压惰性气体(一般为氩气)填充在自由液面的上方。这些预留空间可以解决钠在温度变化时发生的热膨胀现象,并保证了钠上方的惰性化学条件,无论是回路式还是池式钠冷快堆都包括以下容器与储存罐:
- 反应堆主容器;
- 反应堆内容器以及立管(池式);
- 不同的折流板壳(例如设计专用管路以堆芯进口温度冷却主容器);
- 在回路式钠冷快堆中,主回路管路(冷、热)可能穿过反应堆容器的自由液面;
- 中间回路的膨胀罐和/或蒸汽发生器容器。

如图9-5所示,温度梯度会改变并且沿着壁面移动(自由液面:液位会随着钠的膨胀收缩、泵的转速或其他分层假说而变化)。

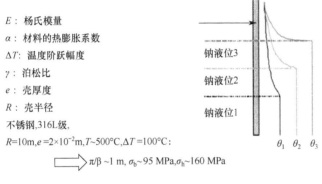

图9-5 自由液位波动:参数

9.2.4 晶胞对流

气体或者液体在垂直的空间内形成自然对流是一个正常现象,流体在上升过程中从高温壁面吸热,在下降过程中向低温壁面放热。在自然循环中,高温和低温壁面附近会形成边界层。当环形空间内的宽度(e)减少或高度(H)增长时,冷热壁面的边界层之间会互相接近。在特定温度边界条件的宽高比下,冷热边界层会产生相互作用。这种相互作用使对流结构的对称性受到破坏,流动转变为非对称对流的起始点,这种现象称为晶胞对流[9.1]。举例来说,顶部屏蔽的穿透区域就有这种现象,如图9-6所示,高温壁面代表中间换热器的外壳,低温壁面代表空气冷却的顶部屏蔽壁面,其中的环状空间内充满了氩气。这种情况下,对流模式在本质上是非对称的,具有多个单元/循环。环状空间内所产生的自然循环数量取决于以下因素:冷热源之间的温差,环的宽度,宽度与高度之间的比例以及各壁面的冷却条件。基于实验研究,得到了对流流动不对称时圆柱环腔的几何参数。当宽高比小于 0.21 时,观察到了不对称流形[9.2]。一般关系式为边界层厚度与圆环厚度之比小于 3。

形成自然循环的数量取决于环状空间内外周长(πd)比例以及高度[9.3]。当外内周长比例为 2 时,会形成单个循环,循环内只包括一个热段和一个冷段。当外内周长比为 4 时,会形成两个循环。不过目前尚未对其找到一个明确的关系。晶胞对流的垂直穿透深度取决于 e/H 和冷却条件。如果 e/H 很小,顶部的冷却又很强,则自然循环会很弱。

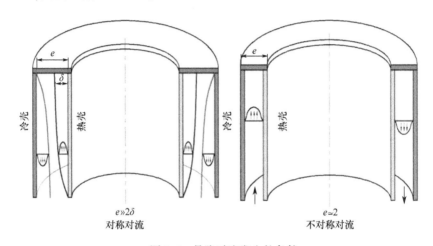

图 9-6　晶胞对流发生的条件

由于晶胞对流的不对称性,热氩气通过圆周渗透进入环状空间内。随着垂直和圆周运动,热氩气逐渐受到冷却并在其他位置离开这个空间。

作为结果,壁面会出现一部分温度高而另一部分温度低的情况。这导致了一个壁面出现不同的热膨胀区域。钠冷快堆的组件大都具有薄且长的结构(最长可达到 10m),非对称的温度分布扩大了钠池中构件的倾斜并对构件接合处产生不利影响,这对于构件的应力也很不利。这对于控制驱动机构的影响尤为关键。

当对流循环数唯一时,最高温度点与最低温度点会在对侧的壁面经线出现,因此构件倾斜而不改变圆度(应力不显著)。在设计中,规定了最大允许倾斜度,以保证中间热交换器中的机械密封和球形集箱中的泵管连接的顺利运行。当具有多个对流循环时,沿圆周会产生多个高温点与低温点,这会改变圆度而不会引起明显的倾斜。然而,由此产生的椭圆度会导致高的环向应力,出于热疲劳的考虑,这个现象应加以限制。对于狭窄的环状通道,在机械贯穿件的影响下,可能会限制环空间的流动,所以会在环空间上部形成一个停滞区。因此,在环空间下部对流流型将受到限制而减至微弱。因此,机械加工贯穿件是首选的解决方案。

9.2.5 晶胞对流的位置

在主回路钠池顶部,氩气填充于堆顶盖下部与液态钠自由液面之间。堆顶盖外即是主容器厂房。顶盖有很多贯穿件,如中间热交换器、独立热交换器、钠泵、控制塞、旋转塞等。这些贯穿件在底部形成了开口向下的窄型垂直环形空间。名义上钠池最高温度为820K,顶盖的最高温度为120℃(采用热顶)或者50℃(采用冷顶),氩气的温度在顶盖与钠池之间。环形空间的高度一般为1.5~2m。由于穿透距离深,因此需要在其上方增加生物间。贯穿件形成的间隙宽度必须尽可能窄,以获得小直径的紧凑顶盖,并减少顶盖的热屏蔽,该屏蔽层的材质为混凝土。环形空间间隙的宽度(10~25mm)与高度(2m)相比很小,所以在间隙中形成的自然循环是非对称的。如图9-7所示,高温氩气从一侧进入缝隙,低温氩气从相对的另一侧流出。值得注意的是如果间隙变宽,在间隙内会同时存在向上与向下的流动,这将形成整个圆周上的对称流动模式。

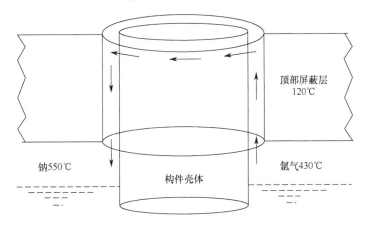

图9-7 非对称对流氩气流动方向

9.2.6 薄壁的流体弹性失稳

主容器是内部具有大量的放射性钠与堆芯的重要结构。为了提高结构可靠性,除了选用高延展性与高强度的材料以外(典型材料是SS 316 LN 不锈钢),还需要将温度也维持在材料蠕变温度以下。堰冷却回路正常运行时,其温度应低于700K(图9-8)。在堆芯入口处,通过栅板结构将特定份额的冷钠分流进入主容器壁面冷却通道,移除热钠池与主容器的热量,并保证主容器壁面温度小于

700K。在某些临界流量与落差高度的组合下,冷却壁面冷却流道会发生流体弹性失稳。这种振动在法国增殖快堆"Superphenix"的1200MW热试中被观测到。这种现象的机理将在下文解释。

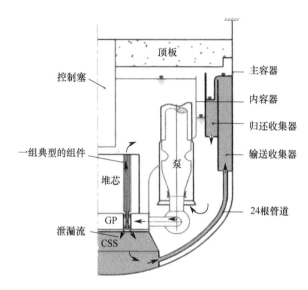

图 9-8　主容器壁面冷却系统

在众多增殖快堆存在的震动模式中,固有频率最低的震动模式对应 4 ~ 10Hz 范围内的周向波数(n)。因此,如果主容器壁面冷却通道(堰壳)从它的平衡位置被扰动,它会以一个特定波数 n 自然振动。对于稳定的流动系统,振动以指数形式衰减为 0。反之,振动会以指数形式增加到不稳定系统的振幅。如果引起振动的流体动力是由壳体位移发展而来的,则产生的不稳定振动称为流体弹性失稳。影响堰壳的流体弹性失稳主要是由堰壳两侧收集器自由液面的晃动所造成的,其机理如图 9-9 所示。让我们假设堰壳受扰动后以波数 n 的一个固有频率振动,也就是说,壳体在圆周上沿径向向内和向外交替运动。在与输送收集器相对应的扇区上,壳体向外移动,由于堰壳外表面产生的动压,液体向上加速。因此自由液位高于平均液位,溢出率增加。与此同时,在另外的区域,液位下降到平均水平以下,导致流动减少或无流动。我们再看一下归还收集器对应的情况,当堰壳向外移动时,自由液面下降到其平均液面以下,当堰向内移动时液面上升。在任何圆周上的位置,输送收集器和返还收集器自由表面之间的水平面差就是瞬时下落高度。延迟时间取决于溢出率和相关的下降高度。因此流量、下落高度与延迟时间具有相位与时间的变化。这是造成不稳定的一个重要方面。如果液体从堰顶落在返还收集器的自由表面所传递的动能大于结构和流体阻尼所耗散的能量,那么在壳体上引入的任何扰动都将发展,引入不稳定性。对于给定的堰流配置,这种情况出现在一些临界流量和落差的组合下。引起堰壳失稳的溢流率和落差的临界组合在稳定图上进行了标注。

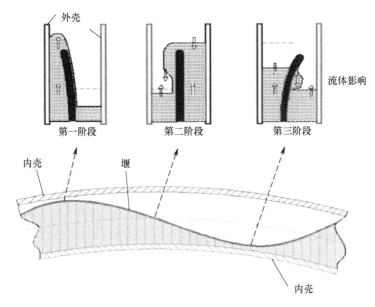

图 9-9 堰失稳现象方案

9.2.7 薄壳的屈曲

众所周知,大直径薄壁壳结构在压力作用下容易发生屈曲。在钠冷快堆中,池式快堆有这种薄壁容器——主容器、内容器、热挡板和安全容器——必须应对这种失效模式进行检查(图 9-8)。此外,顶盖、格板和由板构成的堆芯支撑结构等箱型结构存在屈曲风险(图 9-8)。对于这些容器/板,一般壁面厚度都比较薄,因为:

(1)在运行温度下的设计压力较低(钠冷却剂可以保持液态,沸点为 1160K);

(2)在各种运行条件下需要足够的适应性(稳定状态下热池为 820K,冷池为 670K,关闭时等温温度为 500K,紧急停堆时温度变化速度为 15~20K/s);

(3)经济因素考虑,建造成本直接与钢材消耗有关。

表 9-1 给出了国际上几种反应器主容器的直径-厚度比(D/h)。由表可知,D/h 比值为 430~875,因此,他们被认为是薄壁容器。正常运行条件下,主容器的负载如自重、钠压头、温度和热梯度都达不到临界。然而,在地震产生的力对

结构施加的额外载荷可能会导致屈曲。造成这一现象的原因将在下文中进行阐述。

表 9-1 国际 SFR 主容器尺寸及一次钠质量

参　数	Phenix	PFR	BN-600	SPX-1	PFBR	EFR
直径/m	11.85	12.25	12.92	21	12.9	17.2
厚度/mm	15	25	30	24	25	35
直径∶厚度	790	490	431	875	516	491
一次钠质量/t	800	850	770	3200	1150	2200

主容器、内容器、热挡板、安全容器一般采用悬臂式支撑布置,如图 9-10 所示。例如,一个顶部支撑的主容器,承载的静载包括液钠和整体结构质量(原型快中子增殖反应堆(PFBR)的容器底部负载了 1150t 钠和 700t 其他设备)。这种容器的固有频率在 5~10Hz,这种固有频率下,地震力通常会被最大的放大。此外,在主容器泄漏的情况下,以下部位① 内容器到内折流板;② 内折流板到外折流板;③ 外折流板到主容器;④ 主容器到安全容器之间存在较薄的液体环。径向环隙直径比约为 1/100,在此空间内的钠增加了相邻壳体的附加质量,降低了固有频率,并在地震过程中产生高动压。大规模自由流体表面的存在是产生晃动的来源,在地震条件下会显著增加对流质量和力。除了地震作用外,静止荷载和循环荷载也会引起这些壳的不同类型的屈曲。钠冷快堆薄壳屈曲的性质可以大致分为以下几类:

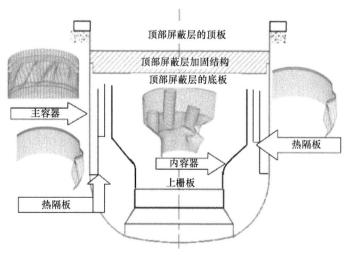

图 9-10 SFR 中的薄壳/板有屈曲的风险

- 剪切屈曲:由板壳的剪切应力引起的屈曲;
- 壳体模态屈曲:由壳体的轴向和弯曲应力引起的压膜应力导致的周向波结合产生的屈曲;
- 局部壳模屈曲:在钠自由表面附近的壁面,由轴向热应力梯度引起的局部轴向膜压应力引起的屈曲;
- 渐进屈曲:由稳定轴向机械应力和壳内轴向热应力的循环变化共同引起的屈曲;
- 蠕变屈曲:壳体在高温作用下的蠕变变形所引起的屈曲;
- 弓形屈曲:在承受压膜应力的板上产生的屈曲。

结构部分和相关的屈曲模式如表 9-2 所示。

表 9-2 各种薄壳的重要屈曲模式

参　　数	屈曲模式
主容器 - 圆柱形部分	
在地震刺激下产生的剪力	剪切屈曲
由于液位的变化,自由液位附近的循环轴向温度分布	渐进屈曲
主容器 - 底碟形头	
在正常荷载和地震荷载条件下,钠的静水压力和作用于三相点的轴力的组合效应	壳体模态弯曲
内容器环面/锥壳部分	
结合机械、轴向和穿壁温度梯度	壳体模态蠕变屈曲
内容器 - 上部圆柱形部分	
由于液位的变化,自由液位附近的循环轴向温度分布	渐进屈曲
热隔板 - 顶部圆柱形部分	
由于液位的变化,自由液位附近的循环轴向温度分布	渐进屈曲
热隔板位于支架上方的底部部分	
正常荷载和地震荷载下钠的静水压力的综合效应条件	壳体模态屈曲
栅板 - 顶板	
在热冲击下产生的压缩应力	弓形屈曲
容器顶板 - 顶板	
压应力的产生是由于自重、安装在其上的组件的重量,加上地震事件产生的惯性力	弓形屈曲
容器顶板 - 加强板	
在正常和地震荷载条件下,加强板传递的剪力	剪切屈曲
容器顶板 - 底板	
钠块冲击压力加上堆芯损坏事故中形成的压应力	弓形屈曲

9.3 规范与标准

设计规范提供了规则/标准/经验的关联,以保护组件免受某些一般失效模式的影响。

一般来说,规范和标准(C&S)对于规范核电站的设计、建造和运行是必要的。规范和标准对于确保正常运行、避免事故和限制事故的影响至关重要。这些规范和标准的可用性也是建立监管者、设计者、制造商和运营商之间合格的关系的基本条件。本章所述规范仅限于核蒸汽供应系统(NSSS)部件的机械设计。因此,提出了部分失效模式:总屈服、拉伸断裂、疲劳损伤和屈曲(与时间无关,与温度相关)和蠕变应变、蠕变破裂、蠕变屈曲、蠕变和疲劳损伤(与时间和温度相关)。由于核部件受到严重的热机械载荷,设计规范解决了由于静态和循环温度梯度可能产生的失效模式。

因此,采用了"分析设计"的方法。分析要求确定由机械载荷引起的详细应力,从而得出主要应力和热梯度,并进一步得到次要应力和应变。规范分别为主要应力和次要应力提供了适当的许用应力。主要应力极限保证了足够的壁厚,次要应力的极限则防止了反应堆服役期间所累积变形而引发的失效。

9.3.1 土木结构

土木结构包括反应堆安全壳、蒸汽发生器、涡轮、燃料、电力、柴油发电机、控制和服务建筑以及其他相关的钢结构。根据美国土木工程师学会(ASCE)1998年的规定,这些建筑物可分为以下几类:

- DC1 加压混凝土反应堆容器(不可应用于铅冷快堆);
- DC2 安全壳结构;被归为第 2 类;
- DC3 反应堆建筑内部结构、辅助结构和与安全相关的核电厂配套设施(BOP)相关的建筑和结构;为第 3 类;
- DC4 非安全级别结构;被归为非核服务(NNS);

以下是一些重要的设计和建造准则。

- IS-456:对于非核服务建筑采用《一般建筑施工普通混凝土和钢筋混凝土施工规范》;
- IS-1893:抗震结构设计标准;
- ANSI/AI-690:对于 2 类与 3 类钢结构采用《核设施——建筑结构钢的设计、制造和安装用与安全有关的结构》;
- IS-800:对于非核钢结构采用《在一般建筑构造中使用结构钢的工作

守则》;
- IS-875:建筑和结构设计荷载(除地震荷载)(第1部分)、施加荷载(第2部分)、风荷载(第3部分)和特殊荷载(第5部分)工作守则;
- AERB/SS/CSE-1:混凝土结构的设计对安全至关重要;
- AERB/SS/CSE-2:钢结构的设计、制造和安装对安全至关重要;
- AERB/SS/CSE:土木结构对安全很重要;
- ASCE:4-98:核安全相关结构的抗震分析。

9.3.2 机械构件:核蒸汽供应系统

核蒸汽供应系统机械部件主要由容器、储罐、顶板、旋塞、泵、管道、热交换器、阀门、容器支架等组成。根据部件的安全分类,本节定义了适当的规范、标准和指南(CSG)。不同国家均制定了相关的标准和规范用以指导设计快堆组件。美国机械学会的锅炉和压力容器规范第三节第1部分是基本规范,适用于温度小于700K奥氏体不锈钢和小于650K的铁素体碳钢的压力容器的设计。对于高温部件的设计,规范第三节的规则并不直接适用,因为它没有考虑蠕变引起的失效模式。对于高温部分,应参照美国机械学会规范第III节NH分段(1998)。此外,法国RCC-MR标准专门应用于增殖快堆。对于快中子原型堆(PFBR),可在RCC-MR和ASME规范NH分段之间进行选择。最终RCC-MR(1993)被选为设计和施工规范,原因如下:

- RCC-MR标准是基于法国Rapsodie、Phenix和SPX堆的设计、建造和运营经验以及欧洲快堆(EFR)的设计所提出的;
- RCC-MR完全适用于增殖快堆组件,它考虑到部件在几何和/或载荷条件下的特殊性,即薄壁结构、低压和高热载荷;
- 棘轮、屈曲和蠕变效应的规则更适合快堆的情况;
- 给出了控制棒传动机构和燃料管理系统的设计规则,法兰和热交换器的高温设计准则,以及裂纹缺陷部件的疲劳损伤评估标准;
- RCC-MR提供铅冷快堆所选用的主要材料的规格、设计数据和制造要求,此外,材料特性在附录A3中详细给出,包括循环应力应变曲线、焊接强度折减系数和简化方法的特殊技术附录。

对于RCC-MR中尚未定义的限制标准,可采用美国机械学会规范中的相关标准。对于第2类和第3类非钠结构,可以使用相应的美国机械学会规范。对于两份守则均未涉及的方面,采用了其他反应堆所遵循的暂定规则,这些规则稍后将予以说明。

值得注意的是,虽然ASME和RCC-MR标准在一些方面非常相似,但它们在以下两个主要方面非常不同。

9.3.2.1 显著蠕变和可忽略蠕变的定义

在 ASME 规范中,当温度超过特定材料的指定值时,应考虑与时间有关的失效模式,例如奥氏体不锈钢的温度为 700K。在 RCC-MR 中,显著蠕变区显示为时间和温度的函数。这种图称为蠕变交叉曲线。SS 316 LN 与 SS 304 LN 不锈钢的蠕变交叉曲线如图 9-11 所示。

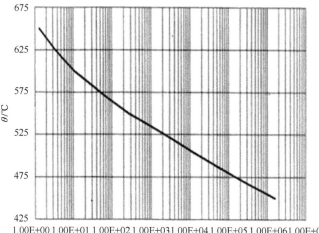

(a)

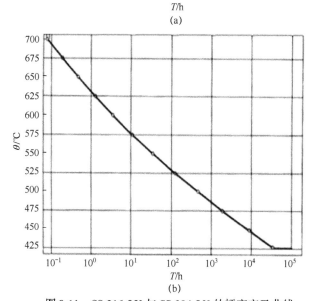

(b)

图 9-11　SS 316 LN 与 SS 304 LN 的蠕变交叉曲线

(来源于 RCC-MR,Design and construction rules for mechanical components for FBR nuclear islands,Section I,Subsection B,Class 1 Components,AFCEN,1993.)

(a)SS 316LN 的蠕变交叉曲线;(b)SS 304LN 的蠕变交叉曲线。

9.3.2.2 与主应力相关的循环次应力的影响

根据主应力值和次应力值的大小,结构会表现出若干反映弹性循环、安定效应、塑性循环和棘轮现象的复杂变形模式。在 ASME 规范中,主应力和循环次应力的组合以及相关的变形模式是解析推导出来的,并以图表的形式呈现出来:非蠕变地区的 Bree 图和显著蠕变地区的 O'Donnel & Porowski 图。在 RCC-MR 中,循环二次应力对主应力的影响被合并在一个效率指数图中。ASME 通过 O'Donnel & Porowski 图引入了核心应力的概念,而 RCC-MR 引入了有效主应力的概念。详情见参考文献[9.5]。

ASME 规范的规定用于补充 RCC-MR 中尚未定义的规则。然而,使用相应的 ASME 标准的 2 类和 3 类非钠构件也是被允许的。对于 RCC-MR 和 ASME 中没有涵盖的方面,使用了文献中给出的特定规则。9.4 节介绍几个重要规则。

9.4 RCC-MR/ASME 中未包括的设计标准

对于某些没有被 RCC-MR/ASME 标准覆盖的内容,例如钠的效应、辐照损伤、热老化、腐蚀、改进型 9Cr-1Mo 不锈钢焊缝强度折减系数、防止热震荡与堆芯损坏事故的设计准则、钠边界部件的泄漏前断裂过程等。这些内容参考了一些文献所给出的特定规则。

9.4.1 抗震设计准则

在地震荷载作用下,除了满足不同的应力/应变节点极限外,构件还应在地震期间和/或震后保证良好的工作状态。为了确保这一点,某些组件需要一些基于功能的附加需求。基准地震(S1)后的通常要求是不能检查或不易修理的部件不能损坏。同样地,地震(S2)后的一般要求是:①回路不应出现大型泄漏;②不应发生大钠火事故。

对地震反应的具体参数要求如下:
- 控制棒夹具和燃料组件顶部之间的相对垂直位移应小于 12mm,相当于增加 0.5$ 反应性;
- 在考虑了温度、棘轮效应、老化、辐射等因素可能造成的变形后,保证控制棒和安全棒驱动机构(CSRDM)夹具在堆芯顶部与该驱动机构夹板之间的相对水平位移应小于 25mm;
- 为避免燃料组件升高,发生地震时格板处的垂直加速度必须限制在 0.9g 以内;
- 必须保持流体静压轴承的间隙,以保持流体静压轴承中的流体膜,避免泵轴承卡死；

● 立管顶部和中间热交换器/泵之间的相对位移限制在50mm，以避免机械性碰撞和结构损伤。

9.4.2 钠的效应

反应堆内的金属钠对316、304和T91不锈钢机械性能的影响可以忽略。因此，在大气环境下得到的材料数据可以安全地应用于壁厚大于2mm部件的设计。对于壁厚小于2mm的薄壁部件，需要考虑腐蚀、渗碳、脱碳、形成的铁素体下层结构和敏化的影响。对于厚度小于2mm的零件，例如厚度为0.8mm的中间热交换器换热管，腐蚀造成的厚度损失可能会比较明显。因此，需要增加额外的厚度来考虑腐蚀的影响。钠腐蚀引起的厚度损失在文献[9.6]中得到了量化。在厚度选择中，蒸汽发生器换热管（公称壁厚为2.3mm）也对腐蚀因素进行了考虑[9.7]。

9.4.3 小剂量辐照的影响

中子辐照的主要影响是丧失低温下的延展性。专家文献汇编意见表明，对于冷池组分，小于1dpa的中子剂量水平可以忽略[9.8]。但辐照对格栅的影响必须明确。如果超过剂量，堆芯组件可能需要增加轴向屏蔽。最近的文献表明，1dpa的极限是非常保守的，有些情况下即使是4dpa的计量也可以接受。然而，在设计中使用更宽松的计量极限需要更多的辐照数据。

在较高的温度下，中子对材料有间接的影响。对于高温构件，例如堆芯结构件上方，热中子主要通过与高温下钢中硼的反应产生氦。在蠕变状态下，氦会影响奥氏体不锈钢的蠕变断裂强度和延展性。目前设计建议是引入一个应力减小系数，该系数随氦含量的变化而变化，如图9-12所示[9.8]。

9.4.4 大剂量辐照的影响

受到高剂量中子辐照（大于5dpa的情况）的堆芯部件，文献[9.9]基于其他国家所遵循实践并备有档案的资料，制定了一套具有相关机械性能的设计规则。下面将介绍其主要观点。

中子辐照对材料延展性降低对设计规则的影响最大。在构件变形分析中也应包括辐照引起的材料蠕变和膨胀现象。目前具有两种可遵循的分析方法：弹性/反应堆内蠕变/膨胀分析（EICSA）或非弹性分析（IEA）。对于前者，主要对应力进行限制，对于后者，则主要考察应变。表9-3和表9-4分别给出了弹性/反应堆内蠕变/膨胀分析和非弹性分析的失效机制和相关设计规则[9.10]。

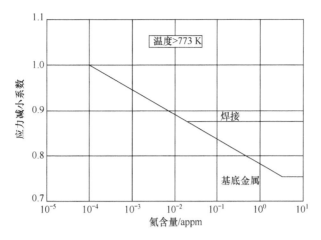

图 9-12 氦对 SS 316 LN 和 SS 340LN 蠕变断裂强度的影响

(来源于 Escaravage, C. et al., EFR-DRC proposal to introduce in design work in low dose neutron irradiation effects, Proceedings of the IAEA Specialists Meeting on Influence of Low Dose Irradiation on the Design Criteria of Fixed Internals in Fast Reactor, IAEA-TECDOC-817, 1995.)

表 9-3 EICSA 的失效机制和相关设计规则

失效方式	控制参数	临界值	安全系数	设计规则
拉伸不稳定性	P_m	S_y 或 S_u	对于第 1、2 类为 1.18 和 1.7;对于第 3 类为 0.9 和 1.25	对于第 1、2 类 $P_m < 0.85 S_y$ 或 $<0.6 S_u$;对于第 3 类 $P_m < 1.1 S_y$ 或 $0.8 S_u$
弯曲失效	$P_m + P_b$	$K S_y$ 或 S_u	对于第 1、2 类为 1.18 和 1.7;对于第 3 类为 0.9 和 1.25	对于第 1、2 类 $P_m < 0.85 S_y$ 或 $0.6 S_u$;对于第 3 类 $P_m < 1.1 S_y$ 或 $0.8 S_u$
棘轮效应	$P_m + P_b + Q$	降低限制或 S_u	对于第 1、2 类 S_u 为 1.7 对于第 3 类 $S_u = 1.25$	对于第 1、2 类 $P_m + P_b + Q < 0.6 S_u$;对于第 3 类负载 $P_m + P_b + Q < 0.8 S_u$
局部断裂	$P_m + P_b + Q + F$	S_u	对于第 1、2 类为 1.25;对于第 3 类为 1.1	对于第 1、2 类负载 $P_m + P_b + Q + F < 0.8 S_u$;对于第 3 类 $P_m + P_b + Q + F < 0.9 S_u$
由于蠕变和疲劳造成的损伤	持续时间,Δt 和循环次数,n	断裂寿命 t_d 和疲劳极限 N	对于第 1 类、第 2 类 CDF 为 4;对于第 1、2 和 3 类为 1.3	对于第 1 类负载 $\Sigma \Delta t / t_d + \Sigma n / N < 0.25$;对于第 1、2 类 <0.5;对于第 1、2 和 3 类 <0.75
脆性断裂	K_1	K_{IC}	—	$K_1 < K_{IC}$

说明:蠕变损伤和疲劳损伤的安全系数以累积损伤分数(CDF)计算。

表 9-4 IEA 的失效机制和相关设计规则

失效方式	控制参数	临界值	安全系数	设计规则
拉伸不稳定性和弯曲失效	ε_m^p	$\varepsilon_u/2$	对于第 1/2 类为 3,对于 1/2 和 3 类为 1.5	对于第 1、2 类 $\sum\varepsilon_m^p/(\varepsilon_u/2) < 0.33$;对于第 1、2 和 3 类 $\sum\varepsilon_m^p/(\varepsilon_u/2) < 0.66$
局部断裂	ε_t^p	ε_f/TF	对于第 1、2 类为 1.18 和 1.7,对于第 3 类为 0.9 和 1.25	对于第 1、2 类 $\sum\varepsilon_t^p/(\varepsilon_f/TF) < 0.5$;对于第 1、2 和 3 类 $\sum\varepsilon_t^p/(\varepsilon_f/TF) < 0.8$
由于蠕变和疲劳造成的损伤	持续时间,Δt 和循环次数,n	断裂寿命 t_d 和疲劳极限 N	对于第 1 类 CDF 为 4;对于第 1 和 2 类为 2;对于第 1、2 和 3 类为 1.3	对于第 1 类 $\sum\Delta t/t_d + \sum n/N < 0.25$;对于第 1、2 类 < 0.5;对于第 1、2 和 3 类 < 0.75
脆性断裂	J-积分	J_c	—	$J < J_c$

9.5 热工水力设计准则

如前文所述,结构设计采用了多种设计规范,这些规范规定了允许应力极限。然而这种限制,不适用于热工水力参数,而热工水力参数则是估算结构应力值的初始条件。以下是 500MW(e)池式增殖快堆的重要热工水力极限。由于其中一些限制是针对快中子原型堆特定设计的,这些标准可以作为一个基本准则,但是在其他反应堆设计中还要按实际需求制定。

9.5.1 热纹振荡的设计规则

热冲击循环是由一种被称为"热纹振荡"的特殊现象引起的,该现象主要发生于在控制塞的堆芯盖板和钠管道的混合三通处。波动频率在 0.01~10Hz 之间,在一个典型电厂的寿命内,总的波动次数为 1.26×10^9,设计 4 年内负荷系数(LF)75%。这些温度波动引起的是高频振荡。

在热池中的关键位置,高频与低频的振荡循环会同时施加于金属壁面上。对于这些位置已有的设计规则无法保证结构的完整性。对于焊接结构,特别是有缺陷的焊接结构,即使缺陷在检验规范的可接受范围内,其损伤也会非常严重。

本节基于断裂力学,并考虑了随频率变化的穿壁应力衰减,推导了确定快中子原型堆的热纹震荡极限的方法。该方法采用英国疲劳设计程序观测累积蠕变疲劳损伤造成的裂纹尺寸。最终，热纹振荡极限被导出为蠕变疲劳损伤累积和频率的函数。对于低频率和具有较大蠕变疲劳损伤的情况，热纹振荡的限制更为严格。由于振荡的频谱不确定，因此只能保守地以可能的最低频率 0.01Hz 计算其极限。此外，对于厚度为大于 0.5mm 的结构，其极限不受壁厚的影响（5mm 厚度的案例在 10mm 和 30mm 厚度的案例中分析解释）。

基于运行反应堆(Phenix,Superphenix 和 BN600)的热纹振荡破损的调查数据以及国际试验机构模拟试验结果，文献[9.10]确定了影响系数为 1.2。文献[9.11]将蠕变疲劳损伤与热纹振荡极限联系并绘制出了增殖快堆热纹应力极限设计图，推荐使用该图进行相关设计。从设计图表中提取的一些重要限制如下：

- 对于低频损坏可以忽略不计的堆芯盖板，可接受的热纹极限为 60K，对于低损伤的部分(小于 0.2)，可接受极限为 50K；
- 对于累积疲劳损伤为中度(0.5)的内容器或主容器，可接受的热纹极限为 40K；
- 发生振荡的钠层在内容器的可接受振幅为 ±270mm；
- 内容器上自由液位可接受振幅为 ±55mm。

9.5.2 冷钠池温度不对称现象

反应堆在与某一个二回路相关的瞬态工况下，受影响回路相关的冷钠池温度会与其他位置不同。这会导致主容器和格板的周向温差。需要二回路钠泵的降流特性和冷钠池容量的共同作用使构件的周向温差小于 30K。同样，钠在主容器冷却系统中的流动也要按照这种温度不对称的限制进行分配。

9.5.3 液位波动

由于液态钠表面与氩气的大接触面积(大于 $100m^2$)，热钠池表面会出现波动现象。内容器壁的高度应高于热钠池的液位，以避免热钠溢出到冷钠池。因此应尽量抑制液面的波动以减少内容器的高度。热钠池的标称温度为 547K，氩保护气的温度为 430K。当液面发生波动时，有些构件会浸没在液体中，有些构件会暴露在保护气体中，这会导致交替的温度变化。从高频振荡考虑，波动的幅度应小于 50mm。

9.5.4 池内自由表面速度

为避免钠池中的热分层风险，钠池底部必须保有一定的流速。同时，在钠池液面处的速度应限制在 0.5m/s 以下以防止保护气体被夹带进入钠中。气体夹带量的限制标准是不会引起任何的堆芯反应性变化。有限的氩气连续流过堆芯不会引起严重问题,但要避免因格板中微小气泡的分离而聚集形成的大气泡忽然流入堆芯。

9.5.5 高频温度波动

热池的分层程度是浮力与惯性力比值的函数。惯性力越强,轴向温度梯度越低。分层之间的界面通常是振荡的。根据结构力学计算,目前确定温度梯度必须限制在小于 300K/m。从热纹振荡的角度考虑,对于控制旋塞处峰值到峰值的温度波动应限制在 60K,主容器和内容器应限制在 40K。

9.5.6 顶盖的热损失

顶盖的热损失应尽量减低,以减少在顶部冷却回路的热负荷。通过布置热屏蔽,辐射散热与氩气对流散热的热负荷减少了 50%。但是这种措施会提高氩气空间的温度。这会增强晶胞对流以及温度不对称效应。氩气的温度也会影响材料结构的周向温度梯度。氩气在窄缝之间的晶胞对流在温度不对称的情况下应小于 30K。顶盖的环形间隙尺寸和冷却条件应根据这一限制进行优化。

参考文献

[9.1] Goldstein, S. et al. (1979). Thermal analysis of the penetrations of a LMFBR. Fifth International Conference on Structural Mechanics in Reactor Technology, Berlin, Germany.

[9.2] Timo, D. P. (1954). Free Convection in Narrow Vertical Sodium Annuli. Knolls Atomic Power Laboratory Report: 1082, Schenectady, NY.

[9.3] Mejane, H., Durin, M. (1982). Natural convection in an open annular slot. Proceedings of the Seventh International Heat Transfer Conference, Meichen, Germany.

[9.4] ASME. (1998). Class 1 Components in elevated temperature service. Section III, Div 1, Subsection NH, ASME Press.

[9.5] RCC-MR. (1993). Design and construction rules for mechanical components for FBR nuclear islands. Section I, Subsection B, Class 1 Components, AFCEN.

[9.6] Rajendran Pillai, S. et al. (1999). High temperature corrosion of clad and structural materials in sodium. IGCAR internal Report: PFBR/MCG/CSTD/Dec.

[9.7] Rajendran Pillai, S. et al. (December 1999). Corrosion loss of SG tubes of modified 9Cr-1Mo steel. IGCAR internal Report: PFBR/MCG/CSTD/R-2.

[9.8] Escaravage, C. et al. (1995). EFR-DRC proposal to introduce in design work in low dose neutron irradiation effects. Proceedings of the IAEA Specialists Meeting on Influence of Low Dose Irradiation on the Design Criteria of Fixed Internals in Fast Reactor, IAEA-TECDOC-817, Gif-sur-Yvette,

France.

[9.9] Govindarajan, S. (2000). Structural design criteria for high dose neutron irradiation. IGCAR internal Report: PFBR/31100/DN/1007.

[9.10] Gelineau, O. et al. (1994). Thermal fluctuation problems encountered in LMFBRs. Specialists Meeting on Correlation between Material Properties and Liquid Metal Cooled Fast Reactors, AIX-en-Provence, France.

[9.11] Chellapandi, P., Chetal, S. C., Raj, B. (2009). Thermal striping limits for components of sodium cooled fast spectrum reactors. Int. J. Nucl. Eng. Des., 239, 2754-2765, August 2009.

第 10 章
设计验证

10.1 引　言

鉴于对长期可靠运行的高要求以及经济上的考虑,目前的钠冷快堆(SFR)设计中加入了一些创新的概念和特殊的改进。钠冷快堆元件的设计采用"分析设计"的理念,符合设计规范和标准,而这些规范和标准本身还不够成熟,还在不断发展。通过计算机程序分析需要结构力学和热工水力学领域的专业知识(见第9章)。因此,钠冷快堆的设计必须经过充分的实验验证。设计中所使用的计算机程序通常需要对常见基准问题进行求解,并通过不同程序的计算结果进行比较验证。此外,为了评估它们的总体性能,还进行了缩比或全尺寸的实验。最后,设计和制造的组件在与反应堆组装前要经过不同阶段的测试。

在本节中,列出了结构力学和热工水力学领域中常用的以及专用的计算程序,重点介绍已采用的验证程序。还介绍了一些国际基准问题。并详细介绍了一些针对快堆的力学实验与核心部件的相关测试实验。为便于进一步阅读,本章引用了大量相关资料。计算机程序的验证和安全性实验将在讲述安全的章节中讨论。

10.2 结构分析软件和结构设计方法

由于钠冷快堆元件是为长期在高温下可靠运行而设计的,所以应对元件进行分析设计。对于传统的分析,如结构设计优化、屈曲和振动,采用了几种现有的商业规范。然而,为了研究在第9章中提到的特定失效模式,开发了专业的内部计算机程序。并通过程序对程序的比较、基准实验、组件测试、评估练习进行了验证。为说明以上工作,本节介绍了500MW(e)快中子原型堆结构设计的一些验证工作。具体涉及基于黏塑性理论的材料模型,在移动的温度梯度条件下,薄容器的热棘轮效应,基于 RCC-MR 设计规范的蠕变疲劳寿命预测,薄壳的流体弹性不稳定性,堆芯组件的非线性振动,地震作用下受液体晃动作用的薄壳的参数不稳定性,以及代表钠冷快堆几何的薄壳屈曲。

10.2.1 基于黏塑性理论的材料基本模型

在钠冷快堆环境下,基于主应力以及次级应力范围,材料的物质点产生复杂的行为如弹性循环、安定和棘轮效应。非弹性分析用于预测反应堆部件应力应变的基本方法,其考虑了复杂的机械和热负荷,因此可以较为准确的预估棘轮效应和蠕变疲劳损伤。

这就要求在计算机程序中使用真实的材料本构模型。这种本构模型能够较为准确地模拟复杂材料的行为。模型的选取主要取决于所要分析的物理现象和倒塌模式。表 10-1 提供了一些选择适当模型的大致指南。

对于高温下运行的奥氏体不锈钢(特别是 SS 316 LN)反应堆部件的结构分析,采用 Chaboche 和 Nouailhas[10.1]提出的 23 参数黏塑性模型。铁素体钢(特别是蒸汽发生器结构材料改进型 9Cr-1Mo 钢)采用 Chellapandi 和 Ramesh[10.2]提出的 20 参数模型。这两种模型的控制方程以及根据多次单轴试验确定的材料参数值在附录 10 中给出。本节主要介绍了两种黏塑性模型的预测能力。

表 10-1 选择合适材料模型的指南

行为模型 \ 倒塌模式	过度形变,塑型不稳定性	递进形变	蠕变-疲劳
完美的塑性 + 蠕变规律	合适(1)	避免	避免
各向同性应变硬化 + 蠕变规律	合适(2)	避免	避免
线性运动硬化 + 蠕变规律	避免	谨慎使用(3)	谨慎使用(6)
复合硬化(Chaboche 粘塑性等)	合适(2)	谨慎使用(4)、(5)	合适

说明:(1)主要用于极限分析的模型;(2)对材料进行最小单调拉伸曲线进行识别;(3)结果不可能保守;(4)令人满意的结果但往往过于保守;(5)除应变幅值较小的情况外,采用约简循环曲线识别,此时应采用平均单调曲线;(6)当保持时间处于残余应力状态时,结果可能不保守。

10.2.1.1 黏塑性模型的预测能力

为了证明黏塑性模型的预测能力,在复杂单调和循环载荷作用下,求解了 5

个大范围速率敏感域的样本问题,其中2个是解析解,3个是实际问题。问题的几何模型是采用8节点等参单元,每个等参单元都具有2×2个高斯点。

通过内部程序 CONE 计算了两个理想问题并与解析结果进行了比较,另外三个问题与 EVPCYC[10.3]、ABAQUS[10.4] 和 SYSTUS[10.5] 软件的计算结果进行了对比。

10.2.1.2 问题1:双轴应力循环

受均匀双轴加载循环的单个元件如图10-1所示。在有限元分析中,选用了一个八节点等参平面应力单元。在应力循环(情况1)和应变循环(情况2)下黏塑性应变的演化分别如图10-2和图10-3所示。将数值模拟结果与解析解进行了比较,结果表明预测效果较好。该问题引用自文献[10.6]。

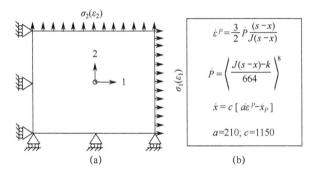

图 10-1 受均匀双轴加载循环的单个元件
(a)问题1的几何;(b)材料参数。

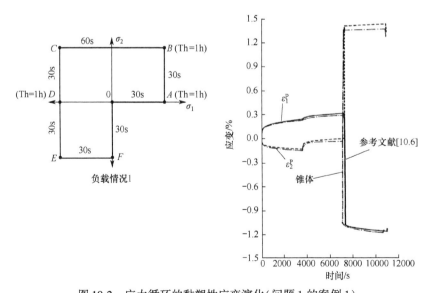

图 10-2 应力循环的黏塑性应变演化(问题1的案例1)

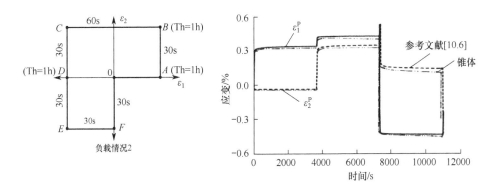

10-3 应变循环中的黏塑性应变演化(问题1的案例2)

10.2.1.3 问题2:压力容器的黏塑性行为

对内压作用下的厚壁长圆筒进行了长期黏塑性分析(图10-4)。几何模型由轴向变形约束的10个等参元组成,该问题也取自文献[10.6]。在离内表面最近的高斯点提取的径向和切向黏塑性应变的预测结果与图10-5所示的对照解进行了比较,预测结果也非常准确。

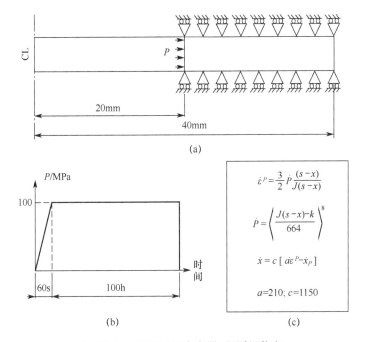

图 10-4 问题2(压力容器)的详细信息
(a)几何形状;(b)载荷;(c)材料参数。

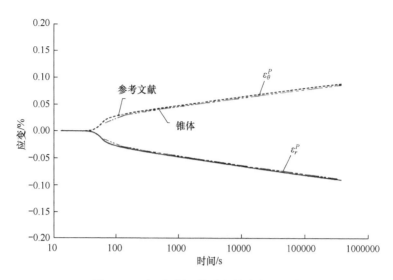

图 10-5 对于问题 2 的黏塑性应变的演化

10.2.1.4 问题 3：复杂单轴行为

预测 SS 316 LN 不锈钢在不同应力水平下的蠕变变形（情况 1）和在不同保持时间下的应变控制试验（情况 2）的循环应力 - 应变行为。该问题采用八节点等参元建模，并施加适当的边界条件来模拟单轴行为。材料的数据来源于文献[10.7]，几何和材料参数如图 10-6 所示。情况 1 预测的蠕变应变对比如图 10-7 所示。在图 10-8 中，最大应力的变化被描述为应变控制试验中不同持续时间下循环次数的函数。图 10-9 中描绘了前 10 个负载循环的应力 - 应变循环。在所有的情况下，程序的预测能力都令人满意。

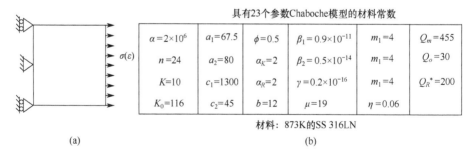

(a)　　　　　　　　　　　　　　　　(b)

图 10-6　问题 3 的几何和材料参数

(a)问题 3 的几何；(b)材料参数。

10.2.1.5 问题 4：圆形切口的黏塑性

在小变形假设下对带圆缺口的圆杆进行了轴向拉伸黏塑性分析，该问题取自文献[10.8]，几何和材料参数以及载荷分布如图 10-10 所示，并将黏塑性分析结果与 ABAQUS 软件分析结果进行了比较。在分析中,采用 180 个八节点轴对称等参元,对四分之一部分进行建模。原始和变形的几何图形如图 10-11 所示。图 10-12 和图 10-13 分别绘制了缺口试样最小截面上的径向、轴向和环向应变和应力分布,并分别用 ABAQUS 程序进行了预测。

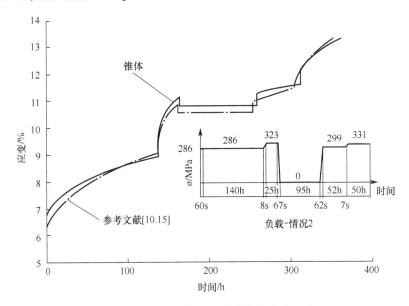

图 10-7 问题 3(情况 1)的黏塑性应变演化

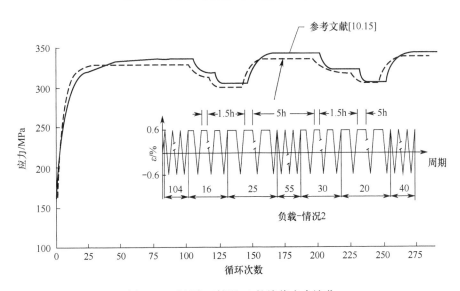

图 10-8 问题 3(情况 2)的峰值应力演化

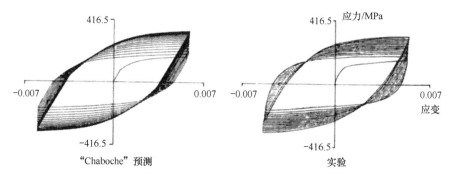

图 10-9　SS 316 LN 循环应力 – 应变行为的数值模拟

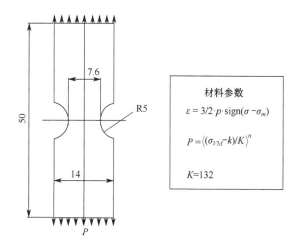

图 10-10　问题 4 的细节（圆形缺口）

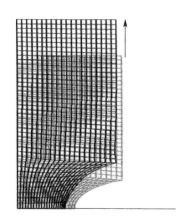

图 10-11　原始和变形的有限元网格

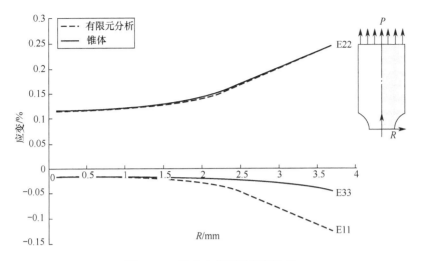

图 10-12　沿中心截面的应变分布

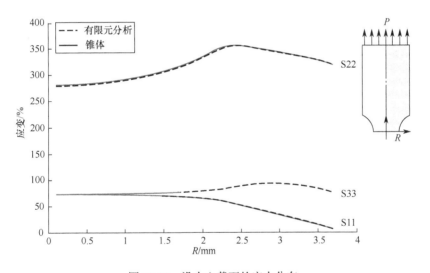

图 10-13　沿中心截面的应力分布

10.2.1.6　薄壳的热棘现象

CEA Cadarache 所进行的 VINIL 基准实验证明了 23 参数 Chaboche 黏塑模型的正确性[10.9]。实验在直径为 800mm，厚度为 1.2mm 的圆柱形壳体上模拟了棘轮效应，圆柱体的长度为 400mm，材质为 SS 316 LN，如图 10-14 所示。钠液位和相关的温度变化如图 10-15 所示，从图中可以看出，初始的钠液位在中间，钠的温度为 200℃，氩气也为 200℃。钠的温度在 40min 内升高到 620℃并维持液位的位置。随后，为模拟自由液位在 15s 内的上升将壳体降低 35mm，并在发生蠕变的同一高度保持 50min。最后,钠被缓慢冷却到 200℃,恢复到初始状态。氩气在整个加载过程保持为 200℃。钠的液位及其温度的时间变化如图 10-15 所示,这是分析所需的重要数据。将长度为 400mm 的容器划分为 544 个八节点的等参轴对称单元,共 2181 个节点,厚度方向具有两个单元,在钠液位附近设有最小尺寸单元的尺寸为 0.2mm,可以准确地预测不连续应力的急剧变化,在上边缘抑制了除径向位移外的所有自由度,在底部边缘,只阻止旋转运动。

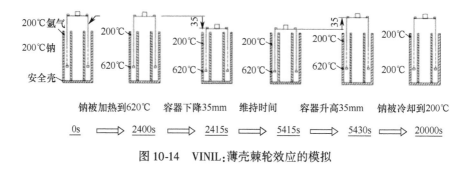

图 10-14　VINIL:薄壳棘轮效应的模拟

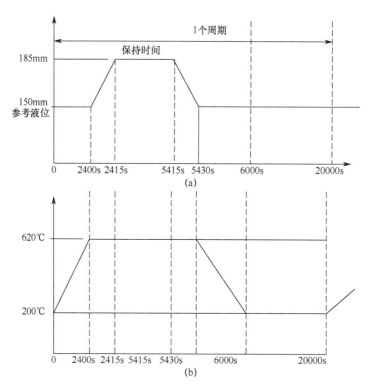

图 10-15　VINIL 基准的液位和温度变化的细节
(a)钠自由液位变化;(b)钠温度变化。

首先对问题进行了瞬态热传导分析,以确定在不同时间金属壁面的温度分布。钠在停滞状态下的换热系数为1000W/m²K(对应自然对流),在流动状态下为2000W/m²K(强制对流)。对于氩气,选取10W/m²K的恒定值。选择足够小的时间步长使傅里叶数(扩散率×时间步长/最小元尺寸的平方)小于0.1。图10-16为降低容器温度过程的温度分布演变图。值得注意的是,在自由液面达到最高高度后,轴向温度梯度急剧增大,随后,由于沿轴向的热传导,梯度会略微减小。

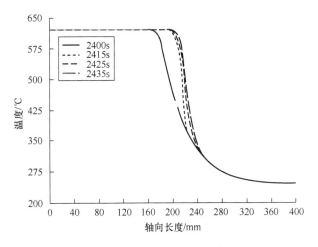

图 10-16 轴向温度梯度的演化

在了解各时间的温度分布后,进行了相应的应力分析。为实际地确定应力和应变,黏塑性分析采用23参数Chaboche模型,分析中使用的材料常数见表10-2。图10-17将结果与国际基准测试结果进行了比较。考虑到材料和温度数据可能发生的变化,不可能精确地再现变形。尽管如此,预测结果还是可以接受的。

表 10-2 Chaboche 黏塑性模型的材料参数

参数	温度/K			
	293	473	773	873
E/MPa	192000	178000	161000	145000
N	0.3	0.3	0.3	0.3
k/MPa	200	135	95	35
a_R	1	1	1	1
b	20	12	12	12
Q_0	30	40	70	40
Q_{max}	390	460	495	460

(续)

	温度/K			
M	19	19	19	19
H	0.04	0.04	0.04	0.04
$g/\mathrm{MPa}^{-mr}\mathrm{s}^{-1}$	0	0	0	2×10^{-7}
Q_R^*/MPa	200	200	200	200
M	2	2	2	2
c_1/MPa	65000	65000	65000	65000
a_1	1300	1300	1300	1300
c_2/MPa	1950	1950	1950	1950
a_2	50	50	50	50
FY	0.5	0.5	0.5	0.5
$b_1/\mathrm{MPa}^{-mr}\mathrm{s}^{-1}$	0	0	0	10^{-12}
m_1	4	4	4	4
$b_2/\mathrm{MPa}^{-mr}\mathrm{s}^{-1}$	0	0	0	2×10^{-13}
m_2	4	4	4	4
$K_0/(\mathrm{MPa/s})$	4	10	10	70
a_k	0	0	0	1
n	24	24	24	24
a	0	0	0	0

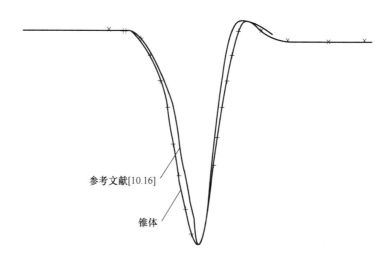

图 10-17 棘轮效应的预测

10.2.1.7 参数黏塑性模型的预测能力

改进后的9Cr-1Mo不锈钢模型特点如下：
- 这种材料在高温下表现出明显的应变率敏感性，并随温度的升高而增大；
- 在单调测试中，材料在较高温度下的较大应变下表现出应变软化，然而，在低温单调加载下，材料的主要应变变硬，单调硬化/软化行为发生转化的温度范围在650～750K；
- 在应变控制循环试验中，材料发生周期性软化，循环软化的量似乎与温度无关；
- 在恒定应力载荷下，材料在750～900K的温度范围内表现出很低的初级蠕变，虽然初蠕变量不大，但会随温度的升高而增大，二次蠕变率也随着温度和应力的增加而增加。

为了体现这些特征，10.2.1.6节中描述的23参数Chaboche黏塑性模型(本质上是为SS 316 LN开发的)已被修改为9Cr-1Mo不锈钢在高温下的力学模型。主要的修改是消除：

(1) 指数项，模拟中间温度范围的应变不灵敏性；
(2) 耦合随动强化和各向同性硬化；
(3) 塑性应变记忆效应并且在随动强化变量中加入①第三项以解释大应变范围效应；②两项各向同性软化变量；③黏滞应力中的各向同性硬化效应。

有了这些，9Cr-1Mo不锈钢的模型现在只涉及3个随动硬化张量变量(X_1，X_2，X_3)和2个各向同性软化标量变量(R_1，R_2)。共有20个材料参数用于定义材料的性能。本构方程以及我们感兴趣的温度范围内的材料参数列于附录10.B(表10-3)。

表10-3 91级钢Chaboche模型材料参数值

常数	温度/K				
	298	673	773	823	873
n	0.0	0.0	0.0	0.0	0.0
k	41.7	41.7	10.5	6.2	4.5
K_0	369.9	306.0	514.0	783.4	1076.6
α	1.3	1.3	2.5	4.7	8.5
a_1	150.0	150.0	146.5	141.1	105.0
c_1	7000.0	7000.0	7000.0	7000.0	7000.0
β_1	41.7	41.7	10.5	6.2	4.5

(续)

	温度/K				
m_1	0.0	0.0	0.44×10^{-25}	0.61×10^{-15}	0.76206×10^{-11}
a_2	117.5	117.5	64.8	48.9	27.9
c_2	500.0	500.0	500.0	500.0	500.0
β_2	41.7	41.7	10.5	6.2	4.5
m_2	0	0	0.92×10^{-25}	0.1×10^{-14}	0.96319×10^{-11}
a_3	266.6	173.4	120.7	82.4	83.6
c_3	37.5	37.5	37.5	37.5	37.5
β_3	41.7	41.7	10.5	6.2	4.5
m_3	0.0	0.0	0.96×10^{-24}	0.95×10^{-14}	0.16254×10^{-9}
b_1	30.0	30.0	30.0	30.0	30.0
Q_1	-65.0	-65.0	-65.0	-65.0	-65.0
b_2	0.3	0.3	0.3	0.3	0.3
Q_2	-15.0	-15.0	-15.0	-15.0	-15.0

为了验证该模型的预测能力,对多个单轴试验数据进行了模拟。图10-18为723~873K温度范围内的单调应力-应变曲线,最大应变为0.12。

从图10-8中可以看出,单调硬化随温度的升高而降低。在823K以上,可以注意到轻微的单调软化,该材料的应变率敏感性如图10-18所示。图10-19绘制了在恒定应变率$6.7 \times 10^{-4} s^{-1}$的条件下,在应变控制循环为±1%的不同温度(298~873K),应力-应变滞后循环的循环曲线。图10-20所示的曲线清晰地描述了T91材料的循环软化行为,软化现象或多或少与温度无关。一些钠冷快堆的蠕变曲线如图10-21所示。所有这些模拟结果都与已发布的单轴数据相匹配[10.10],模型开发、验证和应用的更多细节可以在参考文献[10.10]中看到。

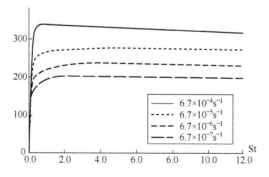

图10-18 改进性9Cr-1Mo合金拉伸曲线的模拟

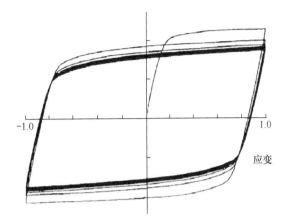

图 10-19　改进型 9Cr-1Mo 循环应力-应变循环的模拟

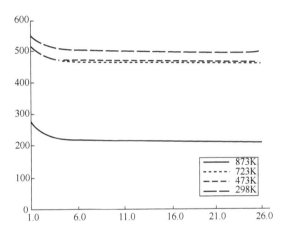

图 10-20　改进型 9Cr-1Mo 钢循环软化的模拟

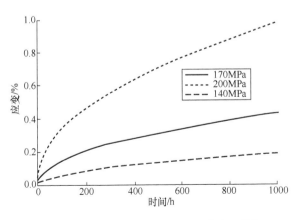

图 10-21　改进型 9Cr-1Mo 钢蠕变曲线的模拟

10.2.2 RCC-MR 标准中的蠕变疲劳损伤评估程序

这部分测试主要通过实验方法验证具有中心焊点圆盘的循环负载。在圆盘的外边缘两侧由一圈球支撑,模拟理想的简支状态。在圆盘中心施加位移。一个典型负载周期由中心向上位移最大3mm,在该位置保持2小时向下推到6mm持续2h,最后拉回到中立位置。测试在873K(600℃)等温条件进行。因此,施加的载荷周期在连接处的圆角上产生高应力-应变集中,进而产生高蠕变疲劳损伤。图10-22描述了测试设施和典型的负载周期,该设备包括一个10t的吊架、一个开缝炉、一个通过电机、计算机和可编程逻辑控制器(PLC)操作的执行机构。由测压元件和线性可变差动变压器(LVDT)传感器分别测量板上的载荷和位移。

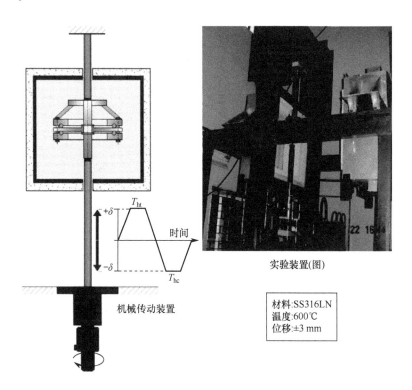

图 10-22 圆形板的蠕变-疲劳损伤模拟试验装置

该问题的复杂之处是焊接处多轴应力(特别是目前问题中的双轴状态)的松弛特性。引入 CEA 发行的 CAST3M 来导出峰值应力和应变[10.11]。随后,采用 RCC-MR:2002 和 2007 版本[10.12]基于简化分析路径确定蠕变和疲劳损伤值。利用荷载-挠度曲线、峰值应变和产生裂纹的周期数实验数据进行了验证。通过中断试验,对试件在临界位置的裂纹进行了等间隔的研究。以滞回线形状变化的循环次数作为导致断裂的循环次数。通过在线观看窗口进行目视检查。实验进行了若干次。一个板的典型荷载-挠度曲线如图10-23所示。在各种板的试验中,导致失效所需的平均循环数为86次(172h)。在大多数试验中,裂纹的位置都在距离板0.6mm两侧的圆角处,如图10-24所示。金相研究表明了疲劳裂纹与晶间蠕变裂纹的结合,说明了裂纹的扩展是一种混合模式。

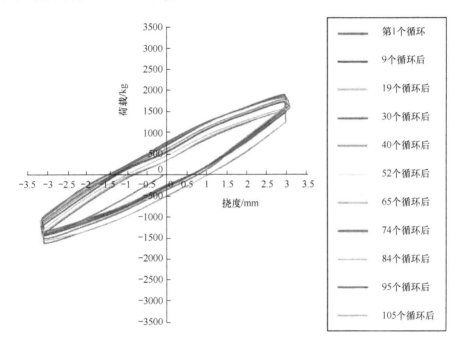

图10-23 在873K时荷载与挠度(保持时间为1h)的曲线(见彩色插图)

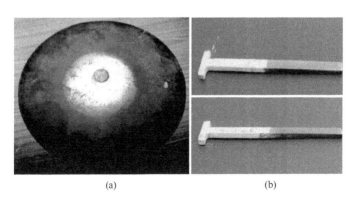

(a)　　　　　　　　(b)

图10-24 板材两侧有裂缝

(a)全板;(b)切割断面。

为计算所需的应力和应变值,采用锥形轴对称四边形单元的有限元数值方法。有限元模型及应力分布如图10-25所示。通过有限元分析,板的峰值应力位置在距离中心20.60mm的位置。采用RCC-MR程序进行蠕变疲劳损伤评估,根据弹性应力结果,通过RCC-MR计算弹塑性应变。每个周期的蠕变应变与保持时间一致,为2h/周期。采用RCC-MR:2002和RCC-MR:2007设计规范研究应力松弛对蠕变疲劳损伤评估的影响。如下文所讲,应力松弛对蠕变损伤的影响是显著的。

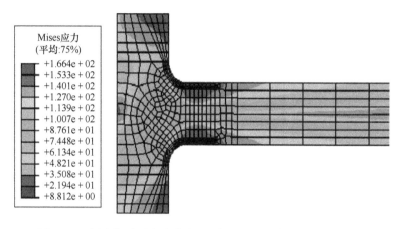

图10-25 蠕变松弛后应力分布(一次+二次应力)(见彩色插图)

根据RCC-MR:2002推荐的程序,不考虑松弛的蠕变损伤分别为1.352和0.017。根据RCC-MR:2007,相应的值为1.247和0.015。每个循环的疲劳损伤是根据设计规范的允许循环数计算的。根据RCC-MR:2002的疲劳损伤是每循环0.00233,根据RCC-MR:2007标准为0.00202。考虑蠕变-疲劳损伤相互作用的允许循环数预测,失效循环数按RCC-MR:2002标准为45或90h,按RCC-MR:2007标准为51或102h。如前所述,这些值接近观察到的故障周期数86(平均值)。RCC-MR:2007的预测结果更接近测试数据。

下面讨论基于位移决定的载荷所产生的峰值应力松弛。由于蠕变引起的小规模永久变形,应力随时间的推移而松弛。采用对二次蠕变现象最优的Norton's law(幂次定律)来模拟蠕变变形。应力松弛率为

$$\dot{s}_r = -\frac{E}{C_r}\dot{\varepsilon}_{fl}(\sigma_k)$$

二级蠕变区,应变速率比一级蠕变区要小;因此,如果加载条件导致蠕变变形主要由初次蠕变引起,诺顿定律预测的应力松弛结果会偏小。预计通过黏塑性分析能够提供真实的松弛行为,从而使寿命预测更接近试验数据。

10.2.3 裂纹样缺陷部件的寿命预测

设计规范规定了严格的检验要求,以确保结构材料的高质量和制造标准。鉴于焊接是结构中的薄弱环节,规范不允许在没有可靠检查方法的情况下进行焊接。然而在一些难于进行服役前检查的位置上,不可避免地会出现类似裂纹的缺陷,即几何奇异点。图 10-26 显示了典型钠冷快堆组装中的一些位置。这些几何奇异点存在于燃料销端塞焊、中间热交换器(IHX)的轧制和焊接接头以及控制塞的板壳焊接接头中。考虑到完全排除奇异点的实际困难,RCC-MR 版本提供了特殊的设计规则称为"σ_d"方法,以确保奇异点可以在第 1 类组件中得到充分的处理。采用"σ_d"方法,利用裂纹尖端前特征距离 d 处的应力和应变状态来评估验收。对于目前的研究,推荐 RCC-MR:2002 标准。

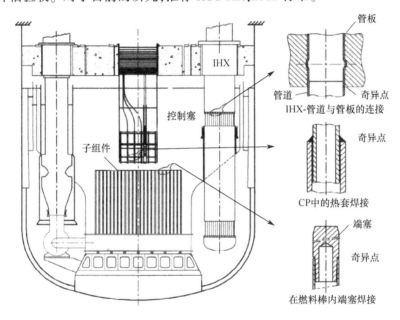

图 10-26 SFR 组装中的奇异点焊接

由于对于在高温下工作的部件,关键焊缝位置的蠕变损伤可能是限制寿命的因素,所以在基准工作中单独考虑了蠕变损伤。因此,RCC-MR(A16)附录 A16 提出了涉及基于 σ_d 方法的焊缝蠕变损伤估算设计程序[10.12]。

为验证 A16 方法的有效性,基准试验处理从焊接 SS 316 LN 板加工的预裂标准紧凑拉伸(CT)试样中实验产生的蠕变裂纹增长数据[10.13]。根据程序,需要根据兰金理论确定等效应力,即裂纹尖端前方特征距离 d 处的最大主应力。裂纹起始寿命为在规定温度 T 下对 σ_d 的最小破裂时间。对于 A16 中奥氏体不锈钢,特征距离(d)的推荐值为50μm。然而,可见裂纹(0.1~0.2mm)的发展通常被认为是裂纹初始点。使用50μm的距离计算σ_d被认为是评估的保守值。对于目前的实验数据研究,0.2mm被定义为裂纹形成寿命。在计算时应考虑奇异性和塑性的影响。采用A16中推荐的简化方法,利用Neuber规则对塑性进行弹性计算,推导出弹性应力σ_d。弹性应力依次由伴生应力强度因子(K)利用Creager公式导出。对于标准几何体,K可以用A16中给出的方程计算,对于复杂几何/载荷可以采用数值方法计算。

10.2.3.1 实验细节

该平面紧凑拉伸试样是由316型LN钢板的焊接板使用匹配的手工金属电弧(MMA)焊接组合制造的。母材与MMA焊缝金属的界面平行于试样的中心线。试件在室温下预先产生裂纹,初始裂纹长度为17.58mm和17.41mm。除初始裂纹尺寸外,两试件的几何形状和载荷条件基本相同,其中一个样本的详细信息如图10-28所示。蠕变裂纹扩展试验是在823K的空气中进行的,试验期间施加恒定轴向荷载20kN。0.2mm蠕变裂纹扩展的时间分别为300h和400h,可视为两个试件的蠕变裂纹起始时间。

10.2.3.2 数值预测过程

1)步骤1:线性弹性应力强度因子

紧凑拉伸试样的应力强度因子K_I遵循A16.8221.2,其计算如下:

$$K_I = F_b \cdot \sigma \cdot \sqrt{\pi a} \tag{10-1}$$

式中

$$F_b = (2 + a/w) \cdot F_1 / (1 - a/w)^{3/2} \cdot \sqrt{\pi a/w}$$
$$F_1 = (0.886 + 4.64 \cdot (a/w) - 13.32 \cdot (a/w)^2 + 14.72 \cdot (a/w)^3 - 5.6 \cdot (a/w)^4)$$
$$\sigma = N_1 / (w \cdot B)$$

图10-27中具有以上参数的定义。宽度(w)等于38mm,厚度(B)等于19mm,轴向力(N_1)等于20kN。初始裂纹长度为17.58mm和17.41mm的两个试件的K_I值分别为46.67MPa$\sqrt{m}$和46.07MPa$\sqrt{m}$。

2)第2步:弹性计算的特征应力(σ_{de})

特征应力的值等于最大主应力$= K_I / \sqrt{2\pi d}$,试件1的σ_{de}值在$d = 50$μm时为2633MPa,其K_I值46.67MPa$\sqrt{m}$。试件2的σ_{de}值为2600MPa,其K_I值46.07MPa$\sqrt{m}$。

3)步骤3:弹塑性特征应力(σ_d)

σ_{VM}是用Neuber法则确定的。在详细弹塑性分析的基础上,对RCC-MR计算弹塑性应力和应变的方法进行了改进,修改后的过程如图10-28所示。根据

修正的 Neuber 法则,弹性计算的峰值 Von Mises 应力和应变的计算公式如下:

$$\sigma_{VM} \cdot \varepsilon_{VM} = \sigma_{VMe} \cdot \left[\frac{\sigma_{VMe}}{E} + B(\sigma_{ref})^{1/\beta} \right] \qquad (10\text{-}2)$$

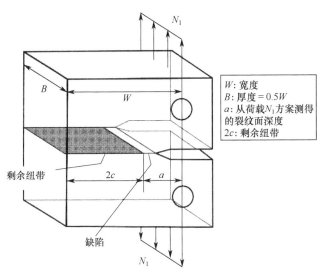

图 10-27　基准问题的细节

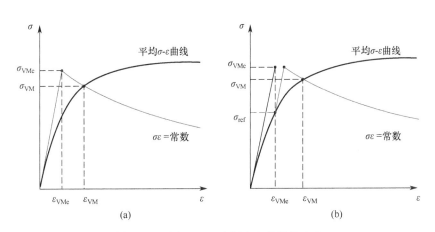

图 10-28　用 Neuber 法则确定弹塑性应力
(a)RCC – MR:初始的;(b)RCC – MR:修改后的。

式中

E 和 B——材料的弹性和塑性模量;

β——Ramberg-Osgood 方程中的应变硬化指数。

参考文献[10.13]得到 β 和 B 的数值分别为 0.138 和 $(1/289.2)^{1/\beta}$ MPa。

采用 RCC 系列的 RCC-MR2007、RCC-MRX2012、RCC-MRX2015 中勘误表附录 A16 的 A16.8221.3 小节(以下称为附录 A16)推荐的经验修正,对假设冯米塞斯平面应变条件下的 CT 试样确定其参考值。

弹性计算 σ_{He} 可以用下式对其进行修正得到 σ_H,修正方程为

$$\sigma_H = \sigma_{He} \cdot \left[\frac{\sigma_{VM}}{\sigma_{VMe}}\right] \tag{10-3}$$

4)步骤 4:多轴蠕变损伤准则

如式(10-3)和式(10-4)所示,预估的蠕变损伤(σ_{eq})的控制应力表示为米塞斯应力(σ_{VM})和流体静力应力分量(σ_H)这两者的函数。

5)步骤 5:应力松弛

次应力通常在持续高温条件下导致蠕变松弛。在本例中,考虑冯米塞斯应力的松弛。由于裂纹尖端的冯米塞斯应力值相对较小,松弛是有限的,并且不考虑由于松弛引起的非保守性。采用 RCC-MR 3262.1 中推荐的公式计算松弛的起始应力(σ_{VM}):

$$\frac{d\sigma_{VM}}{dt} = \frac{E\varepsilon'_c}{3}, \varepsilon'_c = K\sigma_{VM}^n \tag{10-4}$$

式中:K 和 n 为与诺顿定律相关的常数,在 RCC-MR,附录 Z 中提供了在 823K 时,$K = 9.722 \times 10^{-30}$ 和 $n = 10.4707$(假设 σ_H 的松弛采用与 σ_{VM} 类似的方式进行变化)。

6)步骤 6:蠕变裂纹形成寿命预测

由附录 A16 中 Creager 方程确定的特征距离处三个轴向应力分量如下。

试件 1 在 $d = 0.2mm$ 时:$\sigma_x = 1313MPa, \sigma_y = 1313MPa, \sigma_z = 788MPa$。通过 Neuber 法则得到 $\sigma_{VM} = 174MPa, \sigma_H = 376MPa, \sigma_{eq} = 301MPa$。图 10-29 和图 10-30 中分别描述了 σ_{eq} 随时间的变化和蠕变损伤的累积。从图 10-30 可知,蠕变损伤在 435h 处达到 1。

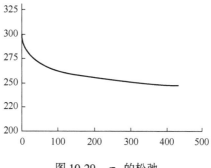

图 10-29 σ_{eq} 的松弛

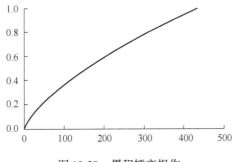

图 10-30　累积蠕变损伤

试件 1 在 $d=0.2$ mm 时：$\sigma_x=1297$ MPa，$\sigma_y=1297$ MPa，$\sigma_z=778$ MPa。计算得到 $\sigma_{VM}=173$ MPa，$\sigma_H=374$ MPa，$\sigma_{eq}=300$ MPa，$T_{rd}=451$ h。与 300h 和 400h 的实验数据相比，改进后的程序预测（分别为 435h 和 451h）表明采用的程序得到了实验验证。

10.2.4　薄壳的流体弹性失稳

在本验证研究中，分析了模拟日本示范快中子增殖反应堆(DFBR)热挡板的 1/15 比例堰冷却剂系统(主容器壁面冷却剂系统)的流体弹性不稳定性，并与 Fujita 等人提供的试验数据进行对比[10.14]，水用来代替钠，几何细节如图 10-31 所示。堰壳由厚度为 6mm 的聚氯乙烯(PVC)制成。堰壳固定在底部。材料性质如下：

PVC 材料，$\rho=1700$ kg/m³，$E=2.5$ kPa，$\upsilon=0.45$；

水的，$\rho=1000$ kg/m³，$\mu=0.001$ Ns/m²，$c=1435$ m/s。

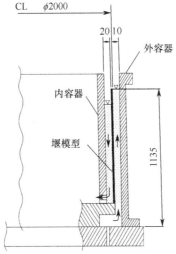

图 10-31　日本基准问题(说明：CL，中线)

第一步分析自由振动。为此,考虑了堰壳、刚性内壳和刚性外壳以及环空间充水的情况进行分析。选择两侧的液位差作为一个分析参数,利用傅里叶变换对所选波数 n 进行自由分析。由于关注的是晃动模态的振型,提取了所有的同相和反相晃动模态。$n=10$ 时对应的振型如图 10-32 所示,壳体的主振型也被进一步的提取出来。在图 10-33 中,这三种模态对应的固有频率被绘制成波数(n)的函数。当 n 等于 5 时,壳具有最低的固有频率(约 1.7Hz)。用面内和面外振型固有频率的差值来测量流体结构相互作用的影响。

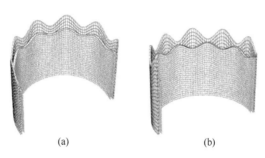

图 10-32 日本基准问题的晃动模态的振型
(a)同相晃动模态;(b)反相晃动模态。

通过图 10-33 的结果可知,当 n 约等于 5 时,相互作用更强。实验中观察到的失稳模态对应波数约为 5[10.14]。如图 10-34 所示,在 10~300mm 的下落高度上,根据波数 5 计算出相应的晃动频率。同相振荡频率与下落高度无关,而反相频率随下落高度的增加而增加。较低落差的情况下这些频率之间区别较高,这意味着较低落差更容易发生不稳定性。

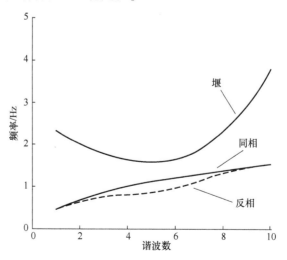

图 10-33 堰壳的主固有频率

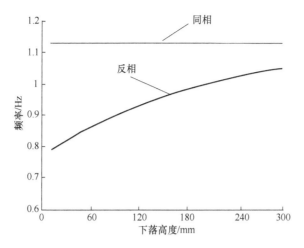

图 10-34　晃动频率与下落高度

第二步动态分析。分析的重要输入是 V_f 和 τ，这两个参数用于计算流量和落差范围。结果分别如图 10-35 和图 10-36 所示。

如图 10-35 所示，在一些落差的溢流中，冲击速度会趋于稳定，在这种情况下，摩擦力等于重力。因此，延迟时间(也称为下降时间)沿稳定状态线性单调增加(图 10-36)。为开始计算，通过对平衡位置的壳体施加一个轻微的速度产生扰动，之后对堰壳的动位移和水位高度进行了预测。总的模型阻尼系数 ξ 假定为 1%~3%。图 10-37 展示了不同阻尼条件下补给与回收器内的液位波动幅度以及堰坝的位移。阻尼延迟了振幅的变化，降低了稳定后的振动振幅。

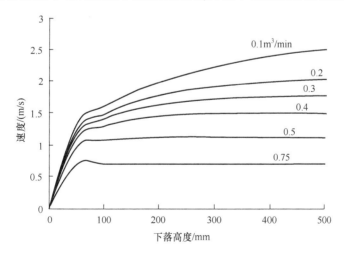

图 10-35　撞击速度和下落高度

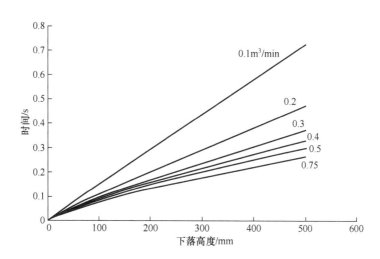

图 10-36　延迟时间作为下降高度和流量的函数

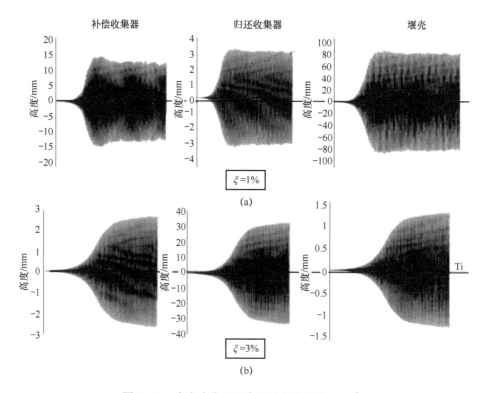

图 10-37　自由液位和堰壳的动态位移为 $0.6 m^3/s$

为了对比计算结果与实验数据,对一些数据进行了比较。由于缺乏许多重要参数,如实际材料特性、阻尼值、表面粗糙度和堰几何形状,逐点比较是困难的。因此,主要比较延迟时间和位移的预测值(图10-38),该预测对较高流量的情况非常有效。对于较小的流量,理论的延迟时间结果偏低。实际壳体表面粗糙度是确定摩擦系数的关键因素,需要改进预测方法,但总体来说,该预测方法可以接受。将非线性分析预测的动态位移与试验数据进行了比较,由于阻尼未知,故对1%和3%两个阻尼值分别进行分析。在试验中,0～600mm落差都观察到了失稳区。当流速从0.1～1m³/min变化时,最大位移分别为1～3mm。在100mm的落差下,振动最小。非线性分析表明,失稳区位于50～350mm落差范围内。在落差约150mm处,振动幅值最小。$\xi = 1\%$ 和 3% 时最大振幅分别为1.2mm和7.5mm。由于缺乏许多重要的测量输入数据,这些理论预测似乎是合理的。对典型钠冷快堆的分析表明,阻尼值等于或大于1.0%时不存在失稳,图10-39为堰壳的动态响应[10.15]。

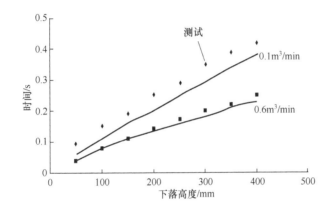

图10-38　下降时间的预测

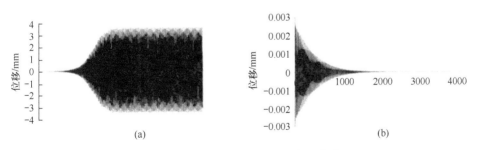

图10-39　在换料期间PFBR堰壳的位移
(a)$\xi = 0.5\%$;(b)$\xi = 1\%$。

10.2.5　薄壳容器的参量不稳定性

在许多工程应用中,为了满足基本要求,在设计过程中必须知道系统的最大响应和外部激励下的振动性质。在外部激励下,系统可能在共振和/或参数共振下表现出最大响应。共振是指当外部激励频率等于系统的固有频率时,系统有较大振幅振荡的倾向。在共振中,系统振幅的增长率是线性的。参数共振是指机械系统受到外激励通过周期性地改变系统的参数而引起的振动[10.16]。系统的响应与外部激励方向正交。在参数共振中,系统响应的增长率通常是指数型的,并且无限制地增长。这种无限的振幅指数增长对系统是潜在的危险。虽然参数共振是次要的,但在接近参数共振的临界频率时,系统可能会发生失效。参数共振也称为参数不稳定或动态不稳定。

在地震作用下,堆芯、薄壁壳结构等柔性构件和结构会发生参数失稳。在反应堆组件中,水平地震下的薄热挡板、钠自由表面的晃动位移和竖向地震激励下的堆芯组件位移均可发生参数失稳(图10-40)。参数不稳定性控制动力有限元方程表示为以下矩阵形式:

$$\boldsymbol{M}\ddot{\boldsymbol{X}} + \boldsymbol{C}\dot{\boldsymbol{X}} + \boldsymbol{K}_\mathrm{E}\boldsymbol{X} + \boldsymbol{K}_\mathrm{G}\boldsymbol{X} = 0 \qquad (10\text{-}5)$$

式中

$\boldsymbol{M}$、$\boldsymbol{C}$、$\boldsymbol{K}_\mathrm{E}$ 和 $\boldsymbol{K}_\mathrm{G}$——质量、阻尼、弹性刚度和几何刚度矩阵;

$\boldsymbol{X}$——位移矢量,点代表相对于时间的微分。

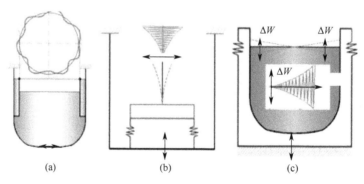

图 10-40　反应堆组件系统的参数不稳定性
(a)隔热板;(b)堆芯下部;(c)钠自由液位。

式(10-5)称为希尔方程,其稳定性分析使用的是 Hsu 准则[10.17]。为应用 Hsu 准则,利用模态叠加技术将式(10-5)转换为

$$\ddot{\boldsymbol{\eta}}_\mathrm{n} + 2\xi\omega_\mathrm{mn}\dot{\boldsymbol{\eta}}_\mathrm{n} + \omega_\mathrm{mn}^2\boldsymbol{\eta}_\mathrm{n} + \sum_{m=1}^{M}\left(\sum_{s=0}^{S}d_\mathrm{nms}\cos\omega_\mathrm{s}t + \sum_{s=0}^{S}e_\mathrm{nms}\sin\omega_\mathrm{s}t\right)\boldsymbol{\eta} = \boldsymbol{0} \quad (10\text{-}6)$$

式中

$\boldsymbol{\eta}_\mathrm{n}$——投影位移;

ω_mn——系统的自然频率;

ξ——模态阻尼系数;

ω_s——外部激励频率;

d_{nms} 和 e_{nms}——投影几何刚度矩阵的组成部分。

为了理解这个现象,引入一个基准实验。在结构力学实验室 IGCAR 中进行了振动台试验,以了解矩形容器内液体平面自由表面晃动的动态稳定性。这个实验的目的是研究基础激励下液体自由表面的不稳定,这是池式钠冷快堆所特别关注的,不能排除大直径容器内钠池液面在地震作用下发生不稳定晃动的可能性。图 10-41 显示了使用式(10-5)进行晃动稳定性分析的振动台实验设置和稳定性图。

在稳定性图(图 10-42)中,描述了容器在垂直方向受到同频率和振幅的激励所产生的结果。自由表面在很大程度上与绘制的稳定性图一致。为进一步验证研究结果,采用任意欧拉-拉格朗日有限元格式进行了数值模拟,数值结果与实验结果吻合较好。此外,对细长结构(梁、板、壳)、流体自由表面和充液薄壳进行了数值计算[10.18]。

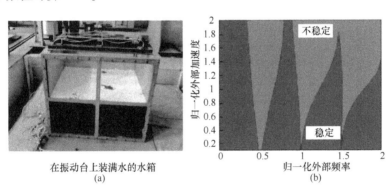

图 10-41 矩形槽内晃动的振动台实验设置及其稳定性图
(a)矩形槽内晃动的振动台实验设置;(b)稳定性图。

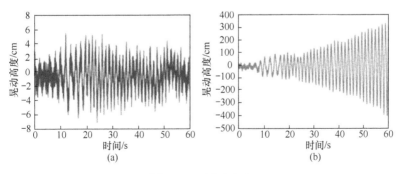

图 10-42 晃动响应
(a)稳定情况;(b)不稳定情况。

10.2.6 通过模拟实验验证地震分析

本节将介绍一些国际计算机程序和实验。钠冷快堆的结构可以大致分为两类：堆芯组件以及堆芯外构件（主要为主容器）。在数值模拟中需要验证的重要方面是流体结构相互作用中的线性和非线性效应。因此，这里对以下问题进行介绍。

10.2.6.1 钠冷快堆堆芯的地震响应

堆芯由不同燃料组件组成。燃料组件被小缝隙隔开并浸没在液态钠中。在地震中，堆芯组件之间的碰撞可能引发堆芯的非线性特性。流固相互作用和堆芯组件的碰撞这两个现象对堆芯的响应具有影响。研究堆芯响应的方法已经开发完成，并通过了法国快堆 RAPSODIE 堆芯模型的实验验证[10.19]。本节的目的是给出在地震作用下的模拟实验结果，并与考虑整体流体与结构相互作用的分析结果进行比较。

RAPSODIE 堆芯实验的具体数据如图 10-43 所示。堆芯模型具有 91 个燃料组件（其排列方式为一组中心组件和五层环绕组件）以及 180 个包围堆芯组件的中子反射组件（4 层）。为在水中进行测试，模型围在一个坚硬的容器中。燃料组件由圆柱形尖钉和包含所述燃料销的六角形罐组成，组件总长度为 1.5m，组件与栅板之间存在两个接处点，组件的重量（20kg）由底部的接触点承担，在上部的接触点，燃料与栅板之间需要保留一点间隙，以更容易装配。在距离组件顶部 0.6m 的位置，设置了衬垫。两个相邻的六角罐之间的距离是 1mm，在垫层处距离为 0.1mm。中子屏蔽元件由夹紧在栅板上部的圆桶组成。模型的详细描述可以在参考文献[10.20]。

本节研究了恒定激励水平下，即 100% 运行的基准地震（OBE）下堆芯组件的地震反应。将试验结果与计算机 CORALIE（由 CEA 开发）中的非线性数值模型进行了比较。COALE 的详细描述见文献[10.21]。在此程序中，每个组件由其第一个特征模表示。冲击现象由一个只在冲击过程中起作用的非线性弹簧系统来表示。其刚度必须考虑两个方面：碰撞点处的局部变形和模态基础的截断效应。冲击的能量耗散是由一个平行于振动方向的阻尼器实现的。流体耦合仅考虑两个相邻组件之间的耦合，采用小管束经验推导出的耦合质量[10.22,10.23]。流体将堆芯的运动与容器的运动耦合在一起；由于刚度很大，因此可以忽略容器的运动。所有组件增加和耦合的质量是相同的，独立于他们在堆芯的位置，并均匀分布在组件长度上。对于中央部分组件的最大位移（图 10-44）随时间的变化（图 10-45），该数值模型与实验结果具有可接受的一致性。从图 10-45 可观察到，位移从中心到外部逐渐下降。这可能与外部行间隙的总和比中心行间隙的总和要小有关。对于影响较强的外部组件之间,相关性变得很差(尤其从时域角度分析)。

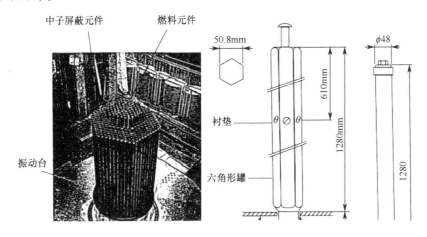

图 10-43　RAPSODIE 模型和堆芯及中子屏蔽燃料组件的细节说明

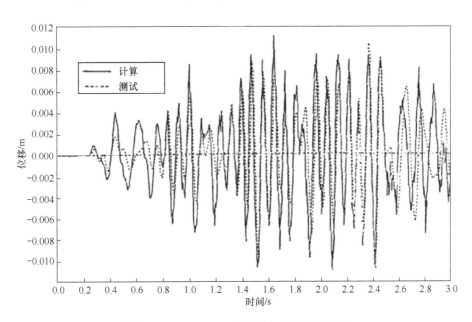

图 10-44　RAPSODIE 模型中间排的最大位移

10.2.6.2　地震事件下钠冷快堆堆芯地震响应对应的研究

钠冷快堆堆芯燃料组件安装在由堆芯支撑板支撑的圆形管中。它们互相独立,在垂直方向上不受机械约束。因此,在竖向大地震运动的影响下,堆芯组件可能会向上移动。因此,研究堆芯构件在地震作用下的动态举升的特性是抗震设计中的一个重要课题。为研究这个问题,采用解析模型预测地震过程中堆芯向上的位移。为了简化处理,考虑到堆芯部件与堆芯支撑板的碰撞,将堆芯部件简化为集总变量。用线性弹簧和阻尼来表示碰撞的动态特性。此外,还考虑了流体的浮力、摩擦力和作用在堆芯部件上的流体阻力,具体的分析方程参见文献[10.24]。

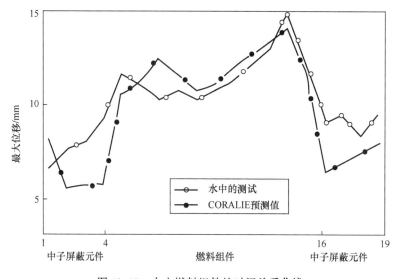

图 10-45　中央燃料组件的时间关系曲线

为了研究动态抬升现象,采用缩小模型进行了竖向振动实验。实验的目的是验证分析模型对堆芯垂直振动的适用性,实验装置如图 10-46 所示。堆芯模型自由立于支座上,其水平运动受测力元件的限制。在本次实验的模拟分析中,作用于堆芯模型的水平荷载考虑为竖向摩擦力,用螺旋弹簧模拟在实际条件下作用于堆芯部件向上的力,弹簧的延伸长度足够长,可以忽略模型上升引起的变形。水位是根据实际浮力与堆芯部件重量的比值来确定的,装有该测试设备的圆柱形容器安装在一个振动台上。

对于随机激励和正弦激励,堆芯组件的位移随时间变化的过程对比如图 10-47所示。结果表明,该堆芯结构模型是合理的。

为量化增殖快堆堆芯上升的最大加速度,进行了其他类似的实验[10.25]。本实验的特点是应用垂直激励和约 1MPa 的恒定流体压力模拟钠的流动效应(图 10-48)。竖向激励随机产生,表示栅板的响应过程(图 10-49)。从图 10-49所示的组件垂直位移过程中可以看出,当峰值加速度值大于 1.5g 时,就会发生抬升。

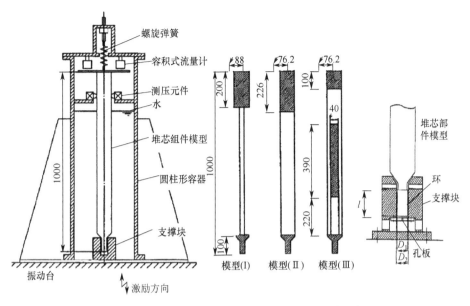

图 10-46 详细的实验设置和 SA 模型用于抬升研究

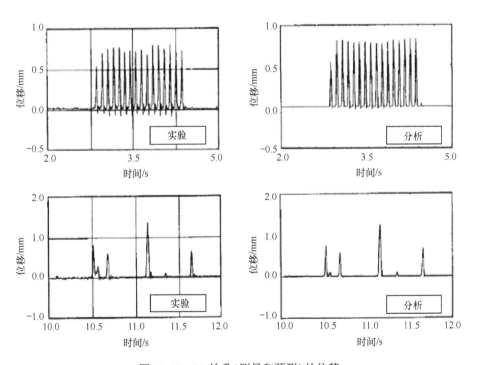

图 10-47 SA 抬升(测量和预测)的位移

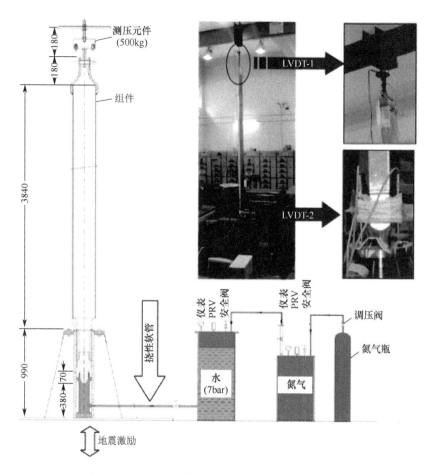

图 10-48 用于地震激励和向上冷却力的试验装置

10.2.6.3 流体与结构相互作用下柔性储罐的地震反应

图 10-50 所示为一个由铝片焊接而成的底面直径 12 英尺、高 6 英尺的圆形水罐,水罐有 3 英尺高,0.080 英寸和 0.050 英寸厚。水箱由四个位于距底部中心 3 英尺的螺栓连接到振动台。此外,还设有锚定装置,可将底板的边缘刚性地固定在工作台上。因此,我们研究了两种不同的水罐系统,即罐壁可自由向上运动和罐壁底部完全夹紧。四个压力传感器位于南壁的激励轴 2 英寸、18 英寸、35 英寸、53 英寸的位置,任意时刻的水罐变形可由傅里叶分量表示。图 10-51 显示了无底座水罐响应期间的序列。图 10-51(d) 清晰地展示了随着基底上浮而发展的三瓣变形,随着基底升高,罐顶边缘向内偏转。一般来说,目前的薄壳

液体储罐设计都是基于 Houser 近似分析所预测的液体动压,该方法假设罐内液体可分为与罐一同的直接运动以及相对于罐以第一晃动模态频率的运动。液体由于这两种运动所产生的压力被称为冲动性压力和对流性压力,因为假定水箱是刚性的,冲动性压力直接作用于底部。另外,晃动的液体对加速度做出的响应可视为单自由度系统,放大或衰减均由输入运动的响应谱表示。实验结果与用 Housner 模型计算的解析结果的相关性如图 10-52 所示[10.26]。图 10-52(c)表明,在固定底部的情况下,其相关关系是非常令人满意的,这说明刚性罐假设在夹紧固定处的附近是有效的。底部固定水罐中间高度观测到的压力(图 10-52(d)),与预测具有相似的走势,但由于罐壁的柔性被放大了近两倍。图 10-52(a)和(b)所示的自由罐壁的实验结果显示,由于上升的影响,实际与理论的响应机制存在较大偏差。

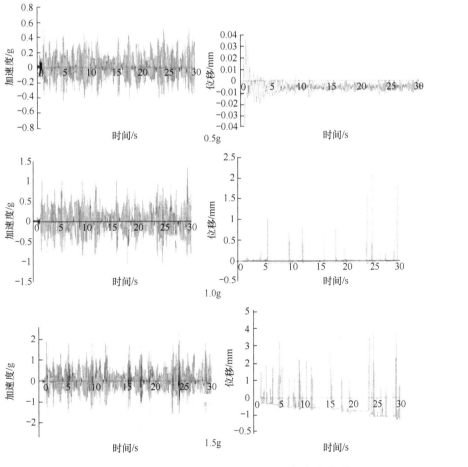

图 10-49　栅板的垂直加速度和 SA w.r.t. 栅板的位移

图 10-50　装有水的圆形柔性水罐安装在振动台上

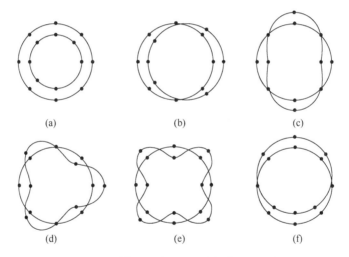

图 10-51　罐顶边缘变形形态的傅里叶分解
(a)径向恒定;(b)$\cos(0°)$,径向;(c)$\cos(80°)$,径向;
(d)$\cos(30°)$,径向;(e)$\cos(40°)$,径向;(f)$\sin(0°)$,径向。

试验结果表明,在纵向地震负载下,即使只引起圆形截面的平移,流体结构的相互作用也会使容器的横截面产生明显的变形。在底部无固定的情况下,由于抬升现象明显地降低了所抬升区域的有效刚度,从而破坏了轴向对称,因此造成了螺母的畸变。在底部固定的情况下,截面变形的原因是不太明显的,但可能与水罐几何的初始缺陷有关。举例来说,对于四瓣傅里叶形式在这种情况下的动态响应中表现得很明显,这可能与罐内的垂直焊缝间隔为 90° 有关。对这些缺陷的影响进行线性分析似乎是可行的,但在本实验中没有进行相关的研究,而且充满液体的水罐缺陷也难以测量。仅在罐壁位移较小的情况下,采用初级的刚性水罐理论所预测的水的动压与实验结果吻合较好。需要对这一理论进行一些修改,以解释水罐的变形。

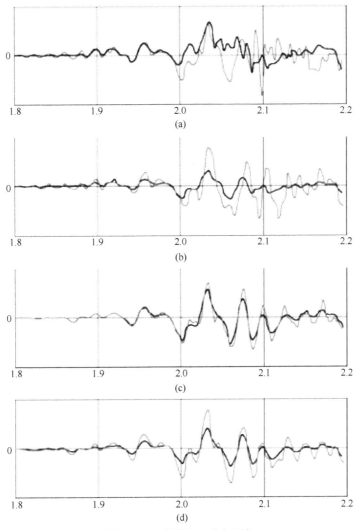

图 10-52　水罐中的动水压力

(来源于 Housner, G. W., Finite element analysis of fluids in containers subjected to acceleration. Nuclear Reactors and Earthquakes, TID 70211, U. S. Atomic Energy Commission, Washington, DC, 1969.)

(a)底座有 2 英寸的自由高度;(b)底座有 35 英寸的自由高度;
(c)底座有 2 英寸的固定高度;(d)底座有 35 英寸的固定高度。

也许相比于 Veletsos 和 Yang 所提出的悬臂柱挠度不包括截面变形这个结论有了一定进步,但从结果来看,截面畸变在动水压力和应力响应中都是一个重要的因素[10.27]。因此,在固定和自由底面条件下进一步研究与非圆畸变有关的响应机制是必要的,这可以改进液体储罐的抗震设计。

10.2.6.4　大型池式钠冷快堆的地震研究

经过三年的可行性研究,参考文献[10.28]提出了一个池式反应堆概念设计。该概念的主要特点如下。

(1)在竖直方向地震作用下,采用堆芯支撑筒将堆芯悬吊在顶板内缘,以减小堆芯与控制单元之间的相对位移。同时在主容器的负荷也明显减少。

(2)由剪力键组成的主容器的侧向支撑被连接起来,通过增加主容器的自然频率以超过地板响应峰值频谱(大约12Hz)的共振来降低响应加速度。

(3)堆芯支撑结构引入了一种侧向地震支撑,该结构基于流体耦合振动效应设计。为了使反应堆具有上述的地震特性,重要的项目有:① 流体惯性效应;② 流体结构耦合振动;③ 主容器横向支撑剪力键的载荷传递特性。

(4)池式反应堆结构的整体振动特性。

(5)验证上述现象分析模型的有效性与可应用性。

为了研究前面讨论的问题,我们进行了四次独立的振动试验,如图 10-53 所示。

试验1:主容器含水振动试验。

试验2:不装配泵和中间热交换器的含水振动试验。

试验3:全组装堆芯模型含水振动试验。

试验4:含水全组装模型与主容器横向支撑剪力键结构的振动试验。

数值计算采用简单的梁模型和较细的三维壳单元。在梁模型中,结构被设定为具有等效刚度的梁,其结构质量分布在每个节点上。基于 Housner 的理论确定了顶部充液容器的附加质量分布,该理论推导了水平加速度作用下的刚性圆柱容器受到流体的脉冲压力[10.29]。将主容器侧向支座建模为弹簧单元,通过有限元分析得到了等效刚度。对于图 10-54 所示的模型,利用 NASTRAN 有限元程序计算了含流体试验模型的固有频率。流体效应采用虚拟质量方法进行计算,采用三维壳元(QDAD4 和 TRIA3)进行分析,将主容器侧向支座建模为弹簧单元,沿容器网格进行周向分布。

振动特性(共振频率、振动模式等)在实验结果和分析结果中都进行了检验。表 10-4 给出了主容器与上部的内部结构(UIS)共振频率的实验与分析结果的比较。

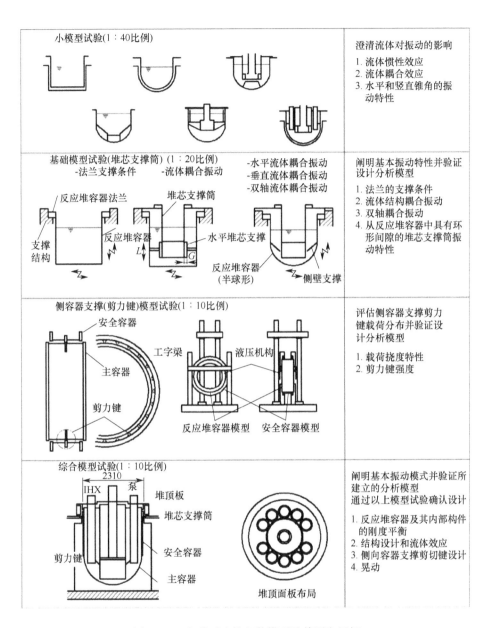

图 10-53 各种反应堆组装模型及其研究目标

(来源于 Fujimoto, S. et al., Experimental and analytical study on seismic design of a large pool type LMFBR in Japan, Transactions of Eighth International Conference on Structural Mechanics in Reactor Technology (SMiRT-8), Brussels, Belgium, 1985, Vol. EK1, pp. 315-320.)

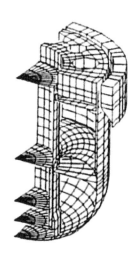

图 10-54　有限元模型

(来源于 Fujimoto, S. et al., Experimental and analytical study on seismic design of a large pool type LMFBR in Japan, Transactions of Eighth International Conference on Structural Mechanics in Reactor Technology (SMiRT-8), Brussels, Belgium, 1985, Vol. EK1, pp. 315-320.)

表 10-4　固有频率值:试验数据与数值预测的比较

试验次数	主容器—第一类模型			UIS—第一类模型		
	试验	梁模型	3D 模型	试验	梁模型	3D 模型
1	21.8	23.1	22.9	—	—	—
2	19.3	19.1	19.2	24.5	23.1	26.2
3	18.6	18.3	18.8	24.7	23.1	26.2
4	24.3	25.4	25.4	24.8	22.9	26.5

结果表明,上述两种分析模型均能较好地模拟流体惯性效应和流体耦合振动,并验证其在抗震设计分析中的适用性。对于晃动的固有频率,将采用简化的两个同心圆柱模型分析得到的理论解与试验数据进行比较(表 10-5)。

表 10-5　晃动特性:试验数据与数值预测的比较

试验次数	内半径/m	外半径/m	试验/Hz	分析/Hz
1	0	1.10	0.609	0.60
2	0.502	1.10	0.501	0.49
3	0.502	1.10	0.501	0.45

结果表明,对振动固有频率的分析结果与实验数据吻合较好,且内部结构对固有频率的影响较小。地震反应特征(固有频率和参与因子)的分析模型预测如图 10-55 所示。在分析中,模型考虑了堆芯支撑结构的流体耦合地震支撑的流体动力效应。

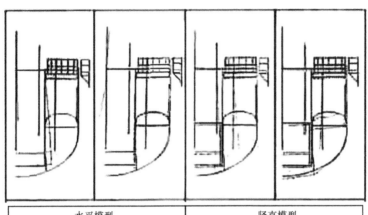

水平模型		竖直模型	
M.V/C SC 异相	M.V/C SC 同相	M.V/R C 异相	M.V/C SC 同相
$f=0.84Hz$	$f=11.7Hz$	$f=4.7Hz$	$f=8.5Hz$
$\beta=1.34$	$\beta=11.05$	$\beta=7.29$	$\beta=15.29$

图 10-55 模式形状、固有频率和参与因子 β

(来源于 Fujimoto, S. et al. , Experimental and analytical study on seismic design of a large pool type LMFBR in Japan, Transactions of Eighth International Conference on Structural Mechanics in Reactor Technology (SMiRT-8), Brussels, Belgium, 1985, Vol. EK1, pp. 315-320.)

10.2.6.5 地震作用下薄壳容器弹性失稳

弹性失稳会引起屈曲。在钠冷快堆组件中,主容器、内容器和热挡板均为薄壁壳结构,容易发生屈曲现象。在随机变化的地震诱发作用下薄壳的屈曲需要复杂的时域分析技术。在第一阶段,对流的地震反应分析提供了不同时刻的应力和压力分布。在此基础上,采用分叉分析方法研究了弹性失稳问题。图 10-56 为地震分析生成的三维有限元网格,包括薄容器、流体和无流体表面。由分析得到的主容器、内容器和内外热挡板在关键时刻的动态压力(图 10-57)。在图 10-56 所示的这种表面压力场下,主容器的上圆柱形部分发生剪切屈曲(图 10-58(a))。在 4m 高的钠静压和竖向地震激励下所产生动压的共同作用下,内部容器在环面产生屈曲(图 10-58(b))。靠近主容器的内外热挡板在水平和垂直激励下受到动压分布,如图 10-58(c)和(d)所示发生不对称屈曲。

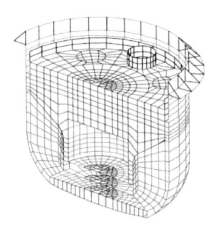

图 10-56　反应堆装置的有限元网格

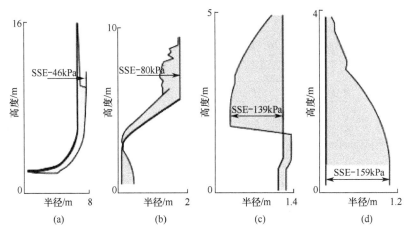

图 10-57　在临界时刻 w.r.t. 屈曲的峰值动压分布
(a)主容器;(b)内容器;(c)内挡板;(d)外挡板。

主容器、圆柱形部分和内容器的弹性失稳在 1/13 的缩小模型上通过施加峰值压力进行了模拟。主容器直线段剪切屈曲模式和临界屈曲荷载的预测如图 10-59 所示。更多细节见参考文献[10.31]。通过实验和数值方法模拟了内容器环壳在压力和轴向力作用下的弹性失稳,其对比如图 10-60 所示,更多细节见参考文献[10.32]。利用 CAST3M 计算机代码预测了临界屈曲载荷,如图 10-60 所示,在某些情况下,用于薄壳剪切屈曲分析的 CAST3M 规范将临界剪切屈曲荷载高估了 20%[10.31]。

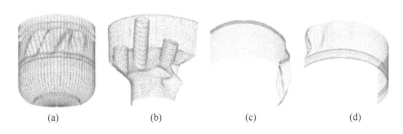

图 10-58　反应堆装置薄容器的屈曲模态形状

(a)主容器；(b)内容器；(c)内挡板；(d)外挡板。

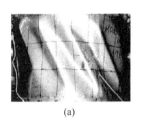

厚度/mm	缺陷×厚度	试验次数	屈曲载荷/t	
			试验	FEM
0.8	2.2~3.8	4	33~54	28~32
1.0	1.1~4.2	4	50~69	42~56
1.25	1.2~3.4	4	60~73	72~99

(a)　　　　　　　　　(b)　　　　　　　　　(c)

图 10-59　薄壳剪切屈曲的试验和数值模拟

(a)试验模型形状；(b)预测模型；(c)临界屈曲载荷的比较。

10.3　热工水力程序

本节将介绍一些针对快堆情况的国际基准求解方案。

10.3.1　气体夹带起始自由表面速度极限的预测

一回路钠如果夹带一些不连续的氩气,会导致堆芯反应性的扰动。影响氩气夹带的自由表面参数之一是自由表面速度。必须将自由表面速度控制在一定的范围内,以避免气体夹带的危险。通过计算流体力学(CFD)模拟实际的气体夹带过程需要使用两相流模型,该模型可以捕捉氩气泡和液体钠之间的界面。然而,对大型反应堆池进行计算流体力学研究在计算机内存和时间方面要求很高。为克服这一困难,针对反应堆热池几何相似的小尺寸模型采用基于 VOF 方法的计算流体力学模拟研究。基于相关参数的研究,发现如果自由表面处的 Froude 数小于 2 时,可以避免气体夹带的风险[10.33]。根据这个标准,钠池自由表面的速度被限制在 0.5m/s。理想几何形状和自由表面轮廓作为 Fr^* 的函数(图 10-61)。

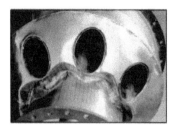
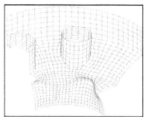

载荷P	几何缺陷/mm				P_{exp}/MPa	P_{FEM}/MPa	P_{exp}/P_{FEM}
	下筒体	圆环筒	圆锥体	上筒体			
压力载荷	-1.2~1.4	-1.4~1.4	-2.7~1.5	-1.3~1.7	0.9	0.95	0.95
轴向力载荷	-2.5~1.3	-1.2~1.1	-2.9~1.7	-1.8~2.5	1.61	1.40	1.15
压力+轴向力载荷	-1.2~1.1	-1.7~1.4	-1.1~1.3	-1.8~0.9	0.175 1.180	0.151 1.180	0.16

图 10-60 内容器在压力和轴向力作用下的屈曲模态模拟

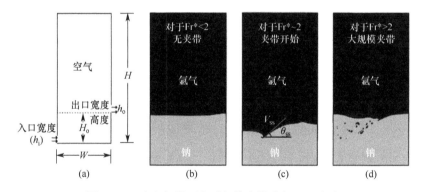

图 10-61 在理想模型中对气体夹带进行 CFD 研究
(a) CFD 模型草图；(b) 无夹带；(c) 夹带开始；(d) 大规模夹带。

10.3.2 组件内部堵塞多孔模型的建立

快堆燃料组件由大量的管/棒组成，这些燃料棒非常薄，并以三角形的阵列密集地排列在一起。燃料组件之间的水力直径非常小（小于 3mm）。由于间隙很小，在冷却剂子通道中有可能会形成局部堵塞。局部堵塞的子通道存在局部温度升高和钠沸腾的危险，从而引起反应性的变化。由于燃料组件的局部阻塞会威胁反应堆安全，因此详细了解局部温度分布，以及堆芯温度监测系统对局部阻塞的检测能力至关重要。螺旋绕丝缠绕的燃料组件的计算流体力学模拟需要大量计算时间。很难建立局部形成阻塞的碎片/颗粒的详细模型。对于这个问题采用多孔介质模型是可行的。然而,这些模型必须通过基准实验来验证。为此,在计算流体力学中采用了多孔介质模型针对内部局部流动阻塞进行了建模[10.34],以预测阻塞组件中的钠温。钠温的计算结果与 Olive 和 Jolas 进行的 SCARLET-II 基准实验进行了比较[10.35],如图 10-62 所示,SCARLET-II 实验采用 19 个绕丝的棒束进行,实验段中设计了一个涵盖中心 6 个子通道的阻塞,每段阻塞长度为 60mm。计算流体力学模型的几何截面视图也在该图中突出显示,棒的直径为 8.5mm,以 9.79mm 间距三角形布置,电加热功率为 45kW/个,堵塞颗粒的孔隙率为 0.32。实验的目的是提供阻塞内的最高温度,将堵塞区域钠温度的预测值与图 10-62 中的实测数据进行对比,验证了模型的可靠性。

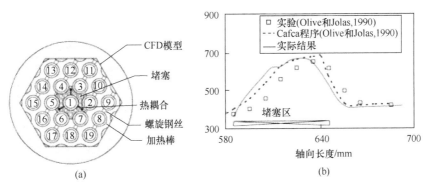

图 10-62　目前的计算采用 SCARLET-II 实验
(a)SCARLET-II 试验段;(b)堵塞区温度比较。

10.3.3　水平圆柱形肋片自然对流的验证

钠阀用于二回路钠系统,以隔离有故障的蒸汽发生器单元。这些阀的设计采用的是凝固密封的蝶阀。这种阀门采用圆形阀盘,安装在钠管提供的阀座上。如图 10-63 所示,圆盘连接到圆柱形的阀杆上,阀杆被阀盖所覆盖,阀盖连接在管道上。在杆与阀盖之间留有正间隙(形成环形通道)。如果管路中的钠压力足够大,则液态钠会进入这个环形通路。

为了避免钠从阀门泄漏,钠在这条路径是凝固状态。为了促进钠的凝固,必须加强阀盖的传热,这是通过提供圆形肋片连接到阀盖的外表面来实现的,而且必须确保仅凭空气的自然对流就可以实现钠的凝固。由于肋片自然对流冷却是非能动的,因此非常可靠。在设计时如果肋片过多,则经济性不好,而如果肋片过少,则达不到散热效果。因此,肋片数量和肋片间距应由阀门总成的综合共轭热分析决定。分析需要肋片的自然对流换热系数。由于肋片是叠在一起的,传统的努塞尔数方法不适用。钠阀相邻的水平肋片形成开口腔(图10-63),空气通过这些狭窄的腔体形成自然对流。对于这些结构,采用流体力学计算,在参数研究的基础上建立了传热系数的相关关系。

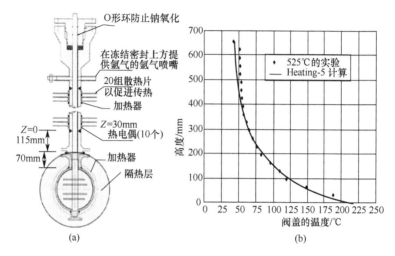

图10-63 钠阀结构与温度分布特性
(a)在SILVERINA工厂测试的冷冻密封钠阀的细节;
(b)在525℃下钠的预测和测量的阀盖温的比较的细节。

利用这些关联,使用热分析程序HEATING5对包括所有肋片在内的整个阀门总成进行共轭传热分析,并在分析中考虑了肋片之间的辐射作用[10.37]。在此基础上,得出了肋片数量、长度和间隙的可接受值。这个结果在IGCAR所选的SILVERINA钠回路阀门总成上进行了实验验证。图10-63比较了设备中测量的杆温和计算机程序计算的杆温,证明了计算流体力学研究中所建立的传热相关性的有效性。

10.3.4 保护气体的热工水力

在池式钠冷快堆中,堆顶盖是顶部屏蔽的主要部分,它支撑着中间热交换器、衰变热交换器、主钠泵、控制塞和旋塞等许多部件。贯穿件的插入使顶盖与组件之间形成了环状空间。这些缝隙中充满了氩气,并与钠池上方氩气相联通。这些环形间隙受到轴向温度梯度的影响,从而产生晶胞对流。因此,必须了解自由钠表面和顶盖结构之间的热量和质量传递,才能正确设计顶盖的冷却回路(热负荷和钠沉积)。覆盖的气体空间内会形成钠气溶胶,并影响总体传热。由于传质作用,钠还可能存在沉积现象,特别是在温度较低的部分。通过大型模拟试验[10.32],我们对 GULLIVER 设施(图 10-64)SPX-1 反应堆覆盖气体的传热和传质现象有了基本的了解。气溶胶的形成主要取决于钠的温度以及钠与顶板之间的温度梯度,顶板工程尺寸的模型对于理解顶板的热性能至关重要。理论模型的发展和实验模型的验证仍然是必要的,特别是钠蒸汽填充区域中的钠气溶胶质量浓度,颗粒大小分布,热辐射问题。已开发基于计算流体力学的二维热工水力程序来预测氩气晶胞对流和不同环形空间内的温度分布。这些程序在 GULLIVER 实验回路中进行了验证。图 10-65 给出了内壳沿晶胞对流方向温度的实测数据与一维和二维程序的计算结果。

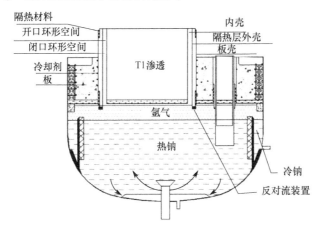

图 10-64 堆顶板内晶胞对流的 GULLIVER 实验装置
(来源于 Wakamatsu, M. et al., Nucl. Sci. Technol., 32[10.8], 752, 1995.)

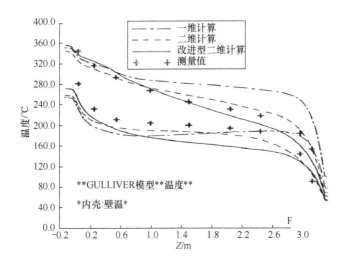

图 10-65 在 GULLIVER 中热腿到冷腿的内壳温度

10.3.5 热纹振荡

热纹振荡是不同温度下流体混合时产生的一种随机温度波动。在钠冷快堆中,热纹振荡现象发生在不同燃料组件中流出钠的混合过程。在热疲劳过程中,有必要考虑混合区附近结构的温度循环,第9章已对细节进行了描述。为研究热纹振荡现象,诸多学者采用不同的流体进行过许多基础实验。Wakamatsu 等人开展的实验是重要的基准实验之一,其内容为模拟上部堆芯结构和来自燃料组件和控制棒通道的冲击射流的实验[10.38](图10-66)。钠和水分别用作模拟流体,以检查其物理特性的差异。基于流体和固体表面温度波动数据,建立了简化的边界层温度衰减量化模型。当实验流体为水的情况下,壁面温度波动与流体温度波动的比值为30%~80%,钠作为实验流体时其比值为20%~50%。这些数据被用于开发计算流体力学的计算模型,用于预测反应堆的温度波动。热纹振荡的预测需要先进的湍流模型,如直接数值模拟(DNS)和大涡模拟(LES)。使用直接数值模拟计算对液态钠实验的结果(离试样2mm处)和实验峰值温度波动测量数据(图10-67)如图10-67(a)所示,在图中,11号热电偶的位置是两个射流之间的界面。最大的峰值-峰值温度波动出现在界面处,边界层内的温度波动也有很大的衰减。图10-67(b)描绘了测量到的流体和固体的温度波动。

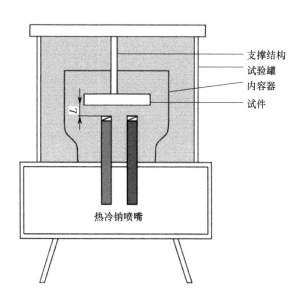

图10-66 热纹振荡基准实验装置(尺寸单位:mm)

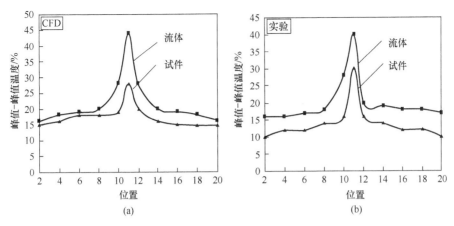

图 10-67 流体和试件中的温度波动幅度
(a)CFD 分析;(b)实际测量。

10.4 大尺寸实验验证

10.4.1 Phenix 堆寿期末自然对流实验验证

法国的池式钠冷快堆于 2009 年停止运行。设计人员在反应堆永久关闭之前进行了一些测试,基于反应堆各方面的设计运行,获取了一些有价值的数据和相关知识。在此背景下,开展了反应堆主回路的自然对流试验。这项工作由国际原子能机构发起合作,其成果向国际开放。包括印度在内的几个国家参加了这次测试[10.39]。这项活动的主要目标是提高参加者在研究和设计钠冷快堆各个领域的分析能力。由于钠冷却剂良好的热物理性质,自然循环是安全可靠的余热排出方法。该系统取消了对泵的外送功率,提高了可靠性,衰变热排出系统是最重要的安全设计之一,因此,该系统设计也应该使用高性能的工具和模型,这可以通过基于基准数据验证和改进的数学工具和模型来实现。在组织自然对流实验的国际基准时,首先进行了盲算,然后将试验后的计算和敏感性研究与反应堆测量结果进行比较。来自 7 个会员国的 8 个组织参加了基准:ANL(美)、CEA(法)、IGCAR(印)、IPPE(俄)、IRSN(法)、KAERI(韩)、PSI(瑞)、福井大学(日)。每个组织都进行了计算,并对分析和整体的建议做出了贡献。

法国于 2009 年 6 月 22 日和 23 日对 Phenix 堆进行了自然对流试验。Phenix 堆是一种池式堆,由反应堆主容器、三个二次钠回路、三个蒸汽回路和一个汽轮机组成,其标称功率为 560MW(t)/250MW(e)。在 2009 年的最终测试中,一个二回路停止运行,在自然对流测试前反应堆以 120MW(t)的功率运行,反应堆装配示意图如图10-68所示。

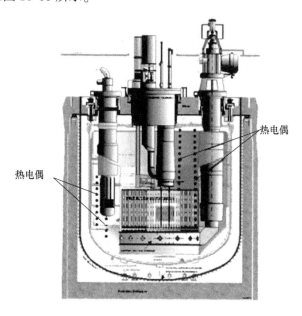

图 10-68　Phenix 反应堆装置示意图

在试验开始前,反应堆以全功率(350MW(t))运行一天,然后人工将反应堆功率由350MW(t)降至120MW(t)并以该功率稳定运行。在满功率运行时,其堆芯的名义流量是3000kg/s,运行时堆芯流量为1280kg/s。在最终的测试中,只有四个中间热交换器在运行,另外两个被称为DOTE的不活跃组件所取代。同时使用了反应堆中可用的标准仪器和额外实验仪器进行了测试。

标准仪器是用来测量:
- 主回路泵与二回路泵的转速,该参数可通过泵的特性估计流量;
- 二回路的质量流量;
- 主泵的入口温度;
- 距燃料组件出口若干厘米的温度;
- 中间热交换器两侧的进出口温度。

实验在该功率水平上进行。主回路自然对流试验分为两个阶段:

(1)除沿管道和通过蒸汽发生器外壳的热量损失外,二回路没有明显的热阱;

(2)开启蒸汽发生器的上下护罩,使蒸汽发生器产生自然对流,为二回路加入热阱。

计算研究的主要目的是验证钠在主回路中初始自然循环的预测能力。使用经典一维方法开发的系统程序以及一维/三维耦合程序进行了计算研究。

反应堆一回路的三维瞬态现象是通过网格上守恒偏微分方程的求解得到的。所选用的工具可以解决多孔介质中随传热(对流和导热)而产生的稳态、瞬态、层流、湍流和可压缩流动现象。通过用户定义的程序模块,将二回路的一维模型添加到程序中,用于分析的网格如图10-69所示。针对堆芯、一次钠回路、二回路、钠泵、热交换器和钠池采用了系统动力学程序的经典分析方法。热力模型是基于各个部分之间交换的热量平衡方法得到的,例如通过包壳传热的燃料和钠,通过换热器传热管导热一回路钠和二回路钠、管道中的钠和环境空气、蒸汽发生器中的钠和水。水力模型是由一次钠回路和二次钠回路各流段动量平衡建立的。

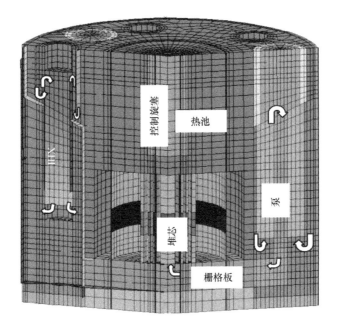

图10-69 用于三维分析的计算网格

基于泵的广义一致特性,采用扭矩平衡方法对泵进行建模。通过动态的质量平衡来模拟储罐内的液面,采用点堆动力学中子模型,瞬态解采用瞬跳近似求解。反应堆具有详细的反应性反馈模型,包括燃料栅板的径向膨胀、控制棒的膨胀、在燃料内钠的膨胀、堆芯吊篮、径向包壳的膨胀、燃料膨胀以及温度变化引起的多普勒效应。对Phenix堆的建模方案如图10-70所示。

基准测试参与者使用的程序如下:
- ANL使用SAS4A/SASSYS-1一维程序;

- CEA 使用 CATHARE_2 一维程序；
- IGCAR 采用商业软件进行计算，DYANA-P 1D 只用于后期计算；
- IPPE 使用 GRIF 三维程序；
- IRSN 使用 CATHARE_2 一维程序；
- KAERI 使用 MARS-LMR 一维程序；
- PSI 使用 TRACE 一维程序；
- 福井大学采用 NETFLOW++ 一维程序，只用于后期计算。

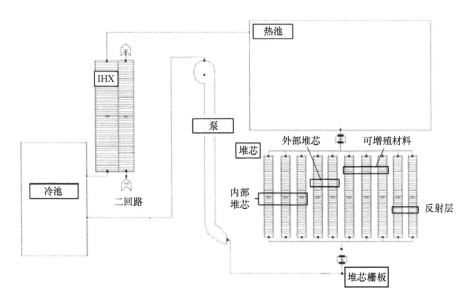

图 10-70　系统动力学模型中的节点划分方案

图 10-71 对不同参与者预测的堆芯自然对流变化进行了分析，可以观察到不同参与者做出的预测有很大的偏差，遗憾的是，没有测量反应堆内的自然对流流量来与计算结果进行比较。图 10-72 为堆芯入口温度的预测值。主回路换热器进出口温度预测值如图 10-73 和图 10-74 所示。计算程序不能很好地预测进口温度，这主要归咎于系统程序中难以模拟热池中的热分层效应。此外，实验的测量结果与测点相对位置相关，用不同程序对其他反应堆参数的预测结果与实验数据吻合较好。

从 Phenix 堆测试和协调研究计划(CRP)项目中，在快堆固有安全性的有效性方面得到了一些成果，主要分为如下四点：

(1) 反应堆紧急停堆前负反馈效应的降功率作用；
(2) 强迫循环停止后自然循环的快速建立；

(3) 钠池的热惯性和散热在热量吸收方面的明显作用;

(4) 利用蒸汽发生器在空气中自然循环散热的热排放系统在实验中的良好运行。

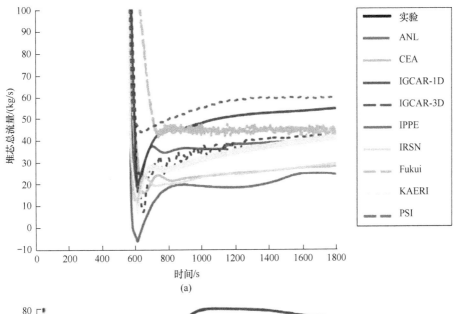

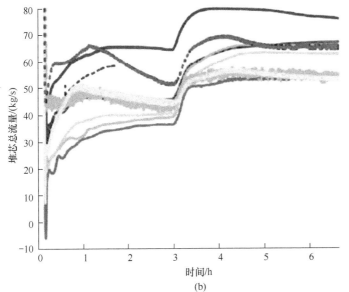

图 10-71　不同参与者对堆芯自然对流变化的预测(见彩色插图)

(a) 初始时期的放大图;(b) 为更深入的了解。

闭式燃料循环的钠冷快堆
Sodium Fast Reactors with Closed Fuel Cycle

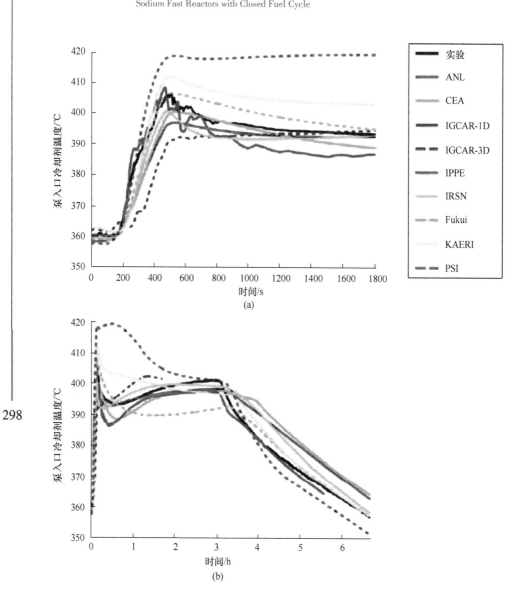

图 10-72 堆芯进口温度的变化（见彩色插图）
(a) 初始时期的放大图；(b) 为更深入的了解。

在自然对流条件下，堆芯流量的预测存在差异，但计算的温度与测量的温度总体上是一致的。一维计算模型在处理具有浮力具有重要作用的问题时具有局限性，例如整体或局部的热分层再循环现象。为了更好地计算这些复杂的流动状态，需要使用三维或将一维与三维耦合的程序。

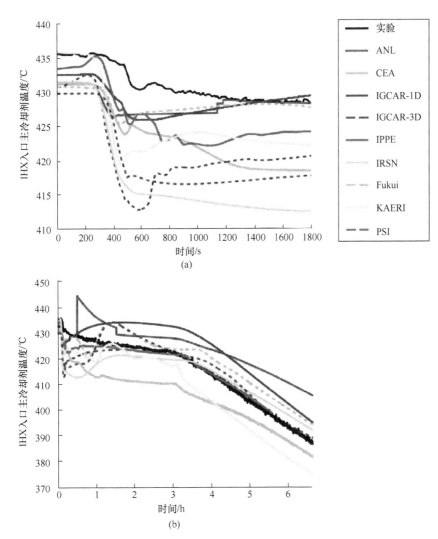

图 10-73 堆芯进口温度的变化(见彩色插图)
(a)初始时期的放大图;(b)为更深入的了解。

协调研究计划项目指出,需要对用于预测的一维/三维耦合模型、网格、压降和传热关联区域的自然对流余热排出的程序进行完整的验证。敏感性分析可用于检测影响包壳温度和堆芯出口温度等主要问题的重要参数。分析测试将提供用于自然对流的相关信息,可以开发缩比模型实验在更具有代表性的几何模型中验证计算程序。还需要进一步的在反应堆内实验,以验证该程序是否满足计算真实反应堆的条件。Phenix 堆的自然对流试验在这一过程中是一种常用的支持手段。

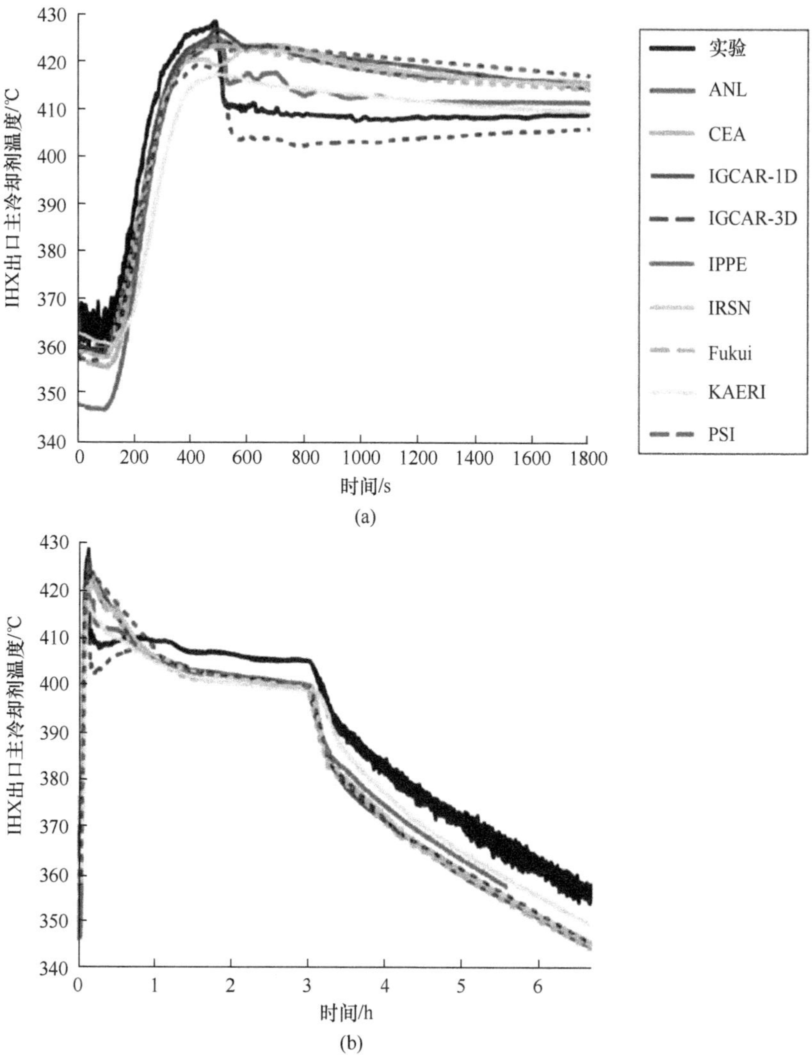

图 10-74 换热器出口预测的主冷却液温度(见彩色插图)

(a)初始时期的放大图;(b)为更深入的了解。

10.4.2 法国反应堆的池内水力实验

集中于反应堆上层的热工水力问题是快堆热工水力中最为复杂最具有挑战性的。从堆芯出口开始,堆芯出口温度测量的验证是一个重要的安全需求。在钠自由表面可能会因上部热钠池的水力特性发生液位的振荡,同时由于温度梯度的作用,会导致内容器和其他内部结构出现热疲劳。沿堆内容器方向划分的上下腔室之间可能会出现一个显著的温度梯度和引起热分层现象。包壳破损检测需要一个可靠的系统,以避免裂变产物扩散到主回路中。包括控制旋塞的热钠池热工水力特性是决定堆芯组件与探测器换热关系的重要参数。传输时间和信号衰减直接取决于热钠池的速度场和湍流特性。

实验设施的应用对于评估过程和调整设计的快速测试非常有用。有学者采用缩比模型模拟了堆芯出口区域的热工水力特性。20 世纪 80 年代,法国原子能与替代能源委员会(CEA)建立了 PERIGEE 实验装置,实验流体为水。该装置用于研究 Superphenix 堆芯出口区域和整个热钠池的热工水力特性[10.40],是一个 90°的扇形热池,比例为 1/5,不包括内包区域。在 20 世纪 90 年代,为了研究欧洲快堆(EFR)堆芯出口区域的热工水力特性,建立了新的设施 JESSICA。该设备(图 10-75)是一个 1/3 比例的 90°扇形,通过设置内包区域来估计再循环流及其对堆芯出口的影响。

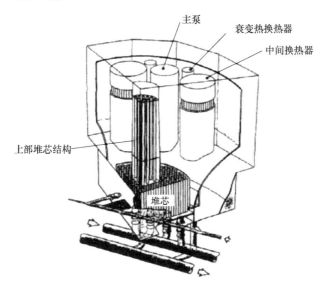

图 10-75　EFR 热池的 JESSICA 水实验设施

在 Superphenix 项目和欧洲快堆项目中,实验是评估控制塞热工水力特性的唯一方法。控制棒与测量设备导致其几何形状高度复杂,使得数值方法几乎不可用。因此,使用了与对照堵头相同的水试验设施,比例在 COLCHIX 试验(图 10-76)的 1/8 和 JESSICA 试验的 1/3 之间。设计这些装置是为了在稳定状态下测量控制塞结构中的流量分布。实验中还包括改变堆芯质量流量和温度变化的瞬态模拟。因此,对热钠池结构与上部堆芯结构进行了温度测量。温度测量结果应用于估算旋塞的热应力。

在冷池瞬态条件的预测中,大量应用了数值模拟方法估计流场和温度场的变化。从实验角度来看,水模型已应用于鉴定过程。由于冷池中浮力的影响很重要,所以实验设计需要理查森相似性。图 10-77 展示了欧洲快堆项目使用的 COCO 水实验装置。这是一个 1/10 缩比模型,模拟了各种瞬态状态。对换热器管束进行了部分模拟,给出了换热器出口的合理速度分布。

图 10-76　EFR 热池的 COLCHIX 水模型

图 10-77　EFR 冷池的 COCO 水模型

10.4.3　钠池中的热分层

研究热分层的实验在设计阶段重点考虑两相因素:①湍流;②液态金属的低

普朗特数效应。使用金属钠的实验,例如法国的 CORMORAN 用于评估不同流动状态下的热分层和传热相关性的通用验证[10.41]。为研究矩形腔体的热工水力特性,并提高对欧洲快堆流动死区的理解,对 CORMORAN 模型进行了实验和相关的计算。由于实验装置与反应堆之间几何的不同,实验目标不是直接模拟热分层特性,而是研究相关的主要现象:①发生热分层的位置;②容器垂直方向的温度梯度及温度梯度不稳定性;③热分层之间边界的不稳定性。实验结果用于验证用于评估反应堆分层问题的方法。

CORMORAN 模型(图 10-78)是一个充满热钠的矩形腔。在模型的底部设有一个代表流动死区装置的设备,该设备由水平和竖直的板组成。实验段的右侧壁面模拟了反应堆的梯形墙,该壁面可以通过外部的强制对流冷却。在实验中采用了两种冷却方案:①低温钠在管内部流动;②在流动死区水平板下方向容器内注入一小股冷钠流。分层界面的波动采用连续测量方法并进行了信号处理。

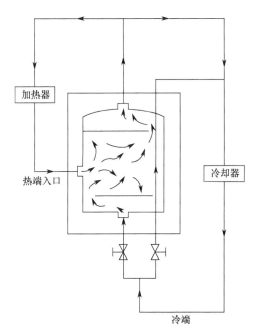

图 10-78　CORMORAN 装置

数值模拟使用了有限体积法版本的 TRIO_U 程序,共进行了两种计算。两种计算都是从求解非定常滤波 Navier-Stokes 方程开始。这两种计算的主要区别是使用的湍流模型不同:一种采用标准 k-ε 模型,另一种采用了大涡模拟模型。采用标准 k-ε 模型进行二维计算的目的是计算时均温度梯度和分层界面的位置。在中心线处,计算温度与实验测量值符合良好。在冷壁附近和冷壁上,竖直温度梯度吻合较好,但界面位置略有偏差。使用大涡模拟进行三维计算的目的是评估温度的不稳定性和波动,以补充时均计算的结果。这提供了湍流波动和整体不稳定的模拟,有助于理解物理现象。图 10-79 显示了在热分层结构下法国原子能与替代能源委员会进行的 TRIO_U 计算和 CORMORAN 实验的对比。

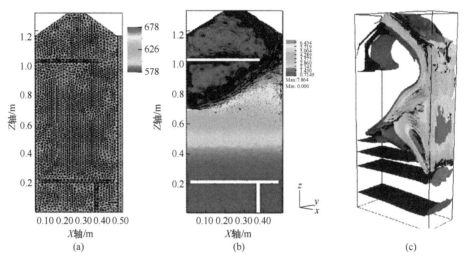

图 10-79　CORMORAN 钠实验的 TRIO_U 计算结果(见彩色插图)
(a)网格;(b)速度和温度;(c)温度波动。

10.4.4　使用 CFD 方法模拟文殊堆的热分层

在带有增殖组件和乏燃料组件的快堆中,钠从组件中流出的温度有很大的不同。由于这种温差,再加上钠的高膨胀系数以及钠池的大尺寸,池内的理查德森数处于个位数量级。这会导致热分层的发生。湍流模型是 CFD 分析中的一个关键问题,在分层流动的情况下格外重要。大多数的湍流模型是针对强制对流的情况下开发的。鉴定湍流模型是否适用于浮力主导的流动,评估可应用于分层液态金属的标准湍流模型,针对缩比几何体建立合适的计算网格,以上都是目前正在进行的工作。在大型钠回路中所测得的实验数据或在运行的反应堆中测量的数据是计算流体力学模型验证的理想数据。为此,IAEA 提出了一种基于 CRP 的瞬态热池温度分布,并在文殊堆模拟冷凝器损失真空度的工况下进行了测量。法国、俄罗斯、美国、韩国、中国和日本参加了协调研究计划项目。

文殊堆是日本的回路式钠冷快堆。在稳态和瞬态工况下,针对热池中的热分层进行了测量。在合作计划中建立了三维的文殊堆热池计算流体动力学模型,并且进行了瞬态和稳态的热工水力分析。该计算对上部堆芯结构和控制棒导向管都进行了建模,其他细小结构的阻力采用与方向相关的压力损失系数代替,对穿过内屏蔽的孔洞也进行了建模(图 10-80(a))。湍流模型采用了高雷诺数的标准 k-ε 模型与雷诺应力湍流模型。在计算中考虑了两种形态的孔:锐边孔(10-80(b))与圆边孔(10-80c)。图 10-81 为使用高雷诺数的标准 k-ε 模型所计算的第 10min 的内池瞬态温度分布。各国采用的各计算流体动力学程序都很好的预测了冷钠从堆芯喷射到热池内分层的形成,向上移动的分层界面以及通过内围桶喷嘴流出的分流。两种湍流模型都得到了相同的界面运动速率和几乎相等的轴向温度梯度,这表明高雷诺数的标准 k-ε 模型可以较好地预测钠的混合对流流动。

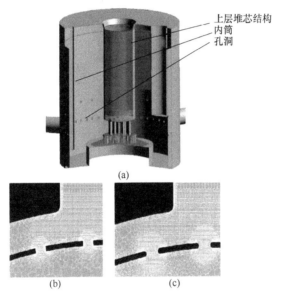

图 10-80　MONJU 热池
(a)示意图;(b)锐边孔;(c)圆边控。

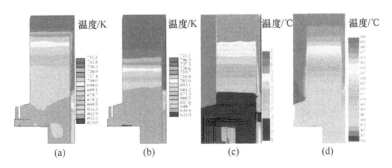

图 10-81　MONJU 热池 10min 时瞬态温度场(见彩色插图)
(a)印度(锐边);(b)印度(圆边);(c)俄罗斯(圆边);(d)中国(锐边)。

计算流体动力学模型预测的热电偶机架位置的竖直温度分布与图 10-82 中的实验数据进行了对比。随着时间推移,界面会逐渐向上移动。当采用锐边孔建模时,模拟结果表明界面的移动以及界面上的温度梯度比实际更为清晰。但是当采用圆边孔计算时,模拟结果与实验数据很接近。这表明,为准确预测热分层现象,对几何的精细程度有一定要求。

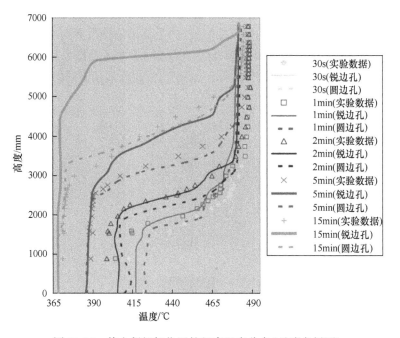

图 10-82　热电偶机架位置的竖直温度分布(见彩色插图)

10.4.5　热纹振荡

国际上已经进行了一些研究来了解热纹振荡的影响。在日本进行了水和钠的三平行射流实验[10.43,10.44]。用可动热电偶束和示踪粒子测量了详细的温度场和速度场(仅在水实验中)。图 10-83 显示了钠实验的测试部分示意图,该流动几何形状是由堆芯燃料 SA 包围的控制棒通道出口的简化模型。在三股射流实验中,垂直壁与三股射流平行,在水实验中获得了详细的流动显示结果。图 10-84 描绘了均匀温度条件下三重射流第二时间序列的 1/15。这些图像是用激光片(氩激光)从侧面照射,并将轴染料加入水中拍摄的。实验中可以观察到这三股射流一致的侧向摆动。钠实验的总体温度分布与水实验相似,其分布均表现出在靠近壁面的温度分布比中间区域更陡。在钠实验中,除了在下游的中心面外,剖面结构与水实验很相似。与钠的情况相比,水的波动强度在下游中平面衰减得更早。利用基于有限差分法的计算程序进行了理论分析。实验的温度分布和波动特征可以预测的较为准确[10.45]。

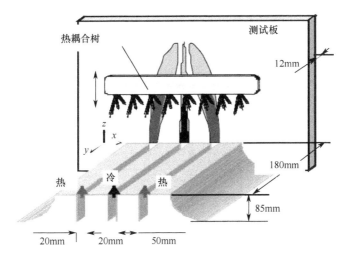

图 10-83　在钠中的平行三喷管喷射实验段示意图

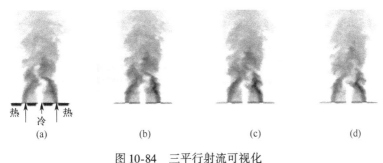

图 10-84　三平行射流可视化
(a)0s;(b)1/15s;(c)2/15s;(c)3/15s。

韩国原子能研究所(KAERI)为热纹振荡现象提供了详细的实验数据[10.46],主要用于测试湍流模型和大涡模拟方法。实验截面采用平面双射流和平面三射流布置,工作流体为空气。通过改变入口温度和速度进行了一系列实验。Ushijima等利用高雷诺数微分应力和流量模型对不同温度的同轴射流进行了数值计算[10.47]。速度和温度的时均值与实测数据基本一致;然而,湍流量上发现了一些差异,比如湍流热通量。Nishimura 等对三射流实验进行了数值计算[10.48],发现低雷诺数微分应力模型和流量模型能够适当地模拟实验结果,尤其是对于振荡运动和流形的分布,而 $k\text{-}\varepsilon$ 模型对混合程度的预测一直偏低。

另外还对三种湍流模型进行了试验(图 10-85),比如 SST 模型[10.49]、双层模型[10.50]、椭圆松弛模型(V2-f)[10.51]。结果表明,只有 V2-f 模型能够预测温度的振荡,但该模型预测的温度波动幅度小于实验值。法国参考了 Phenix 反应堆泵容器中的裂纹对钠冷快堆中的热纹振荡进行了长期的研究。在 TRIO_U 程序中采用的大涡模拟可以很好地确定波动的振幅和频率。在堆芯出口区域,分别进行了空气、水与钠的实验以验证计算程序。图 10-86 为 TRIO_U 的计算结果与 JAEA "WATLON" 水混合三通实验结果的对比[10.52]。图 10-87 显示了 TRIO_U 计算和在 JAEA 进行的钠 PLAJEST 混合实验的比较[10.53]。

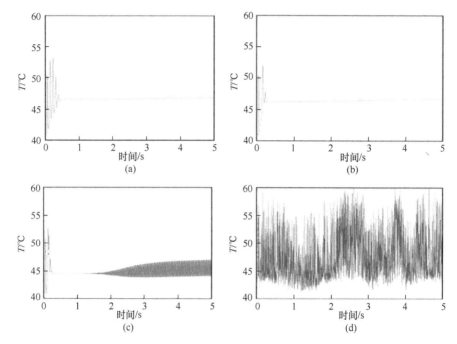

图 10-85 前 5s 的温度变化
(a)SST 模型;(b)两层模型;(c)V2-f 模型;(d)实验。

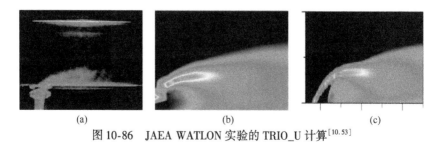

图 10-86 JAEA WATLON 实验的 TRIO_U 计算[10.53]
(来源于 Copyright October 2008, the American Nuclear Society, La Grange Park, Illinois, FL.)
(a)实验可视化;(b)温度波动的实验预测;(c)温度波动的 TRIO_U 预测。

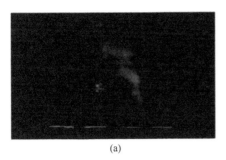 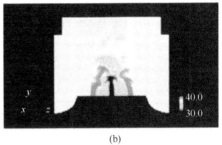

图 10-87 在 JAEA 中 PLAJEST 实验的 TRIO_U 计算
(a) 实验可视化;(b) 温度场的 TRIO_U 预测。

10.4.6 子组件热工水力

在快堆中,燃料棒被安置在一个六角形的护罩内,成三角形布置。每个燃料棒都用螺旋缠绕的绕丝间隔,以避免燃料棒之间的接触,并防止燃料棒因流动引发的振动。螺旋间隔绕丝也促进了钠在不同子通道之间的混合。间隔绕丝与燃料的直接接触会导致燃料棒周向换热系数的变化,其热点在包壳。间隔绕丝也使得管束内产生周期性变化的周向流动。

在早期的反应堆设计中,几乎不可能对燃料棒束的流动和温度分布进行三维模拟。为了克服这个问题,采用了子通道分析。在子通道近似中,每个子通道内的温度、压力和速度都是平均的,并且每个通道的状态都由一个有代表性的热工水力条件指定。通过建立和求解子通道守恒方程,得到堆芯内的流动和温度分布。因此,尽可能精确地模拟相邻子通道间的传热是非常必要的。在这种模型中,在任意轴向平面上,子组件被分为两个控制体。未知量为两个轴向的速度分量,一个周向速度,两个温度和一个压力。通过求解子通道质量、动量和能量方程来得到这些未知变量。子通道具有动量和能量交换,但是质量交换受到涡黏性影响。湍流耗散率与圆周速度都由实验测定。这些参数通常与雷诺数、绕丝的螺距与节径比、螺旋螺距有关。

Lorenz 等人[10.54]在含有 91 根棒的棒束中进行了水力试验,目的是为验证热工水力计算程序和补充混合数据。将染料注入指定子通道的中心,观察各高度下染料前沿和最大浓度位置,我们发现,在有些轴向距离内,染色前沿比绕丝角移动得快,有些距离内染色前沿会跟随绕丝移动,而有些时候又比绕丝移动得慢(图 10-88),这个现象在绕丝的每个轴向节距都重复出现。有效旋流速度是丝角的 1.3 倍,图 10-89 描述了在棒束中测量的子通道轴向速度的平均值[10.55]。采用三维并行计算流体动力学计算结果如图 10-86 所示[10.56]。可以看出,两者之间存在相当程度的匹配,表明该计算流体动力学程序能够预测燃料棒束内部复杂的流动物理现象。

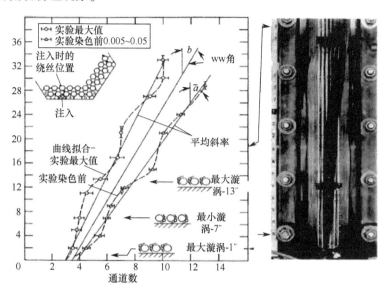

图 10-88 在 91 根棒束中进行水力实验中注入染料可以看到漩涡流[10.55]
(来源于 Lorenz, J. J. et al. , Experimental mixing studies and velocity measurements with a simulated 91 element LMFBR fuel assembly, Technical Memorandum, ANL-CT-74-09, Karlsruhe, Germany, 1974; Copyright November 1973, the American Nuclear Society, La Grange Park, IL.)

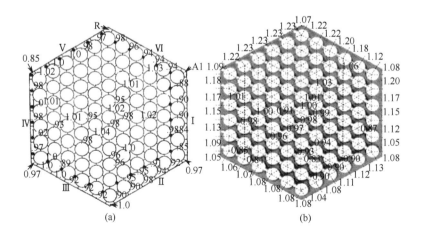

图 10-89 91 根棒束中的子通道流速
(a)实验;(b)CFD 模拟。

10.4.7 顶盖喷射冷却系统的评估

顶盖覆盖在反应堆顶部,并为一系列进入反应堆容器内的设备提供支撑,有些设备浸没在钠池中,并存在多种模式的传热,包括导热、对流、辐射以及气溶胶的沉积等。顶盖的热量是由其内部的冷却系统以及其邻接的周围设备通过从内到外的一系列结构共同作用导出的。由于不同材料(钢、混凝土、中子探测器、电缆、橡胶密封件)的温度限制不同,并避免钠蒸汽的沉积,顶盖的最低温度为100℃。为了限制热应力导致的弯曲和主泵、中间热交换器的温度梯度,顶盖的温差应限制在20℃以内。

为了达到指定的温度限制,顶盖盒结构中集成了一个空气冷却系统(图10-90)。当空气向内喷射时,入口的冷却空气在底板上滞留并从底板中带走热量。当气流通过狭窄的环形间隙时,冷却空气也会带走由于氩气的晶胞对流渗透的热量。当热空气到达顶板下面的集流室时,热空气将一些热量排到顶板上,这使顶板的顶部和底部之间的温度梯度保持在规定范围内。考虑到热工设计的复杂性,本节进行了详细的实验研究,以验证顶盖热工设计的有效性。实验设备考虑了反应器的上部结构,包括堆顶板、旋塞、控制塞和周围穹顶区域。实验模型减小了这些穹顶区的直径,保持了材料厚度、高度和反应器中的环形间隙(图10-91和图10-92)。

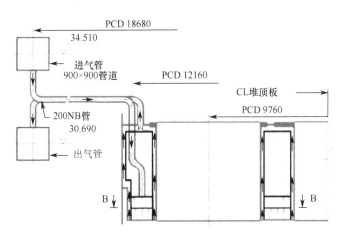

图10-90 顶盖冷却系统示意图

从热工方面考虑,模拟反应堆系统的装置按照1:1建造。为了模拟热钠池,在顶部屏蔽下方设置了嵌有电加热器的加热板。此外,将抛光片固定在加热板上,以尽可能地模拟钠的发射率。根据对不同加热板温度下热流密度的估算,可以模拟在450℃温度下,实验装置具有与反应堆相同的热流密度。实验采用了500个热电偶测取了稳态温度数据。

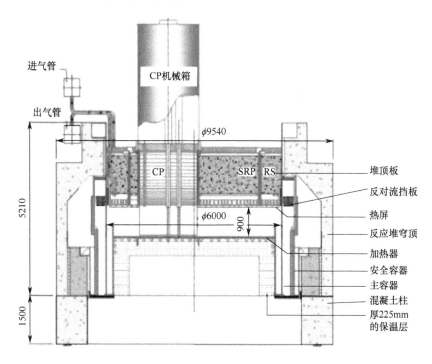

图 10-91　集成式顶部防护设施的剖面图

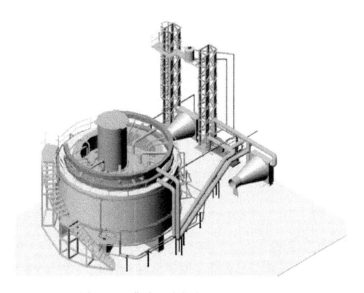

图 10-92　集成顶盖实验装置的三维视图

图 10-93 为当加热板温度为 450℃时,不同冷却流量下的堆顶板底部和热梯度曲线图,从图中可以清楚地看出,通过额定冷却流量,堆顶板底部的温度可以保持在设计要求的 120℃,而整个堆顶板的温差可以限制在小于 20℃。堆顶板内壳层的温度分布对了解可能发生在狭窄环形间隙的晶胞对流现象非常重要。

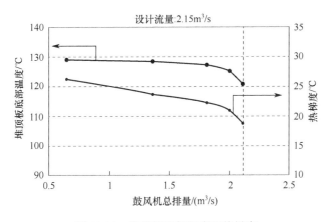

图 10-93 堆顶板底板温度和热梯度

此外,温度分布还是部件上的总传热量以及非均匀温度分布对结构影响的重要参数。从图 10-94 可以看出,在直径 4.1m、间隙为 16～30mm 的环形空间中,会出现两个晶胞对流环,最大温度梯度约为 25℃。利用该设备的实验数据进行了计算流体动力学分析,并对数值工具进行了验证。图 10-95 为顶板内壳(加热板温度为 350℃时)周向温度分布实验测量值与预测值的比较,比较截面距离地面为 28.6m,在图中,实验数据和计算流体动力学预测均显示了三个对流回路的形成。

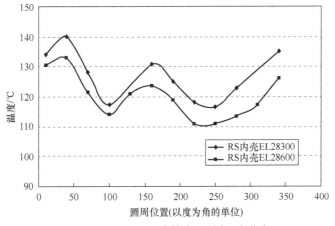

图 10-94 堆顶板(小旋塞)圆周温度分布

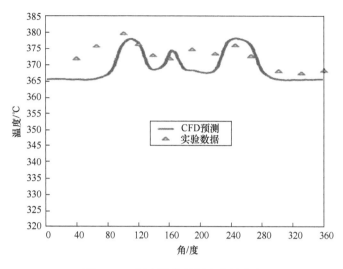

图 10-95　温度沿堆顶板内壳的分布

10.4.8　氩气在顶盖内的晶胞对流

为了更好地了解晶胞对流的各种特性,即对流的发生条件、对流数、对流数对空环几何参数的依赖性以及温度条件等,钠冷快堆团体已经进行了许多实验研究。Paliwal 等人对文献进行了详细的调查[10.57]。Hemnath 等人在 COBA 实验装置中研究了氩气的晶胞对流[10.58]。COBA 测试容器包括两部分:下部容器和上部容器,如图 10-96 所示,下部容器中含有液态钠,上部容器中具有一个间隙宽度为 20mm 的环。上部容器高度为 1000mm,上容器可拆卸为内壳和外壳。上部容器模拟了快堆顶盖的典型贯穿组件。为了在壁面上实现不同的轴向温差,在外壳的顶部表面放置了加热器。采用不锈钢护套铬铝热电偶测量外壳顶部、中部和底部的周向温度。每个高度上都布置了 8 个热电偶。下部容器中的浸入式加热器将钠保持在 803K。下部容器中钠的液位使保护气体高度为 800mm。测试容器内的氩气压力保持在 100mbar 的正压。保温方法采用玻璃纤维对容器进行包裹。

为了验证计算方法的有效性,利用商业计算流体动力学软件 STAR-CD 对实验进行了模拟。计算采用低雷诺数的 k-ε 湍流模型。钠池温度被视为恒温,所有的外壁面被设定为对流冷却边界,导热系数为 $4W/m^2K$,环境温度为 40K,内部壁面则假定为绝热。图 10-97(a) 显示了预测的氩气速度分布。

氩气在一个圆周的位置进入环腔,向上流动,在圆周方向转弯。经在周向上运动一圈,并从另一个圆周位置下降。通过对氩气温度的预测,发现气体周向温差随高度的增加而减小,最大周向温差出现在环形空间的底部。底部壳体实测温度及预测数据如图10-97(b)所示。可以发现,两个结果符合得较好。该程序预测了一个双单元流模式(一个热腿和一个冷腿),这与观测数据一致。本研究证实,采用低雷诺数 $k\text{-}\varepsilon$ 湍流模型进行的三维数值模拟,可以较准确地预测胞内对流。

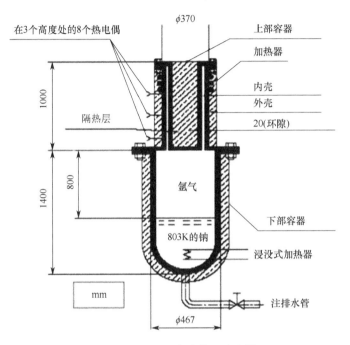

图 10-96 COBA 实验装置示意图

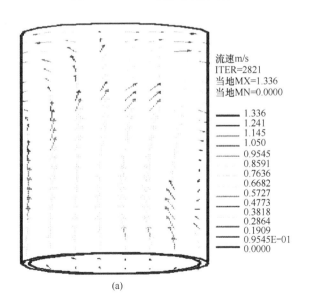

(a)

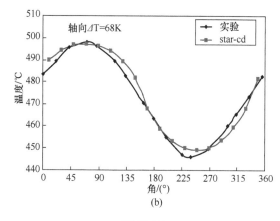

图 10-97

(a)在 COBA 环形空间中氩气流速(m/s)分布;(b)环形空间底部外壳温度。

10.4.9 原型快堆控制棒驱动机构的评估

对于 500MW(e)的原型快堆,有 9 个控制和安全杆驱动机构(CSRDM)。全尺寸样机控制和安全杆驱动机构以及控制和安全杆(CSR)已在 IGCAR 实验室进行了性能和耐久性测试。本节给出了一个典型组件采用的评估程序(图 10-98)。

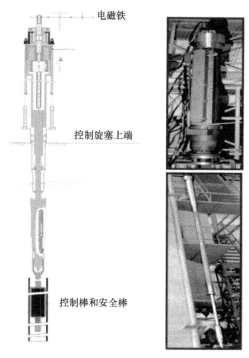

图 10-98　CSRDM 及其评估阶段

为验证控制和安全杆驱动机构以及控制和安全杆的性能而进行的紧急停堆操作的耐久实验周期数是根据"ASME, Section III, Division I, Appendices, II-1500"的指导原则制定的,所需的测试周期数取决于测试温度。例如,在845K(572℃)处为3460,在823K(550℃)处为4351,在803K(530℃)处为5062,这与在其他反应堆中进行的实验数量是一致的。根据早期的指导方针,实际的测试周期数量取决于测试温度。最初,在控制和安全杆驱动机构以及控制和安全杆原型上进行了广泛的测试,以检查和确保在空气及在473K的氩气中所预期的功能。

作为抗震鉴定的一部分,控制和安全杆驱动机构以及控制和安全杆已经在水中对运行基准地震和安全停堆地震(SSE)成功进行了测试。在规定的时间内完全插入控制棒和安全棒以及其驱动机构在测试期间和测试后所保持正常功能这两种性能已得到证明。用于对细长的吸收棒驱动机构进行地震测试的专用设备(ARDM)(图10-99)已建成。该设施主要为混凝土结构(反应墙壁),高14m,其地面下6m,地面以上8m。三个刚性的支持结构已经被设计、制造和架设。这些结构作为反应墙壁和CSRDM/CSR SA之间的刚性接口。

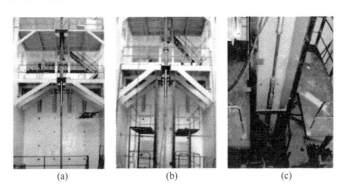

图10-99 虚拟振动台中CSRDM测试设置
(a)上部在空气中;(b)上部在水中;(c)水中较低的部分。

机械装置(约12m)和隔板支撑在单轴滑动设施上。采用最大位移为±50mm、最大推力为5t的三个执行机构,在六角形组件的控制塞顶位、栅板位、卡扣位三个位置对机构进行振动。实验测量了单个元件和整体系统的固有频率。计算结果与理论模型吻合较好。

为测量在地震中安全棒的下落时间,建立了一个稳定的实验程序。接收到停堆信号后,电磁铁(EM)断电,控制和安全棒及其驱动机构的移动组件在重力作用下被释放。在经自由落体运动835mm后,移动组件由一个油压缓冲器减速并完成剩余的250mm。自由落体时间是最重要的参数,因为在此过程中需要确保反应堆有足够余量的负反应性以关闭反应堆。在空气中的实验后,将部分控制和安全棒驱动机构浸泡在水中,模拟增加的质量效应。在箱型反应墙壁上安装了一个在一侧具有可拆卸盖板的竖箱,使它就围住了控制和安全棒驱动机构以及控制和安全棒组件。箱体将系统从栅格板支撑水平封闭到钠的液面之上,箱体是固定的。为了便于拆卸,水箱的前部设置了一个可拆卸的盖。控制和安全棒驱动机构不会干扰到水箱,水箱采用橡胶垫片来实现密封。为保证箱体和执行机构之间的密封和灵活连接,使用了装在卡扣位和栅板位的两个橡胶波纹管。卡扣位橡胶波纹管可以适应执行机构的轴向运动。栅板位的橡胶波纹管负责配合罐与横向移动的组件。在装配到测试装置上之前,对波纹管进行了独立测试,测试的位移和压力值是实验条件的两倍。

  控制和安全棒驱动机构、控制和安全棒以及控制和安全棒组件在不同的延迟时间下在水中进行了 69 次运行基准地震测试。在地震扰动开始后的 4s 和 9s,电磁铁断电时记录了最大下落时间。与正常的下落相比,增加了 255ms。综合测试结果如图 10-100 所示。图 10-101 为正常下落和在运行基准地震一起下落的时间与位移的比较。在每次测试过程中都严格检查并确保系统能够正常运行。此外,测试在半安全停堆地震条件下进行,以找出最大下降时间发生的时间延迟 τ。经过 13 次这样的实验,发现当电磁铁在地震激励开始后 4s 断电时时间延迟最大。在 $\tau=4s$ 时进行了三次全 SSE 实验。在 $\tau=9s$ 时进行了一次安全停堆地震实验。测量到的最大下落时间是 180ms。每次安全停堆地震结束后,对控制和安全棒驱动机构进行正常功能测试,结果证实,即使在安全停堆地震之后,该驱动机构仍具备良好的功能。

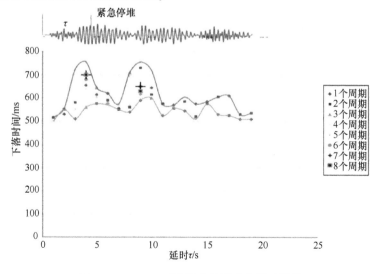

图 10-100 OBE 下的综合地震鉴定测试结果

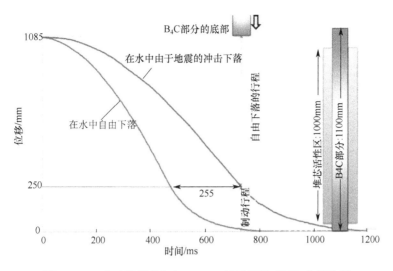

图 10-101 在正常下落和与 OBE 一起下落的时间与位移比较

10.5　印度快堆部件鉴定的实验设施

为满足快中子增殖试验堆和原型快堆的测试和认证要求,在 IGCAR 实验室设计建造了许多实验设施。关于目前在 IGCAR 实验室运行的大型钠实验设施和水实验设施的细节如下:

(1) 大部件试验台(LCTR);
(2) 钠水反应试验装置(SOWART);
(3) 蒸汽发生器试验设备(SGTF);
(4) 钠(NA)的衰变热排出安全装置;
(5) 缩比模型反应堆组件热工水力(SAMRAT)水试验设施。

10.5.1　大部件试验台

建造 LCTR 设施(图 10-102)是为了在模拟反应堆运行条件下对钠中 PFBR 的大型关键成分进行全面测试。LCTR 位于 43m 高的 III 工程大厅隔间内,两个总钠含量高达 100t 的大型储罐位于 6m 深的钢衬垃圾坑内,它由四个不同容量的试验容器组成,其中可以保持独立的试验条件,加热器容器配有 200kW 浸入式加热器、150kW 钠-空气热交换器、20m³/h 容量的钠循环平板线性感应泵,以及用于流量测量的永磁流量计、风冷冷阱、堵塞指示器等。使用镍管取样器进行钠采样。

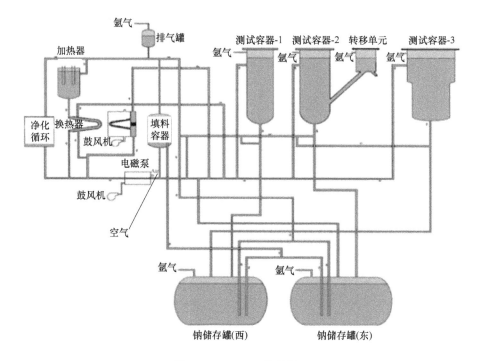

图 10-102　LCTR 流程图

保护气体和用于气动执行阀的压缩气系统由辅助系统供给。管道和部件配置表面加热器、热电偶和线式检漏器,测试容器中使用了连续型和间断型液位传感器,钠气溶胶探测器用于检测回路区域的钠火灾,还安装了基于烟雾探测器的商用火灾报警系统,采用基于计算机和可编程逻辑控制器的数据采集和控制系统对控制室的所有参数进行监控,在含钠的容器和管道下方设有泄漏收集托盘。

该设施于 1994 年投入使用,到目前为止,测试设施的累计工作小时为 75000h。设备最大运行温度为 600℃,最大钠流量为 $20m^3/h$。这个测试设备的材料是 316 奥氏体不锈钢。在大部件试验台进行的燃料处理系统的性能测试试验描述如下。

10.5.1.1 PFBR 斜式燃料输送机的鉴定

在 PFBR 中,斜式燃料输送机(IFTM,图 10-103)的一次侧由主倾斜机构(PTM)组成。该设备用螺栓固定在栅板、主斜坡(PR)、屏蔽塞、连接件、波纹管和主闸阀上。在各阶段对主斜坡和主倾斜机构进行性能测试:在室温的空气中、在热空气中以及在 200℃ 的钠中。由于测试后将在反应堆中安装相同的部件,所以测试的次数限制在反应堆 40 年寿命中预期循环次数的 10% 以内。通过测量电机输出电流(测量电机转矩)以及噪声和振动监测系统,对系统的性能进行连续监测。通过两次停留期试验（每次停留期为547℃），模拟了额定温度547℃下反应堆运行对闸阀冷区气溶胶沉积的影响。在循环测试之间穿插了间歇期。该系统测试了总共510个循环。设备的性能符合预期。钠测试完成后，在测试容器中使用水蒸气－二氧化碳工艺对组件进行原位清洗，清洗后从容器中取出再经过彻底水洗、化学清洗、运输过程，最后装配在PFBR中。

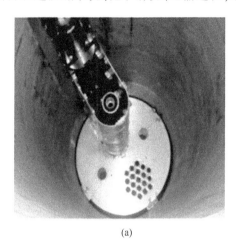

图 10-103　IFTM 及其组件
(a)TV-2内部带TP的PTM；(b)带衬垫的PR。

10.5.1.2　PFBR 中容器内换料装置的测试

转移臂（TA）是原型快堆的换料装置（图10-104），测试内容包括：燃料组件的举升、机构的旋转、将组件放入运输罐，然后反序操作这些步骤，将组件放回到堆芯中。一个操作周期包括从栅板中心位置抓取组件，提高4.6m，旋转转移臂大约7度以使组件在转移罐上对齐，并降低4.6m，以便组件放入转移罐内。测试是在30mm/s的移动速度下完成的。测试换料装置的容器内有一个栅板和一个小堆芯，该小堆芯由6个组件（每个组件高4.5m，重260kg）和一个中心组件组成，并具有长方形开口的顶部法兰用于插入转移臂。在开始钠测试之前，在室温下的空容器中进行了20个循环测试，然后在60℃～170℃的温度下进行了36个循环测试。在钠填充之前，在温度从60℃到170℃的氩气环境中进行四个循环测试。容器内充满钠后，在燃料操作装置的温度为200℃的情况下，成功完成了300个循环测试，之后温度升高到550℃，机器在这个温度下暂停100h。之后在200℃的钠中恢复测试，并再次完成300个测试循环。钠测试完成后，在测试容器内采用水蒸气－二氧化碳工艺对组件进行原位清洗并拆卸。再经过彻底水洗、化学清洗、运输过程，最后装配在PFBR中。

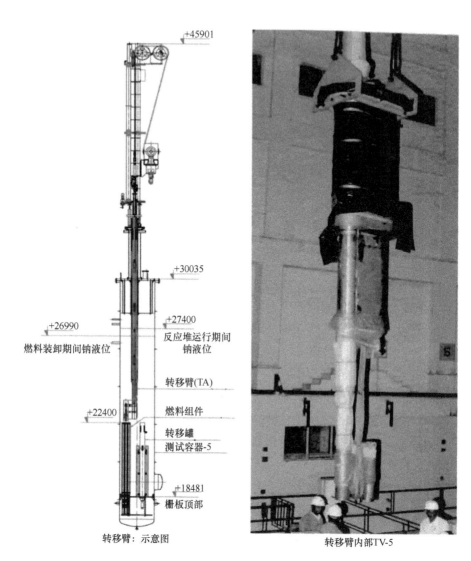

图 10-104 TA 及其部件

10.5.2 钠水反应试验装置

纳水反应试验装置(SOWART)(图 10-105)是为了研究在钠-水反应情况下蒸汽发生器管材料的自损耗和相邻管损耗现象建立的,也是测试和开发不同类型的钠内和氩气内氢气传感器的试验台。SOWART 位于 3 号工程大厅高 23m 的低隔间,这个装置包括 10t 储量的钠储存罐,冷段流量为 20m³/h 的电磁泵,装有 150kW 浸入式加热器的加热容器,大型风冷式冷阱,堵塞指示器,采样器,装有150kW加热器容器的热段,膨胀水箱,测试设备和氢测量设备。除此以外,该装置还有一个380kW容量的主换热器和一个150kW容量的钠-空气加热换热器。

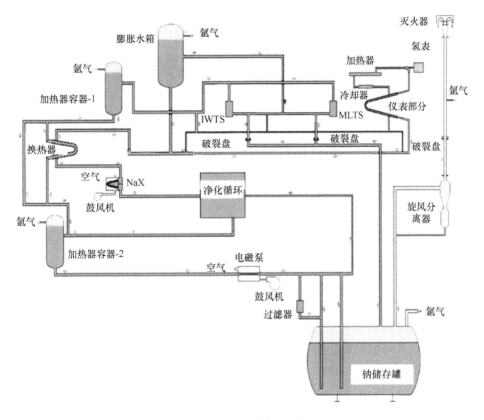

图 10-105 SOWART 循环(示意图)

该设备于 2001 年投入使用,测试设备的累计运行小时数为 30000h。实验装置的最高运行温度为 525℃,额定钠流量为 10m³/h。材料为 SS316 不锈钢。在原型快堆中,蒸汽发生器中采用厚度为 2.3mm 的单管壁将低压液钠与高压水/蒸汽分离。如果水意外泄漏到钠中引起钠水反应,这会导致泄漏管本身损坏(自损耗)和堆相邻的管产生损坏(冲击损耗)。

以下是在 SOWART 进行的一些测试,以了解自损耗和冲击损耗。

10.5.2.1 自损耗实验

在钠水反应试验台上进行了自损耗研究,以了解损耗现象。对 9Cr-1Mo PFBR 管试样进行了实验,蒸汽温度为 450℃/17MPa,钠温度为 450℃。在泄漏模拟器中,蒸汽通过直径为 0.1mm 的销孔注入流动的钠,泄漏率为 23mg/s。实验完成

后,取样管进行分析(图 10-106)。测试结果如下:
- 管壁 0.94mm 的厚度会在 18min 内损耗完;
- 自损耗的平均速率为 0.00087mm/s;
- 文献中提到的 2Cr-1Mo 的自损耗为 0.001mm/s,相比之下,可以观察到改进后的 9Cr-1Mo 抗自损耗能力提高了 1.2 倍。

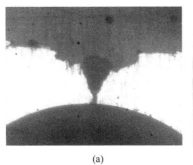 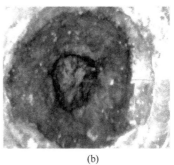

(a)　　　　　　　　　　　(b)

图 10-106　自我损耗测试结果

10.5.2.2　冲击损耗实验

泄漏管材料为 9Cr-1Mo/改进的 9Cr-1Mo 或镍,泄漏管上具有校准过的小孔并向钠中注入蒸汽。这个泄漏管从底部插入实验段中,泄漏模拟管的一端是封死的,另一端连接到蒸汽系统。如图 10-107 所示,靶管是由改良的 9Cr-1Mo 制成,从上往下固定在实验段中。反应射流从泄漏管中喷出,在靶管表面产生损耗。对蒸汽泄漏率在 100~800mg/s 之间的冲击损耗进行了研究。这些试验得到了下面的结果。

确定了在各种状态下最大穿透深度与所需的时间,即损耗率。结果表明,随着蒸汽泄漏率的增加,损耗率也随之增加。如前所述,将 $2^{1/4}$Cr-1Mo 钢和 9Cr-1Mo 钢的损耗率进行了比较。从实验 2 和实验 4 中可以看出,在较低的温度(430℃)下,9Cr-1Mo 的相对耐损耗性能比 500℃时高出约 2 倍。Anderson 的研究(基于 470℃的实验)表明,在更高的泄漏率(>0.5g/s)下,9Cr-1Mo 的损耗阻力非常小(接近 $2^{1/4}$Cr-1Mo),而更低的泄漏率(<0.2g/s)损耗阻力则更高(图 10-108)。但在其他大部分文献中,9Cr-1Mo 的平均相对损耗阻力被报道为 1.2-1.5。在该设施进行的所有实验中,相对损耗阻力均大于 1.96。即使在更高的泄漏率(>0.7g/s),损耗阻力也大于 2.2。虽然在较高的泄漏损耗时,得到的结果接近于 Anderson 对 9Cr-1Mo 的预测,但在较低的泄漏损耗阻力时,发现其远低于预测值。但无论条件为何,9Cr-1Mo 钢的耐损耗性总是高于 $2^{1/4}$Cr-1Mo 钢。

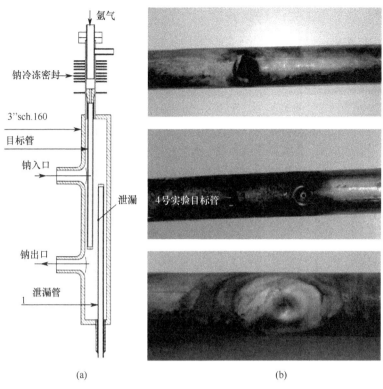

图 10-107 冲击损耗研究的细节和结果

(a)实验截面示意图;(b)管样的冲击损耗。

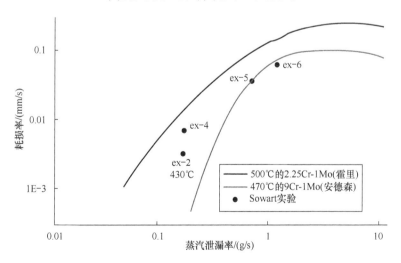

图 10-108 不同管材的冲击损耗率

10.5.3 蒸汽发生器实验装置

蒸汽发生器实验装置(SGTF)是用于验证未来将安装在原型快堆上的直流蒸汽发生器(图10-109)的设计而建造的,位于一个高38m的独立建筑中,具有一个容量为18t的储钠罐;一个5.5MW(t)的蒸汽发生器,该蒸汽发生器具有19根23m长的管子,没有焊点,并配有一个膨胀弯头;一个加热钠的燃油加热器(5.7MW);170m³/h流量的环形线性电磁泵用于供钠循环、冷捕集器和堵塞指示器等。辅助回路,如覆盖气体系统,蒸汽发生器泄漏检测系统,钠水反应产物排放回路,以及常规的蒸汽水系统也是测试设备的一部分。该设备(图10-110)于2003年投入使用,测试设备的累计运行时间为40000h。实验装置的最高运行温度为530℃,最大钠流量为170m³/h,结构材料为奥氏体不锈钢,钠系统采用3161LN级,SG采用改进型9Cr-1Mo级。在该设施中进行的实验如下所述。

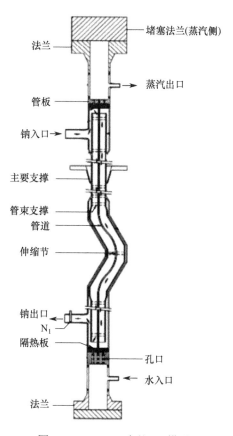

图10-109 SGTF中的SG模型

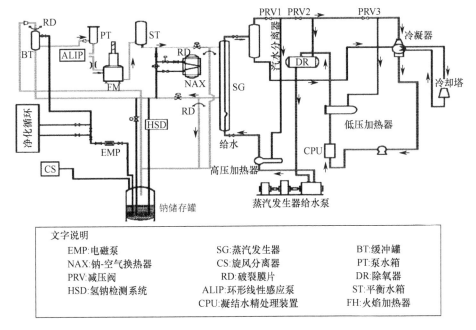

图 10-110 SGTF 回路(原理图)

10.5.3.1 蒸汽发生器传热性能评估

在蒸汽发生器中提供了足够的换热面积裕度,以解决两相流换热的不确定性。采用了实验来评估实际裕度。在额定功率 5.5MW(t)和额定蒸汽温度和压力条件下,蒸汽发生器的钠温仅为 516℃,而设计预期为 525℃。随着功率进一步增加,在 525℃下可以实现 6.09MW(t)传热。这相当于 12.25% 的传热面积余量。

10.5.3.2 蒸汽发生器热挡板的性能评估

为了减小蒸汽发生器管的正常温度梯度,并保护管在功率过渡期间免受热冲击,顶部和底部的管都配备了热挡板组件。补给水失流这个瞬态工况会导致最大的热冲击,其中蒸汽发生器冷端底管板受影响最大。因此对该事故进行了数值模拟和实验模拟。实验表明,当钠的平均温升速率为 62℃/min 时,管板底部隔热板可以将其降低到 22.5℃/min(图 10-111)。实验证明,热挡板能有效地吸收热冲击,对管板起到应有的保护作用。

10.5.3.3 两相流不稳定性研究

由于同一管道内的两相流动,直流式蒸汽发生器容易受到水/蒸汽流动不稳定性的影响。需要绘制不稳定区域图,以在启动和动力提升期间快速通过这些区域。实验在额定功率(1.1MW(t))20% 的启动功率下进行。在蒸汽压力低于

140kg/cm² 时,观察到流动不稳定性。在刚出现失稳的条件下,实验发现出口蒸汽温度振荡变化高达 60℃。

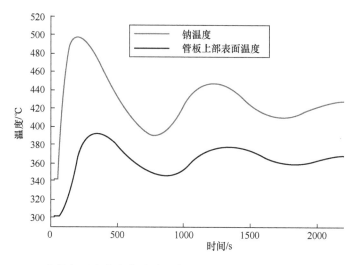

图 10-111　底管板温度的变化导致流向 SG 的给水损失(通过实验模拟得到)

在较高的功率水平,则观察不到稳定性,即使在蒸汽压力低至 100kg/cm² 也未出现不稳定性。此外,还为评估原型快堆启动过程中蒸汽发生器内的流动不稳定性进行了实验。其目的是找出与最小目标功率相对应的钠流量,在此条件下启动可以不发生流量不稳定。据观察,当目标功率大于 75% 时,电厂启动是绝对稳定的。在 75% 目标功率以下,蒸汽发生器蒸汽出口条件接近干饱和时出现不稳定现象。

10.5.3.4　氢通量的实验评估

由于蒸汽发生器管水侧腐蚀而向钠侧扩散的氢是快堆二回路系统中的主要杂质,为了确定冷阱的容量,必须对其进行量化。文献中有 2.25Cr-1Mo 钢的氢通量,稳态值为 $1.8 \sim 2.2 \times 10^{-7} \mathrm{gH/m^2 s}$。在文献中没有关于 mod.9Cr-1Mo 钢的原型快堆蒸汽发生器材料的氢通量数据。在蒸汽发生器模型中进行实验(图 10-112),测定值为 $1.25 \times 10^{-7} \mathrm{gH/m^2 s}$。

10.5.3.5　利用声学传感器检测蒸汽发生器传热道泄漏的可行性研究

对于蒸汽发生器管道泄漏的检测,采用了声学方法,捕获氢气产生的噪声,作为泄漏监测的辅助技术。实验中通过校准的孔向蒸汽发生器钠中注入氩气,并观察位于蒸汽发生器壳体上不同高度声传感器的响应(图 10-113)。基于这些结果,正在为蒸汽发生器实验装置和蒸汽发生器开发一个使用声学技术的在线泄漏检测系统,并且将进一步扩大到 PFBR。

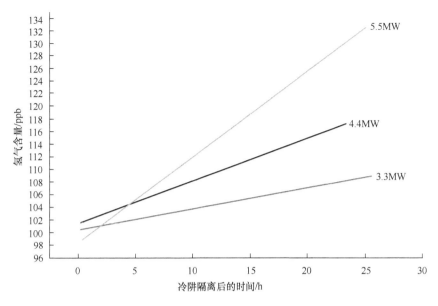

图 10-112 氢通量随功率的变化

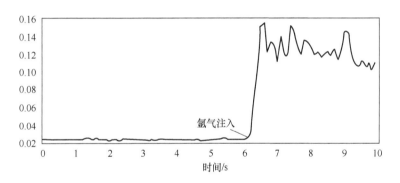

图 10-113 氩气注入时声传感器输出的变化

10.5.3.6 带堵塞管的蒸汽发生器运行期间的应力评估

当快堆蒸汽发生器发生泄漏时,通过将泄漏的管道隔离后恢复运行。管道的隔离会导致受影响的管子内部和附近的温度分布发生偏差,从而导致相关应力的产生。每次实验均只用一根管,并分析记录管的温度分布。结果表明,单管堵塞不会显著增加蒸汽发生器的热应力载荷。这些观察结果与分析预测一致。

10.5.3.7 蒸汽发生器耐久性试验

蒸汽发生器在额定蒸汽温度和压力(17.2MPa 和 493℃)下工作超过 5000h,并以 5.5MW(t)的名义功率连续运行 28 天,累计运行时间接近 10000h,其无事故运行证明了设计的可靠性和鲁棒性。

10.5.4 SADHANA 测试装置

SADHANA 测试装置(图 10-114)是为了研究 PFBR 的安全级余热排出(SG-DHR)系统的热工水力性能(图 10-115)。这是一个 1∶22 比例的模型,拥有 355kW 的热功率,研究采用了表征浮力的无因次数 Richardson 数。SADHANA 设备位于 3 号工程大厅的高隔间与大部件试验台的钠储罐相连,该设备包括一个带有 450kW 浸入式加热器的试验容器(用来模拟主容器堆芯),一个位于衰变热测试容器内的热交换器(DHX),一个空气热交换器(AHX),一个与空气热交换器相连的烟囱(用于自然通风)和一个膨胀箱。如图 10-114(a)所示,SADHA-NA 回路由一个钠-空气热交换器、一个节能器和一个较小的加热器容器组成,整个回路中钠的质量为 2.7t,钠的补给和循环均由线性感应泵提供,泵的输送能力为 5m³/h。

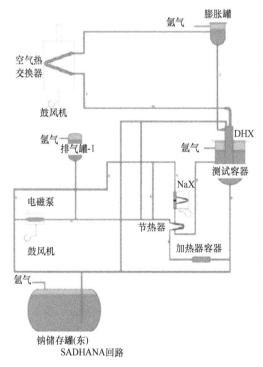
(a)

(b)

图 10-114 SADHANA 测试设备
(a)流程图;(b)照片。

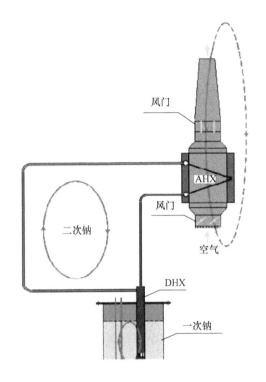

图 10-115　在 SADHANA 中构思的 SGDHR 回路

该设施于 2009 年投入使用,测试设施的累计运行小时数为 4000h。测试设备的最高运行温度为 550℃。这个测试设备的材料是 316L 奥氏体不锈钢。下面将重点介绍在该设备中进行的实验。

10.5.4.1　热传输能力的估算

当钠池温度为 550℃ 时,衰变热交换器出口温度为 520℃,空气热交换器出口温度为 317℃,二回路的质量流量为 1.63kg/s。在这种工况下,从钠池输送的功率是 425kW,回路的标称容量为 355kW,在 550℃ 钠池温度下,二回路的功率比其标称容量多出 19.4%。二回路中钠质量流量与冷热段的平均温差的关系为 $0.544W = 0.0913\Delta t$。

10.5.4.2　瞬态实验:AHX 出口风门突然打开的后果

该实验研究了空气热交换器风门突然打开时安全级衰变热排出系统的响应,结果发现在开启风门后大约 510s 内系统就能充分工作(图 10-116),打开风门所需的时间为 70s,可以观察到,从初始钠流开始,在开启风门后实现稳态钠流所需的时间与钠池温度无关,无量纲钠流量的上升速率和传热功率的上升速率在实验中基本一致。突然打开风门后钠流、空气流和各种温度是平稳的,没有显示出大的振荡。

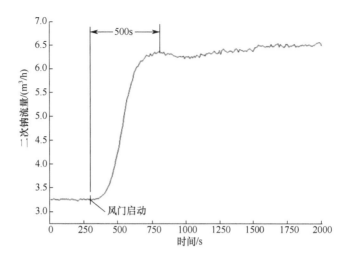

图 10-116　当 AHX 风门打开与钠池温度 550℃时钠流的变化

10.5.4.3　主回路钠池液位下降情况下的传热性能

通过降低钠液位的方法模拟了主回路液钠泄漏情况,该事故可导致主回路钠流进入衰变热交换器面积降低至原来的 88%。这些研究结果表明,钠液位降低 88% 会导致二回路流量减少 2%,系统输送功率减少 5%(图 10-117)。

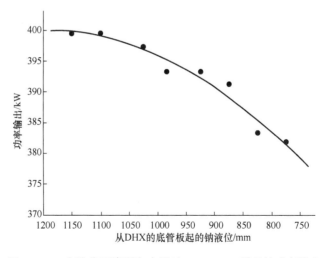

图 10-117　在液位下降研究中通过 SADHANA 循环的功率输出

10.5.4.4　AHX 出口风门部分开启时的传热评估

对 SGDHR 系统中出口风门失效事件进行了传热实验模拟。在风门开度较低时,系统的传热能力较低,而随着开度的增加,系统的传热能力逐渐增强。当风门开度为50%时,系统的传热能力稳定下来。在二回路中也观察到类似的流动趋势。

10.5.4.5 自然对流情况下 AHX 管束阻力系数研究

通过实验研究了在空气热交换器翅片管束和在空气热交换器出口风门的压降特性。风门提供的压降为14.62Pa,相当于进气通风101.8Pa的14.4%。当风门开度大于50%时,压降相对于空气流速的变化特性相对于空气流道总压降不算显著。在50%的风门开度情况下,与较高的空气速度(Re>3500)相比空气热交换器管束提供的压降对应为速度(Re<3500)。风门的压降系数随开度百分比的增大呈指数型减小。

10.5.5 SAMRAT 水回路(PFBR1/4 比例水模型)

缩比反应堆组件热工水力模型(SAMRAT)适用于多种实验,如中间换热器入口窗口的速度测量、自由液位波动研究、控制塞和中间热交换器流量分布研究、气体夹带研究、二回路卡泵研究、热分层研究、热纹应力研究和安全级余热排出研究。该实验装置(图10-118)是在2003年建立的基于原型快堆双回路设计的1/4比例的主回路模型,在整个SAMRAT水回路中,有3个水箱和两台泵,水箱的总容量为50m³,并且在水箱内还装有加热器,两台泵在需要高流量期间供应水流,每台泵在10bar的压力下每台流量为1200m³/h,此外,在装置中使用板式热交换器来控制水温,在模型的堆芯中设置棒状加热器来模拟堆芯的发热,装配有具有控制系统的气动阀门使装置操作更为方便,而且配备数据采集系统的专用控制室进行数据采集。

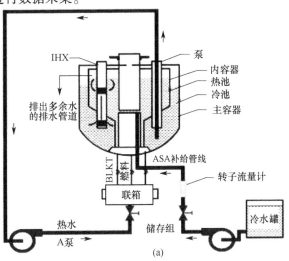

(b)

图 10-118　SAMRAT 水回路

(a)流程图;(b)部分照片。

在装置中,对冷热工况都进行了模拟。在冷池工况下,采用有机玻璃窗口进行可视化观察。堆芯包括吊篮,以及和燃料区在一起的储存区。对堆芯组件也进行了独立的模拟,速度测量采用热膜风速仪(HFA)和螺旋桨风速仪,温度测量采用 k 型热电偶(直径 1ms、0.5ms、0.25ms 并具有矿物绝缘),用电导率探针测量自由液位振荡。

10.5.5.1　自由液面波动研究

由于自由液位的波动,浸钠组分会受到温度波动的影响,从而导致浸钠组分的热疲劳。因此,需要评估自由液面波动的特性,以了解其对反应堆组件的影响。在具有弗劳德数相似的缩比模型反应堆组件热工水力模型中进行的实验研究确定了钠池自由表面的水平波动的幅度和频率。用电导探针测量了自由液位的波动,对实验得到的时域数据进行了统计分析,研究发现液面波动在整个热池中并不均匀,而波动的高度和频率取决于在池中的位置。

对于额定流量,在控制旋塞附近的情况下最大振幅约为 82mm,如图 10-119 所示。反应堆外壳的主要波动频率在 0.25Hz 和 1.6Hz 之间变动。

10.5.5.2　气体夹带研究

在液态金属快堆中需要解决的问题之一是液钠表面覆盖气体夹带问题。夹带的气体可能会阻碍反应堆的正常运行。自由表面的高速度以及热池中各种浸入设备的存在是自由表面夹带气体的原因。为了降低自由表面速度,从而减少气体夹带,采用了环形折流板。首先,通过 PHOENICS 的数值分析得到了折流板的最佳几何形状,并在原型快堆主回路的 1/4 尺度水模型实验中选取折流板几何形状,模型中测试的挡板如图 10-120 所示。在上述数值研究的基础上,对折流板的结构进行了设计并安装在缩比反应堆组件热工水力模型上。

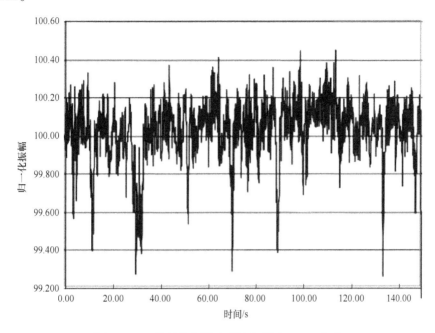

图 10-119　控制旋塞附近时间序列图(100% 流量)

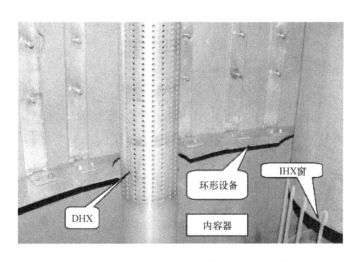

图 10-120　在 SAMRAT 的内容器模型中引入了挡板

通过改变挡板的位置进行了参数化研究。在每一次实验中,测量自由表面的速度并找出最大值。对自由表面进行了目测观察,以确定是否出现了旋涡。通过在主容器冷池侧处设置的有机玻璃窗口对泵吸区域进行观察,了解气体的夹带情况。各种实验条件下的自由表面纹理如图 10-121 所示。

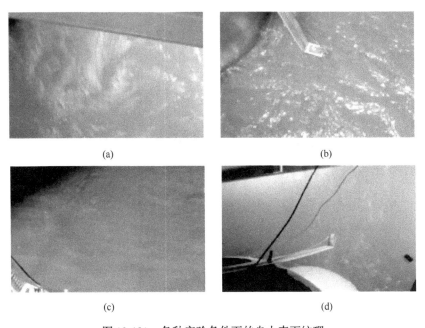

图 10-121　各种实验条件下的自由表面纹理
(a)在自由表面流型无挡板;(b)在自由表面流型(挡板固定在离自由表面 240mm 以下);
(c)在自由表面流型(挡板固定在离自由表面 315mm 以下);(d)在自由
表面流型(挡板固定在离自由表面 360mm 以下)。

10.5.5.3　安全级余热排出研究

根据在 PFBR 一回路 1/4 比例模型中进行的主池热工水力研究,以水为模拟物,对安全级衰变热排出条件下的衰变热交换器-堆芯-热池相互作用进行了评估。在该模型中,浸入式加热棒被固定在燃料组件和储存组件中,以表示反应堆关闭后产生的衰变热。在衰变热交换器的二次侧,通过泵循环水,模拟衰变热交换器的排热。从早期的实验中估计了不同二次流率下衰变热交换器排热率。衰变热交换器的一次侧和整个主池采用自然对流冷却。

通过在主池中建立自然循环,验证了在安全级衰变热排出操作条件下对堆芯的冷却能力。图 10-122 显示了安全级衰变热排出条件下主池中可能的自然循环路径。

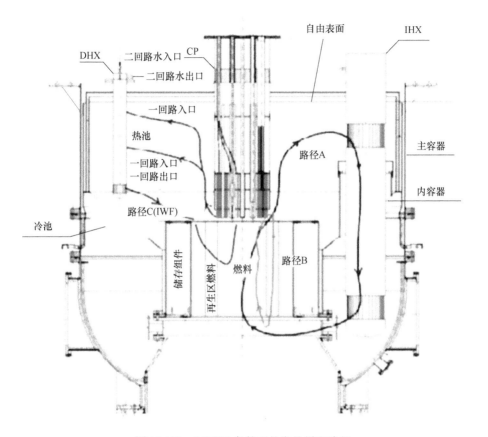

图 10-122　SGDHR 条件下的自然循环路径

参考文献

[10.1] Chaboche, J. L., Nouailhas, D. (1989). A unified constitutive model for cyclic viscoplasticity and its application to various stainless steels. Trans. ASME J. Eng. Mater. Technol., 111, 424-430.

[10.2] Chellapandi, P., Ramesh, S. (1997). 20-Parameter viscoplastic model for modeling 9Cr-1Mo steel for SFR applications. Appeared in Creep-fatigue damage design aspects specific to SFR development. IAEA, Vienna, IAEA-Tecdoc-115, pp. 185-192.

[10.3] Chaboche, J. L. (1986). EVPCYCL: A finite element program in cyclic viscoplasticity. La Recherche Ae Ârospatiale, 2, 91-112.

[10.4] (2010). ABAQUS Version 6.10. Dassault Systèmes Simulia Corp., Providence, RI.

[10.5] SYSTUS: Multiphysics tool structural analysis. http://www.esi-group.com/software-services/virtual-environment/cfd-multiphysics/systus.

[10.6] Chandonneret, M. (1989). Tests de validation de Codes de Calcul on Viscoplastique. Report of ONERA, Châtillon, France.

[10.7] Nouilhas, D. (1987). A viscoplastic modelling to stainless steel behaviour. Proceedings of the Second International Conference on Constitutive Laws for Engineering Materials, Theory and Applications, University of Arizona, Tucson, AZ, Report: T. P. No. 1987-1.

[10.8] Contesti, E., Cailletand, G., Levaillant, C. (1987). Creep damage in 17-12 SPH stainless steel notched specimens: Metallographical study and numerical modelling. ASME J. Pressure Vessel Technol., 109, 228.

[10.9] Cabrillat, M. T., Gatt, J. M. (1993). Evaluation of thermal ratchetting on axisymmetric thin shells at the free level of sodium inelastic analysis. Transactions of the 12th International Conference on Structural Mechanics in Reactor Technology (SMiRT-12), Stuttgart, Germany, August 1993, Vol. E05, pp. 155-159.

[10.10] Olschewski, J., Sievert, R., Qi, W., Bertran, A. (1993). Prediction of inelastic response of a Ni-based superalloy under thermal-mechanical cyclic loading. Transactions of the 12th International Conference on Structural Mechanics in Reactor Technology (SMiRT-12), Stuttgart, Germany, Vol. L, p. 17.

[10.11] CEA. (2003). CAST3M—User manual. http://www-cast3m.cea.fr/cast3m/.

[10.12] (2002). RCC-MR: Appendix A16. Guide for leak before break analysis and defect assessment, AFCEN.

[10.13] Hooton, D. G., Bretherton, I., Jacques, S. (2003). Application of the sigma-d (σd) method for the estimation of creep crack incubation at austenitic weld boundaries. Proceedings of the Second International Conference on Integrity of High Temperature Welds, London, U. K., November 10-12, 2003, pp. 425-434.

[10.14] Fujita, K. et al. (1993). Study on flow induced vibration of a flexible weir due to fluid discharge effect of weir stiffness. PVP-258, Flow Induced Vibration and Fluid Structure Interaction, ASME, Denver, CO, pp. 143-150.

[10.15] Chellapandi, P., Chetal, S. C., Raj, B. (2008). Investigation on buckling of FBR vessels under seismic loading with fluid structure interactions. J. Nucl. Eng. Des., 238, 3208-3217.

[10.16] Bolotin, V. V. (1964). The Dynamic Stability of Elastic Systems. Holden-Day, Inc., San Francisco, CA.

[10.17] Hsu, C. S. (1963). On the parametric excitation of dynamic system having multiple degrees of freedom. ASME J. Appl. Mech., 30, 367-372.

[10.18] Siva Srinivas, K., Chellapandi, P. (2014). Investigation of parametric instability in elastic structures. PhD thesis. HBNI, Department of Atomic Energy, Mumbai, India.

[10.19] Brochard, D., Buland, P., Hammami, L., Gantenbein, F. (1987). FBR core seismic analysis. SMIRT-9, Lausanne, Switzerland, Vol. E, pp. 33-42.

[10.20] Brochard, B., Buland, P., Gantenbein, F., Gibert, R. J. (1987). Seismic analysis of LMFBR cores—Mockup RAPSODIE. Transactions of the Ninth International Conference on Structural Mechanics in Reactor Technology (SMiRT-9), Lausanne, Switzerland, Vol. E, pp. 33-42.

[10.21] Gauvain, J., Hartelli, A. (1982). Numerical integration of the vibratory motion equations of a

[10.22] Preumont, A., Parent, J. (1983). Fluid coupling effects in LMFBR core seismic analysis. Transactions of the Seventh International Conference on Structural Mechanics in Reactor Technology (SMiRT-7), Chicago, IL, Vol. E06, pp. 275-283.

[10.23] Preumont, A., Kunsch, A., Parent, J. (1986). Fluid coupling coefficients in an array of hexagonal prisms. Nucl. Eng. Des., 2, 51-59.

[10.24] Aida, Y., Niwa, H., Kawamura, Y., Kobayashi, T., Kurihara, C., Nakamura, H., Toyoda, Y., Hagiwara, Y. (1993). Experimental and analytical studies on vertical response of FBR core components during seismic events. Transactions of the 12th International Conference on Structural Mechanics in Reactor Technology (SMiRT-12), Stuttgart, Germany, Vol. E13, pp. 375-380.

[10.25] Clough, R. W., Clough, D. P. (1977). Seismic response of flexible cylindrical tanks. Transactions of the Fifth International Conference on Structural Mechanics in Reactor Technology (SMiRT-4), San Francisco, CA, Vol. K/1.

[10.26] Housner, G. W. (1969). Finite element analysis of fluids in containers subjected to acceleration. Nuclear Reactors and Earthquakes, TID 70211. U. S. Atomic Energy Commission, Washington, DC.

[10.27] Veletsos, A. S., Yang, T. Y. (1976). Dynamics of fixed base liquid storage tanks. U. S.-Japan Seminar for Earthquake Engineering Research with Emphasis on Lifeline Systems, Tokyo, Japan.

[10.28] Fujimoto, S., Yamoto, S., Shimizu, H., Murakami, T., Sakurai, A., Kurihara, C., Mashiko, Y. (1985). Experimental and analytical study on seismic design of a large pool type LMFBR in Japan. Transactions of Eighth International Conference on Structural Mechanics in Reactor Technology (SMiRT-8), Brussels, Belgium, Vol. EK1, pp. 315-320.

[10.29] Housner, C. H. (1957). Dynamic pressure on accelerated fluid container. Bull. Seismol. Soc. Am., 47(1), 15-35.

[10.30] Athiannan, K. (1998). Investigation of buckling of thin shells. PhD thesis, Department of Applied Mechanics, IIT Madras, Chennai, India.

[10.31] Bose, M. R. S. C., Thomas, G., Palaninathan, R., Damodaran, S. P., Chellapandi, P. (2001). Buckling investigations on a nuclear reactor inner vessel model. Exp. Mech. (SAGE Publications), 41(2), 144-150.

[10.32] Lenoir, G., Dallongeville, M., Goldstein, S., Vidard, M. (1981). Thermal hydraulics of the annular spaces in roof slab penetrations of liquid sodium cooled fast breeder reactor. Proceedings of the Sixth International Conference on Structural Mechanics in Reactor Technology, Paris, France, Vol. E, pp. 1-6.

[10.33] Satpathy, K., Velusamy, K., Patnaik, B. S. V., Chellapandi, P. (2013). Numerical simulation of liquid fall induced gas entrainment and its mitigation. Int. J. Heat Mass Transfer, 60, 392-405.

[10.34] Govindha Rasu, N. (2013). Investigations of entrance flow and partial flow blockages in fuel subassemblies of fast breeder reactor. PhD thesis, Homi Bhabha National Institute, Mumbai, India.

[10.35] Olive, J., Jolas, P. (1990). Internal blockage in a fissile super-phenix type of subassembly:

The SCARLET experiments and their interpretation by the CAFCA-NA3 code. Nucl. Energy, 29, 287-293.

[10.36] Velusamy, K., Raviprasan, G. R., Nema, V., Meikandamurthy, C., Selvaraj, P., Chellapandi, P., Vaidyanathan, G., Chetal, S. C. (2010). Computational fluid dynamic investigations and experimental validation of frozen seal sodium valve assembly of a fast reactor. Ann. Nucl. Energy, 37(11), 1423-1434.

[10.37] Turner, W. D., Elrod, P. C., Siman-Tov, I. I. (1978). HEATING5: An IBM 360 heat conduction code. Report, Oak Ridge National Lab., TN, USA, ORNL/CSD/TM-15.

[10.38] Wakamatsu, M., Nei, H., Hashiguchi, K. (1995). Attenuation of temperature fluctuations in thermal striping. Nucl. Sci. Technol., 32(8), 752-762.

[10.39] Tenchine, D. et al. (2012). Status of CATHARE code for sodium cooled fast reactors. Nucl. Eng. Des., 245, 140-152.

[10.40] Tenchine, D. et al. (2013). International benchmark on the natural convection test in Phenix reactor. Nucl. Eng. Des., 258, 189-198.

[10.41] Surle, F., Berger, R. (1994). The CORMORAN programme: a computational and experimental study of temperature fluctuations associated with a stratified liquid metal flow in a rectangular cavity. International Atomic Energy Agency Meeting on Correlation between Material Properties and Thermohydraulics Conditions in LMFBRs, Aix-en-Provence, France.

[10.42] Trio Code.

[10.43] Kimura, N., Nishimura, M., Kamide, H. (2002). Study on convective mixing for thermal striping phenomena (experimental analyses on mixing process in parallel triple-jet and comparisons between numerical methods). JSME Int. J. Ser. B, 45(3), 592-599.

[10.44] Kimura, N., Miyakoshi, H., Kamide, H. (2003). Experimental study on thermal striping phenomena for a fast reactor-transfer characteristics of temperature fluctuation from fluid to structure. Proceedings of the Sixth ASME-JSME Thermal Engineering Joint Conference, Hawaii Island, HI, TED-AJ03-159.

[10.45] Kimura, N., Igarashi, M., Kamide, H. (2001). Investigation of convective mixing of triple jet—Evaluation of turbulent quantities using particle image velocimetry and direct numerical simulation. Proceedings of the Eighth International Symposium on Flow Modeling and Turbulence Measurements, Tokyo, Japan, pp. 651-658.

[10.46] Nam, H. Y., Kim, J. M. (2004). Thermal striping experimental data. Internal Report, LMR/IOC-ST-002-04-Rev. 0/04. KAERI, Daejeon, South Korea.

[10.47] Ushijima, S., Tanaka, N., Moriya, S. (1990). Turbulence measurements and calculation of non-isothermal coaxial jets. Nucl. Eng. Des., 122, 85-94.

[10.48] Nishimura, M., Tokuhiro, A., Kimura, N., Kamide, H. (2000). Numerical study on mixing of oscillating quasi-planar jets with low Reynolds number turbulent stress and heat flux equation models. Nucl. Eng. Des., 202, 77-95.

[10.49] Menter, F. R. (1994). Two equation eddy-viscosity turbulence models for engineering applications. AIAA J., 32, 1598-1604.

[10.50] Chen, H. C., Patel, V. C. (1988). Near-wall turbulence models for complex flows including

[10.51] Durbin, P. A. (1995). Separated flow computations with the k-ε-υ 2 model. AIAA J., 33, 659-664.

[10.52] Coste, P., Quéméré, P., Roubin, P., Emonot, P., Tanaka, M., Kamide, H. (2008). Large eddy simulation of highly-fluctuational temperature and velocity fields observed in a mixing-T experiment. Nucl. Technol., 164, 76-88.

[10.53] Kimura, N., Kamide, H., Emonot, P., Nagasawa, K. (2007). Study on thermal striping phenomena in triple-parallel jet. Investigation on non-stationary heat transfer characteristics based on numerical simulation. NURETH-12, Pittsburgh, PA.

[10.54] Lorenz, J. J. et al. (1974). Peripheral flow visualization studies with a 91 element bundle. Trans. Am. Nucl. Soc., 17, 416-417.

[10.55] Lorenz, J. J., Ginsberg, T., Morris, R. A. (1973). Experimental mixing studies and velocity measurements with a simulated 91 element LMFBR fuel assembly. Technical Memorandum, Gesellschaft fur Kernforschung MbH, ANL-CT-74-09, 13-38, Karlsruhe, Germany.

[10.56] Basant et al. (2008). Thermal hydraulics within fuel subassembly of an FBR core. Indira Gandhi Centre for Atomic Research, (IGCAR), India. IGCAR-ZNPL Collaborative Project Report.

[10.57] Paliwal, P. U., Parthasarathy, K., Velusamy, T., Sundararajan, P., Chellapandi, P. (2012). Characterization of cellular convection of argon in top shield penetrations of pool type liquid metal fast reactors, Nucl. Eng. Des., 250, 207-218, September 2012.

[10.58] Hemnath, M. G., Meikandamurthy, C., Ramakrishna, V., Rajan, K. K., Vaidyanathan, G. (2007). Cellular convection in vertical annuli of fast breeder reactors. Ann. Nucl. Energy, 34, 679-686.

第 11 章
设计分析与方法

11.1 引　言

一个基本设计的可靠性是通过数值模拟与实验来验证的。快堆的设计需要对反应堆物理、热工水力以及堆芯和装配组件的结构力学进行详细的研究。本章将讨论堆芯的各种概念与计算通量和功率分布的方法，以及各种反应系数。同时对钠冷快堆(SFR)中与堆芯热工水力和堆芯及装配部件结构力学有关的问题进行了数值模拟和实验验证。

11.2 反应堆物理

堆芯由一定比例的燃料、冷却剂、结构材料组成，通过选择这些材料来获得目标线性棒功率、堆芯燃耗、燃料棒直径等。堆芯物理设计始于确定燃料富集度，使反应堆在满功率下保持临界状态，并具有足够的过量反应性以补偿燃耗。计算的主要输出有：① 中子通量分布和整个堆芯功率分布；② 燃料/转换布局可实现的增殖比；③ 堆芯和转换组件的换料方案，用于确保反应堆可利用的最大化，使每个燃料和转换组件(SA)具有尽可能最大的燃耗；④ 多普勒效应；⑤ 缓发中子数。确定燃料管理方案以实现针对燃料棒的目标峰值燃耗设计。物理设计的另一个重要部分是确定吸收棒的数量、布局、富集度，以便在正常操作以及事故工况下进行反应性控制。本节提供了用于完成设计的计算细节。

11.2.1 均匀和异构堆芯

在均匀堆芯概念[11.1]中，燃料组件排列在一起构成反应堆的堆芯，反应堆的堆芯在径向和轴向上都被转换组件包围(图 11-1)。对于给定堆芯尺寸和燃料体积分数的堆芯,这种布局可提供最小的均匀富集度和临界质量。堆芯尺寸和燃料体积分数与反应堆总功率和所选燃料棒直径有关。因此对于给定的反应堆功率和燃料棒直径,均匀堆芯可提供最小的易裂变核素总量。但是在大尺寸均匀堆芯中,钠的空隙系数为正。这是因为钠的空隙会导致中子光谱变硬,从而导致 ^{238}U 中的快裂变增多,并且 η 值(每个被吸收的中子产生的中子数)的升高[11.2,11.3],会增加中子泄漏,以致产生更小的钠空隙系数。但是前两种效应(快裂变增多和 η 值升高)在中子泄漏效应上占主导地位,因此钠空隙系数为正。为了增加泄漏效应以减小正的钠空隙效应,发展了非均匀堆芯的概念。

在非均匀概念中,除了常规的外部转换组件外,堆芯中也引入了转换组件,称为内部转换。这些带有内部转换的堆芯通常称为非均匀反应堆或非对称反应堆。可以看出,各种各样的非均匀堆芯取决于堆芯区域中内部转换的分布。非均匀反应堆的布局增加了增殖比(因此降低了倍增时间),但改善了反应堆的安全特性。中子向转换区域的泄漏增加,使得钠空隙系数减小。内部转换的使用将易裂变材料推到中子密度较低的区域,因此富集度和易裂变核素总量得到增加。较高的富集度导致的中子能谱变硬,由于中子泄漏率增加和快裂变减少(富集度变高),导致在裂变区的钠空隙效应降低。所以中子泄漏份额的增加和光谱组分的减少导致钠空隙反应性的整体降低。从安全的角度来看,正是这一特性使非均匀反应堆特别引人注目。在内部转换层中,缺乏裂变中子,因此中子谱比裂变区软得多。这导致了两个相反的效果:可增殖物质发生裂变的机会(快速裂变效应)减少了,但是俘获中子的概率却增加了。由于后一种效应占主导地位,所以净效应是增加反应堆的增殖比[11.4]。

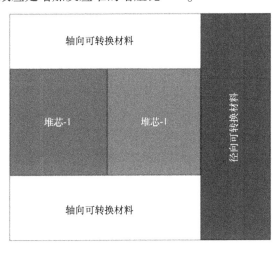

图 11-1　传统的均匀堆芯

转换区通常将堆芯区域彼此分开。非均匀堆芯的基本特征是不同区域之间的中子耦合程度。第 j 区与第 i 区的耦合常数 K_{ij} 是第 j 区中的中子将在第 i 区中产生其下一代中子的期望值。随着 K_{ij} 的增加,堆芯趋向于均质堆芯。对于较小的 K_{ij} 值,燃料区域之间的耦合减小,并且功率分布变得不稳定,因为富集度或吸收棒位置微小的变化会引起一个区域的局部功率产生大的变化。图 11-2 给出了典型均匀堆芯和非均匀堆芯功率分布。这对于控制系统的设计非常重要。松散耦合的堆芯需要对每个燃料区使用单独的控制系统。在大型非耦合堆芯中,随着吸收棒的移动而导致的大的通量倾斜以及复杂的随时间改变的通量形状。因此控制高放射性非均匀堆芯中的通量形状需要更多的堆内仪器。

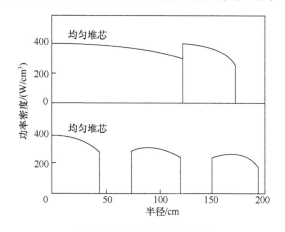

图 11-2 典型堆芯功率分布

非均匀设计的优势在于对于不同的燃料区域仅需要一种富集度,而在均匀设计中就需要不同的富集度区以实现足够的功率平坦化,但是易裂变核素更多地位于非均匀堆芯中。内部转换的存在导致钠流的调节控制更加复杂,以实现出口所需的温度均匀性。此外在非均匀堆芯中,随反应堆的运行,内部屏蔽层中会出现明显的燃料核素积聚,导致从燃料区到转换区的功率振荡比均匀堆芯大得多。所以除非考虑使用可变流量装置,否则在使用寿命初期时就必须考虑对屏蔽组件进行大量的过冷操作。因此对于相同的最大包壳热点温度,非均匀堆芯中混合平均堆芯出口温度低于均匀堆芯的情况,从而影响了热效率。

11.2.1.1 各种异构模型

国际上已经研究了各种非均匀堆芯不同的布置方案,每种布置都有其自身的优点和缺点[11.4]。它们可以大致分为模块型或岛型、环形或径向非对称型、轴向非对称型、阶梯型堆芯、盐状和胡椒状的几何形状以及中子源组件(SA)。在模块型或岛型中,燃料组件分成大堆芯中的较小模块,每个模块被一排或两排转换组件包围(图 11-3)。当只有六个或七个模块时,该布置也称为车轮型。这个概念导致中子大量泄漏到转换安全组件上,因此增殖率高且钠空隙系数低。然而在这种布置中,每个模块及其相关的转换区像一个小的独立反应堆一样工作,必须独立控制。

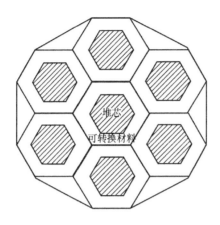

图 11-3　异构堆芯:车轮型

在环形或径向非对称类型中,转换组件以环的形式排列,将成排的易裂变组件分开。堆芯的中心部分包含转换材料的布置称为牛眼型。图 11-4 和图 11-5 显示了两个这样的环形布置。一个或两个环形转换环是足够的,在环形和模块化类型中,随着反应堆的运行,从燃料到堆芯转换区之间可能会有较大的功率波动。结果导致转换组件必须在使用寿命开始时就进行过冷,从而导致热量损失和效率下降。在一项研究中表明热损失为 10~20K。如果可以提供在燃耗期间通过转换组件的流速调节装置,则可以避免该缺点。

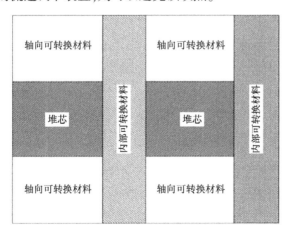

图 11-4　环形的不均匀性

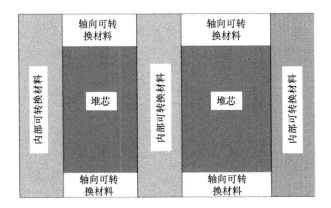

图 11-5　牛眼型的布置

在轴向非对称类型中(图 11-6),在每个组件的中心引入约 30cm 高的高富集度燃料,从而使它们在轴向上非均匀。轴向非对称设计中不存在转换组件过冷的问题,然而研究表明,与径向非对称堆芯相比其增殖比更小,钠空隙反应活性增加更大。在阶梯状堆芯中,中间组件的活性堆芯高度显著小于外围组件的活性堆芯高度(图 11-7)。

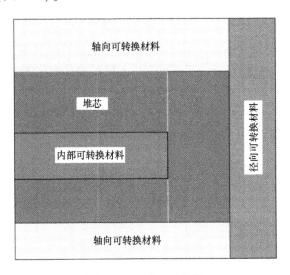

图 11-6　轴向不均匀性

这样的阶梯式堆芯具有均匀的富集度,更好的出口温度均匀性和较低的钠空隙反应性增益,但增殖比较差。盐状和胡椒状的几何形状中,单个屏蔽组件分散在整个堆芯中,因此每个屏蔽组件完全被燃料组件包围。这样的堆芯具有介于非均匀堆芯和均匀堆芯之间的性质。这种布置提供了高增殖比和低钠空隙反应性增益。由于过多的燃料需求,不建议在整个堆芯中使用中子源组件。非均匀堆芯可以具有以下典型特征(特殊设计),这些特征将它们与均匀堆芯区别开:

(1)降低钠空隙反应性($2 VS $7);
(2)较高的增殖比(1.35~1.40,低于1.30);
(3)倍增时间更长(18年 VS 14年);
(4)易裂变库存增加(高出30%以上);
(5)更大的堆芯尺寸(超过100个附加组件);
(6)较低的多普勒系数(例如-0.005 VS -0.009);
(7)更高的富集度;
(8)较低的损伤通量(减少超过20%);
(9)降低控制棒价值;
(10)对于相同数量的流通区域,较高的包壳壁温;
(11)更高的燃料紧密反应性(如 $0.0058\Delta k/k$ VS $0.0042\Delta k/k$);
(12)局部反应性增加会导致局部功率峰值;
(13)倍增时间和钠空隙反应性对燃料棒直径变化的敏感性较低;
(14)功率峰值和钠空隙反应性对富集分裂的小变化更强烈的敏感性;
(15)降低包壳总的非弹性形变(2% VS 3%:任何包壳的一般极限)。

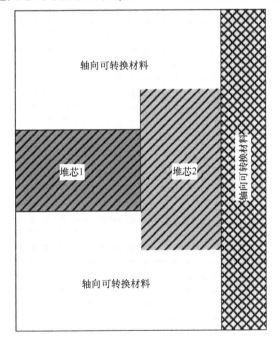

图11-7 阶梯状堆芯布置

非均匀堆芯的分析比均质堆芯的分析更加困难,因为:① 堆芯区的中子解耦;② 需要进行输运计算而不是扩散计算以获得准确的通量和功率分布;③ 内部转换中伽马加热的重要性。对于非均匀堆芯的分析和设计,我们需要修改设计方法和分析工具。但目前为止,还没有发现会影响非均匀堆芯可行性的问题。

11.2.1.2 计算方法

在几何学上,堆芯是由六角形燃料和安全棒组件在轴向非均匀的三角形晶格中排列的[11.5]。为了准确确定几个反应堆物理参数,必须进行三维计算。此外控制棒组件的部分插入使通量和裂变速率分布产生了极大的扭曲。只有通过在水平面中具有三角形或六边形网格的三维模拟才能准确地呈现这种形变。分步计算顺序如图 11-8 所示。第一步,了解燃料、冷却剂、结构材料的体积分数、温度和燃料数据,然后从多组截面库中生成与温度相关的数据(自屏蔽截面)。大多数堆芯物理参数是在不同的能群中进行三维中子扩散或输运理论计算,并通过轴向和径向将堆芯划分燃耗区来计算的。通常均匀化模型用于中子学计算(图 11-9)。由此得出平均燃料密度和燃耗值。根据安全棒组件中的通量形状,可以计算轴向和径向形状因子。换料模拟是通过使用换料程序完成的,该程序会更新换料组件的燃耗数据。

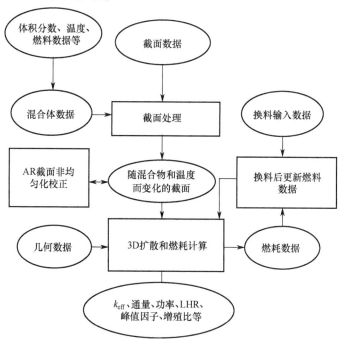

图 11-8　堆芯物理计算流程图

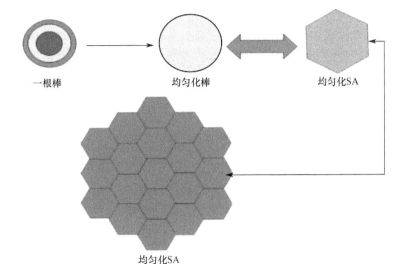

图 11-9　均匀堆芯模型

11.2.1.3　多组扩散方程和解法

稳态多群扩散方程：

$$-\nabla \cdot D_g \nabla \phi_g + \Sigma_{Rg} \phi_g = \sum_{\substack{g'=1 \\ g' \neq g}}^{G} \Sigma_{sg' \to g} \phi_{g'} + \chi_g \sum_{g'=1}^{G} (\upsilon \Sigma_f)_{g'} \phi_{g'} + S_g \sqrt{a^2+b^2} \lim_{x \to \infty}$$

(11-1)

式中

D_g——扩散系数；

Σ_{Rg}——总损失截面，定义为

$$\Sigma_{Rg} = \Sigma_{ag} + \Sigma_{sg}$$

其中，Σ_{ag}——吸收截面；

Σ_{sg}——散射截面；

$\Sigma_{sg' \to g}$——由 g' 到 g 群的散射转移截面；

χ_g——g 群中的裂变中子份额；

$\sum_{g'=1}^{G} (\upsilon \Sigma_f)_{g'}$——所有能群的中子截面；

G——能群总数；

λ——特征值或 k_{eff}；

S_g——外中子源。

如果存在外中子源，则我们求解非齐次方程，而在没外中子源的情况下我们求解齐次方程。通量和中子流在求解域内是连续的，在外部边界面表面指定了适当的边界条件。在扩散方程的有限差分解中,反应堆区域被划分为小的子区域。在每个子区域中,假定材料性质是均匀的。如果在子区域的中心点估计通量值,则称为中心网格有限差分方案。通常像 FARCOB[11.5]这样的代码会在 $X\text{-}Y$ 平面中生成网格结构,每个六边形有六个三角形。假设安全棒组件的六边形截面的平面平行于 X 轴。连接平行于 X 轴和 Y 轴的三角形中心的线形成网格线。因此六边形的六个三角形作为网格线分布在四行三列中。轴向网格分布、径向和轴向区域以及材料分布由用户指定。在特殊情况下,可以考虑在堆芯外围不完整的安全棒组件环。除了全堆芯之外,还考虑了半堆芯旋转和反射对称性。

在中心网格有限差分方案中,每个网格用符号 i 表示,让 j 表示其在 $X\text{-}Y$ 平面上的三个相邻网格,让 k 表示 z 方向上的相邻网格。对于网格 i,中子能群 g 的扩散方程,在差分后变为

$$\sum_{j=1}^{3} \bar{D}_{ij}^{g} \frac{(\phi_i^g - \phi_j^g)}{a} h d_i + \sum_{k=1}^{2} \bar{D}_{ik}^{g} \left(\frac{\phi_i^g - \phi_k^g}{(d_i + d_k)/2} \right) A_i + \left[\sum_{a,i}^{g} + \sum_{s,i}^{g} \right] \phi_i^g V_i$$

$$= \sum_{g^1} \left(\sum_{s,i}^{g' \rightarrow g} + \frac{\chi^g v \Sigma_{f,i}^{g'}}{k_{\text{eff}}} \right) \phi_i^{g'} V_i \quad (11\text{-}2)$$

式中

ϕ——三角形中心的通量;

D——扩散系数;

χ^g——g 群裂变中子份额;

Σ_a——吸收截面;

Σ_s——宏观截面;

k_{eff}——中子增殖系数;

h——三角形的边长;

a——三角形网格中心间的距离,$a = h/\sqrt{3}$;

A_i——三角形网格的面积,$A_i = \sqrt{3} h^2 / 4$;

d_i——Z 方向的网格高度;

V_i——三维网格 i 的体积,$V_i = A_i d_i$;

$\bar{D}_{i,j}^{g} = \dfrac{2}{(1/D_i^g) + (1/D_j^g)}$;

$\bar{D}_{i,k}^{g} = \dfrac{d_i + d_k}{(d_i/D_i^g) + (d_k/D_k^g)}$。

在 $X\text{-}Y$ 平面上,如果在反射边界上,若网格 i 相邻的 j 恰好跨过反射边界,则 $\phi_i - \phi_j$ 项将减小为零。z 方向上的反射边界导致相似的抵消。对于出现在具有

反射边界条件的 X 边界极限上的半三角形,仅考虑出现在问题几何图形内的体积和表面。因此反射边界将自动施加在 X 边界线上。通过引入参数 Γ,将零入射中子流边界条件合并为以下方式。令 ϕ_s 为网格 i 边界面上的通量。参数 Γ 定义为

$$-\frac{D(\phi_s - \phi_i)}{h/2} = \Gamma \phi_s$$

$$\phi_s = \frac{D\phi_i}{D + (h\Gamma/2)} = \frac{\phi_i}{1 + (h\Gamma/2D)}$$

假设中子流 J 从网格表面到网格中心 i 的间隔是恒定的,则可以根据 ϕ_i 计算中子流:

$$J = \frac{D \mathrm{d}\phi}{\mathrm{d}r} = \frac{2D}{h}\left\{\phi_i - \frac{D\phi_i}{D + (h\Gamma/2)}\right\}$$

11.2.1.4 功率分布

通过通量进行计算来获得中子增殖系数(k_{eff}),通常裂变源在每个点上的收敛标准是 0.0001,而增殖系数的收敛标准是 0.000001。获得每个三角形网格的功率分布,并对每个六角形组件求和。计算每种材料中的裂变,中子俘获和功率衰减,从而对功率进行估算。为了进行堆芯功率归一化,将计算每个组件中的精细功率峰值。对相邻三角形网格中的通量进行插值计算以在需要的组件内的任何点获得通量。然后通过该组件中每个燃料棒的空间位置,即可确定峰值功率点及其位置。由于采用了插值方案,所以与仅使用网格平均通量相比,估计峰值点功率的精度更高。确定了不同富集区和径向转换区的峰值额定功率,可以基于允许的峰值额定值或给定的反应堆功率对反应堆功率进行归一化,同时还估计了不同材料区域的反应速率和不同堆芯区域的增殖率。为了进行燃耗计算,还计算了每个燃耗区中每单位长度燃料/转换的平均功率,以及在每个燃耗区中的一组捕获、裂变和(n,2n)截面。

11.2.1.5 燃耗模型

堆芯分为径向和轴向不同的燃耗区。用户可以随意对这些进行选择。对于组件的每个轴向的六边形网格,都要记录可燃组件燃料和转换数密度(组件的六个三角形网格中的燃料数密度相同)。因此在新燃耗步长或换料后,用户可以自由更改径向和轴向燃耗区。在每个换料周期后,当堆芯中组件的数量及其配置发生变化时,此选项非常有用。为了获得组件给定轴向位置的宏观截面,对微观截面与各自的密度数加权,不可燃数密度保持恒定。由于重同位素浓度的变化,微观截面通常不会对自屏蔽效应变化进行校正。燃耗方程是一组耦合的

线性一阶方程,与其他燃料燃耗方程相似,例如 LWR-WIMS[11.5]中的方法也可以求解。

对于第 i 组中子,

$$\frac{\mathrm{d}N_i}{\mathrm{d}t} = \lambda_i N_i - \sigma_i \phi N_i + \sum_k \delta_{i,j(k)} \alpha_{ki} \sigma_{c,k} \phi N_k + \sum_k \delta_{i,l(k)} \beta_{ki} \lambda_k N_k + \sum_k y_{k,i} \sigma_{f,k} \phi N_k + \sigma_{n,2n} \phi N_m \tag{11-3}$$

式中

N_i——质量为 a 并且原子序数为 z 的同位素浓度;

λ_i——第 i 组中子的衰变半衰期;

ϕ——每组中子通量;

σ_i——同位素 i 的一组吸收截面;

$\sigma_{c,k}$——同位素 k 的一组俘获截面;

$\sigma_{f,k}$——同位素 k 的一组裂变截面;

δ——Dirac delta 函数;

N_m——质量 $=A+1$ 并且原子序数为 Z 的同位素浓度;

$j(k)$、$l(k)$——同位素 k 的俘获和衰变产物;

α_{ki},β_{ki}——通过俘获或衰变得到的产物份额;

y_{ki}——k 的裂变产生的产物 i 的裂变产生率。

对于集总裂变产物,只有右侧第五项存在,而锕系元素则不存在。根据选项,使用四阶龙格库塔法和梯形规则来求解燃耗方程。燃耗在恒定功率下进行,因此燃耗的每一步通量水平的计算为

$$\phi = \frac{P_F}{V_F \sum_i \sigma_{f,i} \phi_i N_i E_i} \tag{11-4}$$

式中

P_F——线性热额定值

V_F——单位长度的体积

E_i——每次裂变产生的能量

所以燃耗方程可以写为

$$\frac{\mathrm{d}N}{\mathrm{d}t} = [\boldsymbol{B}]N \tag{11-5}$$

式中:$[\boldsymbol{B}]$ 矩阵由式(11-3)中右侧关于 N_i 的系数 N 组成。

例如,梯形积分给出(忽略 Δt^2 项或更高项)

$$N_i(\Delta t) = N_i(t) + \Delta t \sum_k B_{ik}(t) N(t) \tag{11-6}$$

对于短的半衰期同位素(如 ^{239}Np),在没有详细方案的情况下可以通过 $\mathrm{d}N_i/\mathrm{d}t=0$ 来获得平衡浓度,否则精度要求的时间步长对于 ^{239}Np 而言将太小,通常使用 0.5 天的步长,梯形法则精确到 Δt^2,而四阶龙格库塔方法精确到 Δt^4。对于任何其他同位素,也可以选择时间步长,其变化 ΔN_i 的精确度 $<0.01\%$。

11.2.1.6 增殖比

反应堆的增殖比定义为裂变产生与裂变消耗的比率[11.1],可以表示为

$$\mathrm{BR} = \frac{\mathrm{FP}}{\mathrm{FD}}$$

$$\mathrm{BR} = \frac{(\mathrm{FEOC} + \mathrm{FD} - \mathrm{FBOC})}{\mathrm{FD}} \tag{11-7}$$

式中

FP——一次循环中裂变的产生量;
FD——一次循环中裂变的消耗量;
FEOC——一次循环结束时的易裂变核素质量;
FBOC——循环开始时的易裂变核素。

每次循环中裂变的消耗(FD)可以计算为

$$\mathrm{FD} = E \times \mathrm{FF} \times (1+\alpha)$$

式中

E——每次循环产生的能量(MWd);
FF——指产生 1MWd 能量而裂变的裂变质量(kg);
α——易裂变材料的俘获裂变比。

11.2.1.7 倍增时间计算

反应堆倍增时间(RDT)通常用以下表达式计算:

$$\mathrm{RDT}(y) = \frac{M_0}{M_g} \tag{11-8}$$

式中

M_0——初始裂变库存;
M_g——每年增加的裂变质量。

M_g 的计算需要针对给定的功率水平和周期长度来求解燃耗方程。但是 M_g 的近似值可以为 RDT 提供一个简单的公式,该公式将直接表明影响它的各种参数。用于计算 $\mathrm{RDT}^{[11.1]}$ 的标准表达式为

$$\mathrm{RDT}(y) = \frac{2.7 M_0}{GPf(1+\alpha)} \tag{11-9}$$

其中

M_0——初始裂变库存；

G——增殖增益；

P—MWT 中的反应堆功率；

f——负荷因子；

α——裂变材料的 σ_c/σ_f 之比。

式(11-9)没有描述可增殖核素的裂变。实际上像 ^{238}U、^{240}Pu、^{242}Pu 这样的可增殖核素也通过快裂变促进了能量产生。通过使用 ^{239}Pu 等价的概念，可以将此效果合并到 RDT 计算中。

11.2.1.8 功率和温度系数计算

温度系数是假设整个堆芯的温度变化量相同时反应性随温度的变化。类似地，功率系数是当反应堆功率从一种稳态变为另一种渐近状态时反应性的变化。静态反应系数 ρ 是温度变化引起的许多反应性贡献的结合。影响反应性系数的有多普勒效应、燃料和包壳轴向膨胀、冷却剂膨胀、堆芯径向膨胀或弯曲、控制棒传动线膨胀、容器膨胀和栅格板膨胀。在此根据平均燃料温度的变化及其相应的多普勒常数和燃料损耗价值来计算多普勒和燃料轴向膨胀反馈。随着轴向热膨胀，堆芯的轴向边界运动也有助于轴向膨胀反馈。根据平均包壳温度的变化及其迁移量来计算包壳轴向膨胀。冷却剂膨胀反应性是根据大量的冷却剂膨胀/逸出及其迁移量来计算的。堆芯径向热膨胀是根据间隔垫位置处的冷却剂温度确定的，其反馈是根据燃料和包壳迁移量计算得出的。类似地，堆芯 1 到堆芯 2 的边界运动和堆芯 2 到径向转换区边界的运动也有助于堆芯的径向膨胀反馈。根据入口冷却剂温度的变化确定栅格板和容器的膨胀，并根据相应的燃料和包壳迁移量计算出它们的反馈。根据出口冷却剂温度计算控制棒驱动线膨胀反馈。

$\delta\rho$ 是功率从标称值 P_0 变为 P_1 时反应性的净变化。净变化反应性是不同反应性效果的组合，如下所述：

$$\delta\rho = \delta\rho_D + \delta\rho_{fax} + \delta\rho_{cax\text{-}expn} + \delta\rho_{Na} + \delta\rho_{rad} + \delta\rho_{rd} + \delta\rho_g + \delta\rho_v \quad (11\text{-}10)$$

式中

$\delta\rho_D$——由于多普勒效应引起的反应性变化；

$\delta\rho_{fax}$——由于燃料轴向膨胀引起的反应性变化；

$\delta\rho_{cax\text{-}expn}$——由于包壳轴向膨胀引起的反应性变化；

$\delta\rho_{Na}$——由于大量冷却剂膨胀引起的反应性变化；

$\delta\rho_{rad}$——由于堆芯径向膨胀引起的反应性变化；

$\delta\rho_{rd}$——由于控制棒驱动线膨胀引起的反应性变化；

$\delta\rho_{g}$——由于栅格板膨胀引起的反应性变化；

$\delta\rho_{v}$——由于管束膨胀引起的反应性变化。

11.2.1.9 辐照损害

由于中子的相互作用，结构材料受到辐射损伤。入射中子的相互作用导致能量转移到晶格原子上，从而产生一次反冲或初级原子(PKA)[11.6]，它们穿过晶格部位会根据其能谱产生一系列原子撞击。继续此过程，直到 PKA 作为空隙填补进入晶格为止。最终结果将是在晶格中产生点缺陷(空位和间隙)及其团簇。此过程所需的总时间为 10~11s。通过(n,α)和(n,p)相互作用的中子吸收会在晶体内产生氦原子和氢原子以及其他嬗变产物。在许多情况下，氦气是最重要的。为了了解和量化材料中的辐射损伤，有必要详细了解中子如何与产生 PKA 的材料相互作用，以及随后它们在晶格中的通道及相关影响。用于描述 PKA 与原子的能量转移的简单模型是硬球碰撞，它们还通过与附近原子的电子和库仑场相互作用而失去能量。

表征一种材料已接收到辐照程度的一种有用方法是指定原子从其晶格位置位移的平均次数。每个原子的位移总数计算为[11.7]

$$D = \int_0^T \sum_g \sigma_{dg} \phi_g(t) dt \quad (11\text{-}10a)$$

式中

T——照射时长；

σ_{dg}——中子能级 g 中的位移截面；

ϕ_g——g 组中的中子通量。

用于得出位移截面的各种重要物理模型[11.8]的讨论如下。

1) Kinchin-Pease 模型

Kinchin 和 Pease 用能量 E 的 PKA 生成的位移原子 $\upsilon(E)$ 的数量为

$$\upsilon(E) = \begin{cases} 0; 0 < E < E_d \\ 1; E_d < E < 2E_d \\ \dfrac{E}{2E_d}; 2E_d < E < E_c \\ \dfrac{E_c}{2E_d}; E_c < E < \infty \end{cases} \quad (11\text{-}10b)$$

在高于 E_c 的能量下，能量损失仅是电子激发，而对于低于 E_c 的能量，它们通过硬核弹性散射完全减慢了速度。接收到的能量大于位移阈值 E_d 的原子将被永久位移，而接收到的能量小于 E_d 的原子将最终返回晶格位置。在此模型中，晶格效应被忽略。

2) 半纳尔逊模型

纳尔逊(Nelson)通过引入大量的修正,提出了 Kinchin-Pease 模型的半经验修正,即

$$v(E) = \frac{\alpha\beta(E)W(E)E}{\gamma(E)E_f} \qquad (11\text{-}10\text{c})$$

在此 α 是引入的因子,允许对硬核近似进行真实的原子散射。因子 $\beta(E)$ 用于描述缺陷重组,但通常将其忽略并取为 1。因子 $W(E)$ 是初始 PKA 能量在弹性碰撞中耗散的部分,可使用 Lindhard 等人的功率停止理论来估计,但是电子能量损失仅限于 PKA 本身,该级联被认为是由重点替换序列的形成而终止的。因此聚焦能量 E_f 代替了位移阈值 E_d,因子 $\gamma(E)$(对应于 Kinchin-Pease 模型中的因子 2)在较高能量下会增加。

3) NRT 模型

Norgett、Robinson 和 Torrens(NRT)的二次位移模型通常用于快堆,以估计 PKA 的原子平均离位(dpa)。当材料暴露于高能中子时,其吸收的损失能量或动能被用于估算给定 PKA 产生的位移数(弗伦克尔对[Frenkel pairs])为

$$v(E)_{\text{NRT}} = \frac{0.8T_d}{2E_d} \qquad (11\text{-}10\text{d})$$

式中:T_d 为从 Lindhard 等人的能量分配理论得到的损伤能。

应当指出,需要原子间电势来表征在各种电子和核能损失机制之间反冲 PKA 的能量分配。从二元碰撞模型确定因子为 0.8,以考虑实际散射。对于给定的 PKA,一定范围的弹性和非弹性碰撞可能会导致损失能量。要计算 PKA 反冲谱,重要的是要准确知道损失的能量。

为了计算中子辐照造成的辐射损伤,所需的基本参数是位移截面 σ_d,它取决于入射中子的能量和相互作用截面、PKA 能谱以及产生二次原子撞击的概率。在数学上它可以表示为

$$\sigma_d(E) = \sum_i \sigma_i(E) \int_{T_{\min}}^{T_{\max}} K(E,T)_i v_{\text{NRT}}(T) \mathrm{d}T \qquad (11\text{-}10\text{e})$$

式中

E——入射中子的能量(PKA 的能量);

$\sigma_i(E)$——反应 i 的中子截面;

$K(E,T)$——中子-原子能量转移核心;

$T_{\min}$ 和 $T_{\max}$——反冲原子的最小和最大能量;

$v_{\text{NRT}}(T)$——使用 NRT 模型计算的二次位移函数。

可以使用 NJOY[11.10] 程序系统从 ENDF/B[11.9] 库中计算出 $\sigma_i(E)$。SPECTER 程序[11.11]非常简单而且非常快速,通过使用基于 ENDF/B 库较早版本的内置数据而广泛用于估计横截面的辐射损伤。

11.3 热工水力

SFR 及其堆芯的设计受热负荷的主导。为了从安全性和经济性的角度优化堆芯和冷却剂组件的设计,提出了可靠的设计和安全标准。为了确保这样的标准,经常需要详细的分析。本节介绍了通常执行的简化和详细的分析方法,以确保设计遵守指定的设计和安全标准。

11.3.1 堆芯的热工水力

在任何情况下,燃料中心线温度不应超过其熔点,同时考虑在正常功率水平和流量分布下预测反应堆运行温度的不确定性。同样,包壳热点温度不应超过包壳材料的熔点,而冷却剂的整体温度应低于其沸点。根据操作和瞬态条件,在这些限制上应用适当的安全系数(详细信息在第3章中介绍)。热工设计和分析的主要目的是确保堆芯中各种材料不超过规定的温度极限。随着燃耗增加,热工分析应包括以下方面:

- 随着燃耗增加,燃料熔点和热导率逐渐降低,以及填充气体(燃料与包壳之间)的纯度及其导热率随燃耗变化而变化;
- 由于栅元和组件的配置变化而导致组件中流量的减少;
- 燃料中的任何相变;
- 燃料化学计量的改变;
- 燃料重组(如果有);
- 燃料中裂变产物的化学状态;
- 燃料和包壳之间的差异膨胀和蠕变;
- 流动的冷却剂和包壳表面之间的传热系数。

通过分析或简化的数值模型进行热工设计,以达到初步设计的目的,随后,进行详细分析以确认/验证设计。在高温条件下的寿命初期,分析模型很简单,因为在制造时燃料与包壳之间有间隙。这两个分析步骤的显著特征如下。

11.3.1.1 平均温度的确定:分析方法

为了进行初步分析,提出了一个奇异的三密度区域模型。必须通过在适当的边界条件下求解传热方程来得出从中心线到主冷却剂的温度曲线。随后考虑所有的不确定性,估算包壳的峰值温度(热点温度),这种分析方式称为热点分析。

1)燃料温度曲线

考虑到燃料是一个发热的陶瓷圆柱,我们可以从一维传热方程得出温度分布:

$$\frac{d^2 T}{dr^2} + \frac{1}{r}\frac{dT}{dr} = -\frac{Q}{K}$$

式中:Q 为燃料中的产生的体积热量。

边界条件:

$$\frac{dT}{dr} = 0, r = 0$$

$$T = T_s, r = R_f$$

式中

T_s——燃料表面温度;

R_f——燃料的半径。

对积分常数进行积分和消去

$$\int_{T_s}^{T(r)} K dT = \frac{Q}{4}(R_f^2 - r^2)$$

2)燃料包壳间隙的传热

为了求解间隙的增加与缩小,引入 h_g:

$$\Delta T = (T - T_{co}) = \frac{\chi}{2\pi R_f h_g}$$

$$h_g = \frac{C K_s P_{fc}}{H \sqrt{\delta_{eff}}} + \frac{K_m}{(\delta_f + \delta_c) + (g_f + g_c) + G}$$

$$\delta_{eff} = \frac{\sqrt{\delta_f^2 + \delta_c^2}}{2}$$

式中

C——经验常数(m^{-1});

$K_s = 2K_f K_c / (K_f + K_c)$;

H——软质材料的 Meyer 硬度;

P_{fc}——接触压力。

当间隙增加时,$P_{fc} = 0$,第一阶段消失,而当间隙缩小时,$G = 0$。即使在间隙闭合之后,粗糙度(δ_f, δ_c)和温度跃变差距(g_f, g_c)的影响仍然在等式中表示。

3)包壳的温降

通过包壳的热流可以表示为

$$q = -K_c \frac{dT}{dr}$$

式中
q——热流(W/m^2);
K_c——包壳的热导率 W/mK。
用线性功率对包壳热流表达式进行改写:

$$\chi = -K_c 2\pi r \frac{dT}{dr}$$

其中,K_c在整个包壳厚度中可认为是常数。

$$\Delta T = T_{ci} - T_{co} = \frac{\chi}{2\pi K_c} \ln \frac{R_{co}}{R_{ci}}$$

4)薄膜中的温度下降(包壳到冷却剂)
从包壳 OD 到主冷却剂的热传递表示为

$$q = h(T_{co} - T_b) = \frac{\chi}{2\pi R_{co}}$$

式中
h——传热系数(W/m^2)。
T_{co}——包壳外温度(℃);
T_b——冷却剂总温度(℃);
R_{co}——包壳的外半径(m)。

11.3.1.2 峰值温度的确定:热点分析
热点分析的三种方法是确定性方法、统计方法和半统计方法。
1)确定性方法
这是最古老和最保守的方法,包壳内表面温度为

$$T_c = T_i + \Delta T_1 + \Delta T_2 + \Delta T_3$$

式中
T_i——冷却剂入口温度;
ΔT_1——通道入口点与T_c最大设计值点之间的冷却剂温度;
ΔT_2——膜温降;
ΔT_3——包壳温降。
对于每个设计变量,都存在一些保守的值,如果使用这些值来计算T_c,则设计人员可以完全确定,包壳温度没有其他地方可以超过这个临界温度。

2) 统计方法

这是一种乐观的方法,因为计算中出现的所有变量都不是随机分布的。在此,假定变量遵循标准统计分布定律。

3) 半统计方法

在这种方法中,将引起热点温度的变量分为两个主要的方面,即统计来源和非统计来源的变量。预先不知道非统计来源变量的确切值,并且它们不会随机出现。

尺寸、燃料密度、燃料成分、流量分布、局部通量扰动在本质上被认为是统计的。宏观通量分布、热传递、热功率评估被视为非统计参数。如图 11-10(a)所示,在典型的反应堆运行条件下,燃料棒的标称温度和热点温度为 400W/cm,复合热点温度如图 11-10(b)所示。从这些图中可以清楚地看出热点和标称温度之间的差异。

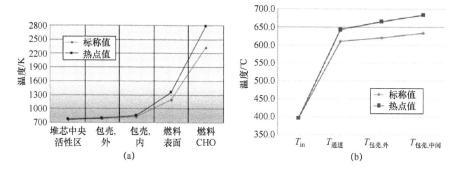

图 11-10 燃料棒和包壳中间壁温:标称值和热点值
(a) 燃料棒温度分布;(b) 包壳温度分布。

11.3.1.3 容许 LHR 的确定

使用常规的一维传热计算确定复合热点温度(TCL)并将其等于其熔点,来确定熔化的标定功率为

$$\text{标称}: T_{CL} = T_{Inlet} + 0.5\Delta T_{Channel} + \Delta T_{Film} + \Delta T_{Clad} + \Delta T_{Gap} + \Delta T_{Fuel}$$

热点因子叠加在各种 ΔT_s 上,并且获得了熔化功率,这是设计安全极限。估计热点 TCL 为

$$\text{热点}: T_{CL} = T_{Inlet} + 0.5\Delta T_{Channel}f_{Channel} + \Delta T_{Film}f_{Film} + \Delta T_{Clad}f_{Clad} + \Delta T_{Gap}f_{Gap} + \Delta T_{Fuel}f_{Fuel}$$

对线热功率(LHR)应用 10% 的功率裕度及其相关的不确定性和 5% 的超调量,就确定了容许的 LHR,如图 11-11 所示。

11.3.1.4 流量和温度分布:子通道分析

通过求解一维的质量、动量、能量平衡方程,可以确定任何截面处的钠、包

壳、燃料的平均温度。由于燃料组件的几何形状非常复杂,绕丝所产生的速度的横向流动分量,所以无法获得精确的解,这会扰乱流体的一维特性。组件中的流动通道也彼此耦合,各通道之间存在着质量、动量、能量交换,因此不可能独立地分析一个通道。同样在最外排的燃料棒和六边形侧壁有旁路流量通过,这些特征导致沿周向和径向有较大的温度变化。组件间的传热效果也显著影响位于堆芯外围组件的温度分布。了解稳态和瞬态温度分布对于组件寿命评估至关重要,用以达到预期燃耗。六角形组件和燃料棒的弯曲性能很大程度上取决于其温度。在与安全有关的瞬态中,局部冷却剂开始沸腾(其结果取决于反应性)取决于局部包壳温度。在线检测组件中的燃料、包壳或冷却剂温度是不切实际的。因此必须通过以适当的实验为基础的多维计算来确定燃料组件中的温度分布。

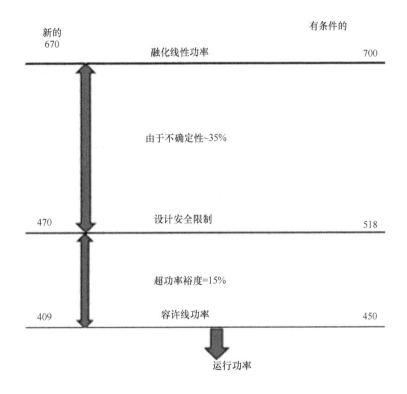

图 11-11　确定峰值线性释热率的基础

有两种确定方法:(1)基于子通道的热工水力分析;(2)基于计算流体动力学(CFD)的热工水力分析。

在子通道分析中,子通道中的温度、压力、速度被平均化,一个具有代表性的热工水力条件规定了子通道的状态。通过对子通道守恒方程进行建模和求解,可以获得堆芯中的流量和温度分布。因此必须尽可能精确地模拟相邻子通道之间的传热,以增强子通道分析模型的预测性能。在 SFR 堆芯设计中采用的一种模型是 ENERGY[11.12]。此模型(图 11-12(a))在任何轴向平面上,组件均分为两个控制体积。未知量是两个轴向速度分量(U_p 和 U_c),一个圆周速度(U_θ),两个温度(T_p 和 T_c)和一个压力。求解子通道质量、动量、能量方程得到 U_c、U_p、T_c、T_p 和压力。

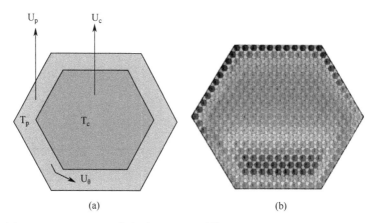

图 11-12　ENERGY 程序中采用的子通道模型与转换组件中的典型温度场

(a)ENERGY 程序中采用的子通道模型;(b)转换组件中的典型温度场。

需要强调的是 T_c 和 T_p 在任何横截面上都有分布,具体取决于径向功率分布。子通道交换动量和能量,但是质量交换的影响是由实验得出的涡流黏度(ε)引起的。U_θ 的值也取自实验,通常 U_θ 和 ε 是雷诺数、螺距与直径之比、钢丝包围的螺旋螺距的函数。但是此类模型不适合研究自然对流、瞬态效应和条件(超出可以得到 U_θ 和 ε 的实验数据)。还有其他几种高级子通道分析程序,例如 SUPERENERGY[11.13] 和 CADET[11.14],它们可以模拟堆芯多个组件和组件之间的传热。转换组件中的典型温度场如图 11-12(b)所示。可以看出由于外围子通道中的旁通流量,钠温度低于内部子通道中的钠温度。尽管中央子通道中的流量相同,但是由于位于堆芯外围的转换组件中的功率分布倾斜,钠温度存在很大的不对称性。

11.3.1.5　流量和温度分布:CFD 分析

在基于计算流体动力学(CFD)的方法中,在组件中求解质量、动量、能量守恒方程的 3D 形式以及合适的湍流模型。在计算网格中求解每个燃料棒和螺旋型绕丝周围的流场和温度场。生成用螺旋金属绕丝包裹燃料棒边界的网格是该方法中具有挑战性的任务之一。实际模拟流量和温度特征所需的网格数量需要大量的计算时间和内存。SFR 堆芯由容纳大量燃料棒的组件组成。燃料棒上配有螺旋缠绕的定位金属绕丝,以促进子通道间冷却剂混合并减少温度不对称性。绕丝还减少了外围的燃料棒和六边形侧壁之间的旁通流量,紧密捆扎成束的燃料棒形成薄的弯曲流动通道。传统的设计方法使用与混合、实际空隙率以及传热等因素有关的经验参数来确认程序。随着低成本计算资源的出现,已经出现了能够进行精细分析的方法。CFD 就是这样一种工具,它能够显示精细的流场/温度场,局部热点和传热特性。在组件中采用基于 CFD 的热工水力设计的主要挑战是在整个燃料棒的长度范围内生成结构化网格,并在大量网格中求解 CFD 方程[11.15]。图 11-13 显示了对 19 棒束进行的 CFD 分析,图 11-14[11.16] 描绘了带有 7 个定位金属绕丝的 217 个燃料棒束。随着钠在组件中向上流动,由于热量增加,其温度逐渐升高。与子通道模型不同,CFD 模型可预测子通道内的详细温度变化(图 11-13)。CFD 模型的主要限制是巨大的计算内存和时间。例如,对于 7 螺距节距长度的 17 根燃料棒束进行热工水力仿真需要在 IGCAR 上使用 84 节点的并行计算系统,并且每次仿真需要约 24h 的运行时间。这些模拟结果表明:

(1)外围子通道中的圆周速度并非如子通道模型中所假设的那样均匀;

(2)充分发展的摩擦系数和努塞尔数表现出明显的空间振动,这些振动与螺旋丝在外围子通道中的位置密切相关。

发现绕丝燃料棒束中的入口区包括两个区域:

(1)局部发展,在轴向长度为水力直径的 20 倍内完成;

(2)由于各子通道间的流量重新分配,全局发展需要更长的长度。

此外发现努塞尔数的周向变化高达 70%,这是子通道模型无法预测的。在基于 CFD 的模型中可以很好地预测热管因子和热点因子。同样,这些模型能够预测当流型从层流变为湍流且流量受浮力影响时,尤其是在自然对流条件下的流量重新分配。

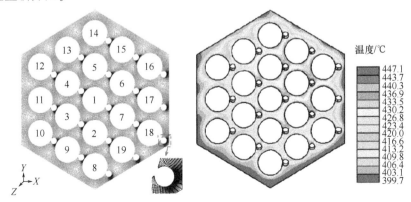

图 11-13 19 根棒的 CFD 网格和通过 CFD 计算预测的钠温度场(见彩色插图)

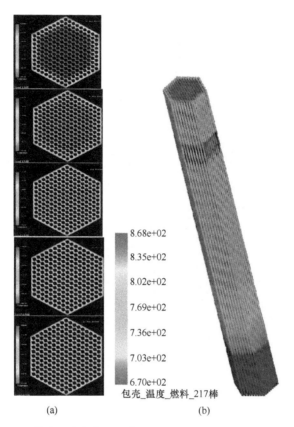

图 11-14 带有 7 个定位金属绕丝的 217 个燃料棒束(见彩色插图)
(a)SA 的不同横截面的钠温度分布;(b)整个棒束内的包层温度。

11.3.2 钠池的热工水力

11.3.2.1 设计标准

1) 冷池中的温度不对称

在与一个二回路相关的电厂瞬变期间,与受影响的环路相关的冷池温度会变得比未受影响环路相关冷池的温度更热或更冷,这导致冷池结构(即主容器和栅格板)的周向温差。需要确定二回路钠泵的流体惯性下降特性和冷池容量,以使周向温差(温度不对称)小于反应堆组件外壳中因局部热弯曲和功能考量而产生的值(通常为 30K)。同样应分配主容器冷却系统中的流量以匹配该温度不对称极限。

2) 自由液位波动

由于与氩气接触的液钠自由表面积较大,热池的自由表面会发生波动。内容器的高度应高于平均热池中钠的高度,以避免热池中钠溢流至冷池,要想使内容器的高度最低,自由表面的波动幅度必须最小。当液位波动时,结构一部分浸入热池中,一部分暴露于覆盖气体中时,会看到温度交替变化。从高周疲劳的角度考虑,自由表面的波动幅度必须小于一个指定值,以限制高周疲劳损伤(通常为50mm)。

3)钠池中的自由表面速度

为了避免钠池中出现分层风险,钠池底部的速度必须很高。同时必须将自由表面的速度限制在一定值(通常为0.5m/s),以避免夹带气体。气体的夹带必须限制在不引起堆芯中任何反应性变化的程度。氩气连续不断地流经堆芯的问题并不严重,但是应避免微小气泡在栅格板上的分离,从而聚集成更大的气泡并避免其突然进入堆芯。

4)高循环温度波动

热池中的分层程度是浮力与惯性力之比的函数,惯性力越强,轴向温度梯度越低,但分层界面通常会振荡。根据详细的结构力学计算,已经确定轴向温度梯度必须限制在小于300K/m。从热震荡的角度考虑,结构上峰值到峰值的温度波动必须限制在第11.4.2节中指定的热震荡极限范围之内。

5)顶部屏蔽的热损失

顶部屏蔽的热损失必须最小,以最大程度地减少顶部屏蔽冷却回路上的热负荷。通过提供隔热罩,直接辐射热负荷和氩气对流热负荷降低了约50%,但这反过来又增加了氩气覆盖气体的整体温度,整体温度的升高将增强多孔对流和相关的温度不对称性,而且大量覆盖气体的温度还将影响结构中的轴向温度梯度。顶部屏蔽狭窄缝隙中的氩气对流必须进行处理,使其温度不对称度小于指定值,以限制悬挂组件从顶部屏蔽产生的倾斜。顶部屏蔽的环形间隙尺寸和冷却条件应进行优化以服从此限制。

11.3.2.2 分析

1)热分层:设计和分析指南

为了避免反应堆在稳态进行条件下的热分层效应,通常采用的设计解决方案是提供一些能够破坏分层界面的装置。这些设备在到达热池中的中间热交换器(IHX)进口之前,可在各种温度流之间提供良好的混合。详细的多维计算流体动力学(CFD)研究有助于确定此类设备的设计配置。印度原型快中子增殖试验堆(PFBR)的设计中采用的一种装置是位于控制塞下方的多孔圆柱挡板[11.17],该挡板的作用是增加进入热池中钠的速度,从而促进良好的混合并避免分层。在参考设计中,来自燃料组件的热钠直接流到IHX进口,在热池底部形成低速分层,如图11-15(a)所示。在控制塞下方引入多孔挡板后,热池底部区域的钠速增加,从而避免了分层(图11-15(b))。但是设置该挡板会增加控制塞底部下方的压力,这种增加的压力增加了通过吸收棒机构中的环形通道进入控制塞的流量。在反应堆安全控制棒加速运动(SCRAM)期间,控制塞中的大流量是由控制塞部件在反应堆扰流过程中产生的瞬态温度(冷冲击)引起的。理想情况下,进入控制塞的流量必须与其在热池中的流量成比例。这可以通过选择在护罩管与相应的吸收棒驱动机构之间的环形间隙和护罩管中的穿孔的适当组合来实现,但是必须注意确保有足够的间隙以利于吸收棒的平稳下落。

设置的挡板还有其他不利影响。挡板增加了钠流进入热池的径向速度,这将导致钠自由表面上钠速度的增加,若导致气体夹带这将是不利的。挡板使从各种组件流出的钠流沿径向转移,这导致从位于堆芯外围组件中流出的钠流被位于中心区域的钠流掩盖。因此应该非常仔细地确定热电偶在堆芯温度监测仪器中的位置,以满足组件堵漏检测要求[11.18]。由挡板引起的另一种影响是钠在进入中间热交换器时的速度分布不均匀,这对于IHX管的流动引起的振动是至关重要的。在为圆柱挡板选择合适的设计构型时,必须进行详细的实验和理论研究,因此必须考虑这些因素来优化挡板的孔隙率。挡板的典型孔隙率值为10%。在反应堆的所有运行功率水平下,挡板可能无法有效地避免在池中的分层。如果假设低功率运行是通过按比例减少流量(Q)来保持堆芯的温度升高(ΔT)来实现的,则理查森数(Ri)($\Delta T/Q2$)会增加,这会促进分层。为了避免这种情况,可以采用一种策略,其中堆芯流量只能降低到一定水平,以使Ri数或多或少没有变化,也就是说对于所有功率水平,($\Delta T/Q2$)的值几乎保持不变。

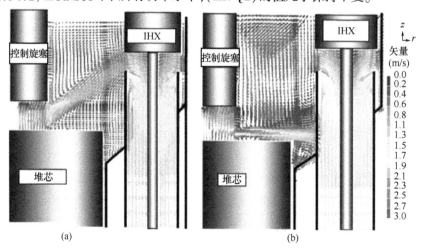

图11-15 热池中的分层流动与分层消失
(a)热池中的分层流动;(b)分层消失。

2) 热分层：数值模拟

水模型测试不能充分代表热效应,大型钠实验设施的建造和运行也非常昂贵且耗时。因此,CFD 分析发展成为预测反应堆结构中温度分布的必不可少的方法。在 CFD 计算中,湍流模型是一个关键问题,尤其是对于分层流动条件。大多数湍流模型主要针对强迫对流流动而开发。确定适合分层流动的湍流模型(浮力为主),用于计算的几何状态以及建立最佳网格(用于计算时间、内存和所需的精度)是 SFR 应用 CFD 分析中的挑战。关于热分层的基础研究显示了使用基于标准 k-ε 湍流模型[11.19,11.20],该计算方法能够正确估计时间平均垂直温度梯度和界面位置。此外,采用三维 LES 建模计算[11.19],以提供湍流波动和整体不稳定性的模拟。亚伯拉罕(Abraham)等人的最新研究[11.21]表明标准的高雷诺数 k-ε 湍流模型能够准确预测 MONJU 反应堆热池中的热分层界面。研究表明,需要对垂直壳结构中的贯穿孔进行详细的建模,以准确预测分层移动。在该领域,需要做更多的工作来评估时间平均梯度特征在何种程度上代表瞬态条件,并更准确地验证温度波动的频率和幅度的预测。

3) 热分层：实验模拟

实验研究在验证计算建模方法中起着至关重要的作用,并且还研究了有关现象中涉及的瞬态和多维效应的某些特定问题。在热池中热分层的实验模拟中,模型和原型之间应考虑某些无量纲数。Ri 数表示流动中涉及的浮力和惯性力之间的比率,而雷诺数用于模拟流量波动是重要的无量纲数字。此外应保持对流传热与导热的比,其 Pe 数(Peclet,佩克莱数)应近似相等。

在瞬态条件下,存在一个临界理查森数 Ri_c,与标称条件下相比,超出该值时,热室中的流动模式会发生变化[11.22,11.23],如图 11-16 所示。图 11-16(a)显示了当 $Ri < Ri_c$ (Ri_c 通常约为 2.6)时的流量分配,其中惯性效应比浮力效应大。因此从堆芯出来的钠能够向上移动,从而在热池的上部以及堆芯与内容器之间的空腔中产生强烈的再循环,进而促进良好的混合而不会发生分层。图 11-16(b)描绘了 $Ri > Ri_c$ 时的流动模式,即与惯性作用相比,浮力作用占主导地位,在惯性作用中,来自外围组件的冷钠与燃料组件的热钠分离并占据空腔,这导致混合不充分,导致热分层。

热池的瞬态热工水力行为也可以通过 Ri 来表征。与稳态条件相同,必须通过施加低雷诺形变来确保模型中的完全湍流流动。在 SPX1 几何中进行了模型测试和反应堆测量之间的比较研究[11.23,11.24],以模拟反应堆破裂后热池中各个位置的瞬态温度变化。在此瞬态变化期间,与远离堆芯的位置(位置 1)相比,堆芯顶部附近的热池温度迅速降低(图 11-17 中的位置 4)。这在满足理查森数相似性的模型研究中已正确模拟。

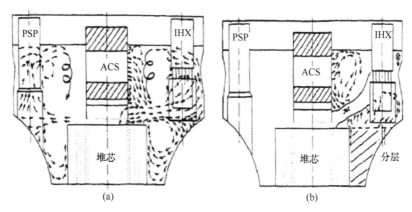

图 11-16 热池中分层机理(PSP,主钠泵；ACS,上部堆芯结构)
(a)惯性驱动；(b)浮力驱动。

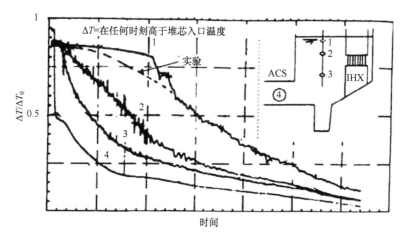

图 11-17 SPX1 在 23% 功率下 SCRAM 后的热静压箱分层

4)热震荡:设计和分析指南

由于难以对快堆系统中的热震荡现象进行完整的理论推导或实验模拟,因此,设计中遵循的常用方法是简化的全局分析和详细的局部分析方法的结合。在使用全堆热工流体模型确定可能发生热震荡区域的第一步之后,通常通过使用钠作为工质的模型测试来估算波动特征。根据对主要钠回路进行的全堆 3D 热工水力研究,在池式 SFR 中确定出易于热震荡的局部区域为:① 栅格板周围的燃料-增殖界面;② 堆芯盖板附近的燃料-增殖界面;③ 吸收棒驱动机构底部燃料和控制组件钠流相互作用的位置;④ 靠近中间热交换器(IHX)出口的主容器[11.17]。这些局部区域必须进一步考虑,以进行流量和温度振荡的详细预测。根据射流的速度和温度值,可以预测混合层区域(界面)在不同位置的振荡。为了保守起见,可以忽略回路中其他流动源对区域内整体流场的影响。此外对于波动温度场的数值预测,可以通过将每种情况下的局部几何近似于等效的2D区域来设计一种简化的方法,并且可以直接进行数值模拟(DNS)计算[11.17]。图11-18总结了原型快中子增殖试验堆(PFBR)预测的关键位置处的时间振荡和钠温度峰值之间的波动(ΔT)。相比2D预测,三维模拟肯定会导致更准确的结果。在这种情况下,二维仿真是一种易于处理容易发生热震荡的大型几何区域热池的方案。

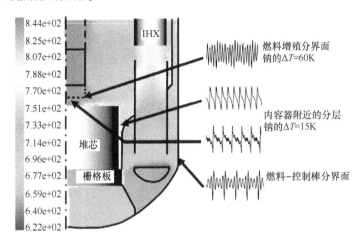

图11-18 预测PFBR一回路的温度波动

5)热震荡:数值模拟

热震荡现象的热工水力学受许多物理现象所控制,每个现象都有其自身的难点和局限性。湍流混合的实验量化和建模(时空多尺度现象)存在困难,钠的振荡温度场是由射流的不稳定性和湍流引起的,涡流的大小分布及其寿命取决于射流的速度和水力直径。因此,需要在具有精确流速模拟的等比例模型上进行实验模拟。同时在这种现象的理论建模上,先进的湍流模型:LES、超大型涡流模拟(VLES)和分离涡流模拟(DES)已经取得了进展,但是这些模型仍处于开发和验证阶段。由于测量困难以及数值验证和实验结果的不确定性,这些模型的鉴定非常困难。热震荡数值模拟的成功与否取决于对振荡流和温度场湍流尺度的建模精度。这些方法需要精细的几何形状以捕获漩涡的形成和运动,这些计算需要大量的计算资源。对SFR的整个热室执行此类计算非常困难,在这种情况下,局部分析方法是更好的选择。但是目前存在一种求解大型数值模型的趋势,当前计算机几乎无法处理大型数值模型来模拟整个波动范围。在传热方面,在测量和建模流体与壁之间热交换方面仍然存在困难。另外,由于缺乏对边界层现象的理解,存在一些理论上的问题。计算研究[11.25,11.26]表明,使用高阶数值方案和 LES 湍流模型进行的模拟为预测 SFR 系统的温度波动提供了希望。Menant 和 Villand[11.26]已使用采用 LES 模型的计算机程序 TRIO-VF 预测了带有 T 型结构的方形截面管道中的温度波动。研究表明,结构中温度波动的幅度约为流体中温度波动幅度的 50%。

6)热震荡:实验模拟

鉴于对震荡现象完整建模的困难,通常采用的方法是将数值模拟与实验模拟相结合。热工水力学研究涵盖了对该现象的基本理解[11.27],建立了实验模拟原理,基于在水和空气中进行的测试的评估[11.28]以及在金属壁上热震荡的衰减特性[11.29]。通常进行实验研究以验证数值模型。国际上对热震荡的理解非常热门,法国报告了许多与 PHENIX 和 SPX-1[11.30]反应堆中有关热震荡的重要观察结果,并在空气和钠中进行了实验(图 11-19),以了解池中非等温轴对称射流的混合过程中的热震荡。可见温度波动的幅度相对于轴向距离表现出非单调的变化。显然,远离射流大约五倍水力直径的位置的结构将遭受最大的热震荡破坏,并发现该位置与流体无关。

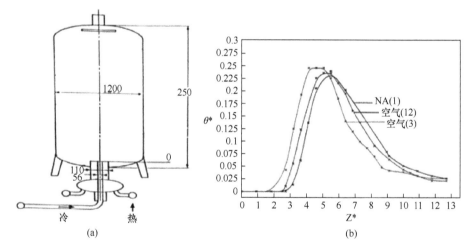

图 11-19 钠和空气对同轴非等温射流混合的实验
(a)实验装置;(b)沿轴温度波动的变化。

在英国 Betts 等人[11.31]进行了详尽的实验研究,以了解在热震荡研究中是否可以使用空气或水来模拟钠。他们发现,如果雷诺数约为 10^6,可以使用空气来预测流体中的温度波动,但是通过空气/水测试无法准确预测边界层衰减以及由此产生结构中的温度波动,这是因为钠和空气的传热系数差异很大。为了克服这个困难,Wakamatsu 和 Hashiguchi[11.29]提出了一个等效边界层模型,用于确定边界层的衰减和结构中产生的温度波动(图11-20)。在该模型中,假定有效的静止钠层被假定为屏蔽结构。确定该屏蔽层的厚度,使得该屏蔽层的导电电阻等于流动钠的对流电阻。在英迪拉甘地原子能研究中心(IGCAR)开发的专用测试装置(图11-21)中,已经在水测试中模拟了热震荡现象。该设置可模拟堆芯盖板附近,位于堆芯上方控制塞下方的热工水力情况。热水和冷水的温度和流速在很大范围内变化。设置中最大 ΔT 为 90K。

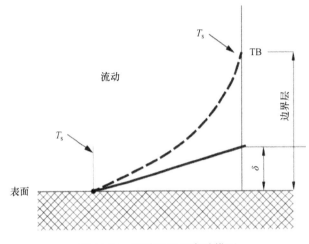

图 11-20 预估边界层衰减模型

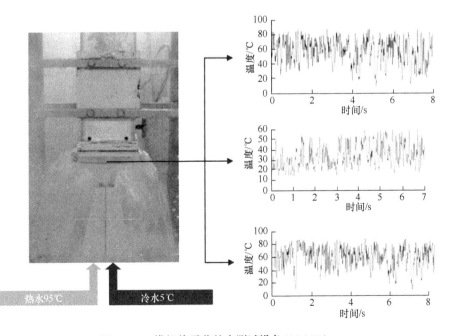

图 11-21 模拟热震荡的水测试设备(IGCAR)

7) 自由表面波动:设计和分析准则

自由水位波动是热池中垂直速度分量的重要函数,它与氩气夹带到池中的现象有很大关系。为了最大程度地减少热池中自由表面气体的夹带,Banerjee 等人发现连接到内部容器的水平挡板装置非常有效[11.33]。通过详细的水模型测试,发现提供水平挡板可以非常有效地减小自由液位波动。

8) 自由液位波动:数值模拟

通过计算流体动力学(CFD)研究预测液位波动需要进行三维瞬态研究,并结合复杂的建模功能来预测自由表面轮廓,实验模拟是了解此现象的首选方法。为了用移动的气液界面对这些类型的流动进行数值预测,已经开发了诸如极值函数法和流体体积(VOF)法等数值方法[11.34],并将其纳入商业 CFD 计算机程序中。为了捕获频率小于 1Hz 的自由水平波动,还必须以较小的时间步长进行仿真。计算域是一个大池,计算单元的数量将很大,求解这种性质的三维瞬态问题是计算上的挑战。

9) 自由液位波动:实验模拟

自由液位的波动取决于惯性力、重力、摩擦力之间的平衡。控制惯性力对重力合适的无量纲数是弗劳德数(Fr),而控制惯性力对摩擦力的无量纲数是雷诺数(Re)。这些无量纲数可以通过水模型来得到。由于不涉及热传递,因此水的导热性差不受限制。一旦流动处于湍流状态,Re 的影响将是次要的,因此可以允许 Re 失真。所以可以在几何上类似的按比例缩小模型进行水实验,同时保证 Fr 数的相似性,并对反应堆自由液面波动进行测量推断。

在 1/4 反应堆模型上的实验研究[11.35]显示,整个热池中自由液位波动并不均匀,并且波纹高度和波动频率取决于池中的位置。对于设定的流量条件,推算至原型条件的控制塞附近的最大振幅约为 82mm。反应堆的主要波动频率为 0.25~1.6Hz。利用这些数据,通过求解瞬态传热方程,可以确定部分淹没结构中的瞬态温度波动。应该强调的是,水实验不能预测结构温度的波动。

池中的自由液位波动应进行量化,以避免气体夹带浸入热池中的热交换器。除此之外,自由液位波动会导致特殊类型的结构损坏,这种现象在液位波动附近的薄壳上称为热棘轮效应。由于采用堰流系统,确保了无论钠流量如何,在主容器附近都能保持恒定的自由钠水平,因此在主容器中不会出现液位波动的可能(图 11-22)。

10) 多孔对流:设计和分析指南

在快中子增殖试验反应堆(FBTR)中,在反应堆容器与大的旋转式防护塞之间形成的多孔对流导致膨胀不均匀,从而导致反应堆容器倾斜。为了克服该问题,从穿透的顶部注入相对较轻的氦气以抑制多孔对流。

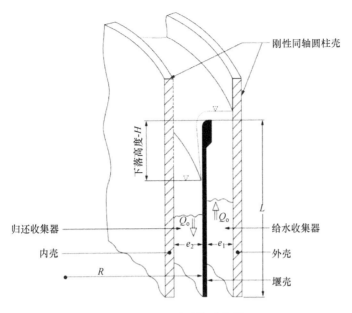

图 11-22 堰流系统示意图

由多孔对流引起的组件倾斜必须通过设计中的适当措施加以管理。控制塞的倾斜会导致堆芯温度监控仪器的热电偶相对于组件中心偏移。在确定热电偶相对于组件的正常位置时需要考虑这一点。在球形阀座支撑的设计中,需要考虑由于多孔对流引起的泵组件的倾斜。在无法控制多孔对流影响的地方,必须制定适当的设计规定,以通过使用对流屏障来阻止对流。因此,多孔对流是在设计中要考虑以满足各种系统功能要求和各种组件机械设计的重要方面。结果表明,通过顶部板壳进行强力冷却,可有效控制多孔对流的影响[11.36]。

11) 多孔对流:数值模拟

由于多孔对流是一种与几何有关且与边界条件有关的现象,涉及钠蒸气的蒸发和冷凝中的辐射热传递以及载有钠雾的氩气覆盖气体的自然对流,因此实验研究必须在全比例模型上进行[11.37]。设计中采用的方法是实验和理论分析的结合。实验研究用于理论模型的验证,并使用经过验证的理论模型进行设计预测[11.38]。必须通过考虑氩气的自然对流,多个壳中的热传导,壳之间的辐射热交换以及强制对流冷却边界条件的共轭热工水力模型来预测贯穿物中的多孔对流以及由此产生的壳中不对称温度分布。在这些预测中必须采用合适的湍流模型(取决于 Rayleigh 数),并建议采用特殊的方法来模拟自然对流[11.39]。图 11-23[11.17]显示了环面中预测典型贯穿部件的多孔对流速度模式和相应的温度模式。可以看出,热氩气从底部两个位置进入环面,加热壳体,冷却,最后在两个位置离开环面(图11-23(a))。因此,氩气的最大周向温差为270°C(图11-23(b)),而顶部板壳的最大周向温差为45°C(图11-23(c))。

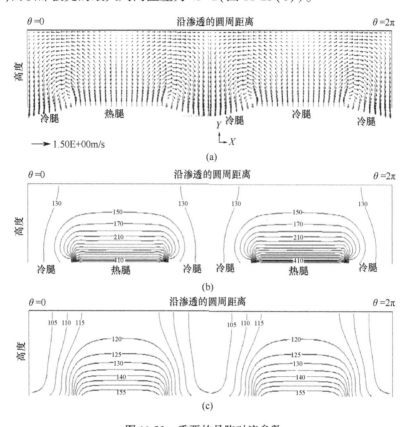

图 11-23 重要的晶胞对流参数

(a)在发展圆环域内的速度场;(b)氩气中的温度分布/°C;(c)堆顶板壳中的温度分布/°C。

12) 多孔对流:实验模拟

Hemnath 等人在 COBA 实验测试设备中研究了氩气的多孔对流[11.40]。COBA 测试容器分为下部容器和上部容器,下部容器中包含液态钠,上部容器中形成 20mm 间隙宽度的环形空间,如图 10-96 所示,上部容器高度为 1000mm,它可以模拟泵的贯穿。COBA 测试容器已经在各种轴向温度梯度下进行了实验,并确定了自然对流的发生条件。

11.4 SFR 相关特殊问题的结构力学分析

在第 9 章中讨论了 SFR 中一些特殊的情况,这些情况会导致钠温度波动以及对相邻结构壁面的相关影响,例如钠自由水平振荡、热分层、热震荡。除此之外,还有一些特定于薄壁壳结构的失效模式。其中,由于与结构和流体有关的某些振动模式的耦合而引起的流体弹性失稳以及承受地震载荷薄壳的屈曲需要进行特殊的分析处理。在本章中采用以下分析方法来推导:

(1)许用温度波动(通过案例研究对典型SFR的热震荡极限进行量化,对于任何温度波动源(例如热分层和自由水平振荡)都可以采用类似的方法);

(2)薄壳的流体弹性失稳状态(在案例研究中采用了在主容器冷却系统中内置的热挡板);

(3)承受地震载荷的薄壳屈曲(主容器、内部容器、并采用热挡板进行案例研究)。

11.4.1 获得允许温度波动的通用方法

SFR反应堆组件结构通常是带有多个纵向和周向焊缝的圆柱形壳体,这些几何形状可以理想化为平板,这种假设对于以大直径与厚度比(D/h)为特征值的薄圆柱壳体是有效的。然而对于较小的D/h比,板块假设可得出保守的结果[11.41]。施加温度波动的直接影响是在整个结构壁厚度上产生热应力波动,从长远看,这种波动会导致结构损坏,即高周疲劳损伤。为了确定损伤,应用基本的断裂力学概念是有效的方法之一。这样一来,该板就有一个初始贯通裂纹部分,通常为0.1mm,这无法通过现有的无损评估(NDE)技术检测到,并且裂纹由于循环热应力而进一步扩展。在设计阶段,最大许用裂缝尺寸为0.5mm。据推测,损伤(D)是由于蠕变(在保持时间内)、低疲劳周期(涉及高应变范围的周期)以及高疲劳周期(涉及低应变范围的周期)而累积的。因此取决于D的值,钢板的裂纹尺寸可以在0.1~0.5mm范围内:$D=0$时为0.1,$D=1$时为0.5mm。在这种情况下,采用RCC-MR:附录A16[11.42]中推荐的计算具有裂纹状缺陷的结构累积蠕变疲劳损伤的程序[11.43]。

11.4.1.1 推导允许的温度波动范围的主要步骤

理想化板状几何的厚度为h,部分贯穿裂缝的尺寸为a。平板受到随机表面温度历史的影响。由于正常和设计基准载荷循环,该板积累了一定的疲劳和蠕变损伤值(分别为V和W)。通过这些理想条件,可以分析计算温度、应力和应力强度分布。随后根据V和W的组合效应(D_{eff})计算允许的温度范围(ΔT_p)。遵循以下步骤来得出这种关系:

- 使用指定结构材料的蠕变-疲劳损伤相互作用图计算D_{eff}(图11-24奥氏体不锈钢通常用于反应堆组件);
- 如图11-24所示,计算出与D_{eff}相对应的等效裂纹长度;

- 在规定的随机温度历史(以功率谱密度[PSD]表示)的条件下,用频率响应函数法[11.44]确定了板结构壁上的温度分布;
- 对应于施加的温度波动(ΔT_s)的热应力范围($\Delta \sigma_f$)以及随后的应力强度因子范围(ΔK_f)将根据频率进行计算。
- 使用理想化的 PSD 计算 ΔK_{rms} 和随后的 ΔK_{max}。
- 已知给定材料在指定温度($\Delta K_{threshold}$)下的 $\Delta K_{allowable}$(ΔK 阈值),ΔT_p 计算为 $\Delta T_p = \Delta K_{allowable} / \Delta K_{max}$。

ΔT_s、$\Delta \sigma_f$ 和 ΔK_{max} 表达式的推导在下文介绍。

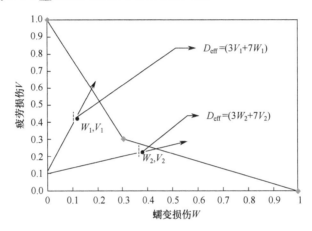

图 11-24　SS 316 LN 的蠕变-疲劳相互作用图

11.4.1.2　瞬态温度分布

根据以下公式,假定流体(ΔT_f)以及表面(ΔT_s)的温度波动同相:

$$\Delta T_f = \Delta T_{fm} e^{i\omega t} \tag{11-11}$$

$$\Delta T_s = \Delta T_{sm} e^{i\omega t} \tag{11-12}$$

式中

ΔT_{fm} 和 ΔT_{sm}——流体和金属表面的最大温差(范围);

ω——振荡频率,单位为弧度/s,$\omega = 2\pi f$,f 为频率,单位为 Hz。

板的背面是绝热的,整个板厚 δ 的温度分布表示为

$$\Delta T(x,t) = \Delta T_f A(\omega, x) \tag{11-13}$$

温度响应函数为

$$A(\omega, x) = (P(\omega, x) + i \cdot Q(\omega, x))/(R + iS)$$

得到函数 p 和 q,使式(11-13)满足式(11-14)和式(11-15)定义的绝热边界条件

$$\frac{\partial^2 T}{\partial x^2} = \frac{1}{k}\frac{\partial T}{\partial t} \tag{11-14}$$

式中：k 为结构材料的热扩散率。

绝热壁面条件为

$$\frac{\partial T}{\partial x} = 0, x = \delta \tag{11-15}$$

P 和 Q 的以下解析表达式满足式(11-14)和式(11-15)，即

$$\begin{cases} P(\omega,x) = \cos\lambda(\delta-x)\cosh\lambda(\delta-x) \\ Q(\omega,x) = \sin\lambda(\delta-x)\sinh\lambda(\delta-x) \end{cases} \tag{11-16}$$

$$\lambda = \sqrt{\frac{\omega}{2k}}$$

想要求得 R 和 S 的解析表达式，首先要在流体温度变化的表面上满足以下对流传热边界条件式(11-17)，h 是金属表面上流体的传热系数。

$$-K\frac{\partial T}{\partial x} = h(\Delta T_f - \Delta T_s) \tag{11-17}$$

$$-K\Delta T_{fm}e^{i\omega t}\frac{\frac{dP}{dx}(0) + i\frac{dQ}{dx}(0)}{(R+iS)} = he^{i\omega t}\left[\Delta T_{fm} - \Delta T_{fm}\frac{P(0)+iQ(0)}{(R+iS)}\right] \tag{11-18}$$

式(11-18)简化为

$$-\frac{K}{h}\frac{\frac{dP}{dx}(0) + i\frac{dQ}{dx}(0)}{(R+iS)} = 1 - \frac{P(0)+iQ(0)}{R+iS} \tag{11-19}$$

$$\left[P(0) - \frac{K}{h}\frac{dP}{dx}(0)\right] + i\left[Q(0) - \frac{K}{h}\frac{dQ}{dx}(0)\right] = R + iS \tag{11-20}$$

从式(11-20)可以得到 R 和 S 的以下表达式：

$$\begin{cases} R = P(0) - \frac{K}{h}\frac{dP}{dx}(0) \\ S = Q(0) - \frac{K}{h}\frac{dP}{dx}(0) \end{cases} \tag{11-21}$$

根据式(11-16)，有

$$\begin{cases} P(0) = \cos\lambda\delta \cdot \cosh\lambda\delta \\ Q(0) = \sin\lambda\delta \cdot \sinh\lambda\delta \end{cases} \tag{11-22}$$

对式(11-20)微分,并令 $x=0$,有

$$\begin{cases} \dfrac{dP}{dx}(0) = -\lambda[\cos\lambda\delta \cdot \sinh\lambda\delta - \sin\lambda\delta \cdot \cosh\lambda\delta] \\ \dfrac{dQ}{dx}(0) = -\lambda[\sin\lambda\delta \cdot \cosh\lambda\delta - \cos\lambda\delta \cdot \sinh\lambda\delta] \end{cases} \quad (11\text{-}23)$$

将式(11-22)和式(11-23)代入式(11-21),得

$$\begin{cases} R = \cos\lambda\delta \cdot \cosh\lambda\delta + \dfrac{K}{h}\lambda[\cos\lambda\delta \cdot \sinh\lambda\delta - \sin\lambda\delta \cdot \cosh\lambda\delta] \\ S = \sin\lambda\delta \cdot \sinh\lambda\delta + \dfrac{K}{h}\lambda[\sin\lambda\delta \cdot \cosh\lambda\delta - \cos\lambda\delta \cdot \sinh\lambda\delta] \end{cases} \quad (11\text{-}24)$$

如果

$$h \to \infty, R = \cos\lambda\delta \cdot \cosh\delta \quad \text{并且} \quad S = \sin\lambda\delta \cdot \sinh\lambda\delta \quad (11\text{-}25)$$

如式(11-25)所示,对于 $h \to \infty$ 条件下,R 和 S 的表达式与 Jones 等人给出的解匹配[11.44]。

金属表面的峰值温度衰减由下式给出:

$$\frac{\Delta T_{sm}}{\Delta T_{fm}} = \alpha = \sqrt{\frac{(P^2 + Q^2)}{(R^2 + S^2)}} \quad (11\text{-}26)$$

对于一种典型的实际情况:板厚 $\delta = 30 \times 10^{-3}$ m,钠的传热系数(h) = 40000 W/(m²K),奥氏体不锈钢的热扩散率 $K = 4.76 \times 10^{-6}$ m²/s(在820K时),在图11-25中,使用式(11-26)将衰减因子 α 绘制为以 Hz 为单位的频率函数关系。

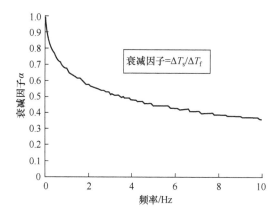

图 11-25 金属壁面温度衰减

11.4.1.3 瞬态热应力分布

保守地假设板是完全受约束的,在距表面任何距离 x 处引起的轴向应力范

围表示为

$$\Delta\sigma(x,t) = \left[\frac{E\alpha\Delta T_{\mathrm{f}}}{(1-v)}\right] \cdot A(\omega,x) \tag{11-27}$$

式中：E、α 和 v 分别为结构材料的杨氏模量、热膨胀系数和泊松比。

在下面的公式中，从正面测得的任何位置处的峰值到峰值应力变化均表示为 ω 的函数：

$$\Delta\sigma(x,\omega) = \left[\frac{E\alpha\Delta T_{\mathrm{f}}}{(1-v)}\right]\frac{\sqrt{(P^2+Q^2)}}{\sqrt{(R^2+S^2)}} \tag{11-28}$$

根据式(11-28)，每单位 ΔT_{f} 的应力范围表示为

$$\Delta\sigma(x,\omega) = \left[\frac{E\alpha}{(1-v)}\right]\frac{\sqrt{(P^2+Q^2)}}{\sqrt{(R^2+S^2)}} \tag{11-29}$$

在板厚 $\delta = 30 \times 10^{-3}\mathrm{m}$ 上 P，使用式(11-29)在图11-26中绘制了应力衰减与波动频率的关系图。使用的其他参数是传热系数 $h \rightarrow \infty \mathrm{W/(m^2K)}$，热扩散率 $K = 4.76 \times 10^{-6} \mathrm{m^2/s}$，杨氏模量 $E = 1.63 \times 10^5 \mathrm{MPa}$，$v = 0.3$，$\alpha = 20.0 \times 10^{-6}/\mathrm{K}$，$\Delta T_{fm}$ 为20K。从图11-26可以看出，在壁表面温度恒定(频率=0)的情况下，应力在整个厚度上都是恒定的。当频率从0增至1Hz时，应力在整个厚度上迅速衰减，并在大约1Hz的频率下达到饱和状态。因此在较高的频率下，应力集中在表面附近，而没有明显的穿透，这意味着热震荡只能引发裂纹，而没有引发增长的潜力。这种物理上的解释可以从图11-26中得出。

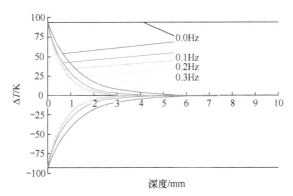

图11-26 应力随结构壁厚的衰减

11.4.1.4 ΔK_{I} 的确定

对于模式I场，使用Breckner权函数确定了与裂纹 a 对应的裂纹尖端应力强度因子：

$$\Delta K_{\mathrm{I}}(x,t) = \int_0^a \Delta\sigma(x,t)M(x)\mathrm{d}x \tag{11-30}$$

边缘裂纹板的权重函数 $M(x)$ 为

$$M(x) = \sqrt{2\pi a}\left[\left(\frac{1-x}{a}\right)^{-1/2} + m_1\left(\frac{1-x}{a}\right)^{1/2} + m_2\left(\frac{1-x}{a}\right)^{3/2}\right] \tag{11-31}$$

式中:m_1 和 m_2 为与 x 无关的多项式,即

$$m_1 = 0.6147 + 17.1844\left(\frac{a}{h}\right)^2 + 8.7822\left(\frac{a}{h}\right)^6$$

$$m_2 = 0.2502 + 3.2889\left(\frac{a}{h}\right)^2 + 70.0444\left(\frac{a}{h}\right)^6$$

对于 $0 \leqslant a \leqslant h/2$ 使用式(11-27),有

$$\Delta K_{\mathrm{I}}(a,t) = -\left[\frac{E\alpha\Delta T_{\mathrm{f}}}{(1-v)}\right]\mathrm{e}^{\mathrm{i}\omega t}\int_0^a A(x,\omega)M(x)\mathrm{d}x$$

$$\Delta K_{\mathrm{I}}(a,\omega) = -\left[\frac{E\alpha\Delta T_{\mathrm{f}}}{(1-v)}\right]\sqrt{(I_1^2 + I_2^2)} \tag{11-32}$$

式中:$I_1 = \int_0^a P(x)M(x)\mathrm{d}x$;$I_2 = \int_0^a Q(x)M(x)\mathrm{d}x$。

单位 ΔT_{f} 对应的应力强度因子(SIF)表示为

$$\Delta K_{\mathrm{I}}(a,\omega) = -\left[\frac{E\alpha}{(1-v)}\right]\sqrt{(I_1^2 + I_2^2)} \tag{11-33}$$

如图 11-27 所示,对于 10mm 厚的钢板,在 0.0625Hz、1.0Hz、6.25Hz 三个频

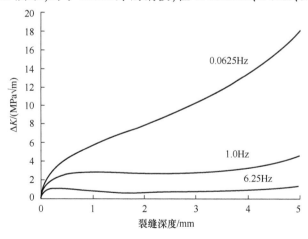

图 11-27 热剥离引起的应力强度波动

率下，ΔK_1 显示为裂纹尺寸 $a(0.1 \sim 5mm)$ 的函数。当频率低于 1Hz 时，SIF 单调增加，当频率高于 1Hz 时 SIF 虽然增加，但存在阈值，并且 SIF 增加到最大值后会有所降低。这种衰减行为表明，在高频热波动下可能会出现裂纹停止的现象。在圆柱体的情况下，可以看到更明显的衰减特性，参见文献[11-41]。这确保了板状几何的假设会产生保守的热震荡极限，这是设计阶段的首选。

11.4.2 建立热纹振荡极限：案例研究

温度历史记录定义为功率谱密度（PSD），可通过积分从中得出辐射监测系统（RMS）值。图 11-28 和图 11-29 描绘了从公开文献信息中提取的一些典型的 PSD 形状：图 11-28[11.44] 是从 AEA 技术的装置中获得的光谱，图 11-29 是 Risely 发布的时间轴和相关光谱[11.45]。

11.4.1 节介绍的方法用于得出典型 SFR 的许用温度波动（峰值到峰值温度范围）具有以下参数。

- 材料 = SS 316 LN；
- 板厚，$h = 5 - 30mm$；
- 截止频率，$f = 10Hz$；
- 设备寿命（40%，LF 为 85%），$T = 3 \times 10^5 h$；
- 有效伤害，$D_{eff} = 0 \sim 1.0$；
- 最高金属表面温度 = 820K；
- 820K 时的材料特性：

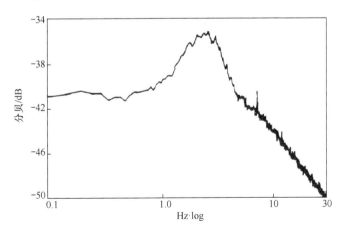

图 11-28 PSD 的典型热剥离（PFR）

杨氏模量，$E = 1.49 \times 10^5 MPa$；
密度 $\rho = 7739 kg/m^3$；

比热，$C_p = 582 \mathrm{J/kgK}$；
导热系数 $\lambda = 21.54 \mathrm{W/mK}$；
热膨胀系数 $\alpha = 20.4 \times 10^{-6}/\mathrm{K}$。

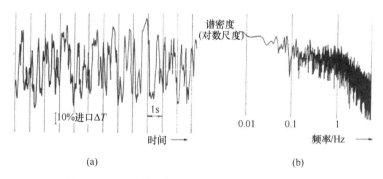

图 11-29　几种典型的 PSD 形状的温度波动（上升）
（a）典型的温度变化；（b）典型的频率组成。

许用热振荡极限（ΔT_p）被导出为两种情况下的函数：
(1) 通过设置 $h = \infty$ 来实现表面壁温度没有任何热衰减；
(2) 在 $h = 40000 \mathrm{W/m^2/K}$ 的频率范围内存在热衰减。

结果如图 11-30 所示，可以看出，ΔT_p 随蠕变疲劳损伤的增加而显著降低，无衰减的假设为 39～26K，有衰减的假设为 75～46K。这也表明由于温度频谱的高频分量而引起衰减的影响非常显著。

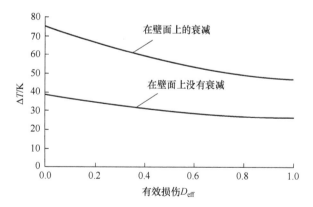

图 11-30　SS 316 LN 制成的结构允许热剥离限制

11.4.3　薄壳流体弹性不稳定性的研究

为了说明该原理，以案例研究的主容器堰冷却系统的堰壳为例。11.3 节已经描述了主容器冷却系统,流体弹性不稳定性现象也在第9章中进行了描述。当前情况下,不稳定性状态表示为相关参数的临界组合:堰流量和下降高度,通过数值导出,并与实验数据进行了比较。在文献[11.46]中报告了详细的研究,包括公式、解决方案和基准研究。一些重要的方面将在以下各节介绍。

11.4.3.1 堰流系统的理想化

有两个同轴的热挡板:外部的一个固定在主容器上,称为堰壳,内部的一个固定在堰壳上。冷钠在主容器和堰壳之间的环形空间中向上流动,而在内、外挡板间的环形空间中向下流动进入冷池。因此将在主容器和堰壳之间的流体空间称为补给收集器,并将在堰和内挡板之间的环形空间称为归还收集器。钠在流过堰壳后沿堰壁下降了一段距离 H,(称为下降高度),并在间隔时间 τ(称为延迟时间)后到达归还收集器的自由表面。因此,理想的堰流系统由置于两个刚性同轴圆柱壳之间的堰壳组成。当前分析考虑的理想堰流系统如图11-31所示。

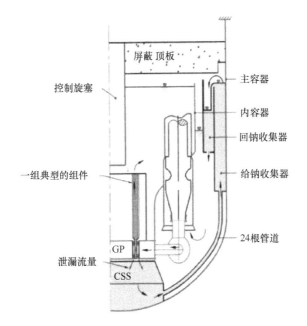

图11-31 主容器堰冷却回路

11.4.3.2 流体弹性不稳定机理

内挡板和堰壳都可以各种模式自然振动。固有频率最低的振动模式与具有特定圆周波数(n)的壳模式一致,通常在 4～10Hz 的范围内。如果在补给和归还收集器中产生的动力可以从由流体与其流经结构的壁面相互作用而产生的壳位移中导出,那么产生的振动将达到不稳定状态,称为流体弹性失稳。在当前情况下,堰壳的位移可根据流体结构系统中可获得的固有阻尼机制成指数增长。影响堰壳流体弹性不稳定性主要归因于与补给和归还收集器相关的自由液面的晃动模式与壳的振动模式的耦合,该机制在图 11-32 中进行了示意性的说明。假设堰壳被扰动,振动波数为 n 的固有频率之一,这些振动运动可以使液体自由表面产生波浪运动。自由表面运动之间的相位差取决于堰流速和从堰壳滴落液体的延迟时间。如果从堰顶落下的液体在归还收集器的自由表面上施加的动能大于由于结构和流体阻尼而发出的能量,那么引入壳体的任何扰动都会继续发展而引起流体弹性的不稳定。对于给定的堰流配置,这种情况是在流速和下降高度的一些关键组合下出现的,即堰的流速、下降高度、延迟时间具有方位角和时间变化。这是造成不稳定的重要方面,因为补给和归还收集器的自由液面上的动力是由于方位角和时间流的变化而引起的,这些是惯性力。除此之外,由于从堰顶落下的流体传递的动量所引起的冲击力,也对归还收集器的自由液面上的动力产生了作用(图 11-33)。流体力的解析表达式推导如下。

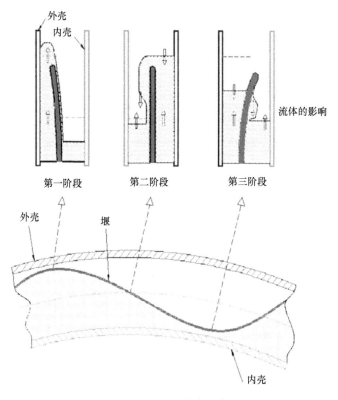

图 11-32 堰不稳定现象

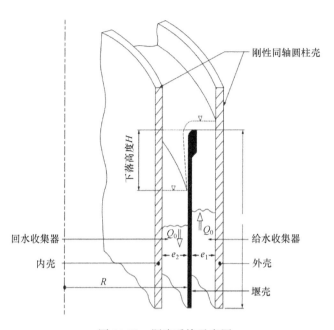

图 11-33 堰流系统示意图

11.4.3.3 液体自由表面的惯性力

压力与自由液位位移 z 的关系为

$$p(\theta,t) = \rho g z(\theta,t) \tag{11-34}$$

$$\left(\frac{\mathrm{d}^2 p(\theta,t)}{\mathrm{d}t^2}\right) = \rho g \frac{\mathrm{d}^2 z(\theta,t)}{\mathrm{d}t^2} \tag{11-35}$$

用每单位长度 q 的流量表示自由液位加速度,即

$$\frac{\mathrm{d}^2 z(\theta,t)}{\mathrm{d}t^2} = \frac{\mathrm{d}v}{\mathrm{d}t} = \left(\frac{1}{e}\right)\frac{\mathrm{d}q(\theta,t)}{\mathrm{d}t} \tag{11-36}$$

将式(11-36)代入式(11-35),有

$$\frac{\mathrm{d}^2 p(\theta,t)}{\mathrm{d}t^2} = \left(\frac{\rho g}{e}\right)\frac{\mathrm{d}q(\theta,t)}{\mathrm{d}t} \tag{11-37}$$

利用关系:$\mathrm{d}^2 p/\mathrm{d}^2 t = -\omega^2 p$,将式(11-37)改写为

$$p(\theta,t) = -\left(\frac{\rho g}{e/\omega^2}\right)\left(\frac{\mathrm{d}q(\theta,t)}{\mathrm{d}t}\right) \tag{11-38}$$

单位周长在自由表面上的力为

$$f(\theta,t) = \left(\frac{\rho g}{\omega^2}\right)\left(\frac{\mathrm{d}q_1(\theta,t)}{\mathrm{d}t}\right) \tag{11-39}$$

对于补给收集器：

$$f_1(\theta,t) = \left(\frac{\rho g}{\omega^2}\right)\left(\frac{dq_1(\theta,t)}{dt}\right) \qquad (11\text{-}40)$$

对于归还收集器：

$$f_2(\theta,t) = \left(\frac{\rho g}{\omega^2}\right)\left(\frac{dq_2(\theta,t)}{dt}\right) \qquad (11\text{-}41)$$

在任何时间 t 落在归还收集器上的液体不过是在液体在下降高度 H 上移动所需的时间(τ，单位 s)之前通过补给收集器排出的液体，q_2 的进一步流动方向与 q_1 相反。因此

$$q_2(\theta,t) = -q_1(\theta,t-\tau) \qquad (11\text{-}42)$$

此外，溢流率可以通过以下公式与自由表面的标高(相对于堰顶水位) $z_1(\theta,t)$ 相关，当 $z_1<0$ 时

$$q_1(\theta,t) = -k \cdot \sqrt{g} \cdot [z_1(\theta,t)]^{3/2} = 0 \qquad (11\text{-}43)$$

由于堰顶表面和液体之间的摩擦，堰顶速度(dx_s/dt)影响溢流速率。为了解决这个问题，对式(11-43)进行了如下修改：

当 $z_1<0$ 时

$$q_1(\theta,t) = -\left\{k \cdot \sqrt{g} \cdot z_1^{3/2} - z_1 \cdot \frac{dx_s}{dt}\right\} = 0 \qquad (11\text{-}44)$$

当 $z_1<0$ 时

$$\frac{dq_1(\theta,t)}{dt} = -\left\{k \cdot \sqrt{g} \cdot \frac{3}{2} \cdot z_1^{1/2}\frac{dz_1}{dt} - z_1 \cdot \frac{d^2 x_s}{d^2 t} - \frac{dz_1}{dt} \cdot \frac{dx_s}{dt}\right\} = 0 \qquad (11\text{-}45)$$

将式(11-40)和式(11-41)替换为式(11-42)和式(11-45)时，分别得到了补给和归还收集器的 f_1 和 f_2 的以下方程式：

$$f_1(\theta,t) = \left(\frac{-\rho g}{\omega^2}\right)\left\{k \cdot \sqrt{g} \cdot \frac{3}{2} \cdot z_1^{1/2} \cdot \frac{dz_1}{dt} - z_1 \cdot \frac{d^2 x_s}{d^2 t} - \frac{dz_1}{dt} \cdot \frac{dx_s}{dt}\right\} \qquad (11\text{-}46)$$

$$f_2(\theta,t) = \left(\frac{\rho g}{\omega^2}\right)\left\{k \cdot \sqrt{g} \cdot \frac{3}{2} \cdot z_1^{1/2} \cdot \frac{dz_1}{dt} - z_1 \cdot \frac{d^2 x_s}{d^2 t} - \frac{dz_1}{dt} \cdot \frac{dx_s}{dt}\right\}\bigg|_{t=t-\tau} \qquad (11\text{-}47)$$

归还收集器自由表面上的冲击力表示如下。

下落液体的动量速率 I 为

$$I = q_2(\theta,t) \cdot v_f = -q_1(\theta,t-\tau) \cdot v_f(\theta,t) \qquad (11\text{-}48)$$

式(11-48)表示周长上每单位长度在自由恢复表面上产生的力，即

$$f_3(\theta,t) = -\rho \cdot q_1(\theta,t\text{-}\tau) \cdot v_f(\theta,t) \tag{11-49a}$$

将式(11-44)代入式(11-49a),得

$$f_3(\theta,t) = \rho \cdot \left\{ k \cdot \sqrt{g} \cdot z_1^{3/2} - z_1 \cdot \frac{\mathrm{d}x_s}{\mathrm{d}t} \right\} \Big|_{t=t-\tau} v_f(\theta,t) \tag{11-49b}$$

11.4.3.4 动态平衡方程的公式化

基于堰壳耦合晃动模态的固有频率和相关的模态形状,考虑流体结构相互作用进行固有频率分析制定了一个动态平衡方程组。由于自由能级波动的特性几乎不依赖于流体的可压缩性,因此考虑了一种由线性波传播方程控制的声介质,其中流体由两个参数定义:密度(ρ)和声速(c)。控制偏微分方程为

$$\Delta^2 p - \left(\frac{1}{c^2}\right) \cdot \frac{\mathrm{d}^2 p}{\mathrm{d}^2 t} = 0 \tag{11-50}$$

具有以下边界条件:
在堰壳上

$$\frac{\partial p}{\partial n} = -\rho \cdot n \cdot \frac{\partial^2 x_s}{\partial^2 t} \tag{11-51}$$

在自由表面

$$\frac{\partial p}{\partial z} = -\left(\frac{1}{g}\right) \cdot \frac{\partial^2 z}{\partial^2 t} \tag{11-52}$$

基于这些方程,分别针对流体和自由表面编写了变分泛函 L_f 和 L_s。一般泛函 L 包括壳函数 L_m,是由相关泛函的适当组合

$$L = L_m + \left(\frac{1}{\omega^2}\right) \cdot L_f + L_s \tag{11-53}$$

($1/\omega^2$)项对于识别流体和其他功能中的耦合项是必需的。为了获得标准形式($L_1 - \omega^2 L_2$)的结果,在式(11-53)中引入了一个等于 $-p/\omega^2$ 的新变量 π。因此函数具有变量 x_s、p、π、z,它们在圆周上具有谐波变化。通常对于 x_s 有 $x_s = \sum x_{s0} \cos(n\theta)$。因此,$x_{s0}$、$p_0$、$\pi_0$ 和 z_0 成为有限元离散化中的节点变量。引入适当的形状函数并使函数 L 最小化,可以在标准特征值问题中获得以下矩阵表达式:

$$\left[M - \left(\frac{1}{\omega^2}\right)K\right]\{U\} = \{0\} \tag{11-54}$$

$\{U\}$ 向量包含模态变量:X、P、Π、Z 分别对应于 x_s、p、π、z。通过为每个选定的谐波求解方程(11-54)可获得固有频率($\omega_{n,m}$)和振型(X_{mnm}, $P_{n,m}$, $\Pi_{n,m}$, $Z_{n,m}$),每个谐波具有 m 个模式。

11.4.3.5 非耦合动力学平衡方程

遵循模态叠加原理,动态平衡方程不耦合。对于 $n>0$ 的非耦合方程为

$$M_{n,m}\left\{\frac{\mathrm{d}^2\alpha_{n,m}(t)}{\mathrm{d}t^2}+2\xi\omega_{n,m}\frac{\mathrm{d}\alpha_{n,m}(t)}{\mathrm{d}t^2}+\omega_{n,m}^2\alpha(t)\right\}=F_{1n,m}+F_{2n,m}+F_{3n,m} \tag{11-55}$$

力向量的表达式需要转换如下

$$F_{1n,m}=Z_{1n,m}\int f_{1n,m}\cos(n\theta)\cdot R\cdot\mathrm{d}\theta \tag{11-56}$$

$$F_{2n,m}=Z_{2n,m}\int f_{2n,m}\cos(n\theta)\cdot R\cdot\mathrm{d}\theta \tag{11-57}$$

$$F_{3n,m}=Z_{3n,m}\int f_{3n,m}\cos(n\theta)\cdot R\cdot\mathrm{d}\theta \tag{11-58}$$

使用式(11-46)、式(11-47)和式(11-49),并替换 $\prod_{n,m}=(-g\cdot Z_{n,m}/\omega^2)$

$$F_{1n,m}=\prod_{1n,m}(\rho R)\int\left\{k\cdot\sqrt{g}\cdot\frac{3}{2}\cdot z_1^{1/2}\cdot\frac{\mathrm{d}z_1}{\mathrm{d}t}-z_1\cdot\frac{\mathrm{d}^2x_s}{\mathrm{d}^2t}-\frac{\mathrm{d}z_1}{\mathrm{d}t}\cdot\frac{\mathrm{d}x_s}{\mathrm{d}t}\right\}\cos(n\theta)\cdot\mathrm{d}\theta \tag{11-59}$$

$$F_{2n,m}=-\prod_{2n,m}(\rho R)\int\left\{k\cdot\sqrt{g}\cdot\frac{3}{2}\cdot z_1^{1/2}\cdot\frac{\mathrm{d}z_1}{\mathrm{d}t}-z_1\cdot\frac{\mathrm{d}^2x_s}{\mathrm{d}^2t}-\frac{\mathrm{d}z_1}{\mathrm{d}t}\cdot\frac{\mathrm{d}x_s}{\mathrm{d}t}\right\}\Big|_{t=t-\tau}\cos(n\theta)\cdot\mathrm{d}\theta \tag{11-60}$$

$$F_{3n,m}=Z_{2n,m}(\rho R)\int\left\{k\cdot\sqrt{g}\cdot z_1^{3/2}-z_1\cdot\frac{\mathrm{d}x_s}{\mathrm{d}t}\right\}\Big|_{t=t-\tau}v_\mathrm{f}(\theta,t)\cdot\cos(n\theta)\cdot\mathrm{d}\theta \tag{11-61}$$

自由水平和堰壳位移表示为

$$z_1=h_1(t)+\sum_n\sum_m\alpha_{n,m}(t)\cdot Z_{1n,m}\cdot\cos(n\theta) \tag{11-62}$$

$$z_1=h_2(t)+\sum_n\sum_m\alpha_{n,m}(t)\cdot Z_{2n,m}\cdot\cos(n\theta) \tag{11-63}$$

$$x_\mathrm{s}=\sum_n\sum_m\alpha_{n,m}X_{n,m}\times\cos(n\theta) \tag{11-64}$$

11.4.3.6 平均值的控制方程 ($n=0$)

集热器流量连续性的要求(图 11-34)

$$2\pi e_1\frac{\mathrm{d}h_1(t)}{\mathrm{d}t}+\int q_1(\theta,t)\cdot\mathrm{d}\theta=2\pi q_0(t) \tag{11-65}$$

$$-2\pi e_2\frac{\mathrm{d}h_2(t)}{\mathrm{d}t}+\int q_1(\theta,t-\tau)\cdot\mathrm{d}\theta=2\pi q_0(t) \tag{11-66}$$

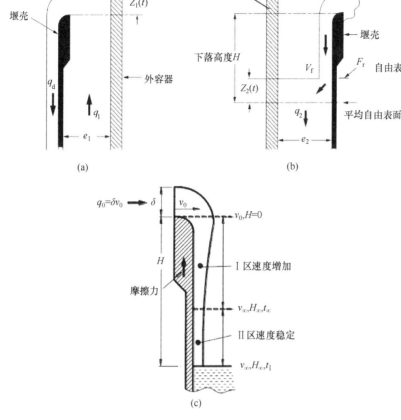

图 11-34 流动路径

(a)给钠收集器;(b)回钠收集器;(c)流动过程。

下落高度、冲击速度和延迟时间的关系:

$$v\mathrm{d}v = \left(\frac{g-fv^2}{2d_e}\right)\mathrm{d}z \tag{11-67}$$

用$(4v_0\delta/v)$代替d_e,然后用式(11-67)中的v_∞^3代替$8gv_0\delta/f$,

$$v\mathrm{d}v = \frac{g}{v_\infty^3}\left[v_\infty^3 - v^3\right]\mathrm{d}z \tag{11-68}$$

区域$I(H \leqslant H_\alpha)$的求解:

$$\int \frac{v\mathrm{d}v}{(v_\infty^3 - v^3)} = \left(\frac{g}{v_\infty^3}\right)H \tag{11-69}$$

式(11-69)的积分得到了下落高度与冲击速度之间的关系:

$$H = \left(\frac{v_\infty^3}{3g}\right)\left\{\ln\left[\sqrt{\frac{a^2+av+v^2}{(a-v)}}\right] - \sqrt{3}\cdot\arctan\left[\frac{(2v+a)}{(\sqrt{3}a)}\right]\right\} \quad (11\text{-}70)$$

已知 $\tau = \int \mathrm{d}z/v$,对积分进行运算,$\tau$ 和 v 之间的关系写为

$$\tau = \left(\frac{v_\infty^3}{3g}\right)\left\{\ln\left[\sqrt{\frac{a^2+av+v^2}{(a-v)}}\right] + \sqrt{3}\cdot\arctan\left[\frac{(2v+a)}{(\sqrt{3}a)}\right]\right\} \quad (11\text{-}71)$$

值得注意的是,当 $v = v_\infty$ 时,$\tau = \tau_\infty$。

区域 II($H > H_\alpha$)的求解:

$$v = v_\infty \quad (11\text{-}72)$$

$$\tau = \tau_\infty + \frac{(H - H_\infty)}{v_\infty} \quad (11\text{-}73)$$

11.4.3.7 数值解

通过自由振动分析获得模态参数 $\omega_{n,m}$、X_{mnm}、$P_{n,m}$、$\Pi_{n,m}$、$Z_{n,m}$、$M_{n,m}$。利用这些参数使式(11-59)~式(11-61)在圆周上进行数值积分以获得力向量,所得的非线性平衡方程使用 Newmark-β 方法进行积分,其中 $\beta = 1/4$。所选的最小时间步长(Δt)为($2\pi/\omega_{\max}$)/20,可以找到收敛的解。

11.4.4 流体弹性不稳定基准问题的解决方案

分析了模拟日本 DFBR 热挡板的 1/15 比例堰流冷却剂系统的流体弹性不稳定性,并与 Fujita 等人提供的测试数据进行了比较[11.47]。为了进行分析,使用水代替钠。进行了自由振动分析和动力响应分析,并与实验数据进行了比较。有关详细信息请参见第 10.2.4 节。测试结果证实,数值模拟技术能够准确解决复杂的流固耦合问题。

11.4.5 薄壳在地震荷载作用下的屈曲分析

使用经过验证的结构力学软件,可通过三个主要步骤进行分析:(1)固有频率分析;(2)地震响应分析;(3)屈曲分析。考虑到流体与流经结构壁面相互作用的影响,对包含基本内部构件和钠的反应堆组件进行了自然振动和地震响应分析。随后在时域中进行地震分析,以确定任何时间步长的实际压力分布。就屈曲分析而言,主容器的圆柱形部分(在剪切应力下易于弯曲)、内容器的环形部分(易因径向压应力而发生弯曲)和热导流板的上部圆柱形部分(在下压力下易于弯曲)是反应堆组件中的关键部件。弹塑性屈曲分析是将在正常运行条件下作用的载荷与设计基准地震(安全停机地震(SSE))期间产生的动态载荷结合起来进行的。因此,通过地震分析确定的地震力和压力分布被施加到壳体上以

进行屈曲分析。根据实验确定相关性，可以估算出制造阶段引入的几何缺陷所导致的屈曲强度降低[11.49]。最后通过进一步应用设计规范中规定的适当安全系数（例如 RCC-MR[11.50]）来检查设计是否充分。

有限元模型（FEM）由主容器、内部容器、外部和内部热挡板、堆芯支撑结构[CSS]、栅格板、堆芯、控制塞、顶部护罩和支撑裙板、冷钠池、补给和归还收集器中的钠、钠-壳界面以及预测晃动的无钠水平边界组成。图 11-35 显示了为分析典型 SFR 反应堆组件而开发的有限元网格。参考文献[11.48]提供了有关有限元网格生成和地震分析的更多详细信息。执行自然振动分析以确定高达 50Hz 的自然频率。图 11-36 显示了三种模态形状：（1）主容器三相点处内部容器随 CSS、栅格板和堆芯晃动（1.23Hz）；（2）堆芯与内部容器围绕栅格板（2.8Hz）进行摇摆；（3）主容器和热挡板围绕反应堆组件支撑架摆动（5.2Hz）。这些模式的主要模态质量分别为 1370、534、1785t。从各自的模态位移来看，频率为 1.23Hz 和 2.8Hz 的模式可以明显有助于在内部容器上产生高的地震力，而具有 5.2Hz 的模式从对主容器和热隔板施加力的角度来看具有重要意义。随后进行地震响应分析以得出压力分布和力。

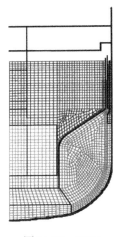

图 11-35　FEM

11.4.5.1　三维几何体的压力分布

地震中在容器表面产生的动态压力分布是导致屈曲的原因。为了对分布有一个直观的感受，从地震响应分析中提取的一些典型分布，如图 11-37 所示，这些分布是与 X 方向上的刺激相对应的扩展时间历程分布。由于封闭在壳体之间的狭窄环形空间中流体的高附加质量效应，使得内挡板和外挡板承受着高动态压力。作用在与钠接触的表面上的静压力 p_H 呈对称分布。水平激励期间，任

何时间步长 t 的任何节点 i 上生成的压力 $P_{it}(\theta)$ 叠加如下：

$$压力: P(\theta) = P_H + P_{it}(\theta) \tag{11-74}$$

$$P_H = \rho \cdot g \cdot H_i \quad 和 \quad P_{it}(\theta) = P_{ni}(t) \cdot \cos(\theta_i) \tag{11-75}$$

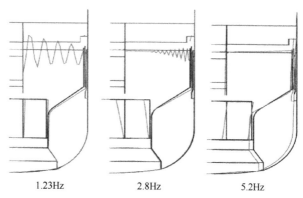

图 11-36 反应堆装置容器的临界屈曲模式形状

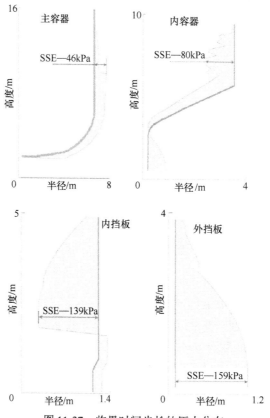

图 11-37 临界时间步长的压力分布

式中

ρ——工作温度下的钠密度（880kg/m³）；

g——重力加速度（9.81m/s²）；

H_i——节点 i 的高度（相对于钠的自由水平）；

θ_i——节点 i 相对于 X 轴的角度，单位为弧度；

$P(t)_{ni}$——在指定的时间 t（对应于起始节点"n_i"），由轴对称傅里叶分析结果得出。

处于同一水平高度的节点"n"和 i 如图 11-38 所示。

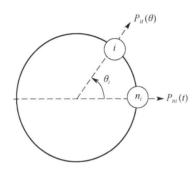

图 11-38　节点 n 和节点 i 的位置

11.4.5.2　三维几何上的力分布

在主容器的有限元模型中，不包括其连接结构（CSS、隔热板和顶板），静力和地震力都沿着这些结构被隔离的边缘适当地施加。作用在堆芯支撑结构（CSS）支撑裙板上的静力和地震力传递到三相点（WTP）对主容器的屈曲很重要。对于半对称模型，在三相点上施加的静态载荷为 400t。对于内部容器，每个中间热交换器（IHX）立管的静载荷为 6.9t，每个泵立管的静载荷为 10.8t，这些静载荷沿立管的上边缘均匀施加。作用在主容器和内容器上的静力和地震力的分布如图 11-39 所示。

11.4.5.3　弹塑性屈曲分析

假设初始几何形状是理想的，并且没有几何缺陷，则考虑结构材料在工作温度下的弹塑性变形行为，确定临界屈曲载荷系数，所需的重要材料数据是平均年龄拉伸曲线。对于 RCC-MR：可以采用 RCC-M 的附录 Z 中推荐用于奥氏体不锈钢 SS 316 LN 的曲线进行分析。通常在下面简要描述情况之后进行增量弹塑性分析。

图 11-40 显示了为屈曲分析生成的主容器、内部容器、热挡板的三维有限元网格。在每个时间步长进行分析以确定临界屈曲载荷，最后从中选择最小值。在每个时间步长，通过应用计算的压力分布和其他集总力来进行增量分析，分析

过程分两个阶段进行:第一阶段的增量弹塑性分析和第二阶段的临界屈曲载荷确定。这里介绍两个因素:一个是施加载荷组合(FL),另一个是临界屈曲载荷系数(FB)。增量分析为每个FL提供了FB的确定值,也就是说在分析结束时可以使用几组FL和FB。FB=1所对应的FB值就是临界屈曲载荷系数。当在弹塑性分析中FL逐渐增加时,从屈曲分析中获得的相关FL会减小;当FB等于1时可以停止分析。临界屈曲载荷系数通常通过绘制FB对FL的曲线来获得。主容器的典型曲线如图11-41所示,发现当施加的载荷系数为3.2时,屈曲载荷系数为1。因此3.2是主容器的临界屈曲载荷系数。

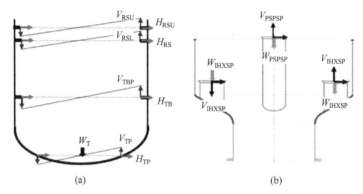

图11-39　作用在容器上的力分布
(a)主容器;(b)内容器。

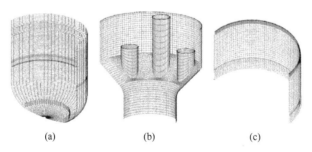

图11-40　用于屈曲分析的SFR容器的有限元模型(FEM)
(a)主容器;(b)内容器;(c)热挡板。

表11-1给出了典型SFR中关键壳结构在每个时间步长上获得的最小屈曲载荷系数。从表中提取最小屈曲载荷系数:主容器3.2、内容器1.9、内挡板3.2、外挡板3.0。图11-42显示了主容器、内部容器、热挡板的弹塑性变形和弯曲模式形状,这些变形产生的载荷系数可能最低。从这些图中可以清楚地看到主容器的剪切屈曲模式形状,内容器的非对称壳屈曲模式形状和热挡板。

表 11-1 SSE 条件下容器的临界屈曲载荷系数

序号	部件	X-方向			Y-方向		
		c	n	e	c	n	e
1	主容器	4.3	3.4	3.2	3.6	3.7	3.6
2	内容器	1.9	2.7	2.1	2.0	1.9	1.9
3	外挡板	4.7	5.0	3.8	3.8	4.0	3.2
4	内挡板	5.6	5.8	3.8	4.4	4.2	3.0

说明:c,压缩时间历程;n,正常时间历程;e,膨胀时间历程。

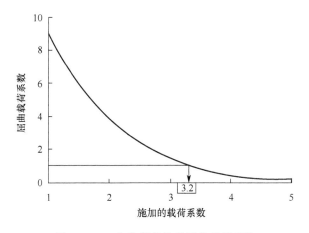

图 11-41 主容器的临界屈曲载荷系数

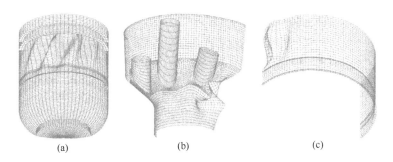

图 11-42 SFR 薄容器的弹塑性屈曲模态形状

(a)主容器;(b)内容器;(c)热挡板。

11.4.5.4 初始几何缺陷的影响

具有几何偏差的薄壳屈曲强度显著降低。几何缺陷表现为形状公差,即制造阶段达到的最大径向偏差(δ)(图 11-43)。

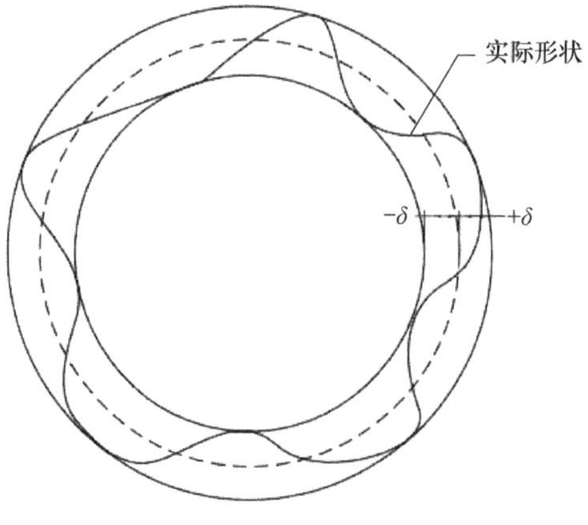

图 11-43 形式公差定义

在日本设计规则的建议中,基于在日本进行的大量实验的结果,屈曲强度降低因子(η)表示为归一化公差(χ)的函数,即[11.49]

$$\eta = \frac{1}{(1+0.19\chi^{0.65})} \tag{11-76}$$

式中:对于剪切力,χ 等于 $2\delta/h$(适用于主容器发生剪切屈曲);对于弯矩,χ 等于 $4\delta/h$(适用于内容器和隔热挡板发生壳型屈曲)。如果将 δ 限制为结构壁厚(h)的 $\leq 1/2$,则对于主容器,计算出的 η 值为 0.85,相当于 $2\delta/h$ 等于 1;对于内部容器和热挡板,计算出的 η 值为 0.8,相当于 $4\delta/h$ 等于 2。应用这些因素,可以得出最小屈曲载荷系数。

11.4.5.5 设计审核

众所周知,关于屈曲载荷的实验数据具有几个不确定性,因此需要应用高的安全系数。在这方面,设计规范规定了计算出的临界屈曲载荷的最小安全系数。例如,RCC-MR[11.50]中指出的安全系数对于 A 级载荷是 2.5,对于 D 级载荷是 1.3。因此设计基准载荷应小于相应的临界屈曲载荷除以 SFR 关键部件的适当安全系数。

参考文献

[11.1] Walter, A. E., Todd, D. R., Tsvetkov, P. V. (eds.) (2012). Fast Spectrum Reactors. Springer, New York, ISBN 978-1-4419-9571-1.

[11.2] Duderstadt, J. J., Hamilton, L. J. (1976). Nuclear Reactor Analysis. John Wiley & Sons, New York, ISBN 0-471-22363-8.

[11.3] Stacey, W. M. (2007). Nuclear Reactor Physics. Wiley-VCH Verlag Gmbh & Co. KGaA, Weinheim, Germany. ISBN 978-527-40679-1.

[11.4] Barthold, W. P. et al. (1977). Potential and limitations of heterogeneous concept. Report-NEACRP-L-182, USA. June 1977. https://www.oecd-nea.org/science/docs/1977/neacrp-l-1977-182.pdf.

[11.5] Mohanakrishnan, P. (2008). Development and validation of a fast reactor core burnupcode-FARCOB. Ann. Nucl. Energy, 35, 158-166.

[11.6] Norgett, M. J., Robinson, M. T., Torrens, I. M. (1975). A proposed method of calculating displacement dose rates. Nucl. Eng. Design, 33, 50-54.

[11.7] Was, G. S. (2007). Fundamentals of Radiation Material Science. Springer Verlag, Berlin, Germany, ISBN 978-3-540-49471-3.

[11.8] Judd, A. M. (1981). Fast Breeder Reactors: An Engineering Introduction. Pergamon Pree Ltd., Headington Hill Hall, Oxford, U. K.

[11.9] IAEA. https://www-nds.iaea.org/exfor/endf.htm.

[11.10] MacFarlane, R. E., Muir, D. W. (1994). The NJOY nuclear data processing system, Version 91. Report- LA-12740M. Los Alamos National Laboratory, Los Alamos, NM.

[11.11] Greenwood, L. R., Smither, R. K. (1985). SPECTER: Neutron damage calculations for material irradiations. ANL-FPP/TM-197, Argonne National Laboratory, Argonne, Illinois, USA.

[11.12] Khan, E. U., Rohsenow, W. M., Sonin, A. A., Todreas, N. E. (1975). A porous body model for predicting temperature distribution in wire-wrapped fuel rod assemblies. Nucl. Eng. Design, 35, 1-12.

[11.13] Chen, B., Todreas, N. E. (1975). Prediction of coolant temperature field in a breeder reactor including inter-assembly heat transfer. Report COO-2245-20TR. Massachusetts Institute of Technology, Massachusetts, CA.

[11.14] Valentin, B. (2000). The thermal hydraulics of a pin bundle with an helical wire wrap spacer: Modeling and qualification for a new subassembly concept. LMFR core thermal hydraulics status and prospects, IAEA, Vienna. IAEA TECDOC-1157, ISSN 1011-4289.

[11.15] Govindha Rasu, N., Velusamy, K., Sundararajan, T., Chellapandi, P. (2014). Simultaneous development of flow and temperature fields in wire-wrapped fuel pin bundles of sodium cooled fast reactor. Nucl. Eng. Design, 267, 44-60.

[11.16] Basant, G. (2009). Thermal hydraulics within fuel subassembly of an FBR core. IGCAR-ZNPL collaborative project report, Zeus Numerix Pvt. Ltd., IIT, Mumbai, India.

[11.17] Velusamy, K., Chellapandi, P., Chetal, S. C., Raj, B. (2010). Challenges in pool hydraulic design of Indian prototype fast breeder reactor. Sadhana, 35(2), 97-128.

[11.18] Maity, R. K., Velusamy, K., Selvaraj, P., Chellapandi, P. (2011). Computational fluid dynamic investigations of partial blockage detection by core-temperature monitoring system of a sodium cooled fast reactor. Nucl. Eng. Design, 241, 4994-5008.

[11.19] Surle, F. et al. (1993). Comparison between sodium stratification tests on the CORMORAN Model and TRIO-VF computation. Proceedings of Sixth International Topical Meeting on Nuclear Reactor Thermal Hydraulics.

[11.20] Iritani, Y. et al. (1991). Development of advanced numerical simulation of thermal stratification by highly-accurate numerical method and experiments. Proceedings of International Conference on

Fast Reactor and Related Fuel Cycles.

[11.21] Abraham, J. et al. (2011). Computational fluid dynamic investigations of thermal stratification in the hot pool of Monju reactor and comparison with measured data. 14th International Topical Meeting on Nuclear Reactor Thermal Hydraulics, NURETH-14.

[11.22] Azarian, G., Astegiano, J. C., Tenchine, D., Lacroix, M., Vidard, M. (1990). Sodium thermal-hydraulics in the pool LMFBR primary vessel. Nucl. Eng. Design, 124, 417-430.

[11.23] Astegiano, J. C. et al. (1981). EFR primary system thermal-hydraulics—Status on R&D and design studies. Proceedings of International Conference Fast Reactor and Related Fuel Cycles.

[11.24] Francois, G., Azarian, G., Astegiano, J. C., Lacroix, C., Poet, G. (1990). Assessment of thermal-hydraulic characteristics of the primary circuit. Nucl. Sci. Eng., 106, 55-63.

[11.25] Muramatsu, T. (1993). Intensity and frequency evaluation of sodium temperature fluctuation related to thermal striping phenomena based on numerical methods. Proceedings of Fifth International Symposium on Refined Flow Modelling and Turbulence Measurements.

[11.26] Menant, B., Villand, M. (1994). Thermal fluctuations induced in conducting wall by mixing sodium jets: An application of TRIO-VF using large eddy simulation modeling. IAEA Specialist Meeting on Correlation between Material Properties and Thermohydraulics Conditions in Liquid Metal-Cooled Fast Reactors (LMFRs), Aix-en-Provence, France.

[11.27] Tokuhiro, A., Kimura, N. (1999). An experimental investigation on thermal striping mixing phenomena of a vertical non-buoyant jet with two adjacent buoyant jets as measured by ultrasound Doppler velocimetry. Nucl. Eng. Design, 188, 49-73.

[11.28] Moriya, S. et al. (1988). Thermal striping in coaxial jets of sodium, water and air. Proceedings of Fourth International Conference on Liquid Metal Engineering and Technology, Avignon, France.

[11.29] Wakamatsu, H. N., Hashiguchi, K. (1995). Attenuation of temperature fluctuations in thermal striping. J. Nucl. Sci. Technol., 32(8), 752-762.

[11.30] Gelineau, O., Sperandio, M. (1994). Thermal fluctuation problems encountered in LMFBRs. IAEA-IWGFR/90, Specialistic Meeting on Correlation between Material Properties and Thermohydraulics Conditions in LMFBRs, Aix-en-Provence, France.

[11.31] Betts, C. et al. (1983). Thermal striping in liquid metal cooled fast breeder reactors. Second International Topical Manufacturing on Nuclear Reactor Thermal Hydraulics, NURETH-2, Santa Barbara, CA, Vol. 2, pp. 1292-1301.

[11.32] Chellapandi, P. et al. (2009). Thermal striping limits for components of sodium cooled fast spectrum reactors. Nucl. Eng. Design, 239, 2754-2765.

[11.33] Banerjee, I. et al. (2013). Development of gas entrainment mitigation devices for PFBR hot pool. Nucl. Eng. Design, 258, 258-265.

[11.34] Hirt, C. W., Nichols, B. D. (1981). Volume of fluid (VOF) method for the dynamics of free boundaries. J. Comput. Phys., 39, 201-225.

[11.35] Laxman, D. et al. (2004). Free level fluctuations study in 1/4 scale reactor assembly model of PFBR. NUTHOS-6, Nara, Japan.

[11.36] Velusamy, K. et al. (1998). Natural convection in narrow component penetrations of PFBR roof

[11.37] Baldasari, J. P. et al. (1984). Open azimuthal thermosyphon in annular space—Comparisons of experimental and numerical results. Liquid Metal Engineering and Technology, BNES, London, U. K. , pp. 463-467.

[11.38] Francois, G. , Azarian, G. (1989). SUPER PHENIX reactor block thermalhydraulic behaviour comparison between calculations and experimental results. Proceedings of the 10th International Conference on Structural Mechanics in Reactor Technology, Lyon, France, pp. 37-42.

[11.39] Paliwal, P. et al. (2012). Characterization of cellular convection of argon in top shield penetrations of pool type liquid metal fast reactors. Nucl. Eng. Design, 250, 207-218.

[11.40] Hemnath, M. G. et al. (2007). Cellular convection in vertical annuli of fast breeder reactors. Ann. Nucl. Energy, 34, 679-686.

[11.41] Jones, I. S. (1997). The frequency response model of thermal striping for cylindrical geometries. Fatig. Fract. Eng. Mater. Struct. , 20(6), 871-882.

[11.42] RCC-MR Appendix A16. (2002). Guide for leak before break analysis and defect assessment, AFCEN, France.

[11.43] Chellapandi, P. , Chetal, S. C. , Raj, B. (2009). Thermal striping limits for components of sodium cooled fast spectrum reactors. Int. J. Nucl. Eng. Design, 239, 2754-2765.

[11.44] Jones, I. S. , Lewis, M. W. J. (1994). A frequency response method for calculating stress intensity factors due to thermal striping loads. Fatig. Fract. Eng. Mater. Struct. , 17(6), 709-720.

[11.45] Clayton, A. M. , Irvine, N. M. (1987). Structural assessment techniques for thermal striping. J. Pressure Vessel Technol, 109(3), 305-309. doi:10. 1115/1. 3264869, August 1,1987.

[11.46] Chellapandi, P. , Chetal, S. C. , Raj, B. (2008). Investigation of fluid-elastic instability of weir shell in a pool type fast breeder reactor. Advances in vibration engineering. Sci. J. Vibration Inst. India, 7(2), 111-126.

[11.47] Fujita, K. et al. (1993). Study on flow induced vibration of a flexible weir due to fluid discharge effect of weir stiffness. PVP-258, Flow Induced Vibration and Fluid Structure Interaction. ASME PVP 258, pp. 143-150, New York, USA.

[11.48] Chellapandi, P. , Chetal, S. C. , Raj, B. (2008). Investigation on buckling of FBR vessels under seismic loading with fluid structure interactions. J. Nucl. Eng. Design, 238, 3208-3217.

[11.49] Akiyama, H. (1997). Seismic Resistance of FBR Components Influenced by Buckling. Kajma Institute Publishing, Japan.

[11.50] RCC-MR. (2007). Design and construction rules for mechanical components for FBR nuclear islands. Section I, Subsection B, AFCEN, Paris, France, Vol. 1.

第三部分

安全

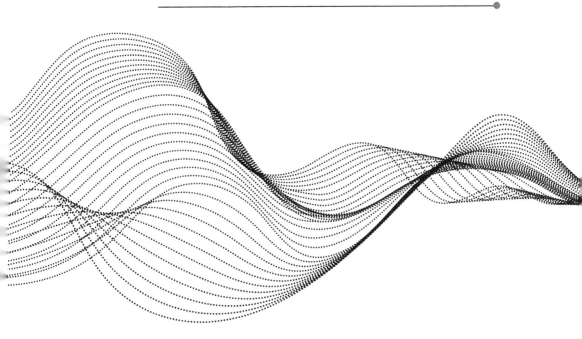

第 12 章
安全原则与理念

12.1 引　言

在快堆发展的早期阶段,液态钠冷快堆(SFR)发生事故(尤其是严重事故)的风险是一个主要的安全问题。当反应堆不受保护,即反应堆保护系统无法紧急停堆时,严重事故就会发生。其后果可能包括燃料熔化、燃料再分布和功率漂移,甚至有反应堆堆芯解体和安全壳失效的风险。对于快堆,这些事故通常属于以下三种类型之一:冷却损失(无保护的流动损失[ULOF])、正常散热损失(无保护的散热器损失[ULOHS])和反应性增加(无保护的瞬态过功率[UTOP])。这些事件是许可反应堆的主要焦点,它们的结合使得反应堆设计者需要去研究和开发更高级的快中子反应堆及概念,包括固有安全的概念,也就是这些设计选择和功能不需要一个系统主动运作,而是基于没有失效概率的固有的基本物理过程的结果,如热膨胀或重力等。

以下是快中子反应堆(或任何反应堆)安全运行的基本要求,同时也是固有安全准则的目标:

(1)避免堆芯反应性的大幅增加;

(2)保持反应堆堆芯的冷却;

(3)防止大能量事件导致的燃料再分布。

这些目标中的每一个都需要大量的研究来获得基本的理解,以成功地制定在设计快堆中可以被采用的固有安全准则。在20世纪80年代至90年代,许多研究和设计工作在开发新的反应堆设计时采用了一个或多个固有安全特性。因此,根据设计原理和利用固有安全原则所作出的选择,有可能设计一个安全特性在某些情况下远远超过早期设计的快堆。例如,可以用固有安全性来取代主动的专设安全性,这将提供更高的可靠性和更低的特定事故概率,或者可以在专设安全性基础上增加固有安全性,提供更好的防护,同时保持传统的设计原理中的纵深防御与多样化和冗余的安全系统。尽管每种方法的好处可能不同,两种方法都可以成功地使用。

在这一章中,安全原理和相关原理将分成三部分进行介绍:固有和专设安全性、运行简化和放射性释放。在这些主题中有很多相关论文[12.1-12.6],请读者在学习本章之前阅读。

12.2　固有和专设安全设施

功率运行过程中的负反应性反馈可以使反应堆产生固有安全性,而不是与之相对的工程安全性。核工业界一直在努力加强反应堆堆芯的负反应性反馈,以确保安全性的提高。切尔诺贝利核事故后,如何使冷却剂空泡系数为负,或如何增强其他来源的负反应性反馈,一直是核设计中所关注的问题。在钠冷快堆中,中子能谱较硬,冷却剂空泡系数是正的。减小正空泡系数的量级,使其为零或负值的方法很多。在俄罗斯设计的BN-800反应堆中,轴向转换区被一个钠室取代,增加了中子泄漏,使空泡系数为负。文献中还有更多的建议,如用 ^{232}Th 代替 ^{238}U 等可增殖材料,或用 ^{235}U 代替 ^{239}Pu 等可裂变材料[12.7]。在前面提到的所有方法中,中子经济受到的影响要么是通过泄漏失去中子,要么是通过产生重要性降低的中子。如果更多的中子发生泄漏,则几乎没有中子可用于增殖。

12.2.1　控制参数

固有安全的目标之一是提供一种固有的能力,以防止反应堆堆芯的反应性大幅增加或堆芯功率与可用冷却剂流量之间的严重不匹配,这可能导致产生的热量超过反应堆的冷却能力。众所周知,快堆的核裂变过程受到许多改变堆芯反应性的物理现象的影响。影响堆芯反应性的主要参数包括核物理和材料现象,下文将对此进行解释。

12.2.1.1　冷却剂和池式概念

钠在钠冷快堆中用作冷却剂。钠的正常工作温度与钠的沸点之间存在较大的温度差,在产热与排热不匹配的情况下,可以容纳明显的温升。钠的高导热性、低黏度,以及820K时热钠的温度与310K时环境空气的温度差很大,再加上钠密度随温度的显著变化,这就允许通过自然对流的模式排出衰变热。池式概念提供了较大的热惯性,因此,能在反应堆运行的紧急情况下留给操作员更多的时间。

12.2.1.2 燃料多普勒系数

燃料多普勒系数是燃料温度升高引起的中子吸收截面净增大,引入负反应性反馈,或由燃料温度降低引起的中子吸收截面减小,引入正反应性反馈。不同的燃料类型具有不同的多普勒系数,例如,氧化物燃料的多普勒系数比金属燃料的多普勒系数的负效应更强。然而,多普勒反馈受到燃料的其他固有特性的影响,包括热物理特性,如导热系数,因为它影响燃料的稳态温度和瞬态条件下温度变化的幅度。

12.2.1.3 冷却剂密度

提高冷却剂温度会降低冷却剂密度,主要是降低钠冷却剂的慢化和反射作用。冷却剂密度的反应性效应在整个堆芯范围内是变化的,在以慢化影响为主导的堆芯内部是正的,在以泄漏影响为主导的堆芯边界处是负的。根据影响慢化和泄漏的相对重要性的设计选择,来自冷却剂温度增加(冷却剂密度降低)的反应性反馈可以为正或负。高度和直径相近的大型反应堆堆芯通常是以慢化影响为主导,因此冷却剂温度增加会导致正的反应性反馈;而高度远小于直径的小型堆芯是以泄漏效应为主导的,因此增加冷却液温度会导致负反应性反馈。

12.2.1.4 燃料轴向膨胀

燃料温度的升高使燃料根据燃料或包壳或两者的热膨胀系数轴向膨胀,这取决于燃料/包壳界面的化学和应力条件。同样,燃料温度的降低会使燃料轴向收缩,从而产生正的反应性反馈。燃料膨胀或收缩的反应性反馈取决于热膨胀系数和瞬态条件下燃料和/或包层温度的变化。

12.2.1.5 堆芯径向扩展

由于中子平均自由程长度,快堆堆芯有显著的中子泄漏率,导致堆芯边缘有较大的燃料反应性梯度,使得堆芯的反应性对堆芯几何形状的变化非常敏感。如果堆芯组件沿径向向外移动,增加堆芯的有效直径,则会产生负的反应性反馈。相反,如果堆芯组件向内移动,则会产生正反应性反馈。

12.2.1.6 控制棒传动系统膨胀

控制棒传动系统的膨胀是由控制棒传动系统的温度变化引起的堆芯与控制棒之间的相对运动。传动系统通常位于冷却剂出口或热腔室,并对堆芯出口温度的变化做出响应。控制棒传动系统温度的升高将导致控制棒进一步深入堆芯,引入负的反应性反馈。控制棒传动系统温度的降低将导致控制棒进一步移出堆芯,产生正的反应性反馈。根据反应堆设计,其他组件也可能存在反应性反馈,如在池式反应堆中控制棒悬挂在顶盖上,堆芯内控制棒的位置不仅取决于传动系统的温度,也取决于压力容器的壁面温度,因为堆芯是由压力容器支承的。必须考虑所有此类固有反应性反馈机制的影响,以评估它们在事故情况下的补偿能力。

12.2.2 增强固有安全性的方法

在找出增强负反应性的可能方法之前,有必要了解反应性反馈在功率上升和下降过程中的作用。如果负反应性很高,即功率系数很高,那么内置的过剩反应性需要很高,从而在将反应堆从零功率变为额定功率时平衡负反应性。但如果过剩反应性很高,则由于过高的控制棒价值,无保护瞬态超功率事故(UTOPA)的严重程度也会很高。如果功率系数较低,则功率反应性降低,将反应堆从额定功率降至零功率所需的反应性更小。反应堆将在较小的负反应性反馈下安全停堆,无保护失流事故(ULOFA)的严重程度也会较轻。因此,较大的功率系数并不能保证在所有事故中都能安全停堆。增强固有安全性的方法的基本目标是增强在无保护瞬态超功率事故期间使反应堆渐进地达到另一稳定状态的负反应性,以及在无保护失流事故期间使反应堆安全停堆。

当反应堆功率从一个稳态变为另一个稳态时,这些渐近状态之间的准静态反应性平衡[12.8]方程为

$$\Delta\rho = (P-1)A + (P/F-1)B + \delta T_i C + \Delta\rho_{\text{ext}} \tag{12-1}$$

式中

A——功率(P)的函数;

B 和 C——功率(P)和流量(F)的函数;

ΔT_i——冷却剂入口温度的变化;

$\Delta\rho_{\text{ext}}$——外部反应性。

基于我们早期的研究[12.3],反应性系数 A 和 B 为

$$A = \left\{ \left[\frac{\delta\rho_D}{\delta T} + \Delta k_f^{j,i}\alpha_f + \Delta z\alpha_f C^i \right]\left(\frac{1}{h_{sc}} + \frac{1}{h_{fs}} \right) + \Delta k_s^{j,i}\alpha_s \frac{1}{h_{sc}} \right\} q^{j,i} \tag{12-2}$$

$$B = \left[\frac{\delta P_D}{\delta T} + \Delta k_f^{j,i}\alpha_f + \Delta z\alpha_f C^i + \Delta k_s^{j,i}\alpha_s + 3\Delta k_c^{j,i}\alpha_{\text{Na}} \right] \sum_{k=1}^{j} \frac{\Delta z}{C_c\rho A_f} \frac{q^{k,i}}{v(i)} +$$

$$\begin{bmatrix} 2\alpha_s\Delta k_f^{j,i}W^j + 2\alpha_s\Delta k_s^{j,i}W^j + 2R_1(R^{i+1}-R^i)\alpha_sW^j \frac{E_j}{2R_1+1} + \\ 2R_c(R^{i+1}-R^i)\alpha_sW^j \frac{D_j}{2R_c+1} \end{bmatrix} \sum_{k=1}^{jsp} \frac{\Delta z}{C_c\rho A_f}\frac{q^{k,i}}{v(i)}$$

$$\tag{12-3}$$

从反应性系数 A 和 B,可以确定 P/F 值的变化(归一化功率与归一化流量之比),以及最终渐近状态的出口冷却剂温度的变化,即

$$\frac{P}{F} = 1 + \frac{A}{B} \quad \text{和} \quad \delta T_{\text{out}} = \Delta T_c \frac{\delta P}{F} = \frac{A}{B}\Delta T_c \tag{12-4}$$

系数 A 由多普勒价值、轴向边界移动价值和热物理性质(如线膨胀系数和有效传热系数 h_{fs})决定。反应性系数 A 基本上是来自燃料侧的反应性总量。功率/流量系数 B 由多普勒分量、燃料和包壳轴向和径向扩展以及燃料轴向和径向边界运动分量等这些冷却剂温升的函数决定。大体上,功率/流量系数 B 是冷却剂侧的反应性总量。在间隔区冷却剂温度的升高有助于提高负反应性反馈的花式反应性反馈。对于一个给定的反应性或流量扰动,反应性反馈会以这样的方式进行,最后一个渐进态的 P/F 值会发生变化,并且 δT_{out}(冷却剂出口温度变化)会变小。为了满足前面的条件,B 的值应该大于 A。

根据事故分析中获得的经验,建议采用以下方法有效地增强负反馈。

12.2.2.1 慢化剂的增加

一种改进液态金属快中子增殖反应堆(LMFBR)负反应性反馈的创新方法是增加慢化剂材料[12.9,12.10]。慢化材料的加入降低了能谱,但改善了多普勒效应。这可以在具有高增殖率的金属燃料快中子增殖反应堆中实现,因为能谱的降低不会导致中子经济性的大幅降低。这种方法对于中型(500~700MW(e))金属快中子增殖反应堆比大型反应堆(大于1000MW(e))更有效,因为在大型堆芯中,能谱较软,增殖率更低,这将导致更多的中子经济损失。此外,由于能谱较软,多普勒效应在大型堆芯中也会存在。

慢化材料的加入可以是在冷却剂中加入稀释剂,也可以用具有慢化性能的元件代替一些燃料元件。其中一项研究是用 ZrH 代替一些燃料元件[12.10],并对其进行了参数化研究。研究结果表明,用 ZrH 元件代替3%~5%的燃料元件可以显著提高反应性系数。在这些堆芯中,多普勒系数提高了两到三倍,与类似的混合氧化物(MOX)堆芯相比,数值更加均匀。与混合氧化物堆芯和金属燃料堆芯相比,钠空泡反应性也有较好的数值。ZrH 的替代对增殖率、燃耗反应性损失和峰值因子都有一定的不利影响。但是,3%ZrH 替代的堆芯的这些值仍然优于或与常规混合氧化物燃料堆芯相同。

含氢材料对多普勒和钠空泡反应性的影响也已被实验验证。在日本原子能研究所(JAERI)的快中子临界装置(FCA)中进行了一系列的临界实验,以确认含氢材料对多普勒和钠空泡反应性的影响,并检验含氢材料快堆设计规范的适用性[12.9]。实验结果清楚地表明,含氢材料显著地改善了多普勒和钠空泡反应性。

12.2.2.2 增加燃料的导热系数

对于增加固有安全性而言,增加燃料导热系数的方法更适合金属燃料。与氧化物燃料相比,金属燃料的导热系数很高。通过选择合适的合金材料可以进一步提高热导率。U-Pu-Al 的导热系数为 $80\sim150W/m/K^{[12,11]}$,而 U-Pu-Zr 燃料的导热系数为 $20W/m/K$。燃料材料的热导率越高,运行温度就会越低。因为金属燃料的中子谱较硬,多普勒常数较小。稳态运行温度越低,金属燃料的总体负多普勒反馈就越小。这减少了剩余反应性和控制棒的价值。因此,无保护瞬态超功率(UTOP)的严重性也降低了。金属燃料中较小的多普勒反馈是功率反应性衰减较小的原因之一(使反应堆功率降为零所需的反应性)。在无保护失流事故(ULOFA)的情况下,由于稳态温度较小,总体的多普勒效应要么是负的,要么是零。所以,反应堆可以在没有太多冷却剂沸腾的情况下安全停堆。

由于高导热性燃料中的燃料运行温度较小,当发生 ULOFA 时,燃料温度有可能升高并引入负反应,使反应堆安全停堆。U-Pu-Al 的膨胀系数相对较高,所以,这也可能会增强反应性事故的负反应性反馈。在氧化物燃料反应堆的 ULOFA 事故下,这可能会是一个正反馈。但对于金属燃料,由于不同的工况之间的温差相当小,并且燃料和冷却剂的温度之间的温差也很小,平均燃料温度预计将升高,燃料轴向膨胀将在 ULOFA 中引入负反应性反馈。

12.2.2.3　燃料喷出现象:在 UTOPA 下的固有安全性

如果外部反应性引入速率高,则会发生燃料熔化现象,且包壳内的熔融燃料会从堆芯的中心区域沿轴向方向向外围移动。这种燃料在燃料棒中移动的前包壳失效故障在欧洲被称为燃料喷射,在美国则被称为燃料喷出。熔融燃料的喷出引入了负的反应性反馈,这种负的反应性反馈将使反应堆达到一个新的稳态或次临界状态。

12.2.3　余热排出的固有安全性

现代钠冷快堆的主冷却系统都会配置自然循环的停堆热排出系统。自然循环排出停堆余热的能力提供了一种手段,即使在所有场外和紧急现场电源供应中断的情况下,也能将反应堆组件温度维持在可接受的水平。因此,自然循环排热在整体的固有安全措施中具有重要作用。自然循环流动是由于重力对沿海拔方向有密度差的连续流体的影响而产生的。重质流体下沉以取代较轻的流体。当流体被加热,密度降低时,在低于流体被冷却且密度升高的高度的轴向位置,会产生浮力诱导流动。在一维模型中,当浮力大到足以克服形状、摩擦和剪切损失时就会发生流动。自然循环流量是由浮力和流动相关的压力损失之间的平衡来决定的。当热驱动密度差提供浮力时,流体流速由流体性质、热阱与热源之间的高程差、热源与热阱之间流体的温度差决定。液体钠及其合金具有良好的热物理性质,是自然循环排热的理想流体。由于它的高导热性,液体钠能够有很高的对流换热率,即使在自然循环较低的流体速度下也是如此。这将使热源与流体之间、流体与热阱之间的温差最小化,并减少自然循环冷却所需的源-阱之间的总体温差。钠冷快堆可以通过配置来促进自然循环停堆排热。关键的设计参数是:①提供一个流体流动相对自由的自然循环路径;②提供热源和热阱之间足够的高程差。

在主冷却回路中,自然循环流动可以沿着正常运行所使用的相同的流动路径建立。沿着这条路径,冷却剂在反应堆中被加热,上升到热腔室,并通过中间热交换器(IHX)流到冷腔室,然后回到反应堆堆芯。在事故或紧急停堆情况下,IHX 无热量排出时,可将独立的热交换器与回路式反应堆设计的 IHX 串联排出热量。或者,对于池式反应堆设计,直接反应堆辅助冷却系统(DRACS)热交换器可能位于冷池的高处。在 DRACS 热交换器中冷却的主冷却剂落在冷池的底部附近,在那里进入主冷却剂泵入口并返回反应堆。对于回路式或池式反应堆,主冷却剂自然循环会将热量从反应堆输送到 IHX 或辅助热交换器。如果提供了足够的最终热阱高度,则可以通过中间冷却剂回路中的自然循环来 IHX 处排出的热量。这种停堆热排出的方式已在环型快通量测试设备(FFTF)反应堆中得到验证[12.12]。如果 IHX 路径不可用,则可以通过辅助热交换器将热量转移到第二个自然循环回路。第二回路中的工作流体通常指定为钠-钾合金(NaK)。NaK 回路将热量通过管道输送到位于安全壳厂房外高海拔处的第二个热交换器,在那里热量被排出到环境空气中。NaK 相对较低的熔点可以将二次回路冻结的可能降到最低。通过这样一个辅助冷却系统的停堆热排出的方式已经在池式 EBR-II 反应堆中得到了验证。

12.2.4　工程安全功能

电站的一般安全性大致可分为固有安全性和工程安全性。由于反应堆系统概念的选择、冷却剂的选择以及堆芯的特性,使得固有安全性是可用的。具体的固有特征是池的概念、负反应系数、有效的钠冷却剂以及容易产生的自然对流。一些重要的工程安全性包括:组件的多个径向入口套筒、主泵的惯性、主钠泵的应急电源、堆芯监控仪表、反应堆停堆系统、安全级余热排出系统(SGDHRS)、防止钠-水反应和外部钠泄漏的保护,以及防止堆芯解体事故(CDA)发生后的瞬态过功率事件和放射性泄漏到环境中的各种设计规定。

堆芯配置有足够的屏蔽,以限制二回路钠的放射性,并减少栅格板、堆芯盖板和主容器等结构部件的中子剂量,确保降低辐射对材料性能退化的影响。主容器由高延展性不锈钢材料制成,适用于破裂前泄漏的标准。在主容器周围安装一个安全容器,确保在任何条件下都能持续冷却堆芯。主容器无喷嘴穿透,结构可靠性高。一个简单的形状允许在使用中检查容器的焊接，以评估其结构可靠性。

反应性的温度和功率系数被设计为负值。因此，在发生一回路和二回路钠流量或给水流量的扰动时，即使没有操作人员的纠正措施，反应堆也能稳定到一个新的功率水平。由于燃料的增殖和裂变产物对快中子的低吸收截面，燃料燃耗造成的反应性损失很小。没有氙中毒。稳态运行时，控制棒的操作运行频率较低（每班约2或3次）。因此，不需要自动功率调节。这样就避免了自动功率调节系统故障时可能出现的问题。

堆芯监测由功能多样的传感器完成。中子探测器用于监测功率，并通过安全控制棒加速运动（SCRAM）对线性功率、周期和反应性等参数提供安全动作信号。这些参数提供了对瞬态超功率、瞬态过冷和异常反应性附加事件的保护。一旦发现反应堆有任何异常，两个独立的快速作用的停堆系统将确保停堆。

12.2.5　固有安全参数的总体感知

任何关于反应性系数的讨论都应该考虑到建立时间的重要性。反应性反馈的时间常数应较小。正如核物理学界所知，来自燃料的反馈（如多普勒）是迅速的，即具有较小的时间常数。由于堆芯径向膨胀、控制棒传动系统膨胀和压力容器膨胀而产生的任何其他反馈可能在几秒到几百秒后有效，也就是说，它们的时间常数很大。因此，为了得到有效的反馈，时间常数应该很小。

与以金属为基本燃料材料设计的相比，以氧化物为基本燃料材料设计的液态金属快中子增殖反应堆（LMFBR）的中子能谱较软，钠空泡系数较小。在氧化物燃料中，多普勒反馈会给出一个明显、迅速的负反馈。在反应性的组成部分中，多普勒占主导地位（约占四分之三）。但在金属燃料的情况下，多普勒反馈并不像在氧化物燃料中那样明显。还有一些工作[12.9]通过在反应堆中加入稀释剂组件并软化能谱来提高瞬发系数。反应堆堆芯设计选择对利用这些固有的反应性反馈机制来补偿事故条件下堆芯功率和温度的不良变化的能力有很大影响。重要的是要认识到，反应性反馈机制可以是有益的，也可以是有害的，这取决于保持反应堆功率和温度在一定范围内的需要，取决于事故条件。例如，某些意外情况需要对堆芯中意外引入的正反应性作出响应，如无保护瞬态超功率（UTOP）事件中发生的情况。在这种情况下，较大的燃料多普勒反馈是有益的。然而，在其他事故中，需要终止裂变过程，将堆芯功率降低到衰变热水平，如在无保护失流（ULOF）和无保护散热器损失（ULOHS）中，较低的燃料多普勒反馈是首选。同样重要的是要认识到堆芯反应性的变化是所有反应性反馈机制的综合结果，而不是任何一个单独的影响。在反应堆设计中适当地结合固有的反应性反馈需要一个平衡的方法，考虑所有潜在的事故条件，以达到最佳的整体性能。

12.3　运行简化

在许多方面，快中子增殖反应堆类似于与目前运行的动力反应堆类似。然而，快中子增殖反应堆的堆芯必须比轻水反应堆（LWR）的堆芯更紧凑。钚或更多的高浓缩铀被用作燃料，它们的直径更小，由不锈钢覆盖而不是锆合金覆盖。由于水能迅速将裂变过程中产生的高速运动的中子减速到低于增殖所需的能量水平，所以水不能用于快堆。因此，在快中子增殖反应堆中，我们必须从小体积的燃料中去除大量的热量，同时使用不会"大幅降低中子能量"的冷却剂。

与热中子堆相比，快中子增殖反应堆堆芯产生的能量更大，因此，冷却剂必须有很好的传热性能。对于使用液态金属冷却系统的快堆来说，钠被选为冷却剂，因为它可以有效地将热量从紧凑的反应堆堆芯中除去，并在相当宽的温度范围内保持液态。与其他可能的冷却剂相比，钠拥有所需特性的最佳组合，包括优良的传热性能。较低的泵功率要求，系统压力的低需求（几乎可以使用大气压力），在紧急条件下能够吸收大量的能量（由于其操作温度远低于沸点），倾向于溶解通过燃料元件故障释放到冷却剂中的许多裂变产物或与它们产生反应（从而保留），而且具有良好的中子特性。钠的不利特性是它与空气和水的化学反应性，辐照下的活化，光学不透明性以及轻微中子减速和吸收特性。但在实践中，钠作为冷却剂的优点超过了这些缺点。

12.3.1　燃耗

常规的轻水反应堆在燃耗时需要过剩反应性，以便在换料之间进行操作。消耗性的吸收剂用来降低过剩反应性。尽管如此，必须在控制棒上保留几个百分点的反应性，或者必须用混合在冷却剂中的硼吸收剂来补偿反应性。考虑这些措施和不确定因素，轻水反应堆的过剩反应性约为10%。快堆需要的用来补偿温度效应的过剩反应性更低。最高的过剩反应性用于补偿燃料的燃耗。对于金属燃料反应堆，最大过剩反应性可以小于缓发中子份额（β）。这样的燃耗截面可以在含有高密度燃料的组合物中获得，例如，氮化铀（UN）和重金属冷却剂（铅）。

12.3.2　系统安全

在快堆中，由于堆芯在接近环境压力的情况下工作，因此大大降低了冷却剂损失事故的危险。整个堆芯、热交换器和主冷却泵都浸在液态钠或铅池中,使得主冷却剂流失几乎不可能发生。冷却剂回路的设计允许通过自然对流进行冷却,这意味着在功率损失或反应堆意外停堆的情况下,即使主冷却泵发生故障,来自反应堆堆芯的热量也足以保持冷却剂循环。

短寿命裂变产物和锕系元素产生的衰变热在这两种情况下是相当的,开始时是高水平的,停堆后随着时间的推移而减少。液态钠主冷却剂的大容量池式结构被设计来吸收衰变热以防止燃料熔化。主钠泵采用飞轮设计,这样它们就可以缓慢地依靠惯性惰转。停堆时,这种惰转的方式会进一步帮助堆芯冷却。如果主冷却回路以某种方式突然停止,或者控制棒突然被移除,金属燃料可能会熔化,正如在 EBR-I 中事故演示的那样;然而,熔化的燃料随后从钢质燃料包壳管中挤出,并从活跃的堆芯区域中流出,导致反应堆永久停堆,不再产生裂变热或燃料熔化。使用金属燃料时,即使在超功率瞬态情况下,也不会破坏包壳,不会有释放放射性物质。

12.3.3 非能动安全功能

与传统轻水反应堆相比,快堆也有非能动安全优势。燃料和包壳的设计如下,当它们由于温度升高而膨胀时,更多的中子将逃离堆芯,从而降低链式裂变反应的速度。换句话说,堆芯温度的升高将作为反馈机制,降低堆芯功率,这个特性称为反应性的负温度系数。大多数轻水堆也有负的反应性系数,在快堆中,在没有操作人员或安全系统的外部作用的情况下,这种效应足够强烈,从而阻止堆芯损坏。这在原型反应堆的一系列安全试验中得到了证明,这些试验将在第 20 章中详细介绍。

在快堆中,除了钠膨胀效应外,所有反应性系数在快堆中都是负的。因此,反应堆的运行在任何的有界扰动下都是稳定的。燃耗反应性的变化很小,这是由于燃料的增殖和裂变产物对快中子的低吸收截面造成的。没有像热能反应堆那样的氙中毒,不需要自动功率调节,这样就避免了因电力调节系统故障而产生的问题。入口温度和反应性的功率系数为负,因此任何异常的温度和/或功率的增加都会导致反应性降低,从而导致功率降低。冷却剂和结构钢的膨胀导致小的正反应性会被负的和即时的反应性效应补偿,如多普勒效应和燃料膨胀。还有来自栅格板、间隔垫和控制棒膨胀差的负反应性反馈,在瞬态过冷事故中,这些反馈往往会降低反应堆功率。计算得到的动态功率系数为负值,保证了反应堆的稳定性。

12.4 放射性释放

在典型的中、大型池式 SFR 中，堆芯解体事故(CDA)是一种超设计基准事故(BDBA)，其原因是反应堆产生的功率与从反应堆输出的功率不匹配，以及停堆系统没有按需响应，这通常发生在无保护失流或无保护的瞬态超功率事件的情况下。由此产生的热能释放具有等效的机械势能，通常在达到高温高压的几兆焦耳范围内。虽然是超设计基准事故，但反应堆安全壳建筑物(RCB)的设立是为了减轻 CDA 的后果，并确保现场边界的剂量率在规定的限度内，控制室的可居住性不会受到危害。估计源项涉及两个步骤。首先，计算在 RCB 中的辐射源，然后计算在 RCB 外的辐射源项。这些源项的估计将在下文中讨论。

12.4.1 RCB 中的放射源

要评价反应堆安全壳建筑物(RCB)中的源项，需要了解其基本信息，如堆芯的裂变产物存量、堆芯解体事故(CDA)中的堆芯损坏程度、进入保护气体，随后通过顶层屏蔽泄漏或压力容器的熔化释放到 RCB 中的裂变产物[12.13]。然而，对 CDA 进行的损伤评估研究表明，压力容器和顶层屏蔽仍然完好无损。所以，唯一可能的泄漏途径是通过顶部屏蔽泄漏。裂变产物种类取决于堆芯燃耗，放射性重要核素见表 12-1 所列的 RCB 内裂变产物与源项。在 CDA 结束时，堆芯部分将处于熔融状态，其余部分将处于汽化状态。例如，原型快中子增殖试验堆(PFBR)的 CDA 分析[12.14]表明，在 CDA 结束时，94% 的堆芯处于熔融状态，20% 处于汽化状态。

表 12-1 在 RCB 内裂变产物与源项的堆芯存量

同位素	半衰期	PFBR/Bq	OECD/Bq	SNR-300/Bq	EPR/Bq
^{131}I	8.02d	1.48×10^{18}	1.33×10^{18}	7.40×10^{17}	1.48×10^{17}
^{132}I	2.30h	1.96×10^{18}	1.76×10^{18}	9.80×10^{17}	1.96×10^{17}
^{133}I	20.80h	2.54×10^{18}	2.29×10^{18}	1.27×10^{18}	2.54×10^{17}
^{134}I	52.50m	2.53×10^{18}	2.28×10^{18}	1.27×10^{18}	2.53×10^{17}
^{135}I	6.57h	2.23×10^{18}	2.01×10^{18}	1.12×10^{18}	2.23×10^{17}
^{134}Ca	754.50h	2.82×10^{14}	2.28×10^{14}	1.41×10^{14}	2.82×10^{13}
^{137}Ca	30.07y	8.42×10^{16}	6.82×10^{16}	4.21×10^{16}	8.42×10^{15}
^{88}Rb	17.78m	5.22×10^{17}	4.23×10^{17}	2.61×10^{17}	5.22×10^{16}

(续)

同位素	半衰期	PFBR/Bq	OECD/Bq	SNR-300/Bq	EPR/Bq
^{103}Ru	39.26d	2.41×10^{18}	9.64×10^{16}	4.10×10^{16}	9.64×10^{16}
^{106}Ru	373.59d	1.06×10^{18}	4.24×10^{16}	1.80×10^{16}	4.24×10^{16}
^{89}Sr	50.53d	7.12×10^{17}	7.83×10^{16}	1.21×10^{16}	2.85×10^{16}
^{90}Sr	28.79y	2.88×10^{16}	3.17×10^{15}	4.90×10^{14}	1.15×10^{15}
^{141}Ce	32.50d	2.11×10^{18}	8.44×10^{16}	3.59×10^{16}	8.44×10^{16}
^{144}Ce	284.89d	1.06×10^{18}	4.20×10^{16}	1.79×10^{16}	4.20×10^{16}
^{131m}Te	30.00h	1.63×10^{17}	2.61×10^{16}	8.15×10^{16}	1.63×10^{16}
^{132}Te	3.20d	1.88×10^{18}	3.01×10^{17}	9.40×10^{17}	1.88×10^{17}
^{140}Ba	12.75d	1.93×10^{18}	2.12×10^{17}	3.28×10^{16}	7.72×10^{16}
^{95}Zr	64.02d	1.76×10^{18}	7.04×10^{16}	2.99×10^{16}	7.04×10^{16}
^{140}La	1.68d	1.96×10^{18}	7.84×10^{16}	3.33×10^{16}	7.84×10^{16}
^{85m}Kr	4.48h	2.26×10^{17}	2.03×10^{17}	2.26×10^{17}	2.26×10^{17}
^{87}Kr	76.30m	4.08×10^{17}	3.67×10^{17}	4.08×10^{17}	4.08×10^{17}
^{88}Kr	2.84h	4.94×10^{17}	4.45×10^{17}	4.94×10^{17}	4.94×10^{17}
^{85}Kr	10.70y	4.669×10^{15}	4.22×10^{15}	4.69×10^{15}	4.69×10^{15}
^{133}Xe	5.24d	2.55×10^{18}	2.30×10^{18}	2.55×10^{18}	2.55×10^{18}
^{135}Xe	9.14h	2.66×10^{18}	2.39×10^{18}	2.66×10^{18}	2.66×10^{18}
^{239}Pu	24110y	4.51×10^{15}	4.51×10^{13}	7.67×10^{13}	4.51×10^{11}

我们必须找出到达保护气体并随后进入 RCB 的裂变产物的比例。在这个问题上,全世界已经进行了大量的研究工作。在 CDA 过程中,堆芯的气泡膨胀,然后裂变产物要到达保护气体氩气,必须通过钠池,大部分的辐射源可以在穿过钠的运输过程中被移除。CDA 情景下核电站不同区域的放射源示意图如图 12-1 所示。Kress 等人[12.15,12.16]确定了以下可能的移除机制:

- 在燃料蒸汽凝结到气泡/钠界面上时,在气泡结构上,在夹带的液滴上;
- 在结块和去除钠的过程中;
- 裂变产物向钠扩散并与钠发生反应。

针对上述现象已经建立了几个模型[12.17-12.19],但还没有得到实验的证实。考虑到上述现象所涉及的所有不确定性,经济合作与发展组织/核能机构(OECD/NEA)建议[12.20]采用表 12-2 中给出的 RCB 源项。近 20 年来,在几个国家进行的液态金属快中子增殖反应堆(LMFBR)源项实验的结果总结如下。

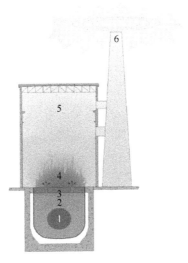

图 12-1　CDA 情景下核电站不同区域放射源示意图

表 12-2　RCB 内的源项

同位素	进入 RCB 的泄漏分数	同位素	进入 RCB 的泄漏分数
^{131}I	1.00E−01	^{144}Ce	1.00E−01
^{132}I	1.00E−01	^{131m}Te	4.00E−02
^{133}I	1.00E−01	^{132}Te	4.00E−02
^{134}I	1.00E−01	^{140}Ba	4.00E−02
^{135}I	1.00E−01	^{95}Zr	1.00E−04
^{134}Cs	1.00E−01	^{140}La	1.00E−01
^{137}Cs	1.00E−01	^{85m}Kr	1.00E−01
^{88}Rb	4.00E−02	^{87}Kr	1.00E+00
^{103}Ru	4.00E−02	^{88}Kr	1.00E+00
^{106}Ru	4.00E−02	^{85}Kr	1.00E+00
^{89}Sr	4.00E−02	^{133}Xe	1.00E+00
^{90}Sr	4.00E−02	^{135}Xe	1.00E+00
^{141}Ce	1.00E−01	^{239}Pu	1.00E+00

裂变气体释放到保护气体总量是确定的,但有一定的时间延迟,从堆芯释放的确切位置是无法得知的。在事故发展过程中,挥发性裂变产物(FP)释放分数取决于其物理化学性质和事故中热力学条件的演变。所考虑的 26 种核素从堆芯到 RCB 的释放分数如表 12-3 所示。碘、铯、碲和燃料的数值取自 FAUST 实验得出的数值[12.21]。对于非挥发性核素,释放分数要低得多。根据德国 FAUST 实验项目的结果[12.21],得到了一个真实的瞬时源项,如表 12-3 所示。根据几次实验结果,不同反应堆的源项估计值[12.21]如表 12-1 和表 12-4 所示。同时也观察到,对于挥发性裂变产物,与碘和铯与液体钠气溶胶的贡献相比,碘和铯对源项的贡献是微不足道的。对于非挥发性放射性核素,源项取决于堆芯上方的池高和静压室中存在的障碍物。

表 12-3 从 FAUST 实验中推导出的源项

放射性核素	分数
Xe,Kr	1
I,Br	0.1
Cs	1.00E−04
Te	—
SrO	1.00E−04
UO_2	1.00E−04

表 12-4 不同反应堆 RCB 中的源项

放射性核素	OECD[a]	SNR-300[a]	EFR[b]	MONJU[a]
Xe,Kr	0.9	1	1	1
I	0.9	0.5	0.1	0.1
Cs	0.81	0.5	0.1	0.1
Te	0.16	0.5	0.1	0.1
SrO	0.11	0.017		
燃料	0.01	0.017	1.00E−04	2.00E−03

a 能动性;
b 非能动性。

OECD 关于核气溶胶的报告也详细讨论了核气溶胶的形状参数。由此产生的环境释放量仅会略微升高,如表 12-5 所列。在现场边界处的有效剂量只增加了 1.7mSv。由于 ^{137}Cs 和 ^{131}I 在前 24h 内沉积的活性所造成的累积照射量仅增加 0.18mSv。因此,总剂量仍然低于允许的限度。

表 12-5 $\alpha = 0.15$ 的环境释放

同位素	堆芯存量/Bq	环境释放量/Bq	释放分数
^{131}I	1.48×10^{18}	2.05×10^{13}	1.39×10^{-5}
^{132}I	1.96×10^{18}	2.72×10^{13}	1.39×10^{-5}
^{133}I	2.54×10^{18}	3.52×10^{13}	1.39×10^{-5}
^{134}I	2.53×10^{18}	3.51×10^{13}	1.39×10^{-5}
^{135}I	2.23×10^{18}	3.09×10^{13}	1.39×10^{-5}
^{134}Cs	5.22×10^{17}	8.96×10^{12}	1.72×10^{-5}
^{137}Cs	2.41×10^{18}	4.62×10^{12}	1.92×10^{-6}
^{88}Rb	1.06×10^{18}	2.03×10^{12}	1.92×10^{-6}
^{103}Ru	7.12×10^{17}	3.65×10^{12}	5.13×10^{-6}
^{106}Ru	2.88×10^{16}	1.48×10^{11}	5.13×10^{-6}
^{89}Sr	2.11×10^{18}	6.07×10^{12}	2.88×10^{-6}
^{90}Sr	1.05×10^{18}	3.02×10^{12}	2.88×10^{-6}
^{141}Ce	1.63×10^{17}	1.24×10^{12}	7.59×10^{-6}
^{144}Ce	1.88×10^{18}	1.43×10^{13}	7.59×10^{-6}
^{131m}Te	1.93×10^{18}	8.19×10^{12}	4.24×10^{-6}
^{132}Te	1.76×10^{18}	5.21×10^{12}	2.96×10^{-6}
^{140}Ba	1.96×10^{18}	6.01×10^{12}	3.07×10^{-6}
^{95}Zr	4.51×10^{15}	2.27×10^{7}	5.03×10^{-9}
^{140}La	2.82×10^{14}	1.63×10^{10}	5.77×10^{-3}
^{85m}Kr	8.42×10^{16}	4.86×10^{12}	5.77×10^{-3}
^{87}Kr	2.26×10^{17}	1.30×10^{15}	5.77×10^{-3}
^{88}Kr	4.08×10^{17}	2.35×10^{15}	5.77×10^{-3}
^{85}Kr	4.94×10^{17}	2.85×10^{15}	5.77×10^{-3}
^{133}Xe	4.69×10^{15}	2.71×10^{13}	5.77×10^{-3}
^{135}Xe	2.55×10^{18}	1.47×10^{16}	5.77×10^{-3}
^{239}Pu	2.66×10^{18}	1.53×10^{16}	5.77×10^{-3}

12.4.2 环境源项

评估源项释放到环境中所涉及的物理过程非常复杂。目前已经开发了一些程序来估计[12.22-12.25]。他们基本上求解了一个反应堆安全壳建筑物(RCB)中气溶胶数浓度的非线性积分方程，同时考虑了各种物理过程，如团聚，沉积，热泳,扩散泳,和湍流冲击。无法计算出所有的过程时,则通过从实验中得到的参数来估计各个过程的影响。裂变气体释放到环境的过程取决于 RCB 的压力随时间的变化。图 12-2 描述了放射性释放场景,相关细节如表 12-6 所示。

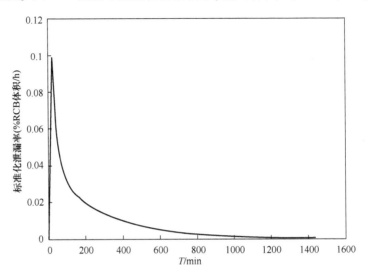

图 12-2　泄漏率与 RCB 的时间关系

表 12-6　放射性源项评估细节

区域号	源　项	方　法	程　序	活度/Bq[a]
1	燃料结构和冷却剂的熔融/汽化混合物	耦合微分方程的解	ORIGEN 2.0	2.69×10^{20}
2	钠池中留存放射性同位素	理论/实验	FAUST 实验	4.3×10^{19}
3	裂变气体和钠气溶胶在覆盖气体中积累	理论/实验	FAUST 实验和 ORIGEN 2.0	3.3×10^{19}
4	带有放射性核素钠渗透	液滴直径随距离变化的 D^2 定律	NACOM 和 SOFIRE	2.1×10^{19}
5	钠气溶胶和裂变气体	钠气溶胶扩散	OECD 报告	8.0×10^{18}
6	钠气溶胶和裂变气体	大气扩散	标准双高斯羽流模型	3.7×10^{16}

a　500MW(e) PFBR 的参考值。

12.4.3 计算模型

如前所述,大部分的放射性物质要么存在于氧化钠气溶胶中,要么形成它们自己的气溶胶。在第二阶段,计算气溶胶粒径分布的演化过程,采用如下公式[12.26]:

$$\frac{dn(x,t)}{dt} = \frac{1}{2}\int_0^x K(x',x-x')n(x',t)n(x-x',t)dx' - n(x,t)\int_0^\infty K(x,x')n(x',t)dx'$$
$$- n(x,t)R(x) + S(x,t) \tag{12-5}$$

式中

$K(x,x')$——预测由布朗运动、重力沉降和湍流气体运动引起的体积为 x 和 x' 的两个粒子之间的碰撞概率;

x——半径为 r 的粒子的体积;

x'——半径为 r' 的粒子的体积;

$n(x,t)$——气溶胶数量分布函数;

$R(x)$——重力沉降到地板、扩散到墙壁等产生的粒子的消失速率;

$S(x,t)$——粒子到 RCB 的源函数速率。

在式(12-5)中,第一项表示 x 尺寸气溶胶的凝聚,第二项表示 x 尺寸气溶胶的去除,最后一项为源项。全世界不同的实验室已经开发了一些计算程序[12.25,12.27-12.29]来求解式(12-5)。碰撞核函数 $K(x,x')$ 的形式取决于粒子的布朗运动、重力沉降和凝聚速率所代表的湍流气体运动等凝聚机制。这些凝聚速率取决于反应堆安全壳建筑物(RCB)中空气的黏度、气体平均自由程、空气温度、重力常数、坎宁安滑动修正因子、气溶胶物质密度、RCB 空气密度、凝结形状因子、动态形状因子和粒子-粒子碰撞效率。这些是通过拟合实验测量的数据确定的。因此,求解方法不仅涉及求解非线性方程,而且需要大量的实验确定参数。不同的程序在气溶胶浓度的许多实验测量结果方面很难达成一致[30]。这里使用了一个简化的模型,在该模型[12.31]中,假设在释放后的几分钟内,凝聚过程将达到一个阶段,该阶段可以通过以下方程来描述平均大小的气溶胶浓度的演化:

$$\frac{dn(t)}{dt} - n(t)R \tag{12-6}$$

式中:$R = P_R + G_R + T_R$,P_R、G_R、T_R 分别为壁面电镀率、重力沉降率、热泳去除率。在假定源项是瞬时的情况下,这种假定是合理的。P_R、G_R、T_R 由 Silberberg 给出[12.15]:

$$P_R = \frac{kTA_w\alpha^{1/3}}{6\pi\eta\Delta\chi r} \tag{12-7}$$

$$G_R = \frac{2g\rho_m A_f \alpha^{1/3} r^2}{9\eta V\chi} \tag{12-8}$$

$$T_R = \frac{3\eta A_w \nabla T k_T}{2\rho_g VT} \tag{12-9}$$

式(12-7)~(12-9)中

A_w——沉积(壁)面积;

V——安全壳体积;

Δ——发生扩散距离的参数;

A_f——接触的地面面积;

k_T——常数,它取决于粒子和气体的性质;

∇T——温度梯度,通常取$(T_{gas} - T_{wall})/\Delta_T$,其中$\Delta_T$是沉积距离参数。

如果 RCB 空气到环境的泄漏率为 L,则在 T 时段内从 RCB 中泄漏的气溶胶质量分数为

$$f = \int_0^T L(t)\mathrm{d}t e^{-(P_R + G_R + T_R)t} \tag{12-10}$$

泄漏率取决于在事故中燃烧钠排放到 RCB 中造成的压升。泄漏率作为时间的函数是由 RCB 中钠火灾计算的压力随时间的变化来估计的[12.32]。f 的积分为

$$f = \frac{1}{R}\sum_{i=0}^{N} L(t_i, t_{i+1})(e^{-Rt_i} - e^{-Rt_{i-1}}) \tag{12-11}$$

式中,$L(t_i, t_{i+1})$为时间间隔(t_i, t_{i+1})内的泄漏率。泄漏总共持续了 t 小时,将泄漏时间分成 N 个区间。气溶胶携带到环境中的放射性为

$$A_L = D_L f A \tag{12-12}$$

式中

A——释放到 RCB 的核素的放射性;

D_L——通过泄漏途径产生的气溶胶沉积的衰减系数。

通过如裂缝和穿透安全壳壁的渗透等泄漏路径的气溶胶沉积,是气溶胶去除的一个重要过程[12.33,12.34]。Levenson 和 Rahn 已经给出了通过泄漏路径的气溶胶在轻水反应堆(LWR)环境下可能的衰减范围为 1~100。裂变气体、碘和铯以分子形式逸出到反应堆安全壳建筑物(RCB)中,与 RCB 空气混合均匀,碘会附着在氧化钠气溶胶上[12.35]。对于气溶胶,D_L 取 0.1,对于裂变气体取 1.0。可以注意到,裂变气体的去除率为零。

12.4.4 剂量估计

事故过程中向环境释放的放射性物质和封装在反应堆安全壳建筑物（RCB）内部的放射性物质是核电站工作人员和公众接触的主要来源。在RCB内的放射性是对工厂人员的剂量的主要来源，而向大气中释放的放射性物质则是对场地边界以外公众区域的主要照射源。正常情况下，放射性物质释放到环境产生的剂量估计必须以一个最大限度暴露在场址边界的个人的条件下计算，即在离反应堆1.5km的地方，并且是RCB距离的函数。不同地点事故后24h的综合剂量率如图12-3所示。暴露的途径有：

- 裂变产物惰性气体（FPNG）组成的伽马云团造成剂量；
- 由环境中的微粒和蒸汽引起的吸入剂量；
- 暴露于地面沉积放射性物质。

类似PHWR[12.36]，由于有足够的干预时间，因此排除了甲状腺通过草-牛-奶途径摄入放射性碘的剂量。

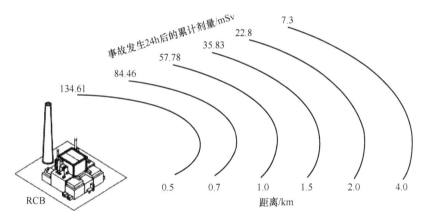

图12-3 不同距离的大气扩散和剂量率

12.4.5 事故工况下的剂量限值

在设计基准事故（DBA）条件下，规定了一定的剂量限值，例如，根据印度法规，最大限度暴露在场区边界的个人全身剂量100mSv，对单个器官（甲状腺）的剂量为500mSv[12.37]。超设计基准事故（BDBA）允许更高的剂量限制（根据印度法规，全身250mSv，儿童甲状腺2500mSv）。

用于计算剂量的源项取自12.4.4节。在堆芯解体事故（CDA）事件中，来自安全壳厂房的放射性物质通过两条途径释放到大气中。第一种途径是放射性核素通过烟囱的正常排烟途径泄漏。第二种途径是由于反应堆安全壳建筑物（RCB）的泄漏，该泄漏需符合每小时不超过0.1%的RCB体积,持续约24h的设计目标。该泄漏假定位于地平面。在快堆中，冷却剂中的放射性钠（含有两种放射性核素，^{22}Na 和^{24}Na）也会在CDA期间释放到反应堆安全壳厂房内。

用于浓度计算的模型是标准的双高斯羽流模型[12.38]。假定放射性核素是通过安全壳的泄漏从安全壳建筑物释放到地面的大气中。反应堆安全壳建筑物四周都是建筑，高约30m。在堆芯解体事故（CDA）泄漏的放射性物质中，有一部分会在到达环境之前进入这些建筑物。但在计算中会假定直接释放到环境中，因此上述中的放射性钠释放到安全壳厂房可以算做第三种暴露途径，对于考虑到这三种暴露途径的成人组进行剂量估算。

关于通过烟囱排放（烟囱排放仅持续时间为60s，烟囱的高度是95m）估计剂量，有两种暴露途径：来自裂变产物惰性气体（FPNG）烟雾的伽马照射和来自其他主要裂变产物的吸入照射。为了按照原子能管理委员会（AERB）的建议，假定在放射性核素释放期间存在最不利的气象条件，以便最大限度地估计剂量[12.39]。大气稳定级别、风速、风向和其他气象参数决定了放射性核素的释放。

参考文献

[12.1] Cahalan, J. et al. (1990). Performance of metal and oxide fuels during accidents in a large liquid metal cooled reactor. International Fast Reactor Safety Meeting, Snowbird, UT.

[12.2] Wade, D. C., Chang, Y. I. (1988). The integral fast reactor concept. Physics of operation and safety. Nucl. Sci. Eng., 100, 507-524.

[12.3] Sathiyasheela, T., Riyas, A., Sukanya, R., Mohanakrishnan, P., Chetal, S. C. (2013). Inherent safety aspects of metal fuelled FBR. Nucl. Eng. Design., 265, 1149-1158.

[12.4] Wade, D. C., Wigeland, R. A., Hill, D. J. (1997). The safety of the IFR. Prog. Nucl. Energy, 31(1-2), 63-82.

[12.5] Wigeland, R., Cahalan, J. (2009). Fast reactor fuel type and safety performance. Proceedings of Global, Paris, France, September 6-11, 2009.

[12.6] Royl, P. et al. (1990). Influence of metal and oxide fuel behavior on the ULOF accident in 3500 MWth heterogeneous LMR xores and comparison with other large cores. International Fast Reactor Safety Meeting, Snowbird, Utah, August 12-16, 1990.

[12.7] Walter, A. E., Reynolds, A. B. (1981). Fast Breeder Reactors. Pergamon Press, New York.

[12.8] Wade, D. C., Chang, Y. I. (1988). The integral fast reactor concept: Physics of operation and safety. Nucl. Sci. Eng., 100, 507-524.

[12.9] Tsujimoto, K. et al. (2001). Improvement of reactivity coefficients of metallic fuel LMFBR by adding moderating material. Ann. Nucl. Energy, 28, 831-855.

[12.10] Merk, B., Fridman, E., Weiß, F.-P. (2011). On the use of a moderation layer to improve the safety behavior in sodium cooled fast reactors. Ann. Nucl. Energy, 38(5), 921-929.

[12.11] Ishizu, T. et al. (2010). Study of theself controllability for the fast reactor core with high thermal conductivity fuel. J. Nucl. Sci. Technol., 47, 684.

[12.12] Beaver, T. R. et al. (1982). Transient testing of the FFTF for decay heat removal by natural convection. Proceedings of the LMFBR Safety Topical Meeting, European Nuclear Society, Lyon, France, Vol. II, pp. 525-534.

[12.13] Indira Gandhi Centre for Atomic Research. (2001). Fission product inventories, Department of Atomic Energy. Note: PFBR/01115/DN/1081, Rev-A, India.

[12.14] ULOF and CDA. (2008). Analysis of PFBR with reactivity worths based on ABBN-93 cross-section set. RPD/SAS/177/R-1.

[12.15] Silberberg, M. (ed.) (1979). State of the art report on nuclear aerosols in reactor safety. A state of the art report by a group of exports of the NEA Committee on the Safety of Nuclear Installation, OECD.

[12.16] Kress, T. S. et al. (1977). Source term assessment concepts for LMFBRs, aerosol release and transport analytical program. ORNL-NUREG-TM-124.

[12.17] Ozisik, M. N., Kress, T. S. (1977). Effects of internal circulation velocity and non-condensible gas on vapour condensation from a rising bubble. ANS Transactions, 27, 551.

[12.18] Theofanous, T. G., Fauske, H. K. (1973). The effects of non-condensibles on the rate of sodium vapour condensation from a single rising HCDA bubble. Nucl. Technol., 9, 132.

[12.19] Kennedy, M. F., Reynolds, A. B. (1973). Methods for calculating vapour and fuel transport to the secondary containment in an LMFBR accident. Nucl. Technol., 20, 149.

[12.20] Kress, T. S. et al. (1977). Source term assessment concepts for LMFBRs. Aerosol release and transport analytical program. ORNL-NUREG-TM-124.

[12.21] Balard, F., Carluec, B. (1996). Evaluation of the LMFBR cover gas source terms and synthesis of the associated R&D. Technical Committee Meeting on Evaluation of Radioactive Materials and Sodium Fires, IWGFR/92, O-arai, Japan.

[12.22] Berthoud, G. et al. (1988). Experiments on LMFBR aerosol source terms after severe accident. Nucl. Technol., 81, 257.

[12.23] Dunbar, I. H. (1985). Aerosol behaviour codes: Development, inter-comparison and applications. In Proceedings of CSNI Specialists Meeting on Nuclear Aerosols in Reactor Safety, Schikarski, W. O., Schock, W. (Eds.), Kernforschungszentrum Karlsruhe, KfK 3800, Federal Republic of Germany.

[12.24] Beonio-Brocchieri, F. et al. (1988). Nuclear aerosol codes. Nucl. Technol., 81, 193.

[12.25] Gieske, J. A., Lee, K. W., Reed, L. D. (1978). HAARM-3: User manual. BMI-NULEC-1991.

[12.26] Balard, F., Carluec, B. (1996). Evaluation of the LMFBR cover gas source terms and synthesis of the associated R&D. Technical Committee Meeting on Evaluation of Radioactive Materials and Sodium Fires, IWGFR/92, O-arai, Japan.

[12.27] Hubner, R. S. et al. (1973). HAA-3 user report. AI-AEC-13038.

[12.28] Obata, H. (1981). ABC-3C user's manual. CRC-081-001.

[12.29] Bunz, H. (1983). A computer code for determining behaviour of contained nuclear aerosols.

Pardiseko IV. KfK-3545.

[12.30] Schutz, W., Minges, J., Haenscheid, W. (1985). Investigations on bubble behaviour and aerosol retention in case of a LMFBR core disruptive accident. In Proceedings of CSNI Specialists Meeting on Nuclear Aerosols in Reactor Safety, Schikarski, W. O., Schock, W. (eds.), KfK-3800.

[12.31] Indira Gandhi Centre for Atomic Research. (2004). Release of radioactivity into environment under core disruptive accident, Department of Atomic Energy. Note: PFBR/01115/DN/1018/R-C, India.

[12.32] Indira Gandhi Centre for Atomic Research. (2002). Sodium Release and Pressure Loading on reactor Containment Building during a CDA, Department of Atomic Energy. PFBR/31050/DN/1018, Rev-C, India.

[12.33] Huang, T. C. (1977). Aerosol attenuation in leakage paths. Trans. Am. Nucl. Society, 26, 338.

[12.34] Nelson, C. T. (1976). Some potential reductions in the release of radioactivity under LMFBR accident conditions. Proceedings of International ANS/ENS Conference on Fast Reactor Safety, Chicago, Illinois, US, October 5-8, 1976.

[12.35] Baurmas et al. (1970). Behaviour of iodine in the presence of sodium oxide aerosols. Proceedings of 11th AEC Air Cleaning Conference, Federal Building, Richland, Washington, DC, Vol. 1, August 31-September 3, 1976.

[12.36] Nuclear Power Corporation of India Limited. (1999). Accident dose computation for the PHWR station at Kaiga Site. PSAR chapter, Department of Atomic Energy, India.

[12.37] Atomic Energy Regulatory Board. (1992). AERB safety guide on intervention levels and derived investigation levels for an off-site radiation emergency. SG/HS-1, India.

[12.38] Hukoo, R. K., Bapat, V. N., Sitaraman, V. (1988). Manual on emergency dose evaluation, BARC-1412.

[12.39] AERB Safety Guide (Draft). (1999). SG/S-5, India.

第 13 章
安全标准和依据

13.1 引 言

核反应堆的各种运行工况在设计中都会予以考虑,这些运行工况称为设计基准工况,如表 13-1 所示。设计中规定了在这些工况下的设计要求,以确保电厂的可用性和燃料元件和机械部件的完整性。因此,一套设计标准得以建立(堆芯完整性见表 13-2,反应堆装置的冷热池组件见表 13-3)。安全论证不仅要求在正常和瞬态条件下满足这些设计标准,而且要求在瞬态事件后满足与安全停堆状态相关的标准,这些标准的综合组成称为安全标准,表 13-4 中列出了一些示例。因此,安全标准描述了对反应堆安全非常重要的结构、系统和部件的设计要求,这些结构、系统和部件必须满足正常安全运行的要求,并且要能够防止可能危害反应堆安全的事件或减轻事件的后果。图 13-1 显示了分类、事件和安全目标之间的关系[13.1]。

表 13-1 电厂和安全标准的例子

序 号	种 类	发生频率
1	正常和计划操作	>1
2	预计运行事件	$>10^{-2}$/堆年
3	低频率事件(紧急事件)	$10^{-2} \sim 10^{-4}$/堆年
4	极低频率事件(事故)	$10^{-4} \sim 10^{-6}$/堆年

表 13-2 堆芯完整性设计标准的例子

种 类	包壳限制	燃料限制
1-正常	非开放性的包壳失效:MCT* <700 ℃	不发生熔化

(续)

种 类	包壳限制	燃料限制
2-偶发	除随机效应外,无包壳失效。在2h内 MCT<700℃和700℃<MCT<740℃,以及在10 min内740℃<MCT<780℃	不发生熔化
3-事故	没有系统的(大量的)燃料棒失效泄漏率也不会大幅增加	不发生熔化
4-假设	"可逆局部钠沸腾"标准	任何可预测的局部燃料熔化均应显示为可接受的(同时发生包壳失效和同一燃料棒的燃料熔化除外)
DEC	损坏堆芯的可冷却性;必须防止棒束堵塞的增多	每一次事故都承认遵守控制措施;不发生重返临界状态
残留风险	排除堆芯坍塌设计	能动严重事故排除设计

MCT*,氧化物燃料的最大包壳温度。

安全标准大致可分为两类:第一类指适用于所有类型反应堆的一般安全要求,第二类指针对特定反应堆系统的要求。一般安全原则涵盖的方面包括纵深防御要求、安全防护、对工作人员和公众的辐射剂量限制、场地边界辐射要求、应急准备等。

本章介绍了快堆(FR)的一般特征,以及在安全标准中涉及钠的具体安全问题。国际原子能机构(IAEA)和其他国际安全标准详细说明了典型池式钠冷快堆(SFR)系统和组件的安全标准(作为一个案例研究)和福岛事故后的演变趋势。

表13-3 反应堆组件的冷热池组件设计准则

种 类	冷池组件	热池组件
1-正常	最高温度为堆芯入口温度	<545
2-偶发	<520℃	<545
3-事故	<530℃	<545
4-假设	<630℃	<880
DEC	<630℃	—
残留风险	—	—

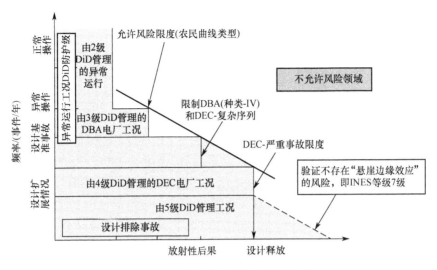

图 13-1 种类与安全目标之间的关系

(来源于 Rouault, J. et al., Sodium fast reactor design: Fuels, neutronics, thermal-hydraulics, structural mechanics and safety, Handbook of Nuclear Engineering, 2010, Springer, New York, USA, Vol. 4, pp. 2321-2710, Chapter 21.)

表 13-4 安全标准的例子

种 类	频 率	电厂标准	热池组件
1	>1/年	高可用性	放射性释放 ALARA
2	>10^{-2}/年	整流后能在短时间内恢复供电	放射性释放低于限值
3	>10^{-4}/年	检查和修理后可以重新启动	放射性释放低于限值
4	>10^{-6}/年	不需要电厂重新启动	为了维持堆芯的可冷却性,限制堆芯几何形状的变化
DEC	>10^{-7}/年	电厂投资损失	释放量低于目标(不需要场外供应)
残留风险	<10^{-7}/年	—	无"悬崖边缘"效应

13.2 安全标准中需要说明的快堆一般特征

与压水堆(PWR)相比,快堆(FR)堆芯的三个重要特征被认为是系统的缺点,分别为:

(1) 高功率密度(快堆输出功率为 300~600MW/m^3,大约是压水堆的五倍);

(2) 瞬发中子寿命短(快堆中约为 4.5×10^{-7}s,压水堆中约为 2.5×10^{-5}s);

(3) 缓发中子较少(快堆中缓发中子的总比例为 0.35%,压水堆的缓发中子总比例为 0.6%~0.5%,视燃耗而定)。

下面给出了对这三个参数的分析评估。

高功率密度意味着堆芯的热容量较低,因此,扰动会导致温度快速变化,反过来导致快速持续的多普勒和燃料膨胀效应(快堆中的固有安全特性)。此外,通过测量在非常小的时间延迟内的堆芯出口温度,可以知道堆芯状态的变化,这样就能够在适当的时间,采取相应的对策(专设安全系统)。除了中子通量监测外,还进行了温度监测。由于这些安全特性,高功率密度在 FR 中不是一个大问题。此外,高功率密度意味着较小的堆芯尺寸,需要控制棒和安全棒的短程运行,导致更短的停堆时间。因此,快堆堆芯的高功率密度被证明是一个安全性优势。高功率密度的负面后果是,在没有停堆或冷却剂全部流失的主泵管道破裂事故中,会导致较高的热梯度。然而,由于冷却剂和泵的高质量惯性,冷却剂流的任何突然停止在理论上是不可能的。此外,功率和冷却剂流量之间的任何不匹配都将导致快速停堆,而且,水泵和紧急停堆同时发生故障是极不可能的事件。尽管如此,一旦钠发生沸腾,它可能会导致功率的快速增加,并最终导致堆芯熔毁。因此,高可靠性的停堆系统被认为是快堆系统防止冷却剂沸腾的基本要求。

快堆的瞬发中子寿命,即两个连续中子代之间的平均时间比压水堆(PWR)短。中子产生后只经历几次碰撞,直到被另一个可裂变或可增殖的原子吸收。这样的碰撞发生在相对质子数较高的核上,因此从产生到吸收所损失的能量相对较小。在这些条件下,如果反应堆的动力学是由瞬发中子定义的,就不可能用机械调节的装置来控制链式反应。然而,所有反应堆的控制都是基于缓发中子的时间常数,反应堆动态分析中反应性扰动与缓发中子的份额有关。

由于快堆(FR)中的缓发中子的总份额很小(典型 FR 是 0.35%,而对于压水堆(PWR)根据燃耗是 0.6%~0.5%),FR 堆芯的稳定性受到了关注。这只是一个误解:因为快中子的优势(更低的截面),即使只有少量的缓发中子,FR 甚至要更稳定。也就是说,可能会导致不稳定性的运行参数中的扰动,例如,入口温度、冷却剂流量和功率的变化,对反应性的影响相当小(FR 中大约为 0.0015\$/K,而 PWR 中为 0.01~0.1\$/K)。除此之外,如前所述,考虑到较低的堆芯高度,很容易实现更短的停堆时间(典型 FR<1s)。在如此短的下降时间内,所有冷却剂循环泵的失效(一个悲观事故)将一定会提前启动停堆,这样大量冷却剂沸腾就不会发生。因此,相对较短的瞬发中子寿命和较低的缓发中子份额不会危及堆芯安全。

前文的结论已经通过求解考虑了缓发中子的反应堆动力学微分方程得到了理论证明,如图 13-2 所示[13.2],在该图中,周期显示在纵坐标上。在这些周期中,如果不考虑任何反馈效应而引入适当的反应性,只要反应性低于 1\$,则未调节反应堆的功率将增加 e 倍,从反应堆周期的角度看,受控下的轻水堆和快堆实际上没有太大的差别。周期的长度足以满足使用技术上简单的机械调节装置来控制反应堆。当反应性高于 1\$ 时,瞬发中子将决定反应堆的时间行为("超瞬发临界")。这两种类型的反应堆的周期都太短,不足以有效地通过干预快速停堆。因此,每个反应堆都必须在设计上保证瞬发临界状态不可能发生,在任何情况下,这都可以认为是一种假设事件。假定超瞬态临界就是发生了,研究表明它仍然受到反馈效应的高度限制。在这种情况下,多普勒系数发挥了突出的作用,这取决于燃料材料中 ^{238}U 的中子吸收能力,这种吸收能力随燃料温度的升高而自然增加。这一理论在 1963 年美国进行的一项名为"SEFOR"的实验中得到了验证[13.3]。

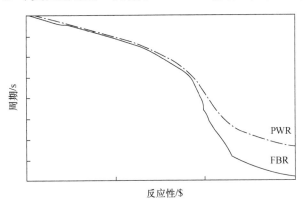

图 13-2 反应堆周期与反应性

(来源于 Vossebrecker, V. H. , Special safety related thermal and neutron physics characteristics of sodium cooled fast breeder reactors, Warme Band 86, Heft 1,1999.)

在快增殖堆(FBR)堆芯中引入正反应性的因素很少。其中主要有:①气体夹带;②进油;③冷却剂空泡。在气体夹带方面,虽然可能会出现分布在堆芯内的相对较小的孤立气泡,但它们不会引起不可控的反应性变化。很难想象,大量的气泡(几百升)通过堆芯,会引起显著的反应性变化。因此,气体夹带在 FR 安全中不是一个问题。然而,作为纵深防御,仍采取了一系列设计特征,如机械密封的中间热交换器(IHX)和附在钠自由面附近反应堆堆内构件上的多孔板,以避免/减轻气体夹带机制的影响。在进油效应方面,用油总量(特别是泵轴承的用油量)已尽量减少,因此意外漏油对安全性影响不大。同样,作为纵深防御,一些设计特征(例如,油罐下面的收集罐,以防止油落入反应堆的钠中,基于铁磁流体的无油轴承)被纳入泵的未来设计中以完全消除进油的问题。对于冷却剂沸腾,钠空泡系数仅在相对较大的堆芯中间部分为正,存在不受控的功率漂移风险。这可以利用一些设计特征被安全地解决,如较低的堆芯高度、较小的钠体积分数,以及慢化剂材料的引入。

有些情况对于反应堆的安全性是至关重要的,但在快堆中却不会发生。一个例子是由于燃料燃耗而导致的反应性损失。这在钠冷快堆(SFR)中是很小的,因为燃料的增殖和裂变产物对快中子的吸收截面较低。在热堆中,由于裂变产物的高吸收截面,引入了较大的负反应性,特别是 ^{135}Xe(半衰期 9.2h),在停堆后的短时间内,由于 ^{135}Xe 的衰变,反应性将显著增加。由于它的有效截面,与裂变截面相比,在快光谱中比在热光谱中要小得多,这种效应实际上在快堆中没有任何影响。因此,不存在氙中毒。稳态运行时控制棒的运行频率较低(每班次约 2 或 3 次)。因此,不需要自动功率调节。这就避免了由于自动功率调节系统的故障而引起的问题,而自动功率调节系统是影响停堆系统可靠性的参数之一。

13.3　安全标准中需要说明的与钠有关的安全问题

20 世纪 60 年代,钠作为快堆(FR)冷却剂的技术得到了很好的发展,并达到了商业水平。已在工厂实现符合反应堆标准要求的钠生产;传感器,仪器和系统的发展,实现了控制钠参数以保证反应堆的成功运行。钠作为 FR 的冷却剂有几个优点。工作温度(~820K)和钠的沸点(1170K)之间的巨大差距可以在产热和排热不匹配的情况下容纳显著的温升。高导热性、低黏度,820K 的热钠温度与 310K 的环境空气温度相差很大,再加上钠密度随温度的显著变化,允许通过自然对流模式排出余热。池式的概念提供了一个大的热惯性,因此,给操作员留下了更多的时间来应对反应堆运行期间的紧急情况。反应性的温度和功率系数为负。故此,在发生一回路和二回路钠流或给水流的扰动时,即使没有操作人员的纠正措施,反应堆也能稳定到一个新的功率水平。

尽管有上述的积极特征,钠泄漏也不能被完全排除[13.4]。反应堆运行和维护期间的一些钠火场景如下:

(1)1986 年发生的阿尔梅里亚事故;

(2)在法国 Rapsodie 反应堆中清除排水箱中残留的钠;

(3)Rapsodie 反应堆和德国卡尔斯鲁厄研发中心(FZK)的 FAUST 设施的建筑物结构破坏。

钠从放射性回路和蒸汽发生器泄漏,会导致反应堆长时间停运,并对反应堆的进一步运行产生负面影响。在退役阶段对大量放射性钠的安全处置需要大量的投资和操作成本以及复杂的技术。此外,钠的不透明性给在役检测和维修带来了具有挑战性的技术难题,在燃料处理作业期间已经遇到了困难。这是一个重要的运行情况,发生在印度和 Joyo 的快增殖试验反应堆(FBTR)的燃料处理事故中所获得的经验证明了这一点。在快堆堆芯中,任何微小的几何变化(例如,由于内部/外部的影响)都可能引入显著的反应性变化。钠沸腾可能会产生空泡,这可能会在钠冷快堆(SFR)中引入一个正的空泡系数。因此,应在堆芯设计中作出特别规定,并制订适当的安全标准,以确保反应堆的安全。就对安全很重要的部件的可靠性而言,缺乏足够的长期商业运营经验(SFR 的反应堆寿命约为 400 年,特别在法国、英国、德国、苏联(俄罗斯)、日本、印度、中国和美国),他们必须以循序渐进的方式来加强经验的积累和可靠性的验证。

13.4　IAEA 和其他国际安全标准

对于热中子堆有可靠的安全标准,例如,国际原子能机构(IAEA)的安全系列准则 50-C-D Rev D,1988,并重新发布为 IAEA NS-R-1,2000[13.5]。IAEA 随后修订了 NS-R-1 标准,基本安全准则文件以及设施的安全评估。安全要求草案已于 2009 年以 DS-414 的形式发布,最终以 IAEA SSR 2/1 发布[13.6]。修订安全标准是目前第四代国际论坛(GIF)高度优先的活动之一,这是一个致力于发展第四代反应堆的国际论坛。图 13-3 描述了安全标准的层次结构[13.7]。1990 年,欧洲共同体委员会发布了液态金属快中子增殖反应堆(LMFBR)安全标准和未来核电厂设计的参考指南(Report EUR 12669 EN)[13.8]。

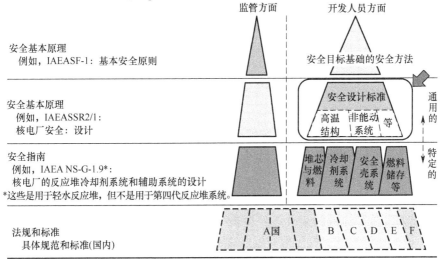

图 13-3　安全标准等级制度

(来源于 Nakai, R., Safety design criteria (SDC) for Gen-IV sodium-cooled fast reactor, GIF-IAEA/INPRO SDC Workshop, IAEA, Vienna, Austria, February 26-27, 2013.)

13.5　SFR 安全标准的几个重点

13.5.1　核电厂设计要求

本节将着重介绍核电站设计中应采用的几个基本准则(以下章节摘自参考文献[13.6],作为读者的参考资料)。

13.5.1.1　纵深防御的应用

在设计和运行过程中应用纵深防御的概念,可以对各种瞬态、预期的运行事件和事故提供分级保护,包括那些由设备故障或电厂内部的人为操作以及源自电厂外部的事件造成的事故。它提供了一系列的防御措施(固有的特性、设备和程序),旨在防止对人和环境的有害影响,并确保在预防失败的情况下提供适当的保护和缓解作用。独立有效性,即实现各个不同层次防御的特定目标的能力,是纵深防御的必要要素。

纵深防御有五级(表 13-5)。第一级防御的目的是防止偏离正常运行及系统故障。这就要求电厂在选址、设计、建造、维护和运营方面要稳妥、保守,并符合适当的质量标准和工程实践。为了实现这些目标,我们需要选择合适的设计规范和材料,控制组件的制造和工厂的建设以及工厂的调试。第二级防御的目的是检测和拦截偏离正常运行状态的情况,以防止预期运行事件升级为事故状态。必须承认,尽管采取了预防措施,在核电站的使用寿命内仍有可能发生一些假设初始事件(PIE)。这一层级需要安全分析和操作程序定义中确定的特定系统/功能,以防止或尽量减少此类假设初始事件的损害。对于第三级防御,虽然概率很低,但假定某些预期的运行事件或假设初始事件没有被前一层级阻止,并可能发展成更严重的事件。这些不太可能发生的事件也在电站设计基准的预期内,并且固有的安全特性,前一级的故障安全设计,以及额外的设备和程序的提供都会控制它们的后果,并在这些事件之后使反应堆达到稳定的和可控的状态。这导致要求固有和/或工程安全性,能够使核电站首先进入受控状态,然后进入安全停堆状态,并为限制放射性物质保持至少一个屏障。

第四级防御的目的是处理发生概率极低的超设计基准事故(BDBA)的后果,并确保尽可能低的放射性释放。这一级最重要的目标是保护限制功能,同时实现严重事故后果的管理和缓解。除事故管理程序外,还可以通过考虑适当的设计裕度、补充措施和规程,以防止事故的发展,并通过减轻特定的严重事故工况的后果来实现。第五级也是最后一级防御的目的是减轻可能因严重事故工况而释放的放射性物质的辐射后果。这就需要配备一个装备充分的应急控制中心,并制定现场和场外应急响应计划。

表 13-5 五级纵深防御

第一级	第二级	第三级	第四级	第五级
正常运行	电厂状态(设计时考虑)		DEC	厂外应急
	AOO	DBA		
运行状态		事故情况		响应(设计外)
正常运行	预计运行事件	设计基准事故	设计扩展工况(包括严重事故工况)	

13.5.1.2 安全分类

所有结构、系统和组件,包括对安全很重要的仪表和控制系统(I&C),都应该首先鉴定,然后根据它们在安全方面的功能和重要性进行分类。它们的设计、构造和维护应确保其质量和可靠性与这种分类相称。所有这些结构、系统和组件的设计、制造、检验、测试和 ISI 的适用规范和标准都需要鉴定。分类结构、系统和组件的安全重要性方法应该主要是基于确定论方法,并在适当的地方补充概率论方法和工程评价,同时考虑到其他因素,比如部件所执行的安全功能,其功能执行失败的后果,组件需要执行其安全功能的概率,以及在发生设计基准事件(DBE)之后被调用的时间。应该在不同安全等级的结构、系统和组件之间提供适当设计交互,以确保被划分为较低安全等级的系统中的任何故障不会影响到被划分为较高安全等级的系统。例如,如果一个流体系统与另一个在更高压力下运行的流体系统相互连接,那么它应该被设计成能够承受较高的压力,或提供防护以保证在发生单一故障的假设下,防止在低压下运行的系统的设计压力过高。参考文献[13.9]提供了分类的指南和图解。

安全等级必须与设计和施工规范相联系。土建结构、机械系统和部件分为三类安全等级,即第一类、第二类、第三类,因为设计和施工规范与之前定义的三类安全等级相对应。1E 类为安全及与安全有关的电气设备,对应三个安全等级。两类设计和施工类,即第一类和第二类,分配到 I&C 系统和设备中,它们分别对应于安全第一类和第二类以及安全第三类。两类设计和施工类,即第二类和第三类,分配到与安全相关的土木结构。此外,非核安全(NNS)适用于与任何安全功能无关的结构、系统、组件和设备。图 13-4 描述了一个典型池式反应堆(原型快增殖反应堆[PFBR])的反应堆组件分类。

13.5.1.3 共因失效的识别

应考虑对安全很重要的部件的共因失效风险,以确定应在何处应用多样性、冗余性和独立性原则,来实现必要的可靠性。

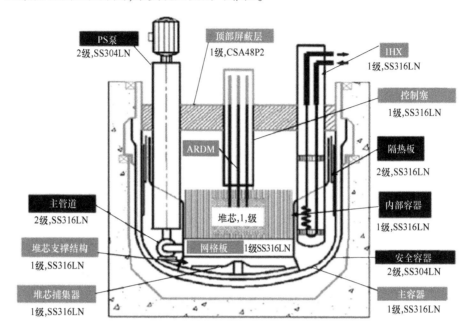

图 13-4　SFR 反应堆组件的安全分类

13.5.1.4　单一失效准则的应用

单一失效是一种随机失效,它会导致一个部件失去执行其预期安全功能的能力。单次随机发生的事件引发的故障被认为是单一失效的一部分。单一失效准则应适用于核电站设计中包含的每个安全组。对于安全组,应该确定其系统级别。对于特定的系统,应该在系统级别应用单一失效准则。为了检测电站与单一失效准则的兼容性,相关的安全组应按以下方式进行分析。应该假定安全组的每个元素依次出现单个故障(及其所有相应的故障),分析所有可能发生的故障。每个相关安全组的分析都应依次进行,直到所有的安全组和所有的故障都考虑在内。在单一失效分析中,假定发生的随机失效至少一次以上。在将这一概念应用于安全组或系统时,应将虚假动作视为一种失效模式。当进行前述的分析时,每个安全组都展现出其安全功能时,可以认为已经达到了符合标准的要求。考虑到维护、测试、检查、维修和允许的设备停机时间,假定存在对安全组可能造成的有害后果,并假定执行必要安全功能的安全系统的最坏允许配置。不遵守单一失效准则的情况应属例外,并且应该在覆盖以下情况的安全分析中做出调整,比如非常罕见的假设初始事件(PIE),或者不太可能的后果,或某些部件在一定期限内由于维护、修理或定期测试而退出服务。在单一失效分析中,假设设计、制造、检验和维护的无源部件有较高的失效概率可能是没有必要的，前提是它不受 PIE 的影响。但是，如果假定某一无源部件没有失效，则这种分析方法需要作出调整，有必要考虑负荷和环境条件，以及初始事件后需要该部件运行的总时间。

13.5.1.5　设计基准事件和超设计基准事件的识别

在设计电站时，应认识到各级纵深防御的事故都可能会出现，并应提供设计措施，以确保完成所需的安全功能和达到安全目标。这些挑战来自基于确定论或概率论考虑而选择的设计基准事件（DBE）。两个独立事件的组合（每个发生的概率都很低）通常不认为会同时发生。DBE 是电厂设计的基础，分为正常运行、运行瞬态和假设初始事件（PIE）三类。DBE 可以根据其后果和预期的发生频率进行分类。例如，类别可以是正常运行、运行瞬态、事件和事故。

超设计基准事件（BDBE）是指发生的概率非常低，可以导致严重事故的，但不被认为是 DBE 的事件。

13.5.1.6　设计扩展条件

在选择设计扩展条件（DEC）时应该考虑对造成堆芯损毁贡献较大的情况，代表电站最终损毁状况的情况，可能出现的放射性大量泄漏的场景，安全壳受到最大负荷的场景（至少要考虑这样一个场景）。

13.5.1.7　工况的实际消除

原子能机构 SSR 2/1[13.6]将"实际消除"定义为：如果某些工况发生的可能性在物理上是不可能的，或者可以非常肯定地认为这些工况极不可能发生，则认为这些工况发生的可能性实际上已经消除。

13.5.1.8　故障保护设计

故障保护设计原则应被考虑并在适当和可能的情况下纳入对电站安全非常重要的系统和部件的设计中（如果这样一个系统或部件失效，电站系统应该被设计成在无行动干预的情况下自动进入一个安全状态）。

13.5.1.9　安全支持系统

为安全系统提供支持的系统应视为安全支持系统，并应相应地分类（全部或部分）。其可靠性、冗余度、多样性和独立性，以及为隔离和功能能力测试提供的特性，应与所支持的系统的可靠性相称。维护电厂安全状态所必需的安全支持系统可能包括电力、冷却水、压缩空气或其他气体的供应。

13.5.1.10　在役测试，维护，维修，检查和监测的规定

对安全重要的结构、系统和部件，其设计应确保能在核电站的整个使用寿命内对其功能能力进行校准、测试、维护、维修或更换、检查和监测。电站的布局应该使这些活动便于进行，并且能够按照与要执行的安全功能的重要性相适应的

标准进行,不会使系统可用性显著降低,也不会让现场人员过度暴露于辐射中。如果对安全非常重要的结构、系统和组件不能设计成在理想程度上测试、检查或监控,那么应该采用其他已被证实的替代和/或间接方法,如相关部件的监测,或检验和验证的计算方法,同时采用保守的安全裕值或其他适当的措施以补偿潜在的未被发现的故障。

13.5.1.11 设备认可

为了确保对安全有重要意义的部件在整个设计使用年限内能够满足在需要时的环境条件(振动、温度、电磁干扰、辐照、湿度或任何可能的组合)下履行其功能的要求应采用鉴定程序。所要考虑的环境条件应包括在正常操作、预期的运行事件和设计基准事件(DBE)中所预计的变化。在鉴定程序中,应考虑设备预期寿命内各种环境因素(如振动、辐照和极端温度)引起的老化效应的影响。设备在事件中会受到外部的自然事件的影响并且需要执行其安全功能,鉴定程序应该通过测试或分析或两者的结合尽可能地复制设备在自然现象中所承受的情况和条件。此外,任何可以合理预测并可能由特定运行状态产生的不寻常的环境条件,例如在定期测试中的容器泄漏,都应该包括在鉴定程序中。在可能的情况下,必须在超设计基准事件(BDBE)中运行的设备(如某些仪表)应具有合理的可信度,以能够实现设计意图。

13.5.1.12 材料

为确保在正常运行和事故条件下的性能令人满意,应只选择被验证过的材料或在建筑、构件等方面有过使用的材料,并应根据以下因素进行选择,如:①辐照损伤;②活化和腐蚀;③蠕变和疲劳;④侵蚀;⑤与其他交互材料的兼容性;⑥热效应;⑦抗脆性断裂。同时设计需要随着材料研究和行为现象的最新进展而更新。

13.5.1.13 老化

对核电厂进行设计时应考虑到相关的老化和磨损机制以及可能的老化退化,在设计中为所有对安全重要的结构、系统和构件提供适当的裕量,以确保结构、系统或构件在整个设计寿命内发挥必要的安全功能。在所有正常的运行条件下测试、维护,停机维护时的老化和磨损的影响,以及发生假设初始事件(PIE)时和之后的电厂状态也应考虑在内。而且还应提供监测、测试、取样和检查,以评估设计阶段预期的老化机制(通过适当的监测样本),并确定在运行中可能发生的未预料到的行为或退化。同时需要明确电厂及其组件的设计使用寿命。如果设备/部件的设计寿命小于电厂的设计寿命,则可能需要对设备进行中期就地更换。应在设计中作出适当规定,特别是对堆芯内设备,并为此类更换提供便利。

13.5.1.14　钠气溶胶沉积

为了最大限度地减少钠气溶胶沉积在反应堆顶部不同设备的间隙中,设备顶部应保持在钠熔点以上的温度(暖顶概念)。

13.5.1.15　在反应堆之间共享结构,系统和组件

对安全具有重要意义的结构、系统和部件通常不在核电站的两个反应堆之间共用。如果在特殊情况下,两座反应堆之间共用这种对安全重要的结构、系统和部件,应证明在所有运行状态下(包括维护)和设计基准事件(DBE)中的所有反应堆都能满足所有安全要求。在涉及其中一个反应堆的超设计基准事件情况下,另一个(或多个)反应堆应能有秩序地停堆、冷却和排出余热。

13.5.1.16　电网与核电厂之间的相互作用

在核电厂的设计中,应考虑到电网与核电厂的相互作用,包括电厂的供电线路的独立性和供电线路的数量,以及对安全至关重要的电厂系统供电的必要可靠性。

13.5.1.17　退役

在核电厂的设计阶段,应特别考虑纳入有助于电厂退役和拆除的特征。应注意将人员和公众在退役期间的照射量控制在监管机构规定的范围内,并确保充分保护环境免受放射性污染。在设计阶段就应考虑到退役方面的问题,包括材料的选择,以便将放射性废物的最终数量降到最低,并促进排污。例如,应尽量减少在主钠系统的硬面层中使用钨铬钴合金,并应保证电厂拥有储存在运行和退役过程中产生的放射性废物的能力以及必要的设施。

13.5.1.18　安全分析

在对电厂设计进行安全分析时应采用确定论方法,证明电厂的总体设计能够确保辐射剂量和释放量在每一类别的设计基准事件(DBE)规定的和可接受的范围内。此外,为了补充确定论安全分析,还应该进行概率安全分析。在安全分析中使用的计算机程序、分析方法和电厂模型应得到检验和验证,并充分考虑到不确定性。

13.5.1.19　确定论方法

确定论安全分析应包括:

(1)确认符合电厂正常运行的假设和设计意图的运行限值和条件;

(2)对电厂设计和厂址适合的假设初始事件(PIE)进行分类;

(3)对PIE产生的事件序列进行分析和评估;

(4)将分析结果与放射性验收标准和设计限值进行比较;

(5)建立和确认设计基准;

(6)证明通过安全系统的自动响应和操作人员的规定操作相结合,可以对

预期的运行事故和设计基准事件(DBE)进行管理。

此外,应验证所采用的分析假设、方法和保守程度的适用性。电厂设计的安全分析应根据电厂配置的重大变化、运行经验、技术知识和对物理现象的理解的进步而进行更新,并应与当前或"竣工"的状态保持一致。

13.5.1.20 概率论方法

概率安全评价(PSA)分为三个级别:1级PSA、2级PSA和3级PSA。第1级PSA应证明已实现了平衡的设计,即没有任何特定的特征或假设初始事件(PIE)对总体风险有过大或明显不确定的影响。第1级PSA的结果是量化堆芯损坏频率,第2级PSA量化了不同级别的辐射释放频率,第3级PSA的结果是对公众的风险进行量化。这意味着,第3级PSA将提供系统的分析,以确定设计符合一般安全目标,并评估工厂的应急程序的充分性。

13.5.2 主要反应堆系统的要求:案例研究

在本案例研究中,考虑的是容量为500MW(e)的原型快中子增殖试验堆(PFBR)。本节重点介绍了安全标准和依据的重要方面。

13.5.2.1 堆芯

对于所有类别的设计基准事件(DBE)确定燃料、包壳和冷却剂的设计安全限值(DSL)而应该确定。反应堆堆芯及相关冷却剂、控制和保护系统以及其他安全相关系统的设计应具有适当的安全裕度,以确保在所有运行状态和DBE期间不超过规定的DSL。在发生安全停堆地震(SSE)时,由于燃料和控制棒组件相对运动而引入的外部反应性应低于规定的限度,以保证停堆能力,从而避免任何运行参数超过适用的DSL。堆芯组件的设计应使其在设计寿命内保持完整性,变形/位移应小于规定的设计极限。燃料元件的设计应确保其在设计燃耗辐照下的完整性,且包壳失效小于规定的设计极限。在运行过程中,燃料元件的故障率(气体泄漏故障)应尽量减少(减少保护气体回路的活性)。需要系统来定位并将失效燃料(延迟中子泄漏失效)从反应堆中取出(避免裂变产物污染钠)。反应堆堆芯及相关冷却剂、堆芯支撑和控制元件(包括其驱动机构)的设计应使总功率系数、瞬时功率系数和总温度系数在整个反应堆寿命内,在所有运行状态和事故条件下都应为负值,同时要考虑到所有堆芯装料配置和辐照效应。

堆芯和冷却剂部件的设计应避免局部冷却剂沸腾,且所有设计基准事件(DBE)下的振动都要在可接受的范围内。如有例外情况,应保证引入的净反应性为负值。组件的入口和出口路径的设计应能够防止冷却液堵塞,以免导致超过设计安全限值(DSL)。设计中应作出规定,防止组件在栅格板上的错误装载导致冷却液流量小于所需的冷却液流量。在运行状态下,应在适当的时间内检测到燃料子组件中的功率与流量不匹配,以免超过安全限值。采取适当的安全纠正措施,以保证不超过DSL。在所有运行状态和预期事件中,应确保所有子组件的固定。在任何DBE中,不应允许通过液压或其他意外将任何堆芯组件从栅格板上抬起。在正常运行条件和DBE下,应防止控制棒与其驱动机构连接时,防止控制棒弹出。在停堆条件下,控制棒与其驱动机构断开连接的情况下,任何DBE都不应出现控制棒的弹出。应在堆芯周围提供足够的屏蔽层,以限制辐射造成的破坏,保持不可更换的寿命有限的反应堆组件(如栅格板、堆芯支撑结构)的完整性,限制可能需要维修的组件受到的辐射,并限制二回路钠的放射性。

13.5.2.2 反应堆组件

反应堆组件的设计和制造,在材料、设计标准、检验和制造方面应具有最高质量。主容器内壁不应有低于钠水平自由面的渗漏。主容器中的钠不应因主钠回路的泄漏而使主容器中的钠排出量低于规定的安全限值。为满足这一要求,可在主容器外加装一个安全容器,以便在主容器泄漏的情况下,保持足够的冷却液流过堆芯以排出余热。主容器和安全容器之间的容器间空间应保持在惰性气体气氛下。设计时应确保承重构件的故障不会产生叶栅效应。应提供可靠的系统,以检测进入主容器与安全容器之间的空间的钠泄漏。保护气体系统的设计应防止空气进入一回路钠,并防止反应堆安全壳建筑物(RCB)中的放射性物质泄漏。出于对主容器结构完整性的考虑,外部/内部压力应保持在安全范围内,并应用压力调节系统中的单一失效标准。不应将水作为含有钠的反应堆组件顶部防护罩的冷却介质。

主容器的设计应使缺陷极不可能出现,任何出现的缺陷都会在破损前以导致泄漏的方式扩散。主容器的设计应考虑到受侵蚀、蠕变、疲劳、化学环境、辐射环境和老化等因素影响的预期寿命结束时的性能。主容器在设计、制造和布置时,应使其在整个使用寿命内,能在适当的时间间隔内进行充分的检查,并保证不存在不可接受的缺陷或安全性显著劣化。在正常运行和设计基准事故条件下,堆芯可能的几何形状变化而导致的反应性增加应限制在停堆系统的能力范围内。应防止可能妨碍反应堆安全停堆的形变以及出现结构性失效导致的几何形状变化,造成超出停堆系统能力范围的后果。

因功率流量比增大或冷却剂入口温度升高而引起的堆芯及相关结构的几何变化应有助于整体负反应性变化。应限制单个供钠管的横截面,以减少管道故障时的堆芯流量变化。堆芯支撑系统应结合高结构设计余量,并具有冗余功能。堆芯支撑和栅格板的故障蔓延应受设计特征的限制,在顶层防护设计中应作出设计规定,尽量减少钠气溶胶在狭窄缝隙中的沉积,以保证机构的平稳运行。

13.5.2.3 反应堆停堆系统

每个反应堆前应该配备两个可靠的、独立的、自动的、快速启动的停堆系统，尽可能按不同的原理运行。其中至少有一个停堆系统的设计即使在假定的堆芯变形情况下也能满足所有功能要求。每个停堆系统的故障概率除了要求两个停堆系统的综合故障频率小于 10^{-7}/反应堆年外，每个需求的故障概率应小于 10^{-3}。当所有控制棒都在堆芯内时，最小停堆裕度(SDM)应大于 1.0\$。堆芯内所有控制棒的价值应足以提供足够的 SDM，以满足燃料装填失误，即将最大价值的控制棒替换为最大富集度的新燃料组件。在所有假设初始事件的冷停堆状态下，包括反遮蔽效应或任何一个停堆系统的故障以及工作中的停堆系统的最大价值控制棒的故障，取出两根最大价值吸收器杆(总的)的最小 SDM 应大于 1 \$。控制棒的最大反应性价值及其最大回撤速度，在设计上应使其不超过设计安全限值(DSL)以防其抽出。每个停堆系统的反应性价值、动作速度和启动延迟应使反应堆的所有运行状态和设计基准事件(DBE)期间，反应堆都能转变并保持充分的的次临界状态。还应提供测量所有停堆棒的下降时间，停堆系统中的所有设备的设计应使其故障模式不会导致不安全的状态。设计时应使每个停堆系统都能从主控室和备用控制室手动启动，该设计应使操作人员无法阻止安全自动动作的发生，控制棒及其驱动机构的控制逻辑应设计成防止在增加正反应性的方向上发生意外移动。

13.5.2.4 热传输系统

各种冷却剂系统及相关的控制、保护和辅助系统的设计应具有充足的能力，并有足够的裕值和冗余，以便在反应堆的所有运行状态和设计基准事故下，在不超过燃料冷却剂和结构规定的限度的情况下，将热量从堆芯中排出并输送到最终热阱。主冷却剂回路的设计应防止慢化剂或气体进入其中。如果反应性是由气体或慢化剂引入的(发生的可能性应该很小)所产生的反应性变化应该在停堆系统的能力范围内。在主钠和汽水回路之间应设中间传热回路，以防止在蒸汽发生器中发生钠－水－蒸汽反应时，将含氢物质和反应产物(氢气、氢氧化钠等)携带进入堆芯。在中间热交换器(IHX)中，一次和二次钠冷却剂之间应保持压差(各回路维修期间除外)，使得在发生泄漏时，钠从二回路流向放射性较强的一回路。反应堆保护气体应配备监测器，以检测空气或油从钠泵辅助装置(机械密封和轴承)进入钠中。

对安全重要的传热部件应该是独立的、冗余的、物理上相互分离的，以防止共性原因和交联故障。前文提到的部件的设计应包括对材料性能退化(如钠、温度和辐照的影响)、瞬态、残余应力和缺陷大小的考虑，应保证所有含钠系统及早发现并尽可能确定泄漏位置，应防止钠净化等辅助回路不慎将钠排出，应提供监测和保持冷却剂和保护气体纯度的系统,使气体纯度维持在允许的范围内,这应根据腐蚀、结垢、通道堵塞、放射性浓度、钠-水-蒸汽反应的检测等因素来综合考虑。加热系统及其控制装置的设计应具有适当的冗余度,以确保在假设发生单一故障的情况下,保证部件的温度分布和温度变化率保持在设计范围内。在分析中,即使在没有堆芯衰变热的情况下,也应该对反应堆的所有状态都考虑到加热功率不可用的影响。

应至少提供两个不同的余热排出系统,以将热量从堆芯转移到最终热阱,从而使在所有设计基准事件情况下都不超过规定的设计安全限值。余热排出系统不可用的概率应小于 10^{-7}/反应堆年。还应该有一个余热排出系统,将热量通过空气从反应池中排出到最终热阱。这个从反应池中排出热量的系统,在设计热交换器和钠循环以及最终热阱时,应具有足够的多样性和冗余性。这些回路中的每一个都是独立的余热排出路径,并考虑到假设多个子系统中的一个完全失效的后果,并认为后果是可以接受的。对于作为空气的最终热阱,设计时应考虑到旋风和恶劣天气条件的影响,保证在自动模式下可以排出衰变热。在设计中规定定期对余热排出系统进行测试,以确保其性能达到设计能力。在反应堆运行期间,衰变热交换器(DHX)的所有活动部件都应进行测试。安全级余热排出系统在假设的全堆芯事故发生后应保持功能。

无论钠系统和部件的安全等级如何,所有钠系统的管道和部件均按运行基准地震(OBE)和安全停堆地震(SSE)设计。辅助冷却回路(如反应堆组件顶护罩冷却、反应堆拱顶混凝土冷却等)的设计应具有足够的容量和冗余性,在所有运行工况和设计基准事件(DBE)期间,在不超过规定的极限值的情况下,将热量从源头排到最终散热器。钠泵应具有抗震能力,并在 SSE 期间和之后都能正常运行。而且应有足够的保障来限制泵的超速,能够对适当的参数进行持续监测,以检测反应堆冷却剂边界是否有任何破坏。

13.5.2.5　钠-水反应:预防/减轻影响

蒸汽发生器和相关回路的设计、建造和操作应尽量减少水/蒸汽泄漏的可能性,并限制钠-水/蒸汽反应造成的后果。因而蒸汽发生器和相关回路应该具备检测系统,并且在所有温度下都能在早期阶段迅速可靠地检测到少量的水渗漏到钠的情况,并启动阻止钠-水反应的措施,以限制泄漏规模和损害的逐步扩大。此外,还应提供适当的减压系统,如防爆膜等,以尽量减少大规模钠/水反应造成的后果,调查并排除任何后果扩散到主回路侧(如通过中间热交换器和直接热交换器)的可能性。发生泄漏后,应尽量减少腐蚀性物质在二次回路和水/蒸汽系统中扩散。钠-水反应产物的释放不应危及电厂中具有安全功能的部分。

13.5.2.6 堆芯组件装卸和存储

在处理堆芯组件时,通过设计和管理程序防止在装卸堆芯部件时发生堆芯装载错误,按照评估堆芯的次临界反应性的规定,任何由于堆芯装料错误导致的次临界裕度的大量减少都要发出警报,并自动停止装载的机械操作。通过物理系统或工艺来防止储存新燃料和辐照燃料组件的临界性,最坏情况下的 k_{eff} 不应超过0.9。乏燃料储存区的储存能力应使工厂寿命期内有足够的未使用的容量,以允许一个反应堆堆芯全部排放。在处理和储存子组件时,应按照监测冷却液温度的规定提供充足的冷却性,在设计中控制好乏燃料储存区冷却介质中的化学性和放射性,以防止液体冷却介质从乏燃料储存室流出。

辐照燃料的装载和储存系统的设计应:

(1)允许在所有运行状态下和设计基准事件(DBE)中进行充分的热量排出;

(2)允许检查辐照燃料;

(3)防止乏燃料在运输过程中掉落;

(4)防止燃料元件或燃料组件上产生不可接受的换料应力;

(5)防止重物,如乏燃料桶、吊车或其他可能损坏燃料组件的物体不慎掉落在燃料组件上;

(6)允许安全储存可疑或损坏的燃料元件或燃料 SA;

(7)充分识别单个燃料模块;

(8)确保实施适当的操作和核算程序,以防止燃料损失。

对于使用水池系统储存燃料的反应堆,设计应提供:

(1)控制处理或储存辐照燃料的水的化学性质和活性;

(2)监测和控制燃料储存池的水位并检测泄漏;

(3)防止冷却/清洗系统的管道断裂时池内的水被清空;

(4)检测泄漏和追踪泄漏地点。

制定足够的管理控制计划和复查安排,例如,对整个装卸和储存系统进行计算机监控。所有的燃料装载机器和储存设施都有足够的屏蔽装置,以限制操作人员的辐射照射。

13.5.2.7 核电厂布局

核电厂布局应使冗余安全系统及其仪表和支持功能有足够的物理隔离,以便一个系统发生事故(通常是火灾、水灾和地震)时不会危及其他系统的可用性。控制区域的布局应使人员不必通过高辐射或高污染区域,就能进入辐射或污染较低的区域。布局应考虑到将含有高活性材料的设备隔离开来。工艺子系统的布置应尽量减少放射性物质沉积点的数量。备用控制室的位置应与主控制室有足够的距离,以确保在任何时候都至少有一个控制室可以进入和居住。从主控制室到后备控制室应有一条清晰的通道。在布局上应尽可能将钠管路和水/蒸汽管路分开。在不可能的情况下,应在两者之间设置足够的屏障。考虑到在顶层防护罩(反应堆甲板)上方的任何火灾,在其上方设置适当的屏障,并确保地震导致的在反应堆安全壳建筑物(RCB)和燃料厂房之间的钠火风险和装载子组件的机器损坏尽量降到最低。

13.5.2.8 电力供应系统

电力供应系统包括场外和现场供电系统,包括应急供电系统。这些系统的设计、安装、测试和运行,允许在正常运行、预期的运行事故和事故条件下,对安全有重要意义的结构、系统和部件的运行。电力供应系统设计应确保现场和场外供电系统中所有标准部件的可监视性、可测试性和可维护性。从输电网络到现场配电系统的电力由两条物理上独立的线路供电,这两条线路的设计和位置尽可能将正常运行和事故情况下同时发生故障的可能性降到最低,两个回路共用一个控制开关也是可以接受的。

在电力供应系统设计上,应使场外和场内电力系统的同时停电即全厂断电(SBO)尽量不可能发生。但通过分析证明,电池和其他内置的设计和操作规定可以确保在预计的停电"期间"保持规定的燃料、包壳、冷却剂、部件设计限制和安全壳的完整性。在考虑停电统计的前提下,对供电系统的可用性进行详细的分析,对上述时间段进行评估。此外还应考虑到国家和国际经验,假定SBO的持续时间。

应急供电系统由柴油发电机、整流器/逆变器、蓄电池和相关的开关设备组成。应确保应急电源在任何运行状态、事故情况、严重事故或设计扩展条件(DEC)的假设下,在场外电源同时失电的情况下,都能提供必要的电力。蓄电池的容量应保证在SBO期间的供电控制室面板指示、与安全系统有关的仪表和控制系统(I&C)和应急照明等。

13.5.2.9 在役检查

对安全具有重要意义的结构、系统和部件,在设计上应能够进行测试、检查或监测。任何检查豁免都应有合理的依据。ISI应符合钠冷快堆的适用规范的要求。与ISI的观点相去甚远的是,应适当地采取相关的措施,如设备和人员进出的足够间隙;采用适当的几何形状;辐射防护;零件以及装卸设备的拆卸、储存和安装的安排;以及零件/部件的修理/更换、去污和焊接结构的规定。对于材料监测方案,应适当安排试样的位置和拆除(从实际用于施工的材料中获取),以研究辐照、高温暴露和流体影响等操作条件的影响。

13.5.2.10 钠火防护

电厂内应提供多样化的钠火探测系统。这些系统的设计应能经得起钠火灾的考验，并规定该系统的可测试性和可更换性。在设计中应规定在发生泄漏时，将钠从回路中排出或快速倾倒，以限制钠的泄漏量。为了限制钠的火灾，应设置屏障，防止火灾蔓延，保护含钠系统以防止受到其他部件和系统的设计基准事件（DBE）的影响。含钠容器和管道系统的保温材料的选择应确保与建筑材料的兼容性，它们与钠的相互作用不会加剧钠泄漏的后果。泄漏应可以在泄漏量增加到不可接受的大小之前由安装的设备检测到。在设计中应考虑到钠与混凝土之间可能的相互作用的影响，以及由此产生的氢气的影响。混凝土上应酌情提供抗钠混凝土或钢衬垫。在钠回路的布置上，应在适当的位置上储存足够的灭火剂。厂址边界的钠气溶胶释放量应小于所有设计基础钠泄漏事故规定的限值。对设计基准钠火的设计分析，应考虑对安全重要部件的机械、热、化学影响。施工期间，在钠进入施工现场前，就应在规定的位置设置现场钠的火灾探测及灭火系统。

反应堆安全壳建筑物（RCB）内的所有钠管线应采用双层壁式结构，并在管线间填充惰性气体，或管道安装在惰性室/套管中。余热排出系统的二次钠回路和中间钠回路应设有减少进入空气中和着火的钠的质量规定，如设计满足先漏后破、漏液收集盘、钠/空气换热器内注入惰性气体等。还要设置钠泄漏检测装置，能够可靠地在早期发现和定位泄漏点。

13.5.2.11 仪表和控制

反应堆系统应提供足够的仪器设备，以便在正常运行、预计发生的运行事件、事故条件和严重的电厂条件下，在各自的范围内监测电厂的变量和系统，以确保获得关于电厂状况的充分信息；应提供具有足够的冗余和多样性的适当仪器设备，以测量与裂变过程和反应堆堆芯、反应堆冷却系统和安全壳系统的完整性有关的参数，并获得电厂可靠和安全运行所需的任何信息；还应提供评估事故情况的仪器设备，包括严重事故管理所需的仪器设备；应提供适当的控制措施，将安全相关的变量保持在规定的范围内，并在超过反应堆事故停堆参数设定的极限时发出警报。在停堆状态下，应使用适当的仪器设备，包括热电偶和中子探测器，对堆芯进行监测；应配备专用的仪表和/或辅助中子源，以确保在堆芯初始装料、燃料装载状态下的次临界监测和接近临界时的安全。中子探测器中由堆芯中子产生的最小计数率应大于停堆状态下的规定限值。当不同的中子探测器系统用于监测堆芯时，在不同的中子通量水平范围内，任何两个系统之间应该有足够的重叠，覆盖相邻范围的中子探测器，并提供两个系统——覆盖气体放射性和钠中缓发中子检测系统，用于检测失效燃料，使设备在运行中出现故障燃料

(气体故障)时,不会干扰后续故障燃料的检测。在可行的情况下,应尽可能用热电偶监测燃料和转换区组件冷却剂出口温度。如不可行,应采用离线流量监测,以确保冷却剂无堵塞,并使用两只或两只以上的热电偶来测量燃料和转换区组件的冷却剂出口温度。用足够数量的液位探头监测主容器冷热池中的钠液位。在装卸组件(旋塞移动)之前需先验证组件顶部位置,测量并标明不同插入深度的控制棒位置,以及安全棒的进出情况。还应提供水泄漏进入钠中的检测系统,通过多种仪器系统检测钠泄漏,从而可靠地在早期阶段对泄漏进行检测和定位,以便采取纠正措施(例如,对回路进行排水)。需要安装地震传感器,用来收集地震事件的数据,以评估地震的严重程度,并且地震传感器应在地震达到规定的严重程度时启动警报。在有惰性气体(氩气/氮气)存在的区域,提供监测氧气含量降低的装置,以保证进入这些区域的人员安全。

仪器仪表系统的设计和布局应允许定期进行测试、校准和预防性维护,以检测和纠正仪表及其部件的故障,并提供一个控制室,使其在所有运行状态下都能安全运转,而且即使在事故情况下也能处于安全状态下运行和维护。控制室的设计应提供适当的措施,以防止未经授权而接触到对安全有重要意义的部件。电厂内应提供拥有足够的仪表和控制系统(I&C)设备的备用控制室,以便在主控室不可用的情况下,能将反应堆置于并维持在安全停堆状态,以确保衰变热的清除,并监测重要的厂内数据。备用控制室应与主控室在物理和电气上分开,确保同一事故不会导致主控室和备用控制室的安全功能同时失效,同时要为控制室、后备控制室和仪表室提供可靠的空气调节和通风系统并安装与安全相关的仪表。

计算机系统的独立校验和验证(IV&V)至关重要。整个开发过程应符合适当的质量保证计划,必要的可靠性水平应与系统的安全重要性相称。

13.5.2.12 核电厂保护系统

核电厂保护系统应设计成能够自动启动适当系统的操作,包括反应堆关闭系统,以确保不因预期的运行事故而超过设计安全限制,感知事故情况,并启动所需系统的运行,以减轻这类事故的后果,并能覆盖控制系统的不安全动作。核电厂保护系统应能自动启动,即使在前30min内不进行人工干预,反应堆也应是安全的,而且操作人员在低于30min内采取行动是合理的。然而,设计时应使操作人员能够启动核电厂保护系统的功能,并能执行必要的动作来处理可能影响核电厂在安全状态下的运行的情况,但任何时候都不能阻止核电厂保护系统的正确措施。核电厂保护系统的设计还应确保正常运行、预期的运行事故和冗余通道上的设计基准事件(DBE)的影响不会导致核电厂保护系统功能的丧失。设备保护系统设计应保证多样性、独立性和冗余通道之间的物理隔离,确保不因单一故障而导致保护功能的丧失。自然现象和假定事故条件对任何通道的影响都不应该导致保护系统功能的丧失。当遇到系统失联、能量损失(如电力和仪表空气等)或假定的不良环境(如极热或极冷、火灾、压力、蒸汽、水、钠反应产物、辐射等)等条件时,核电厂保护系统的设计应使故障进入安全状态。如果信号由核电厂保护系统和任何控制系统共同使用,应确保适当的分离(如通过适当的解耦),并应证明核电厂保护系统的所有安全要求得到满足。

13.5.2.13 安全壳

核反应堆一个安全壳系统,以确保或有助于实现安全功能:在运行状态下和事故条件下限制放射性物质,保护反应堆不受外部自然和人为事件的影响,以及在运行状态下和事故条件下的辐射屏蔽。安全壳结构的强度,包括通道开口和穿透及隔离阀,应根据潜在的内部过压、欠压和温度、事件引起的导弹撞击等动态效应、预期因设计基准事故和老化影响的寿命终止性能而产生的反作用力,计算出足够的安全裕量。对于安全壳的设计还应考虑到其他潜在能量源的影响,包括可能的化学反应和放射性反应。安全壳的设计基础应包括假设的全堆芯事故,其结果是至少有一种可信的情况会对安全壳造成最大的载荷。安全壳的结构设计应考虑到在假定的事故条件下和正常运行期间,安全壳内计算出的温度瞬变和空间温度曲线所产生的热应力。应考虑到在发生严重事故时要保持安全壳的完整性,设计中应包括避免安全壳失效的措施,并防止熔融燃料可能造成的安全壳退化。此外,应提供在设计基准事件(DBE)后控制裂变产物从安全壳中释放到环境中的系统。安全壳墙应提供足够的屏蔽,以满足事故发生后的现场占用要求,特别是控制室和后备控制室的宜居性。在安全壳内,应尽量减少水的使用。在使用水的情况下,要设置多个隔离墙以控制泄漏,并提供检测泄漏的监控设备,输水管路与输钠管路要进行物理隔离,并做好保护措施,防止在假定事故条件下的泄漏;如尽量减少法兰接缝,设立漏水检测、收集、监测和排水到安全地点的装置,减少润滑油的使用。在反应堆的所有运行状态下,安全壳应保持在负压状态下,但特殊操作,如在反应堆关闭状态下将中间热交换器(IHX)从反应堆安全壳建筑物(RCB)运输出去除外。

安全壳系统的设计应确保在核电厂的整个使用寿命内不超过规定的最大泄漏率。设计泄漏率除满足计算出的事故辐射后果限值外,还需根据合理可达到的最低限度原则,将设计泄漏率控制在最低限度。对于假定的全堆芯事故,边界处的剂量率应在最高类别设计安全限值(DSL)范围内。安全壳结构和影响安全壳系统泄漏密闭性的设备和部件的设计和构造,应使所有穿透装置安装完毕后,并可在设计压力下测试泄漏率。此外还要充分考虑在发生严重事故时,控制严重事故的进展和安全壳内放射性物质泄漏的能力,并将穿透安全壳的次数控制在实际的最低限度,所有穿透安全壳和构成安全壳压力边界的其他部件应符合与安全壳结构本身相同的设计要求。如果使用弹性密封(如橡胶密封或电缆穿透装置)或膨胀波纹管与穿透装置一起使用,则应保证能在安全壳设计压力下进行泄漏测试,而不需考虑安全壳整体泄漏率的确定,以证明其在核电厂的使用寿命内仍能保持完整性。

安全壳隔离信号系统应至少拥有两个足够多样化的参数(值或逻辑)。安全壳的密封性对于防止向环境中的放射性泄漏超过规定限度至关重要,作为反应堆冷却剂边界的一部分穿透安全壳或直接连接到安全壳大气层的每条管线都应设计成安全失效,以便在发生设计基准事故时,安全壳能够自动和可靠地密封。这些管道应至少安装两个足够的安全壳隔离阀,并串联布置(通常一个在安全壳外,另一个在安全壳内,但根据设计情况也可有其他布置),每个阀门都能可靠和独立地启动,隔离阀的位置也应尽可能靠近安全壳,并确保在任何例外情况下这种设计都应该是合理的(在假定单次故障的情况下,安全壳密封隔离仍能实现)。

13.5.2.14 辐射防护设计

在电厂的设计和布局中应做出适当的规定,以尽量减少各种来源的照射和污染。这种规定应包括对结构、系统和部件进行适当的设计,通过适当的材料规格限制放射性腐蚀产物、监测手段、控制进入电厂的通道和适当的净化设施,尽量减少维修和检查期间的照射、屏蔽直接和散射辐射、通风和过滤以控制空气中的放射性物质。屏蔽设计应使操作区的辐射水平不超过规定的限度,并便于维护和检查,以尽量减少维护人员的照射。屏蔽设计应采用最优化原则(ALARA),考虑到可能的流道以及人员居住区的辐射水平的累积和随时间的推移而产生的放射性物质和废物。电厂的布局和规程应对进入辐射区和潜在污染区进行控制,并尽量减少放射性材料和人员在电厂内移动造成的污染,并提供有效的操作、检查、维修和必要的更换,以尽量减少辐射照射,还要为人员和设备提供除污设施,且该设施应留有足够的余量,能够应对预期的特殊情况,保证具备处理净化后产生的任何放射性废物的能力。

13.5.2.15 放射性废物管理

放射性的气体或液体排放物需要适当的系统来专门处理,以使放射性排放物的数量和浓度保持在规定的限度内。在设计该处理系统时应遵守辐射防护最优化原则(ALARA),对放射性废物进行处理之后将其在厂址上安全储存一段时间,此外,还要综合考虑储存时间与现场处置路线的可使用性之间的兼容性。

13.5.2.16 放射性液体释放到环境中的控制

核电厂应包括控制向环境释放放射性液体的适当手段,以符合最优化原则,确保排放量和浓度保持在规定的限度内。对于处理大型部件(如主钠泵和IHX),保护容器的设计应保护人员免受辐射,烧瓶外的剂量标准应根据到其操作的频率而固定,并制定并遵循适当的除污程序,以减少对人员的辐射剂量。

13.6 演变趋势[13.10]

13.6.1 演变的安全方法

演变的安全办法是为了解决以下问题而制定的,即
- 与纵深防御有关的基本方向;
- 核电厂状态之间的关系,概率论和决定论方法;
- 非能动安全功能的利用;
- 防止悬崖边缘效应;
- 安全壳功能;
- 防范危险;
- 非放射性和化学风险。

在下面的章节中会详细介绍上述几方面。

13.6.1.1 与纵深防御有关的基本方向

未来的反应堆系统应在整个事故条件下具有良好的安全平衡性和高可靠性,事故发生概率极低的系统,并加强对严重事故的防范措施。为了确保正常运行、预期运行事故和设计基准事故的安全性,应考虑"运行/事故经验"和"维护/维修经验"的反馈。此外,还要提高安全系数,详细阐述 ISI 技术。为确保设计扩展条件(DEC)的安全,应采取切实可行的措施防止严重事故的发生和/或减轻后果,适当考虑导致常见故障的潜在来源,利用钠冷快堆(SFR)系统的有利安全特性,引入被动设计措施。设计时应使事故进展足够缓慢,以便系统能够做出反应,并采取适当的措施来减轻后果。

13.6.1.2 核电厂状态之间的关系:概率论和确定论方法

每一个纵深防御级别的设计措施的有效运行都应该考虑到,以避免某一具体事件成为主导因素。设计基础事故和 DEC 的识别/选择应综合以下两个方面:①以反应堆系统基本特性为基础的确定性方法,并根据需要辅以概率分析;②运行经验和外部事件经验及许可经验。鼓励从一开始和整个设计阶段就应用概率安全评估,以估计设计措施的有效性。

13.6.1.3 非能动安全功能的利用

在设计上应采用适当的主动和被动安全系统的组合,以提高安全系数,防止大范围的设计基准事故(DBA)/DEC 的影响。即使在 DBA/DEC 下,尽管主动控制可能会受到限制,被动安全系统的能力也是可以预期的。对于 DBA,对结构、系统和部件的安全特性(包括固有特性)进行很好的描述是很重要的,应提高成

熟技术(具有足够冗余和多样性的安全系统)的可靠性。对于 DEC 来说,可以用不同的运行原理来保证多样性,而不需要进一步采取已经应用于 DBA 的复用措施。使用被动安全和固有安全特性,即使在主动安全系统假定的故障后,也应能够终止事故或减轻 DEC 的后果。

13.6.1.4 防止悬崖边缘效应

由于可能的悬崖边缘效应而可能导致重大和突然的放射性泄漏的严重事故,如果不能通过改进设计合理控制,应通过适当的规定实际地消除。被确定为需要实际消除的严重事故,应限制在经确定论和概率论考虑认为可能发生的事故。对实际消除的情况的安全论证应是稳健的,并应基于确定论和概率论分析,以解决不确定因素并涵盖大量事件。

13.6.1.5 安全壳功能

安全壳的设计应使其能够承受假设的堆芯解体的严重事故,准备必要的安全措施,以减轻堆芯解体的后果,并保留解体的堆芯材料。对于放射性隔离,应在合理的范围内加强与隔离功能有关的设计措施,而且无论核电厂中放射性物质的来源是什么(如堆芯和乏燃料储存),封闭措施必须考虑到源项。

13.6.1.6 防范危险

核电厂的外部危险和内部危险的可能组合也都应该考虑到,以便:①提高电厂安全的可靠性;②确认由极端危险诱发的电厂事故的后果是可以接受的;③确定需要加强的设备,以抵御超出电厂设计的参考范围的极端自然危险。由于危害是可能影响多个结构、系统和部件的潜在共同故障,因此各安全功能应通过适当的多样化和物理分离来加强冗余。

13.6.1.7 非放射性和化学风险

核电厂的系统特征和工艺所带来的非放射性风险和化学风险必须最大限度地降低,目的是限制对厂区外部的影响,并保护工人和公众的健康。必须考虑到非放射性风险和化学风险,以对大限度地降低核电站损坏的风险,并防止放射性和有毒化学品同时在环境中释放,成为事故的累积后果。

13.6.2 DEC 的识别

对于未来的钠冷快堆(SFR),需要提供内置措施,以实现在 DEC 下实际消除放射性物质向环境中的大量释放。DEC 是根据 SFR 的基本特征、工程判断和概率安全评估来确定的。安全研究从事故后果的重要性、现有设计的薄弱环节和不确定性程度等角度出发,提供了确定 DEC 的信息。DEC 的措施是指"防止堆芯损坏"和"确保安全壳功能的缓解措施"。为了确定措施,需要考虑每个 DEC 造成堆芯损害的时间差。

根据钠冷快堆的 DEC 事件的特点和概率安全评价研究,可将 SFR 的 DEC 事件分为两类。①在非正常始发事件发生后无法关闭反应堆(如停堆失败时的流量损失,停堆失败时的瞬态超功率,以及停堆失败时的主要散热损失);②在始发事件发生后无法从堆芯中排出热量(如衰变热清除回路流路中断导致的冷却剂流量损失、堆芯裸漏时主冷却剂液位损失、停堆时长期的散热器损失)。

13.6.3 设计措施的确定

对于反应堆停堆失效的事件,设计中需要防止此类事件对堆芯的破坏,并减轻堆芯破坏的后果,以最大限度地降低安全壳功能的负荷。导致堆芯损坏的时间差相对较小,在堆芯损坏事故中,由于瞬时临界而产生的大量机械能释放,有可能破坏反应堆压力容器(RV),并对安全壳的完整性造成显著影响。为了防止堆芯损坏,设计中可以利用被动或固有的反应堆停堆能力。限制产生的能量和保留/冷却损坏的堆芯将减少安全壳功能的潜在负荷。总反应性反馈和熔融燃料排放是关键问题。

对于散热损失事件,设计中应提供一种防止堆芯损坏或失去安全壳功能的手段,即通过保持堆芯冷却用的钠冷却剂液位,无论在有或没有堆芯损坏的情况下,都能保证余热的排出。与停堆损失事件相比,一般来说,在堆芯损坏之前有更多的时间,因此,可以根据事件的具体情况,提供多种措施。在失去余热排出功能后,堆芯损坏的程度可能会因燃料失效的时间差而不同。对于可能位于安全壳外使用钠的乏燃料储存池,也可以采用类似的设计方法来解决散热损失事件。

RV 中的冷却剂液位应保持在反应堆堆芯上方,以实现堆芯冷却。这可以通过以下措施来实现:①适当布置主管道;②在 RV 内设置防护容器(GV),以备泄漏时使用;或③另设边界和/或补注反应堆冷却剂;④RV 和 GV 的设计、制造、安装、维护和检查应使其具有最高的可靠性。

因此,RV/GV 发生泄漏的可能性很小。如果泄漏(首先是 RV 的泄漏,然后是 GV 的泄漏)和/或共因泄漏(RV 和 GV 的共因故障)不能实际消除,则 RV/GV 的泄漏会保持为 DEC。

为了保持钠冷却剂的液位,应遵守明确"实际消除"的条件,即防止从属故障和共因故障。关于"防止从属失效",GV 应能承受 RV 漏钠引起的热负荷、地震引起的机械负荷,同时长期保存漏钠的同时,还要承受失效的 RV 的任何干扰(甚至考虑到热膨胀、地震引起的振动等)。关于"防止共因故障",在可行的范围内,将 RV 和 GV 的支撑结构分开,或防止支撑结构的共同部位发生故障。防止制造中的共因缺陷,并应保证有足够的抗极强地震的余量。

无论堆芯是否完好无损,散热器是堆芯冷却功能的重要组成部分。为保证余热排出(散热器)的功能,应在事故处理中设计维护和回收/补充散热器。采用替代性的冷却方式,可以防止对反应堆堆芯的破坏和安全壳功能损失。反应堆情况取决于堆芯损坏前的时间裕度。如果时间裕度足够长,可以实施替代性冷却系统,或利用自然现象(如辐射和热传导)将热量排出,则堆芯损坏的情况基本消除。时间裕度越长,可提供的替代冷却系统的设计选择就越多样。图 13-5 所示为较长的时间裕度对安全的影响。

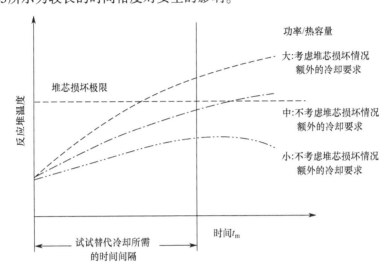

图 13-5　确保衰变热排出:热阱

(来源于 Kubo,S.,Safety design approach based on Gen-IV SFR,GIF-IAEA/INPRO SDC Workshop,IAEA,Vienna,Austria,February 26-27,2013.)

为了确保钠冷快堆安全壳的完整性,除了常规的加载条件外,还必须防止或减轻诸如钠燃烧、钠混凝土反应、碎屑－混凝土相互作用、积氢燃烧等有可能对安全壳的完整性构成威胁的事件。

13.6.4　事故情况的实际消除

对事故情况的"实际消除"是一个判断的问题,考虑到对一些物理现象的认识有限,以及实施成本的不确定性,必须对每一种类型的序列分别进行评估。这种判断不能仅依据概率排除标准,需要结合对所有潜在的可能导致大量放射性释放的机理进行仔细的确定性评估。就钠冷快堆而言,第一个设计目标是使这种情况在物理上不可能发生。在可行的情况下,应在设计上排除或缓解某些事故情况的后果,因为在设计扩展条件下实施额外的缓解装置或证明其有效性所需的研究与开发,可能会因成本过高或难以证明其有效性而无法实现。然而,对于物理上可能的情况,设计过程必须考虑到在经济和物理限制范围内,所有情况都不能仅仅根据发生的概率就做出应对处理。根据纵深防御,"实际消除"仅适用于有限数量的情况。对于某些事故情况的"实际消除",需要实施独立可靠的设计特征和/或运行程序,并对其效率进行有力的论证,例如,主动和被动系统的组合、固有特性和运行程序,以验证保护装置的效率(如需要 ISI)。例如,可以通过以下方式"实际消除"余热排出系统的故障:①安装稳健、冗余、独立和多样化的系统;②尽量减少由于共同原因或危害造成的故障;③在自然对流中运行的能力;④系统运行的宽限期长,以便在故障后恢复;⑤以概率评估为辅的示范。

13.6.5 从福岛第一核电站事故中吸取的经验教训

电源、冷却功能、包括最终散热器在内的传热系统、确定反应堆堆芯和安全壳状态的仪器设备的稳定性、安全系统的独立性和多样性是从事故中吸取的关键要求。除此以外,加强被动安全功能和保护措施,并留有足够的余量,也是需要强调的。对恶劣的核电厂条件和极端的外部危险性进行安全裕度评估已经成为关键。具体到钠冷快堆系统,应注意钠设备的建筑物中的水浸问题。

参考文献

[13.1] Rouault, J. et al. (2010). Sodium fast reactor design: Fuels, neutronics, thermal-hydraulics, structural mechanics and safety. Handbook of Nuclear Engineering, Springer, New York, USA, Vol. 4, pp. 2321-2710, Chapter 21.

[13.2] Vossebrecker, V. H. (1999). Special safety related thermal and neutron physics characteristics of sodium cooled fast breeder reactors. Warme Band 86, Heft 1.

[13.3] Guidez, J., Martin, L., Chetal, S. C., Chellapandi, P., Raj, B. (2008). Lessons learned from sodium cooled fast reactor operation and their ramification for future reactors with respect to enhanced safety and reliability. Nucl. Technol., 164, 207-220, November 2008.

[13.4] McKeehan, E. R. (1970). Design and testing of the SEFOR fast reactivity excursion device (FRED). General Electric Co., Sunnyvale, CA. Breeder Reactor Development Operation, US Atomic Energy Commission (AEC), US. doi: 10.2172/4050547.

[13.5] IAEA. (2000). Safety of nuclear power plants: Design requirements. IAEA Safety Standards Series No. NS-R-1, IAEA, Vienna.

[13.6] IAEA. (2009). Safety of nuclear power plants: Design. Revision of the IAEA Safety Standards Series No. NS-R-1, IAEA, Vienna.

[13.7] Nakai, R. (2013). Safety design criteria (SDC) for Gen-IV sodium-cooled fast reactor. GIF-IAEA/INPRO SDC Workshop, IAEA, Vienna, Austria, February 26-27, 2013.

[13.8] Office for Official Publication of the European Communities. (1990). LMFBR safety criteria and

［13.9］ Mohanakrishnan, P. (2010). Safety criteria and guidelines for design of fast breeder reactors. IGCAR internal report, India, International report, PFBR/0123/, March 2010.

［13.10］ Kubo, S. (2013). Safety design approach based on Gen-IV SFR. GIF-IAEA/INPRO SDC Workshop, IAEA, Vienna, Austria, February 2013.

guidelines for consideration in the design of future plants. Report of Commission of the European Communities Office for Official Publications of the European Communities, EUR 12669 EN.

第 14 章
事件分析

14.1 引 言

核电厂各种系统和设备的设计应确保其在稳态和瞬态条件下的稳定性能。国际原子能机构(IAEA)[14.1]定义的各种核电站状态见表 14-1。稳态工况的选择主要着眼于核电厂的最佳性能。瞬态条件的确定是为了确保电厂及部件的安全。核电厂动态分析是为了证明安全性。从分析中得出的重要方面:①预防和缓解方法;②响应时间;③可靠性;④功能特性。

在动态分析的基础上,确定了核电厂的各种运行参数和程序,核安全目标要依靠核电厂的动态模拟而实现,各种系统和部件在实现最终设计目标方面的相互依赖程度也只有通过这种模拟才能评估。

表 14-1 国际原子能机构定义的核电厂状态

运行状态下		事故工况下	
正常运行	预计运行事件	在设计基准上的事故 设计基准事故[a]	超出设计基准的事故 严重事故[b] 事故管理

来源:AEA,Safety of nuclear power plants:Design,IAEA Safety Standards Series No. NS-R-1,IAEA,Vienna,Austria,2000.
a 事故情况不是明确考虑的设计基础事故,但包含其中;
b 超出设计基础事故,无明显堆芯损坏。

在成功地设计和建造一个核电厂后,需要调查各种运行和事件条件对核电厂的影响。这种调查应包括研究瞬变的后果,既要考虑单个事件,也要考虑核电厂寿命期间所有事件的集体影响。这一点很重要,因为当一个事件以孤立的方式发生时,可能不会对核电厂造成损害,但在一段时间内发生的许多此类事件将以累积的方式损害核电厂。核电厂许可要求证明能够对常规运行事件以及不可能和极不可能的事件的影响进行安全管理。在这方面,动态模拟对于满足核电厂的许可要求是必不可少的,因为它可以验证核电厂在各种预期事件下的安全性。

要全面验证技术,其中一个重要的环节是核电厂的无故障运行,这就需要有训练有素的技术人员来进行核电厂的运行。如果考察世界上已建成的核电厂的运行历史,在核电厂投产后的运行初期就出现过多次事故,其中缺乏训练有素的技术人员是主要原因。因此,全厂的动态仿真是核电厂设计演进、运行规范以及安全论证的重要组成部分。随着计算机技术的发展,可以通过使用模拟机对核电厂运行人员进行培训,来弥补这一不足。这些模拟机中,有很多是被称为全范围的类型[14.2]。全范围模拟机包含了操作员在实际控制室中会交互到的核电厂所有重要系统的详细过程以及仪表和控制系统(I&C),包括核电厂控制室的复制操作台。在这些模拟机中,模拟单元的响应在时间上是相同的,模拟控制室收到的指示与实际情况相似。有经验的操作人员也可以在这些模拟机上得到有效的再培训,因为其可以模拟出操作人员在实际核电厂中可能没有经历过的各种故障和事故情况。因此,操作员可以得到有效的培训,以应对真实核电厂的所有可能情况。开发模拟机软件所必需的来自于核电厂动态研究的设备动态响应,全范围模拟机的详细内容见第 34 章。

从前面提到的方面来看,很明显,核电厂的动态模拟对于证明/实现核电厂的安全运行是至关重要的。本章主要介绍各种设计基准事故的核电厂动态分析。相应地,本章内容包括事件的定义和分类依据、各类事件的典型实例以及核电厂动态分析的各种目标。此外,通过对 500MW(e)原型快中子增殖试验堆(PFBR)的案例分析,重点介绍了一些重要的结果以及关于反应堆运行的安全和实际影响的问题。然而,读者应该明白,事件分析所遵循的理念、策略和定义对于所有类型的反应堆都是大致相同的。此外,任何安全指南,例如原子能机构,都试图通过对术语的适当解释使其与所有类型的反应堆相一致。

14.2　事件分类:基础,定义和解释

通过对三种工况的分析[14.3],来证明设计是否符合安全目标。

(1)设计基准工况。核电厂的安全设计主要来自于对这些情况的分析。必须表明,以往情况下发生的事故后果与放射性释放和辐射防护方面的目标相匹配。此外,事件和事故的估计频率决定了每种假定情况下可接受的后果,必须注意的是,由初始事件(IE)引发的整个堆芯解体的风险非常低。

(2)DEC 尽管复杂序列、极限事件和严重事故的发生频率很低,但仍要进行评估。对这些事故的后果进行分析,必须证明其在环境中的后果低于限制释放标准。

(3) 残留风险(RR)工况。

这些情况所造成的后果的分析工作还没有开展,但只要无法证明残留风险工况在物理上不可能发生,就必须在设计和实施中采取足够的预防措施使这些情况可以完全消除。

图 14-1 描述了为改进设计提出的方法,以确定和分析其相关的运行工况。

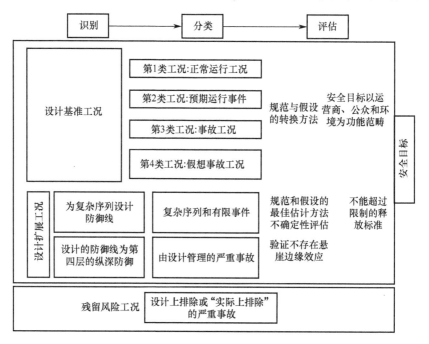

图 14-1 与安全相关的设计和评估的一般方法

14.2.1 设计基准工况

设计基准工况是指正常运行工况(第 1 类工况)和属于设计基准领域的初始事件(IE)相结合而产生的核电厂工况,即归入第 2 类工况到第 4 类工况(根据其概率)。IE 可能是由于部件故障、操作错误、内部或外部危害而产生的。它们的后果会影响核电厂行为。根据相应 IE 的预期发生频率,将设计基准工况分为四类。对欧洲快堆所做的类别定义如下。

(1)正常运行工况(第 1 类工况)是指计划和需要的核电厂工况,包括调试和启动过程中的试验、部分负荷、停堆状态、换料状态和部分不可检查、试验、维护和修理等特殊条件。退役工况不包括在运行核电厂的安全分析中,它们将在适当的时候进行专门分析。尽管如此,还是要做有关退役的考虑。对正常运行条件进行安全分析的目的是验证其对工作人员和公众的影响是否合理地达到最低限度(ALARA),并在任何情况下都低于相应的释放标准。

(2) 预期事件(第 2 类工况)是指不在计划内,但预计在核电厂寿命期内发生次数较多的运行工况(平均发生频率估计大于每年 10^{-2} 次)。核电厂在故障整改后应能在短期内恢复供电。对第 2 类运行工况进行安全分析的目的是验证其对工作人员和公众的影响是否合理地达到最低限度,并在任何情况下都低于相应的释放标准。

(3) 事故工况(第 3 类工况)是指在核电厂寿命期内预计不会发生的运行工况(平均发生频率在每年 10^{-4} 至 10^{-2} 之间),但在这之后,通过可能的修复,核电厂可以重新启动,以保证投资成本。对第 3 类运行工况进行安全分析的目的是验证其对公众的影响是否低于相应的释放标准。

(4) 假想事故工况(第 4 类工况)是指在核电厂寿命期间预期不会发生,此后不需要重新启动核电厂的运行工况。一种运行工况的后果不得超过第 4 类限制,其频率的平均值不得高于每年 10^{-7}。对第 4 类运行工况进行安全分析的目的是验证其对公众的后果是否低于相应的释放标准。

正常运行工况(第 1 类工况)的定义和研究旨在明确反应堆运行的主要物理参数的变化范围。这些参数主要涉及物理屏障的保护,也可以检查屏障的完整性(测量放射性污染、屏障的密封性等),并且包括反应堆的不同状态和允许从一种状态切换到另一种状态的瞬态定义,是阐述操作程序(仪表和控制系统以及人的行为)和确定阈值的起点,触发允许维持反应堆正常运行的限制措施,此外,在正常运行工况下的瞬态研究允许评估反应堆的性能和周期性负荷的组件尺寸。最后,通过对正常运行工况的系统研究,可以确定保留哪些工况作为初始状态,并结合 IE 来构建运行情况。在考虑每个 IE 时,必须保留最不利的状态。

对于预期和事故工况(第 2~4 类)及其代表性的包络工况的研究,旨在确定允许其控制的系统的规模,并避免它们对设施本身和周围环境造成不可接受的后果。后果的可接受性标准涉及到一般的安全目标,具体地说,涉及解耦标准。在实际的放射计算中,这些标准允许将热工水力和中子瞬态计算分开进行,本章将针对每一类运行工况对解耦标准进行阐述。这些标准的定义是为了使燃料和安全屏障的物理抗性达到一定程度,或至少(对于最高类别)能够对损害程度做出限制,一般是针对燃料和两个第一安全屏障的最大容许负荷(热、机械和功率密度)而做出的定义。

一旦确定了各种情况,就要考虑到会导致适当设计裕度的保守假设,对与运行情况相对应的事故序列进行瞬态计算。确定论方法依赖于保守假设的相关选择,以覆盖到各种不确定因素和可能缺失的分析详尽性,在具体计算中,对关键物理参数作出修正之前,应该对这些参数有正确的认识。此外,在对运行工况的研究中,还要考虑到严重失效后果。最后,所研究的预期和事故运行工况必须以一个安全的最终状态结束,这个最终状态可以是受控状态,也可以是安全停堆状态。表 14-2 列出了一些设计基准事故的示例。

表 14-2 典型设计基准事件和相关类别

序 号	类 别	事 件
1	2	假事故保护停堆
2	2	燃料棒损坏
3	2	安全棒无意中弹出
4	2	停电
5	2	循环水泵跳闸
6	2	堆芯内的气体夹杂物
7	2	少量钠泄漏
8	2	子组件装载错误
9	2	传统火灾
10	2	小型钠-水反应
11	3	循环水泵卡死
12	3	厂区地震
13	3	燃料组件堵塞
14	3	蒸汽发生器大泄漏
15	3	厂区短期停电
16	3	堆芯部件装卸机故障
17	3	覆盖气体大泄漏
18	4	主泵栅板连接管泄漏或破裂
19	4	一次钠容器泄漏
20	4	负载降低
21	4	厂区长时间停电
22	4	安全停堆地震

14.2.2 设计扩展工况

DEC 并不是根据其发生频率来定义的,而是假设它们是设计或工艺所特有的风险所造成的极端情况。这里考虑了两种 DEC:必须证明后果有限的情况和严重事故。DEC 安全分析的目标是验证其对公众的后果是否低于限制释放标准。在《欧洲公用设施要求》(EUR)制定的安全方针中,复杂事件序列是指2类、3类和4类运行工况的安全分析没有涵盖的DEC,但其发生频率没有被证明足够低(即远低于10^{-7}/序列/年/核电厂的平均值)。在欧洲快堆(EFR)安全方针中,复杂事件序列由为许可目的而定义的限制性事件补充[14.3],它们是由设计或过程中特定的风险引起的极端情况。对复杂事件序列和限制性事件的后果进行的调查,可能促使设计的改进,以保证堆芯不被损害,限制性释放不会超标。为了验证即使在非常假设的条件下,也不会出现"悬崖边缘"效应,对严重事故也进行了考虑。分析严重事故的目的是为了证明限制堆芯解体事故后果的遏制措施的有效性,辐射后果应低于限制释放目标。

对于DEC应该指出,这些工况包括复杂事件序列、限制性事件和有管理的严重事故。对这些工况的研究必须表明,已经达到第4类设计基准工况的释放标准。这些工况的建立没有考虑设计基准工况定义所适用的规则。对这些工况的研究依赖于现实假设:

(1)反应堆的初始状态为标称状态;
(2)除了由于考虑的事故而假定无法使用的系统外,所有系统都可以使用;
(3)仪控系统运行正常;
(4)物理计算是在现实的假设下进行的(最佳估计计算加上不确定性评估);
(5)不考虑额外工况恶化。

然而,特别注意评估能够引起"悬崖边缘"效应的物理参数的不确定性。事故的最终状态必须达到安全状态,以持久地确保堆芯的次临界性、余热的排出和辐射释放满足可接受标准。

14.2.3 残留风险情况

对于这些事故工况的预防,安全论证不需要对其后果进行分析,但必须证明对这些事故工况的预防是否充分,这种论证可以使用概率评估来进行。在这种情况下,目标是证明后果可能超过限制性释放目标的事故的平均频率远远低于阈值。例如,10^{-7}/事件/年/核电厂。对于残留风险情况,这种情况的实际消除必须通过逐个案例的分析来证明,基于物理上不可能得到的情况考虑,并考虑到包括最终系统在内的设计和安全规定,或结合确定性和概率性的论证。对于满足安全功能的系统冗余度的充分性,以及更广泛的安全设计的稳健性,将考虑到以下因素来分析:

(1)设计基准工况安全分析的工况恶化假设;
(2)根据因果推理的初始事件组合;
(3)单一故障标准。

14.3 分析方法论

对各种核电厂状态进行分析的动机是为了证明核电厂在设计基准事故下各种安全规定的充分性，及严重事故条件下管理方针的建立。根据分析的目标不同，方法也不同。对核电厂安全论证的预期运行事件和设计基准事故的分析方法有三种：

(1) 采用保守的计算机代码与保守的初始条件和边界条件（保守分析）；

(2) 采用最佳估计计算机代码与保守的初始条件和边界条件相结合（组合分析）；

(3) 采用最佳估计计算机代码与保守的和/或现实的输入数据相结合，但同时对计算结果的不确定度进行评价。

在不确定度评价中，与输入数据相关的不确定度和与最佳估计计算机代码中的模型相关的不确定度都被计算在内。在设计基准事件的情况下，一般采用保守的初始条件和边界条件的确定性分析方法进行核电厂安全论证。这种方法不一定总能代表保守方案，有可能一些重要的现象会被预测的保守方案所掩盖。如今，最佳估计分析与不确定因素评估的使用越来越多。对于与接受标准有较大差距的情况，为了简单，也为了经济性，使用保守分析是合适的。在差距较小的情况下，用最佳估计分析来量化保守性是非常必要的。对于超设计基准事故，在进行最佳估计分析的同时，还要对相关现象的不确定性进行评价。但在确定事故处理程序中，通常不进行不确定性分析。

在确定性分析中所作的保守假设应解决以下问题[14.4]。

(1) 应考虑到初始事件是在与反应堆初始条件（包括功率水平、衰变热水平、反应性条件、反应堆冷却剂系统温度、压力和存量）有关的不利条件下发生的。

(2) 不应考虑控制系统在减轻初始事件影响方面的作用。如果控制系统的运行加剧了事件的后果，则应考虑控制系统的运行。

(3) 所有非安全系统的故障都应以对假定的初始事件造成最严重影响的方式加以考虑。

(4) 应考虑最严重的单一故障发生在对减轻初始事件(IE)影响至关重要的安全系统的运行中。此外，只应考虑最低数量的复设系列的启动。

(5) 安全系统应假定在其最低性能水平上运行。

(6) 如果在事故期间，任何结构、系统或部件的后果超过了设计人员未证明完全可操作性的极限，则应假定其不可用。

(7) 只有在能够证明有足够的时间让核电厂员工实施所要求的行动，有充分的信息用于事件诊断,有足够的书面程序,并提供了足够的培训的情况下,才应考虑核电厂员工预防或减轻事故的行动。

尽管希望对整个核电厂进行分析,但根据各种事件的情况,有可能通过忽略核电厂某些部分的模型来简化分析。例如,在源自堆芯的事件(如反应性瞬变)中,核电厂的平衡对后果的影响可以忽略不计。因此,这类事件的分析可以在不建立核电厂平衡模型的情况下进行。然而,如果是源于核电厂平衡的事件,为了评估同样的事件对反应堆堆芯的影响,对整个核电厂进行完整的建模就变得至关重要。在全堆芯事件中,如堆芯解体事故(CDA),瞬态时间远小于冷却剂在回路中的循环时间。因此,这些研究可以只对堆芯进行详细的建模,而不需要核电厂其他部分的模型。

对一个由多个部件组成的系统进行动态模拟,需要构建和求解一系列控制方程,控制方程是根据守恒原理建立的。这些守恒方程通常构成三个特殊坐标和一个时间坐标的偏微分方程组。对于一个涉及单相流体流动的系统,要考虑表示质量、动量和能量平衡的三个守恒方程。对于两相系统,这种方程的数量是单相系统的两倍。在一些情况下,可以通过消除一个或两个空间坐标来简化问题的复杂性。正常运行时发生的大部分瞬态现象和属于设计基准范畴的初始事件都可以用一维系统动力学模型来分析,因为在这些条件下不涉及严重的多维现象。整个核电厂的多维空间模拟目前是无法实现的。在多维过程特征成为重要的模拟对象的情况下,如自然对流条件下涉及池内分层流动条件的情况下,多维建模就显得十分重要。即使一些特殊的一维模型[14.5]可以实现这样的效果,但为了准确模拟这样的现象,最好采用一维和多维模型结合在一起的混合模型。

反应堆堆芯输出功率的仿真需要对裂变功率和衰变功率进行建模。对于中等尺寸的反应堆堆芯,中子可以在空间时间上解耦。在这种情况下,点堆动力学方程是适用的。对于大尺寸的反应堆堆芯,则必须考虑空间动力学。模型中必须考虑多普勒效应、冷却剂膨胀、燃料膨胀、结构膨胀、堆芯径向膨胀、控制棒膨胀等引起的各种反应性反馈效应。在模拟严重事故条件下,还必须考虑冷却剂排空、包壳内熔融燃料运动、堆芯坍塌等引起的反馈效应。

针对水冷堆开发的计算机代码不适合分析液态金属冷却快堆的瞬态现象。不同国家针对其快堆系统开发了许多瞬态热工水力分析程序。在美国,针对不同的核电厂开发了一些专门的代码,如针对快中子通量测试设备(FFTF)的IA-NUS,针对克林河增殖反应堆项目(CRBRP)的DEMO[14.6],针对实验增殖反应堆(EBR-II)的NATDEMO[14.7]。布鲁克海文国家实验室(BNL)在世界范围内用于水堆应用的RELAP代码基础上,为钠冷快堆开发了通用代码NALAP[14.8]。另一个通用代码SSC-L是为环型快堆开发的[14.9]。为了对严重事故进行安全分析,阿贡国家实验室开发了 SAS4A 代码,该代码具有与严重事故相关的热工水力、中子和机械过程的详细模型,以模拟事故条件下反应堆堆芯、冷却剂、燃料元件和结构部件的行为[14.10]。在俄罗斯,物理与动力工程研究所(IPPE)开发了用于快堆动态分析的 GRIF 程序[14.11],该程序具有模拟严重事故的模型。英国杜伦大学开发了 MELANI,用于模拟原型快堆[14.12]。CATHARE 是法国的压水堆安全分析代码,已用于轻水反应堆,并用于钠冷反应堆的 CATHARE 代码是该领域的新发展[14.13]。韩国原子能研究所(KAERI)在 SSC-L 代码的基础上开发了 SSC-K 代码,用于韩国先进液态金属反应堆(KALIMER)的分析[14.14],该反应堆为池式快堆。在印度,英迪拉甘地原子能研究中心(IGCAR)开发了计算机代码 DYNAM 和核电厂动态(DYANA-P),用于分析环型快中子增殖试验堆(FBTR)[14.15]和池式原型快中子增殖试验堆(PFBR)[14.16]的动态行为。DHDYN 是利用钠池多区建模方法开发的计算机代码,该代码用于研究余热排出工况下 PFBR 的瞬态行为。KALDIS 程序[14.17]用于 PFBR 的严重事故分析。对于预分解阶段,开发了一个计算机程序 PREDIS,构成了 KALDIS 的一部分。Super-COPD[14.18]是日本为钠快堆(SFR)开发的程序,该程序已经通过在 Monju 反应堆进行的启动试验进行了验证。同样,NETFLOW +[14.19]是为预测钠系统的自然对流行为而开发的程序。日本原子能机构(JAEA)开发了 SIMMER-III 和 SIMMER-IV,用于 SFR 堆芯解体事故的三维中子 – 热流体模拟[14.20]。THA-COS[14.21]是中国正在开发的用于商业示范快堆(CDFR)电站动态模拟的计算机程序。最近,TRACE 程序[14.22]的能力已经扩展到预测一维和二维钠沸腾情况。第 17 章将详细介绍了各种程序的建立、求解方法和验证。

14.4 核电厂动力学研究的应用

核电厂动态研究在核电厂设计和许可的几个领域都有应用:核电厂保护系统的设计、系统和部件的热力设计、各种核电厂运行方案、核电厂的安全论证以及严重事故的分析。下面将介绍一些关于印度 500 MW(e) PFBR 设计的典型的案例研究。

14.4.1 核电厂保护系统的设计

基于选定的安全控制棒加速运动(SCRAM)参数超过其预设的阈值水平,通过反应堆停堆来确保核电厂中可能发生的各种设计基准事件(DBE)的保护。为了将各种 DBE 的后果限制在规定的设计安全限值(DSL)内,核电厂保护系统中需要有足够的 SCRAM 参数。同时,在核电厂保护系统中选取大量此类参数,会因其假动作而影响核电厂的可用性。因此,有必要对列表进行优化。厂用保护系统应有可靠的仪表,根据 SCRAM 参数的变化情况产生信号,以便及时停堆。为了设计厂用保护系统的仪表和其他系统,需要确定这些系统动作的最大允许延时。允许的延时时间应使各种设计基准事故的后果限制在规定的安全标准内。

核电厂内测量最重要的是中子通量(ϕ)、堆芯入口钠温度(θ_{RI})、中心组件冷却剂出口温度(θ_{CSA})、单个组件冷却剂出口温度(θ_I)、堆芯流量(Q_{PP})和缓发中子探测器(DND)通量。从这些测量中得出的一些重要参数是反应堆功率($LinP$)、周期(τ_N)、反应性(ρ)、功率与流量比(P/Q)、组件(SA)钠出口温度的组平均值(θ_M)、单个 SA 钠出口温度与预期值的偏差($\delta\theta_I$)、平均堆芯温升($\delta\theta_M$)和中央 SA 的冷却剂温升($\delta\theta_{CSAM}$)。超功率事故可以通过功率、反应堆或反应堆周期以及堆芯温升来检测。过冷却事故可通过功率与流量比、组件的出口温升和反应性来检测。DND 可检测燃料包壳故障。根据安全标准,表 14-3 给出了原型快中子增殖试验堆(PFBR)的 SCRAM 参数的最佳清单。

所有经过电子处理的模拟信号都容易受到漂移、温度变化、电源波动、校准精度、非线性等因素的影响而发生变化。同样,设定值也容易发生变化。这些影响会使 SCRAM 参数的阈值偏离其预定的设定水平。在评估仪器所需的响应时间时,必须在分析中考虑这些偏差。估计泵速测量响应时间所采用的方法如图 14-2 所示。泵速参数的主要作用是为核电厂提供保护,防止泵卡死事件。图 14-2 中用方块标记显示了在不启动核电厂保护系统的情况下,泵卡死事件对反应堆堆芯的影响。目前,核电厂保护系统应该在一定的时间被触发,以将后果限制在安全限制内,如图 14-2 中的圆形标记所示。必须对所有的包络事件进行类似的研究,并对安全仪表的响应时间进行研究。

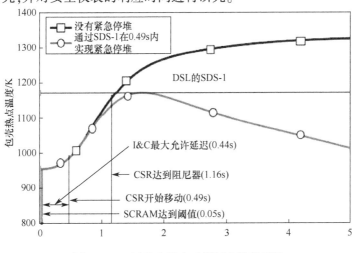

图 14-2 一回路主泵卡死期间允许的延迟

表 14-3　反应堆紧急停堆参数

序号	参数	参数描述
1	τ	反应堆周期增加"e"倍
2	$Lin\ P$	线性通道中的反应堆功率
3	ρ	净反应性
4	DND	缓发中子探测器的中子通量
5	P/Q	功率流量比
6	θ_{CSAM}	中央子组件钠出口温度
7	$\Delta\theta_M$	堆芯温度升高
8	$\Delta\theta_{CSAM}$	中央 SA 温度升高
9	$\Delta\theta_I$	与子组件钠温度的期望值的偏差
10	θ_{RI}	反应堆钠入口温度
11	N_p	主钠泵转数

14.4.2　部件的热机械设计

事件分析的一个重要结果是核电厂内各关键位置温度的瞬时变化。这些信息用于评估疲劳和蠕变造成的结构破坏,从而证明各种操作程序的可行性。下面讨论一些重要结构(图 14-3),这些结构的设计受瞬态热负荷的制约。

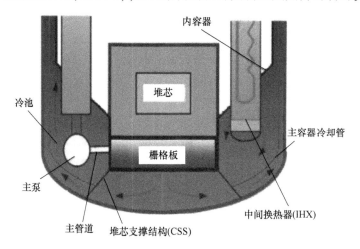

图 14-3　重要的冷池结构

(1) 冷池结构。在瞬态期间,由于冷池的热容量大,其温度与从中间热交换器(IHX)出来的钠流的温度相比变化缓慢。主管路、格栅板壳、主容器冷却管和堆芯支撑结构都会受到 IHX 一次出口和冷池混合平均温度差的影响。主要影响这些温度,并几乎囊括了所有其他情况的 DBE,分别是主回路钠泵的跳闸、二回路钠泵的跳闸和汽水系统的损失。汽水系统损失的情况下冷池温度的变化如图 14-4 所示为。可以看出,汽水系统损失后,冷池结构在蠕变状态下温度较高。

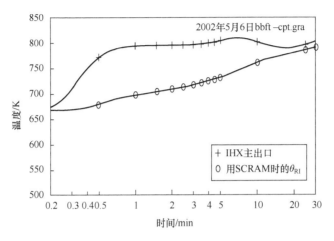

图 14-4　冷池结构瞬态跟随汽水系统损失分析

(2) IHX 的管板。IHX 管板在主回路钠泵的跳闸、二回路钠泵的跳闸、二回路泵加速和 IHX 套阀关闭事件中都会受到热负荷的影响,这是因为这些位置的一、二回路钠温有差异。图 14-5 所示为一台二回路钠泵的跳闸过程中影响底部管板的冷端温度的典型变化。图 14-6 描述了一台主回路泵跳闸下热池温度的变化,它影响到顶部管片。同样,在各种设计基准事故中,其他关键结构如蒸汽发生器(SG)管片、热池结构和蒸汽管集箱的热冲击也必须进行预测,以便对其进行详细的热力学分析。

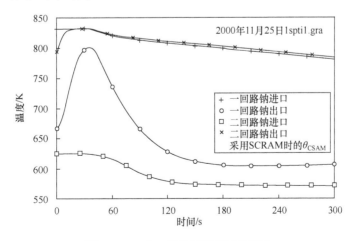

图 14-5　一台二回路泵跳闸后的瞬态

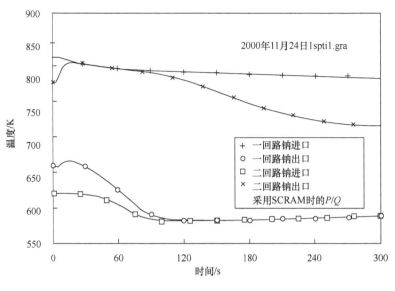

图 14-6 一台主泵跳闸后的瞬态

14.4.3 确定核电厂运行战略的研究：PFBR 的案例研究

确定各种核电厂运行战略是非常重要的，这可以使各种部件的设计所施加的限制得到遵守，操作者的操作简单，各种结构的热机械负荷最小。反应堆启动是需要一个详细执行策略的重要核电厂操作之一，在核电厂的寿命期内预计会有大约 1000 次的启动。核电厂动态研究有助于制定一个简单的人工启动方案，满足以下各种约束条件：①部件的设计；②各种结构的热机械载荷在允许的水平内。核电厂启动操作计划为全人工操作，包括三个主要步骤：①终止余热排出系统并建立常规散热器；②接近反应堆堆芯临界状态；③通过提起控制棒和安全棒提高反应堆堆芯的功率。

通过控制杆的移动来提高功率是启动过程中时间最长的操作。在此操作过程中，有必要使热水池的升温速度低于限值，以避免对各组件发生热冲击。在启动程序中，反应性的添加应使总反应性不超过反应性停堆参数的报警阈值。为了提高反应堆的功率，研究出了一种简化的程序，该程序在两次控制棒提升操作之间的时间延迟最短，并且每次控制棒提升一定的距离（小于极限距离）。图 14-7 阐述了这种"等待和升高"模式的启动程序，以开始平衡循环堆芯配置。该方案遵守结构上的热机械载荷和最小操作员动作的限制。

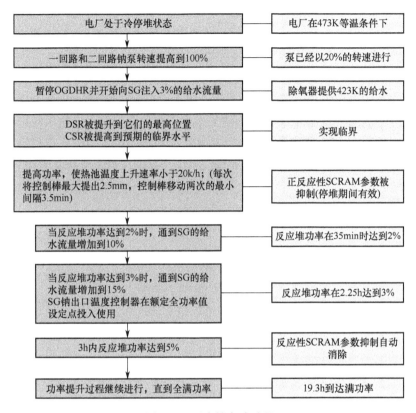

图 14-7 反应堆启动过程

14.4.4 核电厂安全示范

必须对所有包含 DBE 的事件进行瞬态分析，以预测核电厂的热工水力和中子行为，从而证明核电厂在设计基准事故下的安全性。除了这些事件外，由于单个或两个回路中的二次钠流量或给水流量增加而引起的过度冷却，也会导致轻度的瞬态超功率。单个或两个主泵的加速会导致轻微的负反应性反馈。与在额定功率下运行时相比，这些影响只有当反应堆在低功率下运行时才会更明显。因此，这些事件必须从为反应堆设想的可能性最低的初始稳态条件来分析。在这个功率水平上，一回路钠、二回路钠和给水流量都处于最低水平。

可能需要对低功率条件下的一些事件进行分析，这些事件包括在不同的初始功率条件下，一次泵、二次泵和给水泵的加速和控制棒的连续拔出。从分析中可以看出，有些事故可能需要自动安全控制棒加速运动（SCRAM），因为燃料、包层和冷却剂的温度在没有任何安全措施的情况下超过了各自的安全限值。

尽管在所有条件下,管道的结构完整性都能得到保证,且安全系数较高,但四根主管道之一的双端断裂仍被视为4类事故。从论证反应堆两回路设计选择合理的角度来看,核电厂在该事故中的安全演示是非常重要的,管道破裂事故后的情况如图14-8所示[14,23],该事故后的堆芯温度变化情况如图14-9所示。管道破裂后,由于主泵在运行中遇到的阻力较小,泵进入空转模式。因此,泵的净正吸入压头(NPSH)和空转模式特性对于该事故后果的模拟预测至关重要。系统动力学模型的其他重要特征——钠的单相不可压缩流动和格栅板的单压力点假设——已经通过详细的瞬态压力分析和格栅板的三维水力分析得到验证。已经证实,在事故中,由于瞬态压力的影响,各组件之间没有流量重新分布,也没有空泡形成。

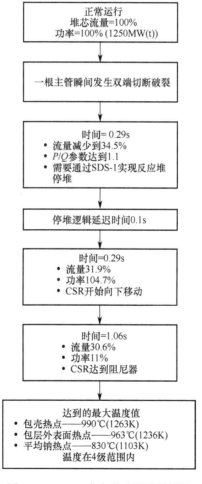

图 14-8　PFBR 中主道破裂后的情况

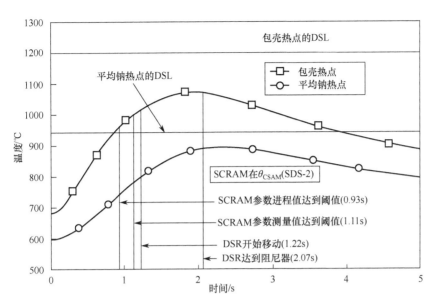

图 14-9 主管道破裂后的温度变化

14.5 小 结

在涵盖第 1 类～4 类的所有设计基准事故中,将事件分析获得的结果与设计安全限值(DSL)进行核对,以确保燃料、燃料包层和冷却剂的完整性。超出这一设计基准的任何事件将归入事故工况,这将在第 15 章中讲述。

参考文献

[14.1] IAEA. (2000). Safety of nuclear power plants: Design. IAEA Safety Standards Series No. NS-R-1. IAEA, Vienna, Austria.

[14.2] IAEA. (1998). Selection, specification, design and use of various nuclear power plant training simulators. IAEA-TECDOC-995. IAEA, Vienna, Austria.

[14.3] Rouault, J., Chellepandi, P., Raj, B., Dufour, P., Latge, C. et al. (2010). Sodium fast reactor design: Fuels, neutronics, thermal-hydraulics, structural mechanics and safety. In Handbook of Nuclear Engineering, D. Cacuci (ed.), Vol. 4, Chapter 21, pp. 2321-2710. Springer, New York.

[14.4] IAEA. (2001). Safety assessment and verification for nuclear power plants. Safety Standards Series No. NS-G-1.2. IAEA, Vienna, Austria.

[14.5] Haihua, Z., Ling, Z., Hongbin, Z. (2014). Simulation of thermal stratification in BWR suppression pools with one dimensional modeling method. Ann. Nucl. Energy, 63, 533-540.

[14.6] Albright, D. C., Bari, R. A. (1978). Primary pipe rupture accident analysis for clinch river breeder reactor. Nucl. Technol. , 39, 225-257.

[14.7] Mohr, D. , Feldman, E. E. (1981). A dynamic behavior of the EBR-II plant during natural convection with NATDEMO code. In Decay Heat Removal and Natural Convection in FBRs, A. K. Agrawal, J. G. Guppy (eds.). Hemisphere Publications, New York.

[14.8] Martin, B. A. , Agrawal, A. K. , Albright, D. C. , Epel, L. G. , Maise, G. (1975). NALAP an LMFBR system transient code. Report No. BNL-50457. Brookhaven National Laboratory, Upton, NY.

[14.9] Khatib Rahbar, M. , Guppy, J. G. , Cerbone, R. J. (1978). An advanced thermo hydraulic simulation code for transients in LMFBRs (SSC-L code). Report No. BNL-NUREG-50773. Brookhaven National Laboratory, Upton, NY.

[14.10] Cahalan, J. E. , Wei, T. (1990). Modeling developments for the SAS4A and SASSYS computer codes. Proceedings of the International Meeting on Fast Reactor Safety, American Nuclear Society, Snowbird, UT.

[14.11] Chvetsov, I. , Volkov, A. (1998). 3-D thermal hydraulic analysis of transient heat removal from fast reactor core using immersion coolers. Proceedings of the IAEA Technical Committee Meeting on Methods and Codes for Calculations of Thermal Hydraulic Parameters for Fuel, Absorber pins and Assemblies of LMBFR with Traditional and Burner Cores, Obninsk, Russia, July 27-31, 1998.

[14.12] Durham, M. E. (1976). Influence of reactor design on establishment of natural circulation in a pool-type LMFBR. J. Br. Nucl. Energy Soc. , 15, 305-310.

[14.13] Geffraye, G. , Antoni, O. , Farvacque, M. , Kadri, D. , Lavialle, G. , Rameau, B. , Ruby, A. (2011). CATHARE 2 V2. 5 2: A single version for various applications. Nucl. Eng. Des. , 241, 4456-4463.

[14.14] Chang, W. P. , Kwon, Y. M. , Lee, Y. B. , Hahn, D. (2002). Model development for analysis of the Korea advanced liquid metal reactor. Nucl. Eng. Des. , 217, 63-80.

[14.15] Vaidyanathan, G. , Kasinathan, N. , Velusamy, K. (2010). Dynamic model of fast breeder test reactor. Ann. Nucl. Energy, 37, 450-462.

[14.16] Natesan, K. , Kasinathan, N. , Velusamy, K. , Selvaraj, P. ,Chellapandi, P. , Chetal, S. C. (2011). Dynamic simulation of accidental closure of intermediate heat exchanger isolation valve in a pool type LMFBR. Ann. Nucl. Energy, 38, 748-756.

[14.17] Harish, R. ,Sathiyasheela, T. , Srinivasan, G. S. , Singh, O. P. (1999). KALDIS: A computer code system for core disruptive accident analysis of fast reactors. Report No. IGC-208. Indira Gandhi Center for Atomic Research, Kalpakkam, India.

[14.18] Yamada, F. et al. (2009). Validation of plant dynamics analysis code super-COPD by MONJU startup tests. Proceedings of the International Conference on Fast Reactors and Related Fuel Cycles: Challenges and Opportunities, Kyoto, Japan.

[14.19] Mochizuki, H. (2010). Development of the plant dynamics analysis code NETFLOW + +. Nucl. Eng. Des. , 240, 577-587.

[14.20] Tobita, Y. , Kondo, Sa. , Yamano, H. , Fujita, S. , Morita, K. , Maschek, W. , Coste, P. , Pigny, S. , Louvet, J. , Cadiou, T. (2003). SIMMER-III: A computer program for LMFR core disruptive accident analysis—Version 3. A model summary and program description. Report JNC TN9400 2003-071. Japan Nuclear Cycle Development Institute, Ibaraski, Japan.

[14.21] Hu, B. X., Wu, Y. W., Tian, W. X., Su, G. H., Qiu, S. Z. (2013). Development of a transient thermalhydraulic code for analysis of China demonstration fast reactor. Ann. Nucl. Energy, 55, 302-311.

[14.22] Chenu, A., Mikityuk, K., Chawla, R. (2009). One and two dimensional simulations of sodium boiling under loss-of flow conditions in a pin bundle with the TRACE code. Proceedings of 13th International Conference on Nuclear Reactor Thermal Hydraulics, Kanazawa City, Japan.

[14.23] Natesan, K., Kasinathan, N., Velusamy, K., Selvaraj, P., Chellapandi, P., Chetal, S. C. (2006). Thermal hydraulic investigations of primary coolant pipe rupture in an LMFBR. Nucl. Eng. Des., 236, 1165-1178.

第15章
严重事故分析

15.1 引　　言

全世界专家对各种能源发电方案的评估得出结论,钠冷快堆(SFR)有望在 10~20 年内为掌握这项技术的国家提供廉价能源。这一结论是在对经济、安全、环境等问题进行了全面深入的讨论后得出的。在安全领域,自 20 世纪 50 年代以来,人们就开始关注这一问题,特别是在大型快堆系统中不受控制的功率偏移,以及 SFR 中正反应性空泡系数的风险。在先进反应堆概念的背景下,如第四代系统,严重事故的处置是研发设计中的关键问题之一[15.1]。这需要完全理解科学、工程和技术相关领域中的各种场景和相关现象,这些场景和现象可以假设为可靠的安全示范。快堆的事故发展过程与热堆有很大不同。针对燃料与慢化剂的比例,热堆堆芯进行了优化,以获得最佳的慢化效果。因此,在失去慢化的情况下,燃料材料的任何运动都将引入负反应性。在快堆中,堆芯没有处于最佳反应性配置。这意味着由于堆芯的压缩和膨胀或分散导致的燃料的任何运动,可能分别引入正反应性或负反应性。当燃料熔化时,由于燃料的向下运动或燃料的坍落,会导致堆芯的压实,从而引入大量正反应性。这反过来又会导致超临界偏移和大量热能的释放,随之而来的是机械后果。快堆严重事故情景设想就是基于这一物理学进行定义的。

要发生此类事故,必须按顺序发生至少两个或两个以上的低概率故障。例如,一个大反应性引入事件叠加核电厂保护系统完全失效。这些事故涉及整个堆芯的恶化/熔化,在快堆中称为严重事故或堆芯解体事故(CDA),由于 CDA 发生的概率很小,因此称为假想事故。尽管事故发生频率较低,但仍需对此类事故进行分析,以证明其后果导致产生的放射性释放低于规定的环境限值。

本章提出了一些可能导致 CDA 的潜在始发事件,特别注意了堆芯中的流动阻塞。在此基础上,提出了无保护失流(ULOF)、无保护瞬时超功率(UTOP)和失热阱(LOHS)等事故场景。然后,依次介绍了热能和机械能的释放及其后果;事故余热排出(PAHR)方面、机理、设计和安全要求;放射性源项评估、放射性释放途径;最后介绍了一些重要的主要和次要事件、描述和反馈。

15.2 始发事件

当产生的热量和排出的热量不匹配时,堆芯中开始出现瞬态,这些瞬态一般称为未紧急停堆的预期瞬态(ATWS),主要有三个可以导致钠冷快堆中 CDA 的未紧急停堆的预期瞬态,下面分别对它们进行解释。

15.2.1 导致 UTOPA 的始发事件

由于过量反应性引入导致的且产生的热量比排出的热量多的瞬态过程,是导致无保护瞬态超功率事故(UTOPA)的始发事件(IE)。包括控制棒失控拔出或大量气体夹带到堆芯的活性区。为了平衡这些始发事件的影响,只有多普勒反馈才是有效的。图 15-1 显示了气泡在 0.15s 内引入了 1$ 反应性,然后在 0.15s 内恢复正常的结果,并给出了堆芯两个区域的最高温度以及反应性不同成分的变化[15.2]。

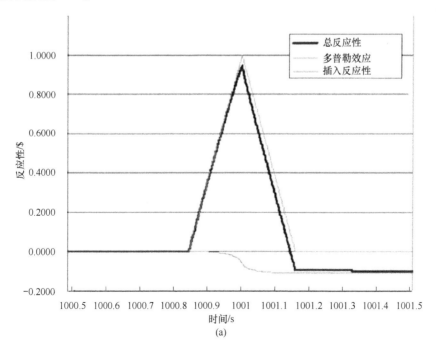

(a)

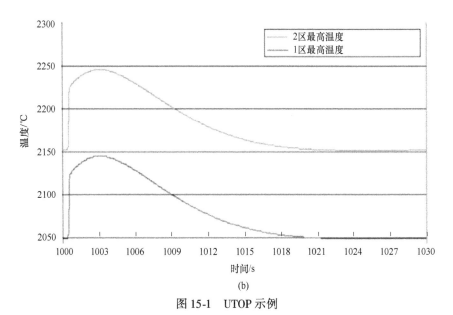

图 15-1 UTOP 示例

(来源于 Rouault,J. et al. ,Sodium fast reactor design: Fuels,neutronics,
thermal-hydraulics,structural mechanics and safety,in Handbook
of Nuclear Engineering,D. Cacuci (ed.),Vol. 4,Chapter 21,
Springer,New York,2010,pp. 2321-2710.)

(a)反应性变化;(b)温度变化。

15.2.2 导致 ULOFA 的始发事件

瞬态事故也可能是由于流量不足而发生的,此时排出的热量小于产生的热量。这些是无保护失流事故(ULOFA)的始发事件。无保护失流事故可由冷却剂主泵断电或卡轴或主管道破裂等引起,冷却剂流量降低,堆芯功率与冷却剂流量(P/F 比)的严重不匹配。根据反应性反馈的时间和大小,功率的降低足以防止温度过高和冷却剂沸腾。图 15-2[15.2] 显示了主泵在不启动控制棒的情况下主泵滑行至 28% 额定流量的示例。

图 15-2 显示了热腔室温度的变化,堆芯入口和出口的温度以及各种反应性反馈的影响。首先是多普勒效应引入与钠冷却剂密度降低影响相反的反应性反馈。几分钟后,由于功率降低,多普勒反应性反馈为正,由于燃料、结构和控制棒等膨胀的反应性反馈会抵消钠空泡以及其他的正反应性反馈。因此,冷却剂是否发生沸腾取决于设计条件,例如泵的惯性,流量减半时间和堆芯反应性反馈系数。

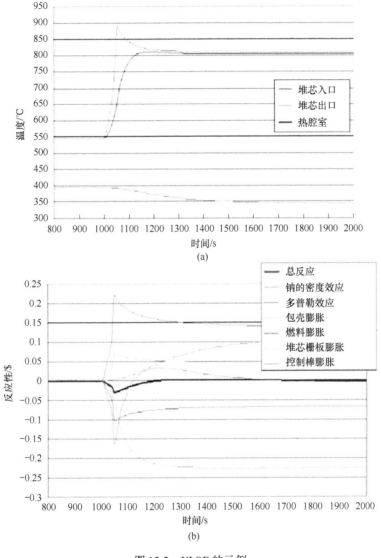

图 15-2 ULOF 的示例
(a) 反应性变化；(b) 温度变化。

15.2.3 导致 ULOHS 的始发事件

未紧急停堆的主热阱丧失是指蒸汽发生器的散热能力丧失,例如发电机负荷突然丧失和堆芯温度升高。发生无保护失热阱事故(ULOHS)会导致堆芯温度升高,从而产生负反应性反馈。主要挑战是避免结构在长时间内出现高温,这可能导致严重的热机械损伤,从而导致相关结构的堆芯支撑功能丧失。

15.2.4 堆芯中的流动阻塞

快堆堆芯非常紧凑,仅允许最小的冷却剂面积来排出热量,以保持快中子特性。这也是选择液态金属作为快堆冷却剂的原因。燃料棒单位长度的发热量远高于热堆燃料棒单位长度的发热量。因此,即使在局部区域出现冷却剂缺失,也可能由于局部热点而对包壳造成严重损坏。因此,流动堵塞是 SFR 深入研究的关键现象(图 15-3)[15.3]。流动堵塞的来源是失效燃料的碎片、制造过程中留下的异物、进入一次钠回路的油、格架线折断、运行过程中的化学产物以及膨胀导致的燃料棒过度变形。绕线型/网格型格板的存在也是流动阻塞的另一个原因。网格型隔板中流动阻塞的可能性比绕线格板更为明显。为了检测任何此类堵塞,在堆芯设计中纳入了一些规定。设置了足够数量的中子探测器来监测反应堆的功率,燃料组件出口处的钠温度通过在每个组件出口处的热电偶来监测。

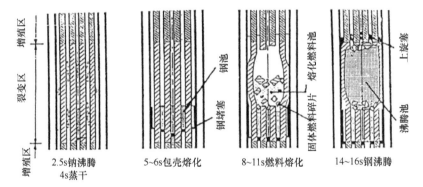

图 15-3　SCARABEE 组件的流动堵塞情况

中心组件钠出口温度通常由快速响应热电偶监测,这将间接表明钠流阻塞的发生。通过监测进入 IHX 的一次钠中的覆盖气体活性和缓发中子来进行燃料故障检测。一次钠取样的缓发中子探测器(DND)被设想用于紧急停堆,确保影响堆芯的所有事件至少有两个紧急停堆参数将被纳入相关规定。

15.2.4.1 局部堵塞的研究

为了达到允许的流量阻塞程度,即应遵守的指定设计安全限值,研究人员进行了一些分析[15.4]。虽然该分析是以原型快堆(PFBR)为例进行的研究,但得出的结论具有普遍性。在许多结果中,图 15-4 突出显示了一个重要结果,即显示了"流量减少率与流量减少程度"以检查 $\delta\theta$ 紧急停堆参数(表 14-3)是否可以将最大包壳热点温度限制在 1073K 以下。在图 15-4 中,显示了满足适当安全标准的有效区域,可得出了以下重要结论:在任何流量减少率下,入口流量减少的程度小于 32% 是可以接受的;流量减少的程度大于 95% 对于任何流量减少率都是不能接受的;对于60%~95%的流量减少范围,允许流量减少率小于5%/s;对于32%到60%的流量减少范围,允许流量减少率在6%/s~5%/s之间变化。

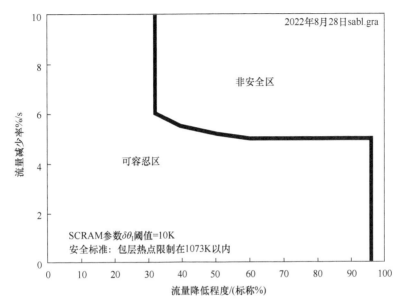

图15-4 组件部分进口堵塞的可接受限度

15.2.4.2 完全瞬时堵塞研究

在瞬时完全阻塞(TIB)的假设下,单个组件的熔化最多扩展到相邻的六个组件。然而,有一个问题是,如果高温燃料沉积在底部,主容器壁可能熔化,让位于底部的钠和熔化的燃料溢出主容器。此外,如果燃料在更具有反应性的布置中沉积下来,则存在再临界的问题。因此,在栅格板下方设置了堆芯捕集器。这将以适当分散的方式收集熔融燃料和碎片,以避免临界并确保长期冷却。然而,与可能形成临界配置的实际燃料质量相比,七个子组件熔化过程中释放的熔融燃料量相对较小。

对于原型快堆(PFBR),所有七个组件的总燃料质量为0.3t,而在达到再临界所需的最具有反应性布置中为1.0t。因此,七个组件的坍落熔融燃料不具有再临界的可能性。位于堆芯支撑结构下方的堆芯捕集器可以收集碎片,而不会造成熔融燃料与主容器底部直接接触的任何机会。此外,沉降在堆芯捕集器上的碎片可以通过自然对流冷却。为了有助于PFBR冷却,在其中心设置了一个烟囱,以促进钠的自然对流。初步计算表明,堆芯捕集器的最高温度为1014K,堆芯捕集器底板的温度小于923K[15.5]。

现在讨论发生 TIB 的可能性。在这方面,从若干国际经验中得出的一般性结论值得学习了解[15.6]。堵塞率很小,从局部沸腾到整体沸腾需要几个小时,裂变气体释放不影响邻近燃料棒的冷却,不会发生局部问题的快速传播。在缓发中子探测器(DND)信号可用的情况下,可以在 20~30s 内紧急停堆。在发生 TIB 的情况下,不会发生燃料-冷却剂相互作用的问题。反应堆停堆系统和余热排出能力没有受损,径向熔透是一个缓慢的过程。为了避免 TIB,在反应堆中添加了一些特征。冷却剂径向进入组件,而不是以两个高度上有多个孔的轴向进入组件,组件底部有鉴别器以避免错误加载,并且在进入反应堆之前对每个组件进行彻底检查。在栅格板的套筒和所有堆芯燃料组件的底部,设置了多个孔。除此之外,通过设置一个调节器,可以避免燃料组件出口处的全部堵塞,从而确保通过侧隙的流动有一条备用路径(图 15-5)。因此,TIB 是一个超设计基准事件(BDBE)。如果 TIB 未检测出,则可能导致 CDA。

图 15-5　SA 顶部的堵塞调节器

15.2.5　堆芯中钠空泡的产生

液态钠中异常空泡率的一个主要后果是在堆芯中引入了一个正反应性效应,堆芯钠沸腾会产生局部的钠蒸汽块。

除此之外,还有几种机制可以在堆芯形成空泡。只有当大量气体/空泡进入堆芯时,空泡才可能导致严重事故。以下是 SFR 中气体夹带的主要来源。

(1)堆芯连续气体产物:钠(氖和氚)、燃料棒(氙、氪)、控制棒(氦)和外部 B_4C 中子屏蔽(氦)。

(2)钠和石油/合成橡胶产品之间反应的气体产物。

(3)空化引起的局部和稳定的钠蒸汽块(相对较小)。

(4)辅助回路的加压气体泄漏(净化装置、检测装置等的氮气泄漏)。

(5)在堰上的钠溢流期间,氩气体从热钠池夹带并转移到冷钠池(图15-6),如果堰顶的剖面不正确,或者堰壳在钠流量和下落高度的某个临界组合下不稳定,就会发生这种情况(10.2.4节)。

(6)热钠池和钠自由表面中涡流诱导机制的气体夹带(图15-7):①液体下落;②涡流活动;③排水型涡流;④自由表面剪切现象。

(7)主泵超速可能导致入口泵排放和氩气夹带的高风险(图15-8)。

(8)热钠池和冷钠池中氩通过热钠池和泵壳的不同溶解度。

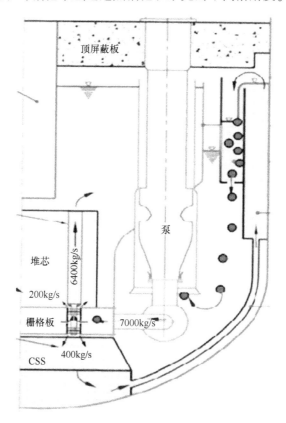

图15-6 通过堰流的气体携带

钠空泡是关键的始发事件,特别是对大型反应堆,堆芯越小,空泡效应越低。由于中子损失较高,在堆芯外围产生的钠空泡在堆芯内产生负反应性。然而,如果它们是在堆芯中心部分产生的,它们会对堆芯产生正反应性。国际上反应堆的典型总空泡系数为:Phenix为1.8$ ±1.35$,Superphenix为5.3$ ±1.60$,EFR为5.8~6.2$[15.7],PFBR为2.7$[15.8]。

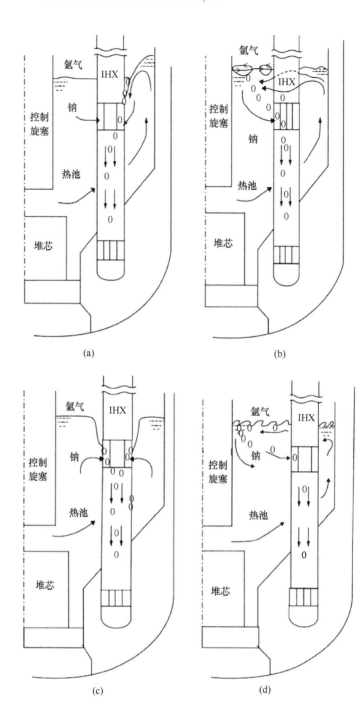

图 15-7 与钠热池自由液位相关的气体夹带机制
(a)流动性下降(上升速度大);(b)自由表面上涡旋活动(水平速度大);
(c)排水型涡旋(排水速度大);(d)自由表面剪切(水平速度大)。

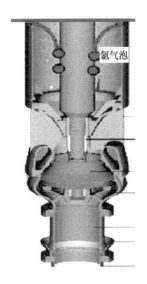

图 15-8　由于泵超速而产生的气体夹带(见彩色插图)

因此,在设计上必须尽量减少气体来源或限制液态钠中的气体聚集区。例如,消除中间热交换器(IHX)中的氩袋密封,使用吹扫器组件防止气体流过堆芯中的正反应区,通过选择磁力轴承来代替主泵转子中的机械轴承来避免油源,并引入挡板来减少钠池中的气体夹带。另外,最好提供具有足够精度的液钠中空泡率测量仪器,以消除假警报。

15.2.5.1　PFBR 中引入的气体夹带缓解机理:例证

为了降低原型快堆(PFBR)中的气体夹带风险,研究者开展了大量的实验和数值研究,对热池自由表面的气体夹带现象进行了基本的实验研究。此外,还对自由表面速度进行了数值预测,并对热钠池中引入的气体夹带减缓机理进行了数值评估。通过在一回路系统的 1/4 比例水模型(称为热工水力学反应堆组件比例模型(SAMRAT))上的模拟实验,对热池中用以缓解气体夹带的挡板进行了验证,详情见参考文献[15.9]。以下重点介绍了几个具体方面。

(1)为了分别在 820K 和 670K 下量化热钠池和冷钠池中氩气的不同溶解度,估计了从热池到冷钠池中氩气泡的终速度,对于 50~100μm 的氩气泡尺寸,氩气泡的终速度约为 0.02m/s(图 15-9),相比之下,冷钠池中的钠流速为 0.5m/s(图15-10)。因此,氩气泡可能被钠携带。

(2)通过主泵周围钠进行的气体溶解研究表明,进入栅格板的氩气的上限质量流量为 0.5g/s,栅格板中氩气的空隙率为 1.5×10^{-5},在组件顶部,空泡率增加到约 8.5×10^{-5}。研究还发现,相关的反应性变化可以忽略不计。

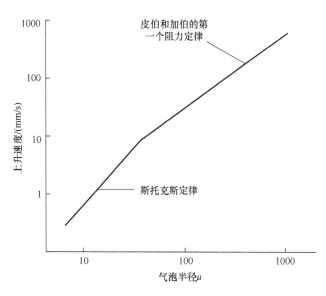

图 15-9　液态钠中氩气泡的末端速度

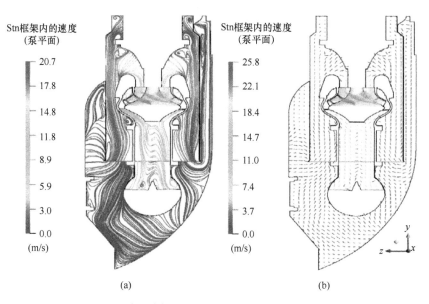

图 15-10　冷池中的流动路径和钠的流速(见彩色插图)

(a)轮廓;(b)矢量。

(3)在栅格板中的六个位置提供净化组件,以通过外围位置净化栅格板下方积聚的气体,从而不会增加任何正反应性效应(图 15-11)。

(4)机械密封显著减少了从热钠池到冷钠池的钠流旁路(图 15-12)。

(5)主容器冷却回路堰壳的适当剖面图和通过实验水力模拟进行的鉴定(图15-13)。

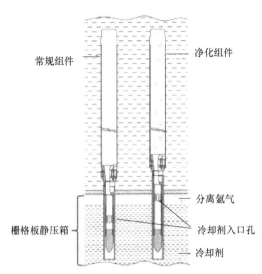

图 15-11 净化组件在 PFBR 栅板上的位置

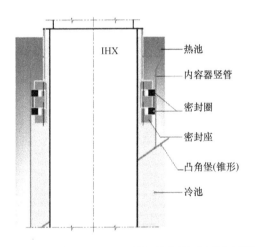

图 15-12 中间换热器(IHX)的机械密封(见彩色插图)

(6)为防止氩气进入 IHX 入口,在热钠池的 IHX 入口上方设置足够的钠压头。

(7)为防止冷钠池中的气体夹带,泵轴周围的涡流深度(0.4m)应持续保证小于静水轴承的浸没深度(3m)。

(8)为了减少热钠池中的气体夹带,在控制塞和内部容器中放置挡板,折流板的位置和尺寸根据计算流体力学(CFD)模拟确定(图 15-14),该设计也通过 SAMRAT 中的实验模拟进行了验证(图 15-15)[15.10]。

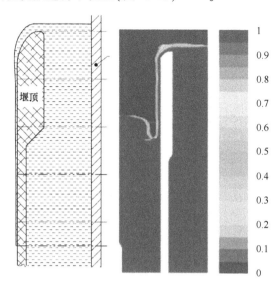

图 15-13　堰纵剖面图(见彩色插图)

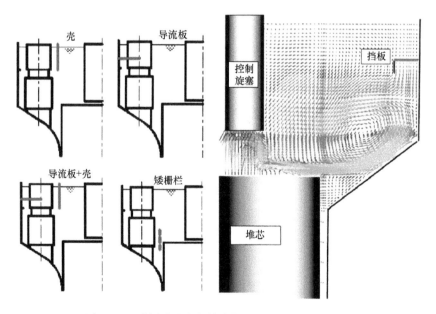

图 15-14　减缓热池中气体夹带的挡板(见彩色插图)

挡板在堆芯以上的标准化高度 H_n	自由表面 V_{max}/(m/s)（实测值）	自由表面 V_{max}/(m/s)（数值解）	目测法
无挡板	0.56	0.50	从自由表面观察到涡流激活的夹带现象
0.808	0.30	0.33	自由表面湍流减少，但从自由表面观察到涡流激活的夹带
0.748	0.25	0.30	自由表面是平静的，没有涡流激活的气体夹带观测到

图 15-15　在 SAMRAT 中气体夹带减缓挡板的验证

15.3　严重事故情景

15.2 节中描述的始发事件可能导致严重事故。然而，一些具有深入建模和支持性实验的国际研究表明，这些瞬态将是良性的，不会导致严重的事故。尽管如此，在假设的基础上，我们可以假设严重后果的假想情景开始于始发事件。15.2 节中描述的事故始发瞬变是基于反应性的或流动的，其中，无保护失流（ULOF）被认为是最严重的始发事件，可能导致功率和温度增加，最终导致严重事故。大型液态金属快中子增殖反应堆（LMFBR）堆芯的四个特点：正反应性空泡系数、堆芯几何形状不是最具反应性的布置、冷却剂沸腾裕度大以及在堆芯坍塌的情况下燃料的高反应性价值，这些是导致国际社会选择无保护失流事故（ULOFA）作为研究的主要因素。然而，有强有力的实验证据表明，由于熔融燃料在燃料棒间运动（燃料喷射），无保护瞬态超功率（UTOP）不会导致事故，但可以使反应堆达到更高的功率水平。

本节对 CDA 场景进行了详尽的描述，从始发事件开始，经过各个阶段，直到估算机械能释放。不同的物理现象在事故的不同阶段占主导地位，所涉及的时间尺度也不同。因此，使用因果现象学，在不可能进行确定论分析的情况下，采用保守方法，在不同阶段对事故发展进行确定论分析。这些阶段包括解体前阶段、过渡阶段和解体阶段，并在下面进行描述。

15.3.1 严重事故阶段

15.3.1.1 解体前阶段

这个阶段包括燃料、包壳和冷却剂的温度升高。在 ULOF 的情况下,第一种情况是在活性堆芯区域的上部形成钠空泡,然后传播到中心部分。当钠空泡传播到堆芯中心部分时,引入很大的正反应性从而使反应堆达到超临界的条件,同时燃料温度升高。随后的现象可能是随着温度的进一步升高,燃料在中心部分熔化。解体前阶段随着燃料开始沸腾而结束。因此,这一阶段的结束标志着堆芯材料开始蒸发产生高内压以及堆芯随后开始解体。

对于给定的功率和结构,反应堆的瞬态特性取决于燃料。对于氧化物堆芯,燃料和钠之间的温差比金属燃料堆芯要高得多。因此,平均燃料温度的下降比金属堆芯的下降要高得多。由此可得,对于氧化物燃料堆芯,由于多普勒反馈,将有较大的正反应性增加,而对于金属燃料堆芯,反应性影响不显著(可能是轻微的负反应性)。所以,金属堆芯可以转为次临界状态。相反,即使设计时钠空泡系数为正值,带氧化物堆芯的反应堆也可能成为次临界反应堆,但前提是堆芯中包含一些非能动停堆系统作为最终停堆系统。一旦冷却剂温度超过一定的安全限值,该系统应在没有任何能动系统元件支持的情况下自动引入足够数量的中子强吸收材料。

解体前阶段的分析必须预测从事故开始到中子停堆点的瞬态响应,几何结构基本完整,堆芯逐渐熔毁。计算通常通过以下方面进行确定:堆芯中子学、反应性反馈、热工水力学、钠沸腾、燃料棒失效、燃料坍落、燃料重置和燃料-冷却剂相互作用。

15.3.1.2 过渡阶段

在解体前阶段结束时,如果有足够的负反应性反馈,反应堆可能转为次临界状态。如果负反应性反馈不足,燃料和包壳将熔化并形成熔池。由于该阶段中燃料从固态逐渐过渡到液态,并且处于解体前阶段和解体阶段之间,因此称为过渡阶段。堆芯将持续沸腾,直到得以建立长期冷却的次临界结构,或者重新达到临界。在传统意义上,此阶段夹在解体前和解体阶段(第三阶段)之间。然而,目前 CDA 分析的进展将整个现象视为从始发事件到机械后果的过渡。这种分析涉及广泛的多物理建模,包括固体、液体和蒸汽场,并分为密度和能量成分。这有可能解决熔融燃料在不同路径上重置的更精细行为特性,这将提供现实的能量释放。

例如,可以研究设计改进的方法,以防止再临界。在 SIMMER 代码[15.11]中对这一阶段的典型建模中,中子动力学采用改进的准静态方法建模,其中,时空相关的中子输运方程被分解成一个表示中子通量分布但只随时间缓慢变化的形状函数和一个解释反应堆功率时间演化的振幅函数。通量形状的计算基于多群输运理论,根据中子通量和宏观截面计算反应性和其他动力学参数,然后求解振幅方程确定反应堆功率。图 15-16 给出了更全面的过渡阶段建模示意图。

15.3.1.3 解体阶段

解体前阶段为解体阶段提供了初始条件。一旦燃料蒸发开始分散,其位移反馈占主导地位,除多普勒外的其他反应性反馈可以忽略。该阶段堆芯失去了完整性,并持续到反应堆因燃料扩散而达到次临界状态,而且关联的时间尺度较短(毫秒量级)。燃料坍落和钠空泡引起的反应性增加率在很大程度上决定了解体阶段的事故情景和最终能量释放。在解体阶段影响最大的其他因素是燃料温度分布和解体前阶段结束时堆芯的净反应性。在解体阶段,燃料坍塌引入的高反应性增加率导致能量漂移,释放出大量热能。反应性漂移受多普勒和材料向外运动引起的反应性反馈以及堆芯空泡的控制变为次临界。

在原型快堆(PFBR)(第 21 章)所遵循的保守方法中往往忽略过渡阶段,考虑保守输入,并在较高的反应性增加率下考虑了快速临界漂移。功率脉冲会产生高温,蒸发熔融燃料或液化的固体燃料,并且高温会导致燃料蒸汽压力过高,从而导致堆芯解体。在这种解体结构中,由于多普勒效应和材料位移,会产生大的负反应性。这覆盖了输入反应性线性增加,堆芯在很短的时间内变为次临界,通常为 10~20ms。功率脉冲积累了几千兆焦的热能,随着在解体阶段加入如此高的热能,堆芯将成为熔融燃料和钢以及燃料、钢和钠的加压蒸汽的混合物。

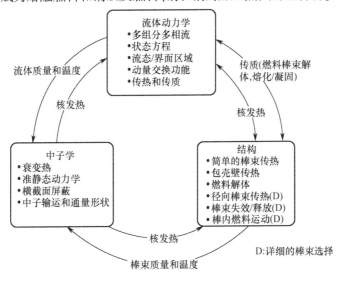

图 15-16　过渡阶段建模的综合方案

15.3.2 CDA 的后果

在解体阶段结束时产生的堆芯蒸汽部分称为"堆芯气泡"。堆芯气泡既不与周围的钠处于热平衡状态(相对于钠的温度而言,其温度较高),也不与钠处于机械平衡状态(相对于钠的压力而言,其压力较高)。因此,堆芯气泡的状态朝着达到热平衡和机械平衡的方向发展。为了达到机械平衡,气泡对钠施加压力,从而迅速膨胀,在钠中产生压力/冲击波。这些压力/冲击波会导致机械后果,15.4 节将对此进行详细说明。

为了达到热平衡,堆芯气泡将热量传递给周围的钠,并得到冷却,也就是事实上的淬火。堆芯气泡蒸汽在被周围的钠淬火后,转变成液相,并与熔融燃料和钢主体混合。由于熔融燃料和钢的密度较高,熔化的燃料和钢向下运动,并熔化行进途中的结构物,最终以堆芯碎片的形式落在堆芯捕集器上。随后,余热应通过适当的事故余热排出机制在较长时间内去除,这是 CDA 的热效应。除此之外,还有放射性后果,堆芯气泡中的裂变气体与覆盖气体混合,通过顶部屏蔽贯穿件喷射到反应堆安全壳建筑物(RCB),这是烟囱释放放射性的主要放射源来源。

由无保护失流事故(ULOFA)引起的典型 CDA 场景如图 15-17 所示。ULOFA 导致几乎整个堆芯熔化,同时产生由燃料、冷却剂和结构材料组成的气相。功率偏移产生的热量可熔化堆芯,产生饱和液相和汽相(图 15-17(a))。蒸汽相从初始压力 P_0 膨胀到等于反应堆中的环境条件的最终压力 P_f 过程中进行机械能的释放。在液态钠环境中,堆芯气泡快速膨胀时,产生压力波,使堆芯周围的壳结构变形(图 15-17(b))。机械功释放完成后,由于与钠池(温度为 855K)的热交换,两相气泡凝结,并开始向下熔化支撑结构,如栅格板和堆芯支撑结构,形成固体碎片(图 15-17(c))。最后,碎片沉淀在堆芯捕集器上,随后将通过自然对流冷却(图 15-17(d))。因此,CDA 会产生机械、热和放射性后果。以下各节将详细介绍这些内容。

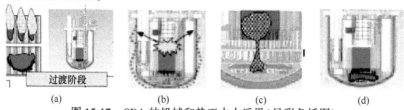

图 15-17 CDA 的机械和热工水力后果(见彩色插图)

(来源于 Rouault, J. et al., Sodium fast reactor design: Fuels, neutronics, thermal-hydraulics, structural mechanics and safety, in Handbook of Nuclear Engineering, D. Cacuci (ed.), Vol. 4, Chapter 21, Springer, New York, 2010, pp. 2321-2710.)

(a)堆芯熔化和汽化;(b)机械能释放;(c)熔化燃料重新定位;(d)事故后热排出。

15.4 机械能释放和后果

为了确保主容器和反应堆安全壳建筑物(RCB)的结构完整性,各国学者对机械后果进行了研究。SFR 的主安全壳由主容器和顶部防护罩构成。为了评估主安全壳的结构完整性,最初,对机械能释放进行了保守估计。1956 年,Bethe 和 Tait 分析了燃料蒸汽膨胀引起的反应性漂移。在这一分析中,假设了连贯堆芯压实,然后假设了重力驱动的堆芯坍塌和水动力堆芯解体。因此,该模型产生了高能量释放,也假设了没有多普勒反馈和缓发中子[15.12-15.14]。事实上,对于 EBR-II,使用了 Bethe-Tait 分析来证明一次系统的包容能力。在阿贡国家实验室(ANL),在快通量测试设备(FFTF)许可期间,Jackson[15.15]扩展了现象学的视角,包括事故起始阶段的机械处理、正常功率下的冷却剂沸腾、冷却剂空泡燃料损坏、过渡阶段的空间非相干堆芯熔化,跟踪材料迁移和与结构的相互作用,堵塞形成和再熔化,堆芯沸腾和扩散,考虑到向整个堆芯熔化过渡期间的再临界,以及最终堆芯扩散到可冷却的次临界状态。多年来,人们对这种现象的认识有了很大的提高,估计出的能量释放值越来越小。表 15-1 显示了不同反应堆实例的能量释放分析趋势的进展,表明能量释放值越来越低,反映在 CDA 能量释放(MJ)与反应堆功率(MW(t))之比的降低值上。目前,已经出现了一个阶段,在 CDA 中设想了不显著的能量释放,如燃料棒内燃料运动的欧洲快堆(EFR)所示(表 15-1)。一个简化和理想化的情况下的机械后果的 CDA 稍后说明。

表 15-1 反应堆的 CDA 能量释放

反应堆	功率 P/MW(t)	机械能 W/MJ	比例 W/P
SPX-1	3000	800	0.270
SPX-2	3500	110	0.030
BN-800	2100	50	0.024
DFBR	1600	50	0.031
EFR	3600	150	0.040
PFBR	1250	100	0.080

堆芯气泡包含高压两相混合物,产生压力波,由于气泡内部的高压,气泡膨胀,在这个过程中,液相转变为汽相。压力波的直接影响是周围结构的塑性变

形,这为压力波的传播提供了阻力。由于在钠平面上方存在覆盖气体空间,液体向上运动的阻力较小,因此气泡上方的一部分钠向上加速。

结果,在向下加载和主容器的下拉方向上产生净受力,这样反过来又会对反应堆穹顶产生压缩力。加速钠继续向上移动一段时间(典型为50ms),在此期间没有明显的机械变形,直到钠冲击顶部屏蔽。钠一旦撞击到顶部屏蔽,即"钠弹撞击",移动钠的动能就转化为压力能。因此,覆盖气体和钠中的压力急剧增加,导致:①主容器进一步的整体塑性变形;②主容器靠近顶部屏蔽连接处的局部大变形,以膨胀的形式出现;③顶部屏蔽向上的冲击力。典型钠弹撞击现象(从冲击开始到容器变形稳定)发生在 100~150ms。

在钠弹撞击的过程中,顶部防护罩组件的螺栓会伸长,顶部防护罩环形间隙中的密封可能会失效,因此,钠可能填充顶部屏蔽贯穿件,随后,钠泄漏到反应堆安全壳建筑物(RCB)。在准静态条件下,钠泄漏现象发生时,堆芯气泡压力下降。这主要是由于气泡被周围的过冷钠冷却,钠具有较高的热容,而堆芯气泡的体积保持不变。准静态条件适用于 150~900ms(典型)。泄漏的钠会燃烧并导致 RCB 中的温度和压力升高,RCB 就是针对这个压力而设计的。超过 900ms 时,机械后果终止,但主容器底部蠕变除外,该蠕变处于高温状态,这取决于设计中的散热规定。图 15-18 描述了前面提到的场景。

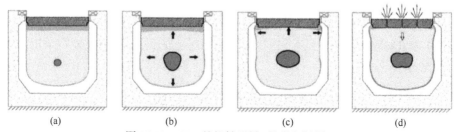

图 15-18 CDF 的机械后果(见彩色插图)
(a)初始状态:0ms;(b)容器下拉:0~50ms;
(c)段塞冲击:100~150ms;(d)最终状态:150~900ms。

15.5 事故余热排出

燃料和钢的熔融混合物的形成标志着 CDA 过渡阶段的结束。所涉及的后续现象包括:①熔融燃料的重置;②熔融燃料与冷却剂的相互作用;③堆芯碎片的沉降行为;④堆芯捕集器和长期可冷却性方面。图 15-19 描述了堆芯碎片重新安置和沉降情况,以下各小节将对此进行说明。

15.5.1 熔融燃料的重置

在钠中熔化堆芯淬火产生的堆芯碎片预计会向下移动。在碎片落在主容器/堆芯捕集器上之前,碎片必须穿过下部轴向吊篮、栅格板和堆芯支撑结构。碎片可能会到达部件的底部,然后聚集在栅格板的套筒之间。如果碎片的质量足够大,它们可能会扩散并沉积在栅格板的外围区域。对从堆芯向下流动和熔融燃料/钢混合物凝固的分析表明,至少 1/3 的燃料将在几秒钟的极短时间内到达栅格板[15.16]。如果通过控制棒通道的流量很高,或者如果剩余的燃料质量达到临界并使凝固的燃料块重新熔化,则该比率会更高。

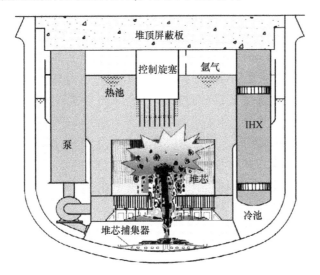

图 15-19　熔化的燃料在堆芯捕集器中的处置原理图(见彩色插图)

碎片可能会熔化栅格板的下板或打开一条穿过栅格板套筒的通道。法国对 Superphenix(SPX-1)的研究[15.17]表明,如果碎片在事故发生后 100s 沉积在栅格板上,熔化栅格板下板所需的时间将为 1600s。同时,预计栅格板下会出现初期钠沸腾。除了沿轴向熔化通过下部结构组件,通过流经下部结构中的冷却剂通道,也可能发生熔融燃料和钢的向下迁移。流式传输是一种更快速的重置机制。由于通道流通面积/包层表面积小,以及钢熔化的巨大潜热,熔融燃料可能不会在不堵塞的情况下渗透到燃料包层结构中的很远位置。然而,活性堆芯区下方存在的大型冷却剂通道有助于蒸汽化过程。

15.5.2 熔融燃料-冷却剂相互作用

熔融燃料和钢在高度过热的情况下从栅格板和堆芯中流出,并具有更高的向下运动趋势。在运动过程中,它们失去热量,部分/完全凝固。考虑到液体的高速和高温(通常约5000K)射流穿透温度较低(通常700K)的液体钠,会出现一些热工水力学现象。最复杂的是图15-20所示的射流不稳定性。根据相互作用的不同,碎片在堆芯捕集器板上沉降的几何特性和分散特性也会有所不同。从传热的角度来看,均匀铺展和均匀层的形成是有利的。从燃料-冷却剂相互作用的研究中已经证实,熔融燃料和钢在钠中淬火时容易碎裂并形成固体微粒。这些颗粒碎片的尺寸分布对碎片床的最终冷却能力有显著影响。在瞬态反应堆试验装置(TREAT)[15.18]中进行的堆内试验表明,大部分碎片(70%~80%)直径小于1000μm,燃料颗粒的平均粒径约为200μm,钢颗粒的平均粒径约为400μm。

在所有的实验中,都观察到金属碎片和UO_2碎片在外观上的差异。金属碎片一般为圆形,而UO_2碎片不规则且尺寸较小。破碎主要是由于热和机械相互作用,包括水力和热应力开裂。对于相同的孔隙率,粒径较大的碎片提供的水力阻力较小。粒径分布是受到破碎过程以及冷却剂与燃料材料组合的巨大的影响。除了碎片尺寸分布外,沉降行为也是传热考虑的一个重要因素。在这方面,可以设想两种结构:浅层碎片床和深层碎片床。这种分类取决于冷却剂的穿透深度。根据产生的蒸汽喷射量,会出现干涸状态(图15-21)。在干涸条件下,蒸汽喷射运动和钠的运动可以停止。干涸取决于衰变功率密度、孔隙率、碎片大小等。

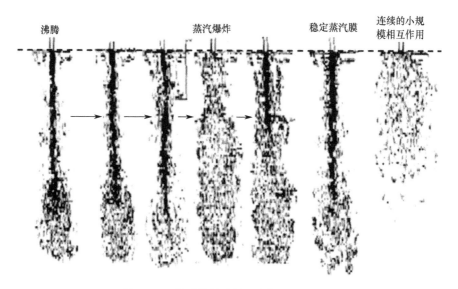

图15-20 熔融燃料喷射和冷却剂相互作用

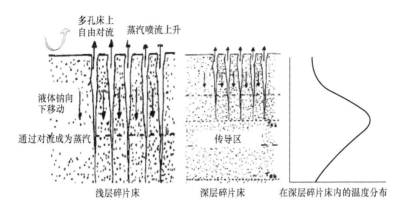

图 15-21 多孔碎屑层的传热情况

15.5.3 堆芯捕集器概念

如果主容器底部有大量堆芯碎片(10%~100%),则碎片床将处于熔融状态。如果钢和燃料因密度差异发生分层,则预计不会发生钢沸腾,而对于均匀混合的熔融燃料和钢,最高温度可达 3200K。因此,可能会发生钢沸腾,这会增加向上的传热和钠沸腾,导致主容器进一步增压,与主容器底部接触的碎片层会穿透墙壁,容器可能因结构熔化和蠕变破裂而失效。如果容器底部的热量仅通过热辐射排出,则熔透失效的特征失效时间为 12~60min。施加在容器上的高压会在熔化之前导致结构失效。主容器和安全容器失效后的情况非常严重,可能导致内衬失效,导致堆芯碎片和钠对混凝土的化学侵蚀,导致结构退化、产生氢气以及安全壳增压。鉴于上述严重后果,有必要以安全的方式安置堆芯碎片,这是通过在堆芯支撑结构下的钠池中放置堆芯捕集器来完成的。在原型快堆(PFBR)和欧洲快堆(EFR)中构思的容器内堆芯捕集器示意图如图 15-22 所示。

具有底部散热能力的堆芯捕集器可将冷却范围从堆芯燃料的 55% 增加到 100%[15.19]。容器内滞留研究的总体结论是,只要有热阱,主容器内可容纳约 50% 的堆芯部分熔毁。池式 SFR 的一个重要优点是,如果主容器保持完好,存余钠的冷却能力仍然可以使用。在正常工作温度和钠沸腾之间,容器内钠的热容量是相当大的,可以在钠发生显著沸腾之前提供几个小时的时间。对于许多堆芯熔化事故序列,余热排出回路可能仍在工作,从而导致令人满意的排热模式。自然对流发生在内部加热的熔池中,热流体上升,冷流体向下运动。当温度梯度引起的浮力超过黏性力时,流体开始运动,惯性力也会影响流动发展后的输运过程。

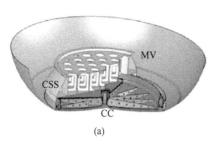
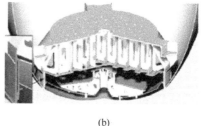

(a)　　　　　　　　　　　　　　　(b)

图 15-22　国际 SFR 容器内堆芯捕集器
(a)原型快堆(PFBR)；(b)欧洲快堆(EFR)。

15.5.4　事故后余热排出

堆芯碎片在 CDA 后沉降在堆芯捕集器上产生的热量包括：①与减少裂变过程相关的瞬态热量产生(在中子停堆后立即发生)；②活化燃料核素的衰变热；③裂变产物(FP)的衰变热；④不锈钢活化引起的衰变热。在达到次临界状态后，瞬态热产生仅在很短的时间内(10s)才有意义。在大型核电厂中，径向包层部件将产生相当大的衰变热，这种热的产生也应包括在事故后余热排出研究中。

事故后余热排出(PAHR)的结果应符合三个标准：①在瞬态过程中，主容器三点处的蠕变损伤在允许范围内；②碎片床下的钠温度低于钠沸点，以避免向下的传热恶化；③考虑到所达到的机械负荷和温度，堆芯捕集器板具有足够的机械阻力。PAHR 研究应考虑三种不同的可能情况：①碎片通过后，下腔室保持封闭状态；②下腔室通过一个对角线上的孔与上腔室连通；③下腔室通过一个对角线上的大孔与上腔室连通。在稳态假设下，钠在碎片盘周围和支撑板下的自然对流传热可以被评估。

此外，在创新的 SFR 中，PAHR 的能力通过以下特征得到增强：①防止栅格板上的直接熔体喷射撞击；②增大堆芯支撑结构下的冷却剂存量，以便熔融燃料淬火和破碎成小颗粒；③冷却液有效循环烟囱；④燃料碎片沉降至下板的导管(当床层高度超过一定的流态化水平时，碎片下降)；⑤用于在冷却和次临界状态的有限床层高度内保留碎片的多层碎片盘。

如果堆芯碎片通过容器熔化，则必须检查堆芯中碎片的传热和相互作用。此研究主要关注两个主题：第一，可能被用来减少熔融后果的技术，如工程堆芯滞留概念(专门设计用于阻止熔融燃料碎片流动的装置)；第二，钠和堆芯碎片与反应堆容器下方结构材料的相互作用。详情见参考文献[15.20]。

15.6 放射性后果

尽管 CDA 是超设计基准事故(BDBA),但反应堆 RCB 可减轻 CDA 的后果,确保现场边界的剂量率在规定的限值内,且不会影响控制室的宜居性。估算源项涉及两个步骤:第一步,计算 RCB 中的放射源;第二步,在 RCB 之外评估源项。下面将讨论 RCB 中放射源的评估,第 12.4 节已讨论了环境放射源项的评估。

要评估 RCB 中的源项,需要基本信息,例如堆芯中的裂变产物(FP)存量、CDA 中堆芯损坏的程度、到达覆盖气体的 FP,以及随后通过顶部屏蔽到 RCB 中的泄漏释放。另一条途径是通过主容器熔化。然而,对 CDA 进行的损伤评估研究表明,主容器和顶部防护罩仍然完好无损。所以,唯一可用的途径是通过顶部防护罩泄漏。FP 存量取决于堆芯燃耗。表 15-2 列出了各种反应堆的放射性重要核素清单。CDA 结束时,部分堆芯处于熔融状态,剩余部分处于汽化状态。例如,对原型快堆(PFBR)[15.21]的 CDA 分析表明,在 CDA 结束时,94% 的堆芯处于熔融状态,20% 处于蒸发状态。必须找到到达覆盖气体并随后进入 RCB 的 FP 部分。在这个问题上,世界各国都投入了大量的研发工作。在 CDA 过程中,堆芯气泡膨胀,然后为了使 FP 达到氩气覆盖气体,FP 必须通过钠池。在通过钠的运输过程中,大部分的放射源可以被移除。图 15-23 给出了 CDA 情景下核电站不同区域的放射源示意图。Kress 等人[15.22,15.23]确定了以下可能的可去除机理:

- 在燃料蒸汽冷凝到气泡/钠界面、气泡结构和夹带的液滴上的过程中;
- 在凝聚和去除成钠的过程中;
- FP 扩散至钠并与钠反应。

表 15-2 在 RCB 内裂变产物与源项的主要清单

同位素	半衰期	PFBR/Bq	OECD/Bq	SNR-300/Bq	EPR/Bq
^{131}I	8.02d	1.48×10^{18}	1.33×10^{18}	7.40×10^{17}	1.48×10^{17}
^{132}I	2.30h	1.96×10^{18}	1.76×10^{18}	9.80×10^{17}	1.96×10^{17}
^{133}I	20.80h	2.54×10^{18}	2.29×10^{18}	1.27×10^{18}	2.54×10^{17}
^{134}I	52.50m	2.53×10^{18}	2.28×10^{18}	1.27×10^{18}	2.53×10^{17}
^{135}I	6.57h	2.23×10^{18}	2.01×10^{18}	1.12×10^{18}	2.23×10^{17}
^{134}Ca	754.50h	2.82×10^{14}	2.28×10^{14}	1.41×10^{14}	2.82×10^{13}
^{137}Ca	30.07y	8.42×10^{16}	6.82×10^{16}	4.21×10^{16}	8.42×10^{15}
^{88}Rb	17.78m	5.22×10^{17}	4.23×10^{17}	2.61×10^{17}	5.22×10^{16}
^{103}Ru	39.26d	2.41×10^{18}	9.64×10^{16}	4.10×10^{16}	9.64×10^{16}

(续)

同位素	半衰期	PFBR/Bq	OECD/Bq	SNR-300/Bq	EPR/Bq
^{106}Ru	373.59d	1.06×10^{18}	4.24×10^{16}	1.80×10^{16}	4.24×10^{16}
^{89}Sr	50.53d	7.12×10^{17}	7.83×10^{16}	1.21×10^{16}	2.85×10^{16}
^{90}Sr	28.79y	2.88×10^{16}	3.17×10^{15}	4.90×10^{14}	1.15×10^{15}
^{141}Ce	32.50d	2.11×10^{18}	8.44×10^{16}	3.59×10^{16}	8.44×10^{16}
^{144}Ce	284.89d	1.06×10^{18}	4.20×10^{16}	1.79×10^{16}	4.20×10^{16}
^{131m}Te	30.00h	1.63×10^{17}	2.61×10^{16}	8.15×10^{16}	1.63×10^{16}
^{132}Te	3.20d	1.88×10^{18}	3.01×10^{17}	9.40×10^{17}	1.88×10^{17}
^{140}Ba	12.75d	1.93×10^{18}	2.12×10^{17}	3.28×10^{16}	7.72×10^{16}
^{95}Zr	64.02d	1.76×10^{18}	7.04×10^{16}	2.99×10^{16}	7.04×10^{16}
^{140}La	1.68d	1.96×10^{18}	7.84×10^{16}	3.33×10^{16}	7.84×10^{16}
^{85m}Kr	4.48h	2.26×10^{17}	2.03×10^{17}	2.26×10^{17}	2.26×10^{17}
^{87}Kr	76.30m	4.08×10^{17}	3.67×10^{17}	4.08×10^{17}	4.08×10^{17}
^{88}Kr	2.84h	4.94×10^{17}	4.45×10^{17}	4.94×10^{17}	4.94×10^{17}
^{85}Kr	10.70y	4.669×10^{15}	4.22×10^{15}	4.69×10^{15}	4.69×10^{15}
^{133}Xe	5.24d	2.55×10^{18}	2.30×10^{18}	2.55×10^{18}	2.55×10^{18}
^{135}Xe	9.14h	2.66×10^{18}	2.39×10^{18}	2.66×10^{18}	2.66×10^{18}
^{239}Pu	24110y	4.51×10^{15}	4.51×10^{13}	7.67×10^{13}	4.51×10^{11}

研究领域内的一些专家学者已经为上述现象开发了如表 15-3 所示模型[15.24-15.26]，只是这些模型还没有得到实验验证。考虑到上述现象所涉及的所有不确定性，经济合作与发展组织/核能署给出了 RCB 的源项[15.23]。在过去的 20 年里，在几个国家对液态金属快中子增殖反应堆(LMFBR)源项进行了一些实验，总结了如下的结果。

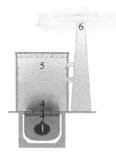

图 15-23 CDA 场景下的放射源示意图
1—堆芯；2—热钠池；3—覆盖气体；4—钠火来自喷射出的钠；
5—反应堆安全壳建筑；6—烟囱。

表 15-3　RCB 内的源项

同位素	进入 RCB 的泄露分数	同位素	进入 RCB 的泄露分数
^{131}I	1.00E−01	^{144}Ce	1.00E−01
^{132}I	1.00E−01	^{131m}Te	4.00E−02
^{133}I	1.00E−01	^{132}Te	4.00E−02
^{134}I	1.00E−01	^{140}Ba	4.00E−02
^{135}I	1.00E−01	^{95}Zr	1.00E−04
^{134}Cs	1.00E−01	^{140}La	1.00E−01
^{137}Cs	1.00E−01	^{85m}Kr	1.00E−01
^{88}Rb	4.00E−02	^{87}Kr	1.00E+00
^{103}Ru	4.00E−02	^{88}Kr	1.00E+00
^{106}Ru	4.00E−02	^{85}Kr	1.00E+00
^{89}Sr	4.00E−02	^{133}Xe	1.00E+00
^{90}Sr	4.00E−02	^{135}Xe	1.00E+00
^{141}Ce	1.00E−01	^{239}Pu	1.00E+00

裂变气体向覆盖气体的释放量相当高，因此不需要更精确的研究。在事故发生过程中，挥发性 FP 释放分数取决于它们的物理化学性质和热力学条件的演变。非挥发性 FP 和燃料释放分数与熔融燃料－冷却剂相互作用密切相关，然后与冷却剂去污系数密切相关，取决于许多参数，如气泡形成和池深。表 15-3 给出了所考虑的 26 种核素从堆芯到 RCB 的释放分数。碘、铯、碲和燃料的值取自 FAUST 实验得出的值(表 15-4)。对于非挥发性核素，释放分数应该低得多。根据在德国进行的 FAUST 实验项目[15.27]的结果，得出了一个真实的瞬时源项，如表 15-5 所示。根据几个实验结果，表 15-2 和 15-5 给出了不同反应堆的源项估计值[15.27]。还观察到，对于挥发性 FP，碘和铯蒸气对源项的贡献与碘和铯与液态钠气溶胶的结合贡献相比是微不足道的。对于非挥发性放射性核素，源项取决于堆芯上方的池高和通风室内的障碍物。通过该放射源，可按照第 12.4 节的说明评估通过烟囱进入环境的放射源。

表 15-4　从 FAUST 实验中推导出的源项

放射性核素	分　　数
Xe,Kr	1
I,Br	0.1
Cs	1.00×10^{-4}

(续)

放射性核素	分 数
Te	—
SrO	1.00×10^{-4}
UO_2	1.00×10^{-4}

表 15-5　不同反应堆 RCB 中的源项

放射性核素	OECD[a]	SNR-300[a]	EFR[b]	MONJU[a]
Xe, Kr	0.9	1	1	1
I	0.9	0.5	0.1	0.1
Cs	0.81	0.5	0.1	0.1
Te	0.16	0.5	0.1	0.1
SrO	0.11	0.017	—	—
燃料	0.01	0.017	1.00×10^{-4}	2.00×10^{-3}

a 能动性；
b 非能动性

参考文献

[15.1] Dufour, P., Fiorini, G. L. (2005). Context and objectives of the workshop. Workshop on Severe Accidents for the Sodium Fast Reactor, Cadarache, France, December 2005.

[15.2] Rouault, J., Chellapandi, P., Raj, B., Dufour, P., Latge, C. et al. (2010). Sodium fast reactor design: Fuels, neutronics, thermal-hydraulics, structural mechanics and safety. In Handbook of Nuclear Engineering, D. Cacuci (ed.), Vol. 4, Chapter 21, pp. 2321-2710. Springer, New York.

[15.3] Livolant, M., Dadillon, J., Kayser, G., Moxon, D. (1990). SCARABEE: A test reactor and programme to study fuel melting and propagation in connexion with local faults, objectives and results. International Fast Reactor Safety Meeting, Snowbird, UT, Session 2, Vol. II.

[15.4] Maity, R. K., Velusamy, K., Selvaraj, P., Chellapandi, P. (2011). Computational fluid dynamic investigations of partial blockage detection by core-temperature monitoring system of a sodium cooled fast reactor. Nucl. Eng. Des., 241, 4994-5008.

[15.5] Natesan, K. (2007). Post accident heat removal analysis for PFBR. IGCAR-CEA Seminar on Liquid Metal Fast Reactor Safety, Kalpakkam, India, February 2007.

[15.6] IAEA. (1999). Status of liquid metal cooled fast reactor technology. IAEA-TECDOC-1083. IAEA, Vienna, Austria, April 1999.

[15.7] Baque, F. (2007). Feedback experience on CEA gas entrainment studies. IGCAR-CEAMeeting on LMFBR Safety, Kalpakkam, India, December 2007.

[15.8] Riyas, A., Devan, K., Mohanakrishnan, P. (2013). Perturbation analysis of prototype fast breeder reactor equilibrium core using IGCAR and ERANOS code systems. Nucl. Eng. Des. , 255, 112-122.

[15.9] Velusamy, K. ,Chellapandi, P. , Chetal, S. C. , Raj, B. (2010). Challenges in Pool Hydraulic Design of Indian Prototype Fast Breeder Reactor. SADHANA, 35(Part 2), 97-128.

[15.10] Banerjee, I. et al. (2013). Development of gas entrainment mitigation devices for PFBR hot pool. Nucl. Eng. Des. , 258, 258-265.

[15.11] Yamano, H. et al. (2008). Development of 3-D CDA analysis code: SIMMER-IV and its application to reactor case. Nucl. Eng. Des. , 238, 66.

[15.12] Endo, H. (1986). Analysis of core meltdown for protected loss of heat sink accident in a fast breeder reactor. BNES Conference on Science and Technology of Fast Reactor Safety, Guernsey, U. K. , Vol. 2, pp. 77-83.

[15.13] Fauske, H. K. (1983). An assessment of the accident energetics potential in connection with hypothetical loss of heat-sink accidents in LMFBRs. Trans. ANS, 45, 366.

[15.14] Theofanous, T. G. , Bell, C. R. (1985). An assessment of CRBR core disruptive accident energetic. Proceedings of the International Topical Meet on Fast Reactor Safety, Knoxville, TN, Vol. 1, pp. 471-480.

[15.15] Jackson, J. F. et al. (1974). Trends in LMFBR hypothetical accident analysis. Proceedings of the Fast Reactor Safety Meeting, American Nuclear Society, Beverly Hills, CA, CONF-740401-P3, pp. 1241-1264, April 1974.

[15.16] Gluekler, E. L. et al. (1982). Analysis of in-vessel core debris retention in large LMFBRS. Proceedings of the LMFBR Safety Topical Meeting, Lyon, France.

[15.17] Le, R. C. , Kayer, G. (1979). An internal core catcher for a pool type LMFBR and connected studies. Proceedings of the International Meeting on Fast Reactor Safety Technology, Seattle, WA.

[15.18] Gabor, J. D. et al. (1974). Studies and experiments on heat removal from fuel debris in sodium. Proceedings of the Fast Reactor Safety Conference, Beverly Hills, CA, FONF-740401, p. 823.

[15.19] Gluekler, E. L. , Huang, T. C. , Jospeh, D. (1979). In-vessel retention of core debris in LMFBRS. Proceeding of the International Meeting in Fast Reactor Safety Technology, Seattle, WA.

[15.20] Waltar, A. E. , Todd, D. R. , Tsvetkov, P. V. (2012). Fast Spectrum Reactors. Springer, New York, USA.

[15.21] Srinivasan et al. (2008). ULOF and CDA Analysis of PFBR with reactivityworths based on AB-BN-93 cross-section set. Indira Gandhi Centre for Atomic Research (IGCAR), Internal Report of IGCAR: RPD/SAS/177.

[15.22] Silberberg, M. (ed.) (1979). State of the art report on nuclear aerosols in reactor safety. NEA Committee on the Safety of Nuclear Installation, OECD, Washington, DC.

[15.23] Kress, T. S. et al. (1977). Source term assessment concepts for LMFBRs. Aerosol Release and Transport Analytical Program, Oak Ridge National Lab. , Tennessee, USA. ORNL-NUREG-TM-124.

[15.24] Ozisik, M. N. , Kress, T. S. (1977). Effects of internal circulation velocity and non-condensible gas on vapour condensation from a rising bubble. ANS Trans. , 27, 551.

[15.25] Theofanous, T. G., Fauske, H. K. (1973). The effects of non-condensibles on the rate of sodium vapour condensation from a single rising HCDA bubble. Nucl. Technol., 9, 132.

[15.26] Kennedy, M. F., Reynolds, A. B. (1973). Methods for calculating vapour and fuel transport to the secondary containment in an LMFBR accident. Nucl. Technol., 20, 149.

[15.27] Balard, F., Carluec, B. (1996). Evaluation of the LMFBR cover gas source terms and synthesis of the associated R&D. Technical Committee Meeting on Evaluation of Radioactive Materials and Sodium Fires, O-arai, Japan, IWGFR/92.

第16章
钠安全

16.1 引言

SFR 的发展得益于钠优异的核、物理及一些化学特性。钠是碱金属中最常见的元素,钠只有一种稳定的同位素:^{23}Na。中子通量会导致以下放射性同位素的形成:^{24}Na(半衰期为 14.98h),因此在对主回路进行一些处置之前必须等待其衰变完成;^{22}Na(半衰期为 2.6 年),在反应堆的退役阶段需要将其考虑在内。这种低活化性也是钠作为冷却剂在钠冷快堆(SFR)中一个非常有吸引力的特性。钠在 98℃时为液态,沸点为 883℃。在常压下这一较宽的液态范围是钠系统具有高热惯性的原因,这也是一个良好的安全特性。钠的密度总是小于水,在 400℃时约为 850kg/m³,钠液相的密度高于固相(凝固时体积膨胀约为 2.7%)。由于这一特点,在储存容器中熔化钠时,必须遵循特定的程序。钠在 400℃(黏度 310Pa·s)时的黏度与水在 100℃(黏度 280Pa·s)时的黏度处于同一量级。由于钠的密度和黏度和水很相似,所以可以用水来模拟钠的流动特性。钠的导热系数非常高:在 573K 时约为 76.6W/m/K。相比之下,水的热导率从 20℃时的 0.6W/m/K 到 350℃时的 0.465W/m/K(在 150bar 的压力下)不等,而在大气压下,钠的导热系数是水的 100~150 倍。鉴于钠的高沸点,人们认为钠的挥发性不强。钠不太容易挥发这一事实有几个结果:在正常运行中,蒸发很快达到平衡水平(冷凝 = 汽化)。因此,在不同的气体空间中,特别是在主容器中,尤其是在氩气存在的情况下(由于其低导热性),向较冷的棚板的顶部的质量传递是相当有限的。尽管如此,SFR 运行反馈表明,钠气溶胶会沉积在上部结构或狭窄的缝隙中。因此,有必要注意覆盖气体中的蒸汽和气溶胶捕集,以防止发生任何相关的事故。由于钠的低挥发性,钠的火焰长度很短,火灾产生的热量较低,因此,可以通过喷洒碳酸钠、碳酸锂和石墨的粉末混合物来灭火。钠和所有金属一样,具有很低的电阻率。这些优良的传导特性广泛应用于以下与钠相关的技术：仪器仪表、液位探头、流量测量、电磁泵和泄漏检测等。钠中的声速随温度变化不大，因此声波在钠中的传播效果非常好。这一特性在钠的所有计量和可视化技术中得到了广泛的应用，并弥补了钠的不透明性，便于在役检测作业。利用这一点，也可以根据钠中的声速推算出钠的温度。由于钠有失去外部电子的倾向，所以就像所有碱金属一样，具有非常强的还原性。根据环境条件，钠与水反应会放出热量，甚至会非常剧烈。这种与水反应产生氢氧化钠和氢气的反应是强烈放热的(162 kJ/mol 钠)，而且反应速度极快。由于这些原因，在蒸汽发生器(SG)中可能发生的钠水反应事故(SWR)是一个重要的安全问题，所以已经制定了一些措施来减轻该事故的后果。然而，这种与水的反应有利于发展沾钠设备的清洁工艺，以及在反应堆服役运行结束后，在退役阶段，将大量的钠转化为氢氧化钠。固体钠在空气中会迅速氧化，液态钠在超过熔点(98℃)并扩散到空气中后，即会发生燃烧，其他情况下则需要钠温超过140℃；反应会形成过氧化钠 Na_2O_2，或在氧气有限的情况下，形成氧化钠 Na_2O。

由于钠活泼的化学性质，在处理单质/合金液态或固态钠时需要格外小心，必须在氮气或氩气等惰性(无氧干燥)环境中以液相储存或使用。此外，还须开发出减少钠泄漏发生的措施及检测系统。如果用绝缘电线(常用)进行泄漏检测，泄漏的钠将与安装在管道上的电线接触，并产生警报。目前已经开发了几种方法来减缓钠火事故的后果，尽量减少可用于燃烧的氧气(如注氮)、特制的收集装置(如接钠盘[LCT])和专用的体积分摊装置。

钠含有多种非放射性杂质，这些杂质是一开始就存在，或在运行过程中引入的。在一回路中，在循环开始和装卸料时，会不连续地引入氧气或氢气污染源。还有一个来自二回路渗透的氢气污染源。在中间回路中，基本上只有一个连续的氢气源，主要是由于蒸汽发生器(SG)中的组件腐蚀。在 SG 中的钠水事故中，钠中杂质主要以氧化钠、氢化钠和氢氧化钠晶体形式存在，在换料作业时被空气和水分污染后也会如此。因此，氧气和氢气被看作是主要的污染物，它们在钠中的溶解度很低。钠在接近熔化温度时，它们的溶解度会变得非常小(与用作冷却剂的其他液态金属相比，这是钠特有的属性)。氧会导致钢材腐蚀，被腐蚀的活化产物会从堆芯被输送到组件，主要是输送到中间热交换器(IHX)，从而导致污染。构成钢的所有元素(铁、Cr、Ni、Mn、C)都易溶于钠。通常认为只有在温度高于540℃、含氧量在10ppm左右时才会发生明显的腐蚀，但 SFR 要求在正常运行时含氧量需低于3ppm 以限制腐蚀。

在碱液存在的情况下，当沾钠部件内充满空气和水分时(与部件表面的液钠薄膜发生反应)，会发生应力腐蚀开裂现象。铁素体钢超过80℃，奥氏体钢超过110℃时,就会发生穿晶开裂。在预热设备时,无法避免在注钠之前达到该温度。因此,有必要通过适当的冲洗和干燥工艺,避免部件、缝隙等处的碱液残留。

由于钢往往会与液态金属进行碳、氮等非金属元素的交换,因此在评价钢在液态钠中的腐蚀特性和进行质量交换计算时,必须考虑到这些元素的影响,同时也要考虑到机械性能的潜在变化。在高温下,碳在钢中的扩散速度很快,足以引起包壳材料中碳浓度的变化。这些变化对钢在600℃时的腐蚀行为的影响一般很小,但在更高的温度下影响会大得多。在中间回路中,氢含量必须保持尽可能低的水平(小于0.1ppm),以便快速检测到水的渗入。此外,由于SWR会引入很高的氢气的含量,因此,应通过有效的钠净化工艺避免结构材料的氢脆现象。可以用氢气仪进行检测;一般使用扩散型镍膜的氢气仪(已为原型快堆[PFBR]研发了质谱仪和电化学池)。

为了控制氧气和氢气的含量,目前已经研发出两种主要的钠净化工艺:冷阱法和热阱法。冷阱法通过将钠的温度降低到饱和温度以下,使 Na_2O 和 NaH 结晶,从而为 Na_2O 和/或 NaH 在辅助冷却容器中的填充金属丝网上的成核和生长创造最佳条件。由于氧气和氢气是两种最主要的杂质,而冷阱法在这方面有着不可否认的优势,因此,它是世界范围内广泛用于 SFR 钠净化的方法。要达到最高的效率和饱和容量需要做到以下几点:①优化的冷阱设计;②通过单独取出填充金属丝网实现冷阱再利用的能力;③就地进行适当的化学处理。热阱法或吸气剂法的净化原理是利用吸气剂材料在高温下与钠中的氧、碳等非金属杂质反应生成在热力学上更稳定的固体化合物以使钠得到净化。这种工艺一般用在待净化的钠量较小,并且因冷阱中的冷却功能丧失而导致 Na_2O 溶解风险的情况下。以 $Zr_{0.87}$-$Ti_{0.13}$ 合金为例,该合金已在 Phenix 堆中用于辐照回路中的热捕集。对于氢气捕集,也可以设置氢化物捕集器(如钇),但由于其饱和容量及可逆性较低,因此,在待净化钠量较大的情况下很难使用。钠的纯度可以通过多种装置来进行监测,例如,阻塞计、氢计和氧计等。

在简要介绍后,本章将讨论有关钠与空气和水发生剧烈化学反应的具体安全问题。据此,本章论述了钠火场景、钠水反应(SWR)、钠与混凝土的相互作用、防火效果以及新型灭火装置。关于钠的科学与技术方面的更多细节,请读者参考相关文献[16.1]。

16.2 钠 火

16.2.1 SFR 中钠泄漏的来源

在正常运行条件下,放射性一回路不会发生钠泄漏,因为 RCB 内的一回路钠管线以及通过 RCB 的管线都是双层包封的,充满了惰性气体并有定期监测装置。钠有可能从其他部件、管道和系统中发生泄漏,特别是二回路。文献中报告过几起钠泄漏事故,这些泄漏事故的详细情况在第 27.1 节中有所介绍。其中 1995 年发生在日本 Monju 快堆的钠泄漏事故[16.2]值得关注。大约 1000kg 的钠从一个因流致振动而损坏的热电偶套管中泄漏。泄漏事故的场景和后果如图 16-1 所示。BN-600 反应堆在反应堆运行初期经历了多次钠火事故,主要原因是管道和焊缝开裂[16.3]。最大的一次钠泄漏发生在 1993 年,约有 1000L 的钠从焊缝附近的管道裂缝中泄漏。从钠泄漏的经验来看,先漏后破准则是合理的,且钠泄漏量最大不超过 2t[16.4]。这也为接钠盘的设计和灭火材料的需求量提供了实验依据。对于钠冷原型快堆(PFBR)来说,该数值约为 2t。除此以外,在安全研究的假设事件下,还假设了钠泄漏的情况,这种情况已在第 15 章中解释。要强调的是,在 CDA 中,当旋塞在钠冲击下被顶起时,一定数量的一回路钠会通过顶部贯穿孔喷出。这些喷出的钠会引发钠火事故,并使反应堆安全壳厂房达到设计基准温度和压力负荷。

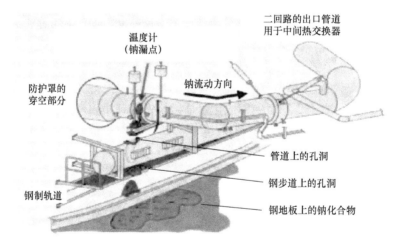

图 16-1　日本 Monju 快堆的钠泄漏事件

16.2.2　钠火场景和后果

钠火的化学方程式用以下的公式表示。

氧化钠由以下反应产生:

$$4\ Na + O_2 \rightarrow 2\ Na_2O\ ,\quad \Delta H = -104\ kcal/mol \tag{16-1}$$

氧化钠(Na_2O)是一种白色粉末,熔点为 1193K,在 2100K 时(液态)分解,因此,Na_2O 在 2100K 以上的温度中不能以气体形式存在。

过氧化钠由以下反应产生：

$$2Na + O_2 \rightarrow Na_2O_2, \quad \Delta H = -124 \text{ kcal/mol} \quad (16-2)$$

Na_2O_2是一种黄白色粉末，熔点为733 K，并伴有部分分解，930K 时分解。
在钠燃烧过程中，水蒸气的存在会通过以下反应形成 NaOH：

$$2Na + 2H_2O \rightarrow 2NaOH + H_2, \quad \Delta H = -90 \text{ kcal/mol} \quad (16-3a)$$

$$Na_2O + H_2O \rightarrow 2NaOH \quad (16-3b)$$

$$2Na_2O_2 + 2H_2O \rightarrow 4NaOH + O_2 \quad (16-3c)$$

$$Na_2O_2 + H_2 \rightarrow 2NaOH, \quad \Delta H = -80 \text{ kcal/mol} \quad (16-3d)$$

氢氧化钠(NaOH)是一种白色粉末，熔点为591.4K，沸点为1663K，氢氧化钠能与大气中的CO_2反应生成碳酸钠。碳酸钠是一种白色粉末，熔点为1124K，反应方程式为

$$2NaOH + CO_2 \rightarrow Na_2CO_3 + H_2O \quad (16-4)$$

所有这些反应都会导致火灾，其特点是火焰很低，并会产生浓密的白色氧化物烟雾，这种烟雾无毒，但会对呼吸器官造成刺激。除此之外，如果钠在氧气中加压燃烧，会产生超氧化钠，即过氧化钠(Na_2O_2)。

在 SFR 中，液钠可能从裂开的管道中泄漏，泄漏的钠以钠池的形式在地面上扩散(图 16-2)。这种在钠池表面形成的火灾称为"池火"。通常情况下，池火的表面燃烧平均速率约为 $6kg/m^2/h$，气相燃烧平均速率约 $40kg/m^2/h$。有时，当裂缝过于狭窄尖锐时，从裂缝管道中漏出的钠以细小液滴组成的喷雾形式喷出，喷雾中的钠液滴一接触大气环境便会瞬间开始燃烧，这种情形称为"雾火"。图 16-3 中示意性地描述了池火和雾火两种情况，在这两种情况中，考虑到燃烧效率、燃烧速率以及对安全壳产生的热负荷和压力负荷而言，通常认为雾火的后果更加严重。这是因为雾火以高度分散的状态点燃，包含有大量微小的液滴，导致燃烧的表面积更大。另外，池火由于燃烧仅局限在距钠池表面一定深度处，所以不会完全燃烧，但是池火燃烧的持续时间较长，而且由于直接接触和更长的持续时间，池火对结构材料(特别是混凝土地面)的热效应要大得多[16.5]。

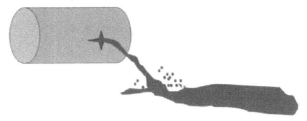

图 16-2 池火场景示意图

闭式燃料循环的钠冷快堆
Sodium Fast Reactors with Closed Fuel Cycle

图 16-3 SFR 安全壳内钠泄漏和火灾情况

从设计的角度看,钠火除了造成温度和压力升高外,还会产生浓密的白烟和钠气溶胶。钠火燃烧时产生的浓烟会遮挡视线,不利于灭火。在池火的情况下,约有 30% 的钠反应后会以气溶胶的形式释放出来,在雾火中这一比例会更高。钠与空气燃烧形成的气溶胶—(Na_2O)、过氧化钠(Na_2O_2)和 NaOH,如果释放量超过一定的规定限度($2mg/m^3$ 持续 8h),就会对人员和公众的健康造成危害。由于气溶胶会沉积在地面、墙壁和天花板上,它们还可能对混凝土建筑物造成结构性损害。

以往的经验表明,目前的传感器设计和技术无法有效检测到极小的泄漏。未被检测到的小泄漏会渗透到管壁表面和保温材料之间的空隙。钠与保温材料发生化学作用,产生的反应产物对不锈钢具有很强的腐蚀性。如果不及时发现这些缺陷,可能会造成明显的壁厚损失,以至于管道可能会在事先没有任何征兆的情况下形成较大的开口。这也可能对先漏后破的观点提出了质疑。图 16-4 描述了由于这种反应导致的典型腐蚀管道壁面的特性[16.6]。

 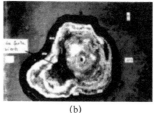

(a) (b)

图 16-4

(来源于 Latge, C., Interaction Sodium and Materials, Fast Reactor Science and Technology, CNEA, Bariloche, Argentina, October 2012.)

(a) 钠与绝缘的相互作用;(b) 钢管的腐蚀。

16.2.3　关于钠雾火的国际研究

喷雾燃烧是一项非常复杂的研究,因为涉及到液滴间的现象。此外,也有一些关于池式火灾场景的研究。读者可以阅读 Newman 的一篇综述论文,该文广泛讨论了钠的一般燃烧行为[16.5],文中讲述了许多关于钠池火的实验,并很好地阐述了液态钠燃烧的物理和化学过程。根据 Newman 在相当深的钠池中的观察,发现了燃烧行为的不同阶段:表面燃烧和气相燃烧,这是由钠池的温度决定的。因此,本节的重点是雾火场景。

目前,学者们为了理解喷雾燃烧的基本概念,首先研究了单液滴燃烧。然后对单液滴燃烧的理论进行了扩展,建立了喷雾燃烧理论。关于钠火的实验研究表明,氧浓度、喷雾速度和液滴直径是能影响钠喷雾燃烧的几个参数。Richard 等[16.7]在控制条件下,利用摄像机对直径在 $1000 \sim 3000 \mu m$ 的单个液滴的燃烧进行了实验研究。他们观察到来自可见盲区分离出的钠的气相燃烧。他们发现,钠液滴的燃烧基本遵循碳氢燃料液滴燃烧已建立的 D^2 定律,即在燃烧过程中液滴直径的平方随时间线性减小。燃烧速率随初始液滴直径线性增加。他们还发现了燃烧速率与初始温度的相关性很小,且随氧浓度变化较明显,证实了燃烧速率是由氧向液滴表面扩散控制的。Krolikowski 等[16.8]建立了一个模型来预测单个钠液滴在空气中运动的燃烧速率和燃烧温度,该模型基于扩散控制的气相燃烧过程。他们用准稳态法和平均法研究了单个液滴的反应速率与喷雾燃烧速率之间的关系,并假设喷雾中的每个液滴大小相等,且均匀分布在空间内,将理论预测与实验结果进行了比较。结果发现,该理论正确预测了实验观察到的氧含量、喷雾速度和颗粒尺寸的变化。Morewitz 等[16.9]通过实验研究了尺寸在 $0.209 \sim 0.731 cm$ 的不同液滴,不同下落距离的钠液滴燃烧,并计算了相应的质量燃烧速率。发现尺寸大于 0.8cm 的液滴会碎裂成更小的液滴,而且在给定的下降高度下,随着液滴尺寸的增大,燃烧效率会下降,即在熄灭的液滴中发现大量未燃烧的钠。Tsai[16.10]开发了一种名为 NACOM 的计算机程序来分析钠雾火,该程序采用了单液滴气相燃烧理论,而且对于碳氢燃料液滴的燃烧已经很成熟。喷雾的燃烧率是通过将所有不同大小的单个液滴的燃烧率相加来估算的,并通过加入 Nukiyama-Tanasawa 分布函数来预测液滴的大小变化。此外,程序中还包含了一个预燃模型,以估计液滴在达到气相燃烧之前的燃烧率。

Kawabe 等[16.11]通过实验研究了钠雾火燃烧,测量了钠雾火在安全壳厂房内的燃烧速度、瞬态压力和温升。实验在 $2m^3$ 容量的密闭容器中进行,喷出约 0.4kg 的钠。在多组实验中,容器内含有氮气和氧气(氧气的体积分数为 $0 \sim 0.21$)。结果表明,最大压力受氧气浓度的影响很大。Kawabe 等还将测量结果与基于气相燃烧机制的数值模型进行了比较,在该模型中,燃烧速率由从火焰到液滴的传热过程决定。Okano 和 Yamaguchi[16.12]利用计算流体动力学(CFD)代码 COMET,采用生成 Na_2O、Na_2O_2 和 NaOH 的四步全局钠反应机理,通过热力学平衡方法,数值研究了自由下落的单钠液滴在稳定气流(强制对流)中的燃烧,得到的火焰温度约为 1700K,并确定了钠滴燃烧时形成 Na_2O 或 NaOH 的不同区域。Makino 和 Fukada[16.13]对下落的钠滴的点火和燃烧行为进行了实验研究,确定了液滴温度、液滴大小、氧气浓度、液滴相对速度等参数对钠液滴点火延迟的影响,验证了 D^2 定律对燃烧的钠液滴是适用的。Yuasa[16.14]也通过实验研究了单个钠液滴的点火和燃烧行为,并发现点火温度随空气湿度的增加而升高,与干燥空气的点火温度 200℃ 相比,潮湿空气(水蒸气压为 20mmHg)的点火温度可高达 300℃,因此 Yuasa 认为无孔氢氧化钠层的存在是潮湿空气条件下延迟点火的原因。总的来说,Yuasa 的工作重点是研究钠的燃点对不同环境条件的敏感性。

除上述方面外,国内外还开展了大量的研究活动,主要目的是开发一个钠火的仿真模型。目前各国已经研究了一些钠火程序和实验设施,并用于验证实验结果,这些会分别在第 17 章和第 18 章中介绍。

16.2.4　PFBR 的钠火研究:一个具体的案例

以下几节将介绍一些有趣的基础实验研究,探讨钠的小型泄漏、钠与保温层的相互作用和钠滴燃烧、钠雾火过程中的液滴分布以及钠燃烧中的氧气浓度等方面的影响。

对于钠来说,从一个很小的裂缝中泄漏有很多不确定因素,即可能会泄漏,然后停止一段时间,又可能重新开始泄漏。这种泄漏量太小,可能无法进行可靠的检测。这就导致在这种较小的泄漏下,钠管路的先漏后破准则不一定还能适用(见 16.2.2 节)。在研究此类小泄漏时,采用了一个专门的创新试验装置,该装置由一个带有 0.3mm 小孔的不锈钢容器构成。研究结果表明,泄漏率是温度、压力和钠纯度的函数。实验发现泄漏率是随机的,并且平均泄漏率与理论计算值有很好的一致性。实验结果还发现在温度达到 290℃ 以上同时压力达到 4bar 时,细小裂缝的液态钠泄漏将从停止状态重新开始泄漏。进一步的实验主要是集中在钠与保温层的相互作用,以研究发生小规模钠泄漏事件后,管道的腐蚀情况。

有学者在一个钠存量很小(2~5g)的独特的实验装置中进行了一系列实验,以模拟雾火场景,并验证在 CDA 雾火灾和混合火灾(先雾火后池火)场景下的安全壳压力上升现象[16.16]。该设施由一个高度仪器化的石英圆柱室和相关系统组成,图 16-5 给出了一些典型的小规模钠雾火场景。实验通过处理高速摄像机的图像记录,测量了从 1.6mm 的喷嘴喷出的钠液滴的粒径分布,典型的粒径分布如图 16-6 所示。实验测量了燃烧钠滴的火焰直径随时间的变化,并将其作为雾火模拟的输入。通过处理燃烧过程中拍摄的图像,测量了单个燃烧液滴的寿命(图 16-7)。实验利用激光散射技术对钠燃烧产生的氧化钠气溶胶进行沉降分析,其粒径分布如图 16-8 所示。

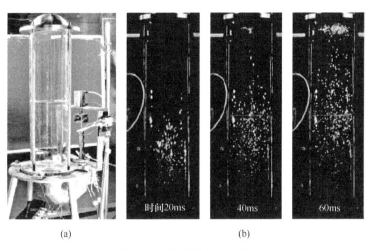

图 16-5 钠喷雾火灾场景
(a)设施;(b)一些实验图像。

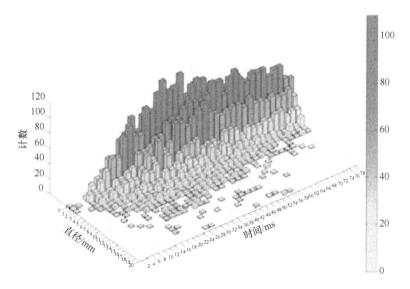

图 16-6 钠喷雾火:火焰直径分布实验

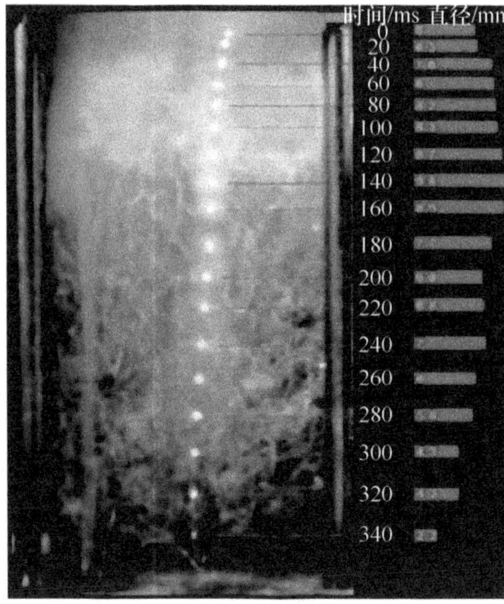

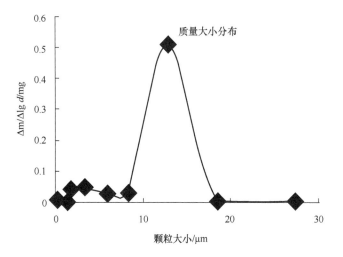

图 16-7 液滴燃烧的场景

图 16-8 钠气溶胶分布(喷雾喷火)

为了准确地确定热负荷,根据单个钠滴的温度、尺寸分布和寿命,计算出了向环境大气的传热量。已知颗粒尺寸分布的单个颗粒的综合热量可以为安全壳提供一个真实的热负荷。

从这个值和已知钠燃烧的总质量可能产生的最大热量,可以计算出雾火的燃烧效率。以此为基础,进行了数值分析,了解单液滴在空气中的燃烧行为,从而建立钠雾火模型。我们考虑了液滴燃烧的两个阶段。预燃阶段基于与温度有关的表面氧化过程已经建立了模型。研究发现,液滴尺寸、初始温度、速度和大气氧浓度是影响液滴点火延迟时间的主要参数。利用计算机程序估算了不同尺寸液滴的点火延迟时间,并与文献中的实验结果进行了比较。基于扩散控制的气相燃烧过程,分析了液滴的稳态燃烧行为,影响液滴燃烧速率的主要参数是液滴直径、速度和环境氧浓度。当环境氧浓度低于4mol%时,液滴的燃烧速度急剧下降,这也是实验观察到的。在这个浓度水平以下,由于预估的火焰温度接近Na_2O的熔点和钠的沸点,气相燃烧不再发生。预估的最高火焰温度在1800～2100K范围内,而且不受液滴大小和速度的影响,该研究结果正用于模拟喷雾燃烧,并适当考虑喷雾中液滴的大小和空间分布以及各个液滴之间的相互作用。关于数值模拟和基准结果的更多详细内容见文献[16.17]。

通过前面提到的数值模拟,进行了基准计算,量化了两种典型液滴尺寸(1mm和5mm)的钠燃烧特性。数值模拟涉及预燃和气相燃烧两个阶段,图16-9显示了这些阶段中液滴尺寸及其温度的变化,图16-10显示了液滴燃烧产生的火焰的温度变化。在燃烧过程中,由于燃烧的质量损失,液滴尺寸减小;火焰直径增大,火焰表面附近的氧气浓度降低。图16-11显示了火焰直径和液滴直径的计算比是氧浓度的函数。传输到安全壳大气中的热量部分是计算反应堆安全壳建筑物中温度和压力上升的重要输入。因此,在图16-12和图16-13中分别显示了在预燃阶段和蒸气燃烧阶段传输到未燃烧液滴(径向向内)以及传输到大气中(径向向内)的热量。图16-14中显示的向大气输送的热量和液滴完全燃烧产生的热量之比表明,该比率(约0.75%)与液滴直径无关[16.18]。

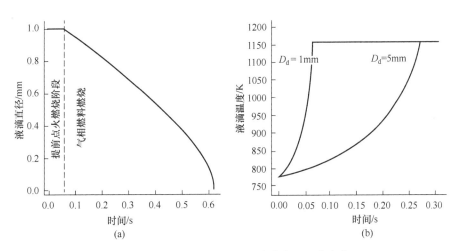

图16-9 钠液滴燃烧阶段,液滴萎缩和温度变化
(a)液滴尺寸变化;(b)液滴温度变化。

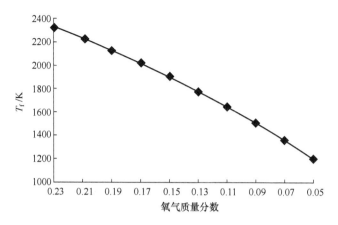

图 16-10 火焰温度随周围氧浓度变化

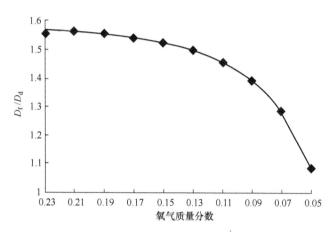

图 16-11 钠滴直径随周围氧浓度变化

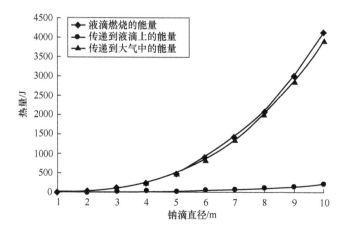

图 16-12 钠滴燃烧(预燃阶段)的热平衡

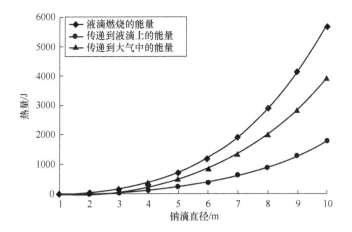

图 16-13 钠液滴燃烧(气相)的热平衡

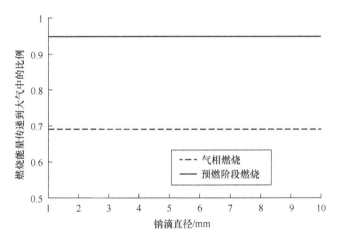

图 16-14 热能转移到安全壳大气中

16.3 钠-水相互作用

在钠冷快堆蒸汽发生器中采用水-水蒸气系统用于能量的转换。水或水蒸气处于高压力状态,液态钠则处于低压力状态,两者之间由不锈钢管壁分离。任何管壁的裂缝或者孔洞都会引发钠水反应的发生。钠水反应会产生热量与反应产物,其中反应产物主要包括 $NaOH$、Na_2O 以及 NaH。这些反应产物会对传热管壁造成腐蚀和冲蚀,会导致更大的泄漏量。发生在钠与水之间的反应方程式如下:

$$Na + H_2O(l) \rightarrow NaOH + \frac{1}{2}H_2 \qquad \Delta H_{298}^\circ = -35.2 \text{ kcal/mol} \qquad (16\text{-}5a)$$

$$Na + H_2O(g) \rightarrow NaOH + \frac{1}{2}H_2 \qquad \Delta H_{298}^\circ = -45.0 \text{ kcal/mol} \qquad (16\text{-}5b)$$

$$Na + \frac{1}{2}H_2 \rightarrow NaH \qquad \Delta H_{298}^\circ = -13.7 \text{ kcal/mol} \qquad (16\text{-}5c)$$

$$Na + NaOH \rightarrow Na_2O + \frac{1}{2}H_2 \qquad \Delta H_{298}^\circ = +2.6 \text{ kcal/mol} \qquad (16\text{-}5d)$$

$$2Na + H_2O(l) \rightarrow Na_2O + H_2 \qquad \Delta H_{298}^\circ = -31.1 \text{ kcal/mol} \qquad (16\text{-}5e)$$

$$2Na + NaOH \rightarrow Na_2O + NaH \qquad \Delta H_{298}^\circ = -11.1 \text{ kcal/mol} \qquad (16\text{-}5f)$$

假设以上的反应同时发生,每摩尔水蒸气大约会产生 1.5mol 氢气。这些能量释放导致温度升高,压力瞬间积聚在密闭容器中,决定了容器的设计极限。除了反应的焓外,作为反应产物产生的氢气也会增加压力,而且如果氢气与氧气接触就有可能爆炸,导致对设备和人员造成严重损害,以上原因使得钠冷快堆钠水换热器设计需要考虑更多的安全因素。所以钠冷快堆具有用于预防、发现与缓解钠水事故的特殊安全设施。一般情况下,蒸汽发生器中的泄漏较大概率发生在管对管板的焊缝区域。这是由于流动振动引起的微动腐蚀可能会在管间支架处产生小裂纹。不论是何种情况的泄漏,水或水蒸气都会因压力差向低压的钠侧高速喷射,喷射的速度取决于破口的大小。文献[16.19]中报道了一些小的钠水事故,下面将对其重要部分内容做出详细叙述。

法国钠冷快堆 Phenix 的蒸汽发生器,经过 9 年的运行后发生过 4 次泄漏,其所有泄漏都发生在再热器内部的传热管底座焊接部位,这也是传热管温度最高的地方,发生破损的原因是因为热疲劳。在启动阶段,由气机旁路系统向再热器供水,随着温度的升高,水转变为蒸汽。这造成了主要的热应力,对于具有额外厚度的焊道处热应力作用会更加明显。在第一次泄漏中,有近 $8m^3$ 的钠进入了蒸汽环路。在经历过泄漏事故后,对 Phenix 堆进行了如下改进:减少了焊点的多余厚度,并在设计阶段就规定了焊接处的最大增加厚度;采用了新的启动步骤,防止液态水进入再热器;各环节都加入了第二氮气系统;钠的排放加入了反应堆的操作规程,所有的 36 个再热器模块都更换了新的模块。Phenix 堆也发生过大钠水事故,该堆于 1973 服役,并于 1974 年向三个蒸发器单元注水。从服役起,该堆已发生过 33 起泄漏事故,共发现 75 处小泄漏,所有的泄漏均发生在管与管板的焊缝处,并导致水蒸气进入钠上方的低压气体空间,造成泄漏的原因是水侧氯环境造成的应力腐蚀破裂。目前最重要的问题就是具有内应力的管板焊缝没有进行任何的焊后热处理,主要的解决办法在传热管中加入套管覆盖有问题的焊缝。

16.3.1 SG 泄漏的分类及其影响

根据泄漏速率及其影响,钠水事故可分为微型泄漏、小型泄漏、中型泄漏和大型泄漏四个类别。微型泄漏是指破口直径小于 0.07mm 并且水的泄漏速率小于 0.1g/s。在微泄漏发生时,只会发生自损耗,图 16-15(a)描述了自损耗现象。任何泄漏速率低于 0.01g/s 的小破口都有可能被钠水反应产物阻塞而停止泄漏。小型泄漏的定义是泄漏速率处于 0.1~10g/s 之间,且破口直径介于 0.07~1mm。在小型泄漏情况下,正对破口的传热管可能因冲击损耗在数分钟内引发次级泄漏;由于冲蚀-腐蚀作用(图 16-15(b)),可能对相邻传热管造成破坏。钠水事故产生的化学火焰核心区域(主要成分为尚未反应的水蒸气)温度为 300~500℃,反应区中心温度可达到 1000~1200℃,反应区附近的液态钠温度可达 900~1000℃,泄漏的传热管壁温度则可达 1000~1200℃。中型泄漏的定义是泄漏速率处于 10~2000g/s 之间,且破口直径介于 1~7mm。发生中型泄漏时,可能会由于温度过高导致多根传热管的破损。一般情况下,系统压力会增加的较慢。大型泄漏的定义是泄漏速率大于 2kg/s 且破口直径大于 7mm,此时由反应产物氢气导致的压力骤升是主要威胁,在设计中采用缓冲罐与爆破盘减少压力波造成的影响。

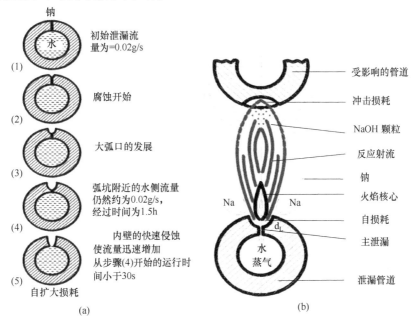

图 16-15 SWR
(a)微泄漏;(b)小泄漏。

大型钠水事故是钠冷快堆安全性与可靠性需要考量的重要因素。当发生大型泄漏时,最主要的危害是来源于压力波对中间回路及相关组件(图 16-16)的破坏。中间换热器的管板处的压力变化更为关键,因为它是主回路与中间回路的边界。

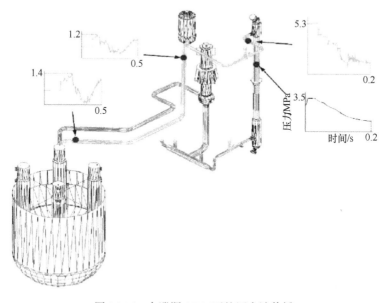

图 16-16　大泄漏 SWR 下的压力波传播

中间换热器管板的破损会使中间回路的钠进入主回路,这有可能导致堆芯中子通量的波动。缓冲罐可以缓和从蒸汽发生器传递过来的初始压力峰值,此外在蒸汽发生器的钠进出口位置都安装了爆破盘。当钠的压力达到预设值时,爆破盘会引爆以减少系统压力。事实上,蒸汽发生器外壳、钠管道、钠管道支架和减震器以及内部换热器的管板厚度的设计载荷是由蒸汽发生器内部钠水事故过程中产生的瞬时压力与不同弯管所在位置所共同决定的。

很多国家(法国、德国、英国、美国、苏联、日本)都进行过大型泄漏钠水事故实验以验证其计算程序(PLEXUS, POOL + HEINKO, FLOOD, TRANSWRAP-II, SWACS),并针对大型钠水事故确认他们的设计[16.20]。其中部分实验采用了全尺寸蒸汽发生器模型,其余实验则采用了缩比模型。这些实验普遍得出以下结论:由冲蚀-腐蚀造成的损耗不如小型泄漏严重,快速升高的压力是造成破坏的主要因素。由于钠与氢气/水蒸气界面的移动速度很快,没有发现传播速率增加的现象。对于中型泄漏,由日本动力反应堆和核燃料开发公司(PNC)针对文殊堆进行了实验。通过实验预测了多换热管同时发生损耗和管内温度升高的情况。这些泄漏范围内的过热实验是由国际原子能公司(INTERATOM)、法国原子能和新能源研究所(CEA)以及英国原子能管理局(UKAEA)实施的[16.21]。这些实验的主要结论是,只有泄漏量在大于 80g/s 的情况下才有可能发生过热破损。一根无冷却的管至少 4s 失效,当对管进行冷却时,则至少需要 20s。印度的钠水反应测试装置(SOWART)从多方面研究了钠水反应。

SOWART 装配了分别在钠与氩气中使用的两种氢计。蒸汽系统可产生压力为 17.2MPa,温度为 753K 的过热蒸汽,损耗实验中的泄漏管由 9Cr-1Mo 不锈钢制成,管壁上具有校准尺寸的针孔,水蒸气通过针孔注入液态钠之中。实验的靶管材料也是 9Cr-1Mo 不锈钢,靶管在实验段采用顶部固定,使泄漏管的射流可以冲击靶管并在表面产生损耗。为研究泄漏传播扩展进程并积累相关数据,共进行了 6 次自损耗实验和 9 次冲击损耗实验。图 16-17 展示了一个典型的管自损耗管子的相片[16.22]。通过实验验证了 mod.9Cr-1Mo 钢的抗损耗性能优于 2.25Cr-1Mo 钢,如图 16-18 所示[16.22]。

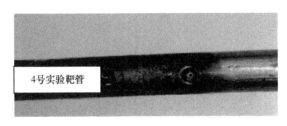

图 16-17 靶管冲击损耗

(来源于 Kishore,S. et al.,Nucl. Eng. Des.,243,49,2012.)

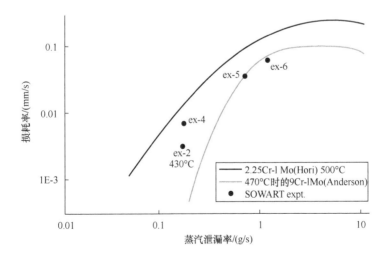

图 16-18 损耗率与文献数据的比较

(来源于 Kishore,S. et al.,Nucl. Eng. Des.,243,49,2012.)

韩国原子能研究所(KAERI)在一个小型泄漏钠水事故实验设施中对改进型9Cr-1Mo不锈钢进行了损耗测试[16.23]。该实验用小流量水蒸气对静态钠池内的样品喷射，钠池温度为 400～450℃，水蒸气的压力为 150kg/cm²，温度为 350℃，在实验中使用了圆形破口，破口尺寸的范围为 200～400μm。静止液态钠的损耗数据如图16-19所示，数据说明管之间的距离与钠的温度对损耗速率具有明显影响，并且损耗速率会随着泄漏速率的增加而增加。该实验还针对两种不同材料(2.25Cr-1Mo 与改进型 9Cr-1Mo 不锈钢)的扩展速率进行了比较实验，得出 2.25Cr-1Mo 不锈钢的扩展速率略快于 9Cr-1Mo 不锈钢的结论。

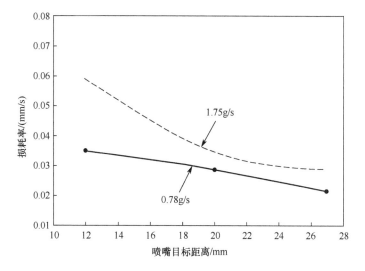

图 16-19　改性 9Cr-1Mo 损耗率的实验预测

(来源于 Jeong, J. -Y. et al., Wastage behavior of modified 9Cr-1Mo steel tube material by sodium-water reaction, Transactions of the Korean Nuclear Society Autumn Meeting, Gyeongju, Korea, 2009.)

为了能观察到钠与水之间作用的机理，并研究发生反应后的温度与压力特性。英迪拉·甘地原子能中心(IGCAR)搭建了相关研究的实验装置。如图 16-20(a)所示，该装置由一个注水系统与一个立方体实验舱组成。实验舱内装有具有加热功能的敞口容器形成钠池，还配备了惰性气体净化系统，气体检测系统和压电式瞬态压力传感器(灵敏度为 10mV/psi 时，测量范围为 0～500psi)。注水系统通过电磁阀和针形喷嘴连接到供水罐上，该喷嘴最初放置在钠池上方，在运行过程中由活塞阀式装置和气动执行机构将喷嘴浸没至液钠中，这种措施可以防止钠堵塞注射管路。实验在钠池质量为 10g，钠池温度为 350℃，注水速度约为 6mL/min 的条件下进行了若干次。实验过程由高速摄像机拍摄，

16.20(b)展示了部分情景。实验舱内的瞬态压力脉冲变化如图 16-21 所示,可以发现压力具有短脉冲的周期性变化,而不是单调特性的。

图 16-20　用于模拟 SWR 场景的基准实验工具

(a)实验装备;(b)典型的 SWR 场景。

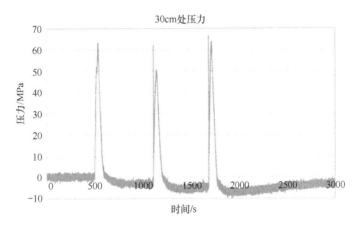

图 16-21　SWR 实验中产生的压力脉冲

16.3.2　预防/缓解 SG 中 SWR 影响的设计标准

在反应堆运行过程中,应该保证钠水事故一旦被泄漏探测系统确认,便可立即接受自动或人工的一系列操作以终止钠水事故,并且钠水事故一旦被鉴定识别,就可以在小型泄漏的范围内被阻止。但作为深度防御,大钠水事故被当作设计基准事故,并制定了必要的设计规定以减少对系统构件的损坏。在 1987 年 2 月法国 Phenix 堆的过热器泄漏事故之前,所有国家都认同 1ms 内发生的单传热管双端断裂(DEG)可以作为保守假设下的设计基准泄漏事件(DBL)[16.24]。Phenix 堆过热器的泄漏事件改变了这种情况[16.25],在这次泄漏事件中,一共有

40 根传热管发生了破损,每根传热管的破损都等效于一次双端断裂。在 10s 内,因为传热管过热发生了 39 个次级破损,这次事故导致了人们重新审视 DBL。由于其过程的复杂性与随机性,使用确定性方法难以预测蒸汽发生器内泄漏事故的发展过程。为防止发生传热管过热的情况,需要将钠从反应区域移出。这需要两个分别安装在顶部和底部的爆破盘,当爆破盘引爆后,钠将从反应区域向两个方向同时排放,当钠迅速排出反应区域后,就不会引起其他传热管发生过热及破损,但随着蒸汽发生器尺寸的增加,单管双端断裂并不足以将钠排出反应区。有研究人员采用 SWEPT 计算程序预估了确保两个爆破盘都可以引爆,并将钠排出反应区域所需要的 DEG 传热管数量。根据对增殖原型快堆(PFBR)的研究,其 DBL 是蒸汽发生器顶部 3 根管道的瞬时双端断裂。可以通过假设所有传热管都同时发生破裂来预测蒸汽发生器、中间换热器以及其他中间回路管路与设备的最高压力。法国在研究中也使用了这个方法。

印度已经为原型快堆规定了所需的设计规范,以减少对设备的损坏。由于奥氏体不锈钢容易在腐蚀环境下因应力腐蚀而发生破裂,所以改用高强度铁素体钢(改进型 9Cr-1Mo 型钢)作为设计中的钠冷快堆蒸汽发生器的钢材。

钠水边界最核心的问题就在于管的焊接处,设计上采用长无缝管以减少焊接的部位,避免了管接管的情况,管与管板采用内孔焊机焊接,严格检查每个接缝处的质量,并且对每个焊接处都进行焊后热处理,还通过管束的流激振动试验,验证了设计的正确性。针对不同水或水蒸气泄漏率对钠水事故的影响进行了详细研究。反应堆还配备了主动识别钠水事故的泄漏检测系统,并提供了必要的自动安全装置以快速终止钠水反应事故。

16.4 钠-混凝土相互作用

混凝土结构在 SFR 中主要用作地基、支撑、辐射屏蔽和安全壳,具有一些特定的功能[16.27]。在 550℃ 以上的高温下,意外溢出的液态钠会侵蚀混凝土,具体表现在以下几个方面。高温的液钠与混凝土的接触可能导致:①钠与混凝土释放的水蒸气发生反应,产生氢气;②钠与二氧化碳($T > 650$℃)发生反应,破坏混凝土;③混凝土固体成分(如 SiO_2)与钠或氧化钠和氢氧化物发生放热反应。因此,在 SFR 中,氢气的产生、混凝土的破坏和热量的释放是被高度关注的问题。降解机理可能与热和化学效应、混凝土孔隙压力和流体流速升高以及混凝土暴露于热的液态钠时的热不稳定性和化学不稳定性有关[16.28]。所以,需要对钠与混凝土的反应特性进行研究,研发惰性混凝土,并采用钢覆面或金属涂层的方法保护混凝土。

Marcherta[16.29]观察到,暴露在高温下的混凝土会在水泥膏体和骨料之间产生热诱导的相对位移,导致这些材料之间的黏结破裂。多位研究者研究了液态钠与混凝土在空气或惰性氩气环境中的相互作用,以模拟钠冷快堆的各种事故情况。实验配备了氧气监测仪、氢气监测仪、湿度计、压力传感器和热电偶。Bae 等[16.30]发现,氢气爆炸反应的可能性不容忽视,因为氢气的最低可燃极限是 4.0mol%,而实验中的几种情况下最高浓度达到了 31mol%。由于石灰石骨料中可能含有非晶 SiO_2 等杂质,因此,不能忽视石灰石混凝土中发生骨料碱化反应的可能性。含有碳酸镁的白云石可能参与碱金属碳酸盐反应,导致混凝土分解。骨料碱化反应可以描述为骨料中的活性组分(非晶 SiO_2 或白云石等碳酸盐)与水泥中存在的碱性氢氧化物之间的化学反应[16.31]。在石灰石混凝土和液钠相互作用的情况下,碱直接以氢氧化钠的形式存在,是钠在高温下与混凝土中存在的水分相互作用的产物。骨料碱化反应的膨胀产物会导致混凝土结构的早期损坏和使用性能的降低[16.32]。对于骨料碱化反应引起的膨胀现象,研究者们提出了不同的理论来解释,如吸涨(固体或胶体吸收液体引起膨胀)或渗透压理论、离子扩散理论、结晶压力理论和冻胶分散体理论等[16.31-16.33]。根据 Das 等[16.28]的研究,当高温下的液态钠与混凝土相互作用时,热量会通过热传导传递到混凝土。在惰性氩气环境中,热量会通过辐射和对流传递到氩气中。液钠与混凝土的相互作用会导致多种吸热和放热反应,导致混凝土的脱水和侵蚀,同时产生氢气。混凝土强度的降低以及可能导致氢气燃烧的氢气累积可能会因超压而威胁到结构的完整性,可能导致对人体极为有害的放射性物质泄漏。因此,有必要了解钠-混凝土反应,以预测释热量、氢气释放和混凝土的降解。Bae 等[16.30]将钠与混凝土的相互作用分为三个部分:①钠与混凝土中的自由水;②钠与混凝土中的结合水;③钠与混凝土骨料。前面提到的相互作用都包括初始、蔓延和终止阶段。当热钠与混凝土接触时,混凝土中的水会蒸发并释放出来,并在混凝土升温时产生的压力作用下被驱使到混凝土表面。混凝土的孔隙率随着温度的升高而增加,并且通过达西流动发生水蒸气的传输[16.34]。这些水蒸气与钠反应后会生成液态氢氧化钠、固态氧化钠和氢气。尽管在钠与混凝土的相互作用中包含了许多化学反应,但是近 78% 的反应产物和热量是由钠与水的初级反应产生的,即

$$Na(l) + H_2O(g) \rightarrow NaOH + H_2(g) + 185kJ \tag{16-6}$$

混凝土中的结合水会在 200～700℃的温度范围内释放,并通过达西流动输送到表面,产生与自由水相同的反应。表 16-1 显示了钠与不同类型的混凝土骨料相互作用的产物[16.27]。Premila 等[16.35]的研究表明,熔融的 NaOH 在 300℃以

下不会使石灰石混凝土解体,只有在温度升高时才会有明显现象。通过中红外波段光谱研究发现,在 800℃ 时,方解石结构的对称性会由于与钠的相互作用而降低,而只是在高温下的石灰石混凝土则不会出现这种现象。石灰石混凝土损害的严重程度主要由混凝土的抗压强度和硬度以及钠火的强度和持续时间决定。

表 16-1　钠与不同类型骨料的反应产物

骨料类型	主要组分	与钠的主要反应产物
玄武岩	SiO_2, Al_2O_3	Na_2SiO_3, $NaAlO_2$
磁铁矿	Fe_3O_4	Na_2O, FeO, Fe
石灰石	$CaCO_3$, $CaMg(CO_3)_2$	CaO, MgO, Na_2CO_3, C
花岗岩	SiO_2, CaO	Na_2SiO_3, Na_2CaSiO_4
蛇纹石	$Mg_3Si_2O_5(OH)_4$	MgO, Na_2SiO_3
杂砂岩	SiO_2	Na_2SiO_3

在二次钠回路发生钠泄漏事故时,钠会在压力作用下喷射出来,并可能与底层结构的混凝土发生反应。为了防止混凝土被侵蚀,在蒸汽发生器(SG)中需要用到牺牲层。然而,牺牲层的深度在不同的情况(垂直墙壁和地板)下各不相同。Fritzke 和 Schultheiss[16.36] 对直径 250mm、高度 300mm 的圆柱形混凝土试样进行了工程规模的实验,在与 6.2kg、550℃ 的钠接触,以模拟事故造成的钠池,结果发现钠的最大渗透深度约为 50mm。在甘地原子能研究中心(IGCAR)进行的试验(图 16-22)得到了类似的结论[16.37]。因此,在结构混凝土上的石灰石混凝土牺牲层(最小厚度为 50mm),可以保护结构混凝土在 30min 内不受高温液态钠池的影响而损坏。

(a)　　　　　　　　　　(b)

图 16-22　钠 - 混凝土与石灰石混凝土相互作用情况的描述
(a)测试装置;(b)钠混凝土的相互作用。

为了研究钠对冲击、倾斜和停滞表面的影响,在 IGCAR 进行了一项实验,在石灰石混凝土块(图 16-23(a))的不同位置嵌入热电偶,以获得其内部的温度分布。在 500℃ 的温度下向混凝土块的冲击区喷射液钠,观察到钠会先以喷雾的形式燃烧,然后形成池火(图 16-23(b))。图 16-23(c)所示为接触到钠的混凝土块,观察到冲击区、倾斜区和停滞区的峰值温度分别为 840℃、780℃ 和 900℃[16.38]。典型试样内不同深度的温度分布如图 16-24 所示。观察到块体在距表面 5mm、25mm 和 45mm 深度处的最高温度分别为 115℃、80℃ 和 60℃。同时还观察到,由于接触时间较短,倾斜区受钠的影响比其他区域小。初步测试后分析表明,试样上没有明显的可见损伤。

(a)　　　　　　　　　　(b)　　　　　　　　　　(c)

图 16-23　流动的钠 – 混凝土相互作用的典型试验
(a)部件;(b)火灾场景;(c)试验后。

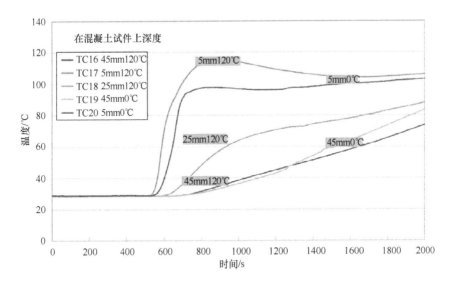

图 16-24　钠冲击下混凝土不同深度的温度

有学者通过热分析实验等方法,对液态钠与混凝土的化学反应进行了机理研究,发现对于多种类型的骨料,其反应的温度阈值只在很小的范围内变化(697~820K),而反应的焓值却相差很大(250~2172J/g)。Chasanov 和 Staahl[16.39]将白云石混凝土浸没在500℃的热液钠池中,发现振捣过的混凝土试件的性能优于手工捣固的试件。此外,热量、气体和气溶胶的同时释放,会对电厂操作人员的健康和工作环境造成多种危害,而且在钠与混凝土的反应过程中观察到了元素碳和水合硅酸钠等反应产物的形成。

当液态钠与混凝土接触时,会发生以下反应:高温液态钠会与石灰石混凝土的成分发生反应,生成碳酸钠和碳,导致变色[16.40],即

$$4Na(l) + 3CaCO_3(s) \rightarrow 2Na_2CO_3(s) + 3CaO(s) + C(s) + 512kJ \quad (16\text{-}7a)$$

$$4Na(l) + 3MgCO_3(s) \rightarrow 2Na_2CO_3(s) + 3MgO(s) + C(s) + 727kJ \quad (16\text{-}7b)$$

产物和反应物之间会有一些间接反应形成二氧化碳等产物,即

$$CaCO_3(s) \rightarrow CaO(s) + CO_2(g) \quad (890℃) \quad (16\text{-}8a)$$

$$MgCO_3(s) \rightarrow MgO(s) + CO_2(g) \quad (400 \sim 540℃) \quad (16\text{-}8b)$$

由于混凝土的导热性能差,其内部存在较大的热梯度,固体成分会承受局部热应力,原因有:①不均匀和各向异性热膨胀;②相变引起的膨胀;③蒸汽和二氧化碳的产生导致孔隙压力的上升。反应方程式如下:

$$CaMg(CO_3)_2(s) + 2NaOH(l) \rightarrow Mg(OH)_2(s) + CaCO_3(s) + Na_2CO_3(s) \quad (16\text{-}9a)$$

$$xSiO_2(s) + yNaOH/Na_2O \rightarrow aNa_2O \cdot bSiO_2 \cdot cH_2O \quad (16\text{-}9b)$$

$$xCaO \cdot ySiO_2 \cdot zH_2O \rightarrow xCaO \cdot ySiO_2 \cdot (z-n)H_2O + nH_2O(g) \quad (16\text{-}9c)$$

$$4Na(l) + 3CaO \cdot SiO_2(s) \rightarrow 2Na_2O \cdot SiO_2(s) + 3CaO(s) + Si(s) \quad (16\text{-}9d)$$

释放出的水将进一步与液态钠接触并发生反应,生成氢气:

$$Na(l) + H_2O(g) \rightarrow NaOH + \frac{1}{2}H_2(g) + 185kJ \quad (16\text{-}10a)$$

$$NaOH(l) + Na(l) \rightarrow Na_2O(s) + \frac{1}{2}H_2(g) \quad (16\text{-}10b)$$

$$Na(l) + H_2O(g) \rightarrow Na_2O(s) + H_2(g) + 128kJ \quad (16\text{-}10c)$$

液态钠与二氧化碳反应放出的碳会与前述反应中产生的氢气反应,生成甲烷气体:

$$4Na(l) + CO_2(g) \rightarrow 2Na_2O(s) + C(s) \quad (16\text{-}11a)$$

$$[C]_{Na} + [H]_{Na} \rightarrow CH_4(g) \quad (16\text{-}11b)$$

16.4.1 设计规定

为了防止钠与混凝土的相互作用,通常会在SFR中做很多设计规定:①设

计和建造带有集钠坑的倾斜地板,这将有助于最大限度地减少钠在地板上的堆积、与混凝土表面的接触面积和接触时间;②在含有液态钠的重要管线和关键设备/容器下面设置接钠盘,以抑制火灾并避免混凝土表面与钠接触;③在蒸汽发生器厂房中使用的混凝土上需设置牺牲层;④在建筑物的整个表面提供钢/耐火不锈钢覆面(如日本的Monju反应堆)。

在Parida等人[16.37]和Schultheiss[16.40]对早期有关混凝土与钠火相互作用的研究论文的综述中,发现石灰石混凝土比玄武岩和石英更耐钠的侵蚀。Chasanov和Staahl[16.39]在500℃下对钠与含有石灰石作为骨料的混凝土试件的相互作用进行了实验研究,初步实验结果显示,混凝土在浸没在钠中之前进行部分脱水,可以消除试件的开裂。Casselman[16.41]对中性气氛下钠与混凝土的相互作用进行了一系列的实验研究,指出钠的温度对钠与混凝土的界面起着重要的作用。但是,混凝土厚度的影响不大。Noumowéa等人[16.42]发现,含有石灰石骨料的混凝土可用于高温的情况。

16.5 钠火缓解

钠以雾火或大面积池火的形式燃烧,可能会产生压力,造成建筑物的损坏。金属钠及燃烧产生的腐蚀性烟雾会严重损害设备。相当小规模的钠火所产生的烟气就能迅速将能见度降低到1m或更小的距离。燃烧产物的腐蚀性和刺激性会使人呼吸不畅,应尽早灭火,以保护附近的人员及设备。

钠火可采用能动和非能动两种方法缓解。能动方法包括向火场喷洒灭火材料或惰性气体,而非能动方法则是将钠排入惰性气体地窖中,使火自动熄灭。

16.5.1 非能动方法

在快增殖堆(FBR)的二次换热回路中,管道中的液态钠泄漏被假定为设计基准事故之一。泄漏的钠会以喷雾、池状或组合形式发生燃烧,产生浓密的白烟和火焰,导致环境气体温度升高,对核电厂和运行人员形成潜在的危害。为了减轻钠火的热力学和化学后果,设计了接钠盘被动防火系统。接钠盘的倾斜顶盖有利于钠通过管道排入储存容器,通过降低氧气含量来灭火。图16-25中显示了典型的接钠盘装置和钠的收集方法[16.43,16.44]。这些接钠盘被布置在二次钠管道的下方,以将泄漏的钠收集到储存容器中,随后输送到通过低熔点易熔塞连接的集钠罐中。甘地原子能研究中心(IGCAR)对泄漏收集系统的鉴定试验表明,适当地将液态钠排入集钠罐可以将钠火降到最低限度[16.45]。

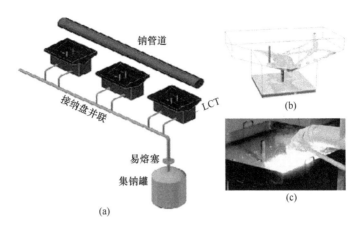

图 16-25 典型接钠盘的钠收集和燃烧场景
(a)典型设备;(b)泄漏钠的晃动:模拟;(c)接纳盘中的钠火:实验。

16.5.2 能动方法

16.5.2.1 通过氮气注入减轻火灾

减轻火灾的常规方法是隔离系统与氮气淹没相结合。为了防止混凝土与钠的相互作用,还设置了钢制接钠盘。空间隔离可以基本上防止氧气进入钠燃烧的腔室,从而使氧气浓度降到维持钠–氧反应的极限以下。同时以足够高的速度人工注入氮气,对腔室进行加压,以防止空气的流入。一般来说,在这种系统中保持氮气中含有 1%~2% 的氧气,这一比例在不同的国家是不同的,因为许多其他研究显示,在这种系统中氮气中可以使用平均 4%~5% 的氧气使得燃烧所需的氧气不足来减轻钠火。IGCAR[16.46] 研究了钠燃烧的百分比随着氧气浓度的变化情况。据观察,500℃ 的液钠可以在最低 4% 氧浓度的环境中点燃。图 16-26 给出了钠燃烧百分比与氧浓度的关系。

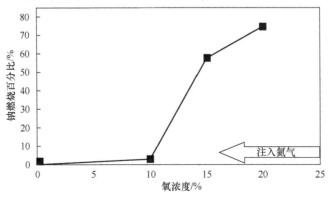

图 16-26 通过注入氮气缓解钠火

16.5.2.2 钠灭火器粉末

还有一种能动方法是使用灭火器来灭钠火,即在火场上应用干粉类灭火器。对于钠池火灾,可以用灭火粉覆盖钠火,通过阻止氧气供应来灭火。灭火粉的使用方法是舀/铲或在氮气驱动下向燃烧的钠喷射灭火粉,或使用带有喷洒器的灭火装置[16.47]。灭火粉应具有以下特性,以便更好地发挥作用[16.48]:

- 密度应小于 $0.8g/cm^3$;
- 稳定并抗潮;
- 能自由流动,并能与液钠共存;
- 所需粉量与钠量的比值要小;
- 能迅速冷却金属,以减少复燃的可能性;
- 廉价、可获得且易处置;
- 与钠的反应(如果有的话)必须是不放热的/不剧烈的。

据研究,可用于扑灭钠火的各种钠灭火器类型:①碳酸氢钠(干化学粉末);②碳酸钠(纯碱);③碳酸钙(技术级);④蛭石;⑤可膨胀石墨(Graphex CK 23,Markalina[碳酸盐混合物]);⑥三元共晶化物(TEC);⑦膨胀型阻燃剂(IG-CAR);⑧碳微粒(CMS)(IGCAR)。各种灭火器的比较见表16-2。

表 16-2 市场销售钠灭火器的比较

详情	碳酸氢钠	碳酸钠	蛭石		三元共氯化物	Graphex CK 23
			大	小		
粉末的重量与钠的重量的平均比率	1.1	5.5	0.8	1.1	2.9	—
平均冷却速度	10	2	3	16	18.5	—
成本	昂贵的	便宜但干燥是必不可少的	便宜		昂贵	昂贵
应用方式	使用 showel 和灭火器	只使用 showel	只使用 showel		使用 showel 和灭火器	—
储存	密封容器	聚乙烯袋	任何容器		气密容器	—
可处置性	困难	容易	容易		容易	容易
自由流动	很好	很好	很好		很好	很好

在这些为数不多的选择中,碳酸氢钠(DCP)尽管处置起来有困难,但仍是最好的可用粉末,所需粉末的重量与钠的重量之比极小,它能迅速冷却燃烧的金

属;其次是蛭石,价格便宜,易于储存,但不能用于标准灭火器,冷却速度也很慢,因为它只能覆盖火焰,但不能完全停止燃烧;碳酸钙可以排在第三位,它价格便宜,可以随意购买,但由于应用难度大,不能排在更高的位置;TEC 不适合用于扑灭大面积的钠火,因为会引起火焰和溅射,而且 TEC 暴露在大气中会吸收水分;以碳酸氢钠为基础的灭火器(干化学粉末)在商业上很受欢迎,但由于需求数量大,而难以清除和处理,IGCAR 正在开发新型的粉末[16.49];膨胀材料在热作用下体积可以膨胀 200 倍,覆盖钠火,通过阻止氧气供应而灭火,它们密度低且环保,便于清除和处理;CMS 通过覆盖钠火,阻止氧气供应而灭火,它具有高度的热稳定性和化学惰性,无吸湿性、无毒性,可从传统的喷头直接喷向火场。基于 CMS 的创新钠灭火器在小规模的钠火中进行了测试(图 16-26)。一旦火被扑灭,金属钠很容易被回收。图 16-27 显示了 CMS 的电子扫描显微镜图像。

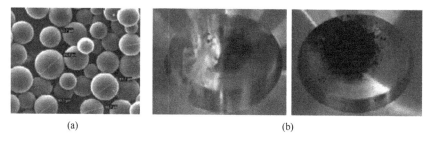

图 16-27　CMS 的电子扫描显微镜图像
(a)CMS;;(b)CMS 的纳灭火器。

参考文献

[16.1] Rouault, J. ,Chellapandi, P. , Raj, B. , Dufour, P. , Latge, C. et al. (2010). Sodium fast reactor design: Fuels, neutronics, thermal-hydraulics, structural mechanics and safety. In Handbook of Nuclear Engineering, Cacuci, D. G. (ed.), Springer, U. S. , Vol. 4, pp. 2321-2710, Chapter 21.

[16.2] Tsuruga, F. , Kobayashi, H. (1995). Leakage of sodium coolant from secondary cooling loop in prototype fast breeder reactor MONJU. Failure Knowledge Database. Tokyo Institute of Technology, Tokyo, Japan.

[16.3] Olivier, T. J. (2007). Metal fire implications for advanced reactors, part 1: Literature review, SANDIA report, SAND2007-6332, October 2007.

[16.4] Guidez, J. , Martin, L. , Chetal, S. C. , Chellapandi, P. , Raj, B. (November 2008). Lessons learned from sodium cooled fast reactor operation and their ramification for future reactors with respect to enhanced safety and reliability. Nucl. Technol. , 164, 207-220.

[16.5] Newman, R. N. (1983). The ignition and burningbehaviour of sodium metal in air. Prog. Nucl. Energy, 12, 119-147.

[16.6] Latge, C. (2012). Interaction sodium and materials. Fast Reactor Science and Technology,

CNEA, Bariloche, Argentina, October 2012.

[16.7] Richard, J. R. ,Delbourgo, R. , Laffitte, P. (1969). Spontaneous ignition and combustion of sodium droplets in various oxidizing atmospheres at atmospheric pressure. Twelfth Symposium (International) on Combustion, The combustion institute, pp. 39-48.

[16.8] Krolikowski, T. S. , Lebowitz, L. , Wilson, R. E. ,Cassulo, J. C. (1969). The reaction of a molten sodium spray with air in an enclosed volume: Part 2—Theoretical model. Nucl. Sci. Eng. , 38, 161-166.

[16.9] Morewitz, H. A. , Johnson, R. P. , Nelson, C. T. (1977). Experiments on sodium fires and aerosols. Nucl. Eng. Des. , 42, 123-135.

[16.10] Tsai, S. S. (1980). The NACOM code for analysis of postulated sodium fires in LMFBRs, NUREG/CR-1405, March 1980.

[16.11] Kawabe, R. ,Suzuoki, A. , Minato, A. (1982). A study on sodium spray combustion. Nucl. Eng. Des. ,75, 49-56.

[16.12] Okano, Y. , Yamaguchi, A. (2003). Numerical simulation of free-falling liquid sodium droplet combustion. Ann. Nucl. Energy, 30, 1863-1878.

[16.13] Makino, A. , Fukada, H. (2005). Ignition and combustion of a falling, single sodium droplet. Proc. Combust. Inst. , 30, 2047-2054.

[16.14] Yuasa, S. (1985). Spontaneous ignition of sodium in dry and moist air streams. Twentieth International Symposium on Combustion, University of Michigan, Ann Arbor, Michigan, USA, pp. 1869-1876.

[16.15] Avinash, Ch. S. S. S. et al. (2013). Experimental study on sodium leaks through small openings. Fluid Mechanics and Fluid Power, NCFMFP-2013 NIT Hamirpur, India.

[16.16] Ponraju, D. et al. (2013). Experimental and numerical simulation of sodium safety in SFR. International Conference on Fast Reactors and Related Fuel Cycles: Safe Technologies and Sustainable Scenarios (FR13), Paris, France.

[16.17] Muthu Saravanan, S. (2011). Numerical investigation and characterization of single sodium droplet. MTech thesis report. HBNI, Mumbai, India.

[16.18] Muthu Saravanan, S. ,Mangarjuna Rao, P. , Nashine, B. K. , Chellapandi, P. (2011). Numerical investigation of sodium droplet ignition in the atmospheric air. Int. J. Nucl. Energy Sci. Technol. , 6(4), 284-297.

[16.19] (1996). Fast reactor fuel failures and SG leaks: Transient and accident analysis approaches. IAEA-TECDOC-908. IAEA, Vienna, Austria.

[16.20] Hori, M. (1980). Sodium water reaction in SG of LMFBR. Atom. Energy Rev. , 18(3), 707-778.

[16.21] Ruloff, G. , Hubner, R. (1990). SNR-300 SG accident philosophy—Assessment due to new understanding in sodium water reaction, IAEA, IWGFR/78. SG Failure and Failure Propagation Experience, Aix-en-Provence, France, pp. 62-70.

[16.22] Kishore, S. , Ashok Kumar, A. , Chandramouli, S. ,Nashine, B. K. , Rajan, K. K. , Kalyanasundaram, P. , Chetal, S. C. (2012). An experimental study on impingement wastage of mod 9Cr1Mo steel due to sodium water reaction. Nucl. Eng. Des. , 243, 49-55.

[16.23] Jeong, J.-Y., Kim, J.-M., Kim, T.-J., Choi, J.-H., Ki, B.-H. (2009). Wastage behavior of modified 9Cr-1Mo steel tube material by sodium-water reaction. Transactions of the Korean Nuclear Society Autumn Meeting, Gyeongju, Korea.

[16.24] (1983). Summary report, General conclusions and recommendations. IWGFR/50. IAEA, The Hague, the Netherlands, p. 6.

[16.25] Currie, R. et al. (1990). The under sodium leak in the PFR super heater 2 in February 1987, IAEA, IWGFR/78. SG Failure and Failure Propagation Experience, Aix-en-Provence, France, pp. 107-132.

[16.26] Selvaraj, P., Vaidyanathan, G., Chetal, S. C. (1996). Review of design basis accident for large leak sodium-water reaction for PFBR. Fourth International Conference on Nuclear Engineering, New Orleans, LA.

[16.27] Mohammed Haneefa, K., Santhanam, M., Parida, F. C. (2013). Review of concrete performance at elevated temperature and hot sodium exposure applications in nuclear industry. Nucl. Eng. Des., 258, 76-88.

[16.28] Das, S. K., Sharma, A. K., Parida, F. C., Kashinathan, N. (2009). Experimental study on thermo chemical phenomena during interactions and limestone concrete with liquid sodium under inert atmosphere. Construct. Build. Mater., 23, 179-188.

[16.29] Marcherta, A. H. (1984). Thermo-mechanical analysis of concrete in LFMBR programs. Nucl. Eng. Des., 82, 47-62.

[16.30] Bae, J. H., Shin, M. S., Min, B. H., Kim, S. M. (1998). Experimental study on sodium-concrete reactions. J. KoreanNucl. Soc., 30, 568-580.

[16.31] Diaz, E. G., Riche, J., Bulteel, D., Vernet, C. (2006). Mechanism of damage for alkali-silica reactions. Cement Concr. Res., 36, 395-400.

[16.32] Mo, X., Fournier, B. (2007). Investigation of structural properties associated with alkali-silica reaction by means of macro and micro structural analysis. Mater. Charact., 58, 179-189.

[16.33] Chatterji, S. (2005). Chemistry of alkali-silica reaction and testing of aggregates. CementConcr. Compos., 27, 778-795.

[16.34] Chawla, T. C., Pederesen, D. R. (1985). A review of modeling concepts for sodium-concrete reactions and a model for liquid sodium transport to the unreacted concrete surface. Nucl. Eng. Des., 88, 85-91.

[16.35] Premila, M., Sivasubramanian, K., Amarendra, G., Sundar, C. S. (2008). Thermo-chemical degradation of limestone aggregate concrete of exposure of sodium fire. J. Nucl. Mater., 375, 263-269.

[16.36] Fritzke, H. W., Schultheiss, G. F. (1983). An experiment study on sodium concrete interaction on mitigating protective layers. Seventh International Conference on Structural Mechanics in Reactor Technology (SMiRT), Chicago, IL, pp. 135-142.

[16.37] Parida, F. C. et al. (2006). Sodium exposure tests on limestone concrete used as sacrificial protection layer in FBR. Proceedings of the International Conference on Nuclear Engineering (ICONE 14), Miami, FL, July 2006.

[16.38] Chellapandi, P. et. al. (2014). Studies on mitigation of sodium fire. IGC Newsletter, 99, 15-

18, January 2014.

[16.39] Chasanov, M. G., Staahl, G. E. (1977). High temperature sodium-concrete interactions. J. Nucl. Mater., 66, 217-220.

[16.40] Schultheiss, G. F. (1983). Investigation of sodium concrete interaction and the effect of different by products. Report No. GKSS 83/E/59.

[16.41] Casselman, C. (1981). Consequences of interaction between sodium and concrete. Nucl. Eng. Des., 68, 207-212.

[16.42] Noumowéa, A. et al. (2009). Thermo-mechanical characteristics of concrete at elevated temperatures up to 310°C. Nucl. Eng. Des., 239, 470-476.

[16.43] Diwakar, S. V., Mangarjuna Rao, P., Kasinathan, N., Das, S. K., Sundararajan, T. (2011). Numerical prediction of fire extinguishment characteristics of sodium leak collection tray in a fast breeder reactor. Nucl. Eng. Des., 241, 5189-5202.

[16.44] Nashine, B. K. et al. (2013). Qualification of leak collection system. IGC annual report.

[16.45] Kim, B. H., Jeong, J. Y., Choi, J. H., Kim, T. J., Nam, H. Y. (2008). Analytical study of sodium fire characteristics under sodium leak accidents, Korea Atomic Energy Research Institute, Daejeon, Korea, pp. 305-353.

[16.46] Pradeep, A. et al. (2013). Sodium fire extinguishment by nitrogen injection. Internal report.

[16.47] Ballif, J. L. et al. (1979). Liquid metals fire control engineering handbook. HEDL-TME-79-17, UC-41.

[16.48] Ponraju, D. et al. (2011). Specifications for sodium fire extinguisher. Internal report. Snehalatha, V. et al. (2013). Small scale sodium fire extinguishment. Carbon microspheres. Internal report.

第 17 章

计算机程序和验证

17.1 引 言

大多数严重事故无法在实际规模中进行实验模拟,主要是由于需要注意多方面的安全问题。因此,从始发事件开始,在安全分析的所有阶段,数值模拟都是不可避免的,分析要求来自于为钠冷快堆制定的安全标准。在本章中,重点介绍了一些广泛用于安全分析以及钠燃料研究的计算机程序。除此之外,还介绍了在国际原子能机构(IAEA)框架下,通过国际基准对俄罗斯反应堆(BN-800)进行的无保护失流事故(ULOFA)数值分析的一些突出结果。本章的目的是让读者了解一些重要的程序和验证模式。要提供完整的各国执行的程序和验证研究的完整范围是很困难的,但本章列出了大量的文献,此外,还提供了更多关于用于印度钠冷快堆原型快中子增殖反应堆(PFBR)安全分析的计算机程序系统的细节来作为案例研究。

17.2 严重事故分析的计算机程序

17.2.1 国际程序

如前所述,事故的传播经历了不同的阶段:解体前阶段、过渡阶段、解体阶段和机械能释放/系统响应阶段。过去40年的计算机程序发展经历了所有这些阶段,并在场内和场外实验中进行了彻底的验证。在此背景下,读者应该了解三个系列程序,SAS、VENUS 和 Sn,即隐式、多场、多分量、欧拉再临界(SIMMER),以下各节将对其进行简要说明。

17.2.1.1　SAS 程序系列

SAS 系列程序是 20 世纪 70 年代在美国阿贡国家实验室开发的,该系列的第一个程序是 SAS1A[17.1]。随后,又开发了 SAS2A[17.2]、SAS2B、SAS3A[17.3]、SAS3D[17.4] 和 SAS4A[17.5],最后一个版本是 SAS4A,在美国、欧洲和日本得到了广泛的应用。SAS1A 程序一开始是以一个通道的单个燃料棒组件为代表,不同的冷却剂通道不进行热工水力的耦合,它通过点堆动力学模型进行中子计算,同时考虑到多普勒效应、燃料和包壳轴向膨胀反馈、冷却剂密度反馈和径向反馈,钠沸腾模型为两相弹状流和单泡模型,还包括燃料动力学和包壳变形模型,所有计算仅针对新燃料棒进行。SAS 系列的下一个版本是 SAS2A,该程序是一个多通道程序,它可以将不同通道的热工水力进行耦合,这个版本中包含了主回路模型,该程序还进行了改进,加入了瞬态燃料棒力学(裂变气体压力、裂变气体对包壳变形的影响等),钠沸腾模型为两相滑流弹状喷射多泡模型。SAS3 系列程序(SAS3A-SAS3D)得到了进一步改进,计算了燃料－冷却剂相互作用(FCI)、FCI 驱动的燃料运动和空泡、一、二回路的热工水力学。在 SAS4A 程序中,加入了新的功能:计算燃料轴向膨胀的受力平衡模型,以及包壳运动和钠沸腾的耦合,改进了钠沸腾模型,以处理可变的冷却剂流动截面与燃料组件受力耦合,还加入了统一的熔融燃料运动模型。所有的 SAS 程序都使用中子的点堆动力学模型,当有大规模燃料和包壳运动时,可能需要时空动力学模型。最新的 SAS4A 建模包含了扩展沸腾模型以处理燃料组件故障时突然释放的裂变气体,包含了燃料变形以处理先进的包壳材料,以及在燃料迁移模型中增加了金属燃料建模能力[17.6]。表 17-1 概述了 SAS 系列的各种演变特征。

17.2.1.2　VENUS 系列

如第 15 章所述,在解体前分析后,跳过过渡阶段,对解体阶段进行分析。然而,为了省去过渡阶段的方案,解体阶段在能量释放方面做了某些特定的假设,从而得出保守的结果。解体阶段最广泛使用的计算机程序是美国阿贡国家实验室开发的 VENUS[17.7]。VENUS 是一个二维耦合的中子－流体力学程序,它可以计算液态金属冷却的快中子增殖反应堆(LMFBR)在快速临界解离过程中的动态行为,该程序已广泛用于液态金属冷却的快中子增殖反应堆解体能量模拟。程序中采用的模型利用与空间无关的中子学、二维(R-Z)拉格朗日流体力学和与能量密度相关的状态方程,由于多普勒展宽和材料运动引起的反应性反馈被明确考虑在内,该模型对高密度和低密度系统都可以分析,密度的变化可以被明确地计算出来,从而允许使用精确的与密度相关的状态方程。VENUS II 是 VENUS[17.8] 的改进版本,特别是 VENUS II 使用了美国阿贡国家实验室开发的更精确的状态方程。反应性引入和反应性反馈由一个产生功率和能量的点堆动力学

表 17-1　SAS 系列代码的演变

物理机制模型	SAS1A	SAS2A	SAS3A	SAS3D	SAS4A
几何计算	每个径向通道上的二维单燃料棒，径向通道之间没有耦合	多通道模型 - 单根燃料棒计算在每个通道之间径向通道的流量耦合	多通道模型 - 单根燃料棒计算在每个通道之间具有径向通道的流量耦合	多通道模型 - 单根燃料棒计算在每个通道之间具有径向通道的流量耦合	多通道模型 - 单根燃料棒计算在每个通道之间具有径向通道的流量耦合
中子学	点堆动力学	点堆动力学	点堆动力学	点堆动力学	点堆动力学
稳态条件	将新燃料进行输入或计算	将新燃料或乏燃料进行输入	计算了稳态燃料棒特性	计算了稳态燃料棒特性	计算了稳态燃料棒特性
传热模型	新燃料的瞬态燃料棒传热	乏燃料的瞬态燃料棒传热	乏燃料的瞬态燃料棒传热	乏燃料的瞬态燃料棒传热	乏燃料的瞬态燃料棒传热
反馈模型	1. 多普勒效应 2. 燃料、包壳和结构轴向膨胀 3. 冷却剂密度和空泡 4. 结构径向膨胀	1. 多普勒效应 2. 燃料、包壳和结构轴向膨胀 3. 冷却剂密度和空泡 4. 结构径向膨胀 5. 燃料坍塌	1. 多普勒效应 2. 燃料、包壳和结构轴向膨胀 3. 冷却剂密度和空泡 4. 结构径向膨胀 5. 燃料坍塌	1. 多普勒效应 2. 燃料、包壳和结构轴向膨胀 3. 冷却剂密度和空泡 4. 结构径向膨胀 5. 燃料坍塌	1. 多普勒效应 2. 燃料、包壳和结构轴向膨胀 3. 冷却剂密度和空泡 4. 结构径向膨胀 5. 燃料坍塌
钠空泡模型	环状滑移两相流和单相泡弹射喷射模型的组合	多泡弹状喷射冷却剂空泡模型，处理由于裂变气体释放的空泡	移动膜处理的多泡钠沸腾模型	移动膜处理的多泡钠沸腾模型	采用可变冷却剂流量截面处理的多泡钠沸腾模型，可实现与燃料棒力学和包壳运动瞬态燃料棒力学计算
燃料棒力学	无	瞬态燃料棒力学计算	瞬态燃料棒力学计算	瞬态燃料棒力学计算	瞬态燃料棒力学计算
燃料形变模型和燃料棒性能	新燃料的弹性-塑性和弹性-燃料形变模型	新燃料和乏燃料的弹塑性包壳和弹性-燃料形变模型	新燃料和乏燃料的弹塑性包壳和弹性-燃料形变模型	新燃料和乏燃料的弹塑性包壳和弹性-燃料形变模型	新燃料和乏燃料的弹塑性包壳和弹性-燃料形变模型

（续）

物理机制模型	SAS1A	SAS2A	SAS3A	SAS3D	SAS4A
燃料动力学模型	完整包层中部分熔融燃料运动模型	完整包层中部分熔融燃料运动模型	泄漏事故中空腔组件的包壳和燃料运动模型	泄漏事故中空腔组件的包壳和燃料运动模型	统一的熔化的空腔模型连接轴向网格，包括燃料在熔化时释放的裂变气体的影响。燃料在完整的燃料棒内运动，燃料和钢在空泡内扰乱的冷却液通道内运动；在冷却空泡和包壳运动开始后，计算仍可以继续
燃料-冷却剂相互作用	无	无	瞬态超功率条件下的燃料-冷却剂相互作用模型	瞬态超功率条件下的燃料-冷却剂相互作用模型	燃料-冷却剂相互作用驱动空泡和燃料运动，用于处理棒内和棒外燃料运动
一回路和中间回路模型	无	一回路的热工水力模型	一回路的热工水力模型	一回路和中间回路换热系统的热工水力模型。处理瞬态过程中一回路和中间回路自然循环、失冷源情况和管道破裂的能力有限	一回路和中间回路换热系统的热工水力模型。处理瞬态过程中一回路和中间回路自然循环、失冷源情况和管道破裂的能力有限
包壳运动	无	无	无	包壳运动模型	包壳运动与钠空泡模型相结合，以进行实际评估
输入解体计算	将输出作为输入提供给弱爆炸代码 MARS	将输出作为输入提供给弱爆炸代码 VENUS	将输出作为输入提供给弱爆炸代码 SIMMER	将输出作为输入提供给弱爆炸代码 SIMMER	将输出作为输入提供给弱爆炸代码 SIMMER

模块来模拟,能量的产生导致燃料系统中温度的上升,由于时间较短,传热被忽略了(例如,原型快中子增殖反应堆的瞬态持续时间只有10ms左右),温升是通过比热计算的,忽略了汽化燃料,温度根据与密度相关的状态方程产生压力,密度变化对压力的影响很大,并取决于瞬态期间燃料的体积减小。减少的体积是指在给定温度下的体积与临界点的体积之比。减少的体积在瞬态中会发生变化,因此,在不同的温度下密度和压力也会发生变化。燃料运动是通过二维流体力学计算的,而二维流体力学又会对密度产生影响,密度又会影响压力的产生。系统中温度的上升引入了一个很大的负多普勒反馈,燃料运动和位移引入了一个很大的负反应性反馈,多普勒和燃料位移引起的负反馈与燃料坍塌引起的外部反应性相抵消,反应堆会在瞬态结束时达到次临界。VENUS II 程序已经在 Kiwi-TNT、SNAPTRAN-2 和 SNAPTRAN-3 反应堆解体实验中得到验证[17.9]。

通过对 VENUS 应用的原始方法的连续改进,开发了一些解体计算机程序,如韩国开发的 SCHAMBETA 程序[17.10],该程序对金属燃料的钠冷快堆比较适用。相应地,对用于估计压力的状态方程进行了改进。因此,美国阿贡国家实验室开发的 VENUS 程序是先进机械学程序系列(例如 SIMMER)第一个重要步骤。

17.2.1.3 SIMMER 系列

分析 CDA 的过渡阶段,需要处理与空间和能量相关的中子动力学相耦合的多相多组分热工水力学,这种综合建模在 SIMMER 系列程序中实现,该程序已经经历了四个版本:SIMMER[17.11]、SIMMER II[17.12]、SIMMER III[17.13] 和最新的 SIMMER IV[17.14]。在 SIMMER 系列中,所有液态金属快中子增殖反应堆(LMFBR)堆芯材料都在结构(燃料元件和子组件[SA]管壁)、流体(液体材料和固体颗粒)和蒸汽(蒸汽物质的混合物)场,以及它们之间的质量、动量和能量交换中建模。

在 SIMMER 程序的第一个版本中,堆芯解体事故期间的中子学和流体力学行为在二维圆柱(R,Z)坐标中被耦合。通过准静态方法求解时间相关的多组扩散方程或中子输运方程来预测中子行为。通过与临界实验的比较发现,当空泡区域如过渡阶段预期的那样在解体的堆芯中发展时,增强输运理论计算的准确性是很重要的。在 SIMMER 中通过定义结构场、流体场和蒸汽场来计算流体力学,堆芯材料称为分量,并分为密度分量和能量分量,密度分量用于跟踪材料运动,能量分量用于预测材料温度。

SIMMER II 是 SIMMER 程序的更新版本,有六个基本组成部分:增殖燃料、裂变燃料、钢、钠、吸收材料和裂变气体。然而,每个部分都跟踪了比这更多的组分。结构场由固体燃料、包壳和结构以及未释放的裂变气体组成,此外,当材料凝固时,它将从流体场中被移除,并添加到结构场中。流体场由所有熔融材料的均匀混合物组成,此外,流体场还包含可能与液体一起流动的燃料和钢的固体颗粒。蒸汽场包含所有蒸汽和惰性气体的均匀混合物。每一个场的守恒方程与相应的状态方程一起在欧拉坐标系中求解,每个流场都计算出一个单一的速度。在一个流体场中,所有的分量都会随着场的速度而变化。结构场保持静止,因此没有动量方程,然而,结构场确实会影响流体场的运动。对于结构场和流体场,每个分量都要分别求解能量方程。由于假设所有气体都是混合的,并且温度相同,因此蒸汽场只使用一个能量方程。密度分量和能量分量之间的差异是由于需要在质量流动方程中分别跟踪增殖材料和可裂变材料,之所以有这种需要,是因为不同裂变组分的燃料必须混合。然而,增殖材料和可裂变材料被假定为在每个场中紧密混合,它们总是处于相同的温度,因此,能量方程只需要考虑一个燃料成分。在守恒方程中考虑到了场和分量之间的耦合,相变的建模相当复杂,在质量守恒方程中包含了场间的质量传递。熔化和冻结是通过比较材料能量与固态和液态能量来计算的,蒸发和冷凝采用非平衡传导限制相变模型计算,其中相变率与组分的饱和温度和实际温度之差成正比,多组分蒸发/凝结模型用于处理非凝结和多组分干扰的影响。动量耦合由阻力项和伴随场间的质量传递产生的动量交换来解释,通过动量平衡方程纳入。阻力关联式是一种简单的形式,适用于两相离散流动,这对于堆芯解体事故(CDA)假设的一系列事件是适用的。涉及陡峭压力梯度的流体的快速压缩由伪黏性压力法处理。能量耦合是通过能量平衡方程来计算的,通过场间或场内各分量之间的对流和辐射进行的能量传递,随质量传递进行的能量交换,以及由于阻力加热而产生的能量传递,都由动量平衡方程中的各项来表示,所有来自膨胀或压缩的能量都出现在蒸汽场能量方程中。SIMMER II 程序也有局限性,只处理了两个运动场(流体混合物和蒸汽混合物)和一个单流体系(离散的液滴流)。

SIMMER III 是 SIMMER II 的改进版,可以更准确有效地处理截面。在 AFDM 程序的基础上进一步改进了流体力学,该程序考虑了三速度场对流算法的基本流体力学方法,并结合多流态建模(SIMMER II 是双场单流态程序)。直到 SIMMER III,计算都是在二维中进行的。SIIMER IV 又进行了升级,对中子学、时空动力学和热工水力学进行了三维计算。因此,三维版被称为 SIMMER IV。国际上正在努力将 SIMMER IV 用于实际反应堆。

17.2.2 印度严重事故分析的计算机程序

计算机程序系列 KALDIS 可用于堆芯解体事故分析[17.15]。KALDIS 由两套程序组成:PREDIS 和 VENUS II。针对预解体阶段,PREDIS 作为 KALDIS 的一部分被开发出来。程序中模拟的过程有堆芯中子学、瞬态热工水力学、反应性反馈如多普勒效应、燃料和包壳轴向膨胀、冷却剂膨胀、隔板、栅板、主容器和差动控制棒膨胀、冷却剂沸腾、包壳和燃料熔化和坍塌。为了计算效率,每个燃料组件用一个元件表示,同时,径向环中的所有组件都用一个组件表示,这是采用点堆动力学模型的一种保守的方法,因为一个组件或组件环中的沸腾或熔化是瞬时的,而在实际情况中,沸腾或熔化将以有限的速度扩散。采用集总传热模型或精确传热模型计算燃料、包壳和冷却剂中的详细温度分布,传输时间延迟在程序中被隐式方法计算出来。钠沸腾模型是在 SAS1A[17.1] 的公式基础上建立的。在燃料熔化时,燃料坍塌的模型保守地给出了正反应性,假设当三分之一的燃料棒熔化时,上半部分下滑,给出正反应性,燃料坍塌的加速下降被用来计算反应性引入率。对于解体阶段,使用 VENUS II 程序,它也是 KALDIS 计算机程序系统的一部分,在该程序中,点堆动力学用于功率计算,并利用二维反应性价值和多普勒系数分布,进行位移和多普勒反应性反馈的计算,一旦反应堆增殖系数达到 0.98 或 0.95 时,由于堆芯的物质外移,就停止计算。

解体阶段释放的热能势能的计算是用现有的燃料蒸汽等熵膨胀到一个大气压或到覆盖气体体积的直接方法来确定的,这一算法已成为 VENUS II 程序的一部分。

17.2.3 国际原子能机构对 BN-800 的基准:严重事故程序的验证

对于无保护的失流事故(LOFA),对照 BN-800 国际原子能机构协调研究项目(CRP)的基准[17.16],对该程序进行了直至沸腾开始的测试。表 17-2 提供了几个重要参数的比较,发现所有国家对沸腾起始点及其位置、钠空泡反应性和净反应性的预测几乎相同,但在多普勒反应性方面存在一些差异。具体而言,印度的 PREDIS 程序也根据原子能机构的协调研究项目基准[17.17]进行了验证,并进一步针对快中子增殖试验反应堆(FBTR)的反应性瞬变[17.18]进行了验证。

表 17-2 BN-800 国际原子能机构协调研究项目基准结果的比较

参数	德国	法国	日本	俄罗斯	印度
时间/s	17.96	18.93	18.96	16.72	17.60
通道数	5/1	5/1	5/1	5/1	5/1
距堆芯轴向位置/cm	84-90	95	87-94	85	84
标准化功率	0.66	0.63	0.63	0.71	0.71
净反应性/ $	-0.17	-0.183	-0.183	-0.135	-0.147
多普勒效应反应性/ $	0.026	-0.005	-0.004	+0.039	+0.027
燃料轴向膨胀反应性/ $	-0.003	+0.015	+0.014	+0.017	+0.020
钠反应性/ $	-0.207	-0.205	-0.205	-0.188	-0.223

17.3 机械后果的计算机程序

17.3.1 国际计算机程序

机械后果的分析是非常复杂的,因为它涉及到快速的流体瞬变,大流量流体和结构位移和变形,以及强烈的非线性流体-结构相互作用的计算。由于以下方面使问题更加复杂:①同时处理结构的几何非线性和材料非线性;②结构附近流体区域存在的尖角和不规则等几何不连续性;③流经穿孔结构和多维滑动界面等多种现象;④前面给出的堆芯结构周围及其他内部的流体和气相的复杂流动。

在过去的40年里,大量的研究工作被投入到分析钠冷快堆主系统响应的数值方法和计算机程序的开发中。目前,使用的大多数程序都采用拉格朗日和欧拉混合的方法来分析流体瞬态,结合拉格朗日方法计算结构响应。由于有许多有限元结构动力学程序可用于求解具有材料和几何非线性的复杂结构,目前的研究主要集中在开发有效的解决方法来处理快速的流体瞬变和流体-结构的相互作用。

众所周知,在拉格朗日流体力学方法中,用于计算冷却剂运动的网格是随着冷却剂的移动而移动的,而且控制方程没有传输项。正因为如此,20世纪60年代末至70年代初,安全壳分析的计算机程序开发几乎全部利用拉格朗日网格进行流体计算。第一个拉格朗日安全壳计算机程序是美国阿贡国家实验室开发的REXCO-H[17.19]。后来,一些拉格朗日程序不断发展,并在文献中得到报道,包括REXCO-HEP[17.20]、英国原子能管理局的ASTARTE[17.21]、德国国际原子公司的ARES[17.22]和法国原子能和替代能源委员会(CEA)的SIRIUS[17.23]。虽然拉格朗日计算机程序已经被用于分析CDA下的主安全壳响应,但由于难以处理过度的网格畸变、绕角流和不规则流以及外流边界条件,它们的分析仍然受到限制。为了处理这种情况,前人开发了利用欧拉法描述冷却剂并结合拉格朗日法处理结构的程序。在欧拉流体力学分析中,用于描述冷却剂运动的网格是固定在空间中的,因此,这样的网格对于处理过度的材料变形和外流边界条件是非常理想的。第一个欧拉安全壳程序是1975年开发的ICECO[17.24]。随后,欧洲原子能共同体、比利时核集团(Belgonucleaire)和英国为欧盟联合开发了一个欧拉安全壳程序,SEURB-NUK-2[17.25]。参考文献[17.26]介绍了PISCES-2 DELK,这是PISCES程序的欧拉版本,也被应用于与钠冷快堆安全壳有关的安全问题。与此类似,法国原子能和替代能源委员会也开发了一个欧拉-拉格朗日耦合程序CASSIOPEE[17.27]。纯欧拉程序的根本困难在于流体－流体和流体－结构界面建模的复杂性,为了消除拉格朗日法和欧拉法的缺点,同时仍保持二者的优点,采用了拉格朗日－欧拉法耦合技术,计算机程序 EURDYN[17.28]、ALICE[17.29] 和 PLEXUS[17.30] 就属于这一类。这些程序中用于计算冷却剂运动的技术是基于"任意拉格朗日和欧拉"(ALE)坐标系,最初由 Hirt 等人[17.31] 提出。根据 ALE,在预计冷却剂将广泛运动的区域,可以使流体网格的顶点以最佳的方式运动,这样就可以利用连续的再分区过程彻底消除过度的网格变形。同时,在流体－结构界面,可以使流体网格的顶点随结构节点一起移动,以简化计算程序,避免不规则单元计算。此外,ALE 算法易于处理内部薄壳、穿孔结构、弧形反应堆底部和高度扭曲的堆芯气泡。

克林奇河增殖反应堆项目(CRBRP)的分析使用了 ALICE 程序,而欧洲快堆(EFR)的分析使用了 PLEXUS 程序。商业示范快堆(CDFR)和 SNR-300 项目使用 SEURBNUK 程序进行分析,而 SPX-1 和 SPX-2 则使用 SIRUS、CASSIOPPE 和 SEURBNUK/EURDYN 程序进行分析。为分析印度的钠冷快堆,开发了一个名为 FUSTIN 的内部计算机程序,它是一个轴对称的有限元程序,可以求解一组以 ALE 坐标系写成的流体、结构和流体-结构相互作用动力学的控制微分方程,FUSTIN 程序的数学建模细节在[17.32]中描述。

17.3.2 程序验证

17.3.2.1 COVA 系列

欧洲原子能共同体、英国原子能机构和联合研究中心于 1973 年建立了一个 COVA 合作实验项目,以进行一系列小规模(容器的最大直径为 560mm,高度在 700～1120mm 范围内)、设备齐全的试验,目的是提供关于安全壳容器内液体中释放出特征明确的能量源时的应力、张力和负荷的高质量数据。在英国,这些数据用来验证 ASTARTE 和 SEURBNUK,并用于研究快中子增殖主安全壳系统在发生反应堆解体事故时的反应。在三个合作地点(英国的 AWRE,Foulness 和 AEEW,Winfrith 以及 JRC,Ispra)进行了使用相同实验条件的平行但互补的方案。JRC-Ispra、AEEW-Winfrith 和 AWRE-Aldermaston 的理论小组在实验设计、实验数据分析和各种程序的开发方面进行了合作。

这一系列的实验,从部分装水的刚性圆柱罐的简单实验开始,以每次只引入一个新特征的方式增加复杂性。测试序列涵盖了与环形和池型几何体相关的问题。参数包括:①池式和环式反应堆的几何结构的高度与直径的比;②覆盖气体体积的大小;③改变压力和能量释放的炸药。所研究的设计特征包括:①刚性或可变形的主容器;②可变厚度和形状的内容器;③网格板;④中子屏蔽;⑤堆芯支撑结构和控制塞。

17.3.2.2　欧洲共同体委员会基准测试

欧洲共同体委员会(CONT)基准计算工作是由意大利欧洲共同体委员会(CEC)确定的一个项目。在这项工作中,确定了一个简化的池式反应堆几何形状(商业示范快堆代表反应堆组件;英国钠冷快堆),并假定经历了CDA。反应堆容器顶部由固定在地面上的刚性板代表,反应堆容器的顶部被固定在屋顶上。选择这种反应堆顶部结构和固定系统的过度简化表示方式,是为了允许各种计算机程序参与其中,这些程序在顶部建模方面的能力有限。出于类似的原因,前面给出的堆芯结构的表示方法没有包括在内。内部结构的影响通过在堆芯区域周围加入了一个不锈钢圆柱形内罐来考虑在内。反应堆容器内存在三种流体,即作为冷却剂的钠、作为覆盖气体的氩气和作为堆芯气泡的膨胀燃料蒸汽。主要计算参数有主容器和内容器的应变、覆盖气体压力变化曲线、水弹冲击时间、能量平衡等。分析结果采用6种计算机程序获得:ASTARTE、CASSIOPEE、PISCES-2 DELK、SEURBNUK、SIRIUS和SEURBNUK/EURDYN,这些计算机程序的详情和基本输入细节见表17-3。

17.3.2.3　法国使用的计算机程序验证

法国原子能和替代能源委员会使用了几个实验方案来验证快堆安全壳程序,CASSIOPEE、SIRIUS和PLEXUS,这些程序都是其为SPX反应堆安全研究而开发的。MANON、MARA和MARS是CEA/DRNR开展的主要项目。此外,这些程序还在APRICOT项目下进行了验证,这是一项由ERDA和COVA项目赞助的程序比较工作,由英国原子能机构和JRC-Ispra联合进行。关于MANON、MARA和MARS系列测试的一些细节将在后面介绍。

17.3.2.4　MANON程序[17.35]

位于Cadarache的CEA/DRNR开发了MANON测试程序,由CEA/DRNR和CEA/DAM开发的固体、低压、低密度L 54/16球形炸药也用在了实验中。所有MANON实验都由一个装满水的可变形的钢筒组成,顶部和底部由刚性平顶封闭,钢筒直径为38cm,总高度为38cm。在这个系列中进行了大约15次实验,前6次实验使用了己糖基因源,以正确设计仪器装置,其余实验则使用L 54/16球形炸药,其中有些是重复进行的,以便检查仪器结果的有效性和改正装药操作。在一次实验中使用了直径为23cm的内容器,在另一次实验中,用氩气代替水来研究邻近介质。

17.3.2.5　MARA系列[17.35,17.36]

法国原子能和替代能源委员会在1/30比例的SPX模型上进行了MARA系列测试(最高为MARA 10),以验证PLEXUS程序。该系列包括简单的容器配置,随着内部组件和变形的屋顶的增加逐步增加复杂性。MARA 10系列的最后

表 17-3 参与 CONT 基准测试的计算机程序

计算机程序	ASTARTE-4B	CASSIOPEE	PISES-2DELK	SEURBNUNK	SEURBNUK	SEURBNUK/EURDYN	SIRIUS
开发者	英国原子能机构	法国原子能委员会	PI	英国原子能机构-JRC	英国原子能机构-JRC	英国原子能机构-JRC	法国原子能委员会
计算器	ENEA-Bologna	ENEA-Bologna	API-Gouda	UKAEA-Risl	JRC-Ispra	JRC-Ispra	CEA-Cadarache
流体(可压缩/非黏性)-有限元离散化							
坐标	拉格朗日	欧拉和拉格朗日	欧拉和拉格朗日	欧拉	欧拉	欧拉	拉格朗日
时间积分	显式	显式	显式	隐式	隐式	隐式	显式
网格数量	22×39=858	18×30=540	21×44=924	26×55=1430	26×55=1430	26×55=1430	8×26=208
时间步长/μm	16-6	35	55	100	100	100	60
结构-薄壳模型;显式时间积分							
方法	有限差分	有限差分	有限差分	FE	有限元	有限元	有限元
段数	61	20	42	75	75	75	17
时间步长/μm	16-6	35	55	20	20	20	60
流体-结构相互作用							
耦合类型	弱	强	强	弱	弱	弱	弱
覆盖气体模型	气袋	气袋	连续介质	气袋	气袋	气袋	气袋
气泡模型	连续介质	气袋	气袋	气袋	气袋	气袋	气袋

FD,有限差分;FE,有限元;EL,欧拉和拉格朗日

一个试验是一个整体模型实验,涉及不同类型的可变形结构:MARA 01 和 MARA 02 中的容器、MARA 04 中的核心支撑结构和网格板、MARA 08 中的变形屋顶、控制塞和径向屏蔽。将 CASSIOPEE 和 SIRIUS 的预测结果与 MARA 01 和 02 产生的实验数据进行了比较,其他 MARA 结果涉及到以 SPX 为特征的更复杂的内部结构,并将其与 PLEXUS 程序进行了比较。

17.3.2.6　MARS 测试[17.37]

MARS 实验是 1982 年期间法国原子能和替代能源委员会进行的最复杂和最详细的模拟试验,涉及模拟反应堆解体事故的大量能量释放,其实验结果与 PLEXUS 的预测相差无几。

17.3.2.7　美国 REXCO 程序的验证[17.38,17.39]

快中子通量测试设备(FFTF)的模拟实验主要使用 TNT,以验证 REXCO 的预测。此外,SL-I 事故用作与分析方法进行比较的实验数据,基础测试也在海军条例实验室进行。CRBRP 的 ALICE 程序分析结果用 COVA 测试结果进行了验证。

17.3.2.8　用于印度 FUSTIN 验证的 TRIG 系列[17.32,17.40]

FUSTIN 程序已经通过解决许多已发布的标准问题进行了广泛的验证,如 MANON(法国原子能和替代能源委员会)、COVA(英国)和 CONT(意大利),其中包括程序与程序之间的比较以及与实验数据的比较,如与国际程序 ASTARTE、CASSIOPEE、PISCES-2 DELK、SEURBNUK、SIRIUS、EURDYN 和 PLEXUS 进行了比较。此外,通过在 TRIG 方案下开发本地设施,进一步继续进行程序验证工作。TRIG 系列的目的如下:①根据涉及简单几何形状的试验(TRIG-I),对专门开发的用于原型快中子增殖试验堆(PFBR)研究的化学炸药进行资格鉴定;②量化 SS316 在实际载荷条件下的破裂极限(TRIG-I);③了解主容器无内部构件(TRIG-II)和有内部构件(TRIG-III)的变形和破裂行为;④确定可能通过屋顶板的钠泄漏(TRIG-III)。

TRIG 测试与 FUSTIN 预测进行了比较,共提出了 8 个用于验证 FUSTIN 程序的基准问题,其中 2 个关于结构建模,1 个关于流体力学建模,5 个关于流体力学和结构建模(包括流体结构相互作用效应),以及 3 个关于验证两相成分公式。在所有这些问题中,通过图形显示离散时间间隔的网格配置,系统地评估了自动网格描述算法的性能。

17.4　放射性释放

在第 16 章中,从反应堆解体事故中详细介绍了钠冷快堆中的放射源。对向场址边界(公众)释放的放射性物质的估计涉及一系列计算,从堆芯开始,然后传送到覆盖气体,再传送到反应堆安全壳建筑物(RCB),最后通过烟囱到达场址边界。放射性物质(主要是裂变产物、钚和氧化钠)在到达烟囱之前的估计工作由每个国家使用其内部的计算机程序进行。ORIGEN[17.41]和RIBD[17.42,17.43](美国程序)等计算机程序现在可用于计算堆芯解体事故中释放的各种燃料同位素产生的所有裂变产物同位素的详细种类。COMRADEX[17.44]程序是一种可用于估算源项的常用程序,该程序通过安全壳内的一系列腔室来追踪放射性物质,最初监测的腔室通常是反应堆容器,该腔室随后泄漏到反应堆安全壳。COMRADEX程序还需要定量了解放射性物质从燃料和钠向腔室释放和运输的过程和机理。通常假定惰性气体(Kr和Xe)从燃料和钠中释放。燃料气溶胶和剩余裂变产物的释放比较难以评估,这些材料中有一些可以通过几种途径进入空气,从而形成放射性气溶胶源。在反应堆解体事故中,它们可能会以大气泡的形式向上移动到覆盖气体中,然后通过事故造成的机械损伤造成的顶部开口从反应堆容器中逸出。卤素(主要是碘)和一些挥发性裂变产物可能通过这一途径释放出来,一些燃料和固体裂变产物可能以气溶胶的形式悬浮,通过美国的CACECO和印度的SOSPIL[17.45]等计算模型进行估算钠从热池渗漏到反应堆安全壳。CACECO与COMRADEX相结合,可以估计这些物质逃逸到反应堆安全壳的百分比。参考文献[17.46]中论述了源项释放和运输过程,值得一提的是,迄今为止经过实验验证的机械模型还不能用来评估固体从反应堆容器中的释放情况,并跟踪它们通过各种障碍进入反应堆安全壳的情况。这些分析一般都是基于一个任意的源项,通常,最初在堆芯中的1%的固体随裂变材料一起释放。

读者应了解研究反应堆设施源项评估的几个常用程序如MELCOR、SCDAP和MAAP4[17.47-17.50]。MELCOR是一种完全集成的计算机程序,用于严重事故分析,其中包括(非爆炸性)堆芯熔体过程和裂变产物释放及在多体积互连系统内运输的具体模块。通过SPARC、BUSCA、SOPHAEROS、CONTAIN和GOTHIC等程序,可以对放射性核素在各种反应堆系统中的输运和滞留情况进行详细评估,如钠池、主热输运系统和安全壳结构[17.51-17.54]。MicroShield、MARMER、MERCURE和QAD[17.55-17.58]等程序适用于评估各种源/屏蔽结构中的直接剂量率。

在大气扩散研究方面,有大量的程序可供选择,然而,考虑到放射性钠气溶胶扩散影响的程序有限。在一般情况下,在过去的50年里,已经开发了一些方法和技术,用于模拟放射性物质在大气中的扩散,进行放射性风险评估。这些方法大致可分为高斯羽流模型、拉格朗日烟团和粒子模型、耦合大气弥散模型和基于计算流体动力学的模型。高斯羽流模型,如MACCS[17.59]、COSYMA[17.60]和

ADMS[17.58]，用于获得离散估计值，以评估设计基准事故释放的放射性物质，进行安全分析，这些方法简单，输入量最小，并使用1~3年的风和场地大气稳定等级的复合联合频率分布，近似地描述通常在1h内的时间平均浓度分布。这种程序主要适用于风和大气条件均匀的平原地形，并提供保守的估计。在大气流动和稳定条件非均匀的复杂地形地区，则采用日本原子能机构的SPEEDI[17.61]、德国FLEXPART[17.62]和美国国家海洋和大气管理局的HYSPLIT[17.63]等拉格朗日烟团和粒子离散模型。在复杂的沿海区域，陆－海微风和热内边界层是影响放射性释放扩散的两个重要现象。在卡尔帕卡姆(Kalpakkam)场址建造的原型快中子增殖试验堆(PFBR)所遵循的方法是，通过与MM5/WRF预估大气模型的整合，将这些影响纳入FLEXPART扩散模型，从而可以获得用于空间剂量评估的时空变化气象信息[17.64]。通过进行风场实验和SF_6示踪扩散实验，对卡尔帕卡姆场址的MM5-FLXPART程序和WRF气象模型进行了验证[17.65,17.66]，该场址的湍流测量结果用在上述模型中开发适当的短程湍流扩散物理学模型[17.67]。

17.4.1 印度钠冷快堆采用的方法

通过对原型快中子增殖试验堆(PFBR)进行分析，假设安全壳建筑物中的放射性核素通过两种途径释放到大气中，第一条途径是放射性核素通过正常通风经烟囱泄漏60s，在此期间，裂变产物惰性气体(^{87}Kr、^{88}Kr、^{85}Kr、^{133}Xe、^{135}Xe)、碘(^{131}I、^{132}I、^{133}I、^{134}I、^{135}I)和铯(^{134}Cs、^{137}Cs)被释放出来；第二种途径是24h内，在反应堆安全壳中，以每小时0.1%的反应堆安全壳体积的速度泄露，由地面向环境中释放。地面放射性释放主要包括^{131}I、^{133}I、^{135}I、^{134}Cs、^{137}Cs、^{103}Ru、^{106}Ru、^{89}Sr、^{90}Sr、^{141}Ce、^{144}Ce、^{140}Ba、^{239}Pu、^{87}Kr、^{85}Kr和^{133}Xe。此外，环境扩散分析采用简单的高斯羽流模型和大气与粒子扩散耦合模型MM5-FLEXPART进行。在这种方法中，首先利用气象预测模型MM5/WRF模拟现场的气象条件，然后利用预测的三维时变大气参数与现场观测数据验证后，进行扩散模拟。考虑到模拟的空气浓度和沉积活动输出，在程序中加入了云层照射、地面照射和吸入的剂量模块。该耦合模型真实地模拟了由陆－海微风环流组成的时空大气流动条件和热内边界层熏蒸对场址边界和场外25km距离范围内辐射剂量(云层照射、地面照射、吸入)的影响。把GPM和MM5-FLEXPART的估计值相互比较后发现，场址边界剂量的估计值会比GPM给出的值低很多，而且这些值都在规定的范围内。这些程序经过测试后，纳入了为卡尔帕卡姆核电站设计的放射性事故在线核应急决策支持系统(ONERS)。ONERS-DSS中采用的拉格朗日粒子扩散模型FLEXPART-WRF，通过使用日本文部科学省公布的辐射剂量和活动沉积数据，对2011年3月11日至31日事故期间进行区域尺度模拟，对福岛事故释放进行了验证。预测的有效剂量被用来评估福岛反应堆周围 40km 影响区的公众终身可归因健康风险,该研究有助于评估受影响地区居民达到低风险的时间。更多详情载于参考文献[17.64-17.67]。

17.5 钠火程序

表 17-4 列出了用于数值模拟钠火情景的国际程序。除此以外,法国还使用 FEUMIX 模拟钠与混凝土的相互作用,特别是计算气体压力、气体和墙壁的温度以及产生的气溶胶的质量。分析域包括一个锅炉房以及相连的房间,并采用了钠池火灾和混凝土墙体水蒸气释放的简化模型。除此以外,法国还采用了一种名为 SORBET 的一维程序,用于混凝土块的热工水力行为模拟,包括温度、压力、水蒸气和液体含量的测定[17.68]。该程序还预测了热侧和冷侧的水和二氧化碳释放量。对于钠-混凝土的化学反应模拟,采用 REBUS 计算机程序,目的,是推导出反应产物的组成和热量释放、氢气产生和能量平衡[17.68]。目前,印度的钠冷快堆分别采用 NACOM 和 SOFIRE 程序来分析钠喷雾火灾和池火灾[17.69]。NACOM 程序的预测是保守的,因为它在确定喷雾燃烧率时忽略了液滴相互作用、整个喷雾区气体温度的非均匀性和喷雾区内氧气消耗的影响。另外,在公开文献中,很少有其他程序的细节,这就带来了自主开发可靠的钠火程序的需求。因此,需要对钠液滴燃烧进行数值模拟,并对影响现象的参数进行研究[17.70]。

表 17-4 钠火程序

程 序	现 象	开 发 者	描 述
SPR AY-3A	喷雾钠火	汉福德工程开发实验室(HEDL)	基于气相燃烧模型的一维钠喷雾火灾程序研究
SOMIX	喷雾钠火	原子国际公司(AI)	保留了 SPRAY 燃烧模型,模拟了二维的气体循环
SPOOL	喷雾/池火	阿贡国家实验室(ANL)	一个基于的 SPRAY 和 SOFIRE-II 集成的钠喷雾火灾和钠池火灾程序
SOFIRE-II	池火	原子国际公司(AI)	基于表面燃烧模型的一维钠池火灾程序
NACOM	喷雾钠火	布鲁克海文国家实验室(BNL)	基于气相燃烧的一维程序
CONTAIN-LMR	喷雾/池火	桑迪亚国家实验室(SNL)	研究钠池火灾和钠喷雾火灾的二维程序

（续）

程　　序	现　　象	开　发　者	描　　述
PULSAR	喷雾钠火	德国气溶胶物理与过滤技术实验室	计算在密闭环境中喷射出钠燃烧产生的气溶胶和热力学结果的二维程序
SOFIA-II	喷雾钠火	日本能源研究实验室（ERL）	基于气相和燃烧计算瞬态压力和温度的二维程序
ASSCOPS	喷雾/池火	日本核循环发展研究所（JNC）	一个基于 SPRAY 和 SOFIRE-II 的钠喷雾火和钠池火的集成程序，能够预测气溶胶产生和钠-混凝土相互作用
SPHINCS	喷雾/池火	日本核循环发展研究所（JNC）	基于集中质量近似空间的多维程序（区域模型）
AQUA-SF	喷雾/池火	日本核循环发展研究所（JNC）	多维钠燃烧数值分析程序

参考文献

［17.1］ Carter, J. C. et al. (1970). SAS1A—A computer code for the analysis of fast reactor power and flow transients. ANL-7607.

［17.2］ Dunn, F. E. et al. (1974). SAS2A LMFBR accident analysis computer code. ANL-8138.

［17.3］ Stevenson, M. G. et al. (1974). Current status and experimental basis of the SAS LMFBR accident analysis code system. Proceedings of the International Conference on Fast Reactor Safety, Beverly Hills, CA.

［17.4］ Cahalan, J. E. et al. (1977). A preliminary users guide to version 1.0 of the SAS 3D accident analysis code. SR-239831, ANL.

［17.5］ Wider, H. U. et al. (1982). Status and validation of the SAS4A accident analysis code system. Proceedings of the LMFBR Safety Topical Meeting, ANS, Lyon-Ecully, France.

［17.6］ Cahalan, J. C., Wei, T. Y. C. (1990). Modeling development for the SAS4A and SASYS computer codes. Proceedings of the International Fast Reactor Safety Meeting, Snowbird, UT.

［17.7］ Sha, W. T., Hughs, T. H. (1970). VENUS：A two dimensional coupled neutronics hydrodynamics computer program for fast reactor power excursions. ANL-7701, October 1970.

［17.8］ Jackson, J. F., Nicholson, R. B. (1972). VENUS-II：A LMFBR disassembly program. ANL-7951.

［17.9］ Bott, T. F., Jackson, J. F. (1976). Experimental comparison studies with the VENUS-II computer code. Proceedings of the International Meeting on Fast Reactor Safety and Related Physics, III, Chicago, IL, October 1976, p. 1134.

［17.10］ Suk, S.-D., Hahn, D. (2002). Analysis of core disruptive accident energetics for liquid metal reactor. J. Korean Nucl. Soc., 34(2), 117-131.

[17.11] Bell, C. R. (1977). SIMMER-I: An Sn Implicit, Multifield, Multicomponent, Eulerian, recriticality code for LMFBR disrupted core analysis. Report LA-NUREG-6467-MS. Los Alamos Scientific Laboratory, Los Alamos, NM.

[17.12] Smith, L. L. et al. (1978). SIMMER-II: A computer program for LMFBR disrupted core analysis, Vol. 2. NUREG/CR-0453, LA-7515-M.

[17.13] Kondo, S. et al. (1999). Current status and validation of the SIMMER-III LMFR safety analysis of core. Proceedings of the Seventh International Conference on Nuclear Engineering (ICONE-7), Tokyo, Japan, pp. 19-23.

[17.14] Yamano, H. et al. (2009). A three-dimensional neutronics-thermohydraulics simulation of core disruptive accident in sodium-cooled fast reactor. Nucl. Eng. Des., 239, 1673-1681.

[17.15] Harish, R. et al. (1999). KALDIS: A computer code system for core disruptive accident analysis in fast reactors. IGCAR Report-IGC 208.

[17.16] IAEA. (2000). Transient and accident analysis of a BN-800 type LMFR with near zero void effect. Final Report on an International Benchmark Programme, Supported by the International Atomic Energy Agency and the European Commission, 1994-1998. IAEA-Tecdoc-1139, IAEA, Vienna, ISSN 1011-4289. http://www-pub.iaea.org/MTCD/publications/PDF/te_1139_prn.pdf.

[17.17] Om Pal, S., Harish, R. (1998). Results of transient calculations upto onset of boiling of a comparative calculation for unprotected loss of flow accident in BN-800 type reactor with near zero void reactivity coefficient. IAEA/EC Consultancy Meeting on the Comparative Calculations for Severe Accident in BN-800 Reactor, Obninsk, Russia.

[17.18] Srinivasan, G. S., Om Pal, S. (1999). Validation of computer code PREDIS against FBTR experimental reactivity transients. IGCAR Report: RPD-SAS/FBTR/01100/CR/011.

[17.19] Chang, Y. W., Gvildys, J., Fistedis, S. H. (1973). Analysis of primary containment response using a hydrodynamic elastic-plastic computer code. Proceedings of the Second International Conference on Structural Mechanics in Reactor Technology (SMiRT), Berlin, Germany.

[17.20] Chang, Y. M., Vildys, J. G. (1975). REXCO-HEP: A two-dimensional computer code for calculating the primary system response in fast reactors. ANL-75-19, ANL.

[17.21] Cowler, M. S. (1974). ASTARTE—A 2-D Lagrangian code for unsteady compressive flow theoretical description. AWRE-44-91.

[17.22] Doerbecker, K. (1972). ARES: Ein 2-Dim Rechenprogram zur Beschreibung der Kuzzeitigen Auswirkungen einer Hypothetischen Unkontrollierten Nukleren Exkursion auf Rektortank, Drhdeckel and Tankeinbanten, gezeigt am beispoel des SNR 300, Reaktortangung, Hamburg, Germany.

[17.23] Blanchet, Y., Obry, P., Louvet, J. (1981). Treatment of fluid-structure interaction with the SIRIUS computer code. Paper B8/8. Transactions of the Sixth International Conference on Structural Mechanics in Reactor Technology (SMiRT), Paris, France.

[17.24] Wang, C. Y. (1975). ICECO—An implicit Eulerian method for calculating fluid transient in fast reactor containment. ANL-75-81, Argonne National Laboratory, Lemont, IL.

[17.25] Cameron, I. G. et al. (1978). The computer code SEURBNUK-2 for fast reactor containment studies. Comput. Phys. Commun., 13, 197.

[17.26] Cowler, M. S., Hancock, S. L. (1979). Dynamic fluid-structure analysis of shells using the PIS-

CES-2DELK computer code. Paper B1/6. Transactions of the Fifth International Conference on Structural Mechanics in Reactor Technology (SMiRT), Berlin, Germany.

[17.27] Graveleau, J. L., Louvet, P. (1979). Calculation of fluid-structure interaction for reactor safety with the CASSIOPEE code. Paper B1/7. Transactions of the Fifth International Conference on Structural Mechanics in Reactor Technology (SMiRT), Berlin, Germany.

[17.28] Donea, J. P., Fasoli-Stella, P., Giuliani, S., Halleux, J. P., Jones, A. V. (1980). The computer code EURDYN-1M for transient dynamic fluid-structure interaction. EUR 6751. Commission of the European Communities, Directorate-General, 'Scientific And Technical Information And Information Management', Bâtiment Jean Monnet, Luxembourg.

[17.29] Wang, C. Y., Zeuch, W. R. (1982). ALICE-II: An arbitrary Lagrangian-Eulerian code for containment analysis with complex internals. Trans. Am. Nucl. Soc., 41, 364.

[17.30] Hoffmann, A., Lepareux, M., Jamet, P. (1986). PLEXUS: A general program for fast dynamic analysis. CEA, DEMT/86, p. 295.

[17.31] Hirt, W., Amsden, A. A., Cook, J. L. (1974). An arbitrary Lagrangian-Eulerian computing method for all fluid speeds. J. Comput. Phys., 14, 227-253.

[17.32] Chellapandi, P., Chetal, S. C., Raj, B. (2010). Structural integrity assessment of reactor assembly components of a pool type sodium fast reactor under core disruptive accident—Part 1: Development of computer code and validations. J. Nucl. Technol., 172(1), 1-15.

[17.33] Hoskin, N. E., Lancefield, M. J. (1978). The COVA programme for the validation of computer codes for fast reactor containment studies. Nucl. Eng. Des., 46, 1-46.

[17.34] Benuzzi, A. (1987). Comparison of different LMFBR primary containment codes applied to a bench mark problems. Nucl. Eng. Des., 100, 239-249.

[17.35] Blanchet, Y. et al. (1981). Experimental validation of the containment codes SIRIUS and CASSIOPPE. Transactions of SMiRT 6, Paris, France, August 1981, Vol. B, p. B8/1.

[17.36] Louvet, J. et al. (1987). MARA 10: An integral model experiments in supports of LMFBR containment analysis. Transactions of SMiRT 9, Lausanne, Switzerland, August 1987, Vol. E, pp. 331-337.

[17.37] Cariou, Y. et al. (1997). LMR's whole core accident: Validation of the PLEXUS code by comparison with MARS test. Transactions of SMiRT 14, Lyon, France, August 1997, pp. 339-346.

[17.38] Simpson, D. E. (1975). The hypothetical core disruptive accident. HEDL S/A-741 REV.

[17.39] Romander, C. M., Cagliostro, D. J. (1979). Structural response of 1/20 scale models of the CRBR to a simulated HCDA. CRBRP Report No. 3, Rec-2, pp. 1-45.

[17.40] Terminal Ballistic Research Laboratory. (2002). Investigation of mechanical consequences of a core disruptive accident in fast breeder reactor based on simulated tests on scaled down models. Collaborative Project No. TBRL/IGCAR/TRIG/1997. TBRL, Chandigarh, India.

[17.41] Bell, M. J. (1973). ORIGEN—The ORNL isotope generation and depletion code. ORNL-4628. Oak Ridge National Laboratory, Oak Ridge, TN.

[17.42] Gumprecht, R. O. (1968). Mathematical basis of computer code RIBD. DUN-4136. Douglas United Nuclear, Inc., Richland, WA.

[17.43] Man, D. R. (1975). A user's manual for computer code RIBD II, a fission product inventory code. MEDL-TME 75-26. Hanford Engineering Development Laboratory, Richland, WA.

[17.44] Spangler, G. W., Boling, M., Rhoades, W. A., Willis, C. A. (1967). Description of the COMRADEX code. AI-67-TDR 108. Rockwell International, Canoga Park, CA.

[17.45] Velusamy, K., Chellapandi, P. (2007). Sodium release and design pressure for reactor containment building during a core disruptive accident. CEA-IGCAR Technical Seminar on Liquid Metal Fast Reactor Safety Aspects Related to Severe Accidents, IGCAR, Kalpakkam, India, February 12-16, 2007.

[17.46] Reynolds, R. B., Kress, T. S. (1980). Aerosol source considerations for LMFBR core disruptive accidents. Proceedings of the CSNI Specialists Meeting on Nuclear Aerosols in Reactor Safety, Gatlinburg, TN.

[17.47] Summers, R. M. et al. (1991). MELCOR 1.8.0: A computer code for nuclear reactor severe accident source term and risk assessment analysis. Rep. NUREG/CR-5531. Nuclear Regulatory Commission, Washington, DC.

[17.48] Nuclear Regulatory Commission. (2001). SCDAP/RELAP5/MOD3.2 code manual, Vols. 1-5. Rep. NUREG/CR-6150, Rev. 2. NRC, Washington, DC.

[17.49] Fauske Associates, Inc., MAAP4. (1994). Modular accident analysis program for LWR power plants, Vols. 1-4. Res. Proj. 3131-2. EPRI, Palo Alto, CA.

[17.50] Nuclear Regulatory Commission. (1991a). SPARC-90: A code for calculating fission product capture in suppression pools. Rep. NUREG/CR-5765. NRC, Washington, DC.

[17.51] Nuclear Regulatory Commission. (1991b). RAMSDALE, S. A., BUSCA-JUN90 reference manual, SRD R542, Safety and Reliability Directorate. UKAEA, Culcheth, U. K.

[17.52] Missirlian, M., Alpy, N., Kissane, M. P. (2001). SOPHAEROS code version 2.0: Theoretical manual, IPSN Note: Technique SEMAR 00/39.

[17.53] Wiles, L. E. et al. (1994). GOTHIC: Containment analysis package, Vols. 1-4. Rep. NAI 8907. Numerical Applications, Inc., Richland, WA.

[17.54] Grove Software. (2003). Micro-Shield, Version 6.02, User's manual. Grove Software, Lynchburg, VA.

[17.55] Devillers, C., Dupont, C. (1974). MERCURE-IV: Un programme de Monte Carlo à trois dimensions pour l'intégration de noyaux ponctuels d'atténuation enligne droite. CEA-N-1726. CEA, Paris, France.

[17.56] Cain, V. R. (1977). A users manual for QAD-CG, the combinatorial geometry version of the QAD-P5A point kernel shielding code. Rep. NE007. Bechtel Power Corp., San Francisco, CA.

[17.57] Kloosterman, J. L., Looserman, J. L. (1990). MARMER: A flexible point kernel shielding code. IRI-131-89-03/2. OECD, Paris, France.

[17.58] Carruthers, D. J., Holroyd, R. J., Hunt, J. C. R., Weng, W. S., Robins, A. G., Apsley, D. D., Thomson, D. J., Smith, F. B. (1994). UK-ADMS—A new approach to modelling dispersion in the earth's atmospheric boundary layer. J. Wind Eng. Ind. Aerodyn., 52, 139-153.

[17.59] Chanin, D. I. et al. (1990). MELCOR accident consequence code system (MACCS). NUREG/CR-4691. Sandia National Laboratories, USNRC, Washington, DC.

[17.60] Commission of European Communities (1991). COSYMA: A new programme package for accident consequence assessment. EUR 13028 EN. CEC, Commission of the European Communities, Directorate-General, Telecommunications, Information Industries And Innovation, L-2920 Luxembourg.

[17.61] Chino, M., Ishikawa, H., Yamazawa, H. (1993). SPEEDI and WSPEEDI: Japanese emergency response system to predict radiological impacts in local and workplace areas due to a nuclear accident. Radiat. Prot. Dosim., 50, 2.

[17.62] Draxler, R. R., Hess, G. D. (1997). Description of the HYSPLIT-4 modeling system. NOAA Technical Memorandum ERL ARL-224.

[17.63] Stohl, A. (1999). The FLEXPART particle dispersion model version 3.1. User guide, Vol. 13. Lehrstuhl für Bioklimatologie und Immissionsforschung, University of Munich, Am Hochanger, Freising, Germany, p. 85354.

[17.64] Srinivas, C. V., Venkatesan, R. (2005). A simulation study of dispersion of air borne radionuclides from a nuclear power plant under a hypothetical accidental scenario at a tropical coastal site. Atmos. Environ., 39, 1497-1511.

[17.65] Srinivas, C. V., Venkatesan, R., Bhaskaran, R., Venkatraman, B. (2012). Round robin exercise on atmospheric flowfield modelling at Kalpakkam phase I. Radiological Safety Division, IGCAR. Report Submitted to Board of Research in Nuclear Sciences, p. 126.

[17.66] Srinivas, C. V., Venkatesan, R., Somayaji, K. M., Yesubabu, V., Nagaraju, C., Chellapandi, P. (2010). Performance Evaluation of the Real-Time Atmospheric Model MM5 used in Emergency Response System. IGC-307. Indira Gandhi Centre for Atomic Research, Kalpakkam, India.

[17.67] Srinivas, C. V., Venkatesan, R., Somayaji, K. M., Indira, R. (2008). A simulation study of short-range atmospheric dispersion for hypothetical air-borne effluent releases using different turbulent diffusion methods in HYSPLIT. Air Qual. Atmos. Health, 2, 21-28. doi 10.1007/s11869-009-0030-6.

[17.68] Rigollet, L. (2010). R&D studies related to sodium risks. Workshop on Safety AERB, Mumbai, India, April 2010.

[17.69] Ponraju, D. et al. (2013). Experimental and numerical simulation of sodium safety in SFR. International Conference on Fast Reactors and Related Fuel Cycles: Safe Technologies and Sustainable Scenarios (FR13), Paris, France, March 2013.

[17.70] Muthu Saravanan, S., Mangarjuna Rao, P., Nashine, B. K., Chellapandi, P. (2011). Numerical investigation of sodium droplet ignition in the atmospheric air. Int. J. Nucl. Energy Sci. Technol., 6(4), 284-297.

第18章
测试设施和程序

18.1 引　言

由于钠冷快堆的运行经验有限(约400年反应堆运行经验),在试验堆(实验增殖堆(EBR)-II、西南氧化物燃料实验快堆(SEFOR)、Rapsodie、Phenix)中进行的安全试验数量有限,瞬态试验设施(反应堆瞬态测试设施[TREAT]、CABRI、SCARABEE)则更少。随着对提高反应堆安全性的高要求,开发新的试验设施以全面解决与钠冷快堆安全相关的所有问题被认为是钠冷快堆发展的关键。这些设施除了模拟各种严重事故场景外,还应生成量子测试数据,以验证第17章所述的相关数值模拟工具。在这方面,规划了新的设施,配备了广泛的传感器和仪器(钠观察、高能X射线、热成像、创新成像技术、先进的断层成像)。因此,预计现在计划的试验设施将在广泛的国家合作下执行。朝着这一目标迈出的第一步是汇编有潜力进行钠冷快堆安全研究的试验设施资料,并由核能机构(NEA)组建的先进反应堆试验设施工作组(TAREF)以文件的形式发布[18.1]。

各国已经启动了关于未来创新快堆设计和概念的计划,以尽可能接近实现第四代反应堆的目标。除了钠冷快堆外,该计划还围绕着重金属冷却快堆、气冷快堆和熔盐反应堆的概念展开。新的替代反应堆的设计理念主要是为了更高的成本效益、安全性、更高的温度和抗扩散性。第一类是中国的CFR-600、法国的ASTRID、印度的FBR1和FBR2、日本的4S和JSFR、韩国的PGSFR、俄罗斯的MBIR以及美国的动力堆创新型小模块(PRISM)和行波堆(TWR-P)。具有替代概念的反应堆包括比利时的MYRRHA、意大利的ALFRED和欧洲铅快堆(ELFR)、韩国的PEACER、俄罗斯的BREST-300和SVBR-100、美国的G4M、欧洲的Allegro等。读者可以参考国际原子能机构2013年10月发布的最新出版物"创新快堆设计和概念现状"来了解反应堆概念的更多细节[18.2]。除此之外,本书第五部分:国际钠冷快堆计划(第 26 章~28 章)还讨论了实验反应堆的现状。所有这些反应堆都可以有效地为未来的钠冷快堆生成量子数据,通过适当地结合必要的特性/规定,为几乎所有的安全问题提供满意的答案。除了这些反应堆外,读者还应了解某些实验设施,这些设施在过去对安全研究作出了重大贡献。一些国家正在改造/发展若干设施,以全面解决不断变化的安全问题。在本章中,详细介绍了过去使用的、目前正在建设的和规划中的一些试验设施。此外,本章仅介绍了涉及四大方面的设施:堆芯安全(流动堵塞、无保护失流(ULOF)、无保护瞬态超功率(UTOP)、缓慢功率瞬变、钠空泡传播等)、熔融燃料-冷却剂相互作用(FCI)研究、事故后余排出情况(碎片和水池水力的传热)和钠安全。表 18-1~表 18-4 列出了这四个主题下的设施清单。

表 18-1 堆芯安全设施

序 号	设 施	国 家	状 态	范 围
1	SCARABEE	法国	关闭	SCARABEE 程序关于物质运动的结果与 SFR 事故分析有很高的相关性以及计算机程序验证
2	CABRI	法国	改造	该实验反应堆最近被 TAREF 认可为在偶然和意外条件下处理辐照燃料行为的最合适设施
3	IGR	哈萨克斯坦	运行	现在大多数实验都与核反应堆安全问题有关,尽管有些工作是在 ITER 项目下进行的
4	AR-1	俄罗斯	升级改造	该设施的目标是研究在启动、正常运行、瞬态和事故条件下的热工水力过程,流动稳定性,以及液态金属冷却剂沸腾模式下的传热特性
5	TREAT	美国	讨论改造	实验反应堆也被认为与严重的事故问题有关,特别是模拟快速功率瞬变
6	ACRR	美国	运行	虽然 ACRR 主要用于辐射效应研究,但它在 SFR 异常和/或事故条件下的燃料瞬态实验(从低初始功率到快速瞬变功率)具有很高的潜力

表 18-2 用于燃料-冷却剂相互作用研究的设施

序 号	设 施	国 家	状 态	范 围
1	PLINIUS-VULCANO	法国	钠的使用需要改造	用于轻水堆严重事故研究的堆芯熔化装置。熔化的堆芯(50~100kg)与熔化金属的能力。堆芯捕集器设计研究的潜在用途+转换成钠的需要:在研究中

(续)

序号	设施	国家	状态	范围
2	PLINIUS-KROTOS	法国	钠的使用需要改造	用于轻水堆严重事故研究的堆芯-水相互作用装置。熔化的堆芯熔融物(5kg)落入水中,引发蒸汽爆炸;转化为钠的需要:在研究中
3	SOFI	印度	运行	该装置的目的是产生数据,以了解各种燃料、熔体凝固和碎裂、碎片的分散/重新定位以及堆芯捕集器上的沉降行为,并验证用于预测上述现象的数值模型
4	MELT	日本	运行	堆外装置用于研究在钠冷快堆中发生CDA时的熔融材料行为。也用于水系统的FCI。小型钠循环可用。使用感应加热坩埚与模拟材料(氧化铝、钢和锡的熔体,2300℃,20L容量)
5	CAFE	美国	运行	堆芯合金流动和冲蚀装置。用于研究材料流动、金属燃料轴承熔体的冻结、通道结构(一维水平通道)共晶液化的影响
6	MCCI	美国	运行	用于研究轻水堆严重事故问题(放射性堆芯熔化、蒸汽爆炸、产氢问题)的大型反应堆实验池(体积为1000m³)可用于钠冷快堆的燃料-冷却剂相互作用和PAHR问题
7	SURTSEY	美国	运行	SURTSEY装置用于LWR严重事故研究。可用于对熔融材料及其相互作用的大型实验。大型密封压力容器,1/10比例,有压力和温度测量

表18-3 用于事故后衰变热排出研究的设施

序号	设施	国家	状态	范围
1	KASOLA	德国	建设	相对于一系列的热工水力实验,该设施的一个关键特点是它的灵活性
2	VERDON	法国	可在SFR条件下运行	用于研究模拟热瞬态下辐照燃料性能和裂变产物释放的堆外装置。在高2700℃的各种大气(He、H₂、蒸汽、空气)下使用感应炉。在线测量裂变产物

(续)

序号	设施	国家	状态	范围
3	MERARG	法国	运行	用于研究辐照燃料性能和模拟热瞬态下裂变气体释放的堆外装置。在2700℃的中性大气中使用感应炉。在线裂变气体释放测量
4	钠中安全衰变热排出回路(SADHANA)	印度	运行	SGDHR回路的热工水力学模拟。这个是1:22比例的模型回路
5	事故后热工水力学(PATH)	印度	运行	用钠进行热工水力模拟。用伍德合金模拟堆芯碎片
6	反应堆装置的安全性研究(SASTRA)	印度	建设	用钠进行热工水力模拟。用伍德合金模拟堆芯碎片
7	AtheNa	日本	建设	建造该设施是为了满足针对严重事故的安全设计政策,包括容器内保留和防止散热系统丧失(LOHRS)和预期无紧急停堆瞬变(ATWS)

表18-4 钠安全设施

序号	设施	国家	范围
1	DIADEMO	法国	含氢检测的SWR研究
2	微型钠火实验(MINA)	印度	该设备用于评估钠燃烧速率、钠气溶胶行为和钠-混凝土相互作用,并对钠灭火系统进行鉴定,验证组合火灾(先雾火后池火)场景和钠火灾程序
3	SOCA	印度	该设施是为了模拟CDA后顶部屏蔽层上的钠火场景而建造的,该设备旨在研究钠离子和二次电缆火灾对DHX管道等重要部件完整性的综合影响
4	SFEF	印度	开展大规模钠池/喷雾钠火实验,研究钠气溶胶行为、钠-混凝土相互作用等,该设备还用于鉴定实际的钠灭火系统和原型泄漏收集托盘
5	钠水反应实验台(SOWART)	印度	研究钠-水反应过程中自损耗和泄漏扩大行为,研究冲击损耗,开发了泄漏检测方法
6	SAPFIRE	日本	试验平台致力于研究钠泄漏事故的后果,如喷雾、柱状、水池型火灾、钠混凝土相互作用、钠结构与化学反应相互作用以及气溶胶行为,试验段,1000m³;0.2MPa,通风量70Nm³/min;10t钠

(续)

序号	设施	国家	范围
7	SWAT-1R	日本	用于研究蒸汽发生器管道破裂引起的水-钠相互作用和双管蒸汽发生器管道的自损耗行为的装置。储罐容积630L，$T_{max}=580℃$，$P_{max}=1.96MPa$
8	SWAT-3R	日本	用于在典型条件下研究蒸汽发生器管破裂传播的设备（大型设备）。15t 钠，$T=555℃$，$P_{max}=1.96MPa$，储罐容积：$10m^3$、$3.1m^3$ 和 $4.8m^3$ 热水器

18.2 与堆芯安全相关的测试设施概述

18.2.1 SCARABEE：法国设施[18.3]

SCARABEE是一个高通量反应堆设施，中心是一个能够容纳一个或七个燃料棒的回路。这些燃料棒是由外部回路提供的液态钠冷却的，该回路模拟了快堆内部普遍存在的燃料棒级热工水力条件，堆芯产生中子，燃料棒再次受到模拟反应堆条件的影响。堆芯由一个池式反应堆组成，池式反应堆中的组件由重量含26%铀的U-A1合金制成的板状燃料组成。这些板被收集成最多包含21个板的组件，其中4个组件仅包含15个这样的板，以便为控制棒和安全棒的堆芯内运动留出空间。堆芯由40个组件和668块板组成，一些外围组件仅部分装载，以调节堆芯反应性，除盐水自下而上循环冷却。堆芯及其结构连同堆内单元一起安装在$105m^3$容器内的大厅中，反应堆的主要设备如图18-1所示，主要涉及驱动器核心、控制棒和安全棒以及堆芯冷却系统。

SCARABEE实验的主要目的是实现以下几个目标：

（1）获得燃料元件失效效应和燃料动力学的主要方面的知识，如燃料棒失效阈值、失效传播和后续事件、熔融燃料的行为以及与液体钠接触的后果；

（2）确定每个阶段检测信号的性质和行为；

（3）开发一个或多个理论模型来描述所涉及的现象，至少达到六角形故障。

SCARABEE程序关于材料运动的结果与SFR事故分析具有高度相关性，原因有三种：

（1）观察到影响模型开发的包壳和燃料运动现象；

（2）熔融包壳钠蒸汽系统的润湿准则或两相摩擦因数乘数等参数，通过对仪器信号的分析和计算进行定量估计；

(3)通过数值预测和实验中及实验后观测结果的比较,验证了计算机程序的正确性。

图 18-1　SCARABEE:法国设施(CEA)

(来源于 Bailly, J. et al., Nucl. Eng. Des., 59, 237, 1980.)

18.2.2　CABRI:法国设施[18.4]

CABRI 是一个试验堆,位于 Cadarache 研究中心,自 1978 年起由法国原子能与替代能源委员会运营,其目的是研究反应性引入事故(RIA)条件下的燃料棒行为。CABRI(图 18-2)是一个开放的池式研究反应堆,由 1488 根富集 6% ^{235}U 的 UO_2 棒组成的一个 80cm 高、60cm 长、60cm 宽的驱动堆芯构成,这些棒是专门设计以支持反应性引入(奥氏体钢包层,大颗粒/包层间隙)。在稳态条件下,堆芯功率由 6 根铪棒控制,最大功率为 25MW。反应堆包括一个实验回路,专门设计用来容纳装有待测燃料棒的仪表化测试装置放置在驱动堆芯的中心。CABRI 设施最初致力于研究快中子增殖反应堆燃料棒在模拟堆芯钠蒸发和控制棒弹出的功率瞬态行为。1978 年至 2001 年间,在 CABRI-1、CABRI-2、CABRI-FAST 和 CABRI-RAFT 四个国际项目的框架下,对 Superphenix 和 Phenix 燃料棒进行了 59 次试验。2001 年,IRSN 和 EDF 在广泛的国际合作下,在经合组织的支持下,在 CABRI 设施中启动了一个国际项目,前两项试验于 2002 年 11 月在钠回路中进行,将两种具有先进包壳的高辐照压水堆 UO_2 燃料(燃耗约 75GWd/t 金属)置于典型的 RIA 功率偏移下,其他试验在水回路中进行,水回路取代钠回路,以模拟代表压水堆标称运行条件(155 bar,300℃)的热工水力条件。法国原子能与替代能源委员会于 2003 年至 2010 年对该设施进行了改造,其中包括拆除钠回路、实施新的高压水回路、对整个设施进行整修和安全审查。

CABRI 实验反应堆最近被先进反应堆试验设施工作组(TAREF)认为是解决偶然和事故条件下辐照燃料行为的最合适设施:燃料安全问题,如燃料熔化裕度和确定燃料棒失效,以及严重事故问题,如导致燃料熔化的各种事故,以及相关的后果和关键事件和能量释放的风险。在完成轻水堆专用安全计划后,该设施在 2020 年用于快堆安全研究的测试。

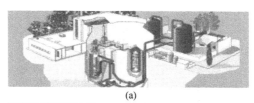

(a)

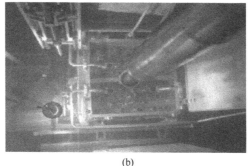

(b)

图 18-2　CABRI:法国设施

(来源于 Blanc, H. et al., The sodium CABRI loop, International Conference on Fast Reactor Safety, Aix-en-Provence, France, 1967.)

(a)CABRI 设施布局;(b)CABRI 开环式反应器。

18.2.3　IGR:哈萨克斯坦设施[18.5]

脉冲石墨反应堆(IGR)是在哈萨克斯坦国家核中心建成的,是世界上最早的研究反应堆之一。脉冲石墨反应堆是一种独特的中子和伽马辐射源,其特点是功率变化的高动态性(图 18-3)。20 世纪 50 年代,反应堆工程的迅猛发展,导致了脉冲反应堆的诞生,以用来研究堆芯在高反应性条件下发生的非稳态物理过程。脉冲石墨反应堆是在尽可能短的时间内建成的,1961 年开始进行脉冲堆动力学的实验研究。1962 年,对包括核喷气推进在内的先进反应堆设施内燃料和结构材料的行为进行研究。主要技术参数为:中子注量最大密度 7×10^{16} n/cm² · s;热中子注量最大密度 3.7×10^{16} n/cm² · s;最小半脉冲宽度 0.12s。

反应堆在稳定模式下以 1 GW 运行,在脉冲模式下以 10 GW 运行。堆芯含有 10kg 的 90% 富集度的燃料(^{235}U)。燃料是由铀石墨块制成的,石墨块放在铀溶液中,铀逐渐被石墨吸收。脉冲石墨反应堆于 1960 年首次投入运行,最初是为研究核反应堆事故而建造的。反应堆设计运行时间约为 1 年,之后将模拟一次重大事故,且在事故中摧毁反应堆。所选择的脉冲石墨堆(IGR)的位置是为了使模拟事故发生在远离任何居民区的地方。然而,在运行的第一年,人们注意到,在模拟小事故时,反应堆的特点是即使是相当大的事故也可以在不破坏反应堆的情况下进行模拟,因此,决定继续运行脉冲石墨反应堆。预计脉冲石墨反应堆将继续运行直到现有燃料的使用寿命结束。此外,反应堆现场储存着 7kg 新燃料。反应堆模拟的事故与很久之前的苏联切尔诺贝利事故非常相似。但由于脉冲石墨堆是一个军事研究反应堆,实验结果是秘密的,没有与民用电力部门共享,直到 1991 年,脉冲石墨堆每年投入运行 120~130 次。自 1991 年以来,实验和测试的数量显著减少。1996 年,脉冲石墨堆投入运行 37 次,在 1997 年的前 8 个月,运行了 20 次。现在大多数实验都与核反应堆安全问题有关,尽管有些工作是在 ITER 项目下进行的。

图 18-3　IGR::哈萨克斯坦设施

(来源于 Ewell, E., International Conference on Nonproliferation Problems,
NISNP trip report, KAZ970900, 1997, pp. 13-14.)

18.2.4　AR-1(IPPE):俄罗斯测试设施[18.6]

AR-1(IPPE)的目标是研究启动、正常运行、瞬态和事故条件下的热工水力过程、流动稳定性以及液态金属冷却剂沸腾模式下的传热特性,其试验装置由两个回路组成:试验钠回路和以钠钾合金为冷却剂的辅助回路。AR-1 试验装置升级的目的是模拟超设计基准事故和燃料组件截面堵塞的设计基准事故条件下钠冷快堆堆芯中可能发生的冷却剂沸腾过程。因此,选择了接近反应堆条件的模拟试验主要参数:钠的速度、钠的温度和从燃料棒模拟器到冷却剂的热流。第一阶段试验包括稳态和非稳态试验,以研究单个试验组件的堆芯和钠腔区域的钠蒸发和冷凝模式。第一个系列的试验计划在单次 FSA 试验中用 7 个燃料棒模拟器进行钠沸腾试验。测量仪器可以在燃料棒模拟器的管束内外(从钠腔到膨胀箱)研究钠沸腾过程。在稳态试验中,钠沸腾模式是通过逐步增加加热器的功率以及随后在每个功率级稳定钠参数来实现的。计划对通过试验组件的钠强制流动模式和钠自然循环模式进行试验。在非稳态试验中,计划对无保护失流(ULOF)瞬态的事故工况进行模拟。对 FSA 横截面堵塞引起的钠沸腾模式的模拟是通过在恒定的加热器功率的基础上,完全停止通过试验组件的冷却剂流量来进行的。试验程序设想调查堆芯上方钠腔高度值对事故瞬态条件的影响程度和具体特征,特别是对钠沸腾模式的行为和参数的影响。第二阶段的试验包括研究在冷却剂自然循环模式下平行通道中钠沸腾的稳定性。设施典型环路的照片视图如图 18-4 所示。

图 18-4　AR-1(IPPE):俄罗斯测试设施

(来源于 Ashurko, I. M. et al. , Activities on experimental substantiation of SFR safety in accidents with sodium boiling, International Conference on Fast Reactors and RelatedFuel Cycles: Safe Technologiesand Sustainable Scenarios (FR13), Paris, France, March 2013.)

18.2.5　TREAT:U. S. DOE [18.7]

快堆燃料(包括燃料包壳和元件盒材料)可能会受到非常强烈的高功率辐射的短时间冲击,对它们在堆芯中的完整性构成威胁。为了模拟这种瞬变过程,

1959年在爱达荷州国家实验室启动TREAT,这是一个带有浸铀石墨块的风冷试验设备。TREAT主要用于测试液态金属反应堆燃料元件,最初用于EBR-II,然后用于快通量测试设备(FFTF)、克林奇河增殖反应堆(CRBRP)、英国原型快堆(PFR),最后用于集成快堆(IFR)。TREAT被用于研究燃料熔毁、金属－水反应、过热燃料和冷却剂之间的相互作用以及高温系统的燃料瞬态行为。其目的是模拟导致燃料损坏的事故条件,包括试样中的熔化或汽化。在其稳态运行模式下,TREAT也用作大型中子成像设备,可以检查长达15英尺的组件。氧化物和金属元件在干的容器和流动钠回路中进行了测试,获得的数据有助于确定燃料在非正常和事故条件下的行为,这是各种反应堆安全分析的必要部分。在其数十年的运行中,TREAT对核燃料和快速高能中子脉冲进行应力测试,模拟事故条件,以便于设计更耐用的燃料,确定性能极限,验证设计规范,并帮助监管机构确定安全极限。TREAT实验反应堆也因其与严重事故问题的相关性(特别是模拟快速功率瞬变)而被列入中期考虑。反应堆于1959年至1994年间运行。在其大约35年的历史中,它被证明是一个安全、可靠和多功能的设施,汇编了成功实验的杰出记录。现在,美国能源部提出了恢复瞬态试验的建议,并正在考虑翻新和运行TREAT。图18-5显示了反应堆的整体照片以及聚焦在堆芯上的照片。

(a) (b)

图18-5 TREAT:美国能源部的试验设施

(来源于Crawford, D. C. et al., Review of experiments and results from the transient reactor test (treat) facility, ANS Winter Meeting, Washington, DC, November 1998.)

(a)TREAT设施;(b)TREAT堆芯。

18.2.6 ACRR:U.S. 设施[18.8]

环形堆芯研究堆(ACRR)在Sandia实验室建成。在环形堆芯研究堆中,各种测试对象可以受到光子和中子混合辐照环境的影响,这种环境要么具有非常快的脉冲速率,要么具有长期的稳态速率。环形堆芯研究堆产生的辐射用于中子散射实验;无损检测,包括中子射线成像、中子活化分析和材料测试;先进反应堆燃料开发和测试;放射性同位素生产;基础辐射效应科学;公众宣传和教育。环形堆芯研究堆具有以下几个特点:一个大的中心腔,其辐射梯度很小(尽管具有高辐射强度的能力),能够高精度地确定每个试验品的实际辐射剂量,以及通过选择合适的相互作用材料来调整中子能谱和减少或增加光子强度的有限能力。虽然 ACRR 主要用于辐射效应的研究,但它在 SFR 异常和/或事故条件下(低初始功率的快速功率瞬态)具有很高的应用潜力。设施的照片视图如图18-6所示。

图 18-6　ACRR:美国设施

(来源于 Walker, J. V. et al., Design and proposed utilization of the SANDIA annular core research reactor (ACRR), Sandia Laboratories, Albuquerque, NM, International Meeting on Fast Reactor Safety Technology, Seattle, WA, August 1979, SAND79-1646C.)

18.3　与熔融燃料-冷却剂相互作用相关的测试设备概述

18.3.1　PLINIUS-VULCANO:法国设施[18.9]

PLINIUS-VULCANO 设施有一个熔炉,可熔化 50~100kg 的原型铜材料,可以用特定的仪器将熔化的堆芯材料倒入试验段。VULCANO 炉采用转移等离子弧技术在旋转圆筒中心线加热,该设施可以将 UO_2-ZrO_2 的大部分组分熔化为某些金属和/或混凝土分解产物的混合物。等离子体发生器的气体是氩气和/或氮气,在某些情况下是铜烟雾,最大可用功率约为 600kW(1000A-600V),也可使用感应加热技术的金属熔化炉向熔体中添加金属,这个熔化炉有在约 22kHz 的射频发射器下熔化 8kg 的能力。设计人员根据放热氧化还原反应的原理,开发了能够熔化某些堆芯成分的热反应技术,并进行了实验,研究了堆芯熔融物在不同表面上的扩展行为以及与基质的瞬态相互作用。高频加热器和设备熔炉部分的照片如图 18-7 所示。

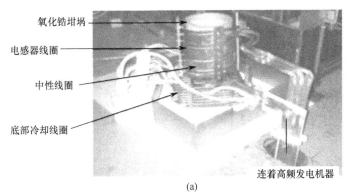

(a)

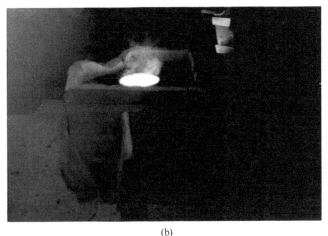

(b)

图 18-7　PLINIUS-VULCANO：法国设施

（来源于 Journeau, C. et al., Oxide-metal corium-concrete interaction test in the VULCANO facility, Paper no. 7328, Proceedings of the ICAPP 2007, Nice, France, 2007.）

(a)高频发电机；(b)熔炉部分设施。

18.3.2　PLINIUS-KROTOS：法国设施[18.10]

PLINIUS-KROTOS 设施是在 JRC-Ispra 建造和使用的,致力于研究与蒸汽爆炸有关的熔融燃料－冷却剂相互作用(FCI),最近移交给了法国原子能与替代能源委员会。该高温熔融堆芯与易挥发的冷却水之间的传热强烈而迅速,传热的时间尺度小于减压的时间尺度,导致冲击波的形成,这种冲击波在穿过混合物时,由于进一步的混合和能量传递而增强。PLINIUS-KROTOS 可熔化约 4.5kg

原型堆芯材料或 1kg 氧化铝,并倒入充水试验段,研究了预混和爆炸阶段,包括四个主要部分:加热炉、传输通道、试验段和 X 射线辐射成像系统。熔炉是一个水冷不锈钢容器,设计为能承受 4MPa 的压力,并配有由钨制成的三相圆柱形加热电阻器。为了避免热损失,加热元件由一系列同心反射器包围,并由钼制成的圆形盖子封闭。PLINIUS-KROTOS 可在惰性气体或真空环境中工作,温度可达 2800℃。X 射线成像系统已在 PLINIUS-KROTOS 上进行了专门开发和组装,以追踪冷却剂中熔融物的破碎情况,从而可以清楚区分三相(水、空穴和熔体)。在 PLINIUS-KROTOS 观测到两次自发的爆炸,熔炉内坩埚的照片如图 18-8 所示。

图 18-8　PLINIUS-KROTOS:法国设施

(来源于 Zabiego, M. et al., The KROTOS KFC and SERENA/KS1 tests:Experimental results and MC3D calculations, Seventh International Conference on Multiphase Flow (ICMF 2010), Tampa, FL, 2010.)

18.3.3　SOFI:印度设施[18.11]

SOFI 的目标是生成数据,以了解各种燃料($U/UO_2/Zr/$钢)、熔融物凝固和破碎、碎片分散/重新定位、堆芯捕集器上的沉降行为,验证用于预测上述现象的数值模型,并最终积累真实的碎片床,以便在 SASTRA 进行事故后余热排出实验研究[18.18]。SOFI 的示意图和前视图如图 18-9 所示。表 18-5 全面提供了钠–燃料相互作用(SOFI)研究、容量增加和其他细节的路线图。

Sofi计划
<1kg(一期); <10kg(二期)以及大约20kg(2014三期)

图 18-9　SOFI：印度设施

(来源于 Das, S. K. et al., Nucl. Eng. Des., 265, 1246, 2013.)

表 18-5　IGCAR-India 会议关于 SOFI 的细节和路线图

设施名称	钠–燃料相互作用(SOFI)设备		
调试	第一阶段,2014 年 1 月	第二阶段,2014 年底	第三阶段,2016 年代中期
研究领域	·获得感应炉、冷坩埚、高温监测、成像系统等方面的成熟知识,为大容量系统交互容器的机械设计建立设计基础压力 ·生成与堆芯捕集器上的各种燃料碎片与牺牲层和钠的相容性相关的数据 ·研制一些特殊合金	·了解熔融燃料-冷却剂的相互作用,特别是与钠中的 UO_2 的相互作用,包括燃料碎片方面,碎片迁移行为和产生的碎片床的形态特征	·较大质量的影结果来自于第二阶段 ·进一步研究了碎片在堆芯捕集器上的扩散特性、多孔碎片床内的传热特性 ·使用 SASTRA 进行 PAHR 研究,生成和积累碎片颗粒模拟场景
功率 电感器	50kW(e) 0~2kHz	200kW(e) 100~200kHz	感应
熔体质量	大约 1kg	大约 10kg	约 20kg
重要操作特性	·几个短时间持续测试 ·便于拆卸、运输和搬运 ·C 型和双色高温计用于温度监测 ·钠内压力传感器 ·高功率 X 射线碎片床成像 ·使用远程操作气动阀组合将熔融浇注到测试段	·C 型和双色高温计用于温度监测 ·钠内压力传感器 ·高功率 X 射线系统碎片床成像 ·使用一组远程操作的气动阀门将熔融浇注到测试段	与第二阶段相同

18.3.4 MELT：日本设施[18.1]

日本原子能委员会(JAEA)的 MELT 设施是为了进行与 CDA 中熔融材料行为相关的堆外实验，用于研究水系统中的熔融燃料－冷却剂相互作用(FCI)和熔融物射流对结构的冲蚀行为。MELT 的主要部分是一个感应加热坩埚，能够产生氧化铝、钢和锡的熔融物，最高温度达到 2300℃，最大容量 20L，感应加热功率为 300kW，还提供了一个小型钠回路，用于进行钠系统中的熔融燃料－冷却剂相互作用实验。X 射线摄像和高速摄像可用于试验段多相瞬态现象的可视化。图 18-10 所示为其工作原理示意图。

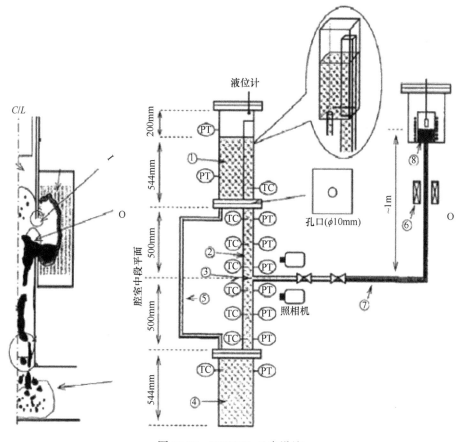

图 18-10　MELT-Ⅱ：日本设施

(来源于 Task Group on Advanced Reactors Experimental Facilities (TAREF), Experimental facilities for sodium fast reactor safety studies, NEA No. 6903, Nuclear Energy Agency, Organization for Economic Co-operation and Development, Paris, France, 2011.)

18.3.5 CAFÉ：U. S. 设施[18.12]

CAFÉ 设施是日本原子能委员会赞助的工作的一部分，在阿贡国家实验室进行。该设施的主要目的是研究铀和铀合金熔体与金属表面接触时的基本流动和冻结行为，包括：①熔融物组成和性质的动态变化；②结构的化学侵蚀/烧蚀；③结构的熔化和熔融物的冻结；④熔融物在新凝固组分上的流动。这适用于了解熔化的燃料包层合金在包层内的流动和冻结，以及通过组件或与前芯结构接触。铀和铀铁共晶熔体是通过感应加热产生的，并允许在开口、倾斜的不锈钢槽内流动。这项研究涉及对铀合金燃料的研究，涉及与铁基(如不锈钢)表面形成低熔点相。设施一部分的照片视图如图 18-11 所示。

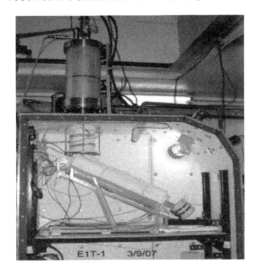

图 18-11　CAFÉ：美国设施

(来源于 Farmer, M. T. et al., U. S. perspective on technology gaps and R&D needs for SFRs, International Workshop on Prevention and Mitigation of Severe Accidents in Sodium-Cooled Fast Reactors, Tsuruga, Japan, 2012.)

18.3.6 MCCI：U. S. 设施[18.13]

在堆芯熔化事故中，尽管采取了严重的事故缓解措施，但如果熔化的堆芯未保留在容器中，堆芯碎片将重新定位到反应堆空腔区域，并与结构混凝土发生相互作用，可能因侵蚀或超压而导致底板失效，这将导致裂变产物释放到环境中。虽然这是一个后期释放事件，但辐射后果可能会非常严重，需要采取有效的缓解策略来防止此类释放。熔融可冷却性和混凝土相互作用(MCCI)项目致力于提

供有关这一严重事故现象的实验数据,并解决两个重要的事故管理问题:

(1)验证扩散在安全壳底部的熔融碎片是否能够通过顶部注水稳定和冷却;

(2)评估熔融物质与安全壳混凝土结构的二维长期相互作用,作为此类相互作用的动力学,对于评估严重事故的后果至关重要。

为了实现这些基本目标,在阿贡国家实验室进行了支持性实验和分析。2003年,第一次与硅质混凝土的熔融-混凝土相互作用试验产生了意想不到的结果(混凝土烧蚀的强烈不对称性)。这些试验为混凝土的轴向和径向烧蚀提供了良好的数据。MCCI一部分的照片视图如图18-12所示。

图18-12 MCCI:美国设施

(来源于Farmer, M. T. et al., A summary of findings from the melt coola-bility and concrete interaction (MCCI) program, Paper 7544, International Congress on Advances in Nuclear Power Plants (ICAPP 07), Nice, France, 2007.)

18.3.7 SURTSEY:U. S. 设施[18.14]

Sandia国家实验室(SNL)的SURTSEY用于模拟核电站(NPP)中的高压熔融物喷射(HPME)事故。这些实验的目的是研究当反应堆冷却剂系统仍处于高压时,反应堆压力容器下封头发生故障时,反应堆腔中的熔融物扩散和由此产生的安全壳负荷,这些现象统称为来自反应堆压力容器的高压熔融物喷射和直接安全壳加热(DCH)。利用Calvert Cliffs核电站压力容器的1/10比例模型对该装置进行了整体效应试验。实验研究了典型事故工况和装置结构下,水、蒸汽和熔融堆芯模拟材料的共同分散对直接安全壳加热负荷的影响。结果表明,大量水的共同注入使直接安全壳加热负荷降低了一小部分。SURTSEY 的照片如图 18-13 所示。

图 18-13　SURTSEY:美国设施

(来源于 Blanchat, T. K. et al., Direct containment heating experiments at low reactor coolant system pressure in the SURTSEY test facility, Washington, DC: Division of Systems Analysis and Regulatory Effectiveness, Office of Nuclear Regulatory Research, U. S. Nuclear Regulatory, NUREG/CR-5746, SAND 99-1634, 1999.)

18.4　与事故余热排出有关的测试设施

18.4.1　KASOLA(KIT):德国设施[18.15]

中子物理与反应堆技术研究所卡尔斯鲁厄钠实验室(KASOLA)是一个用于研究核和非核应用中液态钠的流动现象的多功能实验室,它的关键特点是其在广泛的热工水力实验方面的灵活性。KASOLA(KIT)计划开展以下几项研究:

(1)在有限几何尺度上验证和改进计算流体动力学工具中湍流液态金属传热模型;

(2)开发用于加速器应用的自由表面液态金属靶;

(3)开发描述自由表面液态金属流动的模型;

(4) 研究对流中强制、混合和自由对流模式之间的流动模式的转换；

(5) 流体动力学和系统代码的鉴定，以充分模拟从通道流到集液箱的过渡；

(6) 典型或标度高度下燃料棒束或燃料池配置中流型的热工水力研究。在役检查和修理(ISIR)监测液态金属系统。KASOLA(KIT)正处于调试阶段，图 18-14 描绘了其试验回路的示意图。

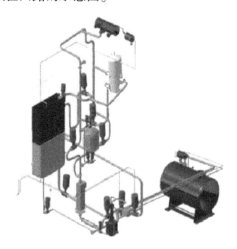

图 18-14　KASOLA（KIT）：德国设施

(来源于 Hering, W. et al., Scientific program of the Karlsruhe sodium facility (KASOLA), Proceedings of the International Conference on Fast Reactors and Related Fuel Cycles: Safe Technologies and Sustainable Scenarios (FR13), Paris, France, March 2013.)

18.4.2　VERDON 实验室：在法国原子能与替代能源委员会的法国设施[18.1]

VERDON 实验室建立在法国原子能与替代能源委员会的 Cadarache 中心，由两个高活性单元(C4 和 C5)和一个手套箱组成。C4 单元主要用于样品接收和在专用伽马能谱仪台上进行测试前/测试后伽马扫描。C5 单元致力于实现具有两个不同实验回路的热工水力测定(一个用于裂变产物(FP)释放研究，另一个用于 FP 释放和输运研究)以及在线伽马能谱测量，为了跟踪炉内燃料样品外的 FP 释放动力学，设置了三个完整的在线伽马能谱测量站。

实验回路主要由炉顶装有气溶胶滤光片的炉组成，滤光片的作用是将所有裂变产物捕获在气溶胶形式下。在回路的末端，提供一个部分填充沸石(浸银)的可充填过滤器，以捕集潜在的碘分子；还提供一个冷凝器，其功能是回收实验气体的蒸汽。在熔炉和冷凝器之间，回路的每个元件在 150℃ ±20% 的温度下加热，以避免任何冷点导致沿着回路的蒸汽冷凝。最后，两个安全过滤器防止任何残留的气溶胶裂变产物从高活性单元中流出,进入手套箱,在手套箱中分析和储存裂变气体和载气。在手套箱中,气体分析可以通过微型气相色谱仪在线进行,也可以通过四个取样小份依次进行。所有气体(在试验过程中注入、产生或释放)都被引导至 $3m^3$ 的储存容器。最后一个小部分是专门从这个容器的气体取样。VERDON 实验室照片视图如图 18-15 所示。

图 18-15　VERDON 实验室:位于 CEA 的法国设施

(来源于 Task Group on Advanced Reactors Experimental Facilities (TAREF), Experimental facilities for sodium fast reactor safety studies, NEA No. 6903, Nuclear Energy Agency, Organization for Economic Co-operation and Development, Paris, France, 2011.)

18.4.3　MERARG:在 CEA 的法国设施[18.1]

MERARG 在法国原子能与替代能源委员会的 Cadarache 中心 LECA-STAR 实验室的专用热室中运行(图 18-16),第一个版本已经可以用于轻水堆燃料。在未来,MERARG 也可以用来鉴定第四代反应堆的燃料,能够在辐照的轻水堆燃料芯块上再现温度瞬态。MERARG 的目标是解决潜在裂变产物(FP)释放的安全问题,通过:

(1) 研究裂变气体释放机制;

(2) 量化事故序列(如压水堆失水事故)下的裂变气体源项;

(3) 测量燃料样品中的裂变气体总存量。

MERARG 的最高温度可达 2800℃,升温速率可从 0.05℃/s 控制到 50℃/s,功率注入大小可按单位时间升温幅度从 50℃/s 控制到 200℃/s,炉内循环气为 Ar、He 和带有铂坩埚加热的空气。裂变气体释放通过在线伽马能谱仪和在线微气相色谱法测量。

图 18-16　MERARG：在 CEA 的法国设施

（来源于 Task Group on Advanced Reactors Experimental Facilities（TAREF），Experimental facilities for sodium fast reactor safety studies，NEA No. 6903，Nuclear Energy Agency，Organization for Economic Co-operation and Development，Paris，France，2011.）

18.4.4　SADHANA：在 IGCAR 的印度设施[18.16]

SADHANA 是在 IGCAR 建立的一个 355kW 容量的钠测试设施，位于第三工程大厅，钠含量为 $3m^3$，用于研究原型快中子增殖实验堆（PFBR）安全级余热排出系统的热工水力特性（图 18-17），包括钠-钠余热交换器（DHX）、钠-空气热

图 18-17　SADHANA：印度设施

（来源于 Padmakumar, G. et al., Prog. Nucl. Energy, 66, 99, 2013.）

交换器(AHX)、含钠池、烟囱和相关管道的试验容器。在0.5MPa下，最高工作温度873K，最大流量5m³/h。在SADHANA，模拟PFBR热池的试验容器中的钠通过浸入式电加热器加热，这种热量通过余热交换器传递给二次钠。由于回路热段和冷段的温差，回路中形成的浮力压头使二次钠在二回路中循环，来自二次钠回路的热量通过空气热交换器排入大气。一个20m高的烟囱产生了通过空气处理装置将热量从二次钠输送到大气所需的气流，这个1:22比例的模型回路是根据Richiardson相似性设计的。

18.4.5　PATH：印度设施[18.17]

PATH的目的是评估事故后余热排出条件下，余热交换器单元浸入热池中时的自然对流，有直径约为3m，装有水，用于容纳必要的内部构件（格栅板、内部容器、堆芯支撑结构、堆芯捕集器、余热交换器等），以及众多用于测量自然对流模式下较高温度（小于80℃）水池中瞬态温度和流量的仪器，还有堆芯捕集板，任何碎片都可以在上面扩散，以模拟碎片床内真实的传热过程。英迪拉甘地原子能研究中心（IGCAR）正使用该方法优化印度未来的钠冷快堆堆芯捕集器设计（见表18-5）。图18-18显示了在典型实验中捕捉到的PATH照片以及两个瞬间的温度映射。

图18-18　PATH：印度的设施
（来源于Gnanadhas, L. et al., Nucl. Eng. Des., 241, 3839, 2011.）

18.4.6　SASTRA：印度设施[18.18]

与 PATH 类似，SASTRA 也是在 IGCAR 建造的，使用了钠池，且具有模拟堆芯组件内的盒间流的功能，计划利用在 SOFI 进行的试验系列中收集的碎片进行试验。使用 SASTRA，将生成数据并用于源项分析（钠池中裂变产物的传输及其保留能力，随后通过顶部屏蔽穿透从覆盖气体传输到外层空间），并于 2015 年 12 月建成。图 18-19 描绘 SASTRA 的建筑视图。

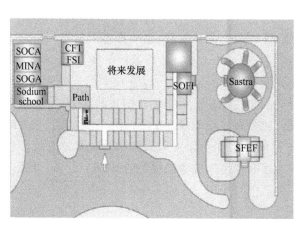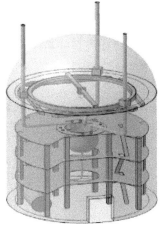

图 18-19　SASTRA：印度设施

（来源于 Chellapandi, P. et al., Overview of molten FCI stud-ies towards SFR development, SERENA/OECD Project Seminar and Associated Meeting, CEA, Cadarache, France, November 2012.）

18.4.7　ATHENA：日本设施[18.19]

ATHENA 是为了满足严重事故措施的安全设计政策，包括堆内滞留和防止 LOHRS 和 ATWS。福岛核事故发生后，LOHRS 受到了更多的关注。ATHENA 还将针对 LOHRS 的解决、替代冷却系统、外部容器冷却和内部容器冷却系统等提出候选措施，需要研究的现象包括反应堆压力容器、外部容器和蒸汽发生器中的传热和热工水力学，以及受损堆芯的局部排热特性，并将有助于确定实际消除 LOHRS 的标准。目前正在计划进行试验，以确定钠冷快堆安全方面的设计措施和设计工具，并在国际上进行开发和验证。ATHENA 规模 130m×62m×55m，总建筑面积 11000m²，钠库存 260t（图 18-20）。

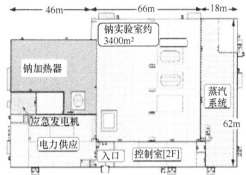

- 尺寸:130m×62m×55m
- 总建筑面积:11000m²
- 钠库存:240t

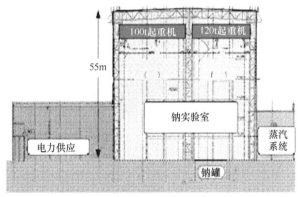

图 18-20 AtheNa:日本设施

(来源于 Ohira, H. and Uto, N., Progress on fast reactor develop-ment in Japan, 46th TWG-FR Annual Meeting, IAEA HQ, Vienna, Austria, May 2013.)

18.5 与钠安全相关的测试设施

18.5.1 DIADEMO:在 CEA 的法国设施[18.20]

DIADEMO 的主要目标是验证创新的钠仪器是否合格,并用于热交换器的热工水力性能评估。法国原子能与替代能源委员会(CEA)的 Cadarache 研究中心对 DIADEMO-Na 回路进行调试,以获取热交换数据,验证设计研究。在回路中可处理的钠总量约为 300m³,共有两个试验段。换热器模型的可用尺寸为 1.2m×0.2m×0.2m,钠流速范围为 0~2m³/h,系统中的钠温度范围为 180~550℃,最大钠压力为 3bar,有一个主动净化系统,其中气体(氮气)温度可达 550℃,最大气体压力为 100bar。图 18-21 显示了试验回路设施部分的照片视图。

图 18-21　DIADEMO：在 CEA 的法国设施

（来源于 Gastaldi, O. et al., Experimental platforms in support of the ASTRID program：Existing and planned facilities at CEA, Proceedings of the Technical Meeting on Existing and Proposed Experimental Facilities for Fast Neutron Systems, Vienna, Austria, 2013.）

18.5.2　MINA：印度钠火研究设施[18.21]

MINA 是一个小型钠实验设施（图 18-22），专门用于研究钠燃烧学在钠消防安全领域的应用，具有一个尺寸为 5.6m×5.4m×4.6m（容积 139m^3）的实验大厅，在 500℃下其设计压力为 4bar，由 16mm 厚的低碳钢制成，这些钢板的外部通过焊接 ISMB 150 加劲肋（如工字钢）以 300mm×300mm 的网格形式进行加固。这些工字钢安装在大厅的所有六个外表面上，大厅的内表面安装有 1.6mm 厚的不锈钢 304L 材料衬垫，并通过定期塞焊将其与低碳钢黏合在一起，实验大厅北侧墙上设有 2.0m×1.5m 的密封门，大厅外设有控制室，实验大厅的南侧设有钠回路，包括必要的储罐、阀门、加热器、相关仪表和覆盖气体系统。MINA 配有两个查看端口，用于查看/拍摄和热成像，使用 K 型热电偶在 25 个位置测量大厅的气体和墙壁温度，并安装应变计式压力传感器测量大厅内的气体压力。MINA 用于评估钠燃烧率、钠气溶胶行为、钠-混凝土相互作用、钠消防系统的合格性，以及对组合火灾（即喷淋后池）场景和钠消防规范的验证。

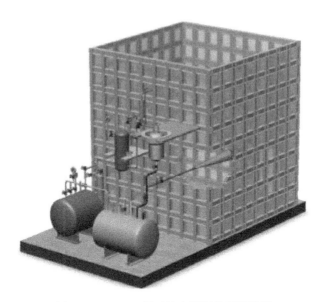

图 18-22 MINA：用于钠火研究的印度设施

（来源于 Ponraju, D. et al., Experimental and numerical simulation of sodium safety in SFR, International Conference on Fast Reactors and Related Fuel Cycles: Safe Technologies and Sustainable Scenarios (FR13), Paris, France, 2013.）

18.5.3 SOCA：印度设施[18.21]

钠火电缆试验设施（SOCA）是为了模拟 CDA 后顶部屏蔽层上方的钠火情况而建造的。SOCA 由三个主要模块组成，即试验室、钠喷射系统和废气处理系统，如图 18-23 所示，是基于封闭条件下极限燃烧的最严重热后果进行设计的，能够承受 10kg 钠雾火的瞬时燃烧，即 10bar 压力和 773K 温度。SOCA 的钠释放系统设计用于模拟堆芯解体事故过程中顶板－大旋转塞环隙的钠喷射，该环隙由钠容器、环形集管和加压用氩系统组成。钠射流是通过一个环形集管产生的，该集管包含沿圆周均匀分布的直径为 1.5mm 的喷嘴。钠释放系统是一个独特的设计，通过多个喷嘴以理想的速率喷射钠。SOCA 提供了一种废气处理系统，由文丘里洗涤器和两个串联的逆流填料床组成，用于在将有害的钠气溶胶和其他有毒气体产品排放到大气中之前将其从废气中去除。废气处理系统的设计最大气体流量为 $0.6m^3/s$，并基于爆破片失效时的严重极限火灾条件。此外，废气处理系统的设计目的是将出口气体中的钠气溶胶浓度降低到 $2mg/m^3$ 的允许限值。SOCA 旨在研究钠和次级电缆火灾对余热交换器（DHX）管道等重要部件完整性的综合影响。

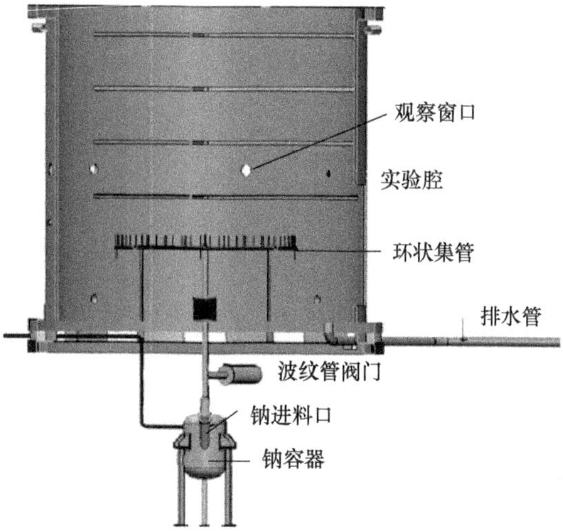

闭式燃料循环的钠冷快堆
Sodium Fast Reactors with Closed Fuel Cycle

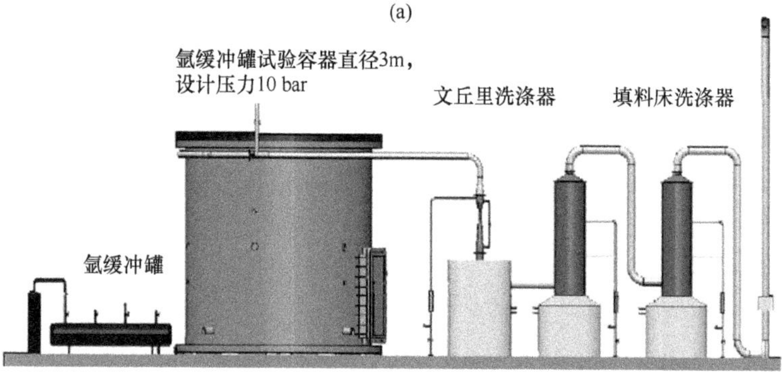

图 18-23 SOCA:印度设施

(来源于 Ponraju, D. et al., Experimental and numerical simulation of sodium safety in SFR, International Conference on Fast Reactors and Related Fuel Cycles: Safe Technologies and Sustainable Scenarios (FR13), Paris, France, 2013.)

(a)试验容器的内部细节;(b)SOCA 测试回路。

18.5.4 SFEF:印度大型钠火研究设施[18.21]

SFEF 由实验大厅、一楼钠设备大厅和二楼控制室组成。实验大厅长 9m,宽 6m,高 10m,容积 540m³,是由 450mm 厚的 RCC 底板、墙壁和天花板组成,设计压力为 50kPa,温度为 65℃,所有四面墙壁和天花板均采用 50mm 厚的隔热层,地板采用 150mm 厚的硅酸钙板隔热层,并为钠管道入口、惰性气体供应、热电偶、摄像、空气和气溶胶取样提供了几个密封的穿墙贯穿件。为了防止腐蚀性侵蚀混凝土,并便于进行试验后彻底清洗,墙内侧完全衬有不锈钢板。人员和材料通过西墙1.8m宽、2.1m高的气密门进入实验大厅。SFEF对设置在原型快中子增殖试验堆(PFBR)钠管道下方的钠泄漏收集盘的性能进行了评估,从而将钠火的危险影响降到最低。SFEF示意图如图18-24所示。

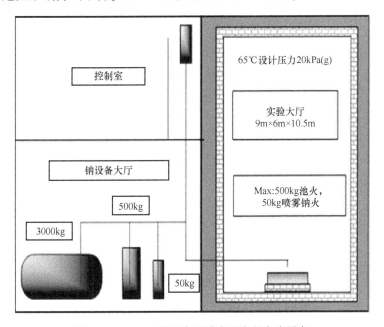

图18-24 SFEF:用于大型钠火研究的印度设备

(来源于Ponraju, D. et al., Experimental and numerical simulation of sodium safety in SFR, International Conference on Fast Reactors and Related Fuel Cycles: Safe Technologies and Sustainable Scenarios (FR13), Paris, France, 2013.)

18.5.5 SOWART:印度设施[18.22]

研究蒸汽发生器的自身损耗和冲击损耗是蒸汽发生器安全运行的必要条件。在SOWART设施中,模拟了蒸汽泄漏,并进行钠-水反应。SOWART位于英迪拉·甘地原子能研究中心(IGCAR)(图18-25),钠库存为10t,由带风冷冷阱的在线净化系统、用于钠循环的电磁泵(扁平线性感应式)、带浸入式加热器的两个加热器容器、蒸汽喷射系统、氢传感器、微泄漏试验段和冲击损耗试验段组成,在0.37MPa压力下,最高工作温度为803K,最大流量为20m³/h,该回路可用于钠-水反应研究以外的钠组分的动态测试。

SOWART旨在研究钠-水反应过程中的自损耗和泄漏放大行为,研究冲击损耗,开发泄漏检测方法,对在10~50mg/s的范围内的不同的蒸汽泄漏率下进行了自耗研究。在SOWART中完成了模型冷阱试验,并通过注入已知量的氢对不同的氢仪表进行校准。

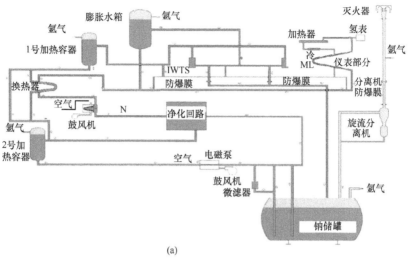

(a)

(b)

图 18-25 SOWART:印度设施
(来源于 Kishore, S. et al., Nucl. Eng. Des., 243, 49, 2012.)
(a)SOWART 回路;(b)SOWART 测试设施。

18.5.6 SAPFIRE:日本设施[18.1]

SAPFIRE 是 1985 年建造的一个大型钠泄漏、火灾和气溶胶测试,试验平台(图 18-26),用于研究钠泄漏事故中的各种现象,如喷雾、柱状和池状火灾、钠－混凝土相互作用、钠－结构与化学反应的相互作用以及气溶胶行为。试验段容积约 100m³,允许压力为 0.2MPa,最大通风量为 70Nm³/min,试验回路钠总量为

10t。SAPFIRE 由三个试验台组成:(两层混凝土单元)、SOLFA-2 和 FRAT-1(小型不锈钢容器)。SOLFA-2 的高度为 10m,直径为 3.4m,内部容积为 200m³。

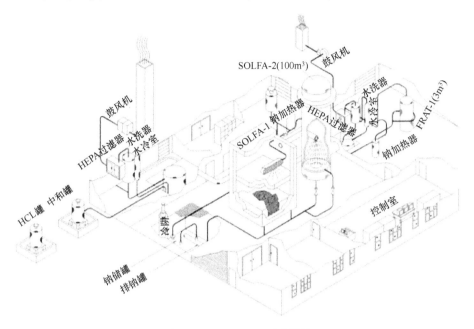

图 18-26　SAPFIRE:日本设施

(来源于 Task Group on Advanced Reactors Experimental Facilities (TAREF), Experimental facilities for sodium fast reactor safety studies, NEA No. 6903, Nuclear Energy Agency, Organization for Economic Co-operation and Development, Paris, France, 2011.)

18.5.7　SWAT-1R/3R:日本设施[18.23]

防止钠冷快堆蒸汽发生器中的钠-水反应事故对维持核电站的可靠性至关重要,但即使在发生泄漏的情况下,在较低阶段抑制泄漏发展也可以减轻对核电站的损害。在过去液态金属快中子增殖反应堆(LMFBR)蒸汽发生器中发生的大多数钠-水反应事件之前,一个相对较小的泄漏,被归类为小泄漏或微泄漏。因此,应了解故障传播,以评估钠-水反应事件中的系统完整性。在日本,失效传播研究始于 20 世纪 60 年代,使用 SWAT 来了解泄漏发展现象。SWAT-1R 是一个专门研究蒸汽发生器管道破裂引起的水-钠相互作用和双管蒸汽发生器管道的自损耗行为的设施(图 18-27),储罐容积为 630L,T_{max} = 580℃,P_{max} = 1.96mPa。SWAT-3R 是一个大型设施,专门用于研究蒸汽发生器管道破裂在典型条件下的传播(图 18-28),含 15t 钠,T = 555℃,P_{max} = 1.96MPa,水箱容积 10m³,热水器容积为 3.1m³ 和 4.8m³ 两种。

(a)   (b)

图 18-27　图 SWAT-1R：日本设施

（来源于 Tanabe, H. and Wachi, E., Review on steam generator tube failure propagation study in Japan, Proceedings of the Specialists Meeting on Steam Generator Failure and Failure Propagation Experience, Aix-en-Provence, France, 1990.）

(a) SWAT-1R 设施回路；(b) SWAT-1R 设施厂房。

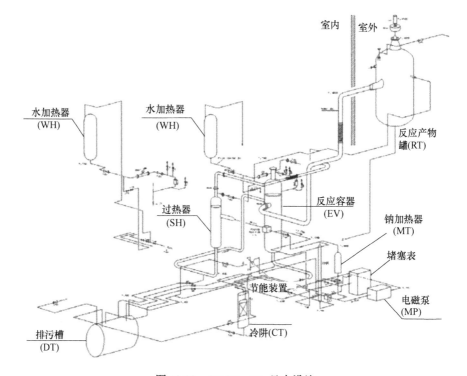

图 18-28　SWAT-3R：日本设施

（来源于 Tanabe, H. and Wachi, E., Review on steam generator tube failure propagation study in Japan, Proceedings of the Specialists Meeting on Steam Generator Failure and Failure Propagation Experience, Aix-en-Provence, France, 1990.）

SWAT 的主要目标是进行管道故障传播研究,以了解泄漏发展行为,并基于通过实验获得的知识开发一种分析方法。最后将此知识应用于实际钠冷快堆的蒸汽发生器,以评估设计基准泄漏(DBL)的保守性。为此,利用 SWAT 进行了相关领域的各种实验研究,并开发了 LEAP 程序。在不同泄漏范围内进行的主要试验研究有:

(1)微泄漏的自损耗试验;
(2)小泄漏的目标损耗试验;
(3)中间泄漏的多管损耗试验;
(4)大泄漏的过热试验;
(5)从小泄漏到大泄漏的连续失效传播试验。

参考文献

[18.1] Task Group on Advanced Reactors Experimental Facilities (TAREF). (2011). Experimental facilities for sodium fast reactor safety studies. NEA No. 6903. Nuclear Energy Agency, Organization for Economic Co-operation and Development, Paris, France, ISBN: 978-92-64-99155-2.

[18.2] IAEA. (2013). Status of innovative fast reactor designs and concepts: A supplement to the IAEA advanced reactors information system (ARIS). Nuclear Power Technology Development Section, Division of Nuclear Power, Department of Nuclear Energy, (TAREF) formed under NEA. http://www.iaea.org/NuclearPower/Downloadable/FR/booklet-fr-2013.pdf.

[18.3] Bailly, J., Tattegrain, A., Saroul, J. (1980). The SCARABEE facility—Its main characteristics and the experimental program. Nucl. Eng. Des., 59, 237-255.

[18.4] Blanc, H., Millot, J. P., Lions, H. (1967). The sodium CABRI loop. International Conference on Fast Reactor Safety, Aix-en-Provence, France.

[18.5] Ewell, E. (1997). International Conference on Nonproliferation Problems, NISNP Trip Report, KAZ970900, pp. 13-14.

[18.6] Ashurko, I. M., Sorokin, A. P., Privezentsev, V. V., Volkov, A. V., Khafizov, R. R., Ivanov, E. F. (2013). Activities on experimental substantiation of SFR safety in accidents with sodium boiling. International Conference on Fast Reactors and Related Fuel Cycles: Safe Technologies and Sustainable Scenarios (FR13), Paris, France, March 2013.

[18.7] Crawford, D. C., Deitrich, L. W., Holtz, R. E., Swanson, R. W., Wright, A. E. (1998). Review of experiments and results from the transient reactor test (treat) facility. ANS Winter Meeting, Washington, DC, November 1998.

[18.8] Walker, J. V. et al. (1979). Design and proposed utilization of the SANDIA annular core research reactor (ACRR), Sandia Laboratories, Albuquerque, NM. International Meeting on Fast Reactor Safety Technology, Seattle, WA, August 1979, SAND79-1646C.

[18.9] Journeau, C., Piluso, P., Haquet, J.-F., Saretta, S., Boccaccio, E., Bonne, J.-M. (2007). Oxide-metal corium-concrete interaction test in the VULCANO facility, Paper no. 7328.

Proceedings of the ICAPP 2007, Nice, France.

[18.10] Zabiego, M., Brayer, C., Grishchenko, D., Dajon, J.-B., Fouquart, P., Bullado, Y., Compagnon, F., Correggio, P., Haquet, J.-F., Piluso, P. (2010). The KROTOS KFC and SERENA/KS1 tests: Experimental results and MC3D calculations. Seventh International Conference on Multiphase Flow (ICMF 2010), Tampa, FL.

[18.11] Das, S. K. et al. (2013). Post accident heat removal: Numerical and experimental simulation, IAEA TM on fast reactor physics and technology. Nucl. Eng. Des., 265, 1246-1254.

[18.12] Farmer, M. T., Olivier, T., Sofu, T. (2012). U.S. perspective on technology gaps and R&D needs for SFRs. International Workshop on Prevention and Mitigation of Severe Accidents in Sodium-Cooled Fast Reactors, Tsuruga, Japan.

[18.13] Farmer, M. T., Lomperski, S., Kilsdonk, D., Aeschlimann, S. R. W., Basu, S. (2007). A summary of findings from the melt coolability and concrete interaction (MCCI) program, Paper 7544. International Congress on Advances in Nuclear Power Plants (ICAPP 2007), Nice, France.

[18.14] Blanchat, T. K., Pilch, M. M., Lee, R. Y., Meyer, L., Petit, M. (1999). Direct containment heating experiments at low reactor coolant system pressure in the SURTSEY test facility, Washington, DC: Division of Systems Analysis and Regulatory Effectiveness, Office of Nuclear Regulatory Research, U. S. Nuclear Regulatory, NUREG/CR-5746, SAND 99-1634.

[18.15] 18.15 Hering, W., Stieglitz, R., Jianu, A., Lux, R., Onea, A. M., Homann, Ch. (2013). Scientific program of the Karlsruhe sodium facility (KASOLA). Proceedings of the International Conference on Fast Reactors and Related Fuel Cycles: Safe Technologies and Sustainable Scenarios (FR13), Paris, France, March 2013.

[18.16] Padmakumar, G. et al. (2013). SADHANA facility for simulation of natural convection in the SGDHR system of PFBR. Prog. Nucl. Energy, 66, 99-107.

[18.17] Gnanadhas, L. et al. (2011). PATH—An experimental facility for natural circulation heat transfer studies related to post accident thermal hydraulics. Nucl. Eng. Des., 241, 3839-3850.

[18.18] Chellapandi, P., Das, S. K., Hemant Rao, E., Harvey, J., Nashine, B. K., Chetal, S. C. (2012). Overview of molten fuel coolant interaction studies towards SFR development. SERENA/OECD Project Seminar and Associated Meeting, CEA, Cadarache, France, November 2012.

[18.19] Ohira, H., Uto, N. (2013). Progress on fast reactor development in Japan. 46th TWG-FR Annual Meeting, IAEA HQ, Vienna, Austria, May 2013.

[18.20] Gastaldi, O. et al. (2013). Experimental platforms in support of the ASTRID program: Existing and planned facilities at CEA. Proceedings of the Technical Meeting on Existing and Proposed Experimental Facilities for Fast Neutron Systems, Vienna, Austria.

[18.21] Ponraju, D. et al. (2013). Experimental and numerical simulation of sodium safety in SFR. International Conference on Fast Reactors and Related Fuel Cycles: Safe Technologies and Sustainable Scenarios (FR13), Paris, France.

[18.22] Kishore, S., Ashok Kumar, A., Chandramouli, S., Nashine, B. K., Rajan, K. K., Kalyanasundaram, P., Chetal, S. C. (2012). An experimental study on impingement wastage of mod 9Cr-1Mo steel due to sodium water reaction. Nucl. Eng. Des., 243, 49-55.

[18.23] Tanabe, H., Wachi, E. (1990). Review on steam generator tube failure propagation study in Japan. Proceedings of the Specialists Meeting on Steam Generator Failure and Failure Propagation Experience, Aix-en-Provence, France.

第19章
反应堆中的安全实验

19.1 引言

在一个特定的反应堆中所包含的大多数安全特性的有效性可以在反应堆本身中得到验证。作为监管要求的一部分,必须进行某些瞬态试验。除此之外,这些反应堆还用于生成数据,以验证初始事件和严重事故情景的数值模拟。施加某些负面的瞬态,停堆系统和余热排出系统的性能已经在几乎所有的试验反应堆中进行了评估。在反应堆中演示非能动安全系统的性能是一项非常困难的工作。反应堆运行期间的非正常瞬态试验是在仔细规划和分析之后进行的。例如,模拟电站长时间停电条件的严重瞬态试验通常在反应堆寿命结束时进行。这类测试在提高设计人员、监管者和公众对反应堆整体安全的信心方面发挥着非常重要的作用。

本章介绍了在 Rapsodie 和 Phenix 反应堆(法国)、快速增殖试验堆(印度)、BOR-60(俄罗斯)、快通量测试设备(FFTF)和实验增殖堆 II(美国)进行的一些重要安全实验,重点介绍了实验目的和重要结果。

19.2 安全实验的重点

19.2.1 Rapsodie

19.2.1.1 自然循环测试

法国为建立 Rapsodie 堆的一回路和二回路的自然循环进行了试验,将功率提高到750kW(t),并随后保持在相同的水平。在反应堆在 22.4 MW(t) 的额定条件下紧急停堆后,还研究了包括空气冷却剂在内的整个装置向自然循环的过渡,模拟了电力供应的总损失。

19.2.1.2 没有紧急停堆的反应堆瞬变

没有紧急停堆的失流事故试验包括一、二回路的泵和三回路风扇的关闭,以及安全棒的未运行,反应堆输出功率达到21.2MW(超过额定值的50%),反应堆入口和出口的平均冷却剂温度分别达到402℃和507℃,这些过程的主要特征如图19-1所示。在这项试验中,最大可裂变子通道温度上升到800℃,而核功率在没有反应堆控制的任何干预下持续下降。计算结果与实验数据的比较表明,堆芯内燃料与燃料元件包壳处于聚结状态,并在加热时随包壳膨胀。关于组件出口冷却剂温度的计算结果与实验结果之间的吻合较好。这些实验证明了反应堆在严重事故条件下的固有稳定行为,包括无保护失流事故(ULOF)情况。

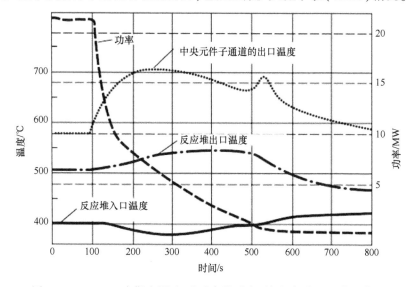

图19-1 Rapsodie寿期末测试:流动事故瞬态无保护损失过程中的特性
(来源于Technical reports on design features and operating experience of experimental fast reactors, International Atomic Energy Agency, Vienna, 2013, No. NP-T-1.9.)

19.2.2 Phenix

Phenix反应堆在成功运行35年后于2009年3月停堆。2009年5月至12月期间,在堆芯中子学、燃料行为学和热工水力学领域进行了一系列寿命终止试验。控制棒拉拔试验就是为了验证欧洲快堆中子学代码系统(ERANOS)在预测由吸收棒在额定功率下的运动引起的局部功率分布时的有效性而进行的一系列试验。在这方面,国际原子能机构(IAEA)发起了一个关于在Phenix寿命终止试验期间进行的控制棒抽出和钠自然循环试验的合作研究项目。来自7个成员国的8个组织参加了基准测试,即美国阿贡国家实验室(ANL)、法国原子能与替代能源委员会(CEA)、印度英迪拉甘地原子能研究中心(IGCAR)、俄罗斯物理和电力工程研究所(IPPE)、法国核辐射保护及核安全研究所(IRSN)、韩国原子能研究所(KAERI)、澳大利亚国际气动系统有限公司(PSI)和日本福井大学。每个组织都进行了计算,并对分析和建议做出了贡献。详细的协调研究项目可以在参考文献[19.2]中找到。

  国际原子能机构(IAEA)向上述合作研究项目的所有参与者提供了这一分析所需的测量结果和几何数据。所考虑的参数包括吸收棒价值、四种堆芯状态的临界值、临界状态下的组件功率偏差或者钠加热相对于参考配置的变化。IGCAR模拟了FARCOB和ERANOS 2.1系统的所有测试配置,并将计算结果与实测值进行了比较[19.3]。在本试验中,通过保持总功率恒定的反应性平衡方法移动了两个主控制棒SCP-1和SCP-4,并探索了相对于参考状态具有畸变径向功率分布的三种临界堆芯状态(步骤1~3)(图19-2),结果发现,第2步的功率分布失真最大。临界状态预测的准确性与中子截面、堆芯几何模型和计算方法的误差密切相关。这两个程序系统都使用三维中子扩散理论进行临界性计算(ERANOS有33组,FARCOB有26组),结果表明,这两个程序都能预测四种临界堆芯的临界性。因此,这项基准测试为FARCOB代码系统针对Phenix反应堆的临界性、吸收棒价值和径向功率分布提供了实验验证,计算结果与实验值接近。

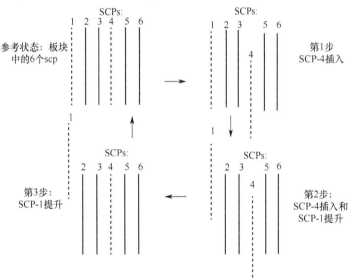

图19-2 Phenix的控制棒拔出寿命结束试验原理图

(来源于Vasile, A. et al., IAEA Coordinated Research Project (CRP) on control rod withdrawal and sodium natural circulation tests performed during the PHENIX end-of-life experiments, IAEA, Vienna, Austria, September 2008.)

19.2.3 FBTR 中的自然对流试验

快中子增殖试验反应堆(FBTR)是一个环路式反应堆,像池式反应堆一样,没有任何专用的安全级余热排出系统。快中子增殖试验反应堆的蒸汽发生器安装在一个公共绝缘外壳内。机壳底部设有活板门,顶部设有烟囱。正常运行期间,活板门关闭,当需要通过自然对流排出余热时,活板门打开。因此,进入套管的环境空气吸收了蒸汽发生器外壳以及套管壁的热量,并通过烟囱排出,从而增强了浮力引起的气流。为了验证二次钠回路中自然对流的发展和蒸汽发生器套管的有效散热,在快中子增殖试验反应堆中进行了自然对流试验。

决定模拟 180kW 的余热功率。这相当于反应堆额定运行热功率的 2%,即 10MW(t)。余热功率由正常裂变热模拟,因此,一次钠泵在强制流下运行,导致一次钠泵失效。另外,二次钠泵跳闸,气 – 水系统被隔离,蒸汽发生器外壳的活板门打开,部分热量损失也来自二次钠的长管道。图 19-3 描述了东西回路测量的二回路流动,由图可见,二回路流在几分钟内降到最低,然后在浮力的控制下上升。为了在快中子增殖试验反应堆电厂动态程序 DYNAM 中模拟这一事件,将程序中的蒸汽发生器模块替换为管道热模型,以考虑空气自然对流的散热。由该模型预测的东西二回路流动包括在图 19-3 中。可以看出,在试验中观察到的二次侧钠流量在 15 ~ 75min 之间停滞,而在预测中,二次钠流量几乎均匀上升,这是因为管道中的热分层产生的,在一维程序中没有有效地建模,尽管如此,最终的结果是非常接近的。该试验为通过活板门的空气自然循环安全排出衰变热以及利用本程序进行自然对流评估提供了信心。

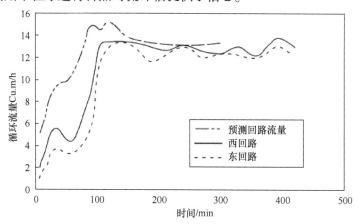

图 19-3 在 180kW(t) 自然对流实验中,在快中子增殖试验堆中的二次钠流
(来源于 Vaidyanathan, G. et al., Ann. Nucl. Energy, 37(4), 450, 2010.)

19.2.4　BOR-60

为了验证反应堆的安全性,进行了三种试验:①将气体引入堆芯;②钠沸腾;③实验燃料组件中的流动堵塞。

试验证明了稳健的动态和热工水力特性,从而存在固有的安全特性。在钠沸腾试验中,主泵跳闸,所有反应堆紧急停堆参数被抑制,燃料包壳的温度仅在短时间内超过1000℃(图19-4)。在流动阻塞试验中,主要使用了在堆芯内第五排一个装有仪器的单元,在其中一个实验中,沿着堆芯的高度在不同的部分连续引入气体,测量和研究了中子和温度传感器的信号以及信号中的噪声。通过测量燃料组件出口处三个点的温度,观察到由于引入气体而引起的温度分布偏差,偏差是通过燃料组件单元的流量的重新分配造成的(图19-5)。用热电偶测定了不同含气量燃料组件第一排燃料元件包壳温度的变化,具体来说,对于在97℃和16%气体含量下加热的钠,包层温度仅升高15℃,证明表面没有明显的干涸。在涉及气体(蒸汽)喷射的三个系列试验中,前两个系列监测模拟燃料棒中燃料柱上方蒸汽气泡冷凝时的沸腾,同时监测燃料组件封头上方的沸腾,以关联燃料组件整个体积的沸腾。实验中使用了声学和温度传感器,通过不断增加反应堆功率达到沸腾。沸腾的起始点很容易从温度噪声、中子通量噪声、声噪声以及反应性平衡的计算中确定。在沸腾开始时测量燃料组件顶部的平均温度,结果表明在热电偶的位置没有明显的冷却剂加热。信号分析表明,沸腾噪声是非平稳的。沸腾开始时有几个脉冲信号,持续时间长达1ms,在数十毫秒内几乎连续地相互跟随,并合并成持续时间为十分之几秒的连续噪声信号。在稳定沸腾状态下,观察到的脉冲间隔为10~20ms,与爆炸前一样。浸没传感器记录的脉冲信号比背景高出约20 dB。在沸腾位置上方,距离此位置约0.5m处的声学传感器同样成功地检测到头部蒸汽排放的爆裂。然而,当气泡在组件内部塌陷时,使用远程声学传感器很难观察到沸腾。在沸腾中子噪声谱中发现了频率为1Hz和6Hz的周期性成分,这些分量与温度噪声和声学噪声包络有很好的相关性。在第三系列实验中,模拟了钠流的热工水力特性,模拟结果与实际燃料组件在燃料束入口部分堵塞时的热工水力特性接近。利用一种特殊的探头测量参数,可以测量装配头内部和出口窗口上方的温度以及中子通量密度。在功率高达14.8MW的情况下,沸腾的开始伴随着15~20Hz范围内高频成分的增加。在20.7MW时,低频范围(高达2Hz)的噪声增加了10倍,在0.9Hz和1.4Hz出现峰值,在10~20Hz频谱振幅有所减小。当小气泡开始形成和溃灭时,频谱的高频成分是局部沸腾的特征。

一些试验中,在堆芯中引入了特殊装置来研究燃料元件在有流量调节器的紧急情况下的行为。在短时间内冷却剂流量突然下降的演示实验表明,钠温升高达 1000℃,燃料元件包壳在该回路中熔化。在本实验中,即使是回路的内部外壳熔化,钠填充了隔热气体间隙,温度也自动下降。因此,该实验证明了堆芯中所有安全功能都能迅速发挥作用。

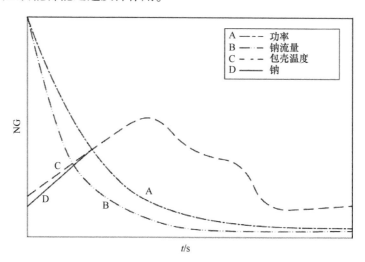

图 19-4　无保护损失流动模拟下 BOR-60 堆芯的瞬态发展
(这里展示了一个趋势线。具体请见参考文献[19.5])
(来源于 Gadzhiev, G. I. et al., Atom. Energy, 91(5), 913, 2001.)

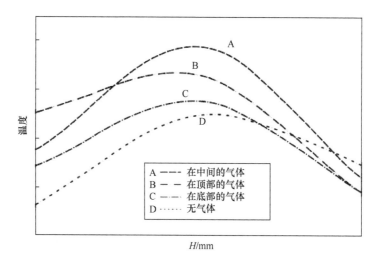

图 19-5　在向 BOR-60 堆芯注入气体时整个堆芯的温度分布
(这里展示了一条趋势线。具体请见参考文献[19.5])
(来源于 Gadzhiev, G. I. et al., Atom. Energy, 91(5), 913, 2001.)

19.2.5 快中子通量测试设备

快通量测试设备(FFTF)没有单独的备用排热系统。因此,1980年进行了专门的试验,以确定反应堆具有足够的自然对流排热能力,并确保安全分析报告中确定的所有事故的堆芯冷却。除此之外,1986年7月进行的一系列试验表明,改进的FFTF堆芯具有一定程度的被动安全性。该试验系列的最后一项实验是,在反应堆以50%功率运行的情况下,所有的冷却剂泵都被关闭,以评估堆芯对模拟泵电力损失的响应。这些试验在反应堆没有紧急停堆的情况下进行,也没有任何操作人员的干预。为了进行试验,堆芯外部的9个因科镍合金反射器被气体膨胀模块(GEM)替换。气体膨胀模块本质上是一种倒置的试管,顶部压缩有氩气。当泵运行并提供全流量时,钠柱保持在管底部,钠柱保持氩压缩在管顶部,用作中子反射器。当泵停止时,如在失流试验期间,压力下降,氩气膨胀,钠被向下排出管外,这有效地去除了反射器,允许更多的中子从堆芯逸出,增加了负反应性,从而导致反应堆停堆。需要如此大的负反应性插入,以确保在失去流动条件时安全停堆,这主要是因为需要使用氧化物燃料,以快速降低功率和冷却剂温度,防止钠沸腾。更多细节,请读者参阅参考文献[19.6]。

19.2.6 EBR-II

美国于1986年4月对EBR-II反应堆进行了最严格的安全试验,证明金属燃料的钠冷快堆(SFR)可以安全地应对无保护失流事故(ULOFA)。在不同停泵时间下;通过控制泵速、300s和100s的停泵时间,以及在辅助电磁钠泵关闭的情况下,进行了满功率下的ULOFA模拟实验。EBR-II泵系统惯性小,导致快速滑行。因此,决定使用泵和电机-发电机组中的储能,并通过连接电机和发电机的磁力离合器来控制滑行。峰值温度的比较表明,主泵的停转时间对燃料元件包壳和反应堆冷却剂温度值产生决定性影响(图19-6)。

在满功率下进行了与无保护散热损失(ULOHS)有关的实验。反应堆出口的温度降低,而入口的温度升高。由于实验证实了快堆的安全特性是固有的,因此进行了设计工作,旨在最大限度地创造有利于利用内在因素的条件。众所周知,反应堆入口温度的升高和相关的反应堆冷却剂温度的升高伴随着堆芯直径的热膨胀、栅格组件从中心向外弯曲以及控制棒传输杆的伸长,从而导致负反应性的引入。

自然对流试验是在反应堆入口温度为351℃(正常值为371℃)的情况下进行的,初始反应堆功率和流量设定为各自满功率值的28.5%和32.1%。绕过二次泵跳闸回路,以便在一次强制流量损失后继续二次中间热交换器(IHX)冷却。试验是在主泵失去电源的情况下开始的,这导致泵的滑行和反应堆在1.8s时紧急停堆。其中一个主泵在36.5s内达到零转速,另一个在42.5s内达到零转速。该试验由核电厂动力学程序 NATDEMO[19.9]模拟,预测值与实测值的比较如图19-7所示。可以看到,泵跳闸后,堆芯顶部冷却剂温度立即升高。在1.8s时,由于反应堆紧急停堆,温度迅速下降。由于功率大幅快速下降,一次流量下降相对较慢,堆芯短期内过冷。然而,这种情况很快就会逆转,因为冷却剂流速持续下降,中子和衰变功率下降相对较慢,导致冷却剂温度逐渐升高。随着对流的发展,温度的升高是相反的,大约在55s出现410℃的峰值,此后继续缓慢单调下降。冷却剂动态热响应的实测值与计算值吻合较好。温度水平的微小差异可以通过测量和建模组件的不同初始功率流量比和热容来解释。

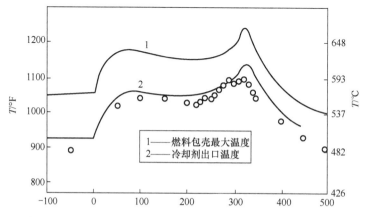

图 19-6　EBR-II 反应堆在流动事故瞬态无保护损失过程中的特性
(来源于 Lahm, C. E. et al., Nucl. Eng. Des., 101, 25, 1987.)

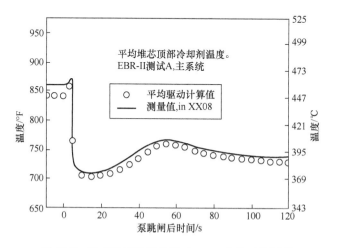

图 19-7　堆芯出口温度发展:EBR-II 自然对流试验

这些试验和支持性分析得出的重要结论如下。

(1) 在钠冷快堆紧急情况下,自然循环流是一种可靠的余热排出方法。

(2) 在事先了解系统的水力、热力和中子特性的情况下,可预测此类事件的电厂参数。

(3) 预测堆芯内部的详细温度分布,特别是局部热通道温升,需要使用多通道堆芯模型,该模型考虑了流量再分配和组件间传热。

19.3 小　　结

在 BOR-60、FFTF、EBR-Ⅱ、Rapsodie、FBTR 和 Phenix 等试验堆中进行的各种堆内和寿命终止安全试验清楚地证明了在相对较长的电站停电条件下,在无保护失流、钠沸腾、组件堵塞等情况下钠冷快堆的安全性,余热排出系统的自然对流能力也得到了证实,特别是实现了金属堆芯固有安全特性的作用。在这些安全实验中生成的数据甚至现在也被用来验证执行安全分析的计算机代码。

参考文献

[19.1] Technical reports on design features and operating experience of experimental fast reactors, International atomic energy agency, Vienna, 2013. No. NP-T-1.9.

[19.2] Vasile, A. et al. (2008). IAEA Coordinated Research Project (CRP) on control rod withdrawal and sodium natural circulation tests performed during the PHENIX end-of-life experiments. IAEA, Vienna, Austria, September 2008.

[19.3] Devan, K., Alagan, M., Bachchan, A., Mohanakrishnan, P., Chellapandi, P., Chetal, S. C. (2012). A comparative study of FARCOB and ERANOS-2.1 neutronics codes in predicting the Phenix control rod withdrawal end-of-life experimental results. Nucl. Eng. Des., 245, 89-98.

[19.4] Vaidyanathan, G. et al. (2010). Dynamic model of fast breeder test reactor. Ann. Nucl. Energy, 37(4), 450-462.

[19.5] Gadzhiev, G. I., Efimov, V. N., Zhemkov, Yu. I., Korol'kov, A. S., Polyakov, V. I., Shtynda, Yu. E., Revyakin, Yu. L. (2001). Some experimental work performed on the BOR-60 reactor. Atom. Energy, 91(5), 913-922.

[19.6] Wootan, D. W., Butner, R. S., Omberg, R. P., Makenas, B. J., Nielsen, D. L. OSTI ID: 1012521. Trans. Am. Nucl. Soc., 102 (1), 556-557. http://www.osti.gov/scitech/biblio/1012521.

[19.7] Lahm, C. E., Koenig, J. F., Betten, P. R., Bottcher, J. H., Lehto, W. K., Seidel, B. R. (1987). EBR-Ⅱ driver fuel qualification for loss-of-flow and loss-of-heat-sink tests without scram. Nucl. Eng. Des., 101, 25-34.

[19.8] Planchon, H. P., Sackett, J. I., Golden, G. H., Sevy, R. H. (1987). Implications of the EBR-II inherent safety demonstration test. Nucl. Eng. Des., 101, 75-90.

[19.9] Singer, R. M., Gillette, J. L., Mohr, D., Tokar, J. V., Sullivan, J. E., Dean, E. M. (1980). Response of EBR-II to a complete loss of primary forced flow during power operation. Specialists' Meeting on Decay Heat Removal and Natural Convection in FBR's, Brookhaven National Laboratory Upton, Long Island, NY, February 1980.

第 20 章
严重事故管理

20.1 引 言

在严重事故发展过程中采取的一系列措施和行动称为严重事故管理(SAM),其目标是制定防止堆芯严重损坏的措施,一旦堆芯损坏开始,立即终止损坏的进程,实现反应堆堆芯或堆芯熔融物的稳定和受控状态,以保持安全壳的完整性,最大限度地减少现场和场外放射性释放,并将核电站恢复到受控安全状态。严重事故管理应涵盖核电厂运行的所有状态以及选定的外部事件,如火灾、洪水、地震和可能损坏核电厂重要部分的极端天气条件。目前的趋势是尽可能对现有反应堆和新设计的反应堆实施某些不断发展的安全标准。新的钠冷快堆(SFR)核电厂应配备严重事故管理专用系统,以实现其安全目标。

在严重事故管理下采取的大多数行动和措施对所有类型的核反应堆都是通用的,本章中不再重复。此外,有许多关于这一主题的出版物,请读者查阅。关于钠冷快堆,目前只有少数反应堆在运行,一些新的设计正在发展(例如第四代反应堆)。在本章中,主要重点是让读者了解在文献中发布的有关一个或两个现有钠冷快堆的与严重事故管理相关的活动,以及考虑纳入新设计的设计特征。

在本章中,重点介绍了在原型快中子增殖试验堆(PFBR)中计划的严重事故管理措施,进行了具体详细的分析:①评估少数选定设计扩展工况的后果;②估计假定设计扩展工况下安全相关系统完整性的附加安全裕度。最后,提出了新设计中考虑的某些设计特征。然而,本章仅对技术方面进行了说明,其他的管理和监管问题没有在这里阐述,因为它们对任何类型的反应堆都是通用的。

20.2 设计扩展工况的后果分析:PFBR 案例研究

本案例研究有助于读者对原型快中子增殖试验堆(PFBR)(现有的钠冷快

堆代表)的各种设计扩展工况的结果有一个定量的了解。

20.2.1 针对堆芯解体事故的主安全壳能力

PFBR 研究人员通过假设极端悲观的严重事故情景,估算了 CDA 下的能量释放,从而了解了机械能的释放,第 21 章解释了这种方法的基础。然而,在分析原型快中子增殖试验堆的机械后果时,考虑了机械能释放量为 100MJ 的堆芯解体事故,对于这种能量释放,主要安全壳(包括主容器(MV)、顶部屏蔽、安全级余热排出系统(SGDHRS)和反应堆安全壳建筑物(RCB))的结构完整性得到了保证。堆芯捕集器设计用于承受堆芯解体事故过程中产生的瞬态压力以及随后堆芯熔融物的自重。通过数值模拟和实验研究,确定了热池中余热交换器(DHX)的冷却性能。通过按比例缩小的实验,确定了由于燃料的熔化而在栅板上产生的贯穿孔的事故后排热路径。利用这种射孔路径进行的热工水力学研究还表明,沉积在堆芯捕集器上的堆芯熔融物可以在不影响主容器完整性的情况下长期冷却。此外,还进行了更高能量释放(500MJ[20.1])的分析,结果表明,决定极限值的关键问题是由于主容器膨胀(大的永久变形)引起的钠水平下降到一定程度,从而导致余热交换器的冷却能力不足。深入了解所有相关现象(熔融燃料-冷却剂相互作用、堆芯熔融物在堆芯捕集器上的沉降行为、传热特性等)以及为开发计算机程序生成数据的实验活动是这一领域的高度优先活动。详情见参考文献[20.1]。

20.2.2 SSE 以外的反应堆组件的抗震能力裕度

对于原型快中子增殖试验堆(PFBR),设计基准地震(安全停堆地震(SSE))的地面加速度峰值为 0.156g,基于确定论方法推导了原型快中子增殖试验堆场地相关设计基准地震动参数,并通过概率地震危险性评价进行了验证。反应堆系统、部件和设备的设计已通过 0.156g 设计基准地震的鉴定,所有这些的设计标准均符合 w.r.t. 功能极限、主应力极限、屈曲安全系数、堆芯、停堆系统和主泵的功能性能要求。此外,根据地震分析和振动台试验的结果,对安全裕度进行了量化。典型分析表明,反应堆组件部件能够承受最大地面加速度最高可达设计基准峰值地面加速度的 1.41 倍,这意味着 PFBR 能够承受峰值地面加速度为 0.22g(0.156×1.41)的地震,而不违反任何设计基准安全限值。如果发生大地震,引发反应堆紧急停堆,堆芯产生的衰变热将由安全级余热排出系统(SGDHRS)排出,故此,这些回路的结构完整性在地震荷载下得到保证,并根据一级管道系统的设计规则进行质量评定,在裕度不足的情况下,通过添加额外的减震器/地震抑制器,确保管道有充分的裕度。在此基础上,根据已批准的设计方法,分析了核岛连接建筑(NICB)的安全裕度,特别是钢筋混凝土结构在安全停堆地震荷载作用下的安全裕度。通过施加核岛连接建筑的总静载和基底剪力,对核岛连接建筑的平均安全裕度范围进行了评估,发现在安全停堆地震荷载上有 1.35 的附加裕度。更多细节见参考文献[20.2]。

20.2.3　主容器和安全压力容器的连续泄漏

在主容器泄漏事件(设计基准事件之一)期间,选择主容器(MV)与安全容器(SV)间隙,以便充分覆盖中间热交换器(IHX)入口窗口和余热交换器(DHX)入口窗口。因此,在主容器泄漏条件下,衰变热排出是可能的,同时,保证了主容器和安全容器在地震作用下的完整性。在这种情况下,主容器泄漏的钠占据了容器间的空间,产生巨大的动态压力,对主容器和安全容器都造成了很大的威胁[20.3]。假设随后的钠泄漏也发生在安全容器中,这种情况得到了进一步的扩展,在这种情况下,中间热交换器和余热交换器的入口窗口被打开,衰变热通过生物屏蔽冷却系统输送氮气或通过氮气加压从安全容器中将钠推回排出。

印度针对 PFBR 提出了一种将钠从二回路转移到主容器的方案,以补偿原型快中子增殖试验堆(PFBR)在主容器中钠的下降。根据该方案,二回路钠首先排入二级钠储罐(SSST)。冷阱和中间热交换器中的钠仍然存在,除去这些钠,剩余的钠在循环排出后留在储槽中。在 205t 钠中,约 144t 可通过以下系统顺序转移至主容器,先通过电磁泵将钠从二级钠储罐转移至钠转运罐,然后通过初始充钠回路和电磁泵将钠从钠转运罐转移至氩气缓冲罐,最后从通过一次钠充放回路将钠从氩气缓冲罐转移到主容器。如果主容器钠泄漏,反应堆将处于停堆状态,钠温度将保持在 200℃ 左右。如果主容器和安全容器的钠都泄漏,钠将进入反应堆穹顶。由于反应堆穹顶内衬碳钢,并用氮气惰化,因此不存在钠火的问题。然而,反应堆穹顶温度可能会升高,因此,必须确保反应堆穹顶混凝土的完整性。更多细节见参考文献[20.4]。

20.2.4　安全级余热排出系统回路的多重故障

在核电厂长时间全厂断电(SBO)后,衰变热通过冗余、分散的非能动余热排出系统(SGDHR)排出。除了打开空气热交换器(AHX)的风门,操作这些系统不需要外部电源。共有四个余热排出系统回路可用,其中三个回路足以满足所有设计基准事件(DBE)。作为假设的设计扩展事件,考虑余热排出系统回路的多个故障。详细分析表明,即使出现双重故障(四个回路中只有两个可用),热钠池温度也不会超过 923K(650℃),并且在 1 h 内开始降低。还可以看出,即使核电厂长时间全厂断电与主容器泄漏同时发生,两个余热排出系统回路可将热池温度保持在 923K(650℃)以下。因此,即使在核电厂长时间全厂断电期间两个余热排出系统回路发生故障,并伴有主容器泄漏,也满足 4 类设计安全限值(DSL)。因此,至少有两个余热排出系统电路在 7h 内是必需的,超过 7h,一个回路就足够了。更多细节见参考文献[20.5]。

20.2.5 钠凝固的研究

当堆芯只有衰变热时,必须确保钠不会在长时间的核电厂全厂断电事件中凝固。为了避免钠凝固的风险,必须在反应堆停堆后对钠进行控制冷却。在长时间核电厂全厂断电的情况下,安全级衰变排热系统是主要的散热途径之一。该系统必须经过适当的设计以控制排热,为此,研究了两种不同的安全级衰变排热系统运行策略:

(1) 四种空气热交换器阻尼器的控制操作;
(2) 相继关闭空气热交换器阻尼器。

在这两种方案中,图 20-1 所示的顺序关闭空气热交换器阻尼器(从而逐渐降低排热速率)的后一种策略被认为是最佳策略,因为所需的阻尼器操作次数是最小的。采用这种策略,即使在完全停电的情况下,只要有可用的电池电源和气动电源,每个阻尼器都可以运行 2~3 次,并且衰变热排出操作可以持续 10 天以上,不会有钠凝固的危险,结果见参考文献[20.6]。

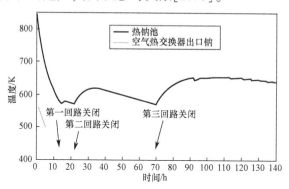

图 20-1 安全级衰变热排出回路在长时间厂区停电时避免钠凝固的操作策略

20.2.6 反应堆堆坑冷却和顶部屏蔽冷却系统

PFBR 研究人员针对冷却损失情况下确定了由专用水冷系统冷却的反应堆穹顶和由专用空冷系统冷却的顶板的温度变化。所考虑的情况如下:在核电厂长时间全厂断电之后,反应堆停堆,衰变热由三个安全级衰变热排出系统回路排出,该回路将在电厂长时间全厂断电后的半小时内投入运行。反应堆穹顶和顶部屏蔽的冷却系统不可用,温度变化已确定[20.7]。对于反应堆穹顶,稳态运行时的温度限值为65℃,安全级衰变热排出系统运行时的温度限值为70℃,核电厂长时间全厂断电条件下的温度限值为177℃。可以看出,10天后,内穹顶的最高温度为80℃,而外穹顶的最高温度为46℃。如果核电厂长时间全厂断电延长超过10天,则存在混凝土温度超过允许极限的风险。因此,在200℃和150℃的热池温度下进行了稳态分析,200℃钠温度下穹顶的最高温度为98℃,150℃钠温度下穹顶的最高温度为76℃。对于顶部屏蔽,温度限值如下:插头密封温度不大于150℃,屏蔽混凝土温度不大于200℃(根据试验数据)。可见,密封件的温度与顶板的温度相同,10天后达到最大值140℃,屏蔽混凝土的最高温度仅为180℃[20.8]。

20.2.7 新燃料和乏燃料组件储存间的完整性

新燃料和乏燃料贮存间及其部件均为安全停堆地震(SSE)设计,且设计中存在足够的裕度,以承受安全停堆地震。在延长的核电厂长时间全厂断电条件下,乏燃料组件储存间(SSSB)的水温升高,对新组件储存间(FSSB)没有影响。正常/全堆芯卸载条件下,池水温度分别在8天/40.5 h后,达到65℃,这足以从补给水箱/消防栓加水。水位下降小于1m,满足不大于10 μSv/h的正常屏蔽要求。除此之外,还进行了分析,以验证在安全停堆地震以外的严重地震下容器之间的最小间距及其对有效增殖因数的影响,以验证临界安全裕度。如果消防栓水不足以满足要求,则计划使用柴油驱动泵抽水的备用井补充至乏燃料组件储存间进行长期冷却。在延长的电厂长时间全厂断电条件下,对水池水温和水位进行监测。详情见参考文献[20.9]。

20.2.8 超出设计基准的洪水水位

考虑到严重的飓风和海啸条件,得出了设计基准洪水水位(DBFL)。核岛连接建筑(NICB)的地面基准面(FGL)是根据千年一遇的设计基准洪水水位确定的,因为它包含了安全相关结构。然而,动力岛的设计基准洪水水位基于100年重现期。在2004年的海啸中,最高海平面高出平均海平面4.714m,然而,这一水平低于核岛和动力岛的设计基准洪水水位,因此,在未来发生类似规模的海啸时,该地点是安全的。此外,由于海岸保护措施,在涨潮、潜在海啸和海侧反射波共同作用下,假设的最严重海啸产生的保守估计值为平均海平面以上7.33m。现在,人们考虑沿原型快中子增殖试验堆(PFBR)的整个延伸海啸堤岸,以覆盖安全相关结构,从而实现更高的安全裕度,见参考文献[20.10]。

20.2.9 应对由海啸引起的全厂断电的措施:日本方法

参考文献[20.11]清楚地说明了日本为确保反应堆在海啸后的核电厂全厂断电(SBO)条件下的安全而采取的各种措施,图20-2示意性地说明了这些措施。

闭式燃料循环的钠冷快堆
Sodium Fast Reactors with Closed Fuel Cycle

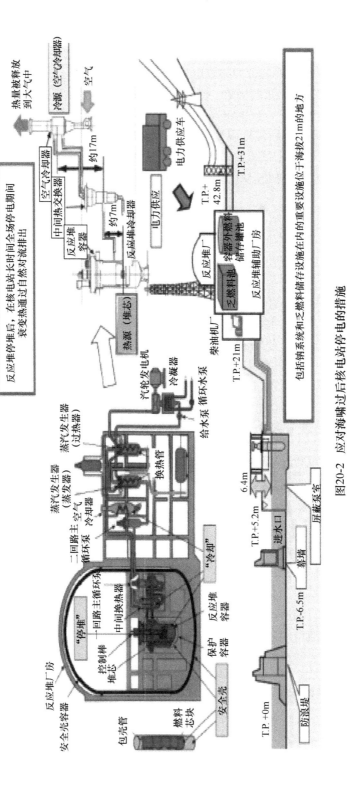

图20-2 应对海啸过后核电站停电的措施

(来源于Nakai., Safety implication for Gen-IV SFR based on the lesson learned from the Fukushima Dai-ichi NPPs accident, Japan Atomic Energy Agency, Proceeding of the JAEA-IAEA International Workshop on Prevention and Mitigation of Severe Accidents in Sodium-cooled Fast Reactors, Tsuruge, Japan, June 2012.)

20.3 改进的未来快堆安全特性[20.12]

20.3.1 限制堆芯损毁的最终停堆系统

在停堆系统中引入了一些创新措施,以减轻堆芯损坏的程度,从而防止主停堆系统和辅助停堆系统在需要紧急停堆的关键时刻无法投入运行。其中一个特点是引入了最终停堆系统,这种系统将在不需要任何外部动作的情况下运行,但它们可以感应反应堆参数,如钠流量和温度。主停堆系统和辅助停堆系统的设计应确保其在收到紧急停堆信号后的下降时间小于1s(典型值),如果不采取这种措施,燃料和冷却剂的整体温度将升高。根据安全要求,可以设计最终的停堆系统来关闭核电站,以限制堆芯损坏,即燃料熔化、包壳过热和钠沸腾。

在典型的最终停堆系统中,中子毒物(如液态锂/碳化硼颗粒)通过熔丝塞保持在活性堆芯正上方。当温度异常升高时,熔丝塞熔化,毒物进入活跃堆芯区,从而自动关闭反应堆(图20-3)。其他非能动方式:①采用居里点磁铁的温度敏感磁开关[20.13];②一旦堆芯出口的平均钠温度超过规定值[20.14],吸收棒增强膨胀装置将关闭反应堆,这些概念如图20-4所示。除此之外,基于液压悬浮吸收棒原理运行的概念也可以在流量损失时自动关闭反应堆[20.15],这个概念如图20-5所示。

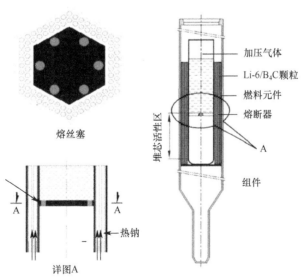

图20-3 基于液体毒物或 B_4C 颗粒流动的最终停堆系统

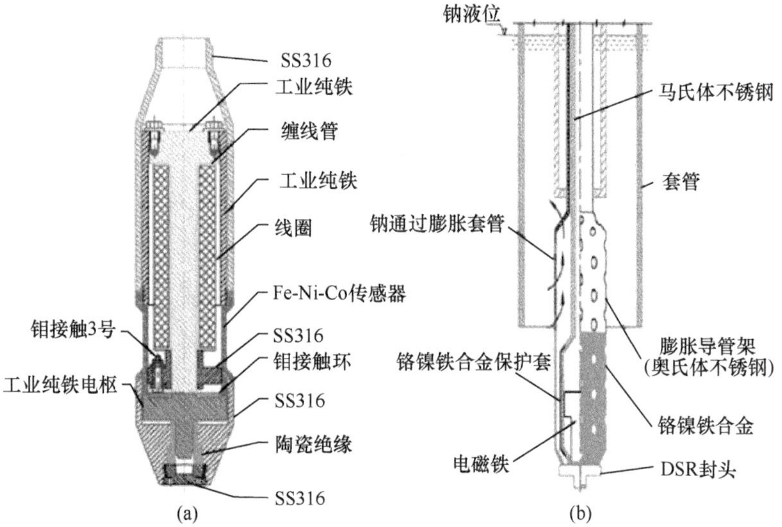

闭式燃料循环的钠冷快堆
Sodium Fast Reactors with Closed Fuel Cycle

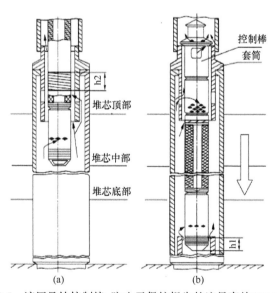

图 20-4 基于温升的最终停堆系统
(a)居里点磁铁;(b)控制棒驱动机构的增强扩展。

图 20-5 液压悬挂控制棒,防止无保护损失的流量事故(ULOFA)
(来源于 Alexandrov, Yu. K. et al., Main features of the BN-800 passive shutdown rods, Technical Committee Meeting on Absorber Materials, Control Rods and Designs of Backup Reactivity Shutdown Systems for Breakeven Cores and Burner Cores for Reducing Plutonium Stockpiles, Obninsk, Russian Federation, July 3-7, 1995, pp. 107-112.)
(a)正常状态下控制棒的位置;(b)无保护损失流量事故状态下控制棒的位置。

20.3.2 实际消除再临界

目前的设计策略是通过限制 CDA 起始阶段过量空泡反应性引入的潜在来源来排除能量偏移的可能性。除了选择适当的设计参数（如最大空泡反应系数）外，通过在燃料组件中引入内部管道来排除集中熔融燃料池的形成是日本原子能委员会（JAEA）为钠冷快堆设想的一种创新设计（FAIDU）。图 20-6 显示了在无保护失流事故（ULOFA）期间，大约 20% 的熔融燃料的早期排放示例。在 FAIDU 中，内部管道的顶端是开放的，而底端是封闭的，因此预计熔融燃料将通过内部管道从堆芯向上部钠室排放。日本原子能委员会实验验证了冷却剂蒸汽驱动高密度熔融物向上排放的可能性，更多细节见参考文献[20.16]。

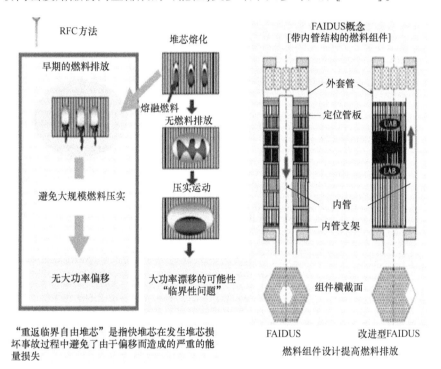

图 20-6 带有管道结构（FAIDUS）的燃料组件概念

（来源于 Nakai, R., Design and Assessment Approach on Advanced SFR Safety with Emphasis on CDA Issue, FR09, ICC Kyoto, Japan, December 7-11, 2009.）

20.3.3 在反应堆解体事故下保持堆芯捕集器的堆芯熔融物稳定性

在堆芯组件的部分或全部堆芯熔化之后，熔化的堆芯（碎片）将沉降在主容器的底部，如果没有保护，这可能会导致容器破裂。为了减轻此类事件对主容器的损害,堆芯捕集器的放置目的是保持容器内的稳定条件。放置在主容器底部的堆芯捕集器可以支撑整个堆芯熔化产生的碎片,它可以保持燃料的次临界状态下的几何形状。因此,堆芯捕集器具有非常重要的安全功能。堆芯捕集器的稳健设计涉及确定堆芯熔毁的重新定位和碎片在钠中的沉降行为。读者可以参见参考文献[20.17],了解创新型法国钠冷快堆堆芯捕集器有效性能所包含的各种特性(图20-7)。

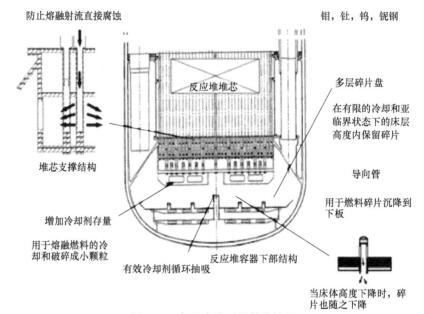

图 20-7 各种事故后的散热特征

(来源于 Dufour, Ph., Post accident heat removal analysis for SPX and EFR, CEA-IGCAR Technical Seminar on Liquid Metal Fast Reactor Safety Aspects Related to Severe Accidents, IGCAR, Kalpakkam, India, February 12-16, 2007.)

20.3.4 事故后衰变热量排出系统

堆芯解体事故产生的熔融燃料通过栅格板和堆芯支撑结构的熔化,重新定位并固定在堆芯捕集器上。碎片的衰变热必须经过很长一段时间才能消除,这一要求促使我们为事故后的长期排热过程开发一些创新的概念。在20世纪80年代构思的堆芯捕集器设计中,假设仅需容纳有限数量组件熔化产生的堆芯碎片(SPX-1和PFBR的7个组件)。然而,在为新型钠冷快堆制定的安全标准中,堆芯捕集器的设计应能承受与整个堆芯熔化产生的碎片相对应的机械和热负荷。在这方面,碎片的长期可冷却性是严重事故管理(SAM)中最关键的问题,为此,人们提出了一些创新的非能动概念,特别是余热交换器。图20-8显示了韩国提出的非能动余热排出换热器概念提案。在这个概念中，余热交换器穿透内部容器，连接冷池和热池。在正常运行期间，通过余热交换器的钠流是不明显的。然而，当热池温度单调升高时，钠水平会升高，从而在事故后条件下增加钠通过余热交换器的流量。从堆芯捕集器上沉积的堆芯碎片中吸收热量后的钠进入余热交换器，向下流动，并与冷池混合，在这个过程中，热量被输送到安全级余热排出系统（SGDHR）回路中的中间钠。更多细节见参考文献[20.18]。

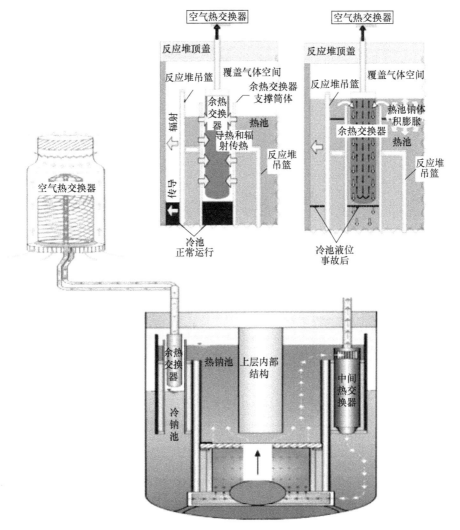

图 20-8　由韩国开发的非能动衰变热排出概念

(Yeong-il, K., Status of fast reactor technology development program in Korea, 43rd IAEA TWG-FR Meeting, Brussels, Belgium, May 17-21, 2010.)

在原型快中子增殖试验堆(PFBR)中,衰变热通过四个独立的安全级衰变热排出系统排出。从钠到放置在高处的空气热交换器的热量将通过自然循环散发到环境空气中,这些系统不需要外部电源。每个回路由一个 8MW(t)容量的余热交换器组成,管侧与连接到钠-空气热交换器的中间钠回路相连,最终的热阱是空气。安全级衰变热排出系统回路的布置确保了一次钠、中间钠和空气侧通过自然对流排出衰变热。空气热交换器进出口设有两个不同设计的阻尼器,并提供两个不同的余热换热器和空气热交换器,从而以提高可靠性。图 20-9 显示了一个典型的 SGDHR 循环。为了保证事故后的排热功能,在堆芯解体事故(CDA)引起的瞬态载荷作用下,证明了余热换热器的完整性(见第 21 章)。

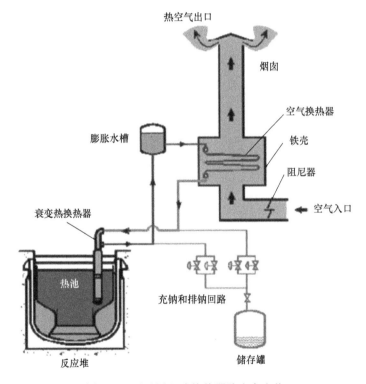

图 20-9 通过浸入式换热器除去衰变热

在核反应堆解体事故过程中,钠从主容器通过顶部屏蔽贯穿件喷出的钠是钠火的来源。由于安全级衰变热排出系统管道穿过顶部屏蔽并穿过顶部屏蔽平台,钠火不应对管道造成任何损坏,以免影响管道的完整性,从而影响钠在中间回路中的循环(图 20-10)。对于原型快中子增殖反应堆,通过在一个名为钠火电缆实验设施(SOCA)的顶部屏蔽平台模型中进行模拟钠火实验,实验上确保了安全级衰变热排出系统的完整性。在该模型研究中,一个典型的安全级衰变热排出系统管段在模拟顶部屏蔽平台环境条件的压力容器中受到钠火的影响如图 20-11 所示。更多细节见参考文献[20.19]。

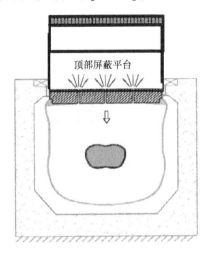

图 20-10　堆芯损坏事故发生后,顶部屏蔽平台发生钠火灾

图 20-11　模拟钠火下安全级衰变热排出管完整性论证(见彩色插图)
(来源于 Chellapandi, P., Overview of Indian FBR programme, International
Workshop on Prevention and Mitigation of Severe Accidents in
SFR, Tsuruga, Japan, June 11–13, 2012.)

对于未来的钠冷快堆,提出了一些创新的设计概念[20.20]。例如,非能动余热排出特性;使用形状记忆合金自动打开阻尼器和热阀,在余热排出条件下打开阀门以增强流动路径。在热池和冷池中放置余热换热器,在蒸汽发生器(SG)壳体内通过专用冷却系统排出余热(与蒸汽 – 水系统的可用性不相关),并在温度超过极限时为内容器中的钠创建对流流道,以便于排出热量,有助于事故后的散热功能。

20.3.5 承受反应堆解体事故后果的安全壳特征

在确保安全壳完整性时必须注意的一个特定方面是，由于钠火导致的反应堆解体事故之后，安全壳内产生的温升和压升。

20.4 小 结

与严重事故管理相关的技术方面已参考原型快中子增殖反应堆进行了解释。与热中子反应堆相比，钠、安全级余热排出回路、停堆系统、再临界性和堆芯捕集器给钠冷快堆带来了需要解决的特殊问题。

参考文献

[20.1] Chellapandi, P., Srinivasan, G. S., Chetal, S. C. (2013). Primary containment capacity of a pool type sodium cooled fast reactor against core disruptive accident loadings. Nucl. Eng. Des., 256, 178-187.

[20.2] Sajish, S. D., Chellapandi, P., Chetal, S. C. (2012). Assessment of seismic capacity of 500MW (e) PFBR beyond safe shutdown earthquake. IAEA Technical Meeting on Impact of Fukushima on Current and Future FR Design, Dresden, Germany, March 2012.

[20.3] Chellapandi, P., Chetal, S. C., Raj, B. (2012). Numerical simulation of fluid-structure interaction dynamics under seismic loadings between main and safety vessels in a sodium fast reactor. Nucl. Eng. Des.,253, 125-141.

[20.4] Sritharan, R. (2013). Postulation of design extension condition (BDBE) of sodium leak in both main vessel and safety vessel. Internal Report：IGC/PFBR/30000/DN/1114.

[20.5] Parthasarathy, U. (2013). Evolution of hot pool temperature following complete power failure event. Internal Report：IGC/PFBR/34000/DN/1140.

[20.6] Natesan, K., Parthasarathy, U., Abraham, J., Velusamy, K., Selvaraj, P., Chellapandi, P. (2014). Thermal hydraulic synthesis of PFBR design in light of Fukushima accident. New Horizons in Nuclear Reactor Thermal Hydraulics and Safety, Mumbai, India, January 14-16, 2014, pp. 1-6.

[20.7] Abraham, J. (2013). Temperature evolution in reactor vault during extended station black out. Internal Report：IGC/PFBR/21100/DN/1034.

[20.8] Abraham, J. (2013). Temperature evolution in roof slab during extended station black out. Internal Report：IGC/PFBR/31310/DN/1061.

[20.9] Rajan, S. (2013). Impact of Fukushima type incidents on fresh and spent fuel storage. Internal Report：IGC/PFBR/35000/DN/1037.

[20.10] Satish Kumar, L. (2013). Effect of flooding on essential systems in Power Island. Internal Report：IGC/ PFBR/70000/DN/1007.

[20.11] Nakai, R. (2012). Safety implication for Gen-IV SFR based on the lesson learned from the Fukushima Dai-ichi NPPs accident, Japan Atomic Energy Agency. Proceedings of the JAEA-IAEA International Workshop on Prevention and Mitigation of Severe Accidents in Sodium-Cooled Fast Reactors, Tsuruga, Japan, June 2012.

[20.12] Chellapandi, P. (2014). Thermal hydraulic synthesis of PFBR design in light of Fukushima accident. New Horizons in Nuclear Reactor Thermal Hydraulics and Safety, Mumbai, India, January 14-16, 2014, pp. 1-6.

[20.13] Bojarasky, E., Muller, K., Reiser, H. (1992). Inherently effective shutdown system with Curie point controlled sensor/switch unit. KfK Report 4989, May 1992.

[20.14] Edelmann, M. (1995). Development of passive shut-down systems for the European Fast Reactor (EFR). Technical Committee Meeting on Absorber Materials, Control Rods and Designs of Backup Reactivity Shutdown Systems for Breakeven Cores and Burner Cores for Reducing Plutonium Stockpiles, Obninsk, Russian Federation, July 3-7, 1995, pp. 69-79.

[20.15] Alexandrov, Yu. K. et al. (1995). Main features of the BN-800 passive shutdown rods. Technical Committee Meeting on Absorber Materials, Control Rods and Designs of Backup Reactivity Shutdown Systems for Breakeven Cores and Burner Cores for Reducing Plutonium Stockpiles, Obninsk, Russian Federation, July 3-7, 1995, pp. 107-112.

[20.16] Matsuba, K. -i. et al. (2013). Mechanism of upward fuel discharge during core disruptive accidents in sodium-cooled fast reactors. J. Eng. Gas Turbines Power, Trans. ASME, 135, 032901 (1-9), March 2013.

[20.17] Dufour, Ph. (2007). Post accident heat removal analysis for SPX and EFR. CEA-IGCAR Technical Seminar on Liquid Metal Fast Reactor Safety Aspects Related to Severe Accidents, IGCAR, Kalpakkam, India, February 12-16, 2007.

[20.18] Yeong-il, K. (2010). Status of fast reactor technology development program in Korea. 43rd IAEA TWG-FR Meeting, Brussels, Belgium, May 17-21, 2010.

[20.19] Chellapandi, P. (2012). Overview of Indian FBR programme. International Workshop on Prevention and Mitigation of Severe Accidents in SFR, Tsuruga, Japan, June 11-13, 2012.

[20.20] Chellapandi, P. (2007). Indian perspective on CDA scenario for future FBRs. Technical Seminar on LMFR Safety Aspects Related to Severe Accidents, IGCAR, Kalpakkam, India, February 12-16, 2007.

[20.21] Nakai, R. (2009). Design and Assessment Approach on Advanced SFR Safety with Emphasis on CDA Issue, FR09, ICC Kyoto, Japan, December 7-11, 2009.

第 21 章
PFBR 的安全性分析：案例研究

21.1 引　　言

原型快中子增殖实验堆(PFBR)是一个容量为 500MW(e)的池式反应堆,有两个一回路、两个二回路,每个回路有四个蒸汽发生器(SG)。图 21-1 所示的总体流程图包括反应堆组件中的一回路、二次钠回路和核电厂辅助设施。通过将钠从 670 K 的冷池循环至 820 K 的热池去除堆芯中产生的核热量。热池中的钠将热量输送至四个中间热交换器后与冷池混合。钠从冷池到热池的循环由两个主钠泵(PSP)维持,钠通过中间热交换器的流动由冷池和热池之间的水平差(1.5m 钠)驱动。来自中间热交换器的热量依次通过二回路中的钠流输送到 8 个蒸汽发生器,蒸汽发生器产生的蒸汽供给汽轮发电机。在反应堆组件(图 21-2)中,主容器容纳了包括堆芯在内的整个一次钠回路。钠注入主容器,自由表面被氩覆盖,内部腔室容器将冷热的钠池分开。反应堆堆芯由大约 1757 个组件组成,其中包括 181 个燃料组件。控制塞位于堆芯正上方,主要容纳 12 个吸收棒驱动机构。顶部防护罩支持主钠泵、中间热交换器、控制插头和燃料装卸系统。原型快中子增殖实验堆采用贫铀混合氧化物和约 25% 的钚(Pu)氧化物作为燃料。对于堆芯部件,使用 20% 冷加工 D9 材料(15% Cr-15% Ni,Mo 和 Ti),具有更好的抗辐照性能。堆芯外部件的主要结构材料是 316LN 奥氏体不锈钢。

本章首先介绍了原型快中子增殖实验堆的安全特性。随后,对严重事故进行了分析,主要包括：

(1)反应堆物理分析,以估算热能和机械能的释放；

(2)机械后果的评估(结构变形、反应堆安全壳建筑物(RCB)的钠释放以及 RCB 内的温升和压升)；

(3)事故后余热排出(PAHR)方面；

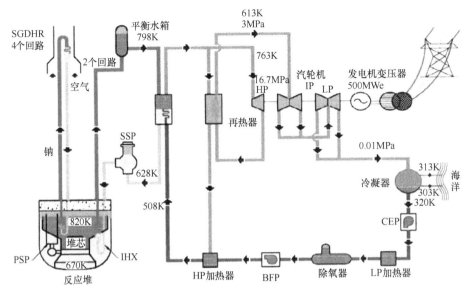

图 21-1 原型快中子增殖反应堆热传输回路流程图(见彩色插图)

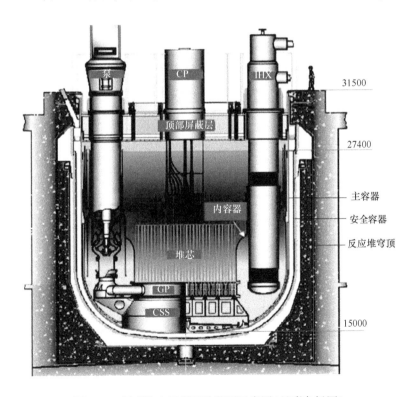

图 21-2 原型快中子增殖堆装置示意图(见彩色插图)

(4) 放射性释放到现场边界。

读者需要阅读第 14 章重点介绍的原型快中子增殖实验堆事件分析结果,通过对原型快中子增殖实验堆的案例研究,对钠冷快堆(SFR)的安全性分析有一个全面的了解。

21.2 PFBR 中的安全特性

原型快中子增殖实验堆的安全特性在参考文献[21.1]中有详细介绍,在本节中,仅强调与严重事故情景相关的基本方面和结果。

21.2.1 负反应系数

反应性的温度和功率系数为负值,因此温度或功率的任何非正常增加都会导致反应性降低,从而导致功率降低。冷却剂和结构钢的膨胀导致较小的正反应性(+0.241 pcm/K)。这可通过负效应和瞬发反应性(时间常数小于 1ms)进行补偿,如多普勒效应(-1.320 pcm/K)和燃料膨胀效应(-0.236 pcm/K)等,这些效应是缓慢的(时间常数约为 50~100s)。在失冷事故下的瞬变,由于栅板膨胀、堆芯组件(CSA)间隔垫膨胀(-0.869 pcm/K)和控制棒胀差(-1 pcm/K)而产生的反应性反馈往往会关闭反应堆。

21.2.2 堆芯监测

堆芯由不同的传感器进行功能监控。PFBR 中设置中子探测器来监测功率,并在线性功率、周期和反应性等参数上提供安全动作(紧急停堆)信号。这些参数提供了对瞬态超功率、瞬态欠冷和异常反应性增加事件的保护。钠温度的监测是通过在中央管塞上安装三个快速响应热电偶来监测中央燃料组件钠出口温度 θ_{CSAM},并在 2/3 表决模式下使用,这是一个硬接线系统。一个热电偶套管内的两个热电偶分别安装在其他燃料组件上,用于监测单个组件的钠出口温度 θ_i。另一个热电偶套管内的三个热电偶分别安装在两个主钠泵(PSP)吸入侧,以监测反应堆入口温度 θ_{RI}。信号在 2/3 表决模式下由硬接线电子设备处理。在线计算的参数,如燃料组件钠出口平均温度 θ_m、堆芯钠温升平均值 $\Delta\theta_m$ 和单个组件(SA)钠出口温度与预期值 $\delta\theta_i$ 的偏差,都是通过测量得到的,所需的计算是在 2/3 投票模式下使用 1 级应用的计算机完成的。通过三重硬接线电路处理中央组件和冷却剂入口热电偶信号,该测量还用于推导中心组件参数 $\Delta\theta_{CSAM}$ 的温升。

各种参数的紧急停堆都要考虑堆芯安全：包壳和冷却剂温度限值的 θ_{CSAM}、影响反应堆堆芯的二次钠和汽水回路干扰的 θ_{RI}、堆芯内整体过冷事件的 $\Delta\theta_{CSAM}$ 和 SA 局部故障的 $\delta\theta_i$。测量主钠泵输送的流量并监测功率流量比。测量主钠泵的压头和转速并分别用作防止泵排放管破裂和泵卡住事件的跳闸参数。通过监测主冷却剂中的覆盖气体中裂变产物活性（报警参数）和缓发中子探测器来检测燃料故障。这些规定确保每个设计基准事件（DBE）至少有两个不同的安全参数可用。

覆盖气体监测系统和位于热池八个位置的缓发中子探测器可检测到包壳破裂以及由此导致的从失效燃料棒中喷出的放射性物质。探测器的布局示意图如图 21-3 所示的包壳破裂检测系统。

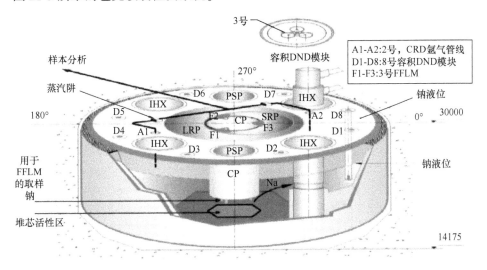

21-3 包壳破裂检测系统

在详细的三维瞬态计算流体动力学模拟的基础上，考虑到缓发中子先驱核在从失效的组件到探测器位置的传输过程中的混合和衰减，对缓发中子探测器的数量和位置进行了优化。在此基础上，确定了 8 个缓发中子探测器的位置，其中一个位于中间热交换器的两侧，通过这些缓发中子探测器，可以在任何功率水平下在 1min 内检测到任何燃料组件中的燃料棒故障。此外，为了保持良好的包壳故障检测灵敏度，通过移除包壳破裂的燃料元件，避免了燃料与钠直接接触的反应堆运行。这是在每个组件的出口处通过单独的钠取样进行定位后完成的（图 21-4），该系统称为故障燃料定位模块（FFLM），在控制阀塞中有三个这样的模块。

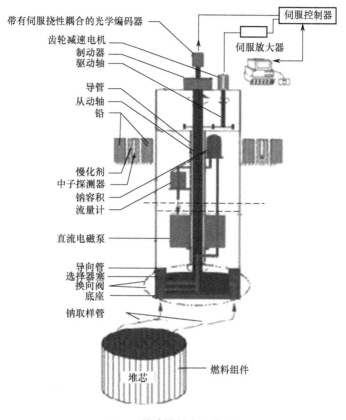

图 21-4　故障燃料定位模块

21.2.3　防止钠空泡的措施

确定了各种空泡产生的原因,并确保它们不会导致任何瞬变,进而在设计中采用净化组件对格栅板内的气体进行排气,通过在格栅板套管和组件底座中为冷却剂提供多个径向入口孔,来防止钠流堵塞燃料组件或整体流量的降低。在燃料和增殖组件的出口处,安装了一个适配器,以便在顶部发生堵塞时为冷却剂提供备用通道(图 21-5)。高惯性飞轮(8s 流量减半时间)确保降低主钠泵电源丧失的缓慢流量。此外,组件热电偶和反应性计异常反应性检测等多重故障检测装置可检测钠沸腾或气体通过堆芯。如图 21-6 所示,整个堆芯钠空泡系数为 2$。在中间部分空隙的情况下,最大值可以是 3$,这比其他国际上的数值(日本 DFBR 为 6$,法国 SPX-1 为 5$)要小。在钠冷快堆上进行的超瞬发临界漂移实验清楚地证明,多普勒反应性反馈很好地抑制了这种漂移(13.2 节)。

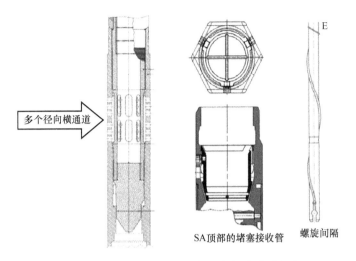

图 21-5 防止组件堵塞在顶部和底部的设计规定

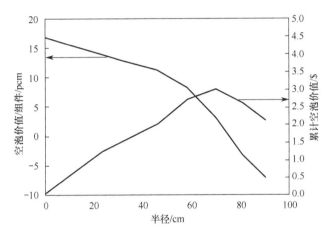

图 21-6 钠空泡反应性效应与核半径

21.2.4 停堆系统

在检测到反应堆中出现的任何异常时,由两个独立的快速停堆系统保证停堆。每个系统由传感器、模拟处理电路、逻辑、吸收棒和相关驱动机构组成。反应堆冷停堆由两个 B_4C 吸收棒自由下落的系统独立完成,即使其中一个吸收棒仍然卡住也能够完成。快速停堆系统启动落棒的响应时间小于 200ms,自由落棒时间小于 1s,足以保护高达 3$/s 的事故。两个系统的传感器、模拟信号处理电路、紧急停堆电路、紧急停堆逻辑、紧急停堆开关、吸收棒都有足够的独立性和多样性。由此,快速停堆系统的失效频率为 6.4×10^{-7}/反应堆年,低于规定的极限(小于 10^{-6}/反应堆年)。单个系统的故障频率为 8×10^{-4} 和 4.4×10^{-4}/反应堆年,低于规定的极限(小于 10^{-3}/反应堆年)。在可靠性分析中,适当考虑了冗余非分散部件/系统之间的共因故障。

21.2.5 衰变余热排出系统

反应堆停堆后的 1h 和 1 天,衰变热分别约为额定功率的 1.5% 和 0.7%。如果有厂外电源,就通过正常的热传输系统(通过蒸汽发生器和汽水系统)排出余热,该系统称为运行级余热排出系统。如果失去厂外电源和二回路或蒸汽水回路,衰变热通过四个独立的安全级余热排出(SGDHR)回路排出(图 21-7)。安全级余热排出回路操作是自动的,每个回路由一个余热交换器组成,其容量为 8MW(t),管侧与连接到钠-空气热交换器的中间钠回路相连,最终的热阱是空气。安全级余热排出回路的布置确保了一次钠、中间钠和空气侧通过自然对流排出余热。钠-空气热交换器进出口设有两个不同设计的阻尼器,并提供两种不同设计的余热交换器和钠-空气热交换器,从而以提高可靠性。此外,还提供柴油机和电池电源,从而在厂外停电和核电厂断电情况下,以 15% 的速度驱动主泵作为纵深防御方法。可靠性分析采用故障树方法,包括冗余非分散部件/系统之间的共因失效。分析中考虑了以环路边界处的钠泄漏、流动堵塞和冻结等形式出现的非能动系统故障。考虑到分析中的保守性,发现安全级余热排出回路功能的失效频率为 1.5×10^{-7}/反应堆年,实际上满足了 1×10^{-7}/反应堆年的规定限值。

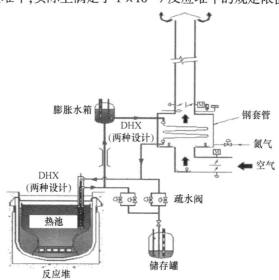

图 21-7 安全级衰变热排出系统

21.2.6 反应堆安全壳建筑物

反应堆安全壳建筑物(RCB)是一座矩形建筑,尺寸为 35m×40m,高出地面 54.5m,围绕一回路和顶部屏蔽,它是对假定事故期间释放的放射性物质的最终安全保障,以确保不超过公众的辐射剂量限值。其主要的设计特点是单一安全壳、非通风型和钢筋水泥混凝土结构。安全等级为 2 级,抗震等级为 1 级。在 RCB 的设计中,基于通过顶部屏蔽贯穿件喷射的 350kg 钠燃烧估算 RCB 中的温升和压升。

21.2.7 堆芯捕集器

在瞬时完全阻塞(TIB)的假设下,单个组件的熔化最多进展到相邻的 6 个组件。但是,如果热燃料沉淀在底部,主容器底部可能熔化成为钠和熔融燃料的通道。此外,如果燃料在更具反应性的布置中沉淀下来,则存在对再临界性的担忧。因此,在堆芯支撑结构(图 21-8)下方提供一个堆芯捕集器,并支撑在主容器上,覆盖活性堆芯的中心区域。这将收集熔化的燃料并适当分散,确保长期冷却。7 个组件熔化时释放的熔融燃料量仅为 0.3t 左右。另一方面,计算表明,再临界至少需要 1t 燃料。因此,7 个组件的坍落熔融燃料不具有任何再临界潜力,而提供堆芯捕集器只是为了保持可冷却的几何形状。即使在融化到 2 个环(19 个组件)这种不太可能的情况下,释放的熔融燃料是 0.8t,这也小于 1t 的最小临界质量。对于在堆芯捕集器中扩散的半径为 3.2m 的燃料,所需要的临界质量为 80t,远高于 181 个组件中燃料 9.2t 的总质量。通过计算表明,钠的最高温度为 1014K,堆芯捕集器底板的温度小于 923K,即使在整个堆芯负荷下也能承受 1173K 的温度 308 天。关于这方面的更多细节详见第 21.8 节。

图 21-8 原型快中子增殖反应堆的堆芯捕集器示意图

21.3 严重事故分析

原型快中子增殖实验堆(PFBR)具有许多固有和专设的安全特性,即发生涉及整个堆芯熔化的严重事故(CDA 的概率非常低小于 10^{-6}/年),因此归类为超设计基准事件(BDBE)。事故情景、机械后果和热后果将在后续章节中描述。

21.3.1 事故情景和能量释放

热能释放取决于解体阶段的反应性增加率,而解体阶段的反应性增加率又取决于对钠空泡率增长、燃料位移/坍落特性和反应性反馈机制的假设。除此之外,分析中使用的横截面数据、假定的损坏堆芯温度分布的性质以及横截面数据决定了潜在工作能力。影响冷却剂空泡产生/扩展的一个重要参数是流量减半时间。在较短的流量减半时间内,冷却剂空泡会在堆芯顶部以下产生,并迅速扩散到堆芯中心,从而在解体阶段产生较高的正反应性速率。在流量减半时间内的增加,冷却剂沸腾从活性堆芯上部开始,由于高中子泄漏而导致负反应性。悲观假设下的分析:较短的减半时间2s、连续集总堆芯、无反馈、解体阶段结束时堆芯内平坦的温度分布以及保守截面数据(CV2M 截面集)的使用,产生了200\$/s的悲观反应性增加率,相关的工作潜力约为1000MJ。采用乐观假设进行分析:较长的流量减半时间8s,堆芯不连贯,存在所有反馈,整个堆芯的实际温度分布,以及使用实际横截面数据(ABBN 横截面集),得出乐观反应性增加率为10.5\$/s,相关工作潜力不显著(小于1MJ)。研究还发现,燃料分散特性的假设对反应性加成率有显著影响。如果采用保守的燃料坍落模型,而不考虑熔融燃料的分散(非连续堆芯),则有可能产生更高的能量释放。据此,将活性堆芯区域沿轴向划分为三个区。中间1/3 的熔融燃料占据堆芯下部,顶部1/3 的燃料占据中部。这导致反应性加成率为65\$/s,工作潜力为100MJ。此外,在解体阶段结束时,堆芯的温度分布会显著改变工作潜力;假设温度分布平坦,反应性增加率为50\$/s 时,工作潜力为268MJ;而实际温度分布下,反应性增加率为65\$/s 时,工作潜力为100MJ。

这些结果的综合促使我们研究堆芯解体事故在相当于反应性加成速率(从25~200\$/s)的较宽工作潜力范围内的机械后果(图21-9)。

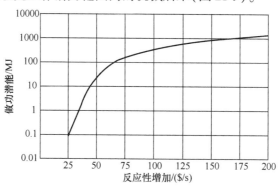

图 21-9 原型快中子增殖反应堆堆芯损坏事故下的悲观能量释放

21.3.2　CDA 的机械后果

机械后果是由于堆芯气泡迅速膨胀,释放出高压波。压力波对主容器及其内部构件等周围结构施加直接荷载,引起较大的变形。此外,在气泡压力下,堆芯气泡上方的钠弹加速上升。一旦加速的钠撞击顶部护板底部,就会产生较高局部压力。在这种压力下,主容器的上部膨胀;一部分加速钠占据顶部防护罩中的可用穿透部位,覆盖气体在顶部防护罩底部附近的外围区域被压缩。在这种状态下,堆芯气泡达到最大体积 V_{max} 状态,释放最大机械能,即在初始体积上的膨胀功 $\int P \cdot dV$ 与相关压力 $P_{quasistatic}$ 积分到 V_{max},容器达到最大变形配置(图 21-10(a))。达到这种状态所需的时间通常小于 1s(也有一个称为做功潜能的术语,用于评估堆芯气泡可能释放的最大机械能,其方法是假设堆芯气泡膨胀至其压力等于环境压力 P_{amb}。P_{amb} 通常被视为 1 bar 的正常大气压。因此,工作潜力量化了堆芯解体事故的严重程度)。在堆芯的伪静态压力(其初始值为 $P_{quasistatic}$)下,随着顶部防护罩间隙中钠的排出,机械后果进一步继续。当堆芯气泡被液态钠自身冷却时,压力迅速下降。钠释放事件持续到 $P_{quasistatic}$ 降低到 P_{amb},通常持续 1~2s(图 21-10(b))。随后,留在顶部屏蔽贯穿件中的钠在重力作用下又落入钠池。堆芯气泡的冷凝降低了容器内的压力,促进了贯穿件中钠的排出。喷射出的钠立即在顶部防护罩的顶部表面燃烧,从而升高温度和压力,这是反应堆安全壳建筑物(RCB)的设计基准荷载。

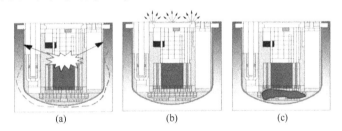

图 21-10　钠冷快堆堆芯损坏事故的重要后果

(a)气化燃料冷却剂混合物的爆炸;(b)钠穿透顶部屏蔽层的喷射;(c)堆芯碎片沉降到堆芯捕集器上。

在机械后果之后,重点放在堆芯的余热排出方面,特别是在穿过堆芯下方的结构后,以碎片形式安置在堆芯捕集器上的重新定位的熔融燃料和结构材料(图 21-10(c))。在这一过程中,由堆芯碎片产生的衰变余热被不断地去除,直到变得可忽略不计为止。实现堆芯碎片长期冷却的方法有很多,例如,将足够数量的专用安全级余热排出换热器永久浸入主容器内的钠池中。鉴于它们的重要作用,应确保衰变热排出机制的功能性,以保证堆芯碎片的长期冷却能力,在研究堆芯解体事故的机械后果时,还必须评估其结构完整性。

基于大量的数值模拟和实验模拟,在给出了100MJ的工作潜力的适当裕度下,评估了主容器和顶部护罩及其内部构件的结构变形、中间热交换器和专用安全级余热排出换热器的结构完整性、钠向反应堆安全壳建筑物的释放以及顶部防护罩上方的钠火导致反应堆安全壳建筑物的温升和压升。近年来,国际上对钠冷快堆的严重事故分析方法进行了批判性的重新研究,并提出了几种假设。推进先进的数值和实验技术的目的是确定实际的能量释放,这些技术仍在发展中。有鉴于此,对原型快中子增殖实验堆进行了超过100MJ(100~1000MJ)的机械能释放值的参数研究,以评估随着能量值的增加可能产生的最坏影响。研究的重点是与主安全壳结构完整性相关的问题,包括反应堆安全壳建筑物和事故后冷却能力。以下各节将介绍结果的要点。更多详情见参考文献[21.2-21.4]。

21.4 主安全壳潜力的评估:分析要点

主容器可吸收的最大机械能由主容器的理想模型确定,该模型不含任何内部构件。由液态钠构成的堆芯气泡的快速膨胀,位于薄容器中,具有高于自由液面的覆盖气体空间,描述了具有快速瞬态流体-结构相互作用效应的复杂变形力学。变形依次分为三个主要阶段:

(1)在气泡产生的压力波的直接作用下,容器底部鼓包;
(2)钠塞向顶部屏蔽体的大量移动,压缩覆盖气体而容器变形不明显;
(3)由于顶部防护罩底部的钠弹冲击,容器上部径向局部膨胀。

导致钠喷射到反应堆安全壳建筑物的机械后果如图21-11所示。这些阶段的持续时间和变形量很大程度上取决于气泡的做功潜能。

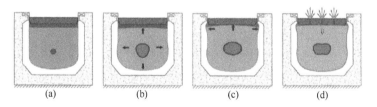

图21-11 在堆芯损坏事故中钠喷射到反应堆安全壳的机械后果
(a)初始状态;(b)容器折叠0~50ms;(c)段塞冲击100~150ms;(d)最终状态150~900ms。

为了分析机械后果,开发了一个专门的计算机程序FUSTIN,模拟了确定瞬态压力、容器位移和应变所涉及的几个复杂现象,并通过解决相关的基准问题进行了彻底的验证。第17章已经介绍了FUSTIN代码的细节,包括验证。在下面的章节中,我们将介绍一些通过将此代码应用于原型快中子增殖实验堆而获得的重要结果。

21.4.1 理想几何和装载细节

几何结构分析由主容器、堆芯支撑结构、栅格板、控制塞、上护板及其支撑裙板组成。容器中含有钠,氩气体覆盖层为800mm,堆芯质量、栅格板、堆芯支撑结构分布合理。热挡板的质量集中在主容器的一个连接点上,顶部护板是刚性的。氩气空间被视为一个服从多元状态方程的单一均匀介质,定义为 $PV\gamma =$ 常数。主容器底部、堆芯支撑结构、栅格板和内容器底部温度为 685 K;主容器上部和内容器及控制塞处于高温 855 K,因此,结构各部分的温度在 685~855 K 范围内。所以使用 RCC-MR[21.5]中推荐的、在金属平均温度 685K、773K 和 855 K 下的 SS 316 LN(反应堆组件部件的结构材料)的真应力 – 真应变曲线。请读者阅读参考文献[21.6]了解更多详情。

仅对分布/附加质量的主容器进行分析,保留了反应堆组件的净质量,提供了保守的结果,通过分析证明了这一点,并在逐渐复杂的情况下进行,详细报告见参考文献[21.7],在该文献中,总体上提出了两种分析:在第一种分析中,只考虑主容器,不考虑任何内部构件和集总质量,因此主容器必须吸收由堆芯释放的机械能,并承受最大可能的应变;在第二种分析中,考虑了主要内部构件和集总质量,这有望提供现实的预测。考虑到在计算时间最短的情况下可能得到保守的结果,对无任何内部构件的主容器进行了分析。图 21-12 显示了该几何结构的有限单元网格以及本研究中采用的理想几何结构,其数值结果将在后续章节给出。

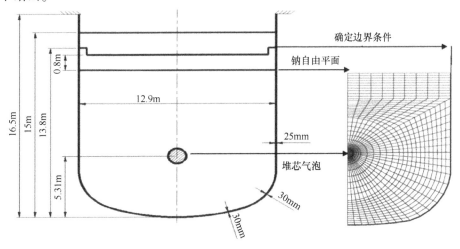

图 21-12 主容器无内部构件和有限元网格的几何理想化

21.4.2 机械载荷和能量吸收顺序

图 21-13 描述了当堆芯具有各种工作潜力时,容器吸收的能量序列。在图 21-14 中,将容器上部吸收的做功潜能与底部吸收的做功潜能进行了比较。当做功潜能较低时,容器上部和覆盖气体压缩吸收的做功潜能比底部高,而在做功潜能较高时,趋势相反。此外,如图 21-14 所示,堆芯气泡释放的能量的净份额正在减少,而堆芯气泡的做功潜能增加并趋于稳定(约 36%)。这意味着引起局部变形的冲击效应在高机械能释放时达到饱和,容器均匀地吸收能量,提高了能量吸收潜力。

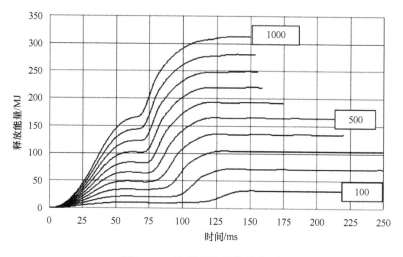

图 21-13　容器吸收的能量序列

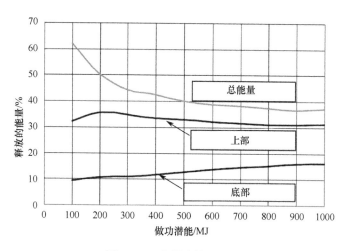

图 21-14　容器中能量平衡

21.4.3 主要压力容器变形

图 21-15 显示了沿容器延伸长度的径向变形剖面,量化了向下位移、堆芯中心标高处中部的径向胀形和顶部屏蔽接头正下方的径向胀形的绝对值。这些数值表明,主容器在底部和顶部都会与安全容器发生机械相互作用,这类作用取决于容器之间的空间。在这种相互作用之后,安全容器可能有助于荷载分担,但分析中并未对其进行模拟以保持稳定性。上半部分的局部应变和容器中的平均应变如图 21-16 所示,各种做功潜能下的峰值应变与平均应变之比符合 21.4.2 节得出的结论,即与较低做功潜能情况相比,变形变得更均匀。这是一个有利的特征,即能量吸收势不是线性的,在堆芯气泡施加更高的能量时,容器可以吸收更高的能量而不发生局部破裂。研究还表明,在 1000MJ 的做功潜能下,容器内的峰值应变为 14%。从结构完整性考虑,该应变值对于主容器而言是可接受的[21.8]。

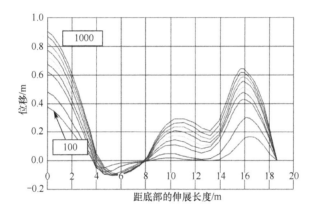

图 21-15 容器内径向位移

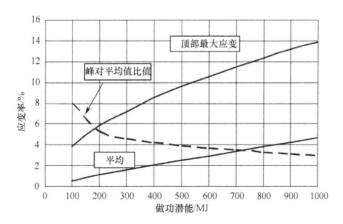

图 21-16 容器内的膜应变

21.4.4 弹头撞击载荷及其影响

图 21-17 显示了钠弹撞击过程中四种特定做功潜能（100MJ、200MJ、500MJ 和 1000MJ）的上升速度值的演变。由此可知，在低做功潜能下（通常为 100MJ 和 200MJ），顶部防护罩上的载荷是逐渐增加的。图 21-18 显示了顶部防护罩所承受的冲击压力，这表明在较高的做功潜能下，顶部防护罩承受着较高的冲击压力。对于更高的做功潜能，启动钠弹撞击的时间更短，在图 21-18 中也趋于稳定。考虑到冲击载荷持续时间短，顶部防护结构质量惯性大，吸收冲击载荷的潜力大，因此，顶部防护结构的完整性不需要考虑，也不决定其可接受的做功潜能。

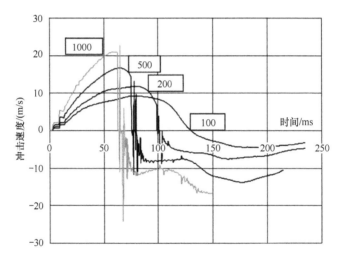

图 21-17　钠弹撞击过程

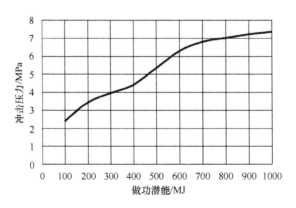

图 21-18　顶部屏蔽层的最大冲击压力

21.5 通过顶部屏蔽的钠泄漏和安全壳设计压力

钠弹冲击现象期间产生的峰值压力导致压紧螺栓伸长和顶部防护罩密封失效,为贯穿件中的钠提供泄漏间隙。只要准静态压力高于顶部防护罩上方的环境压力,在冲击钠中维持的准静态压力就会将钠驱动到反应堆安全壳建筑物中。为了进一步了解,图 21-19 中描述了四种做功潜能(100MJ、200MJ、500MJ 和 1000MJ)下碰撞时的堆芯气泡状态。图 21-20 还描述了准静态阶段的堆芯气泡和覆盖气体空间的状态。通过分析,计算了有穿透顶部屏蔽的倾向的冲击钠的压力。该压力值与堆芯气泡压力处于准静态平衡,而堆芯气泡压力本身将持续衰减(该压力称为准静态压力[P_o])。

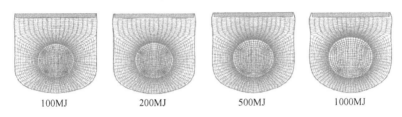

图 21-19 堆芯气泡和覆盖气体空间向段塞冲击行进的状态

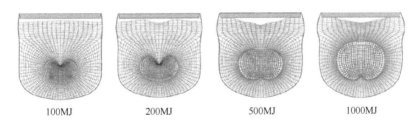

图 21-20 堆芯气泡和盖层气体空间向准静态状态移动的状态

从初始准静态压力开始,在 100MJ 的做功潜能条件下,对周围较冷钠冷却时气泡压力的衰减以及通过所有顶部屏蔽贯穿件产生的钠泄漏率进行评估,这是原型快中子增殖实验堆的设计依据[21.9]。为此,对顶部防护罩及其部件进行了单独的结构分析,这表明部件的压紧螺栓(如旋转塞、控制塞、中间热交换器、主钠泵、直接热交换器等)经历了 0.5~1mm 的塑性伸长。利用这些输入以及 P_o(准静态压力的起始值)、V_o(堆芯气泡的初始体积[81m^3])、时间常数 τ (0.8s)[21.10]、入口损失系数(0.5)、出口损失系数(1.0)和 90°急转弯损失系数 (1.0),估算钠泄漏率与时间的关系。通过顶部防护罩中可用的各种泄漏路径的钠泄漏率如图 21-21 所示,观察到总钠泄漏量约为 350kg[21.11]。

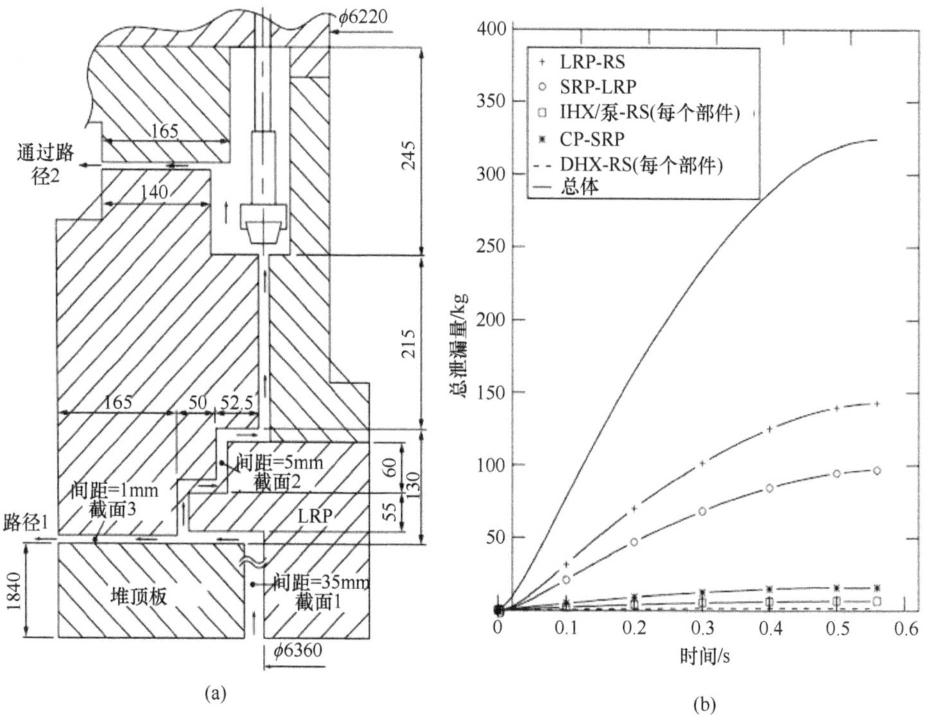

图 21-21 顶部屏蔽层有多种泄漏路径和钠通过泄漏路径释放
(a)泄漏路径；(b)总泄漏与时间相比。

21.6 RCB 的温度和压力上升

以理论计算的钠释放量上限值 350kg 为输入，估算了 CDA 作用下反应堆安全壳建筑物的温升和压升。尽管钠通过贯穿件喷射是一个复杂的现象，但在这部分计算中采用了简化假设，假设整个钠以水平方向（由于贯穿件的几何特征）喷射出来，并作为顶部防护罩上方的熔池收集并燃烧。使用 SOFIRE II 代码[21.2]将事件分析为池火。由于作为扩散控制钠火中的反应产物，100% 的一氧化钠，比 100% 的过氧化物或任何其他比例的氧化物能燃烧更多的钠并产生更高的热后果，因此分析时也考虑到了这一点。图 21-22 和图 21-23 分别显示了温度和压升的演变过程。反应堆安全壳建筑物内的峰值气体温度估计约为 331K，峰值压升约为 9kPa。根据 SOFIRE II 规范预测能力的可用信息，反应堆安全壳建筑物的压升系数为 1.3。因此，认为反应堆安全壳建筑物中由于 350kg 钠的完全燃烧而可能出现的最大压升是 11.7kPa[21.11]。

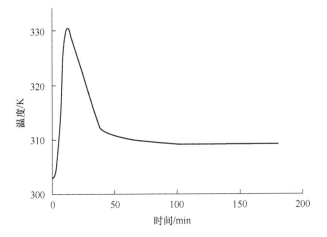

图 21-22 反应堆安全壳的温度上升

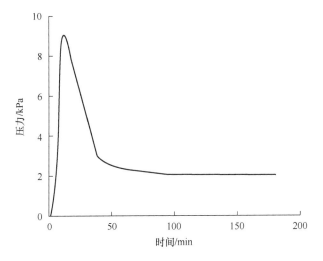

图 21-23 反应堆安全壳的压力上升

重复计算与各种假定做功潜能对应的其他静压,相应的钠释放如图 21-24 所示。通过在反应堆安全壳建筑物中假设一个保守的钠火方案,在参考文献[21.9]中计算了 100MJ 的做功潜能下的温升和压升。重复计算,以确定反应堆安全壳建筑物中由于较高做功潜能而产生的钠火引起的压力,结果如图 21-25 所示。结果表明,在较高的做功潜能下,安全壳负荷将达到饱和。

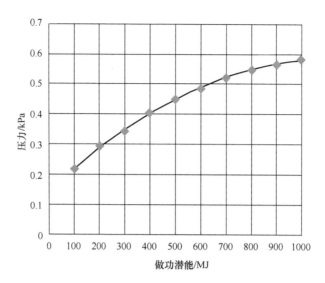

图 21-24　准静态覆盖气体压力

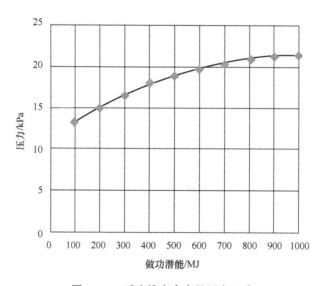

图 21-25　反应堆安全壳的压力上升

21.7　实验模拟

在结构完整性的理论评估中进行了轴对称分析,该分析无法保证 IHX 和 DHX 的结构完整性,而这对保证事故后余热排出(PAHR)安全条件非常重要。此外,这些换热器具有非常复杂的几何特征,如大量的薄壁管和穿孔管板,难以建模。因此,为了证明这些构件的结构完整性,采用了实验路线。在此基础上,用 LDE 对具有模拟重要现象所必需的几何特征在 1/13 模型上进行了 10 次实验。实验的更多细节见参考文献[21.13]。

21.7.1 模拟和仪表详细信息

图 21-26 显示了实体模型的几何细节及装配模型的照片。主容器模型采用 304 号不锈钢制成,由圆柱部分和双曲面碟形端部组装而成。箱形堆芯支撑结构模型基本上是由代表原型的标准 T 形截面构成的。栅格板由两块平行的带中间壳的多孔板组成,用螺栓固定在其外围的堆芯支撑结构上,适当增加板厚可考虑堆芯组件套管的刚度效应。除此之外,它还通过焊接到堆芯支撑结构上的间隔垫在中间位置获得堆芯支撑结构上的支撑。内容器是由上下圆柱壳和中间圆锥壳连接而成,中间圆锥壳又有 6 个贯穿件,带有 4 个 IHX 和两个泵的圆柱立管,锥壳与下圆柱壳通过光滑的环形壳连接,内容器用螺栓固定在其外围的网格板上。整个堆芯采用 37 个六角堆芯组件模型(50mm 面对面宽度)进行模拟,具有与堆内堆芯组件相匹配的刚度特性。每一个堆芯组件都装满铅来模拟堆芯的质量惯性,控制塞由带模拟穿孔的外护套和中间支撑板组成,穿孔裙板焊接在控制塞的底部,不包括不影响模拟的其他内部构件。顶罩总成由顶板、旋转塞和控制塞组成。堆顶板是一个环形箱形结构,有 10 个贯穿件,基本上可容纳 4 个泵和 2 个 IHX 和 4 个 DHX 模型。大的可旋转塞安装在屋顶板的内边缘,小的可旋转塞和控制塞的顶部是一体的,安装在大的可旋转塞的内周,顶板和大、小旋转塞用混凝土填充来模拟质量惯性。通过堆顶板插入的构件有四个 IHX、四个 DHX 和两个泵,用适当厚度的圆柱管模拟泵的刚度特性。DHX 和 IHX 模型具有原型组件的所有基本部分,管子按比例适当缩小,只放置在三行中(两个最外层和一个最内层),因此,只采用了较少的控制体数目,这不会影响模拟。整个反应堆组件模型通过圆柱形裙板支撑在反应堆穹顶模型上。反应堆穹顶由六根钢柱嵌入混凝土柱中以便于摄影。

主容器、顶部防护罩、塞子提升、控制塞、DHX 和 IHX 的瞬态位移通过两个高速摄像机捕捉:一个是数字摄像机(每秒 3000 张照片),另一个是常规摄像机(每秒 5000 张照片)。在主容器、IHX 和 DHX 的关键位置黏贴足够数量的应变计,以确定结构完整性。一些应变计贴在圆柱形裙板上,以了解穹顶上的荷载。两个加速计放置在顶部防护罩上,以了解惯性负载。两个压力传感器放置在顶部防护罩上,以测量底部的动态压力。只有在拆卸后才能观察到各种内部结构的永久变形。

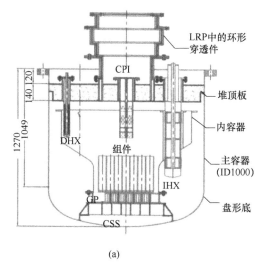

(a)　　　　　　　　　　　　　　(b)

图 21-26　实体模型的几何细节及装配模型照片
(a)模型示意图；(b)装配式结构照片。

21.7.2　能量释放模拟

根据相似原理，按比例缩小模型的能量需求为 E/S^3，其中 E 为原型的做功潜能(100MJ)，S 为比例因子(13)。通过对带刚性盖的简单圆柱壳和完全充水的一系列试验，确定了 LDE 的机械能转换效率为 2.3kJ/g，标准偏差为 0.22。对于典型的原型机中 100MJ 的能量释放，1/13 比例尺模型所需能量为 45kJ，可由 20 g LDE 释放。安全系数为 10%，试验中使用 22 g。

21.7.3　重要结果

用高速摄影机记录主容器底部的瞬态演变过程，并由此导出位移-时间历程。底部位移的典型照片如图 21-27 所示。由高速摄影记录得出的位移历史如图 21-28 所示。根据 FUSTIN 预测的理论值(图 21-15)，外推值 108mm 和 78mm(8.3×13 和 6×13)低于 160mm 和 135mm(实际测量结果)，符合预期要求。在主容器上部的临界位置测量瞬态应变。图 21-29 显示了一个典型的记录，最大应变约为 1.56%。应变的突然增加发生在弹头撞击过程中，这在记录中有清楚的描述。在主容器的各个关键位置测得的应变远小于破裂应变，因此，主容器的完整性得到了保证，并有足够的裕度。测得的应变值为 1.56%，与 FUSTIN 的数值预测(1.6%)非常接近[21.13]。随着负荷质量的增加，重复试验，证明主容器能够承受 1200 MJ 的工作潜能[21.13]。图 21-30 清楚地描绘了未变形和变形的容器，突出了最大应变值(顶部为7%，底部为9%)。通过应用适当的标度定律推导得到能量当量[21.14]。

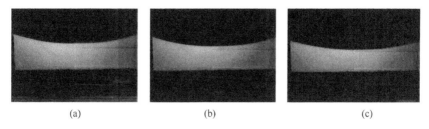

图 21-27 主容器底部位移演变
(a)0；(b)4ms；(c)7ms。

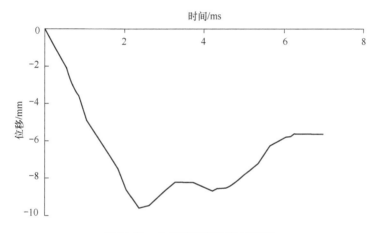

图 21-28 主容器底部位移(已测)

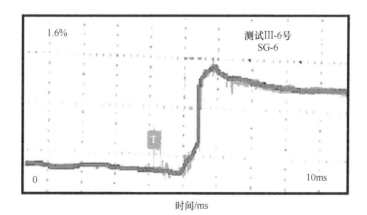

图 21-29 由于主容器上部凸起而产生的环形应变

图 21-30 未变形和爆炸后变形的主容器(约 1200MJ)
(a)试验前;(b)试验后。

为了评估 IHX 和 DHX 的能量吸收潜能,对这些组分的模型进行了检验(图 21-31)。在 1/13 比例的实体模型上完成的 11 项试验证明了 IHX 和 DHX 的结构完整性。从这一系列的结果可以看出,原型快中子增殖实验堆(PFBR)为保持结构完整性而吸收的最大机械能是由 DHX 变形决定的,特别是为了保持可冷却的几何结构,这个值是 500MJ。此外,两个可旋转塞都保持完好,这意味着没有明显的变形,也没有弹出。

为了估计可能从顶部屏蔽贯穿件中喷出的钠,进行了 5 次试验,试验中引入了一种特殊的铝导管,用棉花充填以吸收水分。通过了解试验前后管道重量的差异,可以量化通过每条路径的漏水量。在 1/13 比例模拟实验(Q_m)中测量漏水量,并外推到反应堆工况(Q_p)。在 5 次实验中测得的通过所有的贯穿件的最小和最大漏水量,均模拟(110/133)MJ 的能量,分别为 1.75kg 和 2.415kg。通过外推法估计,反应堆中钠泄漏的最大量为 275kg。该值比理论预测值低约 75kg,表明数值模型中存在保守性。水试验中钠泄漏的模拟如图 21-32 所示。

图 21-31 换热器结构完整性外观检验

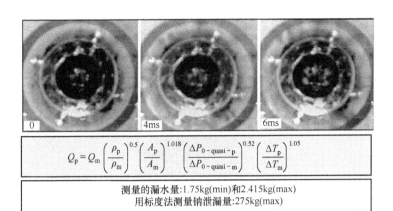

图 21-32　模拟钠泄漏对应 100MJ 能量释放

21.8　事故后余热排出

CDA 之后对事故后余热排出方面进行一个假设。堆芯材料(堆芯碎片)和钢的熔融混合物向下移动,与液态钠接触的堆芯碎片由于淬火而破碎。热力交互作用包括可能导致开裂的液压力和热应力,燃料颗粒平均粒径约为 200μm,钢颗粒平均粒径约为 400μm。金属颗粒一般为圆形,UO_2 颗粒不规则,堆芯碎片沉积在栅格板正下方的堆芯捕集器上。如果不包含此类堆芯捕集器,则碎片床内产生的衰变热将最终转移到容器底部。由于考虑到接触的静态氮介质,主容器的外表面实际上是绝缘的,这可能导致主容器熔化侵蚀,从而导致主容器本身可能失效。因此,堆芯捕集器作为容器内堆芯碎片保持装置,通过自然循环提供碎片的余热排出。反应堆堆芯的设计应留有适当的裕度,以使堆芯碎片能够充分冷却。在熔融燃料沉降过程中,堆芯捕集器上方形成 30%～40% 孔隙率的多孔层,在网格板上形成一个大直径的孔,便于钠在下腔和上腔之间流动。碎片到达堆芯捕集器的最短时间为 1000s。随后,由于它们在 CDA 后是完整且功能完好的,因此,可以通过浸泡在热池中的直接热交换器(DHX)进行长时间的热排出,这是安全设计要求。

采用已建立的 CFD 程序进行热工水力学分析,以预测余热排出过程中的自然对流流动模式。假设碎片中产生 25MW 热量,热阱在 DHX 位置,并将 DHX 热阱建模成热池温度的函数。假定平均粒径为 0.3mm 的碎屑层的孔隙度为 40%,多孔层的压降由 Ergun 关联式模拟。浮力效应采用 Boussinesq 近似,计算模型大约有 30000 个网格(图 21-33),分析预测了多条环路(图 21-34)。在热池中,钠沿着控制塞壁向上流动,沿着内容器向下流动,沿着中心向下流动,然后沿着毛孔周围向上流动。堆芯顶部有一个良好的混合层,具有热池流动模式。在冷池中,钠沿着内容器向上流动,沿着主容器向下流动。计算流体力学分析表明,在整个堆芯熔毁过程中,堆芯内的流动模式和堆芯支撑结构的体积变化,并建立了 DHX 有效去除堆芯碎片衰变热的能力。计划获得严重堆芯事故后的瞬态温度演化,更多详情见参考文献[21.15]。

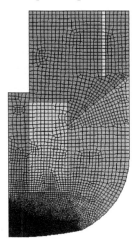

图 21-33 计算网格(见彩色插图)

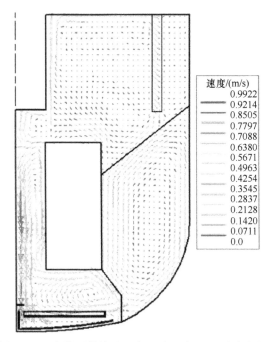

图 21-34 事故后排热过程中的钠流路径(见彩色插图)

为了了解堆芯捕集器收集的堆芯碎片的传热特性,PFBR 相关研究人员对水中伍德合金进行了试验研究。伍德金属碎片的特征是通过模拟堆芯捕集器板上的熔融燃料 - 冷却剂相互作用和分散行为(图 21-35(a))。随后,通过熔化铀和钢将它们倒入热钠池,完成试验。用铀和钢的混合物进行这些试验时,用冷坩埚法感应加热熔化(图 21-35(b)),这个设施称为 SOFI。

为了验证数值预测的自然对流流动模式,在 1/20 比例模型中建立了一个称为事故后热工水力学研究路径的专用设施 PATH(图 21-36(a))。利用这些设施,研究了与堆芯熔化相对应的碎片的散热能力。在这个设施中,离散温度被绘制成图,以便可以直接比较得到的温度分布(图 21-36(b))。读者可以阅读关于 PATH 设施的出版文献[21.16]。

图 21-35 堆芯捕集器板上的碎片(模拟)
(a) 水中的伍德合金(400℃);(b) U + SS(2300℃)和 Na(400℃)。

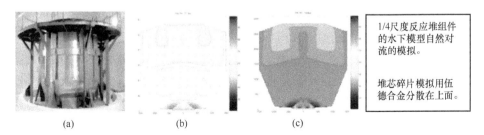

图 21-36 堆芯捕集器上碎片床的热量排出(事故后热工水力学模拟)
(a) 1/20 比例下的 PATH 模型;(b) 72h 的空间温度分布;(c) 100h 的空间温度分布。

21.9　现场边界剂量

反应堆安全壳建筑物(RCB)中的源项是通过估计堆芯中的裂变产物和受损堆芯的比例,并考虑可能出现 RCB 的比例来计算的。向 RCB 释放的裂变气体是破裂堆芯产生的裂变气体的 100%。挥发性裂变产物的释放率取决于其与钠的相互作用,根据国际经验取 10%。非挥发性裂变产物和燃料释放率也取决于一个复杂的过程,根据国际经验取 1.0×10^{-4}。为了计算环境中的污染源,建立了一个模型,其中考虑了团聚、沉降、热泳和扩散泳等物理过程。结果表明,放射性重要核素如放射性气体、碘、铯等对地面释放的贡献分别为 3.6×10^{16} Bq、1.2×10^{14} Bq、4.9×10^{12} Bq 和 4.9×10^{13} Bq。场地边界剂量是通过考虑来自裂变产物惰性气体的伽马剂量、来自裂变产物的吸入剂量和来自地面沉积活动的外部伽马剂量的途径来计算的。研究发现,在场地边界(1.5km)处,计算的总有效剂量为 36mSv,其中包括漂浮 γ(28.8mSv)、吸入途径(6.35mSv)、碘的贡献(2.71mSv)、碘引起的甲状腺剂量(54.1mSv)和受污染地表 24 h 的外部暴露(0.68mSv)。更多详情见参考文献[21.17]。

21.10　小　　结

原型快中子增殖实验堆(PFBR)具有足够的固有和工程安全特性。未来的反应堆将具有增强的和非能动安全特性。对于 PFBR,做功潜能为 100MJ 的 CDA 认为是超设计基准事故。由于 CDA 产生的机械荷载,一次安全壳的结构完整性得到了保证。此外,钠火作用后,由于 CDA 下钠的释放,反应堆安全壳建筑物内的温度和压力升高,构成反应堆安全壳建筑物的设计基准荷载。为了提高一次安全壳和反应堆安全壳建筑物结构完整性的可信度,在一些假设下,对 100~1000MJ 范围内的机械能释放值进行了参数研究。分析表明,一次安全壳具有很高的承受能量释放产生的瞬态力的潜力,甚至超过 1000MJ。钠弹撞击下,通过顶部防护罩的钠射入反应堆安全壳建筑物的能量有限,且能量较高,这主要是由于容器尺寸变化较大,瞬态时间较短所致。然而,值得注意的是,直接热交换器在钠池中的变形可能会限制可接受的做功潜能。对于 PFBR,通过模拟实验研究发现该值为 500MJ。与数值模拟试验结果相比,钠泄漏的理论估算具有足够的保守性。计算出的放射性剂量值远低于适用于设计基准事故的规定限值 100mSv。CDA 是一种超设计基准事故。因此,PFBR 符合所有指定的安全标准,具有舒适的裕度。

参考文献

[21.1] Chetal, S. C., Chellapandi, P., Mohanakrishnan, C. P., Pillai, P., Puthiyavinayagam, P., Selvaraj, T. K., Shanmugam, C. et al. (2007). Safety design of prototype fast breeder reactor. ICAPP 2007, Nice, France, May 13-18, 2007.

[21.2] Chellapandi, P., Chetal, S. C., Raj, B. (2010). Structural integrity assessment of reactor assembly components of a pool type sodium fast reactor under core disruptive accident—Part 1: Development of computer code and validations. J. Nucl. Technol., 172(1), 1-15.

[21.3] Chellapandi, P, Chetal, S. C., Raj, B. (2010). Structural integrity assessment of reactor assembly components of a pool type sodium fast reactor under core disruptive accident—Part 2: Analysis for a 500MW(e) prototype fast breeder reactor. J. Nucl. Technol., 172(1), 16-28.

[21.4] Rouault, J., Chellepandi, P., Raj, B., Dufour, P., Latge, C., Paret, L., Pinto, P. L. et al. (2010). Sodium fast reactor design: Fuels, neutronics, thermal-hydraulics, structural mechanics and safety, Handbook of Nuclear Engineering, Cacuci, D. G (ed.), Springer, U. S., Vol. 4, pp. 2321-2710, Chapter 21.

[21.5] AFCEN-Technical Appendix A3. (2002). RCC-MR Section I, Subsection Z.

[21.6] Chellapandi, P., Suresh Kumar, R., Chetal, S. C., Raj, B. (2007). Numerical and experimental simulation of large elastoplastic deformations of FBR main vessel undercore disruptive accident loadings. IMPLAST, Symposium on Plasticity and Impact Mechanics, Ruhr University, Bochum, Germany.

[21.7] Chellapandi, P., Chetal, S. C., Bhoje, S. B. (2000). Effects of reactor internals on structural integrity of PFBR main vessel under CDA, ASME, New York, USA, Vol. PVP-403, pp. 161-172.

[21.8] Kaguchi, H., Nakamura, T., Kubo, S. (1999). Strain limits for structural integrity assessment of fast reactors under CDA. Proceedings of the ICONE-7, Tokyo, Japan.

[21.9] Velusamy, K., Chellapandi, P., Satpathy, K., Verma, N., Raviprasan, G. R., Rajendrakumar, M., Chetal, S. C. (2011). Fundamental approach to specify thermal and pressure loadings on containment buildings of sodium cooled fast reactors during a core disruptive accident. Ann. Nucl. Energy, 38, 2475-2487.

[21.10] Satpathy, K., Velusamy, K., Chellapandi, P. (2007). Condensation behaviour of fuel vapour in sub-cooled liquid sodium during a severe accident in a fast breeder reactor. International Conference on Modeling and Simulation, CIT, Coimbatore, India, pp. 27-29.

[21.11] Velusamy, K., Chellapandi, P. (2007). Sodium release and design pressure for reactor containment building during a core disruptive accident. CEA-IGCAR Technical Seminar on Liquid Metal Fast Reactor Safety Aspects Related to Severe Accidents, Kalpakkam, India.

[21.12] Beiriger, P., Hopenfeld, J. (1979). SOFIRE II user report, AI-AEC-13055, Atomics International Division, RockW(e)ll International, Canoga Park, CA.

[21.13] Lal, H., Chellapandi, P. (2002). Investigation of mechanical consequences of core disruptive accident in fast breeder reactor based on simulated tests on scaled down models, Kalpakkam, India, Collaborative Project No. TBRL/IGCAR/TRIG/1997.

[21.14] Wise, W. R., Proctor, J. F. (1965). Explosive containment laws for nuclear reactor vessels, NOLTR-63-140, pp. 1-109. Naval Ordnance Laboratory, White Oak, MD.

[21.15] Natesan, K. (2007). Post accident heat removal analysis for PFBR. CEA-IGCAR Technical Seminar on Liquid Metal Fast Reactor Safety Aspects Related to Severe Accidents, Kalpakkam, India.

[21.16] Gnanadhas, L. et al. (2011). PATH—An experimental facility for natural circulation heat transfer studies related to post accident thermal hydraulics. Nucl. Eng. Des., 241, 3839-3850.

[21.17] Indira, R., Rajagopal, V., Baskaran, R. (2007). Source term studies for prototype fast breeder reactor. CEA-IGCAR Technical Seminar on Liquid Metal Fast Reactor Safety Aspects Related to Severe Accidents, Kalpakkam, India.

第四部分

建设与调试

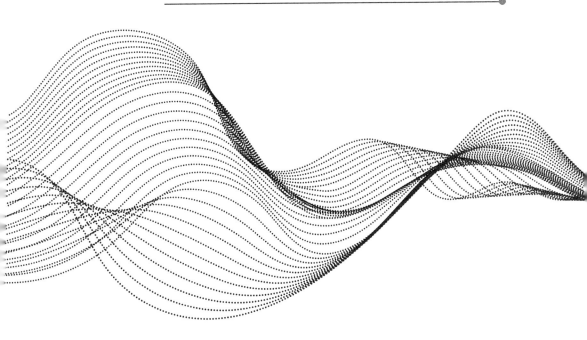

第22章
土建结构和施工的具体方面

22.1 引　言

核电厂由各种设施、系统、部件、机械、设备、管路、管道等组成。把它们系统地布置在厂房内,可使总体建设和运营成本最小化,同时满足一定的安全标准。考虑到安全标准,核电厂布局应使冗余安全系统及其仪表和支撑架具有足够的物理分离,即使在发生任何事故时,其中一个系统不会危及其他系统的可用性。厂房布局目的是利用厂房/建筑物的结构特征,将所有对安全重要的项目与不可接受的危险隔离开来。此外,核电厂的设计应便于操作、检查、校准、维护和设备修理,限制人员的暴露和污染物的扩散。因此,在厂房的建设中,核电厂的布局对于简化建设、安全运行、维护和便于维修起着至关重要的作用。

反应堆安全壳(RCB)、蒸汽发生器厂房(SGB)、燃料厂房(FB)、净化厂房(DCB)、控制厂房(CB)、汽轮机房(TB)、电气厂房(EB)、放射性废物厂房(RWB)和服务厂房(SB)是构成核电厂布局的主要厂房。除此之外,还包括现场装配车间、维修厂房和开关站。燃料处理和储存包括所有与使用前的接收、储存和检查有关的活动,包括将新燃料运入反应堆,从反应堆中取出乏燃料,对选定的组件进行初步检查,以及运送到后处理工厂。燃料处理活动主要在燃料厂房中进行,部分在反应堆安全壳中进行。燃料厂房设置有新燃料和乏燃料处置设备,新燃料和乏燃料存储区域,以及使用运输桶移动新燃料和乏燃料的空间。二回路钠组成部分和管道位于蒸汽发生器厂房中,在每个蒸汽发生器厂房内,安全等级的衰变热除热系统组件位于相对的两侧,确保一个系统在另一个系统不可用的情况下应对常见的故障。钠管布置几乎是对称的,这样布置长度最小。每个反应堆安全壳厂房都有蒸汽发生器(SG)、调压罐、二回路钠泵、二回路钠储存罐、每个蒸汽发生器的氢泄漏检测器(HLD)、一个氢泄漏检测器配置一个联箱和一个减压罐。为了运输罐车在接收到钠时能够方便地进入,在其中一个蒸汽发生器厂房中设有一个备用钠储罐。放射性废物厂房设有液体及气体污水储存罐(暂态储存库)、固体废物储存区(暂态储存库),以及所有放射性建筑物的通风系统的排气扇及过滤器组。控制厂房包括主控制室、操作控制室、计算机室、本地控制中心和电缆扩展区。前面提到的每个厂房之间的功能连接关系如图 22-1 所示,各厂房的布局如图 22-2 所示。一个典型的中型钠冷快中子反应堆(SFR)(500MW(e)容量的原型快中子增殖反应堆[PFBR])和一个大型反应堆(1450MW(e)容量欧洲快中子反应堆[EFR])的各厂房在核电厂中布局分别如图 22-3 和 22-4 所示[22.1]。

本章以大中型核电厂获得的信息为基础,详细介绍了重要反应堆厂房的具体方面和施工细节。特别详细地描述三个重要的厂房:反应堆安全壳(包括反应堆堆坑)、燃料厂房和蒸汽发生器厂房。

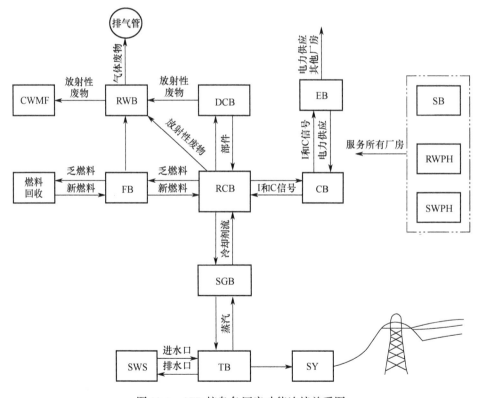

图 22-1　SFR 核岛各厂房功能连接关系图

北

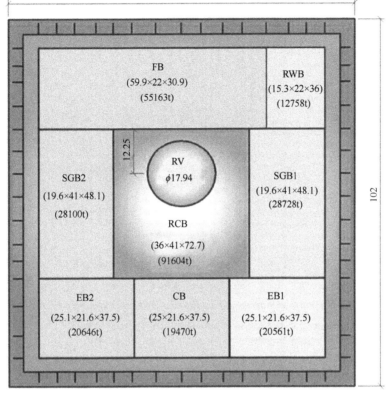

图 22-2 各厂房在钠冷快中子反应堆厂址中的布局

图 22-3 一个 500MW(e) 容量的原型快中子增殖
反应堆(建筑视图)的核电厂布局

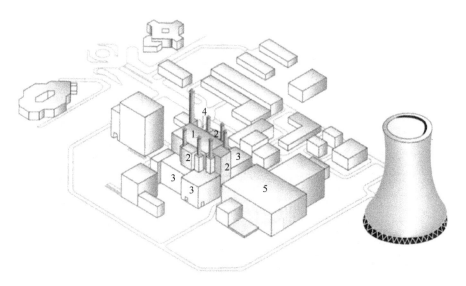

图 22-4　1450MW(e)欧洲快堆的重要建筑布局

(来自 Savage, M. et al., Improvements to be made to fast reactors to enhance their competitively, Proceedings of the Conference on Fast Breeder Systems: Experience Gained and Path to Economic Power Generation, Richland, WA, September 13-17, 1987.)

1—反应堆厂房；2—蒸汽发生器厂房；3—开关装置厂房；4—辅助厂房；5—汽轮机厂房。

22.2　反应堆建筑的具体方面

22.2.1　反应堆安全壳

反应堆安全壳用来容纳有放射性物质泄漏的系统和部件，特别是包括堆芯在内的反应堆组件，如图 22-5 所示。反应堆安全壳是最高建筑物（原型快速增殖反应堆的高度为 72.6m）。在钠冷快中子反应堆中，一回路钠通过中间热交换器将热量传递给二回路钠，二回路钠进口与出口管线穿过反应堆安全壳与蒸汽发生器连接。反应堆拱顶是圆柱形混凝土结构，其支撑在反应堆安全壳基础上，内部布置反应堆组件的主容器。反应堆安全壳的形状是影响经济的一个重要方面。传统上，任何核电厂的反应堆安全壳都是带有圆顶头的圆柱形，所有的水冷反应堆都采用这种安全壳，因为反应堆安全壳的设计压力较大，而穹顶结构具有高压承载能力，故选择该形状。通常不要求这种形状应用在钠冷快堆的安全壳中，因为钠冷快堆设计压力相对于水冷反应堆较低，所以一个简单的矩形就足够了，这使得在缩短建造时间和安装方面取得了重要的优势，包括改善了人员和部件的通道布局。桥式起重机比环形起重机更简单,更容易将供电通道物理分离,为操作员张贴更为简单的标识和符号,并最大限度地利用建筑体积。经过比较不同的版本后,Superphenix(SPX-2)反应堆安全壳采用了一个矩形的二级安全壳,而不是一个圆顶状的安全壳。表22-1 比较了 SPX-1 和 SPX-2 反应堆安全壳的具体质量[22.2]。

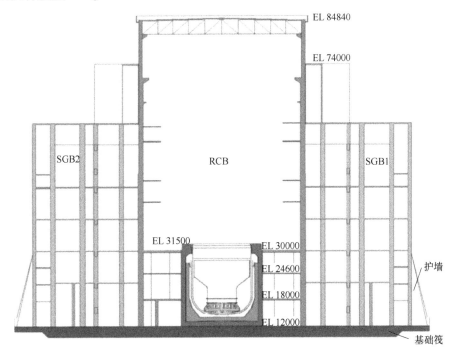

图 22-5　反应堆组件在反应堆安全壳内的布局

表 22-1　PX-1 和 SPX-2 反应堆安全壳明细

明　细	SPX-1:1200MW(e)	SPX-2:1500MW(e)
主厂房形状	圆形	矩形
场地总表面	9900m^2	6,500m^2
场地比面积	8.3m^2/MW(e)	4.3m^2/MW(e)
厂房总体积	489900m^3	330000m^3
厂房比体积	408m^3/MW(e)	222m^3/MW(e)
混凝土总体积	132000m^3	94000m^3
混凝土比体积	110m^3/MW(e)	63m^3/MW(e)
来源:Rineiski, A. A., Improving Economics of Fast Reactor Designs by Reducing the Amount of Plant Materials, IAEA Vienna,2004, ISSN 1011-4289.		

Superphenix(SPX-2)反应堆建筑体积的减少,不仅因为其放弃了反应堆建筑的圆形,而且有如下因素:
- 二回路设备布置紧凑;
- 简化反应堆燃料处理系统,取消外部燃料组件存储;
- 缩小尺寸和反应堆拱顶的特殊设计;
- 简化的衰变热去除系统和一些其他的设计解决方案。

对比一个典型的池式钠冷快中子反应堆和一个典型的压水堆之间的密封复杂性时,俄罗斯商用钠冷池式快堆 BN-600M 和俄罗斯第三代压水反应堆(VVER-1000)的安全壳结构截面如图 22-6 所示。

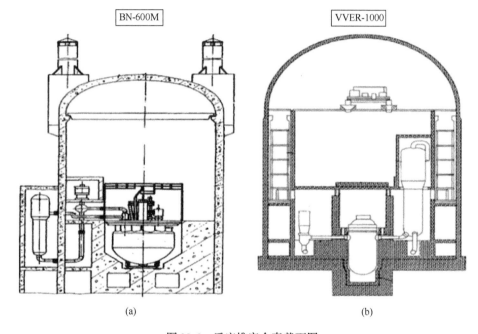

图 22-6 反应堆安全壳截面图

(来自 Rineiski, A. A., Improving Economics of Fast Reactor Designs by Reducing the Amount of Plant Materials, IAEA Vienna, 2004, ISSN 1011-4289.)

(a)俄罗斯商用钠冷池式快堆 BN-600M;(b)俄罗斯第三代压水反应堆(VVER-1000)。

22.2.2 反应堆堆坑

反应堆组件支撑在反应堆堆坑顶部,为了独立支撑安全容器,堆坑在结构上分为两部分:内圆柱形结构和外圆柱形结构。反应堆组件由外壁支撑,安全容器由内壁支撑。原型快中子增殖反应堆采用的双层结构概念,如图 22-7 所示。堆坑的内壁和外壁都是由钢筋混凝土制成的,为了减少来自热钠池的热流,从而使混凝土的温度保持在可接受的范围内(正常运行条件下一般为 60 °C),主容器完全被一个密封的安全容器包围着,容器的外层是高度抛光的不锈钢板,作为外表面有金属绝缘层,这种布置减少热损失和热循环金属疲劳,混凝土通过堆坑冷却系统(通常由水冷却)保持冷却。反应堆组件的预埋件设计涉及非常复杂的特征:

(1)能够承受在正常、地震和堆芯破裂事故情况下产生的巨大压力;

(2)在堆坑和主容器之间提供一个额外的屏障,防止生物屏蔽冷却系统可能出现泄漏的可能性;

(3)使主容器和安全容器之间的空隙氮气具有密封性;

(4)适应反应堆堆坑内外壁之间的相对震动和热位移;

(5)适应反应混凝土的温度限制和施工方面的能力。支撑结构材料采用特级碳钢(A48P2),通过详细的静、动应力分析,保证了钢结构、拉杆、混凝土厚度、钢筋的强度足够。

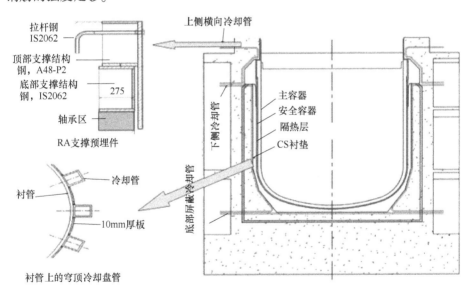

图 22-7 带有预埋件和冷却盘管细节的反应堆堆坑

以原型快中子增殖反应堆为例,在正常运行条件下,反应堆组件的自重约为 4000t 荷载传递到反应堆堆坑的上外侧部分。除此之外,在地震中还会产生轴向、剪切和弯矩等形式的高动力。反应堆外壁厚度为 1m,上部(上外侧)厚度增加约 2m,使荷载均匀分布于混凝土上。反应堆组件外壳的上边缘焊接到刚性箱式结构上,该刚性箱式结构高度 400mm,由 288 根纵向径向加强筋连接的上、底板法兰组成。这种结构是由另一种类似的箱式结构支撑的,箱型结构与匹配的加强筋嵌入在上外侧区域。

在埋设结构中设置 144 根竖向拉杆,以吸收堆芯破坏事故中释放的机械能;在埋设结构中设置 144 根水平拉杆,以抵抗地震荷载作用下产生的剪力。反应堆堆坑的上外侧区域设置有双层衬管:

(1)在堆坑和主容器之间增加一道屏障,以防止生物屏蔽冷却系统可能出现的泄漏;

(2)利用主容器和安全容器之间的空隙中的氮气提供密封性;

(3)以适应反应堆堆坑内外壁之间的相对震动和热位移。

垂直拉杆穿透其底部的内胆,拉杆的圆头与内胆的水平底面相接,并焊接到内胆上。拉杆的顶端用垫圈和螺母固定并闭合,采用端盖和密封焊接,为主容器和安全容器之间的空隙中的氮气提供密封,反应堆堆坑、预埋件和冷却盘管的几何细节如图 22-7 所示。

在图 22-8 中,我们将 BN-600 M 型池式快中子增殖反应堆的堆坑结构与典型的压水堆(VVER-1000)进行了比较。在 BN-600 M 中,反应堆容器的直径约为 12.5m,而 VVER 的相应尺寸约为 4.5m。在池式快堆中,为了限制辐射对反

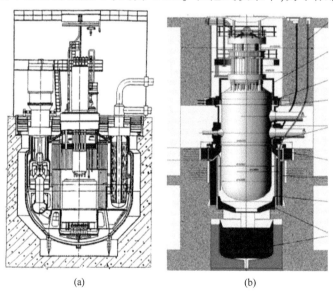

图 22-8 反应堆堆坑结构对比

(来自 Rineiski, A. A., Improving Economics of Fast Reactor Designs by Reducing the Amount of Plant Materials, IAEA Vienna, 2004, ISSN 1011-4289.)

(a)BN-600M 型快中子增殖反应堆;(b) VVER-1000 压水堆。

应堆结构材料的损伤,一般会提供大量的容器内屏蔽,再加上周围大量的液体冷却剂,堆芯伽马造成的剂量贡献非常小。但由于液态钠的激活,也就是说^{24}Na[^{23}Na+(n,γ)→^{24}Na,半衰期,15h]和^{22}Na[^{23}Na+(n,2n)→^{22}Na,半衰期,2.6年],这些都是强辐射体,存在屏蔽要求,厚约2m的混凝土墙满足这一要求,混凝土墙也用于将反应堆的负载转移到筏板上。在压水堆中,容器内屏蔽不显著,决定了所需的生物屏蔽厚度。对于典型的VVER(1000 MW(e)),混凝土的屏蔽厚度约为2.3m,与钠快冷堆相比略高,与压水堆堆坑相比,池式钠冷快堆的尺寸要大得多(压水堆为8.7m,而钠快冷堆为16m),因此,在压水堆中,混凝土屏蔽量明显减少。由于钠快冷堆中混凝土堆坑结构高度较低,约为18m,VVER堆坑高度27.5m,因此堆坑结构的整体混凝土要求可与VVER型压水堆(约1800m³)相媲美。

22.2.3 与燃料处理和储存相关的结构

钠冷快堆更换燃料过程中,用新燃料取代乏燃料,燃料组件从燃料制造工厂接收开始,装载到反应堆以产生动力,乏料从反应堆卸载后发送到后处理工厂,这一过程涉及多个阶段,如图22-9所示。压水堆燃料处理路线的典型布局如图22-10所示,与钠冷快堆相比,压水堆燃料处理步骤少,更为简单。一般来说,所有的燃料处理操作部分是在反应堆安全壳和燃料仓进行的,燃料从反应堆卸载后发送到后处理工厂(图22-9),这一过程涉及多个阶段与反应堆安全壳相连,用于燃料组件的转移。乏燃料的放射性要求混凝土的室壁/地板有足够的屏蔽厚度,这通常高于根据结构考虑所要求的厚度,为了减少室壁/地板的厚度,用高密度混凝土代替普通混凝土。为了最小化在地震条件下连接两座建筑的机器上的燃料入口和出口点之间的差异,燃料舱和反应堆安全壳与其他厂房一起位于一个共同的筏板上。钠泵和中间热交换器等一回路系统部件由于钠附着在其表面而具有放射性,由于其靠近反应堆堆芯而产生放射性,以及腐蚀产物沉积在上述部件的较冷区域,因此,使用了被称为处理烧瓶这样的密封容器来拆卸这些组件。反应堆容器的高度通常受移除泵或中间热交换器的密封容器最大高度放热影响。由于屏蔽要求大,烧瓶的重量通常在几百吨左右,这直接影响到建筑所需吊车的能力,进而影响到建筑的土建设计。目前,正在努力简化燃料处理系统,并找到减少燃料处理时间的解决办法。法国人研究的一个创新设计概念是使用燃料装卸起重机将组件从堆芯直接转移到前容器存储位置,如图22-11[22-3],在这个概念中,在中心设置有混凝土槽,控制塞从槽中拔出,保持密封,通过燃料处理走廊,一台安装在地板上的吊车进入堆芯部件,并将其转移到前存储仓。

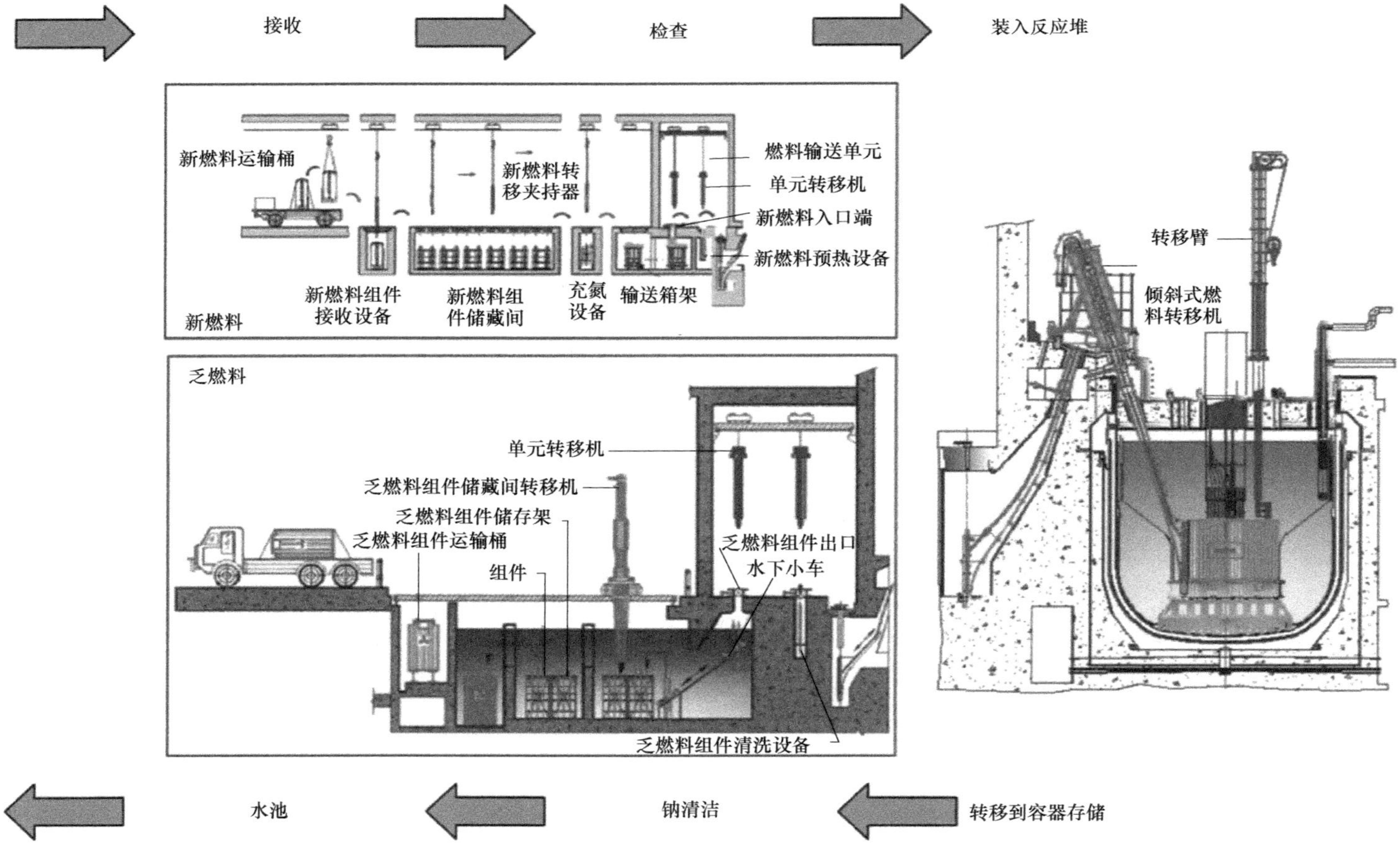

▪ 闭式燃料循环的钠冷快堆
Sodium Fast Reactors with Closed Fuel Cycle

图22-9 钠冷快堆燃料换料作业过程

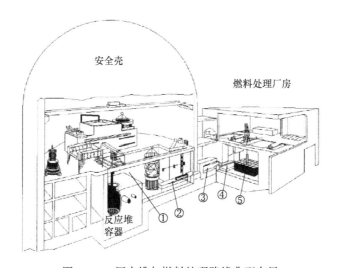

图 22-10 压水堆与燃料处理路线典型布局

①—装卸料机;②—翻转装置;③—传输管道;④—乏燃料倒置装置;⑤—乏燃料装卸机。

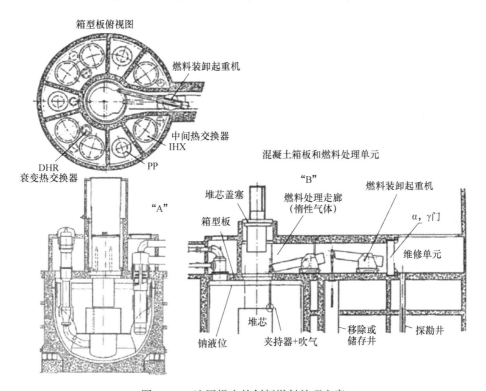

图 22-11 法国提出的创新燃料处理方案

(来自 Rineiski, A. A., Improving Economics of Fast Reactor Designs by Reducing the Amount of Plant Materials, IAEA Vienna, 2004, ISSN 1011-4289.)

燃料处理影响布局的另一个主要特征是乏燃料储存,日本福岛核事故之后,储存乏燃料的燃料舱的设计和操作更为重要。通常设置一个大型露天水池,将燃料组件存储在里边,降低衰变热,使其达到再处理和再制造要求相一致的水平。这个混凝土罐内衬不锈钢衬里设计可安全阻挡地震负荷,为了防止放射性物质扩散到地下水,必须避免水池渗漏水,尤其是当水池位于地下时,通常情况下,采用罐中罐的概念(图 22-12),该内罐包含了位于建筑物地面以上或在另一个封闭容器内的水池,内部储罐和建筑地板/外部储罐之间的环空被监测是否有泄漏,并用补救措施来处理泄漏。对于双单元布局,燃料处理系统在单元之间共享,图 22-13 所示为在一个/两个单元的公共筏板上布置的典型相互连接的建筑布局。

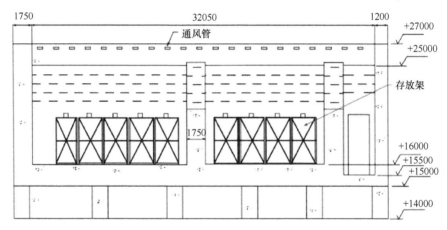

图 22-12 典型的乏燃料池布置

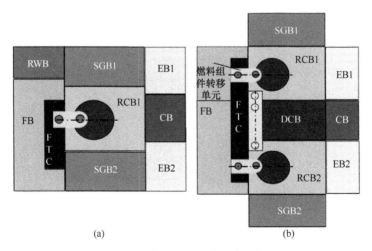

图 22-13 典型相互连接的建筑布局
(a)单元式;(b)双元式。

22.2.4 蒸汽发生器厂房的特点

在二回路钠管道中存在大量的钠,同时钠和水共同存在于蒸汽发生器中,因此,要求蒸汽发生器具有特殊的结构,防止钠或蒸汽在蒸汽发生器内泄漏,发生钠和水反应引起的钠火事故,减轻事故的影响需要有具体的规定。其中一些是在含有钠管道/罐的地板上提供足够厚度的抵抗钠混凝土衬层或是注氮,一旦设计基础泄漏时,足够的壁厚以承受温度和压力的上升,大面积泄漏时,每层倾斜排去泄漏的钠,水/蒸汽系统通过钢壳完全隔离,不同地点的钠气溶胶探测器持续监测有钠泄漏厂房内的空气,每层储存大量干粉(DCP),用于钠灭火;所有钠管道下方的泄漏收集盘和易碎的面板用来限制压力积聚在建筑物内,以防任何意外的钠火灾,蒸汽发生器厂房内的各种灭火系统如图22-14所示。

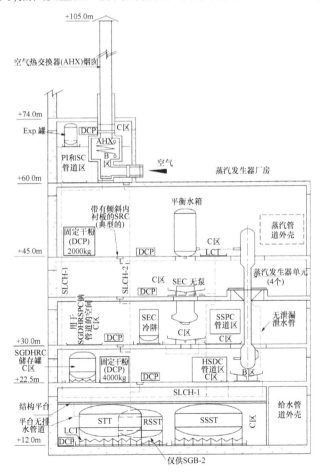

图22-14 蒸汽发生器厂房的灭火系统

在压水堆/重水反应堆中,反应堆安全壳设计压力较高(约1400kPa,即蒸汽发生器泄漏事故造成的最大压力),而在钠冷快堆中,蒸汽发生器布置在单独厂房内,因此,反应堆安全壳厂房的设计压力相对较低(约25kPa),这有助于采用一个更小、更简单的矩形安全壳建筑,而不是一个更大、更昂贵的圆顶建筑。与压水堆/加压重水反应堆不同,钠冷却快堆需要许多辅助系统来支持二回路钠系统,大部分辅助系统被安置在蒸汽发生器厂房内,在压水堆/加压重水反应堆内,蒸汽发生器外壳一侧的泄漏需要监测放射性气体(氚),而钠冷快堆蒸汽发生器发生壳体侧泄漏时,无放射性气体释放。

22.2.5 基础筏板上与核岛连接的建筑物

图22-1中提出了各建筑的功能联系,反应堆安全壳、燃料厂房、蒸汽发生器厂房1和蒸汽发生器厂房2需要在结构上捆绑在一起,以建立功能链接。除此之外,其他与安全相关的厂房—放射性废物厂房、控制厂房、电气厂房1和电气厂房2也位于附近,布局应尽可能紧凑,同时满足22.1节提出的其他与安全、经济和维护相关的要求,因此从结构上连接它们有多个好处。这给出了8个建筑的对称的厂房结构(即位于中心位置的反应堆安全壳、蒸汽发生器厂房1、蒸汽发生器厂房2、燃料厂房、放射性废物厂房、控制厂房、电气厂房1和电气厂房2,当结构具有更对称的平面结构时,扭转效应可以减到最小,减少了对管道、电缆、交流和通风管道长度的要求。

一旦厂房相互连接,在公共基础筏上建造是最好的选择,隔离了每个厂房的基础,图22-2为在共同基础筏上建造的相互连接的厂房。这个选择有多个优点,由此增加的地基垫层面积有另一个优势,可以减少结构峰值加速度响应复杂性,它们可在地震载荷下提供高稳定性。

22.3 土建施工面临的挑战

核电厂的建设涉及许多具有挑战性的活动,需要预先广泛规划,优化部署半熟练和熟练的人力来执行工作,充分的质量保证检查以确保长期的性能,并通过采用创新的做法和解决方案来缩短建设时间,这将在下面进行说明。

核电厂建设的第一个挑战是大规模的挖掘,包括岩石爆破,提供脱水和挡土墙,以及建造大型的相互连接的厂房的基底垫或筏。图22-15描绘了为建造日本钠冷快堆文殊堆[22.4]而完成的大规模挖掘工作。采用预制和放置间距适当的钢筋以保证混凝土流动,并在多点大规模泵送混凝土以确保快速浇筑完成。图22-16描绘了一次浇筑5000m^3的混凝土用于原型快增殖反应堆的基筏(尺寸:

长 100m×宽 100m×厚 3.5m)。

图 22-15　文殊堆开挖后开始施工(1985 年 10 月)

(来自 Hayashi, A. et al., Impact of safety and licensing consideration on Monju,
Proceedings of the International Topical Meeting on Fast Reactor Safety,
American Nuclear Society, Knoxville, TN, April 21 – 24, 1985.)

图 22-16　原型快增殖反应堆基础筏施工阶段

为缩短施工时间,现采用敞开式、模块化施工。如果应用于关键路径项,模块化成自立、独立的模块,大大减少了现场工作和施工时间,这在工厂环境下减少了现场人力,提高了生产率和质量,并确保了模块与未来类似工厂的可重用性。然而,这需要额外的模块工程,额外的临时支持钢,额外的运输成本,以及增加的吊装/装配要,总体效果是减少了施工时间和成本。模块化有三个层次:预制、预装和模块组装。预制涉及连接材料形成一个组成部件,预装配涉及到连接部件来创建一个子单元,模块组装包括组装子单元来创建模块。图 22-17 为先进沸水堆(ABWR)施工典型的模块化、开顶施工方法[22.5]。为升降模块和精确定位,一个大容量的户外起重机是必不可少的。

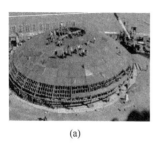
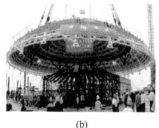

(a)　　　　　　　　　(b)　　　　　　　　　(c)

图 22-17　先进沸水反应堆模块化和开顶施工方法

在沿海地区建设核电厂面临着很多挑战,海水是被当作冷凝器冷却的终极散热器,需设置了一个取水结构以从海中取水。在海滩和海床的某些沿岸地点,沙的运输和沿岸漂移都很大,需要考虑进水口结构的工程设计,避免过多的沙子进入泵房,堵塞进水口到凝汽器冷却水的通道。图 22-18 是一个地下隧道式取水结构的示意图,该结构由位于海内的垂直进水井、垂直陆上出水井、连接位于海底下的进水井和出水井的海底隧道、通向泵房的通道,以及与海底隧道平行的海上进水井的码头组成。沿进水口结构每隔一定时间钻一次孔,以验证海床的地质特征。进水口结构的建设,尤其是沉箱,一个位于距离海中核电厂几千米处的混凝土结构,是一项具有挑战性的任务,包括在恶劣环境下的挖掘、岩石钻探和混凝土施工,以及在进水口和出口竖井之间进行所需的校准,图 22-19 是建造 PFBR 时对进水结构进行拍摄得到的照片。

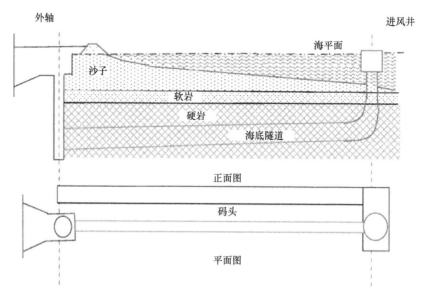

图 22-18　地下隧道式取水结构示意图

图 22-19 PFBR 进水口结构

(a)进水口竖井;(b)出水口竖井;(c)沉箱顶视图;(d)海底隧道。

核电厂的结构是为承受强烈的地震荷载而设计的,因此需要在某些重载位置进行大量的混凝土加固。对所需的施工质量提出了重大挑战,包括对混凝土浇筑前钢筋的预制、处理和现场放置、验证混凝土流动特性的实物模型及在浇筑过程中提供足够的质量保证等。

图 22-20 所示为 BN-800 反应堆建设阶段照片[22.6],图 22-21 和图 22-22 分别给出了原型快中子增殖反应堆中反应堆安全壳和反应堆拱顶施工阶段的一些照片。

图 22-20 BN-800 反应堆的建造照片

(来自 Nevskli, V. P. et al., Sov. Atom. Energy, 51, 691, 1981.)

随着计算能力的不断提高,开发计算机应用程序进行设计和施工已成为必要,三维(3D)实体建模用于当代设施设计,以提供拟建设施的三维布局,并允许项目的更大可视化,而且是工厂工程的标准方法。使用 3D 设计软件的过程是从生成(初始设计阶段本身)组件的实体模型开始的。实体模型完成后,可以使用 3D 设计软件自动生成组件制作所需的各种平面图、立面图和详细视图。设计更改(如果有的话)是在模型中进行的,模型会在图纸中自动更新。通过使用三维设计流程,设计师可以更快地完成设计。在评估设计方案时,它们还可以更有效地更改设计,图 22-23 展示了一个使用 3D 建模来可视化核电厂在原型快增殖反应堆核岛建设的各个阶段的例子。

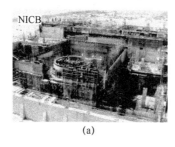
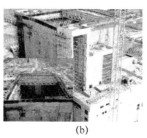

图 22-21　原型快中子增殖反应堆安全壳施工照片(见彩色插图)

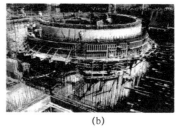

图 22-22　原型快中子增殖反应堆的反应堆拱顶施工照片(见彩色插图)

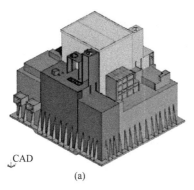
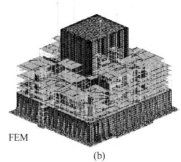

图 22-23　使用 3D 建模可视化核电厂在原型快增殖反应堆核岛建设的各个阶段(见彩色插图)

参考文献

[22.1] Lefevre, J. C. et al., (1998). European fast reactor: Outcome of design study. EFR Associates.

[22.2] Rineiski, A. A., Improving Economics of Fast Reactor Designs by Reducing the Amount of Plant Materials, IAEA Vienna, 2004, ISSN 1011-4289.

[22.3] Savage, M. et al. (1987). Improvements to be made to fast reactors to enhance their competitively. Proceedings of the Conference on Fast Breeder Systems: Experience Gained and Path to Economic Power Generation, Richland, WA, September 13-17, 1987.

[22.4] Hayashi, A., Takahashi, T., Izumi, A., Yanagisawa, T. (1985). Impact of safety and licensing consideration on Monju. Proceedings of the International Topical Meeting on Fast Reactor Safety, American Nuclear, Knoxville, TN Society, April 21-24, 1985.

[22.5] Nevskli, V. P., Malyshev, V. M., Kupnyi, V. I. (1981). Experience with the design, construction and commissioning of BN-600 reactor unit at Beloyarsk Nuclear Power Station. Sov. Atom. Energy, 51, 691-696, November 1981.

[22.6] Blewbury Energy Initiative: Nuclear Fission Energy. (2013). The role of nuclear fission power stations: Pros, cons and UK status, December. http://www.blewbury.co.uk/energy/fission.htm.

第 23 章
机械部件的制造和安装

23.1 关于钠冷快堆组件制造和安装的具体特性

钠冷快堆堆(SFR)部件一般具有大直径、薄壁、和细长结构的特点,因此,规定了严格的制造公差,以提高其屈曲强度,并可能有最小的容器尺寸。在反应堆组件中,把主容器、热挡板、内容器、堆芯支撑结构(CSS)、栅格板(GP)依次定位,保持与安全容器的同轴度,使堆芯中心线与同轴容器中心线一致。其中一项要求是促进控制棒的平稳运行以及便于准确监测来自堆芯组件(CSA)钠的温度。此外,它们必须准确地竖立起来,以保持环形间隙,使钠的流动和温度保持一致。在制造阶段,特别是在箱型结构的情况下,单面焊接在一些困难的位置是不可避免的。由于钠的存在,很难在服役期间进行检查,因此,在服役前阶段本身就需要严格的质量控制。从尺寸稳定性的角度,通过采用稳健的热处理工艺和模拟试验,使残余应力保持在最小值。在考虑经济和材料数据生成时,最好使用最少数量的材料,这也提高了材料在运行中的性能可靠性。主要结构材料为奥氏体不锈钢,要求在没有重大焊缝修补和变形的情况下对焊接进行仔细地考虑。国际快堆和原型快中子增殖反应堆(PFBR)的建造经验表明,反应堆组件的时间成本虽然与民用装置、钠回路和平衡装置(BoP)相比较小,但根据国际快堆和原型快中子增殖反应堆(PFBR)的建造经验,仍然是决定项目的时间进度的主要因素。零件的制造和安装经验有限,设计和制造规范还处于发展阶段这都是钠冷快堆领域当前存在的主要挑战,典型池式钠冷快堆中反应堆组件的布置如图 23-1 所示。

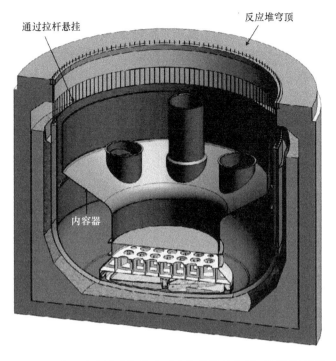

图 23-1 典型池式钠冷快堆中反应堆组件的布置(见彩色插图)

23.2 制造和安装公差:基础和挑战

通常,工程实践中使用的公差可以定义为变化的极限或变化的范围,即在单个部件的制造、装配和装配件的安装过程中所能容忍或允许的变化范围,包括公称尺寸的变化和部件几何形状及其接口变化。公称尺寸是理想的或理论上要求的部件特征尺寸,如直径、高度和厚度等。几何形状包括椭圆度、圆度、直线度、垂直度、平行度、轮廓和同心度。对某一特定尺寸或几何特征的任何总极限或公差应按规范规定分配或分成三部分:制造公差、组装公差、装配或安装公差。公差设计包括以下三个阶段:

(1)总极限、范围或公差的准备和优化;

(2)分配或划分前面提到的用于制造、装配和安装阶段的元素;

(3)通过工程图纸向工业传达公差信息。

规定公差所考虑各种因素,例如部件和设备的可操作性或令人满意的功能(也称为功能性),实现的尺寸/装配的可检查性,便于在役检查,经济性(制造成本与公差范围成反比),以及在所有加载条件下(与薄壳屈曲有关)部件和总成的结构完整性。

就池式钠冷快堆而言,有几个要求来规定严格的公差。一回路钠和反应堆组件的所有内部构件,如堆芯支持结构、栅格板、堆芯组件、内容器、热挡板和主管道,都被安置在主容器内。堆芯组件是插入栅格板的独立结构,栅格板依次支撑在堆芯支撑结构上,堆芯支撑结构的底部与主容器底碟形端焊接,内容器支承于所述栅格板的外围,顶部护罩由顶板、大、小可旋转塞(LRP、SRP)和控制塞组成,形成主容器的顶封,主容器焊接于顶板周边。因此,主容器是一个悬挂在顶板上的壳,壳体内部有所有内部组件,堆芯和钠冷却剂以及顶板支撑在反应堆拱顶上。控制塞支撑在小的可旋转的塞子上,而小的可旋转的塞子又支撑在大的可旋转的塞子上。类似地,大的可旋转的插头支撑在顶板上,为了满足主要的安全、功能和接口要求,反应堆组件的制造和安装的各种公差规范的基础将在以下章节中简要讨论。

23.2.1 制造公差:形状公差及其影响

采用奥氏体不锈钢焊接花瓣形状的大直径薄壳,在实现无畸变结构方面带来了挑战,鉴于对不锈钢可能的致敏作用的考虑,应谨慎进行热处理以确保尺寸的稳定性,完成制造和检验后的公差在相邻的草图中定义。

在大直径壳体中,使用模板在周向和子午线方向定义形状公差,如图 23-2 所示。在制造规范中定义了用于测量的允许偏差和相关的模板尺寸,图 23-3 说明了各种形式公差和测量技术的定义。在草图中定义在制造阶段表达几何缺陷的最大径向偏差(δ),δ 是规范化对壳壁厚 δ/h。图 23-4 给出了国际规范中推荐的主要容器的允许形状公差。

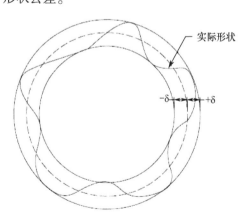

图 23-2 形状公差的定义

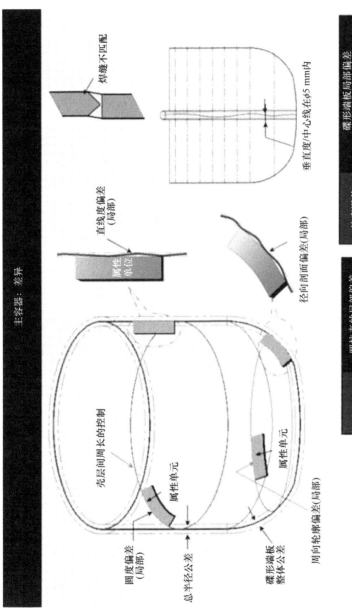

图23-3 形式公差：使用模板定义和度量

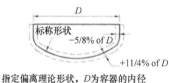
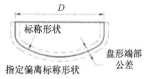

容器部分	主容器尺寸成形公差/mm		
	ASME	RCC-MR	PFBR
圆柱部分	$D_{max} - D_{min} = 70$	$R=6425\pm50$ ($12000<\phi<25000$)	$R=6425\pm12$
盘形底	+160 -80	±40	±12

图 23-4 国际规范允许的形式公差

除了法规要求外,还更严格地规定了形状公差,以满足以下某些功能要求:

● 壳体的几何轮廓由壳体半径和碟形端面轮廓的公差以及圆度、直线度等局部偏差确定,从而达到增强屈曲强度的目的;

● 为保证主容器冷却液流动的均匀性,主容器与热折流板环隙的变化以及热折流板堰的水平性都会影响主容器冷却液流动的均匀性。

23.2.1.1 对薄壳屈曲强度的影响

根据日本进行的大量实验的结果[23.1],按其设计规则提出的屈曲强度降低因子(η)表示为归一化公差(δ/h)的函数,即

$$\eta = \frac{1}{(1) + 0.19\chi^{0.65}} \tag{23-1}$$

式中:χ 为剪切力,$\chi = 2\delta/h$,适用于主容器剪切屈曲;$2\delta/h$ 为弯矩,适用于壳体式屈曲的内容器和热挡板。

相对于剪切力作用下的屈曲,缺陷对弯矩作用下的屈曲影响更为严重,这种方法的应用提供了缺陷对允许屈曲强度的净影响;实际失稳强度 = $\eta \times$ 理论失稳强度,η 相对于 χ 如图 23-5 所示。

为了理解制造公差对薄壳屈曲强度的影响,本节强调了对原型快增殖反应堆的分析结果(详见参考文献[23.1]),计算了原型快增殖反应堆薄壳(主

容器、内容器和热挡板)所受的地震力,并进行了屈曲分析。主容器直线部分的剪切屈曲和内容器环面部分的屈曲以及热挡板的屈曲是重要的。对能引起屈曲的地震载荷,理论计算的载荷因子为:主容器为 3.2(剪切屈曲模式),内容器为 1.9(弯曲屈曲模式),内隔板为 3.2,外隔板为 3(屈曲模式),屈曲强度折减系数"η"为 0.85,主容器为 $2\delta/h = 1$,内容器和热挡板为 0.8,内容器和热挡板为 $4\delta/h = 2$。应用以上理论因素,得到主容器的最小屈曲载荷因子(3.2×0.85) = 2.72,内容器的最小屈曲载荷因子(1.9×0.8) = 1.52,内挡板的最小屈曲载荷因子(3.2×0.8) = 2.56,外挡板的最小屈曲载荷因子(3×0.8) = 2.4。内腔是最关键性的组成部件,在负荷倍率为 1.52 的安全停堆地震所产生的地震力作用下会发生变形,其高于《核设施机械部件设计规范和施工规则》(RCC-MR)(2002)规定的服务水平 D 条件下的最低安全系数 1.3。此外,通过改变缺陷系数 δ 对场地地震峰值加速度进行参数化研究,得到了按 RCC-MR 可接受的净屈曲载荷系数,给出了内腔的计算结果,这是图 23-6 中允许的峰值加速度与 δ/h 的

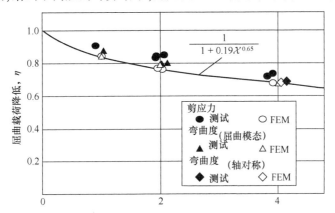

图 23-5 形式公差对薄壳屈曲强度的影响

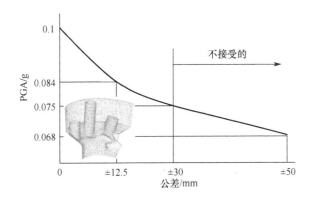

图 23-6 制造公差对允许地震加速度的影响

比较。从图 23-6 中可以看出,如果容器的制造缺陷尽可能低,则可以承受更高的地震力,这具有显著的经济效益。因此,形状公差对经济有很大的影响。

23.2.1.2 对薄型容器直径的影响

反应堆组件由许多同轴薄容器构成,内容器处于最里面,它被内挡热板、外挡热板、主容器和安全壳等依次包围。为了避免在地震荷载作用下的任何机械相互作用,在壳体的平均直径处设置了最小的环形间隙。此外,应在主容器和安全壳之间设置足够的间隙,以允许在线检验设备自由移动,最小径向间隙是外容器的最小半径与内容器的最大半径之差。如果 δ 较大,外壳的直径也应该更大。因此,容器的直径由 δ 决定,这一点在图 23-7 所示的示意图中得到了明确表示,其中三个平均半径为 r_{m1}、r_{m2} 和 r_{m3} 的同轴壳体考虑了最小径向间隙要求:g_1 在最内层和中间层之间($r_{m1} - r_{m2}$),g_2 在中间层和外层之间($r_{m3} - r_{m2}$),壳体的最外层半径由式 $R_{out} = R_{m1} + \delta + g_1 + 2\delta + g_2 + \delta = R_{m1} + g_1 + g_2 + 4\delta$ 推导,最后一项 4δ 表示形状公差的影响,如果 $\delta = 100mm$,那么后续结构/壳体所需的最外层半径为 400mm,即直径为 800mm,对经济性影响较大。

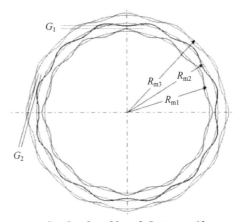

$R_{out} = R_{m1} + \delta + g_1 + 2\delta + g_2 + \delta = R_{m1} + g_1 + g_2 + 4\delta$

图 23-7 形状公差对圆柱壳直径的影响

23.2.1.3 焊缝不匹配

δ 的另一个影响是焊接时壳体之间产生不匹配,施工规范对焊接界面的形状公差规定了严格的公差范围(规定的位置将随后给出)。不连续效应和在焊缝不匹配的界面上产生的力/力矩如图 23-8 所示,在后面的章节中将介绍一些实际的事例。

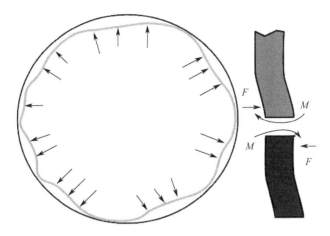

图 23-8　在焊缝不匹配处产生的力/弯矩

23.2.2　加工公差

本节对加工公差方面的讨论考虑了栅格板(GP),在加工组件方面涉及广泛,栅格板支撑反应堆堆芯,并作为堆芯组件的冷却剂分配静压箱,由焊接在主容器上的堆芯支撑结构(CSS)支撑,用于泵送冷却剂所需的内部压力(0.8 MPa 用于原型快中子增殖反应堆)。此外,由堆芯、内容器和主倾斜机构产生的静载荷作用在栅格板上(大约600 t 用于原型快中子增殖反应堆)。同时在设计中还考虑了地震引起的力和力矩,在结构上,栅格板由两块板组成,并间隔开,通过一个圆柱壳和许多管(称为套筒)在外围相互连接,在组装结构中,两个板都以相同的三角形图案穿孔,且相应的孔垂直对齐。达到公差的主要功能和其他标准主要是为了方便大量机加工零件的组装,及通过各自的处理机构对堆芯组件进行适当的处理,通过顶部/底部板和外壳总成之间以及套管和板之间的螺栓连接,尽量减少钠泄漏和支撑在栅格板上的内容器的倾斜,从而避免中间换热器与内容器之间的机械密封受到干扰,在任何动力作用(如地震效应)下,限制堆芯移动(开花/压实),图 23-9 以栅格板为例,描述了各种加工公差。

23.2.2.1　指定各种公差的基础

为了通过各自的机构正确地处理堆芯组件和控制棒,堆芯组件的顶部与相应处理机构的控制棒和夹持器之间允许的偏差应在一定范围内。造成这种偏差/偏移的因素有很多,其中可归结为栅格板和堆芯的因素如下:

(1)堆芯组件/控制棒在辐照下的直线度和弯曲度;

(2)在堆芯和其他荷载作用下的栅格板的坡度和挠度;

(3)支撑堆芯部件/控制棒的套管的位置和垂直度(由于制造和安装公差);

(4)堆芯部件的套筒和底座之间在导向部位的间隙。

其中,弯曲系数占允许偏移量的主要部分,设计中要控制栅格板的坡度和挠度。用于制造和现场安装的栅格板的偏差分配的部分也被限制为可能最小的值(对于原型快中子增殖反应堆为 3mm),剩下的部分分摊到其他因素中。套筒的位置是制造套管在栅格板内的位置公差和栅格板位置和方向上的现场组装/安装公差的组合,套筒的垂直度由制造公差对套筒垂直度的 w.r.t 构成。栅格板的底面支撑在堆芯支撑结构之上,安装后水平度的现场安装公差,即支撑栅格板的堆芯支撑结构面水平性,将产生的偏移/偏差限制在指定的上述特征的公差限定的范围内。

如果采用螺栓连接的栅格板,则顶部/底部板与壳体法兰之间的法兰连接为金属对金属接触连接,没有任何密封装置。这是由于在钠环境的应用中,加工大直径精度凹槽金属 O 形环限制公差十分困难。对于给定的法兰尺寸,影响通过这些接头泄漏的因素是配合面的平整度和表面光洁度,即板和壳法兰的平整度和表面光洁度。指定表面平整度的加工公差,以评估各种表面平整度和光洁度值的泄漏率变化,并在此基础上指定表面平整度,由此产生的泄漏应可忽略不计。同样,通过套筒渗透的顶部和底部板的泄漏也要仔细研究,因此,需要在板上的套筒和套筒孔之间规定紧密的间隙配合,这也将易于组装。

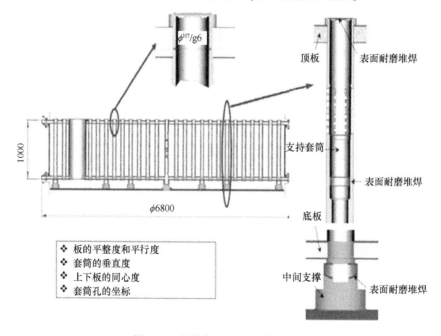

图 23-9 网格板上重要的加工公差

23.2.3 安装公差

23.2.3.1 吸收棒平稳运行的公差要求

本节对垂直度和水平度的具体公差进行了规定,以确保反应堆平稳运行和安全关闭功能。为了达到这个目的,在控制吸收棒可插入性的参数上要规定严格的公差,这反过来又要求精确定位控制杆和安全杆驱动机构(CSRDM)和不同的安全杆驱动机构(DSRDM)内的控制塞套管、栅格板的中心线和盖管的垂直度和栅格板的水平度。控制塞的水平性取决于可旋转塞和顶板的水平性。整体而言,顶护罩的水平度和栅格板的同轴度和水平度是最重要的参数。考虑到顶护罩和栅格板的直径较大,支撑栅格板的主容器的悬挂支撑布置,以及这些部件的温度梯度,保持规定的公差是最具挑战性的任务。另一个最重要的要求是这些结构的刚度和尺寸稳定性。由于这些部件不是独立的,所有位于堆芯支撑路径和堆芯组件中的部件的制造公差、位置精度和尺寸稳定性都是紧密相连的,必须在充分理解制造和安装过程中的设计要求和约束条件后进行规定,吸收棒插入性的公差要求如图 23-10 所示。

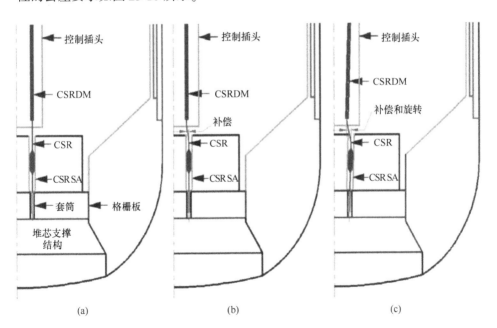

图 23-10 吸收棒可插入性公差规范的基础
(a)理想情况 CSR SA 和 CSRDM 符合条件;(b)由于 CSR SA 和 CSRDM 之间的偏移而导致的错位;(c)CSR SA 和 CSRDM 的偏移和旋转导致的错位。

23.2.3.2 平滑的换料操作所需的公差要求

燃料装卸机的正常运转是由诸多因素影响,包括机器直线度的适当公差、夹具和导向管在机器内行程的平直度、堆芯组件的垂直度、尺寸公差所引起的相邻堆芯组件之间以及堆芯心组件与栅极板套筒底部之间的相互作用力、燃料装卸机的夹持器与堆芯部件头部的对准等,穿透顶护罩的部件的安装公差如图23-11所示。

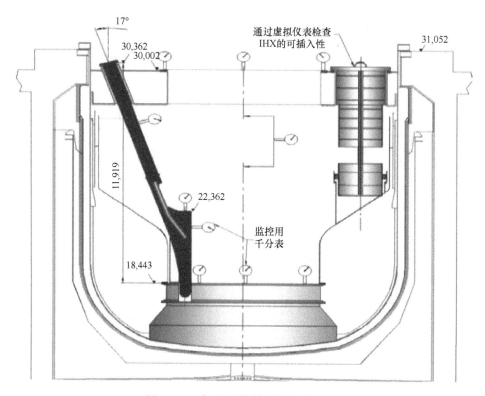

图 23-11 穿透顶护罩部件的安装公差

23.2.3.3 ISI 设备检查主压力容器顺利运行径向间隙均匀性

控制主容器和安全容器之间的间隙的公差是容器制造过程中可以达到的形状公差,包括主容器与安全容器之间的相对高度、垂直度和同心度等,在役检查(ISI)车辆自由移动的间隙要求如图 23-12 所示。

23.2.3.4 确保所需的钠通过堰壳空间所需要的公差

堰壳顶部的水平性非常重要,如图 23-13 所示。在安装过程中应监测堰壳顶部是否水平,以保证堰壳周围钠的均匀流动。

图 23-12　ISI 车辆在主容器和安全容器之间的空隙中移动

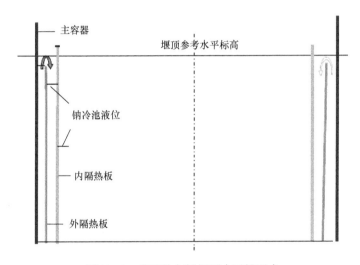

图 23-13　溢流均匀性堰顶水平性要求

23.3　制造规范和实践

世界各国在机械设备的设计、制造和安装方面都遵循不同的做法、标准和指南。这取决于他们各自的实力和多年来积累的良好工程实践和制造技术的基础。然而,组成反应堆系统的部件对安全至关重要,在设计、制造和安装过程中采用的不同做法可能不足以确保所需的安全等级。正是在这样的背景下,国际设计规范如美国机械工程师协会(ASME)、德国标准协会(DIN)和法国标准在协调和标准化世界各地的设计、制造和安装标准方面发挥了重要作用。这些规范的采用确保了利润的一致性,并将设备放在同一个平台上,有助于更好的比较和标准化,并促进互换性。国际法规的采用提高了买方的信心水平,为来自不同国家的供应商的产品打开了市场,提高了其可销售性,此外还有助于监管实践和其他法定要求。

设计规范对合规性启动,对包括分类、材料选择、材料性能(化学、机械、物理)、材料鉴定、设计规则和分析方法、制造和鉴定程序、无损(ND)检验方法、交货条件、安装要求和在在线检验的要求等方面提供了强制性和非强制性的要求。

一个设计良好的部件可能由于材料选择不当、制造质量差或无损检验方法不当或不符合安装要求等原因而不能满足其要求。组件的制造涉及广泛的操作组合,包括加工、成形和连接。例如,在反应堆部件的制造中,焊接是一个固有的过程。通常很难满足焊接接头的质量要求,因此在接边加工、安装和焊接执行过程中要更加小心。虽然这些步骤可以谨慎地进行,但难点在于预测和控制焊接变形/收缩。考虑到这一点,最好是有内置的设计条款,以避免/尽量减少焊接变形,这在设计要求的关键位置上具有更大的重要性,例如水平性、垂直性和水平性都需要从功能需求上来满足。钠冷快堆的施工经验非常有限,制造规范和标准仍在不断发展,如 RCC-MR 和 ASME 等制造规范规定了本章提出的某些要求以及这些要求的基础,本节主要讨论三个方面:焊接、检验和热处理。

23.3.1 焊缝相关问题

在任何设计过程中,主要的需求是确保组件在所有服务负载的影响下,在目标寿命期间满意地执行预期的功能。为满足这一要求,设计人员应选择正确的材料。在评估时需要熟悉设计和失效理论的使用条件,选择合适的制造和检验方法。尽管如此,早期的故障仍然会发生,因为焊缝是构件中的薄弱环节。对世界范围内钠冷快堆失效经验的具体案例研究表明,约 50% 的失效是由焊接引起的,如表 23-1 和表 23-2 所示。

表 23-1 快堆中的焊接故障

故　障	DFR	PFR	PX	SPX	KNK	总　数
焊接故障	3	7	17	1	10	38
总故障数	7	19	20	2	21	69
来源:Structural Integrity of the Fast Reactor, Report by the UK Nuclear Industry, Technical Advisory Group on Structural Integrity, AEA Technology, Warrington, U.K., 1992.						

在设计阶段,需要严格按照适用的设计规范对焊缝进行详细分析,并在核电厂延长运行许可的过程中,对焊缝的无损评估(NDE)技术进行了严格的审查。在某些情况下,需要对通过无损检测发现的缺陷进行严格的分析,以决定是否验收。在这些情况下,应用可靠的设计规则/评估程序是至关重要的,并且要完全了解焊接在工作条件下的行为和影响其行为的因素,特别是在高温条件下。

设计规范提供了基于多年积累的丰富经验的规则,由于理想的无缺陷焊接接头是不可能实现的,因此需要为制造目的规定可接受的缺陷或偏差。在这方面,根据焊接类别,规范规定了可接受的缺陷和检查要求。各种规范的做法各不相同,大致可分为常规规范和核规范。为了便于说明,其范围仅限于典型的常规设计规范 ASME 第 VIII 节 Div 1[23.3]和核设计规范 ASME 第 III 节 NH[23.4]小节。法国规范 RCC-MR 专门规定了快速增殖反应堆组件的设计规则[23.5]。一旦设计满足规范要求,就排除了主要的失效模式,如总屈服和拉伸断裂(与时间无关)和蠕变应变、蠕变断裂、蠕变和疲劳损伤(与时间有关)。假设部件在使用寿命开始时没有裂纹,根据设计规范,裂纹的萌生是由于蠕变疲劳损伤累积导致的失效,除了屈服和蠕变断裂。

表 23-2 在栅格板技术开发过程中获得的经验

面临挑战	解决方案采用/教训
长缝焊后加工时顶板变形	在进一步加工之前,对钢板进行了全应力消除
由于栅格板高度降低,建议的壳与板接头的双面焊接无法进行	通过修改接头结构,即使从外部进行单面焊接,也能达到要求的内圆角半径,新的接头设计能够满足要求的无损检测(NDT)
采用千斤顶控制板壳一体化焊接变形。变形控制千斤顶拆除后,顶底板发生弯曲。这导致了不同位置板块之间距离的增加,因此套筒留量是不够的	考虑到工作的发展性质,顶板和底板的最后最小厚度从 40mm 放宽到 35mm。于反应堆的栅格板,在整体焊接后(在去除畸变控制千斤顶之前)会有更多的套筒长度和全应力消除的裕度
套管与板之间焊接时,套管的硬面顶部锥形支撑部分的变形	对结构和焊接工艺进行了适当的改进
焊接组件的严格公差是指定的	采用适当的机械加工和焊接顺序,以达到规定的尺寸限制

焊接设计一般遵循规范中推荐的规则,因此介绍了 ASME 第三节中的第 1 节、NH[23.4]小节和 RCC-MR[23.5]的要点。

23.3.2 奥氏体不锈钢焊缝的挑战

奥氏体不锈钢是钠冷快堆常用的结构材料,在制造方面,主要涉及多个难点的焊接。这种材料的膨胀系数很高,导致焊接变形很大,而且这种材料导热性差,因此,焊接电流要求较低(通常比碳钢低25%),只允许较窄的接头制备,所有常用的焊接工艺都能成功使用,然而,如果不采取适当的预防措施,与埋弧焊相关的高沉积速率可能会导致固化开裂并可能致敏。奥氏体不锈钢的凝固强度会因硫、磷等杂质的加入而受到严重影响,再加上材料的高膨胀系数会导致严重的固化开裂问题。大多数304型合金的设计最初是作为铁素体凝固的,这种铁素体对硫有很高的溶解度,在进一步冷却后转变为奥氏体,形成一种奥氏体材料,其中含有微小的残留三角形铁素体。因此,严格意义上来说不是真正的奥氏体,如果在550℃以上长时间加热,铁素体可以转变为一个称为西格玛的非常脆弱的阶段。

如果不锈钢的任何部分在500~800℃范围内加热一段合理的时间,铬就有可能与钢中的任何碳形成铬碳化物(由碳形成的化合物),这减少了可用来提供钝化膜的铬,并导致优先腐蚀,通常称为致敏。因此,在焊接不锈钢时,宜采用低热输入,并将最大焊道间温度限制在175℃左右。

热处理和焊接引起的热循环对奥氏体不锈钢的力学性能影响不大,奥氏体钢不容易发生氢裂纹。因此,除了降低厚截面的收缩应力风险外,很少需要预热。由于这种材料具有很高的抗脆性断裂能力,也很少需要焊后热处理。因此,要进行应力释放以降低应力腐蚀开裂的风险,除非使用稳定的等级,否则这可能会导致敏化(在450℃左右的低温下可以实现有限的应力释放)。奥氏体不锈钢具有良好的耐腐蚀性,但在某些环境下也会发生相当严重的腐蚀,焊接材料比母材腐蚀更严重,正确选择焊接材料和焊接工艺至关重要。

为了确保焊缝根部具有良好的耐腐蚀性,在焊接和后续冷却过程中,必须使用惰性气体保护装置保护焊缝根部免受大气的腐蚀。气体护罩应以适当的方式包含在焊缝根部周围,允许气体连续流经该区域,所用气体通常是氩气或氦气。不锈钢压力装置失效的最大原因是应力腐蚀开裂,这种类型的腐蚀在材料上形成深裂纹,是由于当材料受到拉应力(这种应力包括残余应力)时,过程流体或加热水/蒸汽中的氯化物的存在造成的,而镍和钼的显著增加将降低风险。碳素钢工具、支架,甚至是研磨碳素钢产生的火花都可以将碎片嵌入不锈钢的表面,这些碎片如果受潮就会生锈。因此,建议在一个单独的指定区域进行不锈钢制造,并尽可能使用特殊的不锈钢工具。实现良好焊接的规范规则将在23.3.3节中描述。

23.3.3 含钠的不锈钢容器可接受的焊接接头

焊接接头是根据部件分类指定的,即第1、2、3类和非核类。考虑焊缝在重要边界处的重要性,以及确保与向大气中释放的放射性有关的部件的结构完整,只有全熔透接头才可用于这些焊接。根据 RCC-MR,焊缝的定义如图 23-14 所示。在进行生产焊接前,焊接程序和焊工应符合买方的规范(根据 codal 要求起草)。图 23-15 给出了含有一次钠的典型钠冷快堆壳结构的允许焊接接头。

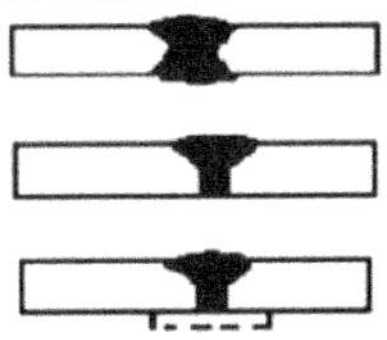	I.1	对接焊	全熔透	双向可达	封底焊缝
	I.2	对接焊	全熔透	双向可达	气体背面保护,有或无插入
	I.3	对接焊	全熔透	双向可达	对临时背衬的带钢拆除后可进行检查
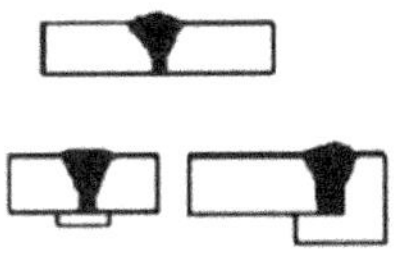	II.1	对接焊	全熔透	背面不可达	气体背面保护,有或无插入
	II.2	对接焊	全熔透	背面不可达	永久衬垫条
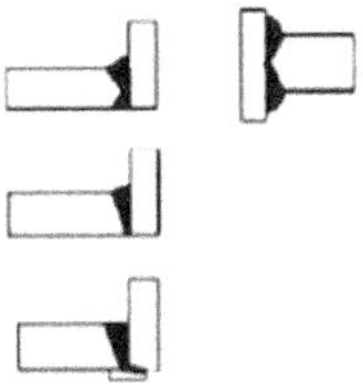	III.1	角焊或T	全熔透	双向可达	背面焊缝或背面加工
	III.2	角焊或T	全熔透	背面不可达	气体背面保护
	III.3	角焊或T	全熔透	背面不可达	永久衬垫条
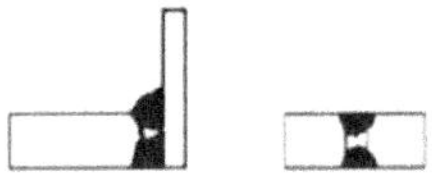	IV.1 IV.2	角焊或T 对接焊	部分熔透	双开准备	双点焊
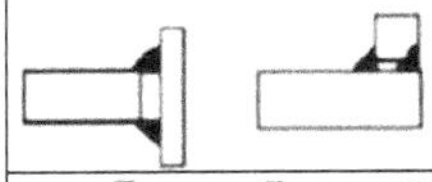	V	角焊或T	部分熔透或不熔透	直边或单孔准备	双点焊
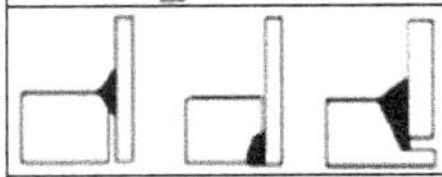	VI	角焊或T 对接焊	部分熔透或不熔透	单开准备	单点焊
		角焊或T	不熔透	直边准备	单点焊	单点焊

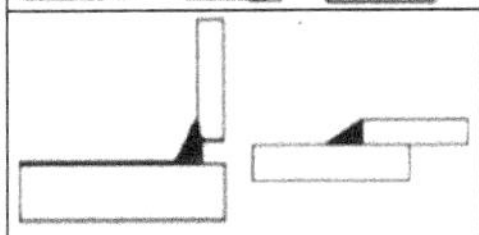

图 23-14 按 RCC-MR 第 III 节中 B 小节定义的焊接配置
(来自 ASME, Rules for Construction of Nuclear Power Plant Components, Subsection NB: Class 1 Components, Section III Div 1, 2007.)

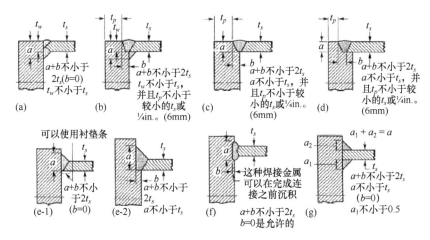

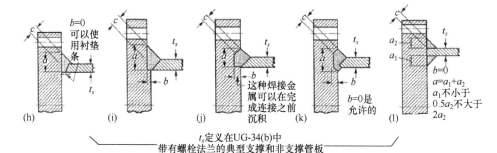

一般注意事项如下:
(1)受支持的管板:$a+b$不小于$2t_s$,c不小于$0.7t_s$或$1.4t_r$,以两者以较低者为准;
(2)不支持的管板:$a+b$不小于$3t_s$,c不小于t_s或$2t_r$,两者以较小的为准;
(3)t_s和t_r的定义如UG-34(b)所示;
(4)见UW-13(e)(3)支持管板的定义;
(5)尺寸b是由焊接准备产生的,并在装配后和焊接前进行验证。

图 23-15 连接到壳体上的平板可接受的角接头

(来自 ASME, Rules for Construction of Pressure Vessels, Section VIII Div 1, 2001.)

- 只允许完全耐辐射焊接几何形状,如果连接处不适合射线检查,则进行完整的超声检查(UT),如果两种方法都不可行,可以每两层($t<20$mm)或每三层($t\geqslant 20$mm)进行一次液体渗透检查(LPE);
  - 无永久性衬条;
  - 在不相等的焊缝处平滑过渡(min1:3);
  - 可接受焊缝不匹配($t\geqslant 5$mm);
  - 对于双方可接近的,$(t/10+1)$与最大4mm;
  - 对于单面进入的,$(t/20+1)$最大3mm;

- 焊接两道管壳时,圆周控制至关重要;
- 没有削弱,焊缝周边冲洗。

对于高温应用,推荐使用图 23-16 所示的两种典型的热套设计细节(规范中没有提到)。通常应该使用标准的减速器来进行直径转换,以增加结构灵活性并降低热梯度的锐度。因此,热应力和不连续应力以及由此产生的疲劳损伤被最小化。容器支架,如裙摆、凸耳或立柱,应使用全焊连接到容器壳体或容器头上。图 23-17 中显示了两种典型的推荐配置,一种配置具有锻环截面,另一种配置具有焊接组织,在这两个设计概念中,为焊接(对接焊缝)和检查提供了清晰的通道,从而增加了实现良好的整体焊缝质量的潜力,此外裙部支撑容器在高温应用时,裙部与壳体相交处会有较高的热梯度,采用分段绝缘可使局部热梯度降至最低。另一个经常采用的设计理念是在裙部上提供插槽来增加灵活性。

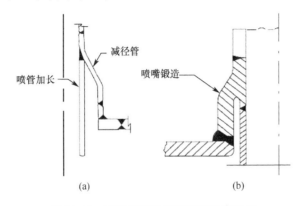

图 23-16 高温应用的带热套的喷嘴焊接

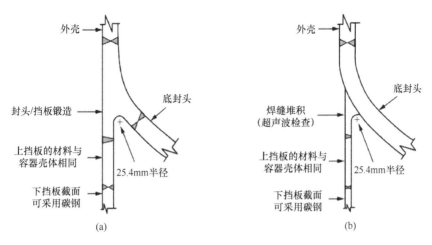

图 23-17 高温容器支架的典型首选设计

23.3.4 稳健设计通用指南

稳健设计的一般准则如下：

（1）应用时应避免承插焊接，以免有缝隙腐蚀的危险，此外，承插焊也有缺点，其中之一是应力集中，与对接焊相比，应力集中对疲劳行为有不利影响；

（2）对于涉及疲劳载荷的应用，指定对焊缝具有最小应力集中系数的平焊是很重要的，详情请参阅表 NB 3681（美国机械工程师协会第 III 条第 1 款第 NB 类第 1 款组件）[23.6]；

（3）对于热膨胀差异较大的两种不同钢材的焊接，以及疲劳负荷，例如电力部门的 2.25Cr-1Mo 到奥氏体不锈钢管道，特别是两班倒操作，在这种情况下，需要在两个基础材料（如合金 800）之间加入一个具有膨胀系数的最小长度为 2.5√RT 的套管；

（4）对于不兼容介质的热交换器，如钠和水在钠加热蒸汽回路中，对于带有凸起的管口的管板内孔对接焊缝与传统的轧制和焊接接头进行经济比较是值得的，这种焊缝可以进行体积检测，防止缝隙腐蚀，并允许焊缝位于低应力区，内孔焊缝的额外成本很可能超过与轧制和焊接接头相关的材料和制造成本。

23.3.5 焊接不匹配和控制

在焊接之前和焊接过程中，沿着焊缝的整个长度或周长确保任何两部分的内外表面完全匹配几乎是不可能的。被焊零件之间的线性偏差程度称为焊缝失配。根据失配的不同，在不连续的界面上产生的焊接质量和力/力矩会有所不同。因此，在焊接操作过程中，焊接连接的部件要对准、调整和保持在正确的位置，使用千斤顶、夹具、纽带、定位焊和特殊夹具等工艺，以满足施工规范中规定的公差。焊接后的表面对准应能正确地进行无损检测，允许失配公差定义如下：

（1）要装配的零件的中心线应对准在制造公差范围内；

（2）相同厚度零件的内外表面对准公差，厚度 e 小于 5mm 时，线性偏差应小于 $0.25e$，厚度大于 5mm 时，应限制在 $0.1e+1$（最大不超过 4mm），如果是这样，他们可以直接焊接，没有任何修正；

（3）对于不同厚度的零件，板材厚度中心线的偏移量公差应满足之前的要求（2），焊接后可从较厚的截面上去除多余的材料，过渡斜率不大于 0.25（图 23-18）。

在某些情况下，如果要求满足允许失配公差定义的（2）和（3）是可能的（图 23-19），则本规范允许焊接金属的沉积称为"焊接覆盖层"。这必须严格按照规范中规定的特殊检验要求进行，在这种情况下，检查程序应包括金属被移出或沉积的区域,只有在不产生不可接受的应力的情况下,才允许从最厚的部件中取出金属,当应力水平不可接受时,只允许焊接金属的沉积。

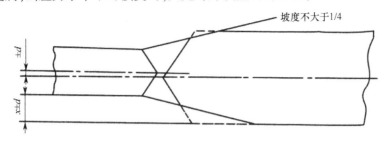

图 23-18　对不同厚度的零件进行校正

x—理论水平差,即常规厚度的半差；d—每(b)可接受的不匹配度。

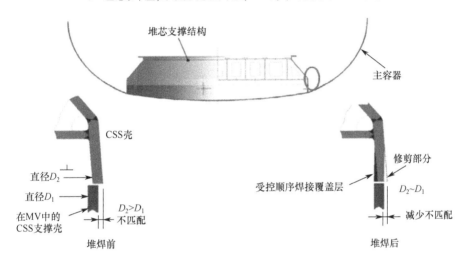

图 23-19　钠冷快堆实际情况下配合件间失配校正

也可以采用焊接覆盖技术优势来产生良好的变形效果(导致热机械效应),以促进边缘不匹配的部件的连接,以满足允许失配公差定义中的(2)和(3)。下面的案例研究将对此进行了说明。

将"堆芯支撑结构底部筒壳"焊接到"主容器支撑壳"上,为了与"主容器内的支撑壳"进行适当的焊接装配,要控制"堆芯支撑结构的底部圆柱壳"的周长。然而,可以观察到"底部圆柱壳"呈圆锥形,导致圆周增加超过公差极限(图 23-19)。针对这一问题,钠冷快堆领域人员详细研究了机械校正、底壳内表面焊补层焊缝收缩校正等多种方法,并采用焊缝覆盖校正方法。在整个圆周上对底壳内表面进行焊缝覆盖,并在每一层沉积后测量半径和圆周,当达到所需的周长,覆盖就停止了。外表面和内表面被平滑地磨平,以获得一个圆柱形的底壳。为了满足堆芯支撑结构底部的界面要求,对焊缝收缩现象进行了建设性的利用。由于这一修正,适当的安装焊接得以成功地实现。

值得注意的是,对于碳钢件,有时会在十字形或 T 形连接处(容易发生层状撕裂)沉积适当兼容材料的覆盖层,以克服/避免层状撕裂问题(图 23-20)。

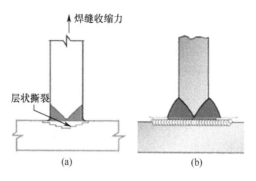

图 23-20 堆焊以避免层状撕裂

23.3.6 焊缝检查

23.3.6.1 技术

常用的检查技术有液体渗透检查、射线照相检查和超声波检查,检查分三个阶段进行:焊缝边缘准备(液体渗透检测)、焊接过程(液体渗透检测)、焊后焊缝(液体渗透检测和射线/超声检测)。射线照相验收标准是不允许未穿透、未融合、裂纹,根据壁厚的不同情况,允许存在气腔和孤立的夹渣体。射线照相检查的质量相当于 2-1t 的标准。这意味着渗透计是一种用于射线照相测试的设备,以评估射线照相图像的质量。这个想法是把一个穿透仪放在正在进行放射学测试的样本上,在样本旁边展示穿透计的细节,表明达到了一定水平或百分比的射线照相灵敏,射线照相灵敏度被定义为 X 光片所显示的最小或最薄的物质变化。在欧洲,透度计称为图像质量指示器(IQI),透度计有各种各样的形状、大小和配置,它们可以是小的金属板,上面有相同的或可变大小的孔,也可以是装在塑料包里的一系列变直径的电线。线型或板式透度计是由同一类型的材料作为样本被测试,2-1t 规定的射线照相试验质量表明,穿透厚度为焊缝厚度的 2%,其中孔的直径等于穿透厚度,射线图像应该能够记录上述提到的穿透计上的孔。

对于超声波测试,指定的焊缝质量是基于反射波振幅,体积指标(孔隙率、气腔、夹渣等)允许根据具体情况而定。任何非体积反射器,如裂纹和未熔合、未渗透、咬边是不可接受的,对于液体渗透检查,任何线性指示大于 2mm 都是不允许的,有关详情,请参阅文献[23.6]内的规范。

23.3.6.2　检查时间:焊缝执行期间

在焊缝执行期间,对于检查时间的要求如下。

(1)对于中间阶段的焊缝,应在表面焊道制备后进行检查。

(2)当对完成后无须进行体积检查的焊缝进行渗透检查时,焊缝执行过程中的液体渗透检查按下列频率进行:

① 当 $e \geqslant 20$mm 每三层检查一次;

② $e < 20$mm 时每两层检查一次。

(3)焊缝背面准备好后,建议厂家进行磁粉探伤或液透探伤,在下列情况下,此检测是强制性的:

① 对于有背面衬条的焊接,当衬条去除后要进行封底焊,焊缝背面准备好后,应对铁素体钢进行磁粉检验;

② 当未指定用射线或超声波方法对焊缝进行最终检验时,需要进行磁粉探伤或液透探伤。

23.3.6.3　焊缝完成后的检查时间

1)体积检查

体积检查适用于全熔透焊接和非合金及低合金钢的均质焊接。

(1)最终体积检验应在最终消除应力热处理后进行,如果在最终消除应力热处理规定的温度范围内进行,则应在中间热处理后进行最终体积检查。

(2)如果需要同时进行放射线和超声检查,则应力消除热处理后的最终体积检查应为超声检查,但是,在热处理之前可以进行超声波检查,在这种情况下,在应力消除热处理之后,只需要借助横波和单折射角进行第二次超声波检查。

2)表面检查

(1)如果所涉及的厚度、使用的工艺或材料的性质使人们有理由担心在热处理过程中可能会出现或加剧缺陷,则应在最终热处理后进行。

(2)但是在下列情况下,在最终消除应力热处理规定的温度范围内进行表面检查时,应在最终消除应力热处理之后或在中间热处理之后进行表面检查:

① 用衬条焊接而成的焊缝;

② 如果焊缝的容积检验是行不通的。

23.3.7　热处理

热处理是指在不改变产品形状的情况下,通过控制金属的加热和冷却来改变其物理和机械性能。热处理有时是无意中完成的,由于制造过程加热或冷却金属,如焊接或成形。热处理通常与提高材料的强度有关,但它也可以用来改变某些可制造性目标,如改进机加工、提高成形性和恢复冷加工后的延展性。因此,这是一个非常有利的制造过程,不仅可以帮助其他制造过程,还可以通过增加强度或其他理想的特性来提高产品性能。钢特别适合于热处理,因为它们对热处理有很好的反应。一般来说,不锈钢的热处理可分为固溶退火、应力消除和尺寸稳定,基本上是在 1050~1150℃ 进行固溶退火热处理,以恢复基材性能,溶解沉淀,消除过度冷加工的不利影响,重组晶粒。在热处理过程中,控制加热和冷却以避免意外形成不需要的沉淀物是非常重要的。

例如,Ni-Cr(Co free)硬面不锈钢零件的应力消除热处理,其最大温度可达 750℃,并具有适当的保持时间,对于缓解由于各种成形和焊接操作而引入的截面中的残余应力至关重要。一般来说,应力消除操作有助于消除锁定的应力,使延性值与原始材料相当。应力消除热处理通常也适用于过度冷加工的成形零件(应力消除按照 RCC-MR 标准要大于 15%,按照 ASME 标准要大于 10%)。然而,在某些情况下,如果过度冷加工超出了规定的限制,在适当的材料测试结果后,并且证明其延展性是否足以满足其用途目的的适当性,这样可以不必进行应力消除热处理工作。

尺寸稳定化热处理对加工零件或装配件的精度进行了处理,以避免在操作过程中产生应力变形。零件/总成通常要经过热处理,热处理温度要比工作温度高 50℃ 左右,保温时间由零件/总成的厚度决定。在此热处理过程中,结构没有引起任何冶金变化,在前面提到的所有热处理过程中,应适当注意对整个构件长度的温度梯度进行控制,这对于最小化变形、不利应力的累积等是非常必要的。

对于碳钢构件的焊后热处理,设计规范(如 RCC-MR 和 ASME)为有效厚度方法的估算提供了指导方针,以明确热处理的需求。这对箱体结构特别有用,在箱体结构中,热处理的需要对于消除焊接过程中的内置应力非常重要。热处理所有的箱型结构将是不必要的和不经济的,有效厚度法在这方面非常方便,热处理温度在 550~625℃,热处理的最高温度随合金含量的增加而升高。

23.3.8 焊接强度降低因素

焊缝是结构或构件的薄弱环节,焊缝的存在对构件的结构壁厚、蠕变和疲劳寿命有重要影响,焊缝强度折减系数采用的方法如下。

采用 J_t 降低了焊缝的基本许用应力强度,同样在焊缝附近(定义为焊缝中心线两侧厚度的 ±3 倍),蠕变疲劳评定应采用允许设计周期数 N_d 和允许持续时间 T_d 的折算值。从设计疲劳曲线中读出 N_d 值,从最小应力曲线中读出 T_d 值。焊缝的设计疲劳和断裂曲线是通过应用适当的强度折减因子从基础材料数据中得出的:J_f 为疲劳强度折减系数,J_r 为蠕变强度折减系数。通过建立焊缝的设计疲劳曲线和蠕变断裂曲线,给出了 RCC-MR 中推荐的应用焊缝设计程序的方法,分别如图 23-21 和图 23-22 所示,设计规范 RCC-MR 对限制元件寿命的各种因素的净安全系数如图 23-23 所示,更多细节见参考文献[23.7]。

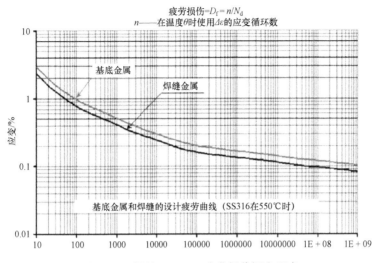

图 23-21 焊缝 RCC-MR 疲劳损伤评定程序

(来自 RCC-MR, Construction Rules for Mechanical Components of FBR Nuclear Island for class 1 components, Subsection B: Class 1 Components, AFCEN, 2007.)

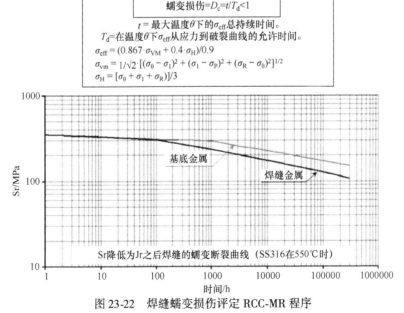

图 23-22 焊缝蠕变损伤评定 RCC-MR 程序

(来自 RCC-MR, Construction Rules for Mechanical Components of FBR Nuclear Island for class 1 components, Subsection B: Class 1 Components, AFCEN, 2007.)

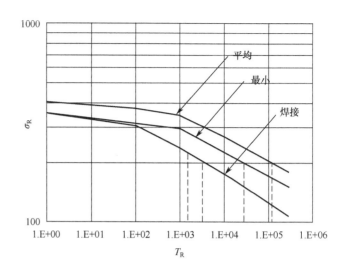

焊接影响

- 基底材料的最小应力断裂曲线是基本数据
- 它被一个还原因子降低(J_r)
- J_r 是断裂寿命的函数

寿命预测中的安全系数
(550℃时应力200MPa)

- 使用最小属性=4.2
- 焊接强度折减系数的应用(J_r)= 8.9
- FOS(1/0.9)在应力计算中的应用= 2.1
- Net FOS(w,r,t平均基底金属性能)= 78.5

图 23-23　焊接蠕变设计 RCC-MR 考虑的净安全系数

23.3.9　焊接栅格板技术发展的经验教训：案例研究

在本事例研究中，我们总结了在焊接栅格板技术开发实践过程中所获得的经验教训。栅格板的总直径为 6.1m，它有 900 多个套筒连接上、下板，700 多个插口连接上板，壳体与顶底板之间、套筒与板之间、插口与顶板之间设有焊接接头，几何细节如图 23-24 所示。这也是未来钠冷快堆设想的创新栅格板概念是这种类型的第一个，因此，有必要演示满足所需的紧尺寸公差的制造技术。在技

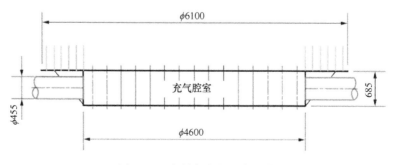

图 23-24　焊接栅板的几何细节

术发展过程中遇到了一些挑战,重要的问题是变形控制,在以下部位之间的焊缝应采取严密的变形控制措施:①套管与板;②壳与板;③承插板;④喷嘴与壳。制造阶段如图 23-25 所示。图 23-26 和图 23-27 所示分别为套筒到板和板到壳的接头,在引入一些创新思想后完成了一些具有挑战性的焊接。表 23-2 全面列出了面临的挑战和吸取的教训,更多细节见参考文献[23.8]。

图 23-25 焊接栅板的制造阶段

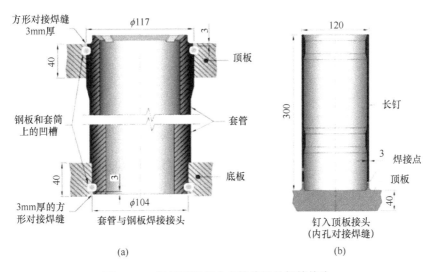

图 23-26 焊接网格板中有挑战性的焊接接头

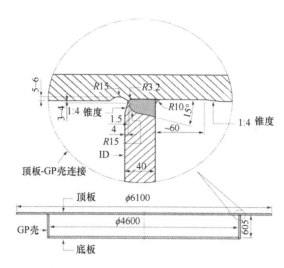

图 23-27　通过坡口实现的典型板壳焊缝

23.4　小　　结

一旦了解了各种公差(它们的定义、基础和在制造和安装阶段可能产生的影响),就可以适当地定义安装程序,最优公差的确定是实现经济和安全的关键,如图 23-28 所示。每个国家或组织都有自己的制造和安装方法/策略,因此不可能将它们全部呈现出来,然而本章提出了通用的方法和制造程序,以及制造规范中建议的各种公差限制,此外在第 24 章提供了一些插图,特别是与原型快速增殖反应堆的更详细的信息。

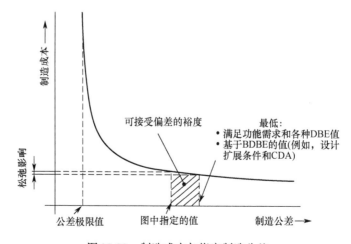

图 23-28　制造成本与指定制造公差

参考文献

[23.1] Akiyama, H. (1997). Seismic Resistance of FBR Components Influenced by Buckling. Kajma Institute Publishing, Japan.

[23.2] Structural Integrity of the Fast Reactor. (1992). Report by the UK Nuclear Industry, Technical Advisory Group on Structural Integrity, AEA Technology, Warrington, U.K.

[23.3] ASME. (2001). Rules for Construction of Pressure Vessels. Section VIII Div 1.

[23.4] ASME. (2007). Rules for Construction of Nuclear Power Plant Components, Subsection NH: Class 1 Components. Section III Div 1.

[23.5] RCC-MR. (2007). Construction Rules for Mechanical Components of FBR Nuclear Island for class 1 components. Subsection B: Class 1 Components. AFCEN.

[23.6] ASME. (2007). Rules for Construction of Nuclear Power Plant Components, Subsection NB: Class 1 Components. Section III Div 1.

[23.7] Chellapandi, P., Chetal, S. C. Chapter 9: Design against cracking in ferrous weldments. In Weld Cracking in Ferrous Alloys. Woodhead Publishing, Cambridge, U.K.

[23.8] IGCAR Annual. (2012). Report technology development of components for innovative CFBR reactor assembly, IGCAR, India.

第 24 章
国际钠冷快堆的实例

24.1 文 殊 堆

24.1.1 关键部件的制造

文殊反应堆(Monju)容器是由奥氏体不锈钢制成的直径为7m,高为18m,厚度为50mm的圆筒形壳体,图24-1所示为文殊反应堆组件(RA)示意图。为减少焊接件数量,提高结构可靠性,该容器由12个锻环组成,只有周向焊缝。反应堆屏蔽塞需要足够坚固,以支持安装在其上的组件,并使其与堆芯内部构件正确对齐,因此采用了经过验证的厚肋结构制造这种堵头。由于主循环泵在一次系统中是垂直的,有一个约6m长的细轴,因此在旋转部件的制造上考虑较多,以确保高度控制和平衡的旋转。在与实际运行相同的高温条件下,对轴的平衡进行了测试,研制了一种主要用于管板焊缝的自动焊机,在螺旋管式蒸汽发生器中,蒸汽发生器的管对管和管对管板接头均采用对接焊。屏蔽塞、燃料装卸机、前容器储罐等主要部件在工厂提前组装完成,在现场重新组装之前,进行了装配测试,以确认系统的性能。

24.1.2 施工

文殊核电厂的建设始于1985年10月,位于核电厂中心的反应堆厂房和反应堆辅助厂房的地基工程已经开始施工,反应堆安全壳厂房的建造于1987年4月完成,反应堆容器于1989年10月安装(图24-2),图24-3为安装后的堆芯内部,1991年4月竣工,1991年5月至1992年12月进行了功能试验,1994年4月反应堆达到临界状态。整个施工过程耗时6年左右,经过各种功能和启动试验,在3年左右达到临界状态。

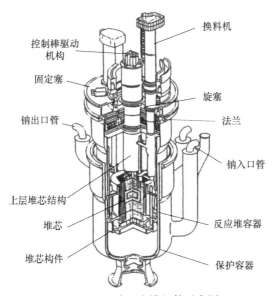

图 24-1　文殊反应堆组件示意图

（源于 Takahashi, T. et al., Nucl. Technol., 89(2), 162, 1990.）

图 24-2　文殊反应堆容器的架设

（源于 Takahashi, T. et al., Nucl. Technol., 89(2), 162, 1990.）

图 24-3　安装后文殊堆芯组件

（源于 Takahashi, T. et al., Nucl. Technol., 89(2), 162, 1990.）

反应堆厂房内安装了大量的钢筋和构件锚固螺栓,外形复杂,包含了反应堆容器等主要构件。在施工前,建立了钢筋布置的模型,以了解钢筋与构件基底结构之间的相互作用,以及是否可以改进施工顺序。反应堆容器周围的反应堆腔壁由蛇纹石混凝土制成,外覆钢板,这个钢盖是一个支撑反应堆容器的结构部件,它的安装必须非常精确,特别是在远程加油要求方面,也是由于这个原因,每个部分都是在工厂制造的,并通过临时装配确定其尺寸,最后在现场装配,保持公差不超过1mm。反应堆容器及内部构件按如下顺序构造:①反应堆容器的保护容器;②反应堆容器;③堆芯内部构件;④顶部屏蔽塞;⑤上部堆芯结构;⑥控制棒驱动机构。

在运输过程中,防护容器和反应堆容器的重量约为500t,在5天的时间里,这两个部件都被运送到现场,用滚轮从现场组装车间运送到反应堆容器舱,然后进行安装工作,特别注意确保准确安装和部件的清洁。主冷却管的零件是在这个工厂制造的,然后在现场焊接管道支架和连接到部件的主冷却管道。通常在现场应用同样的自动焊接技术,就像其在工厂中用于保持质量一样。典型中间换热器和蒸发器的制造和安装阶段图片如图24-4和图24-5所示,更多细节见参考文献[24.1]。

(a)　　　　　(b)

图 24-4　中间换热器的内部结构

(源于 Takahashi,T. et al.,Nucl. Technol.,89(2),162,1990.)

(a)组装;(b)安装。

(a)　　　　　(b)

图 24-5　用于文殊反应堆的140个热传递管被盘绕在蒸汽发生器(蒸发器)中

(源于 Takahashi,T. et al.,Nucl. Technol.,89(2),162,1990.)

24.2 Superphenix(SPX1)

SPX1 主容器直径为 21m,采用奥氏体钢结构,用于容纳堆芯、内部构件、3500t 钠、4 台一次泵和 8 台中间换热器。堆芯支撑结构焊接到主容器上,堆芯栅板是一种圆柱形箱体结构,用于固定部件。带有组件和内容器的堆芯栅板的重量传递到堆芯支撑结构,四个主泵的八个排放管通过堆芯栅板向堆芯提供钠冷却剂,内容器是一个预制的双壁钢结构,旨在提供热和冷钠池之间的钠停滞区。顶板沿轴向上形成主容器边界,支撑主泵和中间换热器,为了满足围护结构和构件支撑的要求,顶板必须是一个非常大的环形金属箱形结构,填充了厚重的混凝土护罩,下表面是隔热的,顶板中间的圆柱形开口用两个可旋转的插头封闭,一个插头位于另一个插头的中心外,堆芯盖插头在小型可旋转的插头上方,用来支撑堆芯仪表和安全停堆机构。

24.2.1 施工

24.2.1.1 反应堆组件

SPX1 场址的建造于 1977 年中期开始,对施工策略和进度造成影响有两个主要因素:一是反应堆组件的尺寸较大,如图 24-6 所示,反应堆容器直径约为 20m;二是壳层太薄(25-60mm)。考虑到操作难度和与普通铁路、公路运输的不兼容性,反应堆组件的建造分为以下三个阶段。

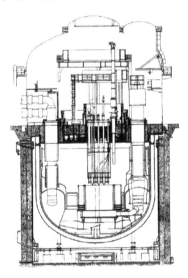

图 24-6 Superphenix 的 RA 示意图

（1）组件的各零件通常由制造工厂提前制造好再运输到反应堆建造地，这是因为制造工厂的设施完善，并且零件的尺寸也适合铁路或公路运输。

（2）个别零件运送到现场，并在专门的现场车间组装。

（3）从外部到内部的各个组件组装在反应堆建筑的最终位置。

24.2.1.2 压力容器和内部构件

因为压力容器的直径非常大（反应堆容器21m，安全容器22.5m），所以压力容器都是在现场车间进行建造的。在制造工厂预制包括轧制宽约1.8m的钢花瓣，并将其组装成尺寸在铁路/公路运输限制允许范围内的面板，现场将面板进行组装，建造容器。316不锈钢含硼量高，对其进行自动焊接存在微裂纹等潜在困难，考虑到316不锈钢的焊接工作对环境条件要求极高，SPX1工作人员选择了用覆盖电极手工焊接方式。与容器相比，堆芯栅板是一种完全不同的结构类型，它是一种由多个螺栓精密组装而成的钢格构件，配有835个支架用于接收堆芯组件，考虑到现场车间无法满足较大的机械加工要求，该部件由制造商制造。

24.2.1.3 顶部封闭结构

顶部封闭结构的组件由一个顶板、一个大的可旋转插头和一个芯盖插头组成，在制造商预制并在现场车间组装，但这个可旋转的小插头完全是在生产厂家组装并运到现场的。顶板的内外六段在供应商处采用部分自动多道焊的方法进行组装，各段应力得到了缓解，在现场车间，这些部件通过手工焊接进行了整合。考虑到局部厚度小于35mm，未进行应力消除，该组件的总质量约为800t，在供应商处，一个大的可旋转的插头被预制成两部分，并在现场车间集成，在插头支撑处安排的各种厚环是由现场组装的两块厚对接焊接板加工而成的，在现场对这些环进行了局部应力消除。考虑到芯盖塞的极端工况，除支撑板（顶部）外，均采用奥氏体钢结构，由于多次穿透，此插头未采用混凝土屏蔽，或者在相邻的插头和顶板中提供屏蔽材料的地方，把所需数量的钢板堆放在同一水平面上。在建造现场，顶部封闭结构的组件分两部分进行组装和测试。

24.2.2 现场安装

现场安装是施工过程第三阶段的一部分，组件由轨道上运行的小车从现场车间运送到反应堆安全壳附近的转移地点，从中转站，组件采用一种特殊的搬运系统（图24-7）通过其墙壁上的一个开口进入反应堆安全壳。搬运系统由两个稳定的龙门架组成，构成一个刚性结构，能够举起和移动重物，龙门架配备液压升降机，在反应堆安全壳里，上面的滑道用来安装反应堆坑里的部件。组件的安装顺序如下：①安全容器；②主容器、堆芯捕集器、堆芯支撑结构和隔热板底座的组装；③内容器内装有泵立管和挡板筒壳；④顶板；⑤堆芯栅板和中间换热器筒体;⑥可旋转插头和芯盖插头。

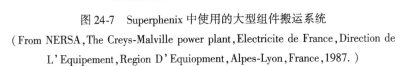

①反应堆厂房　④架空轨道
②起重机架　　⑤轨道上运行的电车
③滑道　　　　⑥厂房维修间

图 24-7　Superphenix 中使用的大型组件搬运系统

(From NERSA, The Creys-Malville power plant, Electricite de France, Direction de L'Equipement, Region D'Equiopment, Alpes-Lyon, France, 1987.)

图 24-8 显示了反应堆容器和安全容器的安装。为了方便主容器和安全容器与顶板连接，两个容器均使用安全容器下方的千斤顶升起。此外，还有一些中间阶段的制造和安装的控制塞，中间换热器，主钠泵，和蒸汽发生器，如图 24-9 ~ 图 24-12 所示。

关于 Superphenix 堆组件的制造和构造的更多细节见参考文献[24.2]。

(a)　　　　　　　　(b)

图 24-8　Superphenix 的反应堆容器和安全容器的安装

(源于 NERSA, The Creys-Malville power plant, Electricite de France, Direction de L'Equipement, Region D'Equiopment, Alpes-Lyon, France, 1987.)

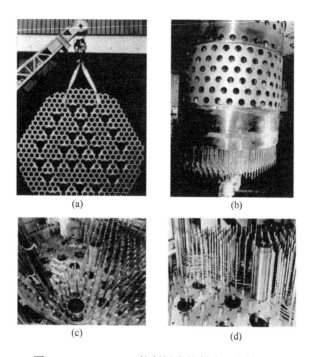

图 24-9 Superphenix 控制插头的制造和安装阶段

(源于 NERSA,The Creys-Malville power plant,Electricite de France,Direction de L'Equipement,Region D'Equiopment,Alpes-Lyon,France,1987.)

(a)Breada,1981 年 2 月:堆芯覆盖塞格;(b)1982 年 8 月 6 日:堆芯盖塞定位了反应堆;(c)Breda,1981 年 11 月:正在安装的堆芯盖塞底板;(d)Breda,1981 年 8 月:将包层故障检测管的导管安装到堆芯盖塞底板上。

图 24-10 Superphenix-中间换热器的制造和安装阶段

(源于 NERSA,The Creys-Malville power plant,Electricite de France,Direction de L'Equipement,Region D'Equiopment,Alpes-Lyon,France,1987.)

图 24-11 SPX 主泵的制造和安装阶段

(源于 NERSA, The Creys-Malville power plant, Electricite de France, Direction de L'Equipement, Region D'Equiopment, Alpes-Lyon, France, 1987.)

图 24-12 Superphenix-蒸汽发生器的制造和安装阶段

(源于 NERSA, The Creys-Malville power plant, Electricite de France, Direction de L'Equipement, Region D'Equiopment, Alpes-Lyon, France, 1987.)

(a)蒸汽发生器安装定位在其建筑物内,一个蒸汽发生器重 191t;(b)引入一个蒸汽发生器的建筑特制;
(c)Creusot-loire,1981 年 3 月:蒸汽发生器在车间;(d)1983 年 1 月:连接蒸汽发生器出口蒸汽收集器。

第 24 章 国际钠冷快堆的实例

24.3 500MW(e)原型快堆

24.3.1 原型快中子增殖反应堆简要说明

原型快中子增殖反应堆(PFBR)是一个500MW(e)容量池型钠冷却快堆(SFR),由印度卡尔帕卡姆的英迪拉甘地原子研究中心(IGCAR)设计和开发。原型快增殖反应堆有两个主回路和两个二回路,每个回路有四个蒸汽发生器,冷钠池的温度是670K,热钠池的温度是820K。来自热池的钠在将其热量输送到四个中间换热器后与冷池混合,钠从冷池到热池的循环由两个主钠泵维持,通过中间换热器的钠流由冷热池之间的钠位差(1.5m钠)驱动,中间换热器的热量通过钠在二回路中流动,依次输送到八个蒸汽发生器,蒸汽发生器中产生的蒸汽被提供给涡轮发电机。在反应堆组装中(图24-13),主容器容纳包括堆芯在内的整个一次钠回路,钠充满在主容器中,自由表面用氩气覆盖,内部容器将热和冷的钠池分开,反应堆堆芯由1757个组件组成,其中包括181个燃料组件。控制塞位于堆芯上方,主要容纳12个吸收棒驱动机构,顶部护罩支撑主钠泵、中间热交换器、控制塞和燃料处理系统。原型快增殖反应堆使用混合氧化物与贫铀,内核有20.7%的聚氨酯氧化物,外核有27.7%的聚氨酯氧化物。堆芯部件采用20%冷作D9材料(15% Cr-15% Ni 加 Mo 和 Ti),具有更好的耐辐照性。

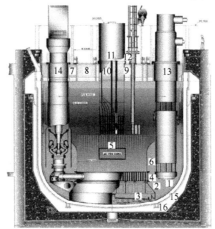

图24-13 原型快增殖反应堆的反应堆组件示意图
1—主容器;2—堆芯支撑结构;3—堆芯捕捉器;4—栅格板;5—堆芯;6—内容器;
7—顶板;8—大旋塞;9—小旋塞;10—控制塞;11—控制和安全棒机构;
12—容器内转运机;13—中间换热器;14—主纳泵;15—安全容器;16—反应堆堆坑。

外芯部件主要采用奥氏体不锈钢316LN,蒸汽发生器选用改进的9Cr-1Mo(91级)。原型快增殖反应堆的设计寿命为40年,负荷系数为75%,原型快增殖反应堆的调试已经开始。

24.3.2 遵循制造战略

印度国民银行有限公司(BHAVINI)正在与IGCAR(负责设计和研发)合作,建造印度首个商用钠冷却快堆项目——原型快中子增殖反应堆。此外,印度的几个主要工业厂商也参与了反应堆部件的制造,某些制造和焊接工艺条件也已经被接受,例如放宽对安全容器和堆芯捕集器的非承重和非钠湿边界的要求,而且测试和检验程序根据其重要性和职责也进行了简化。针对顶板不同的焊接形式,提出了不同的弯曲试验方法,简化了零件装配程序,以确保安装公差限度,但对于主容器,还是要小心谨慎地避免焊接或分层修补。在对其他组件的接口需求进行了全面透彻的分析之后,也接受了已构建的维度,在某些非关键情况下(如堆芯捕集器和安全容器),明智地采用了适合目标的概念。

24.3.3 制造挑战

对于组件的制造,稳健的建造规范、标准和方法仍在发展中,它们需要经过彻底的验证才能被采用,最重要的方面是制造公差的规范,它应该在功能需求和结构完整性考虑的合理基础上编写,应该真实地反映相似的行业经验和能力。当一个组件是第一次制造,适当和新颖的模拟试验是必不可少的,应充分理解装配顺序,并设计和验证有效的处理方案。重要的是,部件的制造几乎不需要任何维修,在制造原型快增殖反应堆组件的过程中遇到的一些具有挑战性的问题在这里得到了解决,更多细节参见参考文献[24.3]。

24.3.3.1 大直径薄壳结构

本小节讨论了大直径薄壁容器的主要制造挑战——主容器、热挡板、内容器、安全容器,基础板不应该有任何缺陷,如叠片(高质量的控制是必要的)。对于在单个金属片集成过程中产生的较大长度的焊缝,必须在不进行任何热处理的情况下,严格控制制造偏差,如形状公差(小于½厚度)、垂直度和水平度(小于±2mm),同时达到低残余应力。高质量的焊接应该在没有任何重大焊缝修复的情况下进行,如图24-14所示,冷成形极限值应小于10%,封闭成形公差不大于±12mm(不大于0.2%R),这些都是通过采用如下措施可达到:

(1)严格的金属片级尺寸控制,随后稳健的焊接装配和焊接顺序方法;
(2)最先进的检验和质量控制技术;
(3)成形和焊接过程的数值模拟和创新的模拟试验;

(4) 结合各个行业反馈经验的教训；
(5) 详尽的技术开发工作。

部件	ASME IDmax−IDmin	RCC-MR	外形半径公差/mm PFBR 指定的	实现的
主容器	±70	±50	±12	<±12(装配期间) <±18(在孤立的位置)
安全容器	±70	±50	±12	±12(在大多数位置) ±18(在孤立的位置)
内容器	±67	±50	±12	<±8(在装配期间) <±20(在孤立的位置)

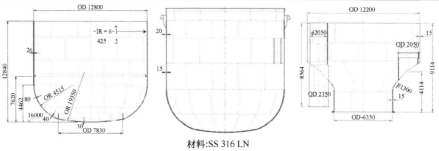

图 24-14 这些容器指定和实现的形状公差

24.3.3.2 栅板

栅板完成了支撑堆芯部件、内容器和容器内转移位置的重要功能，同时也作为一个增压室，将足够的冷却剂流分配到各个组件和主容器冷却管。从几何上来看，栅格板是一种螺栓结构的圆形箱体结构，由顶部和底部板和一个外圆柱形外壳组成，顶板和底板由称为套管的管相互连接，每个组件位于各自套筒顶部的圆锥形硬面（氮化铬）上。堆焊选用的镍基合金极容易开裂，要求将该合金沉积在尺寸非常大且无裂纹的零件上。由于大量的硬面材料沉积，实现硬面不开裂需要特殊的技术开发工作，涉及设计师、制造者和冶金学家，这有助于原型栅板组装底板的成功堆焊。此外，通过本土技术成功完成的另一项关键任务是对大量套管(1757年)内表面进行堆焊，其中包括燃料组件，变形最小的喷嘴焊、无缺陷的大口径Colmonoy堆焊、在500mm深的内径上堆焊大量套管是栅板制造过程中取得的一些成就。通过采用如下方法处理/组装自主开发的（大于14000）大量项目是可能的，如在尺寸控制中采用具有挑战性的方法，创新的变形控制方法，现代尺寸检验方法，处理有大量穿孔的板材，一种创新的大型零件热处理方法和新技术等，栅板的不同制造阶段和处理如图24-15所示。

24.3.3.3 顶板

由RCC-MR规定的A48P2碳钢（类似于ASTM A516 70级，硫含量下限）制

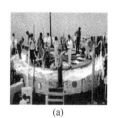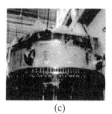

图 24-15 栅板的重要制造阶段和处理

(a)堆焊;(b)加工;(c)处理。

成的箱型结构,由一个底板和一个顶板组成,中间空间填充混凝土,这是一个巨大的结构,直径约为 12.9m,高为 1.8m,重约为 650t。根据制造规范,考虑到应力消除热处理不是强制性的,板的厚度选择为 30mm。箱型结构的制造涉及不同的金属焊接接头之间的 A48P2 和 316LN 不锈钢壳,在层流撕裂问题中,一个特殊的问题导致了显著的时间延迟,钢板应满足 25% 的厚度延性和超声检测要求,但在顶板的制造过程中,尽管加热(批次)满足所有规范要求,还是在钢的一次加热(批次)中观察到层状撕裂,根据美国机械工程师协会(ASME)的许可,通过焊接使钢板表面涂上黄油,并改变接头设计,克服了这一问题。图 24-16 给出了顶板中各种焊接结构的详细信息,根据大量的研发活动,提供了避免层流撕裂所选择的配置。

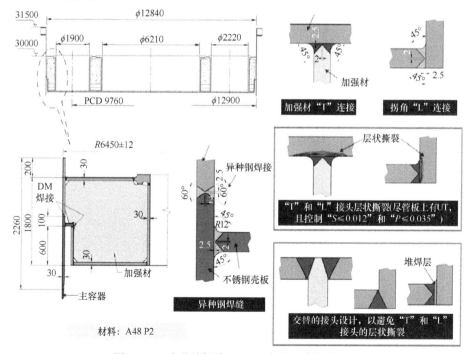

图 24-16 改进的焊接配置,以克服层流撕裂问题

24.3.3.4 蒸汽发生器

蒸汽发生器是最为关键的部件(它的可靠运行决定了钠冷快堆的负荷系数),是由改性 9Cr-1Mo 钢制成的,是一个约 25m 高的组件,大约有 540 个管子。其中管对管板的连接是最为关键的,因为该连接的任何泄漏都会直接导致钠－水反应,产生严重的后果。因此采用凸套内孔焊接,管与管板之间的接头在尺寸和焊接质量上都有严格的验收标准,不允许出现未焊透、裂纹、切口、气孔等缺陷。达到的最大凹度几乎为零,最大焊缝减薄小于 0.2mm 的允许值。由于蒸汽发生器是由 91 级钢制造的,因此,在 91 级钢的不锈钢管套之间需要不同的接头。在印度首次采用热线 NG-TIG 焊接工艺制造蒸汽发生器的管接头,图 24-17 显示了蒸汽发生器的原理图以及管对管板的焊接细节,图 24-18 显示了印度工业蒸汽发生器的最后制造阶段。

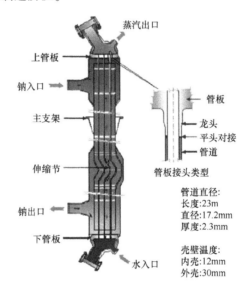

图 24-17 蒸汽发生器和管对管板焊接接头详图

图 24-18 蒸汽发生器的最后制造阶段

24.3.3.5 隔热板

在安全容器周围提供奥氏体不锈钢板状绝缘体,以减少向反应堆拱顶的传热。由于这些类型的绝缘材料还没有在市场上买到,所以它们是用0.1mm厚的薄板堆叠而成的面板设计和制造的,设计凹槽保证了薄片之间的间距,典型面板的详细信息如图24-19所示。面板的制造和组装克服了薄板成形的几个挑战,实现了均匀的发射率,均匀的间距,无裂纹的凹坑的形成,以及安全壳上复杂的组装顺序。在隔热板上进行了创新实验,以确认隔热和抗震设计要求的符合性,如图24-20所示。

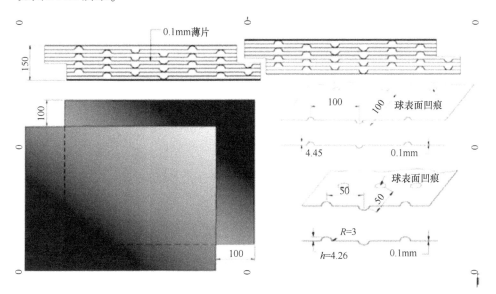

图 24-19 隔热板的几何特征和细节

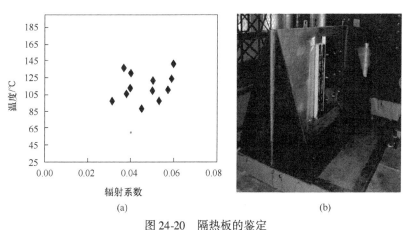

图 24-20 隔热板的鉴定
(a)热(温度与辐射率);(b)抗震性能。

24.3.4 安装挑战

为了及时完成该项目,需要同时进行土建和设备安装,涉及到最先进的安装设备和施工方法,以及优化的施工顺序。单个永久性部件的安装完全符合规定的安装公差,最终确定了一套简洁的方法用于主容器的后续安装,包括内部构件和顶部护板,同时考虑了各种安装公差,并充分考虑了进度和经济性。薄壳结构从现场装配到支持位置的运输是施工中另一个具有挑战性的活动,在不影响安全的前提下,以创新或新颖的方式实现经济性。在水平度超过15m(安装公差小于±1mm)的条件下,以高度严格的尺寸精度安装超大尺寸和细长部件,这是印度首次通过系统规划的模拟试验完成的最具挑战性的任务,现代计算机软件的应用帮助解决了许多装配和建造问题。图 24-21 描述了反应堆组件的安装顺序,图 24-22 显示了栅板上最后几个虚拟堆芯组件的加载情况(最后几个虚拟组件加载到网格板上),图 24-23 描绘了进入主容器的燃料装卸部件(主坡道和主倾转机构)的安装场景,图 24-24 显示了可旋转插头、控制插头、中间热交换器(IHX)和涡轮机转子的安装阶段。

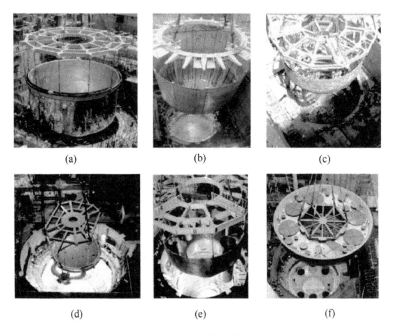

图 24-21 反应堆结构组件的安装
(a)安全容器;(b)主容器;(c)隔热板;(d)格栅板;(e)内容器;(f)顶板。

图 24-22　最后几个虚拟堆芯组件的加载情况

图 24-23　主坡道和主倾转机构的安装场景

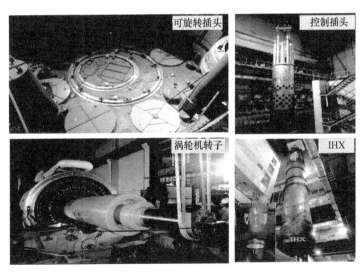

图 24-24　各部分的安装阶段

24.3.5 组件安装过程中采取的主要策略

基于三维虚拟模型的计算机仿真在建立装配序列中得到了广泛的应用,图 24-25 显示了为装配组件建立的安装程序。此外,还建立了一个全尺寸的模型,用于可视化顶部屏蔽组件的复杂布局,如图 24-26 所示。这种模型将进一步有助于确保空间和通道的可用性,以便在任何时候添加和移除互补的屏蔽块,并确保在插头旋转过程中,拖曳电缆的平稳运行而不会出现任何缠绕。计算机模拟和模拟试验有助于确保关键焊缝的良好接触,建立失配校正程序和方法的技术以及适当的焊接顺序以减少变形控制。在此基础上,为行业和安装机构创建了一份指导文件。

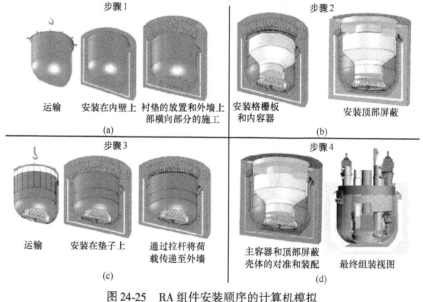

图 24-25 RA 组件安装顺序的计算机模拟
(a)安全容器的安装;(b)格栅板、内容器和顶部屏蔽的安装;
(c)主容器、堆芯补集器和格栅板的安装;(d)带顶部屏蔽的主容器的焊接。

图 24-26 可视化顶部屏蔽组件的布局模型

装卸方案结构的设计、开发和测试采用了新颖的方法,以实现最小的结构材料、无焊接附件和最小的装配时间,在进行安全容器和其他部件处理之前,进行了许多有用的第一类模拟试验,这是进行起重机操作培训的理想方法。值得一提的是,英迪拉·甘地原子研究中心建造并使用了两个典型的全尺寸模型,成功安装了安全容器(图 24-27)、焊接屋顶板悬挂壳和主容器(图 24-28)。

图 24-27 安全容器架设模型

图 24-28 屋顶板悬挂壳与主容器焊接模型

24.3.6 重要经验教训

24.3.6.1 部件制造

对于制造/交付时间长的部件,施工开始前的技术开发是至关重要的。图 24-29 全面介绍了为原型快中子增殖反应堆组件进行的技术开发工作的重要成果,必须对公差、焊缝的数量和位置以及检验进行判断正确的选择。对于制造偏差和材料成分的验收,需要应用可靠的标准,除常规标准外,应在相关制造工艺合格后使用国产材料,在与预期的行业进行几轮讨论并考虑到经济因素后,最终确定制造图纸。制造图纸的修改应该最小化,特别是尺寸公差。从同一家制造商获得反应堆组件的永久组件,肯定有助于将集成问题最小化,并避免项目的延迟。在工业界需要技术支持的情况下,根据科学投入迅速做出决定,并适当考虑到国际经验。

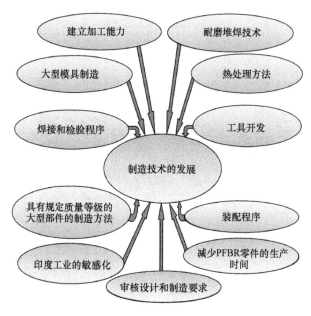

图 24-29　为原型快中子增殖反应堆组件进行的技术发展工作的重要成果

24.3.6.2　反应堆组件的安装

应在对先进计算机软件技术的使用进行详细讨论后,确定安装顺序和操作系统,注意不要修改安装顺序操作系统和方案。正确地选择土建、机械和电气系统的施工顺序是至关重要的,最好是将所有反应堆组件作为工厂制造的单一包装项目进行生产,从而消除了现场组装车间的需要,图 24-30 概略地解释了一种可能的方案策略。因此,反应堆组件的制造和反应堆拱顶以及安全容器的土建都是与相应的时间计划并行进行的,这样反应堆组件就可以毫不拖延地安装,同时也安装其他在现场装配车间准备好的反应堆内部构件,为了实现这一目标,有必要通过长期的商业机会的承诺来吸引潜在的行业。

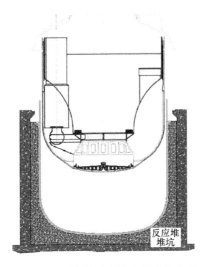

图 24-30　一体化反应堆装置安装方案

24.4　小　　结

在钠冷却快堆中,制造大尺寸的薄壁不锈钢容器、加工和装配具有紧密公差的网格板和蒸汽发生器是极具挑战性的问题,这些问题已经在原型快增殖反应堆和其他钠冷却快堆中成功解决。为了达到最佳的制造公差,可能需要在施工开始前进行详细的制造技术开发工作。焊接、在线前检查技术和策略应通过充分和适当的模拟试验来最终确定。需要对公差、焊缝的数量和位置进行正确的选择并进行检验,对于制造偏差和材料成分的验收,应采用可靠的标准。从反应堆组件的制造和安装过程中获得的经验来看,钠冷快堆设计人员能够为未来的制造规范/标准提出重要的指导方针和方法。系统地记录设计、制造和安装经验的历史,以便在提高安全要求的前提下,实现技术的经济竞争力。

参考文献

[24.1] Takahashi, T., Yamaguchi, O., Kobori, T. (1990). Construction of the MONJU prototype fast breeder reactor. Nucl. Technol., 89(2), 162-176.

[24.2] NERSA. (1987). The Creys-Malville power plant. Electricite de France, Direction de L'Equipement, Region D'Equiopment, Alpes-Lyon, France.

[24.3] Chellapandi, P., Chetal, S. C. (2013). Manufacture and erection of SFR components: Feedback from FBR experience. Proceeding of International Conference on Fast Reactors and Related Fuel Cycles-Safe Technologies and Sustainable Scenarios (FR13), Paris, France.

第25章
调试问题:各个阶段和经验

在技术方面,快中子堆比热中子堆更复杂,其开发需要大量的精力和时间。就钠冷快堆而言,机组数量有限,而且几乎都是实验、试验和原型反应堆。因此,发电堆的调试经验也是有限的。调试计划的基本目标如下:

① 在符合安全要求的情况下,达到初始临界状态,并在从零功率到满功率的各种功率级别上进行初步示范运行;

② 获得必要的测试和性能数据(只能在初始启动期间获得)。由于钠熔点较高(常压下约90℃),钠充填必须在惰化和预热整个系统使其基本均匀后小心地进行。这是一项既有挑战性又耗时的活动。钠冷快堆在调试阶段发生了几次轻微的钠泄漏,导致了延误。本章介绍了快通量试验装置(FFTF:美国的环型反应堆)、Phenix(法国的原型反应堆)和BN-600(俄罗斯的动力反应堆)三个反应堆的各个调试阶段和在调试过程中的经验。有关详细信息和数据,请参阅参考文献[25.1-25.7]。

25.1 快中子通量测试装置

25.1.1 调试和功率启动程序

调试中的关键事件包括启动腔室排热系统、激活惰性气体净化和取样系统,以及预热和填充主回路和二回路钠系统,关键事件和启动顺序如图25-1所示。为了开始热功能测试,主回路和二回路冷却剂系统及相关辅助设备都要进行惰性化、预热和钠填充。以下是惰性化和预热前完成的主要测试。

(1)腔室排热系统测试;
(2)惰性气体净化;
(3)取样腔室泄漏率测试;

(4) 燃料处理系统测试；
(5) 包括钠净化和取样的集成泄漏率测试；
(6) 二回路系统的惰性环境预热和填充；
(7) 主回路系统的惰性预热和填充。

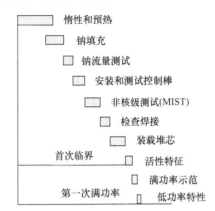

图 25-1　快中子通量测试装置关键事件和启动顺序
(源于 Carlisle, C. S. and Noordhoff, B. H., Fast flux test facility startup plan, HEDL-SA-1216 Rev, ANS Reactor Operations Division Eighth Conference on Reactor Operating Experience, Chattanooga, TN, 1977.)

在主回路和二回路钠系统中注入钠后，进行流量和温度性能测试，为燃料装载做准备。主要活动包括设备性能的确认、高温钠回路加热期间管道运动的测量、验证振动特性的初步测试以及钠过滤和净化以实现系统净化。在热功能测试证明反应堆核电厂系统已准备好进行放射性操作后，通过用燃料组件替代虚拟堆芯元件，反应堆以其最简单的配置逐渐加载至临界状态。此时，执行那些必须在通电操作之前完成的低功率物理测试。完成这些测试后，计划采用全功率方法，随后进行 48h 的初始全功率演示运行，以验证基本设备，并发现任何主要缺陷。在成功的初始功率演示之后，进行必要的平衡测试，以证明工厂设计并为辐照测试准备设施，包括堆芯特性测试、自然循环冷却测试、闭环系统的激活和测试，以及辅助系统的全面验证测试，如燃料处理、检查和储存、故障的燃料监控以及钠/覆盖气体化学和净化。成功完成这一阶段的测试将使设施为预期的运行做好准备。

热功能测试在两种温度下进行：计划测试的主要部分在 400℃ 下进行，其余部分在最大等温系统温度 (MIST) 下进行，通过泵热量和微量加热器的电力来实现，温度约为 750℃。图 25-1 显示了反应堆达到第一临界状态之前的各个步骤。在初始全功率之前，在容器套管中进行核参数的低功率测量，以建立堆芯的物理参数,用于与计算进行比较。在最初的 2 天全功率运行后,进行额外的特性测试和自然循环测试。随后进行了几项堆芯调整和反应性评估,为堆芯特征目的进行了为期 8 天的全功率运行。进行最终的堆芯调整和非标准配置测试,以完成计划的验收测试计划。

25.1.2 各阶段的观察/数据收集

表 25-1 列出了调试测试期间的重点观察项目。

表 25-1　调试测试期间的重点观察项目

活　动	观　察
系统清洁度检查	除了一个二级排水管中的小螺栓外,未观察到任何碎片 第一个装置中的极少量堆芯过滤器碎片 清洁反应堆容器中的钠表面
系统液压装置	接近最初预测 二级值不会因 472℃ 循环而改变
流动稳定性	反应堆容器表面稳定 观察到二次流振荡(5%),由模拟堆芯组件在高达 427℃ 的温度下产生的涡流引起 由 DHX 分流器中的涡流引起,轻微控制系统变化后可接受
反应堆振动	舱内加速度计的全流量测量显示振动低于验收标准 堆芯组件 悬挂式组件 中子探测器顶针
管道振动	除一个二次回路上的热电偶套管外,在规范范围内,在添加局部加强件后,热电偶套管是可接受的 泵出口上的主要交叉管道,额外的支架被认为是优秀的测试结果
自然循环流动	迄今为止,测试结果非常好 DHX 损失低于预期 在低流量下电磁流量计校准成功
管道的热膨胀	根据尺寸测量结果确认可接受 更换不压井起下钻性能令人满意

25.1.2.1 腔室泄漏率测试

位于快通量试验装置工厂单个单元中的含有原生放射性钠的管道和设备需要使用受控的惰性气体。这些腔室内衬碳钢,以减少放射性气体泄漏的可能性,在钠泄漏的情况下,减少钠与空气或钠与混凝土之间的相互作用。此外,通过氮气惰性化来控制氧气含量,以减少钠泄漏时不锈钢管道/部件的潜在渗氮和腐蚀。腔室的设计能够承受 0.0049kg/cm(0.07 磅/平方英寸)的正常工作压力

（正或负），并具有 0.018kg/cm（+0.25 磅/平方英寸）的外部设计压力。在初始临界之前，每个腔室必须通过泄漏测试，以证明其满足正常运行和外部设计压力的能力。此外，腔室泄漏率受到腔室大气处理系统容量的限制，该系统旨在控制腔室的氧气含量，并在发生事故时移除任何给定腔室或腔室组合的大气含量。用来自仪表空气系统的空气对腔室加压，压力高达 0.144kg/cm（2.0 磅/平方英寸），以便于识别泄漏。使用各种技术进行测试，包括在设备室中定位人员、气泡泄漏测试、声发射、接触超声波和嗅觉（香水）。有时需要一些重新设计和返工来密封泄漏的插头垫圈和电气接线盒。

腔室泄漏测试程序完成，得到的显著结果如下。

（1）腔室最初设计为在 $-5/4 \pm 3/4$ in. W. G.（-3.18 ± 1.90 cm W. G.）的负压下工作，通用电气公司被重新认证在正压下运行，不会对工厂或公共安全产生不利影响，在发生事故时，一个腔室（或多个腔室的组合）在负压下被净化。

（2）将氧气注入氮气惰化系统，以保持氧浓度小于 2%（技术规格极限）。

（3）选择不需要频繁进入的设备腔室堵塞进行焊接，以减少泄漏。

25.1.2.2 钠系统惰性

在液态金属填充之前，所有热传输系统管道和相关工艺系统都被惰性化，以防止钠与施工期间留在系统管道中的氧气和水蒸气发生化学反应。惰性化是通过使用抽空/回填和加压/排气技术实现的。所有系统最初都被抽真空至 700Pa（0.1lb/平方英寸），并进行真空衰减测试，以量化任何系统泄漏。然后用氩气（作为快通量试验装置的保护气体）回填系统。二回路热传输系统加压至 380kPa（40lb/平方英寸），并三次排放到大气中，以加速惰性化，并使用声学监测器和氩气检漏仪对机械接头进行泄漏检查，最终系统纯度通过使用便携式气体分析仪和采集气体样本进行验证。通过使用这些技术实现了 5~20ppm 氧（50ppm 极限）和 30~85ppm 水蒸气（100ppm 极限）的纯度水平，总系统体积约为 1153m（20970 英尺），惰性化至这些纯度水平，为液态金属填充做准备。

钠相关工艺系统惰性化实验结果如下：①由于例如加热和通风等其他噪声源的存在，使用声学监测器来识别系统泄漏是困难的，事实证明，使用氩泄漏探测器要成功得多；②使用临时/便携式分析技术获得氩气纯度。

25.1.2.3 充钠和初始系统

液态金属填充前的测试包括使用永久性安装的电阻跟踪加热器（设计使用寿命为 20 年）将所有钠系统预热至 177℃（350K），永久安装的燃油预热器用于预热倾卸热交换器（DHX）管束。反应堆容器通过反应堆容器和保护容器之间的环形空间内循环热空气进行外部加热，并通过在反应堆内部循环热加压氩气进行内部加热。这两个系统都是临时安装的，以实现反应堆容器所需的预热。

通过首先将熔融钠从装有39.7m(10700加仑[gal])的铁路罐车转移到各种工厂储存容器中,开始进行快通量试验装置堆的二回路系统钠填充。然后通过储罐的逐渐加压来填充二回路热传输管道,使用总计238m(63000gal)的钠一次填充三个次级回路中的一个,主回路热传输系统主要由泵输送填充,主系统中的高架管道最后填充,在高点排气口使用逐渐增加的真空将钠吸入高架管道。主回路热传输系统填充总共需要456m(120700gal)的钠,通过启动小型电机上的主钠泵(全流量的10%)和工艺回路中的电磁泵来启动钠循环。通过堵塞温度指示器监测钠化学,初始值表明在填充过程中保持了良好的系统纯度。开始进行冷捕集以除去系统杂质,同时对主要氩气保护气体进行保护气相色谱分析。工厂测试的重点是确定热传输系统的液压特性,并测试所有钠湿部件的控制系统。初始测试是在系统温度为240℃(400°F)的情况下进行的,该温度是快速燃料转换装置的正常换料温度,该过程包括振动测量和全流量条件下主热传输系统泵的滑行试验、主隔离阀循环和进一步的钠化学测量。当系统测试在换料温度下完成时,利用泵功和微量热的组合,设备被提升到421℃(790°F)的最大等温系统温度。执行三个热循环至最大等温系统温度,以验证高温下的系统性能。在初始临界状态之前,1979年3月和10月完成了两个蒸汽发生器循环,第三个循环于1980年8月完成。MIST测试结果表明,一次主要的加热和通风空调(HVAC)和绝缘的重新设计工的测试已经成功完成,以支持初始全功率上升。

25.1.2.4 初始功率上升

通过进行为期一周的低功率物理测试来获得功率运行的基线数据,从而开始快中子通量试验装置堆的初始功率提升。1980年11月20日,电力首次提高到1MW以上,并开始上升到400MW。功率增加了5%(20MW),每次增加后都有数据收集和核电厂评估的保持点。在10%、35%、75%和100%的功率下进行延长的电站保持。在此期间,核仪器进行了重新校准,测试了反应堆控制系统,测量了物理参数,并按照ATP的要求进行了广泛的屏蔽调查。

在功率上升期间,反应堆被有意关闭(紧急停堆),总共五次。在5%和35%功率下进行的反应堆紧急停堆验证了在强制循环丧失的情况下,自然循环流将开始移除衰变热。快通量试验装置堆设计不需要单独的应急堆芯冷却系统,依靠热传输回路中钠的自然循环进行紧急堆芯冷却,以35%和75%的功率进行紧急停堆,以验证核电厂保护系统的性能令人满意,并监控核电厂对紧急停堆的热响应。另外一次紧急停堆是在5%功率下进行的,用于操作员培训和工厂维护。

1980年12月21日实现了全功率运行,当时反应堆功率提高到400MW,堆芯δT为143℃(258°F)。然后,在收集额外测试数据的同时,通过缓慢降低功率来关闭工厂。这项工作持续了 32 天,为 1981 年进行进一步的电力测试铺平了道路。

本次全功率运行的主要结果:

(1) 提前 45 天完成功率提升;

(2) 未发现重大设计变更;

(3) 仅经历了四次计划外紧急停堆——均处于 10% 以下的功率水平;

(4) 在紧急停堆试验后,热传输回路内钠自然循环的启动比预测的好得多。

25.2 Phenix

Phenix 于 1971 年 7 月第一批现场钠交付进行了第一次测试。1972 年 12 月和 1973 年 1 月期间进行了主钠回路填充,1973 年 8 月底第一次达到临界,1973 年 10 月底开始电力建设,1973 年 12 月 13 日第一次与电网耦合。Phenix 启动测试的重要性与发电厂的独特原型特征及其尺寸有关,已经改进了包括钠测试在内的几项测试,尤其是在通过反应堆临界之前,该程序能够预见临界状态和第一次发电之间相对较短的延迟。本节将介绍各种启动步骤,如计划的和重要的相关活动。图 25-2 提供了反应堆启动程序。

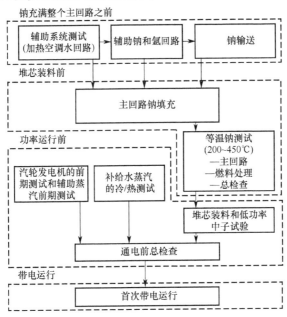

图 25-2 Phenix 反应堆启动程序

(源于 Carie, R., et al., Phénix startup. In: Conference on FastReactor Safety, Beverly Hills, CA. American Nuclear Society, Los Angeles, CA, pp. 1009 – 1020, April 2, 1974.)

25.2.1 堆芯装载前的钠测试

Phenix 核级钠从辅助储罐转移到一级和二级储罐、外部燃料储存容器和反应堆(图 25-3)。考虑到一体化反应堆和二回路的紧密联锁,规划和优化导致实施了反应堆和三个二回路的钠填充操作,这实际上是同时进行的。因此,连续的预期操作为:

(1)反应堆在氮气中预热;150℃的结构预热;
(2)二回路填充和二回路钠泵启动(反应堆温度保持安全);
(3)反应堆容器填充。

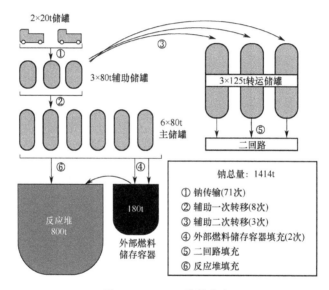

图 25-3 Phenix 的钠分布
(源于 Guillemard, B. and Le Marechal, T., PHÉNIX survey of commissioning and startup operations, Proceedings of the International Conference Organized by BNES, Institution of Civil Engineers, London, U. K., March 11－14, 1974.)

在 150℃下主回路充钠后,通过电预热将钠温度升至约 200℃,并进行净化,以达到泵正常启动所需的条件(制造商规定的对于钠温度为 200℃时,堵塞温度为 180℃)。泵的启动和速度的逐步提高是通过控制回路的正常运行来实现的,特别是为了防止任何反应堆结构的异常振动。图 25-4 显示了堆芯装载前的钠测试顺序。在随后的等温操作中,钠的温度被提高到 450℃,主要目的是钠的提纯,并全面研究各种设备在温度下的性能,以便在早期识别潜在的问题。随后,钠被冷却到 250℃,检查主要的燃料处理操作,以便了解最初设计的系统可能发生的变化。接下来的两个测试周期涵盖了 350～450℃的操作,以便在第一系列测试(包括物理测量(氢检测、燃料故障检测)后可能需要进行任何最终修改的情况下获得操作的信心。最后,为了准备堆芯装载,专门进行了一般检查操作。

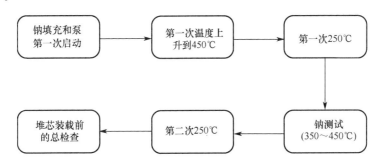

图 25-4 堆芯装载前的钠测试顺序

(源于 From Guillemard, B. and Le Marechal, T., PHÉNIX survey of commissioning and startup operations, Proceedings of the International Conference Organized by BNES, Institution of Civil Engineers, London, U.K., March 11-14, 1974.)

25.2.2 功率运行的准备活动

针对功率运行的准备工作一方面涉及反应堆(燃料装载、临界性、低功率中子测试),另一方面涉及电力装置(辅助电路、涡轮交流发电机、给水电路)。

25.2.2.1 电力安装测试

电力安装测试工作很早就开始了,使得检查各种辅助回路的正常运行成为可能,特别是泵站,这个仍然独立于核电厂的其他部分的装置。此外,整个给水回路接受了测试,以检查冷凝水抽取泵和水处理装置的额定输出并测试了零流量和低流量条件下的备用泵以及主给水泵。此外,还在标称流量、25%流量和紧急流量条件下对给水回路进行了测试。

25.2.2.2 低功耗中子测试

这些试验在250℃的主回路钠温度下进行,同时排空二回路,以确保反应堆(用于换料操作)与150℃的蒸汽发生器给水回路之间没有热耦合。这些中子试验按预期进行,其持续时间主要是基本燃料处理延迟要求和配置变化(操作配置、处理配置)的函数。

燃料装载尤其受到分析困难和评估超声显示装置(VISUS)提供的图像的影响,这些图像用于驱动旋转塞或操纵臂旋转,显然,检测到一个或几个组件的特征回波高于其他组件的水平。钠水平的降低要在对潜望镜的检查工作之前,而在降低钠水平之前应该对系统进行几次控制演练,从而能够对成像系统进行微调,以更清楚观察换料操作。

燃料装载是以连续的方式进行的,我们能够在1973年8月31日上午8点15分通过第一个临界点,堆芯是91个燃料组件。在做了所有的修正或微调后,当所有的控制棒都位于最高位置时,反应堆达到了87个组件的首次临界状态,反应堆容器中的两个中子通量探测器很好地监测了装载操作。然而,由于装载的燃料体积越来越大,中子辅助源和中子探测器显然越来越靠近堆芯,对指示中子计数率与燃料组件数量关系的曲线进行分析成了一项极其精细的任务。在第一次棒值测量后,完成了用于功率提升的堆芯配置(58个Pu组件、48个U^{235}组件、9个稀释剂),装载后进行了新的测量。因此,在第一次临界后仅3天,就显示出3300pcm的可用反应性和5300pcm的可用抗反应性($1D=440pcm$)。结果证明:这个堆芯正是大约2年前定义的参考堆芯,当时必须为燃料制造浓缩堆芯进行选择,在此基础上进行了详尽的中子学、热学和动力学计算。低功耗中子测试持续了大约一个月;进行了控制棒价值、燃料组件和稀释剂反应性价值以及功率分布测量。总的来说,测量结果证明与中子学计算完全一致,并证实了参考堆芯的有效性。在二回路钠补充后,这些试验以温度升至400℃以上结束,然后在150℃下冷却,预计这种发展将实现150~400℃范围内温度系数的测量。对于全功率运行来说获得的值(约3pcm/C)是符合预期的。

25.2.2.3 蒸汽发生器的运行

核电厂功率升高之前所需的最后操作是启动蒸汽发生器。在钠回路温度为150℃且省煤器/蒸发器中有水流的情况下,开始对三个蒸汽发生器单元进行蒸汽吹扫。在这些操作中,氢检测信号特别常见,它们没有显示出任何显著的变化。在每个蒸汽发生器上模拟破裂盘破裂,以测试钠/水反应情况下触发的所有自动启动。在完成所有计划的检查后,核电厂在1973年10月29日准备好了发电。

25.2.3 升功率计划

功率上升是在核容器钠测试之后进行的,钠测试的具体特征是在450℃下进行等温操作,以及燃料装载和中子测试,它们能够监控高温和输出条件下设备的性能,包括通过二回路和二回路中的流量和温度测量来确认整体热平衡。通过几次低功率运行,在建立合格的系统和设备运行方面存在许多挑战,尤其是在汽水回路中,随后,考虑调试问题。进行功率提升是为了实现两个目标:

(1)逐步进行,同时持续监控核电厂核安全和设备保障的所有设定要求;

(2)在接近额定运行的条件下尽快达到相当长的运行时间,以确保核电厂的整体性能。

第一次蒸汽生产试验是用蒸汽发生器进行的,目的是确保消除剩余功率,控制安全阀,并旋转涡轮交流发电机及其与国家电网的耦合。接着,在汽轮机旁路回路上运行的核电厂进行了一系列试验,以达到额定温度,并检查核锅炉的整体运行情况,具体包括:堆芯热监测、燃料故障检测系统、蒸汽发生器调节、汽轮机旁路回路调节和开/关程序。然后,第一次核电厂功率上升在后续步骤中进行,中间停止(紧急停堆和快速停堆),以测试安全系统并检查相应瞬态中的设备性能。在进一步进行升功率之前,根据每个给定的步骤对整个工厂进行一次全面的审查。

在第一次功率上升之后,核电厂以接近额定状态的额定运行进行了长时间的运行,在此期间,对主要设备的性能进行了详细的监控测试。最后,进行一系列额外的功率测试,以准确确定核电厂额定运行,并检查核电厂在部分回路配置(三个主泵中的两个和三个副回路中的两个)运行事故下的行为。

25.2.4 重要的调试测试结果和观察结果

自然对流试验分几个连续步骤进行。每次初始条件如下:低功率反应堆,一回路泵和二回路泵转速为 100r/min,钠温度范围为 150~300℃。在一次初步试验中,当功率反应堆为 1MW 时,必须停止泵。尽管控制棒的位置没有改变,但观察到了功率下降。在第二次试验中,停泵后反应堆功率保持在 1MW,然后由于控制棒的作用,功率逐渐增加到 2MW,然后是 4MW。最后一项测试是在反应堆功率为 4MW 时停止泵,并通过控制棒的作用保持该功率。此时可观察到的温度变化与计算结果接近。在最后两次测试中,几分钟后保持稳定水平,这证明了主回路中存在自然对流。此后,二回路中出现对流,通过自然热损失进行冷却,热钠和冷钠之间的温差有限。这些测试并不完全代表实际情况,特别是关于温度的初始分布。然而,这已经证实自然对流是可以依赖的,并且所得结果与数值预测的对比有很好的结果。

在反应堆紧急停堆瞬态期间,可以进行渐进试验来控制各种设备的性能。在涡轮旁通回路运行时的温度上升期间,在 470℃ 和 150MW 时进行了两次自动紧急停堆试验。这些能够检查蒸汽发生器控制在这种配置下的正确性能,以及安装冷却期间开/关电路的相关启动。在涡轮交流发电机所达到的工况下进行测试,并且在额定功率的 80% 和 100% 下进行另外两个测试。通过这些测试,可以检查由该事件触发的所有自动控制:

(1)与外部大气相比,蒸汽发生器减压至 60bar;
(2)蒸汽发生器中没有流动不稳定性。

通过缓发中子进行的燃料故障检测和定位试验,是用一种具有裸露铀表面的特殊燃料组件进行的,这使我们有机会研究温度和功率函数的计数率变化,直至达到470°C和120MW的水平。在相同的条件下,污染信号已经提前完成。概述了定义污染信号和输出、温度和功率函数灵敏度的图表。污染信号被适当地检查到目前达到的状态。在试验结束时,测量了自动紧急停堆期间的时间延迟。与在参考堆芯上进行的预测相比,测得的堆芯出口钠温度显示了更好的功率分布,这提高了对下一次更高功率操作的信心。

Phenix"直流"式蒸汽发生器在极高的热通量下运行,配有奥氏体钢过热器,需要特别高质量的水,这就是为什么总冷凝水要通过由纤维素过滤器和离子交换树脂组成的处理装置。尽管采取了这些预防措施,但在功率上升、给水回路温度上升、旁路和汽轮机启动或导致快速输出瞬变的测试过程中还是会出现困难。在改善了水质之后,这种困难逐渐减少,并且在运行水平上,蒸汽发生器给水的质量达到了优异水平。

从开始发电算起,发生了以下10次计划外停堆,这些都得到合理的解释。

(1)当涡轮机尚未运行时,由于涡轮机触发数据,出现不必要的快速停堆(六个控制棒向下驱动90s),正常关机(自动断电至零)。

(2)正常关机(自动断电至零)。

(3)由于蒸汽发生器给水质量差,决定快速关闭两次。

(4)由堆芯温度处理系统触发的两次紧急停堆。

(5)由于SHERBIUS电子控制故障导致二回路钠泵意外触发,导致两次快速停堆,该故障被排除。

(6)两次自动快速停堆决定了电力安装辅助设备的运行不理想。

25.2.5 小结

需要注意的最重要的事实是,在逐步完成所有测试后达到标称功率,只有在证明辅助电路运行良好后,才开始钠填充;只有在长时间的钠测试和热动态运行后,燃料装载才开始;在对汽轮机旁路电路有了良好的核电厂运行经验后,从汽轮机开始发电。所有的测试都非常系统地进行,瞬态过程中的主要部件特性和行为及其物理和热测量结果与预测结果一致。

25.3 BN-600反应堆调试经验

反应堆实际物理调试前的主要步骤是运输和净化钠以填充反应堆和二回路、预热反应堆并填充钠、测试涡轮发电机、加热二回路并填充钠,以及管道的水和酸洗。下面将进行详细介绍。

25.3.1 反应堆启动前的各种活动

25.3.1.1 钠的运输和净化

反应堆和二回路大约需要 1800t 钠来填充。在钠到达之前,已经完成了钠回路电加热系统、接收系统以及钠储存和净化系统的电气安装和调试工作。在回路充满之前,通过双重抽空和充入氮气,用惰性气体替换回路中的空气。钠在油轮中加热后,通过接收系统中的电磁泵转移到容量为 150m^3 的储罐(一回路三个储罐,二回路四个储罐)中,每个储罐都带有管道。在积累过程中,这些罐被连接到第二个回路中的冷过滤阱,以净化钠。通过电加热将罐中钠的温度保持在设定的水平(240~250℃)。系统中用于接收、积累和净化钠的设备形成了一套特殊的建筑。

25.3.1.2 反应堆预热和钠填充

1979 年 6 月,通过安装旋转塞和中心旋转柱,完成了反应堆的安装。1979 年 8 月,在反应堆中安装了控制和重装系统的驱动装置,随后开始了全面测试。与此同时,对一回路中循环泵的电力驱动与速度控制系统一起进行了测试。反应堆上的所有泵和机械装置都在各自的行业进行了测试,因此调试时间没有延长。将锡铋共晶合金放入旋转塞上的液压密封中,并检查反应堆的密封后,从反应堆中抽出一个循环泵,并安装一个气体加热管道。反应堆的气体加热是必要的,以防止在 250℃ 下填充钠时金属结构中的大热负荷,并防止钠在反应堆罐中冻结。反应堆的气体加热是以 10~15℃/天的速度进行的,大约 15 天后,压力容器内的设备温度达到 180~230℃。加热是通过向反应堆输送气体的管道中的电加热器进行调节的,然后这些管道从反应堆上断开,由预热的循环泵代替。

在反应堆充满钠之前,大气中的氧含量约为 0.5%(体积),而水含量为 5g/m^3。1979 年 12 月,反应堆充满钠,紧接着,打开主循环泵,开始冲洗压力容器内没有安装污染的设备,同时在冷阱中净化钠。循环开始几小时后,工作温度达到 135~155℃。在 380℃ 下用钠对反应堆进行第一次快速冲洗后,达到最高工作温度(约 200℃)。清洗在 115℃ 下完成。钠在短时间内得到净化,主要是因为进入的钠具有高纯度。

在加热和填充期间,检查压力容器和反应堆内装置的应变和振动状态。填充后,反应堆气体中的氧含量降低到 0.001%(体积分数),而水含量降低到 0.02g/m^3。在钠纯化过程中,在反应堆处于热状态下,对控制和再装填机构进行检查。

25.3.1.3 汽轮发电机评估

涡轮发电机安装于 1979 年 2 月至 12 月,用启动锅炉的蒸汽对其进行评估。

该区块共有的供油系统、水循环和技术供水系统以及满足设备需求的蒸汽供应系统已首次投入使用。在涡轮发电机调试之前,冲洗和调试了定子的润滑、密封和冷却系统,同时也调试了蒸汽喷射器设备。除发电机外,控制系统也已调试,并对安全控制装置进行了测试,之后,涡轮机被接入线路,并在负载下运行 3 天。

25.3.1.4　二回路的预热和钠填充

蒸汽发生器安装了 8 个多月,二回路各模块已做好安装准备,并以 $0.3 \sim 0.5 kgf/cm^2$ 的速度充入氮气。在回路被加热并充满钠之前,通向第三个回路(蒸汽-水系统)的管道和模块要经过水压试验,之后模块被排空并充满氮气。蒸汽发生器电加热系统的安装和测试非常漫长,长达 5 个月,回路以 $20 \sim 250℃$ 的温度进行加热。一旦回路中充满钠,并且过滤阱被打开,二回路中的循环泵就被打开用于净化金属。在 1979 年 12 月至 1980 年 2 月,随着钠的积累和纯化以及环路的加热准备,依次用钠填充环路。在回路中充满钠后,循环泵启动,检查第二个回路的流体动力学特性。通过泵和电加热将回路中钠的温度保持在 $240 \sim 250℃$。在加热和钠填充期间,通过应变仪和温度计对蒸汽发生器中的应变状态进行测量。

25.3.1.5　蒸汽-水系统的水和酸洗

根据去除机械污染物的技术规范,通过标准给水泵,用软化水清洗回路中的涡轮机流动部分。高流速在流动中提供了必要的动能。根据泵输入处金属格栅上积累的材料以及循环水的透明度来监控清洗性能,水洗去除了大约 200kg 的机械污染物,主要是焊接产品,随后是酸洗。在引入试剂之前,用来自启动锅炉的蒸汽将回路加热至 $140 \sim 150℃$,然后将试剂直接进料至回路中的脱气器。基于溶液中的铁含量以及络合剂的含量和酸碱度来监控洗涤,洗涤后的表面被钝化。

25.3.2　反应堆的物理启动

装载燃料棒组件始于 1979 年 12 月 28 日,当时模拟器被工作组件取代。1980 年 2 月 26 日,在低浓缩区装载了 215 个组件,在高浓缩区装载了 44 个组件后,BN-600 达到临界状态。在物理调试期间,确定了控制装置的性能和温度,并检查了气压、功率和流体动力对反应性的影响,与计算结果有很好的一致性。当堆芯满载时,测量钠通过燃料组件的流速,并检查主回路的流体动力特性。在将系统运行至工作电源之前,保护系统和联锁装置已经过全面检查。当电源出现故障,包括向水循环站的水泵供电故障时,对机组的运行进行了检查,并实施了额外的措施来提高装置在物理调试过程中的安全性,即开发并安装了一个液压装置来保护压力容器免受高压,并对二回路中的设备和管道进行了测试,以获得畅通的流动条件,采用强制破裂的第二回路中的抗高压保护装置被自破裂装置所取代。还通过将水注入二回路来对钠水泄漏监测系统进行了评价,并对消防系统进行了改进,同时还介绍和评估了保护环境免受污染的系统。最后,对设备的强度进行了额外的计算,并在主回路上进行了实验。

25.3.3 功率上升

1980年4月2日,首次向蒸汽发生器供水,反应堆功率提高到标称值的0.5%。在4月6日给水质量达到标准后,反应堆功率提高到5%,并检查蒸汽发生器的蒸汽产量。4月8日,反应堆功率提高到30%,涡轮发电机连接到线路上,同时温度达到430℃。在全面彻底检查后,在以下阶段进行功率运行:

(1)在30%标称功率下运行,以进行调试和研究操作,包括汽水调试系统,以及对机组调节器的调整;

(2)以40%~70%的功率运行,继续进行发射和研究操作,改善堆芯和钠回路以及主要设备的条件;

(3)在80%功率下运行蒸汽-水涡轮机和调试水系统,用标称蒸汽参数检查设备的运行,并改进堆芯和蒸汽发生器的物理特性。

25.3.4 功率运行期间的测试

在运行的第一个月,对计划的基本调试模式以及停堆和功率调节进行了检查。模拟了紧急情况,特别是反应堆保护系统的作用引起的紧急情况,记录了介质参数的变化以及设备部件的应力和振动。在30%功率运行和相关试验期间,对主要设计点和设备特性进行了检查,并制定了改进方案和设备设计的建议。在此期间,对各种工艺的自动调节器进行了调整,并对辐射环境进行了研究,包括生产建筑和附近地区。

从1980年5月14日至6月15日,BN-600关闭,以检查设备和消除辅助系统中的小缺陷。在此期间,测量了燃料销组件的能量消耗,并检查了燃料再装填机构的操作。测量钠通过燃料组件的流量,以便与调试前的流量进行比较。拆除了一台发电机模块中水和蒸汽腔的盖子,检查了内部部件。1980年6月15日,该机组再次服役,进行进一步的功率提升。6月底,随着堆芯出口的钠温度达到470℃,功率已升至50%。6月至8月,由于监控蒸汽发生器回路间密封的系统记录的钠中氢含量升高,几个蒸汽发生器模块被关闭。在8月中旬达到了大约60%的额定功率,在月底达到70%,又对主要设备的状态进行了检查,包括类似于在30%功率下进行的测试,过程的自动调节器被调整到更高的功率水平。9月中旬,功率提高到80%,同时堆芯出口的钠温度达到525℃,测试程序在长期运行的条件下继续进行。在电力运行的所有阶段,对生产建筑和附近的辐射环境进行了检查。最后确认设备特性符合设计,控制良好,运行模式稳定。

25.3.5 结束语

启动和操作人员的高技能以及准备充分的启动文件使得 BN-600 能够在短时间内投入使用。分阶段启动电源操作和正确的设计参数为所有阶段的启动、测试和研究提供了安全性。运行电力的经验证明了设备和系统在所有运行模式下的可靠运行,这将使人们能够在未来改进快堆系统的技术和设计。

参考文献

[25.1] Carlisle, C. S., Noordhoff, B. H. (1977). Fast flux test facility startup plan, HEDL-SA-1216 Rev. ANS Reactor Operations Division Eighth Conference on Reactor Operating Experience, Chattanooga, TN.

[25.2] Noordhoff, B. H., Moore, C. E. (1980). FFTF startup—status and results, HEDL-SA-2133. International Conference of Liquid Metal Technology for Energy Systems, Richland, WA, USA, p. 2.

[25.3] Redekopp, R. D., Umek, A. M. (1981). Startup of FFTF sodium cooled reactor, slide presentation, HEDL-SA-2371. Proceedings of the 16th Intersociety Energy Conversion Engineering Conference, Atlanta, GA.

[25.4] Hurd, E. N., Bliss, R. J., Olson, O. L. (1978). Status of FFTF startup program and future FFTF utilization, Energy Contract No. EY-76-G14-2170. Japan Section of the American Nuclear Society, Tokyo, Japan.

[25.5] Carie, R., Megy, J., Guillemard, B., Robert, E., Le Marechal, L. (1974). Phénix startup. In: Conference on Fast Reactor Safety, Beverly Hills, CA. American Nuclear Society, Los Angeles, CA, pp. 1009-1020, April 2, 1974.

[25.6] Guillemard, B., Le Marechal, T. (1974). PHÉNIX survey of commissioning and startup operations. Proceedings of the International Conference Organized by BNES, Institution of Civil Engineers, London, U. K., March 11-14, 1974.

[25.7] Nevskli, V. P., Malyshev, V. M., Kupnyi, V. I. (1981). Experience with the design, construction and commissioning of BN-600 reactor unit at the Beloyarsk Nuclear Power Station. Sov. Atom. Energy, 51, 691-696.

第五部分

国际钠冷快堆经验

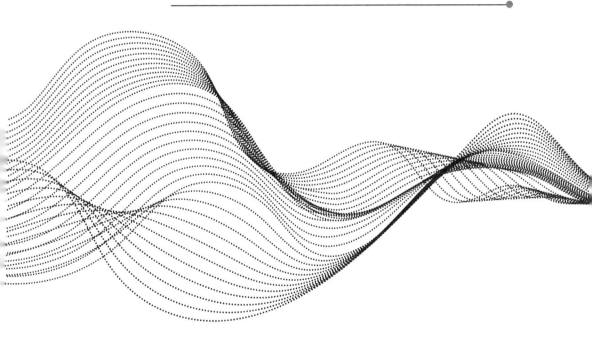

第 26 章
各个国家的快堆计划

26.1 引　　言

人们普遍认为，现有的水冷式、气冷式和液态金属冷却式反应堆系统能够非常充分地满足当前的安全标准，并且在可预见的未来有望达到这些标准。然而，继续寻求更高的安全性是至关重要的，主要原因：

(1) 不应该忽视任何改进技术的机会；
(2) 监管当局可能会提高安全标准；
(3) 需要适合基础设施不太发达的国家或地区的核电厂；
(4) 可以找到满足现有安全标准的更具成本效益的方法。

在市场经济发达、一次能源消耗增长相对缓慢以及化石燃料资源充足的国家，快堆的发展被推迟了，但是，一旦到了快堆对经济发展至关重要的时候，快堆一定会对世界能源供应做出重大贡献。毫无疑问，该技术将进一步改进，以达到安全、防扩散、环境保护和经济的最高标准。现在，由于快堆商业引进的延迟，使我们有机会研究其替代技术。我们的目标是对快堆的特性有一个全面的了解，以便在时机成熟时，为具体的实现选择最佳的反应堆设计。目前使用气体、蒸汽、铅和铅铋合金冷却剂的反应堆设计被认为是可能的替代方案。

俄罗斯在用铅铋共晶冷却的反应堆，特别是推进反应堆的开发和运行过程中积累了丰富的经验，铅冷却快堆的研究也在进行中。法国、日本、美国、意大利和其他国家已经开始对铅铋和铅冷却反应堆以及加速器驱动系统进行初步研究。一次冷却剂的适当选择对实现高液态金属冷却快堆性能具有重要意义。这也决定了液态金属冷却快堆的主要设计方法，并在很大程度上决定了核电厂的技术和经济特性。

在所有液态金属冷却剂中，接受最广泛的是钠。在泄漏和与空气或水相互作用的情况下,使用钠作为冷却剂会带来火灾风险。运营经验证明了解决这个问题的可能性,但追求卓越需要重金属技术的进一步改进。

在增殖反应堆发展的早期阶段,特别是在20世纪50年代和60年代,研究了高压气体,如氦气、二氧化碳或过热蒸汽。1960—1970年,美国研究了H_2O蒸汽冷却和D_2O蒸汽冷却快堆的概念。在欧洲和美国,氦冷却快堆概念一直作为一种替代冷却剂概念来追加研究。在英国,仍在小规模进行二氧化碳冷却快中子增殖反应堆(FBR)的燃料开发。在苏联,铅铋合金用作推进和陆基反应堆的冷却剂。然而,液态钠作为冷却剂和快堆的主要设计特征是在20世纪60年代确定的,同时要求反应堆堆芯具有高功率密度(金属氧化物(MOX)燃料约为$500W(t)/cm^3$),并使用具有良好传热性能的弱缓和材料,以便获得短的钚倍增时间和高增殖比。并且事实上钠对不锈钢几乎没有腐蚀性。

在美国、俄罗斯、欧盟及其他一些国家和地区,热反应堆产生的多余钚和冗余核武器释放的多余钚的可获得性并没有集中在倍增时间短和高增殖率的反应堆上。20世纪80年代以后,战略形势的变化推迟了快堆的商业化引进。此外,钠泄漏的一些经验,特别是钠冷快堆(SFR)的情况,减缓了快堆计划。一些专家认为,应该像在快堆开发的早期阶段一样,再次对不同的方案进行探索性研究,包括重新考虑的方案。

现在,不仅一些国家正在研究新的创新想法,例如铅冷却或铅铋冷却快堆,而且几乎所有讨论过的旧反应堆都可以成为这一创新的一部分:这就是气冷式高温反应堆和过热超临界蒸汽冷却快堆的情况。这是因为燃气轮机的热效率在10年内从35%提高到50%,也是因为超临界水/蒸汽高性能轻水反应堆(LWR)的热效率为44%,功率密度高。铅基合金目前正被考虑用于混合系统(加速器驱动的快堆),在这种系统中,冷却剂可以作为驱动堆芯的散裂源。克服重金属冷却剂缺点的技术正在开发中,但是尽管有这些工作和钠的明显缺点,支持钠的共识仍然很强。事实证明了这一点,即使是在重金属冷却剂技术方面拥有丰富经验的俄罗斯,也宣布"在铅冷却快堆BREST-300建造之前,MINATOM将首先建造钠冷却的LMFR BN-800"(E. Adamov,NW,1999年9月23日)[26.1];在过去的几年里,中国和韩国都选择了钠,这是钠作为快堆冷却剂的重要证明。因此,必须尽可能澄清与不同创新方案相关的科学问题,并长期保持快堆技术,以确保核燃料资源的安全和长期放射性废物的焚化。

液态金属冷却快堆已经发展了50多年。已经建造和运行了20个液态金属冷却快堆。五个原型和示范反应堆(BN-350/哈萨克斯坦、Phenix/法国、原型快堆/英国、BN-600/俄罗斯联邦和superPhenix/法国)的电输出为250~1200MW,一个大规模(400MW)实验快堆(快速反应堆/美国)的反应堆寿命增加了近110

年。总的来说,液态金属冷却快堆已经运行了近 400 堆年。在许多情况下,快速反应堆的整体性能非常好,反应堆本身,以及更常见的特殊部件,表现出远远超过其设计预期的良好性能,也显示出非常吸引人的安全特性,主要是因为它们是低压系统,具有大的热惯性和负的功率和温度反应系数。法国、印度、日本和俄罗斯正在开展液态金属冷却快堆的重大技术开发项目。其他一些国家也在以较小规模开展类似活动。

本章将介绍俄罗斯、法国、美国、中国、印度、日本、德国和韩国的钠冷快堆项目,旨在简要介绍当前项目的细节,而不是停留在历史的角度。本章提供的数据摘自参考文献[26.2-26.4]。

26.2 中 国

中国实验快堆(CEFR)于 2010 年首次达到临界状态,并于 2011 年接入电网。中国实验快堆的主要任务是辐照燃料和结构材料、积累运行数据和经验、开发新技术以提高安全性和可靠性,以及在实验室规模验证燃料循环技术。根据燃料发展路线图,将使用中国实验快堆开发混合氧化物和金属燃料。为了实现快堆的商业化,其发展战略是"实验、示范、商业化"。示范反应堆 CFR-600 现在处于设计阶段。福岛核灾难后,CFR-600 将遵守第四代的规则,以满足安全要求。停堆系统、余热排出系统和限制密封将在中国实验快堆基础上进行改进,该反应堆在 2023 年前完成建造,之后,将建造 CFR-1000 堆。

基于中国实验快堆的 1000MW(e)中国原型快堆(CDFR)将于 2017 年开始建设,并作为中国原子能科学研究院(CIAE)项目的下一步投入运行。这将是一个三回路、2500MW(t)、使用混合氧化物燃料的池式反应堆,平均燃耗为 66GWd/t,运行温度为 544℃,堆芯燃料比为 1.2316,覆盖组件为 255 个,使用寿命为 40 年。这是中国原子能科学研究院的"一号工程"中国原型快堆,将有主动和被动关闭系统和被动衰变热排出系统。使用混合氧化物锕系元素或金属锕系元素燃料,到 2030 年,这可能会发展成为一个大约相同大小的中国商用快堆(CCFR)。混合氧化物仅被视为一种过渡燃料,目标配置是封闭循环中的金属燃料。到 2028 年,中国原子能研究所的 CDFR 1000 型将会有一个 1200MW(e)的循环流化床锅炉,符合第四代标准。这将有铀-钚-锆燃料,燃耗为 120GWd/t,增值比为 1.5 或更低,并有少量锕系元素和长寿命裂变产物再循环。中国原子能科学研究院预测显示,快堆从 2020 年开始逐步增加,到 2050 年至少达到 200GW(e),到 2100 年达到 1400GW(e)。中国快堆发展计划如图 26-1 所示。

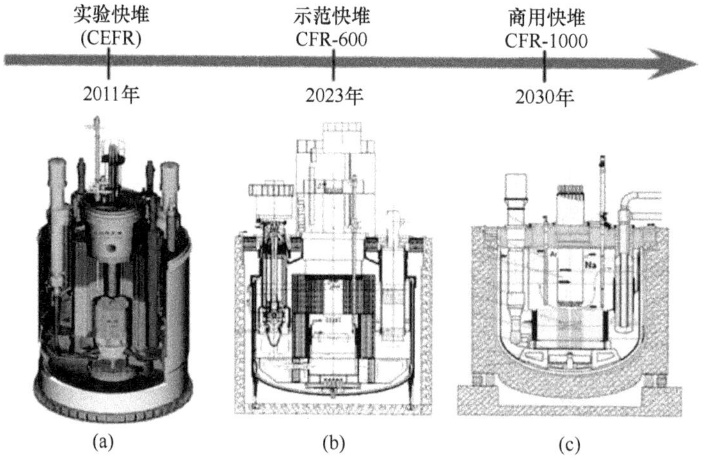

闭式燃料循环的钠冷快堆
Sodium Fast Reactors with Closed Fuel Cycle

图 26-1 中国快堆发展计划
(来源于 IAEA-TECDOC-1691,Status of fast reac-tor research and technology development,IAEA,Vienna,Austria,2012.)

26.3 法　　国

法国液态金属反应堆技术在大型液态金属冷却快堆的建造和运行方面展示了许多设计、项目实现和经验的正面例子:实验反应堆 Rapsodie(40MW(t)功率,1967—1983 年)、原型反应堆 Phenix(255MW(e)功率,1973 年 12 月授权)、大型液态金属冷却快堆 Superphenix(1986—1998 年)。Phenix 已经运行了约 100000h,反应堆热部件的温度为 833K(560℃),热效率为 45.3%(总),这是核电实践中的最高值;平均燃耗从 50000MWd/t 增加到 100000MWd/t,最大燃耗超过 150000MWd/t。在 Phenix 中,实验证实增殖比为 1.16,因此,反应堆产生的钚被用作堆芯的燃料。八个燃料芯达到了这些水平,总计 166000 个燃料棒。在 1998 年 Superphenix 过早关闭后,Phenix 作为辐照设施的作用变得越来越重要,特别是在长寿命放射性废物管理方面。

法国在快堆开发领域的现行政策侧重于先进钠冷工业示范用试验堆(ASTRID)的设计和开发,这是一种中型(600MW(e))钠冷快堆,已作为第四代快堆的参考概念在欧洲得到提议和认可。

根据经验反馈,钠冷工业示范用先进试验堆设定了高水平的设计目标,要求进行创新,以进一步提高安全性、降低投资成本、提高效率、可靠性和可操作性。该反应堆还将提供一些辐照能力,特别是为了验证商业部署可能需要的先进燃料的预期性能,以及在更大规模上燃烧少量锕系元素的能力。高安全要求需要假设严重事故,并相应地将缓解措施纳入设计。在纵深防御的各个层次之间,预计会有更多的独立性。超出设计基准的峰值边缘效应的缺失将得到彻底验证。直到几年前,研发项目进行了关于选择的设计选项:

(1)回路和池式设计;
(2)能量转换系统的选择;
(3)二回路系统用9Cr钢的选择;
(4)氧化物弥散强化钢作为包壳管材料的可能性;
(5)涵盖传感器可检测性、可修复性和机器人技术的可靠运行检查和维修(ISI&R)概念的发展。

法国快堆的发展演变如图26-2所示。

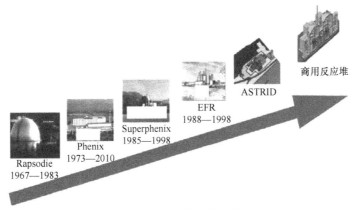

图 26-2 法国快堆的演变
(源于 IAEA-TECDOC-1691, Status of fast reactor researchand technology development, IAEA, Vienna, Austria, 2012.)

26.4 德　　国

在德国,主要的快堆开发始于KNK-II反应堆,该反应堆是一个实验性钠冷快速功率反应堆,具有20MW(e)的电力输出。KNK反应堆最初设计为热反应堆(KNK-I),并于1971年至1974年成功运行。1975年至1977年间,该核电站被改造为快堆(KNK-II),并配备了未降额堆芯。KNK-II于1977年投入运行,并一直成功运行到1991年工厂最终关闭。另一个反应堆SNR-300,从一开始就被认为是一个国际项目,由德国(70%)、比利时(15%)和荷兰(15%)组成的三国合作,涉及制造商、公用事业和研发组织。第一个SNR-300的核许可证于1972

年12月颁发,这是开始建设的必要条件。德国早在20世纪70年代末就开始受到不利的政治影响,当时对核电的效用和安全标准提出了质疑,特别是对SNR-300提出了质疑,这是德国联邦研究与发展部长在1991年3月对总体情况进行彻底评估后宣布无条件放弃该项目的原因。这最终导致了德国暂停发展快堆技术。

然而,后来的核研究集中在核废料处理的安全研究(包括嬗变)和以轻水堆严重事故为重点的安全研究。研发活动是在含有钠、铅和铅铋的液态金属回路设施中进行的。与快堆安全相关的建模活动主要使用SASSFR和SCURE代码完成,这些代码用于模拟假设事故的不同阶段,包括快堆中的严重事故。

26.5 印　　度

考虑到印度有限的铀资源和丰富的钍资源,印度核电计划分三个阶段实施。第一阶段包括将天然铀投资于加压重水反应堆,该阶段的潜在输出为10GW(e)。第二阶段涉及大规模部署具有同处一地的燃料循环设施(FCF)的快堆,以利用从重水反应堆乏燃料中提取的钚和贫化铀,这一阶段的潜在产量约为300GW(e)。在第三阶段,计划有效利用大量钍资源。英迪拉·甘地原子研究中心(IGCAR)于1971年在卡尔帕克卡姆成立,致力于发展快堆的技术。在40MW(t)快中子增殖试验堆(FBTR)的中心设施周围,建立了大量的多学科实验室。快中子增殖试验堆在1985年变得至关重要,在钠系统(包括蒸汽发生器)的操作方面提供了宝贵的经验,并作为各种实验和燃料辐照计划的试验台。目前,自2003年开始的自行设计的混合氧化物燃料500MW(e)原型快堆的建设已进入后期阶段,调试活动正在进行中。原型快堆的设计结合了几个最先进的特点,预计将成为快堆项目的工业规模的技术经济可行性验证者。除原型快堆外,该计划还包括建造一个双机组,其中两个反应堆使用混合氧化物燃料,每个反应堆的设计都比原型快堆有所改进。随后,为了迅速实现核电,该部正在计划一系列金属燃料快堆,首先是金属燃料示范快堆(MDFR),然后是工业规模的1000MW(e)金属燃料反应堆。至于金属燃料示范快堆的反应堆规模,建议采用500MW(e),以便利用在原型快堆主要反应堆系统和部件的设计、制造和安装方面获得的经验。

与此相一致,印度承担了设计MDFR-500的任务,在反应堆系统的概念化过程中,保留了采用混合氧化物燃料快堆的成熟设计概念,并适当考虑了在原型快堆的安全审查、制造和建造过程中获得的经验,纳入了重要的变体,以改善整体经济并提高核电厂的安全性。与此同时,在燃料和材料开发方面,为了研究二元(铀-钚)和三元(铀-钚-锆)金属燃料和相关结构材料的辐照行为,绘制了一个以快中子增殖试验堆为试验台的详细测试程序与详细的辐照后检查程序。优化 MDFR-500 堆芯是为了最大限度地发挥增殖潜力(BR 约为 1.3~1.4),已经针对钠和机械结合燃料销的选择研究了几种燃料选择和设计变体。例如,对于初始目标燃耗为 100GWd/t 的 450W/cm 的峰值线性功率,优化了采用铀-(19w%)钚-(10w%)锆三元钠结合燃料的参考设计,其燃料棒芯直径为 6.6mm(T91 包层),弥散密度为 75%。此外,还进行了热工水力设计,以评估设计安全极限的裕度。具有分配累积损伤分数(CDF)极限和 100% 裂变气体释放的保守假设的详细研究表明,该方法可以令人满意地达到目标燃耗。与此同时,机械连接的燃料棒选项也在考虑基础设施的限制,以便对燃料成分和与燃料棒的连接类型做出明智的选择。热传输(钠)系统和设备平衡(防喷器)被概念化为紧凑的设备布局,该布局还具有灵活性,可容纳可选的容器外钠储罐,以便于在燃料处理操作后储存钠结合燃料。安全仪表和控制器详细说明了足够的冗余和多样性要求。另外,工厂设计正在发展,以适应沿海和内陆地区。印度快堆的设计演变如图 26-3 所示。

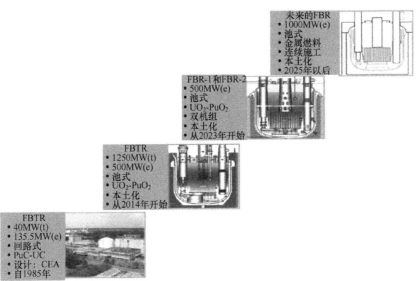

图 26-3 印度快堆项目的设计演变

(源于 IAEA-TECDOC-1691,Status of fast reactor research and technology development,IAEA,Vienna,Austria,2012.)

26.6 日 本

自 2005 年 10 月日本原子能委员会发布《核能政策框架》以来,发展快堆循环技术的重要性再次在国家基本核能政策中得到承认。2006年3月,内阁科学和技术政策委员会在第三期"科学和技术基本计划"中将快堆循环技术选为国家重要的关键技术之一。此后,教育、文化、体育、科学和技术部(MEXT)和经济、贸易和工业部(METI)调查了核技术行动计划,并发表了报告。根据行动计划和各国的钠冷快堆计划,2006年12月26日在科学和技术部对可行性研究第二阶段结果的审查中,原子能委员会决定了"未来十年快堆循环技术研发的基本政策"。

实验快堆JOYO(钠冷快堆,热功率:140MW(t))一直致力于开发钠冷快堆。结合PIE的结果,成功地进行了各种辐照试验。在JOYO堆的第15次定期检查中,发现辐照试验组件MARICO-2已经弯曲到船内储存架上。这一事件需要更换上部堆芯结构(UCS)并回收MARICO-2,以便JOYO堆重启。设计工作几乎已经完成,估计更换上部堆芯结构和回收MARICO-2花费了两年时间。其他主要活动包括通过激光共振电离质谱(RIMS)开发故障燃料检测和定位系统的创新仪器技术。

文殊堆是一个714MW(t)(280MW(e))以钚－铀混合氧化物为燃料,用液态钠冷却的回路型原型快堆。文殊堆于2010年5月6日重启,并于2010年5月8日达到临界状态。随后,堆芯确认测试一直进行到2010年7月。从测量数据中评估了额外的堆芯物理数据,如控制棒反应性价值。然而,在2010年8月,发生了燃料装卸事故,当时船内转运机(IVTM)在换料后被辅助装卸机的抓具吊起时掉落。日本原子能机构(JAEA)决定将船内转运机连同燃料喉套一起撤出,并调查了撤出程序,于2011年11月完成了撤出和恢复。此外,巨大的海啸冲向福岛第一核电站,反应堆被熔化。为了确保冷却系统的进一步安全,日本原子能机构实施了多种应对措施、应急程序以及地震和海啸的操作培训。即使在这些恶劣条件下,堆芯、船外燃料储罐和乏燃料池的冷却功能也通过核电厂动态模拟得到了证实。

根据日本的政策,2006年启动了"快速反应堆循环技术开发"(FaCT)项目,旨在实现快速反应堆循环技术的商业化。在快速反应堆循环技术开发项目中,日本钠冷快堆的概念设计研究和相关创新技术的开发已经完成。2010年,对创新技术在日本钠冷快堆中的适用性进行了技术评估,结果显示所有技术均适用。2011年3月福岛第一核电站(Fukushima Dai-ichi核电站)发生事故后,能源和环境委员会发表了一份题为《能源和环境创新战略》的报告,该报告指出,政府将调动一切可能的政策资源,使核电厂在2030年代实现零运营。该报告还陈述了核燃料循环政策,其中包括文殊堆的作用和促进研发,用来减少放射性废物的数量和毒性水平。在这种情况下,基于从这些事故中吸取的教训,下一代钠冷快堆系统的安全性得到了进一步改善。日本的钠冷快堆发展计划如下。

（1）可行性研究第一阶段：对各种冷却剂/燃料进行概念设计研究，并选择四种系统（钠、氦气、铅铋和水）。

（2）可行性研究第二阶段：选定概念的详细比较和日本钠冷快堆概念的选择（钠冷+混合氧化物燃料）。

（3）快速反应堆循环技术开发第一阶段：评估商业日本钠冷快堆的关键技术。

（4）快速反应堆循环技术开发二期（因东京电力公司福岛核泄露[1F]级事故暂停）：关键技术演示和演示日本钠冷快堆的概念设计。

（5）福岛核泄漏事故后：启动了安全增强设计研究。

（6）安全设计标准（SDC）：安全设计标准于2010年10月在GIF论坛启动，满足钠冷快堆的全球安全要求。福岛核泄漏事故再次确认了安全设计标准的必要性，并加强了在安全设计标准上的努力。安全设计指南（SDG）也应在安全设计标准竣工后制定。

26.7 韩　　国

为了向长期的研发活动提供一致的方向，2008年12月22日，韩国原子能委员会（KAEC）批准了针对先进的钠冷快堆和烟火工艺的研发行动计划，该长期计划将通过国家研究基金会的核研发项目实施，资金来自科学技术部（MEST），目前正在制定详细的实施计划。长期先进的钠冷快堆研发计划，包括在2028年前建造一个先进的钠冷快堆示范工厂，包括三个阶段：

（1）第一阶段（2007—2011年）——先进的钠冷快堆设计概念的发展；

（2）第二阶段（2012—2017年）——先进的钠冷快堆示范工厂的标准设计；

（3）第三阶段（2018—2028年）——先进的钠冷快堆示范工厂的建造。

在全国范围内，人们已经认识到快堆系统是最有希望的核能发电选择之一，它可以有效利用铀资源，减少核电厂的放射性废物。韩国的液态金属冷却快堆项目始于KALIMER-150的基本设计技术和概念设计的开发。2008年12月，韩国原子能委员会批准了一项研发行动计划，即一个先进钠冷快堆和热解工艺的研发计划，为长期的研发活动提供一致的方向，该计划在2011年晚些时候进行了修订。关键节点包括：2017年设计一个原型钠冷快堆，到2020年批准，到2028年建造一个150MW（e）原型第四代钠冷快堆。钠冷快堆原型项目包括钠冷快堆系统（核蒸汽供应系统和辅助系统）设计和优化的整体系统工程、代码开发、技术验证和确认、主要部件开发以及金属燃料技术开发。韩国快堆的发展现状如图26-4所示。

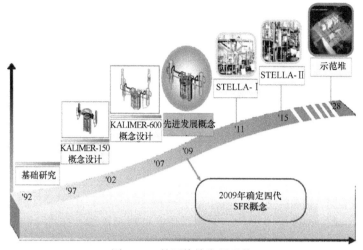

图 26-4 韩国快堆发展现状
(源于 IAEA-TECDOC-1691,Status of fast reactor research and technology development,IAEA,Vienna,Austria,2012.)

26.8 俄罗斯

俄罗斯从试验、原型和半商用反应堆(BR-5/10、BOR-60、BN-350和BN-600)开始,分阶段实施了钠冷快堆计划,并在运行中取得了成功。第一个装有钠冷却剂和钚燃料的快堆(BR-5/10)建于1958年,运行了44年多,最后于2002年12月6日关闭,现在正处于退役的准备阶段。BOR-60试验反应堆已经运行了43年多,其运行许可证已延长至2014年,该反应堆用于同位素生产、测试材料和各种快堆设备,以及产生热量和电能。BN-600是一个商用反应堆,已经运行了33年多,发电量为 9.1×10^{10} kW,平均负荷系数为74.4%(1982—2012年)。2010年4月7日,别洛雅尔斯克核电厂获得了俄罗斯环境、工业与核监督局的许可,可将BN-600核电机组的寿命延长至2020年3月31日。俄罗斯目前在快堆开发方面的努力旨在提高安全裕度和改善经济效益。商业规模的快速反应堆BN-800的详细设计已经完成,其建造和动力装置调试于2014年完成,用于关闭燃料循环和回收武器级钚。未来的计划包括开发大型钠快堆BN-1200的设计,以及设计和建造钠冷快堆多功能研究快堆(MBIR),该研究快堆计划于2019年在德米特里夫城市的俄罗斯原子反应堆研究所进行。BN-1200设计考虑的最重要的新概念设计方案如下。

(1)主回路与所有钠系统的池式布置,包括冷阱和化学工程控制系统,位于反应堆容器内,以消除反应堆容器外的放射性钠释放,从而消除其火灾。

(2) 通过取消新燃料元件废弃燃料元件的中间储存桶和提供高容量反应堆容器储存(IVS)来简化换料系统,将燃料元件从反应堆容器储存直接卸载(在反应堆容器储存暴露后)到清洗池,并进一步卸载到暴露池。

(3) 基于直管、大容量模块的应用,从分段模块化蒸汽发生器方案过渡到整体方案。

(4) 通过连接到反应堆容器的独立回路,基于反应堆保护的非能动原理、非能动衰变热排除系统增强固有安全特性。

其他关于使用重液态金属冷却剂的快堆的预期活动包括:

(1) 开发使用铅铋冷却剂的 SVBR-100 反应堆设施的设计;

(2) 关于使用铅冷却反应堆 BREST-OD-300 的核电厂设计合理的基础上实施研发计划,并对设计进行适当修改——使用 BREST 反应堆建造一个试验工厂。

俄罗斯快堆概念的演变如图 26-5 所示。

图 26-5 俄罗斯快堆概念的演变

(IAEA-TECDOC-1691,Status of fast reactor research and technology development,IAEA,Vienna,Austria,2012.)

26.9 美　　国

EBR-II 是美国最成功的快堆。这是一个 62.5MW(t)、20MW(e)、钠冷却的池式反应堆,在 1963 年 11 月用钠冷却剂达到临界状态,展示了钠冷快堆作为发电厂运行的可行性。EBR-II 有一个毗邻的核燃料循环设施,允许燃料的连续再加工和再循环。1967 年,EBR-II 从一个示范工厂转型为一个辐照设施。在 1983 年克林奇河增殖反应堆的取消后,EBR-II 反应堆和核燃料循环设施成为整体快堆概念的研究和示范设施。在运行 30 年后，整体快堆项目终止，EBR-II 于 1994 年 9 月开始停产。在美国，快堆现在的愿景是对燃料循环任务进行灵活的锕系元素管理，也就是说，展示从轻水堆乏燃料中回收的超铀嬗变，并因此受益于核废料管理目的的燃料循环关闭。先进的燃烧试验反应堆是一个快堆概念，可能是演示嬗变技术的第一步，直接支持一个原型的全尺寸先进反应堆的开发，然后是先进堆的商业部署。

快速反应堆部署有待燃料循环战略决策。因此，努力的重点是发展所需的基础技术能力和一小部分有前途的创新技术选择。由于目前没有快堆示范计划，重点是创新的研发，这可以显著的改进性能。在燃料方面，研发的是具有相关封闭燃料循环的嬗变燃料，在延长燃耗的情况下提高性能，并将损失和浪费降至最低。为此，正在对新的金属合金燃料（含少量锕系元素）进行制造、燃料表征和辐照测试。另一个重点领域是模拟各种耦合物理，包括中子学、热流体动力学和结构现象。整个反应堆堆芯的完全耦合多物理、多尺度模拟旨在通过使用灵活的计算框架耦合高保真电子、热和结构动力学代码在短时间内得到演示。其他工作涉及紧凑型燃料处理、排气燃料、扭曲管环形热交换器、电磁泵、交替热传输和安全壳配置以及超临界 CO_2 布雷顿循环能量转换系统。美国最近的工作集中在具有独特功能的小型（约 100MW（e））反应堆，如长寿命堆芯。美国快堆的发展前景如图 26-6 所示。

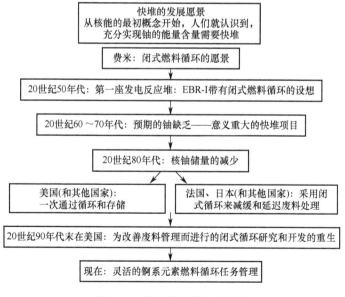

图 26-6　美国快堆的发展前景

(源于 IAEA-TECDOC-1691，Status of fast reactor research and technology development, IAEA, Vienna, Austria, 2012.)

参考文献

[26.1] IAEA-TEDOC-1289. (2002). Comparative assessment of thermophysical and thermohydraulic characteristics of lead, lead-bismuth and sodium coolants for fast reactors. IAEA, Vienna, Austria.

[26.2] IAEA-TECDOC-1691. (2012). Status of fast reactor research and technology development. IAEA, Vienna, Austria.

[26.3] IAEA. (2013). 46th Meeting of the Technical Working Group on Fast Reactors (TWG-FR), Working Material, Vienna, Austria. http://www.iaea.org/NuclearPower/Meetings/2013/2013-05-21-05-24-TWG-NPTD.html.

[26.4] IAEA-TECDOC-1569. (2007). Liquid metal cooled reactors: Experience in design and operation. IAEA, Vienna, Austria.

第 27 章
来自运行经验的反馈

27.1 引　言

从 20 世纪 70 年代开始,为了研发和实验的目的,一些国家已经启动了快堆。在形成基本数据、从钠组分获得工业和运行经验后,钠冷快堆原型在几个国家部署。特别是在法国,一个 1200MW(e)的大型快堆"Superphenix"投入使用。世界上所有的快堆加在一起已经积累了 400 多年的反应堆运行经验,产生了关于燃料性能、燃料安全、钠成分、蒸汽发生器、换料设备等的丰富数据。小型实验反应堆,例如 EBR-II、Rapsodie、BOR-60、JoYo 和快中子增殖试验反应堆(FBTR),在钠技术、燃料元件设计(包括燃料选择、包壳和包装材料、燃耗极限论证和材料辐照数据)方面提供了宝贵的经验,特别是,EBR-II 广泛用于开发钠结合金属燃料。美国快堆计划的目标是使用 ^{19}U-^{10}Pu-Zr 三元钠结合金属燃料,该计划已在 EBR-II 和快中子通量试验设施(FFTF)得到成功验证。

然而,就反应堆组件和其他部件而言,这些小型反应堆在证明商用快堆的结构完整性要求方面受到限制,因为设计载荷,尤其是热载荷,随着部件的额定尺寸而增加。当开始新反应堆的设计时,每个设计机构都认为利用运行经验的反馈是谨慎的。法国的 Superphenix 和印度的原型快中子增殖反应堆(PFBR)的设计就是这样做的,欧洲快堆的设计也采用了类似的方法。国际原子能机构(IAEA)还通过国际快堆工作组年度会议、关于特定主题的技术会议和关于快堆技术的出版物,促进反馈交流。原子能机构还开展了与快堆经验知识管理有关的工作。由于铀资源有限,以及通过焚烧少量锕系元素和长寿命裂变产物进行的高水平废物管理,钠冷快堆是核能可持续性的首选。表 27-1 对世界范围内的小型快堆的运行进行了总结,表 27-2 对中型快堆[27.1]的运行进行了总结。

表 27-1　世界上的小型快堆

名　称	功率/MW(t)	开始时间	国　家	状　态
Clementine	0.02	1946	美国	1952 年停止
EBR-I	1.4	1951	美国	1963 年停止
BR 2	0.2	1956	俄罗斯	1957 年停止
BR 5 – BR 10	5/10	1958/1973	俄罗斯	2002 年停止
LAMPRE	1	1961	美国	1965 年停止
DFR	75	1959	英国	1977 年停止
EBR-II	60	1963	美国	1993 年停止
EFFBR	200	1963	美国	1972 年停止
RAPSODIE	24/40	1967/1970	法国	1983 年停止
SEFOR	20	1969	美国	1972 年停止
KNK1/KNK2	60	1972/1977	德国	1991 年停止
FFTF	400	1980	美国	1992 年停止
PEC	120		意大利	放弃
FBTR	40	1985	印度	运行中
JOYO	50	1977	日本	运行中
BOR 60	60	1968	俄罗斯	运行中
CEFR	60	2009	中国	运行中

表 27-2　世界上的中型快堆

名　称	功率/MW(t)	开工时间	国　家	状　态
EFFBR	100	1963	美国	1972 年停止
BN 350	150	1972	哈萨克斯坦	1993 年停止
Phenix	250	1973	法国	2009 年停止
PFR	250	1974	英国	1994 年停止
CRBR	350	—	美国	放弃
SNR 300	300	—	德国	放弃
BN-600	600	1980	俄罗斯	运行中
MONJU	280	1992	日本	重启
PFBR	500	2014	印度	开工

27.2 设计理念

关于快堆设计概念和选择,主要反馈是关于燃料的选择及其性能、堆芯和永久反应堆部件材料的选择、换料设备性能,尤其是钠设备和蒸汽发生器经验。回路和池概念的选择仍是一个有争论的问题,尽管总的来说,原型和工业规模的反应堆选择池设计主要是出于安全考虑。最近,回路设计正在重新考虑,这仍然是法国 ASTRID 反应堆的选择。主要设计方案及其考虑因素如下:
- 钠冷却剂;
- 蒸汽发生器;
- 中间热交换器(IHX);
- 钠泵;
- 换料系统和方案。

27.2.1 钠冷却剂

从安全的角度来看,在主冷却剂系统中使用大量的钠是有利的,因为钠具有高热容量和自然循环流动。尽管有这些优点,但不能完全排除钠泄漏。表 27-3 给出了钠的泄漏量。对反应堆重启有重大影响的最严重的钠泄漏发生在 1995 年 12 月的 Monju,原因是二次钠回路管道中的热电偶套管因流动引发振动而发生故障,导致 640kg 的钠泄漏(图 27-1)。详细调查显示,热电偶套管因流动引发振动导致热电偶套管管端高周疲劳而失效,几何形状在直径上也发生了急剧变化,导致应力集中。对反应堆钠泄漏事件的调查显示,钠泄漏量从几克到 1825kg。图 27-2 显示了一个几升钠泄漏的例子,该泄漏发生在 Phenix 堆二次净化回路阀门上。

表 27-3 钠泄漏量

Phenix	31
SPX	7
BN-600	27
BN-350	15
PFR	20
DFR	7
FFTF	1
MONJU	1
KNK II	21
FBTR	6

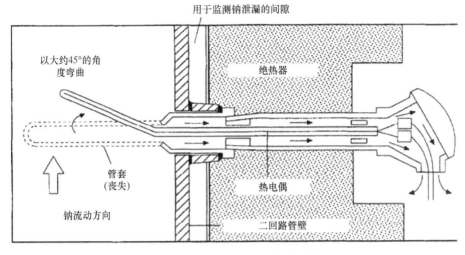

图 27-1 文殊堆热电偶套管钠泄漏

（源于 Guidez,J. et al. ,Nuclear Technol. ,164,207,2008.）

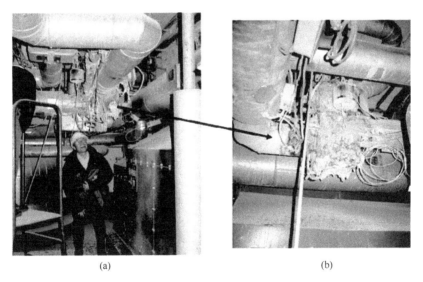

(a)   (b)

图 27-2 Phenix 泄漏后的电路检查

（源于 Guidez,J. et al. ,NuclearTechnol. ,164,207,2008.）

钠泄漏事件的主要原因如下：
- 阀门制造缺陷——运行 17 年后的快中子增殖试验堆一次钠净化回路泄漏事件,归因于几乎穿过阀体厚度的钻孔（图 27-3）；
- 管道和阀体阀盖连接中的法兰连接结构；

- 焊接缺陷；
- 材料选择不当，如使用321型不锈钢；
- 由于管道柔性不足或对流动诱发振动的设计检查不足而导致的设计缺陷；
- 热剥离——不同的钠温度流在三通处混合，导致热疲劳失效；
- 操作员错误——钠冷冻前管道切割；
- 管道中固体钠的熔化技术不当。

图 27-3　钠从净化舱内的阀门泄漏

除了钠泄漏的后果外，在退役阶段安全处置大量放射性钠还需要较高的投资和运营成本以及复杂的技术。此外，钠的不透明性对运行中的检查和维修提出了挑战性的技术问题。还有一些与钠有关的具体结构力学问题——热剥离和热波动——严重影响相邻结构的结构完整性。尽管有这些事实，但这些问题已经通过适当的设计措施得到了解决，需要优化反应堆中使用的钠的量，特别是，应该通过应用创新的设计概念来确保反应堆和排热系统的最小尺寸。

27.2.1.1　钠泄漏经验反馈

通过仔细检查并考虑钠冷却的优点，钠冷快堆没有任何明显的缺点。为了防止钠泄漏，检测和减轻泄漏影响，我们引入了几个设计特征。高延展性和高效率材料的选择，不同的泄漏检测系统（电线、火花塞和互感类型）有助于在破裂前证明泄漏的合理性，并具有合理的裕度。主容器周围配有安全容器，即使在主容器泄漏后，钠水平也能保持，以促进衰变热的排出。反应堆安全壳厂房内的所有钠管都配有保护管/充氮腔室,以排除钠火灾的可能性。主容器焊缝通过坚固的在役检查装置定期检查,该装置可在主容器和安全容器之间的空间内运行。除此之外,提供泄漏收集盘、使用抗钠混凝土以防止钠－混凝土的相互作用,以及按照国际钠冷快堆的惯例部署灭火器和消防设施。在与钠火灾研究相关的各种系统的设计中采用了先进的计算模拟。设计中规定了尽早将钠泄漏的后果降至最低、检测钠泄漏、安全快速倾倒钠以及扑灭钠火。所有反应堆都有针对钠泄漏的特殊设计特征,确保钠从一次钠系统泄漏到插入的防护容器管道舱,而不是泄漏到能够导致火灾的空气中。值得一提的是,在过去的14年里,俄罗斯的反应堆没有发生泄漏。

针对钠泄漏事件的全面审查和修改已在Monju反应堆进行。这些修改包括热电偶套管改用更短的长度,用锥形套管几何形状代替陡峭的直径变化,以及新的防止流动诱发振动的设计指导。此外,还对钠泄漏检测系统进行了改进,以在早期检测泄漏,并对钠排放回路进行了改进,以减少排放时间;对二回路室进行了分区,以限制空气的可利用量;对混凝土地板和墙壁进行了隔热保护,并安装了注氮系统,以快速扑灭钠火灾。在钠泄漏事件中已经很好地证明了先泄漏后破裂的概念。这为设计管道泄漏收集盘提供了基础,并为主动扑灭钠火的方法提供粉末。为了最大限度地降低由于热剥离导致的管道三通泄漏的风险,应针对稳态和瞬态进行详细的热工水力分析,并考虑常闭阀阀座的泄漏和仔细评估热混合器的需求和应用。同时研究人员还在研究一些替代冷却剂,如气体(氮气、氦气和二氧化碳)和液态金属(铅和铅铋)。

27.2.1.2　钠气溶胶[27.1]

含钠气溶胶的反应堆覆盖气体中的对流有可能导致钠在旋转塞、控制棒驱动机构和中间热交换器套筒阀的狭窄间隙中积聚。1997年,在BN-600反应堆中,人们注意到需要付出更大的努力来移动旋转塞(图27-4)。拆卸操作显示轴承表面覆盖有钠沉积物,钠残留物从轴承座圈和旋转塞的狭窄间隙中清除,并安装新的滚珠和保持架。EBR-II旋转塞冻结密封的操作并非没有问题,用于冷冻密封的密封合金是锡铋合金(42%锡和58%铋)。大型旋转塞的粘住是由于钠和锡以及钠和铋的金属间化合物通过支撑结构在塞壁和密封件之间的环形空间中积聚所致。为了保持大塞的旋转,必须定期清洁环空。在英国原型快堆(PFR)中,由于电磁体上钠沉积物的积累,导致电磁体吸附的吸收棒下降,导致大量假脱扣,降低了其吸附吸收棒的效率。从钠气溶胶沉积中吸取的经验教训促使了一个基本的设计变化,包括选择一个热顶,以最大限度地减少钠沉积,并在运行过程中使用控制棒。

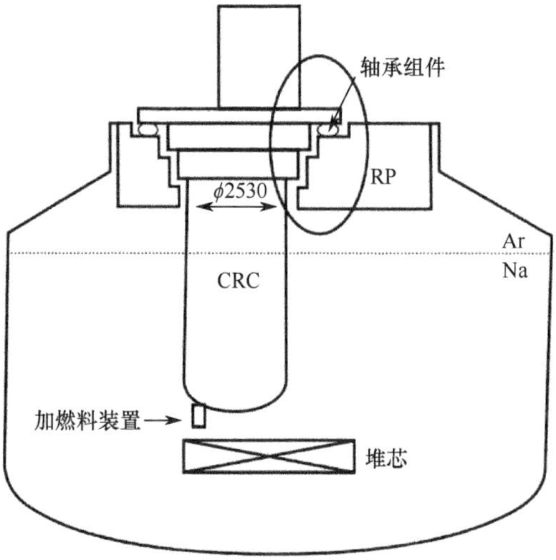

图 27-4　BN-600 旋转塞中的气溶胶沉积
(源于 Guidez,J. et al.,Nuclear Technol.,164,207,2008.)

27.2.2　蒸汽发生器性能

除了 Superphenix 和快中子增殖试验堆外,所有单壁蒸汽发生器在运行过程中都出现了管道泄漏。表 27-4 总结了各种快中子反应堆中的蒸汽发生器管道泄漏。泄漏事件的主要原因可以总结如下。

(1)制造缺陷:在 KNK-II 中的一次泄漏事件,在 BN-350 和 BN-600 的钠填充或运行的最初几年中的几起管道泄漏事件,以及在英国原型快堆蒸发器中的最初管道泄漏,都归因于制造和质量保证缺陷。蒸发器中铬钼管与管板焊缝未进行焊后热处理,导致 PFR 堆蒸发器性能不佳。卡口式蒸汽发生器设计的底端盖材料质量差导致了 BN-350 的管道泄漏。轧制和焊接设计的管子与管板的焊接也是管子泄漏的原因。

(2)疲劳裂纹:设计缺陷或不适当操作程序的组合可能导致热冲击,导致管道泄漏。在 Phenix 堆发生的前四起管道泄漏事件是由于核电厂启动期间汽轮机蒸汽旁路回路出现故障,导致再热器进水。

(3)流动诱发的振动磨损:在 PFR 堆过热器中,一个大的蒸汽-钠反应涉及多个管道的破裂,该反应是由于管道与中心导流板的磨损而导致的疲劳失效引起的。

与其他换热器不同,钠蒸汽发生器中的管道泄漏可能会通过冲击损耗导致相邻管道的堵塞,因为钠水反应产生的放热和腐蚀性氢氧化钠的形成导致受影响的管道变薄。在钠冷快堆的早期,在任何给定国家的第一次管道泄漏事件中,由于管道泄漏检测、水-蒸汽钠阀上的安全措施和管道侧的氮气覆盖花费了相对较长的时间,所以发生了重大损坏。导致钠-水反应的管道泄漏事件的典型例子如下:

表27-4 各种快中子反应堆中的蒸汽发生器管道泄漏
(管道泄漏造成钠–水反应的数量)

FERMI-I	2
EBR-II	Nil
KNK-II	1
BOR-60	1
PFR	40
Phenix	5
BN-350	几个(初始)3(1980年之后)
BN-600	12

费米蒸汽发生器在运行过程中面临相当大的困难。单壁蒸汽发生器的无缝管道有复杂的蛇形渐开线(图27-5)。在1962年第一次流动试验中,由于钠入口喷嘴正前方的流动诱发振动,仅在运行2周后就发生了一次主要的钠–水反应。在反应过程中,由于浪费机制和过热,又有五根管子失效,观察到管子大量变薄。

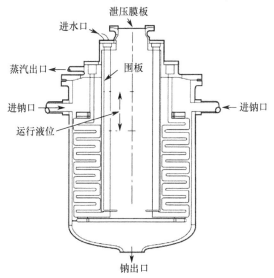

图27-5 费米反应堆蒸汽发生器
(源于Guidez,J. et al.,Nuclear Technol.,164,207,2008.)

1982年,Phenix再热器装置的第一次管道泄漏事故导致30kg蒸汽泄漏到钠中。随后的管道泄漏事件导致只有1~4kg蒸汽泄漏到钠中,这是因为信号处理设计方面的改进以及将氮气注入系统复制到管道中。所有泄漏都发生在再热器的对接焊缝处(图27-6)。

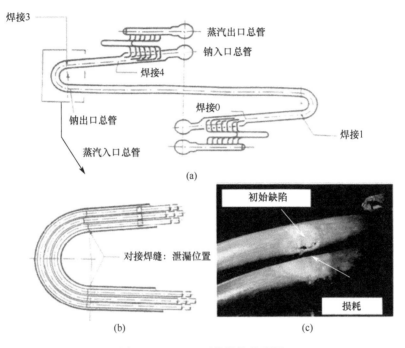

图27-6　Phenix再热器管道泄漏
(Guidez,J. et al., Nuclear Technol., 164, 207, 2008.)

1987年,在PFR堆中引起中间热交换器完整性问题的最严重的管道泄漏事件发生在PFR堆过热器中:39根管道在10s内因过热而损坏,损坏是由于中心导流板磨损导致的管道泄漏故障引起的(图27-7)。自动保护系统按设计运行,启动破裂盘,倾倒蒸汽和钠,隔离蒸汽发生器。事故期间的中间热交换器最大压力估计为10.5bar,低于其设计压力,因此,安全保护系统没有影响中间热交换器的完整性。

在BN-600中,发生了管道泄漏事件,其中注入钠的最大水蒸气量为40kg。

从这些事件中吸取的教训将有助于未来的反应堆设计,这些教训如下。

(1)材料选择:由于管道泄漏导致的苛性应力腐蚀开裂,造成奥氏体不锈钢严重损坏,导致过热器和蒸发器不再使用奥氏体钢材料,因为存在氯化物应力腐蚀开裂的风险。

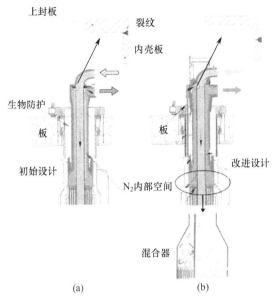

图 27-7 Phenix 中间热交换器的设计修改
(源于 Guidez,J. et al.,Nuclear Technol.,164,207,2013.)

（2）制造：与管束的其他部分相比，管子－管板接头更容易发生泄漏。从焊接检查的角度来看，一个更好的选择是对管子－管板接头采用对焊，与传统的轧制和焊接接头相比，具有凸起的套管和较低的操作应力。

（3）管子焊接：在目前的设计中，铬钼材料的管子－管板焊缝经过预热和热处理后焊接，以提供低残余应力和增强的抗应力腐蚀可靠性。根据制造和运输方面的要求，采用长度较长的无缝钢管，从而最大限度地减少了管子与管板焊接接头的数量。在双管蒸汽发生器设计中，冶金结合管优于机械结合管。一台采用机械连接管设计的 EBR-II 过热器由于长期热老化导致残余界面接触压力降低，热阻增加，导致过热器出口蒸汽突然减少。

（4）防止钠水反应：在钠冷快堆的当前操作中，不能没有管道泄漏检测系统。如果在钠中检测到氢气，并采取适当措施将蒸汽发生器置于安全配置，即在水－蒸汽侧排放和隔离蒸汽发生器，那么前面提到的英国原型快堆过热器管泄漏事故可能会轻得多。管束的设计应允许通过可靠的定期无损检测进行运行检查，识别泄漏的管道，并决定如何堵塞相邻管道。此后，采用先进信号分析方法的远场涡流检测技术得到了发展，以满足精确的检测要求。其需要提供过热保护，在蒸汽发生器钠入口和出口安装破裂盘是首选方案。通过更好的设计和/或复制该系统，可以提高水－蒸汽排放和向管侧注入氮气的可靠性。

（5）模块化动力蒸汽发生器：BN-600 中的 12 次泄漏事件导致了微不足道的发电损失，因为运行蒸汽发生器的设计规定了剩余的模块（三个二回路中的每一个都有八个蒸发器、八个过热器和八个再热器），即受影响回路有七个模块。模块化蒸汽发生器的设计选择值得在设计阶段考虑，蒸汽发生器的数量保持为每个回路一个，二回路数量增加，或者每个二回路有多个蒸汽发生器，回路数量相对较少。反应堆蒸汽发生器的数量由管道泄漏情况下的大修成本、备用蒸汽发生器的提供与否、管道泄漏概率以及蒸汽发生器数量对整体施工进度的影响决定。

（6）管道泄漏：管道泄漏的可能性在运行的最初几年后可能会降低，因为制造缺陷会在初始阶段暴露出来。BN-600 在运行的第一个 10 年中发生了 12 次管道泄漏，自 1991 年以来没有发生任何事故。

27.2.3 钠-钠热交换器

中间热交换器的运行经验，除了 Phenix 和 EBR-II 的一个小事故——排水管道故障之外，在丧失核电厂可用性方面并未引起关注。由于在设计阶段低估了内壳和外壳温度差异造成的热负荷，因此在二级钠出口总管处发生了热交换器钠泄漏。所有热交换器都已修复，对钠出口总管进行了设计修改，包括加入了热混合器（图 27-7）。

放射性一次钠成分的去除、清洗和净化提供了宝贵的维护经验。对于未来的钠冷快堆，需要对二次钠出口总管进行详细的热工水力分析，以将热应力降至最低。对于外壳中的一次钠和管中的二次钠，在管中可变的二次钠流量的设计方案是值得考虑的，该方案在许多外部管排上具有更高的流量，以具有与内部管排几乎相同的二次钠出口温度。

27.2.4 钠泵

反应堆中机械钠泵的性能一直很好，由于泵的原因造成的负载系数中断也很小。小事故发生在 EBR-II、Rapsodie、KNK-II、BOR-60、FFTF、PFR、BN-350、Phenix 和 BN-600 钠泵，大多数事故发生于运行的早期阶段。在 BN-600 中，由于轴振动模式频率与扭转振动频率的匹配，主泵的轴和电机轴的齿轮联轴器受到损坏。与轴的设计和操作模式相关的后续修改实现了无故障操作。在 Phenix 中，由于设计缺陷，这导致静压轴瓦由于热冲击而与轴分离。二回路泵也发生了类似的事故。对泵进行了改造，泵的进一步运行没有出现故障。在 1984 年的 PFR 堆中，由于轴套上喷涂的熔融钨铬钴合金涂层脱落导致静压轴承卡死，导致一个二回路钠泵故障。

过去和现在的动力反应堆至少有三个一级泵和三个二级泵。这些泵的可靠运行使得设计者为目前正在印度建造的 500MW(e)原型快堆选择了两个一级泵和两个二级泵,并为 1500MW(e)日本原子能机构的钠冷快堆设计选择了两个一级泵和两个二级泵。这种方法是基于稳健的绩效结果,以降低钠冷快堆的成本。

27.2.5 换料系统

在快中子增殖试验堆(FBTR)中,换料是在钠温度为 453~523K 的反应堆停堆状态下进行的。除了 1987 年在 FBTR 中发生的一次重大事故外,所有快堆的换料操作都没有引起关注。本节描述了 FBTR 换料事故。

在反应堆内转移操作期间,被转移的子组件的底部已经稍微突出到其他子组件的头部之下,这导致子组件的底部弯曲,在其传送路径中的头部也弯曲。由于支脚弯曲,子组件无法在任何位置加载,在尝试降低弯曲的脚后将其抬起,弹出一个钢制反射器组件。在进一步旋转塞子的过程中,导管与弹出的子组件的头部相互作用并弯曲。弯曲的导管必须切割成两部分,以便用为此目的开发的专用机器就地移除(图 27-8)。这一事件的发生是因为在无意中忽略了插头旋转逻辑。事故发生后,所有的燃料装卸作业都按照严格的检查表进行。从这次事故中恢复正常运行状态花了两年时间。自 1989 年以来,换料操作一直是顺利和无故障的[27.1]。

图 27-8　FBTR 中导管切割的专用切割工具

在 FFTF 中,三个燃料输送口中的一个在换料过程中,由于输送口喷嘴的倾斜,在拆卸加油口塞时遇到困难,倾斜是由于燃料输送口周围铀屏蔽环的氧化和膨胀造成的。铀屏蔽罩储存在密封的钢制容器中，但钢壳破裂导致铀膨胀，迫使屏蔽罩抵住喷嘴法兰，并导致喷嘴倾斜和拉伸。通过铀屏蔽的原位移除，随后的电力运行得以恢复。喷嘴发生松弛，且没有进一步移动。

换料问题也发生在EBR-II[27.3]。第二个主要事件是1978年4月燃料装卸过程中燃料组件损坏，使其弯曲，无法从燃料储存篮中取出。钠中的换料在没有目视参考的情况下完成，因为所有操作都是远程完成的。当试图将组件上部适配器与换料臂接合，作为将其从存储篮中取出的程序的一部分时，发现上部适配器不在位置上，不能接合。EBR-II研究人员开发了一种通过机械手段对组件进行仿形的技术，使用燃料输送设备来表征其位置和配置。完成这项工作后，建造了储物篮、变形组件和燃料输送系统的模型，以开发移除组件的工具和程序。拆除工作是在1979年5月完成的，使用了一个特殊设计的轴和夹子，它穿过了主油箱盖上的一个喷嘴。反应堆的运行没有受到影响，储罐中的换料对位于其中的其他组件正常进行。所开发的技术和获得的经验已被证明对换料系统的设计有价值，并证明对与EBR-II换料相关的第二次事故是有益的。发现损坏是因为组件没有完全固定在储物篮中，当储物篮升起时，组件接触到主罐盖的下屏蔽塞。1982年11月29日，EBR-II的一个燃料组件在从燃料存储罐中转移的过程中掉落在堆芯上。当传送臂和堆芯燃料组件夹爪之间的交换没有组件时，工作人员发现了问题并进行了广泛的检查，确定了组件不在存储篮或传送臂中，然后开始搜索确定了，该组件处于储物篮和堆芯预定位置之间的某处。在设计EBR-II的设计阶段，就已经设置了大量的联锁装置，以确保换料设备不会在被牢牢地控制之前发生移动，并且针对转移的手动操作使得检查可以以手动方式进行。然而，即使在这种情况下，组件却依旧从传送臂上发生脱离并掉落。检查结果表明，传送臂和储物篮未对准，妨碍了组件的上部适配器在传送前本应该实现的完全就位和锁定。机械探针用来对组件的精确位置进行识别。如前所述，EBR-II的研究人员构建了一个全尺寸模型，并开发了工具和程序来对组件进行检索。主要的回收工具是一根不锈钢电缆，像一个环一样向外延伸，穿透了顶盖到不锈钢管之外。（在最初的设计中，在顶盖上设置了许多备用喷嘴，这个方案的重要价值在后来得到了证明。）工作人员通过手动将套索拉紧，钩住组件的上部适配器，以便收回（这一过程不仅方便操作员对阻力感知，还有助于安装在储罐中的声学监测器检测到与设备接触时的声音）。随后，组件的位置会发生移动，它在新的位置被悬挂在套索上并与传送臂接合（单从此功能上看，运行一切正常）。整套操作耗时不到一个月，并且此种情况下需要关闭反应堆。然而，可以利用停堆时间对反应堆进行预防性维护，所以实际维护工作通常计划在春季停堆时间，对反应堆运行的总体影响最小。EBR-II在长达30年的运行中，经过了40000多次燃料组件转运而没有发生意外,所以这样的事件肯定是罕见的。换料过程中的事故会对反应堆运行产生重大影响,需要采取一切合理的预防措施来防止这些事故的发生。除了强大的燃油处理系统和大量的联锁装置外,EBR-II 的实际运行经验还证明了声学监测器和操作员的触觉对设备操作的重要性,例如,EBR-II 燃料装卸的成功在很大程度上是因为旋转传送臂的运动是手动的,操作员能够通过晃动测试来验证该臂在被堆芯夹爪释放之前已经成功地接合了组件。除上述所述,钠位下降观测技术现在也是防止换料错误的一种方法。

从 EBR-II 操作中吸取的另一个教训是预见问题并提供设计特征来适应它们的重要性。例如,在预期组件在清除堆芯后会从传送臂上掉落的情况下,提供了一个捕获篮,该捕获篮会将组件漏斗状地放置在易于取出的位置,同时还提供了备用喷嘴来支持主油箱中的特殊操作。值得注意的是,在 EBR-II 运行过程中,由于设计和设备的预期需求,每个主泵都被拆除了两次进行维护。

1974 年 8 月,在 BOR-60 中,大量燃料组件在燃料装卸操作过程中弯曲,这是由于堆芯组件上方的吸收器元件无意中向上移动。还有一个二级钠泵漏油。最近在 Joyo 堆[27.4],辐照试验组件 MARICO-2(带温度控制的材料试验台)的顶部被弯曲到 IVS(容器内存储架)上,并损坏了上部堆芯结构(图 27-9)。这一事件要求更换上部堆芯结构,并为 Joyo 堆重启回收 MARICO-2 子组件。

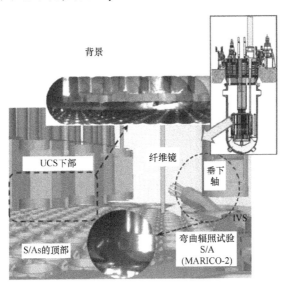

图 27-9 Joyo 的 MARICO 组件弯曲

(源于 IAEA-CN-199/103,Restoration work for obstacleand upper core structure in reactor vessel of experimental fast reactor"Joyo",Japan Atomic Energy Agency,Paris,France.)

27.3 材料特性

27.3.1 燃料

在40多年的密集跨国开发过程中,在快堆 MOX 燃料棒方面积累了大量经验,如下所示[27.5]。

(1) 在欧洲,7000多个燃料棒已经达到15%的燃耗值。此外,一些实验燃料棒(固体或环形芯块)在英国原型快堆中的燃耗水平为23.5%,在 Phenix 中的燃耗水平为17%。

(2) 在美国,在典型条件下,在 FFTF 中辐照了63500多个带有固体颗粒的燃料棒,其中3000多个燃料棒的燃耗率为15%,最大燃耗水平约为24.5%。

(3) 在日本,64000个带有固体颗粒的燃料棒在 Joyo 和国外快堆中进行了辐照,Joyo 的最大燃耗水平约为15%,FFTF 的最大燃耗水平约为15%。

(4) 在俄罗斯,振动压实混合氧化物燃料获得了丰富的经验。BOR-60 中的一个试验组件达到了创纪录的约35%的高燃耗水平,约260个标准燃料棒达到了25~30%的燃耗水平。在 BN-350 和 BN-600 辐照了4000多个装有粒状混合氧化物燃料的燃料棒;BN-600 的最大燃耗为11.8%。

27.3.2 堆芯结构材料

从一开始,堆芯结构材料的选择主要围绕氧化物燃料元件的300系列奥氏体不锈钢。对于在美国广泛辐照的金属燃料,选择铁素体钢。因此,无论是陶瓷还是金属,通常材料是根据燃料的类型来选择的。一般来说,包壳和包裹层的材料选择通常是相同的。在包壳和包裹层之间,包壳限制了燃耗,因为膨胀和堆内蠕变破裂导致包壳过度应变,导致燃耗达到较高水平。然而,根据子组件设计和操作条件,包裹层还会在某个时间将极限置于包壳之前。初始反应堆可以承受奥氏体钢包壳的中度燃耗。奥氏体钢的局限性来自于孔隙膨胀引起的劣化以及铁素体和铁素体-马氏体钢的脆化。包裹层极限通常由尺寸极限和延展性极限决定,而不是由蠕变断裂决定。保持理想的性能直接关系到在中子引起位移的作用下保持稳定的微观结构。对这种稳定性最重要的要求是明确的规格和控制良好的生产方法。世界上的各种反应堆已经根据它们的设计要求选择了材料。包壳材料主要有三大类:

- 稳定和冷加工条件下的奥氏体钢316及其变体;
- 马氏体和铁素体-马氏体合金;

- 高镍合金,如聚乙烯-16,因为它具有低膨胀性能。

关于奥氏体钢,多年来已经开发了几个品种,其中主要的是钛稳定的20% CW钢,如含15Cr-15Ni-Mo的D9。在铁素体钢中,早期的设计使用了HT-9,尽管后来的普通9Cr-1Mo用于包装,而改良的9Cr-1Mo用于金属燃料棒。PE16在英国广泛使用。美国已经在氧化物燃料FFTF中使用了20% CW D9,在金属燃料的EBR-II使用了HT-9。对于俄罗斯、法国、德国、日本和印度来说,使用奥氏体钢是主要的选择。如果要达到非常高的燃耗(高于20%),则选择会变得复杂,因为奥氏体包层和抗膨胀铁素体会由于管束-管道相互作用和通过组件的流量减少而限制极限。

钛稳定(0.4%~0.5%)冷加工(15%~20%)钢,例如法国的15-15钛合金和德国的DIN 1.4970合金(10Cr-Ni-Mo-Ti),在欧洲大约有10000个栅元,剂量值达到100dpa(NRT),温度为923K。大约1000个栅元可以达到125dpa,一个包含217个栅元的实验组件已经达到148dpa[27.6]这些大量的辐照栅元强调了调整冷加工水平和添加一些微量元素(钛、碳、硅、磷)对溶胀和辐照蠕变行为的有益影响,其中溶胀发生前培养剂量的增加是最重要的因素。这些材料的机械性能也通过拉伸试验进行了精确的研究,拉伸试验在纵向和横向进行,使用的样品是用了已卸除燃料的Phenix燃料元件加工的。结果表明,材料的力学性能不仅取决于试验和辐照条件,还取决于抗溶胀性。辐照的效果随温度而变化:观察到低温硬化和高温软化与位错重排有关,但没有发生再结晶。看起来至少高达约120dpa,这些合金在燃料棒包壳的温度范围内具有足够高的温度强度和足够的延展性。

基于这些结果和随后的开发工作,先进的参考包壳材料被选为欧洲环境中的AIM1(奥氏体改进材料1号),设计在欧洲快堆中达到170dpa。与此同时,还实施了一项研发计划,以开发先进的奥氏体包壳材料(10.15铬/15.15镍型——钛铌稳定——高磷含量)。含12Cr和25Ni的钛稳定材料经热处理后,其抗溶胀性明显高于最佳合金15-15Ti,甚至硅变质。在美国,20% CW D9被证明高达140dpa,并且栅元辐照达到创纪录的200dpa水平,没有任何栅元故障。然而,已经发现当膨胀达到10%直径应变时,D9遭受脆性破坏,这归因于通道型断裂。日本使用PNC 316合金已经经历了大约185dpa。俄罗斯包壳显示其能力高达100dpa。印度选择的20% CW D9已在其试验反应堆中进行了约65dpa的辐照,燃耗约为112GWd/t。

总之,世界范围内在各种包壳材料方面的研发工作已经达到了对所涉及的基本现象以及设计良好的燃料元件所要满足的操作要求的非常高的理解水平。奥氏体合金(15.15Ti,1.4970,PNC 316,D9,PNC 1520)已被证明有能力达到高达 150dpa 的剂量,其先进版本(AIM1,CEA 12.25)是商业快中子增殖反应堆当前目标剂量值(170dpa)的非常有前途的候选品。如果峰值包壳温度的限制是可接受的,铁素体 – 马氏体合金(HT 9、EM 12、PNC-FMS、EP-450)也能够满足这些目标。未来,氧化物弥散强化钢(ODS)正在开发中,这种钢将结合具有高温强度的奥氏体和具有不明显膨胀的铁素体的优点,并可达到 200dpa 的宏伟目标。

27.3.3 堆外材料

除 321 型不锈钢外,奥氏体不锈钢在快堆中的性能表现良好的等级包括 304、304LN、316、316LN 和 316LN 不锈钢。在 Phenix 二级钠管道和蒸汽发生器中,以及在 PFR 过热器和再热器容器壳体中,有许多与 321 型不锈钢焊缝相关的裂纹和钠泄漏,裂纹的产生归因于延迟再热裂纹,所以 321 型不锈钢在 Phenix 中逐渐被 316LN 型不锈钢所取代。由于这一经验,稳定等级的 321 型和 347 型不锈钢将不再用于未来的快堆。C-0.3 钼钢(15Mo 3)在为 SNR 300 而建造的 Superphenix 和钠罐中的性能也不理想,导致钠冷快堆不使用这种等级的钢。在一些国家,研发的结构材料是针对一种添加了氮的改良级 316 型不锈钢。铬钼钢正在取代奥氏体不锈钢用于二回路钠管道,以提高经济性,并减少由于铬钼钢相对较低的热膨胀系数和较高的热导率而造成的热疲劳损伤。

27.4 安 全 经 验

27.4.1 反应性事件

1989 年 8 月 6 日和 8 月 24 日[27.7],在 Phenix 发生了四次负反应性紧急停堆。第一种解释是测量通道可能受到干扰(在 1989 年的 10 年法定检查中进行了修改)。1989 年 9 月 14 日的事件,归因于穿过堆芯的气体体积导致的功率变化。在对这种情况及其后果进行详细分析并采取预防措施后,该反应堆于 1989 年 12 月获准再次启动。第四次事件发生在 1990 年 9 月 9 日,由于中子信号的较大振幅与气体夹带效应不相容,导致气体方案无效,反应性变化的细节如图 27-10 所示。尽管进行了几次调查,但原因仍无法最终确定,近期有研究认为该事件发生原因可能是由于试验组件(由于热工水力要求不充分,在其中放置慢化剂材料)受到突然蒸汽气泡冲击导致了堆芯组件移动。

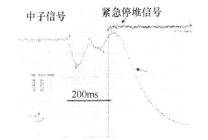

事件	第一最低限度	第二最低限度	铬下降前的正反应
时间	50ms	150ms	200ms
行程n4	-0.99$	-0.28$	+0.11$
行程n3	-0.43$	-0.11$	+0.07$

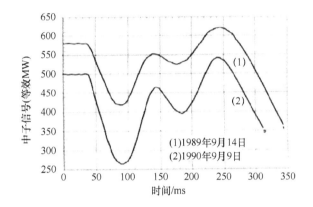

图 27-10　Phenix 负反应事件

（源于 Prulhière, G. and Dumaz, P., Phenix negative reactivity trips,
Nuclear Energy Division, CEA, France, 2013.）

快中子增殖试验堆有三个正反应性瞬态,分别在 1994 年、1995 年、1998 年,反应堆在 8～12MW 的热功率下运行,一次钠流量相对较低。在 1994 年和 1995 年,对 19 个瞬态现象进行了实验研究,但原因无法确定。实验研究表明,1998 年的瞬态是可重现的。随后,反应堆运行没有发生一次钠流量超过阈值的反应性事故。最可能的原因是低流速下堆芯的热效应引起的几何形状变化。[27.1]

27.4.2　燃料棒包壳失效

燃料棒失效分为泄漏失效和漏液破裂。在漏气失效中,包壳中有一个针孔型开口,致使气体氦、裂变气体和挥发性裂变产物(如铯、碘、溴等)从燃料棒中逃脱,这些气体需要几小时到几天才能逸出,失效由保护气体监测系统检测。失效燃料棒在反应堆中的长时间停留会导致湿破裂,其中钠进入燃料棒,从而形成铀钚酸钠、$Na_3(U,Pu)O_4$ 化合物。漏液裂由保存在中间热交换器口的缓发中子探测器探测。在 PFR 堆、Phenix 和 KNK-II 堆的运行期间,发生了 60 次燃料棒失效,41 次燃料暴露,19 次气体泄漏,[27.8,27.9]。表 27-5 显示了由于漏气和漏液破裂类型导致的燃料棒失效的类型和数量,不同反应堆的燃料棒失效率如表27-6所示。

表27-5 燃料棒失效的类型和数量

反 应 堆	失效并且燃料破裂的数量	失效并且气体泄漏的数量
PFR	18	4
Phenix	15	14
KNK-II	8	1

表27-6 燃料棒失效率

国　家	反　应　堆	已辐照燃料	失　效　率	总体/h
苏联	BR-5	-2490		-61600
	BR-10	-1520		
	BOR-60	11400	<0.5	
	BOR-350	-46200		
法国	DFR	41	10	44650
	Rapsodie-Core 1	4305		
	Rapsodie-Fortissimo	-17300	<0.2	
	Phenix	23002(>40000)	<0.01	
美国	SEFOR	648		-2450
	EBR-II	-1800		
英国	DFR	-1000	10	-1000
DEBENELUX	Rapsodie	73		181
	DFR	108	10	
其他				-150
				-110000

可以看出,在经过辐照的104个燃料棒中,Phenix中的燃料失效率小于1。根据国际经验,可以说典型的燃料失效分为三个阶段。

(1)裂变气体释放到主回路,由保护气体监测器检测;

(2)钠渗透通过包层缺陷,取决于缺陷的大小、位置,燃耗和持续运行,由DND监测器检测;

(3)钠与燃料的反应导致包壳二次失效,以适应反应产物体积的增加。

燃料棒失效可能是由各种原因造成的,如从制造缺陷到燃料包壳化学相互作用(FCCI),再到燃料包壳机械相互作用(FCMI)造成的包壳高应力。从

PFR 堆、Phenix 和 KNK-II 堆燃料棒失效的经验表明,每累积反应堆运行一年,燃料棒失效的统计数字为 1 或 2 次,燃料棒的最大燃耗为 190GWd/t,剂量值约为 135dpa NRT。据观察,所有故障都已被可靠地检测和定位,并且没有故障传播的证据。此外,没有主要的钠污染。低燃耗下的包壳失效是由制造缺陷造成的。对 Phenix 燃料棒故障的分析表明,故障发生在 0.6% ~12% 的随机燃耗范围内;一些故障是由燃料包壳机械相互作用引起的,一些是由于功率水平从 2/3 功率上升到全功率,导致燃料包壳机械相互作用具有低延展性的铬镍铁合金包层材料。

与连续 316 钛包壳相比,退火 316 的包壳显示出局部失效。从 PFR 堆的经验来看,注意到在燃耗为 0.3% 和燃耗为 21% 的情况下发生了燃料棒失效,从气体泄漏到暴露燃料的开发故障时间从几个小时到几十天。最大的单个缺陷的实际失效面积为 5.49cm^2,同时允许许多栅元在数百平方厘米的反冲区域下继续工作。对 KNK II 中故障的分析表明,在低燃耗下发生的故障是由于栅元/栅格空间线的相互作用,而在高燃耗下发生的故障可能是由于寿命终止的考虑。发生在 Phenix、PFR 和 KNK II 的各种故障(60 个)分为不同的类别,从表 27-7 中可以看出,20% 的故障是由于制造缺陷造成的,22% 是由于销 - 导管相互作用造成的,5% 是由于 FCMI 造成的,3% 是由于燃料包壳化学相互作用造成的,大约有 50% 的失败原因无法解释。在 BN-600 中,自 1999 年以来,由于标准燃料的完整性丧失而导致的燃料包壳故障和停堆从未发生过。

表 27-7 全球反应堆燃料棒失效的类别

故障	A 类 制造缺陷	B 类 机械相互作用,例如棒/垫片/导管相互作用	C 类 燃料 - 包壳机械相互作用(FCMI)	D 类 燃料 - 包壳化学相互作用(FCCI)	无类别
Phenix	6	7	2		14
15 燃料暴露					
14 气体泄漏					
PFR	4		1	2	15
18 燃料暴露					
4 气体泄漏					
KNK-2 8 燃料暴露	2	6			1
1 气体泄漏					
记录的 60 个故障事件的百分比	20%	22%	5%	3%	50%

27.4.3 燃料熔化

EBR-I 和 Enrico Fermi 快中子增殖反应堆发生堆芯熔毁事故。然而，最严重的事故——堆芯解体事故，没有发生在任何快堆。EBR-I 和 Fermi 反应堆的堆芯熔毁事故属于严重事故，尽管在堆芯熔毁之后没有堆芯破坏事故[27.10,27.11]。Enrico Fermi 反应堆在 1966 年经历了两次以上组件的熔化，这是组件入口堵塞的直接结果，因此事故是流量减少。幸运的是，当反应堆启动时，堵塞发生在堆芯低额定区域的组件上，因此，事故发生时的额定功率不高。以下是接下来发生的一系列事件。

(1) 虽然没有检测到，但可能发生了堆芯排空。

(2) 燃料包壳失效。

(3) 失效组件内的燃料移动导致反应性降低，这被解释为由于两个组件彼此靠近熔化的事实引起的径向运动，大概是因为它们被另一侧未受影响的子组件冷却。

(4) 这导致燃料向燃料组件的那一侧不对称移动。

(5) 尽管 Fermi 堆也含有金属燃料，但在 EBR-I 中未观察到燃料发泡。

在 EBR-1 中，进行了涉及低流量反应性斜坡的试验。当功率接近安全极限时，关闭系统的命令被误解，开始缓慢关闭，而不是紧急停堆系统。这发生在 1955 年 11 月。以下是接下来的一系列事件。

(1) 堆芯中心的温度超过了 NaK 冷却剂沸点。

(2) 沸腾迫使堆芯上方和下方的熔融燃料向外流动(燃料是金属铀)。

(3) 通道随后被堆芯材料冻结，形成一个杯子，进一步的燃料材料落入其中，包括燃料棒的顶部。

(4) 0.1% 燃耗燃料的裂变产物以气泡的形式释放出来，形成泡沫，从而形成多孔燃料块。

(5) 40% ~ 50% 的燃料在停堆前熔化。

EBR-1 堆芯非常小，只有 8 英寸，堆芯的直径几乎没有比现在的组件大多少，燃料是高浓缩铀(EBR 堆芯如图 27-11 所示)。因此，故障的后果很难代表大型分布式堆芯中可能发生的事件。尽管如此，它们仍然代表了失败的速度，因为所有这一切只需要几秒。此外，EBR-1 最初的堆芯是唯一表现出实质性不稳定性的堆芯。这被证明是燃料棒二次弯曲效应的结果，通过燃料棒二次弯曲效应，由燃料棒初始弯曲产生的一次即时正反应性变化被延迟的负效应抵消。当系统获得动力时，燃料棒首先向内弯曲，同时由第一个屏蔽板和下栅板支撑，但过了一段时间,燃料棒开始受到第三个屏蔽板膨胀的影响,这有效地将燃料元件从堆芯中心移开,对于大的功率-流量比,给出了缓慢的负反应系数(图27-2)。对这种效应的诊断非常困难,但这个问题最终通过使用一个约束堆芯来禁止所有的弯曲得到了解决,包括最初的即时积极效应。没有任何不稳定性证实了对于EBR-1堆芯组件的分析。

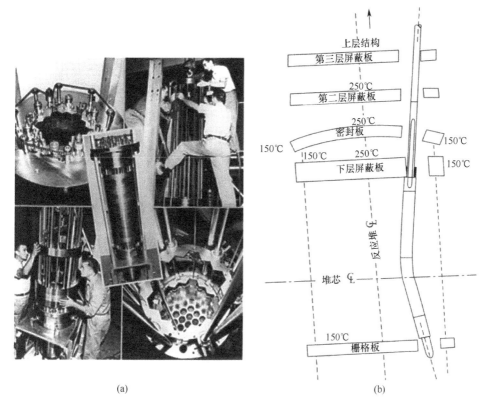

图 27-11　EBR 反应堆堆芯和弯曲组件

(源于 Wigeland, R., Review of safety-related SFR experimental and operational experience in the United States, Idaho National Laboratory, Idaho Falls, ID.)

(a)EBR 反应堆堆芯;(b)EBR 反应堆堆芯中的弯曲组件。

27.5　运营经验

从快堆的运行和安全分析中获得的主要经验可以总结如下:[27.2]①钠气溶胶堵塞;②反应性瞬变;③主回路中的气体或流体;④材料鉴定;⑤堆芯支架检查;⑥监控钠中的换料;⑦堆芯完全卸载;⑧钠泄漏检测;⑨钠-水反应检测。事故的性质和数量与轻水堆相似,除了费米1号反应堆部分堆芯熔化外,没有发生事故。

从操作反馈中学习可以大致分为三个方面。

(1)可用性,超过90%的关注应该放在长运行周期、短停堆时间和更好的部件,如可靠的泵、中间热交换器、蒸汽发生器以及允许最少钠泄漏的更好的材料和回路上。

(2)第三代和福岛核事故后的安全水平——重点应放在极端条件下的一次钠、沸腾前的自然对流和余量、堆芯熔化和停堆以及衰变热移除和限制。

(3)与其他发电方式相比,在成本和财务方面,需要关注的参数是建设和运营成本(反应堆+燃料循环和运输)以及在役检查、维修或更换、可靠性和寿命。

文献[27.12,27.13]给出了另一份关于广泛运行经验的汇编,指出了积极的方面和挑战。

27.5.1 优点

与压水堆相比,快堆有如下几个方面的优点:
- 无论是金属还是氧化物,快堆燃料都是可靠和安全的;
- 在正常或异常反应堆运行期间,包壳故障不会导致渐进的燃料故障;
- 快堆燃料的高燃耗是可以实现的,无论是金属还是氧化物,无论是哪种燃料类型,都可以达到可接受的转化率(无论是作为增殖器还是作为燃烧器);
- 钠对不锈钢或浸入其中的部件没有腐蚀性;
- 带有钠水反应堆的蒸汽发生系统中的泄漏不会导致严重的安全问题,这种反应并不像以前认为的那样是灾难性的,而是可以被检测、控制和隔离;
- 导致钠火的高温钠冷却剂泄漏不是灾难性的,可以被控制、抑制和扑灭,没有钠泄漏和火灾造成的伤害(在接近大气压下操作有利于安全);
- 当使用金属燃料时,快中子反应堆可以在没有紧急停堆的情况下自我保护,防止预期的瞬变。负载跟踪也很简单;
- 已经证明被动过渡到自然对流堆芯冷却和被动排出衰变热;
- 已经证明了可靠的控制和安全系统响应;
- 已经证明了钠纯度控制和净化的有效系统;
- 已经证明金属燃料的有效再加工,包括远程制造;
- 低辐射暴露是操作和工厂维护人员的标准,低于超过轻水堆标准10%;
- 排放量相当低,部分原因是如果燃料包壳破裂,钠会与许多裂变产物发生化学反应;

- 维护和修理技术发展完善且简单明了；
- 电磁泵运行可靠。

27.5.2 挑战

由于当前技术的局限性,快堆的发展存在以下挑战：

- 蒸汽发生器不可靠,设计和制造成本高；
- 设计和制造成本昂贵由于质量控制差和焊接困难,钠热传输系统经历了大量泄漏；此外,由于钠的高导热率,许多设计没有充分预测瞬态时高热应力的可能性；
- 钠系统中的换料出现了许多问题,主要是因为无法直观地监控操作；
- 钠内成分在没有足够的移除和修复手段的情况下出现故障,导致回收成本高且耗时；
- 钠冷快堆比水冷反应堆系统更昂贵；
- 在许多快堆中发生了反应性异常,需要仔细注意堆芯约束系统和流经堆芯的钠中夹带气体的可能性；
- 钠覆盖气体界面遇到操作问题,钠氧化物的形成会导致旋转机械、控制棒驱动装置的黏结以及钠冷却剂的污染。

参考文献

[27.1] Guidez, J., Martin, L., Chetal, S. C., Chellapandi, P., Raj, B. (2008). Lessons learned from sodium cooled fast reactor operation and their ramifications for future reactors with respect to enhanced safety and reliability. Nucl. Technol., 164, 207–220, November 2008.

[27.2] IAEA. (2013). Prototypes & industrial sodium fast reactors yesterday, today, tomorrow, Jean-François SAUVAGE, Generation IV Projects, IAEA FR 13, Paris, France, March 2013.

[27.3] Sackett, J. I. (2008). EBR-II test and operating experience prepared for the US Nuclear Regulatory Commission, INL, Bozeman, MT, December 2008.

[27.4] IAEA-CN-199/103. Restoration work for obstacle and upper core structure in reactor vessel of experimental fast reactor "Joyo". Japan Atomic Energy Agency, Paris, France, March 4–7, 2013.

[27.5] IAEA. (2007). TECDOC-1569: Liquid metal cooled reactors: Experience in design and operation. IAEA, Vienna, Austria.

[27.6] IAEA-TECDOC-1691. Status of Fast Reactor Research and Technology Development. IAEA, Vienna, Austria, 2013.

[27.7] Prulhière, G., Dumaz, P. (2013). Phenix negative reactivity trips. Nuclear Energy Division, CEA, France.

[27.8] Plitz, H., Crittenden, G. C., Languille, A. (1993). Experience with failed LMR oxide fuel element performance in European fast reactors. J. Nucl. Mater., 204, 238–243.

[27.9] Warinner, D. K. (1993). LMFBR operational and experimental in-core local-fault experience, primarily with oxide fuel elements, J. Eng. Gas Turbines Power, 105(3), 669-678, July 1, 1993.

[27.10] Graham, J. (1971). Fast Reactor Safety. New York: Academic Press, pp. 149, 280, 287.

[27.11] Wigeland, R. Review of safety-related SFR experimental and operational experience in the United States. Idaho National Laboratory, Idaho Falls, ID.

[27.12] Sackett, J. I., Grandy, C. (2013). International experience with fast reactor operation and testing. International Conference on Fast Reactors and Related Fuel Cycles, May 2013, Paris, France.

[27.13] Potapov, O. A. (2013). Operating experience from the BN-600 sodium fast reactor. International Conference on Fast Reactors and Related Fuel Cycles: Safe Technologies and Sustainable Scenarios (FR13). Paris, France, March 4-7, 2013. http://www.iaea.org/NuclearPower/Downloadable/Meetings/2013/2013-03-04-03-07-CF-NPTD/T9.1/T9.1.potapov.pdf

第28章
未来钠冷快堆的创新反应堆

28.1 动机、策略和方法

各国通过一些举措,正在为未来的钠冷快堆(SFR)考虑创新的想法和概念,以实现具有挑战性的目标。发展创新概念的动力是安全核技术的发展和示范、可持续性、经济性、防扩散性、与压水堆燃料结合的封闭燃料循环计划的适用性、减少高放射性废物的数量、减少地质处置的热负荷、减少锕系元素燃烧以降低毒性以及有效利用核资源。

快中子反应堆已经发展了几十年:最初认为是增殖反应堆,近年来,它们的发展也集中于燃烧高放射性废物,已证明并经实验证实了这些反应堆的有效增殖率的封闭燃料循环鼓励了未来的部署。快中子反应堆有许多优点:首先,除了安全和经济的发电之外,还可以最大限度地利用铀资源,这是因为快中子反应堆可实现的增殖比,允许开发天然铀资源中所含的可转换核素的能量潜力。此外,放射性废物显著减少,也是因为高放射性核废料中的长效成分——甲基丙烯酸甲酯的生产速度较低,甚至通过裂变消耗掉。最后,快堆成功地解决了铀-钍燃料循环中 ^{233}U 产量低的问题。从长远来看,这些事实支持核能在提供可持续能源安全和清洁环境方面的可接受性和价值。自1950年以来,快堆项目在各个国家启动,研究和设计活动已经进行了50多年,大量(大于500亿美元)的资金用于研发。尽管如此,自20世纪80年代中期以来,快堆开发活动开始减少,甚至像美国这样被视为技术持有者的国家也停止了该项目。这一决定背后的原因被分析为政治原因而非科学原因。与此同时,一些国家,特别是法国、日本、俄罗斯、印度和中国,加强了在快堆开发活动中的努力,主要是为了实现核贡献的更快增长以及对高放射性废物的有效管理。然而,近年来,快堆项目在大型国际合作下得到更新,例如第四代论坛,特别是法国,一直致力于特别是钠冷快堆的增长。值得注意的是,在第四代论坛最早(2020—2025年)开发的六个最有希望的反应堆系统中,有四个是快堆。第6章介绍了第四代反应堆中各种反应堆的前景,更多详情可阅读参考文献[28.1]以及第26章。

从全球角度来看,为了大力推动快堆计划的发展,在21世纪提供可持续能源,并建立一个论坛(目前还不存在),在各国之间进行详细讨论和建立合作,俄罗斯于2004年10月在INPRO原子能机构主持下在俄罗斯奥布宁斯克举行的技术会议上构想了一项关于快堆封闭式核燃料循环的联合研究(CNFC-FR)。中国、法国、印度、韩国和俄罗斯2004年12月开始在维也纳进行了这项联合研究。随后,乌克兰于2005年加入,加拿大和日本于2006年加入。事实上,这些成员国覆盖了世界人口的一半以上,而且这些国家是未来几十年预计的能源大用户之一。随后,原子能机构在INPRO项目下成立了国际核心小组(ICG)。在国家层面,成立了小组来处理这些具体专题的各种指标:经济、安全、燃料循环、基础设施和合作项目,并成立了专门的工作组。除此之外,科学和技术委员会还包括来自加拿大、中国、法国、印度、日本、韩国、俄罗斯和乌克兰的国家代表。国际原子能机构尽最大努力让自己的专家、任务管理人员和一些成员国的免费专家参与进来,并组织了几次会议,对这一期间各级的活动进行批判性审查和讨论。本章详细介绍了讨论的技术结果,还介绍了一些国家特有的某些概念。

28.2 INPRO:快堆的闭式燃料循环(CNFC-FR)

从根本上说,INPRO旨在提供评估核能系统(NES)的方法,而不是提供技术设计和设计解决方案,因为考虑到各国在国家目标、技术成熟程度和实施时间框架方面的巨大差异,这种方法被认为过于复杂。NES评估使用INPRO方法对特定NES进行整体评估,以确认其长期可持续性或确定需要解决的问题或差距(例如,通过确定将采取的行动,推动NES向可持续能源供应方向发展)。INPRO方法界定了六个评估领域[28.2]:

(1)经济学;
(2)核反应堆和燃料循环设施的安全;
(3)废物管理;
(4)防扩散;
(5)实物保护(安全);
(6)环境(压力的影响、资源的可用性)。

这些评估领域主要对核设施的设计者提出了要求。此外,还确定了INPRO方法的评估领域,涵盖了一个国家必须独立建立的核电项目所需的体制措施或基础设施(如法律框架)的相关方面,例如,通过其政府、核设施运营商和/或国家核工业。例如,在本节中描述了在INPRO进行的快堆系统评估研究[28.3]。联合评估研究是INPRO第一阶段的一部分,这项联合研究由俄罗斯发起,由加拿大、中国、法国、印度、日本、韩国、俄罗斯和乌克兰进行(2005—2007年),目标是确定部署CNFC-FR系统的里程碑,评估该系统满足INPRO方法中定义的可持续性标准的潜力,并建立框架和确定研发合作工作的领域。

28.2.1　CNFC-FR研发的突出特点

在研究的第一阶段,来自参与国的专家分析了国家/区域/世界一级的相关数据,讨论了国家和全球采用CNFC-FR的设想,确定了适用于这一系统的技术,并就用于联合评估的参考CNFC-FR达成了广泛的定义。发展该技术的国家的自然、社会和经济条件在很大程度上是不同的。尽管如此,人们还是很好地认同了CNFC-FR的必然性和技术发展的某些方面,将钠冷快堆确定为最成熟的快堆选择,具有匹配燃料循环的系列示范商用钠冷快堆是国家计划的第一个里程碑。一种商用的CNFC-FR,可在15~30年内部署,基于成熟的技术,如钠冷却剂、混合氧化物燃料和先进的水后处理技术,被确定为联合评估的参考系统。在引入钠冷快堆的优先级、反应堆概念(池/回路)、工厂规模、燃料循环选择、成本评估和协作研究的总体视角方面发现了变化,这些当然是不可避免的,并且在技术发展阶段确实是可取的。

与近期一贯的方法相反,参与者对遥远前景的看法在很大程度上是不同的。基于新型冷却剂的创新概念正在探索之中,特别是在俄罗斯(重金属)和法国(气体)。日本正在设计回路型商用快堆(偏离一般的池式布置),俄罗斯和日本正在开发模块化、中型和小型快堆。对于创新燃料的选择也没有统一的观点,在俄罗斯,平衡成分的氮化物燃料认为是具有增强的固有安全特性的铅冷却剂快堆的合适选择,在中国、印度和韩国选择高密度金属燃料提供高增殖率,以确保核燃料的需求,而法国正在研究用于气冷快堆的碳化物燃料。

快中子反应堆卓越的物理特性和闭式核燃料循环的多种选择,使CNFC-FR能够适应特定的国情,实现多样化的愿望。与此同时,项目参与者发现,谨慎的做法是加强技术持有者之间的讨论,就下一代商用快堆的创新概念达成更多共识,并考虑共享独特、高成本和复杂设施的可能性,以获得研发成果,从而加深对快堆的理解。

28.2.2　使用INPRO方法评估结果的重点

在研究的第二阶段,参考CNFC-FR系统和国家系统的特征(如果它们的一些参数偏离参考)被确定并评估是否符合 INPRO 方法中制定的可持续性标准。运行中的 CNFC-FR 系统的安全特性符合当前的安全标准。对 CNFC-FR 和热堆系统的比较表明,快堆系统的缺点被其固有的安全特性和附加的工程安全措施所弥补。固有安全特性的例子包括在功率和温度扰动情况下的负反应性反馈、中子模式的稳定性、无中毒效应、优异的传热特性以及钠的高沸点,这些特性允许设计具有非常低压力的反应堆冷却剂系统,从而导致冷却剂流体储存能量低。此外,还强调了概率方法的应用以及在停堆和衰变热排出系统中引入被动安全特性。在俄罗斯对即将到来的快堆设计进行的概率分析证实,其创新的设计特征导致严重事故的风险显著降低,从而减轻了对工厂现场外的搬迁或疏散措施的需求。

在 INPRO 环境中,涵盖了两个方面:①对 NES 的投入可能导致自然资源的消耗,如铀和锆;②来自 NES 的产出,这是环境压力的来源。CNFC-FR 在大多数 INPRO 环境指标方面的突破性潜力得到了确认。钚和铀的再循环产生了几乎取之不尽用之不竭的裂变材料(和可转换材料)资源,也就是说,这种系统事实上可能被认为是一种可再生能源。人们发现,CNFC-FR 的这一特点对于核能需求预计会高增长的国家(如中国、印度)尤其重要。对于这一群体的国家来说,通过实现很高的增殖来保证燃料供应是一个发展快中子反应堆的动力。然而,在全球范围内,有足够的乏燃料可用于钚的后处理,并将其用作燃料。

CNFC-FR 系统在其燃料循环中避免了采矿/浓缩步骤,与目前许可的 TR 系统相比,由于非放射性元素的释放量低得多,其对环境的影响显著降低,公众受到的辐射剂量被证明远远低于监管限制。因此,CNFC-FR 系统可以被认为是一个适合大规模国家和全球部署的系统,具有出色的环境和健康保护功能,满足该地区可持续发展的最高要求。

CNFC-FR 系统符合 INPRO 关于有效和高效核废料管理的所有要求。试验反应堆乏燃料中钚的利用是在核能发电占相当大份额且核能力预期增长低或中等的国家(如法国、日本)发展快堆技术的一个重要激励因素。通过回收钚以外的特定(产热和长寿命)核裂变产物和少量锕系元素,CNFC-FR 系统有可能显著降低待沉积高放废物的热负荷、质量/体积和放射性。热负荷的减少使每体积岩石能够储存更多的废物,并且从废物中去除锕系元素和特定裂变产物将管理高放废物所需的时间从地质时间尺度(100000 年)减少到文明时间尺度(100 年)。

CNFC-FR 具有提供高 PR 潜力的固有特性。通过在先进的后处理技术中排除钚分离,生产具有高辐射屏障的新燃料,通过配置快堆和燃料循环设施减少燃料运输，PR 可以得到加强，而且在一个直流燃料循环中消除铀浓缩并避免乏燃料（钚矿）中的钚积累。当试验堆和快堆系统都被视为整体 NES 的组成部分时，CNFC-FR 的固有 PR 潜力尤为重要。然而，只有结合内在特征和外在措施，才能提供基于试验反应堆和快堆的整体 NES 的有效且经济的 PR。

参与联合研究的大多数国家都有工业基础设施和人力资源来设计、制造、建造和运营 CNFC-FR。然而，区域或国际方法可能需要新的国际法律基础设施。CNFC-FR 系统非常适合并可能需要这种新的区域或国际安排，以便在多国基础上提供扩大燃料循环前端和后端服务的机会，使技术拥有者和技术使用国双方都受益。

目前运行的快中子反应堆的设计与试验反应堆或化石能源系统相比，在经济上没有完全的竞争力，主要是因为反应堆和燃料循环设施的资本成本都很高。通过研发进行的设计的必要改进被整合到联合研究的五个国家的发展计划中，即法国、印度、日本、韩国和俄罗斯。在实施这些改进后，结合快堆系统的低燃料成本，尽管存在不同的经济条件（不同的隔夜资本成本、贴现率等），在未来 10~20 年里，掌握这一技术国家的国家 CNFC-FR 系统仍有竞争力。

28.2.3 研发

为了在经济领域取得竞争力，主要是要降低快堆系统的资本成本。可能的措施有，例如，简化设计，通过减少回路数量和主要部件的厚度来减少钢材消耗，消除或减小反应堆系统的尺寸，使用更有效和更便宜的辐射屏蔽和更紧凑的工厂布局，以及减少建筑施工时间。

在实现钠冷快堆项目的所有国家中，都发现了提高研发对资本成本降低的显著影响，因此，对钠冷快堆每单位容量的资本成本与试验反应堆的比率进行了评估，以接近新钠冷快堆设计（BN-1800，俄罗斯；JSFR，日本）中的一个单元，甚至是在建钠冷快堆中的一个单元（PFBR，印度）。一些具体的研发计划可以提高安全性，例如，预防性监督和检查方面；钠中传感器的发展和焊缝的修复；钠火模型、高惯性钠泵、自动负反应性插入装置的开发和验证，以及防止熔化堆芯结构临界的工程措施均已确定。

联合研究的结论是，有可能确定国际合作的一般领域，如材料的开发和测试、在役检查技术、代码的建模和验证以及燃料循环设施安全分析的概率方法，同时成员国高度重视共享独特而昂贵的设施。表 28-1 给出了 CNFC-FR 相对于替代能源的电力经济评估。

表 28-1　CNFC-FR 和替代能源的电力成本评估

国　家	CNFC-FR/(mills $/kW·h)	替代能源/(mills $/kW·h)
法国	35.41	44.07
印度	41.00	45.00
日本	15.10	26.59
韩国	31.15	34.00
俄罗斯	17.74	24.50

来源：创新快堆设计和概念的现状，IAEA 的先进堆信息系统的增刊（ARIS），http://aris.iaea.org，Nuclear Power Technology Development Section, Division of Nuclear Power, Department of Nuclear Energy, IAEA, Vienna, Austria, October 2013.

28.3　国家特有的概念

在创新快堆设计和概念的框架内，一些国家正在根据自己的经验和评估，开发针对其设计的概念。潜在的目标是进一步开发新概念，以基本上满足第四代反应堆的要求。下面几节将简要介绍一些由各国考虑和发展的概念，本节介绍的信息主要摘自原子能机构最近的出版物[28.4]。

28.3.1　法国

ASTRID 反应堆将结合某些创新的安全设计选项（图 28-1）。堆芯概念包括非均质轴向（U-Pu）O_2 燃料，在堆芯内部有一个高富集区域。堆芯是不对称的，坩埚形状，在裂变区上方有一个钠室。引入这些特征主要是为了在主冷却剂完全损失的情况下达到钠沸腾状态时获得总体负钠空泡效应，这是通过堆芯上方钠室的膨胀以及活性堆芯内提供的非均质富集区的负反应性来实现的。如果在主回路和二次钠回路系统的概念设计阶段选择了回路型设计，则选择锥形内容器（凸角堡）以实现扩展 ISIR 的进入。

三个主泵和四个中间热交换器与反应堆组件相关联。从中间热交换器开始的每个二次钠回路都与模块化蒸汽发生器相关联。三回路流体在水和气体之间的选择是开放的，该回路包括化学容积控制系统。提供堆芯捕集器，作为整个堆芯熔化时的纵深防御措施，其将覆盖整个堆芯，并保持次临界状态，同时确保长期事故后阶段冷却。堆芯捕集器的在役可检查性是设计中增加的功能。堆芯捕集器位置的选择，无论是在容器内部还是外部，都是开放的，法国人正在进行研究。安全壳将被设计成阻止由假设的堆芯事故或大型钠火灾引起的机械能释放，以确保在事故发生时，现场外（辐射应急场外）无需采取任何应对措施。

图 28-1 ASTRID(法国)

(源于 Status of innovative fast reactor designs and concepts, A supplement to the IAEA Advanced Reactors Information System (ARIS), http://aris.iaea.org, Nuclear Power Technology Development Section, Division of Nuclear Power, Department of Nuclear Energy, IAEA, Vienna, Austria, October 2013)

28.3.2 印度

继原型反应堆 PFBR 之后,印度正着手进行一项面向经济的改进设计。除了设计和技术挑战是针对商业开发快堆,经济方面也需要大大改善。鉴于快堆是资本成本密集型项目,需要大幅降低资本成本。特别是在印度,建设期间的利益是非常高的单位能源成本。为了实现这一点,应该缩短施工时间。对 PFBR 来说,这是一个独一无二的项目,资本成本高,建设时间长(大于 9 年)。这两个值对于未来具有商业化特征的工厂来说是不可接受的。在这方面,印度已经投入了相当大的努力来降低资本成本以及 FBR-1 和 FBR-2 的建设时间,这里有几个突出的特点。

为了在不涉及增殖的情况下展示快堆的潜力,保留了 PFBR 采用的 MOX 燃料的成熟燃料循环技术。此外,对 PFBR 而言,在综合考虑相关参数(如经济性、设备利用率、部件尺寸和数量、运行经验、印度工业的产能和能力以及安全方面)后,选择了两个主泵、每个回路两个中间热交换器和两个辅助钠泵的双回路概念。有鉴于此,二次钠回路的成本一直保持在尽可能低的水平,因此,除了蒸汽发生器之外,二次钠回路的成本还有进一步降低的空间。然而,使用双机组概念来共享多种服务,使用先进的屏蔽材料,如硼铁合金、不锈钢 304LN 代替不锈钢 316LN 用于冷池部件和铁素体钢用于钠管道,每环路三个蒸汽发生器模块,增加的管道长度为 30m(PFBR 每环路有四个模块,长度为 23m),以及将设计寿命从 40 年提高到 60 年,这些都表明资本成本显著降低。

除了这些措施之外，反应堆组件的建造经验表明，需要对以下方面的设计进行重大改进：栅格板（大量套筒，组装困难，大直径板的硬面，以及重型法兰结构）、顶板（具有许多贯穿件的大型箱型结构，制造过程复杂，耗时且难以处理层流撕裂问题）、倾斜燃料转移机（制造时间长且资格测试广泛）、安全容器和反应堆堆坑之间不需要大间隙，以及进口大直径轴承存在长时间延迟。考虑到未来设计的反馈，对反应堆组件进行了以下改进：

(1) 减小主容器直径；
(2) 圆顶形屋面板，锥形支撑裙；
(3) 可旋转插头的厚板概念；
(4) 焊接格栅板，具有减少的套筒数量、减少的中间壳体直径和减少的高度；
(5) 主管数量增加；
(6) 与格栅板焊接的单半径圆环内容器；
(7) 带有隔热装置的一体化衬里和安全容器；
(8) 主容器、内容器和安全容器厚度的优化。

这些改进带来了显著的好处，提高了安全性。FBR-1 和 FBR-2 的示意图如图 28-2 所示。此外，由于增加了两台直拉式机器，倾斜式燃料输送机器已被取消（图 28-3）。

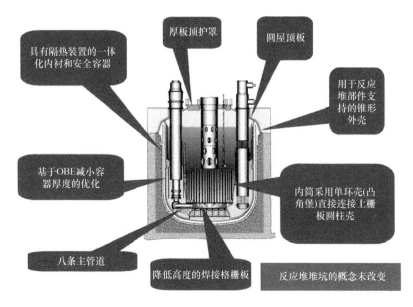

图 28-2　FBR 1 号和 2 号反应堆组件（印度）的改良（见彩色插图）

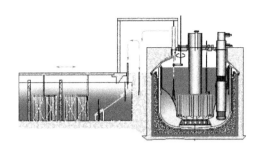

图 28-3　FBR 1 号和 2 号反应堆(印度)设想的换料方案(见彩色插图)

FBR-1 和-2 中包含的安全特征如下:

(1)每个钠泵提供四个主管道为四类主管道破裂设计基准事件提供了更高的安全裕度;

(2)采用容器内一次钠净化,以避免放射性钠被带出主容器;

(3)行程限制装置被添加到主停堆系统的控制和安全棒上,以防止意外的控制棒拔出事件;

(4)对温度敏感的电磁体被添加到不同的安全棒,二级关闭系统,安全性增强;

(5)作为最终的停堆系统,增加了液态锂基或 B4C 颗粒基系统,以实际消除堆芯破坏性事故;

(6)衰变热排出的两个不同概念(被动、主动-被动)各有三个系列公司,主动-被动系统设计为 2/3 容量的自然循环;

(7)安装一个创新的多层堆芯捕集器来处理整个堆芯熔化物碎片。

随后,为了迅速实现核能,印度正在计划一系列金属燃料快堆,首先是金属燃料示范快堆(MDFR);然后是工业规模的 1000MW(e)金属燃料反应堆。至于金属燃料示范快堆的反应堆规模,选择 500MW(e)是为了利用在 PFBR 主要反应堆系统和部件的设计、制造和安装方面获得的经验。与此相一致,印度承担了设计 MDFR-500 的任务,在反应堆系统的概念化过程中,保留了采用混合氧化物燃料快堆的成熟设计理念,并适当考虑了在 PFBR 的安全审查、制造和建造过程中获得的经验,纳入了重要的变体,以提高整体经济性和工厂安全性。与此同时,在燃料和材料开发方面,为了研究二元(铀-钚)和三元(铀-钚-锆)金属燃料和相关结构材料的辐照行为,制定了一个以 FBTR 为试验台的详细测试程序,随后是详细的辐照后检查程序。为了优化 MDFR-500 堆芯以最大限度地发挥增殖潜力(BR 约 1.3~1.4),已经研究了钠结合和机械结合燃料棒选项的几种燃料选项和设计变体。例如,对于初始目标燃耗为 100GWd/t 的 450W/cm 的峰值线性功率,对栅元直径为 6.6mm(T91 包壳)且涂抹密度为 75% 的铀-

(19%)钚-(10%)锆三元钠结合燃料的参考设计进行了优化。此外,进行了热工水力设计以评估设计安全极限的裕度。详细的研究表明,通过分配累积损伤分数(CDF)极限和100%裂变气体释放的保守假设,可以达到令人满意的目标燃耗。与此同时,考虑到基础设施的限制,采用机械连接的燃料棒,以便对燃料成分和与燃料棒的连接类型做出明智的选择。钠的热传输系统和装置平衡的概念是一个紧凑的工厂布局。该布局还具有灵活性,可容纳一个可选的容器外钠储罐,以便于在燃料处理操作后储存钠结合燃料。安全仪表和控制详细说明了足够的冗余和多样性要求。工厂的设计正在发展,以适应沿海和内陆地区。

28.3.3 日本

关于4S反应堆概念(图28-4),反应堆侧的主动系统和反馈控制系统被完全取消,旨在提高组件的可靠性,对于带有旋转部件的组件也采用相同的策略。在反应堆的寿命期内,不考虑换料,因此,放射性限制区域变得有限。设计特点和概念设想在事故期间防止堆芯损坏,限制放射性材料,防止钠泄漏,以及在泄漏情况下减轻相关影响。通过使用^{235}U丰度限制在20%(按重量计)以下的铀

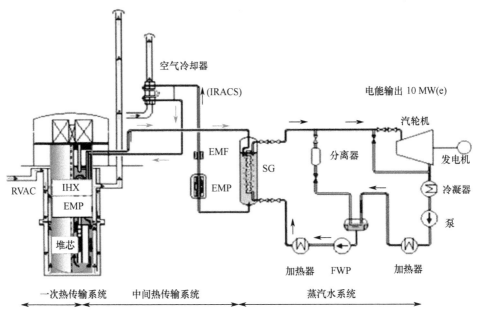

图28-4 4S反应堆(日本)

(源于 Status of innovative fast reactor designs and concepts, A supplement to the IAEA Advanced Reactors Information System (ARIS), http://aris.iaea.org, Nuclear Power Technology Development Section, Division of Nuclear Power, Department of Nuclear Energy, IAEA, Vienna, Austria, October 2013.)

基新燃料解决了对扩散的担忧,乏燃料中的钚含量被设计为低于 5%(重量)。作为一项战略,在金属燃料的后处理过程中,无论是二元还是三元形式,钚总是与微量锕系元素和其他具有高放射性和高毒性的核素一起回收。提供两个衰变热排出系统,包括反应堆容器辅助热排出系统和中间辅助热排出系统。这些特性和系统以及与金属燃料相关的其他被动和固有安全特性确保了负钠空泡反应性效应,从而消除堆芯损坏。反应堆建筑由地震隔离器支撑,建筑经过加固,通过保持水密性,可以防止大量水侵入。

通过采用以下先进关键技术,日本钠冷快堆有望实现 FaCT(快中子反应堆循环技术开发)项目的发展目标和第四代反应堆的目标:

(1)具有氧化物弥散强化钢覆层材料的高燃耗堆芯;

(2)通过自动停堆系统(SASS)和无临界堆芯来提高安全性;

(3)采用热容器和容器内燃料处理的紧凑型反应堆系统,具有狭缝的上部内部结构(狭缝 UIS)和先进的燃料装卸机(FHM) 结合;

(4)具有由 Mod.9Cr-1Mo 钢制造的大直径管道的双回路冷却系统;

(5)集成中间热交换器泵组件;

(6)带有双壁直管的可靠蒸汽发生器;

(7)自然循环衰变热排出系统;

(8)简化的燃料处理系统;

(9)钢板钢筋混凝土安全壳(SCCV) ;

(10)先进的隔震系统。

这些技术已经被评估为适合在示范 JSFR 中安装(图 28-5)。

图 28-5　JSFR(日本)

(源于 Status of innovative fast reactor designs and concepts, A supplement to the IAEA Advanced Reactors Information System (ARIS), http://aris.iaea.org, Nuclear Power Technology Development Section, Division of Nuclear Power, Department of Nuclear Energy, IAEA, Vienna, Austria, October 2013.)

对于安全设计,JSFR概念采用纵深防御原则,其级别和程度与轻水反应堆相同。停堆系统安装了两个信号独立/信号多样化的独立反应堆停堆系统。对于第四级纵深防御,安装自动停堆系统,提供被动停堆功能。无临界堆芯概念在确保容器内不发生整个堆芯破坏事故方面起着重要作用。必须通过限制钠空泡值和堆芯高度来防止由于超过临界状态而引起的初始阶段能量,以及必须通过增加堆芯的燃料排放来消除熔融燃料压实的可能性。堆内和堆外试验均证实了内导管结构燃料组件(FAIDUS)的有效性。JSFR衰变热排出系统由一个直接反应堆辅助冷却系统(DRACS)回路和两个采用全自然对流系统的主反应堆辅助冷却系统(PRACS)回路组成。

28.3.4 韩国

PGSFR的核电厂容量为150MW(e),其特点是无覆盖层的防扩散堆芯、金属燃料堆芯、池式主热传输系统(PHT)和两个中间热传输系统(IHTS)回路(图28-6)。堆芯在径向采用均匀的结构,包括内部和外部驱动燃料组件的环形圈。所有覆盖层都从堆芯上完全移除,以排除高质量钚的生产。活性堆芯高约90cm,径向当量直径约1.6m。金属燃料铀锆(或U-TRUZr)用作驱动燃料。每个燃料组件包括217个燃料栅元。所有的燃料都有单一的铀(或TRU)核素。反应性控制和停堆系统由九个控制棒组件组成,用于功率控制、燃耗补偿和反应堆停堆,以响应核电厂保护控制和系统的要求。PGSFR的热传输系统由主热传输系统和中间热传输系统、蒸汽发生系统和衰变热排出系统组成。主热传输系统主要向中间热传输系统输送堆芯热量,中间热传输系统作为主热传输系统和蒸汽发生器之间的中间系统,前者产生核热量,后者将热量转化为蒸汽。主热传输系统是池式反应堆,所有主要部件和一次钠都位于反应堆容器内。两个机械主热传输泵和四个中间热交换器浸没在一次钠池中。中间热传输系统有两个回路,每个回路都有两个中间热交换器连接到一个蒸汽发生器和一个中间热传输泵,每个蒸汽发生器的热容量约为200MW。中间热传输系统的钠通过壳侧向下流动,而水/蒸汽通过管侧上升,采用电磁泵来简化安装和减少运动部件。建立中间热交换器设计条件是为了防止水/蒸汽和钠水反应产物排放到反应堆容器中。作为安全设计特征之一,DHRS由两个被动衰变热排出系统和两个主动衰变热排出系统组成。DHRS设计用于在反应堆停堆后,当正常热传输回路不可用时,排出反应堆堆芯的衰变热。

PGSFR的设计是安全的,可以抵御地震和海啸造成的严重事故。DHRS是被动和主动衰变热去除系统的结合,通过引入冗余和独立的原则,它有足够的能力去除所有设计基准事件中的衰变热,无需操作员参与。中间热传输系统的双反应堆容器和双管道设计用于防止钠泄漏。PGSFR 也有一个被动反应堆停堆系统。

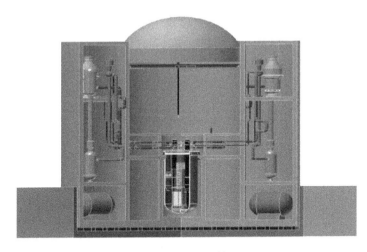

图 28-6　PGSFR(韩国)

(源于 Status of innovative fast reactor designs and concepts, A supplement to the IAEA Advanced Reactors Information System (ARIS), http://aris.iaea.org, Nuclear Power Technology Development Section, Division of Nuclear Power, Department of Nuclear Energy, IAEA, Vienna, Austria, October 2013.)

28.3.5　俄罗斯

BN-1200 是一系列堆型的新型钠冷快堆(图 28-7)。一系列基础工程解决方案对 BN-600 和 BN-800 是有利的,并在 BN-1200 反应堆开发过程中得以保留。在 BN-1200 动力设计中使用了整体式原理,即一个反应堆和一个涡轮机。反应堆堆芯包括不同类型的组件:燃料组件(FSA)、硼屏蔽组件和吸收棒。堆芯的中央部分由燃料浓度相似的燃料组件和带有吸收棒的单元组成。所采用的用于反应堆内储存的储罐将余热释放降低到安全水平,用于换料活动和燃料组件清洗,同时考虑到可能取消乏燃料组件容器。带有天然碳化硼的成排组件布置在反应堆内存储的后面,以形成反应堆内设备的附加侧屏蔽。芯部燃料组件的结构是六边形包装管,顶部喷嘴连接到一端,底部喷嘴连接到另一端。在六边形包装管内,有很多束吸收棒元件和燃料棒,它们一个接一个地排列,在彼此之间形成钠空腔,产生钠空泡反应效应。MCP-1 是一种叶轮潜水泵,包括一个止回阀和一个无级速度控制的变频电驱动装置。反应堆设备有三个回路,一回路和二回路是钠冷却的,第三回路冷却剂是水/蒸汽。三个回路都被分成四个平行的回路,这些回路都参与从反应堆到动力装置的涡轮设备的热传递。二回路的每个回路由一个 MCP-2 和一个由管道连接的蒸汽发生器组成,温度传递通过波纹管补偿器进行补偿。MCP-2 是一台单级立式离心泵,内含游离钠。蒸汽发生器是一种块状直流式热交换器,由两个带有直热交换管的模块组成,装有自动保护系统,以防环路泄漏。

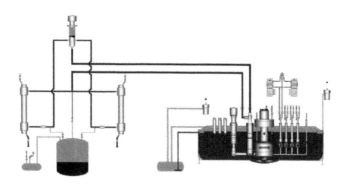

图 28-7　BN-1200(俄罗斯)

(源于 Status of innovative fast reactor designs and concepts, A supplementto the IAEA Advanced Reactors Information System (ARIS), http://aris.iaea.org, Nuclear Power Technology Development Section, Division of Nuclear Power, Department of Nuclear Energy, IAEA, Vienna, Austria, October 2013.)

与 BN-600 和 BN-800 相比,BN-1200 反应堆厂房设计采用了许多新的工程解决方案。

(1)一回路钠系统和设备完全集成在反应堆罐中,消除了放射性钠泄漏;

(2)采用应急排热系统(EHRS),在所有 EHRS 回路中采用自然循环,包括立即通过燃料组件的循环,从而提高反应堆堆芯在允许温度条件下的功率输出水平;

(3)使用被动停堆系统,包括液压悬挂的吸收棒和响应堆芯钠温度变化的吸收棒系统;

(4)在反应堆安全壳中提供一个特殊的安全壳,以限制超出设计基准事故下的反应堆意外释放。

通过这些解决方案,预期有更好的安全性能:①反应堆堆芯严重损坏的概率(10^{-6})比监管文件要求的概率小一个数量级;②已经规定了目标标准,即保护作用区的边界必须与生产现场的边界相一致,以应对严重超出设计基准的事故,其概率在反应堆年内不超过 10^{-7}。

28.3.6　美国

PRISM-311MW(e)(图 28-8)设计使用模块化、池式、液态钠冷却反应堆,三元合金的金属材料用作燃料,采用被动停堆和衰变热排出功能,使用异质金属合金堆芯,主热传输系统完全包含在反应堆容器内。PRISM-311 流动路径从反应堆堆芯上方的热钠池开始,首先经过热交换器,热量在热交换器传递到中间热传输系统,钠从中间热交换器底部流出,进入冷钠池,四个电磁泵从冷钠池中吸取;然后排放到高压堆芯进口增压室,钠向上流过反应堆堆芯被加热;最后回到热池,来自中间热传输系统的热量被传递到产生过热蒸汽的蒸汽发生器,产生的高温高压蒸汽驱动涡轮发电机发电。

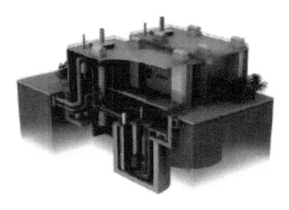

图 28-8　PRISM-311(美国)

(源于 Status of innovative fast reactor designs and concepts, A supplement to the IAEA Advanced Reactors Information System (ARIS), http://aris.iaea.org, Nuclear Power Technology Development Section, Division of Nuclear Power, Department of Nuclear Energy, IAEA, Vienna, Austria, October 2013.)

除控制棒紧急停堆外,反应堆堆芯的非能动停堆特性提供了多种独立的停堆方式。被动特性包括几个反应性反馈特性,如多普勒效应、钠密度和空隙、轴向燃料膨胀、径向膨胀、弯曲、控制棒驱动线性膨胀和反应堆容器膨胀。负反应性反馈使反应堆保持在安全的、中子稳定的状态。非能动反应堆容器辅助冷却系统(RVACS)在所有设计基准事故条件和预期瞬态期间提供一次冷却,无需紧急停堆(ATWS)。这种非能动系统可以在没有电力或操作员干预的情况下无限长时间有效运行。热量通过热辐射从反应堆容器传递到安全壳,然后通过自然对流传递到周围的大气,多余的衰变热排出由 ACS 提供,ACS 包括通过蒸汽发生器壳侧的空气自然循环。这种系统组合可以减少工厂检查和维护的停堆时间。

28.3.7　其他潜在选项

除了钠冷快堆,几种重金属(铅)冷却反应堆设计也正在开发中:①MYRRHA

(SCK·CEN,比利时);②CLEAR-1(INSET,中国);③ALFRED an ELFR(欧洲/意大利安萨尔多核能公司);④PEACER(韩国首尔国立大学);⑤BREST-OD-300(RDIPE,俄罗斯联邦);⑥ELECTRA(KTH,瑞典);⑦G4M(美国第四能源公司)。气冷快堆的设计有①ALLEGRO(欧洲原子能共同体);②EM2(美国通用原子公司)。

参考文献

[28.1] U. S. Department of Energy. (2013). DOE EIA 2003 New Reactor Designs. GIF Annual Report 2008; GIF 2014, Technology roadmap update for Gen IV nuclear energy systems, ELSY Project, 2012. http://www.world-nuclear.org/info/Nuclear-Fuel-Cycle/Power-Reactors/Generation-IV-Nuclear-Reactors/.

[28.2] IAEA. (2010). Introduction to the use of the INPRO methodology in a nuclear energy system assessment, IAEA Nuclear Energy Series No. Np-T-1.12. IAEA, Vienna, Austria.

[28.3] Raj, B., Vasile, A., Kagramanian, V., Xu, M., Nakai, R., Kim, Y.-I., Usanov, V., Stanculescu, A. (2011). Multi-lateral assessment of the fast reactor system as a component of the future sustainable nuclear energy and paths for the system deployment. J. Nucl. Sci. Technol., 48(4), 591–596.

[28.4] IAEA. (2013). Status of innovative fast reactor designs and concepts. A supplement to the IAEA Advanced Reactors Information System (ARIS), Nuclear Power Technology Development Section, Division of Nuclear Power, Department of Nuclear Energy, IAEA, Vienna, Austria, October 2013. http://www.iaea.org/NuclearPower/Downloadable/FR/booklet-fr-2013.pdf

第六部分

钠冷快堆的燃料循环

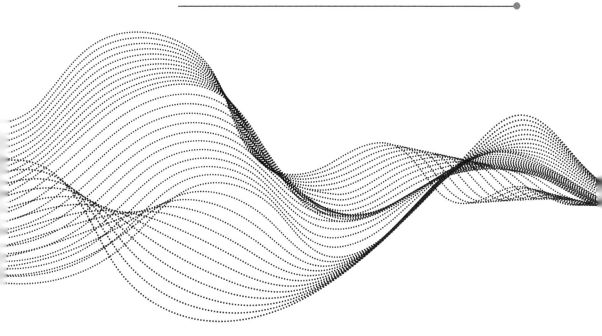

第29章
钠冷快堆的燃料循环

29.1 引　言

燃料循环一词指的是核燃料的生命周期——从形成燃料元件的第一次加工到在反应堆中辐照后的加工,加工步骤因燃料材料的性质、来源、随后的使用及其再利用政策而有所不同,这些将在后续章节中详细描述。首先,我们研究开式和闭式燃料循环中的一般变量。

29.2 开式和闭式燃料循环

人们可以大致设想核燃料循环概念的两种方法:
(1)一次性或开式燃料循环;
(2)闭式燃料循环。

图 29-1 说明了开式和闭式的燃料循环。本质上,在开式燃料循环中,燃料在反应堆中以直流模式使用。在反应堆中照射到所需的燃耗水平后,燃料被排出,随后未经任何处理就储存起来,最终作为废物处置。在闭式燃料循环中,反应堆中使用的可裂变材料和易裂变材料在经过辐照后进行处理,以回收和再利用它们来进一步发电或生产易裂变材料,通向并包括核燃料制造的步骤构成核燃料循环的前端,而后处理和废物管理构成后端。

图 29-2 显示了典型闭式燃料循环的示意图,该循环集成了热堆和快堆的燃料循环,还说明了热堆和快堆燃料循环之间的联系。关于钠冷快堆燃料和快堆后端燃料循环发展状况的详细讨论,见国际原子能机构最近的出版物[29.1, 29.2]。

闭式燃料循环的钠冷快堆
Sodium Fast Reactors with Closed Fuel Cycle

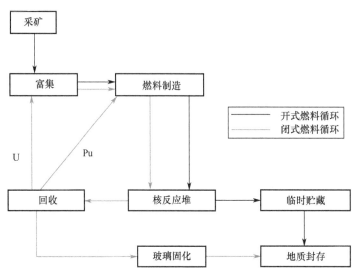

图 29-1 开式和闭式燃料循环

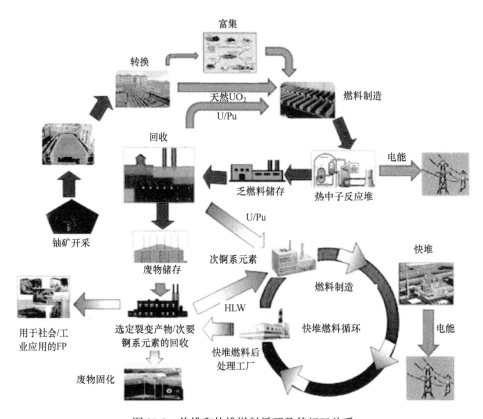

图 29-2 热堆和快堆燃料循环及其相互关系

过去,许多国家决定采用一次性燃料循环,主要是出于对核材料扩散的担忧,也是出于经济原因。由于核反应堆中辐照的铀(U)含有通过中子吸收和 β 衰变产生的钚(Pu)(图1-5),对这种燃料的后处理与钚的回收及其在武器生产中的使用有关。在许多国家,只要铀可以以合理的价格获得,再加工就被认为是不经济的提议。

只有法国、印度、日本、俄罗斯和英国在商业规模上继续其后端燃料循环项目。在法国,热堆中铀产生的钚通过后处理回收,并通过再制造作为铀-钚混合氧化物燃料再循环,用于其他压水堆[29.3],钚的再循环占法国核能生产总量的近10%[29.4]。在印度,三阶段核计划以闭式燃料循环为重点,从热堆乏燃料中回收的钚和贫化铀(第一阶段)用于制造快堆燃料(第二阶段)。最近,铀钚混合碳化物燃料使用在快中子增殖试验反应堆(FBTR)中进行了再加工,回收的材料用于制造新的混合碳化物燃料,再制造的燃料随后被引入 FBTR 用于辐照。

在一次性燃料循环和闭式燃料循环之间,还有多种其他选择。其中一个选择是两次循环[29.5,29.6],铀和/或钚被再循环一次,并在处置之前在热中子反应堆中使用。

如前所述,基于经济和防扩散考虑,在几个没有快堆计划的国家,一次性燃料循环是首选。然而,在有快堆的情况下,闭式燃料循环被认为是一个必要的选择。在核反应堆的一次性循环运行过程中,只有一小部分核燃料被实际燃烧。在典型的压水堆中,大约6%的重核素可以在一个循环中燃烧产生能量,而在快堆中,达到了20%的原子燃耗[29.7]。无论如何,很明显,在一个辐照循环中,超过80%的燃料材料仍未使用。

29.3 快堆的闭式燃料循环

支持快堆采用闭式燃料循环的考虑因素如下。

(1)快堆燃料总是包含钚作为主要成分。钚是通过后处理辐照铀基燃料获得的,因此是一种有限的宝贵资源。因此,使用只燃烧一部分钚的开式燃料循环会导致钚利用率低。

(2)辐照后含钚燃料的直接处置存在若干安全问题。

(3)含有钚和许多其他次锕系元素的辐照燃料的放射性毒性非常高。关于公众接受程度,有关在储存库处置核废料的问题之一是,将处置的辐照燃料的放射性毒性降低到参考水平需要很长时间(这相当于制造1t浓缩铀、铀同位素及其产品的原材料的放射性毒性)。乏燃料的放射性毒性主要来自钚、镅(Am)、锔(Cm)和一些长寿命裂变产物,如^{129}I(半衰期为 1.57×10^7 年)和^{99}Cs(半衰期

为 2.1×10^4 年)。如果直接处置燃料而不回收钚和其他锕系元素,可能需要十万多年才能将乏燃料的放射性毒性降低到参考水平[29.8,29.9],因为锕系元素,特别是钚同位素,有很长的半衰期(图 29-3)。

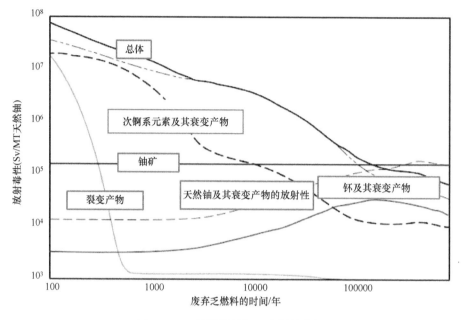

图 29-3　乏核燃料的摄入放射性毒性

(源于 NEA,Physics and safety of transmutation systems: A status report,
NEA Report No. 6090,OECD,Paris,France,2006.)

(4)可用于废物处理的空间是一种宝贵而有限的资源。由于放射性毒性锕系元素含量高以及放射性衰变产生的高热负荷,地质储存库需要大量空间来处置辐照快堆燃料[29.10]。回收和燃烧有价值的铀-钚以及一些次要锕系元素和长寿命裂变产物已证明有可能在几百年内将其放射性毒性降低到参考水平[29.9,29.11],并将储存库的占用空间要求降低一个数量级[29.11]。因此,从辐照快堆燃料中回收锕系元素是实现基于快堆的可持续核能系统的重要一步。

在以下章节中,讨论仅限于用作快堆驱动燃料的铀和铀钚基燃料。

29.4　燃料类型

7.1 节和 8.1 节讨论了快堆中使用的核燃料的设计和类型。从表 29-1[29.12]可以看出,各种各样的核燃料正用于快堆,包括金属合金、氧化物、碳化物和氮化物。铀钚混合氧化物燃料一直是最广泛使用的驱动燃料。法国、德国和日本在其快堆中使用混合氧化物燃料,英国和美国使用金属和混合氧化物燃料作为驱动燃料,俄罗斯在高浓缩铀氧化物燃料(20%以上^{235}U)方面有着重要的工业规模制造经验,用作 BOR-60、BN-350 和 BN-600 反应堆的燃料,铀和钚混合氧化物也被选为 BN-800 的参考燃料。在法国和英国,快堆燃料循环的所有步骤包括制造、辐照、后处理和再制造,都已经在工业规模上用混合氧化物燃料进行了演示。日本在工业规模生产混合氧化物燃料方面也有经验。在印度,正在试运行的原型快中子增殖反应堆(500MW(e))也将使用混合氧化物作为驱动燃料。工业规模的燃料生产正在进行。

表 29-1 快堆中使用的燃料类型

燃 料 类 型	反 应 堆
金属和金属合金	
Pu	Clementine,美国
U	DFR,英国
U – Cr	EBR-I, EBR-II,美国
U – Mo	EBR-I,美国
U – Zr	LAMPRE I,美国
Pu – Al	EBR-I,美国
Pu – Fe(熔融)	LAMPRE I,美国
U-Fissium[a]	EBR-II,美国
U – Pu – Zr	EBR-II,美国
陶瓷燃料	
(富集)UO_2	BOR-60, BN-600,俄罗斯;Rapsodie, Phenix,法国
(U, Pu)O_2	Phenix,法国;Joyo,Monju,日本;PFR,英国;BN-600,国际研究中心;FFTF,美国;KNK-II,德国
(U, Pu)C	FBTR,印度
UC, UN	BOR-60,俄罗斯

来源:Kittel, J. H. et al., J. Nucl. Mater., 204, 1, 1993.
a U-Fissium:Mo、Ru、Rh、Pd、Zr、Nb 等贵金属裂变产物的合金

氧化物燃料仍然是快堆的参考燃料,因为它在性能、经济性和大规模经验方面具有优势,与混合氧化物燃料相比,使用碳化物和氮化物燃料的经验有限。许多国家(例如,美国、法国、德国、英国、俄罗斯、印度和日本)都在研究快堆中使用的这些燃料,并且开发了氦结合和钠结合的碳化物和氮化物燃料,俄罗斯的BR-10 快堆采用氮化铀和碳化铀作为驱动燃料[29.13]。然而,在这些燃料的后处

理方面却缺少经验。在印度,Kalpakkam 的 FBTR 一直以铀钚混合碳化物作为其驱动燃料,碳化物燃料的再加工及其再制造已经得到证明。

从增殖的角度来看,金属合金作为快堆燃料是一个有吸引力的选择。事实上,第一个发电的核反应堆是快中子反应堆 EBR-I,它使用浓缩铀金属燃料。金属燃料是美国和英国实验快堆中使用的第一种燃料。随后,大量金属合金被测试用于快中子反应堆,合金元素包括铬、锆和钼。英国的敦雷快堆使用铀钼合金燃料,也测试了铀铬燃料。EBR-II 最初使用铀 5% 裂变合金燃料,其中裂变产物元素为铌 0.01%、锆 0.1%、钯 0.2%、铑 0.3%、钌 1.9% 和钼 2.4% 的组合,之后,富铀锆合金也被用作驱动燃料。铀基金属合金燃料在美国已经过严格的测试,并且已经达到很高的燃耗水平(超过 15%)。然而,使用含钚金属合金燃料的经验有限。虽然许多铀 – 钚 – 锆燃料棒在美国的 EBR-II 和 FFTF 中进行了辐照,但完整的燃料循环经验主要局限于铀 – 锆合金。美国提出的整体快堆概念是基于锕系元素再循环计划(ARP),其燃料循环被提议通过使用热电冶金工艺处理用过的铀 – 钚 – 锆合金燃料并在热腔室中再制造。

29.5 快堆燃料的性能要求

如第 29.4 节所述,快堆采用多种燃料类型运行,如氧化物、碳化物、氮化物和金属合金。出于经济原因,快堆燃料必须在高线性功率和高温的相对侵蚀性条件下运行到高燃耗水平。特别是在混合氧化物燃料的情况下,由于其差的导热性和高线性功率,中心线温度可高达 2000℃,并且在半径上存在高的温度梯度(通常为 2500℃/cm),导致若干热化学过程,使得辐照燃料成为复杂的化学系统。

与热堆燃料相比,因为快堆在高中子能量下裂变截面较低,所以必须使用裂变材料浓度更高的燃料。因此,特别是在研究反应堆的情况下,这些燃料要么基于高浓缩铀,要么含有大量钚。例如,BOR-60 中使用的氧化铀燃料含有 ^{235}U(45% ~ 90%)。快中子反应堆中使用的铀 – 钚混合氧化物燃料通常含有 20% ~ 30% 的钚。在印度的 FBTR 中,使用的燃料是钚含量高达 70%(钚/铀 + 钚 = 0.7)的铀-钚混合碳化物。

含钚的快堆燃料必须在手套箱中制造。金属燃料、碳化物和氮化物燃料的制造还有一个额外的挑战,即燃料与氧气和湿气的反应性,因此这些燃料必须在惰性气氛的手套箱中制造。

快堆燃料的高温运行意味着燃料棒必须细长,以便将中心线温度限制在熔点以下。典型的快堆燃料棒(MOX)包含直径在 6~8mm 范围内的燃料芯块,而热堆燃料(二氧化铀[UOX])的直径在 12~13mm 范围内。燃料设计在第 8.1 节中有详细介绍。

由于中子吸收截面值较低,快堆燃料可以承受较高浓度的杂质。

29.6 燃料制造工艺

图 29-4 提供了各国混合氧化物燃料工业规模制造过程的总结。

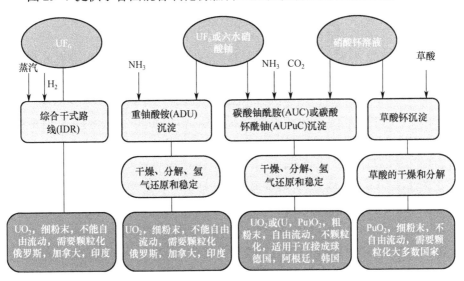

图 29-4 生产二氧化铀、二氧化钚和二氧化铀(铀、钚)粉末的工业流程
(源于 IAEA,Status and trends of nuclear fuel technology for sodium cooled fast reactors,IAEA Publication STI/PUB/1489,Nuclear Energy Series NF-T-4.1,IAEA,Vienna,Austria,2011.)

为快中子反应堆制造铀-钚混合氧化物燃料的常规方法包括混合氧化铀和氧化钚粉末的混合、造粒和烧结。不同国家采用的实际流程在这些步骤中略有不同。Rapsodie、凤凰堆和超级凤凰堆的混合氧化物燃料是通过 Cobroyage Cadarache(COCA)工艺生产的,该工艺包括 UO_2 和 PuO_2 粉末的优化球磨,随后通过筛子挤出润滑的微粉化粉末,得到自由流动的微粒,直接造粒和烧结[29.1]。德国用于 SNR-300 反应堆燃料的混合氧化物(OCOM)工艺和印度用于制造 PFBR 混合氧化物燃料的工艺流程图具有相似的特点。在德国开发的碳酸铀钚铵(AUPuC)工艺中,铀和钚从硝酸铀和钚的溶液中共沉淀并微粉化,然后煅烧该碳酸铀钚,得到适合直接利用的 UO_2、PuO_2 粉末。GRANAT 工艺是由全俄罗斯无机材料研究所开发的。这一过程包括使用絮凝剂使铀、钚氢氧化物共沉淀,然后转化为氧化物并在成球前造粒。

这些工艺用于以颗粒形式制造 MOX 燃料。俄罗斯快堆 BOR-60 使用颗粒形式的氧化物燃料(通过高温加工生产),在这种情况下,燃料棒是通过直接振动压实氧化物颗粒来制造的。由于相对较低的去污系数,热处理产品具有高放射性,因此燃料制造必须在热室中进行,这一过程也适用于含有镅的燃料。

29.6.1 溶胶-凝胶法

溶胶-凝胶路线旨在以溶液的形式使用后处理厂的产品,并将它们转化为固结的凝胶颗粒,从而消除粉末处理和相关危险。燃料棒包壳中多种尺寸的高密度微球的振动压实已用于制造 sphere-pac 型燃料棒。

溶胶-凝胶法是指将所需燃料材料的溶胶(或溶液)液滴凝结成成凝胶微球的化学过程。这些微球经过洗涤、干燥和热处理,制成高密度的微球。该工艺使用铀、钍和钚的硝酸盐溶液或它们所需的混合物,是制备锕系氧化物凝胶微球的一种研究良好的方法。在内部胶凝过程中,将冷却的(约 273K)金属硝酸盐溶液与尿素和六亚甲基四胺(HMTA)溶液在冷却条件(约 273K)下混合。这种混合物的液滴与热油(硅油,约 363K)接触,形成凝胶微球。凝胶微球首先用四氯化碳洗涤以除去硅油,然后用氨水溶液洗涤以除去过量的胶凝剂,再将其干燥和煅烧,在 N_2 加 H_2 混合物中还原,得到 UO_2 微球,最后将其烧结,得到大于 99% 的 TD 微球。外部胶凝过程也称为 SNAM 过程或凝胶支持沉淀法,是一些国家正在追求的发展涂层颗粒燃料。在这种方法中,水溶性聚合物被加入到重金属溶液(或溶胶)中,其液滴暴露于氨蒸汽中形成凝胶,已经开发了这一过程的几种变体。详情见参考文献[29.14]。

溶胶-凝胶法生产陶瓷微球相对于快堆燃料具有特殊的优势,特别是那些含有钚和/或次锕系元素的燃料的快堆。这些考虑源于简化制造路线和在较低温度下进行操作的必要性,以减少制造活动对操作人员造成的辐射暴露。与传统的粉末颗粒处理方法相比,溶胶-凝胶处理方法不涉及粉末的处理,但涉及自由流动的微球的处理。微球可以被制造成具有一定的柔软度,使得它们能够被造粒,这一过程称为溶胶-凝胶微球制粒(SGMP),据报道,这一过程产生的颗粒在反应堆中的性能可能与通过传统方法[29.14]生产的颗粒相似。另外,通过溶胶-凝胶法制造的硬微球可以通过振动压实直接填充到燃料棒中,其密度接近通常用于快中子反应堆的混合氧化物燃料的大约 85% 的涂抹密度。SGMP 工艺的优点如下:

(1)由于不存在燃料的细粉末颗粒,避免了放射性粉尘的危害;
(2)无尘和自由流动的微球(直径 0.2~1.0mm)便于远程处理;
(3)燃料芯块确保了优异的微观均匀性;

(4) 减少了碳化物和氮化物的制造步骤和自燃危险；

(5) 制造低密度(不大于85% T.D)和高密度(不小于96% T.D)并且能够控制开孔率和闭孔率的燃料芯块是可能的。

溶胶－凝胶法尚未在任何国家进行商业规模的实施。然而,考虑到其适用于自动化远程操作以及减少辐射暴露的可能性,溶胶－凝胶法是生产混合氧化物燃料的一个有吸引力的选择,特别是对于含有少量锕系元素的燃料,由于锕的高γ放射性,这些燃料需要远程制造。溶胶－凝胶法也以这些成分的硝酸盐溶液作为其原料,这使得燃料中的组成元素具有微均匀性。此外,再加工的产物(锕系元素的硝酸溶液)在没有转化为氧化物的情况下,在添加几个步骤之后,可以用作溶胶－凝胶工艺的原料,这包括通过合适的化学工艺降低酸浓度和将锕系元素的浓度增加到期望的水平。必须指出的是,这些步骤尚待大规模演示,这将是采用溶胶－凝胶法为快堆生产混合氧化物燃料的一个关键过程。另一个重要问题是产生复杂的废液,尽管数量很少,锕系元素必须在处置前回收或去除。

图29-5给出了通过溶胶－凝胶路线制造混合氧化物燃料的典型流程图。快堆所需的钚含量的混合氧化物燃料可通过该路线生产。最近,Bhabha原子研究中心(BARC)通过溶胶－凝胶法[29.15]生产了含钚高达50%的混合氧化物微球。

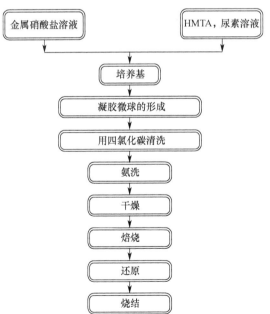

图29-5 通过内部凝胶化工艺制造混合氧化物燃料微球的典型流程图
(源于Ashok Kumar, S.L. et al., J. Nucl. Mater., 434, 162, 2013.)

29.6.2 碳化物和氮化物燃料的制造

碳化物燃料可以通过氧化物的碳热还原或通过金属与合适的碳氢化合物的反应来生产。在后一种方法中，金属在与碳氢化合物反应之前，通过氢化-去氢化循环转化成细粉末。在这种方法中，产品是各种碳化物的混合物，其组成无法精确控制。此外，该产品呈细碎粉末形式，易与氧气和水分反应。碳热还原法是工业规模生产碳化物的首选方法，即使所得产品与金属渗碳相比相对不纯。碳热还原可以通过两个步骤进行，第一步通过与过量的碳反应产生更高的碳化物，第二步使用氢气还原成更低的碳化物。在这种方法中，氧杂质可以保持在较低的水平，因为使用过量的碳可以有效地除去氧。碳化物也可以通过一步还原法生产，其中允许一定量的碳与氧化物反应。在任一种情况下，将氧和碳的紧密混合物（通常以石墨的形式）压入芯块中，并在1873K的温度范围内，在流动的氩气或氩-氢气流中加热芯块，以去除形成的一氧化碳并促使反应完成，反应方程式为

$$MO_2 + 3C \rightarrow MC + 2CO \uparrow$$

然而，在碳热还原的过程中，氧气没有被完全去除，因此，产物通常是 $MC_{1-x}O_x$ 和 M_2C_3（中间产物）的混合物。根据氧化物中钚的含量，必须对反应温度进行优化，以获得最大的除氧效果和最小的钚损失。

如同碳化物合成，氮化物的合成可以从金属开始或在氮气存在下通过碳热还原进行。这种金属可以通过与氮气反应来氮化。就铀而言，在相对较低的温度下与氮气反应会导致形成三氮化二铀，可通过加热至高温（大于1673K）而分解。然而，钚与氮气反应只形成单氮化物。在碳化物的情况下，由元素的直接反应产生的材料是高活性粉末。

通过流动的氮气碳热还原氧化物产生氮化物，如下式所示：

$$MO_2 + 2C \xrightarrow{N_2} MN + 2CO \uparrow$$

氮化物产品必须在氩气中冷却，因为它可以在较低温度下与氮反应形成较高的氮化物。

29.6.3 金属燃料的制造

金属合金燃料是通过注射铸造法制造的，通常是钠结合到包壳材料上，这是因为金属燃料容易膨胀，为了适应膨胀，允许相互连接的孔隙发展并允许气体释放，燃料的涂抹密度保持较低（约75%，而陶瓷燃料的涂抹密度为85%~90%）。除美国外，日本和韩国也开发了铀基和钚基合金的制造技术。

29.7 燃料后处理

从辐照燃料中回收铀和钚是快堆燃料循环中的一个重要过程,因为燃料循环的封闭非常重要,如29.1节所强调的,快堆燃料的后处理通过水和非水工艺进行。尽管快堆燃料的水后处理方案类似于热堆燃料采用的方案,但与热堆燃料循环相比,非水工艺可被认为更适合快堆燃料循环。

29.8 水法后处理

在世界范围内,在所有研究快堆燃料后处理的国家中,尽管有一些变化,PUREX工艺(钚铀提取工艺)一直是首选的含水方案。在美国、法国、英国、德国、俄罗斯、日本和印度,水工艺已用于处理辐照快堆燃料。图29-6给出了快堆燃料PUREX工艺的典型流程图。

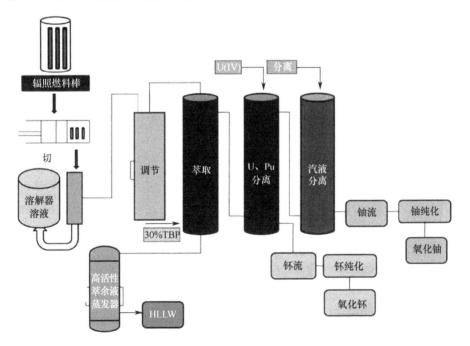

图29-6 通过PUREX工艺进行燃料后处理的典型流程图

这种通用流程图,在前端步骤中有一些变化,可适用于各种类型的燃料,包括金属、氧化物、碳化物和氮化物燃料。在燃料溶解于硝酸后,硝酸铀酰和硝酸钚(Ⅳ)被选择性地萃取到磷酸三正丁酯(TBP)在正链烷烃稀释剂中的溶液中,并从裂变产物中分离出来。通过多次萃取和反萃取循环,铀和钚可以从裂变产物中提纯到允许通过常规方法处理的程度。

29.9　快堆燃料后处理的特点

造成热堆和快堆燃料的后处理操作之间的主要差异的因素如下:
(1)由减少倍增时间所需的高燃耗和短冷却时间造成的辐照快堆燃料的高辐射水平;
(2)燃料中钚含量高;
(3)一些燃料(碳化物、氮化物和金属)的自燃性和易氧化性;
(4)对于钠冷快堆,燃料元件上可能存在钠污染。

快堆燃料的钚含量高,这就要求工艺设备的尺寸和设计考虑到临界性因素。众所周知,钚含量高的混合氧化物燃料也很难溶解在硝酸中[29.16]。据报道,混合氧化物燃料的辐照通常会提高溶解度[29.17]。^{239}Pu 裂变过程中形成的裂变产物核素的分布与 U^{235} 裂变过程中形成的略有不同,^{239}Pu 的裂变导致重金属如钌、铑和钯比例较高。这些金属之间以及与其他成分(包括铀和钚)形成金属间合金,并且这些合金难以溶解在硝酸中。为了回收锕系元素,必须采用强溶解条件来溶解这些合金。铂族金属浓度的增加还会导致高放射性废物玻璃化过程中的相分离。燃料中的钚含量高,也增加了对全面和精确的监测系统或分析技术的需求,这些系统或技术能够跟踪战略核材料并对其进行核算。

从化学角度来看,在涉及钚基燃料的快堆燃料后处理的情况下,第三相形成现象具有高度重要性。在溶剂萃取过程中,磷酸三正丁酯提取高浓度的钚会导致有机相的分裂超过称为极限有机浓度的某一限度。形成的第二个(较重的)有机相高度集中在钚中,而较轻的相含有少量或不含钚。因此,除了工艺故障之外,第三相的累积还有可能导致临界性。这种现象在磷酸三正丁酯提取铀(Ⅵ)的过程中并不存在,而且由于在热堆燃料后处理中遇到的钚浓度相对较低,因此不会出现第三相形成的问题。

与快堆燃料相关的高辐射水平要求仔细优化工艺参数,以确保裂变产物的高去污水平。高辐射水平还会导致萃取剂和稀释剂的降解,从而形成大量对萃取/反萃取过程有害的产物。降解产物的积累会导致钚保留在有机相中,意味着反萃取不完全。一些裂变产物,如锆,在降解的有机相中的保留也有增强。为了使辐射降解最小化,可以使用离心萃取器来进行具有短冷却/高燃耗快中子反应堆燃料的溶剂萃取过程,该离心萃取器减少了水相和有机相之间的接触时间,从而减少了有机相的降解。处理溶剂以去除降解产物是快中子反应堆燃料水后处理中减少废物量的一个重要步骤。

29.10 快堆燃料后处理的国际经验

快堆技术的一个关键特征是,可以对用过的燃料进行再加工,以回收裂变和增殖性的材料,从而为现有和未来的核电厂提供新的燃料。几个国家根据轻水堆燃料循环经验开发了快堆燃料后处理技术,并在各自的反应堆中加以证明。然而,许多国家的政府政策还没有针对封闭式燃料循环的后处理技术的各个方面。各国的经验总结如下。

(1)法国:在法国丰特奈-奥克斯-罗斯,对快堆 RAPSODIE 和 PHENIX 的氧化物燃料进行了实验室规模的的后处理。在 Marcoule(APM 设施)和 La Hague(AT1 设施)进行了中试规模的后处理。快堆燃料也在 UP2 La Hague 工厂进行了再加工,用天然铀燃料稀释,用于石墨慢化气冷反应堆。

(2)德国:在德国,首先在卡尔斯鲁厄核研究中心进行钠冷快堆燃料后处理的研究。来自 DFR 的试验辐照样品在卡尔斯鲁厄的 MILLI 设施中处理,燃耗水平高达 60GWd/t。

(3)印度:在印度,FBTR 辐照的铀和钚混合碳化物燃料的燃耗高达 155GWd/t,已在卡尔帕卡姆的 CORAL 设施进行了中试后处理[29.18]。值得注意的是,再加工的燃料的钚含量高达 70%,并且再加工是在短至 2 年的冷却期后进行的。燃料通过 PUREX 工艺进行再处理,所遵循的工艺流程与氧化物燃料基本相同。第 29.11 节讨论了碳化物燃料后处理的挑战。

(4)日本:日本原子能机构(JAEA)自 1975 年以来一直致力于快堆燃料后处理技术的发展。在化学处理设施(CPF)中进行了来自 JOYO 的 MOX 燃料的实验室规模再处理热试验。采用 PUREX 溶剂萃取流程。CPF 已经处理了大约 10kg 快堆乏燃料,早期燃耗约为 40-50GWd/t,高峰时约为 100GWd/t。

(5)俄罗斯:在车里雅宾斯克马亚克后处理厂的 RT-1 设施,俄罗斯对来自快堆 BN-600 和 BN-350 的乏燃料进行了后处理。

(6)英国:快堆燃料后处理的开发最初是在英国的哈维尔和敦雷实验室进行的。在敦雷建立了一个专门加工 DFR 燃料的工厂,处理了 10tDFR 燃料。该工厂最初的设计是通过在硝酸介质中溶解,然后用 20% TBP/无味煤油进行 PUREX 处理浓缩的 235 铀(75%)合金燃料。后来,该工厂还对 PFR 的氧化物燃料进行了后处理。

(7)美国:由于美国决定不进行后处理,快堆燃料循环的开发工作仅在实验室进行。橡树岭国家实验室(ORNL)和阿贡国家实验室共同开创了快堆燃料后处理的许多方面,包括离心接触器、远程处理系统的开发,以及大多数后处理装置操作的硬件原型。快中子通量试验设施混合氧化物燃料的后处理试验也获得了有限的经验。ORNL 对辐照高达 220GW/t 重燃耗的混合氧化物燃料进行了实验室规模的溶解和溶剂萃取研究。

29.11 热化学后处理

与热反应堆燃料相比,热化学和热电化学工艺特别适用于快堆燃料。在快堆燃料中,相对于金属燃料,高温冶金加工路线比其他燃料具有更多的优势,尽管这些路线实际上也适用于氧化物燃料。这些工艺使用无机盐作为工艺介质,不使用水或有机试剂。高温冶金加工过程可分为三类:

(1)基于锕系元素和裂变产物化合物挥发性差异的方法,氟挥发过程和硝基氟过程属于这一类;

(2)火法冶金过程:燃料在整个过程中保持熔融状态,用于 EBR-II 燃料后处理的熔体精炼工艺属于这一类;

(3)高温电化学或高温化学过程:基于锕系元素和裂变产物的电化学/氧化还原行为,盐运输过程、盐循环过程和熔盐电解精炼都属于这一类。

快堆燃料的热解工艺的独特优势如下。

(1)与热反应堆燃料相比,快堆燃料的燃耗水平较高,并且由于经济原因和减少倍增时间的考虑,必须在相对较短的冷却时间后进行处理。非水方法更适合在短冷却时间后处理高燃耗燃料,因为无机盐耐辐射且不会降解,而在水后处理中使用的有机试剂易受化学和辐射降解的影响。

(2)由于水和有机介质是高度缓和的,在水萃取系统中,钚和其他裂变核素的浓度必须限制,以避免临界的可能性。然而,在非水再处理方案的情况下,由于缺乏缓和介质,可以处理数量和浓度高得多的裂变材料。因此,与基于水处理的后处理厂相比,热处理厂预计将更加紧凑。

(3)高温处理方案不产生高水平的液体废物,主要产生固体废物。因此,与水后处理相比,可以预计火法处理的废物管理成本会更低。必须指出的是,高放射水平液体废物的管理(HLLW)是水后处理计划中最重要的技术问题之一,并且极大地增加了燃料循环的成本。

热解过程也涉及相对较少的步骤,并且操作可以在紧凑的设备中进行,降低了工厂的规模,从而更加经济。

29.11.1 氧化物燃料的高温处理

俄罗斯原子反应堆研究所(RIAR),Dimitrograd 已经开发了一种热解工艺,即 Dimitrograd 干法(DDP),也称为氧化物电积法,用于从快堆中回收氧化物燃料。它利用了铀、钚和裂变产物的氧化氯化物的热力学稳定性的差异,以及铀和钚的氧化物在高于4000℃的温度下传导的事实。

氧化物电积工艺的工艺步骤如图 29-7 所示。在这一过程中,在机械解绑之后,氧化物燃料在熔盐 NaCl – KCl 或 NaCl – 2CsCl 存在下进行氯化,其中形成的氧氯化铀(UO_2Cl_2)和四氯化钚($PuCl_4$)溶解在盐中。下一步,在惰性气氛下进行电解,在石墨阴极上沉积氧化铀以及裂变产物锆、铌和重金属钌、铑和钯。然后,通过增加气体混合物中的氧氯比来提高净化气体的氧电势,在这些条件下,二氧化钚沉淀。氧化钚纯度为99.5%~99.9%,不含裂变产物。进一步的电解导致 UO_2 和裂变产物的沉积。

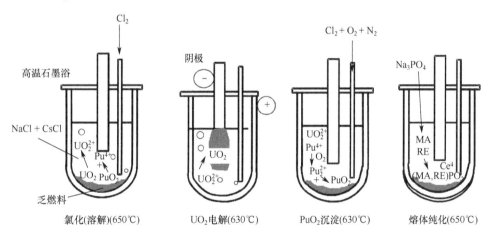

图 29-7 氧化物电积工艺的工艺步骤

沉积物中的颗粒密度大于 $10.7g/cm^3$,尺寸小于 $1mm$。堵塞沉积物的盐用水洗涤,然后通过蒸发水回收盐用于再循环。净化系数小于 100,这是快堆可以接受的。

图 29-8 所示流程图的另一个版本也用于快堆混合燃料的制造[29.19, 29.20],在溶解的第一步之后,调节气体混合物的氧势,以使钚以其氧氯化物的形式稳定在盐中,并且进行电解以在阴极上共沉积铀和钚氧化物。来自该工艺的沉积物

在以下工艺步骤之后用于振动压实粉碎过筛。也有报道称,NaCl-KCl更适用于铀和钚氧化物被分隔的流程图,NaCl-2CsCl更适用于共沉积。

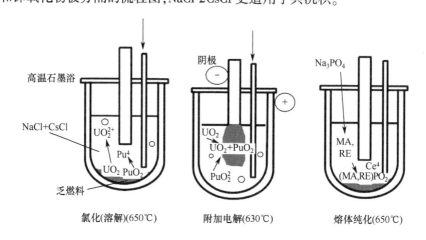

阴极:$UO_2^{2+} + 2e^- \rightarrow UO_2$ 　　$PuO_2^{2+} + 2e^- \rightarrow PuO_2$

阳极:$2CL^- \rightarrow Cl_2 + 2e^-$

图 29-8　氧化物电积工艺的混合氧化物共沉积示意图

该工艺已用于再处理来自 BOR-60 的约 12kg 废 MOX 燃料和来自 BN-350 的约 3.5kg 废 MOX 燃料,还有这些反应堆的几公斤 UO_2 乏燃料。燃耗为 24at% 的燃料已使用该工艺进行后处理,由该工艺生产的燃料的燃耗为 32at%。

热化学过程也带来了如下一些挑战。

(1)与水处理工艺相比,热化学工艺中可达到的去污因子(DF)低了 1 个数量级。对于一些元素来说,用热化学法可获得的 DF 范围从低至 10^2 到高达 10^5 量级的值,通过水处理获得 DF 范围从低至 10^3 到高达 10^6。由于这种低去污染的结果,通过高温处理获得的最终产品具有高放射性。因此,燃料的重新制造必须在屏蔽外壳中进行。工艺步骤也在高温和惰性气氛中进行,以避免金属氧化。

(2)使用腐蚀性盐混合物作为加工介质,需要注意腐蚀问题和长寿命部件的鉴定。

(3)水后处理的商业规模经验相当重要,而热化学处理的经验相当有限。

29.11.2　金属燃料的高温处理

与水处理工艺相比,热化学工艺的优势在于可以直接加工成金属产品,无须额外的中间步骤。鉴于这些优势,法国、日本、韩国、俄罗斯和美国一直在寻求开发用于金属合金燃料后处理的热化学工艺的热解工艺。在接下来的章节中,将更具体地讨论高温电化学过程。各种高温过程的详细描述可以参见参考文献[29.2]。

图 29-9 给出了金属燃料热化学处理的典型流程图。在这个过程中,金属燃料棒被切成碎片,放在熔融盐池中用作阳极,含有液态镉的坩埚或铁棒用作阴极。锕系元素被氧化成阳离子,然后穿过盐浴,沉积在阴极上。对于铀的沉积,使用铁阴极。在刮除沉积物后,对其进行进一步处理以去除黏附的盐,然后将其固结以获得金属锭。对于钚沉积,使用镉阴极,随后加热沉积的阴极材料以蒸馏掉镉。残留物中含有钚、次锕系元素和一些残留铀。残渣被固结,并与所需数量的铀结合,构成用于再制造的燃料合金。

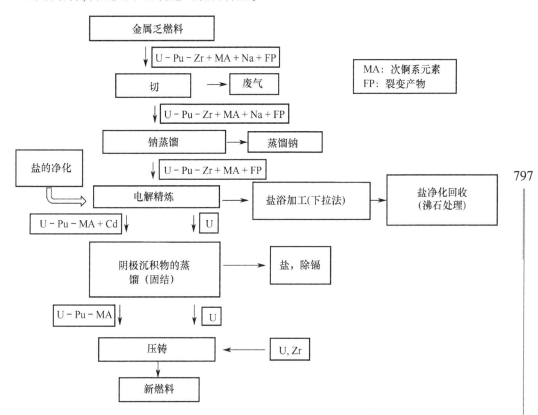

图 29-9　通过熔盐电解精炼对金属燃料进行高温处理的典型流程图

熔盐电解精炼过程是基于各种金属/阳离子体系的相对电化学稳定性。高度稳定的金属,如锆和钯仍然是金属,不会转化为阳离子。氯化物高度稳定的金属,如碱金属,在阳极被氧化并保留在盐中。这些金属的氯化物具有中等稳定性,包括锕系元素和镧系元素,会穿过电解槽并沉积在阴极上。由于类似的电化学电位,次锕系元素,如锔,也会与铀和钚一起迁移并沉积下来。

29.12 碳化物和氮化物燃料的后处理

对于碳化物燃料的后处理,它可以溶解在硝酸和由 PUREX 工艺处理的溶液中。用硝酸溶解碳化物燃料会产生许多有机化合物。在溶解步骤中,碳化物燃料中近 50% 的碳转化为二氧化碳,而剩余的碳转化为可溶于硝酸的有机化合物。这些化合物中只有少数被鉴定出来,包括草酸和甲磺酸。有机化合物可使锕系元素络合,干扰磷酸三正丁酯萃取锕系元素,这些化合物也是在磷酸三正丁酯中萃取的,而且会干扰硝酸中钚从磷酸三正丁酯的溶出。

溶解溶液的长时间沸腾有助于破坏大部分有机化合物,并使溶剂萃取过程可行。破坏有机化合物的其他方法包括使用氧化的化学破坏,例如重铬酸钾,使用电生成的铈(IV)或银(II)的电化学氧化或光化学破坏。为了避免有机化合物的形成,碳化物可以通过在空气、氧气或其他氧化气氛中加热而转化为氧化物。氧化物的转化也可以通过热解来实现,热解包括加热蒸汽中的碳化物,热解产物之一是氢气。氧化步骤必须以受控的方式进行,因为如果氧化物产物在转化步骤中被烧结,它很难溶解在硝酸中。

在印度英迪拉·甘地原子研究中心(IGCAR),在将碳化物溶解在硝酸中,然后通过加热[29.18]的溶液来破坏有机化合物之后,使用 PUREX 工艺对各种燃耗水平高达 150GWd/t 的碳化物燃料进行了后处理。在工艺步骤中没有观察到有机化合物的干扰。

氮化物很容易溶解在硝酸中,产品溶液有望与 PUREX 工艺兼容。氮化物的一个问题是通过含 ^{14}N 的 (n,p) 反应产生 ^{14}C 同位素。因此,溶解步骤导致产生 $^{14}CO_2$,需要额外的处理步骤。除了这些差异之外,通过水处理方法来加工碳化物或氮化物燃料预计与加工具有相似钚含量的辐照过的混合氧化物燃料非常相似。

用于金属燃料的熔盐电解精炼法也可用于碳化物和氮化物燃料的后处理,这是利用了它们的高电导率,沉积在阴极上的铀和钚金属可以通过合适的方法转化成碳化物和氮化物。在这方面,日本在氮化物燃料工艺的应用方面进行了大量的工作。沉积在液态镉阴极上的铀和钚金属已被证明在液态镉存在下通过氮化可转化为它们的氮化物,这是有利的,因为它避免了几个固结的工艺步骤。

29.13 次锕系元素的划分

第29.2节描述了从辐照快堆燃料中回收所有超铀元素的重要性。次锕系元素是指在铀和钚的同位素与中子的核反应过程中少量形成的超铀元素，如镎、镅、锔等。形成 ^{237}Np 和 ^{241}Am 的典型途径如下：

$$^{238}U(n,2n)^{237}U \rightarrow {}^{237}Np$$

$$^{235}U(n,\gamma)^{236}U(n,\gamma)^{237}U \rightarrow {}^{237}Np$$

$$^{239}Pu(n,\gamma)^{240}Pu(n,\gamma)^{241}Pu \rightarrow {}^{241}Am$$

许多次锕系元素的同位素具有相对较长的半衰期。例如，^{237}Np 的半衰期很长（2.14×10^5 年），而 ^{241}Am 的半衰期为533年。由于半衰期长，废物中次锕系元素的这些同位素的存在或增长是一个令人关注的问题，因为在由次锕系元素造成的废物放射性毒性降低到低水平之前，需要很长一段时间，这意味着，如果废物中存在次锕系元素，就必须对废物进行不切实际的长时间监测。

如前几节所述，核燃料的水后处理包括燃料在硝酸中的溶解，以及通过溶剂萃取过程从溶解器溶液中回收铀和钚。磷酸三正丁酯萃取四价和六价氧化态的锕系离子，超钚元素以三价氧化态存在于水溶液中，因此，它们不是磷酸三正丁酯萃取的。镎可以以四价、五价或六价氧化态存在。根据燃料溶液中存在镎的氧化状态，它的一部分或全部被排出到高浓度含水废液中。因此，萃取铀和钚后留下的溶液（称为萃余液）含有所有裂变产物和次锕系元素，由于其高放射性，这种溶液称为高放射性废液（HLLW）。

有些国家已经积极参与开发从高放射性废液提取次锕系元素的系统。所研究的萃取剂包括辛基苯基N,N-二异丁基氨甲酰甲基磷氧化物（CMPO）、二甘醇酰胺和二-2-乙基己基磷酸。虽然用这些萃取剂萃取次锕系元素的行为已被很好地理解，但用实际废液进行分离过程受到了限制。最近，由欧盟委员会资助并涉及几个国家参与的锕系元素分离和嬗变回收（ACSEPT）项目旨在开发和证明锕系元素分离方案。次锕系元素分配的典型方案如图29-10所示。分离的第一步是提供一种锕系元素和镧系元素的混合物，下一步提供了它们彼此分离的方案。对于次锕系元素与镧系元素的分离，已经提出了几种萃取系统，但研究仅限于实验室规模。

在使用金属燃料的快堆中，高温处理用于回收和再循环裂变材料。在基于熔盐电解精炼的高温处理中，次锕系元素在沉积步骤中和钚一起沉积，因此，不需要像氧化物燃料那样，通过PUREX工艺对次锕系元素进行单独的回收工艺。

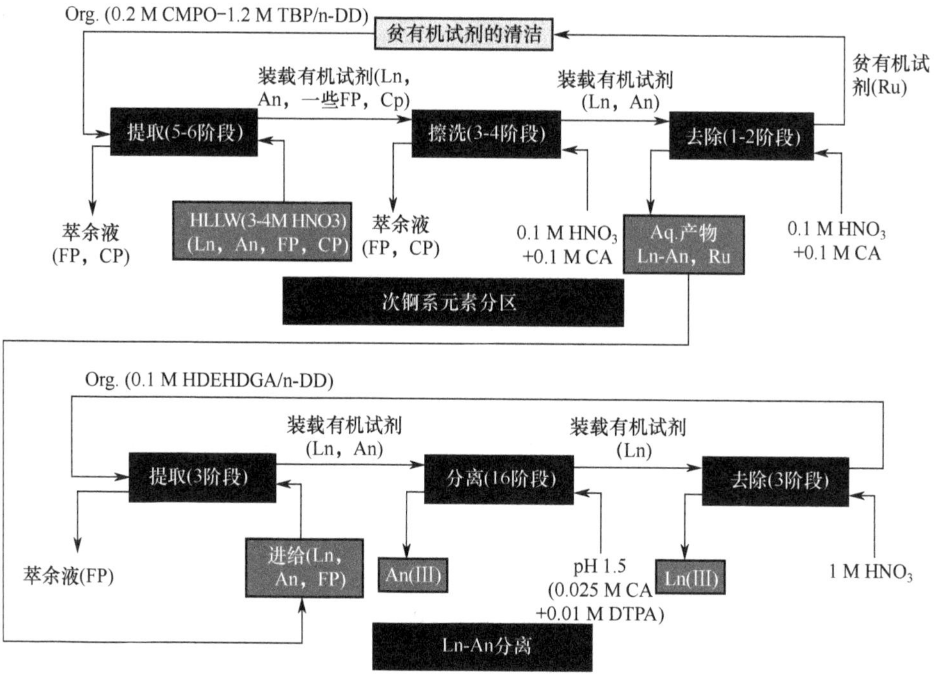

闭式燃料循环的钠冷快堆
Sodium Fast Reactors with Closed Fuel Cycle

图 29-10 次要锕系元素分配的典型方案

29.14 快堆燃料循环的废物管理

除了高放射性废液,后处理还会产生中低放射性水平的废液。然而,在废液中,高放射性废液的体积最小,但含有超过 95% 的放射性。高浓度废液转化为固体基质,用于长期储存/处置。目前的做法是用玻璃化硼硅酸盐玻璃作为基质固定放射性废物[29.21]。将溶液与玻璃成分混合并蒸发,残渣熔化并装罐进行中间处理。固定废物的典型流程如图 29-11 所示。在玻璃基质中固定高放废液方面已经积累了丰富的经验。例如,到 2012 年,法国已经生产了 7000 多吨高放废液玻璃。然而,到目前为止,还没有放射性废物被永久地转移到储存库中。

快堆燃料后处理产生的放射性废物的固定化带来了额外的挑战,因为废物的放射性水平很高(由于高燃耗和相对较短的冷却时间)以及在 ^{239}Pu 裂变中以较高产量形成的某些裂变产物浓度较高。例如,重金属钯在 ^{239}Pu 裂变中的累积裂变产额是 ^{235}U 裂变的近 10 倍(16.6% 对 2.2%)。重金属在玻璃基质中没有足够的溶解度,因此,当固定在传统的硼硅酸盐玻璃基质中时,倾向于分离。此外,快堆燃料后处理产生的高放废液的高放射性水平意味着需要稀释废液,以限制玻璃因辐射损伤而降解。因此,用于固定快堆高放废物的替代基质正在开发中。候选材料包括磷酸铁基玻璃以及陶瓷,如独居石和合成岩石[29.22]。独居石是稀土正磷酸盐,而合成岩石是多相钛酸盐基质。

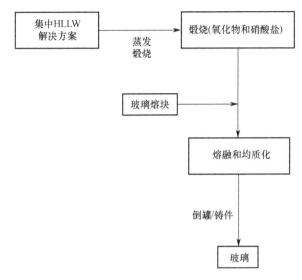

图 29-11 玻璃基质中 HLLW 固定的流程图

这里的方法是用计算量的化学活性添加剂处理废物流,以便在热处理和固结时,能够形成致密的多相陶瓷组合体(或单相,如独居石),其中废元素被结合到已知晶相的晶格位置中[29.23]。合成矿物是由四种相互兼容的矿物组合而成的:锆英石($CaZrTi_2O_7$)、钙钛矿($CaTiO_3$)、橄榄石($BaAl_2Ti_6O_{16}$)和金红石(TiO_2)。许多类似的天然矿物含有放射性元素,在不同的地球化学条件下,已在自然界存在了 20 亿年。合成矿物具有复杂的晶体结构,由不同大小和形状的配位多面体组成,高放废物元素可以根据它们的离子大小和电荷结合到配位多面体中。例如,橄榄石重含有元素铯、铷和钡;锆英石含有铀、锆、磷、钇和稀土元素;钙钛矿可以吸附锶、磷和钇。金红石提供了由重金属裂变产物形成的次要合金相的微型胶囊;它还增加了陶瓷整体的机械强度。相组合中矿物的相对含量由添加剂的量决定。需要高温和高压操作来制备陶瓷废料。

热电化学后处理中设想了两种废物形式[29.24]:①来自电解精炼机阳极篮的包壳、锆和重金属裂变产物的金属废物形式;②碱金属、碱土金属和稀土裂变产物的陶瓷废物形式以及一部分共晶盐浴。

首先通过蒸馏使阳极篮中不含氯化物,然后加入额外的锆,混合物在铸造炉中熔化,形成含锆量高达 15% 的耐用不锈钢,这构成了金属废料[29.25]。含有裂变产物的熔融盐浴用大量过量的沸石在 773K 下处理。一部分阳离子被离子交换到沸石基质中,其余的盐被截留在沸石空腔中。然后用玻璃料处理含盐沸石,并进行热等静压或无压烧结。这种处理将粉末混合物转化为玻璃结合的方钠石(一种玻璃陶瓷材料),这被称为陶瓷废料。

29.15 快堆和次锕系元素燃烧

与热堆系统相比,快堆更适合燃烧次锕系元素,因为中子通量更高,平均中子能量更高。在核反应堆中,次锕系元素同位素可以经历两种类型的核反应:它可以吸收中子并发生裂变,这将导致次锕系元素的破坏和裂变产物的形成。另外,同位素也能吸收中子,并转化为较高的次锕系同位素,如图 29-12 所示。

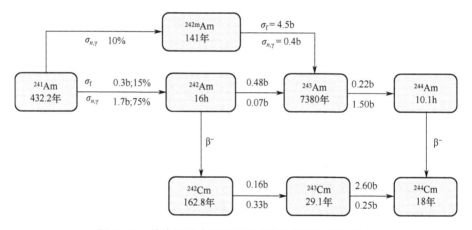

图 29-12 快中子谱中镅和锔同位素的嬗变和焚化反应

为了使次锕系元素有效燃烧,即裂变成碎片,裂变截面必须明显高于俘获截面。热中子和快中子谱中一些次锕系元素同位素的裂变份额如图 4-2 所示,从图中可以明显看出,快中子反应堆对次锕系元素的引入更有效。由于 $\sigma_{裂变}/\sigma_{俘获}$ 比更高,金属燃料反应堆提供了更强的中子谱,更适合燃烧次锕系元素。

29.15.1 次锕系元素燃烧的基体模型

有几种方法可以在快堆中燃烧次锕系元素。第一种方法(均相)中,次锕系元素与反应堆的驱动燃料混合,此时次锕系元素的浓度约为 5% 或更低。第二种方法(非均质)中,次锕系元素以高浓度(高达 20%)包含在特殊目标子组件的特定基质中,基质可以是锕系元素氧化物或惰性基质如氧化镁。在这两种方法中,辐照靶/燃料的加工和回收对于确保次锕系元素的完全燃烧都很重要,这种回收工艺正在开发中。参考文献[29.26]中详细讨论了含次锕系元素燃料的发展。

29.16 小　　结

快堆燃料循环仍处于发展阶段,与热堆燃料循环相比,国际经验有限。因此,快堆燃料循环也为研发提供了几个机会。随着对安全、经济、最大限度减少废物产生、防扩散等的日益重视,那些能够对快堆燃料循环的发展做出重大贡献的研究项目有了足够的发挥空间。

参考文献

[29.1] IAEA. (2011). Status and trends of nuclear fuel technology for sodium cooled fast reactors. IAEA Publication STI/PUB/1489. Nuclear Energy Series NF-T-4.1. IAEA, Vienna, Austria.

[29.2] IAEA. (2011). Status of developments in the back end of the fast reactor fuel cycle. IAEA Publication STI/PUB/1493. Nuclear Energy Series NF-T-4.2. IAEA, Vienna, Austria.

[29.3] Gros, J.-P., Drain, F., Louvet, T. (2011). The french recycling industry. Proceedings of Global 2011 International Conference. Makuhari, Japan, P. No. 360445.

[29.4] Boullis, B., Warin, D. (2010). Future nuclear systems: Fuel cycle options and guidelines for research. 11th Information Exchange Meeting on Actinide and Fission Product Partitioning and Transmutation, San Francisco, CA.

[29.5] Kazimi, M., Moniz, E. J., Forsberg, C. W. (co-chairs) (2011). The future of the nuclear fuel cycle: An interdisciplinary MIT study. Massachusetts Institute of Technology, Cambridge, MA.

[29.6] Poinssot, C., Rostaing, C., Greandjean, S., Boullis, B. (2012). Recycling the actinides, the cornerstone of any sustainable nuclear fuel cycles. Procedia Chem., 7, 349.

[29.7] IAEATECDOC 1083. (1999). Status of liquid metal cooled fast reactor technology. IAEA-TEC-DOC-1083, International Atomic Energy Agency, Vienna, Austria.

[29.8] Gras, J.-M., Quang, R. D., Masson, H., Lieven, T., Ferry, C., Poinssot, C., Debes, M., Delbecq, J.-M. (2007). Perspectives on the closed fuel cycle-implications for high level waste matrices. J. Nucl. Mater., 362, 383-394.

[29.9] NEA. (2006). Physics and safety of transmutation systems: A status report, NEA Report No. 6090. OECD, Paris, France.

[29.10] Wigeland, R. A., Bauer, T. H., Morris, E. E. (2007). Status report on fast reactor recycle and impact on geologic disposal, ANL-AFCI-184. Office of Scientific & Technical information, US DOE.

[29.11] Bernard, H. (2013). Challenges for Pu recycling in the future: French vision, Pu futures—The science. Cambridge. Los Alamos National Laboratory, USA, 2(2), August 2013.

[29.12] Kittel, J. H., Frost, B. R. T., Mustelier, J. P., Bagley, K. Q., Crittenden, G. C., Van

[29.13] Poplavsky, V. M., Zabudko, L. M., Shkabura, A., Skupov, M. V., Bychkov, A. V., Kisly, V. A., Kryukov, F. N., Vasiliev, B. A. (2012). Proceedings of International Conference Fast Reactors and Related Fuel Cycles: Challenges and Opportunities FR09, IAEA, Vienna, Austria, p. 261.

[29.14] Nagarajan, K., Vaidya, V. N., Aparicio, M., Jitianu, A., Klein, L. C. (Eds.) (2012). Sol-gel processes for nuclear fuel fabrication. Sol-Gel Processing for Conventional and Alternative Energy. Springer Ltd., Chapter 16, 341–373.

[29.15] Ashok Kumar, S. L., Radhakrishna, J., Rajesh Kumar, N., Pai, V., Dehadrai, J. V., Deb, A. C., Mukerjee, S. K. (2013). Studies on preparation of $(U0.47, Pu00..53)O_2$ microspheres by internal gelation process. J. Nucl. Mater., 434, 162.

[29.16] Carrott, M. J., Cook, P. M. A., Fox, O. D., Maher, C. J., Schroeder, S. L. M. (2012). The chemistry of $(U, Pu)O_2$ dissolution in nitric acid. Procedia Chemistry, 7, 92.

[29.17] Ikeuchi, H., Shibata Asano, Y., Koizumi, T. (2012). Dissolution behavior of irradiated mixed-oxide fuels with different plutonium contents. Procedia Chemistry, 7, 77.

[29.18] Natarajan, R., Raj, B. (2011). Fast reactor fuel reprocessing technology: successes and challenges. Energy Procedia, 7, 414.

[29.19] Kofuji, H., Sato, F., Myochin, M., Nakanishi, S., Kormilitsyn, M. V., Ishunin, V. S., Bychkov, A. V. (2007). Mox co-deposition tests at riar for sf reprocessing optimization. J. Nucl. Sci. Technol., 44(3), 349–353.

[29.20] Vavilov, S., Kobayashi, T., Myochin, M. (2004). Principle and test experience of the riar's oxide pyroprocess. J. Nucl. Sci. Technol., 41(10), 1018–1025.

[29.21] Ojovan, M. I., Lee, W. E. (2005). Introduction to Nuclear Waste Immobilisation. Elsevier, Amsterdam, the Netherlands.

[29.22] Ringwood, A. E., Kesson, S. E., Ware, N. G., Hibeerson, W. O., Major, A. (1979). Geochem J., 13, 141.

[29.23] Ringwood, A. E., Kesson, S. E., Reeve, K. D., Levins, D. M., Ramm, E. J. (1988). Radioactive Waste Forms for the Future, eds. W. Lutze and R. C. Ewing. North-Holland, Amsterdam, the Netherlands, p. 233.

[29.24] Board on Chemical Sciences and Technology, Commission on Physical Sciences, Mathematics, and Applications, National Research Council. (2000). Electrometallurgical Techniques for DOE Spent Fuel Treatment: Final Report. The National Academies Press, Washington, DC.

[29.25] Janney, D. E. (2003). Host phases for actinides in simulated metallic waste forms. J. Nucl. Mater., 323, 81.

[29.26] (2009). Status of minor actinide fuel development. IAEA nuclear energy series document NF-T-4.6. IAEA, Vienna, Austria.

第七部分 退役方面

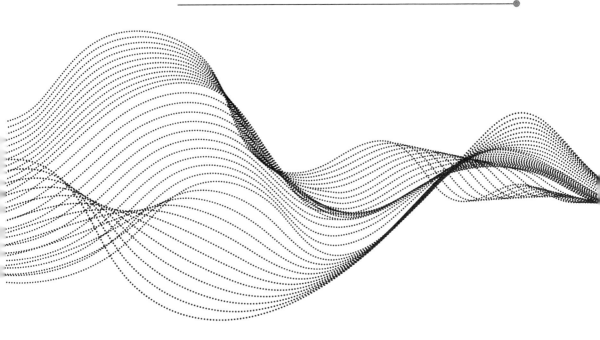

第 30 章
退役方面

30.1 引　言

自 20 世纪 60 年代初以来,许多国家已开始实施重要的快中子增殖反应堆(FBR)发展计划。实验反应堆在一些国家建造并成功运行,包括 Rapsodie(法国)、KNK-II(德国)、FBTR(印度)、JOYO(日本)、DFR(英国)、BR-10、BOR-60(俄罗斯)和 EBR-II、Fermi 和 FFTF(美国)。随后是商业规模的原型堆(法国的 Phenix 和 Superphenix,德国的 SNR-300,日本的 Monju,英国的 PFR,哈萨克斯坦的 BN-350 和俄罗斯的 BN-600)。然而,从 20 世纪 80 年代开始,主要由于经济和政治原因,快反应堆发展总体上开始减少。到 1994 年,美国的克林奇河增殖反应堆(CRBR)项目已经取消,两个快堆试验设施 FFTF 和 EBR-II 已经关闭。因此,在美国,发展 FBR 的尝试基本上消失了。类似地,其他国家的项目也被终止或大幅削减。在法国,Superphenix 于 1998 年底关闭;德国的 SNR-300 完成了但没有投入使用,KNK-II 在 1991 年永久关闭(在运行 17 年后)并且现在已经完全拆除。除此之外,PFR 在 1994 年关闭,BN-350 在 1998 年关闭,Phenix 在 2009 年关闭。快堆技术发展计划放缓的一个主要结果是,目前在反应堆和其他钠设施退役方面积累了大量的知识和经验。

退役一词一般指在核设施关闭后为达到预定的最终状态而进行的所有技术和管理行动。这些活动特别包括设备拆卸、清理场址和土壤、拆除土木工程结构,处理、包装、搬运和处置放射性废物和其他废物。很多核设施都是在 20 世纪 50 年代到 80 年代之间建造的,其中很多都是逐渐关闭然后退役的,尤其是在接下来的 15 年里更是如此。2008 年,法国大约有 30 个各种类型的核设施(发电或研究用反应堆、实验室、燃料后处理工厂、废物处理设施等)被关闭或正在退役。因此,这些设施退役后的安全和辐射防护问题逐渐成为重大问题。

自20世纪90年代以来,随着退役活动的具体方面(风险性质的改变,安装状态的快速变化,运行期限等)排除了安装运行期间对所有相关的监管原则的执行,核设施退役规章制度已经逐渐形成。特别是快堆,快堆的退役迄今为止一直以非常安全的方式完成,没有发生任何重大事件。这主要是因为对反应堆运行阶段实施的工艺和程序进行了明智的调整,以及开发了安全的钠废物处理工艺。然而,在实现全面拆除的道路上,仍然存在着关于钠排放后部件退役的挑战。

本章讲述的是钠冷快堆和压水反应堆退役方面的差异,SFR退役的主要活动和原则,与钠有关的退役策略和事项,反应堆设计,审查,以及对钠循环和SFR退役活动中得到的国际经验的分析。

30.2 钠冷快堆和压水堆退役方面的主要区别

压水堆和钠冷快堆冷却剂的差异是导致这两个概念差异的主要参数之一。在压水堆中,水不被认为是危险的化学品,可以被排放、转移、储存和净化,没有重大的化学危害,钠本身是一种危险的化学品,只要它以金属的形式存在,就必须小心处理。因此,技术上退役操作更加复杂,因为电站内仍然存在着金属钠,而且钠需要特殊的技术和知识来处理。与水冷剂相比,钠的安全管理还需要解决的技术方面是:氮气或氩气作为包容气体、预热管道和容器、烟雾和火灾探测器、钠泄漏探测器、组件的专门在役检查等概念。将金属钠安全转化为稳定的化学产品以供最后储藏的过程将涉及若干特定的过程(涉及若干处理设施)。目前,先进的钠处理工艺还处在工业认证和发展阶段。从这些发展中得到的反馈将对未来的钠冷快堆退役计划有用,可能只需要一个较小的研发调整就可应用。可以直观地认为,由于钠废物处理和处置的额外步骤,钠冷快堆的退役将比压水堆更昂贵。此外,世界上近50%的核能发电来自压水堆。因此,用于商业化的许多成熟压水堆的复制,将使实验反馈、改进、通用退役战略和训练有素的专业化工业行业方面获得重大收获。目前,世界上甚至没有两个相似设计的钠冷快堆反应堆。在欧洲,第一个钠冷快堆标准设计本应是欧洲快堆项目,但它在1998年在没有被实现的情况下被放弃了。

30.3 钠冷快堆退役所涉及的主要活动和挑战

本节中介绍的分步活动主要采用的是为法国 Rapsodie 和 Superphenix 反应

堆提出的方法,主要步骤如图 30-1 所示[30.1]。第一步是拆除钢部件,然后处理和拆除所有可拆卸部件。这一操作包括清洗以除去残余钠,并将测量设备和控制棒组件从专用容器中的堆芯和包壳中取出。第二步是将一回路钠排入一个单独的槽中进行净化以除去^{137}Cs。钠冷快堆反应堆集成设计元件以便于其退役,包括了反应堆容器、端塞、燃料处理构件和主容器内的其他组件,净化过程包括让液态钠通过铯阱。随着钠和其他被支撑在顶部屏蔽层的可替换结构的拆除,反应堆组件的永久部件被隔离,然后用乙基卡必醇处理,将剩余的一回路钠从原回路中移除。回路的净化细分为三个步骤:先用碱性洗涤去除容易丧失稳定性的铯,然后用 Ce(IV) 的酸去污(去除 10% 的固定沾污),最后是磷化步骤。估计沾染水平从 5500Bq/cm^2 降低到 10Bq/cm^2。通过向强氢氧化钠水溶液中注入少量液态钠来破坏一次侧钠,拆除活动就可以不受限制地进行,职业性剂量可以限制在可接受的水平。尽管已经尽了最大努力,经验表明,在容器中仍可能有一些残留的钠释放着显著的放射性。因此,反应堆部件使用氮气进行惰化,并用保护层完全密封。组件和冷却剂的放射性容量必须事先评估。图 30-2 显示了反应

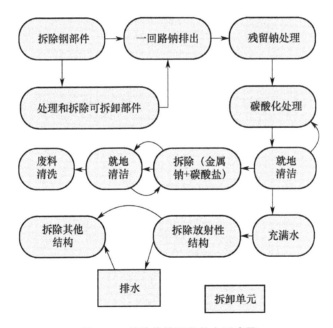

图 30-1 钠冷快堆退役的主要步骤

(来源于 Joulia,E.,Superphenix-Creys Malville strategy for dismantling the reactor block:
Decommissioning of fast reactor after sodium draining,IAEA-TECDOC-1633,
IAEA,Vienna,Austria,2009,pp. 143-148.)

堆堆芯区和相应的 SPX 反应器不同位置的比活性分布[30.2,30.3]。总的趋势是定义在中子通量照射和低污染下活性较低的金属材料,还必须特别注意包层和燃料的设计。简化手段和维修设备必须事先精心准备,在这方面可以节省相当大的开支,与大尺寸可拆卸主部件(钠泵和 IHX)的处理有关,清洗坑的设计必须符合核电厂寿命,并包括退役估计时间(约 60 年:40 年运行 + 20 年退役),而且必须装配清洗坑,使得硬去污过程成为可能。拆除部件现在被认为是可参考的战略,但在容器处置过程中,必须对主要部件的整体处置进行技术和经济评价。对于小型主部件的可拆卸组件,也可适用类似的准则。由于放射性低,如果在钠冷快堆的早期设计中确定了一个特定的区域,可以露天进行可拆卸二次组件的处理。使用现有的清洗坑可能有污染的风险,因为它使废料的放射性从极低水平增加到较低水平。

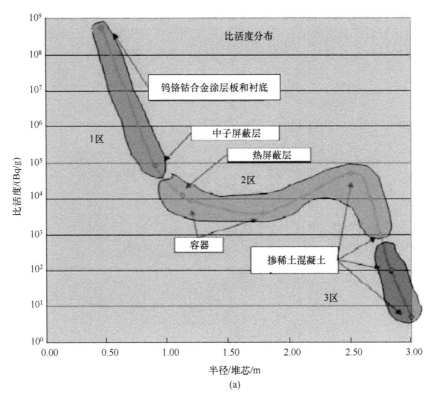

(来源于 Roger,J. et al.,Transformation of sodium from the Rapsodie fast breeder reactor into sodium hydroxide,Proceedings of the International Conference on European Community on Decommissioning of Nuclear,Installations Luxembourg,1994.)

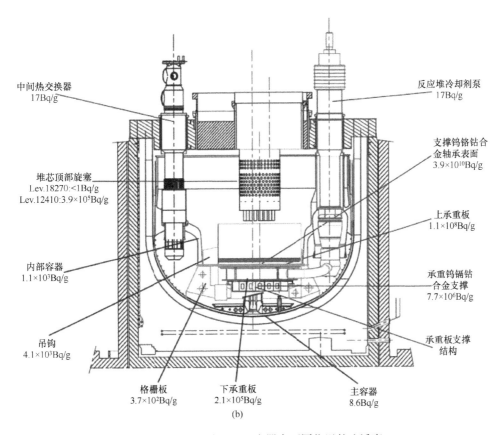

图 30-2 反应堆堆芯和反应器内不同位置的比活度

(来源于 Marmonier, P. and Del Negro, R., Information about the accident occurred near Rapsodie (March 31st, 1994), Proceedings of the Technical Meeting on Sodium Removal and Disposal from LMFRs in Normal Operation in the Framework of Decommissioning, Aix-en-Provence, France, 1997, pp. 136-137.)

(a) 反应堆堆芯内比活度分布；(b) SPX 反应器内不同位置的比活度。

设计时必须允许最终拆除核材料(燃料和增殖组件)而不使用虚拟堆芯(废料最小化)，这需要高的燃料卸载率。在正常情况下，卸载系数应达到 3 个组件/24h，处理故障组件的流程必须预先定义。清洁过程中应尽量减少液态废料的排放和气体的消耗，拥有一个可以处理所有组件的标准化和有效的过程将很有好处。设计时必须允许控制棒完全排除内部的 B_4C 芯块。关于剩余组件(钢和反射装置)的拆除，设计应使其与正常运行中使用的现有处置设备一起处置。如果没有，设计人员必须采取适当的远程操作来拆除这些组件。这种解决方案必须与继续将钠储存在反应堆容器中的做法进行经济性与技术性比较。

在设计初期必须仔细检查，以便有效地卸除所有管道和部件。对残留在容器内的一次侧钠的处理必须尽可能彻底。残留钠的处理一般采用三种方法:第一种是 1994 年为 PFR 和 DFR 开发的 WVN 工艺(没有清除烧碱);第二种是 FFTF,用过热蒸汽在 7h 内清洁反应堆容器;第三种是 Phenix 采用的,利用 CO_2 钝化法处理钠渣。这些工艺必须在工业上证明其在特定情况下(如狭窄间隙)安全处理钠的能力。必须改进主容器的设计,以减少钠留下的痕迹/膜(图 30-3)[30.4],从而更好地排水,更好地进行一次侧钠处理,最大限度地减少废物,并协助未来的退役操作。为了方便二回路中残留钠的顺利处理和退役,二回路的设计必须具有良好的最终排除系统。在这种情况下,可以重新考虑退役前的初步处理。对于蒸汽发生器的处置和退役,可以采用二回路残余钠处理和退役策略。

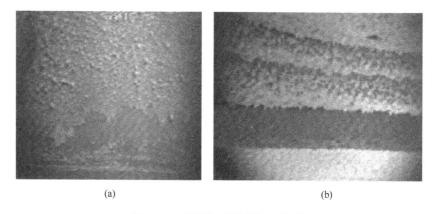

图 30-3　金属表面的钠膜/气溶胶

(来源于 Goubot,J. M. et al., Decommissioning of the Rapsodie Fast Reactor:Developing a Strategy,IAEA-TECDOC-1633,Vienna,Austria,2009,pp. 149-160.)

(a)容器壁上的钠膜;(b)旋转端塞下的气溶胶。

主容器的拆除操作最为复杂。经验表明,水下退役会产生大量的液态废物,然而不可避免地要考虑到剂量率限制。因此,必须找到处理废水的方法,应该强调的是,计划必须被优化。外部钠成分的处理是 SFR 开发中的许多主要问题之一,应重新审视冷阱,使其在不降低其运行效率情况下易于退役。

30.4　技 术 战 略

国际原子能机构(IAEA)为核设施最终关闭后的退役制定了以下三项战略[30.4]。

(1)延迟退役:在实际退役操作开始之前,含有放射性物质的设备部件要保

存或放置在安全地点数十年(设备的常规部件可以在设施关闭后立即退役);

(2)安全封存:设施中含有放射性物质的部分被放置在加固的封存结构中,时间要足够长,以达到足够低的辐射活动水平,从而允许厂址的释放;

(3)立即退役:退役是在设施关闭后立即开始的,没有等待期,尽管这些退役操作可以在很长一段时间内逐渐开展。

退役策略的选择决定会受到很多因素的影响:国家规定、社会和经济因素、操作的资金、废物处理流程的可行性、退役技术和符合资格的工程人员以及由于退役操作使得工程人员和公众接触的电离辐射等。因此,各国的做法各不相同。

钠冷却剂的特殊化学性质决定了退役操作的主要原则,它们与特定钠处理有关,其定义如下:

(1)部件和冷却剂的放射性材料保存;
(2)保存手段和设施的功能简化;
(3)使用除主泵以外的其他方法使钠保持液态;
(4)二回路与主回路隔离排除钠;
(5)核材料拆除(燃料和增殖元件);
(6)控制棒的拆除;
(7)卸载其他组件(钢和反射层元件);
(8)可拆卸一次侧大型部件(主泵、中间换热器)的处理;
(9)可拆卸一次侧小型部件的处理;
(10)可拆卸二次侧部件的处理;
(11)一次侧钠处理;
(12)二次侧钠处理;
(13)补充的一次侧钠排除;
(14)残余一次侧钠在容器内的处理;
(15)二回路残余钠的处理与退役;
(16)蒸汽发生器的处理和退役;
(17)主容器退役;
(18)其他钠成分的处理:冷阱、铯阱、起泡器等。

使用除主泵以外的方法来保持钠处于液态的策略,需要将该策略与将钠转移到储藏罐的选择进行经济上的比较。如果储罐已经有了,那么把钠留在主容器中可以节省资金,但一次侧钠处理仍然十分关键。通过排除钠,新的废物产生了(储罐本身),然而可以通过优化和计划(例如,钠处理和主容器退役同时进行)来实现收益。然而,将钠留在主容器内是池式反应堆的首选。如果可参考选择的话,卸料期间保持钠在熔融状态的设备必须在早期设计阶段确定好。为了实现二回路钠的去除,二回路和部件的设计必须有良好和完整的疏水功能,热气清理是一种可行的方法。在早期设计阶段,(泵、阀门、电磁泵等)需要考虑到二次侧部件疏水系统(可能通过破坏性操作)。

此外,在处理一次侧钠过程中产生的大量废液的处置也是一个主要问题,因为相应的废弃物体积大,因此成本高。减少体积和尽量减少废弃物的创新性战略将是非常有价值的。对于二次侧钠的处理,可以采用与一次侧钠类似的处理方法,或者考虑采用更经济的替代方法。容器中残留的一次侧钠的去除仍然是一个开销很大的步骤。这主要是由于在设计早期缺乏对退役活动的集成安排,因此,必须要取得较大进展以控制这个问题或将其降低到最低程度。

30.5 反应堆退役的经验和反馈

与其他一些第四代反应堆概念相比,钠冷快堆概念的主要优点是该系统的原型堆已经在许多国家建造并成功运行。其中一些原型堆已经关闭,目前正在退役。为了支持钠冷快堆成为未来可行概念反应堆,这类反应堆退役活动的重要性不可低估,原因如下:

(1)为未来反应堆提供应如何设计以优化操作行为、检查、维护和修理方面性能的指导;

(2)提供有关未来反应堆应如何设计以降低退役成本的信息;

(3)告知暴露在钠、辐照、高温和温度周期环境下建筑材料的性能表现;

(4)开发新技术,以促进未来钠冷快堆改进的操作性能的实施。

因此,即使退役必须被视为一项长期研究,也可以从实际的实验反馈中确定未来反应堆系统退役过程中大量节约成本的方法。基于去污过程、机器人技术和废物管理等领域的退役活动经验的创新,将支持未来钠冷快堆得以成功运行、维护和检查。

对所有处于退役中的钠冷快堆的概述展示了几种有前途的战略以及技术问题。问题的解决办法与反应堆设计的内在条件和国家背景(各国核工业的法律规范和长期战略)密切相关。因此,不同国家的 SFR 设计之间并没有真正的协调。这种缺乏协调性的情况意味着,多种技术退役解决方案都是仅针对一个反应堆的。例如,Dounreay 快堆是唯一使用共晶 NaK 冷却剂的钠冷快堆,这种特殊的冷却剂使得退役策略发生了改变。Rapsodie,KNK-II 和 Superphenix 都决定拆除它们的部件而不使用虚拟堆芯,而 PFR 的卸料是利用虚拟堆芯完成的。卸料后,Rapsodie 的一次侧钠被排放在一个大容器存储,KNK-II 则是在多个 200L 的桶中存储,还研发了几种用于 PFR 和 KNK-II 退役的创新型小型装置。

图 30-4～图 30-6 分别展示了钠罐拆解机器[30.5]、主要废料持有模块和碎片真空系统[30.6]，它们作为整个退役过程的一部分，在机械操作过程中被安装。PFR 和 SPX 的策略是保持一次侧钠在反应器容器中熔化，直到其最终处理。一次侧钠处理问题与 Rapsodie、PFR 和 SPX（计划用于 Phenix）使用的 NOAH 工艺有关，EBR-II、Fermi、FFTF 和 BN-350 则选择了另一种工艺。尽管如此，仍可对钠冷快堆退役战略的总体趋势进行确定，而且如果对比反应堆 PFR、SPX 和 Phenix 未来的工程项目，这种趋势会更精确，它们各自的设计存在一些相似之处，在 NOAH 工艺中选择了一种相同的钠处理方法[30.7]。

图 30-4 钠罐拆解机器

（来源于 Crippe, M., Selection of process parameters for sodium removal via the water vapour nirogen process, HEDL TME 77-62 UC-79, 1977.）

图 30-5 主要废料持有模块

（来源于 Crippe, M., Selection of process parameters for sodium removal via the water vapour nirogen process, HEDL TME 77-62 UC-79, 1977.）

闭式燃料循环的钠冷快堆
Sodium Fast Reactors with Closed Fuel Cycle

真空软管　吊杆
安装板
窗口
机械手抓取夹具
真空软管连接处
碎屑机液压驱动
套筒

图 30-6　碎片真空系统

(来源于 Crippe, M., Selection of process parameters for sodium removal via the water vapour nirogen process, HEDL TME 77-62 UC-79, 1977.)

参考文献[30.8]介绍了四个钠冷快堆(Fermi、EBR-II、KNK-II 和 JOYO)退役的经验和反馈。利用 WVN 法对 NaK 进行处理,完成了 Fermi 堆钠残留物的清除。总的来说,蒸汽处理的经验是正面积极有效的。然而,在钠处理过程中吸取的教训(例如,难以进入工作区域,密闭的工作空间等)被证明对于未来的钠冷快堆设计和退役计划来说很有价值。EBR-II 于 1994 年关闭,从一回路和二回路排出的大部分的钠经过处理后,残余的钠在湿二氧化碳的帮助下转化为碳酸氢钠(在美国阿贡实验室测试了这项技术)。用蒸汽和水冲洗后的潮湿二氧化碳进行残余钠处理的办法是受美国的资源保护和恢复法(RCRA)所管理的。资源保护和恢复法在 2002 年发布命令要求在 10 年内清除掉所有有害物质。然而,蒸汽和水冲洗后的潮湿二氧化碳方法的清除效果越来越差,替代处理工艺的详细研究正在进行中。对于 KNK-II 的主要反应堆部件(容器和旋转端塞)拆除工作,以及 KNK-II 退役的每一步残余钠清理过程,都有详细的记录[30.6]。从这些工作获取的两个主要经验教训是:第一,认识到低估材料脆化效应对主容器拆除过程的影响;第二,拆除部件的外表面和各种间隙中残余钠的重要影响。作为JOYO 实验快堆的 Mk-III 升级计划(计划实施的目的是增强其辐照能力)的一部分,功率增加 40% 是有必要的,这就需要更换中间热交换器和余热交换器。在设备更换过程中,燃料和液态钠被保存在反应堆容器内。因此,必须防止杂质进入,并限制工作人员在辐照中的暴露量。艰难的工作条件,比如狭窄的工作空间、靠近一次侧钠边界、高辐射剂量率燃料组件,从在这种条件下进行的大尺寸部件更换工作以及放射性钠处理中,我们得到了许多重要的经验教训。这些工作的成功完成和经验教训为未来快堆的设计、建造、运行和退役提供了宝贵的经验。

参考文献[30.8]介绍了 BN-350 和 Superphenix 退役工作中钠废物的特性和处理方法以及 Phenix 的退役计划,对 Phenix 产生的所有钠和钠废物的处理过程进行概述,如图 30-7 所示[30.9],概述包括放射性特性、钠去除技术和反应器模块拆除策略。所有的退役计划都需要对活化和污染进行放射性特征分析,以确定废物处理方法。所有的同位素都需要通过计算和测量来确定。过去曾发生过与临时储存钠相关的小型事故;因此,钠的临时贮存需要必须提前规划好。通过对钠露天储存表现的实验研究,得出只要使用干燥的空气,钠的露天储存在一定的时间内是安全的结论。容纳残余钠的部件的安全储存性已经被验证,也就是说,对这些部件定义了安全存储原则,并尽量减少乙烯基/塑料的使用。对于 BN-300,从安全性考虑,选择碳酸氢盐作为处理钠残留物的方法。对于Superphenix 冷阱,基于试验以及安全和效率的考虑,热 WVN 方法被选为处理钠残留物的首选方法。Superphenix 退役计划预计将首先从反应堆中拆除所有可拆卸部件,大多数放射性部件将在水下拆除,以大幅降低剂量率。下一步将进行碳化[30.10,30.11],然后充水,一些钠预计会在碳化后保留下来,并在充水过程中发生反应,不同的评价方法得出对碳化过程完全去除钠渣能力的不同结论。决定钠主体排放点位置的最重要因素与反应堆及其回路的特殊设计特点有关,而残余钠处理工艺的实施,则主要取决于选择合适的钠块处理方法以及该方法的成功与否。在 Rapsodie 快堆中,主容器内估计有 100kg 的钠气溶胶和氧化物残留在气体覆盖区中和 80kg 的金属钠,包括结构表面上的大约 20kg 和残留物中60kg,这一点后来通过对主容器的探孔检测得到证实(图 30-8)[30.12]。1989 年10 月测量了剂量率,在堆芯栅板附近发现了最大值(大约 2×10^3 Gy/h),最大放射性(高达 10^9 Bq/g)被发现于堆芯下方的涂层衬套上。这些测量结果在进行了适当改良后的退役计划中发挥了重要作用。

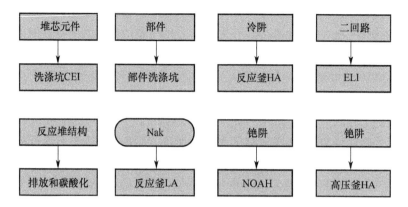

图 30-7 Phenix 中的钠和钠废物的处理工艺

(来源于 Soldaini, M. et al., Phenix plant decommissioning project, Proceedings of the ANS Topical Meeting on Decommissioning, Decontamination and Reutilization, Chattanooga, TN, 2007.)

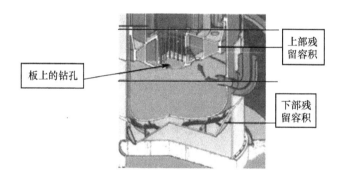

图 30-8 Rapsodie 堆中残留的(不可排出的)钠

(来源于 Farabee, O. A. and Church, W. R., Closure of the fast flux test facility: History, status, future plans, Technical Report DOE-0322-FP-Rev 0, 2006.)

未来快堆设计的一个强烈需求是将方便钠排放和清洗操作的设计措施结合起来。以下是从经验中得到的主要反馈：

(1)将一次侧钠保存在反应堆容器内,直到最终进行在线处理,这种选择是合理的,因为主容器符合存储活性钠的所有安全要求,并且也不需要其他容器来储存这么多的钠,设计和建造额外的储罐将意味着成本和更多的低放射性金属废料；

(2)在主容器上安装额外的加热装置,使钠保持液态；

(3)第一步操作包括拆除燃料、增殖元件和控制棒,以消除放射性物质风险,对于 Phenix 和 SPX,钢组件也被拆除,同时,二回路被排干并与一回路隔离。它们可以较早退役；

(4)提供疏流设备或流向容器底部的通道,以便最后的大体积的钠有更好的通道从底部和外部排放;

(5)燃料处理机器可以更好地接近储罐的附近区域;

(6)密封的安全容器;

(7)材料的选择,应以高耐腐蚀性和最大限度地减少高水平放射性产物释放的潜力(避免镍基材料)为基础;

(8)用可拆卸模块建造屏蔽层,以便于拆卸,且这些模块中不包含处理困难的材料;

(9)利用反应堆顶部挡板区或其他结构的清洁和疏流通道以及较简单的几何结构来防止形成钠池。如果可能的话,最好消除不能疏水的区域;

(10)提高卸料能力和速度;

(11)提高拆除高放射性组件的能力;

(12)能够远程解体和拆除组件;

(13)模块化旋转端塞,便于解体和拆卸;

(14)提高反应堆模块内部的可维护性,这也将有助于提高拆卸能力(图30-9)[30.4];

(15)在充入、排放和随后的退役活动中,加热反应堆模块以使钠保持液态的能力;

(16)提供用于运行监测和最终退役阶段使用的仪器和监测通道;

(17)可获得作为放射特性活化样品的样品片,也可用于整个反应堆屏蔽的机械工具确认;

(18)退役过程中保持一次侧钠的纯净,以最大限度地降低端塞温度;

(19)设计上考虑减少作为慢化剂的石墨的拆除或更换;

(20)设计上考虑对高放射性的组件拆除优先级更高;

(21)对整个建造过程进行录像;

(22)保存所有建筑材料的样本;

(23)制作并保存详细的竣工图纸,注明材料、重量、尺寸、表面积等;

(24)为所有部件设计简易疏水方法(如足够大的流动通道且无捕获量);如果不可能,为部件的渗透后处理留下方法;

(25)定义一般可实现需求;

(26)认识到在设计目标和退役目标之间进行协调的必要性;

(27)创新式的堆芯设计,取消了中间热交换器(直接将热量从一次侧钠传递到蒸汽发生器);

(28)创新式的阀门设计,取消了波纹管;

(29)创新式的密封系统,消除了清洗和残留物清理问题;

(30)研究开发隔膜阀(温度和材料相关问题);

(31)创新式的堆芯设计,在一回路和/或二回路中取消了泵(自然对流堆芯设计);

(32)创新式的冷阱设计与可拆卸、可更换、可清洗的过滤筒;

(33)避免使用 NaK 系统(额外危害超过了好处);

(34)保留可到达的位置,减少弯管,确保没有低点陷阱,减少嵌入设计;

(35)基于经验考虑直流强迫流动设计。

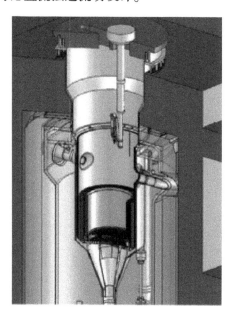

图 30-9 反应堆模块的改进拆除程序

(来源于 Goubot, J. M. Decommissioning of the Rapsodie Fast Reactor: Developing a Strategy, IAEA-TECDOC-1633, IAEA, Vienna, Austria, 2009, pp. 149-160.)

几种典型 SFR 估算退役成本的比较如图 30-10 所示[30.13]。在法国,法国电力供应公司(EDF)正在为当前反应堆未来退役以及未来废物和使用过的燃料的管理处置提供资金,该资金来源于电价中包含的一项税收,退役价格估计高达反应堆资本成本的 10% ~15%,燃料管理,从采矿到废物处理,再处理和运输,估计约占总资本成本的 20%,这些是基于估算的,主要用于商业化的 PWR。因此,第四代反应堆的目标是在经济上比 PWR 更具竞争力,甚至在退役成本上也是。事实上,在第四代反应堆必须完成的技术目标中,最后两个都与退役任务有直接或间接的联系。

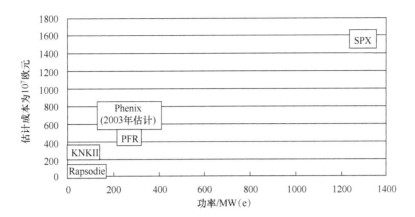

图 30-10 对比了几种 SFR 的估计退役成本(对于 KNK-Ⅱ 和 Rapsodie 由于这些反应堆只生产热能所以假设其可能的电产率为 0.4)

(来源于 Sauvage,J. F. ,preparing for the dismantling of plant,Proceedings of the Seventh WANO FBR Meeting,Beloyarsk NPP,Russian Federation,2004.)

KNK-I—德国实验钠冷快堆;Rapsodie—法国实验钠冷快堆;Phenix—法国原型钠冷快堆; PFR—英国原型钠冷快堆;SPX—法国示范钠冷快堆。

30.6 小　　结

快堆退役并实现安全封存并无重大困难,这主要是通过对反应堆运行阶段实施的工艺和程序进行明智调整,以及开发安全的钠废物处理工艺来实现的。然而,在实现整体拆除的道路上,关于钠排放后部件退役的问题仍然存在挑战。因此,有必要在国际专家间就这一专题进行深入的科技交流。

参考文献

[30.1] Joulia, E. (2009). Superphenix—Creys Malville strategy for dismantling the reactor block: Decommissioning of fast reactors after sodium draining. IAEA-TECDOC-1633. IAEA, Vienna, Austria, pp. 143 – 148.

[30.2] Roger, J. , Latge, C. , Rodriguez, G. (1994). Transformation of sodium from the Rapsodie fast breeder reactor into sodium hydroxide. Proceedings of the International Conference on European Community on Decommissioning of Nuclear Installations, Luxembourg.

[30.3] Marmonier, P. , Del Negro, R. (1997). Information about the accident occurred near Rapsodie (March 31st, 1994). Proceedings of the Technical Meeting on Sodium Removal and Disposal from LMFRs in Normal Operation in the Framework of Decommissioning, Aix-en-Provence, France, pp.

136-137.

[30.4] Goubot, J. M., Fontaine, J., Berson, X., Soucille, M. (2009). Decommissioning of the Rapsodie fast reactor: Developing a strategy. IAEA-TECDOC-1633. IAEA, Vienna, Austria, pp. 149-160.

[30.5] Crippe, M. (1977). Selection of process parameters for sodium removal via the water vapour nitrogen process. HEDL TME 77-62 UC-79.

[30.6] Hillebrand, I., Brockmann, K., Minges, J. (2005). Decommissioning KNK—First steps in dismantling of the high activated reactor vessel. Proceedings of the Eighth WANO-Meeting, Karlsruhe, Germany.

[30.7] Mason, L., Rodriguez, G. (2002). The disposal of bulk and residual alkali metal. Proceedings of the Spectrum 2002, Reno, NV.

[30.8] IAEA-TECDOC-1633. (2009). Decommissioning of fast reactors, after sodium draining. IAEA, Vienna, Austria.

[30.9] Soldaini, M., Deluge, M., Rodriguez, G. (2007). Phenix plant decommissioning project. Proceedings of the ANS Topical Meeting on Decommissioning, Decontamination and Reutilization, Chattanooga, TN.

[30.10] Sherman, S. R. (2005). Technical information on the carbonation of the EBR-II reactor. Technical Report INL/EXT-05-00280 Rev 0.

[30.11] Rodriguez, G., Gastaldi, O. (2001). Sodium carbonation process development in a view oftreatment of the primary circuit of Liquid Metal Fast Reactor (LMFR) in decommissioning phases. Proceedings of the Eighth International Conference on Radioactive Waste Management and Environmental Remediation, Bruges (Brugge), Belgium.

[30.12] Farabee, O. A., Church, W. R. (2006). Closure of the fast flux test facility: History, status, future plans. Technical Report DOE-0322-FP-Rev 0.

[30.13] Sauvage, J. F. (2004). Preparing for the dismantling of the Phénix plant, Proceedings of the Seventh WANO FBR Meeting, Beloyarsk NPP, Russian Federation.

文献目录

- Alphonse, P. (2005). Superphenix decommissioning: Technical present status. Proceedings of the Eighth WANO FBR Group Meeting, Karlsruhe, Germany.

- Autorités de Sûreté Nucléaire Française (ASN). (2004). Pertinence de la stratégie de démantèlement des réacteurs de première génération d'EDF, Letter Sent by French Safety Authority to EDF, http://www.asn.gouv.fr/domaines/demantel/UTO003.pdf.

- Bertel, E., Lazo, T. (2003). Decommissioning policies, strategies and costs: An international review, facts and opinions. NEA News Autumn, No. 21.2.

- Demoisy, Y., Thomine, G., Rodriguez, G. (2001). ATENA—Project of storage and disposal plant for radioactive sodium wastes. Proceedings of the Eighth International Conference on Radioactive Waste Management and Environmental Remediation (ICEM'01), Bruges (Brugge), Belgium.

- NEA Report No. 4373 (2003). Electricité nucléaire, Quels sont les coûts externs? (Nuclear Electricity, what are the external costs?), Développement de l'énergie nucléaire, agence pour l'énergie

nucléaire organization de coopération et de développement economiques, Paris, France.
- OECD Report. (2003). Decommissioning nuclear power plants: Policies, strategies and costs, Développement de l'énergie nucléaire, agence pour l'énergie nucléaire organisation de coopération et de développement economiques, Paris, France.
- Rodriguez, G., Gastaldi, O. (2001). Sodium carbonation process development in a view of treatment of the primary circuit of Liquid Metal Fast Reactor (LMFR) in decommissioning phases. Proceedings of the Eighth International Conference on Radioactive Waste Management and Environmental Remediation (ICEM'01), Bruges (Brugge), Belgium.
- Rodriguez, G., Gastaldi, O., Baque, F., Recent sodium technology development for the decommissioning of the Rapsodie and Superphénix reactors and the management of sodium wastes. Nucl. Technol., 150(1), 100 – 110.
- Shimakawa, Y., Kasai, S., Konomura, M., Toda, M. (2002). An innovative concept of a sodium cooled reactor to pursue high economic competitiveness. Nucl. Technol., 140, 1 – 17.

第八部分

与钠冷快堆高度相关的领域：典型示例

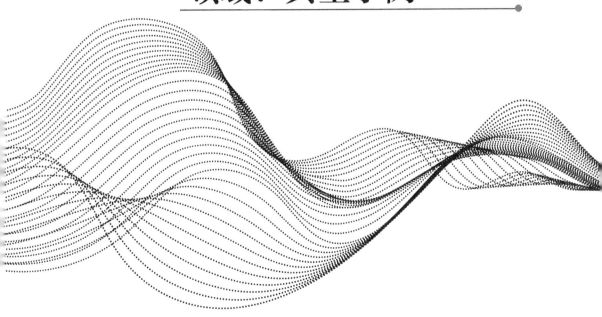

第 31 章
材料科学与冶金

31.1 引　言

钠冷快堆的堆芯包括陶瓷氧化物/碳化物/金属燃料芯块,在薄壁管中装入一个长六边形的管组成燃料束,浸入液态钠池中(图 31-1)。传热系统由一次钠回路、二次钠回路和蒸汽–水系统组成(见第 8 章)。

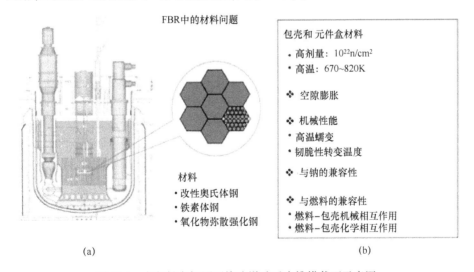

图 31-1　卡尔帕卡姆原型快速增殖反应堆横截面示意图
(图中展示出燃料束浸没在液体钠中,在高温下受高中子
剂量影响的包壳和元件盒材料的各种材料问题)

在钠冷快堆中,堆芯结构材料处于 670~820K 的温度中,暴露于 10^{21} ~ $10^{22}\mathrm{n/cm^2}$ 的快中子通量下。钠冷快堆堆芯结构材料的科研工作,包括改良奥氏

体不锈钢(SS)、铁素体钢和氧化物弥散强化(ODS)钢,旨在解决材料在辐照和高温下的问题。对钠冷快堆至关重要的材料问题包括结构材料在快中子辐照下的气隙膨胀以及在高温(873K)和辐照下的机械性能退化(在6.2节中详细讨论)。

本章介绍了堆芯结构材料的材料科学细节,以及其与冷却剂,即液态钠和燃料芯块的相容性,还介绍了材料科学和冶金方面,包括永久性反应堆结构材料和蒸汽发生器材料的焊接,以及与反应堆结构材料的堆焊有关的问题。

31.2 堆芯结构材料

快堆堆芯组件结构材料多年来不断发展,性能大幅提高。第一代材料是奥氏体不锈钢304型和316型。因为在剂量值高于约50dpa时出现了不可接受的膨胀,这些钢很快到达了它们的极限。dpa通常用于根据每个原子所经历的平均位移数来量化辐照对结构材料的影响。多年来奥氏体不锈钢的研究和开发已经成功地扩展了低膨胀瞬态状态。基于对气隙膨胀现象的基本理解,减轻奥氏体钢气隙膨胀的策略主要是通过冷加工引入位错和在钢基体中引入纳米弥散体来调节微观结构。这些操作可以作为点缺陷的捕获位点,改变点缺陷的有效扩散系数,提高结合速率,并延缓稳态空隙的增长。还有一种策略是使用具有改进机械性能的铁素体/马氏体(包括氧化物弥散强化)钢,这种钢天然呈现低空隙膨胀(图31-2)。不同的国家已经开发出多种先进材料,用作基于氧化物燃料的钠冷快堆项目的包壳和外套管材料(见表7-4和表7-5)。高铬(9~12%)铁素体/马氏体钢被认为是钠冷快堆堆芯结构材料问题的长期解决方案,因为其固有的抗空隙膨胀能力和在中子辐照下的韧脆性转变温度(DBTT)的较低位移。尽管这类几种合金甚至在200dpa以上的剂量下都具有出色的抗膨胀性能,但在823K上时,它们的抗蠕变能力急剧下降,这使得它们不适合用于包壳管。另一个值得关注的问题是由辐照引起的韧脆性转变温度增加。因此进行了广泛的研究,包括改变成分和初始热处理,以提高这些铁素体-马氏体钢的断裂韧性。目前使用的低硫、低磷的9%铬铁马氏体钢在辐照下的韧脆性转变温度增幅最低。一直在努力进一步优化这一成分,特别是硅含量。为具有更高运行温度的下一代SFR设置高达200GWd/t的燃耗水平,这将需要研发具有足够蠕变强度的铁素体/马氏体氧化物弥散强化钢,以用于包壳管应用。使用钢的预合金粉末和纳米氧化钇颗粒来合成这种合金,需要一个复杂的粉末冶金流程,然后经过热和冷机械工艺步骤来生产包壳管。

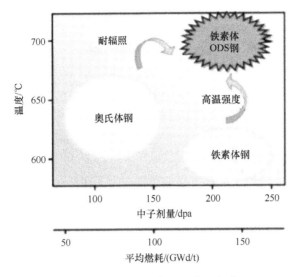

图 31-2 高温耐辐射钢的使用规范

31.3 耐辐射钢

在之前对辐照损伤基本知识的讨论中,我们发现,中子诱发损伤发生在原子层面,随之而来的微观结构变化,如空隙的增长、位错环和沉淀,最终影响到了材料的物理性质。这些现象发生在一系列尺度下,从几个原子的特征长度到晶粒尺寸。该问题固有的多尺度特性使得在辐照不均衡条件下预测材料行为变化成为难题。耐辐射材料的研制通常需要经过多次的辐照、测试和改良,才能获得在反应堆中使用的性能最佳的材料。世界上对耐辐射材料的研发一直遵循以下方法:①利用加速器束流控制产品缺陷;②使用一系列实验技术来详细调研辐照后的缺陷和微观结构,如使用透射电子显微镜(TEM)和正电子湮没谱学;③计算机模拟。

31.4 离子束模拟

带电粒子辐照以一种加快的速率产生损伤(比现有来源的中子快10^3倍),因此被证明是筛选材料的有效方法。除了加速破坏,离子束辐照还有其他优点:①控制实验参数(温度、流量、能量和环境)的能力比起在反应堆条件下可以实现的要好得多;②离子束辐照样本通常没有放射性,不像在反应堆中的辐照样本可能具有高放射性,还需要在热腔室中进行检测。使用强离子辐照,在短短数小时内可获得约 100dpa 的位移损伤。(n,α)反应产生的氦的影响可以在加速器实验中进行模拟,通过在样本中预先注入适当浓度的氦,或通过双光束离子辐照实验,使用两个加速器,一个用于注入氦气,另一个发射强离子光束提供辐照,从而以非常高的速率产生位移损伤。

作为离子束研究的例证,图 31-3 显示了改良钛 14Cr-15Ni 钢(合金 D9)的膨胀效应研究结果,研发这种钢用于钠冷快堆的燃料包壳和外套管材料[31.1]。在合金 D9 中,TiC 经过适当的热机械处理形成微小析出物,作为空位和间隙增加的结合位点,从而抑制空隙膨胀。从图 31-3 可以看出,钛浓度相差很小的合金的膨胀幅度和膨胀峰值温度都有显著差异。为了理解这两种合金在空隙膨胀方面截然不同的行为,使用正电子寿期测量方法对 TiC 析出物的成核和生长进行了详细的研究。这些研究连同宏观膨胀测量与原子尺度缺陷检测的实验技术结合,已被证明对筛选合金的耐辐射能力是有价值的。

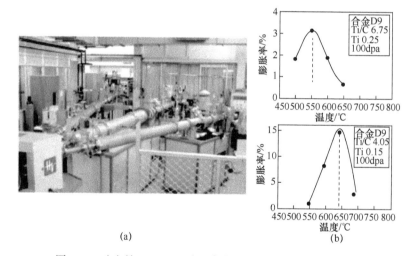

图 31-3　改良钛 14Cr-15Ni 钢(合金 D9)的膨胀效应研究结果
(a)卡帕坎 IGCAR 的加速器设施照片;(b)两种不同成分的 Ti 改性钢的膨胀结果研究。

31.5　计算机模拟

虽然速率理论模型一直是模拟辐照损伤的主要工具,但在过去的 10 年中,国际上正在实行多尺度建模策略[31.2],以了解材料在辐照下的行为。在这种方法中,模拟从原子级的从头算方法和分子动力学(MD)技术开始,通过中尺度的晶格动力学蒙特卡罗(KMC)方法和位错动力学(DD),最后使用宏观尺度的有限元方法和连续介质模型。

该建模范例以对氧化物弥散强化合金中的纳米氧化物沉淀物的研究为例加以说明,氧化物弥散强化合金是新兴的有前途的先进核反应堆结构材料。氧化物弥散强化合金强度来源于分散在铁素体基体中的富氧 Y-Ti-O 纳米晶簇[31.3]。纳米颗粒的微粒尺寸分布可以改善机械性能,这取决于合金的成分和加工方法。纳米氧化物相的结构和组成及其热与辐照稳定性是目前研究的热点。

在这些研究中,使用从头算法密度函数理论(DFT)计算来获取铁基体中点缺陷的能量信息,如点缺陷和微小缺陷簇的形成迁移和结合能[31.4]。利用分子动力学模拟研究了铁原子中主冲击原子形成的级联结构,并用于探讨和研究纳米粒子和晶界对级联产生的影响。在这些分子动力学模拟中,用于这种计算的合适的原子间势能是由密度函数理论计算得到的。在微观尺度上,这些级联导致了最初的损伤状态和缺陷的产生,缺陷的发展反过来影响材料的宏观性能。这种微观的演化、相互作用、湮灭或缺陷的聚集都是用动力学蒙特卡罗模拟来研究的[31.5]。在图 31-4 所示的结果中,使用了晶格动力学蒙特卡罗模拟来研究铁基体中 Y-Ti-O 晶簇的聚集情况,特别是研究了钛在细化纳米颗粒尺寸分布方面的关键作用并与透射电镜观察结果相对比。采用离散位错动力学模拟研究了纳米粒子的存在对屈服强度等力学性能的影响。位错动力学模拟得到的参数是有限元计算的输入。

给出的例子说明了基于科学的方法,包括受控离子束辐照、缺陷深入调查和计算机模拟是如何被用于研发耐辐射钢。耐辐射钢的研发取得了巨大的进展,这得益于对微观结构的调整,特别是在钢中加入纳米弥散体,这些纳米弥散体能够提供在高剂量中子辐照下的良好稳定性以及在高温下的强度。

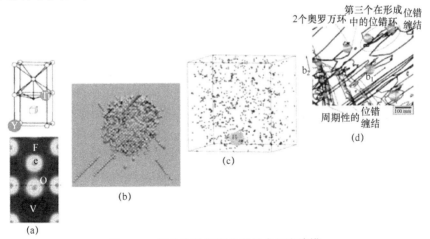

图 31-4 氧化物弥散强化钢的多尺度建模
(a)点缺陷能量的从头计算;(b)铁的级联结构分子动力学模拟;
(c)动力学蒙特卡罗模拟铁的 Y-Ti-O 团簇形成;(d)位错与纳米团簇相互作用的离散动力学模拟。

31.6 包壳材料与冷却剂和燃料的兼容性

当铁素体钢被用于有奥氏体不锈钢和以钠作为冷却剂的系统时,在铁素体钢之间可能有各种元素发生迁移,这取决于两个基体中给定元素的相对活性。EM12 钢在 923K 下的流动钠中产生大范围脱碳,高达 70%。钠冷快堆的经济性要求对乏燃料元素进行再处理,以提取钚进行回收利用。虽然奥氏体不锈钢在硝酸中的溶解速率不显著,但铁素体钢在酸中的溶解速度较快,EM12 钢样本在沸腾硝酸中不到 10h 就完全溶解了。同时发现,EM12 钢的溶解速度要高于 316 不锈钢 300 倍,这种特性是我们不想要的,因为它将铀和钚化合物一起引入了其他金属离子溶液中,从而导致放射性固体废物数量的增加。

在钠冷快堆中,燃料中的核裂变反应产生的热量通过包壳材料传导,并被液态钠冷却剂吸收。因此,包壳材料与钠的兼容性,特别是奥氏体/铁素体钢包壳材料在液态钠中的腐蚀行为是所考虑的一个重要因素。众所周知,钠以两种方式促进腐蚀:①合金元素被钠溶解而产生的腐蚀;②与钠中的杂质,特别是溶解氧发生化学反应而产生的腐蚀。

在一个存在热梯度的系统中,合金元素被钠溶解的现象可以连续地发生,这是与温度、温度梯度以及合金成分在钠回路中的溶解和沉淀速率相关的函数。通过杂质控制技术可以控制钠与杂质的化学反应。与钠环境对包壳材料影响有关的重要因素是浸泡时间、温度、溶解氧、钠流速度和合金成分。12% 铬钢的腐蚀行为与常规奥氏体/铁素体钢相同,钠对机械强度没有影响。在高钠流速度和 950K 以上温度条件下,氧化物弥散强化钢的重量增加主要是由于镍的活性梯度,从钠回路结构材料通过钠进行传质引起的。然而,并没有因为镍的扩散而导致拉伸强度降低,氧化物弥散强化钢中细小的钇颗粒维持了镍扩散产生的表面降解层的强度[31.6]。

大多数钠冷快堆使用混合铀钚氧化物作为燃料。由于氧化物燃料的导热系数低,裂变热的移出导致中心温度超过 2273K。燃料的高功率密度,再加上燃料棒的小半径和流体冷却剂的有效对流散热,产生了很大的温度梯度,燃料中的温度梯度使原始气孔沿径向向内快速迁移。空隙移动的机理是蒸汽输运,温度梯度对在热表面上的固体比在冷表面上的固体要施加更高的蒸汽压力,蒸汽通过困在空隙中的惰性气体扩散。物质的径向向外流动导致空隙向相反方向移动,从而在燃料中形成一个中心孔或空隙。虽然迁移气孔只出现很短的时间,但在初始重构后的微观结构并不是静止的,因为混合氧化物在 1673K 以上的温度下是可塑的。因此,由于燃料包壳机械作用产生的压迫应力,燃料的热中心部分产生变形。燃料的外部冷却回路是脆性的,形成了范围很大的径向裂纹网格,同时受到辐照蠕变的影响,燃料内部的应力分布被显著改变了,从而影响了燃料与包壳之间的机械相互作用强度。此外,由于一些裂变产物是气态的,它们要么从燃料中逸出,导致压力在包壳中积累;要么沉淀成气泡,使燃料膨胀并使其与包壳机械接触。

随着辐照期间混合氧化物燃料的化学变化,温度梯度引起燃料化学物质沿径向迁移;①钚向燃料中心移动,通过将裂变热源放置到离散热器(液态钠冷却剂)比加工燃料更远的位置以降低热量传递;②氧气输送到包壳,从而加强了腐蚀。

一些裂变产物沿着热梯度向上移动,而其他如铯、碲和碘沿梯度向下移动到包壳层,并加速了那里的腐蚀。这种侵蚀可以产生均匀但是较浅层腐蚀或较深的晶间腐蚀。

在金属燃料中,包壳材料与燃料之间的机械和化学作用都可能导致包壳失效。燃料包壳的机械相互作用是由元件设计中抑制燃料膨胀时的外加应力引起的,可能会导致燃料包壳的塑性变形。金属燃料元件应力的主要来源是在气泡和/或存在的裂缝中积聚的裂变气体。裂变气体内部压力随燃耗迅速增加,金属燃料在裂变过程中具有相当的塑性。为允许金属燃料拥有足够的自由膨胀,约75%的初始涂层密度可允许约30%的燃料自由膨胀,此时空隙基本相互连接并向燃料外部张开。这导致大量裂变气体被释放到该元件顶部的一个差不多大的气室内。燃料元素包含 U-Pu-Fissium(Fs)、U-Pu-Ti 和 U-Pu-Zr,通过各种复合材料、一系列涂层密度和气室容量的试验,结果显示在超过 10at% 的高燃耗运行下不出现失效是可实现的,只要涂层密度为 75% 或更低,气室与燃料体积比为 0.6 或更高。

低涂层密度、小气室燃料元件包壳应变主要是由燃料包壳机械相互作用引起的蠕变应变,而高涂层密度、小气室燃料元件的包壳应变主要是由辐照引起的包壳膨胀。由于开放的(相互连接的)裂变气体气孔的存在是降低燃料包壳机械相互作用的关键,在高燃耗时,低密度的固体裂变产物的积累会对气孔产生影响。非气态裂变产物的积累导致的净体积变化体现在三个方面:①不溶性裂变产物导致体积增加;②铀和钚的裂变导致体积变小;③溶于燃料基体的锆、钼、铌的增加导致的体积增加。由于不溶性裂变产物使总体积每百分之一燃耗增加约 1.2%,75% 的初始涂层密度将在燃耗为 10% 时变为 81%,燃耗为 20% 时将变为 90%。在这个高燃耗范围内,最初打开的气孔将逐渐关闭,燃料中的裂变气体压力将迅速增加,因为更少的生成气体将被排进气室中。实际上,这代表了可能的显著燃料包壳机械相互作用的出现。然而,在 75% 的涂片密度燃料的辐照下,燃耗达 18% 时仍未观察到燃料包壳机械相互作用,因为高燃耗时奥氏体不锈钢包层壳的形变很大,足以弥补固体燃料体积的增加。奥氏体包壳的形变主要是由膨胀引起的,任何辐照蠕变应变都可以仅由气腔压力来解释;因此,观察不到燃料包壳机械相互作用。在非膨胀 12Cr-1Mo-0.3V−0.5W(HT9)包壳金属燃料元件中,燃耗率为 16% 时包壳变形仅有约 1%,燃料包壳机械相互作用幅度非常小,因为包壳蠕变应变仅由气室引起。只有当固体裂变产物将燃料涂层密度增加到 85% 以上时,燃料包壳机械相互作用才变得明显。因此,即使使用非膨胀包壳,在高燃耗时也可以避免显著的燃料包壳机械相互作用出现,只要将做好的燃料涂抹密度保持在 75%。

燃料与包壳间化学相互作用(FCCI)是金属燃料元件包壳材料选择中最重要的考虑因素之一。燃料与包壳间化学相互作用是一个复杂的多组分扩散问题,由于涉及的合金成分较多,燃料包壳扩散现象的表征非常困难。燃料中的铀和钚以及在辐照过程中产生的稀土裂变产物在高温下与包壳材料有冶金相互作用的倾向。在稳态辐照下,在燃料包壳界面上可能发生固态相互扩散。靠近燃料包壳表面的裂变产生的高温,会导致燃料扩散层和包壳内表面上的熔化,并导致燃料额外的溶解,从而导致液相渗透到包壳材料中。燃料与包壳间化学相互作用受燃料包壳表面的成分、温度和接触时间的影响,其结果是减少了包壳的有效厚度,通常称为损耗。燃料成分和裂变产物能穿透达 $100\mu m$ 的包壳厚度。燃料与包壳间化学相互作用还会导致固相温度下降。燃料涂层密度和包壳材料类型对燃料与包壳间化学相互作用有影响,高涂层密度的燃料包壳损耗低。燃料与包壳间化学相互作用也受到包壳表面镧系裂变产物浓度的强烈影响,包壳材料中镧系元素的吸附率可达 20wt%。经确认,反应发生在包壳中的铁和包壳成分中的重金属之间,特别是铁和镍,反应明显贯穿燃料基体并造成燃料/包壳界面附近区域的包壳组分耗损。所形成的 U-Ni 和 U-Fe 共晶化合物具有相当低的熔点(例如 UFe_3 的熔点为 1008K),并可能在瞬态超功率事故中造成问题。与铁和铬相比,D9 合金中有更多的镍的优先移动,增加了铀和钚在包壳材料中的扩散,从而导致了较高的包壳材料损耗。铀和奥氏体不锈钢的相互作用在 673K 开始,在 873K 时,相互作用层的增长率约为 $3\mu m$/天[31.7]。在 1033~1073K 温度范围内,奥氏体不锈钢在 24h 内几乎完全溶解,在燃料棒和包壳之间使用钠层,显著降低了其相互作用;然而,这并不能解决问题。

堆外(成对扩散和膨胀)和堆内研究表明铀与铁反应形成低熔点共晶体,而在燃料中添加钚将导致:①增加冲击率;②扩散区发生的融化温度的下降。在燃料中加入至少 10% 的 Zr 会导致:①扩散率的增加,即冲击速率的增加;②表面熔化温度的增加。不同成分的燃料和不同包壳材料的熔化温度是通用的,并用于确定熔化温度区(图31-5)。高 Pu 燃料的熔化温度较低,低铬钢的熔化温度最低。

在金属燃料中加入锆,通过抑制燃料和包壳成分的相互扩散,改善了燃料和奥氏体包壳之间的化学兼容性。在 U-Pu-Zr 燃料表面附近发现了富锆层,该层阻碍了燃料/包壳界面熔化相的形成[31.8]。富锆层的形成与氮的获取有关,氮的主要来源是钢包壳,其中氮以杂质元素的形式存在[31.8]。针对氮气的问题,对 600ppm 的 316N 不锈钢进行了定制调整,使其比具有 40~50ppm 氮的合金 D9 和 HT9 的兼容性更强,反应层的形成是受合金成分和氮通过反应层和基体合金的相互扩散的影响。氮在锆中的相对溶解度高于铀,形成了富铀(U,Zr)氮和富锆(Zr,U)氮两种不同的固溶相。Zr-N 层对金属原子起到有效的阻隔作用,防止钢系元素与铁、镍在高温下反应形成熔融相。在研制 BN-350 金属燃料时,选用了 30~50μm 厚的钼和锆防护性屏蔽层,允许温度分别为 1173K 和 1023K[31.9]。镍在燃料包壳间相互扩散中起着重要的作用,镍的存在增加了扩散层的厚度。在改良钛奥氏体不锈钢中,镍使氧和氮稳定,因此,氮不能形成保护层,所以更容易受到燃料与包壳间化学相互作用侵蚀。另一方面,HT9 钢,包含非常少的镍,预期表现类似 440 不锈钢。

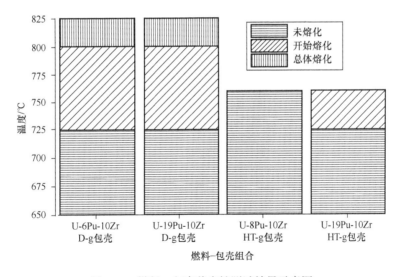

图 31-5 燃料-包壳兼容性测试结果示意图

31.7 反应堆结构材料

316 型奥氏体不锈钢及其改进等级(包括密切相关的变体 316LN)是 SFR 堆

芯外部高温核蒸汽供应系统组件(除了蒸汽发生器)的首选材料,因为它们具有足够的高温低周疲劳和长期蠕变特性、与液态钠冷却剂的兼容性、制造方便性、商业可行性、良好的可焊性。作为反应堆结构材料的奥氏体不锈钢与常规等级的316不锈钢的区别在于精细控制成分以避免机械性能的分散。通过理解该材料在长期蠕变和蠕变疲劳形变过程中的微观结构变化、位错演化和损伤机制[31.10,31.11],可以开发出稳态蠕变寿命预测模型,从而可以预测实验室试验未涵盖的使用条件下的寿命[31.12]。

一般来说,奥氏体不锈钢在氯化物和苛性环境中抵抗晶间应力腐蚀开裂(IGSCC)的能力相对较差。暴露在海洋环境下的316不锈钢焊缝由于焊接过程中引入的敏化作用和残余应力的综合影响,在热影响区可能会被晶间应力腐蚀造成开裂破坏。氮合金低碳(最大0.03%)版的这种钢,即316LN不锈钢,现在被认为是钠冷快堆高温反应堆结构部件的首选材料。在316LN不锈钢中,添加0.06~0.08wt%的氮来补偿因碳含量降低而造成的固溶体强化的损失,这大大提高了蠕变破裂寿命(图31-6)。氮的增益作用是由于氮在基体中的溶解度高于碳,减少了堆垛层错能,晶格中引入了较强的弹性变形,导致强烈的固溶体硬化[31.13]。氮也会影响铬在奥氏体不锈钢中的扩散率,从而延缓$M_{23}C_6$型碳化物的粗化,能够在较长时间内保持碳化物析出造成的有利影响[31.14,31.15]。

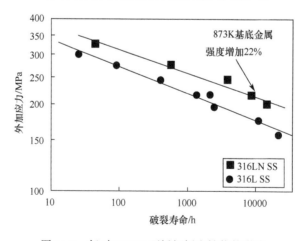

图31-6 氮对316LN不锈钢蠕变性能的影响

为了进一步提高未来钠冷快堆结构部件的设计寿命,开发出了氮增强316LN不锈钢,与含0.07%氮的316LN不锈钢相比[31.16],它具有优越的拉伸、蠕变和低周疲劳性能。在0.07~0.22%范围内的氮含量的增加显著提高了316LN不锈钢的蠕变断裂强度(图31-7),这是由于亚晶粒的形成趋势下降,导致含0.22%氮的钢中位错分布均匀。当拉伸和蠕变强度随含氮量的增加而增加时,低周疲劳寿命在含氮量为 0.14% 时达到峰值。此外,提高 316LN 不锈钢中氮的含量对耐点蚀、敏化、应力腐蚀开裂和腐蚀疲劳都有有利的影响。但在老化状态下,含氮量为 0.22% 的钢的抵抗应力腐蚀开裂能力和抵抗腐蚀疲劳能力均低于含氮量为 0.14wt% 和 0.07wt% 的钢。

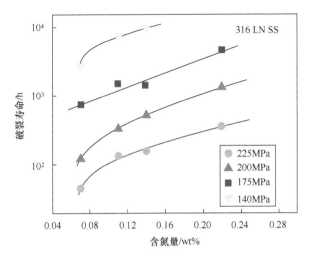

图 31-7　在 923K 时氮含量对 316LN 不锈钢蠕变性能的影响
(来源于 Mathew, M. D. et al., Mater. Sci. Eng., A535, 76, 2012.)

对 316LN 不锈钢的热裂纹行为的研究是焊接过程中一个重要的考虑因素,因为这些奥氏体不锈钢,特别是氮强化版的,在前奥氏体形式下固化,没有残余的三角铁素体。现在普遍认为,降低热裂纹敏感性的不是残余的 δ 铁素体含量,而是在固化过程中 δ 铁素体作为初始相的形成。由于氮是奥氏体稳定剂,它减少了初始 δ 铁素体固化的发生,增加了对热裂纹的敏感性。此外,氮的加入增强了磷酸盐和硫化物在晶界的分离,促进了开裂。可变拘束度热裂纹试验和热延性试验被用于评估合金的热裂纹敏感性[31.17],而脆性温度范围(BTR)可以通过可变拘束度热裂纹试验评估,利用 Gleeble 热力模拟机器进行热延性试验可以确定材料的零强度温度(NST),零塑性温度(NDT)和塑形复原温度(DRT),通过模拟包括在熔点下加热到不同的温度和应用拉伸载荷来使样本断裂。例如,这些焊接性研究表明,0.22% 氮钢的 NST 和 DRT(50K)之间的差距,要高于氮含量 0.07% 钢(40K)和氮含量 0.14% 钢(30K),这表明 0.22% 氮含量钢对热裂纹的敏感性高。可变拘束度热裂纹试验还证实,氮含量为 0.22% 的钢具有最高的热裂纹敏感性。鉴于这些 316LN 不锈钢具有很高的热裂纹敏感性,必须开发特殊的焊接程序和焊接消耗品,并对其进行质量认证,使得用这些材料能够焊接制造钠冷快堆部件。

31.8 蒸汽发生器材料

早期钠冷快堆的蒸汽发生器采用的是铌稳定2.25Cr-1Mo钢。由于改进9Cr-1Mo(91级)钢的蠕变强度的提高、导热系数高、热膨胀系数低,而且与奥氏体不锈钢相比,它在氯化物和水介质中抗应力腐蚀开裂能力强,因而目前已用于制造钠冷快堆的蒸汽发生器。91级钢一般用于能提升回火马氏体结构的正火和回火状态。在这种91级钢中,在回火和蠕变暴露过程中,钒、铌和氮的添加确保了高度稳定的钒和铌MX型碳氮颗粒在晶内析出[31.18],从而提高了蠕变强度。

铬钼铁素体钢熔焊接头的蠕变强度是一种限制寿命的因素。在焊接制造的实际结构中,热影响区有很高的失效率[31.19,31.20]。铁素体钢热影响区微观结构细节极其复杂,受焊接过程输入的热量产生的温度场与被焊接材料的相变和晶粒生长特性的相互作用的控制[31.21]。在焊接后期和焊后热处理或使用过程中,回火可以导致微观结构的进一步改变。这些微观结构通常与加工后的基材不同,通过热影响区的形变来铸造焊接金属,可以拥有很不同的力学性能。也因此,在热影响区的临界区发生过早开裂,导致蠕变破裂寿命的降低,通常称为IV型失效。铁素体钢焊缝的蠕变开裂寿命低于基材钢。用大约100ppm的硼进行微合金化可以改变91级钢的化学成分,并将氮含量控制在100ppm以下。与基材相比,添加硼的91级钢具有更好的抗IV型开裂的性能,焊缝的蠕变破裂强度的降低较小(图31-8)[31.22]。

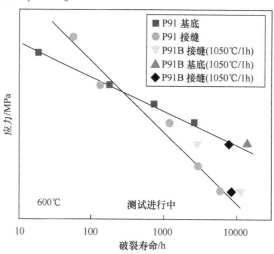

图31-8 硼对改性9Cr-1Mo钢及其焊缝的蠕变破裂寿命的影响

31.9 耐磨堆焊

在钠冷快堆中，奥氏体不锈钢被用作反应堆的结构材料，液态钠冷却剂充当还原剂，去除钠内组件不锈钢表面的保护性氧化膜。在运行过程中，大量这些组件相互接触或产生相对运动，它们暴露在高运行温度（通常为823K）和接触应力下，可能导致清洁金属配合面的自焊接。此外，配合面的相对运动会导致磨损，这是一种高温磨损，由于配合面接触点的反复自焊和开裂，导致材料从一个配合面转移到另一个配合面。此外，自焊敏感性随温度升高而升高。配合面堆焊广泛应用于钠冷快堆部件中，以避免自焊和磨损。

钴基堆焊合金（如钨铬钴合金）由于具有优异的耐磨性，传统以来广泛应用于许多关键高温堆焊上。然而，当钴基合金在核反应堆环境中使用时，辐照形成的^{60}Co同位素增加了操作人员在处理、维护或退役堆芯部件时受到的辐射剂量率。因此，在核电厂部件的堆焊中出现了避免使用钴基合金的新趋势。镍基堆焊合金（如共铝基）的开发主要是为了取代钴基合金，以避免出现钠冷快堆应用中的放射性问题。因此，在为各种部件选择合适的堆焊材料之前，要进行详细的感生放射性、剂量率和屏蔽计算，以确保从堆焊部件产生的感生放射性保持在最低限度以满足维护和退役的使用，并降低组件处理砂箱所需的屏蔽厚度，从而减小砂箱的重量、搬运起重机的尺寸和民用建筑结构的负荷。

基于维护、处理和退役期间的辐射剂量率和屏蔽的考虑，选择镍基共晶堆焊合金来替代传统使用的钴基钨铬钴合金[31.23]。对这种镍基堆焊镀层对奥氏体不锈钢基体的长期老化影响的研究表明，在使用温度高达823K的情况下，铬基镀层在长达40年的元件设计使用寿命末期仍能保持足够的硬度，远高于R_c 40。进一步，基于包括热循环后的残余应力测量在内的详细的冶金学研究，选择更通用的等离子转移弧焊工艺用于共晶堆焊合金上镀，以便通过优化镀层参数来控制稀释区宽度。

31.10 小　　结

通过可控实验与模拟相结合，基于科学的钠冷快堆材料的研发已经成为可能。耐辐射钢的研发取得了巨大的进展，这得益于对微观结构的调整，特别是在钢中加入纳米弥散体，提高了高剂量中子辐照下的良好稳定性以及高温下的强度。与标准铁铬镍合金相比，在奥氏体铁铬镍合金中控制性地添加了钛和磷，被证实可以产生细小的TiC析出物，显著提高了其在高剂量辐照下的抗空隙膨胀能力。同样,氧化物弥散强化合金中的纳米级富 Y-Ti-O 粒子在辐照下表现出良好的稳定性,并在高温下提供了与铁素体－马氏体合金相比显著的强度优势。纳米级氧化物的另一个优势是它们在修复辐射损伤方面的重要作用。此外,在高温和辐照下奥氏体、铁素体、氧化物弥散强化钢的蠕变行为,铁素体/马氏体钢的在中子辐照下的韧脆性转变温度及其与液态钠冷却剂以及燃料芯块的兼容性,是钠冷快堆应用中选择合适的包壳材料和外套管所需要解决的关键问题。

钠冷快堆高温应用的首选反应堆结构材料是各种类型的 316 奥氏体不锈钢,碳含量减少到比 0.03wt% 还低,尤其是在焊接部件的热影响区,以避免材料过于敏感,同时可控地加入了氮,以弥补解决方案由于减少碳含量带来的损失。在这些钢中增加大约 0.14wt% 的氮含量,可以提高拉伸、低周疲劳、蠕变和耐腐蚀性能。需要慎重考虑这些强化氮钢在焊接过程中的热裂纹敏感性,通过使用适当的焊接工艺和专用焊接消耗品。

铬钼铁素体钢,如改良 9Cr-1Mo 钢用作钠冷快堆蒸汽发生器的建造材料。由于热影响区临界区蠕变加速,铁素体钢的焊接接头容易产生 IV 型裂纹。控制硼和氮的添加是可能缓解这一问题的途径。

钠冷快堆的各种部件都会遇到黏附或磨蚀性质的磨损,有时还会受到侵蚀。为了提高配合面在钠中的耐高温损耗能力,特别是耐磨损能力,必须采用焊接镀层的堆焊方法。基于维护、处理和退役期间的辐射剂量率和屏蔽考虑,现在正在用镍基共晶堆焊合金取代传统使用的钴基钨铬钴合金。

参考文献

[31.1] Mannan, S. L., Chetal, S. C., Baldev, R., Bhoje, S. B. (2003). Selection of materials for prototype fast breeder reactor. Trans. Indian Inst. Met., 56, 155.

[31.2] Samaras, M., Victoria, M., Hoffelner, W. (2009). Advanced materials modelling—E. U. perspectives. J. Nucl. Mater., 392, 286.

[31.3] Odette, G. R., Alinger, M. J., Wirth, B. D. (2008). Recent developments in irradiation-resistant steels. Annu. Rev. Mater. Res., 38, 471.

[31.4] Murali, D., Panigrahi, B. K., Valsakumar, M. C., Sharat, C., Sundar, C. S., Raj, B. (2010). The role of minor alloying elements on the stability and dispersion of yttria nanoclusters in nanostructured ferritic alloys: An ab initio study. J. Nucl. Mater., 403, 113-116.

[31.5] Jegadeesan, P., Murali, D., Panigrahi, B. K., Valsakumar, M. C, Sundar, C. S. (2011). Lattice kinetic Monte Carlo simulation of Y-Ti-O nanocluster formation in BCC Fe. Int. J. Nanosci., 10, 973.

[31.6] Furukawa, T., Kato, S., Yoshida, E. (2009). Compatibility of FBR materials with sodium. J. Nucl. Mater., 392, 249-254.

[31.7] Hofman, G. L., Walters, L. C. (1994). Metallic fast reactor fuels. Mater. Sci. Technol., 10A,

1-43.

[31.8] Kaufman, A. (ed.) (1962). Nuclear Reactor Fuel Elements: Metallurgy and Fabrication. Interscience Publishers, London, U. K.

[31.9] Akabori, M. et al. (1994). Reactions between U-Zr alloys and nitrogen. J. Alloys Compd., 213/214, 366-368.

[31.10] Mathew, M. D. et al. (1988). Creep properties of three heats of type 316 stainless steel for elevated temperature nuclear applications. Nucl. Technol., 81, 114.

[31.11] Mathew, M. D. et al. (1997). Dislocation substructure and precipitation in type 316 stainless steel deformed in creep. Trans. JIM, 38, 37.

[31.12] Wolf, H. et al. (1992). Mater. Sci. Eng. A, 159, 199.

[31.13] Shastry, G. et al. (2005). Trans. IIM, 58, 275.

[31.14] Sasikala, G. et al. (2000). Trans. IIM, 53, 223.

[31.15] Sasikala, G. et al. (1999). Creep deformation and fracture behaviour of a nitrogen-bearing type 316 stainless steel weld metal. J. Nucl. Mater., 273, 257.

[31.16] Mathew, M. D. et al. (2012). Mater. Sci. Eng. A, 535, 76.

[31.17] Srinivasan, G., Divya, M., Albert, S. K., Bhaduri, A. K., Klenk, A., Achar, D. R. G. (2010). Weld. World, 54, R322-R332.

[31.18] Vitek, J. M., Klueh, R. H. (1983). Metall. Trans. A, 14A, 1047.

[31.19] Laha, K. et al. (2007). Metall. Mater. Trans. A, 34A, 58.

[31.20] Brett, S. J. (2001). Identification of weak thick section modified 9 chrome forgings in Service: 3rd EPRI conference on advances in materials technology for fossil power plants. In: Viswanathan, R. et al. (ed.), Advances in Materials Technology for Fossil Power Plants. University of Wales, Swansea, Wales, pp. 343-351.

[31.21] Alberry, P. J., Jones, W. K. C. (1977). Met. Technol., 4, 360.

[31.22] Das, C. R. et al. (2011). Metall. Mater. Trans. A, 42A, 3849.

[31.23] Bhaduri, A. K., Albert, S. K. (2007). Development of hardfacing for fast breeder reactors. In: Glick, H. P. (ed.), Materials Science Research Horizons. Nova Science Publishers, New York, pp. 149-168, Chapter 5.

第 32 章

用于钠冷却回路的化学传感器

32.1 引　言

　　纯钠液与传热回路的结构钢材具有化学兼容性,但其中溶解的杂质如氧和碳的存在,即使是百万分之一的水平,也会导致这些回路中出现腐蚀和传质。当钠中氧浓度较高时,如 ^{54}Mn 之类的放射性核素从堆芯向其他区域的迁移将增加[32.1]。同样,钠中的高碳活性水平会导致钢的渗碳[32.2]。因此,有必要使用可靠的传感器持续监测冷却剂中的这些杂质。在反应堆的蒸汽发生器部分,处于高压蒸汽(约 150bar)和近环境压力下的液态钠被壁厚约 4mm 的铁素体钢管道隔开。尽管这些蒸汽发生器部件在安装到回路中之前都经过了非常严格的质量保障检查,但是在使用过程中出现缺陷,最终导致蒸汽泄漏到钠中也是有可能的。钠-水反应具有高放热性,并产生氢气和腐蚀性熔融氢氧化钠。氢氧化钠熔融液会对钢产生腐蚀和侵蚀,加速缺陷的扩散,它还会对附近正常的铁素体钢管造成冲击,导致一连串的失效[32.3,32.4]。因此,必须在蒸汽泄漏开始时就进行检测,以便采取补救措施。当钠冷却剂温度在 400℃ 以上时,即快堆满负荷运行时,钠-水反应形成的氢氧化钠和氢气溶解在钠中。由于这种现象将导致钠中溶解氢的浓度增加,对于这种类型泄漏的检测来说,持续监测钠中的氢水平是重要的。然而,当反应堆处于启动状态或低功率运行时,钠冷却剂的温度会很低。钠中氢氧化钠和氢气的反应溶解在低温下受到动力学阻碍。在这种情况下,监测液态钠中的溶解氢将不是可靠的检测蒸汽泄漏的方法。在低温下,形成的氢气在流动的钠中以气泡的形式运输,并被冷却回路中的氩气保护气体聚集起来。由于氩气保护气体气室体积较低,氢气部分压力升高率会非常高,通过对保护气体内氢气的连续监测,可以可靠地检测到泄漏事件。

32.2 用于监测液钠中溶解氢的传感器

氢与金属钠反应生成 NaH(s)，NaH(s) 的热力学性质不是很稳定。约 440℃时当钠中 NaH(s) 处于饱和时，氢的平衡压力为 1bar。氢在钠中的溶解度也较低，其溶解度与温度的关系为[32.5]

$$\lg\left(\frac{C_H^s}{ppm}\right) = 6.467 - \frac{3023}{T} \tag{32-1}$$

式中

C_H^s——氢在钠中的溶解度(ppm)；

T——温度(K)。

换热回路中的钠通过冷阱提纯，钠中的溶解氢浓度一般在 50~100ppb。当钠中的 NaH 浓度低于其溶解度时，氢的平衡压力 P_{H_2} 由希沃特定律给出：

$$C_H = k_s\sqrt{P_{H_2}} \tag{32-2}$$

式中

C_H——钠中溶解的氢的浓度；

k_s——希沃特常数。

氢在钠中的希沃特常数与温度无关，但与氧浓度有着微弱的相关性[32.6]。C_H 和 P_{H_2} 分别用 ppm 和 Pa 计量时，希沃特常数值为 $(120.4 + 0.737)C_0$，其中 C_0 为钠的溶解氧浓度，用 ppm 计量。希沃特关系式表明，换热回路中提纯后的液态钠中的氢平衡压力在 0.01~0.1Pa 范围内。当蒸汽泄漏到钠中时，溶解的氢浓度水平会高于普遍基础水平，从而增加氢平衡压力。对于蒸汽泄漏至钠中的检测包括测量氢分压的突然升高。氢测量系统可分为基于扩散的氢监测器和电化学氢传感器。

32.2.1 基于扩散的氢监测器

纯钠中的平衡氢压可以用物理方法测量。在所有这些监测器中，液态钠与气体测量系统之间通过薄壁金属膜分离，氢与钠通过金属膜扩散到气体测量系统中[32.7-32.11]。气体测量系统(基于扩散的氢监测仪)在高度真空[32.7-32.9]或氩气等惰性气体流体[32.10,32.11]下运行。在前一种方法中，始终使用带有散射离子泵的泵模块来保持气体测量系统中的高度真空。金属膜的材料用镍或不锈钢，膜的形式是管道或波纹管。在高度真空条件下，建立了稳定的进入系统的氢气流，这一流量与在钠中溶解的氢浓度是成比例的。将四极质谱仪(QMS)的质量参数调为2(对应于氢气)以测量这一通量。有时也测量离子泵的流量,因为它正比于稳定的氢气流量。图32-1 所示为管状镍膜组件和气体测量系统的原理图,该系统已用于印度英迪拉·甘地原子研究中心快中子增殖试验反应堆。这些基于扩散的氢监测器能够测量低至 0.01ppm 的钠中的氢含量,但在这些工况下,它们的输出信号很低,因为输出信号大小与氢浓度成正比。这些监测器已被用于不同快堆中,但它们存在下列运行缺陷。

(1)由于真空系统和四极质谱仪的尺寸,整个监测模块有些笨重和复杂,需要经常定期维护。离子泵的容量也随着时间的变化而变化,这影响了监测器的性能;

(2)腐蚀产物沉积在金属膜的钠侧,然后扩散到膜内,会改变氢的渗透系数,这一现象与真空泵容量的变化一起要求经常校准检测器;

(3)膜的失效将导致液态钠涌入气体测量室中,从而导致在较长时期内无法使用监测器。

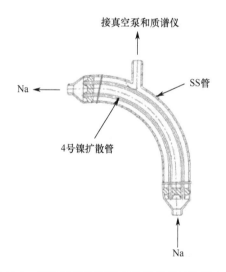

图 32-1　扩散型氢监测器中镍膜管状结构示意图

在另一种类型的基于扩散的氢监测器中,金属膜上维持着低速率常速惰性气体流动,以收集扩散的氢。薄膜形式一般是由薄壁镍管制成的长线圈,将其浸入液体钠中,所使用的惰性气体为氩[32.10,32.11]。由于氢气的导热系数比氩气高大约一个数量级,所以利用导热系数检测器(TCD)测量气流进入线圈前和离开线圈后的导热系数差,得到氢气分压。经过适当的校准,这些数据与钠中溶解的氢浓度有关。虽然这种传感器在操作和维护方面很简单,但它的最低探测极限是由导热系数检测器的特性和惰性气体流动的固有波动决定的。通常,这种类型结构的导热系数检测器可以可靠地测量大约 5×10^{-5} bar 或 5Pa 的气相氢压力(对应于钠中约 1ppm 的溶解氢),并且仅能检测大约 5%～10% 浓度的变化。然而,这些类型的监测器非常适合用于测量氩气中的氢(稍后说明)。

32.2.2 电化学氢传感器

利用电化学原理,用传感器测量钠中溶解的氢。工作在液态钠中的电化学氢传感器可以表示为

$$P_{H_2}^{Na} \parallel \text{Electrolyte} \parallel P_{H_2}^{\text{ref}}$$

用合适的薄壁金属膜将含溶解氢的钠和用来维持固定可预测的氢分压的参比电极与电解质分离。从化学兼容性和氢气渗透性角度来看,一般选择铁作为材料。铁薄膜隔开电解质和样本以及电极,不过在样品和参比电极各自的铁电解质界面上建立了平衡氢压。在电解质上发展的电动势(EMF)由能斯特公式给出:

$$E = \frac{RT_M}{2F} \ln\left(\frac{P_{H_2}^{\text{ref}}}{P_{H_2}^{Na}}\right) \tag{32-3}$$

式中

$P_{H_2}^{\text{ref}}$ 和 $P_{H_2}^{Na}$ ——参考电极和样品电极中的氢分压;
R ——通用气体常数;
F ——法拉第常数;
T_M ——传感器的工作温度。

由于 $P_{H_2}^{\text{ref}}$ 和 T_M 是常数,根据斯沃特关系式 $P_{H_2}^{Na} \alpha (C_H)$,EMF 可以表示为

$$E = A + B \log C_H \tag{32-4}$$

钠中氢浓度变化时传感器输出的变化可用 $(\partial E/\partial C_H) = 1/C_H$ 表示。因此,在低氢浓度下,电化学传感器的灵敏度较高。电化学传感器结构紧凑,操作简单,不需要频繁校准。原则上,电解质既可以是质子导体,也可以是氢化物离子导体。在钠系统普遍存在的氢分压条件下,电解质应具有离子输运数大于 0.99 的较强导电性。在这些条件下,它也应该能够遵循能斯特关系式具有热化学稳定性。目前,已知质子导体将在高温下分解,而高温普遍存在在钠系统中,而且它们的稳定性也需要湿度来维持,因此不能应用于这些电化学传感器。英国 C. A. Smith of Berkeley 核实验室最初提出了一种基于 $CaCl_2$-$CaHCl$ 系统的固态氢化物离子导电电解质,用于钠系统[32.12]。之后印度英迪拉·甘地原子研究中心的 Sridharan 等人的研究展示了这种电解质的不足[32.13]。通过对几种电解质系统的热化学和电学性质的详细研究表明,$CaBr_2$-$CaHBr$ 是用于钠系统的一种

合适的电解质[32.14]。使用该电解液的电化学传感器的原理图如图 32-2 所示。这些传感器使用 CaO、MgO、CaH 和 Mg 金属的混合物来固定参比电极上的氢压力。这些传感器在450℃下工作,利用紧凑的仪器和高输入阻抗来测量电池的电动势。它们在低氢浓度的钠中的工作情况已经被证明是令人满意的,可以对钠中的氢浓度的升高立即作出反应[32.15]。

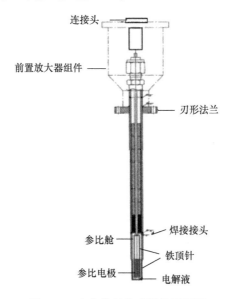

图 32-2 电化学氢传感器的原理图

32.2.3 用于氩气保护气体的氢气监测器

如果是在低功率工况下或反应堆启动过程中发生蒸汽泄漏,用于氩气保护气体的氢气监测器是检测蒸汽泄漏的可靠方法。采用基于四极质谱仪的基于扩散的氢监测系统(或通过测量散射离子泵的离子流量)可连续监测保护气体中的氢浓度水平。另外,也可以使用镍线圈膜组件来达到这一目的,其中氩气流流过该组件[32.16]。镍线圈膜组件由长 7m、直径 2.5mm、厚度 0.25mm 的镍管制成,在 500℃的钠系统保护气体气室中工作,如图 32-3 所示。如 2.1 节所述,使用导热系数检测器测量线圈中氩气中的氢气分压,该系统的检测极限为约 30vppm 的氢气,并且能够可靠测量至少高达 0.1% 的氢气。

为了将该系统对氢气的检测极限降低到几个 vppm,可以对半导体氧基传感器进行适当的改进和利用。氧化锡是一种 n 型氧化物半导体,其半导体特性来源于其非化学计量性质。将这种 n 型氧化锡薄膜暴露在含氧的气体环境(例如空气)中,通过消耗薄膜中多余的电子,可被环境中的氧分子化学吸附成为带电离子,如 O_2^-、O^- 等。因此,薄膜具有高电阻率。当还原气体如氢气被引入到周围的气体中时,化学吸附的氧离子与它们反应并将电子释放回薄膜中,导致薄膜的导电性增加。在低氢浓度水平下,电导率的升高与氢浓度线性相关,这一性质可以用于离开导热系数检测器后测量氩气保护气体中的氢气追踪浓度水平。由于这些传感器在含氧的气体环境中工作,在传感器分析导热系数检测器流出的气流之前,需要将一定量的氧气引入到导热系数检测器。一种典型的传感器包括了在氧化铝基板一侧的氧化锡薄膜镀层,其背面设有铂加热器,薄膜维持在 $(623 \pm 2)K$ 的温度范围内,并放置在一个小容积气室(约 8mL)中(气室设有气体入口和出口),这种传感器对氢的线性响应范围为 2~80vppm,因此可以将保护气体氢监测系统的检测限制降至 2vppm 的氢[32.17]。

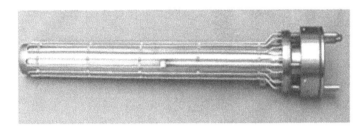

图 32-3　长而薄的镍管制成的线圈组件,用于监测覆盖气体中的氢气

32.3　用于监测液钠中碳活度的传感器

金属钠中碳杂质的主要来源:①从生产它的唐氏电解池石墨阳极中释放出来的碳;②如油脂之类的跟踪等级的碳素杂质出现在冷却剂回路的结构部件上。碳与金属钠不能形成稳定的碳化物,但在钠系统中可以形成热力学特性不稳定的乙酰化钠、Na_2C_2。钠中的碳的化学性质很复杂,由引入的碳的来源决定。在液态钠中,碳以活性(溶解)和非活性(悬浮微粒)形式存在,活性形式决定了钠中的碳的化学活性,碳在钠中的溶解度非常低[32.18]。需要指出的是,与溶解度限制相比,钠样品中的总碳含量可能很高,但钠可能不会被活性炭饱和。由于钠中的碳杂质以活性和非活性的形式存在,所以不能通过冷阱来提纯。当碳氢油性冷却剂通过离心泵轴的密封泄漏时,传热回路的钠冷却剂中的碳含量会增加。漏油将导致钠中的碳活性水平增加,从而导致结构钢的渗碳,这对它们的机械性能是有害的。通过持续监测钠中的碳活性水平,可以检测到这些事件发生。

32.3.1 基于扩散的碳监测器

之前曾介绍过两种基于扩散的监测仪。两者都使用了在高温下暴露在钠中的薄壁铁薄膜。钠中的碳通过铁薄膜扩散,通过适当的化学反应消耗扩散出去的碳,使膜另一侧的碳活性保持在接近零的水平。在这些条件下,穿过铁膜带来的碳活性差异基本上等于钠中的碳活性。因此,通过铁膜扩散的碳的通量与钠中的碳活性成比例。将反应产生的含碳气态产物连续地从膜中扩散出来,并对其进行了适当的分析。气体产物的浓度与钠中的碳活性有关。在美国核集团所报道的第一个碳监测器[32.19]中,铁膜形状是一个小的薄壁杯,活性面积只有几平方厘米,杯子被焊在一个长不锈钢管上,暴露在973K钠环境下,以提高通过膜的碳的通量。含有潮湿氢气的氩气在膜上维持稳定流动,以便下列脱碳反应的发生:

$$[C]_{Fe} + H_2O(g) \rightarrow CO(g) + H_2(g) \quad (32-5)$$

该反应产生的一氧化碳被气流冲走,在催化作用下转化为甲烷,并通过火焰电离检测器(FID)进行分析,监测器的低活性区域限制了扩散的碳的总量。因此,钠的最低可测碳活度在10^{-2}范围内。此外,在极度高温状态下运行和使用潮湿气体进行脱碳反应是这类碳监测器的主要缺点。英国Harwell原子能研究所研制的基于扩散的碳监测仪[32.20]中,铁膜是线圈的形状,由大表面积($\sim 600 cm^2$)的薄铁管制成。铁膜的内部被预氧化,在其上形成了一层薄薄的氧化亚铁。在500~550℃的恒定温度下,将线圈浸泡在液态钠中,并维持稳定的高纯度氩气流动。通过铁膜扩散出来的碳在另一侧发生下列反应,使其碳活性水平保持在接近于零的水平:

$$FeO(s) + [C]_{Fe} \rightarrow CO(g) + Fe(s) \quad (32-6)$$

在这个监测器中,生成的一氧化碳被冲走,并被催化转化为甲烷,通过火焰电离检测器进行分析。在不同模式配置大表面积膜和灵敏火焰电离检测器,使监测器能够测量到10^{-4}活性水平的碳。持续维持铁膜的整个内表面区域被氧化亚铁给覆盖住的需要(否则会导致一氧化碳生成的减少以及错误结果的出现),以及从液态钠通过铁膜扩散出来的氢的氧化和还原的可能性,都是这种类型的碳监测器的主要缺点。由于气体集合管和一氧化碳测量系统的存在,这两种基于扩散的监测器都很笨重。

32.3.2 电化学碳传感器

英国伯克利核实验室的Salzano及其同事首次报道了用于测量钠中的碳活

度的熔融碳酸盐电化学池[32.21]。以薄壁铁膜中 Li_2CO_3 和 Na_2CO_3 熔融共晶混合物作为电解液,石墨作为参比电极。传感器中的半电池反应表示为

$$C + 3O^{2-} \rightarrow CO_3^{2-} + 4e^- \quad (32-7)$$

通过 Nernst 方程可知,电解池中的 EMF 与 a_C^{Na} 钠中的碳活度相关:

$$E = -\frac{RT}{4F}\ln a_C^{Na} \quad (32-8)$$

然而,其他工作人员尝试了用同样的方法测量液态钠中的碳势能,结果并不令人满意。诸如由于寄生反应导致的混合电势的发展进一步导致的晶须生长和碳沉积、由于参比电极不稳定导致的电势漂移、较长平衡时间的需要、碳的活度与预期的不一致,以及寿命较差等问题都已被报道。印度英迪拉·甘地原子研究中心的 S. Rajan Babu 及其同事们对熔融碳酸盐进行了详细的热化学分析,分析支持了几种离子,而不是只式(32-7)所代表的那些离子。基于这些评测以及其他的电化学研究,他们将方法进行了标准化,以总结可用于测量钠系统内低至 10^{-3} 活度水平的碳的电化学碳传感器[32.22]。电化学碳传感器的原理图如图 32-4 所示。这些传感器在 625℃ 下工作,所需求设备也很简单。

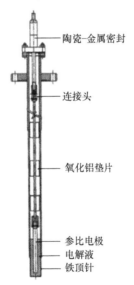

图 32-4　钠系统中使用的电化学碳传感器原理图

32.4　用于监测液钠系统中氧气的传感器

液态钠中的氧杂质来源于保护气体回路输入的氩气中存在的微量水分和氧

气,以及被引入钠中时吸附在生钢表面上的杂质。在二回路中,除这些来源外,如果蒸汽发生器发生泄漏,大量的氧气也可能被引入钠中。钠与氧生成一种稳定的氧化物(Na_2O),这种氧化物在钠中的溶解度也很低[32.23]。钠中的溶解氧化钠平衡的氧分压极低:

$$2Na(l) + \frac{1}{2}O_2(g) \Leftrightarrow [Na_2O]_{Na} \tag{32-9}$$

与钠中溶解的氢不同,这些较低的氧压无法通过常规压力测量技术测量,该测量一般采用固体氧化物电解电化学传感器。在稳定氧化锆和掺杂钍这两种常见的固体氧化物电解质中,只有后者适合用于测量液态钠中普遍存在的低氧分压。电化学电解池可以表示为

$$P_{O_2}^{Na} | \text{Electrolyte} | P_{O_2}^{ref} \tag{32-10}$$

电解质通常是掺杂了钇的钍(YDT),其形式为一个一端封闭的管,参比电极由合适的金属及其氧化物组成,用于固定 $P_{O_2}^{ref}$。由于在氧传感器的工作温度(约400℃)下锡是以液态金属的形式存在的,将金属锡与氧化锡进行混合是常见的选择。然而,钍基陶瓷电解质的使用在烧结压实粉末方面存在问题。用常规技术制备粉体时,烧结所需的温度很高(约2000℃)。在这种温度下,烧结过程中出现的显著的晶粒生长以及伴随而来的陶瓷抗热震性能差导致了掺杂了钇的钍长管传感器的较早失效。在过去的工作中,电解质以短套管的形式被焊接或被玻璃焊剂焊接到金属部件上,从而使传感器的陶瓷部分整体浸入钠中[32.24-32.27]。这种结构避免了沿陶瓷部分的温度梯度,预计将增加钠系统传感器的寿命。钠中使用的氧传感器的研发工作仍在几个实验室中进行[32.28-32.31]。最近,一种用新式燃烧方法制备的掺杂钇的纳米晶氧化钍粉末被用于套管成型,该套管可以使用氧化锌作为烧结助剂在低温(约1700℃)烧结[32.32]。这种方法可以减少最终产物中的晶粒生长,由这些粉末制成的套管的氦泄漏率小于 10^{-9} std. L/s,这表明了其无法渗透的特性。

参考文献

[32.1] Borgstedt, H. U., Mathews, C. K. (1987). Applied Chemistry of the Alkali Metals. Plenum Press, New York.

[32.2] Natesan, K. (1975). Met. Trans. A, 6, 1143.

[32.3] Hans, R., Dumm, K. (1977). Atom. Energy Rev., 15, 611.

[32.4] Hori, M. (1980). Atom. Energy Rev., 18, 707.

[32.5] Whittingham, A. C. (1976). J. Nucl. Mater., 60, 119.

[32.6] Gnanasekaran, T. (1999). J. Nucl. Mater., 274, 252.

[32.7] Vissers, D. R., Holmes, J. T., Barthlome, L. G., Nelson, P. A. (1974). Nucl. Technol., 21, 235.

[32.8] Lecocq, P., Lannou, L., Masson, J. C. (1973). Proceedings of Conference on Nuclear Power Plant Control and Instrumentation, Prague, Czech Republic. IAEA, Vienna, Austria, p. 613.

[32.9] Lions, N., Cambillard, E., Pages, J. P., Chantot, M., Buis, H., Baron, J., Langlois, G., Lannou, L., Viala, M. (1974). Special instrumentation for PHENIX. Proceedings of International Conference on Fast Reactor Power Stations, BNES, London, U. K. Paper A. 33, pp. 522-535.

[32.10] Davies, R. A., Drummond, J. L., Adaway, D. W. (1971). Detection of sodium water leaks in PFR secondary heat exchangers. Nucl. Eng. Int., London, 16(181), 493-495. XP002266399.

[32.11] Davies, R. A., Drummond, J. L., Adaway, D. W. (1973). Proceedings of Conference on Liquid Alkali Metals, BNES, p. 93.

[32.12] Smith, C. A. (1972). An electrochemical hydrogen concentration cell-with application to sodium systems. CEGB Report, RD/B/N/2331, Berkeley Nuclear Laboratories, Central Electricity Generating Board, U. K.

[32.13] Sridharan, R., Mahendran, K. H., Gnanasekaran, T., Periaswami, G., Varadha Raju, U. V., Mathews, C. K. (1995). J. Nucl. Mater., 223, 72.

[32.14] Joseph, K., Sujatha, K., Nagaraj, S., Mahendran, K. H., Sridharan, R., Periaswami, G., Gnanasekaran, T. (2005). J. Nucl. Mater., 344, 285.

[32.15] Jeannot, J. Ph., Gnanasekaran, T., Sridharan, R., Ganesan, R., Augem, J. M., Latge, C., Gobillot, G., Paumel, K., Courouau, J. L. (2009). Proceedings In-Sodium Hydrogen Detection in the Steam Generator of Phenix Fast Reactor: A Comparison between Two Detection Methods. ANIMMA International Conference, Marseille, France.

[32.16] Mahendran, K. H., Sridharan, R., Gnanasekaran, T., Periaswami, G. (1998). Ind. Eng. Chem. Res., 37, 1398.

[32.17] Prabhu, E., Jayaraman, V., Gnanasekar, K. I., Gnanasekaran, T., Periaswami, G. (2005). Asian J. Phys., 14, 33.

[32.18] Longson, B., Thoreley, A. W. (1970). J. Appl. Chem., 20, 372.

[32.19] Caplinger, W. (1969). Carbon Meter for Sodium. USAEC report, UNC-5226, March 1969.

[32.20] Asher, R. C., Harper, D. C., Kirstein, T. B. A. (1980). Proceedings of the Second International Conference on Liquid Metal Technology in Energy Production, Richland, WA, pp. 15.46-15.53.

[32.21] Salzano, F. J., Newman, L., Hobdell, M. R. (1971). Nucl. Technol., 10, 335.

[32.22] Rajan Babu, S., Reshmi, P. R., Gnanasekaran, T. (2012). Electrochimica Acta, 59, 522.

[32.23] Noden, J. D. (1972). General equation for the solubility of oxygen in liquid sodium, Central Electricity Generating Board. Berkeley, England, UK, Report RD/B/N 2500, p. 17.

[32.24] Reetz, T., Ulmann, H. (1974). Kernenergie, 17, 57.

[32.25] Roy, P., Bugbee, B. E. (1978). Nucl. Technol., 39, 216.

[32.26] Jung, J. (1975). Nucl. J. Mater., 56, 213.

[32.27] Jakes, D., Kral, J., Burda, J., Fresl, M. (1984). Solid State Ionics, 13, 165.

[32.28] Nollet, B. K., Hvasta, M. G., Anderson, M. H. (2013). Proceedings of International Conference on Fast Reactors and Related Fuel Cycles, FR-13, p. 317.

[32.29] Shin, S. H., Kim, J. J., Jeong, J. A., Choon, K. J., Choi, S. I., Kim, J. H. (2012). Transactions of the Korean Nuclear Society Meeting.

[32.30] Shin, S. H., Kim, J. J., Jung, J. A., Choi, K. J., Choi, S. I., Kim, J. H. (2013). Proceedings of International Conference on Fast Reactors and Related Fuel Cycles, FR-13, p. 329.

[32.31] Gabard, M., Tormos, B., Brissonneau, L., Steil, M., Fouletier, J. (2013). Proceedings of International Conference on Fast Reactors and Related Fuel Cycles, FR-13, p. 228.

[32.32] Jayaraman, V., Krishnamurthy, D., Ganesan, R., Thiruvengadasami, A., Sudha, R., Prasad, M. V. R., Gnanasekaran, T. (2007). Development of yttria-doped thoria solid electrolyte for use in liquid sodium systems. Ionics, 13, 299.

第33章
机器人技术、自动化和传感器

33.1 引　言

　　自动化和机器人技术在传统制造业的应用上非常流行，主要是在汽车行业和电子行业。在一个重要的特定时刻，这项技术最初在恶劣环境中应用受到欢迎，如应用在核和空间上，显然有必要对这一领域进行进一步发展。机器人技术、自动化和远程操作在核燃料循环的几乎所有方面都发挥着至关重要的作用：燃料制造、辐射后检查(PIE)、核电厂和部件的在役检查(ISI)、燃料后处理和废物管理，以及最后一点也是非常重要的一点：核电厂退役。在核反应堆中，辐射、温度和空间不足的协同效应使得使用自动化、机器人和远程操作工具对于任何用于修复或维护的意外干预以及用于评估组件或子系统的完整性的定期检查来说都至关重要。图33-1描述了核能领域中机器人和自动化内容的典型需求和挑战。

　　机器人和自动检测系统大量使用了传感器进行位置定位、距离评估、物体识别和导向。除此之外，传感器还可以对部件进行无损检测。这些传感器，也称为末端效应器，利用光学、红外、超声、磁力、电磁和其他相关领域的最新进展，开发和部署自动化机器人系统，以检查无法接近的部件，特别是对腐蚀和焊接缺陷进行检测和成像。

　　核燃料循环为机器人的部署提供了大量机会，而机器人往往是实现目标的唯一可行手段。发展和使用各种机器人和自动化装置是为了核反应堆和相关核电厂的安全有效运行。远程操作、自动化和机器人技术对快堆燃料循环各个方面的影响如图33-2所示。

　　在世界各地，为了实现在役检查，工业界一直在积极合作开发自动化设备和机器人系统。机器人、自动化和传感器的使用对于确保核电厂安全、增加核电厂利用率和老化管理具有重要意义。接下来的章节将讨论机器人技术和自动化在这个领域的发展,并对自动化、机器人技术和快堆燃料循环的传感器进行特别介绍。

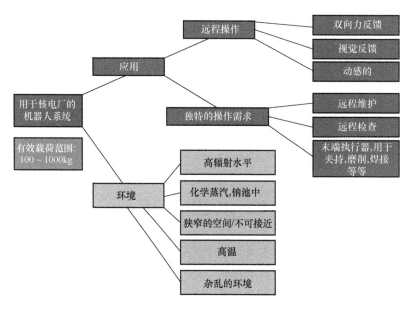

图 33-1　核燃料循环中机器人和自动化的需求

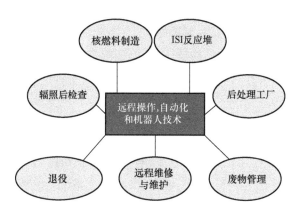

图 33-2　远程操作和机器人技术在快堆燃料循环中的影响

33.2　快堆组件的在役检测

在快中子增殖反应堆(FBR)中,主安全壳结构、一回路设备和反应堆内部都需要远程在役检查设备和技术。主安全壳结构包括反应堆主容器(MV)、安全容器(SV)和反应堆顶盖结构(图 33-3)。快堆主要的在役检测要求之一是使用现场火花塞探测器监测主反应堆容器的外部边界,这必须在反应堆功率运行时连续进行。主反应堆容器通过位于同心的外部安全容器来防止任何钠泄漏出现。对容器完整性的持续监视还包括了在反应堆关闭时使用遥控机器人进行反应堆主容器、安全容器和堆芯支撑结构的定期检查。

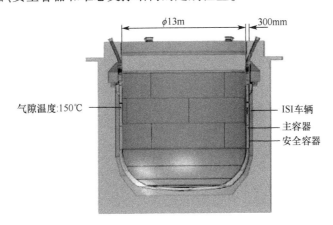

图 33-3　展示了主安全壳结构以及空间间隙的典型池式快堆的正面剖面图以及空间间隙

在全世界快堆中,自动化装置已被开发和用于反应堆主容器和安全容器的远程检测。法国已经研发出一种名为 MIR[33.1] 的遥控四轮驱动装置,并将其用于对 Superphenixl 快堆的反应堆主容器和安全容器的在役检测(图 33-4)。日本已经研发出一种 MOLE 遥控轮式工具用于快堆容器(图 33-5)[33.2,33.3]。德国在 SNR 300 快堆设计了一种设置在安全容器导轨上的自动化装置,用于进行可视化容量检查。

在英国,开发特殊远程设备和技术用于检查商用示范快堆(CDFR)的反应堆容器和内部构件[33.4]。研发包括了一个钠下可视化链式操纵系统,用于观察淹没在钠中的反应堆内部,一个自动引导工具(AGV)用于反应堆容器的外部调查,以及用于抵达例如容器支撑和顶盖结构等限制区域的蛇型机械手。

已经计划把一种综合在役检查系统用于印度 Kalpakkam 正在建设的 500MW(e)快堆中的反应堆主容器和安全容器的检查。检查包括使用超声波技术对反应堆主容器和安全容器焊缝进行体积检查,以及在燃料处理操作期间对反应堆主容器和安全容器表面进行外观检验。

综合在役检查系统由独立的装置组成,这些装置可以移动到主设备和安全容器之间的间隙内,携带有涡流、超声波和外观检查等检测模块。每个装置都配备了导航摄像机模块,用于在役检查期间在间隙中引导设备,还配备了必要的传感器,如分解器、温度传感器、倾斜计、线性可变差动传感器(LVDT)、压式传感器等,用于在役检查期间监测并控制机器人工具。

(a)

在一个小罐槽内的超声波探头　　主容器

安全容器

(b)

图 33-4 检查焊接的 MIR 装置和 MOLE

(a)来源于 Asty,M. et al.,Super Phenix 1:In-service inspection of main and safety tank weldament. Specialists Meeting on In-service Inspection and Monitoring of LMFBRs,Bensberg,Federal Republic of Germany,1980,pp. 20-22;

(b)来源于 Matsubara,T. et al.,Development of remotely controlled in-service inspection equipment for fast breeder reactor vessel, Proceedings of an Internal Symposium on Fast Breeder Reactors: Experience and Trends 2,Lyons,France,1985,pp. 501-508; Tagawa,A. et al.,J. Power Energy Syst.,1(1),3,2007.)

(a)用于在 Superphenix MV 中检查焊接的 MIR 装置;(b)日本开发的 MOLE 两个版本。

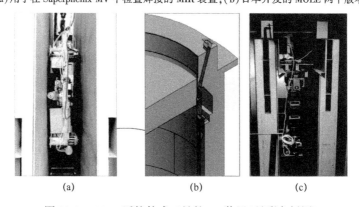

(a)　　　　　(b)　　　　　(c)

图 33-5 MOLE 遥控轮式工具的 ISI 装置(见彩色插图)

(a)模型试验期间主要 ISI 装置;(b)在间隙空间中主要 ISI 装置;(c)实验室内的检查装置之一。

随着自然发展,未来反应堆的改进设计将对在役检查构成更严格的约束。反应堆主容器-安全容器间隙的减少和铁素体钢的使用可能是未来快堆设计的主要变化。工业磁性工具采用的各种方法见表33-1。通过磁场与铁素体安全容器的耦合可以有效地设计出一种穿越环形空间的小型新式工具。

表33-1 利用磁性原理的车辆设计思想

磁性车辆的特性设计		
磁轮式车辆	磁轨式车辆	磁耦合
磁铁被放置在轮子上	磁条固定在传送带上	永磁体固定在车辆的底座上,并且因此保持间隙
转向容易	转向靠打滑	保持恒定的间隙是一个问题
接触面积较小	接触面积大,所以可以使用功率较小的磁铁	随着间隙的变化,牵引力和引力随之变化
需要功率高的磁铁		适用于平面
磁铁的选择 钕-铁-硼(NdFeB)的温度极限为160℃ 钐钴(SmCo)的温度极限为300℃		

33.3 用于核燃料循环设施的远程操作工具和机器人设备

在核设施中,不可避免地要对墙后的工件和小型器件进行远距离操作。许多国家和机构都在努力尝试研制一种高度灵巧和可靠的远程操作装置,应用于被称为热室的放射性密封单元内,由于热室放射性水平高,人类的进入受到限制。图33-6(a)展示了热室设备的视图。遥控钳、主从机械手(MSM)、电动主从机械手、热室吊车、动力机械手和伺服机械手是核应用中主要的远程操作设备。

在远程操作设备中,主从机械手是核燃料制造、乏燃料检查单元和处理大量高放射性材料的后处理工厂的主要设备。主从机械手有一个主臂和一个从臂,二者通过连杆、电线、滑轮、链条机械耦合在了一起。由于其简单的人机工程学设计和双向力反馈耦合,性能十分可靠耐用。图33-6(b)显示了操作人员通过视窗使用在热室中的主从机械手。机械臂具有更好的力反馈,更高的自由度,更高的有效载荷能力,并与伺服机械手通过机电耦合安装,在高架小车上并安装视觉系统,以扩大它们的工作范围和工作量,这些都是少见的例子。

在核燃料制造设施中,远程化和自动化增强了保障措施和产品质量,改善了对辐照下工作人员的保护、燃料材料的可问责制,并且提高了生产力。只有通过提高产品质量和生产率,才能提高燃料性能、典型制造率和降低燃料成本。现代化理念的实现,如智能处理,检查得到的反馈可以直接传递给处理过程进行在线纠正,从而使得产品几乎零缺陷。自动化还有助于得到燃料芯块、端塞、燃料棒以及燃料材料责任的所有重要参数的高水平记录。由于 U^{232} 子产品的辐射水平可能会非常高,在钍燃料循环中使用的 U^{233} 所需的大规模燃料制造只有在完全自动化的制造设施中才有可能。

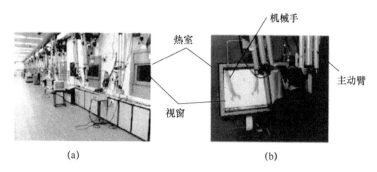

图 33-6　MSM 的热室设备和操作人员使用的 MSM
(a)带有 MSM 的热室设备视图;(b)操作人员在热室中使用手动操作的 MSM。

在欧洲,混合氧化物(MOX)燃料形式的钚循环已经是一个成熟的产业,在大规模混合氧化物燃料制造工厂以及法国和德国的反应堆中都有成功的运行经验[33.5]。法国的混合氧化物工厂是世界上的大规模燃料制造工厂之一,拥有高效并且现代化的混合氧化物燃料制造设施,它的新式自动化设计使工厂能够以每天超过 500kg 的速度生产燃料组件。俄罗斯的 TVEL 公司是核燃料的主要制造商之一,燃料棒是在配备了先进仪器和测试设备的自动化生产线上生产的。1980 年,安全自动化制造(SAF)项目在美国成立,其目标是设计、制造和操作一种远程生产增殖反应堆燃料棒的工艺流程,该燃料棒使用混合的铀/钚氧化物作为快中子通量测试设施(FFTF)的燃料。在日本,为了将已研发的大规模燃料生产技术进行转化,而建造了包括了钚燃料开发设施(PFDF)和钚燃料制造设施(PFFF)动力反应堆与核燃料开发公司(PNC)。基于钚燃料制造设施研发的混合氧化物燃料制造技术的经验,建立并设置了钚燃料生产设备(PFPF)来验证混合氧化物燃料大规模生产技术,它采用了远程和自动化技术,快堆 Monju 初始燃料的制造在该设施完成[33.6,33.7]。

在核燃料制造领域中,机器人辅助自动化是实现紧密公差和大产量的关键,同时还能减少对操作人员的辐照暴露。举例说明,可选的合规装配机器人臂(SCARA)(图 33-7)可用于处理新添加的燃料芯块,在远程燃料制造过程中检查和处理烧结的芯块,并将其分类、堆放和装载到燃料管中。这些自动化/机器人设备与触觉传感器和机器视觉系统一起使用。

图 33-7　SCARA

金属燃料循环的燃料的再处理或再加工包括了高温化学或火法冶金方法,并且可能只使用远程或自动进行操作,这不仅是因为高燃耗带来的高辐射水平,也由于短冷却燃料在高温再处理中对裂变产物去污能力较差。金属燃料循环需要使用惰性气体(控制氧和水分在 ppm 水平)的热室技术进行再处理和再加工。所有流程操作和相关的处理必须使用远程技术实施。在放射性容器和热室内广泛使用动力机械臂和室内吊机,用于对热化学后处理设施的各种工艺步骤进行专门的远程处理操作。

对乏核燃料进行再处理以回收有价值的裂变材料是一项复杂的化学过程,需要对各阶段的工艺参数进行持续监测。核电厂的乏燃料的再处理涉及了通过远程技术在腐蚀性化学环境中处理高放射性材料。在高放射性水平的无序环境中处理乏燃料往往不可避免地需要进行非计划的远程干预,用于检查、去污或维修操作。溶解器、处理罐、管道和废物贮存罐是燃料后处理工厂的关键设备和组件,需要定期检查以评估其完整性。前人已经研发了各种设备,用于对后处理工厂的溶解容器、集油盘、处理罐和废物贮存罐进行远程检查或维修。有必要研制用于检查废物贮存罐和集油盘的装置,以评估这些储罐的健康和完整性,对处理方案的样品进行远程采集和分析也是必要的。

溶解器是核燃料后处理工厂的重要设备之一。在切碎机中将辐照后的或用过的燃料管切碎后,大部分材料将被送入溶解容器中,在沸腾的浓硝酸中进行溶解,最终溶解的溶液含有几种裂变产物和离子。溶解器失效会导致含放射性物质的液体泄漏到操作区域,而这是不可接受的,因此,溶解容器的定期检查对于评估腐蚀引起的破坏的影响是必要的。鉴于环境性质以及可能导致热室向外释放放射性物质的事件的结果,很少有国家尝试对燃料循环后端,特别是再处理工厂进行远程维修和保养。20世纪80年代,日本Tokai后处理工厂实施了一项改进计划,使用了一辆地面爬行式的远程检测工具来对集油盘表面进行在役检查[33.8]。远程技术应用于后处理工厂前端的一个著名例子是日本Tokai后处理工厂为维修溶解器而进行的远程检查和维护操作[33.9]。日本Tokai工厂的两个溶解器发生泄漏,使用远程焊接设备检查和修复泄漏点,如图33-8所示。

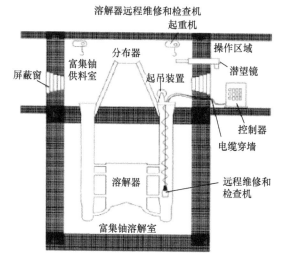

图33-8 溶解器和Tokai后处理工厂的远程检查以及维修
(来源于Yamamuraa, O. et al., Prog. Nucl. Energy, 50(2-6), 666, 2008.)

另一个例子是在法国La Hague工厂进行的维修工作,使用一种特别设计制造的遥控系统,与之前在Tokai后处理工厂进行的工作相类似。在英国,英国核燃料有限公司(BNFL)的Sellafield后处理工厂,其溶解器容器的支管(图33-9(a))已经接受过对腐蚀引起的损伤的检查,并使用了灵巧的多关节机械臂REPMAN(图33-9(b))进行了修复工作[33.10,33.11]。

为了检测管道中的腐蚀损失,已经开发了一种内部旋转检测系统(IRIS),其中,来自超声波传感器的脉冲被斜镜面反射[33.12]。一种用于管道的基于单向驱动的在役检查装置也被开发出来,用于检测后处理工厂的长管道[33.13]。由于空间的缺乏和非结构环境的高辐射,有必要为达成任务开发特定的现场设备,而不是使用标准的产品。

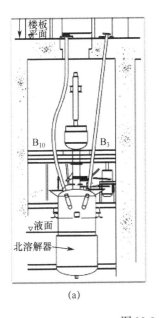
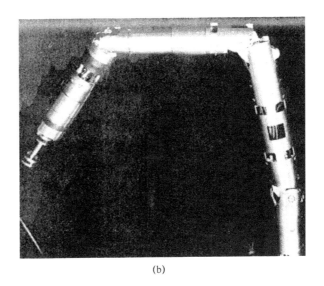

(a)　　　　　　　　　　　　(b)

图 33-9　溶解器容器及多关节机械臂 REPMAN

(a) 布局展示了英国 BNFL 进入其中一个溶解器容器的限制；

(b) 用于 UT 的维修机械臂 REPMAN 以及对溶解器容器上的

分支管连接进行目视检查和远程焊接（见(a)　$-B_3 B_{10}$）。

在印度的一个小型快堆燃料后处理工厂中，使用基于电荷耦合器件（CCD）的远程检查设备对由钛[33.14]制成的溶解器容器进行外观检查（图 33-10）。

图 33-10　小型后处理工厂溶解器的远程检测装置

采用先进的远程检测装置对快堆燃料后处理工厂的溶解器容器进行远程检测和维护。这些装置是用来执行在役检查作为前种技术的变革，使用浸没超声技术检测壁薄以作为前种技术的进步。为了使用远程技术进行检查,该装置被赋予三个主要自由角度 – 沿三个轴扫描容器的内表面,还提供了一种使用 CCD 摄像机进行外观检查的方法[33.13]（图 33-11）。

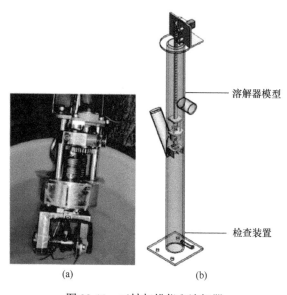

图 33-11 三轴扫描仪和溶解器
(a)三轴扫描仪的检查头;(b)溶解器。

对位于不可进入区域或单元的含有高活性处理溶剂的储罐和容器的检查是一项具有挑战性的任务。机器臂,例如蛇型或象鼻型操纵器和多连杆操纵器已经开发出来并在世界范围内使用,部署于纤维显微镜和微型闭路电视摄像机中,可以检查进入受限制的区域。终端效应器使用具有至少两个移动可控的单铰接链,使用 CCD 摄像机对储罐和集油盘进行检查[33.15]（图 33-12）。

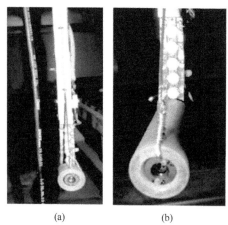

图 33-12 用于远程检查控制漏油装置下方空间的单铰接链

33.3.1 检查机器人

自动化和机器人技术在核废料管理中是必不可少的,特别是对高活性废物流的大规模废料管理,而且运用自动化理念总是更好的。其中最重要的是对废料库的远程检查以及远程去污。

安装有摄像装置的移动式机器人可用于检查和监视废料库及其内容物,因为废物库中普遍存在高辐射,无法让人进入。废料库内使用四轮机器人装置,装置上的摄影机具有平移/倾斜功能,以作检查和监视用途。在与印度快堆燃料再处理试验工厂相关的废料库中,使用移动机器人执行在役检查,并使用车载摄像机获取了废料场储罐的图像(图 33-13)。

图 33-13 用于实验工厂废料库 ISI 的移动式机器人

一种移动式机器人系统(图 33-14)已经发展成为一种自编译机器人,并实现了完整的无线控制和操作[33.16],已用于印度大规模快堆燃料后处理设施的在役检查。检查最初使用一个摄像头将可视数据通过无线传输到基站,而这款移动式机器人被设计成可以在环绕着废料库内的导轨上移动。机器人有一个伺服机械手拥有 5 个自由度,可以到达处理罐的各个部分,因此,可实行更近距离的对罐检查。

由于所需处理溶液的高放射性,自动化远程取样和分析在后处理装置处理参数的连续监测中发挥着重要作用。自动化使得远程分析更加快速和可靠,便于快速控制处理参数。核燃料再处理溶液的化学分析需要更高的精确性,以便更好地核算裂变材料。

橡树岭国家实验室(ORNL)为燃料后处理应用开发了一种自动取样系统,该系统使用一种自行推进的车辆,穿过轨道系统上的处理室外围,从安装在轨道上的取样站中收集样品瓶。为了对处理溶液进行精确的化学分析，美国爱达荷州化学处理厂（ICPP）开发并使用了一种使用微处理器控制的可远程维护的自动化油管。在橡树岭国家实验室的远程操作和维护示范设施中展示了一种使用了机器人采样车的自动化流体处理采样系统[33.19]。这种设备的设计结合了模块化结构和特殊的远程操作功能，便于进行远程维护。图 33-15 展示了为印度快堆燃料后处理设施开发的自动远程取样和分析系统[33.20]。

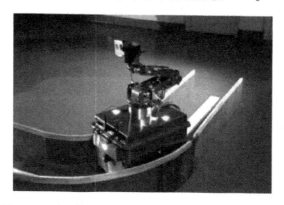

图 33-14 大型废料库 ISI 的带机械手移动式机器人系统

(a)　　　　　　　　　　　　(b)

图 33-15 印度快堆后处理设施自动远程取样的分析系统
(a)样品处理机器人；(b)自动远程取样和分析系统的移液和封盖/脱盖模块。

33.4　用于机器人和自动化的传感器

传感器是使设备能够自动化的反馈设备。此外，传感器还能传递当前状态时点的有关信息，使得用户能够采取必要的纠正措施。目前需要对传感器进行智能数据处理，而世界上的相关研究都正朝着这一趋势发展。

33.4.1 无损检测传感器

传感器是连接被检测部件和无损检测仪器的主要环节。由机械臂或机械手组成的自动检测系统的有效性取决于所使用的传感器或终端效应器。对于不可接近区域的关键位置焊缝的无损检测以及泄漏和腐蚀损伤的检测,光学、光纤、超声波、电磁和红外传感器是非常有效的。在这一领域,已被开发多种新型传感器和传感方法用于快堆和相关的燃料循环应用中[33.21-33.24]。这些传感器包括电磁声传感器(EMAT),高温锆钛酸铅($Pb[Zr(x)Ti(1-x)]O_3$)(PZT),涡流,巨磁阻(GMR)和光纤传感器。

对于反应堆部件的无耦合高温超声检测,电磁声传感器是非常有效的,也是压电式传感器的一个非常好的替代品。如图 33-16(a) 所示,这种传感器可以利用一组磁铁和导线通过电磁机制在导电材料中产生和探测声波。图 33-16(b) 显示了由印度英迪拉·甘地原子研究中心设计和开发的螺旋线圈电磁声传感发射器,用于产生体剪切波和纵波。该电磁声传感装置研发的目标是在 200℃ 下不需要耦合器就能进行主容器焊缝的超声检测。

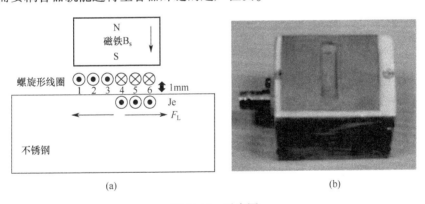

图 33-16 示意图
(a)螺旋线圈 EMAT;(b)IGCAR 开发的螺旋线圈 EMAT。

在结构检查中,高温钠下观察是钠冷快堆运行引导的一项重要要求。必要时,钠下观察也需要定位并识别钠下的疏松部分。在这方面,与法国中央电力管理局合作,通过使用高温压电换能传感器和专门设计的 θ-Z 机械手,成功地在 550℃ 下实现了自动超声成像。图 33-17 所示为一根钢钳的照片及其在使用 θ-Z 模式扫描时产生的超声图像。图 33-18 显示了由 C 扫描图像的不同切片组合而成的一组肘部的照片以及钠下超声三维图像。最近,用于 250℃ 的高温超声检测的钛酸铅基铁电玻璃陶瓷(PZT)已经研发出来,扫描程序和三维图像算法将与机器人设备集成在一起,用于钠冷快堆的钠下观察。

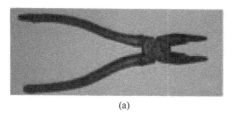 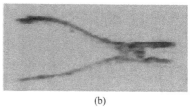

(a) (b)

图 33-17　经 θ-Z 扫描获得的钳子照片及其超声图像

(a)实际图像;(b)超声图像。

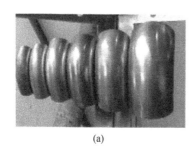 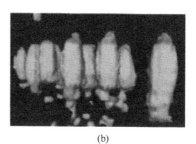

(a) (b)

图 33-18　拍摄一组肘部和它们在 550℃ 下的钠下超声图像

(a)实际图像;(b)钠下超声图像。

　　针对主容器焊缝的焊缝中心线超声检测定位问题,开发了一种耐 300℃ 温度、起升 10mm 的新型高温涡流探针同时开发一种基于涡流的位置传感器用于监测快堆控制塞中不同控制棒驱动机构(DSRDM)中不同控制棒的自由落体时间。传感器无法与仪器有任何有线连接。为了解决这个问题,已把通过感生耦合的间接激励信号加入了传感器的设计考虑中。结果表明了快堆中感生耦合涡流位置传感器应用于 DSR 的可行性。

　　为了检测废料库后处理罐体的晶间腐蚀,研制了一种涡流 – 巨磁电阻传感器。针对已安装的快堆铁磁蒸汽发生器管的在役检查,研制了高灵敏度远场涡流探针以及巨磁电阻阵列式传感器,这些将部署在蒸汽发生器的自动检查机器人设备中。阵列传感器为缺陷的无损成像提供了高灵敏度和可能性,在这个研究方向上发展了巨磁阻效应和涡流阵列传感器。图 33-19 为基于磁通泄漏检测蒸汽发生器管的巨磁阻效应阵列传感器探针。

　　核反应堆冷却回路的泄漏检测对反应堆的安全和性能至关重要。目前,使用如电线型、火花塞和基于互感的泄漏检测器等技术都无法检测出泄漏的位置。另一方面,光纤传感器提供整个光纤长度上的传感能力。研发了一种采用不锈钢封装光纤的 Raman 分布式温度传感器系统。在印度英迪拉·甘地原子研究中心的 LEENA(钠泄漏实验)装置的试验段中成功进行了模拟一个水平不锈钢管中的泄漏的实验。光纤传感器在与钠接触时所观测到的任何温升都是钠泄漏的标志。每个传感器所观测到时间延迟及其在绝缘横截面上的空间位置有助于重建泄漏和渗透钠的时间序列。研究表明,利用 Raman 分布式温度传感器系统可以实时动态检测钠火。

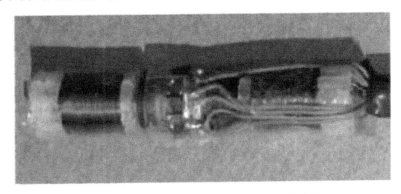

图 33-19　用于磁通无损检测 GMR-阵列传感器

33.5　小　　结

本章概述了用于在快堆和相关设施中进行在役检查以及远程操作的机器人和自动化系统的当前发展情况,说明了设备和远程技术需求的范围和多样性。在世界各地成功地开展的用于快堆及其工厂的在役检查活动,使得他们有足够的信心对在难以到达或对核设施的恶劣环境中进行复杂的检查。人工智能、图像处理和机器视觉将进一步增强机器人和自动化系统的能力,特别是在障碍发现、路径规划和缺陷及不连续性的精确估计方面。在某些情况下,来自多个传感器的信息可能需要结合传感器或数据融合方法来获得被检查区域的全面图像。任何特殊研发工作都有它自己的价格标签和时间因素,可以通过核电厂停机的高价格来验证。尽管大多数远程工作将继续使用传统简单耐用的工具、技术和独创性来完成,但趋势是使用更技术尖端自动化的设备。必须采取一种并行的方法,将远程检查设备的概念扩展到维修任务中,从而对核电站的关键设备进行非预期维修。

参考文献

［33.1］ Asty, M. , Vertet, J. , Argus, J. P. (1980). Super Phenix 1: In-service inspection of main and safety tank weldament. Specialists Meeting on In-service Inspection and Monitoring of LMFBRs, Bensberg,

Federal Republic of Germany, pp. 20-22.

[33.2] Matsubara, T., Yoshioka, K., Tsuzuki, S., Matsuo, T., Nagaoka, E. (1985). Development of remotely controlled in-service inspection equipment for fast breeder reactor vessel. Proceedings of an Internal Symposium on Fast Breeder Reactors: Experience and Trends 2, Lyons, France, pp. 501-508.

[33.3] Tagawa, A., Ueda, M., Yamashita, T. (2007). Development of the ISI device for fast breeder reactor MONJU reactor vessel. J. Power Energy Syst., 1(1), 3-12.

[33.4] Fenemore, P. (1987). Developing remote techniques for liquid metal reactors. Nucl. Eng. Int, 32(397), 55-56, 58.

[33.5] Singh, A. P., Rajagopalan, C., Rakesh, V., Rajendran, S., Venugopal, S., Kasiviswanathan, K. V., Jayakumar, T. (2011). Evolution in the design and development of the in-service inspection device for the Indian 500 MW(e) fast breeder reactor. Nucl. Eng. Des., 241, 3719-3728.

[33.6] IAEA TECDOC 1433. (2005). Remote Technology Applications in Spent Fuel Management. IAEA, Vienna, Austria.

[33.7] Debes, M. (2002). MOX fuel development in Japan. International Seminar on MOX Utilization, Tokyo, Japan, 2002.

[33.8] Tsuji, N., Yamanouchi, T., Akahashi, K., Furukawa, H. (1987). Development and improvement of reprocessing technology at the Tokai reprocessing plant. International Symposium on the Back End of the Cycle Product: Strategies and Options, IAEA, Vienna, Austria, pp. 433-444.

[33.9] Yamamuraa, O., Yamamoto, R., Nomurab, S., Fujiic, Y. (2008). Development of safeguards and maintenance technology in Tokai reprocessing plant. Prog. Nucl. Energy, 50(2-6), 666-673.

[33.10] Jones, E. L. (1988). Remote handling developments for inspection and repair of highly active reprocessing plant. Remote Techniques for Inspection and Refurbishment of Nuclear Plants, BNES, London, U. K., pp. 43-48.

[33.11] Jones, E. L. (1990). Remote handling and robotics in the BNFL Sellafield reprocessing plants. Proceedings 38th Conference on Remote Systems Technology, San Francisco, CA, Vol. 2, pp. 31-36.

[33.12] Subramanian, C. V., Joseph, A., Ramesh, A. A., Raj, B. (1998). Wall thickness measurements of tubes by internal rotary inspection system (IRIS). Proceedings of the Seventh European Conference on Non-Destructive Testing, Copenhagen, Denmark.

[33.13] Dhanapal, K., Singh, A. P., Rakesh, V., Rajagopalan, C., Rao, B. P. C., Venugopal, S., Jayakumar, T. (2013). Remote devices for inspection of process vessel and conduits. Procedia Eng., 64, 1329-1336.

[33.14] Dhanapal, K., Sakthivel, S., Balakrishnan, V. L., George, S. J., Rajagopalan, C., Venugopal, S., Kasiviswanathan, K. V. (2010). Poster: Experience and significance of the remote inspection of dissolver vessel in the pilot fast reactor fuel reprocessing plant. National Seminar on Recent Advances in Post Irradiation Examination & Remote Technologies for Nuclear Fuel Cycle (RAPT-2010), Kalpakkam, India, September 23-24, 2010.

[33.15] Rajagopalan, C., Rakesh, V. R., George, S. J., Chellapandian, R., Venugopal, S., Kasiviswanathan, K. V. (2009). Robotic devices for in-service inspection of PFBR and reprocessing plants. International Conference on Peaceful Uses of Atomic Energy, New Delhi, India.

[33.16] Venugopal, S., Rajagopalan, C., Rakesh, V., Shome, S. N., Roy, R., Banerji, D. (2010). Design of remotely operated mobile robot for inspection of hazardous environment. National Seminar on Recent Advances in Post Irradiation Examination & Remote Technologies for Nuclear Fuel Cycle (RAPT-2010), Kalpakkam, India, September 23-24, 2010.

[33.17] Evans, J. H., Schrok, S. L., Mouring, R. W. (1989). Remote automated sampler development. American Nuclear Society, Third Tropical Meeting on Robotics and Remote Systems, Charleston, SC.

[33.18] Dykes, F. W., Shurtliff, R. M., Hencheid, J. P., Baldwin, J. M. (1979). Rugged, remotely maintainable pipetter using microprocessor control. 27th Conference on Remote System Technology, San Francisco, California, November 1979.

[33.19] Burgess, T. W. (1986). The remote operation and maintenance demonstration facility at the oak ridge national laboratory, Spectrum '86, American Nuclear Society, International Topical Meeting on Waste Management and Decontamination and Decommissioning, CONF-860905-6, Niagara Falls, New York, September 14-18, 1986.

[33.20] Chellapandian, R., Rajagopalan, C., Venugopal, S., Kasiviswanathan, K. V. (2009). Robotic sampling techniques for the analysis of process fluids in nuclear reprocessing plants. National Conference on Robotics and Intelligent Manufacturing Process, Centre for Intelligent Machines and Robotics, Corporate R & D Division, Bharat Heavy Electricals Limited, Hyderabad, India.

[33.21] Sharmal, B. L., Mohanbabu, M., Gopalakrishna, M., Bandyopadhyay, M., Ramu, A. (2001). Experience on core shroud inspection TAPS reactors. National Seminar & Exhibition on Role of NDE in Residual Life Assessment & Plant Life Extension, Lonavala, India, December 7-9, 2001, p. 60.

[33.22] Raj, B., Jayakumar, T. (1997). Recent developments in the use of non-destructive testing techniques for monitoring industrial corrosion. Proceedings of the International Conference on Corrosion CONCORN, Mumbai, India, Vol. 97, pp. 117-127, December 1997.

[33.23] Ramesh, A. S., Subramanian, C. V. et al. (1998). Internal rotary inspection system (IRIS)—An useful NDE tool for tubes of heat exchangers. J. Non-Destructive Eval., 19(3-4), 22-26.

[33.24] Jansen, H. J. M., Festen, M. M. (1995). Intelligent pigging development for metal loss and crack detection. Insight, 37, 421-425.

第34章
用于快堆操纵员培训的仿真机

34.1 引 言

对于核电厂来说,运行安全是最重要的。训练有素的操纵员对任何核电厂而言都是一项资产。因此,操纵员的培训对反应堆在正常和异常工况下的安全运行具有重要作用。操纵员的培训要覆盖反应堆的全运行工况,包括反应堆停堆、反应堆启动、反应堆运行、换料启动、换料时反应堆运行。虽然理论培训很重要,但通过全范围复制型操纵员培训仿真机实现全面的实践训练也十分重要。这项培训不仅面向新操纵员,同时也作为已获得资格的操纵员的一项进修课程定期培训,使他们的技能保持在最高水平。一些国家的核电厂保持着高运行安全性和高效率记录,很大程度上是因为他们通过OPTS在计算机上对操纵员进行了高质量的培训。

基于计算机运行的OPTS功能全面,且具有较高的灵活性,可以为操纵员提供良好的培训环境。用于快堆操作员培训的仿真机集成了使操纵员能够接受反应堆正常和异常运行工况培训的所有特征,覆盖了反应堆运行的全部工况,包括瞬态工况和不同级别的设计基准事件。上述培训所包含的理论培训和实践培训,在提高操纵员所需的技能方面发挥关键作用。该仿真机作为培训平台能够提供更先进的见解,增强核电厂操纵员的决策能力,它为控制室内的操纵员提供了训练的机会,通过对仿真机控制室的控制面板和控制台上的警报/指示/控制作出响应,提前实践系统操作规程和其他相关的核电厂操作。核电厂培训方法的重大发展之一是在操纵员培训计划中增加了全范围复制型仿真机(OPTS)。与核电厂内培训相比,计算机培训操纵员的一些特点和优点如下。

(1)在实际的设备投入使用之前,就有可能对操作者进行全面的操作培训和资格认证。

（2）OPTS可以初始化到任何一种运行工况，或者可以从一种运行工况切换到另一种运行工况，没有任何延迟，这是操作培训非常有用的一个功能，可以显著减少培训时间。

（3）出于安全考虑，大多数以培训为目的的故障和事故工况是不允许在实际反应堆中发生的，培训也会妨碍反应堆正常运行，而OPTS提供了这种灵活性。

（4）如果见习操纵员在真实的设备上犯了错误，出于安全考虑，教练员必须介入并纠正错误，然而，更可取的做法是让受训者看到他所犯错误的后果，从而对正确的操作规程留下最深刻的印象，OPTS具备的诸如暂停工况、回溯工况等功能可以满足上述要求。

计算机通过应用数学模型模拟真实系统，推测系统特性和行为，而不实际构建或运行相关的系统。要建立OPTS，首先要确定核电厂动力学相关的子系统和部件，以及与反应堆操作和控制功能相关的子系统和部件。通过数学建模对这些系统和部件个体，及它们之间的关联性进行描述。然后将数学模型转换成计算机代码，即仿真软件，最终将在仿真计算机中运行。

仿真软件从操纵员操作的控制面板、控制台等处获取输入，并根据核电厂模型进行计算处理，然后通过驱动相应的设备或等同设备，在控制面板或控制台上给出计算机生成的输出。仿真软件还有一个教练员工作站，教练员可以与计算机软件交互，为操纵员提供适当的培训课程，引入不同的核电厂场景，介绍故障，监控操纵员的反应，并评估其表现。

34.2　仿真机的类型

培训仿真机的分类大致基于两个参数：核电厂仿真范围和核电厂控制室仿真的逼真度。根据仿真范围，仿真机分为全范围仿真机和局部功能仿真机，根据对核电厂控制室仿真的逼真度，仿真机分为复制型仿真机和非复制型仿真机（图34-1）。

34.2.1　全范围仿真机

全范围OPTS水平覆盖了核电厂所有的主要系统，并进行详细建模，操纵员在实际控制室环境中与之交互，可以接受到所有子系统的全面培训。

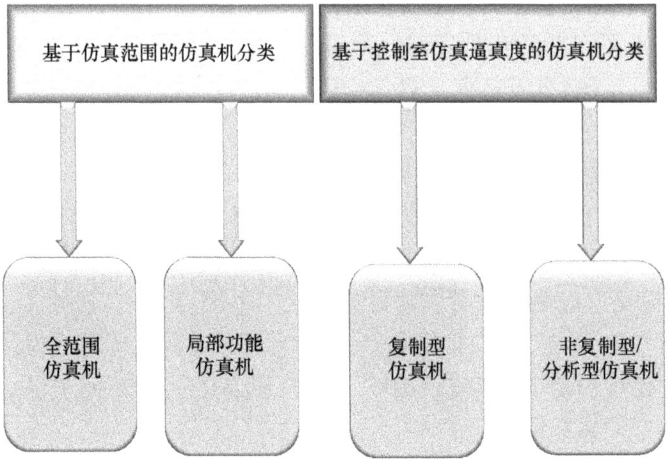

图 34-1 仿真机的类型

34.2.2 局部功能仿真机

局部功能仿真机只针对特定的核电厂系统。对于局部系统,采用与全范围仿真机相同的方式进行模拟,建立数学模型详细地描述系统功能,并仅复制实际控制室的一部分关键的仪器、控制和警报信号。未包含在人机界面(HMI)中的系统要缩小仿真范围或不进行仿真,将其视为始终处于服务状态,以满足主要系统之间的交互。

34.2.3 复制型仿真机

在复制型仿真机中,主控制室的各方面都参照实际核电厂控制室一比一复制,包括硬件面板、控制台、操纵员桌面、椅子、灯光、布局和环境。复制型仿真机的主要优点是能够对每个仪器的位置、功能以及面板上的控制进行严格的程序式训练。

34.2.4 非复制型仿真机

在非复制型仿真机中,所有重要的指示和控制都由计算机通过被称作虚拟面板的 CRT 显示器来模拟,不存在控制面板或控制台,但不能提供控制室的环境。

34.3 操纵员培训仿真机

仿真机在向操纵员传授核电厂相关知识,特别是关于核电厂的主要系统、关键安全系统和复杂系统方面有着很大的作用,其中,全范围复制型仿真机和局部功能仿真机发挥了主要作用。核电厂 OPTS 主要是一种训练工具,用于模拟核电厂响应操纵员操作的稳态和动态行为(图 34-2),是描述电站部件的数学模型、控制系统仿真和人机界面的组合。操纵员在仿真机平台上接受培训,按照教练员描述的场景进行核电厂操作,观察在真实核电厂中可能出现的响应,理解核电厂动态。

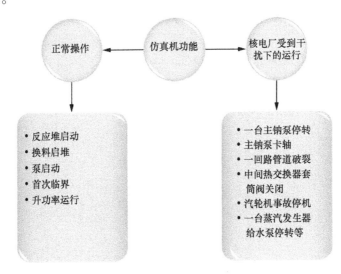

图 34-2 培训仿真机的功能

34.3.1 建造培训仿真机所需的资源

建造培训仿真机首要考虑的因素是资源,包括人、机器和资金。面临的主要挑战有:①获得用于开发模型的人力资源;②获得相关领域的专家;③获取构建模型所需的软件工具;④在必要情况下具备自主开发模型的能力。如果有足够的预算分配,下一步是建立硬件平台,培训仿真机可以与作为模拟服务器的高端机以及连接在局域网中的多个工作站安装在一起。软件工具和其他附件的采购可以同时进行,然后安装到仿真机服务器上,完成设置。

34.3.2 模型开发平台

模型开发平台由仿真计算机和连接在一个局域网的工作站组成,用于开发过程模型,并在验证和校核之前对模型进行广泛的测试。服务器装载 UNIX 操作系统和仿真工具,工作站中安装用于访问仿真服务器的 X-Windows 软件,仿真工具有助于由不同应用程序开发的外部代码的集成,程序模型可以在工作站上单独开发和测试。模型开发完成后，可以从任意一个工作站访问仿真服务器，实现仿真机的集成运行。

34.3.3 操纵员培训的平台部署

模型一旦开发出来，就需要部署平台以进行培训。首先，必须建立一个培训中心来容纳全范围复制型 OPTS（图 34-3）。仿真机控制室的控制面板和操作控制台的选择和安装需要与真实控制室相同，包括面板的颜色、显示和警报指示、布局、照明安排、座位安排和环境。培训仿真机的规范必须根据最新批准的设计文件和核电厂主控制室的图纸仔细制定。

图 34-3　FBR 的全范围复制型 OPTS

仿真机控制室的布置设计也需要与实际核电厂的布置相一致，包括仿真机控制室、教练员站、备用控制室（BCR）、操作控制室（HCR）、工程师室、本地控制中心等（图 34-4）。下面的例子展示了一个模拟快中子增殖堆（FBR）主控制室的培训仿真机。

仿真机硬件结构由仿真计算机、输入/输出（I/O）系统、控制面板、操纵员信息控制台、教练员站、仿真机局域网、供配电系统、备用控制面板和操作控制面板组成。仿真计算机/服务器用于执行各种反应堆部件的数学模型的实时计算。服务器通过 I/O 系统与控制室面板建立接口，利用仿真机局域网进行信号通信。操纵员控制台对最重要和最常用的控制信号进行全面监控。教练员站可以控制和监控仿真机运行工况/操纵员的行为，并进行课程培训。培训操纵员时，所有核电厂工况都从这里加载。备用控制面板是培训仿真机的一部分，在紧急情况时启用，如发生火灾时无法进入主控制室。类似地，操作控制面板也是硬件结构的一部分，用于初始燃料装载和后续的燃料处理操作。

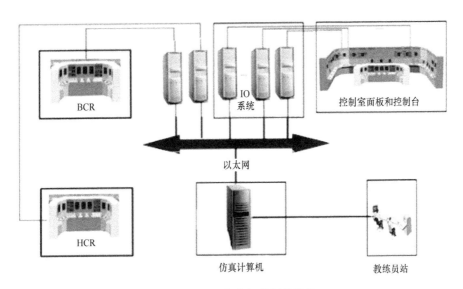

图 34-4　FBR 仿真机的硬件结构

34.3.4　仿真机的软件结构

通常,用于仿真机的软件工具应该能够搭建描述过程部件的过程模型,运行并按照电站数据格式提供输入和输出信号。此外,软件工具能够建立控制和逻辑模型,描述真实核电厂中的控制逻辑,而且具有图形化用户界面,能够生成系统流程图,显示过程信号概况,在流程图上动态显示模拟信号,开发虚拟控制面板(面板由报警、过程信号显示、电站监控和控制组成)。额外的功能还有:建立不同过程之间的通信、各种仿真机组件的控制和同步操作、数据共享、使用数据库服务器保存和恢复功能、显示/传递仿真机的状态信息、提供与仿真机环境交互的用户界面。该软件工具能够在教练员站加载所有的核电厂工况,对操纵员进行培训,并监控仿真机运行状态/操纵员的行为。

图 34-5 展示了一个典型的 FBR 培训仿真机软件架构,由三个主要部分组成:过程建模器、逻辑建模器和虚拟面板建模器。过程建模器用于开发过程模型;逻辑建模器用于为过程组件开发控制逻辑;虚拟面板建模器用于开发监视过程参数的虚拟控制和控制台面板。其他模块为消息传递和数据共享等支持模块,用于建立过程、逻辑、虚拟面板、数据库之间的通信;IC 记录器用于保存和恢复仿真机运行状态;IC 执行器用于控制和同步仿真机各部件的运行;数据库服务器用于存储和检索与仿真模型有关的所有数据;教练员站为仿真机环境提供用户界面。

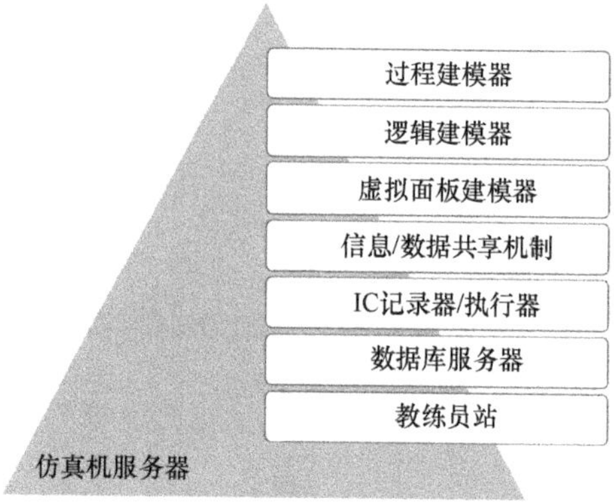

```
        过程建模器
        逻辑建模器
        虚拟面板建模器
        信息/数据共享机制
        IC记录器/执行器
        数据库服务器
        教练员站
仿真机服务器
```

图 34-5　仿真机软件架构

34.3.5　确定需要建模的系统/核电厂状态

开发一个全范围复制型 OPTS 需要有关于核电厂培训需求的具体想法。通过与相关领域专家的详细讨论,确定需要建模的反应堆系统所包括的各种工况。此外还应参考 FBR 的操作经验和该堆型的事故分析报告,以及国际核能论坛上关注的重大事件。

图 34-6 显示了 FBR 培训仿真机系统和各种工况。

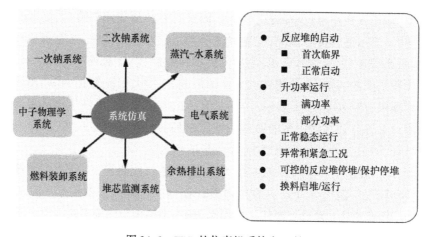

图 34-6　FBR 的仿真机系统和工况

34.3.6　制定仿真范围文件

制定仿真范围文件,详细说明模拟的范围、考虑模拟的系统和未考虑模拟的系统。系统/部件/设备模拟的基准瞬态及相关故障也是构成培训仿真机的基本要素。操纵员培训所必需的规程,如反应堆启动规程和应急操作规程,应包括在范围文件中,还需要在文件中概述开发和部署的硬件设置和软件工具。

34.3.7 建立模型开发的能力

所有设计和开发仿真模型的工程师都需要接受培训,使其具备足够的能力开发仿真机。培训应包括硬件结构、模拟服务器的安装、操作系统的安装、仿真机软件工具的使用、基本部件、每个部件的功能和配置管理的介绍。可以通过安排一系列关于电站设计细节和运行细节的讲座,使工程师更好地理解电站在稳态和瞬态工况下的动力学特性。

34.3.8 组建内部验证和校核团队

从长远来看,在初期阶段成立独立的验证和校核(IV&V)团队是必要的。必须组建一个由领域专家组成的 IV&V 团队组织模型开发工作。IV&V 团队的工作包括部件数据验证、过程模型验证、逻辑模型验证以及稳态和瞬态条件下的性能检验。团队之间的交流,能够促进原理知识的传递,并且便于过程模型设计和开发问题的讨论。

34.4 基础仿真机模型

任何培训仿真机模型都有三个主要部分,即过程模型、逻辑模型和虚拟面板模型。可以使用过程建模器对表示系统实际功能的过程模型进行建模;使用逻辑建模器来开发逻辑模型,表示与反应堆子系统每个部件关联的联锁和控制逻辑;使用虚拟面板建模器为实际控制面板和操作控制台(包括警报指示、显示和控制)开发虚拟面板模型。建立过程、逻辑和虚拟面板之间的接口,实现它们之间输入/输出/反馈信号的传递。

在初始阶段,针对主要部件的概念模型开展模型开发和测试的工作。在后期阶段,可以通过添加管道、阀门和过滤器等设备来进行详细的建模。所形成的每个网络都应该代表电站的一个反应堆子系统。

34.5 培训仿真机的设计与开发

培训仿真机的设计和开发包括使用市场上现有的模拟工具开发模型,以及内部开发模型,内部开发特别针对核电站的特殊系统。

一般来说,仿真工具能够满足常规系统建模的要求,即开发蒸汽 – 水系统和电气系统的过程模型。反应堆的类型,即热中子反应堆或快中子反应堆,决定了堆芯的独特性。核反应堆的类型不同,其堆芯结构和冷却系统也有很大不同。可用的仿真工具可能不具备构建此类模型的能力,它们必须由中心内部利用专业技术知识进行开发。

34.5.1　开发培训仿真机的步骤

培训仿真机的开发需要具备良好的系统知识,了解每个系统中的各种连接过程和相关设备,并对核电厂有全面的认识。可以通过工作经验,参加技术讲座,与运行和设计专家讨论,对核电厂的设计和运行方面进行详细的研究,获得相关知识。图 34-7 提供了培训仿真机的设计和开发所涉及的各个步骤。

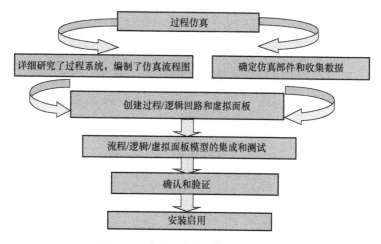

图 34-7　建造一台培训仿真机的步骤

34.5.2　过程仿真机的开发

参照仿真范围文件,进行反应堆系统建模。过程仿真机的开发包括对由部件和设备组成的各种过程网络进行建模。每个子系统有许多连接在一起的组件和设备,共同表示一个过程功能。在初始阶段确定需要建模的每个系统的主要部件。

一个 FBR 培训仿真机涉及的部件包括:堆芯、控制棒、各种安全棒、一次/二次钠泵、热交换器、冷/热钠池、缓冲罐、蒸汽发生器、汽轮发电机、主冷凝器、冷凝抽泵、冷凝器冷却水泵、低压加热器、除氧器、给水泵、高压加热器、给水控制站、阀门、过滤器、连接管道和相关的逻辑与控制。

仿真机的流程表需要根据主系统流程表进行准备,说明需要建模的部件。

然后从设计和运行文件及相关图纸中收集部件的规格和工艺数据。利用收集到的数据对各部件进行建模,并将它们连接起来,测试性能,从而建立流网。在进行下一步开发之前,必须确保这一阶段得到了令人满意的结果。在建模时,为了方便识别系统部件和设备,必须遵循正确的命名约定。为了符合实际系统组件的命名,可以制定一组模型命名规则。

所有确定系统的逻辑模型和虚拟面板模型要同时开发,需要从运行记录、过程和仪表图(P&I图)和核准的面板图纸获得输入数据,它们分别表示实际系统的联锁和控制面板的报警和显示。一般来说,过程输入信号来自过程模型,由逻辑模型按照设定值/阈值和联锁进行处理。逻辑模型产生输出信号并通过I/O单元发送到控制器上显示,自动控制虚拟面板/控制面板和过程部件和设备。图34-8所示为给水系统控制开发的典型逻辑模型和监测给水系统参数的虚拟控制面板。

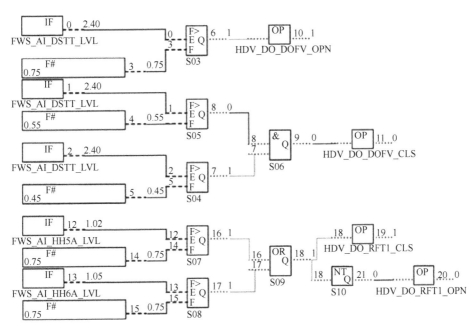

图34-8 为给水系统控制开发的典型逻辑模型和监测给水系统参数的虚拟控制面板

34.6 集成和性能测试

在完成过程/逻辑和虚拟面板模型的开发后,需要对所有模型进行全面集成和测试。集成和性能测试是过程模型开发和实现周期中最关键的阶段,这是培训仿真机开发过程中最具挑战性的部分。过程模型与其他子系统模型集成时应该特别注意,集成过程可以通过检查链接参数来实现。集成和测试的另一个重要方面是检查和验证各过程之间的通信,各过程的周期时间,各部件的逻辑状态,相关报警和系统参数的显示,过程、逻辑和控制的正确运行等。

集成和测试可以根据需求在多个阶段进行,主要通过过程模型与逻辑面板模型和虚拟面板模型的集成,以及过程模型与反应堆其他子系统模型的集成来进行测试。进行性能测试是为了验证所开发的模型是否符合设计理念,以及模型相比于系统设计的准确度是否足够,也是检查仿真机满足培训要求的完整性和准确性程度的平台。仿真机性能测试是在完全集成的模式下测试过程模型在核电厂稳态和瞬态条件下的正确功能,包括可操作性和基于场景的测试。

34.6.1 用于加载核电厂工况的教练员站

教练员站可以加载核电厂工况,有助于性能研究和系统分析,能够通过监控仿真机运行状态、操纵员的行动和响应,为操纵员提供培训课程,其他重要的功能特性包括:加载各种反应堆工况,捕获相关的过程信号以及强制执行特定工况的运行过程等。教练员站可操作的重要命令包括 RUN、STEP、BACKTRACK、FREEZE、REPLAY 和 SNAPSHOT。RUN 命令是执行集成模式下的模型,这是一个连续的同步的操作。STEP 命令是让模型以一个仿真周期(200ms)执行,主要用于分析。FREEZE 命令是暂停与模型相关的所有计算和运行。REPLAY 命令是根据存储的输入信号重新计算输出变量。SNAPSHOT 命令用于捕获特定时刻仿真机的当前状态。教练员站提供了 BACKTRACK 和 REPLAY 选项,来检查核电厂运行的历史状态。BACKTRACK 命令要求快照功能按照时间间隔 2/5min 存储仿真机的状态。教练员可以从预定义的状态,启动仿真机,创建各种用于培训的事件/故障工况,使用 FREEZE 命令暂停工况(方便对各工况的讲解培训),使用 BACKTRACK 命令使反应堆回溯到某个工况(方便对学员的操作行为进行解释)等。操纵员对每个故障/事件的反应将被记录和评估,以检查其操作的正确性,还可以接受不同核电厂运行程序的培训。

34.6.2 稳态的性能测试

仿真机性能测试在完全集成的模式下进行,检查过程模型在核电厂稳态和瞬态条件下的正确功能,这主要是为了检查所建立模型的完整性和准确性。根据标准,需要在跨越50%工作范围的三个不同功率水平(100%、50%、25%)进行稳态性能测试。在每个功率水平上,过程仿真机必须在集成模式下运行几小时,然后才能进行进一步的分析。要在一个功率范围内连续运行,并记录模拟部件的输入和输出参数(包括流量和温度的变化、液位变化和压力变化),来获取仿真机的基本情况。记录的模拟参数应与参考核电厂数据进行比较,还要认真检查系统是否达到质量平衡和热平衡。发现的任何差异都应该在进一步开发之前解决。在取得满意的结果后,可以继续进行瞬态测试。

在没有电站数据的情况下,以设计数据作为性能评估的依据。性能测试的评估用到参数百分比误差,百分比误差表明过程模拟与参考值的接近程度,百分比误差越小,表明模型集成越成功。

34.6.3 瞬态的性能测试

瞬态仿真与分析是全范围复制型 OPTS 开发与实现过程中最重要的环节。基于过程模型的稳态和瞬态性能,以一种集成的方式对 OPTS 进行验证。

进行瞬态仿真主要是为了保证装置在各种异常状态下的动态行为始终朝着安全运行的方向发展。通过从教练员站加载不同的核电厂工况,可以进行瞬态模拟测试。在核电厂中,事件分析报告是由设计专家在对核电厂在各种异常工况下的动态行为进行广泛研究和分析后编写的,以确保核电厂参数不超过规定的设计安全限度。这保证了即使在可能的最坏情况下,核电厂也能够安全运行。因此,事件分析报告是评估过程仿真机瞬态测试的基础。

根据用于核电厂仿真机的 ANSI 3.5 标准,系统瞬态工况下的模型行为应尽可能接近核电厂行为,误差百分比限制在 15%~20%。由于在设备调试的初始阶段无法获得设备数据,因此将以事件分析/设备安全分析报告作为模拟测试结果比较的参考文件。

34.6.4 基准瞬态

根据核电厂安全分析报告,基准瞬态是指模拟的重要瞬态列表。通常,设立基准瞬态的目的就是为了评估过程模型和认证培训仿真机。FBR 的基准瞬态包括的主要事件有:①一根控制棒不受控提出;②一台主钠泵停转;③一台二次钠泵停转;④一台主/二次钠泵卡轴;⑤IHX 套筒阀关闭;⑥主管道破裂;⑦CEP 停转;⑧两台 CEP 停转;⑨一台 BFP 停转且备用失效;⑩两台 BFP 停转;⑪一台或两台 CWP 停转;⑫汽轮机事故停机;⑬反应堆高功率停堆;⑭换热器失效导致失热阱;⑮回热器故障;⑯Ⅳ级电源故障;⑰核电厂停电。

34.7 培训仿真机的验证与校核

验证与校核是培训仿真机最重要的阶段,它可以使仿真机实现预期的功能。

在验证测试中,将模拟部件和原始需求进行比较,以确保模型开发过程中的每一步都完全满足所有的设计需求。

验证测试是将模拟过程参数与实际系统参数在单机模式或集成模式下进行对比。通常,验证和校核测试由系统专家完成,他们基本上都是系统设计师。

所有的仿真模型都要进行验证和校核,保证过程仿真机符合培训目标。可以专门组建一个由过程设计和仪器控制设计领域专家组成的 IV&V 团队来执行验证过程。受委托团队在安装启用之前对过程模型进行验证和确认。如果发现偏差超出了标准规定的限度,则必须根据 IV&V 团队的建议进行修改和模型调整。

34.8 安装启用

过程模型由 IV&V 团队批准后,下一步就要进行移植和安装启用。通过备份和复制,将过程模型移植到操纵员培训平台上。为了能够顺利安装和调试培训仿真机,需要建立合适的移植过程。在移植培训仿真模型之前,有必要准备一个待执行检查表。培训仿真机的重要组成包括控制室面板、模拟服务器、不间断电源系统、模拟服务器联网、面板 I/O 系统和显示站的调试。检查服务器和面板/显示站之间的信号通信也是同样重要的。

在移植和测试成功之后,培训仿真机将再次接受验证和校核。仿真机培训平台需要获得批准,才能对核电厂操纵员进行培训。建议培训一组人员来维护培训仿真机,包括仿真机的启动和运行、从教练员站加载各种核电厂工况以及使用教练员站命令(如 RUN、STEP、BACKTRACK、FREEZE、REPLAY 和 SNAPSHOT)。

34.9 培训仿真机配置管理

在运行和调试成功后,培训仿真机的配置管理至关重要。建立配置管理方案的主要目的是在系统的生命周期中更有效地维护和运行系统。系统一旦投入运行和使用,就需要严格执行配置管理方案,对系统进行维护。配置管理方案允许系统的纵向发展,同时确保系统性能,符合设计需求。有效配置管理方案的一些重要特征如下:

(1) 在硬件平台(服务器和开发节点)方面紧跟技术变化;
(2) 定期检查和修订与核电厂相关的范围文件和系统需求规范;
(3) 跟踪正在运行的核电厂的修改;
(4) 定期实施这些修改;

(5) 仿真机模型和相关文档的版本管理;

(6) 进行验证和校核,作为版本管理措施的一部分。

34.10 参考标准

开发核电厂操纵员培训仿真机的参考标准包括用于操纵员培训和考试的 ANSI-3.5-1998、IAEA-TECDOC-995 和 I AEA-TECDOC-1411,它们为所模拟控制室的仪表和控制的模拟程度、性能和功能建立了标准。

第九部分

具有闭式燃料循环的钠冷快堆的经济性

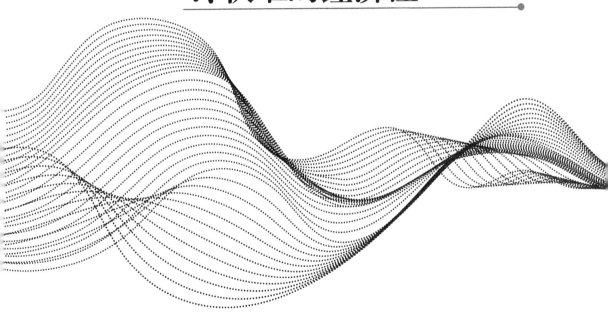

第35章
具有闭式燃料循环钠冷快堆的经济性

35.1 引 言

先进的快堆已经具有高水平的可靠性和环保性。在可预见的未来中,由于燃料的增殖,快中子反应堆几乎可以在任意发电功率下自行供应燃料。专家们认为,在目前的发展阶段,限制快堆实现发电的主要原因可能是与现有的发电厂(热中子反应堆、有机燃料发电厂等)相比,快堆在发电方面的经济竞争力不足。特别是,钠冷快堆(SFR)的成本目前比压水堆(PWR)更高。为了使钠冷快堆在经济上具有竞争力,有必要分析高资本成本的原因,并采取措施分期降低成本,使其在与技术成熟的压水堆和化石发电厂的竞争中具有竞争力。本章的主要目的是使读者熟悉与钠冷快堆技术问题相关的经济方面。关于只处理认为重要的具体参数的参考文献很多,如 Alan E. Walter 等的《附录 D:快中子光谱反应堆的经济学计算方法》[35.1]用数学方法更全面地提出了这一主题,我们鼓励读者查阅更多的细节。

35.2 对钠冷快堆经济性的总体看法

对各种发电厂的经济评估表明,在高热量燃料的情况下,机器和发电厂的资本成本及其转化为可用能源的形式是决定性因素,所以需要降低这些因素以获得成本竞争力。与传统燃料相比,核燃料具有更高的能量密度,每个堆芯单位体积都能释放出巨大的热能,例如,液态金属冷却快堆(LMFR)堆芯功率密度达到 500kW/L 以上。在传统的化石燃料蒸汽供应系统(FSSS)中不可能有相应的类似物,尽管如此,核燃料蒸汽供应系统(NSSS)是相对庞大和昂贵的,造成这种情况的原因可以解释如下。

在传统发电厂,化石燃料蒸汽发生器(FSG)代表化石燃料蒸汽供应系统。化石燃料蒸汽发生器涉及整个复杂的过程:燃料的燃烧、水的加热和蒸发、蒸汽的过热和再加热等。燃料和水被供应给化石燃料蒸汽发生器,产生的蒸汽被输送到涡轮机。在核燃料蒸汽供应系统中,这些过程是分开的,例如,在压水堆和液态金属冷却快堆中,热量在反应堆中产生,然后将热量输送到蒸汽发生器(SG)进行水加热、蒸发、蒸汽过热甚至再加热(在一些钠冷快堆中)。因此,在核燃料蒸汽供应系统中,与化石燃料蒸汽供应系统相比,第一个区别是一种新的复杂的、关键的、昂贵的系统被用于反应堆冷却和从反应堆到蒸汽发生器的热量传输;第二个区别是高线性额定功率和热惯性(衰变放热),细条状核燃料元件中积聚的大量热量(细条状核燃料元件中心线的温度约为2000℃或更高)需要高可靠性的反应堆冷却系统,包括相关的冷却剂、循环和除热设备;第三个区别是安全可靠性要求高,需要多种多样的冗余系统。通常,反应堆的设计包括许多平行的热传递回路,实现了不同设备单元的放热和产汽过程,存在从反应堆到蒸汽发生器的热传输的分支系统,包括泵、热交换器、管道和其他由高质量材料和技术制造的部件。根据核规范,这是核燃料蒸汽供应系统高资本成本的一些原因(在液态金属冷却的快堆中,显然是主要原因),与化石燃料蒸汽供应系统相比,核燃料蒸汽供应系统成本更高的其他原因是:①核反应堆物理过程的放射性要求使用昂贵的中子和生物屏蔽材料;②需要建立预防和尽量减少有害失效影响的系统,要求核电厂的材料消耗和建筑结构都要占很大比例。

虽然相对较低的燃料成本可以在一定程度上弥补较高的资本成本,并使现有核电厂的电价与化石燃料发电厂相比较具有竞争力,但核燃料蒸汽供应系统的高成本的负面因素仍然存在。在 20 世纪 90 年代,法国的 1300~1500MW(e)-Superphenix-2(SPX-2)大型一体化快堆核电厂概念设计研究的一个重要阶段,英国的商业示范快堆(CDFR)和德国的 SNR-2 已经完成。当时,欧洲国家集中力量发展 1500MW(e)的欧洲快中子反应堆(EFR)项目,苏联和后来的俄罗斯集中精力发展 BN-800 和 BN-1200 快中子反应堆的设计。由于建造了 4 个液态金属冷却的快堆并成功运行,俄罗斯开发商拥有成熟的快堆技术。据估计,到目前为止,俄罗斯联邦在钠冷快中子反应堆技术上的总开支约为 120 亿美元[35.2]。

快堆的经济竞争力取决于铀的价格,众所周知,因为天然铀(不仅是可裂变的^{235}U. 同位素,如热反应堆),也可能是钍的有效利用,将快中子增殖反应堆广泛引入核电发电的主要目的是大幅度扩大燃料和能源基础,如图 35-1[35.3] 所示。如果存在廉价天然铀储量的限制,那么快中子反应堆的经济优势就会显现出来。目前,在燃料和电力的生产方面,还没有其他类似的快种子增殖反应堆。

钠冷快堆设计人员有必要开发先进/创新的反应堆设计,使反应堆可以与其他能源选择竞争。

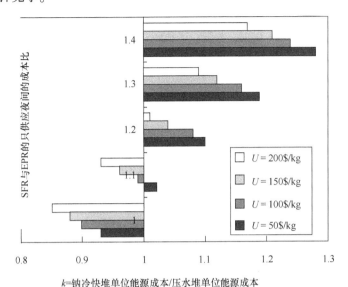

图 35-1　钠冷快堆和压水堆在各种铀价下的能源价格
（来源于 Loaec,C. and Linet,F. L. ,The French scenario,IAEA-INPRO Meeting on Joint Study on an Innovative Nuclear Energy System Economics,Cadarache, France,February 6-9,2007. ）

35.3　国际钠冷快堆有关经济方面的经验

35.3.1　考虑核电厂经济学的共同因素

核电厂经济学第一个也是最明显的共同因素是规模（规模经济），如果设计只是略有不同,大单位的隔夜资本成本明显低于小单位,较小的尺寸一方面使它们更易于进行模块化,即构建和部署更多数量的标准化单元。模块化降低了对更昂贵和耗时的现场施工的要求,也允许更多的工厂制造。然而模块化被认为是一个共同的因素,因为它也用于最近的大型工厂设计,因此必须进行比较评估。类似的考虑也适用于在一个站点部署多个单元,明显的优势是共享基础设施和更好地利用场地材料和人力资源。无论大型还是小型核电厂都可以在一个地点进行多机组部署。事实上,有数个多机组的地点拥有数千兆瓦的装机容量。

第二个需要并行评估的因素是学习。众所周知,第 n 种（NOAK）核电厂的成本低于第1种（FOAK）核电厂，因为在早期机组的建设和部署中吸取了教训，学习曲线一般在5~7个单元后变平。与350MW(e)和1400MW(e)相比，NOAK是在小型模块化反应堆(SMR)大约2100MW(e)和大型反应堆8400MW(e)之后达到的。因此，在大型核电厂能够赶上之前，18个以上的小型模块化反应堆可以利用学习因子，对于市场早期阶段的小型模块化反应堆来说，学习绝对是一种优势，但随着这两种设计的市场逐渐成熟，学习最终会趋于平衡。

除了在世界范围内的学习（到达第 n 个目标的单位在哪里并不重要），还有现场学习，从连续单元的施工中获得。小型反应堆的具体特点是体积小、设计简单、模块化程度高、工厂制造程度高、组件的系列化制造，从而缩短了建造时间。小型反应堆的单位成本当然只是大型核电厂成本的一小部分，前端投资需求的减少对于资源有限的公用事业或国家来说可能是一个关键因素。最后，减少的前端投资和更短的建设时间相结合，使得通过连续部署多个模块的逐步建设/运营，使现金流最小化成为可能。假设前一个模块开始运行时就开始了模块的构建，发电模块将为下一个模块的构建提供资金。

在本质上，建设快堆一直是战略性的，通过利用快堆而不是热堆中铀，铀的能源潜力增加了近60倍，它可以被列为一种主要的世界能源。因此，这项技术赋予投资于它的国家一定程度的能源独立。对于钠冷快堆而言，优化过程的重点既可以在概念层面，也可以在设计参数/选项层面。

35.3.2 核电厂经济学：一般方法

对于一个拥有所有必要的科学知识和技术基础的国家来说，冒险大规模部署核能主要是以经济为指导。但与其他方式相比，核能发电的经济竞争力在很大程度上受到国内市场上裂变材料现行价格或通过国际市场向某一特定国家提供的裂变材料价格的影响。这种情况非常复杂，很难一概而论，因为各国的情况各不相同。因此，要审慎地认识到影响核电经济的各种因素，本小节将简要讨论其中的重要因素，即建造时间和输出功率。

在开始讨论之前，必须强调指出，减少温室气体排放的必要性所构成的严峻挑战，特别是在发电部门，已使人们重新对建造新的核电厂产生兴趣。这些反应堆将首先取代老化的现有反应堆，然后满足电力需求的增长，并可能最终取代一些化石燃料发电厂。从长远来看，新一代的核电厂有望用于制造氢，最终取代碳氢化合物的使用。

35.3.2.1 建造时间

超出预测的施工时间不会直接增加成本，但会间接增加施工期间的利息，它也经常被视为施工阶段问题的征兆，例如设计问题、现场管理问题或采购困难，这些问题将反映在较高的施工成本中。在竞争激烈的电力系统中,由于与环境变化相关的风险增加,长期预测的建设时间将是一个不利因素,因为在竞争环境中资本成本较高,使投资在建设阶段不经济。

35.3.2.2 输出功率

核电厂的最大输出功率将决定其能生产多少千瓦小时的可用电力,如果是因为腐蚀和设计不良等问题导致建造的大多数核电厂无法在其全部设计额定值下保持运行,则需要进行彻底的调查。根据世界范围内使用比较广泛的设计,近年来,核电厂降额已经不是一个重要的问题,大多数核电厂都已经能够在它们的设计水平上运行。事实上,在某些情况下,核电厂投入运行后的变化(例如使用更高效的涡轮机或提高运行温度)意味着一些核电厂能够以高于设计的额定值运行。对于未来的项目,未经验证的设计仍然有一个小风险,即设计好的核电厂无法以计划的高评级运行,但与其他风险相比,这个风险较小。

一个设备的成本与它的生产能力并不成正比,这一点在工程上得到了广泛的观察和接受;比例性是通过指数函数得到的:

$$K = a + bY^n$$

式中

K——成本;

Y——容量;

a、b——常数;

n——尺度指数。

常数 a 相对于 K 的相对价值在两个不同规模的核电厂的成本之比中是非常重要的。此外,规模经济只在有限的范围内有效,具有固定常数的经验定律能否在大范围内有效是值得怀疑的,例如,从 100~1300MW。

传统上,工程师在估算比例指数 n 时,会考虑成本的正向、预期或自底向上的结构,而经济学家通常会回顾总体成本。由于总成本包括若干社会、管制和经济因素,并且在20世纪的70年代和80年代初期在总成本中所占的比例越来越大,因此成本的比例就不那么明显了。以下相关关系是根据从美国1971年至1978年建成的46个压水堆核电厂收集的数据得出的:

$$\frac{\$}{\text{kWe}} = 6.41 f_1 f_2^{-0.105} f_3 f_4 f_5 \text{MW}^{-0.2} f_6^{0.577}$$

其中

f_1——根据工厂的位置(例如,如果工厂位于美国东北部,则为1.28,其他地

方为 1);

f_2——建筑师/工程师参与的反应堆数量(1 个或更多);

$f_3 = 0.903$,多单元情况,$f_3 = 1$ 一个单元情况;

$f_4 = 1.34$,悬空情况,即在分析时该单位仍在建造中,但已经有一些费用成本数据可以使用;

$f_5 = 1.20$,如机组有冷却塔,$f_5 = 1$ 则为一次通过冷却;

f_6——这个国家的累积核能力。

此经验相关性需要大量的数据来产生这种性质的经验相关性,但考虑到在一个国家或全世界建造的快中子反应堆单位的数目相对较少,很难得出这种特定的相互关系,不过,同样可以作为指示性措施。

例如,英国核工业联合小组在 1987~1988 年期间对商业示范快堆的发电成本进行了评估。评估显示,该示范核电厂的发电成本将比当时计划在英国条件下建造的小型压水堆高出约 20%,但没有第一种成本的后续快堆与压水堆相比是有竞争力。研究还表明,没有任何一个因素控制了后续核电厂的发电成本,因此,任何大幅度降低成本的尝试都必须考虑到所有因素。

35.3.3　参考国际钠冷快堆经济性的经验

基于快堆设计和建造的经验,主要的核燃料蒸汽供应系统和组件之间的资本成本分布如图 35-2 所示[35.4]。与同期建造的 1400MW(e)压水堆核电厂的比较表明,Superphenix-1(SPX-1)的单位电力装机和发电量成本远高于"压水堆"。每年的资本投资费用是单位发电成本的最大组成部分。如表 35-1 所示,由 SPX1 产生的电力成本要比由压水堆(1400MW(e))产生的电力成本高出约 2.2 倍。SPX1 的资本投资成本是 PWR-P′4 的 2.6 倍以上(表 35-1)。这就是为什么在设计下一个法国液态金属冷却快堆 Superphenix-2(SPX2)时,再次提出了选择最佳布置类型、反应堆和设备设计的问题。主要目标显然是在 SPX1 的设计和构建的基础上降低 SPX2 的成本,这方面的重要步骤是将发电能力从 1240MW(e)提高到 1540MW(e)。SPX1 核电厂的建设和安装工作的经验表明,这种设计相当复杂、昂贵,而且它的实现需要解决许多技术问题,这增加了建设的时间(核电厂原本计划在 1982 年投入使用),并增加了资本投资。据了解,施工成本本应通过避免复杂的结构配置来降低,如圆形墙壁和穹顶屋顶,减少组件的数量和重量以及建筑体积,使用简单和紧凑的设计,限制安全等级系统的数量,可以降低建筑成本。根据反应堆运行和施工经验,进行了快堆设计优化。在苏联,从 BN-600 的设计和运行经验中,对 BN-800 进行了这样的优化研究;在法国,SPX2 来自 SPX1,在德国,SNR-2 来自 SPX1 和 SNR-300。

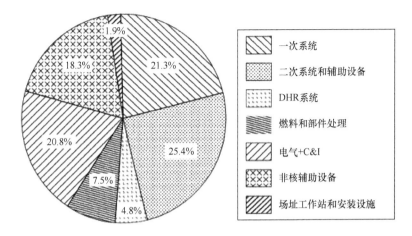

图 35-2 钠冷快堆核燃料蒸汽供应系统硬件故障的资本成本
(From Rapin, M., Fast breeder reactoreconomics, presented at the Royal Society Meeting on the Fast-Neutron-Breeder Fission Reactor, London, England, May 24-25, 1989.)

表 35-1 发电成本按 SPX-1 和 PWR-P′4 计算,分(法郎)/kWh

成本类别	PWR-P′4(1400MW(e))	SPX-1(1200MW(e))
资本投资	8.5	22.6
燃料	5.3	10.0
运营和维护(O&M)	3.2	5.0
发电成本	17.0	37.6

来源:Rapin, M., Fast breeder reactor economics, presented at the Royal Society Meetingon the Fast-Neutron-Breeder Fission Reactor, London, England, May 24-25, 1989.

参考文献[35.5]中报道的 BN-600 和 WWER-1000 反应堆的经济评估也在这里介绍。超过 30 年的时间里,BN-600 一直以较高的可靠性仅用于商业电力生产,这是液态金属冷却快堆技术的一个里程碑。因此,比较俄罗斯热反应堆和快堆的技术和经济特点,看来最适合使用的反应堆无疑是建造在 Beloyarsk 场址作为 3 号机组的 BN-600 和建造在 Novo-Voronezh 场址作为 5 号机组的 WWER-1000/V-320 反应堆,这两个机组都是在已经具备所需基础设施的场地上建造的。值得一提的是,这些反应堆的发展程度和安全问题的解决方案存在显著差异:第一个是半商业池式钠冷快堆,第二个 WWER-1000 是先导动力装置代表典型的水冷/水慢化热反应堆。由于缺乏更多可比的类似物,本比较是针对快堆和热堆的具体自然指标和成本指标进行的。应该指出的是,由于开发和设计机构的不同,可比较的功率单元的成本特性的绝对值是不具有指示性的,因此不能强调它们。除了对 BN-600 和 WWER-1000 的技术经济特性进行分析外,文中还给出了另一核电厂的一些具体指标,以供比较。将其他类型的动力机组引入分析中,应该有助于理解比较后的机组的具体性质。

35.3.3.1 与主要自然经济指数的比较

由于 BN-600 和 WWER-1000 之间的净电力输出不同,可以将两个核电厂的具体重量(t/MW(e))、体积(m3/MW(e))和施工人员日数(人·天数/kW(e))作为经济比较的合适指标。表 35-2 给出了热堆电站和快堆电站最重要的自然指标和某些相对成本指标。从表 35-3 可以看出,如果我们考虑到被比较的快堆的容量要低得多,那么热堆和快堆的具体自然指标(金属含量)和成本指标的差异并不那么显著。对不同功率等级核电厂的成本分析表明,当机组功率加倍时,可节省高达 12% 的具体资本投资。因此,如果 BN-600 具有与热堆相同的额定功率,则快堆的具体资本投资可减少 8% ~ 9%[35.6]。根据所做的分析,可以得出以下关于 BN-600 和 WWER-1000 的成本结论,在相同的条件下(相同的发电量、相同的地区、相同的建设周期、相同的系列化生产程度、相同的现场机组数量),快中子/热中子反应堆的资金投入差异为 20% ~ 30%。为了获得竞争力,这种电能成本的差异原则上可以通过快中子反应堆的高效燃料增殖来补偿。建造 BN-600 的经验表明,建造具有快中子反应堆和热中子反应堆的核电厂的过程没有很大的变化,与 WWER 相比,快中子反应堆的特定资本投资有所增加,这可以解释为设备的总成本更高。值得注意的是,具体的建设成本几乎是相等的。从表 35-3 可以看出,快堆设备费用较高的原因是它们的范围较广,单位金属含量较高。降低核电厂的金属含量,从而降低昂贵的安全级钢材的使用,是快中子反应堆设计和规划面临的最重要挑战之一。

表 35-2 WWER-1000 和 BN-600 的主要自然和经济指标

参数	WWER	BN-600
功率,MW(e)/净热效率/%	940/31.3	600/40.6
设备重量,屏蔽/建筑金属/(t/MW(e))	38.0	57.2
钢筋混凝土结构体积/(m^3/MW(e))	180	170
进行商业结构的建造和组装工作,人工日/kW(e)	3.0	3.5
建筑工程的具体资本投入(与 WWER-1000 相比)/%	100	96
特定资本投资总额	1.00	1.5

来源:Rineiski, A. A., Atomnaya Enegia,53,807,1982

35.3.3.2 材料消耗与成本指标

为了明确快堆与热堆相比材料消耗和成本增加的原因,将核电厂的所有设备进行了功能分组,按自然指标和费用指标分配,见表35-3。在BN-600核电厂的构造中,最大的物质含量和最昂贵的是池式反应堆本身,它的具体物质含量是WWER-1000反应堆的三倍。此外,对于BN-600,组件按成本顺序排列:二回路设备(蒸汽发生器、钠泵及管道、辅助系统)、电气设备、辅助建筑物及构筑物的设备、控制及测量设备、换料设备及工艺系统。在WWER-1000核燃料蒸汽供应系统的组成中,最大的材料含量和最昂贵的是工艺设备(蒸汽发生器、冷却剂循环回路及其辅助系统)。需要指出的是,尽管在BN-600上使用的是较小(2.5倍)单位功率的涡轮,但BN-600涡轮大厅设备的具体成本大大低于WWER-1000的相应成本。后者的解释是,在BN-600中,使用三个高热效率标准涡轮机,每个200MW(e)额定功率,而对于WWER-1000,使用两个额定功率为500MW(e)的特殊涡轮,降低了蒸汽参数和热效率。BN-600已经以较高的可靠性仅用于商业电力生产超过30年,这是液态金属冷却快堆技术已证实和实施的里程碑。

表35-3 BN和WWER材料消耗和成本的具体指标

项目	占总成本的比例/%		金属含量/(t/MW(e))	
	BN-600	W-1000	BN-600	W-1000
反应堆屏蔽:容器和容器内部件:主泵、主回路管、中子和热屏蔽、换料和控制棒机构;钠和气体辅助系统	25.2	11.1	7.7	2.5
工艺设备:蒸汽发生器(SG),二次回路泵(用于BN-600),从反应堆到SG的管道,二次钠,气体和水(用于WWER-1000)	26.1	31.7	6.2	5.7
燃料补充及处理系统(FRHS)	5.0	3.1	2.3	2.5
NSSS+FRHS数据	56.3	42.9	16.2	10.7
汽轮机带主、辅设备,工位管路带阀门等元件	5.8	21.5	16.0	14.5
核电厂辅助建筑物设备及构筑物	10.0	10.8	7.7	5.0
核电厂电气设备	10.3	7.5	—	—
核电厂控制和仪表	12.2	15.8		
金属结构:所有密封单元内表面的钢衬板,包括窒息的底抓盘(用于BN-600),屏蔽板,隔间门,人孔盖	5.4	1.5	17.3	9.6
全部的数据			57.2	39.8

来源:Rineiski, A. A., Atomnaya Enegia, 53, 807, 1982.

35.4 未来方向：技术挑战

钠冷快堆具有许多积极的工程特性，例如高热效率（比现有的热中子反应堆高出三分之一），堆芯紧凑。由于液态钠冷却剂的有效传热，使蒸汽发生器、中间换热器（IHX）和低压的反应堆容器和热交换设备（0.15~0.2MPa）和输送管道（0.6~0.8MPa）结构紧凑。尽管实践表明，回路数量的减少不一定能降低成本，但是根据最一般的考虑，可以认为仅仅热效率的差异就应该基本上补偿了引入中间回路所造成的每千瓦成本的差异。这方面的一个例子是单回路（直接循环）沸水反应堆，它并不比双回路压水堆便宜。随着传热回路数量的减少，对泄漏严密性的要求、材料的选择以及对核电机组相对较大的支管蒸汽/发电部分的维护和修理变得更加严格，这大大降低了排除紧凑中间回路的增益。因此，系统、部件和设备数量的优化应综合考虑经济、技术和安全等几个方面。

反应堆内容器设备压力低，堆芯紧凑，换热表面积小，使得在薄壁容器内定位堆芯和换热设备成为可能。如果设计合理，可以提高安全性能。但这个决定应该通过调查维修、在线检验、可制造性、运输和安装等方面来做出。

降低成本和提高可靠性的研究应以综合的方式进行和分析。为了从成本、金属含量和可靠性等方面全面实现具有潜在可行性的钠冷快堆，需要一种与目前使用的不同的新型蒸汽发生器和其他设备设计方案，以欧洲600MW（t）快堆单容器蒸汽发生器为例，通过SPX蒸汽发生器的成功运行反馈，验证了其良好性能。欧洲快堆的先进蒸汽发生器是一种直管式，没有焊接在长管中，除了需要在两端各有一个连接管与管板，这种发展需要制造业进行技术示范。

在池式反应堆中，金属在屏蔽结构上的花费相对较大：中子、热屏蔽和生物屏蔽，以及支撑结构（支撑环、定位板、主循环泵和IHX支架）。

除了把它看作是高中子通量和使用钠作为冷却剂所付出的代价之外，没有别的办法来看待这个问题。由于这些结构布置在冷却剂的反应堆容器内，必须使用高质量的制造技术和对表面处理纯度要求高的材料（目前采用奥氏体不锈钢）。因此，他们的成本接近于主要设备的成本。

对于快堆设计者来说，最紧迫的任务是通过减少金属的重量、使用低等级钢或其替代品以及通过有效的分离来减少金属的开支。例如，在堆芯和设备之间提供足够的距离，这对维护和检修是必不可少的。在一些反应堆设计中，位于堆芯和中间换热器之间的钠通过增加它们之间的距离来屏蔽活化。虽然这一措施导致了容器直径或高度的增加，但它可以减少容器内钢屏蔽的厚度和重量，这使得反应堆的总重量减少，这种减少容器内屏蔽层切割的方法是通过开发与水平容器的整体布局来实现的。在上述办法中,可以在不增加容器直径的情况下设置堆芯和中间换热器之间的距离,使钠层完全发挥中子屏蔽的作用。

循环分组解决方案的使用允许废除大量的容器内部结构,据估计,如果找到了某些基本技术问题的积极解决办法,在回路布置中可以降低一回路的特定金属含量和钠的质量。同时认为,高功率蒸汽发生器在节约金属含量方面具有相当大的潜力。

除了前面提到的方面外,还可以研究以下具体的方向来提高池式钠冷快堆的经济性。

(1)通过减少除热回路和部件的数量来减轻设备和系统的重量;减少中间换热器和一次、二次泵的数量;将所有放射性系统(冷阱和其他)置于反应堆容器内;通过对块式蒸汽发生器的布局优化和使用,减少了二回路钠、气体辅助系统的数量。

(2)最大程度地采用之前反应堆的设计和工程决策,并通过其长期运行的经验证明;

(3)通过排除存储辐照燃料组件(FSA)的桶,减轻容器内屏蔽材料的重量,减少燃料组件处理和再装料系统的重量。

此外,详细分析还表明,通过对高发电成本的各组成部分进行优化,提高了反应堆厂的工程效率和经济效益;通过降低核燃料蒸汽供应系统的比重来降低资本成本;通过提高燃料燃耗来提高燃料循环成本,提高设备可靠性,并将使用寿命延长至60年。

35.5　印度钠冷快堆经济性探讨:个案研究

为了提高经济效益,即单位能源成本(UEC),了解各种参数对单位能源成本的贡献是非常重要的。通过改变单位能量成本的不同参数,这将有助于理解在单位能源成本方面可以获得多少收益。对于原型快中子增殖反应堆(PFBR),图35-3给出了各种成本组件对单位能源成本的绝对贡献和百分比。仔细分析这张图可以发现,净资产收益率的贡献率最高,其次是燃料循环成本和折旧,两者合计约占总资产的80%。项目总成本是净资产收益率的贡献因素,其中折旧成本是基于政府政策每年5%的折旧。因此,决定成本优化研究可以集中在剩下的两个方面,即净资产收益率和燃料循环成本。由于资本成本对股本回报率有贡献,资本成本的任何大幅降低都必然会降低单位能源成本。仔细研究原型快中子增殖反应堆的资本成本分解细节(图35-4)可以发现,反应堆组件、钠回路、蒸汽水系统和电力系统加在一起占项目总成本的约53%。但由于最后两种系统,即蒸汽水系统和电力系统已基本标准化,还需要另外两种系统进一步降低成本,即反应堆组件和钠回路。在早期的系统中也需要努力实现成本优化,可以看出,采用现代管理方式,有很大的缩减空间。

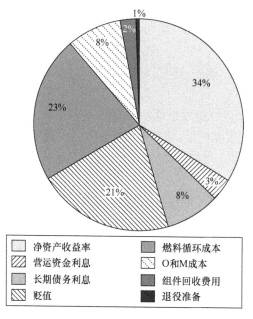

图35-3 单位能源成本构成的分布

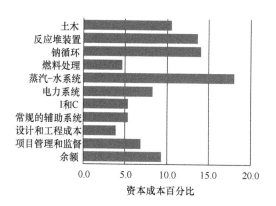

图35-4 原型快中子增殖反应堆资本成本分解

采取提高燃耗、提高热效率、提高产能系数、缩短施工时间、多单元施工、对折旧率、债转股率、利率等财务参数的政策措施等措施降低资金成本,如图35-5所示。通过对列出的所有参数进行优化,可以在恒定货币价值的基础上实现单位能源成本的大幅降低,见表35-4。考虑到原型快中子增殖反应堆的设计已经在很大程度上优化,通过采用创新的方法来降低单位能量成本中由于资本成本而产生的那部分是我们面临的挑战。已经审议了需要进一步研究的各种措施,从短期研究到长期研发,视其对经济设计的影响的性质而定,如图35-6所示。

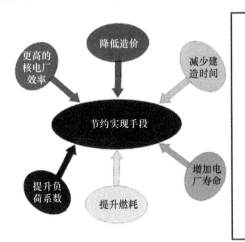

图 35-5 节约实现手段

表 35-4 用各种参数对印度 SFR UEC 的初步估计

以当前 PFBR 单位能源成本为参考(热效率40%,利用率62.8%,燃耗100GWd/t,建设时间7年,核电厂设计寿命40年)		
序号	参数变化的影响	预期的减少/%
1	热效率为 40% ~ 40.5%	1.0
2	燃耗从 100GWd/t 到 200GWd/t	5.0
3	利用率从 62.8% 提高到 80%	18.6
4	热效率从 40% 到 40.5%,产能因数从 62.8% 到 80%	19.3
5	热效率从 40% 到 40.5%,容量系数从 62.8% 到 80%,燃烧 100 ~ 200GWd/t	23.3
6	双机组 500MW(e),热效率 40.5%,容量系数 80%,燃耗 200GWd/t(双机组建设可降低 10% 的资金成本和 5% 的运行维护成本)	32.3
7	双机组 500MW(e),热效率 40.5%,容量系数 80%,燃耗 200GWd/t,施工时间由 7 年缩短至 5 年(双机组施工可降低 10% 的资本成本和 5% 的运行维护成本)	34.8
8	双机组 500MW(e),热效率 40.5%,容量系数 80%,燃耗 200GWd/t,建设时间由 7 年缩短至 5 年,厂房寿命由 40 年增加至 60 年(双机组建设可降低 10% 的资本成本和 5% 的运营维护成本)	39.4

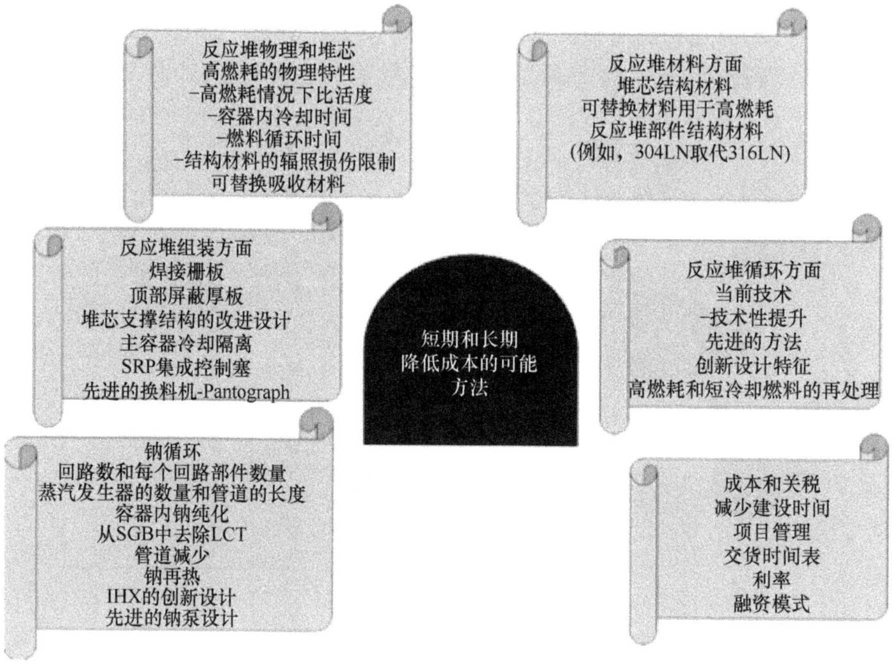

图中内容：

- 反应堆物理和堆芯
  高燃耗的物理特性
  -高燃耗情况下比活度
  -容器内冷却时间
  -燃料循环时间
  -结构材料的辐照损伤限制
  可替换吸收材料

- 反应堆材料方面
  堆芯结构材料
  可替换材料用于高燃耗
  反应堆部件结构材料
  (例如，304LN取代316LN)

- 反应堆组装方面
  焊接栅板
  顶部屏蔽厚板
  堆芯支撑结构的改进设计
  主容器冷却隔离
  SRP集成控制塞
  先进的换料机-Pantograph

- 短期和长期降低成本的可能方法

- 反应堆循环方面
  当前技术
  -技术性提升
  先进的方法
  创新设计特征
  高燃耗和短冷却燃料的再处理

- 钠循环
  回路数和每个回路部件数量
  蒸汽发生器的数量和管道的长度
  容器内钠纯化
  从SGB中去除LCT
  管道减少
  钠再热
  IHX的创新设计
  先进的钠泵设计

- 成本和关税
  减少建设时间
  项目管理
  交货时间表
  利率
  融资模式

图 35-6　降低成本的可能途径

35.5.1　考虑反应堆装配组件的设计改进

对于反应堆组件，分析了几种设计方案，并只考虑了那些可用于下一系列反应堆的设计特性，这些选择包括以下方面：

(1) 加工顶板和可旋转插头的穿透处，以减少环形间隙，从而减少顶板/主容器的直径，加工穿透还有一个附加的优点，即所需的补充屏蔽量将大大减少；

(2) 小型可旋转插头，与控制插头集成；

(3) 采用焊接栅板，减小栅板直径，去除栅板套管，用于永久性屏蔽组件；

(4) 增加了向栅极板供应冷一次钠的管道数量；

(5) 优化主容器直径，在堆芯水平进行直径校核，在顶罩水平进行径向和周向校核等；

(6) 环形内容器，用于容器内转运站；

(7) 顶部轴向为屏蔽而单独布置的圆屋顶板；

(8) 综合内衬和安全容器与隔热安排。

除了这些，几个有助于提高安全性和整体设计简化的特点被纳入。初步的经济研究表明，以原型快中子增殖反应堆为参考，未来快中子增殖反应堆的具体钢材消耗可能降低25%左右,这对于已经优化设计的原型快中子增殖反应堆具有相当重要的意义。此外,容器尺寸的减小导致了原钠库存的减少和混凝土体积的减少。初级钠库存将降至1000t左右,而原型快中子增殖反应堆目前为1100t。有了更高的反应堆功率,进一步减少特定的钠库存是可能的。图35-7为未来快增殖反应堆组件改进特性示意图。

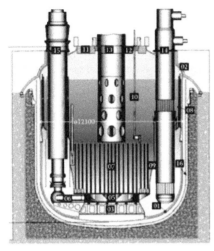
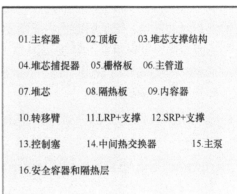

01.主容器　　02.顶板　　03.堆芯支撑结构
04.堆芯捕捉器　05.栅格板　06.主管道
07.堆芯　　　08.隔热板　09.内容器
10.转移臂　　11.LRP+支撑　12.SRP+支撑
13.控制塞　　14.中间热交换器　　15.主泵
16.安全容器和隔热层

图35-7　印度未来钠冷快堆的改进堆装概念

35.5.2　二回路钠系统的设计优化

对传热系统及其部件的数量进行优化研究,可以看出,在一次钠回路和二次钠回路中,减少元件(除蒸汽发生器外)和回路的数量,可以大大降低投资成本和工期,提高容量因数。对于原型快中子增殖反应堆,选择了两个钠泵、四个中间热交换器和两个二回路,每个二回路由一个二次钠泵、两个中间换热器和四个蒸汽发生器组成,这是在详细审查的基础上得出的结论。同样的结构也用于未来的商业增殖反应堆,当前配置的基本思想是通过减少组件的数量来实现经济性,从而增加安全性,降低资本成本,并通过部署备用关键组件如泵、中间热交换器和蒸汽发生器,来增加工厂的容量,从而减少工厂的停机时间。

建议改变除一回路和钠/氩回路外的所有钠回路的结构材料,这些材料在工厂的使用寿命内可能会有放射性。对于在400℃以下工作的管道和部件,施工材料为2.25Cr-1Mo,对于在400℃以上工作的管道和部件,可以修改为9Cr-1Mo。全等级衰变除热系统的蒸汽发生器和钠–空气换热器已由改进的9Cr-1Mo制成,总的材料成本节约是显著的。较低的热膨胀系数将使管道布置更加紧凑,从而减少弹簧和地震支座的数量,由于这些材料的热膨胀系数低,元件喷嘴上的负载也会更小。较高的热导率将降低管道在核电厂瞬态过程中所见的热冲击。钠阀门，特别是小型阀门，采用波纹管密封，配置不锈钢波纹管，钠通过阀门内的波纹管密封，这些阀门需要在低合金钢和不锈钢之间进行不同的焊接，这个问题正在得到解决。

35.5.3 印度项目总结

封闭式燃料循环的快中子增殖反应堆是为印度提供能源安全不可避免的技术选择。原型快中子增殖反应堆是一种技术经济示范，也是印度计划建造的钠冷快堆系列的先驱。除了原型快中子增殖反应堆外，经济竞争力对于钠冷快堆的快速商业部署也很重要。印度英迪拉·甘地原子研究中心（IGCAR）正在系统地推进一项路线图，该路线图包括大规模部署钠冷快堆的综合研发技术路线，以提高其经济性和安全性。

参考文献

[35.1] Walter, A. E., Todd, D. R., Tsvetkov, P. V. (2012). Fast Spectrum Reactors. Springer Publishers, New York.

[35.2] Kuriswa, K. et al. (1977). An optimization study of a demonstration fast breeder reactor plant, appeared in optimization of sodium-cooled fast reactors. Proceedings of the International Conference, BNES, London, U. K., November 28-December 1, 1977.

[35.3] Loaec, C., Linet, F. L. (2007). The French scenario. IAEA-INPRO Meeting on Joint Study on an Innovative Nuclear Energy System Economics, Cadarache, France, February 6-9, 2007.

[35.4] Rapin, M. (1989). Fast breeder reactor economics. Presented at the Royal Society Meeting on the Fast-Neutron-Breeder Fission Reactor, London, England, May 24-25, 1989.

[35.5] Mourobov, V. M. (1998). Liquid-metal-cooled-fast reactor (LMFR) development and IAEA activities. Energy, 23(7/8), 637-648.

[35.6] Rineiski, A. A. (1982). Comparison of technical and economic characteristics of modern nuclear power stations with fast and thermal reactors. Atomnaya Enegia, 53, 807-815, December 1982.

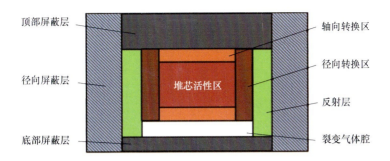

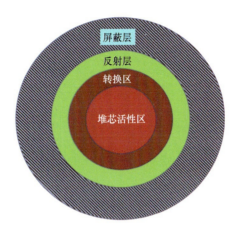

图 2-1 FSR 堆芯结构

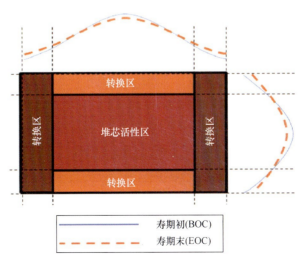

图 2-2 堆芯活性图和转换区的功率分布

图 4-6 核废料 MA 所需的存储空间

（来源于 Raj, B. et al., Assessment of compatibility of a system with fast reactors with sustainability requirements and paths to its development, IAEA-CN-176-05-11, FR09, Kyoto, Japan, 2009.）

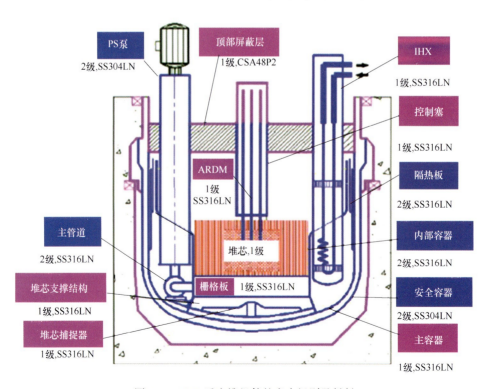

图 7-23 SFR 反应堆组件的安全级别及材料

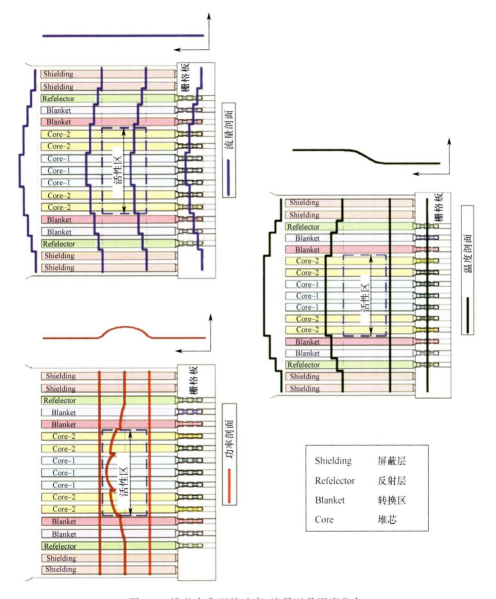

图 8-9 堆芯内典型的功率、流量以及温度分布

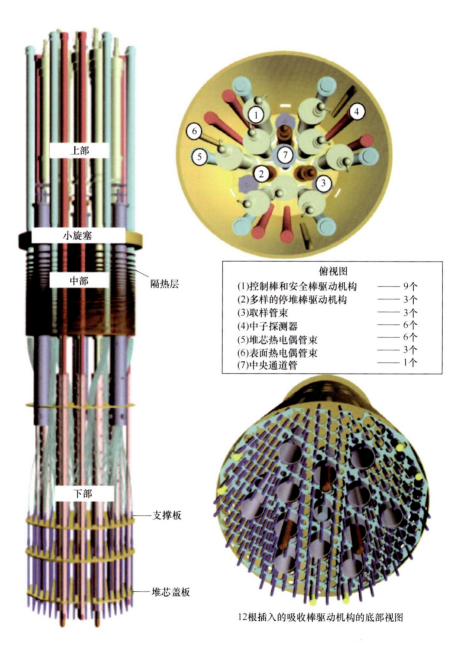

图 8-24 一个典型控制旋塞的三维视图

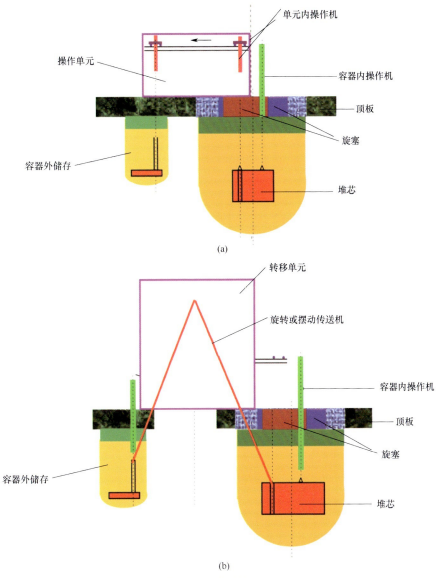

图 8-69 单元转移法

(a)使用固定单元;(b)在转移单元内使用旋转或摆动转移匣。

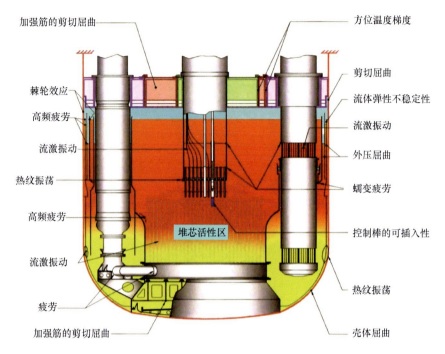

图 9-1 设计中考虑的失效模式

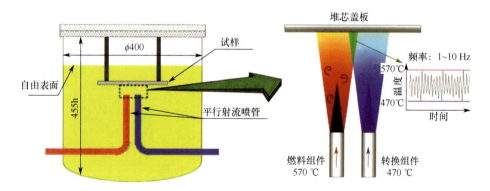

图 9-2 堆芯盖板附近有热纹振荡现象

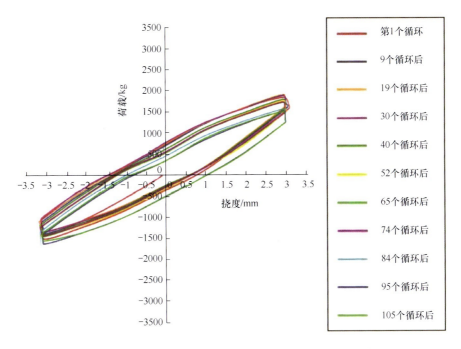

图 10-23 在 873K 时荷载与挠度(保持时间为 1h)的曲线

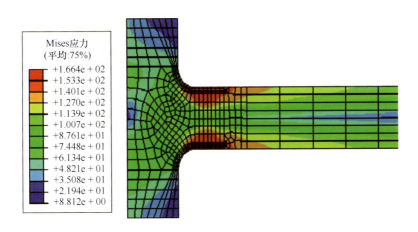

图 10-25 蠕变松弛后应力分布(一次 + 二次应力)

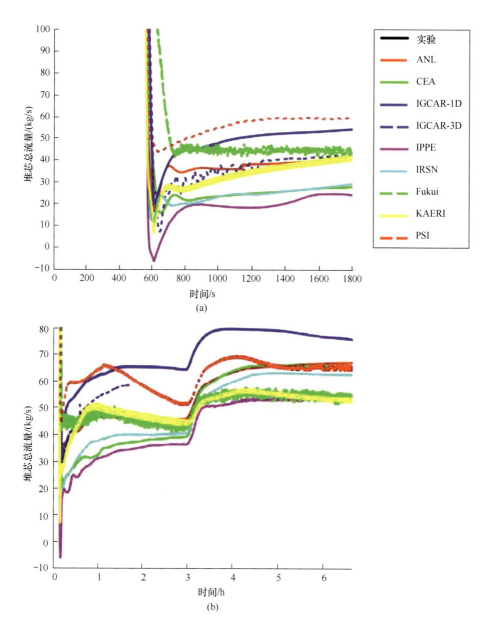

图 10-71 不同参与者对堆芯自然对流变化的预测
(a)初始时期的放大图;(b)为更深入的了解。

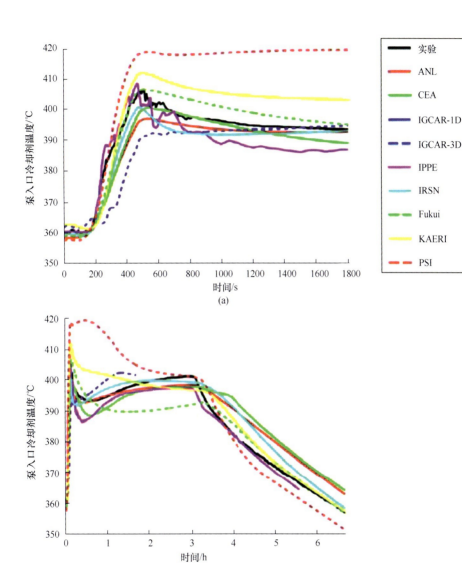

图 10-72 堆芯进口温度的变化
(a) 初始时期的放大图;(b) 为更深入的了解。

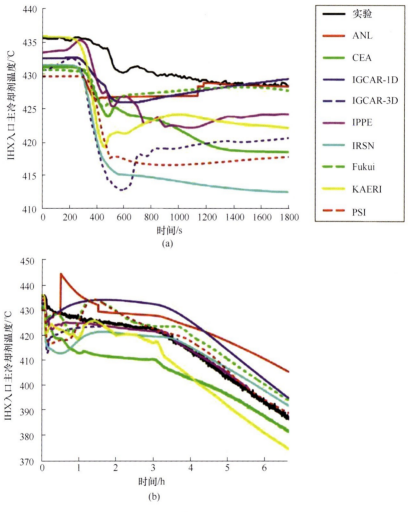

图 10-73 堆芯进口温度的变化
(a) 初始时期的放大图;(b) 为更深入的了解。

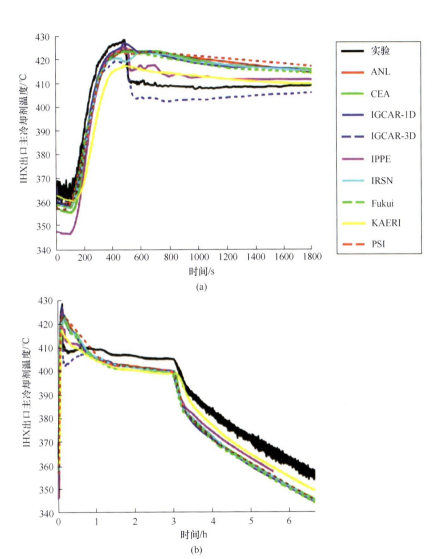

图 10-74 换热器出口预测的主冷却液温度
(a)初始时期的放大图;(b)为更深入的了解。

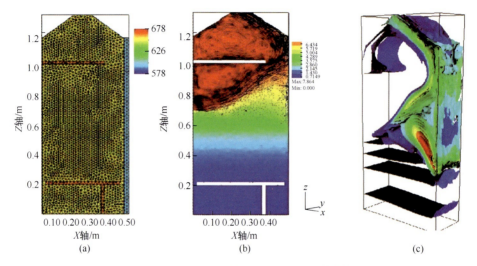

图 10-79 CORMORAN 钠实验的 TRIO_U 计算结果
(a)网格;(b)速度和温度;(c)温度波动。

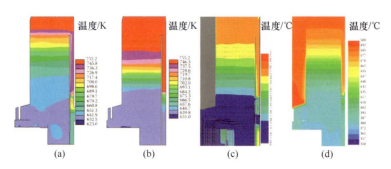

图 10-81 MONJU 热池 10min 时瞬态温度场
(a)印度(锐边);(b)印度(圆边);(c)俄罗斯(圆边);(d)中国(锐边)。

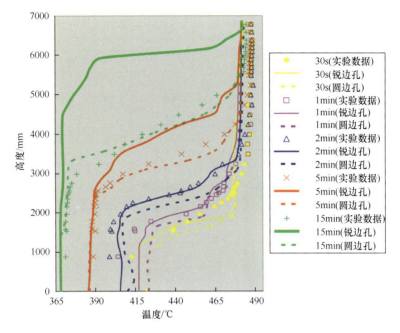

图 10-82 热电偶机架位置的竖直温度分布

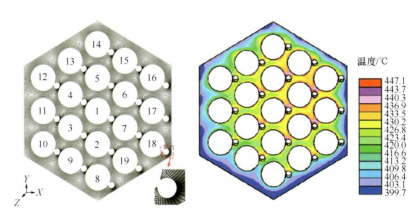

图 11-13 19 根棒的 CFD 网格和通过 CFD 计算预测的钠温度场

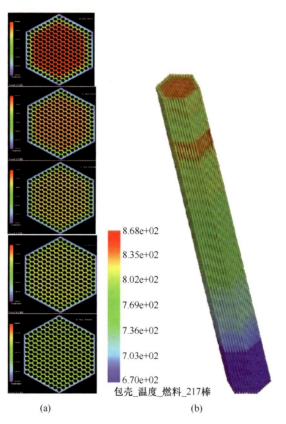

图 11-14 带有 7 个定位金属绕丝的 217 个燃料棒束
(a)SA 的不同横截面的钠温度分布；(b)整个棒束内的包层温度。

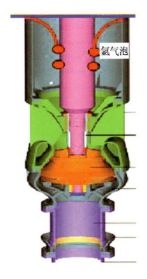

图 15-8 由于泵超速而产生的气体夹带

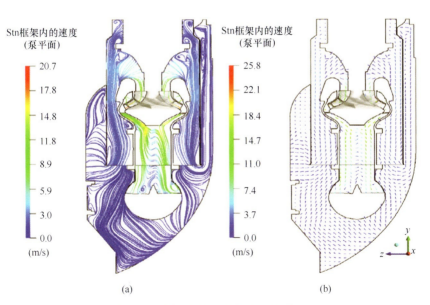

图 15-10 冷池中的流动路径和钠的流速
(a)轮廓;(b)矢量。

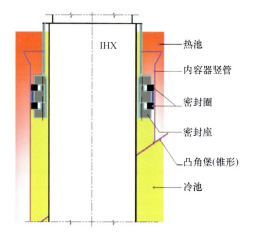

图 15-12 中间换热器(IHX)的机械密封

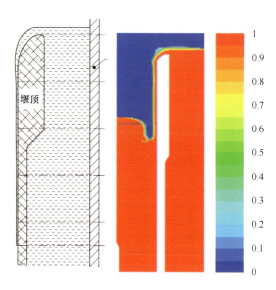

图 15-13 堰纵剖面图

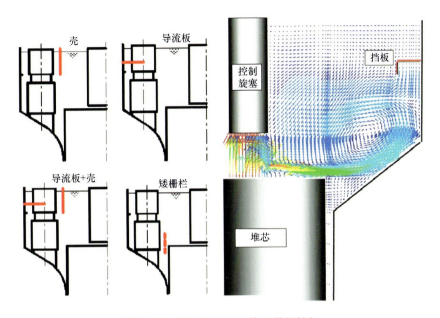

图 15-14 减缓热池中气体夹带的挡板

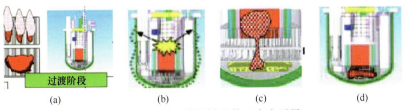

图 15-17 CDA 的机械和热工水力后果

(来源于 Rouault,J. et al.,Sodium fast reactor design:Fuels,neutronics,thermal-hydraulics,structural mechanics and safety,in Handbook of Nuclear Engineering,D. Cacuci (ed.),Vol. 4,Chapter 21,Springer,New York,2010,pp. 2321-2710.)

(a)堆芯熔化和汽化;(b)机械能释放;(c)熔化燃料重新定位;(d)事故后热排出。

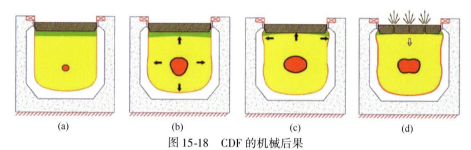

图 15-18 CDF 的机械后果

(a)初始状态:0ms;(b)容器下拉:0~50ms;
(c)段塞冲击:100~150ms;(d)最终状态:150~900ms。

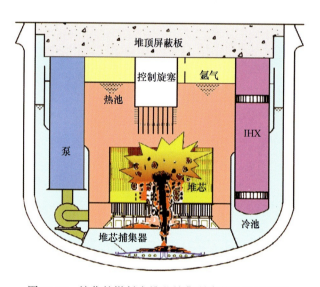

图 15-19 熔化的燃料在堆芯捕集器中的处置原理图

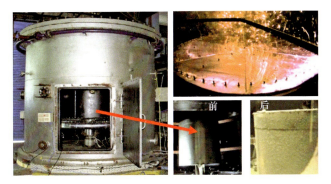

图 20-11 模拟钠火下安全级衰变热排出管完整性论证
(来源于 Chellapandi, P., Overview of Indian FBR programme, International Workshop on Prevention and Mitigation of Severe Accidents in SFR, Tsuruga, Japan, June 11 – 13, 2012.)

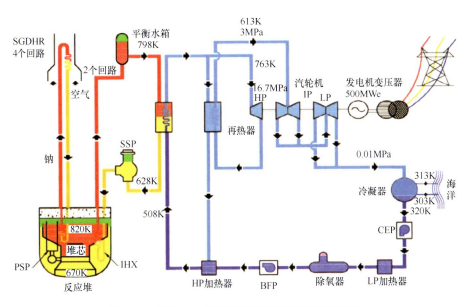

图 21-1 原型快中子增殖反应堆热传输回路流程图

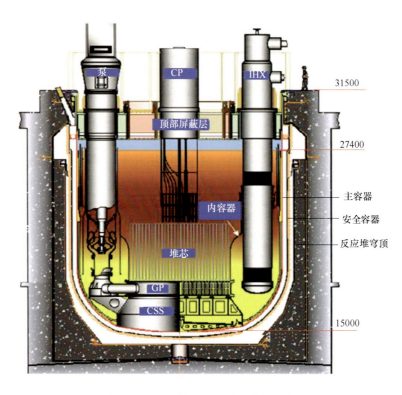

图 21-2　原型快中子增殖堆装置示意图

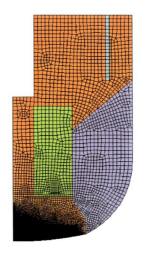

图 21-33　计算网格

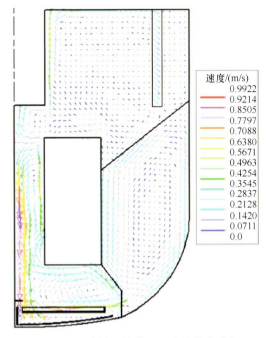

图 21-34 事故后排热过程中的钠流路径

图 22-21 原型快中子增殖反应堆安全壳施工照片

(a)

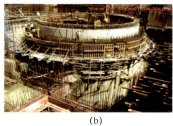
(b)

图 22-22　原型快中子增殖反应堆的反应堆拱顶施工照片

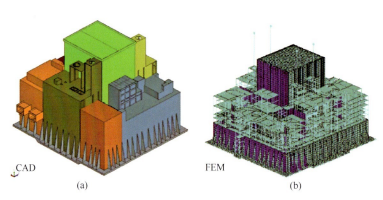

图 22-23　使用 3D 建模可视化核电厂在原型快增殖反应堆核岛建设的各个阶段

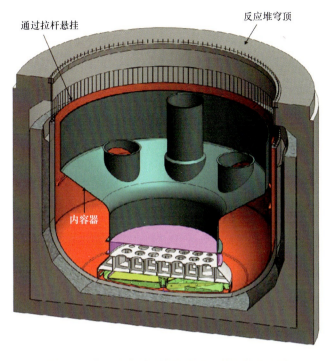

图 23-1 典型池式钠冷快堆中反应堆组件的布置

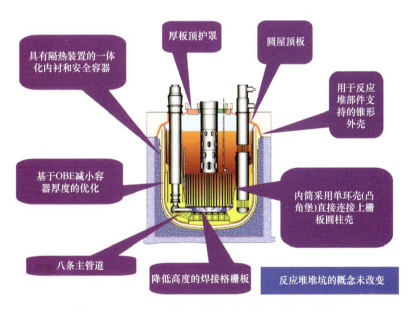

图 28-2 FBR 1 号和 2 号反应堆组件(印度)的改良

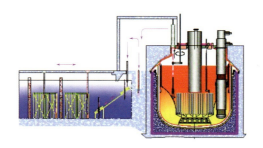

图 28-3 FBR 1 号和 2 号反应堆（印度）设想的换料方案

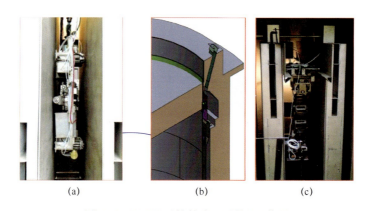

图 33-5 MOLE 遥控轮式工具的 ISI 装置

(a)模型试验期间主要 ISI 装置；(b)在间隙空间中主要 ISI 装置；(c)实验室内的检查装置之一。